高等代数

黄益生　编

U0360408

清華大學出版社
北　京

内 容 简 介

本书除预备知识一章外共 8 章，依次为一元多项式、行列式、线性方程组、矩阵、线性空间、线性映射、欧氏空间和二次型. 本书注重基本概念和基础理论，配有较大量的例题和基本练习题，内容丰富、体系严谨、叙述详尽、便于阅读. 与本书配套的有简化版和详细版课件各一种.

本书可以作为应用型本科院校数学各专业高等代数课程的教材.

版权所有，侵权必究。举报：010-62782989，beiqinquan@tup.tsinghua.edu.cn。

图书在版编目(CIP)数据

高等代数 / 黄益生编.—北京：清华大学出版社，2014 (2023.8 重印)
ISBN 978-7-302-34880-1

I. ①高…　II. ①黄…　III. ①高等代数–高等学校–教材　IV. ①O15

中国版本图书馆 CIP 数据核字(2013)第 311119 号

责任编辑： 汪　操
封面设计： 傅瑞学
责任校对： 赵丽敏
责任印制： 丛怀宇

出版发行： 清华大学出版社
　网　　址：http://www.tup.com.cn，http://www.wqbook.com
　地　　址：北京清华大学学研大厦 A 座　　邮　编：100084
　社 总 机：010-83470000　　邮　购：010-62786544
　投稿与读者服务：010-62776969，c-service@tup.tsinghua.edu.cn
　质 量 反 馈：010-62772015，zhiliang@tup.tsinghua.edu.cn
　课 件 下 载：http://www.tup.com.cn，010-62770175-4113
印 装 者 北京建宏印刷有限公司
经　销： 全国新华书店
开　本： 185mm × 230mm　　**印　张：** 24　　**字　数：** 524 千字
版　次： 2014 年 2 月第 1 版　　**印　次：** 2023 年 8 月第 6 次印刷
定　价： 75.00 元

产品编号：053740-04

前　言

随着高等教育大众化浪潮的到来, 随着多媒体手段的广泛运用, 教学对象、教学方式和教学手段都发生了很大变化. 怎样根据学生的实际情况进行教学? 怎样合理选择现代教学手段? 怎样克服教学课时数的不足? 笔者一直在考虑这些问题. 最近几年, 结合精品课程建设, 笔者尝试对高等代数课程作了一些教学改革, 并在此基础上撰写了本书.

撰写本书的主要依据是由教育部牵头修订的针对高等师范专科学校数学专业的《高等代数教学大纲》. 总体构思如下:

1. 为了让学生有比较充足的时间扎实地学习这门课程, 在教学大纲允许、不误学生考研的前提下, 减少了传统教材中的一些内容, 主要减去的有传统教材中打 $*$ 号的内容, 整章减去的有 λ- 矩阵和抽象代数简介.

2. 由于目前中学数学教材及其侧重点发生了很大变化, 因此需要补充学生尚未学过或粗略学过的一些内容.

3. 考虑到高等代数的内容比较抽象, 初学者较难入门, 因此有必要适当添加一些背景材料 (如有关的历史、对一些重要问题的分析或评述等), 同时需要补充较多例题, 并尽可能把教材写得详细一些.

4. 除安排基本练习题外, 适当添加了一些简单题, 以便学生能够比较深刻地理解有关概念. 同时适当添加了一些提高题, 以便学有余力的学生进一步探索.

5. 用通俗的语言, 在基本不出现抽象术语的前提下, 把抽象代数的一些观点渗透到教材中去, 以便学生能够比较深入地了解所学内容.

6. 各章节的编排尽可能遵循历史发展的先后顺序. 矩阵一章之前的内容尽可能按原始的思维方式来叙述, 这一章之后的内容尽可能用矩阵的语言来叙述.

下面分章介绍本书教材改革的概况.

安排了预备知识一章, 统一介绍一些常用概念和符号, 以便读者查阅.

在一元多项式一章中, 减去了多元多项式和对称多项式两节, 增加了部分分式一节.

在行列式一章中, 与排列有关的内容作了调整, 主要介绍后面要用到的排列的奇偶性, 补充了行列式的计算一节.

在线性方程组一章中, 采用对矩阵连续作行初等变换的方式来定义矩阵的行秩, 进而定义矩阵的列秩和矩阵的秩. 减去了结式与判别式一节, 增加了矩阵的相抵标准形等概念, 简化了 n 元向量组线性相关性的各种讨论.

在矩阵一章中, 增加了几种特殊类型的矩阵一节, 比较详细地介绍了矩阵的各种运算规律以及分块矩阵的各种应用. 由于矩阵可以用来表示一些特殊映射, 因此把映射的内容挪到本章作为最后一节, 并列举了一些这样的特殊映射, 以便为后面的章节作准备.

在线性空间一章中, 按照抽象代数的观点, 对有关内容作了比较严谨的论述. 从这一章起, 尽可能用矩阵来讨论各种问题, 因此本书后半部分与传统教材有较大差异.

线性映射一章的内容比较抽象, 是全书的难点之一. 为了让学生能够更深刻地理解各种概念, 列举了较大量的例子, 在行文方面也尽可能写得详细一些.

在欧氏空间一章中, 减去了酉空间和酉变换等内容, 比较深入地探讨了子空间正交补的存在性等问题, 比较系统地介绍了欧氏空间的同构映射与正交变换之间的联系与区别.

考虑到二次型不是线性型, 因而把二次型的内容作为本书最后一章. 由于二次型的理论起源较早, 不用矩阵这一工具, 多数问题也可以进行讨论, 而且这样做还比较直观, 因此这一章的行文风格改为以二次型为主, 以矩阵为辅.

本书的内容是根据笔者多年讲授高等代数课程以及科研实践的体会, 按照自己的思维方式, 用自己的语言来叙述的. 每一节都经过反复修改, 一些章节改写了多遍.

由于本书写得比较详细, 便于学生自学, 因此建议授课教师着重讲解主要内容, 并适当选择一些内容 (如一些例子和史料等) 作为课后阅读材料. 同时由于部分分式一节不是高等代数的主要讨论对象, 授课教师可以酌情考虑是否作为课后阅读材料. 带 $*$号的习题, 有的是正文内容的补充或延伸, 有的是以往考研试题 (多数经过改造), 有的是难题. 如果初学者没有足够时间去做这些题目, 或者一时做不出来, 可以先搁下.

本书审稿专家和张中兴编辑提出了许多宝贵的修改意见, 汕头大学方捷教授审阅了名词索引, 笔者对他们的帮助表示衷心感谢. 本书责任编辑汪操做了大量细致的工作, 在此深表谢意. 笔者还要感谢福建省高等学校教学质量工程基金和三明学院教材建设基金对本书的资助.

限于笔者的水平和学识, 错误和疏漏在所难免, 欢迎读者批评指正. 笔者的电子邮箱地址是 smcaihy@126.com.

黄益生

2013 年 7 月于福建三明学院

目　　录

第 0 章　预备知识

高等代数是代数学的一个组成部分. 高等代数课程是数学各专业的一门重要基础课程. 我们对代数一词并不陌生, 读中学时我们已经学了多年代数课程. 那么什么是代数呢? 在数学里, **代数**一词在不同阶段有不同解释. 例如, 有下列三种解释. *代数就是用字母代表数*. 这是最早的也是最朴素的解释. *代数就是代数学*. 这就是说, 代数是数学的一个学科, 这个学科也叫做代数学. *代数是一个代数系统*. 这里一个**代数系统**指的是, 由一个非空集合连同定义在其上的一个或多个运算及其算律组成的数学研究对象[①].

代数学是从研究代数方程而产生的一个数学分支, 这里代数方程指的是高次方程 (即次数大于 2 的整式方程) 和一次方程组. 我们知道, 整式方程是由加法、减法、乘法等运算符号连结起来的等式, 一次方程组是由同样的运算符号连结起来的次数为 1 的等式组, 因此研究这些对象实际上就是研究与数的四则运算有关的各种运算规律.

代数学可分成三大块内容, 它们是**初等代数**、**高等代数**和**近世代数**, 后者又称为**抽象代数**, 因此高等代数是介于初等代数和抽象代数之间的、具有承上启下作用的一个数学分支. 这个分支大约形成于 17 世纪末至 19 世纪中叶.

传统的高等代数教材也可分成三大块内容, 它们是多项式论、线性代数学和抽象代数初步, 其中多项式论和抽象代数起源于解高次方程, 线性代数学起源于解一次方程组. 本书不具体介绍抽象代数的内容. 本书的第 1 章属于多项式论的范畴, 第 2 章至最后一章都属于线性代数学的范畴.

代数学的主要任务是研究代数系统的运算规律, 也就是通常所说的研究代数系统的结构. 高等代数主要研究两类代数系统, 一类是多项式环, 另一类是线性空间.

高等代数的特点是概念多、符号多、逻辑性强、抽象. 这些特点是由代数学的研究任务所决定的. 读者务必在学习过程中, 了解概念的内涵和外延, 理解符号的意义和作用, 注重逻辑思维的训练, 领会抽象对象的本质.

我们知道, 中学代数的主要研究对象是函数, 涉及 "带运算集合的运算规律" 的内容只是一小部分, 因此中学数学多数内容的后继是数学分析, 而不是高等代数. 同时中学代数与初等代数也是有区别的.

为了便于读者查阅, 在预备知识这一章, 我们将首先回顾一下本书中常用的一些概念、方法和符号, 然后介绍整数的整除性质, 最后介绍数环和数域这两个概念.

0.1　常用概念、方法和符号

本节将回顾集合的有关概念和符号, 以及数学归纳法和连加号.

[①] 我们将在 6.2 节中简单提及一下作为代数系统的代数这个概念.

我们常用符号 A, B, C 等来表示集合, 并用 a, b, c 等来表示集合中的元素. 符号 $a\in A$ 意味着 a 是 A 中的元素, 而 $a\notin A$ 意味着 a 不是 A 中的元素. 我们规定, 对任意元素 a 和任意集合 A,或者 $a\in A$, 或者 $a\notin A$①.

如果集合 A 中每一个元素都是集合 B 中的元素, 那么称 A 是 B 的一个子集, 记作 $A\subseteq B$. 如果 A 是 B 的一个子集, 并且存在 $b\in B$,使得 $b\notin A$, 那么称 A 是 B 的一个真子集, 记作 $A\subset B$. 如果对任意的 $a\in A$,有 $a\in B$, 并且对任意的 $b\in B$,有 $b\in A$,那么称 A 与 B 是相等的, 记作 $A=B$.

如果一个集合只含有限个元素, 那么称它为一个**有限集**. 否则, 称它为一个**无限集**. 不含任何元素的集合称为**空集**, 记作 $\varnothing$,其余集合统称为**非空集**. 我们规定, 空集是一个有限集, 并且是任意集合的一个子集.

由一些复数组成的集合称为**数集**. 下列六个符号将被用来表示常用的特殊数集: $\mathbb{N}$ 表示**自然数集**, 即 $\mathbb{N}=\{0, 1, 2, 3, \cdots\}$; $\mathbb{N}^{+}$和 $\mathbb{Z}$ 分别表示**正整数集**和**整数集**; $\mathbb{Q}$, $\mathbb{R}$ 和 $\mathbb{C}$ 分别表示**有理数集**、**实数集**和**复数集**.

给定一些事物以及一个断语, 如果其中的任意两个事物不是适合就是不适合这个断语, 我们就说, 这个断语决定了所考虑事物之间的一种**二元关系**. 我们知道, 对任意两个集合 A 与 B,断语 "A 包含于 B" 不是成立, 就是不成立, 因此这个断语决定了集合之间的一种二元关系, 称为**包含关系**. 不难验证, 集合的包含关系具有如下性质: 对任意三个集合 A, B, C,有

(1) *反身性*: $A\subseteq A$;

(2) *反对称性*: 如果 $A\subseteq B$,并且 $B\subseteq A$,那么 $A=B$;

(3) *传递性*: 如果 $A\subseteq B$,并且 $B\subseteq C$,那么 $A\subseteq C$.

给定两个非空集合 A 与 B,由 A 中一个元素 a 与 B 中一个元素 b 可以决定一个有序元素对 (a, b). 于是这样的元素对组成一个新的集合

$$\{(a, b)\mid a\in A,\ b\in B\},$$

称为 A 与 B 的**笛卡儿积**, 简称为 A 与 B 的**积集**, 记作 $A\times B$,读作 A 叉 B. 我们规定, A 与它自身的笛卡儿积 $A\times A$ 可以简记作 A^2. 笛卡儿积可以推广到多个集合的情形. 设 $A_1, A_2, \cdots, A_n$ 是 n 个非空集合, 则称

$$\{(a_1, a_2, \cdots, a_n)\mid a_i\in A_i,\ i=1, 2, \cdots, n\}$$

为这 n 个集合的**笛卡儿积**, 记作 $A_1\times A_2\times\cdots\times A_n$,简记作 $\prod\limits_{i=1}^{n}A_i$. 特别地, 当 $A_i=A$ $(i=1, 2, \cdots, n)$ 时, 简记作 A^n. 这里 $(a_1, a_2, \cdots, a_n)$ 是一个 n 元有序元素组, 它的第 i 个位置上的元素称为第 i 个**分量**; 符号 $\prod$ 读作 *pi*.

例如, 在空间解析几何里, 取定一个坐标系, 空间中每一点的坐标是一个三元有序实数

①这里 "或者 ……,或者 ……" 的意思是, 两者必居其一, 并且只居其一, 即 "either ..., or ...". 此外, 按这种方式规定的集合称为分明集合.

组 (x, y, z). 由全体点的坐标组成的集合就是笛卡儿积 $\mathbb{R}^3$, 即

$$\mathbb{R}^3 = \{(x, y, z) \mid x, y, z \in \mathbb{R}\}.$$

我们已经用数学归纳法证明过一些命题. 这种方法的理论依据是 **第一数学归纳法原理:** 设 $P(n)$ 是一个与正整数 n 有关的命题. 如果

(1) 命题 $P(1)$ 成立 (即当 $n = 1$ 时, 命题成立),

(2) 对任意正整数 k, 当命题 $P(k)$ 成立时, 命题 $P(k+1)$ 也成立,

那么对每一个正整数 n, 命题 $P(n)$ 都成立.

在后面的讨论中, 我们还将用第二数学归纳法来证明一些命题, 其理论依据是 **第二数学归纳法原理:** 设 $P(n)$ 是一个与正整数 n 有关的命题. 如果

(1) 命题 $P(1)$ 成立,

(2) 对任意大于 1 的正整数 k, 当命题 $P(1), P(2), \cdots, P(k-1)$ 都成立时, 命题 $P(k)$ 也成立,

那么对每一个正整数 n, 命题 $P(n)$ 都成立.

这两个原理的证法有多种, 每一种都要用到自然数集的有关性质, 如有序性和离散性等[①]. 由于我们尚未对这些性质作系统讨论, 因此略去这两个原理的证明.

我们曾经用缩写符号 $\sum\limits_{i=1}^{n} a_i$ 来表示 n 个数 $a_1, a_2, \cdots, a_n$ 的和, 这里 $\sum$ 叫做 **连加号** 或 **求和号**, 读作 sigma; i 叫做 **求和指标** 或 **流动下标**; a_i 叫做 **一般项** 或 **通项**. 连加号下方的 1 和上方的 n 表示 i 的取值是从 1 到 n, 求和指标只起辅助作用, 当缩写式还原 (展开) 时, 它就消失了. 求和指标可以选取不同字母. 例如, 和式 $a_1 + a_2 + \cdots + a_n$ 可以表示成 $\sum\limits_{i=1}^{n} a_i$, 也可以表示成 $\sum\limits_{j=1}^{n} a_j$.

求和号也可以用来表示无穷多个项的和. 在本书中, 除极个别例子外, 所讨论的都是有限和.

考察和式 $a_{i1} + a_{i2} + \cdots + a_{in}$, 它的每一项都出现两个指标. 设指标 i 的变化范围是从 1 到 m. 令 $b_i = \sum\limits_{j=1}^{n} a_{ij}$, $i = 1, 2, \cdots, m$, 则

$$b_1 + b_2 + \cdots + b_m = \sum_{i=1}^{m} \Big(\sum_{j=1}^{n} a_{ij} \Big).$$

这表明, 通项含有两个指标的和式可以用 **双重连加号** 来表示.

我们规定 $\sum\limits_{i=1}^{m} \sum\limits_{j=1}^{n} a_{ij} \overset{\text{def}}{=} \sum\limits_{i=1}^{m} \Big(\sum\limits_{j=1}^{n} a_{ij} \Big)$, 即 $\sum\limits_{i=1}^{m} \sum\limits_{j=1}^{n} a_{ij} \overset{\text{def}}{=} \sum\limits_{i=1}^{m} (a_{i1} + a_{i2} + \cdots + a_{in})$. 不难看出, 和式 $\sum\limits_{i=1}^{m} \sum\limits_{j=1}^{n} a_{ij}$ 一共有 $n \times m$ 项, 其展开式为

[①] 有序性指的是任意两个自然数都可以比较大小. 离散性指的是每一个自然数 n 与它后面的自然数 $n+1$ 之间没有任何自然数.

$$(a_{11}+a_{12}+\cdots+a_{1n})+(a_{21}+\cdots+a_{2n})+\cdots+(a_{m1}+\cdots+a_{mn}). \tag{0.1.1}$$

类似地, 和式 $\sum\limits_{j=1}^{n}\sum\limits_{i=1}^{m}a_{ij}$ 一共有 $m\times n$ 项, 其展开式为

$$(a_{11}+a_{21}+\cdots+a_{m1})+(a_{12}+\cdots+a_{m2})+\cdots+(a_{1n}+\cdots+a_{mn}). \tag{0.1.2}$$

显然 (0.1.1) 式第 i 个括号内的 n 个项恰好是 (0.1.2) 式 n 个括号内的第 i 项 ($i=1, 2, \cdots, m$). 根据数的加法交换律和结合律, 这两个和式是相同的, 所以

$$\sum_{i=1}^{m}\sum_{j=1}^{n}a_{ij}=\sum_{j=1}^{n}\sum_{i=1}^{m}a_{ij}.$$

这就是说, 对于上述有限和, 两个连加号可以交换次序.

两个有限和的乘积可以用双重连加号来表示. 事实上, 设 $a_1+a_2+\cdots+a_m$ 与 $b_1+b_2+\cdots+b_n$ 是两个有限和式, 则它们的乘积为

$$a_1b_1+a_1b_2+\cdots+a_1b_n+a_2b_1+\cdots+a_2b_n+\cdots+a_mb_1+\cdots+a_mb_n,$$

所以

$$\left(\sum_{i=1}^{m}a_i\right)\left(\sum_{j=1}^{n}b_j\right)=\sum_{i=1}^{m}\sum_{j=1}^{n}a_ib_j.$$

有时通项虽然有两个指标, 但是相加的并不是它们的全部, 而是指标适合某些条件的那一部分. 这时就在连加号下方写出指标适合的条件. 例如,

$$\sum_{1\leqslant i<j\leqslant n}a_{ij}=a_{12}+(a_{13}+a_{23})+\cdots+(a_{1n}+a_{2n}+\cdots+a_{n-1,n}).$$

又如, 设 $f(x)=a_0+a_1x+a_2x^2+\cdots+a_nx^n$ 与 $g(x)=b_0+b_1x+b_2x^2+\cdots+b_mx^m$ 是两个多项式, 则

$$\begin{aligned}f(x)g(x)&=a_0b_0+(a_0b_1+a_1b_0)x+(a_0b_2+a_1b_1+a_2b_0)x^2\\&\quad+\cdots+(a_{n-1}b_m+a_nb_{m-1})x^{n+m-1}+a_nb_mx^{n+m}.\end{aligned} \tag{0.1.3}$$

令 c_k 是 $f(x)g(x)$ 的 k 次项系数, 则

$$c_k=\sum_{i+j=k}a_ib_j,\ \ k=0, 1, 2, \cdots, m+n. \tag{0.1.4}$$

当通项含有多个指标时, 可以使用**多重连加号**. 例如,

$$\sum_{i=1}^{2}\sum_{j=1}^{2}\sum_{k=1}^{2}a_{ijk}=a_{111}+a_{112}+a_{121}+a_{122}+a_{211}+a_{212}+a_{221}+a_{222}.$$

又如, 由 (0.1.3) 式和 (0.1.4) 式, 有

$$f(x)g(x)=\sum_{k=0}^{n+m}c_kx^k=\sum_{k=0}^{n+m}\left(\sum_{i+j=k}a_ib_j\right)x^k=\sum_{k=0}^{n+m}\sum_{i+j=k}a_ib_jx^k.$$

习题 0.1

1. 分别写出集合 $A=\{a\}$, $B=\{a, b\}$ 和 $C=\{a, b, c\}$ 的所有子集.

2. 设集合 A 一共有 n 个元素. 问: A 的含 k 个元素的子集一共有多少个? A 的所有子集一共有多少个? 这里 $0 \leqslant k \leqslant n$.
3. 设 A 与 B 是两个非空有限集, 其中 A 一共有 m 个元素, B 一共有 n 个元素. 证明: 笛卡儿积 $A \times B$ 一共有 $m \times n$ 个元素.
4. **斐波那契数列** 指的是数列 1, 1, 2, 3, 5, 8, 13, 21, $\cdots$, 其通项公式为

$$a_1 = a_2 = 1,\ a_n = a_{n-1} + a_{n-2},\quad n = 3,\ 4,\ 5,\ \cdots.$$

证明: 通项公式可以表示成 $a_n = \dfrac{1}{\sqrt{5}}\left[\left(\dfrac{1+\sqrt{5}}{2}\right)^n - \left(\dfrac{1-\sqrt{5}}{2}\right)^n\right]$, $n = 1,\ 2,\ 3,\ \cdots$.

5. 设 $a_1, a_2, \cdots, a_n$ 是互不相同的数 $(n > 1)$. 令

$$f(x) = \sum_{i=1}^{n} \frac{(x-a_1)\cdots(x-a_{i-1})(x-a_{i+1})\cdots(x-a_n)}{(a_i-a_1)\cdots(a_i-a_{i-1})(a_i-a_{i+1})\cdots(a_i-a_n)}.$$

不用连加号, $f(x)$ 等于什么?

*6. 设 $\{a_0, a_1, \cdots, a_n, \cdots\}$, $\{b_0, b_1, \cdots, b_n, \cdots\}$, $\{c_0, c_1, \cdots, c_n, \cdots\}$ 是三个数列. 证明: 对任意非负整数 t, 下列等式成立:

$$\sum_{i+r=t} \sum_{j+k=r} a_i b_j c_k = \sum_{i+j+k=t} a_i b_j c_k.$$

0.2　整数的整除性

在以往的数学课程里, 我们已经学习过与自然数的整除性有关的一些概念和性质, 但是这些性质尚未得到严格证明. 本节将介绍与整数的整除性有关的各种概念和性质, 并给出主要性质的证明. 主要内容有整数的整除性、最大公因数、整数的互素关系和因数分解. 在后面的讨论中, 这些内容将要经常用到. 本节中涉及的数都是整数.

定义 0.2.1　设 a 与 b 是两个整数. 如果存在一个整数 c, 使得 $b = ac$, 那么称 $\boldsymbol{a}$ **整除** $\boldsymbol{b}$, 或 $\boldsymbol{b}$ **被** $\boldsymbol{a}$ **整除**, 记作 $a \mid b$. 此时, 也称 a 是 b 的一个**因数**, 或 b 是 a 的一个**倍数**. 如果 a 不是 b 的因数, 即对任意整数 c, 恒有 $b \neq ac$, 那么称 $\boldsymbol{a}$ **不整除** $\boldsymbol{b}$, 记作 $a \nmid b$.

例如, 因为 $6 = 2 \times 3$, 所以 $2 \mid 6$. 又如, 对任意整数 c, 有 $5 \neq 2c$, 所以 $2 \nmid 5$. 显然, 对任意整数 a 与 b, 不是 a 整除 b, 就是 a 不整除 b, 因此整除是整数之间一种二元关系. 我们把整除与不整除统称为**整除性**.

已知对任意整数 a, 恒有 $0 = a \cdot 0$. 这表明, 每一个整数都是数 0 的一个因数. 另一方面, 由定义易见, 如果 0 是 a 的一个因数, 那么 $a = 0$. 这表明, 数 0 只能是它自身的因数. 其次, 注意到 $a = 1 \cdot a$ 且 $a = (-1)(-a)$, 我们看到, 每一个整数 a 必有因数 ± 1 和 $\pm a$. 这四个因数统称为 a 的**平凡因数**, a 的其余因数 (如果存在的话) 称为**非平凡因数** 或**真因数**. 下面给出整除关系的基本性质.

性质 0.2.1 设 a, b, c 是三个整数.

(1) 传递性: 如果 $a \mid b$, 并且 $b \mid c$, 那么 $a \mid c$.

(2) 如果 $a \mid b$, 那么对任意整数 u, 有 $a \mid ub$ 且 $ua \mid \pm ub$.

(3) 如果 $a \mid b$, 并且 $a \mid c$, 那么 a 整除 b 与 c 的任意**组合**, 即对任意整数 u 与 v, 有 $a \mid ub + vc$.

(4) 如果 $a \mid b$, 并且 $b \mid a$, 那么 $b = \pm a$.

性质 0.2.1(3) 可以推广到有限个整数的情形: 如果 $a \mid b_i$, $i = 1, 2, \cdots, s$, 那么 a 整除 $b_1, b_2, \cdots, b_s$ 的任意**组合**, 即对任意整数 $u_1, u_2, \cdots, u_s$, 有

$$a \mid u_1 b_1 + u_2 b_2 + \cdots + u_s b_s.$$

这些性质都是明显的, 这里只给出 (4) 的证明. 事实上, 由于 $a \mid b$ 且 $b \mid a$, 存在 $c_1, c_2 \in \mathbb{Z}$, 使得 $b = ac_1$ 且 $a = bc_2$, 所以 $a = (ac_1)c_2$, 即 $a = a(c_1c_2)$. 如果 $a \neq 0$, 根据消去律, 有 $1 = c_1c_2$. 注意到 c_1 与 c_2 都是整数, 因此 $c_1 = \pm 1$. 再由 $b = ac_1$, 得 $b = \pm a$. 如果 $a = 0$, 那么由 $b = ac_1$, 得 $b = 0$, 所以 $b = \pm a$.

我们知道, 在整数范围内, 除法不是总可以施行, 但是下面的**带余除法定理**成立, 它是整除性理论的基础.

定理 0.2.1 设 a 与 b 是两个整数. 如果 $a \neq 0$, 那么存在唯一一对整数 q 与 r, 使得 $b = aq + r$, 其中 $0 \leqslant r < |a|$.

证明 已知 a 与 b 是两个整数. 如果 $a \neq 0$, 那么

$$\cdots, -3|a|, -2|a|, -|a|, 0, |a|, 2|a|, 3|a|, \cdots$$

是一个单调增加的等差数列. 于是存在一个整数 q_1, 使得 $q_1|a| \leqslant b < (q_1 + 1)|a|$, 所以 $0 \leqslant b - q_1|a| < |a|$. 当 $a > 0$ 时, 令 $q = q_1$; 当 $a < 0$ 时, 令 $q = -q_1$, 则 q 是一个整数, 使得 $0 \leqslant b - aq < |a|$. 再令 $r = b - aq$, 则 r 也是一个整数, 使得 $b = aq + r$, 并且 $0 \leqslant r < |a|$. 存在性得证.

下证唯一性. 假定还有一对整数 $\widetilde{q}$ 与 $\widetilde{r}$, 使得 $b = a\widetilde{q} + \widetilde{r}$, 其中 $0 \leqslant \widetilde{r} < |a|$, 那么 $aq + r = a\widetilde{q} + \widetilde{r}$, 所以 $a(q - \widetilde{q}) = \widetilde{r} - r$, 因此

$$|a|\,|q - \widetilde{q}| = |\widetilde{r} - r|. \tag{0.2.1}$$

其次, 由 $0 \leqslant r < |a|$ 且 $0 \leqslant \widetilde{r} < |a|$, 得 $|\widetilde{r} - r| \leqslant \max\{r, \widetilde{r}\} < |a|$. 于是由 (0.2.1) 式, 有 $|a|\,|q - \widetilde{q}| < |a|$, 从而有 $|q - \widetilde{q}| < 1$, 所以 $|q - \widetilde{q}| = 0$. 把它代入 (0.2.1) 式, 得 $|\widetilde{r} - r| = 0$. 因此 $\widetilde{q} = q$ 且 $\widetilde{r} = r$. 唯一性得证. □

带余除法定理中整数 q 和 r 分别称为用 a 去除 b 所得的**商**和**余数**. 注意, 余数是小于 $|a|$ 的非负整数. 例如, 由于 $-16 = 5 \times (-4) + 4$, 并且 $0 \leqslant 4 < 5$, 因此用 5 去除 -16 所得的商为 -4, 余数为 4.

命题 0.2.2 设 a 与 b 是两个整数, 其中 $a \neq 0$, 则 a 整除 b 当且仅当用 a 去除 b 所得的余数等于零.

证明 设 a 整除 b, 则存在一个整数 c, 使得 $b = ac$, 即 $b = ac + 0$. 已知 $a \neq 0$, 那么 $0 \leqslant 0 < |a|$, 所以用 a 去除 b 所得的余数等于零. 反之, 由充分性假定, 存在 $q \in \mathbb{Z}$, 使得 $b = aq + 0$, 即 $b = aq$, 所以 $a \mid b$. □

上述命题可以用来判断一个非零整数能否整除另一个整数. 例如, 由右边的算式可见, 用 123 去除 4567 所得的余数为 16. 因为 $16 \neq 0$, 根据命题 0.2.2, 有 $123 \nmid 4567$.

$$
\begin{array}{r}
37 \\
123 \,\overline{)\,4567} \\
\underline{369}\;\; \\
877 \\
\underline{861} \\
16
\end{array}
$$

用一个非零整数 a 去除另一个整数 b, 如果余数等于零, 我们就说 "a 能除尽 b" 或 "b 能被 a 除尽". 命题 0.2.2 表明, 当 $a \neq 0$ 时, a 能除尽 b 等价于 a 整除 b. 值得注意的是, 当 $a = 0$ 时, 我们只能谈论 a 是否整除 b, 不能说 a 是否除尽 b. 这是因为零不能作除数.

下面考虑最大公因数. 如果 $c \mid a$ 且 $c \mid b$, 即 c 既是 a 的一个因数, 又是 b 的一个因数, 那么称 c 为 a 与 b 的一个 **公因数.** 显然, ± 1 是每一对整数的公因数. 容易看出, 12 与 18 的公因数一共有 8 个, 它们是 ± 1, ± 2, ± 3, ± 6. 在这 8 个公因数中, ± 6 的绝对值最大, 并且 ± 6 是 12 与 18 的每一个公因数的倍数. 在整数的整除性理论中, 这样的公因数扮演着一个重要角色.

定义 0.2.2 设 d 是整数 a 与 b 的一个公因数, 即 $d \mid a$ 且 $d \mid b$. 如果 d 是 a 与 b 的每一个公因数的倍数, 即对任意整数 c, 只要 $c \mid a$ 且 $c \mid b$, 就有 $c \mid d$, 那么称 d 为 a 与 b 的一个 **最大公因数** 或 **最大公约数** (简记作 g.c.d.).

于是 12 与 18 的最大公因数有两个, 它们是 6 和 -6. 由此可见, 两个整数的最大公因数一般不唯一 (如果存在的话). 设 d 与 d_1 都是整数 a 与 b 的最大公因数. 根据定义, 有 $d \mid d_1$ 且 $d_1 \mid d$. 根据性质 0.2.1(4), 有 $d_1 = \pm d$. 这表明, a 与 b 的最大公因数只能是 d 与 $-d$, 因而最大公因数不超过两个. 为了便于书写, 我们用符号 (a, b) 来表示 a 与 b 的非负最大公因数.

下面讨论最大公因数的存在性问题. 首先给出一个引理.

引理 0.2.3 设 a 与 b 是两个整数.

(1) 若 a 是 b 的一个因数, 则 a 与 b 的最大公因数存在, 并且 $(a, b) = |a|$;

(2) 若存在两个整数 u 与 v, 使得 $a = bu + v$, 则当 b 与 v 的最大公因数存在时, a 与 b 的最大公因数也存在, 并且 $(a, b) = (b, v)$.

证明 (1) 已知 a 是 b 的一个因数. 显然 a 也是它自身的一个因数, 所以 a 是 a 与 b 的一个公因数. 另一方面, a 当然是 a 与 b 的每一个公因数的倍数. 根据定义, a 与 b 有一个最大公因数 a. 其次, 根据上面的讨论, a 与 b 的最大公因数只能为 a 与 $-a$, 因此 $(a, b) = |a|$.

(2) 当 b 与 v 存在最大公因数时, 可设 d 是它们的一个最大公因数, 那么 $d \mid b$ 且 $d \mid v$, 所以 $d \mid bu+v$. 已知 $a=bu+v$,那么 $d \mid a$. 再加上 $d \mid b$, 因此 d 是 a 与 b 的一个公因数. 另一方面, 设 c 是 a 与 b 的任意公因数, 则 $c \mid a$ 且 $c \mid b$, 所以 $c \mid a-bu$. 再由 $a=bu+v$,有 $a-bu=v$,因此 $c \mid v$. 再加上 $c \mid b$,我们看到,c 是 b 与 v 的一个公因数. 注意到 d 是 b 与 v 的一个最大公因数, 根据定义, 有 $c \mid d$. 这就证明了, a 与 b 有一个最大公因数 d. 这样一来, a, b 与 b, v 这两对整数的全部最大公因数都是 d 和 $-d$, 因此 $(a, b)=(b, v)$. □

定理 0.2.4 每一对整数 a 与 b 都有最大公因数.

证明 当 $b=0$ 时, 有 $a \mid b$. 根据引理 0.2.3(1), a 是 a 与 b 的一个最大公因数. 不妨设 $b \neq 0$,那么由带余除法定理, 存在 $q_1, r_1 \in \mathbb{Z}$,使得

$$a=bq_1+r_1, \tag{0.2.2}$$

其中 $0 \leqslant r_1<|b|$. 如果 $r_1=0$,那么 b 是 a 的一个因数. 根据引理 0.2.3(1), 有 $(a, b)=|b|$. 如果 $r_1>0$,那么存在 $q_2, r_2 \in \mathbb{Z}$, 使得 $b=r_1q_2+r_2$,其中 $0 \leqslant r_2<r_1$. 如果 $r_2=0$,那么 r_1 是 b 的一个因数, 所以 $(b, r_1)=r_1$. 根据 (0.2.2) 式以及引理 0.2.3(2), 有 $r_1=(b, r_1)=(a, b)$. 如果 $r_2>0$,那么可以用 r_2 去除 r_1,得到商 q_3 和余数 r_3, 然后按照上述方法继续讨论下去. 这就得到一串余数, 它们的数值一个比一个小, 即 $|b|>r_1>r_2>\cdots$. 由于每一个余数都是非负整数, 上述过程必定在有限个步骤内出现余数为零的情形. 假设到第 $k+1$ 步时, 出现余数 $r_{k+1}=0$,那么我们得到一串等式:

$$\left\{\begin{aligned}
a &= bq_1+r_1, \\
b &= r_1q_2+r_2, \\
r_1 &= r_2q_3+r_3, \\
&\vdots \\
r_{k-3} &= r_{k-2}q_{k-1}+r_{k-1}, \\
r_{k-2} &= r_{k-1}q_k+r_k, \\
r_{k-1} &= r_kq_{k+1}+0.
\end{aligned}\right. \tag{0.2.3}$$

由最后一个等式以及引理 0.2.3(1),有 $(r_{k-1}, r_k)=r_k$. 再从倒数第二个等式出发, 逐次往上一个等式推, 并反复应用引理 0.2.3(2),得

$$r_k=(r_{k-1}, r_k)=(r_{k-2}, r_{k-1})=(r_{k-3}, r_{k-2})=\cdots=(b, r_1)=(a, b),$$

因此 r_k 是 a 与 b 的一个最大公因数. □

在上述定理的证明过程中, 还给出了求最大公因数的一种方法, 称为**辗转相除法**或**欧几里得算法**.

例 0.2.1 求 12345 与 49398 的最大公因数.

解 作辗转相除如下:

$$
\begin{aligned}
49398 &= 12345 \times 4 + 18, \\
12345 &= 18 \times 685 + 15, \\
18 &= 15 \times 1 + 3, \\
15 &= 3 \times 5.
\end{aligned}
$$

4	12345	49398	
	12330	49380	
1	15	18	685
	15	15	
	0	3	5

这些算式通常写成右边的形式,所以 12345 与 49398 的最大公因数为 ± 3.

考察等式组 (0.2.3),把其中的前 k 个等式变形, 得

$$
\left\{
\begin{aligned}
r_1 &= a - q_1 b, \\
r_2 &= b - q_2 r_1, \\
&\ \ \vdots \\
r_{k-2} &= r_{k-4} - q_{k-2} r_{k-3}, \\
r_{k-1} &= r_{k-3} - q_{k-1} r_{k-2}, \\
r_k &= r_{k-2} - q_k r_{k-1}.
\end{aligned}
\right.
\tag{0.2.4}
$$

最后一个等式表明, r_k 是 r_{k-2} 与 r_{k-1} 的一个组合. 用倒数第二个等式右边代替最后一式中的 r_{k-1}, 得 $r_k = r_{k-2} - q_k(r_{k-3} - q_{k-1} r_{k-2})$. 整理, 得

$$
r_k = -q_k r_{k-3} + (1 + q_{k-1} q_k) r_{k-2}. \tag{0.2.5}
$$

这就把 r_k 表示成 r_{k-3} 与 r_{k-2} 的一个组合. 再用等式组 (0.2.4) 的倒数第三个等式右边代替 (0.2.5) 式中的 r_{k-2}, 可以把 r_k 表示成 r_{k-4} 与 r_{k-3} 的一个组合. 如此反复回代, 最终可以把 r_k 表示成 a 与 b 的一个组合

$$
r_k = \widetilde{u}\, a + \widetilde{v}\, b, \tag{0.2.6}
$$

其中 $\widetilde{u}$ 与 $\widetilde{v}$ 都是 $q_1, q_2, \cdots, q_k$ 经过有限次加、减、乘这三个运算所得的表达式, 因而 $\widetilde{u}$ 与 $\widetilde{v}$ 是两个整数.

现在, 设 d 是 a 与 b 的一个最大公因数. 已知当 $b \neq 0$ 时, 上述的 r_k 也是 a 与 b 的一个最大公因数, 那么 $d = \pm r_k$. 令 $u = \pm \widetilde{u}$ 且 $v = \pm \widetilde{v}$,则由 (0.2.6) 式, 有 $d = ua + vb$. 又已知当 $b = 0$ 时, a 是 a 与 b 的一个最大公因数, 那么 $d = \pm a$. 令 $u = \pm 1$, 则对任意整数 v, 有 $d = ua + vb$. 这就得到下列定理.

定理 0.2.5 如果 d 是整数 a 与 b 的一个最大公因数, 那么它可以表示成 a 与 b 的一个组合, 即存在整数 u 与 v, 使得 $d = ua + vb$.

值得一提的是, 上述定理中组合系数 u 与 v 不是唯一的. 例如, 2 是 4 与 6 的一个最大公因数, 它可以表示成 $2 = 2 \times 4 + (-1) \times 6$, 也可以表示成

$$
2 = 8 \times 4 + (-5) \times 6.
$$

需要注意的是, 上述定理的逆不成立. 例如, 5 可以表示成 $5 = 2\times 9 + (-1)\times 13$. 然而由于 5 不是 9 与 13 的公因数, 它当然不可能是 9 与 13 的最大公因数.

由组合式 $d = ua + vb$ 易见, d 是 a 与 b 的每一个公因数的倍数. 于是由最大公因数的定义, 立即得到

命题 0.2.6 设 d 是整数 a 与 b 的一个公因数. 如果存在两个整数 u 与 v, 使得 $d = ua + vb$, 那么 d 是 a 与 b 的一个最大公因数.

在定理 0.2.5 的推导过程中, 还给出了求组合系数 u 与 v 的一种方法.

例 0.2.2 设 $a = 299$ 且 $b = 247$. 求一对整数 u 与 v, 使得 $(a, b) = ua + vb$.

解 应用辗转相除法, 有

$$299 = 247\times 1 + 52,\ \ 247 = 52\times 4 + 39,\ \ 52 = 39\times 1 + 13,\ \ 39 = 13\times 3,$$

所以 $(299, 247) = 13$. 把上述前三个等式变形, 得

$$52 = 299 - 247,\ \ 39 = 247 - 52\times 4,\ \ 13 = 52 - 39.$$

于是
$$13 = 52 - (247 - 52\times 4) = 52\times 5 - 247 = (299 - 247)\times 5 - 247,$$

因此
$$13 = 5\times 299 + (-6)\times 247.$$

已知 $a = 299$ 且 $b = 247$, 令 $u = 5$ 且 $v = -6$, 则上式变成 $(a, b) = ua + vb$.

注意到 ± 1 是任意一对整数的公因数, 其余整数都不具有这样的性质. 因此考虑最大公因数为 ± 1 的两个整数, 是很有意义的.

定义 0.2.3 设 a 与 b 是两个整数. 如果 $(a, b) = 1$, 即 a 与 b 的最大公因数为 ± 1, 那么称 a 与 b 为**互素的** (亦称为**互质的**).

例如, 2 与 3 是互素的, 但 2 与 4 不是互素的. 显然, 每一对整数不是互素, 就是不互素, 因此互素也是整数之间一种二元关系. 由于 1 是每一对整数的一个公因数, 根据定理 0.2.5 和命题 0.2.6, 立即得到下面的重要定理.

定理 0.2.7 两个整数 a 与 b 互素当且仅当存在整数 u 与 v, 使得 $ua + vb = 1$.

下面给出与互素关系有关的三个重要性质.

性质 0.2.2 设 a, b, c 是三个整数, 并设 $(a, b) = 1$.

(1) 如果 $(a, c) = 1$, 那么 $(a, bc) = 1$;

(2) 如果 $a \mid bc$, 那么 $a \mid c$;

(3) 如果 $a \mid c$, 并且 $b \mid c$, 那么 $ab \mid c$.

证明 已知 $(a, b) = 1$. 根据定理 0.2.7 的必要性, 存在整数 u 与 v, 使得

$$ua + vb = 1. \tag{0.2.7}$$

(1) 如果 $(a, c)=1$, 根据同样的理由, 存在整数 u_1 与 v_1, 使得 $u_1a+v_1c=1$. 把这两个组合式左右两边分别相乘, 并整理, 得 $u_2a+v_2(bc)=1$, 其中

$$u_2=uu_1a+uv_1c+u_1vb \text{ 且 } v_2=vv_1.$$

显然 u_2 与 v_2 是两个整数. 根据定理 0.2.7 的充分性, 有 $(a, bc)=1$.

(2) 用 c 去乘 (0.2.7) 式两边, 得 $(uc)a+v(bc)=c$. 如果 $a \mid bc$, 那么由 $a \mid a$ 以及性质 0.2.1(3), 有 $a \mid (uc)a+v(bc)$, 所以 $a \mid c$.

(3) 用 c 去乘 (0.2.7) 式两边, 得 $u(ac)+v(bc)=c$. 如果 $a \mid c$, 并且 $b \mid c$, 那么由性质 0.2.1(2), 有 $ab \mid bc$ 且 $ab \mid ac$, 从而有 $ab \mid u(ac)+v(bc)$, 所以 $ab \mid c$. □

现在让我们转向讨论整数的因数分解.

定义 0.2.4 设 p 是一个大于 1 的整数. 如果 p 只有平凡因数, 那么称它为一个**素数**(亦称为一个**质数**). 如果 p 有真因数, 那么称它为一个**合数.**

根据定义, 小于 2 的整数既不是素数, 也不是合数. 我们知道, 开头几个素数是 2, 3, 5, 7, 11, 13, $\cdots$. 容易看出, 每一个合数都可以分解成两个大于 1 的整数的乘积. 素数具有如下基本性质.

性质 0.2.3 设 p 是一个素数, 则

(1) 对任意整数 a, 或者 $(p, a)=1$, 或者 $p \mid a$;

(2) 对任意整数 a 与 b, 只要 $p \mid ab$, 就有 $p \mid a$ 或 $p \mid b$.

证明 (1) 已知互素是一种二元关系, 那么对任意整数 a, 不是 $(p, a)=1$, 就是 $(p, a)\neq 1$. 当 $(p, a)\neq 1$ 时, 令 $d=(p, a)$, 则 $d\geqslant 0$, $d\neq 1$ 且 $d \mid p$, $d \mid a$. 已知 p 是一个素数, 那么由 $d \mid p$, 有 $d=\pm 1$ 或 $d=\pm p$. 从而由 $d\geqslant 0$ 且 $d\neq 1$, 得 $d=p$. 再由 $d \mid a$, 得 $p \mid a$. 这就证明了, 或者 $(p, a)=1$, 或者 $p \mid a$.

(2) 当 $p \mid a$ 时, 结论已经成立. 不妨设 $p \nmid a$. 已知 p 是一个素数. 根据 (1), 有 $(p, a)=1$. 现在, 对任意整数 b, 如果 $p \mid ab$, 根据性质 0.2.2(2), 有 $p \mid b$. □

如果素数 p 是整数 a 的一个因数, 那么称它为 a 的一个**素因数** 或**质因数.** 下一个定理叫做**算术基本定理,** 它是整数理论中一个非常重要的定理.

定理 0.2.8 设 a 是一个绝对值大于 1 的整数, 则存在有限个素数, 比如说 $p_1, p_2, \cdots, p_s$, 使得 $a=\pm p_1p_2\cdots p_s$. 更进一步地, 如果不考虑素因数的排列次序, 那么上述分解式是唯一的. 换句话说, 如果还存在素数 $q_1, q_2, \cdots, q_t$, 使得 $a=\pm q_1q_2\cdots q_t$, 那么 $s=t$, 并且适当调整 $q_1, q_2, \cdots, q_s$ 的下标编号, 可使 $q_i=p_i$, $i=1, 2, \cdots, s$.

证明 存在性. 已知 $|a|>1$. 令 $n=|a|$, 则 $n\geqslant 2$ 且 $a=\pm n$. 我们对 n 作数学归纳法. 当 $n=2$ 时, 有 $a=\pm 2$. 因为 2 是素数, 所以分解式的存在性成立. 假定 $n>2$, 并且对一切小于 n 的情形, 存在性成立. 下面考虑 n 的情形. 如果 n 是素数, 因为 $a=\pm n$, 所以

存在性成立. 如果 n 是合数, 那么它可以分解成两个大于 1 的整数 n_1 与 n_2 的乘积, 所以 $a=\pm n_1n_2$. 此时, 显然有 $2\leqslant n_1<n$ 且 $2\leqslant n_2<n$. 根据归纳假定, n_1 与 n_2 都可以分解成有限个素数的乘积. 用这两个分解式分别代替等式 $a=\pm n_1n_2$ 中的 n_1 和 n_2, 就得到 a 的一个分解式. 根据第二数学归纳法原理, 分解式的存在性得证.

唯一性. 假设 $a=\pm p_1p_2\cdots p_s$ 与 $a=\pm q_1q_2\cdots q_t$ 是 a 的两个分解式, 其中 $p_1,\,p_2,\,\cdots,\,p_s$ 与 $q_1,\,q_2,\,\cdots,q_t$ 都是素数, 那么

$$q_1q_2\cdots q_t=p_1p_2\cdots p_s. \tag{0.2.8}$$

我们对上式右边的因数个数 s 作数学归纳法. 当 $s=1$ 时, 有 $a=\pm p_1$,所以 a 只有一个素因数. 根据 (0.2.8) 式, 有 $t=1$ 且 $q_1=p_1$, 因此 a 的分解式是唯一的. 假定 $s>1$,并且对 $s-1$ 的情形, 唯一性成立. 下面考虑 s 的情形. 由 (0.2.8) 式, 有 $p_s\mid q_1q_2\cdots q_t$. 因为 p_s 是一个素数, 反复应用性质 0.2.3(2), 它至少整除 $q_1,\,q_2,\,\cdots,\,q_t$ 中的一个. 于是适当调整下标编号, 可使 $p_s\mid q_t$,所以 $(p_s,\,q_t)\neq 1$. 又因为 q_t 也是一个素数, 根据性质 0.2.3(1),有 $q_t\mid p_s$. 从而由性质 0.2.1(4),得 $q_t=\pm p_s$. 已知 p_s 与 q_t 都是正整数, 那么 $q_t=p_s$. 现在, 用 p_s 代替 (0.2.8) 式左边的 q_t,然后消去两边的公因数 p_s,得

$$q_1q_2\cdots q_{t-1}=p_1p_2\cdots p_{s-1}. \tag{0.2.9}$$

根据归纳假定, 有 $s-1=t-1$,从而有 $s=t$. 这样一来, 等式 $q_t=p_s$ 变成 $q_s=p_s$, 并且等式 (0.2.9) 变成 $q_1q_2\cdots q_{s-1}=p_1p_2\cdots p_{s-1}$. 再由归纳假定, 适当调整 $q_1,\,q_2,\,\cdots,\,q_{s-1}$ 的下标编号, 可使 $q_i=p_i$, $i=1,\,2,\,\cdots,\,s-1$. 根据第一数学归纳法原理, 分解式的唯一性得证. □

根据算术基本定理, 每一个绝对值大于 1 的整数至少有一个素因数.

在分解式 $a=\pm p_1p_2\cdots p_s$ 中, 同一个素因数可能出现多次, 大的素因数也可能排在小的素因数前面. 由于数的乘法满足交换律, 可以适当调整素因数的排列次序, 使得它们按照从小到大的顺序进行排列. 同时还可以把相同的素因数集中起来写成方幂的形式. 不妨设 $p_1,\,p_2,\,\cdots,\,p_t$ 是 a 的全部互不相同的素因数, 并且 $p_1<p_2<\cdots<p_t$,那么上述分解式可以改写成 $a=\pm p_1^{k_1}p_2^{k_2}\cdots p_t^{k_t}$, 其中 $k_i>0$ $(i=1,\,2,\,\cdots,\,t)$,并且 $k_1+k_2+\cdots+k_t=s$. 显然这种分解式是唯一的, 称为 a 的**标准分解式**. 例如, -450 的标准分解式为 $-2\times 3^2\times 5^2$.

习题 0.2

1. 求出用 a 去除 b 所得的商和余数, 这里
   (1) $a=17,\ b=-235$; (2) $a=-8,\ b=2$; (3) $a=-7,\ b=-58$.
2. 求整数 123456789 与 987654321 的最大公因数.
3. 设 $a=391$ 且 $b=306$. 求一对整数 u 和 v, 使得 $(a,\,b)=ua+vb$.
4. 设 a 与 b 是两个不全为零的整数, 使得 $a=da_1$ 且 $b=db_1$,其中 $d,\,a_1,\,b_1\in\mathbb{Z}$. 证明: d 是 a 与 b 的一个最大公因数当且仅当 $(a_1,\,b_1)=1$.
5. 设 a 与 b 是两个整数, 使得 $(a,\,b)=1$. 证明: $(a\pm b,\,a)=1$ 且 $(a\pm b,\,ab)=1$.

6. 设 $a, b \in \mathbb{Z}$, 使得 $(a, b) = 1$. 证明: 对任意的 $n \in \mathbb{N}^+$, 有 $(a, b^n) = 1$.
7. 设 p 是一个素数. 证明: $\sqrt{p}$ 是一个无理数.
8. 设 p 是一个大于 1 的整数, 则下列条件等价: (1) p 是一个素数; (2) 对任意的 $a \in \mathbb{Z}$, 或者 $(p, a) = 1$, 或者 $p \mid a$; (3) 对任意的 $a, b \in \mathbb{Z}$, 只要 $p \mid ab$, 就有 $p \mid a$ 或 $p \mid b$.
9. (1) 设 $a = 1 + p_1p_2\cdots p_s$. 若 $p_1, p_2, \cdots, p_s$ 都是素数, 则 $p_i \nmid a,\ i = 1, 2, \cdots, s$;
   (2) 证明: 素数有无穷多个.

*10. 设 $a_1, a_2, \cdots, a_s$ 是 s 个整数 $(s \geqslant 2)$. 如果 c 是每一个 $a_i\ (i = 1, 2, \cdots, s)$ 的因数, 那么称它为这 s 个整数的一个 **公因数.** 令 d 是这 s 个整数的一个公因数. 如果 d 是它们的每一个公因数的倍数, 那么称 d 为这 s 个整数的一个 **最大公因数.** 证明:
   (1) 当 $s \geqslant 2$ 时, 任意 s 个整数 $a_1, a_2, \cdots, a_s$ 都有最大公因数;
   (2) 如果 d 是 $a_1, a_2, \cdots, a_s$ 的一个最大公因数, 那么存在整数 $u_1, u_2, \cdots, u_s$, 使得

$$d = u_1a_1 + u_2a_2 + \cdots + u_sa_s.$$

*11. 设 $a_1, a_2, \cdots, a_s$ 是 s 个整数 $(s \geqslant 2)$. 如果它们的最大公因数为 ± 1, 那么称这 s 个整数是 **互素的.** 如果其中的任意两个都互素, 那么称这 s 个整数 **两两互素.** 证明:
   (1) $a_1, a_2, \cdots, a_s$ 是互素的当且仅当存在整数 $u_1, u_2, \cdots, u_s$, 使得

$$u_1a_1 + u_2a_2 + \cdots + u_sa_s = 1.$$

   (2) 如果 $a_1, a_2, \cdots, a_s$ 两两互素, 那么它们是互素的, 反之不然.

*12. 设 $a, b, c \in \mathbb{Z}$. 若 $a \mid c$ 且 $b \mid c$, 则称 c 为 a 与 b 的一个 **公倍数.** 令 m 是 a 与 b 的一个公倍数. 若 m 是 a 与 b 的每一个公倍数的因数, 则称它为 a 与 b 的一个 **最小公倍数.** 证明:
   (1) 若 a 与 b 全不为零, 则它们的公倍数有无穷多个, 否则, 只有一个;
   (2) a 是 b 的一个倍数当且仅当 a 是 a 与 b 的一个最小公倍数;
   (3) 若 m 与 m_1 都是 a 与 b 的最小公倍数, 则 $m_1 = \pm m$.

0.3 数环和数域

在数学里数无疑是一个最基本的概念. 我们熟知的数有自然数、整数、有理数、实数和复数等. 历史上, 数的各种概念的形成经历了漫长岁月. 在这个过程中许多概念的产生都与数的运算有关. 例如, 在正整数范围内, 由于除法运算不是总可以施行, 因此产生了正分数 (正有理数) 的概念. 又如, 在自然数范围内, 由于减法运算不是总可以施行, 因此产生了整数的概念. 我们把数的加、减、乘、除这四个运算统称为 **四则运算.** 与数的四则运算有关的性质通常称为 **代数性质.** 代数主要研究类似于数的四则运算的各种问题. 代数研究的基本特点是, 经常把具有相同运算性质的对象集中起来作统一处理.

在这一节我们将介绍两类特殊数集, 一类是数环, 另一类是数域. 在本书中数环和数域是两个基本概念, 尤其是数域这个概念, 将贯穿后面各个章节.

为了能够对具有相同运算性质的各种数集作统一研究, 我们首先需要数的运算封闭性的概念.

定义 0.3.1 设 S 是一个非空数集. 令 $\circ$ 代表四则运算中的某一个. 如果 S 中任意两个数在运算 $\circ$ 下的结果仍然是 S 中一个数, 那么称数集 S 对于运算 $\circ$ 是**封闭的.** 否则, 称数集 S 对于运算 $\circ$ 是**不封闭的.**

定义中 "如果" 部分可以用符号叙述如下: $\forall a, b \in S$, 有 $a \circ b \in S$, 这里 a 和 b 可能是相同的数, 也可能是不同的数. 特别地, 当 $\circ$ 代表除法运算时, 由于除数不能等于零, 定义中 "如果" 部分应叙述为: $\forall a, b \in S$, 只要 $b \neq 0$, 就有 $a \div b \in S$. 显然自然数集对于加法和乘法运算都是封闭的, 但是它对于减法和除法运算都是不封闭的.

如果两个数集对于数的某些运算是封闭的, 那么它们对于这些运算将具有一些相同的运算性质. 例如, 由于自然数集 $\mathbb{N}$ 与整数集 $\mathbb{Z}$ 对于加法 (乘法) 运算都封闭, 因此不论是 $\mathbb{N}$ 中的数, 还是 $\mathbb{Z}$ 中的数, 都满足加法 (乘法) 交换律.

定义 0.3.2 设 $\boldsymbol{R}$ 是一个非空数集. 如果 $\boldsymbol{R}$ 对于数的加法、减法和乘法运算都封闭, 那么数集$\boldsymbol{R}$连同这三个运算一起组成的系统 $(\boldsymbol{R}; +, -, \cdot)$ 称为一个 **数环,** 简称$\boldsymbol{R}$是一个 **数环.**

根据定义, 数集 R 与数环 $\boldsymbol{R}$ 是两个不同概念. 前者指的是集合 R, 后者指的是系统 $(\boldsymbol{R}; +, -, \cdot)$.

例 0.3.1 设 n 是一个整数. 令 $n\mathbb{Z} = \{na \mid a \in \mathbb{Z}\}$. 显然 $n\mathbb{Z}$ 是一个非空数集. 对任意的 $a, b \in \mathbb{Z}$, 有 $na \pm nb = n(a \pm b) \in n\mathbb{Z}$ 且 $na \cdot nb = n(nab) \in n\mathbb{Z}$, 因此 $n\mathbb{Z}$ 对于加法、减法和乘法运算都封闭. 根据定义, $n\mathbb{Z}$ 是一个数环.

数环 $n\mathbb{Z}$ 称为 $\boldsymbol{n}$ 的**倍数环.** 易见 $0\mathbb{Z} = \{0\}$, $1\mathbb{Z} = \mathbb{Z}$ 且 $2\mathbb{Z} = \{$全体偶数$\}$, 其中 $\mathbb{Z}$ 和 $2\mathbb{Z}$ 分别称为 **整数环** 和 **偶数环.**

设 n 是一个正整数, 则 n 不可能是 $n+1$ 的倍数, 所以 $n \notin (n+1)\mathbb{Z}$. 注意到 $n \in n\mathbb{Z}$, 因此 $n\mathbb{Z} \neq (n+1)\mathbb{Z}$. 由此可见, 数环有无穷多个.

除 n 的倍数环外, 还有其他数环. 例如, 令 $\mathbb{Z}[\mathrm{i}] = \{a + b\mathrm{i} \mid a, b \in \mathbb{Z}\}$, 其中 i 是虚数单位. 容易验证, $\mathbb{Z}[\mathrm{i}]$ 也是一个数环, 称为 **高斯整数环.**

还有一些数集, 它们不仅对于加法、减法和乘法运算都封闭, 而且对于除法运算也封闭. 这样的系统称为数域, 其确切定义如下.

定义 0.3.3 设 $\boldsymbol{F}$ 是一个含有非零数的数集. 如果 $\boldsymbol{F}$ 对于数的四则运算都封闭, 那么称系统 $(\boldsymbol{F}; +, -, \cdot, \div)$ 为一个 **数域,** 简称 $\boldsymbol{F}$ 是一个 **数域.**

与数环的情形一样, 数集与数域是两个不同概念. 容易验证, $\mathbb{Q}$, $\mathbb{R}$ 和 $\mathbb{C}$ 都是数域, 分别称为 **有理数域**、 **实数域** 和 **复数域.** 根据定义, 数域一定是数环, 反之不然. 例如, 整数环不是数域.

除了 $\mathbb{Q}$, $\mathbb{R}$ 和 $\mathbb{C}$ 这三个常见数域以外, 还有其他数域.

例 0.3.2 设 p 是一个素数. 令 $\mathbb{Q}(\sqrt{p})=\{a+b\sqrt{p}\mid a,\,b\in\mathbb{Q}\}$, 则 $\mathbb{Q}(\sqrt{p})$ 含有非零的数. 对任意的 $a,\,b,\,c,\,d\in\mathbb{Q}$, 有

$$(a+b\sqrt{p})\pm(c+d\sqrt{p})=(a\pm c)+(b\pm d)\sqrt{p}\in\mathbb{Q}(\sqrt{p}),$$

且
$$(a+b\sqrt{p})\cdot(c+d\sqrt{p})=(ac+bdp)+(ad+bc)\sqrt{p}\in\mathbb{Q}(\sqrt{p}).$$

又当 $c+d\sqrt{p}\neq 0$ 时, 有 $c-d\sqrt{p}\neq 0$. 事实上, 若 $c-d\sqrt{p}=0$, 则 $c=d\sqrt{p}$. 易见 $d\neq 0$ (否则 $c+d\sqrt{p}=0$), 所以 $\dfrac{c}{d}=\sqrt{p}$, 与 $\sqrt{p}$ 是无理数矛盾. 于是

$$\frac{a+b\sqrt{p}}{c+d\sqrt{p}}=\frac{(a+b\sqrt{p})(c-d\sqrt{p})}{(c+d\sqrt{p})(c-d\sqrt{p})}=\frac{ac-pbd}{c^2-pd^2}+\frac{bc-ad}{c^2-pd^2}\sqrt{p}\in\mathbb{Q}(\sqrt{p}).$$

因此 $\mathbb{Q}(\sqrt{p})$ 对于数的四则运算都封闭. 根据定义, $\mathbb{Q}(\sqrt{p})$ 是一个数域.

容易看出, $\mathbb{Q}\subseteq\mathbb{Q}(\sqrt{p})\subseteq\mathbb{R}$. 不难验证, 当 p 与 q 是两个不同的素数时, 有 $\mathbb{Q}(\sqrt{p})\neq\mathbb{Q}(\sqrt{q})$. 这表明, 介于有理数域和实数域之间有无穷多个数域. 可是下一个命题表明, 实数域和复数域之间不存在任何数域.

命题 0.3.1 设 $\boldsymbol{F}$ 是一个数域. 如果 $F\supset\mathbb{R}$, 那么 $F=\mathbb{C}$.

证明 如果 $F\supset\mathbb{R}$, 那么存在 $z_0\in\boldsymbol{F}$, 但 $z_0\notin\mathbb{R}$. 于是可设 $z_0=a+b\mathrm{i}$, 其中 $a,\,b\in\mathbb{R}$ 且 $b\neq 0$. 再由 $\boldsymbol{F}\supset\mathbb{R}$, 有 $a,\,b\in\boldsymbol{F}$. 已知 $\boldsymbol{F}$ 是一个数域, 那么由 $\boldsymbol{F}$ 对于减法运算的封闭性, 有 $z_0-a\in\boldsymbol{F}$, 即 $b\mathrm{i}\in\boldsymbol{F}$. 再由 $\boldsymbol{F}$ 对于除法运算的封闭性, 得 $b\mathrm{i}\div b\in\boldsymbol{F}$, 即 $\mathrm{i}\in\boldsymbol{F}$.

假定 $z\in\mathbb{C}$, 那么存在 $x,\,y\in\mathbb{R}$, 使得 $z=x+y\mathrm{i}$. 根据前面的讨论, 有 $x,\,y,\,\mathrm{i}\in\boldsymbol{F}$. 于是由 $\boldsymbol{F}$ 对于乘法运算的封闭性, 有 $y\mathrm{i}\in\boldsymbol{F}$. 再由 $\boldsymbol{F}$ 对于加法运算的封闭性, 得 $x+y\mathrm{i}\in\boldsymbol{F}$, 所以 $z\in\boldsymbol{F}$. 这就得到 $\mathbb{C}\subseteq\boldsymbol{F}$. 相反的包含关系自然成立, 因此 $\boldsymbol{F}=\mathbb{C}$. □

最后让我们给出有理数域的一个重要定理.

定理 0.3.2 有理数域 $\mathbb{Q}$ 是最小数域, 即对任意数域 $\boldsymbol{F}$, 恒有 $\mathbb{Q}\subseteq\boldsymbol{F}$.

证明 设 $\boldsymbol{F}$ 是一个数域, 则存在 $\boldsymbol{F}$ 中一个非零的数 a_0. 于是由 $\boldsymbol{F}$ 对于减法和除法运算的封闭性, 有 $a_0-a_0\in\boldsymbol{F}$ 且 $a_0\div a_0\in\boldsymbol{F}$, 即 $0\in\boldsymbol{F}$ 且 $1\in\boldsymbol{F}$. 对任意正整数 k, 如果 $k\in\boldsymbol{F}$, 那么由 $1\in\boldsymbol{F}$, 以及 $\boldsymbol{F}$ 对于加法运算的封闭性, 有 $k+1\in\boldsymbol{F}$. 根据数学归纳法原理, 每一个正整数 n 都在 $\boldsymbol{F}$ 中. 再由 $0\in\boldsymbol{F}$, 以及 $\boldsymbol{F}$ 对于减法运算的封闭性, 有 $0-n\in\boldsymbol{F}$, 即 $-n\in\boldsymbol{F}$. 这表明, 每一个整数都在 $\boldsymbol{F}$ 中, 所以 $\mathbb{Z}\subseteq\boldsymbol{F}$.

现在, 假定 $a\in\mathbb{Q}$, 那么存在 $m,\,n\in\mathbb{Z}$, 使得 $a=\dfrac{n}{m}$, 即 $a=n\div m$. 因为 $\mathbb{Z}\subseteq\boldsymbol{F}$, 所以 $m,\,n\in\boldsymbol{F}$. 又因为 $\boldsymbol{F}$ 对于除法运算是封闭的, 所以 $n\div m\in\boldsymbol{F}$, 即 $a\in\boldsymbol{F}$, 因此 $\mathbb{Q}\subseteq\boldsymbol{F}$. 这就证明了, 有理数域 $\mathbb{Q}$ 是最小数域. □

习题 0.3

1. 设 $\boldsymbol{R}$ 是一个数环. 证明: 如果 $\boldsymbol{R} \neq \{0\}$, 那么 $\boldsymbol{R}$ 含有无穷多个数.
2. 证明: 在含有数 1 的数环中, 整数环 $\mathbb{Z}$ 是最小数环.
3. 设 $\boldsymbol{F}$ 是一个数域. 证明: 若 $\sqrt{2}+\sqrt{3}$ 是 $\boldsymbol{F}$ 中的数, 则 $\sqrt{2}$ 与 $\sqrt{3}$ 都是 $\boldsymbol{F}$ 中的数.
4. 证明: 两个数域 $\boldsymbol{F}_1$ 与 $\boldsymbol{F}_2$ 的交 $\boldsymbol{F}_1 \cap \boldsymbol{F}_2$ 仍然是数域.
5. 证明: 如果 p 与 q 是两个不同的素数, 那么 $\mathbb{Q}(\sqrt{p}) \neq \mathbb{Q}(\sqrt{q})$.
6. 举例说明, 两个数域 $\boldsymbol{F}_1$ 与 $\boldsymbol{F}_2$ 的并 $\boldsymbol{F}_1 \cup \boldsymbol{F}_2$ 未必是数域. 在什么条件下,$\boldsymbol{F}_1 \cup \boldsymbol{F}_2$ 是数域?

第 1 章　一元多项式

多项式论是代数学中最基本的研究对象之一, 它与方程论有密切联系. 历史上方程论曾经在很长一段时间内是数学研究的核心内容之一. 本章将以多项式的整除性和带余除法定理为基础, 比较系统地介绍一元多项式的基本理论. 本章的核心内容是一元多项式的因式分解. 多项式的理论不仅对中学数学有指导作用, 而且对数学的后续课程以及许多科学和技术领域也有重要作用.

1.1　定义和基本性质

在中学数学里, 我们已经学过多项式的初步知识. 那时多项式定义为几个单项式的代数和, 而单项式定义为用乘法 (包括乘方) 把数字或表示数字的字母连结起来的表达式. 在数学分析里, 多项式函数定义为由常数函数和幂函数 (幂指数为正整数) 经过有限次加法、减法和乘法运算生成的函数, 即形如

$$a_0 + a_1x + a_2x^2 + \cdots + a_nx^n$$

的函数, 其中 $a_0, a_1, a_2, \cdots, a_n$ 都是实数, x 是变量 (它的取值范围是实数集).

现在我们要把多项式的概念进行推广, 使其具有更广泛的应用. 除了用任意数域 $\boldsymbol{F}$ 来代替常用数域 $\mathbb{Q}$, $\mathbb{R}$ 或 $\mathbb{C}$ 以外, 最主要的推广是, x 不仅可以代表数域 $\boldsymbol{F}$ 中的数, 而且可以代表一些不是数的对象 (比如, 我们将要学习的 n 阶方阵和线性变换等). 为了便于叙述, 我们把符号 x 称为一个**文字**.

定义 1.1.1　设 x 是一个文字, n 是一个非负整数, $a_0, a_1, a_2, \cdots, a_n$ 是数域 $\boldsymbol{F}$ 中 $n+1$ 个常数, 则称形式表达式

$$a_0 + a_1x + a_2x^2 + \cdots + a_nx^n \tag{1.1.1}$$

为系数在 $\boldsymbol{F}$ 中关于文字 x 的一个**多项式**, 简称为数域 $\boldsymbol{F}$ 上一个**一元多项式**.

文字 x 也称为**未定元**. 在不会产生混淆的情况下, 形式表达式 (1.1.1) 也称为一个多项式. 我们规定, $x^0 = 1$ 且 $x^1 = x$. 于是多项式 (1.1.1) 可以用连加号表示成 $\sum\limits_{i=0}^{n} a_ix^i$, 其中 a_ix^i 称为 $\boldsymbol{i}$ **次项**, a_i 称为 i 次项**系数**. 特别地, 零次项 a_0x^0 (也就是数 a_0) 称为**常数项**. 当 $a_i = 1$ 时, i 次项 a_ix^i 通常简写成 x^i. 我们还规定, 在一个多项式中, 可以删除或添加一些系数为零的项. 例如, $1 + 0x + 2x^2$ 可以写成 $1 + 2x^2$, 也可以写成 $1 + 2x^2 + 0x^3$.

系数全为零的多项式称为**零多项式**, 其余多项式统称为**非零多项式**. 按照上面的规定, 零多项式可以写成 0.

由于未定元 x 可以代表数域 $\boldsymbol{F}$ 中的数, 也可以代表其他对象, 因此 (1.1.1) 式只是一种形式表达式, 它与中学数学或数学分析里的多项式有本质区别. 例如, 表达式中符号 + 只是

连结符号, 不能理解为数的加法运算; 一次项 a_1x 不能理解为两个数相乘; x^i 也不能理解为数的乘方, 它只是起定位作用, 即 a_ix^i 这一项在表达式中处于哪个位置. 未定元当然可以用其他文字来表示, 比如 y 或 z 等. 于是从抽象的观点来看, 多项式 (1.1.1) 本质上是数域 $\boldsymbol{F}$ 上的有序数组 $(a_0, a_1, a_2, \cdots, a_n)$. 由于这些原因,(1.1.1) 式也称为一个**多项式形式,** 以便区别于我们以前学过的多项式函数.

我们常用 $f(x), g(x), h(x)$ 等来表示一元多项式, 并用 $\boldsymbol{F}[x]$ 来表示由数域 $\boldsymbol{F}$ 上全体一元多项式组成的集合. 下面给出多项式的相等概念.

定义 1.1.2 给定数域 $\boldsymbol{F}$ 上两个多项式 $f(x)$ 与 $g(x)$,如果除了系数为零的项以外, 它们含有完全相同的项, 即它们的对应次项系数全相等, 那么称 $f(x)$ 与 $g(x)$ 是**相等的,** 记作 $f(x)=g(x)$.

我们规定, 数 a 与文字 x 写在一起时, 可以交换位置, 即 $ax = xa$. 几个 x 写在一起时, 可以用方幂的形式来表示. 例如, xxx 可以写成 x^3. 符号 $-a_ix^i$ 表示系数为 $-a_i$ 的项, 即 $(-a_i)x^i$. 我们还规定, 多项式的项可以随意调换位置. 于是按**升幂** 形式排列的多项式 (1.1.1) 等于下列按**降幂** 形式排列的多项式:

$$a_nx^n + a_{n-1}x^{n-1} + \cdots + a_1x + a_0. \tag{1.1.2}$$

在多项式 (1.1.1) 或多项式 (1.1.2) 中, 如果 $a_n \neq 0$, 那么这个多项式称为一个 $\boldsymbol{n}$ **次多项式,** 其中 a_nx^n 称为**首项,** a_n 称为**首项系数.** 首项也称为**最高次项.** 当首项系数为 1 时, 这个多项式也称为**首一的.** 根据定义, 除常数项不为零外, 其余各项系数全为零的多项式是**零次多项式.**

按照上述定义, 数域 $\boldsymbol{F}$ 上每一个非零多项式都规定了唯一的次数, 其次数是一个非负整数. 由于零多项式的各项系数全为零, 它既没有首项, 也没有首项系数, 因而还没有规定它的次数. 为了定义零多项式的次数, 我们引入符号 $-\infty$. 我们规定, 对任意非负整数 n, 恒有 $-\infty < n$; 并规定下面的吸收性成立:

$$(-\infty)+(-\infty) = -\infty \quad \text{且} \ (-\infty)+n = n+(-\infty) = -\infty.$$

现在补充定义, 零多项式的次数为 $-\infty$.

下面考虑多项式的运算. 设 $f(x),\ g(x) \in \boldsymbol{F}[x]$. 不妨设

$$\begin{cases} f(x) = a_0 + a_1x + a_2x^2 + \cdots + a_nx^n, \\ g(x) = b_0 + b_1x + b_2x^2 + \cdots + b_mx^m. \end{cases} \tag{1.1.3}$$

为了便于讨论, 我们假定 $m \leqslant n$. 当 $m < n$ 时, 令 $b_{m+1} = \cdots = b_n = 0$, 则

$$g(x) = b_0 + b_1x + b_2x^2 + \cdots + b_nx^n.$$

于是可以由 $f(x)$ 与 $g(x)$ 决定数域 $\boldsymbol{F}$ 上唯一一个多项式

$$(a_0+b_0)+(a_1+b_1)x+(a_2+b_2)x^2+\cdots+(a_n+b_n)x^n, \tag{1.1.4}$$

称为 $f(x)$ 与 $g(x)$ 的**和**, 记作 $f(x)+g(x)$. 这样, 我们就在 $\boldsymbol{F}[x]$ 上规定了一个运算 "+", 称为**加法运算**.

其次, 假定 $f(x)$ 与 $g(x)$ 仍然是 (1.1.3) 中两个多项式, 那么还可以由它们决定数域 $\boldsymbol{F}$ 上唯一一个多项式

$$a_0b_0+(a_0b_1+a_1b_0)x+(a_0b_2+a_1b_1+a_2b_0)x^2+\cdots+a_nb_mx^{n+m},$$

称为 $f(x)$ 与 $g(x)$ 的**积** (或**乘积**), 记作 $f(x)\cdot g(x)$, 简记作 $f(x)\,g(x)$. 这样, 我们就在 $\boldsymbol{F}[x]$ 上规定了另一个运算 " $\cdot$ ", 称为**乘法运算**. 乘积 $f(x)g(x)$ 中 k 次项系数可以用连加号表示成 $\sum\limits_{i+j=k}a_ib_j$, 其中 $k=0,1,2,\cdots,n+m$. 于是我们有

$$f(x)\,g(x)=\sum_{k=0}^{n+m}\Big(\sum_{i+j=k}a_ib_j\Big)x^k.$$

根据定义, $\boldsymbol{F}[x]$ 对于多项式的加法和乘法运算都是**封闭的** (即运算结果仍然是 $F[x]$ 中一个多项式). 注意, 这两个运算的定义也是形式定义, 它们是中学数学里相应运算的自然推广. 值得一提的是, 符号"+"和"·"在不同场合有不同含义. 以 (1.1.4) 式为例, 第一个加号代表通常的数的加法运算, 第二个加号只是连结符号. 这个表达式表示 $f(x)$ 与 $g(x)$ 的和 $f(x)+g(x)$, 其中的加号代表刚刚定义的多项式的加法运算.

多项式的加法与乘法运算满足下列算律: 对任意的 $f(x),\,g(x),\,h(x)\in\boldsymbol{F}[x]$,

(1) 加法交换律: $f(x)+g(x)=g(x)+f(x)$;

(2) 加法结合律: $[f(x)+g(x)]+h(x)=f(x)+[g(x)+h(x)]$;

(3) 乘法交换律: $f(x)\,g(x)=g(x)f(x)$;

(4) 乘法结合律: $[f(x)\,g(x)]h(x)=f(x)[g(x)h(x)]$;

(5) 乘法对加法的分配律: $f(x)[g(x)+h(x)]=f(x)\,g(x)+f(x)h(x)$.

这些算律与中学数学里相应算律毫无二致. 但是那时我们没有对它们进行严格证明, 而且这里的多项式是形式表达式, 不是函数, 因此这些算律都需要证明.

下面只给出乘法结合律的证明. 设

$$f(x)=\sum_{i=0}^{n}a_ix^i,\ \ g(x)=\sum_{j=0}^{m}b_jx^j,\ \ h(x)=\sum_{k=0}^{l}c_kx^k.$$

已知 $f(x)\,g(x)$ 的 r 次项系数为 $\sum\limits_{i+j=r}a_ib_j$, 那么 $[f(x)g(x)]h(x)$ 的 t 次项系数为

$$\sum_{r+k=t}\Big(\sum_{i+j=r}a_ib_j\Big)c_k,\ \text{即}\ \sum_{r+k=t}\ \sum_{i+j=r}a_ib_jc_k.$$

根据习题 0.1 第 6 题, 上式等于 $\sum\limits_{i+j+k=t}a_ib_jc_k$. 类似地, 可证 $f(x)[g(x)h(x)]$ 的 t 次项系数也是 $\sum\limits_{i+j+k=t}a_ib_jc_k$, 因此 $[f(x)\,g(x)]h(x)=f(x)[g(x)h(x)]$.

我们把 s 个 $f(x)$ 的连乘积记作 $f^s(x)$, 称为 $f(x)$ 的 s **次幂**, 简称为 $f(x)$ 的一个**方幂**. 不难验证, 对任意的 $f(x),\,g(x)\in\boldsymbol{F}[x]$ 和任意的 $s,\,t\in\mathbb{N}^+$, 有

$$f^s(x)\,f^t(x)=f^{s+t}(x) \quad \text{且} \quad [f(x)g(x)]^s=f^s(x)\,g^s(x).$$

下面考虑多项式的减法运算. 首先给出一个概念. 给定数域 $\boldsymbol{F}$ 上一个多项式 $f(x)$, 把它的每一个系数都变号, 所得的表达式仍然是数域 $\boldsymbol{F}$ 上一个多项式, 称为 $f(x)$ 的**负多项式,** 记作 $-f(x)$. 容易看出, $f(x)+[-f(x)]=0$.

现在, 规定 $F[x]$ 上的**减法运算**如下: 对任意的 $f(x), g(x)\in \boldsymbol{F}[x]$,

$$f(x)-g(x)\overset{\text{def}}{=\!=}f(x)+[-g(x)].$$

显然 $\boldsymbol{F}[x]$ 对于减法运算也是封闭的. 由于减法是利用加法来定义的, 它不是一个独立运算. 因而上面定义的三个运算本质上只有两个. 容易验证, 在 $\boldsymbol{F}[x]$ 中, **移项法则**成立, 即对任意的 $f(x), g(x), h(x)\in \boldsymbol{F}[x]$,

$$f(x)=g(x)+h(x) \quad \text{当且仅当} \quad f(x)-g(x)=h(x).$$

在多项式论中, 多项式的次数扮演着一个重要角色. 为了便于书写, 我们用符号 $\partial[f(x)]$ 来表示 $f(x)$ 的次数, 这里 ∂ 读作 *partial*.

定理 1.1.1 (次数定理) 设 $f(x)$ 与 $g(x)$ 是数域 $\boldsymbol{F}$ 上两个多项式, 则

(1) $\partial[f(x)\pm g(x)]\leqslant \max\{\partial[f(x)], \partial[g(x)]\}$;

(2) $\partial[f(x)\,g(x)]=\partial[f(x)]+\partial[g(x)]$.

证明 当 $f(x)$ 与 $g(x)$ 至少有一个为零多项式时, 由 $-\infty<n\ (\forall n\in\mathbb{N})$, 以及 $-\infty$ 的吸收性, 不难看出, 两个结论都成立. 不妨设 $f(x)$ 与 $g(x)$ 全不为零多项式, 并设 $\partial[f(x)]=n$ 且 $\partial[g(x)]=m$, 那么可设

$$f(x)=a_0+a_1x+\cdots+a_nx^n \quad (a_n\neq 0),$$
$$g(x)=b_0+b_1x+\cdots+b_mx^m \quad (b_m\neq 0).$$

(1) 不妨设 $m\leqslant n$. 当 $m<n$ 时, 令 $b_{m+1}=\cdots=b_n=0$, 则由上两式, 有

$$f(x)\pm g(x)=(a_0\pm b_0)+(a_1\pm b_1)x+\cdots+(a_n\pm b_n)x^n.$$

注意到 $a_n\pm b_n$ 可能等于零, 因此 $\partial[f(x)\pm g(x)]\leqslant n=\max\{\partial[f(x)], \partial[g(x)]\}$.

(2) 根据 $f(x)$ 与 $g(x)$ 的假设, 有 $a_nb_m\neq 0$, 并且

$$f(x)g(x)=a_0b_0+(a_0b_1+a_1b_0)x+\cdots+a_nb_mx^{n+m},$$

因此
$$\partial[f(x)g(x)]=n+m=\partial[f(x)]+\partial[g(x)].$$ □

命题 1.1.2 设 $f(x)$ 与 $g(x)$ 是数域 $\boldsymbol{F}$ 上两个多项式, 则 $f(x)\,g(x)=0$ 当且仅当 $f(x)$ 与 $g(x)$ 至少有一个为零多项式.

证明 充分性显然成立, 只需证必要性. 设 $f(x)\,g(x)=0$. 根据次数定理, 有 $\partial[f(x)]+\partial[g(x)]=-\infty$. 从而由 $-\infty$ 的吸收性, $\partial[f(x)]$ 与 $\partial[g(x)]$ 必有一个为 $-\infty$, 因此 $f(x)$ 与 $g(x)$ 至少有一个为零多项式. □

命题 1.1.2 的必要性等价于: 若 $f(x)\neq 0$ 且 $g(x)\neq 0$, 则 $f(x)g(x)\neq 0$.

推论 1.1.3 多项式的乘法满足**消去律**, 即对任意的 $f(x), g(x), h(x)\in \boldsymbol{F}[x]$, 如果 $f(x)\,g(x)=f(x)h(x)$, 那么当 $f(x)\neq 0$ 时, 有 $g(x)=h(x)$.

证明 如果 $f(x)\,g(x)=f(x)h(x)$, 那么 $f(x)[g(x)-h(x)]=0$. 当 $f(x)\neq 0$ 时, 由命题 1.1.2, 有 $g(x)-h(x)=0$, 即 $g(x)=h(x)$. □

我们把集合 $\boldsymbol{F}[x]$ 连同多项式的加法和乘法运算一起组成的系统 $(\boldsymbol{F}[x];+,\cdot)$ 称为数域 $\boldsymbol{F}$ 上关于文字 x 的**多项式环**, 简称 $\boldsymbol{F}[x]$ 是一个**一元多项式环**, 并把 $\boldsymbol{F}$ 称为**系数域**. 由于减法运算不独立, 这个系统实际上已经包含了减法运算. 注意, 我们没有定义 $\boldsymbol{F}[x]$ 上的除法运算, 因此除非特别声明, 符号 $f(x)\div g(x)$ 或 $\dfrac{f(x)}{g(x)}$ 都是没有意义的. 在本章最后一节, 我们将简单介绍一下分式的概念, 并将定义分式的除法运算.

习题 1.1

1. 在 $\boldsymbol{F}[x]$ 中, 零次多项式有几个? 零多项式呢?
2. 设 $f(x)=a_0+a_1x+a_2x^2+\cdots+a_nx^n$ 是数域 $\boldsymbol{F}$ 上一个非零多项式. 有人说, a_nx^n 是 $f(x)$ 的首项. 又有人说, $f(x)$ 的次数等于 n. 这两种说法对不对?
3. 求 k, l 和 m 的值, 使得 $(x^2-kx+1)(2x^2+lx-1)=2x^4+5x^3+mx^2-x-1$.
4. 设 $a\in \boldsymbol{F}$ 且 $n\geqslant 2$. 证明: $x^n-a^n=(x-a)(x^{n-1}+ax^{n-2}+\cdots+a^{n-2}x+a^{n-1})$.
5. 设 $f(x)\in \boldsymbol{F}[x]$. 证明: $-f(x)=(-1)f(x)$.
6. 证明: 在 $\boldsymbol{F}[x]$ 中, 移项法则成立.
7. 设 $f(x)=6x^2+13x+4$ 与 $g(x)=ax(x+1)+b(x+1)(x+2)+cx(x+2)$ 是数域 $\boldsymbol{F}$ 上两个多项式. 求 a, b, c 的值, 使得下列条件之一成立:

   (1) $\partial[f(x)-g(x)]=-\infty$; (2) $\partial[f(x)-g(x)]=0$.
8. 设 c 是数域 $\boldsymbol{F}$ 中一个非零常数, 并设 $f(x)$ 与 $g(x)$ 是 $\boldsymbol{F}[x]$ 中两个多项式.

   (1) 如果 $f(x)=cg(x)$, 那么 $f(x)$ 与 $g(x)$ 的次数有什么关系?

   (2) 如果 $f(x)g(x)=c$, 那么 $f(x)$ 与 $g(x)$ 的次数分别等于什么?

   (3) 如果 $f(x)g(x)$ 的次数等于 3, 那么 $f(x)+g(x)$ 的次数等于什么?
9. 利用消去律去证明: 不存在数域 $\boldsymbol{F}$ 上两个非零多项式 $f(x)$ 与 $g(x)$, 使得 $f(x)g(x)=0$.

*10. 证明: 在实数域上, 等式 $f^2(x)=xg^2(x)+xh^2(x)$ 成立当且仅当 $f(x)$, $g(x)$, $h(x)$ 全为零多项式. 举例说明, 在复数域上, 存在三个不全为零的多项式 $f(x)$, $g(x)$ 与 $h(x)$, 使得等式 $f^2(x)=xg^2(x)+xh^2(x)$ 成立.

1.2 多项式的整除性

在上一节我们定义了数域 $\boldsymbol{F}$ 上一元多项式的加法、减法和乘法运算, 可是我们没有定义乘法运算的逆运算 —— 除法. 在中学数学里, 有多项式的除法概念. 已知用一个非零多项式去除另一个多项式, 有时除得尽, 有时除不尽. 这就是说, 在多项式的范围内, 除法不是永远可以施行的. 换句话说, 除法运算不封闭. 正是由于这个原因, 我们不去定义 $\boldsymbol{F}[x]$ 上的除法运算. 同时由于除尽与除不尽的多样性, 导致多项式整除性理论的产生, 它是多项式的基础理论.

在这一节我们将首先介绍多项式的整除概念及其基本性质, 然后介绍带余除法定理和综合除法, 最后讨论多项式的整除性与所属系数域之间的关系.

定义 1.2.1 设 $f(x)$ 与 $g(x)$ 都是数域 $\boldsymbol{F}$ 上的多项式. 如果存在 $h(x) \in \boldsymbol{F}[x]$, 使得 $g(x) = f(x)h(x)$, 那么称 **$f(x)$ 整除 $g(x)$**, 或 **$g(x)$ 被 $f(x)$ 整除**, 记作 $f(x) \mid g(x)$. 此时也称 $f(x)$ 是 $g(x)$ 的一个**因式**, 或 $g(x)$ 是 $f(x)$ 的一个**倍式**. 如果 $f(x)$ 不是 $g(x)$ 的因式, 即对任意的 $h(x) \in \boldsymbol{F}[x]$, 恒有 $g(x) \neq f(x)h(x)$, 那么称 **$f(x)$ 不整除 $g(x)$**, 记作 $f(x) \nmid g(x)$.

例如, 由于 $x^2 + x = x(x+1)$, 因此 $x \mid x^2 + x$. 又如, 对任意的 $h(x) \in \boldsymbol{F}[x]$, 因为 $xh(x)$ 的常数项不为 1, 所以 $x + 1 \neq xh(x)$, 因此 $x \nmid x + 1$.

根据定义, 对任意的 $f(x), g(x) \in \boldsymbol{F}[x]$, 不是 $f(x) \mid g(x)$, 就是 $f(x) \nmid g(x)$, 因此整除是多项式之间一种二元关系. 我们把整除与不整除统称为**整除性**.

显然 $0 = f(x) \cdot 0, \ \forall f(x) \in \boldsymbol{F}[x]$. 这表明, 数域 $\boldsymbol{F}$ 上每一个多项式都整除零多项式. 另一方面, 如果 $0 \mid f(x)$, 即 0 是 $f(x)$ 的一个因式, 那么 $f(x) = 0$. 这表明, 零多项式只能整除它自身. 设 $c \in \boldsymbol{F}$. 如果 $c \neq 0$, 那么 $c^{-1} \in \boldsymbol{F}$, 并且等式 $f(x) = c[c^{-1}f(x)]$ 与 $f(x) = [cf(x)] \cdot c^{-1}$ 都成立, 所以 $f(x)$ 必有因式 c 与 $cf(x)$, 其中 c 是数域 $\boldsymbol{F}$ 中任意非零常数. 我们把 c 与 $cf(x)$ 统称为 $f(x)$ 的**平凡因式**, $f(x)$ 的其余因式 (如果存在的话) 称为**非平凡因式**或**真因式**.

下面介绍多项式整除关系的基本性质.

性质 1.2.1 设 $f(x), g(x), h(x)$ 是数域 $\boldsymbol{F}$ 上三个多项式.

(1) 传递性: 若 $f(x) \mid g(x)$ 且 $g(x) \mid h(x)$, 则 $f(x) \mid h(x)$.

(2) 若 $f(x) \mid g(x)$, 则 $f(x) \mid u(x)g(x)$ 且 $u(x)f(x) \mid u(x)g(x), \ \forall u(x) \in \boldsymbol{F}[x]$.

(3) 若 $f(x) \mid g(x)$ 且 $f(x) \mid h(x)$, 则 $f(x)$ 整除 $g(x)$ 与 $h(x)$ 的任意**组合**, 即

$$f(x) \mid u(x)g(x) + v(x)h(x), \ \forall u(x), v(x) \in \boldsymbol{F}[x].$$

(4) 若 $f(x) \mid g(x)$ 且 $g(x) \mid f(x)$, 则存在数域 $\boldsymbol{F}$ 中一个非零常数 c, 使得 $g(x) = cf(x)$. 特别地, 如果 $f(x)$ 与 $g(x)$ 都是首一的, 那么 $g(x) = f(x)$.

(5) 若 $f(x) \mid g(x)$ 且 $\partial[f(x)] = \partial[g(x)]$, 则存在数域 $\boldsymbol{F}$ 中一个非零常数 c, 使得 $g(x) = cf(x)$.

性质 1.2.1(3) 可以推广到一般情形: 如果 $f(x) \mid g_i(x), \ \ i = 1, 2, \cdots, s$, 那么 $f(x)$ 整除 $g_1(x), g_2(x), \cdots, g_s(x)$ 的任意**组合**, 即

$$f(x) \mid u_1(x)g_1(x) + u_2(x)g_2(x) + \cdots + u_s(x)g_s(x),$$

这里 $u_1(x), u_2(x), \cdots, u_s(x)$ 是 $F[x]$ 中任意多项式, 称为**组合多项式**.

性质 1.2.1 中, 除了 (5) 以外, 其余性质类似于性质 0.2.1 中相应性质. 这里只给出 (5) 的证明. 事实上, 已知 $f(x)\mid g(x)$,那么存在 $h(x)\in \boldsymbol{F}[x]$,使得 $g(x)=f(x)h(x)$. 当 $f(x)=0$ 时, 有 $g(x)=0$. 于是任取数域 $\boldsymbol{F}$ 中一个非零常数 c,有 $g(x)=cf(x)$. 当 $f(x)\neq 0$ 时, 由于 $\partial[f(x)]=\partial[g(x)]$,根据次数定理, $h(x)$ 是一个零次多项式. 于是存在数域 $\boldsymbol{F}$ 中一个非零常数 c, 使得 $h(x)=c$,所以等式 $g(x)=f(x)h(x)$ 变成 $g(x)=cf(x)$.

我们曾经学过用一个非零多项式去除另一个多项式的一种方法, 就是所谓的**长除法.** 先来回顾一下怎样做长除法.

例 1.2.1 求出用 $g(x)$ 去除 $f(x)$ 所得的商 $q(x)$ 和余式 $r(x)$,这里

$$f(x)=2x^3+3x^2-4x+5 \ \text{且}\ g(x)=x^2-3x+1.$$

解 因为

$$\begin{array}{r|l} & 2x+9 \\ \hline x^2-3x+1 & 2x^3+3x^2-4x+5 \\ & 2x^3-6x^2+2x \\ \hline & 9x^2-6x+5 \\ & 9x^2-27x+9 \\ \hline & 21x-4 \end{array}$$

所以所求的商为 $q(x)=2x+9$,余式为 $r(x)=21x-4$.

上例中用到的运算是乘法和减法, 采用的方法是逐次消去首项, 因此长除法只是一种计算方法, 不是新的运算. 由于这个原因, 我们不使用运算符号 $\div$. 为了回避“除”字, 有人把这种方法称为**逐次消去首项法.** 上例中的结果可以写成 $f(x)=g(x)\,q(x)+r(x)$. 下面给出商和余式的确切定义.

定义 1.2.2 设 $f(x)$ 与 $g(x)$ 是数域 $\boldsymbol{F}$ 上两个多项式, 并设 $g(x)\neq 0$. 如果存在 $q(x)$, $r(x)\in \boldsymbol{F}[x]$,使得 $f(x)=g(x)q(x)+r(x)$,其中 $\partial[r(x)]<\partial[g(x)]$, 那么 $q(x)$ 和 $r(x)$ 称为用 $g(x)$ 去除 $f(x)$ 所得的一对**商**和**余式.**

上例中逐次消去首项的过程, 可使所得多项式的次数逐渐降低, 最终降到小于除式的次数. 由此不难猜测, 用一个非零多项式去除另一个多项式, 至少存在一对商和余式. 事实上, 回答是肯定的. 不仅如此, 而且商和余式还是唯一的. 这就是下面的**带余除法定理,** 它是多项式整除性理论的基础.

定理 1.2.1 *在 $\boldsymbol{F}[x]$ 中, 用一个非零多项式 $g(x)$ 去除另一个多项式 $f(x)$, 存在唯一一对商和余式, 即存在数域 $\boldsymbol{F}$ 上唯一一对多项式 $q(x)$ 和 $r(x)$,使得*

$$f(x)=g(x)q(x)+r(x),\quad \text{其中}\ \partial[r(x)]<\partial[g(x)].$$

证明 *存在性.* 设 $\partial[f(x)]=n$ 且 $\partial[g(x)]=m$. 因为 $g(x)\neq 0$, 所以 $m\geqslant 0$. 我们对 $f(x)$ 的次数 n 作数学归纳法 (这里 $n=-\infty,\ 0,1,2,\cdots$). 当 $n=-\infty$ 时, 有 $f(x)=0$. 易见, 此

时商和余式都是零多项式. 假定 $n > -\infty$, 并且对一切小于 n 的情形, 结论成立.

下面考虑 n 的情形. 如果 $n < m$, 那么由 $f(x) = g(x) \cdot 0 + f(x)$ 可见, 商为零多项式, 余式为 $f(x)$ 自身. 不妨设 $n \geqslant m$, 并设 ax^n 与 bx^m 分别是 $f(x)$ 与 $g(x)$ 的首项, 那么 $ab^{-1}x^{n-m}g(x)$ 的首项为 ax^n. 现在, 只要令

$$f_1(x) = f(x) - ab^{-1}x^{n-m}g(x), \tag{1.2.1}$$

就可以消去 $f(x)$ 的首项, 使得 $\partial[f_1(x)] < n$. 根据归纳假定, 存在 $\boldsymbol{F}[x]$ 中一对多项式 $q_1(x)$ 和 $r_1(x)$, 使得 $f_1(x) = g(x)q_1(x) + r_1(x)$, 其中 $\partial[r_1(x)] < \partial[g(x)]$. 于是由 (1.2.1) 式, 有 $g(x)q_1(x) + r_1(x) = f(x) - ab^{-1}x^{n-m}g(x)$, 即

$$f(x) = g(x)[ab^{-1}x^{n-m} + q_1(x)] + r_1(x).$$

令 $q(x) = ab^{-1}x^{n-m} + q_1(x)$, 并令 $r(x) = r_1(x)$, 则 $\partial[r(x)] < \partial[g(x)]$, 并且

$$f(x) = g(x)q(x) + r(x).$$

根据定义, $q(x)$ 与 $r(x)$ 是用 $g(x)$ 去除 $f(x)$ 所得的一对商和余式.

唯一性. 假定还有一对商和余式, 比如说 $\widetilde{q}(x)$ 和 $\widetilde{r}(x)$, 那么

$$f(x) = g(x)\widetilde{q}(x) + \widetilde{r}(x),$$

其中 $\partial[\widetilde{r}(x)] < \partial[g(x)]$, 所以 $g(x)q(x) + r(x) = g(x)\widetilde{q}(x) + \widetilde{r}(x)$, 从而

$$g(x)[q(x) - \widetilde{q}(x)] = \widetilde{r}(x) - r(x). \tag{1.2.2}$$

把次数定理的第二个结论用到上式, 得

$$\partial[g(x)] + \partial[q(x) - \widetilde{q}(x)] = \partial[\widetilde{r}(x) - r(x)].$$

已知 $\partial[r(x)] < \partial[g(x)]$ 且 $\partial[\widetilde{r}(x)] < \partial[g(x)]$, 根据次数定理的第一个结论, 不等式 $\partial[\widetilde{r}(x) - r(x)] < \partial[g(x)]$ 成立, 所以

$$\partial[g(x)] + \partial[q(x) - \widetilde{q}(x)] < \partial[g(x)].$$

现在, 容易看出, $\partial[q(x) - \widetilde{q}(x)] = -\infty$, 即 $q(x) - \widetilde{q}(x) = 0$. 把它代入 (1.2.2) 式, 又得到 $\widetilde{r}(x) - r(x) = 0$. 因此 $q(x) = \widetilde{q}(x)$ 且 $r(x) = \widetilde{r}(x)$. □

带余除法定理的存在性证明中, 采用的实际上是逐次消去首项法, 也就是长除法, 因此可以利用长除法求出商和余式. 这样, 商和余式的存在性、唯一性和可解性问题都解决了. 为了便于叙述, 我们也把定理中多项式 $f(x)$ 和 $g(x)$ 分别称为**被除式**和**除式**.

注 1.2.1 设 $\overline{\boldsymbol{F}}$ 是包含 $\boldsymbol{F}$ 的一个数域, 则上述定理中被除式和除式, 以及商和余式这两对多项式也可以看作 $\overline{\boldsymbol{F}}$ 上的多项式. 于是在 $\overline{\boldsymbol{F}}$ 上, 用 $g(x)$ 去除 $f(x)$ 所得的商也是 $q(x)$, 余式也是 $r(x)$. 这就得到一个有趣事实: 用一个非零多项式去除另一个多项式, 所得的商和余式不会随着系数域的扩大而改变.

命题 1.2.2 设 $f(x)$ 与 $g(x)$ 是数域 $\boldsymbol{F}$ 上两个多项式, 其中 $g(x)\neq 0$, 则 $g(x)$ 整除 $f(x)$ 当且仅当用 $g(x)$ 去除 $f(x)$ 所得的余式为零多项式.

证明 假设 $g(x)$ 整除 $f(x)$, 那么存在 $h(x)\in \boldsymbol{F}[x]$, 使得 $f(x)=g(x)h(x)$, 即 $f(x)=g(x)h(x)+0$. 已知 $g(x)\neq 0$, 那么零多项式的次数 $-\infty$ 小于 $\partial[g(x)]$, 所以用 $g(x)$ 去除 $f(x)$ 所得的余式为零多项式. 反过来, 根据充分性假定, 存在 $q(x)\in \boldsymbol{F}[x]$, 使得 $f(x)=g(x)q(x)+0$, 因此 $g(x)$ 整除 $f(x)$. □

上述命题可以用来判断一个多项式能否整除另一个多项式. 例如, 在例 1.2.1 中, 由于余式 $21x-4$ 不是零多项式, 因此所给多项式 $g(x)$ 不整除 $f(x)$.

用一个非零多项式 $g(x)$ 去除另一个多项式 $f(x)$, 如果余式为零多项式, 我们就说, $g(x)$ 能除尽 $f(x)$. 命题 1.2.2 表明, 当 $g(x)\neq 0$ 时, $g(x)$ 整除 $f(x)$ 等价于 $g(x)$ 能除尽 $f(x)$. 注意, 整除与除尽是两个不同概念, 因为当 $g(x)$ 是零多项式时, 我们只能谈论 "$g(x)$ 能否整除 $f(x)$", 不能说 "$g(x)$ 能否除尽 $f(x)$".

根据带余除法定理, 当除式是一次多项式时, 余式是零多项式或零次多项式, 即数域 $\boldsymbol{F}$ 中的数, 因而对于这种情形, 余式又称为**余数**.

如果除式是形如 $x-c$ 的一次多项式, 那么求商和余数可以不用长除法, 而用一种比较简便的方法. 下面就来介绍这种方法. 为了便于书写, 我们假定被除式 $f(x)$ 是数域 $\boldsymbol{F}$ 上一个 4 次多项式, 其表达式按降幂形式排列, 即假定

$$f(x)=a_4x^4+a_3x^3+a_2x^2+a_1x+a_0 \quad (a_4\neq 0). \tag{1.2.3}$$

设 $q(x)$ 和 r 分别是用 $x-c$ 去除 $f(x)$ 所得的商和余数, 则 $q(x)$ 的次数等于 3. 令 $q(x)=b_3x^3+b_2x^2+b_1x+b_0$, 则

$$f(x)=(x-c)(b_3x^3+b_2x^2+b_1x+b_0)+r.$$

把上式右边展开, 然后与 (1.2.3) 式比较系数, 得

$$a_4=b_3,\ a_3=b_2-cb_3,\ a_2=b_1-cb_2,\ a_1=b_0-cb_1,\ a_0=r-cb_0,$$

即

$$a_4=b_3,\ a_3+cb_3=b_2,\ a_2+cb_2=b_1,\ a_1+cb_1=b_0,\ a_0+cb_0=r.$$

最后五个等式可以用下面的表来表示 (表中的加号通常不写出来):

$$\begin{array}{r|ccccc} c & a_4 & a_3 & a_2 & a_1 & a_0 \\ +) & & cb_3 & cb_2 & cb_1 & cb_0 \\ \hline & b_3 & b_2 & b_1 & b_0 & r \end{array}$$

这就得到一个计算程序表. 这种计算方法称为**综合除法** 或**秦九韶**[①]**方法.** 作综合除法时, 只须用到乘法和加法. 但要注意, 程序表中左上角的 c 是除式 $x-c$ 中常数项 $-c$ 的相反数. 易见综合除法可以推广到被除式是任意多项式的情形.

① 秦九韶是我国宋朝时期的数学家.

例 1.2.2　用 $x+2$ 去除 $x^5-2x^3+3x^2-5x+9$, 求商和余数.

解　作综合除法, 有

$$
\begin{array}{r|rrrrrr}
-2 & 1 & 0 & -2 & 3 & -5 & 9 \\
 & & -2 & 4 & -4 & 2 & 6 \\
\hline
 & 1 & -2 & 2 & -1 & -3 & \underline{|15}
\end{array}
$$

因此所求的商为 $x^4-2x^3+2x^2-x-3$, 余数为 15.

例 1.2.3　设 $f(x)=3x^3-7x^2+2$. 把 $f(x)$ 表示成 $x-2$ 的方幂和, 即把它表示成形如 $f(x)=a_3(x-2)^3+a_2(x-2)^2+a_1(x-2)+a_0$ 的多项式.

分析　设 $f(x)$ 已经表示成上述方幂和, 则 a_3 是 $f(x)$ 的首项系数. 因为

$$f(x)=(x-2)[a_3(x-2)^2+a_2(x-2)+a_1]+a_0,$$

所以用 $x-2$ 去除 $f(x)$ 所得的余数为 a_0, 商为

$$q(x)=a_3(x-2)^2+a_2(x-2)+a_1.$$

又因为 $q(x)=(x-2)[a_3(x-2)+a_2]+a_1$, 所以用 $x-2$ 去除 $q(x)$ 所得的余数为 a_1. 按照这种方法继续做下去, 可以求出 a_2. 由此可见, 只要连续作 3 次综合除法, 就可以求出上述方幂和.

$$
\begin{array}{r|rrrr}
2 & 3 & -7 & 0 & 2 \\
 & & 6 & -2 & -4 \\
\hline
2 & 3 & -1 & -2 & \underline{|\,-2} \\
 & & 6 & 10 & \\
\hline
2 & 3 & 5 & \underline{|\,8} & \\
 & & 6 & & \\
\hline
 & 3 & \underline{|\,11} & &
\end{array}
$$

解　按右边的算式连续作综合除法, 得

$$f(x)=3(x-2)^3+11(x-2)^2+8(x-2)-2.$$

最后让我们来考虑一个问题: 如果把数域 $\boldsymbol{F}$ 上两个多项式看作包含 $\boldsymbol{F}$ 的某个数域上的多项式, 那么它们在这两个数域上的整除关系会不会一致呢? 回答是肯定的. 这就是下面的命题.

命题 1.2.3　*多项式的整除关系不会随着系数域的扩大而改变.*

证明　设 $f(x)$ 与 $g(x)$ 是数域 $\boldsymbol{F}$ 上两个多项式. 令 $\overline{\boldsymbol{F}}$ 是包含 $\boldsymbol{F}$ 的一个数域, 则 $f(x)$ 与 $g(x)$ 也是 $\overline{\boldsymbol{F}}$ 上的多项式. 现在, 当 $g(x)=0$ 时, 由于零多项式只能整除它自身, 若 $f(x)=0$, 则在两个数域上都有 $g(x)\mid f(x)$. 否则, 在两个数域上都有 $g(x)\nmid f(x)$. 其次, 当 $g(x)\neq 0$ 时, 根据注 1.2.1, 用 $g(x)$ 去除 $f(x)$ 所得的余式 $r(x)$ 不会随着系数域的扩大而改变. 根据命题 1.2.2, 若 $r(x)=0$, 则在两个数域上都有 $g(x)\mid f(x)$. 否则, 在两个数域上都有 $g(x)\nmid f(x)$. 这就证明了, 多项式的整除关系不会随着系数域的扩大而改变. □

习题 1.2

1. 设 $f(x), g(x), h(x)$ 是数域 $\boldsymbol{F}$ 上三个多项式. 证明:

(1) 若 $f(x)\mid g(x)$, 则 $cf(x)\mid g(x)$ 且 $f^m(x)\mid g^m(x)$, 这里 $0\neq c\in\boldsymbol{F}$ 且 $m\in\mathbb{N}^+$;

(2) 若 $f(x) \mid g(x)+h(x)$ 且 $f(x) \mid g(x)-h(x)$, 则 $f(x) \mid g(x)$ 且 $f(x) \mid h(x)$.

2. 证明: 在 $\boldsymbol{F}[x]$ 中, 有 $x-a \mid x^n-a^n$, 这里 $a \in \boldsymbol{F}$ 且 $n \in \mathbb{N}^+$.
3. 证明: 在 $\boldsymbol{F}[x]$ 中, 若 $\partial[f(x)] > \partial[g(x)]$, 则 $f(x) \mid g(x)$ 当且仅当 $g(x)=0$.
4. 设 $f(x)$ 是数域 $\boldsymbol{F}$ 上一个多项式, 并设 m 是一个正整数. 证明:

   (1) $x \mid f(x)$ 当且仅当 $f(x)$ 的常数项等于零; (2) $x \mid f(x)$ 当且仅当 $x \mid f^m(x)$.
5. 用 $g(x)$ 去除 $f(x)$, 求商 $q(x)$ 和余式 $r(x)$, 并指出 $g(x)$ 能否整除 $f(x)$, 这里

   (1) $f(x)=x^3-3x^2-x-1,\ \ g(x)=3x^2-2x+1$;

   (2) $f(x)=x^4-2x+5,\ \ g(x)=x^2-x+2$.
6. 设 $f(x)=2x^5-5x^3-8x$ 且 $g(x)=x+3$. 利用综合除法, 求出用 $g(x)$ 去除 $f(x)$ 所得的商 $q(x)$ 和余数 r.
7. (1) 已知 x^2-5x-6 能除尽 $3x^4-8x^3-50x^2-57x-18$. 用综合除法求所得的商.

   (2) 已知 $(x-1)^2$ 能除尽 ax^4+bx^3+1. 用综合除法求 a 与 b 的值.
8. 把下列多项式表示成形如 $c_0+c_1(x-x_0)+c_2(x-x_0)^2+\cdots$ 的方幂和:

   (1) $f(x)=x^5,\ \ x_0=1$; (2) $f(x)=x^4-2x^2+3,\ \ x_0=-2$.

*9. 当且仅当 m, p, q 适合什么条件时, 有 $x^2+mx-1 \mid x^3+px+q$?

*10. 证明: 在 $\boldsymbol{F}[x]$ 中, 如果 $f(x) \mid ag(x)+bh(x)$ 且 $f(x) \mid cg(x)+dh(x)$, 那么 $f(x) \mid g(x)$ 且 $f(x) \mid h(x)$, 这里 $a, b, c, d \in \boldsymbol{F}$ 且 $ad-bc \neq 0$.

*11. 证明: 在 $\boldsymbol{F}[x]$ 中, x^m-1 整除 x^n-1 当且仅当 m 整除 n, 这里 $m, n \in \mathbb{N}^+$.

*12. 在 $\boldsymbol{F}[x]$ 中, 设 $\partial[f(x)] < \partial[g^r(x)]$, 其中 r 是一个正整数, 则 $f(x)$ 可以唯一地表示成

$$f(x)=f_1(x)+f_2(x)g(x)+f_3(x)g^2(x)+\cdots+f_r(x)g^{r-1}(x),$$

其中 $\partial[f_i(x)] < \partial[g(x)],\ i=1, 2, \cdots, r$.

1.3 最大公因式

我们知道, 在整数环 $\mathbb{Z}$ 中, 最大公因数是一个重要概念. 在多项式环 $\boldsymbol{F}[x]$ 中, 也有相应的概念. 在这一节我们将首先介绍最大公因式的概念, 并讨论它的存在性、唯一性和可解性等问题, 然后介绍多项式的互素关系及其基本性质.

在 $F[x]$ 中, 若 $h(x) \mid f(x)$ 且 $h(x) \mid g(x)$, 即 $h(x)$ 既是 $f(x)$ 的一个因式, 又是 $g(x)$ 的一个因式, 则称 $h(x)$ 为 $f(x)$ 与 $g(x)$ 的一个**公因式.** 显然每一个零次多项式是 $f(x)$ 与 $g(x)$ 的一个公因式. 除零次多项式外, 它们可能有其他公因式. 例如, $(x^2-1)(2x+1)$ 与 $3(x^4-1)$ 的全部公因式为 c, $c(x-1)$, $c(x+1)$, $c(x^2-1)$, 这里 c 是 $\boldsymbol{F}$ 中任意非零常数. 在这些公因式中, $c(x^2-1)$ 的次数最高, 并且它是每一个公因式的倍式. 在多项式的整除性理论中, 这类公因式特别重要.

定义 1.3.1 在 $\boldsymbol{F}[x]$ 中, 设 $d(x)$ 是 $f(x)$ 与 $g(x)$ 的一个公因式. 如果 $d(x)$ 是 $f(x)$ 与 $g(x)$ 的每一个公因式的倍式, 即对任意的 $h(x) \in \boldsymbol{F}[x]$, 只要 $h(x) \mid f(x)$ 且 $h(x) \mid g(x)$, 就有

$h(x) \mid d(x)$, 那么称 $d(x)$ 为 $f(x)$ 与 $g(x)$ 的一个**最大公因式** 或**最高公因式** (简记作 g.c.d.).

根据定义, 每一个形如 $c(x^2-1)$ 的多项式都是 $(x^2-1)(2x+1)$ 与 $3(x^4-1)$ 的一个最大公因式, 这里 $c \in \boldsymbol{F}$ 且 $c \neq 0$. 这表明, 最大公因式一般不唯一 (如果存在的话).

设 $f(x)$ 与 $g(x)$ 有一个最大公因式 $d(x)$. 如果 $d_1(x)$ 也是它们的一个最大公因式, 根据定义, 有 $d(x) \mid d_1(x)$ 且 $d_1(x) \mid d(x)$. 于是存在数域 $\boldsymbol{F}$ 中一个非零常数 c, 使得 $d_1(x) = cd(x)$. 另一方面, 对数域 $\boldsymbol{F}$ 中每一个非零常数 c, 由 $cd(x) \mid d(x)$ 且 $d(x) \mid f(x)$, 有 $cd(x) \mid f(x)$. 类似地, 有 $cd(x) \mid g(x)$,所以 $cd(x)$ 是 $f(x)$ 与 $g(x)$ 的一个公因式. 照样地, 可证 $cd(x)$ 是 $f(x)$ 与 $g(x)$ 的每一个公因式的倍式, 因此 $cd(x)$ 也是 $f(x)$ 与 $g(x)$ 的一个最大公因式. 这就得到以下结论.

命题 1.3.1 在 $\boldsymbol{F}[x]$ 中, 设 $f(x)$ 与 $g(x)$ 有一个最大公因式 $d(x)$, 则由它们的全体最大公因式组成的集合为 $\{cd(x) \mid c \in \boldsymbol{F} \text{ 且 } c \neq 0\}$.

考察上述命题, 当 $d(x) \neq 0$ 时, $f(x)$ 与 $g(x)$ 的最大公因式有无穷多个, 但是它们的**首一最大公因式** 是唯一的. 为了便于书写, 我们用符号 $(f(x), g(x))$ 来表示这个首一最大公因式. 当 $d(x)=0$ 时, $f(x)$ 与 $g(x)$ 的最大公因式是唯一的. 此时, 由于零多项式只能整除它自身, 因此 $f(x)=0$ 且 $g(x)=0$. 对于这种情形, 我们规定 $(f(x), g(x))=0$. 此外, 由上述命题可见, 当 $d(x)$ 既是 $f(x)$ 与 $g(x)$ 又是 $f_1(x)$ 与 $g_1(x)$ 的一个最大公因式时, 这两对多项式有完全相同的最大公因式. 特别地, 有 $(f(x), g(x)) = (f_1(x), g_1(x))$.

下面考虑最大公因式的存在性. 首先给出一个引理.

引理 1.3.2 设 $f(x)$ 与 $g(x)$ 是数域 $\boldsymbol{F}$ 上两个多项式.

(1) 若 $f(x)$ 是 $g(x)$ 的一个因式, 则它是 $f(x)$ 与 $g(x)$ 的一个最大公因式;

(2) 若存在 $u(x), v(x) \in \boldsymbol{F}[x]$, 使得 $f(x) = g(x)u(x) + v(x)$, 则当 $g(x)$ 与 $v(x)$ 的最大公因式存在时, $f(x)$ 与 $g(x)$ 的最大公因式也存在, 并且 $f(x), g(x)$ 与 $g(x), v(x)$ 这两对多项式有完全相同的最大公因式.

证明 (1) 显然 $f(x)$ 是它自身的一个因式. 若 $f(x)$ 是 $g(x)$ 的一个因式, 则它是 $f(x)$ 与 $g(x)$ 的一个公因式. 其次, $f(x)$ 当然是 $f(x)$ 与 $g(x)$ 的每一个公因式的倍式. 根据定义, $f(x)$ 是 $f(x)$ 与 $g(x)$ 的一个最大公因式.

(2) 当 $g(x)$ 与 $v(x)$ 的最大公因式存在时, 可设 $d(x)$ 是它们的一个最大公因式, 那么 $d(x) \mid g(x)$ 且 $d(x) \mid v(x)$. 根据性质 1.2.1(3), 有 $d(x) \mid g(x)u(x)+v(x)$. 已知 $f(x) = g(x)u(x)+v(x)$,那么 $d(x) \mid f(x)$. 再加上 $d(x) \mid g(x)$,因此 $d(x)$ 是 $f(x)$ 与 $g(x)$ 的一个公因式. 另一方面, 设 $h(x)$ 是 $f(x)$ 与 $g(x)$ 的一个公因式, 则 $h(x) \mid f(x)$ 且 $h(x) \mid g(x)$. 根据同样的理由, 有 $h(x) \mid f(x) - g(x)u(x)$. 又已知 $f(x) = g(x)u(x) + v(x)$,那么 $f(x) - g(x)u(x) = v(x)$, 所以 $h(x) \mid v(x)$. 再加上 $h(x) \mid g(x)$,因此 $h(x)$ 是 $g(x)$ 与 $v(x)$ 的一个公因式. 注意到 $d(x)$ 是 $g(x)$ 与 $v(x)$ 的每一个公因式的倍式, 我们得到 $h(x) \mid d(x)$. 这就证明了, $f(x)$ 与 $g(x)$ 有一

个最大公因式 $d(x)$. 其次, 由于 $d(x)$ 既是 $f(x)$ 与 $g(x)$ 又是 $g(x)$ 与 $v(x)$ 的最大公因式, 根据命题 1.3.1, 这两对多项式有完全相同的最大公因式. □

定理 1.3.3 在 $\boldsymbol{F}[x]$ 中, 每一对多项式 $f(x)$ 与 $g(x)$ 都有最大公因式.

证明 当 $g(x)=0$ 时, 有 $f(x)\mid g(x)$. 根据引理 1.3.2(1), $f(x)$ 是 $f(x)$ 与 $g(x)$ 的一个最大公因式. 当 $g(x)\neq 0$ 时, 由带余除法定理, 存在 $q_1(x), r_1(x)\in \boldsymbol{F}[x]$, 使得

$$f(x)=g(x)q_1(x)+r_1(x), \tag{1.3.1}$$

其中 $\partial[r_1(x)]<\partial[g(x)]$. 如果 $r_1(x)=0$, 那么由上式, 有 $g(x)\mid f(x)$. 根据引理 1.3.2(1), $g(x)$ 是 $f(x)$ 与 $g(x)$ 的一个最大公因式. 如果 $r_1(x)\neq 0$, 那么存在 $q_2(x), r_2(x)\in \boldsymbol{F}[x]$, 使得 $g(x)=r_1(x)q_2(x)+r_2(x)$, 其中 $\partial[r_2(x)]<\partial[r_1(x)]$. 如果 $r_2(x)=0$, 那么 $r_1(x)\mid g(x)$, 所以 $r_1(x)$ 是 $g(x)$ 与 $r_1(x)$ 的一个最大公因式. 再由等式 (1.3.1) 和引理 1.3.2(2), $r_1(x)$ 也是 $f(x)$ 与 $g(x)$ 的一个最大公因式. 如果 $r_2(x)\neq 0$, 那么可以用 $r_2(x)$ 去除 $r_1(x)$, 得到商 $q_3(x)$ 和余式 $r_3(x)$, 然后按照上述方法继续做下去. 这就得到一串余式, 它们的次数一个比一个低, 即

$$\partial[g(x)]>\partial[r_1(x)]>\partial[r_2(x)]>\cdots.$$

注意到 $\partial[g(x)]$ 是非负整数, 而每一个余式的次数或者是 $-\infty$, 或者是非负整数, 因此上述过程必定在有限个步骤内达到最小次数 $-\infty$. 假定到第 $k+1$ 步, 有 $\partial[r_{k+1}(x)]=-\infty$, 那么 $r_{k+1}(x)=0$. 于是我们得到一串等式如下:

$$\begin{cases} f(x)=g(x)q_1(x)+r_1(x), \\ g(x)=r_1(x)q_2(x)+r_2(x), \\ r_1(x)=r_2(x)q_3(x)+r_3(x), \\ \qquad\vdots \\ r_{k-3}(x)=r_{k-2}(x)q_{k-1}(x)+r_{k-1}(x), \\ r_{k-2}(x)=r_{k-1}(x)q_k(x)+r_k(x), \\ r_{k-1}(x)=r_k(x)q_{k+1}(x)+0. \end{cases} \tag{1.3.2}$$

最后一个等式表明, $r_k(x)$ 是 $r_{k-1}(x)$ 的一个因式. 根据引理 1.3.2(1), $r_k(x)$ 是 $r_{k-1}(x)$ 与 $r_k(x)$ 的一个最大公因式. 注意到倒数第二个等式以及引理 1.3.2(2), 我们看到, $r_k(x)$ 是 $r_{k-2}(x)$ 与 $r_{k-1}(x)$ 的一个最大公因式. 再由倒数第三个等式以及引理 1.3.2(2), $r_k(x)$ 是 $r_{k-3}(x)$ 与 $r_{k-2}(x)$ 的一个最大公因式. 由此逐步往上推, 最终可以推出, $r_k(x)$ 是 $f(x)$ 与 $g(x)$ 的一个最大公因式. □

上述定理的证明过程中还给出了求最大公因式的一种方法, 称为**辗转相除法**, 也称为**欧几里得算法**. 这样, 最大公因式的可解性问题也解决了. 根据命题 1.3.1, 一旦求得一个最大公因式, 就可以写出全部最大公因式.

例 1.3.1 求 $f(x)$ 与 $g(x)$ 的首一最大公因式, 并写出它们的全部最大公因式, 这里

$$f(x)=x^4+2x^3-2x^2+2x-3 \quad 且 \quad g(x)=2x^3+6x^2+x+3.$$

解 按下面的格式作辗转相除:

$$\begin{array}{r|r|r|l}
 & g(x) & f(x) & \\
q_1(x)=\dfrac{1}{2}x-\dfrac{1}{2} & 2x^3+6x^2+\ \ x+3 & x^4+2x^3-2x^2+2x-3 & \\
 & 2x^3+4x^2-6x & x^4+3x^3+\dfrac{1}{2}x^2+\dfrac{3}{2}x & \\
\hline
 & 2x^2+7x+3 & -x^3-\dfrac{5}{2}x^2+\dfrac{1}{2}x-3 & \\
 & 2x^2+4x-6 & -x^3-3x^2-\dfrac{1}{2}x-\dfrac{3}{2} & \\
\hline
q_3(x)=\dfrac{1}{6}x-\dfrac{1}{6} & r_2(x)=3x+9 & r_1(x)=\dfrac{1}{2}x^2+\ x-\dfrac{3}{2} & 4x+4=q_2(x) \\
 & & \dfrac{1}{2}x^2+\dfrac{3}{2}x & \\
\cline{3-3}
 & & -\dfrac{1}{2}x-\dfrac{3}{2} & \\
 & & -\dfrac{1}{2}x-\dfrac{3}{2} & \\
\cline{3-3}
 & & r_3(x)=0 &
\end{array}$$

最后一个不为零的余式是 $r_2(x)=3x+9$. 于是 $f(x)$ 与 $g(x)$ 有一个最大公因式 $3x+9$, 所以它们的首一最大公因式为 $(f(x),g(x))=x+3$, 全部最大公因式为 $c(x+3)$, 其中 $c\in \boldsymbol{F}$ 且 $c\neq 0$.

考察等式组 (1.3.2), 把其中的前 k 个等式变形, 得

$$\left\{\begin{aligned}
r_1(x)&=f(x)-q_1(x)g(x),\\
r_2(x)&=g(x)-q_2(x)r_1(x),\\
&\ \ \vdots\\
r_{k-2}(x)&=r_{k-4}(x)-q_{k-2}(x)r_{k-3}(x),\\
r_{k-1}(x)&=r_{k-3}(x)-q_{k-1}(x)r_{k-2}(x),\\
r_k(x)&=r_{k-2}(x)-q_k(x)r_{k-1}(x).
\end{aligned}\right. \tag{1.3.3}$$

最后一个等式表明, $r_k(x)$ 是 $r_{k-2}(x)$ 与 $r_{k-1}(x)$ 的一个组合. 用倒数第二个等式右边的表达式代替最后一个等式中的 $r_{k-1}(x)$, 可以消去 $r_{k-1}(x)$, 并得到

$$r_k(x)=r_{k-2}(x)-q_k(x)[r_{k-3}(x)-q_{k-1}(x)r_{k-2}(x)],$$

即

$$r_k(x)=-q_k(x)r_{k-3}(x)+[1+q_{k-1}(x)q_k(x)]r_{k-2}(x). \tag{1.3.4}$$

这就把 $r_k(x)$ 表示成 $r_{k-3}(x)$ 与 $r_{k-2}(x)$ 的一个组合. 用等式组 (1.3.3) 倒数第三式右边的表达式代替等式 (1.3.4) 中的 $r_{k-2}(x)$, 可以消去 $r_{k-2}(x)$,从而把 $r_k(x)$ 表示成 $r_{k-4}(x)$ 与 $r_{k-3}(x)$ 的一个组合. 重复这种方法, 从等式组 (1.3.3) 倒数第四式开始, 逐次往上推, 直到第一式, 可以逐个消去 $r_{k-3}(x), r_{k-4}(x), \cdots, r_1(x)$, 从而把 $r_k(x)$ 表示成 $f(x)$ 与 $g(x)$ 的一个组合:

$$r_k(x) = \widetilde{u}(x)f(x) + \widetilde{v}(x)g(x), \tag{1.3.5}$$

其中 $\widetilde{u}(x)$ 和 $\widetilde{v}(x)$ 都是 $q_1(x), q_2(x), \cdots, q_k(x)$ 经过有限次加、减、乘这三个运算所得的表达式. 由于 $\boldsymbol{F}[x]$ 对于这三个运算都是封闭的, 因此 $\widetilde{u}(x)$ 与 $\widetilde{v}(x)$ 是数域 $\boldsymbol{F}$ 上两个多项式.

现在, 设 $d(x)$ 是 $f(x)$ 与 $g(x)$ 的一个最大公因式. 已知当 $g(x) \neq 0$ 时, 上述余式 $r_k(x)$ 也是 $f(x)$ 与 $g(x)$ 的一个最大公因式. 根据命题 1.3.1, 存在数域 $\boldsymbol{F}$ 中一个非零常数 c, 使得 $d(x) = cr_k(x)$. 令 $u(x) = c\widetilde{u}(x)$ 且 $v(x) = c\widetilde{v}(x)$, 则由 (1.3.5) 式, 有 $d(x) = u(x)f(x)+v(x)g(x)$. 又已知当 $g(x) = 0$ 时, $f(x)$ 是 $f(x)$ 与 $g(x)$ 的一个最大公因式, 那么 $d(x) = cf(x)$, 其中 c 是数域 $\boldsymbol{F}$ 中某个非零常数. 令 $u(x) = c$, 则对任意的 $v(x) \in \boldsymbol{F}[x]$, 有 $d(x) = u(x)f(x)+v(x)g(x)$. 这就得到下列定理, 它在理论上很有用.

定理 1.3.4 在 $\boldsymbol{F}[x]$ 中, 如果 $d(x)$ 是 $f(x)$ 与 $g(x)$ 的一个最大公因式, 那么它可以表示成 $f(x)$ 与 $g(x)$ 的一个组合, 即存在 $u(x), v(x) \in \boldsymbol{F}[x]$, 使得

$$d(x) = u(x)f(x) + v(x)g(x).$$

值得一提的是, 这个定理中组合多项式 $u(x)$ 与 $v(x)$ 不是唯一的. 例如, 令 $u_1(x) = u(x) + g(x)$ 且 $v_1(x) = v(x) - f(x)$, 则 $d(x)$ 也可以表示成

$$d(x) = u_1(x)f(x) + v_1(x)g(x).$$

需要注意的是, 定理的逆不成立. 例如, x^2 可以表示成 $x^2 = x(x+1) + (-1)x$, 但 x^2 不是 $x+1$ 与 x 的公因式, 因而不可能是它们的最大公因式.

由组合式 $d(x) = u(x)f(x) + v(x)g(x)$ 易见, $d(x)$ 是 $f(x)$ 与 $g(x)$ 的每一个公因式的倍式. 于是由最大公因式的定义, 立即得到下列命题.

命题 1.3.5 在 $\boldsymbol{F}[x]$ 中, 设 $d(x)$ 是 $f(x)$ 与 $g(x)$ 的一个公因式. 如果存在 $u(x), v(x) \in \boldsymbol{F}[x]$, 使得 $d(x) = u(x)f(x) + v(x)g(x)$, 那么 $d(x)$ 是 $f(x)$ 与 $g(x)$ 的一个最大公因式.

定理 1.3.4 的证明中还给出了求组合多项式 $u(x)$ 与 $v(x)$ 的一种方法.

例 1.3.2 设 $f(x)$ 与 $g(x)$ 是例 1.3.1 中的多项式. 求 $u(x)$ 与 $v(x)$, 使得

$$(f(x), g(x)) = u(x)f(x) + v(x)g(x).$$

解 把例 1.3.1 中辗转相除过程的前两个步骤用等式写出来就是

$$f(x) = g(x)\left(\frac{1}{2}x - \frac{1}{2}\right) + r_1(x) \quad 且 \quad g(x) = r_1(x)(4x+4) + (3x+9),$$

所以 $3x+9=g(x)-r_1(x)(4x+4)=g(x)-\left[f(x)-g(x)\left(\frac{1}{2}x-\frac{1}{2}\right)\right](4x+4)$, 因此

$$x+3=-\frac{4}{3}(x+1)f(x)+\frac{1}{3}(2x^2-1)g(x).$$

已知 $(f(x), g(x))=x+3$. 令 $u(x)=-\frac{4}{3}(x+1)$ 且 $v(x)=\frac{1}{3}(2x^2-1)$, 则

$$(f(x), g(x))=u(x)f(x)+v(x)g(x).$$

设 a 与 b 是数域 $\boldsymbol{F}$ 中两个非零常数. 容易验证, $f(x), g(x)$ 和 $af(x), bg(x)$ 这两对多项式有完全相同的公因式. 于是下列命题成立.

命题 1.3.6 在 $\boldsymbol{F}[x]$ 中, $f(x), g(x)$ 和 $af(x), bg(x)$ 这两对多项式有完全相同的最大公因式, 这里 a 与 b 是数域 $\boldsymbol{F}$ 中两个非零常数.

上述命题可以用来简化计算. 仍然以例 1.3.1 中的多项式 $f(x)$ 与 $g(x)$ 为例, 可以按下面的格式作辗转相除:

	$g(x)$	$2f(x)$	
$q_1(x)=x-1$	$2x^3+6x^2+x+3$	$2x^4+4x^3-4x^2+4x-6$	
	$2x^3+4x^2-6x$	$2x^4+6x^3+x^2+3x$	
	$2x^2+7x+3$	$-2x^3-5x^2+x-6$	
	$2x^2+4x-6$	$-2x^3-6x^2-x-3$	
$q_3(x)=\frac{1}{3}x-\frac{1}{3}$	$r_2(x)=3x+9$	$r_1(x)=x^2+2x-3$	$2x+2=q_2(x)$
		x^2+3x	
		$-x-3$	
		$-x-3$	
		$r_3(x)=0$	

最后一个不为零的余式是 $r_2(x)=3x+9$. 于是 $3x+9$ 是 $2f(x)$ 与 $g(x)$ 的一个最大公因式. 根据命题 1.3.6, 它也是 $f(x)$ 与 $g(x)$ 的一个最大公因式. 因此 $f(x)$ 与 $g(x)$ 的首一最大公因式为 $x+3$.

按照这种方法求得的组合多项式 $u(x)$ 和 $v(x)$, 与例 1.3.2 中的 $u(x)$ 和 $v(x)$ 是一致的. 事实上, 把上述辗转相除过程中前两个步骤用等式写出来就是

$$2f(x)=g(x)(x-1)+r_1(x) \text{ 且 } g(x)=r_1(x)(2x+2)+(3x+9),$$

所以 $3x+9=g(x)-r_1(x)(2x+2)=g(x)-[2f(x)-g(x)(x-1)](2x+2)$, 因此

$$x+3=-\frac{4}{3}(x+1)f(x)+\frac{1}{3}(2x^2-1)g(x),$$

故所求的组合多项式也是 $u(x)=-\frac{4}{3}(x+1)$ 且 $v(x)=\frac{1}{3}(2x^2-1)$.

容易看出, 在 $\mathbb{R}[x]$ 中, x^2+1 与 x^3+x 的公因式只有形如 c 和 $c(x^2+1)$ 这两类, 其中 $c\in\mathbb{R}$ 且 $c\neq 0$. 而在 $\mathbb{C}[x]$ 中, 它们还有公因式 i, $x\pm\mathrm{i}$ 和 $\mathrm{i}(x^2+1)$ 等. 这表明, 两个多项式的公因式将随着系数域的扩大而增加. 然而有趣的是, 与多项式的整除关系一样, 我们有下面的命题.

命题 1.3.7 两个不全为零的多项式, 其首一最大公因式不会随着系数域的扩大而改变.

证明 设 $f(x)$ 与 $g(x)$ 是数域 $\boldsymbol{F}$ 上两个不全为零的多项式, 并设 $\overline{\boldsymbol{F}}$ 是包含 $\boldsymbol{F}$ 的一个数域. 令 $d(x)$ 是 $f(x)$ 与 $g(x)$ 在 $\boldsymbol{F}[x]$ 中的首一最大公因式, 则在 $\boldsymbol{F}$ 上, 有 $d(x)\mid f(x)$ 且 $d(x)\mid g(x)$. 根据命题 1.2.3, 在 $\overline{\boldsymbol{F}}$ 上, 也有 $d(x)\mid f(x)$ 且 $d(x)\mid g(x)$. 其次, 根据定理 1.3.4, 存在 $u(x), v(x)\in\boldsymbol{F}[x]$, 使得

$$d(x)=u(x)f(x)+v(x)g(x).$$

因为 $\overline{\boldsymbol{F}}\supseteq\boldsymbol{F}$, 所以上式右边也是 $\overline{\boldsymbol{F}}[x]$ 中多项式的一个组合. 根据命题 1.3.5, $d(x)$ 是 $f(x)$ 与 $g(x)$ 在 $\overline{\boldsymbol{F}}[x]$ 中的首一最大公因式. □

下面讨论多项式的互素关系. 已知数域 $\boldsymbol{F}$ 上每一个零次多项式是任意一对多项式的公因式, 那么考虑最大公因式为零次多项式的两个多项式, 是很有意义的.

定义 1.3.2 在 $\boldsymbol{F}[x]$ 中, 若 $(f(x), g(x))=1$, 则称 $f(x)$ 与 $g(x)$ 是**互素的**.

根据定义, 如果 $f(x)$ 与 $g(x)$ 是互素的, 那么它们的公因式只能是零次多项式, 反之亦然. 显然 $\boldsymbol{F}[x]$ 中每一对多项式不是互素, 就是不互素, 因此互素是多项式之间一种二元关系. 根据命题 1.3.7, 立即得到如下结论: 多项式的互素关系不会随着系数域的扩大而改变. 由于 1 是任意一对多项式的公因式, 根据定理 1.3.4 和命题 1.3.5, 多项式的互素关系具有如下重要定理.

定理 1.3.8 数域 $\boldsymbol{F}$ 上两个多项式 $f(x)$ 与 $g(x)$ 是互素的充要条件为存在 $u(x), v(x)\in\boldsymbol{F}[x]$, 使得 $u(x)f(x)+v(x)g(x)=1$.

下面给出与多项式互素关系有关的三个重要性质.

性质 1.3.1 设 $f(x), g(x), h(x)\in\boldsymbol{F}[x]$, 并设 $(f(x), g(x))=1$.

(1) 如果 $(f(x), h(x))=1$, 那么 $(f(x), g(x)h(x))=1$;

(2) 如果 $f(x)\mid g(x)h(x)$, 那么 $f(x)\mid h(x)$;

(3) 如果 $f(x)\mid h(x)$, 并且 $g(x)\mid h(x)$, 那么 $f(x)g(x)\mid h(x)$.

性质 1.3.1 类似于性质 0.2.2, 其证明也是类似的, 从略.

最后简单介绍多个多项式的最大公因式和互素关系. 在 $\boldsymbol{F}[x]$ 中, s 个多项式 $f_1(x), f_2(x), \cdots, f_s(x)$ 的一个**公因式** $h(x)$ 意味着 $h(x)$ 是每一个 $f_i(x)$ 的一个因式 ($s\geqslant 2$). 设 $d(x)$ 是这 s 个多项式的一个公因式. 如果 $d(x)$ 是它们的每一个公因式的倍式, 那么称 $d(x)$

为这 s 个多项式的一个**最大公因式.**

令 $d_0(x)$ 是 $f_1(x)$ 与 $f_2(x)$ 的一个最大公因式. 不难验证, $d_0(x)$ 与 $f_3(x)$ 的每一个最大公因式是 $f_1(x), f_2(x), f_3(x)$ 的一个最大公因式. 一般地, 如果 $d_0(x)$ 是 $f_1(x), f_2(x), \cdots, f_{s-1}(x)$ 的一个最大公因式, 那么 $d_0(x)$ 与 $f_s(x)$ 的最大公因式是 $f_1(x), f_2(x), \cdots, f_s(x)$ 的最大公因式. 这样一来, 任意 s 个多项式必存在最大公因式, 并且可以反复应用辗转相除法求出来.

给定数域 $\boldsymbol{F}$ 上 s 个多项式 $(s \geqslant 2)$, 如果它们的最大公因式是零次多项式, 那么称这 s 个多项式为**互素的.** 注意, 互素的多项式未必**两两互素.** 例如,

$$x(x+1),\ \ (x+1)(x-1),\ \ x(x-1)$$

这三个多项式是互素的, 但它们不是两两互素, 而是两两不互素.

习题 1.3

1. 求 $f(x)$ 与 $g(x)$ 的首一最大公因式, 这里

   (1) $f(x) = x^4 + x^3 - 3x^2 - 4x - 1,\ \ g(x) = x^3 + x^2 - x - 1$;

   (2) $f(x) = x^4 + 2x^3 - x^2 + x - 3,\ \ g(x) = 2x^3 + 4x^2 - 5x - 1$.

2. 求 $u(x)$ 与 $v(x)$, 使得 $(f(x), g(x)) = u(x)f(x) + v(x)g(x)$, 这里

   $$f(x) = x^4 - x^3 - 4x^2 + 4x + 1 \ \text{且}\ g(x) = x^2 - x - 1.$$

3. 设 $f(x)$ 与 $g(x)$ 的最大公因式是二次多项式. 求 t 与 u 的值. 这里

   $$f(x) = x^3 + (1+t)x^2 + 2x + 2u \ \text{且}\ g(x) = x^3 + tx^2 + u.$$

4. 在 $\boldsymbol{F}[x]$ 中, 设 $d(x) = (f(x), g(x))$ 且 $d_1(x) = (f_1(x), g_1(x))$. 证明: $d(x)$ 是 $d_1(x)$ 的一个因式当且仅当 $f(x)$ 与 $g(x)$ 的每一个公因式是 $f_1(x)$ 与 $g_1(x)$ 的一个公因式.

5. 设 $f(x), g(x), h(x) \in \boldsymbol{F}[x]$. 证明: $\big(f(x) \pm g(x)h(x), g(x)\big) = (f(x), g(x))$.

6. 在 $\boldsymbol{F}[x]$ 中, 设 $d(x) = (f(x), g(x))$. 证明: $d(x)h(x)$ 是 $f(x)h(x)$ 与 $g(x)h(x)$ 的一个最大公因式. 特别地, 如果 $h(x)$ 是首一的, 那么 $\big(f(x)h(x), g(x)h(x)\big) = d(x)h(x)$.

7. 在 $\boldsymbol{F}[x]$ 中, 设 $f(x) = x^n + a_{n-1}x^{n-1} + \cdots + a_1x + a_0\ (n > 1)$ 且

   $$g(x) = x^{n-1} + a_{n-1}x^{n-2} + \cdots + a_2x + a_1.$$

   证明: $f(x)$ 与 $g(x)$ 是互素的当且仅当 $a_0 \neq 0$.

8. 在 $\boldsymbol{F}[x]$ 中, 设 $f(x) = d(x)f_1(x)$ 且 $g(x) = d(x)g_1(x)$, 其中 $f(x)$ 与 $g(x)$ 不全为零多项式. 证明: $d(x)$ 是 $f(x)$ 与 $g(x)$ 的一个最大公因式当且仅当 $f_1(x)$ 与 $g_1(x)$ 互素. 证明: 如果 $d(x) = u(x)f(x) + v(x)g(x)$, 那么 $u(x)$ 与 $v(x)$ 互素.

9. 证明: 若 $(f(x), g(x)) = 1$, 则 $(f(x) + g(x), f(x)) = 1$ 且 $(f(x) + g(x), f(x)g(x)) = 1$.

*10. 设 $f(x), g_1(x), g_2(x), \cdots, g_s(x)$ 是数域 $\boldsymbol{F}$ 上 $s+1$ 个多项式 $(s \geqslant 2)$. 证明:

   (1) 若 $(f(x), g_i(x)) = 1,\ \ i = 1, 2, \cdots, s$, 则 $(f(x), g_1(x)g_2(x)\cdots g_s(x)) = 1$;

   (2) 若 $(f(x), g_i(x)) = 1,\ \ i \neq s$, 且 $f(x) \mid g_1(x)g_2(x)\cdots g_s(x)$, 则 $f(x) \mid g_s(x)$;

   (3) 若 $g_1(x), g_2(x), \cdots, g_s(x)$ 两两互素, 且 $g_i(x) \mid f(x),\ \ i = 1, 2, \cdots, s$, 则

   $$g_1(x)g_2(x)\cdots g_s(x) \mid f(x).$$

*11. 设 s 与 t 是两个正整数. 证明: 如果 $(f(x), g(x)) = 1$, 那么 $(f^s(x), g^t(x)) = 1$. 证明: 如果 $(f(x), g(x)) = d(x)$, 那么 $(f^s(x), g^s(x)) = d^s(x)$.

*12. 在 $\boldsymbol{F}[x]$ 中, 设 $u(x) = af(x) + bg(x)$ 且 $v(x) = cf(x) + dg(x)$, 其中 a, b, c, d 是数域 $\boldsymbol{F}$ 中四个常数. 证明: 如果 $ad - bc \neq 0$, 那么 $(u(x), v(x)) = (f(x), g(x))$.

*13. 设 $f(x), g(x) \in \boldsymbol{F}[x]$ 且 $m \in \mathbb{N}^+$. 证明: $f(x^m)$ 与 $g(x^m)$ 都是数域 $\boldsymbol{F}$ 上的多项式. 证明: 如果 $f(x)$ 与 $g(x)$ 互素, 那么 $f(x^m)$ 与 $g(x^m)$ 也互素.

*14. 证明: 在 $\boldsymbol{F}[x]$ 中, 两个非零多项式 $f(x)$ 与 $g(x)$ 不互素当且仅当存在两个非零多项式 $u(x)$ 与 $v(x)$, 使得 $u(x)f(x) = v(x)g(x)$, 其中 $\partial[u(x)] < \partial[g(x)]$ 且 $\partial[v(x)] < \partial[f(x)]$.

*15. 在 $\boldsymbol{F}[x]$ 中, 设 $\partial[f(x)] < \partial[g(x)]$ 且 $g(x) = g_1(x)g_2(x)$, 其中 $g_1(x)$ 与 $g_2(x)$ 的次数都大于零. 证明: 如果 $g_1(x)$ 与 $g_2(x)$ 互素, 那么存在数域 $\boldsymbol{F}$ 上唯一一对多项式 $f_1(x)$ 与 $f_2(x)$, 使得 $f(x) = f_1(x)g_2(x) + f_2(x)g_1(x)$, 其中 $\partial[f_i(x)] < \partial[g_i(x)],\ \ i = 1, 2$.

*16. 在 $\boldsymbol{F}[x]$ 中, $f(x)$ 与 $g(x)$ 的一个**公倍式** $h(x)$ 意味着 $f(x) \mid h(x)$ 且 $g(x) \mid h(x)$. 设 $m(x)$ 是 $f(x)$ 与 $g(x)$ 的一个公倍式. 如果 $m(x)$ 是 $f(x)$ 与 $g(x)$ 的每一个公倍式的因式, 那么称 $m(x)$ 为 $f(x)$ 与 $g(x)$ 的一个**最小公倍式**. 证明:

(1) 数域 $\boldsymbol{F}$ 上每一对多项式 $f(x)$ 与 $g(x)$ 都有最小公倍式, 并且两个最小公倍式之间最多相差一个非零常数因子;

(2) 如果 $f(x)$ 与 $g(x)$ 都是首一的, 那么 $f(x)g(x) = (f(x), g(x))[f(x), g(x)]$, 这里 $[f(x), g(x)]$ 表示 $f(x)$ 与 $g(x)$ 的首一最小公倍式.

1.4 因式分解

在中学数学里我们曾经学过因式分解的一些具体方法, 但是那时由于知识的局限性和可接受性等原因, 不能对因式分解在理论上作深入探讨. 在这一节我们将首先给出不可约多项式的概念, 并介绍一元多项式因式分解概念的一种表述, 然后讨论不可约多项式的基本性质, 最后给出唯一因子分解定理. 这个定理是本章的核心定理, 它在理论上完善了一元多项式因式分解问题.

回顾一下, 中学数学里因式分解的定义是 "把一个多项式化成几个整式的乘积的形式". 然后给出一个补充说明: "分解因式必须进行到每一个因式都不能再分解为止." 这里 "几个整式的乘积" 的提法不确切. 例如 $2x+1$ 可以化成两个整式 2 和 $x+\dfrac{1}{2}$ 的乘积 $2\left(x+\dfrac{1}{2}\right)$. 显然定义所指的不是这种平凡的情形. 还有,"不能再分解" 的提法不严谨, 往往会使学生产生疑问: 自己已经看不出怎样分解下去了, 怎么还不是不能再分解呢? 同时我们已经知道, 不能再分解是相对于所考虑的系数域而言的. 例如, $x^4 - 4$ 在有理数域 $\mathbb{Q}$ 和实数域 $\mathbb{R}$ 上的分解式分别为 $(x^2-2)(x^2+2)$ 和 $(x-\sqrt{2})(x+\sqrt{2})(x^2+2)$.

在下面的讨论中, 我们仍然以一般数域 $\boldsymbol{F}$ 作为系数域, 考虑其上的一元多项式. 已知数域 $\boldsymbol{F}$ 上每一个多项式 $f(x)$ 必有平凡因式 c 和 $cf(x)$, 其中 $c \in \boldsymbol{F}$ 且 $c \neq 0$. 然而并非每一个多项式都有真因式. 例如, 零次多项式和一次多项式都没有真因式. 这里一次多项式就是一类“不能再分解”的多项式.

定义 1.4.1 设 $p(x)$ 是数域 $\boldsymbol{F}$ 上一个次数大于零的多项式. 如果 $p(x)$ 在 $\boldsymbol{F}[x]$ 中只有平凡因式, 那么称它在数域 $\boldsymbol{F}$ 上 (或在 $\boldsymbol{F}[x]$ 中) 是**不可约的**. 否则, 称它在数域 $\boldsymbol{F}$ 上 (或在 $F[x]$ 中) 是**可约的**.

根据定义, 在 $\boldsymbol{F}[x]$ 中, 零多项式和零次多项式既不是可约的, 也不是不可约的; 一次多项式一定是不可约的; 多项式 x^2-1 是可约的, 因为 $x+1$ 是它的一个真因式. 不可约多项式相当于整数中的素数, 因而不可约多项式通常用 $p(x)$ 来表示. 显然 $\boldsymbol{F}[x]$ 中每一个次数大于零的多项式不是可约的, 就是不可约的. 我们把可约与不可约统称为**可约性**.

设 $f(x)$ 是数域 $\boldsymbol{F}$ 上一个可约多项式. 令 $g(x)$ 是它的一个真因式, 则 $g(x)$ 的次数大于零. 如果 $g(x)$ 的次数等于 $\partial[f(x)]$, 根据性质 1.2.1(5), 存在数域 $\boldsymbol{F}$ 中一个非零常数 c, 使得 $f(x)=cg(x)$, 所以 $g(x)=c^{-1}f(x)$. 这与 $g(x)$ 是 $f(x)$ 的真因式矛盾, 因此 $f(x)$ 的真因式, 其次数必大于零且小于 $\partial[f(x)]$. 利用这个事实, 容易验证, 下列命题成立.

命题 1.4.1 在 $\boldsymbol{F}[x]$ 中, 一个次数大于零的多项式 $f(x)$ 是可约的当且仅当它可以分解成 $\boldsymbol{F}[x]$ 中两个次数大于零的多项式的乘积; 或者当且仅当它可以分解成 $F[x]$ 中两个次数小于 $\partial[f(x)]$ 的多项式的乘积.

例 1.4.1 判断多项式 x^2-2 在有理数域和实数域上的可约性.

解 (1) 因为 x^2-2 是首一二次多项式, 根据命题 1.4.1, 如果它在有理数域上可约, 那么它可以分解成两个一次有理系数多项式的乘积, 并且乘积的首项系数为 1. 于是可设 $x^2-2=(x+a)(x+b)$, 其中 a 与 b 是两个有理数. 把等式右边 $(x+a)(x+b)$ 展开, 然后比较系数, 得 $a+b=0$ 且 $ab=-2$. 由此解得 $a=\pm\sqrt{2}$. 这与 a 是有理数矛盾, 因此 x^2-2 在有理数域上不可约.

(2) 因为 $x^2-2=(x-\sqrt{2})(x+\sqrt{2})$, 所以 $x-\sqrt{2}$ 是 x^2-2 在实数域上的一个真因式, 因此 x^2-2 在实数域上可约.

与多项式的整除性不一样, 多项式的可约性与所考虑的系数域有关. 前面提到的不能再分解的因式指的是不可约因式, 因此对于一元多项式, **因式分解**的定义可以表述如下: 在所考虑的数的范围内, 把一个次数大于零的多项式分解成不可约多项式的乘积的过程. 不可约多项式具有如下基本性质.

性质 1.4.1 (1) 在数域 $\boldsymbol{F}$ 上, 设 $p(x)$ 是一个不可约多项式, 则 $cp(x)$ 也是一个不可约多项式, 这里 c 是数域 $\boldsymbol{F}$ 中任意非零常数.

(2) 设 $p(x)$ 与 $q(x)$ 是数域 $\boldsymbol{F}$ 上两个不可约多项式, 并设 $p(x)\mid q(x)$, 则存在数域 $\boldsymbol{F}$ 中一个非零常数 c, 使得 $q(x)=cp(x)$. 特别地, 如果 $p(x)$ 与 $q(x)$ 都是首一的, 那么 $q(x)=p(x)$.

证明 (1) 若不然, 则 $cp(x)$ 在数域 $\boldsymbol{F}$ 上可约. 根据命题 1.4.1 的必要性, 存在 $\boldsymbol{F}[x]$ 中两个次数大于零的多项式 $f(x)$ 与 $g(x)$, 使得 $cp(x)=f(x)g(x)$. 已知 c 是数域 $\boldsymbol{F}$ 中一个非

零常数, 那么 $p(x)=[c^{-1}f(x)]g(x)$. 这表明, $p(x)$ 可以分解成 $\boldsymbol{F}[x]$ 中两个次数大于零的多项式 $c^{-1}f(x)$ 与 $g(x)$ 的乘积. 根据命题 1.4.1 的充分性, $p(x)$ 是可约的. 这与 $p(x)$ 是不可约的矛盾, 因此 $cp(x)$ 是不可约的.

(2) 设 $p(x)\mid q(x)$,则存在 $h(x)\in\boldsymbol{F}[x]$, 使得 $q(x)=h(x)p(x)$. 已知 $q(x)$ 在数域 $\boldsymbol{F}$ 上不可约. 根据命题 1.4.1, $h(x)$ 与 $p(x)$ 必有一个为零次多项式. 又已知 $p(x)$ 在数域 $\boldsymbol{F}$ 上也不可约, 那么它的次数大于零, 所以 $h(x)$ 的次数等于零. 于是存在数域 $\boldsymbol{F}$ 中一个非零常数 c,使得 $h(x)=c$. 因此 $q(x)=cp(x)$. 特别地, 如果 $p(x)$ 与 $q(x)$ 都是首一的, 那么 $c=1$,因而 $q(x)=p(x)$. □

性质 1.4.2 在 $\boldsymbol{F}[x]$ 中, 设 $p(x)$ 是不可约的, 则对任意的 $f(x), g(x)\in\boldsymbol{F}[x]$,

(1) 或者 $(p(x), f(x))=1$,或者 $p(x)\mid f(x)$;

(2) 只要 $p(x)\mid f(x)g(x)$,就有 $p(x)\mid f(x)$ 或 $p(x)\mid g(x)$.

证明 (1) 已知 $p(x)$ 在 $\boldsymbol{F}[x]$ 中不可约, 那么它的首一因式为 1 和 $c^{-1}p(x)$, 这里 c 是 $p(x)$ 的首项系数. 对任意的 $f(x)\in\boldsymbol{F}[x]$, 由于 $(p(x), f(x))$ 是 $p(x)$ 的首一因式, 因此不是 $(p(x), f(x))=1$,就是 $(p(x), f(x))=c^{-1}p(x)$. 如果后者成立, 那么 $c^{-1}p(x)\mid f(x)$,所以 $p(x)\mid f(x)$. 这就证明了, 或者 $(p(x), f(x))=1$,或者 $p(x)\mid f(x)$.

(2) 对任意的 $f(x), g(x)\in\boldsymbol{F}(x)$,如果 $p(x)\mid f(x)g(x)$,当 $p(x)\mid f(x)$ 时, 结论已经成立. 不妨设 $p(x)\nmid f(x)$. 已知 $p(x)$ 在数域 $\boldsymbol{F}$ 上不可约, 那么由 (1),有 $(p(x), f(x))=1$, 再加上 $p(x)\mid f(x)g(x)$, 根据性质 1.3.1(2),得 $p(x)\mid g(x)$. 这就证明了, $p(x)\mid f(x)$ 或 $p(x)\mid g(x)$. □

利用数学归纳法, 容易证明性质 1.4.2(2) 的推广.

推论 1.4.2 在 $\boldsymbol{F}[x]$ 中, 设 $p(x)\mid f_1(x)f_2(x)\cdots f_s(x)$. 如果 $p(x)$ 是不可约的, 那么 $f_1(x), f_2(x), \cdots, f_s(x)$ 中至少有一个被 $p(x)$ 整除.

现在让我们来证明本章的核心定理.

定理 1.4.3 (唯一因子分解定理) 在 $\boldsymbol{F}[x]$ 中, 每一个次数大于零的多项式 $f(x)$ 都可以唯一地表示成有限个不可约多项式的乘积, 这里唯一性指的是, 如果有两个这样的分解式

$$f(x)=p_1(x)p_2(x)\cdots p_s(x) \quad 与 \quad f(x)=q_1(x)q_2(x)\cdots q_t(x),$$

那么其中的因子个数 s 与 t 是相同的, 并且适当调整因子的下标编号, 可使 $q_i(x)=c_ip_i(x)$, 这里 c_i 是数域 $\boldsymbol{F}$ 中某一个非零常数 $(i=1, 2, \cdots, s)$.

证明 存在性. 设 $f(x)$ 的次数等于 n. 我们对 n 作数学归纳法. 已知 $F[x]$ 中每一个一次多项式都不可约. 当 $n=1$ 时, 令 $p(x)=f(x)$, 则 $p(x)$ 是不可约的, 并且有表示法 $f(x)=p(x)$. 假定 $n>1$, 并且对一切小于 n 的情形, 存在性成立. 下面考虑 n 的情形. 如果 $f(x)$ 不可约, 那么有表示法 $f(x)=p(x)$,这里 $p(x)=f(x)$. 如果 $f(x)$ 可约, 根据命题 1.4.1, 存在 $\boldsymbol{F}[x]$ 中两个次数小于 n 的多项式 $g(x)$ 与 $h(x)$,使得 $f(x)=g(x)h(x)$. 根据归纳假定,

$g(x)$ 与 $h(x)$ 都可以分解成 $\boldsymbol{F}[x]$ 中有限个不可约多项式的乘积. 用这两个分解式分别代替等式 $f(x)=g(x)h(x)$ 中的 $g(x)$ 和 $h(x)$, 就得到 $f(x)$ 的一个分解式.

唯一性. 假设 $f(x)$ 有两个分解式

$$f(x)=p_1(x)p_2(x)\cdots p_s(x) \quad 与 \quad f(x)=q_1(x)q_2(x)\cdots q_t(x),$$

其中 $p_i(x)$ 与 $q_j(x)$ 在数域 $\boldsymbol{F}$ 上都不可约 $(i=1,2,\cdots,s;j=1,2,\cdots,t)$. 我们对前一个分解式中因子个数 s 作数学归纳法. 当 $s=1$ 时, 有 $f(x)=p_1(x)$, 所以 $f(x)$ 是不可约的. 根据命题 1.4.1, 后一个分解式中因子个数 t 也等于 1, 从而 $f(x)=q_1(x)$, 因此 $q_1(x)=p_1(x)$, 唯一性成立. 假定 $s>1$, 并且对因子个数为 $s-1$ 的情形, 唯一性成立. 下面考虑 s 的情形. 由上述两个分解式, 有

$$q_1(x)q_2(x)\cdots q_t(x)=p_1(x)p_2(x)\cdots p_s(x), \tag{1.4.1}$$

从而有 $p_s(x)\mid q_1(x)q_2(x)\cdots q_t(x)$. 因为 $p_s(x)$ 不可约, 根据推论 1.4.2, 它至少整除 $q_1(x)$, $q_2(x),\cdots,q_t(x)$ 中的某一个. 不妨设 $p_s(x)\mid q_t(x)$ (当 $p_s(x)\nmid q_t(x)$ 时, 适当调整一下因子的下标编号). 因为 $q_t(x)$ 也不可约, 根据性质 1.4.1(2), 存在数域 $\boldsymbol{F}$ 中一个非零常数 c_t, 使得 $q_t(x)=c_tp_s(x)$. 用 $c_tp_s(x)$ 代替 (1.4.1) 式中的 $q_t(x)$, 然后消去两边的公因式 $p_s(x)$, 并整理, 得

$$[c_tq_1(x)]q_2(x)\cdots q_{t-1}(x)=p_1(x)p_2(x)\cdots p_{s-1}(x). \tag{1.4.2}$$

根据性质 1.4.1(1), $c_tq_1(x)$ 也不可约. 于是由归纳假定, 有 $s-1=t-1$, 从而有 $s=t$, 即上述两个分解式中因子个数相同. 这样一来, 等式 $q_t(x)=c_tp_s(x)$ 变成 $q_s(x)=c_sp_s(x)$, 并且等式 (1.4.2) 变成

$$[c_sq_1(x)]q_2(x)\cdots q_{s-1}(x)=p_1(x)p_2(x)\cdots p_{s-1}(x).$$

再由归纳假定, 适当调整因子的下标编号, 可使

$$c_sq_1(x)=cp_1(x), \quad q_i(x)=c_ip_i(x), \quad i=2,\cdots,s-1,$$

其中 $c,c_2,\cdots,c_{s-1}$ 是数域 $\boldsymbol{F}$ 中 $s-1$ 个全不为零的数. 现在, 令 $c_1=c_s^{-1}c$, 则

$$q_i(x)=c_ip_i(x), \quad i=1,2,\cdots,s. \qquad \square$$

唯一因子分解定理相当于整数理论中的算术基本定理, 它从理论上保证了因式分解的存在性和唯一性. 与算术基本定理类似, 唯一因子分解定理是多项式理论中的基本定理. 从定理的唯一性部分可以看出, 如果不考虑非零常数因子的差别, 分解式 $f(x)=q_1(x)q_2(x)\cdots q_s(x)$ 实际上给出了 $f(x)$ 的全部不可约因式. 把分解式中每一个因式 $q_i(x)$ 的首项系数都提出来, 就得到一个首一不可约因式, 记作 $p_i(x)$. 于是上述分解式可以写成如下形式:

$$f(x)=ap_1(x)p_2(x)\cdots p_s(x), \tag{1.4.3}$$

其中 a 是 $f(x)$ 的首项系数, $p_1(x),p_2(x),\cdots,p_s(x)$ 是 $f(x)$ 的全部首一不可约因式. 在这些因式中, 如果出现相同的, 可以集中起来写成方幂的形式. 不妨设前 t 个是全部互不相同的,

那么 (1.4.3) 式可以表示成形如

$$f(x)=ap_1^{r_1}(x)p_2^{r_2}(x)\cdots p_t^{r_t}(x)$$

的形式, 称为 $f(x)$ 的**标准分解式** 或**典型分解式**.

例 1.4.2 分别求 $f(x)=x^4-4$ 在 $\mathbb{Q}$, $\mathbb{R}$, $\mathbb{C}$ 这三个数域上的标准分解式.

解 (1) 根据例 1.4.1, x^2-2 在有理数域 $\mathbb{Q}$ 上不可约. 仿照例 1.4.1, 不难验证, x^2+2 在 $\mathbb{Q}$ 上也不可约. 因此 $f(x)$ 在 $\mathbb{Q}$ 上的标准分解式为

$$f(x)=(x^2-2)(x^2+2).$$

(2) 已知一次多项式 $x-\sqrt{2}$ 与 $x+\sqrt{2}$ 在实数域 $\mathbb{R}$ 上都不可约. 仿照例 1.4.1, 容易验证, x^2+2 在 $\mathbb{R}$ 上也不可约. 因此 $f(x)$ 在 $\mathbb{R}$ 上的标准分解式为

$$f(x)=\big(x-\sqrt{2}\big)\big(x+\sqrt{2}\big)(x^2+2).$$

(3) 因为每一个一次多项式在复数域 $\mathbb{C}$ 上都不可约, 所以 $f(x)$ 在 $\mathbb{C}$ 上的标准分解式为

$$f(x)=\big(x-\sqrt{2}\big)\big(x+\sqrt{2}\big)\big(x-\sqrt{2}\,\mathrm{i}\big)\big(x+\sqrt{2}\,\mathrm{i}\big).$$

标准分解式可以用来探讨一些理论上的问题. 例如, 关于多项式的整除性, 我们有下面的命题.

命题 1.4.4 在 $F[x]$ 中, 设 $f(x)$ 是一个次数大于零的多项式, 并设它的标准分解式为 $f(x)=ap_1^{r_1}(x)p_2^{r_2}(x)\cdots p_t^{r_t}(x)$, 则 $g(x)$ 是 $f(x)$ 的一个因式当且仅当它可以表示成 $g(x)=bp_1^{k_1}(x)p_2^{k_2}(x)\cdots p_t^{k_t}(x)$, 这里 b 是 $g(x)$ 的首项系数, 并且 $0\leqslant k_i\leqslant r_i$, $i=1,2,\cdots,t$.

又如, 关于两个多项式的最大公因式, 也有下面的命题.

命题 1.4.5 设 $f(x)$ 与 $g(x)$ 是数域 $\boldsymbol{F}$ 上两个次数大于零的多项式. 令

$$f(x)=a\,p_1^{r_1}(x)p_2^{r_2}(x)\cdots p_s^{r_s}(x)\,q_{s+1}^{r_{s+1}}(x)\cdots q_t^{r_t}(x),$$
$$g(x)=b\,p_1^{k_1}(x)p_2^{k_2}(x)\cdots p_s^{k_s}(x)\,\widetilde{q}_{s+1}^{k_{s+1}}(x)\cdots \widetilde{q}_{\widetilde{t}}^{k_{\widetilde{t}}}(x)$$

是它们的标准分解式, 其中 $q_i(x)\neq\widetilde{q}_j(x)$, $i=s+1,\cdots,t$, $j=s+1,\cdots,\widetilde{t}$, 则当 $s=0$ 时, 有 $(f(x),g(x))=1$; 当 $s>0$ 时, 有

$$(f(x),g(x))=p_1^{m_1}(x)\,p_2^{m_2}(x)\cdots p_s^{m_s}(x),$$

这里 $m_i=\min\{r_i,k_i\}$, $i=1,2,\cdots,s$.

最后两个命题的证明比较直观, 只需从整除和最大公因式的定义出发, 按常规验证即可. 但是书写比较烦琐, 这里就不赘述了.

例 1.4.3 在 $\mathbb{Q}[x]$ 中, 设 $f(x)$ 的标准分解式为

$$f(x)=12(x+1)(x-2)^5(x^2+x+1)^3(x^2+1)^2.$$

根据命题 1.4.4, $f(x)$ 的首一因式为 $(x+1)^i(x-2)^j(x^2+x+1)^k(x^2+1)^l$, 其中

$$0 \leqslant i \leqslant 1,\ 0 \leqslant j \leqslant 5,\ 0 \leqslant k \leqslant 3,\ 0 \leqslant l \leqslant 2.$$

因此 $f(x)$ 的首一因式一共有 $2\times 6\times 4\times 3=144$ 个. 再设 $g(x)$ 的标准分解式为

$$g(x)=34(x+1)^5(x-2)^3(x^2-x+1)^2(x^2+2)^4.$$

根据命题 1.4.5, $f(x)$ 与 $g(x)$ 的首一最大公因式为 $(x+1)(x-2)^3$.

值得指出的是, 尽管唯一因子分解定理在理论上意义重大, 但是它并没有解决因式分解的可解性问题. 换句话说, 它并没有给出因式分解的具体方法. 实际上, 对于一般的情形, 普遍可行的方法不存在, 因此还是要按照中学数学里介绍过的各种方法去分解多项式的因式.

我们知道, 判断一个非零多项式是否整除另一个多项式, 总可以用长除法; 求两个非零多项式的最大公因式, 总可以用辗转相除法. 这两种方法都有统一的计算程序. 然而把一个次数大于零的多项式分解成不可约多项式的乘积, 没有统一的方法, 分解过程也可能很复杂, 甚至看不出怎样分解. 于是用例 1.4.3 的方法去判断多项式的整除性, 或去求最大公因式, 尽管看上去很便捷, 但是这种方法有很大局限性, 因此它不能代替长除法, 也不能代替辗转相除法.

习题 1.4

1. 证明: 在数域 $\boldsymbol{F}$ 上, 一个二次或三次多项式 $f(x)$ 是可约的当且仅当它有一次因式. 举例说明, 在有理数域上, 可约的四次多项式未必有一次因式.
2. 证明: 在 $\mathbb{R}[x]$ 中, $x^2+2ax+b$ 是可约的当且仅当 $a^2-b\geqslant 0$.
3. 设 $f(x)$ 是数域 $\boldsymbol{F}$ 上一个多项式, $\overline{\boldsymbol{F}}$ 是包含 $\boldsymbol{F}$ 的一个数域. 证明: 如果 $f(x)$ 在 $\overline{\boldsymbol{F}}$ 上不可约, 那么它在 $\boldsymbol{F}$ 上也不可约, 反之不然.
4. (1) 判断多项式 $f(x)=3x^2+2$ 在有理数域上的可约性.

   (2) 求 $f(x)=x^4+3x^3-3x^2-7x+6$ 在有理数域上的标准分解式.

   (3) 在实数域上分解多项式 x^4+1 的因式.
5. 在复数域上分解下列多项式的因式:

   (1) $f(x)=x^3-(a-1)x^2-a^2$; (2) $f(x)=x^3-2ax^2+(a^2-2)x+2a$;

   (3) $f(x)=ax^3-(a-b)x^2-(b-c)x-c$, 其中 $a\neq 0$.
6. 在 $\boldsymbol{F}[x]$ 中, 设 $p(x)$ 是一个次数大于零的多项式. 证明: 如果 $p(x)$ 的任意一个形如 $p(x)=f(x)g(x)$ 的分解式都含有零次因式, 那么它是不可约的.
7. 设 $p(x), p_1(x), p_2(x)$ 都是数域 $\boldsymbol{F}$ 上首一不可约多项式. 证明: 如果 $p(x)\mid p_1(x)p_2(x)$, 那么 $p(x)=p_1(x)$ 或 $p(x)=p_2(x)$.
8. 设 $p(x)$ 与 $q(x)$ 是数域 $\boldsymbol{F}$ 上两个不同的首一不可约多项式, 则对任意的 $f(x)\in\boldsymbol{F}[x]$, 只要 $p(x)\mid f(x)$ 且 $q(x)\mid f(x)$, 就有 $p(x)q(x)\mid f(x)$.

*9. 在 $\boldsymbol{F}[x]$ 中, 设 $p(x)$ 是一个次数大于零的多项式, 并设 $f(x)$ 与 $g(x)$ 是任意多项式. 证明下列条件等价: (1) $p(x)$ 是不可约的; (2) 或者 $(p(x), f(x))=1$, 或者 $p(x)\mid f(x)$; (3) 只要 $p(x)\mid f(x)g(x)$, 就有 $p(x)\mid f(x)$ 或 $p(x)\mid g(x)$.

*10. 证明: 在 $\boldsymbol{F}[x]$ 中, 两个多项式 $f(x)$ 与 $g(x)$ 不互素当且仅当存在一个不可约多项式 $p(x)$, 使得 $p(x) \mid f(x)+g(x)$ 且 $p(x) \mid f(x)g(x)$.

*11. 设 $f(x), g(x) \in \boldsymbol{F}[x]$, 证明: $f(x) \mid g(x)$ 当且仅当 $f^2(x) \mid g^2(x)$.

1.5 重 因 式

本节是上一节的延续, 我们将介绍多项式的重因式和导数的概念, 讨论重因式的有关性质, 并给出判断多项式有没有重因式的一种普遍可行的方法.

给定数域 $\boldsymbol{F}$ 上一个次数大于零的多项式 $f(x)$, 如果 $p(x)$ 是 $f(x)$ 的一个不可约因式, 由于 $p(x), p^2(x), p^3(x), \cdots$ 的次数一个比一个大, 所以必存在 $k \in \mathbb{N}^+$, 使得 $p^k(x) \mid f(x)$, 但 $p^{k+1}(x) \nmid f(x)$. 当 $p(x)$ 不是 $f(x)$ 的因式时, 只要令 $k=0$, 就有 $p^k(x) \mid f(x)$, 但 $p^{k+1}(x) \nmid f(x)$. 为了刻画这种现象, 我们引入下面的定义.

定义 1.5.1 设 $f(x)$ 与 $p(x)$ 是数域 $\boldsymbol{F}$ 上的两个多项式, 其中 $p(x)$ 是不可约的. 令 k 是一个非负整数. 如果 $p^k(x) \mid f(x)$, 但 $p^{k+1}(x) \nmid f(x)$, 那么称 $p(x)$ 为 $f(x)$ 的一个 $\boldsymbol{k}$ **重因式.** 特别地, 当 $k=1$ 时, 称 $p(x)$ 为 $f(x)$ 的一个**单因式;** 当 $k>1$ 时, 称 $p(x)$ 为 $f(x)$ 的一个**重因式.**

根据定义, 零重因式不是 $f(x)$ 的因式. 易见定义中的条件 $p^k(x) \mid f(x)$, 但 $p^{k+1}(x) \nmid f(x)$ 等价于存在 $g(x) \in \boldsymbol{F}[x]$, 使得 $f(x)=p^k(x)g(x)$, 但 $p(x) \nmid g(x)$. 注意, 当 $f(x)=0$ 时, 不存在非负整数 k, 使得 $p^{k+1}(x) \nmid f(x)$, 因而 $p(x)$ 不可能是零多项式的 k 重因式, 也不可能是零多项式的单因式或重因式.

由于多项式的可约性与所考虑的系数域有关, 因此 k 重因式和重因式也与所考虑的系数域有关. 例如, 假定 $f(x)=(x^2-2)^3(x^2+1)$, 那么在有理数域上, x^2-2 是 $f(x)$ 的重因式. 然而在实数域上, 我们不能说, x^2-2 是 $f(x)$ 的重因式, 因为 x^2-2 在实数域上不是不可约的.

设 $f(x)$ 是数域 $\boldsymbol{F}$ 上一个次数大于零的多项式, 它的标准分解式为

$$f(x)=ap_1^{r_1}(x)p_2^{r_2}(x)\cdots p_t^{r_t}(x),$$

则每一个 $p_i(x)$ 是 $f(x)$ 的一个 r_i 重因式 $(i=1,2,\cdots,t)$. 如果其中有一个幂指数大于 1, 那么 $f(x)$ 有重因式. 否则, 它只有单因式. 这表明, 一旦知道了 $f(x)$ 的标准分解式, 很容易判断它是否有重因式. 但是这种方法不是普遍可行的. 这是因为没有一般方法来求多项式的标准分解式. 为了获得一种普遍可行的方法, 我们必须另辟蹊径. 为此, 让我们来看一个例子.

令 $f(x)=x(x-1)^2(x+1)^3$. 暂时把 $f(x)$ 看作实数域上的多项式函数, 并对它求导数, 得 $f'(x)=(x-1)(x+1)^2(6x^2-x-1)$, 所以 $f(x)$ 与 $f'(x)$ 的首一最大公因式为 $(x-1)(x+1)^2$. 由此可见, $f(x)$ 与 $f'(x)$ 的两个不可约公因式都是 $f(x)$ 的重因式.

已知最大公因式总可以用辗转相除法求出来. 这就导致我们考虑,能不能在数域 $\boldsymbol{F}$ 上的多项式中引入导数的概念, 然后利用导数和辗转相除法来判断一个多项式有没有重因式? 然

而这里出现了一个问题. 我们知道, 在数学分析里, 导数概念涉及函数的极限, 而极限概念依赖于实数 (域) 的连续性. 可是一般数域 $\boldsymbol{F}$ 未必具有连续性. 例如, 在有理数范围内, 单调有界数列未必有极限 (它可能收敛于无理数), 所以有理数域不具有连续性. 因此不能利用极限概念来定义 $\mathbb{Q}[x]$ 中多项式的导数. 为此, 我们给出下面的形式定义.

定义 1.5.2　设 $f(x) = a_0 + a_1x + a_2x^2 + \cdots + a_nx^n$ 是数域 $\boldsymbol{F}$ 上一个多项式, 则称 $a_1 + 2a_2x + \cdots + na_nx^{n-1}$ 为 $f(x)$ 的**导数**, 记作 $f'(x)$.

这样定义的导数也称为**形式导数**. 显然数域 $\boldsymbol{F}$ 上每一个多项式有唯一的导数, 并且它的导数仍然是数域 $\boldsymbol{F}$ 上的多项式. 定义中导数 $f'(x)$ 可以用连加号表示成 $f'(x) = \sum\limits_{i=1}^{n} ia_ix^{i-1}$ 或 $f'(x) = \sum\limits_{i=0}^{n-1}(i+1)a_{i+1}x^i$. 易见 $f'(x)$ 的 i 次项系数为 $(i+1)a_{i+1}$. 我们也把 $f'(x)$ 称为 $f(x)$ 的 **1 阶导数**, 并把 $f'(x)$ 的导数 $f''(x)$ 称为 $f(x)$ 的 **2 阶导数**, 等等. 当 $k > 3$ 时, $f(x)$ 的 $\boldsymbol{k}$ **阶导数**记作 $f^{(k)}(x)$. 设 $f(x)$ 的次数等于 n $(n \geqslant 1)$. 由定义易见, $f'(x), f''(x), \cdots, f^{(n-1)}(x)$, $f^{(n)}(x)$ 的次数依次为 $n-1, n-2, \cdots, 1, 0$, 并且当 $k > n$ 时, 有 $f^{(k)}(x) = 0$.

下面给出导数的基本公式: 对任意的 $f(x), g(x) \in \boldsymbol{F}[x]$ 和任意的 $c \in \boldsymbol{F}$,

(1) $[f(x) + g(x)]' = f'(x) + g'(x)$;

(2) $[cf(x)]' = cf'(x)$;

(3) $[f(x)g(x)]' = f'(x)g(x) + f(x)g'(x)$;

(4) $[f^m(x)]' = mf^{m-1}(x)f'(x)$, 这里 m 是一个正整数.

上述公式与熟知的导数公式毫无二致, 然而由于这里的导数是形式导数, 这些公式都必须重新验证. 下面只给出公式 (1) 的验证.

设 $f(x) = a_0 + a_1x + a_2x^2 + \cdots + a_nx^n$, $g(x) = b_0 + b_1x + b_2x^2 + \cdots + b_mx^m$. 不妨设 $m \leqslant n$. 当 $m < n$ 时, 令 $b_{m+1} = \cdots = b_n = 0$, 则

$$\begin{aligned}
[f(x) + g(x)]' &= (a_1 + b_1) + 2(a_2 + b_2)x + \cdots + n(a_n + b_n)x^{n-1},\\
f'(x) &= a_1 + 2a_2x + \cdots + na_nx^{n-1},\\
g'(x) &= b_1 + 2b_2x + \cdots + nb_nx^{n-1}.
\end{aligned}$$

由此不难看出, $[f(x) + g(x)]' = f'(x) + g'(x)$.

现在让我们利用导数来探讨重因式. 令 $f(x) = x(x-1)^2(x+1)^3$, 则 $x+1$ 是 $f(x)$ 的 3 重因式. 根据前面的讨论, 它是 $f'(x)$ 的 2 重因式. 一般地, 我们有以下定理.

定理 1.5.1　在 $\boldsymbol{F}[x]$ 中, 设 $p(x)$ 是 $f(x)$ 的一个 k 重因式. 如果 $k \geqslant 1$, 那么 $p(x)$ 是 $f(x)$ 的导数 $f'(x)$ 的一个 $k-1$ 重因式.

证明　已知 $p(x)$ 是 $f(x)$ 在数域 $\boldsymbol{F}$ 上的一个 k 重因式, 那么 $p(x)$ 在数域 $\boldsymbol{F}$ 上不可约, 并且 $p^k(x) \mid f(x)$, 但 $p^{k+1}(x) \nmid f(x)$. 于是存在 $g(x) \in \boldsymbol{F}[x]$, 使得 $f(x) = p^k(x)g(x)$, 但

$p(x) \nmid g(x)$. 对等式两边分别求导数, 得

$$f'(x) = kp^{k-1}(x)p'(x)g(x) + p^k(x)g'(x),$$

即

$$f'(x) = p^{k-1}(x)\big[kp'(x)g(x) + p(x)g'(x)\big],$$

所以 $p^{k-1}(x) \mid f'(x)$. 下面证明 $p^k(x) \nmid f'(x)$. 若不然, 则由上式, 有

$$p(x) \mid kp'(x)g(x) + p(x)g'(x).$$

显然 $p(x) \mid p(x)g'(x)$, 所以 $p(x) \mid kp'(x)g(x)$. 已知 $k \geqslant 1$, 那么 $p(x) \mid p'(x)g(x)$. 又已知 $p(x)$ 是不可约的, 并且 $p(x) \nmid g(x)$, 那么由性质 1.4.2(2), 有 $p(x) \mid p'(x)$. 另一方面, 已知不可约多项式的次数必大于零, 那么 $\partial[p(x)] > \partial[p'(x)]$, 并且 $p'(x) \neq 0$, 从而 $p(x) \nmid p'(x)$, 与 $p(x) \mid p'(x)$ 矛盾. 这就证明了 $p^k(x) \nmid f'(x)$. 因此 $p(x)$ 是 $f'(x)$ 的一个 $k-1$ 重因式. □

根据上述定理, 当 $p(x)$ 是 $f(x)$ 的单因式时, 它不是 $f'(x)$ 的因式. 反复应用这个定理, 可得出如下推论.

推论 1.5.2 在 $\boldsymbol{F}[x]$ 中, 设 $p(x)$ 是 $f(x)$ 的一个 k 重因式. 如果 $k \geqslant 1$, 那么 $p(x)$ 分别是 $f'(x), f''(x), \cdots, f^{(k-1)}(x)$ 的 $k-1, k-2, \cdots, 1$ 重因式, 但它不是 $f^{(k)}(x)$ 的因式.

设 $f(x)$ 是数域 $\boldsymbol{F}$ 上一个次数大于零的多项式, 它的标准分解式为

$$f(x) = ap_1^{r_1}(x)p_2^{r_2}(x)\cdots p_t^{r_t}(x). \tag{1.5.1}$$

根据定理 1.5.1, 存在 $g(x) \in \boldsymbol{F}[x]$, 使得

$$f'(x) = p_1^{r_1-1}(x)p_2^{r_2-1}(x)\cdots p_t^{r_t-1}(x)g(x),$$

其中 $p_i(x) \nmid g(x)$, $i = 1, 2, \cdots, t$. 根据命题 1.4.5, 有

$$\big(f(x), f'(x)\big) = p_1^{r_1-1}(x)p_2^{r_2-1}(x)\cdots p_t^{r_t-1}(x). \tag{1.5.2}$$

现在, 用 $a(f(x), f'(x))$ 去除 $f(x)$, 其商记为 $f^*(x)$, 那么

$$f^*(x) = p_1(x)p_2(x)\cdots p_t(x).$$

显然 $f^*(x)$ 是没有重因式的首一多项式, 并且 $f^*(x)$ 与 $f(x)$ 有完全相同的首一不可约因式. 我们称 $f^*(x)$ 为 $f(x)$ 的**单因式化多项式.** 由于最大公因式总可以用辗转相除法求出来, 因此可以求出 $f(x)$ 的单因式化多项式. 当 $f(x)$ 有重因式时, $f^*(x)$ 的次数比 $f(x)$ 的次数低. 我们知道, 解整式方程与因式分解有密切联系, 解整式方程的基本思想是通过因式分解对方程进行降次. 因此单因式化多项式对于包括因式分解和解方程在内的各种问题无疑是很有用的.

下面讨论怎样判断一个多项式有没有重因式. 首先给出一个命题.

命题 1.5.3 在 $\boldsymbol{F}[x]$ 中, 设 $p(x)$ 是 $f(x)$ 的一个不可约因式. 令 $d(x)$ 是 $f(x)$ 与 $f'(x)$ 的一个最大公因式, 则 $p(x)$ 是 $f(x)$ 的 k 重因式当且仅当它是 $d(x)$ 的 $k-1$ 重因式.

由已知条件可见, 命题中的 k 是正整数, 并且 $f(x)$ 的次数大于零. 假定 $f(x)$ 的标准分

解式为 (1.5.1) 式, 那么 $c^{-1}p(x)$ 是 $f(x)$ 的一个首一不可约因式, 这里 a 是 $p(x)$ 的首项系数. 于是由 (1.5.2) 式, 容易看出, 上述命题成立.

注意到 $k \geqslant 2$ 当且仅当 $k-1 \geqslant 1$. 由上述命题, 立即得到下一个推论.

推论 1.5.4 在 $\boldsymbol{F}[x]$ 中, 设 $f(x)$ 是一个非零多项式, $p(x)$ 是一个不可约多项式, 则 $p(x)$ 是 $f(x)$ 的重因式当且仅当它是 $f(x)$ 与 $f'(x)$ 的公因式.

推论 1.5.5 数域 $\boldsymbol{F}$ 上一个非零多项式 $f(x)$ 有重因式当且仅当 $f(x)$ 与 $f'(x)$ 不互素, 或者等价地, $f(x)$ 无重因式当且仅当 $f(x)$ 与 $f'(x)$ 互素.

推论 1.5.5 表明, 可以通过求 $(f(x), f'(x))$ 来判断 $f(x)$ 有没有重因式. 由于总可以用辗转相除法求出最大公因式, 所以这种判断方法是普遍可行的.

已知多项式的互素关系不会随着系数域的扩大而改变. 由推论 1.5.5, 立得以下命题.

命题 1.5.6 设 $f(x)$ 是数域 $\boldsymbol{F}$ 上一个非零多项式, 并设 $\overline{\boldsymbol{F}}$ 是包含 $\boldsymbol{F}$ 的一个数域, 则 $f(x)$ 在 $\boldsymbol{F}[x]$ 中无重因式当且仅当它在 $\overline{\boldsymbol{F}}[x]$ 中无重因式.

例 1.5.1 设 $f(x) = 1 + \frac{x}{1!} + \frac{x^2}{2!} + \cdots + \frac{x^n}{n!}$,其中 $n \geqslant 1$, 则

$$f'(x) = 1 + \frac{x}{1!} + \frac{x^2}{2!} + \cdots + \frac{x^{n-1}}{(n-1)!},$$

所以 $f(x) = f'(x) + \frac{x^n}{n!}$. 根据引理 1.3.2 和命题 1.3.6, 有

$$(f(x), f'(x)) = \left(f'(x), \frac{x^n}{n!}\right) = (f'(x), x^n).$$

其次, 因为 $f'(x)$ 的常数项不为零, 所以 $(f'(x), x) = 1$. 反复应用性质 1.3.1(1), 有 $(f'(x), x^n) = 1$, 因此 $(f(x), f'(x)) = 1$. 根据推论 1.5.5, $f(x)$ 没有重因式.

例 1.5.2 设 $f(x) = x^4 + x^3 - 3x^2 - 5x - 2$. 求 $f(x)$ 的标准分解式, 并判断 $f(x)$ 有没有重因式.

解 1 因为 $f(x) = (x^4 + x^3) - (3x^2 + 3x) - (2x + 2) = (x+1)(x^3 - 3x - 2)$, 并且

$$x^3 - 3x - 2 = (x^3 + 1) - 3(x + 1) = (x + 1)(x^2 - x - 2) = (x + 1)^2(x - 2),$$

所以所求的标准分解式为 $f(x) = (x + 1)^3(x - 2)$, 并且 $f(x)$ 有一个重因式 $x + 1$.

解 2 对 $f(x)$ 求导数, 得 $f'(x) = 4x^3 + 3x^2 - 6x - 5$. 作辗转相除如下:

	$f'(x)$	$4f(x)$	
x	$4x^3+3x^2-6x-5$	$4x^4+4x^3-12x^2-20x-8$	
	$4x^3-24x^2-60x-32$	$4x^4+3x^3-6x^2-5x$	
	$27x^2+54x+27$	$x^3-6x^2-15x-8$	4
$x-8$	x^2+2x+1	x^3+2x^2+x	
		$-8x^2-16x-8$	
		$-8x^2-16x-8$	
		0	

所以 $(f(x), f'(x)) = x^2+2x+1$, 即

$$(f(x), f'(x)) = (x+1)^2.$$

根据推论 1.5.5, $f(x)$ 有重因式. 其次, 根据推论 1.5.4 和命题 1.5.3, $x+1$ 是 $f(x)$ 的重因式, 其重数等于 3. 现在, 连续作三次综合除法 (见右边的算式), 我们得到, $f(x)$ 的标准分解式为 $f(x) = (x+1)^3(x-2)$.

-1	1	1	-3	-5	-2
		-1	0	3	2
-1	1	0	-3	-2	0
		-1	1	2	
-1	1	-1	-2	0	
		-1	2		
	1	-2	0		

上面的第二种解法表明, 可以利用辗转相除法来分解多项式的因式. 不过这种方法计算量较大, 一般不宜作为首选方法. 类似地, 如果没有指定必须用辗转相除法去判断一个多项式是否有重因式, 这种方法也不宜作为首选方法.

习题 1.5

1. 判断下列多项式有没有重因式. 如果有, 求其重数.

   (1) $f(x) = x^5-5x^4+7x^3-2x^2+4x-8$; (2) $f(x) = x^4+4x^2-4x-3$.

2. 当且仅当 t 为何值时, $f(x) = x^3-3x^2+tx-1$ 有重因式?

3. 当且仅当 p 与 q 适合什么条件时, $f(x) = x^3+3px+q$ 有重因式?

4. 设 $f(x) = x^5-3x^4+2x^3+2x^2-3x+1$. 求 $f(x)$ 的单因式化多项式 $f^*(x)$.

5. 在 $\boldsymbol{F}[x]$ 中, 设 $p(x)$ 是 $f(x)$ 的导数 $f'(x)$ 的一个 k 重因式.

   (1) 举例说明, $p(x)$ 未必是 $f(x)$ 的 $k+1$ 重因式;

   (2) 证明: $p(x)$ 是 $f(x)$ 的 $k+1$ 重因式当且仅当它是 $f(x)$ 的因式.

6. 在 $\boldsymbol{F}[x]$ 中, 设 $p(x)$ 是 $f(x)$ 的一个重因式. 证明: 如果 $(f'(x), f''(x)) = 1$, 那么 $p(x)$ 是 $f(x)$ 的一个 2 重因式.

*7. 在 $\boldsymbol{F}[x]$ 中, 设 $f(x)$ 是一个次数大于零的首一多项式, 并设 $g(x)$ 与 $h(x)$ 是任意多项式. 证明下列条件等价: (1) $f(x)$ 是某个不可约多项式的方幂;

   (2) 或者 $(f(x), g(x)) = 1$, 或者存在一个正整数 m, 使得 $f(x) \mid g^m(x)$;

   (3) 只要 $f(x) \mid g(x)h(x)$, 就有 $f(x) \mid g(x)$ 或 $f(x) \mid h^m(x)$, 这里 m 是某个正整数.

*8. 在 $\boldsymbol{F}[x]$ 中, 设 $h(x) = f(x)+p(x)f'(x)$, 其中 $p(x)$ 是 $f(x)$ 的一个首一不可约因式. 证明: 如果 $p(x)$ 是 $f(x)$ 的 k 重因式, 那么它也是 $h(x)$ 的 k 重因式, 这里 $k \geqslant 1$.

*9. 设 $f(x)$ 是数域 $\boldsymbol{F}$ 上一个 n 次多项式 $(n \geqslant 1)$. 证明: $f(x)$ 能被它的导数 $f'(x)$ 整除当且仅当存在 $a, b \in \boldsymbol{F}$, 使得 $f(x)=a(x-b)^n$.

1.6　多项式函数

在前几节我们总是把多项式看作形式表达式, 即所谓的多项式形式, 并进行纯形式的讨论. 我们知道, 数域 $\boldsymbol{F}$ 上的多项式是从以往作为函数的多项式推广来的. 毫无疑问, 前几节的所有结论对于后者来说都是正确的. 由此可见, 这种纯形式的抽象研究具有更加广泛的应用, 确实有优势的一面, 而且从抽象的角度来看, 这样的多项式是作为函数的多项式不能替代的. 然而它也有不足的一面. 例如, 一些熟知的概念必须重新定义, 各种熟知的结论必须重新证明. 这就给问题的讨论带来不便, 因此我们有必要用函数的观点来考察多项式.

在这一节我们将首先给出数域 $\boldsymbol{F}$ 上多项式函数的概念, 然后给出多项式的根的概念, 并讨论它的有关性质, 最后给出多项式相等的判别定理, 并讨论多项式相等与多项式函数相等这两个概念之间的关系.

设 $f(x)=a_nx^n+a_{n-1}x^{n-1}+\cdots+a_1x+a_0$ 是数域 $\boldsymbol{F}$ 上一个多项式. 用数域 $\boldsymbol{F}$ 中一个数 c 代替 $f(x)$ 的表达式中文字 x, 得

$$a_nc^n+a_{n-1}c^{n-1}+\cdots+a_1c+a_0.$$

如果把上式中连结符号看作数的运算符号, 那么上式决定数域 $\boldsymbol{F}$ 中唯一一个数, 记作 $f(c)$. 这就得到一个定义在 F 上取值在 $\boldsymbol{F}$ 中的函数

$$f: \boldsymbol{F} \to \boldsymbol{F},\ c \mapsto f(c),$$

称为由多项式 $f(x)$ 所决定的**多项式函数**, 其中函数值 $f(c)$ 称为 $f(x)$ 在点 c 处的**值**. 当 $\boldsymbol{F}=\mathbb{R}$ 时, 这样的函数就是数学分析里的多项式函数.

下面给出一个很有用的定理, 称为**余数定理**, 亦称为**裴蜀定理**.

定理 1.6.1　用一次多项式 $x-c$ 去除多项式 $f(x)$ 所得的余数等于 $f(c)$.

证明　设 $q(x)$ 和 r 分别是用 $x-c$ 去除 $f(x)$ 所得的商和余数, 则

$$f(x)=(x-c)q(x)+r,$$

所以 $f(c)=(c-c)q(c)+r$, 即 $f(c)=r$, 因此余数等于 $f(c)$. □

定义 1.6.1　设 $f(x) \in \boldsymbol{F}[x]$ 且 $c \in \boldsymbol{F}$. 如果 $f(x)$ 在点 c 处的值等于零, 即 $f(c)=0$, 那么称 c 为 $f(x)$ 在数域 $\boldsymbol{F}$ 中的一个**根**.

显然多项式的根就是相应的多项式函数的零点. 根据定义, 在 $\boldsymbol{F}[x]$ 中, 零多项式以数域 $\boldsymbol{F}$ 中每一个数作为它的一个根, 零次多项式没有根, 一次多项式只有一个根. 需要注意的是, 多项式的根与可约性这两个概念之间没有必然联系. 例如, 多项式 $x-1$ 有根, 但它在数域 $\boldsymbol{F}$

上不可约. 又如, 多项式 $(x^2+2)^2$ 没有实根, 但它在实数域上可约. 值得一提的是, 多项式的根可能会随着系数域的扩大而增加. 例如, x^2-2 没有有理根, 但它有两个实根 $\sqrt{2}$ 和 $-\sqrt{2}$.

下一个定理给出了多项式的根与一次因式之间的联系, 称为**因式定理.**

定理 1.6.2 设 $f(x)$ 是数域 $\boldsymbol{F}$ 上一个多项式, 并设 c 是数域 $\boldsymbol{F}$ 中一个数, 则 c 是 $f(x)$ 的根当且仅当 $x-c$ 是 $f(x)$ 的因式.

证明 根据余数定理, 用 $x-c$ 去除 $f(x)$ 所得的余数为 $f(c)$. 于是由命题 1.2.2, $f(c)=0$ 当且仅当 $x-c \mid f(x)$. 换句话说, c 是 $f(x)$ 的根当且仅当 $x-c$ 是 $f(x)$ 的因式. □

由因式定理易见, 数域 $\boldsymbol{F}$ 上每一个次数大于 1 的不可约多项式在 $\boldsymbol{F}$ 中都没有根. 余数定理、综合除法和因式定理三者经常结合起来使用. 例如, 设

$$f(x)=3x^6-13x^5-17x^4+29x^3+23x^2+40x-25.$$

欲判断 $x-5$ 是否为 $f(x)$ 的因式, 可以作综合除法如下:

$$\begin{array}{r|rrrrrrr} 5 & 3 & -13 & -17 & 29 & 23 & 40 & -25 \\ & & 15 & 10 & -35 & -30 & -35 & 25 \\ \hline & 3 & 2 & -7 & -6 & -7 & 5 & \underline{|\,0} \end{array}$$

根据余数定理, 有 $f(5)=0$. 根据因式定理, $x-5$ 是 $f(x)$ 的因式.

在 $F[x]$ 中, 如果 $x-c$ 是 $f(x)$ 的一个 k 重因式, 那么称 c 为 $f(x)$ 的一个 $\boldsymbol{k}$ **重根.** 特别地, 当 $x-c$ 是单因式时, 称 c 为**单根;** 当 $x-c$ 是重因式时, 称 c 为**重根.** 注意, 当 $x-c$ 是零重因式时, c 不是 $f(x)$ 的根.

与一元整式方程一样, 为了便于理论上的探讨, 一元多项式的重根按重数计算根的个数. 例如, $(x-1)^3(x+1)$ 有四个根, 它们是 1, 1, 1, -1. 从一些一元整式方程, 我们已经知道, 即使重根按重数计算根的个数, 方程的根的个数也不会超过它的次数. 对于一元多项式, 也有类似的规律.

定理 1.6.3 (根的个数定理) 当 $n \geqslant 0$ 时, 数域 $\boldsymbol{F}$ 上每一个 n 次多项式 $f(x)$ 在 $\boldsymbol{F}$ 中的根都不超过 n 个 (重根按重数计算).

证明 如果 $f(x)$ 在数域 $\boldsymbol{F}$ 中没有根 (即根的个数为零), 结论自然成立. 不妨设 $f(x)$ 在 $\boldsymbol{F}$ 中有根, 并设 $c_1, c_2, \cdots, c_s$ 是它在 $\boldsymbol{F}$ 中全部互不相同的根, 其重数依次为 $k_1, k_2, \cdots, k_s$. 根据因式定理, $f(x)$ 的全部互不相同的首一一次因式为 $x-c_1$, $x-c_2$, $\cdots$, $x-c_s$. 于是可设

$$f(x)=(x-c_1)^{k_1}(x-c_2)^{k_2}\cdots(x-c_s)^{k_s}g(x),$$

其中 $g(x)$ 在数域 $\boldsymbol{F}$ 中没有根, 因此 $f(x)$ 的根的个数为 $k_1+k_2+\cdots+k_s$. 其次, 已知 $f(x)$ 的次数等于 n. 根据次数定理, 有 $k_1+k_2+\cdots+k_s \leqslant n$. 这就证明了, $f(x)$ 在数域 $\boldsymbol{F}$ 中的根不超过 n 个. □

上述定理表明, 除零多项式外, 其余多项式都不可能有无穷多个根.

定理 1.6.4 (多项式相等的判别定理) 设 $f(x)$ 与 $g(x)$ 都是数域 $\boldsymbol{F}$ 上次数不超过 n 的多项式 $(n \geqslant 0)$, 则 $f(x)=g(x)$ 当且仅当存在数域 $\boldsymbol{F}$ 中 $n+1$ 个互不相同的数 $c_1, c_2, \cdots, c_{n+1}$, 使得 $f(c_i)=g(c_i),\ i=1, 2, \cdots, n+1$.

证明 必要性显然成立, 只须证充分性. 根据充分性假定, 存在数域 $\boldsymbol{F}$ 中 $n+1$ 个互不相同的数 $c_1, c_2, \cdots, c_{n+1}$, 使得 $f(c_i)=g(c_i),\ i=1, 2, \cdots, n+1$. 令 $h(x)=f(x)-g(x)$, 则 $h(c_i)=0,\ i=1, 2, \cdots, n+1$. 这表明, $h(x)$ 在数域 $\boldsymbol{F}$ 中至少有 $n+1$ 个根. 其次, 由于 $f(x)$ 与 $g(x)$ 的次数都不超过 n, 根据次数定理, $h(x)$ 的次数也不超过 n. 现在, 如果 $h(x)\neq 0$, 那么 $\partial[h(x)]\geqslant 0$. 根据根的个数定理, $h(x)$ 在 $\boldsymbol{F}$ 中的根不超过 n 个. 这就出现一个矛盾, 因此 $h(x)=0$, 故 $0=f(x)-g(x)$, 即 $f(x)=g(x)$. □

例 1.6.1 设 $f(x)=x(x-1)(x-2)(x-3)+1$ 且 $g(x)=(x^2-3x+1)^2$, 则 $f(x)$ 与 $g(x)$ 都是 4 次多项式. 取定 5 个互不相同的数 $-1, 0, 1, 2, 3$. 经计算, 得 $f(-1)=25=g(-1)$ 且 $f(k)=1=g(k),\ \ k=0, 1, 2, 3$. 根据多项式相等的判别定理, 有 $f(x)=g(x)$.

例 1.6.2 设 a_1, a_2, a_3 是数域 $\boldsymbol{F}$ 中三个互不相同的数, 并设 b_1, b_2, b_3 是数域 $\boldsymbol{F}$ 中任意三个数, 则在 $\boldsymbol{F}[x]$ 中, 有且只有一个次数不超过 2 的多项式 $f(x)$, 使得 $f(a_1)=b_1$, $f(a_2)=b_2$, $f(a_3)=b_3$. 事实上, 构造一个多项式如下:

$$f(x)=\frac{b_1(x-a_2)(x-a_3)}{(a_1-a_2)(a_1-a_3)}+\frac{b_2(x-a_1)(x-a_3)}{(a_2-a_1)(a_2-a_3)}+\frac{b_3(x-a_1)(x-a_2)}{(a_3-a_1)(a_3-a_2)}.$$

显然 $f(x)$ 是 $\boldsymbol{F}[x]$ 中一个次数不超过 2 的多项式, 并且 $f(a_i)=b_i,\ \ i=1, 2, 3$. 其次, 假设 $g(x)$ 也是 $\boldsymbol{F}[x]$ 中一个次数不超过 2 的多项式, 使得 $g(a_i)=b_i$, 其中 $i=1, 2, 3$, 那么 $f(a_i)=g(a_i),\ \ i=1, 2, 3$. 根据多项式相等的判别定理, 有 $f(x)=g(x)$, 因此满足所给条件的多项式有且只有一个.

设 $a_1, a_2, \cdots, a_{n+1}$ 是数域 $\boldsymbol{F}$ 中 $n+1$ 个互不相同的数, $b_1, b_2, \cdots, b_{n+1}$ 是数域 $\boldsymbol{F}$ 中任意 $n+1$ 个数. 令

$$\ell(x)=\sum_{i=1}^{n+1}\frac{b_i(x-a_1)\cdots(x-a_{i-1})(x-a_{i+1})\cdots(x-a_{n+1})}{(a_i-a_1)\cdots(a_i-a_{i-1})(a_i-a_{i+1})\cdots(a_i-a_{n+1})}.$$

仿照上例, 可证在 $\boldsymbol{F}[x]$ 中, $\ell(x)$ 是满足条件 $\ell(a_i)=b_i\ (i=1, 2, \cdots, n+1)$ 的唯一一个次数不超过 n 的多项式, 称为**拉格朗日插值公式**.

例 1.6.3 求一个次数尽可能低的多项式 $f(x)$, 使得它满足下列条件:

$$f(0)=1, \quad f(1)=2, \quad f(2)=5, \quad f(3)=10.$$

解 根据拉格朗日插值公式, 满足所给条件的多项式为

$$f(x)=\frac{(x-1)(x-2)(x-3)}{(0-1)(0-2)(0-3)}+\frac{2(x-0)(x-2)(x-3)}{(1-0)(1-2)(1-3)}$$
$$+\frac{5(x-0)(x-1)(x-3)}{(2-0)(2-1)(2-3)}+\frac{10(x-0)(x-1)(x-2)}{(3-0)(3-1)(3-2)}.$$

经计算, 得 $f(x)=x^2+1$.

下面讨论多项式相等与多项式函数相等这两个概念之间的关系. 为了避免产生混淆, 我们用 f 来表示由 $f(x)$ 所决定的多项式函数.

回顾一下, 给定数域 $\boldsymbol{F}$ 上两个多项式 $f(x)$ 与 $g(x)$, 由它们所决定的多项式函数 f 与 g 的定义域都是 $\boldsymbol{F}$, 因而 f 与 g 是**相等的**意味着它们的对应法则是相同的, 即 $f(c)=g(c)$, $\forall\, c\in F$.

定理 1.6.5 在数域 $\boldsymbol{F}$ 上, 两个多项式 $f(x)$ 与 $g(x)$ 是相等的当且仅当由它们所决定的多项式函数 f 与 g 是相等的.

证明 设 $f(x)=g(x)$,则 $f(x)$ 与 $g(x)$ 的对应次项系数全相等. 于是对任意的 $c\in\boldsymbol{F}$,有 $f(c)=g(c)$,因此 $f=g$. 反之, 设 $f=g$. 不妨设 $f(x)$ 与 $g(x)$ 的次数都不超过某个正整数 n. 根据多项式函数的相等定义, 任取数域 $\boldsymbol{F}$ 中 $n+1$ 个互不相同的数 $c_1, c_2, \cdots, c_{n+1}$, 有 $f(c_i)=g(c_i)$, $i=1,2,\cdots,n+1$. 于是由多项式相等的判别定理, 得 $f(x)=g(x)$. □

我们知道, 函数的相等实际上是**恒等.** 上述定理表明, 多项式相等与多项式函数恒等这两个概念是一致的.

最后让我们考虑下列问题: 数域 $\boldsymbol{F}$ 上多项式的加法运算与多项式函数的加法运算, 这两者之间有什么区别? 乘法运算呢?

设 $f(x), g(x), h(x)\in\boldsymbol{F}[x]$. 如果 $h(x)=f(x)+g(x)$, 那么对任意的 $c\in\boldsymbol{F}$,有 $h(c)=f(c)+g(c)$ (从而有 $h=f+g$),反之亦然. 这个事实表明, 多项式的加法运算与多项式函数的加法运算本质上没有差别. 类似地, 多项式的乘法运算与多项式函数的乘法运算本质上也没有差别.

由于上述各种原因, 在后面的讨论中, 将用符号 $f(x)$ (而不是 f) 来表示多项式函数, 并用符号 $f(x)+g(x)$ 和 $f(x)g(x)$ 来表示两个多项式相加和相乘.

习题 1.6

1. (1) 设 $f(x)=x^5-8x^4+5x^3+49x^2+10x-25$. 求 $f(x)$ 在点 2 处的值 $f(2)$,并判断 5 是不是 $f(x)$ 的根. 如果是, 它是几重根?

   (2) 求 $f(x)=x^3+2x^2+2x+1$ 与 $g(x)=x^4+x^3+2x^2+x+1$ 的公共复根.
2. 在 $\boldsymbol{F}[x]$ 中, 设 c 是 $f(x)$ 的一个根. 证明下列条件等价:

   (1) c 是 $f(x)$ 的重根; (2) c 是 $f'(x)$ 的根; (3) c 是 $f(x)$ 与 $f'(x)$ 的公共根.
3. 设 $f(x)=2x^3-7x^2+4x+a$. 求 a 的值, 使得 $f(x)$ 有重根, 并求出重根的重数.
4. (1) 求 a 与 b 的值, 使得 $(x-1)^2$ 能除尽 ax^4+bx^2+1;

(2) 求 a 与 b 的值, 使得 1 是 $f(x)=ax^{n+1}+bx^n+1$ 的重根, 这里 $n\geqslant 1$.

5. 求一个次数尽可能低的多项式 $f(x)$, 使得它满足下列两个条件之一:

(1) $f(1)=0,\ f(2)=0,\ f(-1)=0,\ f(-2)=-12$;

(2) $f(0)=-1,\ f(1)=0,\ f(2)=3,\ f(3)=8$.

6. (1) 证明在 $\boldsymbol{F}[x]$ 中, 一个二次或三次多项式 $f(x)$ 在 $\boldsymbol{F}$ 中有根当且仅当它在 $\boldsymbol{F}$ 上可约;

(2) 举例说明, 可约的 4 次实系数多项式未必有实根.

7. 设 $f(x)\in\boldsymbol{F}[x]$. 令 c 是 $f'(x)$ 在数域 $\boldsymbol{F}$ 中一个 k 重根.

(1) 举例说明, c 未必是 $f(x)$ 的 $k+1$ 重根;

(2) 证明: c 是 $f(x)$ 的 $k+1$ 重根当且仅当它是 $f(x)$ 的根.

8. 设 $k\geqslant 1$. 证明: 在 $\boldsymbol{F}[x]$ 中, c 是 $f(x)$ 的一个 k 重根当且仅当

$$f(c)=f'(c)=\cdots=f^{(k-1)}(c)=0,\ \text{但}\ f^{(k)}(c)\neq 0.$$

9. 证明: 在 $\boldsymbol{F}[x]$ 中, $f(x)$ 与 $g(x)$ 是相等的, 这里

(1) $f(x)=x(x+1)(x+2)(x+3)+1$ 且 $g(x)=(x^2+3x+1)^2$;

(2) $f(x)=(x+a)^3-x^3-a^3$ 且 $g(x)=3ax(x+a)$.

*10. 设 $f(x)$ 是数域 $\boldsymbol{F}$ 上一个多项式, 并设 a 与 b 是数域 $\boldsymbol{F}$ 中两个数 $(a\neq 0)$. 证明:

(1) 如果用 $x-\dfrac{b}{a}$ 去除 $f(x)$ 所得的商为 $q(x)$, 那么用 $ax-b$ 去除 $f(x)$ 所得的商和余数分别为 $\dfrac{1}{a}q(x)$ 和 $f\left(\dfrac{b}{a}\right)$;

(2) 当 $a\neq b$ 时, 用 $(x-a)(x-b)$ 去除 $f(x)$ 所得的余式为 $\dfrac{f(a)-f(b)}{a-b}x+\dfrac{af(b)-bf(a)}{a-b}$.

*11. 设 $f(x)$ 是数域 $\boldsymbol{F}$ 上一个二次或三次多项式. 证明: 如果 c 是 $f(x)$ 在复数域中的重根, 那么 c 是数域 $\boldsymbol{F}$ 中的数.

*12. 在 $\boldsymbol{F}[x]$ 中, 设 c 是 $f'''(x)$ 的一个 k 重根. 证明: c 是 $g(x)$ 的一个 $k+3$ 重根, 这里

$$g(x)=\frac{x-c}{2}\left[f'(x)+f'(c)\right]-f(x)+f(c).$$

*13. 设 a,b,c 是数域 $\boldsymbol{F}$ 中三个互不相同的数. 证明:

(1) $\dfrac{(x-b)(x-c)}{(a-b)(a-c)}+\dfrac{(x-c)(x-a)}{(b-c)(b-a)}+\dfrac{(x-a)(x-b)}{(c-a)(c-b)}=1$;

(2) 当 $g(x)=(x-a)(x-b)(x-c)$ 时, 对任意的 $f(x)\in\boldsymbol{F}[x]$, 用 $g(x)$ 去除 $f(x)$ 所得的余式为

$$r(x)=\frac{f(a)(x-b)(x-c)}{(a-b)(a-c)}+\frac{f(b)(x-c)(x-a)}{(b-c)(b-a)}+\frac{f(c)(x-a)(x-b)}{(c-a)(c-b)}.$$

*14. 设 $f(x)$ 是数域 $\boldsymbol{F}$ 上一个多项式. 证明:

(1) 若存在 $a\in\boldsymbol{F}$ 且 $a\neq 0$, 使得 $f(x)=f(x+a)$, 则存在 $c\in\boldsymbol{F}$, 使得 $f(x)=c$;

(2) 若对任意的 $u,v\in\boldsymbol{F}$, 有 $f(u+v)=f(u)+f(v)$, 则存在 $k\in\boldsymbol{F}$, 使得 $f(x)=kx$.

*15. 设 $f(x)$ 是数域 $\boldsymbol{F}$ 上一个 n 次多项式 $(n\geqslant 1)$, 并设 a 是数域 $\boldsymbol{F}$ 中一个数. 证明 $f(x)$ 在点 a 处展开的**泰勒公式** 成立, 即下列公式成立:

$$f(x)=f(a)+\frac{f'(a)}{1!}(x-a)+\frac{f''(a)}{2!}(x-a)^2+\cdots+\frac{f^{(n)}(a)}{n!}(x-a)^n.$$

1.7 复系数多项式和实系数多项式

前面我们讨论了一般数域 $\boldsymbol{F}$ 上多项式的一些共同性质. 在这一节和下一节我们将讨论三个常用数域 $\mathbb{Q}$, $\mathbb{R}$, $\mathbb{C}$ 上的多项式. 由于这三个数域有各自的特殊性, 导致其上的多项式也有各自的特殊性. 这些特殊性主要体现在多项式的根与可约性等问题上. 在这一节我们将讨论 $\mathbb{C}$ 和 $\mathbb{R}$ 上的多项式, 即复系数和实系数多项式. 我们将看到, 这两个数域上多项式的根与可约性具有很特殊的性质, 因而唯一因子分解定理将变得特别简单明了.

让我们先来讨论复系数多项式. 已知一般数域 $\boldsymbol{F}$ 上的多项式在 F 中未必有根, 然而对于复系数多项式, 有下面的重要定理, 称为**代数基本定理.**

定理 1.7.1 *每一个次数大于零的复系数多项式在复数域中至少有一个根.*

这个定理表明, 复数域具有一种很好的性质, 即所谓的**代数封闭性,** 因此复数域也称为一个**代数闭域.** 上述定理被称为代数基本定理, 是因为在 19 世纪以前代数方程是代数学最重要的研究对象. 在现代它被认为只是代数学的基本定理之一. 代数基本定理的第一个严格证明是德国数学家高斯于 1799 年给出的. 这个定理有多种证法, 比如高斯一个人就给出了五种证明. 可是所有的证明都或多或少用到分析学的知识. 这里我们略去它的证明. 在复变函数课程里, 利用**刘维尔定理,** 我们将看到一个很简短的证明.

根据因式定理, 代数基本定理等价于: *每一个次数大于零的复系数多项式在复数域上至少有一个一次因式.* 这表明, 次数大于 1 的复系数多项式必有真因式, 因而在复数域上是可约的. 换句话说, 在复数域上, 只有一次多项式是不可约的. 这样一来, 唯一因子分解定理可以叙述如下.

定理 1.7.2 *如果不考虑因子排列次序的差别, 并且不考虑非零常数因子的差别, 那么每一个次数大于零的复系数多项式都可以唯一地分解成一些一次多项式的乘积.*

于是当 $n>0$ 时, n 次复系数多项式在复数域上恰好有 n 个一次因式 (重因式按重数计算), 因而恰好有 n 个复根 (重根按重数计算). 设

$$f(x)=a_nx^n+a_{n-1}x^{n-1}+\cdots+a_1x+a_0, \tag{1.7.1}$$

其中 $a_n\neq 0$. 令 $c_1, c_2, \cdots, c_n$ 是 $f(x)$ 的 n 个复根, 则

$$f(x)=a_n(x-c_1)(x-c_2)\cdots(x-c_n). \tag{1.7.2}$$

不妨设 $c_1, c_2, \cdots, c_s$ 是它的全部互不相同的复根, 其重数依次为 $r_1, r_2, \cdots, r_s$, 那么 $f(x)$ 的标准分解式为

$$f(x)=a_n(x-c_1)^{r_1}(x-c_2)^{r_2}\cdots(x-c_s)^{r_s},$$

这里 $r_1+r_2+\cdots+r_s=n$. 由此可见, 利用代数基本定理, 我们已经在理论上完善了复系数多项式的因式分解问题.

下面考虑复系数多项式的根与系数的关系. 根据 (1.7.1) 式和 (1.7.2) 式, 有

$$\frac{1}{a_n}f(x)=x^n+\frac{a_{n-1}}{a_n}x^{n-1}+\frac{a_{n-2}}{a_n}x^{n-2}+\cdots+\frac{a_0}{a_n},$$
$$\frac{1}{a_n}f(x)=(x-c_1)(x-c_2)(x-c_3)\cdots(x-c_n).$$

把最后一式右边展开, 然后与前一式比较系数, 得

$$\begin{cases}\dfrac{a_{n-1}}{a_n}=-(c_1+c_2+\cdots+c_n),\\ \dfrac{a_{n-2}}{a_n}=c_1c_2+c_1c_3+\cdots+c_1c_n+c_2c_3+\cdots+c_2c_n+\cdots+c_{n-1}c_n,\\ \quad\vdots\\ \dfrac{a_{n-k}}{a_n}=(-1)^k\displaystyle\sum_{i_1i_2\cdots i_k}c_{i_1}c_{i_2}\cdots c_{i_k}\quad(\text{其中 } 1\leqslant i_1<i_2<\cdots<i_k\leqslant n),\\ \quad\vdots\\ \dfrac{a_0}{a_n}=(-1)^nc_1c_2\cdots c_n.\end{cases}$$

这组公式称为**韦达公式**, 它刻画了 $f(x)$ 的根与系数之间的关系. 当 $n=2$ 时, 它就是我们熟知的根与系数的关系式: $c_1+c_2=-\dfrac{a_1}{a_2},\ c_1c_2=\dfrac{a_0}{a_2}$.

例 1.7.1　设 $f(x)=x^3-x^2+3x+a$. 求 $f(x)$ 的三个复根的平方和, 并说明它至少有一个虚根 (即非实复根).

解　设 $f(x)$ 的三个复根为 c_1, c_2, c_3. 根据韦达公式, 有

$$c_1+c_2+c_3=1\quad 且\quad c_1c_2+c_1c_3+c_2c_3=3.$$

因为
$$c_1^2+c_2^2+c_3^2=(c_1+c_2+c_3)^2-2(c_1c_2+c_1c_3+c_2c_3),$$
所以
$$c_1^2+c_2^2+c_3^2=1^2-2\times 3=-5,$$

因此这三个根的平方和等于-5. 其次, 如果这三个根都是实数, 那么它们的平方和必为非负实数, 不可能等于-5, 因此 $f(x)$ 至少有一个虚根.

例 1.7.2　设 $f(x)=x^4-x^3+ax^2+bx-6$ 的四个根中有两个, 其和为 3, 其积为 2. 求 a 与 b 的值, 并写出 $f(x)$ 的标准分解式.

解　已知 $f(x)$ 有两个根, 其和为 3, 其积为 2. 显然这两个根为 1 和 2. 设 $f(x)$ 的另两个根为 u 和 v. 根据韦达公式, 有

$$1+2+u+v=1\quad 且\quad 1\cdot 2\cdot u\cdot v=-6.$$

由此可见, $f(x)$ 的另两个根, 其和为 -2, 其积为 -3. 易见这两个根为 1 和 -3. 因此 $f(x)$ 的四个根为 1, 1, 2, -3. 于是由 $f(1)=0$ 且 $f(2)=0$, 有

$$a+b=6\quad 且\quad 4a+2b=-2.$$

由此解得, a 与 b 的值分别为 -7 与 13. 其次, 由于 $f(x)$ 是首一的, 它的标准分解式为

$$f(x) = (x-1)^2(x-2)(x+3).$$

下面让我们转向讨论实系数多项式. 我们知道, 实系数多项式未必有实根. 这就是说, 实数域不具有代数封闭性. 然而有趣的是, 正如 x^2+1 的两个虚根 i 与 $-i$ 是一对互为共轭的复数那样, 实系数多项式的虚根必共轭成对出现.

定理 1.7.3 设 c 是实系数多项式 $f(x)$ 的一个复根, 则它的共轭复数 $\overline{c}$ 也是 $f(x)$ 的一个复根.

证明 不妨设 $f(x) = a_nx^n + a_{n-1}x^{n-1} + \cdots + a_1x + a_0$. 已知 c 是 $f(x)$ 的一个复根, 那么 $f(c) = 0$, 即 $a_nc^n + a_{n-1}c^{n-1} + \cdots + a_1c + a_0 = 0$. 等式两边同时取共轭复数, 得

$$\overline{a_nc^n + a_{n-1}c^{n-1} + \cdots + a_1c + a_0} = \overline{0},$$

所以

$$\overline{a_nc^n} + \overline{a_{n-1}c^{n-1}} + \cdots + \overline{a_1c} + \overline{a_0} = 0.$$

注意到 $f(x)$ 的每一个系数 a_i 都是实数, 因此 $\overline{a_ic^i} = a_i\overline{c^i} = a_i\overline{c}^i$. 于是上式变成

$$a_n\overline{c}^n + a_{n-1}\overline{c}^{n-1} + \cdots + a_1\overline{c} + a_0 = 0,$$

即 $f(\overline{c}) = 0$. 这就证明了, $\overline{c}$ 也是 $f(x)$ 的一个复根. □

例 1.7.3 设实系数多项式 $f(x) = x^3 + 2x^2 + \cdots$ 有一个虚根 $c = -1 + \sqrt{2}\mathrm{i}$. 求 $f(x)$ 的另两个根, 并写出它的完整形式.

解 根据已知条件和定理 1.7.3, $\overline{c} = -1 - \sqrt{2}\mathrm{i}$ 也是 $f(x)$ 的一个根. 设 u 是 $f(x)$ 的第三个根. 根据韦达公式, 有 $c + \overline{c} + u = -2$. 显然 $c + \overline{c} = -2$, 那么 $u = 0$, 所以 $f(x)$ 的另两个根为 $-1 - \sqrt{2}\mathrm{i}$ 和 0. 其次, 由于 $c \cdot \overline{c} = 3$ 且 $u = 0$, 因此 $c\overline{c} + cu + \overline{c}u = 3$ 且 $-c\overline{c}u = 0$. 根据韦达公式, $f(x)$ 的一次项系数为 3, 常数项为零, 因而它的完整形式为 $f(x) = x^3 + 2x^2 + 3x$.

命题 1.7.4 设 c 是实系数多项式 $f(x)$ 的一个虚根. 令 $h(x) = (x-c)(x-\overline{c})$, 则 $h(x)$ 是 $f(x)$ 在实数域上的不可约因式.

证明 已知 c 是实系数多项式 $f(x)$ 的一个虚根. 根据定理 1.7.3, $\overline{c}$ 也是它的一个虚根. 根据因式定理, 在复数域上, 有 $x - c \mid f(x)$ 且 $x - \overline{c} \mid f(x)$. 因为 $c \neq \overline{c}$, 所以 $x - c$ 与 $x - \overline{c}$ 互素, 从而由性质 1.3.1(3), 有 $(x-c)(x-\overline{c}) \mid f(x)$. 又已知 $h(x) = (x-c)(x-\overline{c})$, 那么 $h(x) \mid f(x)$. 其次, 因为

$$h(x) = x^2 - (c + \overline{c})x + c\overline{c},$$

所以 $h(x)$ 是一个实系数多项式. 注意到 $h(x)$ 的次数等于 2, 并且它没有实根, 因此它在实数域上不可约. 故 $h(x)$ 是 $f(x)$ 在实数域上的不可约因式. □

上述命题表明, 在实数域上, 存在二次不可约多项式, 但高于二次的多项式都可约. 设 $h(x) = ax^2 + bx + c$ 是一个二次实系数多项式, 则 a 是非零实数. 我们称 $b^2 - 4ac$ 为 $h(x)$ 的

判别式, 记作 Δ. 令 u 和 v 是 $h(x)$ 的两个复根. 根据韦达公式, 有 $b=-a(u+v)$ 且 $c=auv$. 于是

$$\Delta=b^2-4ac=a^2(u+v)^2-4a^2uv=a^2(u-v)^2.$$

现在, 如果 $h(x)$ 在实数域上不可约, 那么 u 和 v 是 $h(x)$ 的一对共轭虚根, 所以 $u-v$ 是纯虚数, 因此 $a^2(u-v)^2<0$, 即 $\Delta<0$. 如果 $h(x)$ 在实数域上可约, 那么 u 和 v 是 $h(x)$ 的两个实根, 所以 $a^2(u-v)^2\geqslant 0$, 即 $\Delta\geqslant 0$. 这表明, $h(x)$ 在实数域上不可约当且仅当它的判别式小于零. 这样一来, 在实数域上, 唯一因子分解定理可以叙述如下.

定理 1.7.5 如果不考虑因子排列次序的差别, 并且不考虑非零常数因子的差别, 那么每一个次数大于零的实系数多项式都可以唯一地分解成实数域上一些一次多项式和判别式小于零的二次多项式的乘积.

设 $f(x)$ 是一个 n 次实系数多项式 $(n>0)$. 令 $c_1,\cdots,c_s$ 是 $f(x)$ 的全部互不相同的实根, 相应的重数依次为 $r_1,\cdots,r_s$ ($s\geqslant 0$; 当 $s=0$ 时, $f(x)$ 没有实根). 再令 $x^2+p_1x+q_1,\cdots,x^2+p_tx+q_t$ 是 $f(x)$ 在实数域上全部互不相同的首一二次不可约因式, 相应的重数依次为 $k_1,\cdots,k_t$ ($t\geqslant 0$; 当 $t=0$ 时, $f(x)$ 没有二次不可约因式). 根据上述定理, $f(x)$ 在实数域上的标准分解式为

$$f(x)=a(x-c_1)^{r_1}\cdots(x-c_s)^{r_s}(x^2+p_1x+q_1)^{k_1}\cdots(x^2+p_tx+q_t)^{k_t},$$

这里 $r_1+\cdots+r_s+2k_1+\cdots+2k_t=n$. 由此可见, 利用代数基本定理, 我们已经在理论上完善了实系数多项式的因式分解问题. 由上述分解式, 立即得到以下命题.

命题 1.7.6 奇数次实系数多项式必有实根, 并且实根的个数为奇数. 偶数次实系数多项式未必有实根. 如果有, 实根的个数为偶数.

设 n 是一个正整数, 并设 k 是一个整数. 令 $\omega_k=\cos\dfrac{2k\pi}{n}+\mathrm{i}\sin\dfrac{2k\pi}{n}$. 根据**棣莫弗公式:**

$$(\cos\theta+\mathrm{i}\sin\theta)^n=\cos n\theta+\mathrm{i}\sin n\theta,$$

有 $\omega_k^n=1$, 所以 ω_k 是多项式 x^n-1 的一个根, 称为一个 **n 次单位根**, 简称为**单位根**. 显然, $\omega_0=1$. 容易看出, $\omega_0,\omega_1,\cdots,\omega_{n-1}$ 是复平面上中心在原点的单位圆的 n 个等分点, 因而它们是 x^n-1 的 n 个互不相同的根. 换句话说, 它们恰好是全部 n 次单位根.

例 1.7.4 分别在复数域和实数域上分解多项式 x^n-1 的因式, 这里 $n>0$.

解 因为 $\omega_0,\omega_1,\cdots,\omega_{n-1}$ 是 x^n-1 的全部复根, 且 $\omega_0=1$, 所以在复数域上, 有

$$x^n-1=(x-1)(x-\omega_1)\cdots(x-\omega_{n-1}).$$

其次, 不难看出, 当 n 为奇数时, 若 $k\neq 0$, 则 ω_k 是虚数; 当 n 为偶数时, 若 $k\neq 0$ 且 $k\neq\dfrac{n}{2}$, 则 ω_k 是虚数, 并且 $\omega_{\frac{n}{2}}=-1$. 容易验证, ω_{n-k} 是 ω_k 的共轭复数, 所以 $\omega_k+\omega_{n-k}=2\cos\dfrac{2k\pi}{n}$

且 $\omega_k\omega_{n-k}=1$, 因此

$$(x-\omega_k)(x-\omega_{n-k})=x^2-2x\cos\frac{2k\pi}{n}+1.$$

根据命题 1.7.4, 当 ω_k 为虚数时, 上式是 x^n-1 在实数域上的不可约因式. 于是在实数域上, 当 n 为奇数时, x^n-1 有 $\dfrac{n-1}{2}$ 个二次不可约因式, 所以

$$x^n-1=(x-1)\Big(x^2-2x\cos\frac{2\pi}{n}+1\Big)\cdots\Big(x^2-2x\cos\frac{(n-1)\pi}{n}+1\Big);$$

当 n 为偶数时, x^n-1 有 $\dfrac{n-2}{2}$ 个二次不可约因式, 所以

$$x^n-1=(x-1)(x+1)\Big(x^2-2x\cos\frac{2\pi}{n}+1\Big)\cdots\Big(x^2-2x\cos\frac{(n-2)\pi}{n}+1\Big).$$

在这一节, 利用代数基本定理, 我们在理论上完善了复系数多项式和实系数多项式的唯一因子分解定理, 进而得到这两类多项式标准分解式的特殊表示法, 它们在形式上特别简单. 这就导致我们考虑, 要是能够把这两类多项式化成标准分解式, 包括因式分解在内的各种问题不就解决了吗? 然而事实并非如此. 这是因为代数基本定理只是在理论上保证了次数大于零的复系数多项式必存在复根, 但是它并没有给出求复根的具体方法.

我们知道, 因式分解与解方程有密切联系. 历史上围绕着求高次方程的根而展开的讨论, 曾经是数学研究的核心内容之一. 这些讨论主要涉及两个问题: 一个是方程的近似解. 这方面的讨论, 内容很丰富, 已经构成了计算数学的一个分支; 另一个是方程的根式解. 据史料记载, 古代巴比伦人实际上已经知道形如 $x^2-2bx+1=0$ 的一元二次方程的求根公式. 用现代的符号, 这个公式可以写成 $b\pm\sqrt{b^2-1}$. 这表明, 上述二次方程的根可以用它的系数经过加、减、乘和开平方运算来表示. 一般地, 如果一个方程的根能够用它的系数经过有限次加、减、乘、除和开方运算来表示, 我们就说这个方程能用根式来求解. 大约在 16 世纪初, 人们就发现了一元三次方程的求根公式, 叫做卡丹公式. 卡丹 (Cardan) 是意大利数学家, 他于 1545 年公开发表了这个公式. 该公式发表不久, 他的学生费拉里 (Ferrari) 又发现了一元四次方程的求根公式.

关于次数高于 4 的一元整式方程, 其根式解问题, 经历了近三个世纪, 耗费了不少数学家的心血, 一直没有得到解决. 直到 1820 年, 挪威数学家阿贝尔 (Abel) 证明了, 当 $n>4$ 时, 一般的一元 n 次方程不能用根式来求解. 但是阿贝尔的证明方法不能用来判断, 系数为具体数字的高次方程是否存在根式解. 这个问题最后由法国数学家伽罗瓦 (Galois) 于 1830 年彻底解决了. 他给出了一元 n 次方程存在根式解的一个充分必要条件. 同时他的方法可以用来判断, 系数为具体数字的高次方程是否存在根式解. 例如, 方程 $x^5-x-1=0$ 就不存在根式解. 伽罗瓦的工作对代数学的发展有很大影响. 他奠定了群论的基础, 开辟了代数学的一个分支 —— 伽罗瓦理论. 他的工作标志着代数学率先进入现代数学领域.

习题 1.7

1. 设 $f(x)$ 是一个次数大于零的实系数多项式. 证明: 如果 $f(x)$ 的系数全为正数, 或者全为负数, 那么它没有正数根; 如果 $f(x)$ 的奇次项系数全为正数, 偶次项系数全为负数, 或者奇次项系数全为负数, 偶次项系数全为正数, 那么它没有负数根.
2. 设 $f(x) = 2x^6 + 3x^4 + 4x^2 + 5$. 证明: $f(x)$ 没有实根.
3. (1) 设 $f(x) = 3x^4 - 5x^3 + 3x^2 + 4x - 2$ 有一个根为 $1 + \mathrm{i}$. 分别求 $f(x)$ 在复数域和实数域上的标准分解式.

   (2) 设实系数多项式 $f(x) = x^3 - 5x^2 + ax + b$ 有一个根为 $2 - 3\mathrm{i}$. 求 a 和 b 的值, 然后分别写出 $f(x)$ 在复数域和实数域上的标准分解式.

   (3) 设 $f(x) = x^3 - 9x^2 + 33x - 65$ 有一个虚根, 其绝对值为 $\sqrt{13}$. 求 $f(x)$ 的全部根.
4. 在复数域上分解下列多项式的因式:

   (1) $x^4 + 1$;　(2) $x^5 - 1$;　(3) $x^7 - 3x^6 + 5x^5 - 7x^4 + 7x^3 - 5x^2 + 3x - 1$.
5. 分别在复数域和实数域上分解多项式 $x^n - 2$ 的因式, 这里 $n > 0$.
6. 写出 4 次实系数多项式在实数域上所有不同类型的标准分解式.
7. 求一个 3 次多项式, 使得下列三组数之一是它的根:

   (1) $-u, -v, -w$;　(2) $\dfrac{1}{u}, \dfrac{1}{v}, \dfrac{1}{w}$;　(3) ku, kv, kw,

   这里 u, v, w 是多项式 $x^3 + px^2 + qx + r$ 的三个根, k 是一个常数.
8. 设 $f(x) = x^3 + 2x^2 + 3x + a$ 是一个实系数多项式. 求 $f(x)$ 的三个根的平方和, 并说明 $f(x)$ 有且只有一个实根.
9. 设 $f(x) = x^3 + px + q$ 与 $g(x) = x^3 + px - q$ 是两个实系数多项式, 并设 $f(x)$ 有一个虚根 u. 令 $c = u + \overline{u}$,其中 $\overline{u}$ 是 u 的共轭复数. 证明: c 是 $g(x)$ 的一个实根.
10. 设 $x^2 + x + 1 \mid f(x^3) + xg(x^3)$. 证明: $x - 1$ 是 $f(x)$ 与 $g(x)$ 的一个公因式.

*11. 设 $f(x)$ 是一个次数大于零的实系数多项式, 并设 c 是 $f(x)$ 的一个虚根. 证明: 如果 c 是 $f(x)$ 的 k 重根, 那么它的共轭复数 $\overline{c}$ 也是 $f(x)$ 的 k 重根.

*12. 设 $f(x), g(x), p(x)$ 是数域 $\boldsymbol{F}$ 上三个多项式, 其中 $p(x)$ 在数域 $\boldsymbol{F}$ 上不可约. 证明:

   (1) $f(x)$ 与 $g(x)$ 不互素当且仅当它们有公共复根;

   (2) 如果 $p(x)$ 与 $f(x)$ 有公共复根, 那么 $p(x) \mid f(x)$;

   (3) $p(x)$ 在复数域中没有重根.

*13. 证明: 如果 $x - 1 \mid f(x^m)$,那么 $x^m - 1 \mid f(x^m)$,这里 m 是大于 1 的整数.

*14. 设 $f(x)$ 是一个次数大于零的复系数多项式. 证明: 如果 $f(x) \mid f(x^m)$,那么 $f(x)$ 的根只能是零或单位根, 这里 m 是大于 1 的整数.

*15. 利用韦达公式解方程组: $x + y + z = 3,\ x^2 + y^2 + z^2 = 3,\ x^3 + y^3 + z^3 = 3$.

1.8　有理系数多项式

从上一节我们知道, 复数域是代数闭域, 其上的不可约多项式只能是一次多项式. 讨论实系数多项式时, 也是利用了复数域的代数封闭性. 一个自然的想法是, 仿照上一节的做法,是否可以利用实系数多项式去讨论有理系数多项式？然而这种做法行不通. 这是因为介于实数域和复数域之间没有其他数域, 而介于有理数域和实数域之间有无穷多个数域. 实际上, 有理系数多项式的可约性问题比较复杂, 唯一因子分解定理也没有特殊表示法.

设 $f(x)$ 是一个有理系数多项式. 由于每一个有理数都可以表示成两个整数之比, 可设 m 是 $f(x)$ 各项系数分母的一个非零公倍数, 那么 $mf(x)$ 是一个整系数多项式. 于是可以把讨论有理系数多项式 $f(x)$ 的各种问题, 转向讨论整系数多项式 $mf(x)$ 的相应问题. 这就是本节讨论问题的基本思路.

本节主要讨论下列内容: (1) 本原多项式的有关性质; (2) 整系数多项式在有理数域上的可约性问题; (3) 整系数多项式有理根的求法.

让我们从考察有理系数多项式的表示法开始讨论. 以 $\frac{2}{3}x^4-2x^2-\frac{2}{5}$ 为例, 它有无穷多种表示法. 例如, 它可以表示成下列三种形式:

$$\frac{2}{15}(5x^4-15x^2-3),\quad \frac{4}{30}(5x^4-15x^2-3),\quad \frac{2}{45}(15x^4-45x^2-9).$$

这些表示法中每一种都是一个有理数与一个整系数多项式的乘积, 其中前一种表示法最简单 $\left(\frac{2}{15}\right.$ 的分子与分母互素, $5x^4-15x^2-3$ 的系数也互素 $\left.\right)$.

我们知道, 一个分数 $\frac{u}{v}$ 是**既约的**意味着 u 与 v 是一对互素的整数.

定义 1.8.1 如果整系数多项式 $a_0+a_1x+\cdots+a_nx^n$ 的系数 $a_0, a_1, \cdots, a_n$ 是互素的, 那么这个多项式称为**本原的.**

于是 $\frac{2}{15}$ 是既约的, $5x^4-15x^2-3$ 是本原的. 上面介绍的表示法具有一般性. 事实上, 我们有下列命题.

命题 1.8.1 设 $f(x)$ 是一个次数大于零的有理系数多项式, 则存在一个有理数 r 和一个本原多项式 $g(x)$, 使得 $f(x)=rg(x)$. 特别地, 当 $f(x)$ 是整系数多项式时, r 是整数.

证明 设 m 是 $f(x)$ 各项系数分母的一个非零公倍数 (当 $f(x)$ 是整系数多项式时, 选取 m 等于 1), 则 $mf(x)$ 是一个整系数多项式. 令 d 是 $mf(x)$ 各项系数的一个最大公因数, 则可以提取最大公因数 d, 使得 $mf(x)=dg(x)$, 其中 $g(x)$ 是本原多项式. 再令 $r=\frac{d}{m}$, 则 r 是有理数, 并且 $f(x)=rg(x)$. 特别地, 当 $f(x)$ 是整系数多项式时, 由于 $m=1$, 因此 r 就是整数 d. □

下面给出本原多项式的一个重要性质, 叫做**高斯引理.**

引理 1.8.2 两个本原多项式的乘积仍然是一个本原多项式.

证明 设 $f(x)$ 与 $g(x)$ 是两个本原多项式. 不妨设

$$f(x)=a_0+a_1x+\cdots+a_nx^n \text{ 且 } g(x)=b_0+b_1x+\cdots+b_mx^m.$$

令 $a_{n+1}=\cdots=a_{n+m}=0$ 且 $b_{m+1}=\cdots=b_{n+m}=0$, 并令

$$f(x)g(x)=c_0+c_1x+\cdots+c_{n+m}x^{n+m},$$

则

$$c_k=a_0b_k+a_1b_{k-1}+\cdots+a_ib_{k-i}+\cdots+a_kb_0, \tag{1.8.1}$$

其中 $k=0,1,\cdots,n+m$. 现在, 如果 $f(x)$ 与 $g(x)$ 的乘积 $f(x)g(x)$ 不是本原的, 那么存在一个素数 p, 使得

$$p\mid c_k,\ \ k=0,1,\cdots,n+m. \tag{1.8.2}$$

因为 $f(x)$ 是本原的, 它的系数中至少有一个不被 p 整除. 于是可设

$$p\mid a_0,\ p\mid a_1,\ \cdots,\ p\mid a_{i-1},\ \ 但\ p\nmid a_i. \tag{1.8.3}$$

又因为 $g(x)$ 是本原的, 存在 $g(x)$ 的一个系数 b_j, 使得

$$p\mid b_0,\ p\mid b_1,\ \cdots,\ p\mid b_{j-1},\ \ 但\ p\nmid b_j. \tag{1.8.4}$$

下面考虑 $f(x)g(x)$ 的系数 c_{i+j}. 根据等式 (1.8.1), 有

$$c_{i+j}=(a_0b_{i+j}+\cdots+a_{i-1}b_{j+1})+a_ib_j+(a_{i+1}b_{j-1}+\cdots+a_{i+j}b_0).$$

根据关系式 (1.8.2), (1.8.3) 和 (1.8.4), 有

$$p\mid c_{i+j},\quad p\mid a_0b_{i+j}+\cdots+a_{i-1}b_{j+1},\quad p\mid a_{i+1}b_{j-1}+\cdots+a_{i+j}b_0.$$

由此可见, $p\mid a_ib_j$. 注意到 p 是素数. 根据性质 0.2.3, 有 $p\mid a_i$ 或 $p\mid b_j$. 这与 $p\nmid a_i$ 且 $p\nmid b_j$ 矛盾, 因此 $f(x)g(x)$ 是本原的. □

下面让我们转向讨论整系数多项式在有理数域上的可约性问题.

定理 1.8.3 一个次数大于零的整系数多项式 $f(x)$ 在有理数域上是可约的当且仅当它可以分解成两个次数大于零的整系数多项式的乘积.

证明 注意到整系数多项式必定是有理系数多项式. 根据命题 1.4.1 的前半部分, 只需证必要性. 已知 $f(x)$ 是次数大于零的整系数多项式, 并且它在有理数域上可约. 根据命题 1.4.1 前半部分的必要性, 存在两个次数大于零的有理系数多项式 $f_1(x)$ 和 $f_2(x)$, 使得 $f(x)=f_1(x)f_2(x)$. 根据命题 1.8.1 的前半部分, 存在非零有理数 r_1 和 r_2, 并且存在本原多项式 $g_1(x)$ 和 $g_2(x)$, 使得

$$f_1(x)=r_1g_1(x)\ \ 且\ f_2(x)=r_2g_2(x).$$

于是

$$f(x)=r_1r_2g_1(x)\cdot g_2(x). \tag{1.8.5}$$

显然 $r_1r_2g_1(x)$ 与 $g_2(x)$ 的次数都大于零. 根据高斯引理, $g_1(x)g_2(x)$ 也是本原多项式. 根据命题 1.8.1 的后半部分,(1.8.5) 式中非零常数因子 r_1r_2 是整数. 这就证明了, $f(x)$ 可以分解成两个次数大于零的整系数多项式 $r_1r_2g_1(x)$ 与 $g_2(x)$ 的乘积. □

由于因式分解的可解性问题没有解决, 对于一般的整系数多项式 $f(x)$, 上述定理不能直

接用来判断 $f(x)$ 在有理数域上的可约性. 因此这个定理的意义主要在理论方面. 下面介绍一种常用的判断方法, 称为**艾森斯坦判别法**, 简称为**艾氏判别法**.

定理 1.8.4 设 $f(x)$ 是一个次数大于零的整系数多项式. 如果存在一个素数 p, 使得下列条件同时成立: (1) p 不整除 $f(x)$ 的首项系数; (2) p 整除其余各项系数; (3) p^2 不整除常数项, 那么 $f(x)$ 在有理数域上不可约.

证明 若不然, 则 $f(x)$ 在有理数域上可约. 根据定理 1.8.3, 存在两个次数大于零的整系数多项式 $g(x)$ 与 $h(x)$, 使得 $f(x)=g(x)h(x)$. 不妨设

$$\begin{aligned} f(x) &= a_0 + a_1x + \cdots + a_nx^n, \quad a_n \neq 0, \\ g(x) &= b_0 + b_1x + \cdots + b_mx^m, \quad b_m \neq 0, \\ h(x) &= c_0 + c_1x + \cdots + c_kx^k, \quad c_k \neq 0, \end{aligned}$$

那么 $0<m<n,\ \ 0<k<n$, 并且 $a_0=b_0c_0,\ \ a_n=b_mc_k$. 现在, 根据条件 (1), 有 $p\nmid a_n$, 即 $p\nmid b_mc_k$, 所以 $p\nmid b_m$ 且 $p\nmid c_k$. 根据条件 (2), 有 $p\mid a_0$, 即 $p\mid b_0c_0$. 已知 p 是素数, 那么由性质 0.2.3(2), 有 $p\mid b_0$ 或 $p\mid c_0$. 不妨设 $p\mid b_0$. 又已知 $p\nmid b_m$, 那么可设 $g(x)$ 的系数中第一个不被 p 整除的为 b_i. 于是 $0<i\leqslant m$, 并且 $p\mid b_0,\ p\mid b_1,\ \cdots,\ p\mid b_{i-1}$, 因此

$$p\mid b_0c_i+b_1c_{i-1}+\cdots+b_{i-1}c_1, \quad 但\ p\nmid b_i. \tag{1.8.6}$$

其次, 根据条件 (3), 有 $p^2\nmid a_0$, 即 $p^2\nmid b_0c_0$. 于是由 $p\mid b_0$, 得 $p\nmid c_0$.

下面考虑 $f(x)$ 的 i 次项系数 a_i. 已知 $f(x)=g(x)h(x)$, 那么

$$a_i=(b_0c_i+b_1c_{i-1}+\cdots+b_{i-1}c_1)+b_ic_0.$$

因为 $i\leqslant m<n$, 由条件 (2), 有 $p\mid a_i$. 从而由关系式 (1.8.6) 和上式, 得 $p\mid b_ic_0$. 再由 p 是素数, 又得 $p\mid b_i$ 或 $p\mid c_0$. 这与 $p\nmid b_i$ 且 $p\nmid c_0$ 矛盾, 因此 $f(x)$ 在有理数域上不可约. □

设 n 是一个正整数. 令 $f(x)=x^n+2$. 显然, 素数 2 不整除 $f(x)$ 的首项系数 1, 但 2 整除其余各项系数. 又 2^2 不整除常数项 2. 根据艾氏判别法, $f(x)$ 在有理数域上不可约. 这表明,在有理数域上, 对任意正整数 n, 存在 n 次不可约多项式, 因而在有理数域上, 唯一因子分解定理没有特殊表示法.

易见, x^2+x+1 在有理数域上不可约, 但不存在素数 p, 使得定理 1.8.4 中三个条件同时成立. 这表明, 定理 1.8.4 的逆不成立.

对于不能直接用艾氏判别法来判断的多项式, 有时采用一些变通的办法, 或许会奏效. 例如, 用 $y+1$ 代替 x, 多项式 x^2+x+1 变成 y^2+3y+3. 这样, 就可以用艾氏判别法来判断, 后者在有理数域上不可约. 从而可以断定, 前者在有理数域上也不可约. 一般地, 我们有下面的命题.

命题 1.8.5 设 $f(x)$ 是一个次数大于零的有理系数多项式, 并设 a 与 b 是两个有理数, 其中 $a\neq 0$. 令 $g(y)=f(ay+b)$, 则 $f(x)$ 与 $g(y)$ 在有理数域上有相同的可约性.

证明 设 $f(x)$ 在有理数域上可约. 根据命题 1.4.1, 存在两个次数大于零的有理系数多项式 $f_1(x)$ 和 $f_2(x)$, 使得 $f(x)=f_1(x)f_2(x)$. 已知 $g(y)=f(ay+b)$, 那么

$$g(y)=f_1(ay+b)f_2(ay+b).$$

又已知 a 与 b 都是有理数, 其中 $a\neq 0$, 那么 $f_1(ay+b), f_2(ay+b)$ 都是有理系数多项式, 并且它们分别与 $f_1(x), f_2(x)$ 有相同的次数. 这就证明了,$g(y)$ 可以分解成两个次数大于零的有理系数多项式的乘积, 所以它在有理数域上可约. 类似地, 可证当 $g(y)$ 在有理数域上可约时, $f(x)$ 在有理数域上也可约, 因此 $f(x)$ 与 $g(y)$ 在有理数域上有相同的可约性. □

例 1.8.1 设 $f(x)=x^4+x^3+x^2+x+1$,则由公式

$$(x-1)(x^4+x^3+x^2+x+1)=x^5-1,$$

有 $(x-1)f(x)=x^5-1$. 用 $y+1$ 代替 x,得 $yf(y+1)=(y+1)^5-1$,即

$$yf(y+1)=y^5+5y^4+5y^3+10y^2+5y,$$

所以

$$f(y+1)=y^4+5y^3+10y^2+10y+5.$$

显然 $f(y+1)$ 是整系数多项式, 并且素数 5 不整除 $f(y+1)$ 的首项系数 1,但 5 整除其余各项系数. 又 5^2 不整除常数项 5. 根据艾氏判别法, $f(y+1)$ 在有理数域上不可约. 根据命题 1.8.5, $f(x)$ 在有理数域上也不可约.

最后让我们转向讨论整系数多项式有理根的求法.

定理 1.8.6 设 $f(x)=a_nx^n+a_{n-1}x^{n-1}+\cdots+a_1x+a_0$ 是一个整系数多项式, 其中 $a_n\neq 0$. 如果既约分数 $\dfrac{u}{v}$ 是 $f(x)$ 的一个根, 那么 $u\mid a_0$ 且 $v\mid a_n$.

证明 已知 $\dfrac{u}{v}$ 是 $f(x)$ 的一个根, 那么 $f\Big(\dfrac{u}{v}\Big)=0$, 即

$$a_n\Big(\frac{u}{v}\Big)^n+a_{n-1}\Big(\frac{u}{v}\Big)^{n-1}+\cdots+a_1\Big(\frac{u}{v}\Big)+a_0=0.$$

上式两边同时乘以 v^n, 得 $a_nu^n+a_{n-1}u^{n-1}v+\cdots+a_1uv^{n-1}+a_0v^n=0$,所以

$$u(a_nu^{n-1}+a_{n-1}u^{n-2}v+\cdots+a_1v^{n-1})=-a_0v^n,$$

因此 $u\mid a_0v^n$. 又已知 $\dfrac{u}{v}$ 是既约分数, 那么 $(u,v)=1$. 反复应用性质 0.2.2(1), 有 $(u,v^n)=1$, 从而由性质 0.2.2(2), 得 $u\mid a_0$. 类似地, 可证 $v\mid a_n$. □

由上述定理不难验证, 整系数多项式的整数根一定是常数项的因数; 首项系数为 1 的整系数多项式, 其有理根一定是整数.

考察上述定理, 由于 a_n 不等于零, 它的因数只有有限个. 当 $a_0 \neq 0$ 时, 它的因数也只有有限个. 于是形如 $\frac{u}{v}$ 的既约分数只有有限个 (这里 $u \mid a_0$ 且 $v \mid a_n$). 这样, 就可以从这些既约分数中去寻找 $f(x)$ 的有理根. 当 $a_0 = 0$ 时, 有

$$f(x) = x\,(a_n x^{n-1} + \cdots + a_2 x + a_1),$$

所以数 0 是 $f(x)$ 的一个有理根, 其余的有理根是 $a_n x^{n-1} + \cdots + a_2 x + a_1$ 的根. 由此可见, 整系数多项式的有理根一定可以求出来. 求有理根的通常做法是, 先判断 $f(\pm 1)$ 是否等于零, 然后用综合除法试验.

例 1.8.2 求有理系数多项式 $f(x) = x^3 - \frac{2}{3}x^2 + 3x - 2$ 的全部复根.

解 考虑整系数多项式 $g(x) = 3f(x)$, 即 $g(x) = 3x^3 - 2x^2 + 9x - 6$. 它与 $f(x)$ 有完全相同的根. 由于 $g(x)$ 的奇次项系数全为正数, 偶次项系数全为负数, 因此它没有负数根. 根据定理 1.8.6, $g(x)$ 的有理根只可能为 1, 2, 3, 6, $\frac{1}{3}$, $\frac{2}{3}$. 因为 $g(1) = 4 \neq 0$, 所以 1 不是 $g(x)$ 的根. 利用综合除法, 不难判断 2, 3, 6, $\frac{1}{3}$ 都不是 $g(x)$ 的根. 又因为

$$\begin{array}{c|cccc} \frac{2}{3} & 3 & -2 & 9 & -6 \\ & & 2 & 0 & 6 \\ \hline & 3 & 0 & 9 & 0 \end{array}$$

所以 $\frac{2}{3}$ 是 $g(x)$ 的一个根, 其余的根是 $3x^2 + 9$ 的根. 显然 $3x^2 + 9$ 的根为 $\pm\sqrt{3}\,\mathrm{i}$, 因此 $g(x)$ 的全部复根是 $\frac{2}{3}$ 和 $\pm\sqrt{3}\,\mathrm{i}$, 故 $f(x)$ 的全部复根也是 $\frac{2}{3}$ 和 $\pm\sqrt{3}\,\mathrm{i}$.

考察上例, 我们看到, 求有理系数多项式的有理根有一般方法. 但是用这种方法, 可能需要经过大量试验, 因而计算量较大. 如果能够发现所给多项式的一些特点, 采用别的方法, 往往会减少计算量. 例如, 对于上例, 因为

$$f(x) = x^3 - \frac{2}{3}x^2 + 3x - 2 = x^2\left(x - \frac{2}{3}\right) + 3\left(x - \frac{2}{3}\right) = (x^2 + 3)\left(x - \frac{2}{3}\right),$$

所以 $f(x)$ 的有理根为 $\frac{2}{3}$,其余的根为 $\pm\sqrt{3}\,\mathrm{i}$.

习题 1.8

1. 设 $f(x)$ 与 $g(x)$ 都是本原多项式. 证明: 如果在有理数域上, $g(x)$ 能除尽 $f(x)$,那么商 $q(x)$ 也是本原多项式.
2. 判断下列多项式在有理数域上的可约性:

   (1) $f(x) = x^2 + 1$; (2) $f(x) = x^4 - 8x^3 + 12x^2 + 2$; (3) $f(x) = x^6 + x^3 + 1$;

   (4) $f(x) = x^4 + 4kx + 1$,其中 k 是一个整数.

3. 在有理数域上分解下列多项式的因式:

(1) $f(x)=x^5-4x^4-x^3+14x^2-14x+4$; (2) $f(x)=x^5-\frac{1}{2}x^4-2x+1$.

4. 求下列多项式的有理根:

(1) $f(x)=x^3-6x^2+15x-14$; (2) $f(x)=4x^4-7x^2-5x-1$.

5. 先求下列多项式的有理根, 再求其余的根:

(1) $f(x)=x^3+15x+124$; (2) $f(x)=2x^4-5x^3+3x^2+4x-6$.

6. 写出一个次数最低的非零整系数多项式, 使得下列三组数之一是它的根:

(1) $\frac{1}{2}, \frac{1}{2}, -\frac{2}{3}, -\frac{2}{3}, -\frac{2}{3}$; (2) $0, \frac{2}{3}, 2+\sqrt{3}$; (3) $1+\mathrm{i}, \frac{\sqrt{3}}{2}, -\frac{\sqrt{3}}{2}\mathrm{i}$.

7. 设 n 是一个大于 1 的正整数, 并设 $p_1, p_2, \cdots, p_s$ 是 s 个互不相同的素数. 用艾氏判别法证明: $\sqrt[n]{p_1p_2\cdots p_s}$ 是无理数.

8. 设 $f(x)$ 是一个整系数多项式. 证明: (1) 如果 $f(0)$ 与 $f(1)$ 都是奇数, 那么 $f(x)$ 没有整数根; (2) 如果存在一个奇数 a 和一个偶数 b, 使得 $f(a)$ 与 $f(b)$ 都是奇数, 那么 $f(x)$ 也没有整数根.

9. 设 $f(x)$ 是一个整系数多项式, 并设 c 是 $f(x)$ 的一个有理根. 证明:

(1) 存在一个整系数多项式 $g(x)$, 使得 $f(x)=(x-c)g(x)$;

(2) 如果 c 是整数, 那么 $1-c \mid f(1)$ 且 $1+c \mid f(-1)$;

(3) 如果 $c\neq\pm1$, 那么 $\frac{f(1)}{1-c}$ 与 $\frac{f(-1)}{1+c}$ 都是整数.

*10. 设 p 是一个素数, 则称 $x^{p-1}+x^{p-2}+\cdots+x+1$ 为一个 **分圆多项式.** 证明: 每一个分圆多项式在有理数域上都不可约.

*11. 设 $f(x)=x^3+ax^2+bx+c$ 是一个整系数多项式. 证明: 如果 $(a+b)c$ 是奇数, 那么 $f(x)$ 在有理数域上不可约.

*12. 设 $f(x)=a_nx^n+a_{n-1}x^{n-1}+\cdots+a_1x+a_0$ 是一个整系数多项式. 证明: 如果 a_0, a_n 与 $f(1)$, $f(-1)$ 都不能被 3 整除, 那么 $f(x)$ 没有有理根.

*13. 设 $a_1, a_2, \cdots, a_n$ 是互不相同的整数. 令 $f(x)=(x-a_1)(x-a_2)\cdots(x-a_n)+1$. 证明: 当 n 是奇数时, $f(x)$ 在有理数域上不可约. 举例说明: 当 n 是偶数时, $f(x)$ 在有理数域上未必不可约.

*14. 设 $a_1, a_2, \cdots, a_n$ 是 n 个互不相同的整数. 证明: $f(x)$ 在有理数域上不可约, 这里

(1) $f(x)=(x-a_1)(x-a_2)\cdots(x-a_n)-1$;

(2) $f(x)=(x-a_1)^2(x-a_2)^2\cdots(x-a_n)^2+1$.

*1.9 部分分式

在这一节我们将利用多项式的理论来讨论分式. 首先简单介绍一下数域 $\boldsymbol{F}$ 上的分式概念及其运算, 然后讨论部分分式. 部分分式对于有理函数的积分有重要应用. 读中学时我们已经接触过三个常用数域 $\mathbb{Q}$, $\mathbb{R}$, $\mathbb{C}$ 上的分式概念. 这些概念可以推广到一般数域 $\boldsymbol{F}$ 上. 设 $f(x)$ 与 $g(x)$ 是数域 $\boldsymbol{F}$ 上两个多项式, 其中 $g(x)\neq 0$, 则称形式表达式 $\frac{f(x)}{g(x)}$ 为数域 $\boldsymbol{F}$ 上一个 **分式,** 其中 $f(x)$ 和 $g(x)$ 分别称为这个分式的 **分子** 和 **分母.** 特别地, 当 $f(x)$ 与 $g(x)$ 互素

时, 称 $\dfrac{f(x)}{g(x)}$ 为一个**既约分式;** 当 $f(x)\neq 0$ 且 $\partial[f(x)]<\partial[g(x)]$ 时, 称 $\dfrac{f(x)}{g(x)}$ 为一个**真分式.** 容易看出, 既约分式未必是真分式, 真分式也未必是既约分式. 我们用符号 $\boldsymbol{F}(x)$ 来表示由数域 $\boldsymbol{F}$ 上全体分式组成的集合.

注意, 形式表达式 $\dfrac{f(x)}{g(x)}$ 表示一个不可分割的整体; 符号 $\boldsymbol{F}(x)$ 中的括号是圆括号. 我们规定, 当分母 $g(x)$ 是数域 $\boldsymbol{F}$ 中的非零常数 c (零次多项式) 时, 分式 $\dfrac{f(x)}{g(x)}$ 表示数域 $\boldsymbol{F}$ 上的多项式 $c^{-1}f(x)$. 特别地, 当 $g(x)=1$ 时, 它就是多项式 $f(x)$. 由此可见, 分式概念是多项式概念的推广.

仿照分数的相等, 我们给出分式的相等定义. 设 $f(x), g(x), u(x), v(x)$ 都是数域 $\boldsymbol{F}$ 上的多项式, 其中 $g(x)v(x)\neq 0$. 如果 $f(x)v(x)=g(x)u(x)$, 那么称分式 $\dfrac{f(x)}{g(x)}$ 与 $\dfrac{u(x)}{v(x)}$ 是**相等的,** 记作 $\dfrac{f(x)}{g(x)}=\dfrac{u(x)}{v(x)}$. 如果 $h(x)$ 是数域 $\boldsymbol{F}$ 上一个非零多项式, 因为 $f(x)\cdot g(x)h(x)=g(x)\cdot f(x)h(x)$, 根据定义, 有 $\dfrac{f(x)}{g(x)}=\dfrac{f(x)h(x)}{g(x)h(x)}$. 这表明, 每一个分式有无穷多种表示法.

假定 $h(x)$ 是 $f(x)$ 与 $g(x)$ 的一个公因式, 那么存在 $f_1(x), g_1(x)\in\boldsymbol{F}[x]$, 使得 $f(x)=h(x)f_1(x)$ 且 $g(x)=h(x)g_1(x)$. 于是当 $g(x)\neq 0$ 时, 有 $\dfrac{f(x)}{g(x)}=\dfrac{f_1(x)}{g_1(x)}$. 特别地, 当 $h(x)$ 是 $f(x)$ 与 $g(x)$ 的一个最大公因式时, 有 $(f_1(x), g_1(x))=1$, 因而 $\dfrac{f_1(x)}{g_1(x)}$ 是既约分式. 这就得到下列命题.

命题 1.9.1 在 $\boldsymbol{F}(x)$ 中, 消去分子与分母的一个公因式, 所得的分式与原分式是相等的. 特别地, 当消去的是最大公因式时, 所得的分式是既约的.

由于数域 $\boldsymbol{F}$ 上任意两个多项式都存在最大公因式, 根据上述命题, 数域 $\boldsymbol{F}$ 上每一个分式都可以表示成一个既约分式.

命题 1.9.2 在 $\boldsymbol{F}(x)$ 中, 如果 $\dfrac{f(x)}{g(x)}=\dfrac{f_1(x)}{g_1(x)}$, 并且 $\dfrac{u(x)}{v(x)}=\dfrac{u_1(x)}{v_1(x)}$, 那么

(1) $\dfrac{f(x)u(x)}{g(x)v(x)}=\dfrac{f_1(x)u_1(x)}{g_1(x)v_1(x)}$; (2) $\dfrac{f(x)v(x)\pm g(x)u(x)}{g(x)v(x)}=\dfrac{f_1(x)v_1(x)\pm g_1(x)u_1(x)}{g_1(x)v_1(x)}$.

证明 (1) 根据已知条件, 有

$$f(x)g_1(x)=g(x)f_1(x) \text{ 且 } u(x)v_1(x)=v(x)u_1(x). \tag{1.9.1}$$

把这两个等式左右两边分别相乘, 并利用多项式的乘法交换律, 得

$$f(x)u(x)\cdot g_1(x)v_1(x)=g(x)v(x)\cdot f_1(x)u_1(x).$$

从而由分式的相等定义, 得 $\dfrac{f(x)u(x)}{g(x)v(x)}=\dfrac{f_1(x)u_1(x)}{g_1(x)v_1(x)}$.

(2) 根据等式组 (1.9.1), 有

$$\begin{aligned}&f(x)g_1(x)\cdot v(x)v_1(x)\pm g(x)g_1(x)\cdot u(x)v_1(x)\\&=g(x)f_1(x)\cdot v(x)v_1(x)\pm g(x)g_1(x)\cdot v(x)u_1(x).\end{aligned}$$

根据多项式的乘法交换律以及乘法对加法的分配律, 得

$$\big[f(x)v(x)\pm g(x)u(x)\big]g_1(x)v_1(x)=g(x)v(x)\big[f_1(x)v_1(x)\pm g_1(x)u_1(x)\big].$$

从而由分式的相等定义, 得 $\dfrac{f(x)v(x)\pm g(x)u(x)}{g(x)v(x)}=\dfrac{f_1(x)v_1(x)\pm g_1(x)u_1(x)}{g_1(x)v_1(x)}$. □

下面考虑分式集合 $\boldsymbol{F}(x)$ 上的运算. 首先规定 $\boldsymbol{F}(x)$ 上的**乘法运算**如下:

$$\frac{f(x)}{g(x)}\cdot\frac{u(x)}{v(x)}\overset{\text{def}}{=}\frac{f(x)u(x)}{g(x)v(x)},\ \forall\ \frac{f(x)}{g(x)},\frac{u(x)}{v(x)}\in\boldsymbol{F}(x).$$

设 $\dfrac{f(x)}{g(x)}=\dfrac{f_1(x)}{g_1(x)}$, 且 $\dfrac{u(x)}{v(x)}=\dfrac{u_1(x)}{v_1(x)}$. 根据命题 1.9.2(1), 有 $\dfrac{f(x)u(x)}{g(x)v(x)}=\dfrac{f_1(x)u_1(x)}{g_1(x)v_1(x)}$, 从而有 $\dfrac{f(x)}{g(x)}\cdot\dfrac{u(x)}{v(x)}=\dfrac{f_1(x)}{g_1(x)}\cdot\dfrac{u_1(x)}{v_1(x)}$. 这表明, 尽管分式的表示法不唯一, 但是乘法运算的结果是唯一的. 显然 $\boldsymbol{F}(x)$ 对于乘法运算是封闭的. 因此这样的定义是合理的. 其次, 规定 $\boldsymbol{F}(x)$ 上的**加法和减法运算**如下:

$$\frac{f(x)}{g(x)}\pm\frac{u(x)}{v(x)}\overset{\text{def}}{=}\frac{f(x)v(x)\pm g(x)u(x)}{g(x)v(x)},\quad\forall\ \frac{f(x)}{g(x)},\frac{u(x)}{v(x)}\in\boldsymbol{F}(x).$$

利用命题 1.9.2(2), 不难验证, 这样规定的运算也是合理的.

命题 1.9.3 对任意的 $f_1(x),\ f_2(x),\ g(x)\in\boldsymbol{F}[x]$, 如果 $g(x)\neq 0$, 那么

$$\frac{f_1(x)\pm f_2(x)}{g(x)}=\frac{f_1(x)}{g(x)}\pm\frac{f_2(x)}{g(x)}.$$

证明 根据多项式的乘法对加法的分配律以及乘法交换律, 有

$$\frac{g(x)\big[f_1(x)\pm f_2(x)\big]}{g(x)g(x)}=\frac{f_1(x)g(x)\pm g(x)f_2(x)}{g(x)g(x)}.$$

根据命题 1.9.1 以及分式的加法和减法定义, 得 $\dfrac{f_1(x)\pm f_2(x)}{g(x)}=\dfrac{f_1(x)}{g(x)}\pm\dfrac{f_2(x)}{g(x)}$. □

分式的加法交换律和结合律、乘法交换律和结合律、乘法对加法的分配律, 以及移项法则等算律都成立. 这里只给出分配律的证明. 设 $\dfrac{f(x)}{g(x)},\dfrac{u(x)}{v(x)},\dfrac{h(x)}{w(x)}$ 是数域 $\boldsymbol{F}$ 上的三个分式, 根据多项式的乘法对加法的分配律以及命题 1.9.3, 有

$$\frac{f(x)\cdot\big[u(x)w(x)+v(x)h(x)\big]}{g(x)\cdot v(x)w(x)}=\frac{f(x)u(x)w(x)}{g(x)v(x)w(x)}+\frac{f(x)v(x)h(x)}{g(x)v(x)w(x)}.$$

根据分式的乘法定义和命题 1.9.1, 得

$$\frac{f(x)}{g(x)} \cdot \frac{u(x)w(x)+v(x)h(x)}{v(x)w(x)} = \frac{f(x)u(x)}{g(x)v(x)} + \frac{f(x)h(x)}{g(x)w(x)}.$$

再由分式的加法和乘法定义, 得

$$\frac{f(x)}{g(x)}\left[\frac{u(x)}{v(x)} + \frac{h(x)}{w(x)}\right] = \frac{f(x)}{g(x)} \cdot \frac{u(x)}{v(x)} + \frac{f(x)}{g(x)} \cdot \frac{h(x)}{w(x)}.$$

根据分式的加法定义, $\boldsymbol{F}(x)$ 中任意两个分式都可以合并成一个分式. 有时我们需要考虑相反的过程, 即把一个分式拆分成两个或多个分式之和. 这样拆出的每一个分式称为原分式的一个 **部分分式** 或 **分项分式.**

设 $\dfrac{f(x)}{g(x)}$ 是 $\boldsymbol{F}(x)$ 中一个分式. 对任意的 $h(x) \in \boldsymbol{F}[x]$, 令 $f_1(x) = f(x) - h(x)$, 则 $f(x) = f_1(x) + h(x)$. 根据命题 1.9.3, 有 $\dfrac{f(x)}{g(x)} = \dfrac{f_1(x)}{g(x)} + \dfrac{h(x)}{g(x)}$, 所以 $\dfrac{h(x)}{g(x)}$ 是 $\dfrac{f(x)}{g(x)}$ 的一个部分分式. 显然我们感兴趣的不是这样的部分分式, 那么我们感兴趣的是什么样的部分分式呢? 让我们来看下面的例子.

例 1.9.1 把下列分式拆分成一些部分分式之和:

(1) $\dfrac{1}{x^2 - a^2}$ $(a \neq 0)$; (2) $\dfrac{1}{(x+1)(x+2)(x+3)}$; (3) $\dfrac{3x^3 - 7x^2 + 2}{(x-2)^5}$.

解 (1) 因为 $1 = \dfrac{1}{2a}[(x+a)-(x-a)]$, 并且 $x^2 - a^2 = (x-a)(x+a)$, 所以

$$\frac{1}{x^2 - a^2} = \frac{1}{2a(x-a)} - \frac{1}{2a(x+a)}.$$

(2) 因为 $1 = \dfrac{1}{2}\big[(x+2)(x+3) - 2(x+1)(x+3) + (x+1)(x+2)\big]$, 所以

$$\frac{1}{(x+1)(x+2)(x+3)} = \frac{1}{2(x+1)} - \frac{1}{x+2} + \frac{1}{2(x+3)}.$$

(3) 根据例 1.2.3, 有

$$3x^3 - 7x^2 + 2 = 3(x-2)^3 + 11(x-2)^2 + 8(x-2) - 2,$$

所以

$$\frac{3x^3 - 7x^2 + 2}{(x-2)^5} = \frac{3}{(x-2)^2} + \frac{11}{(x-2)^3} + \frac{8}{(x-2)^4} - \frac{2}{(x-2)^5}.$$

设 $f(x), p(x) \in \boldsymbol{F}[x]$, 使得 $\partial[f(x)] < \partial[p(x)]$. 令 $r \in \mathbb{N}^+$. 如果 $p(x)$ 是不可约的, 那么称 $\dfrac{f(x)}{p^r(x)}$ 为数域 $\boldsymbol{F}$ 上一个 **简分式.** 容易看出, 上例中每一个部分分式都是简分式. 这就是我们感兴趣的部分分式.

给定一个分式, 它是否可以拆分成一些简分式之和? 如果可以, 怎么拆? 所得的和式唯一吗? 让我们来讨论这些问题.

命题 1.9.4 设 $\dfrac{f(x)}{g(x)}$ 是数域 $\boldsymbol{F}$ 上一个分式. 如果 $\partial[f(x)] \geqslant \partial[g(x)]$, 那么存在 $q(x), r(x) \in \boldsymbol{F}[x]$, 使得 $\dfrac{f(x)}{g(x)} = q(x) + \dfrac{r(x)}{g(x)}$, 其中 $q(x) \neq 0$ 且 $\partial[r(x)] < \partial[g(x)]$. 特别地, 当 $g(x) \nmid f(x)$ 时, $\dfrac{r(x)}{g(x)}$ 是真分式.

证明 根据已知条件, 有 $g(x) \neq 0$. 设 $q(x)$ 和 $r(x)$ 分别是用 $g(x)$ 去除 $f(x)$ 所得的商和余式, 则 $f(x) = g(x)q(x) + r(x)$, 其中 $\partial[r(x)] < \partial[g(x)]$, 所以

$$\frac{f(x)}{g(x)} = \frac{g(x)q(x)+r(x)}{g(x)}, \quad \text{即} \quad \frac{f(x)}{g(x)} = q(x) + \frac{r(x)}{g(x)}.$$

如果 $\partial[f(x)] \geqslant \partial[g(x)]$, 根据次数定理, 有 $q(x) \neq 0$. 特别地, 当 $g(x) \nmid f(x)$ 时, 由命题 1.2.2, 有 $r(x) \neq 0$. 再加上 $\partial[r(x)] < \partial[g(x)]$, 因此 $\dfrac{r(x)}{g(x)}$ 是真分式. □

根据命题 1.9.1 和命题 1.9.4, 把一个分式拆分成一些部分分式之和的问题, 只需考虑被拆分的是既约真分式.

定理 1.9.5 设 $\dfrac{f(x)}{g(x)}$ 是数域 $\boldsymbol{F}$ 上一个既约真分式, 并设 $g(x) = g_1(x)g_2(x)$, 其中 $g_1(x)$ 与 $g_2(x)$ 是数域 $\boldsymbol{F}$ 上两个次数大于零的多项式. 如果 $g_1(x)$ 与 $g_2(x)$ 互素, 那么存在数域 $\boldsymbol{F}$ 上唯一一对多项式 $f_1(x)$ 与 $f_2(x)$, 使得 $\dfrac{f(x)}{g(x)} = \dfrac{f_1(x)}{g_1(x)} + \dfrac{f_2(x)}{g_2(x)}$, 其中 $\dfrac{f_1(x)}{g_1(x)}$ 与 $\dfrac{f_2(x)}{g_2(x)}$ 都是既约真分式.

证明 根据已知条件和习题 1.3 第 15 题, 存在数域 $\boldsymbol{F}$ 上唯一一对多项式 $f_1(x)$ 与 $f_2(x)$, 使得

$$f(x) = f_1(x)g_2(x) + g_1(x)f_2(x), \tag{1.9.2}$$

其中 $\partial[f_1(x)] < \partial[g_1(x)]$ 且 $\partial[f_2(x)] < \partial[g_2(x)]$. 于是

$$\frac{f(x)}{g(x)} = \frac{f_1(x)g_2(x)+g_1(x)f_2(x)}{g_1(x)g_2(x)}, \quad \text{即} \quad \frac{f(x)}{g(x)} = \frac{f_1(x)}{g_1(x)} + \frac{f_2(x)}{g_2(x)}.$$

其次, 设 $h(x)$ 是 $f_1(x)$ 与 $g_1(x)$ 的一个公因式, 则由 (1.9.2) 式, 有 $h(x) \mid f(x)$; 由 $h(x) \mid g_1(x)$ 且 $g(x) = g_1(x)g_2(x)$, 有 $h(x) \mid g(x)$, 所以 $h(x)$ 是 $f(x)$ 与 $g(x)$ 的一个公因式. 已知 $\dfrac{f(x)}{g(x)}$ 是既约的, 那么 $h(x)$ 只能是零次多项式, 因此 $f_1(x)$ 与 $g_1(x)$ 是互素的. 换句话说, $\dfrac{f_1(x)}{g_1(x)}$ 是既约的.

再次, 根据已知条件, 有 $\partial[g_1(x)] > 0$. 如果 $f_1(x) = 0$,那么由 (1.9.2) 式, 有 $g_1(x) \mid f(x)$,从而由 $g(x) = g_1(x)g_2(x)$ 可见, $f(x)$ 与 $g(x)$ 不互素. 这与 $\dfrac{f(x)}{g(x)}$ 是既约的矛盾, 因此 $f_1(x) \neq 0$. 再加上 $\partial[f_1(x)] < \partial[g_1(x)]$. 故 $\dfrac{f_1(x)}{g_1(x)}$ 是真分式.

类似地, 可证 $\dfrac{f_2(x)}{g_2(x)}$ 也是既约真分式. □

引理 1.9.6 设 $p(x)$ 是数域 $\boldsymbol{F}$ 上一个不可约多项式, 并设 r 是一个正整数. 令 $\dfrac{f(x)}{p^r(x)}$ 是数域 $\boldsymbol{F}$ 上一个真分式, 则它可以唯一地表示成

$$\frac{f(x)}{p^r(x)} = \frac{f_1(x)}{p^r(x)} + \frac{f_2(x)}{p^{r-1}(x)} + \cdots + \frac{f_r(x)}{p(x)},$$

其中等号右边各项都是简分式.

证明 根据已知条件以及习题 1.2 第 12 题, $f(x)$ 可以唯一地表示成

$$f(x) = f_1(x) + f_2(x)p(x) + f_3(x)p^2(x) + \cdots + f_r(x)p^{r-1}(x),$$

其中 $f_1(x), f_2(x), f_3(x), \cdots, f_r(x)$ 是数域 $\boldsymbol{F}$ 上 r 个次数小于 $\partial[p(x)]$ 的多项式. 于是由命题 1.9.3 和命题 1.9.1, $\dfrac{f(x)}{p^r(x)}$ 可以唯一地表示成

$$\frac{f(x)}{p^r(x)} = \frac{f_1(x)}{p^r(x)} + \frac{f_2(x)}{p^{r-1}(x)} + \cdots + \frac{f_r(x)}{p(x)}.$$

注意到 $p(x)$ 是不可约的, 因此上式等号右边各项都是简分式. □

定理 1.9.7 设 $\dfrac{f(x)}{g(x)}$ 是数域 $\boldsymbol{F}$ 上一个既约真分式. 令 $g(x)$ 的标准分解式为 $g(x) = ap_1^{r_1}(x)p_2^{r_2}(x)\cdots p_t^{r_t}(x)$, 则 $\dfrac{f(x)}{g(x)}$ 可以唯一地表示成

$$\frac{f(x)}{g(x)} = \sum_{i=1}^{t}\left(\frac{f_{i1}(x)}{p_i^{r_i}(x)} + \frac{f_{i2}(x)}{p_i^{r_i-1}(x)} + \cdots + \frac{f_{ir_i}(x)}{p_i(x)}\right),$$

这里等号右边各项都是简分式.

证明 根据已知条件, 有 $\dfrac{f(x)}{g(x)} = \dfrac{a^{-1}f(x)}{p_1^{r_1}(x)p_2^{r_2}(x)\cdots p_t^{r_t}(x)}$, 并且等号右边是一个既约真分式. 当 $t = 1$ 时, 只要令 $f_1(x) = a^{-1}f(x)$, 就有 $\dfrac{f(x)}{g(x)} = \dfrac{f_1(x)}{p_1^{r_1}(x)}$. 当 $t > 1$ 时, 由于 $p_1(x), p_2(x), \cdots, p_t(x)$ 是互不相同的首一不可约多项式, 因此 $p_1^{r_1}(x)$ 与 $p_2^{r_2}(x)\cdots p_t^{r_t}(x)$ 是互素的. 根据定理 1.9.5, $\dfrac{f(x)}{g(x)}$ 可以唯一地表示成

$$\frac{f(x)}{g(x)}=\frac{f_1(x)}{p_1^{r_1}(x)}+\frac{u_1(x)}{p_2^{r_2}(x)\cdots p_t^{r_t}(x)},$$

其中等号右边两项都是既约真分式. 重复这种方法, 可以把 $\frac{f(x)}{g(x)}$ 唯一地表示成

$$\frac{f(x)}{g(x)}=\frac{f_1(x)}{p_1^{r_1}(x)}+\frac{f_2(x)}{p_2^{r_2}(x)}+\cdots+\frac{f_t(x)}{p_t^{r_t}(x)},\tag{1.9.3}$$

其中等号右边各项都是既约真分式. 根据引理 1.9.6, 第 i 项有唯一的表示法

$$\frac{f_i(x)}{p_i^{r_i}(x)}=\frac{f_{i1}(x)}{p_i^{r_i}(x)}+\frac{f_{i2}(x)}{p_i^{r_i-1}(x)}+\cdots+\frac{f_{ir_i}(x)}{p_i(x)},$$

其中等号右边每一项都是简分式. 现在, 用上式右边代替 (1.9.3) 式中的第 i 项 ($i=1, 2, \cdots, t$), 就可以把 $\frac{f(x)}{g(x)}$ 唯一地表示成

$$\frac{f(x)}{g(x)}=\sum_{i=1}^{t}\Big(\frac{f_{i1}(x)}{p_i^{r_i}(x)}+\frac{f_{i2}(x)}{p_i^{r_i-1}(x)}+\cdots+\frac{f_{ir_i}(x)}{p_i(x)}\Big),$$

这里等号右边各项都是简分式. □

推论 1.9.8 设 $\frac{f(x)}{g(x)}$ 是复数域上一个既约真分式. 若 $g(x)$ 的标准分解式为

$$g(x)=a(x-c_1)^{r_1}(x-c_2)^{r_2}\cdots(x-c_s)^{r_s},$$

则 $\frac{f(x)}{g(x)}$ 可以唯一地表示成

$$\frac{f(x)}{g(x)}=\sum_{i=1}^{s}\Big(\frac{A_{i1}}{(x-c_i)^{r_i}}+\frac{A_{i2}}{(x-c_i)^{r_i-1}}+\cdots+\frac{A_{ir_i}}{x-c_i}\Big),$$

这里 $A_{i1}, A_{i2}, \cdots, A_{ir_i}$ 都是复数 ($i=1, 2, \cdots, s$).

推论 1.9.9 设 $\frac{f(x)}{g(x)}$ 是实数域上一个既约真分式. 若 $g(x)$ 的标准分解式为

$$g(x)=a(x-c_1)^{r_1}\cdots(x-c_s)^{r_s}(x^2+p_1x+q_1)^{k_1}\cdots(x^2+p_tx+q_t)^{k_t},$$

其中 $s\geqslant 0$ 且 $t\geqslant 0$ (当 $s=0$ 或 $t=0$ 时, 上式中不出现一次或二次因式), 则

(1) 当 $t=0$ 时, $\frac{f(x)}{g(x)}$ 可以唯一地表示成

$$\frac{f(x)}{g(x)}=\sum_{i=1}^{s}\Big(\frac{A_{i1}}{(x-c_i)^{r_i}}+\frac{A_{i2}}{(x-c_i)^{r_i-1}}+\cdots+\frac{A_{ir_i}}{x-c_i}\Big);$$

(2) 当 $s=0$ 时, $\frac{f(x)}{g(x)}$ 可以唯一地表示成

$$\frac{f(x)}{g(x)}=\sum_{i=1}^{t}\Big(\frac{B_{i1}x+C_{i1}}{(x^2+p_ix+q_i)^{k_i}}+\frac{B_{i2}x+C_{i2}}{(x^2+p_ix+q_i)^{k_i-1}}+\cdots+\frac{B_{ik_i}x+C_{ik_i}}{x^2+p_ix+q_i}\Big);$$

(3) 当 $s>0$ 且 $t>0$ 时, $\dfrac{f(x)}{g(x)}$ 可以唯一地表示成

$$\frac{f(x)}{g(x)}=\sum_{i=1}^{s}\sum_{j=1}^{r_i}\frac{A_{ij}}{(x-c_i)^{r_i-j+1}}+\sum_{i=1}^{t}\sum_{j=1}^{k_i}\frac{B_{ij}x+C_{ij}}{(x^2+p_ix+q_i)^{k_i-j+1}},$$

这里 A_{ij} 是一个实数 ($i=1,2,\cdots,s;\quad j=1,2,\cdots,r_i$), 并且 B_{ij} 与 C_{ij} 是一对实数 ($i=1,2,\cdots,t,\quad j=1,2,\cdots,k_i$).

从定理 1.9.5 和引理 1.9.6 的证明不难看出, 如果知道了 $g(x)$ 的标准分解式, 总可以反复应用长除法, 把既约真分式 $\dfrac{f(x)}{g(x)}$ 拆分成一些简分式之和. 但是这样做的计算量相当大. 考察分式的相等定义, 它是用多项式的相等来定义的. 已知多项式的相等与多项式函数的恒等是一致的, 那么可以利用多项式函数的恒等来简化计算. 这样的方法称为**待定系数法.**

例 1.9.2　把分式 $\dfrac{x^3-1}{(x-1)^2(x+1)^3}$ 拆分成一些简分式之和.

解　消去分子和分母的公因式 $x-1$, 原式等于 $\dfrac{x^2+x+1}{(x-1)(x+1)^3}$. 根据推论 1.9.9, 可设

$$\frac{x^3-1}{(x-1)^2(x+1)^3}=\frac{A_1}{x-1}+\frac{B_1}{(x+1)^3}+\frac{B_2}{(x+1)^2}+\frac{B_3}{x+1}.$$

用 $(x-1)(x+1)^3$ 去乘等式两边, 得

$$x^2+x+1=A_1(x+1)^3+[B_1+B_2(x+1)+B_3(x+1)^2](x-1).$$

分别用 1 和 -1 代替 x, 得 $A_1=\dfrac{3}{8}$ 且 $B_1=-\dfrac{1}{2}$. 把它们代入上式, 并整理, 得

$$-\frac{1}{8}(3x^3+x^2-3x-1)=[B_2+B_3(x+1)](x+1)(x-1).$$

上式左边等于 $-\dfrac{1}{8}(3x+1)(x+1)(x-1)$. 消去两边的公因式 $(x+1)(x-1)$, 得

$$-\frac{1}{8}(3x+1)=B_2+B_3(x+1),\quad 即\ \frac{1}{8}[2-3(x+1)]=B_2+B_3(x+1).$$

由此可见, $B_2=\dfrac{1}{4}$ 且 $B_3=-\dfrac{3}{8}$, 因此

$$\frac{x^3-1}{(x-1)^2(x+1)^3}=\frac{3}{8(x-1)}-\frac{1}{2(x+1)^3}+\frac{1}{4(x+1)^2}-\frac{3}{8(x+1)}.$$

例 1.9.3　在实数域上, 把分式 $\dfrac{2x^2+3x+11}{(x-2)(x^2+1)^2}$ 拆分成一些简分式之和.

解　显然原分式是一个既约真分式. 根据推论 1.9.9, 可设

$$\frac{2x^2+3x+11}{(x-2)(x^2+1)^2}=\frac{A}{x-2}+\frac{B_1x+C_1}{(x^2+1)^2}+\frac{B_2x+C_2}{x^2+1}.$$

等式两边同时乘以 $(x-2)(x^2+1)^2$, 得

$$2x^2+3x+11=A(x^2+1)^2+\big[(B_1x+C_1)+(B_2x+C_2)(x^2+1)\big](x-2).$$

令 $x=2$, 则 $A=1$. 用 1 代替上式中的 A, 并整理, 得

$$-x^4+3x+10=\big[(B_1x+C_1)+(B_2x+C_2)(x^2+1)\big](x-2).$$

上式左边等于 $-(x^3+2x^2+4x+5)(x-2)$, 即 $[-(3x+3)-(x+2)(x^2+1)](x-2)$. 消去两边的公因式 $x-2$, 得

$$-(3x+3)-(x+2)(x^2+1)=(B_1x+C_1)+(B_2x+C_2)(x^2+1).$$

由此可见, $B_1x+C_1=-(3x+3)$ 且 $B_2x+C_2=-(x+2)$, 因此

$$\frac{2x^2+3x+11}{(x-2)(x^2+1)^2}=\frac{1}{x-2}-\frac{3x+3}{(x^2+1)^2}-\frac{x+2}{x^2+1}.$$

习题 1.9

1. 证明: 分式的加法交换律成立.
2. 规定分式集合 $\boldsymbol{F}(x)$ 上的 **除法运算** 如下: 对任意的 $\dfrac{f(x)}{g(x)}, \dfrac{u(x)}{v(x)}\in \boldsymbol{F}(x)$, 其中 $u(x)\neq 0$,
$$\frac{f(x)}{g(x)}\div\frac{u(x)}{v(x)}\overset{\text{def}}{=}\frac{f(x)v(x)}{g(x)u(x)}.$$
证明该定义是合理的, 即证明对 $\boldsymbol{F}(x)$ 中任意分式 $\dfrac{f_1(x)}{g_1(x)}$ 与 $\dfrac{u_1(x)}{v_1(x)}$, 只要 $\dfrac{f(x)}{g(x)}=\dfrac{f_1(x)}{g_1(x)}$, 并且 $\dfrac{u(x)}{v(x)}=\dfrac{u_1(x)}{v_1(x)}$, 就有 $\dfrac{f(x)v(x)}{g(x)u(x)}=\dfrac{f_1(x)v_1(x)}{g_1(x)u_1(x)}$.
3. 设 $\dfrac{f(x)}{g(x)}$ 与 $\dfrac{u(x)}{v(x)}$ 是数域 $\boldsymbol{F}$ 上两个分式, 其中 $u(x)\neq 0$. 证明:
(1) $1\div g(x)=\dfrac{1}{g(x)}$; (2) $f(x)\div g(x)=\dfrac{f(x)}{g(x)}$; (3) $\dfrac{f(x)}{g(x)}\div\dfrac{u(x)}{v(x)}=\dfrac{f(x)}{g(x)}\cdot\dfrac{v(x)}{u(x)}$.
4. 把下列分式拆分成一个多项式与一些简分式之和:
(1) $\dfrac{x^2-5x+9}{x^2-5x+6}$; (2) $\dfrac{x^5-x^3+1}{x^4-x^3}$; (3) $\dfrac{x^4-2x^2+3}{(x+1)^4}$.
5. 在实数域上, 把下列分式拆分成简分式之和:
(1) $\dfrac{x^2-2x-2}{x^3-1}$; (2) $\dfrac{1}{x^4+1}$; (3) $\dfrac{2x^2+1}{x^2(x^2+1)^2}$; (4) $\dfrac{5x^2-1}{(x^2+3)(x^2-2x+5)}$.
6. 设 $f(x)=(x-a_1)(x-a_2)\cdots(x-a_n)$. 证明: $f'(x)=\sum\limits_{i=1}^{n}\dfrac{f(x)}{x-a_i}$.

*7. 规定分式集合 $\boldsymbol{F}(x)$ 上的 **导数运算** 如下: 对任意的 $\dfrac{f(x)}{g(x)}\in\boldsymbol{F}(x)$,
$$\left[\frac{f(x)}{g(x)}\right]'\overset{\text{def}}{=}\frac{f'(x)g(x)-f(x)g'(x)}{g^2(x)}.$$

证明这样的定义是合理的, 即证明对任意的 $\dfrac{u(x)}{v(x)} \in \boldsymbol{F}(x)$, 如果 $\dfrac{f(x)}{g(x)} = \dfrac{u(x)}{v(x)}$, 那么

$$\frac{f'(x)g(x) - f(x)g'(x)}{g^2(x)} = \frac{u'(x)v(x) - u(x)v'(x)}{v^2(x)}.$$

*8. 证明: 在 $\boldsymbol{F}(x)$ 中, 有 $\left[\dfrac{f(x)}{g(x)} + \dfrac{u(x)}{v(x)}\right]' = \left[\dfrac{f(x)}{g(x)}\right]' + \left[\dfrac{u(x)}{v(x)}\right]'$.

*9. 把分式 $\dfrac{[f'(x)]^2 - f(x)f''(x)}{f^2(x)}$ 拆分成简分式之和, 这里 $f(x) = (x-a_1)(x-a_2)\cdots(x-a_n)$.

第 2 章　行　列　式

17 世纪末人们从解一次方程组的冗长表达式中引进了一种简捷符号, 从而形成了行列式的概念. 这种符号给数学问题研究带来了许多方便. 在此后的两个世纪内, 行列式的理论得到了长足发展, 获得了相当多的研究成果. 行列式是一个十分有用的数学工具, 它不仅是研究线性代数学的基本工具, 而且在几何中的坐标变换、多重积分中的变数替换, 以及包括研究行星运动在内的各种微分方程组等许多方面都有重要应用.

本章将介绍 n 阶行列式的概念及其基本性质、n 阶行列式的计算, 以及行列式在解线性方程组方面的一个应用 —— 克莱姆法则.

2.1　问题的提出

读中学时我们曾经见过二元一次方程组和三元一次方程组. 我们知道, 可以用二阶行列式和三阶行列式来表示它们的解. 回顾一下, 二阶行列式和三阶行列式都是按对角线规则来定义的, 即

$$\begin{vmatrix} a_{11} & a_{12} \\ a_{21} & a_{22} \end{vmatrix} \overset{\text{def}}{=} a_{11}a_{22} - a_{12}a_{21}, \tag{2.1.1}$$

$$\begin{vmatrix} a_{11} & a_{12} & a_{13} \\ a_{21} & a_{22} & a_{23} \\ a_{31} & a_{32} & a_{33} \end{vmatrix} \overset{\text{def}}{=} \begin{aligned} & a_{11}a_{22}a_{33} + a_{12}a_{23}a_{31} + a_{13}a_{21}a_{32} \\ & -a_{13}a_{22}a_{31} - a_{12}a_{21}a_{33} - a_{11}a_{23}a_{32}. \end{aligned} \tag{2.1.2}$$

利用加减消元法, 含两个方程两个未知量的一次方程组

$$\begin{cases} a_{11}x_1 + a_{12}x_2 = b_1, \\ a_{21}x_1 + a_{22}x_2 = b_2 \end{cases} \tag{2.1.3}$$

可化为

$$\begin{cases} (a_{11}a_{22} - a_{12}a_{21})x_1 = a_{22}b_1 - a_{12}b_2, \\ (a_{11}a_{22} - a_{12}a_{21})x_2 = a_{11}b_2 - a_{21}b_1. \end{cases}$$

如果 $a_{11}a_{22} - a_{12}a_{21} \neq 0$, 那么方程组 (2.1.3) 有解, 其解为

$$x_1 = \frac{a_{22}b_1 - a_{12}b_2}{a_{11}a_{22} - a_{12}a_{21}}, \ \ x_2 = \frac{a_{11}b_2 - a_{21}b_1}{a_{11}a_{22} - a_{12}a_{21}}.$$

令 D 是由方程组的未知量系数组成的行列式, 并令 $\varDelta_1$ 和 $\varDelta_2$ 分别是把 D 的第一列和第二列换成常数项所得的行列式, 即

$$D = \begin{vmatrix} a_{11} & a_{12} \\ a_{21} & a_{22} \end{vmatrix}, \ \ \varDelta_1 = \begin{vmatrix} b_1 & a_{12} \\ b_2 & a_{22} \end{vmatrix}, \ \ \varDelta_2 = \begin{vmatrix} a_{11} & b_1 \\ a_{21} & b_2 \end{vmatrix},$$

则方程组的解可以用公式表示成 $x_1=\dfrac{\Delta_1}{D}$, $x_2=\dfrac{\Delta_2}{D}$.

类似地, 对于含三个方程三个未知量的一次方程组

$$\begin{cases}a_{11}x_1+a_{12}x_2+a_{13}x_3=b_1,\\ a_{21}x_1+a_{22}x_2+a_{23}x_3=b_2,\\ a_{31}x_1+a_{32}x_2+a_{33}x_3=b_3,\end{cases}$$

令 D 是由它的未知量系数组成的行列式. 如果 $D\neq 0$, 那么方程组有解, 其解可以用公式表示成 $x_1=\dfrac{\Delta_1}{D}$, $x_2=\dfrac{\Delta_2}{D}$, $x_3=\dfrac{\Delta_3}{D}$, 这里 D, Δ_1, Δ_2, Δ_3 依次为

$$\begin{vmatrix}a_{11}&a_{12}&a_{13}\\a_{21}&a_{22}&a_{23}\\a_{31}&a_{32}&a_{33}\end{vmatrix},\quad \begin{vmatrix}b_1&a_{12}&a_{13}\\b_2&a_{22}&a_{23}\\b_3&a_{32}&a_{33}\end{vmatrix},\quad \begin{vmatrix}a_{11}&b_1&a_{13}\\a_{21}&b_2&a_{23}\\a_{31}&b_3&a_{33}\end{vmatrix},\quad \begin{vmatrix}a_{11}&a_{12}&b_1\\a_{21}&a_{22}&b_2\\a_{31}&a_{32}&b_3\end{vmatrix}.$$

我们熟知, 一元一次方程 $a_{11}x_1=b_1\ (a_{11}\neq 0)$ 的解为 $x_1=\dfrac{b_1}{a_{11}}$. 有趣的是, 如果规定一阶行列式 $|a_{11}|=a_{11}$, 那么其解也可以表示成 $x_1=\dfrac{\Delta_1}{D}$.

一次方程组也称为**线性方程组.** 在生产实际和科学研究中, 经常会出现含几十个甚至成百上千个未知量的线性方程组, 而且方程个数和未知量个数不一定相同. 数域 $\boldsymbol{F}$ 上的线性方程组, 其一般形式为

$$\begin{cases}a_{11}x_1+a_{12}x_2+\cdots+a_{1n}x_n=b_1,\\ a_{21}x_1+a_{22}x_2+\cdots+a_{2n}x_n=b_2,\\ \qquad\vdots\\ a_{m1}x_1+a_{m2}x_2+\cdots+a_{mn}x_n=b_m,\end{cases}$$

或者简记为

$$a_{i1}x_1+a_{i2}x_2+\cdots+a_{in}x_n=b_i,\ \ i=1,\,2,\,\cdots,\,m.$$

用连加号来表示就是 $\sum\limits_{j=1}^{n}a_{ij}x_j=b_i,\ \ i=1,\,2,\,\cdots,\,m$, 这里未知量系数和常数项都是数域 $\boldsymbol{F}$ 中的数.

现在自然产生一个问题. 当 $n>3$ 时, 含 n 个方程 n 个未知量的线性方程组, 是否可以用行列式来表示它的解? 凭直觉, 应该可以. 关键是怎样定义高于三阶的行列式. 如果仿照前面的对角线规则去定义四阶行列式, 对于含四个方程四个未知量的线性方程组, 当 $D\neq 0$ 时, 其解不能表示成

$$x_1=\frac{\Delta_1}{D},\ \ x_2=\frac{\Delta_2}{D},\ \ x_3=\frac{\Delta_3}{D},\ \ x_4=\frac{\Delta_4}{D},$$

这里 D 是由方程组的未知量系数组成的行列式, Δ_j 是把 D 的第 j 列换成常数项所得的行列式 $(j=1,\,2,\,3,\,4)$. 例如, 容易看出, 下列线性方程组

$$x_1+x_3=0,\ \ x_2+x_4=0,\ \ x_1+x_4=0,\ \ x_1+x_2+x_3=1$$

的解为 $x_1=x_2=1,\ x_3=x_4=-1$. 如果按对角线规则定义四阶行列式, 那么 $D=1\neq 0$ 且

$\Delta_1=0$. 根据上面的公式, 有 $x_1=0$. 这与 $x_1=1$ 矛盾.

上述反例表明, 不能按对角线规则定义高于三阶的行列式, 那么要怎样定义这样的行列式呢? 这个问题与 n 元排列有密切联系. 为此, 让我们回顾一下 n 元排列的概念, 然后给出几个术语.

由数码 $1,2,\cdots,n$ 组成的一个有序数组 $i_1i_2\cdots i_n$ 称为一个 **n 元排列.** 特别地, 数码按自然顺序组成的排列 $12\cdots n$ 称为 **n 元自然排列.**

注意, 排列的三要素是不重复、不遗漏、有序. 我们规定, 书写时表示数码的 $1,2,\cdots,n$ 要用逗号隔开. 在不会产生混淆的前提下, 表示排列的 $i_1i_2\cdots i_n$ 可以不用逗号隔开. 除自然排列 $12\cdots n$ 外, 其余排列都或多或少地破坏了数码的自然顺序. 在一个排列中, 如果一个较大数码排在另一个较小数码的前面, 那么称这一对数码是**反序的.** 否则, 称它们是**顺序的.** 我们把排列中构成反序 (顺序) 的数码的对数称为这个排列的**反序数** (**顺序数**), 并用符号 $\tau(i_1i_2\cdots i_n)$ 来表示排列 $i_1i_2\cdots i_n$ 的反序数. 特别地, 规定 1 元排列的反序数为零.

我们知道, 任取排列 $i_1i_2\cdots i_n$ 中两个不同数码 i 和 j, 一共有 C_n^2 种取法. 显然数码 i 和 j 或者是反序的, 或者是顺序的, 因此这个排列的反序数与顺序数之和等于 C_n^2. 可以按照下面的方法来计算反序数. 首先看看排在 i_1 后面且比 i_1 小的数码有几个, 比如说 m_1 个; 然后看看排在 i_2 后面且比 i_2 小的数码有几个, 比如说 m_2 个; 如此继续下去, 直到最后看看排在 i_{n-1} 后面且比 i_{n-1} 小的数码有几个, 比如说 m_{n-1} 个 (此时 $m_{n-1}=0$ 或 1). 现在把 $m_1,m_2,\cdots,m_{n-1}$ 累加起来, 就得到这个排列的反序数. 例如,6 元排列 645312 的反序数为

$$\tau(645312)=5+3+3+2+0=13.$$

现在, 让我们返回去考察三阶行列式 (2.1.2), 它表示下列 6 个项的代数和:

$$a_{11}a_{22}a_{33},\ a_{12}a_{23}a_{31},\ a_{13}a_{21}a_{32},\ a_{13}a_{22}a_{31},\ a_{12}a_{21}a_{33},\ a_{11}a_{23}a_{32},$$

其中前三项所带的符号都是正号, 后三项所带的都是负号. 每一项都是三个因数的乘积, 每一个因数的第一个下标代表这个因数所在的行数, 第二个下标代表它所在的列数. 在每一项的三个因数中, 由第一个下标组成的排列都是自然排列 123, 由第二个下标组成的排列依次是

$$123,\ 231,\ 312,\ 321,\ 213,\ 132,$$

它们恰好是数码 1, 2, 3 的全体排列. 由此可见, 每一项的三个因数既位于行列式的不同行, 又位于不同列. 易见由第二个下标组成的排列, 其反序数依次为

$$\tau(123)=0,\ \tau(231)=2,\ \tau(312)=2,\ \tau(321)=3,\ \tau(213)=1,\ \tau(132)=1,$$

其中前三个都是偶数,后三个都是奇数. 这表明, (2.1.2) 式中的和式可以表示成 $\sum\limits_{j_1j_2j_3}(-1)^{\tau(j_1j_2j_3)}a_{1j_1}a_{2j_2}a_{3j_3}$, 其中求和指标的取值范围是全体 3 元排列.

类似地, (2.1.1) 式中的和式可以表示成 $\sum\limits_{j_1j_2}(-1)^{\tau(j_1j_2)}a_{1j_1}a_{2j_2}$, 其中求和指标的取值范围是全体 2 元排列. 此外, 根据规定,1 元排列的反序数等于零, 因此一阶行列式 $|a_{11}|$ 可以写成 $(-1)^{\tau(j_1)}a_{1j_1}$, 这里 $j_1=1$.

这就导致我们提出如下问题. 如果按下面的方式定义 n 阶行列式:

$$\begin{vmatrix} a_{11} & a_{12} & \cdots & a_{1n} \\ a_{21} & a_{22} & \cdots & a_{2n} \\ \vdots & \vdots & \ddots & \vdots \\ a_{n1} & a_{n2} & \cdots & a_{nn} \end{vmatrix} \overset{\text{def}}{=} \sum_{j_1j_2\cdots j_n} (-1)^{\tau(j_1j_2\cdots j_n)} a_{1j_1}a_{2j_2}\cdots a_{nj_n},$$

其中求和指标的取值范围是全体 n 元排列, 那么对于含 n 个方程 n 个未知量的线性方程组, 当未知量系数组成的行列式 D 不等于零时, 其解能否表示成形如

$$x_1 = \frac{\Delta_1}{D},\ x_2 = \frac{\Delta_2}{D},\ \cdots,\ x_n = \frac{\Delta_n}{D}$$

的公式? 这里 $\Delta_1, \Delta_2, \cdots, \Delta_n$ 分别是把 D 的第 $1, 2, \cdots, n$ 列换成常数项所得的行列式. 回答是肯定的. 考察定义中的和式, 不难发现, 关键的问题是怎样决定其中的符号 $(-1)^{\tau(j_1j_2\cdots j_n)}$, 也就是怎样判断反序数 $\tau(j_1j_2\cdots j_n)$ 是奇数还是偶数. 这就是下一节要介绍的排列的奇偶性.

习题 2.1

1. 利用行列式解下列三元一次方程组:

(1) $\begin{cases} x_1 - x_2 + x_3 = 1, \\ x_1 - 2x_2 - x_3 = 2, \\ x_1 + 2x_2 - x_3 = 3; \end{cases}$ (2) $\begin{cases} 2x_1 + x_2 - x_3 = 2, \\ x_1 - 2x_2 + x_3 = 1, \\ x_1 - x_2 + 2x_3 = 2. \end{cases}$

2. (1) 设 $D = \begin{vmatrix} a & b \\ c & d \end{vmatrix}$. 证明: $D = 0$ 当且仅当 D 的两行成比例, 即存在一个常数 k, 使得 $c = ka,\ d = kb$ 或 $a = kc,\ b = kd$.

(2) 写出一个三阶行列式 D, 使得 $D = 0$, 但 D 中任意两行都不成比例.

3. 求下列排列的反序数: (1) 134782695; (2) 217986354; (3) $n(n-1)\cdots 321$;

(4) $1, 3, 5, \cdots, 2n-1, 2, 4, 6, \cdots, 2n$; (5) $2, 4, 6, \cdots, 2n, 1, 3, 5, \cdots, 2n-1$;

(6) $1, 2n, 2, 2n-1, \cdots, n-1, n+2, n, n+1$.

4. 在全体 n 元排列中, 反序数最大的排列是什么? 它的反序数等于多少?

5. 在排列 $i_1i_2\cdots i_n$ 中, 若 $i_k = 1$, 与 i_k 构成反序的数码一共有多少个? 若 $i_k = n$ 呢?

6. 设 $n > 1$, 并设 n 元排列 $i_1i_2\cdots i_{n-1}i_n$ 的反序数等于 s.

(1) 求 n 元排列 $i_ni_{n-1}\cdots i_2i_1$ 的反序数;

(2) 问全体 n 元排列中构成反序的数码一共有多少对?

2.2 排列的奇偶性

从 2.1 节我们看到, 判断 n 元排列的反序数是奇数还是偶数, 对于 n 阶行列式的定义将起重要作用. 本节将简要介绍 n 元排列的奇偶性, 以便接下去的讨论能够顺利进行. 首先给出两个术语.

定义 2.2.1 如果一个 n 元排列的反序数是奇数, 那么称这个排列为一个 **奇排列.** 否则, 称它为一个 **偶排列.**

显然每一个排列不是奇的就是偶的. 我们把这种现象称为排列的 **奇偶性.**

设 $i_1i_2\cdots i_n$ 是一个 n 元排列 $(n\geqslant 2)$. 把这个排列中某两个 (不同) 数码 i 与 j 的位置互换, 并且保持其余数码不动, 就得到另一个 n 元排列. 这样的过程称为一个 **对换,** 记作 (i,j). 易见对换 (i,j) 与 (j,i) 是一样的. 注意, 对换是过程, 对换前与对换后的两个排列是不同的. 对一个排列作一次对换, 接着作一次同样的对换, 就还原成原来的排列. 这个过程可以描述如下:

$$\cdots i\cdots j\cdots \xrightarrow{(i,j)} \cdots j\cdots i\cdots \xrightarrow{(i,j)} \cdots i\cdots j\cdots.$$

这个事实称为 **对合性.** 上述过程可以简记为

$$\cdots i\cdots j\cdots \xleftrightarrow{(i,j)} \cdots j\cdots i\cdots.$$

由此可见, 给定一个对换, 它把全体 n 元排列两两配对, 使得每两个配成对的排列在这个对换下互变. 例如, 对于全体 3 元排列

$$123,\quad 231,\quad 312,\quad 321,\quad 213,\quad 132, \tag{2.2.1}$$

有

$$123 \xleftrightarrow{(1,3)} 321,\quad 231 \xleftrightarrow{(1,3)} 213,\quad 312 \xleftrightarrow{(1,3)} 132. \tag{2.2.2}$$

我们知道,(2.2.1) 中前三个排列是偶排列, 后三个是奇排列. 由对换过程 (2.2.2) 可见, 不论哪一种情形, 对换前与对换后的两个排列, 它们的奇偶性恰好相反. 这种现象不是偶然的. 事实上, 我们有下面的定理.

定理 2.2.1 *对换改变排列的奇偶性, 即对一个 n 元排列作一次对换, 所得的排列与原排列的奇偶性恰好相反, 这里 $n\geqslant 2$.*

证明 假定所作的对换是 (i,j). 首先考虑数码 i 与 j 位于相邻位置的特殊情形. 此时对换过程可以描述如下 (为了便于叙述, 对换后的排列称为新排列):

$$\begin{matrix}\text{原排列} & & \text{新排列}\\ \cdots ij\cdots & \xrightarrow{(i,j)} & \cdots ji\cdots.\end{matrix} \tag{2.2.3}$$

现在, 任取 $1,2,\cdots,n$ 中的一对数码 k 与 l, 考察下列三种情况.

(1) *数码 k 与 l 都不是 i 或 j.* 此时由对换过程 (2.2.3) 易见, 数码 k 与 l 在原排列和新排列中所处的位置完全一样.

(2) *数码 k 与 l 只有一个是 i 或 j.* 不妨假定 $k=j$, 并假定在原排列中, 数码 k 位于数码 l 的后面, 那么 $l\neq i$, 并且对换过程 (2.2.3) 可以改写成

$$\begin{matrix}\text{原排列} & & \text{新排列}\\ \cdots l\cdots ik\cdots & \xrightarrow{(i,k)} & \cdots l\cdots ki\cdots\end{matrix}$$

由此可见, 数码 k 与 l 在原排列和新排列中的先后次序没有改变.

(3) 数码 k 与 l 有一个是 i, 另一个是 j. 此时由对换过程 (2.2.3) 可见, 数码 k 与 l 在原排列和新排列中的先后次序恰好颠倒过来了.

由于 k 与 l 是任意的, 上面的讨论表明, 在对换过程中, 从 $1, 2, \cdots, n$ 中取出的所有 C_n^2 对数码, 除了 i 与 j 这一对以外, 剩下的每一对, 其反序性都不改变. 于是

$$\tau(\cdots j\, i \cdots) = \begin{cases} \tau(\cdots ij \cdots) + 1, & \text{当 } i < j \text{ 时}; \\ \tau(\cdots ij \cdots) - 1, & \text{当 } i > j \text{ 时}. \end{cases}$$

因此对于这种特殊情形, 原排列与新排列的奇偶性恰好相反.

下面考虑一般情形. 不妨假定介于 i 与 j 之间一共有 s 个数码, 它们依次为 $k_1, k_2, \cdots, k_s$, 那么对换过程可以描述如下:

$$\underset{\text{原排列}}{\cdots i\, k_1 k_2 \cdots k_s\, j \cdots} \xrightarrow{(i,\,j)} \underset{\text{新排列}}{\cdots j\, k_1 k_2 \cdots k_s i \cdots}.$$

这个过程可以按下列步骤来实现. 首先对原排列连续作 s 次相邻数码的对换

$$\begin{aligned} \cdots i\, k_1 k_2 \cdots k_s j \cdots &\xrightarrow{(i,\,k_1)} \cdots k_1 i\, k_2 \cdots k_s j \cdots \\ &\xrightarrow{(i,\,k_2)} \cdots k_1 k_2\, i \cdots k_s j \cdots \\ &\quad \vdots \\ &\xrightarrow{(i,\,k_s)} \cdots k_1 k_2 \cdots k_s\, ij \cdots, \end{aligned}$$

然后继续作 $s+1$ 次相邻数码的对换 $(i, j), (k_s, j), \cdots, (k_2, j), (k_1, j)$. 这样, 一共作了 $2s+1$ 次相邻数码的对换. 根据前面的讨论, 对原排列作一次相邻数码的对换, 所得的排列与原排列的奇偶性相反, 接着作一次相邻数码的对换, 所得的排列与原排列的奇偶性相同. 由于 $2s+1$ 是奇数, 因此连续作上述 $2s+1$ 次对换, 所得的排列 (即新排列) 与原排列的奇偶性恰好相反. □

推论 2.2.2 如果可以经过连续作 s 次对换, 把 n 元排列 $i_1 i_2 \cdots i_n$ 化成 n 元排列 $i'_1 i'_2 \cdots i'_n$, 那么当 s 是偶数时, 这两个排列的奇偶性相同; 否则, 它们的奇偶性相反, 这里 $n \geqslant 2$.

推论 2.2.3 如果 n 元排列 $i_1 i_2 \cdots i_n$ 与 $j_1 j_2 \cdots j_n$ 各自经过连续作 s 次对换, 所得排列分别为 $i'_1 i'_2 \cdots i'_n$ 与 $j'_1 j'_2 \cdots j'_n$, 那么下面两个数有相同的奇偶性:

$$\tau(i_1 i_2 \cdots i_n) + \tau(j_1 j_2 \cdots j_n) \text{ 与 } \tau(i'_1 i'_2 \cdots i'_n) + \tau(j'_1 j'_2 \cdots j'_n).$$

根据前面的讨论, 在全体 3 元排列中, 奇排列和偶排列各占一半, 并且可以利用对换 (1, 3) 来建立奇排列与偶排列之间的两两配对. 一般地, 我们有

命题 2.2.4 全体 n 元排列中奇排列与偶排列各占一半, 各有 $\dfrac{n!}{2}$ 个 $(n \geqslant 2)$.

证明 在全体 n 元排列中, 设奇排列一共有 s 个, 偶排列一共有 t 个. 已知 $n \geqslant 2$, 那么

可以在 $1, 2, \cdots, n$ 中取到数码 1 和 2. 根据定理 2.2.1, 只要对这 s 个奇排列都作一次对换 $(1, 2)$, 就得到 s 个偶排列. 由于对换具有对合性, 只要对所得的这 s 个偶排列都作一次对换 $(1, 2)$, 它们就还原成原来的 s 个奇排列. 这表明, 所得的这 s 个偶排列互不相同. 因为偶排列一共有 t 个, 所以 $s \leqslant t$. 类似地, 可证 $t \leqslant s$, 因此 $s = t$. 这就证明了, 奇排列与偶排列各占一半. 又已知全体 n 元排列一共有 $n!$ 个, 那么奇排列与偶排列各有 $\dfrac{n!}{2}$ 个. □

习题 2.2

1. 举例说明, 可以按两种不同方式, 把排列 12435 化成 25341, 其中每一种方式都是经过连续作三次对换.
2. 判断下列排列的奇偶性:

   (1) 136782495; (2) 217386954; (3) 987654321; (4) $n(n-1)\cdots 321$.
3. (1) 选取 i 和 j, 使 $1274i56j9$ 是偶排列; (2) 选取 i 和 j, 使 $1i25j4897$ 是奇排列.
4. 证明: 如果有一个 n 元排列的顺序数与反序数的奇偶性相反, 那么每一个 n 元排列的顺序数与反序数的奇偶性都相反, 这里 $n \geqslant 2$.
5. 设 n 元排列 $i_1 i_2 \cdots i_n$ 的反序数为 s. 证明: 如果可以经过连续作 t 次对换, 把排列 $i_1 i_2 \cdots i_n$ 化成自然排列 $12\cdots n$, 那么 s 与 t 有相同的奇偶性.
6. 证明: 可以经过连续作不超过 $n-1$ 次对换, 把排列 $i_1 i_2 \cdots i_n$ 化成自然排列 $12\cdots n$, 这里 $n \geqslant 2$.

*7. 设 k 是一个非负整数, 使得 $0 \leqslant k \leqslant \mathrm{C}_n^2$. 证明: 存在一个 n 元排列, 其反序数等于 k.

2.3 n 阶行列式的定义和基本性质

有了前两节的准备, 我们可以正式给出 n 阶行列式的定义.

定义 2.3.1[①] 把 n^2 个数 a_{ij} $(i, j = 1, 2, \cdots, n)$ 排成 n 个横队 n 个纵队, 然后在这个正方形阵列左右两边各划一条竖线 (见右边的符号), 这样的符号称为一个 **n 阶行列式**, 简称为一个 **行列式**, 其中横队叫做 **行**, 纵队叫做 **列**, 那些数叫做 **元素**. 每一个元素的第一个下标称为 **行标**, 第二个下标称为 **列标**, 它们分别代表这个元素所在行和列的行数和列数, 因而 a_{ij} 又叫做 **第 i 行第 j 列元素**. 上述符号表示一个数, 称为这个行列式的 **值**, 它是一切可能的取自行列式中不同行不同列的 n 个元素的乘积 $a_{1j_1}a_{2j_2}\cdots a_{nj_n}$ 之代数和 (由于这 n 个元素的行标各不相同, 适当交换因数的排列次序, 可使行标按自然顺序排列). 和式中的项 $a_{1j_1}a_{2j_2}\cdots a_{nj_n}$ 称为 **一般项**, 它所带的符号按下面的规则来确定: 当列标的排列 $j_1 j_2 \cdots j_n$ 是偶排列时, 取正号; 否则, 取负号.

$$\begin{vmatrix} a_{11} & a_{12} & \cdots & a_{1n} \\ a_{21} & a_{22} & \cdots & a_{2n} \\ \vdots & \vdots & \ddots & \vdots \\ a_{n1} & a_{n2} & \cdots & a_{nn} \end{vmatrix}$$

---

①这里采用的是人们最早使用的行列式定义, 它比较直观, 也比较容易被接受, 但是定义的叙述较长. 还可以用多种不同方式来定义行列式.

上述定义可以用连加号表示如下:

$$\begin{vmatrix} a_{11} & a_{12} & \cdots & a_{1n} \\ a_{21} & a_{22} & \cdots & a_{2n} \\ \vdots & \vdots & \ddots & \vdots \\ a_{n1} & a_{n2} & \cdots & a_{nn} \end{vmatrix} \stackrel{\text{def}}{=} \sum_{j_1j_2\cdots j_n} (-1)^{\tau(j_1j_2\cdots j_n)} a_{1j_1}a_{2j_2}\cdots a_{nj_n}.$$

等号右边的和式称为这个行列式的**展开式**, 其中求和指标的取值范围是全体 n 元排列. 高于三阶的行列式统称为**高阶行列式.**

我们常用符号 D 或 $|a_{ij}|$ 来表示 n 阶行列式. 为了强调行列式的阶, 有时也用 D_n 或 $|a_{ij}|_n$ 来表示. 显然当 D 的 n^2 个元素都是某个数环 $\boldsymbol{R}$ (数域 $\boldsymbol{F}$) 中的数时, 它的值也是数环 $\boldsymbol{R}$ (数域 $\boldsymbol{F}$) 中的数.

根据定义, n 阶行列式 D 的展开式一共有 $n!$ 项. 根据命题 2.2.4, 当 $n \geqslant 2$ 时, 展开式中取正号的项与取负号的项各占一半. 当 $n=1$ 时,1 阶行列式 $|a_{11}|$ 就是数 a_{11}, 即 $|a_{11}| = a_{11}$ (这里符号 $|\cdot|$ 不表示绝对值).

例 2.3.1　下列行列式 D 的展开式一共有 $4!$ 项, 一般项为 $a_{1j_1}a_{2j_2}a_{3j_3}a_{4j_4}$. 由于展开式

$$D = \begin{vmatrix} 0 & 0 & 0 & 1 \\ 0 & 0 & 2 & 0 \\ 0 & 3 & 0 & 0 \\ 4 & 0 & 0 & 0 \end{vmatrix}$$

中出现零的项可以忽略不计, 只须考虑一般项中四个因数全不为零的项. 又由于 a_{1j_1} 是 D 的第 1 行元素, 而这一行只有第四个元素不为零, 只须考虑列标 j_1 为 4 的那些项. 类似地, 对于第 2, 3, 4 行, 只须考虑列标 j_2, j_3, j_4 依次为 3, 2, 1 的那些项. 由此可见, 展开式中不为零的项只有一项, 即 $a_{14}a_{23}a_{32}a_{41}$. 注意到 4321 是偶排列, 这一项的符号为正号. 于是

$$D = +a_{14}a_{23}a_{32}a_{41} = 1 \times 2 \times 3 \times 4 = 24.$$

给定一个 n 阶行列式 D, 从它的左上角到右下角的那条对角线称为这个行列式的**主对角线,** 另一条对角线称为**次对角线.** 当 $n > 1$ 时, 如果主对角线下方元素全为零, 那么称 D 为一个**上三角行列式.** 类似地, 可以定义**下三角行列式.** 上三角和下三角行列式统称为**三角行列式.** 既是上三角又是下三角的行列式称为**对角行列式.** 显然对角行列式主对角线以外的元素全为零. 我们规定,1 阶行列式是对角行列式, 因而它也是上 (下) 三角行列式.

容易看出, 如果 D 的元素 a_{ij} 位于主对角线下方, 那么 $i > j$, 反之亦然. 于是 D 是上三角行列式的充要条件为每当 $i > j$ 时, 有 $a_{ij} = 0$. 类似地, D 是下三角行列式的充要条件为每当 $i < j$ 时, 有 $a_{ij} = 0$. 照样地, D 是对角行列式的充要条件为每当 $i \neq j$ 时, 有 $a_{ij} = 0$.

例 2.3.2　设 $D = |a_{ij}|_n$ 是一个下三角行列式, 即 D 是左下方的行列式. 令 $a_{1j_1}a_{2j_2}\cdots$

$$D = \begin{vmatrix} a_{11} & 0 & \cdots & 0 \\ a_{21} & a_{22} & \cdots & 0 \\ \vdots & \vdots & \ddots & \vdots \\ a_{n1} & a_{n2} & \cdots & a_{nn} \end{vmatrix}$$

a_{nj_n} 是 D 的展开式中一个不为零的项. 与上例的讨论类似, 可以推出第二个下标 $j_1, j_2, \cdots, j_n$ 依次为 $1, 2, \cdots, n$, 因此 D 的展开式中不为零的项只有一项, 即 $a_{11}a_{22}\cdots a_{nn}$. 易见这一项的符号为正

号. 于是 $D=a_{11}a_{22}\cdots a_{nn}$.

仿照上例, 不难验证, n 阶上三角行列式和 n 阶对角行列式的值也等于主对角线上 n 个元素的乘积.

例 2.3.3 设 D 是右下方的行列式, 则它的展开式中含有因数 a 的项, 其一般形式为 $a\,a_{2j_2}a_{3j_3}a_{4j_4}$. 这样的项一共有 3! 项, 其中只有 $acfh$ 和 $adeh$ 这两项不为零, 它们的因数所在的行的排列都是 1234, 所在的列的排列分别是 1234 和 1324. 因为 1234 是偶排列,1324 是奇排列, 所以前一项的符号为正号, 后一项的符号为负号. 类似地, D 的展开式中含有因数 b 且不为零的项只有两项, 即 $bdeg$ 和 $bcfg$, 其中前一项的符号为正号, 后一项的符号为负号. 因此

$$\begin{vmatrix} a & 0 & 0 & b \\ 0 & c & d & 0 \\ 0 & e & f & 0 \\ g & 0 & 0 & h \end{vmatrix}$$

$$D=acfh-adeh+bdeg-bcfg.$$

对于一般的高阶行列式, 按定义求它的值, 计算量非常大. 以 10 阶行列式为例, 其展开式一共有 $10!=3\,628\,800$ 项. 如果它的元素全不为零, 并且忽略加法的计算次数, 仅仅乘法就需要计算 $9\times 10!=32\,659\,200$ 次. 计算量之大, 由此可见一斑.

下面讨论 n 阶行列式的基本性质. 我们将看到, 利用这些性质, 可以简化行列式的计算. 首先给出一个概念. 给定一个 n 阶行列式 $D=|a_{ij}|$, 我们可以构造另一个 n 阶行列式 D'. 具体做法如下: 依次把 D 的第 $1, 2, \cdots, n$ 行竖下来写, 作为 D' 的第 $1, 2, \cdots, n$ 列. 把这两个行列式具体写出来就是

$$D=\begin{vmatrix} a_{11} & a_{12} & \cdots & a_{1n} \\ a_{21} & a_{22} & \cdots & a_{2n} \\ \vdots & \vdots & \ddots & \vdots \\ a_{n1} & a_{n2} & \cdots & a_{nn} \end{vmatrix} \quad 且\ D'=\begin{vmatrix} a_{11} & a_{21} & \cdots & a_{n1} \\ a_{12} & a_{22} & \cdots & a_{n2} \\ \vdots & \vdots & \ddots & \vdots \\ a_{1n} & a_{2n} & \cdots & a_{nn} \end{vmatrix}.$$

我们称 D' 为 D 的**转置行列式**, 简称为 D 的**转置**. 考察 D 和 D' 的元素分布, 不难发现一个有趣现象: D 的 n 个列恰好是 D' 的 n 个行. 还有一个有趣现象: 以主对角线上元素 a_{ii} 为中心, 把 D 的第 i 行按顺时针方向旋转 90°,就得到 D' 的第 i 列. 于是 D 和 D' 的主对角线上元素完全一样, 所处的位置也不变, 而 D 的主对角线以外的元素被旋转到关于主对角线的对称位置上.

考察 D' 的元素的下标, 我们看到, 第一个下标代表列标, 第二个下标代表行标, 所以 D' 的第 i 行第 j 列元素为 a_{ji}. 于是 D' 可以简记为 $D'=|a_{ji}|$. 由此可见, 把 D 转置再转置, 就还原成 D 自身了, 即 $(D')'=D$. 此外, 由于 D' 的第二个下标代表行标, 它的展开式为

$$D'=\sum_{i_1i_2\cdots i_n}(-1)^{\tau(i_1i_2\cdots i_n)}a_{i_11}a_{i_22}\cdots a_{i_nn}, \tag{2.3.1}$$

其中求和指标的取值范围是全体 n 元排列. 下面给出行列式的一个重要性质.

定理 2.3.1　每一个 n 阶行列式 D 与它的转置 D' 是相等的，即 $D = D'$.

证明　设 D 的展开式中一般项为 $a_{1j_1}a_{2j_2}\cdots a_{nj_n}$. 逐次交换两个因数的位置，这一项可以改写成 $a_{i_11}a_{i_22}\cdots a_{i_nn}$. 这个过程可以描述如下：

$$a_{1j_1}a_{2j_2}\cdots a_{nj_n} \to \cdots \to a_{i_11}a_{i_22}\cdots a_{i_nn}.$$

由于数的乘法满足交换律，改写前后的两个项是相同的. 假定交换因数的步骤一共进行了 s 次，那么 $a_{1j_1}a_{2j_2}\cdots a_{nj_n}$ 中因数的第一个下标的排列，即自然排列 $12\cdots n$，经历了 s 次对换，最后变成排列 $i_1i_2\cdots i_n$；第二个下标的排列 $j_1j_2\cdots j_n$ 也经历了 s 次对换，最后变成自然排列 $12\cdots n$. 显然 $\tau(12\cdots n) = 0$. 于是由推论 2.2.3 可见，$\tau(j_1j_2\cdots j_n)$ 与 $\tau(i_1i_2\cdots i_n)$ 有相同的奇偶性. 这就推出

$$(-1)^{\tau(j_1j_2\cdots j_n)}a_{1j_1}a_{2j_2}\cdots a_{nj_n} = (-1)^{\tau(i_1i_2\cdots i_n)}a_{i_11}a_{i_22}\cdots a_{i_nn}.$$

其次，由于改写前后的两个项是 D 的展开式中同一项，当 $j_1j_2\cdots j_n$ 取遍所有 n 元排列时，$i_1i_2\cdots i_n$ 也取遍所有 n 元排列. 于是 D 的展开式可以改写成

$$D = \sum_{i_1i_2\cdots i_n}(-1)^{\tau(i_1i_2\cdots i_n)}a_{i_11}a_{i_22}\cdots a_{i_nn}.$$

现在，对照 (2.3.1) 式，我们得到 $D = D'$.　□

上述定理将给许多问题的讨论带来方便. 例如，不难看出，上三角行列式的转置是下三角行列式. 由于转置过程保持主对角线上元素不变，根据定理 2.3.1 和例 2.3.2，上三角行列式的值也是主对角线上元素的乘积.

一般地，如果 P 是每一个行列式的行都具有的与行列式的值有关的某种性质，那么对于行列式的列来说，这个性质也成立. 事实上，对任意行列式 D，它的列就是 D' 的行. 已知 D' 的行具有性质 P. 又已知 $D = D'$，那么 D 的列也具有性质 P. 由于这个原因，在下面的讨论中，每当涉及与行列式的行和列有关的性质时，我们只须给出行的性质的证明.

性质 2.3.1　交换行列式的两行 (两列)，行列式改变符号. 对于行的情形，用符号来表示就是 $\Delta = -D$，这里

$$D = \begin{vmatrix} a_{11} & a_{12} & \cdots & a_{1n} \\ \vdots & \vdots & & \vdots \\ a_{i1} & a_{i2} & \cdots & a_{in} \\ \vdots & \vdots & & \vdots \\ a_{k1} & a_{k2} & \cdots & a_{kn} \\ \vdots & \vdots & & \vdots \\ a_{n1} & a_{n2} & \cdots & a_{nn} \end{vmatrix} \quad \text{且}\ \Delta = \begin{vmatrix} a_{11} & a_{12} & \cdots & a_{1n} \\ \vdots & \vdots & & \vdots \\ a_{k1} & a_{k2} & \cdots & a_{kn} \\ \vdots & \vdots & & \vdots \\ a_{i1} & a_{i2} & \cdots & a_{in} \\ \vdots & \vdots & & \vdots \\ a_{n1} & a_{n2} & \cdots & a_{nn} \end{vmatrix} \begin{matrix} \\ \\ (\text{第 } i \text{ 行}) \\ \\ (\text{第 } k \text{ 行}) \\ \\ \\ \end{matrix}$$

证明　D 的展开式中一般项为 $a_{1j_1}\cdots a_{ij_i}\cdots a_{kj_k}\cdots a_{nj_n}$. 交换因数 a_{ij_i} 与 a_{kj_k} 的位置，这一项变成 $a_{1j_1}\cdots a_{kj_k}\cdots a_{ij_i}\cdots a_{nj_n}$. 显然它是 Δ 的展开式中的项. 由于数的乘法满足

交换律, 这两项是一样的. 其次, 作为 D 的展开式中的项, 它所带的符号为 $(-1)^{\tau(j_1\cdots j_i\cdots j_k\cdots j_n)}$; 作为 Δ 的展开式中的项, 它所带的符号为 $(-1)^{\tau(j_1\cdots j_k\cdots j_i\cdots j_n)}$. 已知对换改变排列的奇偶性, 那么

$$(-1)^{\tau(j_1\cdots j_k\cdots j_i\cdots j_n)} = -(-1)^{\tau(j_1\cdots j_i\cdots j_k\cdots j_n)}.$$

再次, 按照上述交换因数的方法, D 的展开式中 $n!$ 个不同的项恰好对应着 Δ 的展开式中 $n!$ 个不同的项. 综上所述, D 的展开式中每一项对应着 Δ 的展开式中一个项, 反之亦然. 同时两个互为对应的项, 其值相等, 所带的符号相反. 因此 $\Delta = -D$. □

性质 2.3.2 如果行列式 D 有两行 (两列) 对应元素完全相同, 那么这个行列式的值等于零.

证明 交换 D 的这两行 (两列) 所得的还是原来的行列式. 于是由性质 2.3.1, 我们得到 $D = -D$, 所以 $D = 0$. □

性质 2.3.3 如果行列式的某一行 (列) 元素有一个公因数 k, 那么可以把 k 提到行列式符号外边去. 对于行的情形, 用符号来表示就是 $D = k\Delta$, 这里

$$D = \begin{vmatrix} a_{11} & a_{12} & \cdots & a_{1n} \\ \vdots & \vdots & & \vdots \\ ka_{i1} & ka_{i2} & \cdots & ka_{in} \\ \vdots & \vdots & & \vdots \\ a_{n1} & a_{n2} & \cdots & a_{nn} \end{vmatrix} \text{ 且 } \Delta = \begin{vmatrix} a_{11} & a_{12} & \cdots & a_{1n} \\ \vdots & \vdots & & \vdots \\ a_{i1} & a_{i2} & \cdots & a_{in} \\ \vdots & \vdots & & \vdots \\ a_{n1} & a_{n2} & \cdots & a_{nn} \end{vmatrix}.$$

证明 根据 n 阶行列式的定义, 有

$$\begin{aligned} D &= \sum_{j_1\cdots j_i\cdots j_n} (-1)^{\tau(j_1\cdots j_i\cdots j_n)} a_{1j_1}\cdots(ka_{ij_i})\cdots a_{nj_n} \\ &= k\sum_{j_1\cdots j_i\cdots j_n} (-1)^{\tau(j_1\cdots j_i\cdots j_n)} a_{1j_1}\cdots a_{ij_i}\cdots a_{nj_n} = k\Delta. \end{aligned}$$ □

性质 2.3.3 也可以用下列语言来叙述: 用数 k 去乘行列式 D 的某一行 (列) 的每一个元素, 等于用 k 去乘行列式 D. 令 k 等于零, 就得到下一个性质.

性质 2.3.4 如果一个行列式有一行 (一列) 元素全为零, 那么这个行列式的值等于零.

利用性质 2.3.3 和性质 2.3.2, 容易推出下一个性质.

性质 2.3.5 如果一个行列式有两行 (两列) 对应元素成比例, 那么这个行列式的值等于零.

性质 2.3.6 设 D 的第 i 行每一个元素 a_{ij} 都是两个数 b_{ij} 与 c_{ij} 之和, 即

$$D = \begin{vmatrix} a_{11} & a_{12} & \cdots & a_{1n} \\ \vdots & \vdots & & \vdots \\ b_{i1}+c_{i1} & b_{i2}+c_{i2} & \cdots & b_{in}+c_{in} \\ \vdots & \vdots & & \vdots \\ a_{n1} & a_{n2} & \cdots & a_{nn} \end{vmatrix}.$$

令
$$\varDelta_1 = \begin{vmatrix} a_{11} & a_{12} & \cdots & a_{1n} \\ \vdots & \vdots & & \vdots \\ b_{i1} & b_{i2} & \cdots & b_{in} \\ \vdots & \vdots & & \vdots \\ a_{n1} & a_{n2} & \cdots & a_{nn} \end{vmatrix} \text{ 且 } \varDelta_2 = \begin{vmatrix} a_{11} & a_{12} & \cdots & a_{1n} \\ \vdots & \vdots & & \vdots \\ c_{i1} & c_{i2} & \cdots & c_{in} \\ \vdots & \vdots & & \vdots \\ a_{n1} & a_{n2} & \cdots & a_{nn} \end{vmatrix},$$

则 D 可以拆分成 $\varDelta_1$ 与 $\varDelta_2$ 之和, 即 $D = \varDelta_1 + \varDelta_2$, 这里除第 i 行外, $\varDelta_1$ 与 $\varDelta_2$ 的每一个元素都与 D 中对应位置上的元素相同.

证明 令 $t = \tau(j_1 \cdots j_i \cdots j_n)$, 则由 n 阶行列式的定义, 有

$$\begin{aligned} D &= \sum_{j_1 \cdots j_i \cdots j_n} (-1)^t a_{1j_1} \cdots (b_{ij_i} + c_{ij_i}) \cdots a_{nj_n} \\ &= \sum_{j_1 \cdots j_i \cdots j_n} (-1)^t a_{1j_1} \cdots b_{ij_i} \cdots a_{nj_n} + \sum_{j_1 \cdots j_i \cdots j_n} (-1)^t a_{1j_1} \cdots c_{ij_i} \cdots a_{nj_n}, \end{aligned}$$

所以 $D = \varDelta_1 + \varDelta_2$. □

利用数学归纳法, 不难证明性质 2.3.6 的推广: 如果 n 阶行列式 D 的第 i 行每一个元素都是 m 个数之和 $(m \geqslant 2)$, 那么 D 可以拆分成 m 个同阶行列式之和, 其中除第 i 行外, 这 m 个行列式的每一个元素都与 D 中对应位置上的元素相同. 根据定理 2.3.1, 对于列的情形, 性质 2.3.6 及其推广仍然成立.

性质 2.3.7 把一个行列式某一行 (列) 每一个元素的 k 倍加到另一行 (列) 对应元素上去, 行列式的值不变. 对于行的情形, 用符号来表示就是

$$\begin{vmatrix} a_{11} & a_{12} & \cdots & a_{1n} \\ \vdots & \vdots & & \vdots \\ a_{i1} & a_{i2} & \cdots & a_{in} \\ \vdots & \vdots & & \vdots \\ a_{j1}+ka_{i1} & a_{j2}+ka_{i2} & \cdots & a_{jn}+ka_{in} \\ \vdots & \vdots & & \vdots \\ a_{n1} & a_{n2} & \cdots & a_{nn} \end{vmatrix} = \begin{vmatrix} a_{11} & a_{12} & \cdots & a_{1n} \\ \vdots & \vdots & & \vdots \\ a_{i1} & a_{i2} & \cdots & a_{in} \\ \vdots & \vdots & & \vdots \\ a_{j1} & a_{j2} & \cdots & a_{jn} \\ \vdots & \vdots & & \vdots \\ a_{n1} & a_{n2} & \cdots & a_{nn} \end{vmatrix}. \tag{2.3.2}$$

证明 根据性质 2.3.6, (2.3.2) 式左边的行列式可以拆分成两个行列式之和, 其中的一个就是 (2.3.2) 式右边的行列式, 另一个的第 i 行与第 j 行对应元素成比例, 因而其值等于零 (性质 2.3.5). 因此 (2.3.2) 式成立. □

在介绍上述性质的应用之前, 让我们引入一些符号, 以便书写. 我们用 $[i, j]$ 来表示交换

行列式的第 i 行与第 j 行, 并用 $[i(k)+j]$ 来表示把行列式第 i 行每一个元素的 k 倍加到第 j 行对应元素上去 (简称把第 i 行的 k 倍加到第 j 行, 注意第 i 行不变). 类似地, 用 $\{i,j\}$ 和 $\{i(k)+j\}$ 来表示相应的列变换.

例 2.3.4 设 $D=\begin{vmatrix}-2&1&3&1\\1&0&-1&2\\-2&1&-3&-3\\1&3&4&-2\end{vmatrix}$. 交换 D 的第 1 行与第 2 行, 然后把第 1 行的适当倍数加到其余各行, 得

$$D\xlongequal{[1,2]}-\begin{vmatrix}1&0&-1&2\\-2&1&3&1\\-2&1&-3&-3\\1&3&4&-2\end{vmatrix}\xlongequal[{[1(-1)+4]}]{\substack{[1(2)+2]\\[1(2)+3]}}-\begin{vmatrix}1&0&-1&2\\0&1&1&5\\0&1&-5&1\\0&3&5&-4\end{vmatrix}$$

仿照这种方法继续做下去, 得

$$D\xlongequal[{[2(-3)+4]}]{[2(-1)+3]}-\begin{vmatrix}1&0&-1&2\\0&1&1&5\\0&0&-6&-4\\0&0&2&-19\end{vmatrix}\xlongequal{\left[3\left(\frac{1}{3}\right)+4\right]}-\begin{vmatrix}1&0&-1&2\\0&1&1&5\\0&0&-6&-4\\0&0&0&-\dfrac{61}{3}\end{vmatrix}=-122.$$

上例的解题过程中, 第一步是为了避免出现分数, 以便减少计算量; 其余的每一步都是利用性质 2.3.7, 其目的是为了把原行列式化成三角行列式. 这种方法称为**化三角形法**. 在行列式的计算中, 这是最常用的方法.

元素全为数字的行列式称为**数字行列式**. 从上例不难看出, 利用化三角形法, 可以把每一个数字行列式都变成三角行列式, 从而达到简化计算的目的. 对于非数字行列式, 如果把其中的字母看作未知量, 这样的行列式实际上是多项式, 而且一般是多元多项式.

例 2.3.5 $\begin{vmatrix}1+a_1&2+a_1&3+a_1\\1+a_2&2+a_2&3+a_2\\1+a_3&2+a_3&3+a_3\end{vmatrix}\xlongequal[\{1(-1)+3\}]{\{1(-1)+2\}}\begin{vmatrix}1+a_1&1&2\\1+a_2&1&2\\1+a_3&1&2\end{vmatrix}\xlongequal[\text{元素成比例}]{\text{有两列对应}}0.$

例 2.3.6 设 $D=\begin{vmatrix}a&b&b&\cdots&b\\b&a&b&\cdots&b\\b&b&a&\cdots&b\\\vdots&\vdots&\vdots&\ddots&\vdots\\b&b&b&\cdots&a\end{vmatrix}$ 是一个 n 阶行列式. 显然 D 的每一行都有一个元素 a, 其余的 $n-1$ 个元素全为 b. 把第 $2, 3, \cdots, n$ 列都加到第 1 列, 然后把第 1 行的 -1 倍加到其余各行, 得

$$D=\begin{vmatrix}a+(n-1)b & b & b & \cdots & b\\ a+(n-1)b & a & b & \cdots & b\\ a+(n-1)b & b & a & \cdots & b\\ \vdots & \vdots & \vdots & \ddots & \vdots\\ a+(n-1)b & b & b & \cdots & a\end{vmatrix}=\begin{vmatrix}a+(n-1)b & b & b & \cdots & b\\ 0 & a-b & 0 & \cdots & 0\\ 0 & 0 & a-b & \cdots & 0\\ \vdots & \vdots & \vdots & \ddots & \vdots\\ 0 & 0 & 0 & \cdots & a-b\end{vmatrix},$$

所以 $D=\big[a+(n-1)b\big](a-b)^{n-1}$.

例 2.3.7 设 $D=\begin{vmatrix}a+x & x & x\\ x & b+x & x\\ x & x & c+x\end{vmatrix}$. 把 D 的前两列中的元素 x 改写成 $0+x$,然后对第 1 列进行拆项, 得

$$D=\begin{vmatrix}a+x & 0+x & x\\ 0+x & b+x & x\\ 0+x & 0+x & c+x\end{vmatrix}=\begin{vmatrix}a & 0+x & x\\ 0 & b+x & x\\ 0 & 0+x & c+x\end{vmatrix}+\begin{vmatrix}x & 0+x & x\\ x & b+x & x\\ x & 0+x & c+x\end{vmatrix}.$$

对最后两个行列式中的前一个进行拆项, 后一个进行化三角形, 得

$$D=\left[\begin{vmatrix}a & 0 & x\\ 0 & b & x\\ 0 & 0 & c+x\end{vmatrix}+\begin{vmatrix}a & x & x\\ 0 & x & x\\ 0 & x & c+x\end{vmatrix}\right]+\begin{vmatrix}x & 0 & 0\\ x & b & 0\\ x & 0 & c\end{vmatrix}.$$

考察方括号内第二个行列式, 只要把第 2 行的 -1 倍加到第 3 行, 就可以化成三角行列式. 由此可见, $D=[ab(c+x)+axc]+xbc$, 即 $D=abc+(ab+bc+ca)x$.

设 $D=|a_{ij}|$ 是一个 n 阶行列式. 如果 $a_{ij}=a_{ji},\ i,j=1,2,\cdots,n$, 那么称 D 为一个**对称行列式.** 如果 $a_{ij}=-a_{ji},\ i,j=1,2,\cdots,n$, 那么称 D 为一个**反对称行列式.** 根据定义, 如果 D 是对称的, 那么关于它的主对角线对称位置上的每一对元素必相等, 所以 D 与它的转置 D' 的元素分布完全一样. 如果 D 是反对称的, 那么关于它的主对角线对称位置上的每一对元素是互为相反数. 特别地, 它的主对角线上的元素全为零.

设 $D=\begin{vmatrix}0 & a & b\\ -a & 0 & c\\ -b & -c & 0\end{vmatrix}$, 则 D 是反对称的. 容易计算, $D=0$. 一般地, 我们有下列命题.

命题 2.3.2 设 n 是一个奇数, 则 n 阶反对称行列式 D 的值等于零.

证明 假定 $D=|a_{ij}|$. 因为 D 是反对称的, 所以 $D=|-a_{ji}|$. 于是从每一行提取一个公因数 -1, 得 $D=(-1)^n|a_{ji}|$, 即 $D=(-1)^nD'$. 已知 n 是一个奇数, 那么 $D=-D'$. 根据定理 2.3.1, 有 $D'=D$. 因此 $D=-D$, 故 $D=0$. □

习题 2.3

1. 证明: 在 n 阶行列式的展开式中, $a_{i_1j_1}a_{i_2j_2}\cdots a_{i_nj_n}$ 这一项所带的符号为

$$(-1)^{\tau(i_1i_2\cdots i_n)+\tau(j_1j_2\cdots j_n)}.$$

2. 写出 4 阶行列式 $D=|a_{ij}|$ 的展开式中所有带负号并且含有因数 a_{23} 的项.

3. 按定义计算下列 n 阶行列式:

$$(1)\ \ D=\begin{vmatrix}0&0&\cdots&0&1\\0&0&\cdots&2&0\\\vdots&\vdots&\iddots&\vdots&\vdots\\0&n-1&\cdots&0&0\\n&0&\cdots&0&0\end{vmatrix};\quad (2)\ \ D=\begin{vmatrix}0&1&0&\cdots&0\\0&0&2&\cdots&0\\\vdots&\vdots&\vdots&&\vdots\\0&0&0&\cdots&n-1\\n&0&0&\cdots&0\end{vmatrix};\quad (3)\ \ D=\begin{vmatrix}0&\cdots&0&1&0\\0&\cdots&2&0&0\\\vdots&\iddots&\vdots&\vdots&\vdots\\n-1&\cdots&0&0&0\\0&\cdots&0&0&n\end{vmatrix}.$$

4. 设 $D=\begin{vmatrix}a_1&a_2&a_3&a_4&a_5\\b_1&b_2&b_3&b_4&b_5\\c_1&c_2&0&0&0\\d_1&d_2&0&0&0\\e_1&e_2&0&0&0\end{vmatrix}$ 且 $f(x)=\begin{vmatrix}2x&x&1&2\\1&x&1&-1\\3&2&x&1\\1&1&1&x\end{vmatrix}$.

   (1) 按行列式的定义, 证明 D 的值等于零;

   (2) 按行列式的定义, 计算 $f(x)$ 的 4 次项系数和 3 次项系数.

5. 设 $D=\begin{vmatrix}a&b&c\\c&a&b\\b&c&a\end{vmatrix}$. 利用行列式 D, 证明下列公式成立:

$$a^3+b^3+c^3-3abc=(a+b+c)(a^2+b^2+c^2-ab-bc-ca).$$

6. 下列行列式的值都等于零, 试说明其理由:

$$(1)\ \ \begin{vmatrix}a+b&c&1\\b+c&a&1\\c+a&b&1\end{vmatrix};\qquad (2)\ \ \begin{vmatrix}1&\omega&\omega^2\\\omega&\omega^2&1\\a&b&c\end{vmatrix},\qquad (3)\ \ \begin{vmatrix}u&v&w\\v&w&u\\w&u&v\end{vmatrix},$$

这里 ω 是多项式 x^3-1 的一个根; u, v, w 是多项式 x^3+px+q 的三个根.

7. 计算下列行列式:

$$(1)\ \ \begin{vmatrix}246&427&327\\1014&543&443\\-342&721&621\end{vmatrix};\quad (2)\ \ \begin{vmatrix}3&1&1&1\\1&3&1&1\\1&1&3&1\\1&1&1&3\end{vmatrix};\quad (3)\ \ \begin{vmatrix}1&2&3&4\\2&3&4&1\\3&4&1&2\\4&1&2&3\end{vmatrix};$$

$$(4)\ \ \begin{vmatrix}1&4&9&16\\4&9&16&25\\9&16&25&36\\16&25&36&49\end{vmatrix};\quad (5)\ \ \begin{vmatrix}1&1&1&1&1\\1&2&0&0&0\\1&0&3&0&0\\1&0&0&4&0\\1&0&0&0&5\end{vmatrix};\quad (6)\ \ \begin{vmatrix}1&4&4&4&4\\4&2&4&4&4\\4&4&3&4&4\\4&4&4&4&4\\4&4&4&4&5\end{vmatrix};$$

$$(7)\ \ \begin{vmatrix}x&y&x+y\\y&x+y&x\\x+y&x&y\end{vmatrix};\quad (8)\ \ \begin{vmatrix}1+x&1&1&1\\1&1-x&1&1\\1&1&1+y&1\\1&1&1&1-y\end{vmatrix};$$

(9) $\begin{vmatrix} x+1 & x & x & x \\ x & x+2 & x & x \\ x & x & x+3 & x \\ x & x & x & x+4 \end{vmatrix}$; (10) $\begin{vmatrix} a^2 & (a+1)^2 & (a+2)^2 & (a+3)^2 \\ b^2 & (b+1)^2 & (b+2)^2 & (b+3)^2 \\ c^2 & (c+1)^2 & (c+2)^2 & (c+3)^2 \\ d^2 & (d+1)^2 & (d+2)^2 & (d+3)^2 \end{vmatrix}$.

8. 利用行列式的性质证明:

(1) $\begin{vmatrix} 1 & a & bc \\ 1 & b & ca \\ 1 & c & ab \end{vmatrix} = (b-a)(c-a)(c-b)$; (2) $\begin{vmatrix} 1 & a & a^2 \\ 1 & b & b^2 \\ 1 & c & c^2 \end{vmatrix} = (b-a)(c-a)(c-b)$.

9. 不用行列式的展开式, 直接证明下列等式成立:

(1) $\begin{vmatrix} b_1+c_1 & c_1+a_1 & a_1+b_1 \\ b_2+c_2 & c_2+a_2 & a_2+b_2 \\ b_3+c_3 & c_3+a_3 & a_3+b_3 \end{vmatrix} = 2\begin{vmatrix} a_1 & b_1 & c_1 \\ a_2 & b_2 & c_2 \\ a_3 & b_3 & c_3 \end{vmatrix}$; (2) $\begin{vmatrix} 1 & a & bc \\ 1 & b & ca \\ 1 & c & ab \end{vmatrix} = \begin{vmatrix} 1 & a & a^2 \\ 1 & b & b^2 \\ 1 & c & c^2 \end{vmatrix}$.

2.4 行列式的按行按列展开

在解析几何里, 两个矢量 $\boldsymbol{v}_1 = x_1\boldsymbol{i} + y_1\boldsymbol{j} + z_1\boldsymbol{k}$ 与 $\boldsymbol{v}_2 = x_2\boldsymbol{i} + y_2\boldsymbol{j} + z_2\boldsymbol{k}$ 的矢性积 $\boldsymbol{v}_1 \times \boldsymbol{v}_2$ 可以借用行列式的符号表示成

$$\begin{vmatrix} \boldsymbol{i} & \boldsymbol{j} & \boldsymbol{k} \\ x_1 & y_1 & z_1 \\ x_2 & y_2 & z_2 \end{vmatrix} \quad \text{或} \quad \begin{vmatrix} y_1 & z_1 \\ y_2 & z_2 \end{vmatrix}\boldsymbol{i} - \begin{vmatrix} x_1 & z_1 \\ x_2 & z_2 \end{vmatrix}\boldsymbol{j} + \begin{vmatrix} x_1 & y_1 \\ x_2 & y_2 \end{vmatrix}\boldsymbol{k}.$$

上述表示法借用的是下列公式:

$$\begin{vmatrix} a_{11} & a_{12} & a_{13} \\ a_{21} & a_{22} & a_{23} \\ a_{31} & a_{32} & a_{33} \end{vmatrix} = a_{11}\begin{vmatrix} a_{22} & a_{23} \\ a_{32} & a_{33} \end{vmatrix} - a_{12}\begin{vmatrix} a_{21} & a_{23} \\ a_{31} & a_{33} \end{vmatrix} + a_{13}\begin{vmatrix} a_{21} & a_{22} \\ a_{31} & a_{32} \end{vmatrix}.$$

这个公式表明, 三阶行列式可以按第 1 行展开, 即可以表示成由第 2 行和第 3 行元素组成的三个二阶行列式的一个组合, 其中组合系数 (不考虑所带的符号) 是第 1 行三个元素. 有趣的是, 这个行列式可以按任意一行或按任意一列展开. 例如, 由于该行列式按定义展开的展开式为

$$a_{11}a_{22}a_{33} + a_{12}a_{23}a_{31} + a_{13}a_{21}a_{32} - a_{13}a_{22}a_{31} - a_{12}a_{21}a_{33} - a_{11}a_{23}a_{32},$$

即

$$a_{21}(a_{13}a_{32} - a_{12}a_{33}) + a_{22}(a_{11}a_{33} - a_{13}a_{31}) + a_{23}(a_{12}a_{31} - a_{11}a_{32}).$$

于是下列公式成立:

$$\begin{vmatrix} a_{11} & a_{12} & a_{13} \\ a_{21} & a_{22} & a_{23} \\ a_{31} & a_{32} & a_{33} \end{vmatrix} = -a_{21}\begin{vmatrix} a_{12} & a_{13} \\ a_{32} & a_{33} \end{vmatrix} + a_{22}\begin{vmatrix} a_{11} & a_{13} \\ a_{31} & a_{33} \end{vmatrix} - a_{23}\begin{vmatrix} a_{11} & a_{12} \\ a_{31} & a_{32} \end{vmatrix}.$$

这就是说, 三阶行列式也可以按第 2 行展开.

不难猜测, 高阶行列式也可以按任意一行或按任意一列展开. 这就是本节要讨论的主要内容. 在这一节我们还将简单介绍行列式的按多行或按多列展开.

为了便于叙述, 我们给类似于上述展开式中的那些二阶行列式取一个名称.

定义 2.4.1 设 D 是一个 n 阶行列式 $(n \geqslant 2)$. 在 D 中划掉元素 a_{ij} 所在的第 i 行, 再划掉它所在的第 j 列, 剩下的 $(n-1)^2$ 个元素按照原来的相对位置靠拢起来, 就构成一个 $n-1$ 阶行列式, 称为元素 a_{ij} 的**余子式**, 记作 M_{ij}.

于是上述 3 阶行列式 $D=|a_{ij}|_3$ 按第 1 行和第 2 行展开的展开式分别为

$$D=a_{11}M_{11}-a_{12}M_{12}+a_{13}M_{13} \text{ 和 } D=-a_{21}M_{21}+a_{22}M_{22}-a_{23}M_{23}.$$

考察这两个展开式, 每一项 $a_{ij}M_{ij}$ 所带的符号与两个下标有密切联系. 当 $i+j$ 为偶数时, 这一项所带的符号为正号. 否则, 为负号. 令 $A_{ij}=(-1)^{i+j}M_{ij}$, 则这两个展开式可以统一写成

$$D=a_{i1}A_{i1}+a_{i2}A_{i2}+a_{i3}A_{i3}, \quad i=1,\,2.$$

定义 2.4.2 设 D 是一个 n 阶行列式 $(n \geqslant 2)$. 令 M_{ij} 是 D 的元素 a_{ij} 的余子式, 则称 $(-1)^{i+j}M_{ij}$ 为 a_{ij} 的**代数余子式**, 记作 A_{ij}.

现在前面的猜想可以叙述如下. 当 $n \geqslant 2$ 时, n 阶行列式 $D=|a_{ij}|_n$ 可以按第 i 行展开, 也可以按第 j 列展开, 其展开式分别为

$$D=a_{i1}A_{i1}+a_{i2}A_{i2}+\cdots+a_{in}A_{in}, \quad i=1,\,2,\,\cdots,\,n,$$
$$D=a_{1j}A_{1j}+a_{2j}A_{2j}+\cdots+a_{nj}A_{nj}, \quad j=1,\,2,\,\cdots,\,n,$$

这里 A_{ij} 是元素 a_{ij} 的代数余子式. 在证实这个猜想之前, 我们给出两个引理.

引理 2.4.1 *设 $D=|a_{ij}|$ 是一个 n 阶行列式 $(n \geqslant 2)$. 如果除 a_{nn} 外, D 的最后一行元素全为零, 那么 $D=a_{nn}M_{nn}$, 这里 M_{nn} 是元素 a_{nn} 的余子式.*

证明 根据已知条件, 有 $a_{n1}=a_{n2}=\cdots=a_{n,\,n-1}=0$. 于是行列式 D 按定义展开的展开式中不为零的一般项为 $a_{1j_1}a_{2j_2}\cdots a_{n-1,\,j_{n-1}}a_{nn}$. 容易看出, n 元排列 $j_1j_2\cdots j_{n-1}n$ 与 $n-1$ 元排列 $j_1j_2\cdots j_{n-1}$ 的反序数相同, 所以

$$(-1)^{\tau(j_1j_2\cdots j_{n-1}n)}=(-1)^{\tau(j_1j_2\cdots j_{n-1})}.$$

现在, 省略展开式中等于零的项, D 可以表示成

$$D=\sum_{j_1j_2\cdots j_{n-1}n}(-1)^{\tau(j_1j_2\cdots j_{n-1}n)}a_{1j_1}a_{2j_2}\cdots a_{n-1,\,j_{n-1}}a_{nn},$$

即

$$D=a_{nn}\sum_{j_1j_2\cdots j_{n-1}}(-1)^{\tau(j_1j_2\cdots j_{n-1})}a_{1j_1}a_{2j_2}\cdots a_{n-1,\,j_{n-1}}.$$

其次, 由于 M_{nn} 是由 D 的前 $n-1$ 行前 $n-1$ 列元素组成的行列式, 上式右边的和式就是行列式 M_{nn} 按定义展开的展开式, 所以 $D=a_{nn}M_{nn}$. □

引理 2.4.2 设 D 是一个 n 阶行列式 $(n \geqslant 2)$. 如果除 a_{ij} 外, D 的第 i 行元素全为零, 那么 $D = a_{ij}A_{ij}$, 这里 A_{ij} 是 D 的元素 a_{ij} 的代数余子式.

证明 把所给行列式具体写出来就是

$$D = \begin{vmatrix} a_{11} & \cdots & a_{1,j-1} & a_{1j} & a_{1,j+1} & \cdots & a_{1n} \\ \vdots & & \vdots & \vdots & \vdots & & \vdots \\ a_{i-1,1} & \cdots & a_{i-1,j-1} & a_{i-1,j} & a_{i-1,j+1} & \cdots & a_{i-1,n} \\ 0 & \cdots & 0 & a_{ij} & 0 & \cdots & 0 \\ a_{i+1,1} & \cdots & a_{i+1,j-1} & a_{i+1,j} & a_{i+1,j+1} & \cdots & a_{i+1,n} \\ \vdots & & \vdots & \vdots & \vdots & & \vdots \\ a_{n1} & \cdots & a_{n,j-1} & a_{nj} & a_{n,j+1} & \cdots & a_{nn} \end{vmatrix}.$$

把第 i 行逐次与第 $i+1, i+2, \cdots, n$ 行交换位置, 所得的行列式记为 Δ_1, 那么

$$\Delta_1 = \begin{vmatrix} a_{11} & \cdots & a_{1,j-1} & a_{1j} & a_{1,j+1} & \cdots & a_{1n} \\ \vdots & & \vdots & \vdots & \vdots & & \vdots \\ a_{i-1,1} & \cdots & a_{i-1,j-1} & a_{i-1,j} & a_{i-1,j+1} & \cdots & a_{i-1,n} \\ a_{i+1,1} & \cdots & a_{i+1,j-1} & a_{i+1,j} & a_{i+1,j+1} & \cdots & a_{i+1,n} \\ \vdots & & \vdots & \vdots & \vdots & & \vdots \\ a_{n1} & \cdots & a_{n,j-1} & a_{nj} & a_{n,j+1} & \cdots & a_{nn} \\ 0 & \cdots & 0 & a_{ij} & 0 & \cdots & 0 \end{vmatrix}.$$

这样的交换步骤一共进行了 $n-i$ 次, 所以 $\Delta_1 = (-1)^{n-i}D$, 即 $D = (-1)^{i-n}\Delta_1$. 再把 Δ_1 的第 j 列逐次与第 $j+1, j+2, \cdots, n$ 列交换位置, 所得的行列式记为 Δ_2, 那么

$$\Delta_2 = \begin{vmatrix} a_{11} & \cdots & a_{1,j-1} & a_{1,j+1} & \cdots & a_{1n} & a_{1j} \\ \vdots & & \vdots & \vdots & & \vdots & \vdots \\ a_{i-1,1} & \cdots & a_{i-1,j-1} & a_{i-1,j+1} & \cdots & a_{i-1,n} & a_{i-1,j} \\ a_{i+1,1} & \cdots & a_{i+1,j-1} & a_{i+1,j+1} & \cdots & a_{i+1,n} & a_{i+1,j} \\ \vdots & & \vdots & \vdots & & \vdots & \vdots \\ a_{n1} & \cdots & a_{n,j-1} & a_{n,j+1} & \cdots & a_{nn} & a_{nj} \\ 0 & \cdots & 0 & 0 & \cdots & 0 & a_{ij} \end{vmatrix}.$$

与上面的讨论类似, 有 $\Delta_1 = (-1)^{j-n}\Delta_2$, 所以 $D = (-1)^{(i-n)+(j-n)}\Delta_2$, 从而 $D = (-1)^{i+j}\Delta_2$. 容易看出, Δ_2 的第 n 行第 n 列元素的余子式就是 D 的第 i 行第 j 列元素的余子式 M_{ij}. 由于 Δ_2 的第 n 行前 $n-1$ 个元素全为零, 根据引理 2.4.1, 有 $\Delta_2 = a_{ij}M_{ij}$, 因此 $D = (-1)^{i+j}a_{ij}M_{ij}$. 注意到 $A_{ij} = (-1)^{i+j}M_{ij}$, 我们得到 $D = a_{ij}A_{ij}$. □

定理 2.4.3 设 $D = |a_{ij}|$ 是一个 n 阶行列式 $(n \geqslant 2)$, 则 D 可以表示成它的任意一行 (或任意一列) 每一个元素与这个元素的代数余子式的乘积之和, 即

$$D = a_{i1}A_{i1} + a_{i2}A_{i2} + \cdots + a_{in}A_{in}, \quad i = 1, 2, \cdots, n,$$

或

$$D = a_{1j}A_{1j} + a_{2j}A_{2j} + \cdots + a_{nj}A_{nj}, \quad j = 1, 2, \cdots, n.$$

证明　首先把 D 的第 i 行表示成

$$a_{i1}+0+\cdots+0,\ 0+a_{i2}+\cdots+0,\ \cdots,\ 0+0+\cdots+a_{in}.$$

然后对第 i 行进行拆项, 得

$$D=\begin{vmatrix} a_{11} & a_{12} & \cdots & a_{1n} \\ \vdots & \vdots & & \vdots \\ a_{i1} & 0 & \cdots & 0 \\ \vdots & \vdots & & \vdots \\ a_{n1} & a_{n2} & \cdots & a_{nn} \end{vmatrix}+\begin{vmatrix} a_{11} & a_{12} & \cdots & a_{1n} \\ \vdots & \vdots & & \vdots \\ 0 & a_{i2} & \cdots & 0 \\ \vdots & \vdots & & \vdots \\ a_{n1} & a_{n2} & \cdots & a_{nn} \end{vmatrix}+\cdots+\begin{vmatrix} a_{11} & a_{12} & \cdots & a_{1n} \\ \vdots & \vdots & & \vdots \\ 0 & 0 & \cdots & a_{in} \\ \vdots & \vdots & & \vdots \\ a_{n1} & a_{n2} & \cdots & a_{nn} \end{vmatrix}.$$

根据引理 2.4.2, 有 $D=a_{i1}A_{i1}+a_{i2}A_{i2}+\cdots+a_{in}A_{in}$, 其中 $i=1,2,\cdots,n$, 因此对于行的情形, 结论成立. 类似地, 可证对于列的情形, 结论也成立. □

定理 2.4.3 中前一组公式称为行列式 D 按第 i 行展开的**展开式**, 后一组公式称为按第 j 列展开的**展开式**.

命题 2.4.4　设 $D=|a_{ij}|$ 是一个 n 阶行列式 $(n\geqslant 2)$, 则 D 的任意一行 (或列) 每一个元素与另一行 (或列) 对应元素的代数余子式的乘积之和等于零, 即

$$a_{i1}A_{j1}+a_{i2}A_{j2}+\cdots+a_{in}A_{jn}=0,\ i\neq j,\ i,j=1,2,\cdots,n,$$

或

$$a_{1i}A_{1j}+a_{2i}A_{2j}+\cdots+a_{ni}A_{nj}=0,\ i\neq j,\ i,j=1,2,\cdots,n.$$

证明　设 Δ 是把 D 的第 j 行换成第 i 行所得的行列式 (其余各行不变), 则 Δ 的第 i 行与第 j 行完全相同, 因而其值等于零. 其次, 不妨设 $i<j$, 那么

$$D=\begin{vmatrix} a_{11} & a_{12} & \cdots & a_{1n} \\ \vdots & \vdots & & \vdots \\ a_{i1} & a_{i2} & \cdots & a_{in} \\ \vdots & \vdots & & \vdots \\ a_{j1} & a_{j2} & \cdots & a_{jn} \\ \vdots & \vdots & & \vdots \\ a_{n1} & a_{n2} & \cdots & a_{nn} \end{vmatrix}\ \text{且}\ \Delta=\begin{vmatrix} a_{11} & a_{12} & \cdots & a_{1n} \\ \vdots & \vdots & & \vdots \\ a_{i1} & a_{i2} & \cdots & a_{in} \\ \vdots & \vdots & & \vdots \\ a_{i1} & a_{i2} & \cdots & a_{in} \\ \vdots & \vdots & & \vdots \\ a_{n1} & a_{n2} & \cdots & a_{nn} \end{vmatrix}\begin{matrix} \\ \\ (\text{第 } i \text{ 行}) \\ \\ (\text{第 } j \text{ 行}) \\ \\ \\ \end{matrix}$$

因为 D 与 Δ 只有第 j 行不同, 所以 D 的第 j 行每一个元素与 Δ 的第 j 行对应元素有相同的代数余子式. 于是 Δ 按第 j 行展开的展开式为

$$\Delta=a_{i1}A_{j1}+a_{i2}A_{j2}+\cdots+a_{in}A_{jn},$$

这里 $A_{j1},A_{j2},\cdots,A_{jn}$ 是 D 的第 j 行元素的代数余子式. 注意到 $\Delta=0$, 因此对于行的情形, 结论成立. 类似地, 可证对于列的情形, 结论也成立. □

定理 2.4.3 和命题 2.4.4 中前一组公式可以统一写成

$$a_{i1}A_{j1}+a_{i2}A_{j2}+\cdots+a_{in}A_{jn}=\begin{cases} D, & i=j, \\ 0, & i\neq j, \end{cases}\quad i,j=1,2,\cdots,n;$$

后一组公式也有类似的表示法. 为了便于书写, 我们引入符号 δ_{ij}. 我们规定, 当 $i=j$ 时, $\delta_{ij}=1$, 否则, $\delta_{ij}=0$. 符号 δ 叫做**克罗内克符号**, 读作 *Kronecker* 或 *Kronecker delta*. 现在, 定理 2.4.3 和命题 2.4.4 可以统一写成下面的定理.

定理 2.4.5 设 $D=|a_{ij}|$ 是一个 n 阶行列式, 其中 $n\geqslant 2$, 则

$$a_{i1}A_{j1}+a_{i2}A_{j2}+\cdots+a_{in}A_{jn}=\delta_{ij}D,$$

或

$$a_{1i}A_{1j}+a_{2i}A_{2j}+\cdots+a_{ni}A_{nj}=\delta_{ij}D,$$

这里 A_{ij} 是 D 的元素 a_{ij} 的代数余子式 $(i,j=1,2,\cdots,n)$.

上述公式可以用连加号写成

$$\sum_{k=1}^{n}a_{ik}A_{jk}=\delta_{ij}D \text{ 或 } \sum_{k=1}^{n}a_{ki}A_{kj}=\delta_{ij}D,\quad i,j=1,2,\cdots,n.$$

例 2.4.1 对下列行列式 D, 把第 4 列的适当倍数加到第 1, 3 两列, 得

$$D=\begin{vmatrix}3&1&-1&2\\-5&1&3&-4\\2&0&1&-1\\1&-5&3&-3\end{vmatrix}\xlongequal[\{4(1)+3\}]{\{4(2)+1\}}\begin{vmatrix}7&1&1&2\\-13&1&-1&-4\\0&0&0&-1\\-5&-5&0&-3\end{vmatrix}.$$

最后一个行列式的第 3 行只有一个元素不为零. 于是

$$D\xlongequal{\text{按第 3 行展开}}\begin{vmatrix}7&1&1\\-13&1&-1\\-5&-5&0\end{vmatrix}\xlongequal{[1(1)+2]}\begin{vmatrix}7&1&1\\-6&2&0\\-5&-5&0\end{vmatrix}\xlongequal{\text{按第 3 列展开}}\begin{vmatrix}-6&2\\-5&-5\end{vmatrix}=40.$$

例 2.4.2 下列行列式主对角线下方只有一个非零元素. 按第 1 列展开, 得

$$D_5=\begin{vmatrix}x&y&0&0&0\\0&x&y&0&0\\0&0&x&y&0\\0&0&0&x&y\\y&0&0&0&x\end{vmatrix}=x\begin{vmatrix}x&y&0&0\\0&x&y&0\\0&0&x&y\\0&0&0&x\end{vmatrix}+y\begin{vmatrix}y&0&0&0\\x&y&0&0\\0&x&y&0\\0&0&x&y\end{vmatrix}=x^5+y^5.$$

不难看出, 形如上例的 4 阶行列式 D_4, 其值为 x^4-y^4. 这就导致我们猜测, 右边的 n 阶行列式 D_n, 其值为 $x^n+(-1)^{n+1}y^n$. 仿照上面的方法, 容易验证, 这个猜想是正确的. 由此可见, 对于元素分布具有一定规律的 n 阶行列式, 如果没有合适的解题思路, 可以先考察阶数较低的同类型行列式, 以便归纳出解题方法.

$$D_n=\begin{vmatrix}x&y&0&\cdots&0&0\\0&x&y&\cdots&0&0\\0&0&x&\cdots&0&0\\\vdots&\vdots&\vdots&&\vdots&\vdots\\0&0&0&\cdots&x&y\\y&0&0&\cdots&0&x\end{vmatrix}$$

值得指出的是, 定理 2.4.3 的意义主要在于理论方面. 在一般情况下, 直接用定理中的公式, 不能简化行列式的计算. 事实上, 以前一个公式

$$D = a_{i1}A_{i1} + a_{i2}A_{i2} + \cdots + a_{in}A_{in} \tag{2.4.1}$$

为例, 由于 $A_{ik} = (-1)^{i+k}M_{ik},\quad k = 1, 2, \cdots, n$, 又由于每一个余子式 M_{ik} 按定义展开的展开式一共有 $(n-1)!$ 项, 因此由 (2.4.1) 式化出来的是 n 个 $(n-1)!$ 项的代数和. 注意到 $(n-1)! \times n = n!$, 这样的代数和就是行列式定义中那个展开式. 这表明, 直接用定理 2.4.3, 不能减少计算量 (除非有一些元素为零).

下面简单介绍行列式的按多行或按多列展开.

定义 2.4.3 设 D 是一个 n 阶行列式. 在 D 中随意选取 k 行 k 列, 位于这些行和列交点上 k^2 个元素按照原来的相对位置靠拢起来, 就构成一个 k 阶行列式, 称为 D 的一个 **k 阶子式**, 简称为一个**子式**, 记作 M. 当 $k < n$ 时, 在 D 中划掉这 k 行 k 列, 剩下的元素按照原来的相对位置靠拢起来, 就构成一个 $n-k$ 阶行列式, 称为子式 M 的**余子式**, 记作 M^c.

根据定义, 当 $k=1$ 时, 每一个 1 阶子式 M 是 D 的一个元素. 设 $M = a_{ij}$, 则它的余子式 M^c 就是元素 a_{ij} 的余子式 M_{ij}. 当 $k = n$ 时, D 的 n 阶子式 M 就是 D 自身. 此时 M 没有余子式. 容易看出, 当 $k < n$ 时, M 的余子式 M^c 也是 D 的一个子式, 并且 M 是 M^c 的余子式. 换句话说, M 与 M^c 互为余子式.

定义 2.4.4 设 M 是 n 阶行列式 D 的一个 k 阶子式, 其中 $k < n$. 如果 M 的 k^2 个元素分别位于 D 的第 $i_1, \cdots, i_k$ 行第 $j_1, \cdots, j_k$ 列交点上, 那么称

$$(-1)^{i_1+\cdots+i_k+j_1+\cdots+j_k}M^c$$

为 M 的**代数余子式**, 记作 A, 这里 M^c 是 M 的余子式.

对于上述定义中的子式 M, 为了明确它的元素位于 D 的哪些行和列, 我们用 $M_{\substack{i_1\cdots i_k\\ j_1\cdots j_k}}$ 来表示这个子式. 类似地, M^c 和 A 可以表示成 $M^c_{\substack{i_1\cdots i_k\\ j_1\cdots j_k}}$ 和 $A_{\substack{i_1\cdots i_k\\ j_1\cdots j_k}}$.

定理 2.4.6 (拉普拉斯定理) *在 n 阶行列式 D 中随意选取 k 行 $(k < n)$, 由这 k 行所决定的每一个 k 阶子式与它的代数余子式的乘积之和等于行列式 D.*

假定选取的行数为 $i_1, \cdots, i_k$, 那么定理可以用公式表述如下:

$$D = \sum_{1 \leqslant j_1 < \cdots < j_k \leqslant n} M_{\substack{i_1\cdots i_k\\ j_1\cdots j_k}} A_{\substack{i_1\cdots i_k\\ j_1\cdots j_k}},$$

称为对 D 的第 $i_1, \cdots, i_k$ 行按拉普拉斯展开的**展开式**. 这个定理是定理 2.4.3 的推广, 我们略去它的证明. 下面给出几点说明: 对于列的情形, 拉普拉斯定理也成立; 定理中的和式一共有 C_n^k 项; 定理的意义主要在于理论方面.

例 2.4.3 对下列行列式 D 的最后两行按拉普拉斯展开, 得

$$D=\begin{vmatrix}2&3&0&0&1&-1\\9&4&0&0&3&7\\4&5&1&-1&2&4\\3&8&3&7&6&9\\1&-1&0&0&0&0\\3&7&0&0&0&0\end{vmatrix}=(-1)^{5+6+1+2}\begin{vmatrix}1&-1\\3&7\end{vmatrix}\begin{vmatrix}0&0&1&-1\\0&0&3&7\\1&-1&2&4\\3&7&6&9\end{vmatrix}.$$

再对最后一个行列式的前两行按拉普拉斯展开, 得 $(-1)^{1+2+3+4}\begin{vmatrix}1&-1\\3&7\end{vmatrix}\begin{vmatrix}1&-1\\3&7\end{vmatrix}$.
现在, 容易看出, $D=10^3$.

例 2.4.4 下列行列式中符号 $*$ 代表任意数. 对前两行按拉普拉斯展开, 得

$$D=\begin{vmatrix}a_{11}&a_{12}&0&0&0&0&0\\a_{21}&a_{22}&0&0&0&0&0\\ *&*&b_{11}&b_{12}&b_{13}&0&0\\ *&*&b_{21}&b_{22}&b_{23}&0&0\\ *&*&b_{31}&b_{32}&b_{33}&0&0\\ *&*&*&*&*&c_{11}&c_{12}\\ *&*&*&*&*&c_{21}&c_{22}\end{vmatrix}=\begin{vmatrix}a_{11}&a_{12}\\a_{21}&a_{22}\end{vmatrix}\begin{vmatrix}b_{11}&b_{12}&b_{13}&0&0\\b_{21}&b_{22}&b_{23}&0&0\\b_{31}&b_{32}&b_{33}&0&0\\ *&*&*&c_{11}&c_{12}\\ *&*&*&c_{21}&c_{22}\end{vmatrix}.$$

再对最后一个行列式的前三行按拉普拉斯展开, 得

$$D=\begin{vmatrix}a_{11}&a_{12}\\a_{21}&a_{22}\end{vmatrix}\begin{vmatrix}b_{11}&b_{12}&b_{13}\\b_{21}&b_{22}&b_{23}\\b_{31}&b_{32}&b_{33}\end{vmatrix}\begin{vmatrix}c_{11}&c_{12}\\c_{21}&c_{22}\end{vmatrix}.$$

形如上例的行列式称为**准下三角行列式**, 它的一般形式为下方的行列式, 其中主对角线上每一个 A_i 是由 n_i^2 个数组成的 n_i 行 n_i 列正方形阵列. 类似地, 可以定义**准上三角行列式**. 准上三角和准下三角行列式统称为**准三角行列式**. 既是准上三角又是准下三角的行列式称为**准对角行列式**. 利用拉普拉斯定理, 容易证明, 这些行列式都可以表示成一些较低阶行列式的乘积.

$$\begin{vmatrix}\boldsymbol{A}_1&&&\boldsymbol{0}\\&\boldsymbol{A}_2&&\\&&\ddots&\\ *&&&\boldsymbol{A}_s\end{vmatrix}$$

例 2.4.5 设 $\Delta_1=\begin{vmatrix}a_{11}&a_{12}&a_{13}\\a_{21}&a_{22}&a_{23}\\a_{31}&a_{32}&a_{33}\end{vmatrix}$ 且 $\Delta_2=\begin{vmatrix}b_{11}&b_{12}&b_{13}\\b_{21}&b_{22}&b_{23}\\b_{31}&b_{32}&b_{33}\end{vmatrix}$, 则 $\Delta_1\Delta_2=D$, 这里

$$D=\begin{vmatrix}a_{11}b_{11}+a_{12}b_{21}+a_{13}b_{31}&a_{11}b_{12}+a_{12}b_{22}+a_{13}b_{32}&a_{11}b_{13}+a_{12}b_{23}+a_{13}b_{33}\\a_{21}b_{11}+a_{22}b_{21}+a_{23}b_{31}&a_{21}b_{12}+a_{22}b_{22}+a_{23}b_{32}&a_{21}b_{13}+a_{22}b_{23}+a_{23}b_{33}\\a_{31}b_{11}+a_{32}b_{21}+a_{33}b_{31}&a_{31}b_{12}+a_{32}b_{22}+a_{33}b_{32}&a_{31}b_{13}+a_{32}b_{23}+a_{33}b_{33}\end{vmatrix}.$$

事实上, 如果把 D 的第 i 行第 j 列元素记作 c_{ij}, 不难看出, c_{ij} 是 Δ_1 的第 i 行每一个元素与

Δ_2 的第 j 列对应元素的乘积之和, 即

$$c_{ij} = a_{i1}b_{1j} + a_{i2}b_{2j} + a_{i3}b_{3j}, \quad i, j = 1, 2, 3. \tag{2.4.2}$$

其次, 根据拉普拉斯定理, 有

$$\Delta_1\Delta_2 = \begin{vmatrix} a_{11} & a_{12} & a_{13} \\ a_{21} & a_{22} & a_{23} \\ a_{31} & a_{32} & a_{33} \end{vmatrix}\begin{vmatrix} b_{11} & b_{12} & b_{13} \\ b_{21} & b_{22} & b_{23} \\ b_{31} & b_{32} & b_{33} \end{vmatrix} = \begin{vmatrix} a_{11} & a_{12} & a_{13} & 0 & 0 & 0 \\ a_{21} & a_{22} & a_{23} & 0 & 0 & 0 \\ a_{31} & a_{32} & a_{33} & 0 & 0 & 0 \\ -1 & 0 & 0 & b_{11} & b_{12} & b_{13} \\ 0 & -1 & 0 & b_{21} & b_{22} & b_{23} \\ 0 & 0 & -1 & b_{31} & b_{32} & b_{33} \end{vmatrix}.$$

对上式右边的行列式, 把第 4 行的 a_{11}, a_{21}, a_{31} 倍分别加到第 1, 2, 3 行, 得

$$\Delta_1\Delta_2 = \begin{vmatrix} 0 & a_{12} & a_{13} & a_{11}b_{11} & a_{11}b_{12} & a_{11}b_{13} \\ 0 & a_{22} & a_{23} & a_{21}b_{11} & a_{21}b_{12} & a_{21}b_{13} \\ 0 & a_{32} & a_{33} & a_{31}b_{11} & a_{31}b_{12} & a_{31}b_{13} \\ -1 & 0 & 0 & b_{11} & b_{12} & b_{13} \\ 0 & -1 & 0 & b_{21} & b_{22} & b_{23} \\ 0 & 0 & -1 & b_{31} & b_{32} & b_{33} \end{vmatrix}.$$

把第 5 行的 a_{12}, a_{22}, a_{32} 倍分别加到第 1, 2, 3 行, 得

$$\Delta_1\Delta_2 = \begin{vmatrix} 0 & 0 & a_{13} & a_{11}b_{11}+a_{12}b_{21} & a_{11}b_{12}+a_{12}b_{22} & a_{11}b_{13}+a_{12}b_{23} \\ 0 & 0 & a_{23} & a_{21}b_{11}+a_{22}b_{21} & a_{21}b_{12}+a_{22}b_{22} & a_{21}b_{13}+a_{22}b_{23} \\ 0 & 0 & a_{33} & a_{31}b_{11}+a_{32}b_{21} & a_{31}b_{12}+a_{32}b_{22} & a_{31}b_{13}+a_{32}b_{23} \\ -1 & 0 & 0 & b_{11} & b_{12} & b_{13} \\ 0 & -1 & 0 & b_{21} & b_{22} & b_{23} \\ 0 & 0 & -1 & b_{31} & b_{32} & b_{33} \end{vmatrix}.$$

把第 6 行的 a_{13}, a_{23}, a_{33} 倍分别加到第 1, 2, 3 行, 并注意到 (2.4.2) 式, 得

$$\Delta_1\Delta_2 = \begin{vmatrix} 0 & 0 & 0 & c_{11} & c_{12} & c_{13} \\ 0 & 0 & 0 & c_{21} & c_{22} & c_{23} \\ 0 & 0 & 0 & c_{31} & c_{32} & c_{33} \\ -1 & 0 & 0 & b_{11} & b_{12} & b_{13} \\ 0 & -1 & 0 & b_{21} & b_{22} & b_{23} \\ 0 & 0 & -1 & b_{31} & b_{32} & b_{33} \end{vmatrix}.$$

现在, 对最后一个行列式的前三行按拉普拉斯展开, 得

$$\Delta_1\Delta_2 = (-1)^{1+2+3+4+5+6}\begin{vmatrix} c_{11} & c_{12} & c_{13} \\ c_{21} & c_{22} & c_{23} \\ c_{31} & c_{32} & c_{33} \end{vmatrix}\begin{vmatrix} -1 & 0 & 0 \\ 0 & -1 & 0 \\ 0 & 0 & -1 \end{vmatrix} = \begin{vmatrix} c_{11} & c_{12} & c_{13} \\ c_{21} & c_{22} & c_{23} \\ c_{31} & c_{32} & c_{33} \end{vmatrix}.$$

上式右边的行列式就是 D, 因此 $\Delta_1\Delta_2 = D$.

上例中的结论具有一般性. 这就是下面的定理, 称为行列式的**乘法定理.**

定理 2.4.7 两个 n 阶行列式 $|a_{ij}|$ 与 $|b_{ij}|$ 的乘积 $|a_{ij}||b_{ij}|$ 等于一个 n 阶行列式 $|c_{ij}|$,其中 $|c_{ij}|$ 的第 i 行第 j 列元素 c_{ij} 是 $|a_{ij}|$ 的第 i 行每一个元素与 $|b_{ij}|$ 的第 j 列对应元素的乘积之和, 即

$$c_{ij}=a_{i1}b_{1j}+a_{i2}b_{2j}+\cdots+a_{in}b_{nj},\quad i,\,j=1,\,2,\,\cdots,\,n.$$

这个定理可以用下面的公式来表述:

$$\begin{vmatrix}a_{11}&a_{12}&\cdots&a_{1n}\\a_{21}&a_{22}&\cdots&a_{2n}\\\vdots&\vdots&\ddots&\vdots\\a_{n1}&a_{n2}&\cdots&a_{nn}\end{vmatrix}\begin{vmatrix}b_{11}&b_{12}&\cdots&b_{1n}\\b_{21}&b_{22}&\cdots&b_{2n}\\\vdots&\vdots&\ddots&\vdots\\b_{n1}&b_{n2}&\cdots&b_{nn}\end{vmatrix}=\begin{vmatrix}c_{11}&c_{12}&\cdots&c_{1n}\\c_{21}&c_{22}&\cdots&c_{2n}\\\vdots&\vdots&\ddots&\vdots\\c_{n1}&c_{n2}&\cdots&c_{nn}\end{vmatrix},$$

其中 $$c_{ij}=a_{i1}b_{1j}+a_{i2}b_{2j}+\cdots+a_{in}b_{nj},\quad i,\,j=1,\,2,\,\cdots,\,n.$$

这种运算规则称为**行乘列法则.** 仿照例 2.4.5, 可以证明这个定理.

例 2.4.6 设 D 是一个 3 阶行列式. 令 $\Delta=|A_{ij}|$, 其中 A_{ij} 是 D 的元素 a_{ij} 的代数余子式, 则 $D\Delta=D^3$. 事实上, 已知 $\Delta=\Delta'$,那么 $\Delta=|A_{ji}|$. 于是

$$D\Delta=\begin{vmatrix}a_{11}&a_{12}&a_{13}\\a_{21}&a_{22}&a_{23}\\a_{31}&a_{32}&a_{33}\end{vmatrix}\begin{vmatrix}A_{11}&A_{21}&A_{31}\\A_{12}&A_{22}&A_{32}\\A_{13}&A_{23}&A_{33}\end{vmatrix}=\begin{vmatrix}c_{11}&c_{12}&c_{13}\\c_{21}&c_{22}&c_{23}\\c_{31}&c_{32}&c_{33}\end{vmatrix},$$

其中 $c_{ij}=a_{i1}A_{j1}+a_{i2}A_{j2}+a_{i3}A_{j3}$. 根据定理 2.4.5, 有 $c_{ij}=\delta_{ij}D$,所以上式右边的行列式主对角线上元素全为 D, 其余元素全为零, 因此 $D\Delta=D^3$.

习题 2.4

1. 计算下列行列式:

(1) $D=\begin{vmatrix}1&1&1&1\\2&1&1&-3\\1&2&2&5\\4&3&2&1\end{vmatrix}$; (2) $D=\begin{vmatrix}1&\frac{1}{2}&1&1\\-\frac{1}{3}&1&2&1\\\frac{1}{3}&1&-1&\frac{1}{2}\\-1&1&0&\frac{1}{2}\end{vmatrix}$; (3) $D=\begin{vmatrix}0&x&y&z\\x&0&z&y\\y&z&0&x\\z&y&x&0\end{vmatrix}$;

(4) $D=\begin{vmatrix}0&1&2&-1&4\\2&0&1&2&1\\-1&3&5&1&2\\3&3&1&2&1\\2&1&0&3&5\end{vmatrix}$; (5) $D=\begin{vmatrix}1&\frac{1}{2}&0&1&-1\\2&0&-1&1&2\\3&2&1&\frac{1}{2}&0\\1&-1&0&1&2\\2&1&3&0&\frac{1}{2}\end{vmatrix}$; (6) $D=\begin{vmatrix}1&6&7&0&8\\0&2&0&0&9\\0&10&3&0&11\\12&13&14&4&15\\0&0&0&0&5\end{vmatrix}$.

2. 设 $D=\begin{vmatrix}1&1&1&1\\1&2&3&4\\2&4&6&8\\3&5&7&9\end{vmatrix}$. 求 D 的所有元素的代数余子式之和.

3. 利用拉普拉斯定理, 计算下列数字行列式:

$$(1)\ D=\begin{vmatrix}1&2&0&0&0&0\\3&4&0&0&0&0\\7&6&5&4&0&0\\2&3&4&5&0&0\\5&1&2&6&7&3\\2&7&5&3&4&1\end{vmatrix};\quad (2)\ D=\begin{vmatrix}1&2&3&4&5&3\\6&5&7&8&4&2\\9&8&6&7&0&0\\3&2&4&5&0&0\\3&4&0&0&0&0\\5&6&0&0&0&0\end{vmatrix};\quad (3)\ D=\begin{vmatrix}7&6&5&4&3&2\\9&7&8&9&4&3\\7&4&9&7&0&0\\0&0&5&6&0&0\\5&3&6&1&0&0\\0&0&6&8&0&0\end{vmatrix}.$$

4. 计算下列行列式 (第 (3) 小题中 ω 是多项式 $1+x+x^2$ 的根):

$$(1)\ D=\begin{vmatrix}a&0&b&0\\0&c&0&d\\e&0&f&0\\0&g&0&h\end{vmatrix};\quad (2)\ D=\begin{vmatrix}a&0&0&b\\0&c&d&0\\0&e&f&0\\g&0&0&h\end{vmatrix};\quad (3)\ D=\begin{vmatrix}1&1&0&0&1&0\\1&\omega&0&0&\omega^2&0\\a_1&b_1&1&1&c_1&1\\a_2&b_2&1&\omega^2&c_2&\omega\\a_3&b_3&1&\omega&c_3&\omega^2\\1&\omega^2&0&0&\omega&0\end{vmatrix}.$$

5. 证明: $\begin{vmatrix}a&b&c&d\\x&y&z&w\\w&z&y&x\\d&c&b&a\end{vmatrix}=\begin{vmatrix}a+d&b+c\\x+w&y+z\end{vmatrix}\begin{vmatrix}a-d&b-c\\x-w&y-z\end{vmatrix}$.

6. 利用行列式的乘法定理, 证明:

(1) 若 $D=\begin{vmatrix}\sin(\alpha_1+\beta_1)&\sin(\alpha_1+\beta_2)\\\sin(\alpha_2+\beta_1)&\sin(\alpha_2+\beta_2)\end{vmatrix}$, 则 $D=-\sin(\alpha_1-\alpha_2)\sin(\beta_1-\beta_2)$;

(2) 若 $D=\begin{vmatrix}a&b&c&d\\b&-a&d&-c\\c&-d&-a&b\\d&c&-b&-a\end{vmatrix}$, 则 $D=-(a^2+b^2+c^2+d^2)^2$.

[第 (2) 小题提示: 利用 $D^2=DD'$, 求出 D^2, 这里 D' 是 D 的转置.]

*7. 构造一个 4 阶行列式去证明下列等式成立 (其中 a, b, c, d 与 a', b', c', d' 是任意数):

$$(ab'-a'b)(cd'-c'd)-(ac'-a'c)(bd'-b'd)+(ad'-a'd)(bc'-b'c)=0.$$

*8. 利用行列式的乘法定理, 计算下列 n 阶行列式:

$$D_n=\begin{vmatrix}a_1+b_1&a_1+b_2&\cdots&a_1+b_n\\a_2+b_1&a_2+b_2&\cdots&a_2+b_n\\\vdots&\vdots&\ddots&\vdots\\a_n+b_1&a_n+b_2&\cdots&a_n+b_n\end{vmatrix}.$$

2.5 行列式的计算

前两节已经介绍过行列式的一些计算方法. 本节将对前面介绍的方法作一个小结, 并给出另外几种计算方法.

我们知道, 对于数字行列式, 总可以用化三角形法来简化计算. 这种方法是机械的, 因而可以实现机器计算. 但是对于以字母为元素的一般行列式, 情况就大不相同了. 用化三角形法相当烦琐, 所得的结果仍然是行列式定义中那个展开式. 事实上, 对于这样的行列式, 用任何一种计算方法所得的结果都是定义中那个展开式, 因而都不能达到简化计算的目的. 下面介绍的每一种方法, 只是对于某些特殊类型的行列式, 才能达到简化计算的效果.

1. 化三角形法

例 2.5.1 设 $D=\begin{vmatrix} a_1 & x & x & \cdots & x \\ x & a_2 & x & \cdots & x \\ x & x & a_3 & \cdots & x \\ \vdots & \vdots & \vdots & \ddots & \vdots \\ x & x & x & \cdots & a_n \end{vmatrix}$, 其中 $n \geqslant 2$. 如果有一个 a_i 等于 x, 比如说 $a_2=x$, 那么把第 2 行的 -1 倍加到其余各行, 然后把第 2 列的 -1 倍加到第 1 列, 得

$$D=\begin{vmatrix} a_1-x & 0 & 0 & \cdots & 0 \\ 0 & x & x & \cdots & x \\ 0 & 0 & a_3-x & \cdots & 0 \\ \vdots & \vdots & \vdots & \ddots & \vdots \\ 0 & 0 & 0 & \cdots & a_n-x \end{vmatrix},$$

所以 $D=x(a_1-x)(a_3-x)\cdots(a_n-x)$. 当 $a_i=x$ 时, 仿照上面的方法, 可得

$$D=x(a_1-x)\cdots(a_{i-1}-x)(a_{i+1}-x)\cdots(a_n-x).$$

其次, 如果每一个 a_i 都不等于 x, 那么把第 1 行的 -1 倍加到其余各行, 然后把第 i 列的 $\dfrac{a_1-x}{a_i-x}$ 倍加到第 1 列 $(i=2,\cdots,n)$, 得

$$D=\begin{vmatrix} a_1+\dfrac{x(a_1-x)}{a_2-x}+\cdots+\dfrac{x(a_1-x)}{a_n-x} & x & x & \cdots & x \\ 0 & a_2-x & 0 & \cdots & 0 \\ 0 & 0 & a_3-x & \cdots & 0 \\ \vdots & \vdots & \vdots & \ddots & \vdots \\ 0 & 0 & 0 & & a_n-x \end{vmatrix}.$$

所以
$$D=(a_2-x)\cdots(a_n-x)\left[a_1+\frac{x(a_1-x)}{a_2-x}+\cdots+\frac{x(a_1-x)}{a_n-x}\right].$$

把方括号内第 1 项 a_1 改写成 $\dfrac{[(a_1-x)+x](a_1-x)}{a_1-x}$, 然后提取公因式 a_1-x, 得

$$D=(a_1-x)(a_2-x)\cdots(a_n-x)\Big(1+\frac{x}{a_1-x}+\frac{x}{a_2-x}+\cdots+\frac{x}{a_n-x}\Big).$$

2. 拆项法

利用行列式的性质，可以把一个行列式拆分成一些同阶行列式之和. 这种方法称为**拆项法.**

例 2.5.2 设 $D_n=\begin{vmatrix} a & x & x & \cdots & x\\ -x & a & x & \cdots & x\\ -x & -x & a & \cdots & x\\ \vdots & \vdots & \vdots & \ddots & \vdots\\ -x & -x & -x & \cdots & a\end{vmatrix}$. 容易看出, 用 $-x$ 代替 x 所得的行列式是 D_n 的转置 D_n', 因而行列式的值不变. 其次, 考虑 $n=4$ 的情形. 把 D_4 的最后一列元素依次写成 $0+x,\ 0+x,\ 0+x,\ (a-x)+x$, 然后拆项, 得

$$D_4=\begin{vmatrix} a & x & x & 0\\ -x & a & x & 0\\ -x & -x & a & 0\\ -x & -x & -x & a-x\end{vmatrix}+\begin{vmatrix} a & x & x & x\\ -x & a & x & x\\ -x & -x & a & x\\ -x & -x & -x & x\end{vmatrix}.$$

把等号右边第一个行列式按最后一列展开, 并把第二个行列式化三角形, 得

$$D_4=(a-x)\begin{vmatrix} a & x & x\\ -x & a & x\\ -x & -x & a\end{vmatrix}+\begin{vmatrix} a+x & 2x & 2x & x\\ 0 & a+x & 2x & x\\ 0 & 0 & a+x & x\\ 0 & 0 & 0 & x\end{vmatrix},$$

所以
$$D_4=(a-x)D_3+x(a+x)^3,$$

这里 D_3 和 D_4 是同类型行列式. 根据前面的讨论, 用 $-x$ 代替 D_3 和 D_4 中的 x, 两个行列式的值都不变. 于是用 $-x$ 代替最后一个等式中的 x, 得

$$D_4=(a+x)D_3-x(a-x)^3.$$

下面考虑一般情形. 仿照上述方法, 容易推出, 当 $n>1$ 时, 下列等式成立:

$$D_n=(a-x)D_{n-1}+x(a+x)^{n-1},$$
$$D_n=(a+x)D_{n-1}-x(a-x)^{n-1}.$$

用 $a+x$ 去乘前一式两边, 并用 $a-x$ 去乘后一式两边, 然后把两式相减, 得

$$2xD_n=x[(a+x)^n+(a-x)^n],$$

因此
$$D_n=\frac{1}{2}[(a+x)^n+(a-x)^n],$$

其中 $x\neq 0$. 易见, 当 $x=0$ 或 $n=1$ 时, 上式仍然成立.

3. 降阶法

利用行列式的按行按列展开来计算行列式的方法称为**降阶法**.

例 2.5.3 计算行列式 $D=\begin{vmatrix} a_{11} & a_{12} & 0 & a_{14} & a_{15} \\ a_{21} & 0 & 0 & a_{24} & 0 \\ a_{31} & a_{32} & a_{33} & a_{34} & a_{35} \\ a_{41} & 0 & 0 & a_{44} & 0 \\ a_{51} & a_{52} & 0 & a_{54} & 0 \end{vmatrix}$.

解 1 首先对 D 按第 3 列展开, 接着按第 4 列展开, 最后按第 2 列展开, 得

$$D=a_{33}\begin{vmatrix} a_{11} & a_{12} & a_{14} & a_{15} \\ a_{21} & 0 & a_{24} & 0 \\ a_{41} & 0 & a_{44} & 0 \\ a_{51} & a_{52} & a_{54} & 0 \end{vmatrix}=-a_{15}a_{33}\begin{vmatrix} a_{21} & 0 & a_{24} \\ a_{41} & 0 & a_{44} \\ a_{51} & a_{52} & a_{54} \end{vmatrix}=a_{15}a_{33}a_{52}\begin{vmatrix} a_{21} & a_{24} \\ a_{41} & a_{44} \end{vmatrix},$$

所以 $D=a_{15}a_{33}a_{52}(a_{21}a_{44}-a_{24}a_{41})$, 即 $D=a_{15}a_{21}a_{33}a_{44}a_{52}-a_{15}a_{24}a_{33}a_{41}a_{52}$.

解 2 对 D 的第 2 行和第 4 行按拉普拉斯展开, 得

$$D=-\begin{vmatrix} a_{21} & a_{24} \\ a_{41} & a_{44} \end{vmatrix}\begin{vmatrix} a_{12} & 0 & a_{15} \\ a_{32} & a_{33} & a_{35} \\ a_{52} & 0 & 0 \end{vmatrix}=(a_{21}a_{44}-a_{24}a_{41})\,a_{15}a_{33}a_{52},$$

所以 $D=a_{15}a_{21}a_{33}a_{44}a_{52}-a_{15}a_{24}a_{33}a_{41}a_{52}$.

4. 递推法

如果一个高阶行列式可以表示成一些较低阶同类型行列式的组合, 这样的组合式就是一个递推公式. 利用递推公式来计算行列式的方法称为**递推法**.

例 2.5.4 计算 $2n$ 阶行列式 $D_{2n}=\begin{vmatrix} a & & & & & b \\ & \ddots & & & \iddots & \\ & & a & b & & \\ & & b & a & & \\ & \iddots & & & \ddots & \\ b & & & & & a \end{vmatrix}_{2n}$.

解 当 $n=1$ 时, 有 $D_2=a^2-b^2$. 当 $n\geqslant 2$ 时, 对 D_{2n} 的第 1 行和第 $2n$ 行按拉普拉斯展开, 得

$$D_{2n}=(-1)^{1+2n+1+2n}\begin{vmatrix} a & b \\ b & a \end{vmatrix}\begin{vmatrix} a & & & & & b \\ & \ddots & & & \iddots & \\ & & a & b & & \\ & & b & a & & \\ & \iddots & & & \ddots & \\ b & & & & & a \end{vmatrix}_{2(n-1)},$$

即 $D_{2n}=D_2D_{2(n-1)}$. 这是一个递推公式. 于是

$$D_{2n}=D_2D_{2(n-1)}=D_2^2D_{2(n-2)}=\cdots=D_2^{n-1}D_{2[n-(n-1)]}=D_2^n.$$

注意到 $D_2=a^2-b^2$,因此 $D_{2n}=(a^2-b^2)^n$.

设 $a_1,a_2,\cdots,a_n$ 是 n 个数 $(n\geqslant 2)$,则称

$$\begin{vmatrix} 1 & a_1 & a_1^2 & \cdots & a_1^{n-1} \\ 1 & a_2 & a_2^2 & \cdots & a_2^{n-1} \\ 1 & a_3 & a_3^2 & \cdots & a_3^{n-1} \\ \vdots & \vdots & \vdots & \ddots & \vdots \\ 1 & a_n & a_n^2 & \cdots & a_n^{n-1} \end{vmatrix} \quad \text{或} \quad \begin{vmatrix} 1 & 1 & 1 & \cdots & 1 \\ a_1 & a_2 & a_3 & \cdots & a_n \\ a_1^2 & a_2^2 & a_3^2 & \cdots & a_n^2 \\ \vdots & \vdots & \vdots & \ddots & \vdots \\ a_1^{n-1} & a_2^{n-1} & a_3^{n-1} & \cdots & a_n^{n-1} \end{vmatrix}$$

为一个 n 阶**范德蒙德行列式**,记作 V_n.

例 2.5.5 计算 n 阶范德蒙德行列式 V_n.

解 首先考虑 $n=4$ 的情形. 此时有

$$V_4=\begin{vmatrix} 1 & a_1 & a_1^2 & a_1^3 \\ 1 & a_2 & a_2^2 & a_2^3 \\ 1 & a_3 & a_3^2 & a_3^3 \\ 1 & a_4 & a_4^2 & a_4^3 \end{vmatrix} \xlongequal[\{1(-a_4)+2\}]{\substack{\{3(-a_4)+4\}\\ \{2(-a_4)+3\}}} \begin{vmatrix} 1 & a_1-a_4 & a_1(a_1-a_4) & a_1^2(a_1-a_4) \\ 1 & a_2-a_4 & a_2(a_2-a_4) & a_2^2(a_2-a_4) \\ 1 & a_3-a_4 & a_3(a_3-a_4) & a_3^2(a_3-a_4) \\ 1 & 0 & 0 & 0 \end{vmatrix}.$$

把最后一个行列式按第 4 行展开, 然后提取公因式, 可得下列递推公式:

$$V_4=(a_4-a_1)(a_4-a_2)(a_4-a_3)V_3.$$

根据这个公式, 有 $V_3=(a_3-a_1)(a_3-a_2)V_2$. 显然 $V_2=a_2-a_1$. 因此

$$V_4=(a_4-a_1)(a_4-a_2)(a_4-a_3)(a_3-a_1)(a_3-a_2)(a_2-a_1).$$

上式可以用连乘号表示成 $V_4=\prod\limits_{1\leqslant i<j\leqslant 4}(a_j-a_i)$.

现在, 不难猜测, 一般地, 有 $V_n=\prod\limits_{1\leqslant i<j\leqslant n}(a_j-a_i)$. 事实上, 当 $n=2$ 时, 有 $V_2=a_2-a_1$. 假定对 $n-1$ 的情形, 结论成立. 下面考虑 n 的情形. 仿照前面的做法, 可得

$$V_n=(a_n-a_1)(a_n-a_2)\cdots(a_n-a_{n-1})V_{n-1}.$$

根据归纳假定, 有

$$V_n=(a_n-a_1)(a_n-a_2)\cdots(a_n-a_{n-1})\prod_{1\leqslant i<j\leqslant n-1}(a_j-a_i).$$

换句话说, $V_n=\prod\limits_{1\leqslant i<j\leqslant n}(a_j-a_i)$.

由上例可见, 递推法和数学归纳法经常结合起来使用, 即用递推法求出较低阶同类型行列式的值, 然后推测一般结论, 最后用数学归纳法进行验证.

下面给出一类特殊行列式的计算公式.

命题 2.5.1 设 D_n 是右边的 n 阶行列式. 令 u 和 v 是二次三项式 $x^2-ax+bc$ 的两个根.

(1) 如果 $u=v$,那么 $D_n=(n+1)u^n$;

(2) 如果 $u\neq v$,那么 $D_n=\dfrac{u^{n+1}-v^{n+1}}{u-v}$.

$$D_n=\begin{vmatrix} a & b & & & \\ c & a & b & & \\ & \ddots & \ddots & \ddots & \\ & & c & a & b \\ & & & c & a \end{vmatrix}$$

证明 首先考虑 $n=5$ 的情形. 把 D_5 按最后一列展开, 得

$$D_5=\begin{vmatrix} a&b&0&0&0\\ c&a&b&0&0\\ 0&c&a&b&0\\ 0&0&c&a&b\\ 0&0&0&c&a \end{vmatrix}=a\begin{vmatrix} a&b&0&0\\ c&a&b&0\\ 0&c&a&b\\ 0&0&c&a \end{vmatrix}-b\begin{vmatrix} a&b&0&0\\ c&a&b&0\\ 0&c&a&b\\ 0&0&0&c \end{vmatrix}=aD_4-bcD_3.$$

已知 u 和 v 是二次三项式 $x^2-ax+bc$ 的两个根, 那么 $a=u+v$ 且 $bc=uv$. 于是 $D_5=(u+v)D_4-uvD_3$. 由此不难看出, 当 $n\geqslant 3$ 时, 下列递推公式成立:

$$D_n=(u+v)D_{n-1}-uvD_{n-2}. \tag{2.5.1}$$

又显然 $D_1=a$ 且 $D_2=a^2-bc$,从而由 $a=u+v$ 且 $bc=uv$,得

$$D_1=u+v \text{ 且 } D_2=u^2+uv+v^2. \tag{2.5.2}$$

(1) 如果 $u=v$,那么由上两式, 有 $D_1=2u$ 且 $D_2=3u^2$. 假定 $n\geqslant 3$,并且对一切小于 n 的情形, 结论成立, 那么由 (2.5.1) 式, 有

$$D_n=2u\,(nu^{n-1})-u^2[(n-1)u^{n-2}]=(n+1)u^n.$$

(2) 如果 $u\neq v$,那么由 (2.5.2) 中的两式, 有 $D_1=\dfrac{u^2-v^2}{u-v}$ 且 $D_2=\dfrac{u^3-v^3}{u-v}$. 假定 $n\geqslant 3$,并且对一切小于 n 的情形, 结论成立, 那么由 (2.5.1) 式, 有

$$D_n=(u+v)\,\frac{u^n-v^n}{u-v}-uv\,\frac{u^{n-1}-v^{n-1}}{u-v}=\frac{u^{n+1}-v^{n+1}}{u-v}. \qquad \square$$

例 2.5.6 计算下列 n 阶行列式:

$$\text{(1)}\ D_n=\begin{vmatrix} 2&1&&&\\ 1&2&1&&\\ &\ddots&\ddots&\ddots&\\ &&1&2&1\\ &&&1&2 \end{vmatrix};\qquad \text{(2)}\ D_n=\begin{vmatrix} 5&2&&&\\ 3&5&2&&\\ &\ddots&\ddots&\ddots&\\ &&3&5&2\\ &&&3&5 \end{vmatrix}.$$

解 (1) 因为二次三项式 x^2-2x+1 的两个根都是 1, 根据命题 2.5.1, 有

$$D_n=(n+1)\cdot 1^n=n+1.$$

(2) 因为二次三项式 x^2-5x+6 的两个根为 2 和 3, 根据命题 2.5.1, 有

$$D_n=\frac{2^{n+1}-3^{n+1}}{2-3}=3^{n+1}-2^{n+1}.$$

5. 分离线性因子法

我们知道, 对于非数字行列式, 如果把其中的字母看作未知量, 那么这样的行列式实际上是多项式. 于是可以利用行列式的性质来寻找多项式的一次因式. 一旦找到了一次因式, 就可以用各种办法把一次因式分离出来. 这种方法称为**分离线性因子法**.

例 2.5.7 设 D 是右下方的行列式, 则它是关于未知量 x 的一个 3 次多项式, 并且它的首项与主对角线上元素的乘积的首项相同, 因而首项系数为 -1. 其次, 当 $x=1, 2$ 或 3 时, 有 $D=0$, 所以 D 有三个一次因式, 它们是 $x-1$, $x-2$ 和 $x-3$. 由于这三个因式两两互素, 它们的乘积 $(x-1)(x-2)(x-3)$ 仍然是 D 的一个因式. 注意到 D 的次数为 3, 首项系数为 -1, 因此 $D=-(x-1)(x-2)(x-3)$.

$$\begin{vmatrix}1 & 1 & 1 & 1\\ 1 & 2-x & 1 & 1\\ 1 & 1 & 3-x & 1\\ 1 & 1 & 1 & 4-x\end{vmatrix}$$

6. 加边法

与降阶法相反, 有时可以考虑把行列式升阶. 考虑升阶时通常的做法是, 在一个 n 阶行列式的边上添加一行 (或一列), 然后在某个位置插入一列 (或一行), 使其变成一个 $n+1$ 阶行列式. 这种方法称为**加边法**.

例 2.5.8 设 $D=\begin{vmatrix}x+a_1 & a_2 & \cdots & a_n\\ a_1 & x+a_2 & \cdots & a_n\\ \vdots & \vdots & \ddots & \vdots\\ a_1 & a_2 & \cdots & x+a_n\end{vmatrix}$, 其中 $x\neq 0$, 并设 $\varDelta$ 是下列 $n+1$ 阶行列式 (在 D 的第 1 行上方添加一行, 并在第 1 列左边添加一列):

$$\varDelta=\begin{vmatrix}1 & a_1 & a_2 & \cdots & a_n\\ 0 & x+a_1 & a_2 & \cdots & a_n\\ 0 & a_1 & x+a_2 & \cdots & a_n\\ \vdots & \vdots & \vdots & \ddots & \vdots\\ 0 & a_1 & a_2 & \cdots & x+a_n\end{vmatrix}_{n+1}.$$

把 $\varDelta$ 按第 1 列展开, 得 $\varDelta=D$. 其次, 把 $\varDelta$ 的第 1 行的 -1 倍加到其余各行, 再把第 i 列的 $\dfrac{1}{x}$ 倍加到第 1 列 $(i=2, 3, \cdots, n+1)$, 得

$$\Delta=\begin{vmatrix}1+\frac{a_1}{x}+\frac{a_2}{x}+\cdots+\frac{a_n}{x} & a_1 & a_2 & \cdots & a_n\\ 0 & x & 0 & \cdots & 0\\ 0 & 0 & x & \cdots & 0\\ \vdots & \vdots & \vdots & \ddots & \vdots\\ 0 & 0 & 0 & \cdots & x\end{vmatrix}_{n+1}.$$

从而由 $D=\Delta$, 得 $D=x^n+(a_1+a_2+\cdots+a_n)\,x^{n-1}$.

例 2.5.9 考察下列 4 阶行列式 D, 它类似于范德蒙德行列式. 因此构造一个 5 阶范德蒙德行列式 V_5 如下 (在 D 的第 2 列和第 3 列之间插入一列, 并在最后一行下方添加一行):

$$D=\begin{vmatrix}1 & a_1 & a_1^3 & a_1^4\\ 1 & a_2 & a_2^3 & a_2^4\\ 1 & a_3 & a_3^3 & a_3^4\\ 1 & a_4 & a_4^3 & a_4^4\end{vmatrix},\qquad V_5=\begin{vmatrix}1 & a_1 & a_1^2 & a_1^3 & a_1^4\\ 1 & a_2 & a_2^2 & a_2^3 & a_2^4\\ 1 & a_3 & a_3^2 & a_3^3 & a_3^4\\ 1 & a_4 & a_4^2 & a_4^3 & a_4^4\\ 1 & x & x^2 & x^3 & x^4\end{vmatrix}.$$

把 V_5 按最后一行展开, 得

$$V_5=M_{51}-xM_{52}+x^2M_{53}-x^3M_{54}+x^4M_{55}.$$

把 x 看作未知量, 那么 V_5 是一个次数不超过 4 的多项式, 其中的 2 次项系数 M_{53} 就是行列式 D. 注意到范德蒙德行列式 V_5 的值为

$$V_5=(x-a_1)(x-a_2)(x-a_3)(x-a_4)\prod_{1\leqslant i<j\leqslant 4}(a_j-a_i),$$

因此行列式 D 的值 (即 V_5 的 2 次项系数) 为

$$D=(a_1a_2+a_1a_3+a_1a_4+a_2a_3+a_2a_4+a_3a_4)\prod_{1\leqslant i<j\leqslant 4}(a_j-a_i).$$

7. 析因法

对于有些行列式, 可以利用乘法定理, 把其中的一个分解成两个同阶行列式的乘积. 这种方法称为**析因法**.

例 2.5.10 设 $D_n=\begin{vmatrix}1+a_1b_1 & 1+a_1b_2 & \cdots & 1+a_1b_n\\ 1+a_2b_1 & 1+a_2b_2 & \cdots & 1+a_2b_n\\ \vdots & \vdots & \ddots & \vdots\\ 1+a_nb_1 & 1+a_nb_2 & \cdots & 1+a_nb_n\end{vmatrix}$. 当 $n\geqslant 2$ 时, 根据行列式的乘法定理, 有

$$D_n = \begin{vmatrix} 1 & a_1 & 0 & \cdots & 0 \\ 1 & a_2 & 0 & \cdots & 0 \\ 1 & a_3 & 0 & \cdots & 0 \\ \vdots & \vdots & \vdots & \ddots & \vdots \\ 1 & a_n & 0 & \cdots & 0 \end{vmatrix} \begin{vmatrix} 1 & 1 & 1 & \cdots & 1 \\ b_1 & b_2 & b_3 & \cdots & b_n \\ 0 & 0 & 0 & \cdots & 0 \\ \vdots & \vdots & \vdots & \ddots & \vdots \\ 0 & 0 & 0 & \cdots & 0 \end{vmatrix}.$$

由此可见, $D_1 = 1 + a_1 b_1$, $D_2 = (a_1 - a_2)(b_1 - b_2)$, 并且 $D_n = 0\ (n > 2)$.

至此我们已经总结了行列式的七种常用计算方法. 我们知道, 对于有些行列式, 可以用多种方法来简化计算, 那么采用哪一种方法比较好呢? 这就需要读者根据所给行列式的具体情况, 以及对各种方法和技巧所掌握的熟练程度, 自己去观察、思考, 然后作出决定. 值得一提的是, 在一般情况下, 计算含有字母的高阶行列式非常不容易. 希望读者多加练习, 熟练掌握各种计算方法, 以便为今后的学习打下坚实基础.

习题 2.5

1. 计算下列 n 阶行列式:

(1) $\begin{vmatrix} x_1 - m & x_2 & x_3 & \cdots & x_n \\ x_1 & x_2 - m & x_3 & \cdots & x_n \\ x_1 & x_2 & x_3 - m & \cdots & x_n \\ \vdots & \vdots & \vdots & & \vdots \\ x_1 & x_2 & x_3 & \cdots & x_n - m \end{vmatrix}$; (2) $\begin{vmatrix} 1 & 2 & 2 & \cdots & 2 \\ 2 & 2 & 2 & \cdots & 2 \\ 2 & 2 & 3 & \cdots & 2 \\ \vdots & \vdots & \vdots & & \vdots \\ 2 & 2 & 2 & \cdots & n \end{vmatrix}$;

(3) $\begin{vmatrix} 1 & 2 & 3 & 4 & \cdots & n-1 & n \\ 1 & -1 & 0 & 0 & \cdots & 0 & 0 \\ 0 & 2 & -2 & 0 & \cdots & 0 & 0 \\ 0 & 0 & 3 & -3 & \cdots & 0 & 0 \\ \vdots & \vdots & \vdots & \vdots & & \vdots & \vdots \\ 0 & 0 & 0 & 0 & \cdots & n-1 & 1-n \end{vmatrix}$; (4) $\begin{vmatrix} 0 & 1 & 2 & \cdots & n-2 & n-1 \\ 1 & 0 & 1 & \cdots & n-3 & n-2 \\ 2 & 1 & 0 & \cdots & n-4 & n-3 \\ \vdots & \vdots & \vdots & & \vdots & \vdots \\ n-2 & n-3 & n-4 & \cdots & 0 & 1 \\ n-1 & n-2 & n-3 & \cdots & 1 & 0 \end{vmatrix}$

2. 设 $D_n = \begin{vmatrix} 1 & 1 & & & \\ -1 & 1 & 1 & & \\ & \ddots & \ddots & \ddots & \\ & & -1 & 1 & 1 \\ & & & -1 & 1 \end{vmatrix}$. 证明: $D_{n-1} = \dfrac{1}{\sqrt{5}}\left[\left(\dfrac{1+\sqrt{5}}{2}\right)^n - \left(\dfrac{1-\sqrt{5}}{2}\right)^n\right]$.

[这表明, 斐波那契数列的通项可以表示成 $a_1 = 1$, $a_n = D_{n-1}$, $n = 2, 3, 4, \cdots$.]

3. 证明:

(1) $\begin{vmatrix} a_0 & 1 & 1 & \cdots & 1 \\ 1 & a_1 & 0 & \cdots & 0 \\ 1 & 0 & a_2 & \cdots & 0 \\ \vdots & \vdots & \vdots & \ddots & \vdots \\ 1 & 0 & 0 & \cdots & a_n \end{vmatrix}_{n+1} = a_1 a_2 \cdots a_n \Big(a_0 - \sum\limits_{i=1}^{n} \dfrac{1}{a_i}\Big)$, 这里每一个 a_i 都不等于零;

(2) $$\begin{vmatrix} x+a_1 & -1 & 0 & \cdots & 0 & 0 \\ a_2 & x & -1 & \cdots & 0 & 0 \\ a_3 & 0 & x & \cdots & 0 & 0 \\ \vdots & \vdots & \vdots & \ddots & \vdots & \vdots \\ a_{n-1} & 0 & 0 & \cdots & x & -1 \\ a_n & 0 & 0 & \cdots & 0 & x \end{vmatrix} = x^n + a_1 x^{n-1} + \cdots + a_{n-1}x + a_n;$$

(3) $$\begin{vmatrix} a+b & ab & & & \\ 1 & a+b & ab & & \\ & \ddots & \ddots & \ddots & \\ & & 1 & a+b & ab \\ & & & 1 & a+b \end{vmatrix}_n = \begin{cases} (n+1)a^n, & \text{当 } a=b \text{ 时}, \\ \dfrac{a^{n+1}-b^{n+1}}{a-b}, & \text{当 } a\neq b \text{ 时}; \end{cases}$$

(4) $$\begin{vmatrix} \cos\alpha & 1 & & & \\ 1 & 2\cos\alpha & 1 & & \\ & \ddots & \ddots & \ddots & \\ & & 1 & 2\cos\alpha & 1 \\ & & & 1 & 2\cos\alpha \end{vmatrix}_n = \cos n\alpha;$$

(5) $$\begin{vmatrix} 2\cos\alpha & 1 & & & \\ 1 & 2\cos\alpha & 1 & & \\ & \ddots & \ddots & \ddots & \\ & & 1 & 2\cos\alpha & 1 \\ & & & 1 & 2\cos\alpha \end{vmatrix}_n = \begin{cases} n+1, & \alpha = 2k\pi,\ k\in\mathbb{Z}, \\ (-1)^n(n+1), & \alpha=(2k+1)\pi, \\ \dfrac{\sin(n+1)\alpha}{\sin\alpha}, & \alpha\neq k\pi,\ k\in\mathbb{Z}; \end{cases}$$

(6) $$\begin{vmatrix} 1+a_1 & 1 & 1 & \cdots & 1 \\ 1 & 1+a_2 & 1 & \cdots & 1 \\ 1 & 1 & 1+a_3 & \cdots & 1 \\ \vdots & \vdots & \vdots & \ddots & \vdots \\ 1 & 1 & 1 & \cdots & 1+a_n \end{vmatrix} = a_1a_2\cdots a_n\left(1+\sum_{i=1}^{n}\frac{1}{a_i}\right),$$ 这里每一个 a_i 都不等于零.

4. 设 $a_1, a_2, \cdots, a_{n-1}$ 是 $n-1$ 个互不相同的数. 令

$$f(x) = \begin{vmatrix} 1 & a_1 & a_1^2 & \cdots & a_1^{n-1} \\ \vdots & \vdots & \vdots & & \vdots \\ 1 & a_{n-1} & a_{n-1}^2 & \cdots & a_{n-1}^{n-1} \\ 1 & x & x^2 & \cdots & x^{n-1} \end{vmatrix}.$$

证明: $f(x)$ 是一个 $n-1$ 次多项式, 它的全部根为 $a_1, a_2, \cdots, a_{n-1}$.

5. 利用范德蒙德行列式, 计算下列 $n+1$ 阶行列式:

$$D_{n+1} = \begin{vmatrix} a^n & a^{n-1} & \cdots & a & 1 \\ (a+1)^n & (a+1)^{n-1} & \cdots & a+1 & 1 \\ (a+2)^n & (a+2)^{n-1} & \cdots & a+2 & 1 \\ \vdots & \vdots & & \vdots & \vdots \\ (a+n)^n & (a+n)^{n-1} & \cdots & a+n & 1 \end{vmatrix}.$$

6. 利用乘法定理和范德蒙德行列式, 计算下列行列式:

(1) $D=\begin{vmatrix}(a_1+b_1)^3 & (a_1+b_2)^3 & (a_1+b_3)^3 & (a_1+b_4)^3\\(a_2+b_1)^3 & (a_2+b_2)^3 & (a_2+b_3)^3 & (a_2+b_4)^3\\(a_3+b_1)^3 & (a_3+b_2)^3 & (a_3+b_3)^3 & (a_3+b_4)^3\\(a_4+b_1)^3 & (a_4+b_2)^3 & (a_4+b_3)^3 & (a_4+b_4)^3\end{vmatrix}$;

(2) $D=\begin{vmatrix}3 & a+b+c & a^2+b^2+c^2 & 1\\a+b+c & a^2+b^2+c^2 & a^3+b^3+c^3 & x\\a^2+b^2+c^2 & a^3+b^3+c^3 & a^4+b^4+c^4 & x^2\\a^3+b^3+c^3 & a^4+b^4+c^4 & a^5+b^5+c^5 & x^3\end{vmatrix}$.

*7. 设 $D=\begin{vmatrix}a_{11} & a_{12} & a_{13}\\a_{21} & a_{22} & a_{23}\\a_{31} & a_{32} & a_{33}\end{vmatrix}$ 且 $\Delta=\begin{vmatrix}a_{11}+x & a_{12}+x & a_{13}+x\\a_{21}+x & a_{22}+x & a_{23}+x\\a_{31}+x & a_{32}+x & a_{33}+x\end{vmatrix}$, 则 $\Delta=D+x\sum\limits_{i=1}^{3}\sum\limits_{j=1}^{3}A_{ij}$, 这里 A_{ij} 是 D 的元素 a_{ij} 的代数余子式.

*8. 计算下列 n 阶行列式:

(1) $D_n=\begin{vmatrix}1 & 2 & 3 & \cdots & n-1 & n\\2 & 3 & 4 & \cdots & n & 1\\3 & 4 & 5 & \cdots & 1 & 2\\\vdots & \vdots & \vdots & \ddots & \vdots & \vdots\\n-1 & n & 1 & \cdots & n-3 & n-2\\n & 1 & 2 & \cdots & n-2 & n-1\end{vmatrix}$; (2) $D_n=\begin{vmatrix}a & x & x & x & \cdots & x\\b & x & y & y & \cdots & y\\b & y & x & y & \cdots & y\\b & y & y & x & \cdots & y\\\vdots & \vdots & \vdots & \vdots & \ddots & \vdots\\b & y & y & y & \cdots & x\end{vmatrix}$;

(3) $D_n=\begin{vmatrix}x & y & y & \cdots & y & y\\z & x & y & \cdots & y & y\\z & z & x & \cdots & y & y\\\vdots & \vdots & \vdots & \ddots & \vdots & \vdots\\z & z & z & \cdots & x & y\\z & z & z & \cdots & z & x\end{vmatrix}$; (4) $D_n=\begin{vmatrix}1 & 1 & 1 & \cdots & 1\\a_1 & a_2 & a_3 & \cdots & a_n\\a_1^2 & a_2^2 & a_3^2 & \cdots & a_n^2\\\vdots & \vdots & \vdots & & \vdots\\a_1^{n-2} & a_2^{n-2} & a_3^{n-2} & \cdots & a_n^{n-2}\\a_1^n & a_2^n & a_3^n & \cdots & a_n^n\end{vmatrix}$.

*9. 设符号 $(a_1a_2a_3\cdots a_n)$ 表示右边的 n 阶行列式.

$$\begin{vmatrix}a_1 & 1 & & & \\-1 & a_2 & 1 & & \\ & \ddots & \ddots & \ddots & \\ & & -1 & a_{n-1} & 1\\ & & & -1 & a_n\end{vmatrix}$$

证明: 当 $n=5$ 时, 有

$$\frac{(a_1a_2a_3a_4a_5)}{(a_2a_3a_4a_5)}=a_1+\cfrac{1}{a_2+\cfrac{1}{a_3+\cfrac{1}{a_4+\cfrac{1}{a_5}}}}.$$

2.6 克莱姆法则

在这一节我们将回答本章开头提出的问题: 对于含 n 个方程 n 个未知量的线性方程组, 当它的未知量系数组成的行列式不等于零时, 其解是否可以用行列式来表示? 回顾一下, 含

n 个方程 n 个未知量的一般线性方程组可以简记为

$$a_{i1}x_1 + a_{i2}x_2 + \cdots + a_{in}x_n = b_i,\ \ i = 1,\, 2,\, \cdots,\, n. \tag{2.6.1}$$

它的一个**解**指的是一个 n 元有序数组 $(c_1,\, c_2,\, \cdots,\, c_n)$, 使得

$$a_{i1}c_1 + a_{i2}c_2 + \cdots + a_{in}c_n = b_i,\ \ i = 1,\, 2,\, \cdots,\, n.$$

有时我们也用 $x_1 = c_1,\ x_2 = c_2,\ \cdots,\ x_n = c_n$ 来表示这个解. 上述方程组的未知量系数组成右边的 n 阶行列式, 称为这个方程组的**系数行列式.** 在下面的讨论中, 我们将用符号 Δ_j 来表示把系数行列式 D 的第 j 列换成方程组的常数项所得的行列式, 即

$$D = \begin{vmatrix} a_{11} & a_{12} & \cdots & a_{1n} \\ a_{21} & a_{22} & \cdots & a_{2n} \\ \vdots & \vdots & \ddots & \vdots \\ a_{n1} & a_{n2} & \cdots & a_{nn} \end{vmatrix}$$

$$\Delta_j = \begin{vmatrix} a_{11} & \cdots & a_{1,\,j-1} & b_1 & a_{1,\,j+1} & \cdots & a_{1n} \\ a_{21} & \cdots & a_{2,\,j-1} & b_2 & a_{2,\,j+1} & \cdots & a_{2n} \\ \vdots & & \vdots & \vdots & \vdots & & \vdots \\ a_{n1} & \cdots & a_{n,\,j-1} & b_n & a_{n,\,j+1} & \cdots & a_{nn} \end{vmatrix}. \tag{2.6.2}$$

下面的定理称为**克莱姆法则,** 它肯定地回答了前面提到的问题.

定理 2.6.1 *设线性方程组 (2.6.1) 的系数行列式 D 不等于零, 则这个方程组有且只有一个解, 其解可以表示成*

$$x_1 = \frac{\Delta_1}{D},\ \ x_2 = \frac{\Delta_2}{D},\ \ \cdots,\ \ x_n = \frac{\Delta_n}{D},$$

这里 Δ_j 是形如 (2.6.2) 的行列式 $(j = 1,\, 2,\, \cdots,\, n)$.

证明 定理的结论有三部分, 即解的存在性、唯一性和表示法.

存在性. 采用加边法. 把方程组的 n 个常数项依次添加到系数行列式 D 的最后一列右边, 再把第 i 个方程的未知量系数连同常数项依次添加到第 1 行上方, 得到下列 $n+1$ 阶行列式:

$$\begin{vmatrix} a_{i1} & a_{i2} & \cdots & a_{in} & b_i \\ a_{11} & a_{12} & \cdots & a_{1n} & b_1 \\ a_{21} & a_{22} & \cdots & a_{2n} & b_2 \\ \vdots & \vdots & \ddots & \vdots & \vdots \\ a_{n1} & a_{n2} & \cdots & a_{nn} & b_n \end{vmatrix}_{n+1},\qquad i = 1,\, 2,\, \cdots,\, n.$$

该行列式第 1 行与第 $i+1$ 行完全相同, 因而其值为零. 于是按第 1 行展开, 得

$$(-1)^2 a_{i1}M_1 + (-1)^3 a_{i2}M_2 + \cdots + (-1)^{n+1} a_{in}M_n + (-1)^{n+2} b_i D = 0, \tag{2.6.3}$$

这里 M_j 是第 1 行第 j 个元素 a_{ij} 的余子式, 即

$$M_j=\begin{vmatrix}a_{11}&\cdots&a_{1,j-1}&a_{1,j+1}&\cdots&a_{1n}&b_1\\a_{21}&\cdots&a_{2,j-1}&a_{2,j+1}&\cdots&a_{2n}&b_2\\\vdots&&\vdots&\vdots&&\vdots&\vdots\\a_{n1}&\cdots&a_{n,j-1}&a_{n,j+1}&\cdots&a_{nn}&b_n\end{vmatrix},\quad j=1,2,\cdots,n.$$

把 M_j 的最后一列逐次与第 $n-1,\ n-2,\ \cdots,\ j$ 列交换位置, 所得的行列式就是 Δ_j. 这样的交换步骤一共进行了 $n-j$ 次, 所以

$$M_j=(-1)^{n-j}\Delta_j,\ \ j=1,2,\cdots,n,$$

即 $M_1=(-1)^{n-1}\Delta_1,\ M_2=(-1)^{n-2}\Delta_2,\cdots,\ M_n=\Delta_n$. 把它们代入 (2.6.3) 式, 得

$$(-1)^{n+1}a_{i1}\Delta_1+(-1)^{n+1}a_{i2}\Delta_2+\cdots+(-1)^{n+1}a_{in}\Delta_n+(-1)^{n+2}b_iD=0.$$

即

$$a_{i1}\Delta_1+a_{i2}\Delta_2+\cdots+a_{in}\Delta_n=b_iD.$$

已知 $D\neq0$. 用 D 去除上式两边, 得

$$a_{i1}\frac{\Delta_1}{D}+a_{i2}\frac{\Delta_2}{D}+\cdots+a_{in}\frac{\Delta_n}{D}=b_i,\ \ i=1,2,\cdots,n,$$

因此 $\left(\dfrac{\Delta_1}{D},\dfrac{\Delta_2}{D},\cdots,\dfrac{\Delta_n}{D}\right)$ 是方程组 (2.6.1) 的一个解. 存在性得证.

唯一性. 设 $(c_1,c_2,\cdots,c_n)$ 是方程组 (2.6.1) 的任意一个解, 则

$$a_{i1}c_1+a_{i2}c_2+\cdots+a_{in}c_n=b_i,\ \ i=1,2,\cdots,n.$$

依次用这 n 个等式左边的表达式代替 Δ_j 的第 j 列元素 $b_1,b_2,\cdots,b_n$, 得

$$\Delta_j=\begin{vmatrix}a_{11}&\cdots&a_{1,j-1}&a_{11}c_1+a_{12}c_2+\cdots+a_{1n}c_n&a_{1,j+1}&\cdots&a_{1n}\\a_{21}&\cdots&a_{2,j-1}&a_{21}c_1+a_{22}c_2+\cdots+a_{2n}c_n&a_{2,j+1}&\cdots&a_{2n}\\\vdots&&\vdots&\vdots&\vdots&&\vdots\\a_{n1}&\cdots&a_{n,j-1}&a_{n1}c_1+a_{n2}c_2+\cdots+a_{nn}c_n&a_{n,j+1}&\cdots&a_{nn}\end{vmatrix}.$$

把第 k 列的 $-c_k$ 倍加到第 j 列 $(k=1,2,\cdots,j-1,j+1,\cdots,n)$, 所得的行列式第 j 列元素依次为 $a_{1j}c_j,a_{2j}c_j,\cdots,a_{nj}c_j$. 于是提取公因数 c_j, 得

$$\Delta_j=c_j\begin{vmatrix}a_{11}&\cdots&a_{1,j-1}&a_{1j}&a_{1,j+1}&\cdots&a_{1n}\\a_{21}&\cdots&a_{2,j-1}&a_{2j}&a_{2,j+1}&\cdots&a_{2n}\\\vdots&&\vdots&\vdots&\vdots&&\vdots\\a_{n1}&\cdots&a_{n,j-1}&a_{nj}&a_{n,j+1}&\cdots&a_{nn}\end{vmatrix}.$$

上式右边的行列式就是方程组的系数行列式 D, 所以 $\Delta_j=c_jD,\quad j=1,2,\cdots,n$. 已知 $D\neq0$, 那么 $c_1=\dfrac{\Delta_1}{D},\ c_2=\dfrac{\Delta_2}{D},\cdots,\ c_n=\dfrac{\Delta_n}{D}$. 唯一性得证.

表示法. 根据前面的讨论, $\left(\dfrac{\Delta_1}{D},\dfrac{\Delta_2}{D},\cdots,\dfrac{\Delta_n}{D}\right)$ 是方程组 (2.6.1) 的唯一解, 因此方程组的解可以表示成 $x_1=\dfrac{\Delta_1}{D},\ x_2=\dfrac{\Delta_2}{D},\ \cdots,\ x_n=\dfrac{\Delta_n}{D}$. □

例 2.6.1 用克莱姆法则, 解下列线性方程组:

$$\begin{cases}2x_1+\ \ x_2-5x_3+\ \ x_4=8,\\ x_1-3x_2\qquad\quad -6x_4=9,\\ \qquad 2x_2-\ \ x_3+2x_4=-5,\\ x_1+4x_2-7x_3+6x_4=0.\end{cases}$$

解 方程组的系数行列式为 $D=\begin{vmatrix}2&1&-5&1\\1&-3&0&-6\\0&2&-1&2\\1&4&-7&6\end{vmatrix}$. 经计算, 得 $D=27$. 由于 $D\neq 0$,可以应用克莱姆法则. 因为

$$\varDelta_1=\begin{vmatrix}8&1&-5&1\\9&-3&0&-6\\-5&2&-1&2\\0&4&-7&6\end{vmatrix}=81,\quad \varDelta_2=\begin{vmatrix}2&8&-5&1\\1&9&0&-6\\0&-5&-1&2\\1&0&-7&6\end{vmatrix}=-108,$$

$$\varDelta_3=\begin{vmatrix}2&1&8&1\\1&-3&9&-6\\0&2&-5&2\\1&4&0&6\end{vmatrix}=-27,\quad \varDelta_4=\begin{vmatrix}2&1&-5&8\\1&-3&0&9\\0&2&-1&-5\\1&4&-7&0\end{vmatrix}=27,$$

所以 $\dfrac{\varDelta_1}{D}=3,\ \dfrac{\varDelta_2}{D}=-4,\ \dfrac{\varDelta_3}{D}=-1,\ \dfrac{\varDelta_4}{D}=1$, 因此方程组的解为 $(3, -4, -1, 1)$.

在上例中, 需要计算 5 个 4 阶行列式, 其计算量相当大, 难免出现差错, 因此最好把求得的解代入原方程组检验一下. 如果用加减消元法来解这个方程组, 不难发现, 计算量将小得多. 这说明, 克莱姆法则不适宜解未知量较多的线性方程组. 它的意义主要在于, 从理论上给出了方程组的解与系数之间的关系. 在下一章我们将看到, 克莱姆法则在理论上有重要应用.

例 2.6.2 设 D 是一个 n 阶行列式 $(n\geqslant 2)$. 令 A_{ij} 是 D 的元素 a_{ij} 的代数余子式. 如果 $D\neq 0$,那么线性方程组

$$\begin{cases}A_{11}x_1+A_{12}x_2+\cdots+A_{1n}x_n=b_1,\\ A_{21}x_1+A_{22}x_2+\cdots+A_{2n}x_n=b_2,\\ \qquad\qquad\vdots\\ A_{n1}x_1+A_{n2}x_2+\cdots+A_{nn}x_n=b_n\end{cases}$$

有唯一解, 这里 $b_1, b_2, \cdots, b_n$ 是 n 个常数. 事实上, 设 $\varDelta$ 是方程组的系数行列式. 令 $\varDelta'$ 是 $\varDelta$ 的转置, 则 $\varDelta=\varDelta'$. 于是由行列式的乘法定理, 有

$$D\varDelta=\begin{vmatrix}a_{11}&a_{12}&\cdots&a_{1n}\\a_{21}&a_{22}&\cdots&a_{2n}\\\vdots&\vdots&\ddots&\vdots\\a_{n1}&a_{n2}&\cdots&a_{nn}\end{vmatrix}\begin{vmatrix}A_{11}&A_{21}&\cdots&A_{n1}\\A_{12}&A_{22}&\cdots&A_{n2}\\\vdots&\vdots&\ddots&\vdots\\A_{1n}&A_{2n}&\cdots&A_{nn}\end{vmatrix}=\begin{vmatrix}c_{11}&c_{12}&\cdots&c_{1n}\\c_{21}&c_{22}&\cdots&c_{2n}\\\vdots&\vdots&\ddots&\vdots\\c_{n1}&c_{n2}&\cdots&c_{nn}\end{vmatrix},$$

其中 $c_{ij}=a_{i1}A_{j1}+a_{i2}A_{j2}+\cdots+a_{in}A_{jn},\ i,j=1,2,\cdots,n$. 从而由定理 2.4.5, 得 $c_{ij}=\delta_{ij}D$. 这表明, $|c_{ij}|$ 的主对角线上元素全为 D, 其余元素全为零, 所以 $D\varDelta=D^n$. 再由 $D\neq 0$, 得 $\varDelta\neq 0$. 根据克莱姆法则, 所给方程组有唯一解.

习题 2.6

1. 用克莱姆法则解下列线性方程组:

(1) $\begin{cases}2x_1-\ \ x_2+3x_3+2x_4=6,\\3x_1-3x_2+3x_3+2x_4=5,\\3x_1-\ \ x_2-\ \ x_3+2x_4=3,\\3x_1-\ \ x_2+3x_3-\ \ x_4=4;\end{cases}$ (2) $\begin{cases}x_1+2x_2+3x_3-2x_4=6,\\2x_1-\ \ x_2-2x_3-3x_4=8,\\3x_1+2x_2-\ \ x_3+2x_4=4,\\2x_1-3x_2+2x_3+\ \ x_4=-8.\end{cases}$

2. 解下列线性方程组 (其中 a, b, c 是互不相同的数):

$$x+y+z=a+b+c,\ ax+by+cz=a^2+b^2+c^2,\ bcx+cay+abz=3abc.$$

3. 证明下列线性方程组有唯一解, 并求出它的解 (其中 a, b, c 是全不为零的数):

$$ax+bz=c,\ cz+ay=b,\ by+cx=a.$$

4. 设 a, b, c, d 是不全为零的实数. 证明下列线性方程组有唯一解:

$$\begin{cases}ax_1+bx_2+cx_3+dx_4=b_1,\\bx_1-ax_2+dx_3-cx_4=b_2,\\cx_1-dx_2-ax_3+bx_4=b_3,\\dx_1+cx_2-bx_3-ax_4=b_4.\end{cases}$$

5. 设 a_1, a_2, a_3, a_4 是数域 $\boldsymbol{F}$ 中互不相同的数. 证明下列线性方程组有唯一解:

$$\begin{cases}x_1+\ \ x_2+\ \ x_3+\ \ x_4=b_1,\\a_1x_1+a_2x_2+a_3x_3+a_4x_4=b_2,\\a_1^2x_1+a_2^2x_2+a_3^2x_3+a_4^2x_4=b_3,\\a_1^3x_1+a_2^3x_2+a_3^3x_3+a_4^3x_4=b_4.\end{cases}$$

*6. 设 $a_1, a_2, \cdots, a_n$ 是数域 $\boldsymbol{F}$ 中 n 个互不相同的数, $b_1, b_2, \cdots, b_n$ 是数域 $\boldsymbol{F}$ 中任意 n 个数. 用克莱姆法则证明: 存在数域 $\boldsymbol{F}$ 上唯一一个次数不超过 $n-1$ 的多项式 $f(x)$, 使得

$$f(a_i)=b_i,\ \ i=1,2,\cdots,n.$$

*7. 设 $D=|a_{ij}|$ 是一个 3 阶行列式, 其中 $a_{ij}\in\mathbb{R}$. 令 A_{ij} 是 D 的元素 a_{ij} 的代数余子式. 如果 $D\neq 0$, 那么几何空间中下列三个平面相交于唯一一点:

$$\pi_i: A_{i1}x+A_{i2}y+A_{i3}z+b_i=0,\ \ i=1,2,3.$$

第 3 章　线性方程组

我们知道, 线性代数学起源于研究线性方程组, 因此线性方程组的理论是线性代数学的基础理论. 在各种科学和技术领域, 最经常出现的问题之一就是解线性方程组, 因而在解决实际问题方面, 线性方程组也有非常广泛的应用.

我国古代数学名著《九章算术》里的方程章, 详细讨论了线性方程组的解法[①], 从而为线性代数学铺下了第一块基石. 有趣的是, 方程一词也是来源于解线性方程组[②]. 然而正如我们从上一章看到的, 直至 17 世纪末有了行列式等数学工具之后, 人们才能够对线性方程组在理论上作系统研究.

用克莱姆法则解线性方程组是有条件的, 它要求方程个数和未知量个数必须相同, 而且系数行列式不等于零. 然而实际问题中不满足这些条件的线性方程组比比皆是. 例如, 我国古代数学家张丘建写的《算经》一书里, 曾经解答了下列题目: "鸡翁一, 值钱五; 鸡母一, 值钱三; 鸡雏三, 值钱一; 百钱买百鸡. 问鸡翁、母、雏各几何?" 这就是求下列线性方程组的非负整数解问题:

$$x + y + z = 100,\ \ 5x + 3y + \frac{1}{3}z = 100,$$

这里 x, y, z 分别表示公鸡、母鸡和小鸡的数目. 显然这个方程组不满足克莱姆法则的条件.

在这一章我们将比较系统地讨论线性方程组解的理论. 主要讨论三个方面的问题. (1)解的存在性: 怎样判断线性方程组是否有解? 换句话说, 它有解的充要条件是什么? (2)解的唯一性和可解性: 如果一个线性方程组有解, 那么它有几个解? 怎样求它的全部解? (3)解的结构: 如果一个线性方程组的解不唯一, 那么它的任意两个解之间有什么关系? 此外, 由于克莱姆法则不能直接用来探讨一般线性方程组, 所以本章还将介绍矩阵和向量这两个数学工具.

3.1　消　元　法

消元法对于我们来说并不陌生, 它实际上是加减消元法. 在西方这种方法被称为**高斯消去法**. 其实《九章算术》里就是用这种方法来解线性方程组的.

先来回顾一下怎样用加减消元法解线性方程组.

例 3.1.1　解下列线性方程组:

[①]《九章算术》成书于公元一世纪前后 (西汉末至东汉初), 是我国古代重要数学著作. 该书系统总结了先秦至西汉数百年间的数学成就. 它采用问题集的形式, 一共搜集了 246 个问题, 每一个问题都给出答案或解题方法或解题过程 (称为术). 全书分成九章, 其中第八章为 "方程", 即线性方程组, 包括 18 问 19 术.

[②]我国古代曾经用竹筹 (竹签子) 作为计算工具. 用竹筹解线性方程组, 就是把方程组的系数 (包括常数项) 分离出来, 用竹筹排成一个矩形的表 (称为增广矩阵), 并用加减消元法解这个方程组. 因此方程的意思是, 按照一定的规程讨论方程组的增广矩阵.

$$\begin{cases}-4x_1-2x_2-5x_3=-4,\\ \ \ 2x_1-\ \ x_2+3x_3=\ \ 1,\\ \ \ 2x_1+\ \ x_2+2x_3=\ \ 5.\end{cases}$$

我们知道, 所谓消元就是把方程组中某些未知量的系数变成零. 如果能够消去上述方程组中某个方程的含未知量 x_1 和 x_2 的项, 就可以求出 x_3 的值, 从而得到只含 x_1 和 x_2 的方程组. 按照这种方法, 又可以逐次求出 x_2 和 x_1 的值. 由于从实际问题中得到的线性方程组, 往往含有几十个甚至成百上千个未知量, 所以我们有必要去寻找解题规律, 以便按照某种程序进行计算. 为此, 我们采用下面的方式 (即仿照行列式计算中的化三角形法) 来解上述方程组.

解 用 -1 去乘第 1 个方程两边, 得左下方的方程组. 为了避免出现分数, 交换第 1 个和第 3 个方程的位置, 得右下方的方程组.

$$\begin{cases}4x_1+2x_2+5x_3=4,\\2x_1-\ \ x_2+3x_3=1,\\2x_1+\ \ x_2+2x_3=5;\end{cases}\qquad\begin{cases}2x_1+\ \ x_2+2x_3=5,\\2x_1-\ \ x_2+3x_3=1,\\4x_1+2x_2+5x_3=4.\end{cases}$$

再把第 2 个方程减去第 1 个方程, 并把第 3 个方程减去第 1 个方程的 2 倍, 得

$$\begin{cases}2x_1+\ \ x_2+2x_3=\ \ 5,\\ \qquad -2x_2+\ \ x_3=-4,\\ \qquad\qquad\quad x_3=-6.\end{cases}\tag{3.1.1}$$

用 -6 代替前两个方程中的 x_3, 就可以消去 x_3, 得到只含 x_1 和 x_2 的方程组

$$\begin{cases}2x_1+\ \ x_2-12=\ \ 5,\\ \qquad -2x_2-\ \ 6=-4,\end{cases}\quad 即\quad\begin{cases}2x_1+\ \ x_2=17,\\ \qquad\quad x_2=-1.\end{cases}$$

再用 -1 代替第 1 个方程中的 x_2, 得 $x_1=9$. 因此原方程组的解为 $(9,-1,-6)$.

形如 (3.1.1) 的线性方程组称为**阶梯形方程组**. 给定一个阶梯形方程组, 如果它的每一个方程等号左边第一个非零项 (如果存在的话) 的系数为 1, 并且这一项上方对应项的系数全为零, 那么这个方程组称为一个**简化阶梯形方程组**. 注意, 阶梯形方程组中 “阶梯” 的形状可能有长有短. 为了便于作理论上的探讨, 我们允许某些未知量 (甚至所有未知量) 的系数全为零. 例如,

$$\begin{cases}x_1+0x_2+a_{13}x_3+0x_4+a_{15}x_5=b_1,\\ \qquad\qquad\qquad\qquad\quad x_4+a_{25}x_5=b_2,\\ \qquad\qquad\qquad\qquad\qquad\qquad\quad 0=b_3\end{cases}$$

是一个简化阶梯形方程组 (它含 3 个方程 5 个未知量, 其中第 2 个未知量的系数全为零).

在上例的解题过程中, 我们对方程组作了如下三种变换: 用一个非零的数去乘某个方程两边; 把一个方程的某个倍数加到另一个方程; 交换两个方程的位置. 这三种变换分别称为**倍法变换**、

消法变换和**换法变换**，统称为**初等变换**. 用初等变换解线性方程组的方法称为**消元法**.

已知数域 $\boldsymbol{F}$ 上含 m 个方程 n 个未知量的一般线性方程组可以简记为

$$a_{i1}x_1 + a_{i2}x_2 + \cdots + a_{in}x_n = b_i,\ \ i = 1, 2, \cdots, m. \tag{3.1.2}$$

这个方程组也称为一个 **n 元一次方程组**或 **n 元线性方程组**. 由它的全部解组成的集合称为这个方程组的**解集**. 我们规定, 它的每一个解 $(c_1, c_2, \cdots, c_n)$ 都是数域 $\boldsymbol{F}$ 上一个 n 元有序数组. 我们知道, 解方程组的意思是找出方程组的全部解, 即求出它的解集 (对于解集是空集的情形, 必须判断方程组无解).

如果数域 $\boldsymbol{F}$ 上两个线性方程组有相同的解集, 那么称它们是**同解的** (此时方程个数可以不同, 但未知量个数必须相同). 于是任意两个无解的 n 元线性方程组都是同解的. 显然数域 $\boldsymbol{F}$ 上两个 n 元线性方程组不是同解, 就是不同解, 因而同解是一种二元关系. 易见同解关系具有对称性和传递性. 这里对称性的意思是, 对任意两个线性方程组, 如果前一个与后一个同解, 那么后一个与前一个也同解. 类似地, 可以定义传递性.

读中学时我们就知道, 对二元一次方程组或三元一次方程组作倍法变换或作消法变换, 所得的方程组与原方程组是同解的. 一般地, 我们有以下定理.

定理 3.1.1 *对数域 $\boldsymbol{F}$ 上一个线性方程组作一次初等变换, 所得的方程组与原方程组同解.*

证明 不妨假定原方程组为方程组 (3.1.2). 我们需要分别讨论倍法、消法和换法这三种变换. 当所作的是换法变换时, 变换前后的两个方程组, 其差异只是有两个方程所处的位置不同而已. 这样的两个方程组当然是同解的.

当所作的是倍法变换时, 不妨设它是用一个非零的数 k 去乘原方程组的第 i 个方程两边, 那么在变换过程中, 除第 i 个方程外, 其余方程都没有变化, 而第 i 个方程

$$a_{i1}x_1 + a_{i2}x_2 + \cdots + a_{in}x_n = b_i$$

变成

$$ka_{i1}x_1 + ka_{i2}x_2 + \cdots + ka_{in}x_n = kb_i.$$

现在, 设原方程组有一个解 $(c_1, c_2, \cdots, c_n)$. 根据上面的分析, 这个解自然满足变换后第 i 个方程以外的所有方程. 由于它满足变换前的第 i 个方程, 即

$$a_{i1}c_1 + a_{i2}c_2 + \cdots + a_{in}c_n = b_i,$$

因此

$$ka_{i1}c_1 + ka_{i2}c_2 + \cdots + ka_{in}c_n = kb_i.$$

这表明, $(c_1, c_2, \cdots, c_n)$ 也满足变换后的第 i 个方程, 所以它是变换后的方程组的一个解. 另一方面, 设变换后的方程组有一个解 $(c_1, c_2, \cdots, c_n)$, 则这个解满足变换前第 i 个方程以外的所有方程, 并且满足变换后的第 i 个方程, 即

$$ka_{i1}c_1 + ka_{i2}c_2 + \cdots + ka_{in}c_n = kb_i.$$

由于 k 是非零的数, 根据消去律, 有 $a_{i1}c_1 + a_{i2}c_2 + \cdots + a_{in}c_n = b_i$. 这表明, $(c_1, c_2, \cdots, c_n)$ 也满足变换前的第 i 个方程, 所以它是原方程组的一个解.

当所作的是消法变换时, 仿照上面的讨论, 如果原方程组有一个解, 那么这个解也是变换后的方程组的一个解, 反之亦然.

此外, 当原方程组无解时, 如果变换后的方程组有解, 根据上面的讨论, 原方程组也有解, 这是不可能的. 因此不论哪种情形, 变换前后的两个方程组都是同解的. □

由于同解关系具有传递性, 根据上述定理, 对一个线性方程组连续作有限次初等变换, 所得的方程组与原方程组同解. 于是消元过程就是对所给方程组反复作初等变换, 得到一串与原方程组同解的方程组, 使得在变换过程中, 系数不为零的项逐渐减少.

我们知道, 线性方程组的未知量用什么符号来表示并不重要. 实际上未知量系数和常数项一旦确定, 这个方程组就确定了. 为了便于书写, 我们把未知量系数分离出来, 按照原来的相对位置写成一个矩形的表, 并把这个表取名为方程组的**系数矩阵**, 而把连同常数项一起写出来的表取名为**增广矩阵**. 例如, 线性方程组 (3.1.2) 的系数矩阵和增广矩阵分别为

$$\begin{pmatrix} a_{11} & a_{12} & \cdots & a_{1n} \\ a_{21} & a_{22} & \cdots & a_{2n} \\ \vdots & \vdots & & \vdots \\ a_{m1} & a_{m2} & \cdots & a_{mn} \end{pmatrix} \quad \text{和} \quad \left(\begin{array}{cccc:c} a_{11} & a_{12} & \cdots & a_{1n} & b_1 \\ a_{21} & a_{22} & \cdots & a_{2n} & b_2 \\ \vdots & \vdots & & \vdots & \vdots \\ a_{m1} & a_{m2} & \cdots & a_{mn} & b_m \end{array}\right).$$

这样, 每一个线性方程组都可以用它的增广矩阵来表示.

仿照 2.3 节中介绍的符号, 我们用 $[i,j]$ 来表示交换方程组第 i 个与第 j 个方程的位置, 用 $[i(k)+j]$ 来表示把第 i 个方程的 k 倍加到第 j 个方程 (第 i 个方程不变). 我们再引进符号 $[i(k)]$, 它表示用非零的数 k 去乘第 i 个方程两边. 于是解线性方程组时, 可以利用增广矩阵, 像计算行列式那样, 把解题过程用符号表示出来. 这里符号 $[i,j]$ 就读作"交换第 i 个与第 j 个方程". 类似地, 可以给出另外两个符号的读法.

例 3.1.2 解例 3.1.1 中的线性方程组, 即解下列方程组:

$$-4x_1-2x_2-5x_3=-4, \quad 2x_1-x_2+3x_3=1, \quad 2x_1+x_2+2x_3=5.$$

注意, 在解题过程中, 可以根据具体情况进行灵活处理, 不必照搬例 3.1.1 的解法, 而且通常是把方程组化成简化阶梯形方程组.

解 因为

$$\left(\begin{array}{ccc:c} -4 & -2 & -5 & -4 \\ 2 & -1 & 3 & 1 \\ 2 & 1 & 2 & 5 \end{array}\right) \xrightarrow[{[3(-1)+2]}]{[3(2)+1]} \left(\begin{array}{ccc:c} 0 & 0 & -1 & 6 \\ 0 & -2 & 1 & -4 \\ 2 & 1 & 2 & 5 \end{array}\right) \xrightarrow[{[1(1)+2]}]{\substack{[2(\frac{1}{2})+3] \\ [1(\frac{5}{2})+3]}} \left(\begin{array}{ccc:c} 0 & 0 & -1 & 6 \\ 0 & -2 & 0 & 2 \\ 2 & 0 & 0 & 18 \end{array}\right),$$

所以原方程组与下列简化阶梯形方程组同解: $x_1=9,\ \ x_2=-1,\ \ x_3=-6$, 因此原方程组的解为 $(9, -1, -6)$.

例 3.1.3 解下列线性方程组:

$$x_1-x_2+x_3=1, \quad x_1-x_2-x_3=3, \quad 2x_1-2x_2-x_3=3.$$

解 因为

$$\begin{pmatrix}1 & -1 & 1 & \vdots & 1\\ 1 & -1 & -1 & \vdots & 3\\ 2 & -2 & -1 & \vdots & 3\end{pmatrix}\xrightarrow[{[2(-\frac{3}{2})+3]}]{[1(-\frac{1}{2})+3]}\begin{pmatrix}1 & -1 & 1 & \vdots & 1\\ 1 & -1 & -1 & \vdots & 3\\ 0 & 0 & 0 & \vdots & -2\end{pmatrix},$$

所以原方程组与下列方程组同解: $x_1-x_2+x_3=1,\ \ x_1-x_2-x_3=3,\ \ 0=-2$. 这里最后一个方程就是 $0x_1+0x_2+0x_3=-2$. 显然不论 x_1, x_2, x_3 取什么值, 都不能满足这个方程, 因此原方程组无解.

例 3.1.4 在数域 $\boldsymbol{F}$ 上, 解下列线性方程组:

$$x_1-x_2=2,\quad x_1-x_2+x_3=1,\quad 2x_1-2x_2-x_3=5.$$

解 因为

$$\begin{pmatrix}1 & -1 & 0 & \vdots & 2\\ 1 & -1 & 1 & \vdots & 1\\ 2 & -2 & -1 & \vdots & 5\end{pmatrix}\xrightarrow[{[1(-1)+2]}]{\substack{[2(1)+3]\\ [1(-3)+3]}}\begin{pmatrix}1 & -1 & 0 & \vdots & 2\\ 0 & 0 & 1 & \vdots & -1\\ 0 & 0 & 0 & \vdots & 0\end{pmatrix},$$

所以原方程组与下列简化阶梯形方程组同解: $x_1-x_2=2,\ \ x_3=-1,\ \ 0=0$. 这里最后一个方程是恒等式 $0x_1+0x_2+0x_3\equiv 0$, 所以原方程组与下列方程组也同解: $x_1-x_2=2,\ \ x_3=-1$. 现在, 对任意的 $k\in\boldsymbol{F}$, 令 $x_2=k$, 则 $x_1=2+k$, 因此 $(2+k,\ k,\ -1)$ 是原方程组的一个解. 由于 k 是数域 $\boldsymbol{F}$ 中任意数, 我们看到, 原方程组有无穷多解.

上例中最后一个表第 3 行元素全为零. 显然, 以去掉这一行的表作为增广矩阵的线性方程组, 它与原方程组也同解. 但要注意, 表中的第 3 行必须保留, 其理由是, 初等变换并不改变方程组所含方程的个数.

上例中的解有时用下列表达式来表示:

$$x_1=2+x_2,\ \ x_3=-1. \tag{3.1.3}$$

一般地, 当一个线性方程组有无穷多解时, 它的形如上述表达式的解称为一个 **一般解,** 其中等号右边的未知量称为 **自由未知量,** 左边的称为 **条件未知量.** 于是一般解 (3.1.3) 中 x_2 是自由未知量, x_1 和 x_3 是条件未知量. 注意, 可以选取不同的未知量作为自由未知量. 例如, 一般解 (3.1.3) 也可以写成

$$x_2=-2+x_1,\ \ x_3=-1. \tag{3.1.4}$$

此时, x_1 是自由未知量. 由此可见, 一般解有不同表示法, 因而解或解集也有不同表示法. 我们把解集中元素的一般表达式称为方程组的一个 **通解,** 而把取定的一个解称为一个 **特解.** 例如, 由一般解 (3.1.3) 和 (3.1.4) 可见, 对于例 3.1.4 中的方程组, 其解集可以表示成

$$\{(2+k,\ k,\ -1)\mid k\in\boldsymbol{F}\}\ \ 或\ \{(k,\ -2+k,\ -1)\mid k\in\boldsymbol{F}\},$$

因而通解为 $(2+k,\ k,\ -1),\ \ k\in\boldsymbol{F}$ 或 $(k,\ -2+k,\ -1),\ \ k\in\boldsymbol{F}$. 又如, 对于前一个通解, 取 $k=0$, 得一个特解 $(2,\ 0,\ -1)$; 取 $k=1$, 得另一个特解 $(3,\ 1,\ -1)$.

例 3.1.5 在数域 $\boldsymbol{F}$ 上, 解线性方程组 $x+y+z=100,\quad 5x+3y+\dfrac{1}{3}z=100.$

解 因为

$$\begin{pmatrix}1&1&1&\vdots&100\\5&3&\dfrac{1}{3}&\vdots&100\end{pmatrix}\xrightarrow{[1(-3)+2]}\begin{pmatrix}1&1&1&\vdots&100\\2&0&-\dfrac{8}{3}&\vdots&-200\end{pmatrix}\xrightarrow[\left[2\left(-\frac{3}{8}\right)\right]]{\left[2\left(\frac{3}{8}\right)+1\right]}\begin{pmatrix}\dfrac{7}{4}&1&0&\vdots&25\\-\dfrac{3}{4}&0&1&\vdots&75\end{pmatrix},$$

所以原方程组的一个一般解为 $y=25-\dfrac{7}{4}x,\quad z=75+\dfrac{3}{4}x$,这里 x 是自由未知量, 因而一个通解为 $\left(k,\ 25-\dfrac{7}{4}k,\ 75+\dfrac{3}{4}k\right)$,其中 k 是 $\boldsymbol{F}$ 中任意数.

上例中的方程组是从本章开头提到的百鸡问题导出的, 它的非负整数解就是问题的答案[①]. 考察一般解中第一个方程 $y=25-\dfrac{7}{4}x$. 当 x 与 y 都是非负整数时, x 必定是 4 的非负整数倍, 并且 $25-\dfrac{7}{4}x\geqslant 0$, 即 $\dfrac{7}{4}x\leqslant 25$. 由此可见, 自由未知量 x 只能取 0, 4, 8 和 12. 现在容易求得方程组的非负整数解为

$$(0,25,75),\ (4,18,78),\ (8,11,81)\ \text{和}\ (12,4,84).$$

例 3.1.6 当 a 为何值时, 数域 $\boldsymbol{F}$ 上下列线性方程组有解?

$$x_1+x_2-x_3=1,\quad 2x_1+3x_2+ax_3=3,\quad x_1+ax_2+3x_3=2.$$

对于有解的情形, 求出它的解.

解 1 这是含参数 a 的线性方程组, 它实际上是一类方程组. 注意到其中的方程个数与未知量个数都是 3, 可设 D 是方程组的系数行列式, 那么

$$D=\begin{vmatrix}1&1&-1\\2&3&a\\1&a&3\end{vmatrix}\overset{[2(1)+3]}{\underset{[3(-1)+2]}{=\!=\!=}}\begin{vmatrix}1&1&0\\1&3-a&0\\1&a&a+3\end{vmatrix}=(2-a)(3+a).$$

经计算, 得

$$\varDelta_1=\begin{vmatrix}1&1&-1\\3&3&a\\2&a&3\end{vmatrix}=(2-a)(3+a),\quad \varDelta_2=\begin{vmatrix}1&1&-1\\2&3&a\\1&2&3\end{vmatrix}=2-a,\quad \varDelta_3=\begin{vmatrix}1&1&1\\2&3&3\\1&a&2\end{vmatrix}=2-a.$$

已知 $D=(2-a)(3+a)$. 当 $a\neq 2$ 且 $a\neq -3$ 时, 有 $D\neq 0$. 根据克莱姆法则, 方程组有唯一解, 其解为 $\left(\dfrac{\varDelta_1}{D},\ \dfrac{\varDelta_2}{D},\ \dfrac{\varDelta_3}{D}\right)$, 即 $\left(1,\ \dfrac{1}{3+a},\ \dfrac{1}{3+a}\right)$. 当 $a=2$ 时, 因为

$$\begin{pmatrix}1&1&-1&\vdots&1\\2&3&2&\vdots&3\\1&2&3&\vdots&2\end{pmatrix}\xrightarrow[{[1(-1)+3]}]{[1(-2)+2]}\begin{pmatrix}1&1&-1&\vdots&1\\0&1&4&\vdots&1\\0&1&4&\vdots&1\end{pmatrix}\xrightarrow[{[2(-1)+3]}]{[2(-1)+1]}\begin{pmatrix}1&0&-5&\vdots&0\\0&1&4&\vdots&1\\0&0&0&\vdots&0\end{pmatrix},$$

[①]讨论不定方程组的整数解等问题, 已经超出了本课程的范围.

所以方程组有无穷多解, 其通解为 $(5k, 1-4k, k)$, $k\in \boldsymbol{F}$. 当 $a=-3$ 时, 因为

$$\begin{pmatrix} 1 & 1 & -1 & \vdots & 1 \\ 2 & 3 & -3 & \vdots & 3 \\ 1 & -3 & 3 & \vdots & 2 \end{pmatrix} \xrightarrow[{[2(4)+3]}]{[1(-9)+3]} \begin{pmatrix} 1 & 1 & -1 & \vdots & 1 \\ 2 & 3 & -3 & \vdots & 3 \\ 0 & 0 & 0 & \vdots & 5 \end{pmatrix},$$

所以方程组无解.

解 2 因为

$$\begin{pmatrix} 1 & 1 & -1 & \vdots & 1 \\ 2 & 3 & a & \vdots & 3 \\ 1 & a & 3 & \vdots & 2 \end{pmatrix} \xrightarrow[{[1(-1)+3]}]{[1(-2)+2]} \begin{pmatrix} 1 & 1 & -1 & \vdots & 1 \\ 0 & 1 & a+2 & \vdots & 1 \\ 0 & a-1 & 4 & \vdots & 1 \end{pmatrix} \xrightarrow[{[2(1-a)+3]}]{[2(-1)+1]} \begin{pmatrix} 1 & 0 & -(a+3) & \vdots & 0 \\ 0 & 1 & a+2 & \vdots & 1 \\ 0 & 0 & (2-a)(3+a) & \vdots & 2-a \end{pmatrix},$$

不难看出, 当 $a\neq 2$ 且 $a\neq -3$ 时, 方程组有唯一解, 其解为 $\left(1, \dfrac{1}{3+a}, \dfrac{1}{3+a}\right)$; 当 $a=2$ 时, 方程组有无穷多解, 其通解为 $(5k, 1-4k, k)$, $k\in \boldsymbol{F}$; 当 $a=-3$ 时, 方程组无解.

习题 3.1

1. 用消元法解数域 $\boldsymbol{F}$ 上下列线性方程组. 对于有无穷多解的情形, 求出方程组的一般解和通解, 并写出一个特解.

(1) $\begin{cases} x_1+3x_2+5x_3-4x_4 = 1, \\ x_1+3x_2+2x_3-2x_4+x_5=-1, \\ x_1-2x_2+x_3-x_4-x_5=3, \\ x_1+2x_2+x_3-x_4+x_5=-1; \end{cases}$ (2) $\begin{cases} x_1+2x_2-3x_4+2x_5=1, \\ x_1-x_2-3x_3+x_4-3x_5=2, \\ 2x_1-3x_2+4x_3-5x_4+2x_5=7, \\ 9x_1-9x_2+6x_3-16x_4+2x_5=25; \end{cases}$

(3) $\begin{cases} x_1-2x_2+3x_3-4x_4=4, \\ x_2-x_3+x_4=-3, \\ x_1+3x_2+x_4=1, \\ -7x_2+3x_3+x_4=-3; \end{cases}$ (4) $\begin{cases} 3x_1+4x_2-5x_3+7x_4=0, \\ 2x_1-3x_2+3x_3-2x_4=0, \\ 4x_1+11x_2-13x_3+16x_4=0, \\ 7x_1-2x_2+x_3+3x_4=0. \end{cases}$

2. 当且仅当 a 为何值时, 下面两个线性方程组同解?

(1) $\begin{cases} ax_1-x_2=a-1, \\ x_1-2x_2=a, \\ ax_1+x_2=1; \end{cases}$ (2) $\begin{cases} a(a-1)x_1+(1-a)x_2=(a-1)^2, \\ x_1-2x_2=a, \\ ax_1+x_2=1. \end{cases}$

3. 在数域 $\boldsymbol{F}$ 上, 当 a 为何值时, 下列线性方程组有解? 对于有解的情形, 求出它的解.

(1) $\begin{cases} ax_1+x_2+x_3=1, \\ x_1+ax_2+x_3=a, \\ x_1+x_2+ax_3=a^2; \end{cases}$ (2) $\begin{cases} (a+3)x_1+x_2+2x_3=a, \\ ax_1+(a-1)x_2+x_3=2a, \\ 3(a+1)x_1+ax_2+(a+3)x_3=3a. \end{cases}$

4. 证明: 对线性方程组作一次消法变换, 所得的方程组与原方程组同解.

5. 证明: 线性方程组的换法变换不是独立的, 即它可以经过连续作若干次消法变换和倍法变换来实现.

3.2　线性方程组有解的判别法

从上一节我们看到, 给定一个线性方程组, 它可能有唯一解, 也可能无解, 还可能有无穷多解. 这就自然产生下列问题: 怎样判断线性方程组是否有解? 对于有解的情形, 怎样判断它是否有唯一解? 这就是本节要讨论的内容.

回顾一下, 阶梯形方程组中 "阶梯" 的形状可能有长有短, 并且允许某些未知量 (甚至所有未知量) 的系数全为零, 其增广矩阵的大致形状如下:

$$\left(\begin{array}{l:c}
0\cdots 0\ c_{1j_1}\ *\cdots *\ \ *\ \ *\cdots *\ \ *\ \ *\cdots * & d_1\\
0\cdots\cdots\cdots 0\ c_{2j_2}\ *\cdots *\ \ *\ \ *\cdots * & d_2\\
\cdots\cdots\cdots\cdots\cdots\cdots\cdots\cdots\cdots\cdots & \cdots\\
0\cdots\cdots\cdots\cdots\cdots\cdots 0\ c_{rj_r}\ *\cdots * & d_r\\
0\cdots\cdots\cdots\cdots\cdots\cdots\cdots\cdots\cdots 0 & d_{r+1}\\
0\cdots\cdots\cdots\cdots\cdots\cdots\cdots\cdots\cdots 0 & 0\\
\cdots\cdots\cdots\cdots\cdots\cdots\cdots\cdots\cdots\cdots & \cdots\\
0\cdots\cdots\cdots\cdots\cdots\cdots\cdots\cdots\cdots 0 & 0
\end{array}\right).$$

这样的方程组不好书写. 为了克服这个困难, 让我们首先给出一个命题.

命题 3.2.1　如果 $(c_1, c_2, \cdots, c_n)$ 是线性方程组

$$\begin{cases}
a_{11}x_1+a_{12}x_2+\cdots+a_{1n}x_n=b_1,\\
a_{21}x_1+a_{22}x_2+\cdots+a_{2n}x_n=b_2,\\
\qquad\qquad\vdots\\
a_{m1}x_1+a_{m2}x_2+\cdots+a_{mn}x_n=b_m
\end{cases}\tag{3.2.1}$$

的一个解, 那么 $(c_{j_1}, c_{j_2}, \cdots, c_{j_n})$ 是线性方程组

$$\begin{cases}
a_{1j_1}y_1+a_{1j_2}y_2+\cdots+a_{1j_n}y_n=b_1,\\
a_{2j_1}y_1+a_{2j_2}y_2+\cdots+a_{2j_n}y_n=b_2,\\
\qquad\qquad\vdots\\
a_{mj_1}y_1+a_{mj_2}y_2+\cdots+a_{mj_n}y_n=b_m
\end{cases}\tag{3.2.2}$$

的一个解, 反之亦然, 这里 $j_1j_2\cdots j_n$ 是数码 $1, 2, \cdots, n$ 的一个排列.

这个命题的证明留给读者作为练习. 注意, 命题中两个方程组一般不同解. 但是它们的解的存在性是一致的, 唯一性也是一致的.

从上一节的例子不难猜测, 可以对方程组 (3.2.1) 连续作有限次初等变换, 使得变换后的方程组是一个阶梯形方程组 (证明见下一节定理 3.3.1). 这样的阶梯形方程组, 其形状有点复杂. 不过不管它的形状如何, 如果未知量系数不全为零的方程个数为 r, 那么 r 不会超过未知量个数 n, 即 $0\leqslant r\leqslant n$.

为了便于书写, 当有必要时, 把方程组 (3.2.1) 中某些项的位置交换一下, 并改用 $y_1, y_2, \cdots, y_n$ 来表示未知量, 即把它改写成方程组 (3.2.2). 经过这样的处理后, 允许假定方程

组 (3.2.2) 可以经过连续作有限次初等变换化成形如

$$\begin{cases} b_{11}y_1+b_{12}y_2+\cdots+b_{1r}y_r+\cdots+b_{1n}y_n=d_1,\\ \qquad b_{22}y_2+\cdots+b_{2r}y_r+\cdots+b_{2n}y_n=d_2,\\ \qquad\qquad\vdots\\ \qquad\qquad b_{rr}y_r+\cdots+b_{rn}y_n=d_r,\\ \qquad\qquad\qquad 0=d_{r+1},\\ \qquad\qquad\qquad 0=0,\\ \qquad\qquad\qquad\vdots\\ \qquad\qquad\qquad 0=0 \end{cases} \tag{3.2.3}$$

的阶梯形方程组, 其中 $0\leqslant r\leqslant n$, 并且当 $r>0$ 时, 有 $b_{11}b_{22}\cdots b_{rr}\neq 0$. 这个方程组一共有 m 个方程. 当 $r=m$ 时, 方程 $0=d_{r+1}$ 及其下方的方程都不出现; 当 $r=0$ 时, 方程 $0=d_{r+1}$ 就是 $0=d_1$. 此时, n 个未知量的系数全为零.

现在, 如果出现形如 $0=d_{r+1}$ (d_{r+1} 是非零常数) 这样的矛盾方程, 那么方程组 (3.2.3) 无解. 否则, 方程组 (3.2.3) 与下列方程组同解:

$$\begin{cases} b_{11}y_1+b_{12}y_2+\cdots+b_{1r}y_r+\cdots+b_{1n}y_n=d_1,\\ \qquad b_{22}y_2+\cdots+b_{2r}y_r+\cdots+b_{2n}y_n=d_2,\\ \qquad\qquad\vdots\\ \qquad\qquad b_{rr}y_r+\cdots+b_{rn}y_n=d_r. \end{cases} \tag{3.2.4}$$

特别地, 当 $r=n$ 时, (3.2.4) 就是下列含 n 个方程 n 个未知量的方程组:

$$\begin{cases} b_{11}y_1+b_{12}y_2+\cdots+b_{1n}y_n=d_1,\\ \qquad b_{22}y_2+\cdots+b_{2n}y_n=d_2,\\ \qquad\qquad\vdots\\ \qquad\qquad b_{nn}y_n=d_n, \end{cases}$$

其系数行列式为 $D=b_{11}b_{22}\cdots b_{nn}$. 因为 $D\neq 0$, 所以这个方程组有唯一解, 因此方程组 (3.2.3) 也有唯一解. 当 $r<n$ 时, 方程组 (3.2.4) 可以变形为

$$\begin{cases} b_{11}y_1+b_{12}y_2+\cdots+b_{1r}y_r=d_1-b_{1,\,r+1}y_{r+1}-\cdots-b_{1n}y_n,\\ \qquad b_{22}y_2+\cdots+b_{2r}y_r=d_2-b_{2,\,r+1}y_{r+1}-\cdots-b_{2n}y_n,\\ \qquad\qquad\vdots\\ \qquad\qquad b_{rr}y_r=d_r-b_{r,\,r+1}y_{r+1}-\cdots-b_{rn}y_n, \end{cases}$$

其中等号左边的系数行列式为 $D=b_{11}b_{22}\cdots b_{rr}\neq 0$. 如果用一组数 $c_{r+1},\cdots,c_n$ 依次代替等号右边的未知量 $y_{r+1},\cdots,y_n$, 就得到关于未知量 $y_1,y_2,\cdots,y_r$ 的线性方程组. 根据克莱姆法则, 这样的方程组有唯一解. 设 $(c_1,c_2,\cdots,c_r)$ 是它的解, 则 $(c_1,c_2,\cdots,c_r,c_{r+1},\cdots,c_n)$ 是方程组 (3.2.4) 的一个解. 已知方程组 (3.2.3) 与方程组 (3.2.4) 同解, 那么这个解也是方程

组 (3.2.3) 的一个解. 由于 $y_{r+1}, \cdots, y_n$ 可以取数域 $\boldsymbol{F}$ 中任意数, 因此方程组 (3.2.3) 有无穷多解.

注意到方程组 (3.2.2) 与方程组 (3.2.3) 同解, 由前面的讨论可见, 关于方程组 (3.2.2) 的解的存在性和唯一性, 有下面两个结论.

(1) 方程组 (3.2.2) 有解的充要条件是方程组 (3.2.3) 中不出现形如 $0 = d_{r+1}$ (d_{r+1} 是非零常数) 这样的矛盾方程.

(2) 设方程组 (3.2.2) 有解, 则当方程组 (3.2.3) 中的 r 等于 n 时, 方程组 (3.2.2) 有唯一解; 而当 r 小于 n 时, 它有无穷多解.

现在, 根据命题 3.2.1, 可以利用方程组 (3.2.3) 来判断方程组 (3.2.1) 是否有解, 以及对于有解的情形, 判断它是否有唯一解.

在上面的讨论中, 把方程组 (3.2.1) 改写成方程组 (3.2.2),其目的只是为了便于书写. 在解题时, 完全没有必要那样做. 如果不去改写方程组 (3.2.1), 而是直接把它化成阶梯形方程组, 那么除了书写比较复杂以外, 并不影响我们利用所得的阶梯形方程组来判断方程组 (3.2.1) 的解的存在性和唯一性, 而且两个结论与上面两个结论完全一样. 这就得到两个定理如下.

定理 3.2.2 (线性方程组有解的判别定理) 数域 $\boldsymbol{F}$ 上一个线性方程组有解当且仅当用初等变换把它化成的阶梯形方程组中, 不出现形如 $0 = d_{r+1}$ (d_{r+1} 是非零常数) 这样的矛盾方程.

定理 3.2.3 设数域 $\boldsymbol{F}$ 上一个 n 元线性方程组有解. 令 r 是用初等变换把方程组化成的阶梯形方程组中未知量系数不全为零的方程个数, 则当 $r = n$ 时, 方程组有唯一解; 当 $r < n$ 时, 方程组有无穷多解.

此外, 由前面的讨论易见, 定理 3.2.3 中的方程组有 $n - r$ 个自由未知量.

推论 3.2.4 给定数域 $\boldsymbol{F}$ 上一个有解的线性方程组, 如果它所含方程的个数小于未知量个数, 那么它必有无穷多解.

例 3.2.1 当且仅当 a 为何值时, 数域 $\boldsymbol{F}$ 上下列线性方程组有解?

$$\begin{cases} x_1 - 5x_2 + 2x_3 + x_4 = -1, \\ 3x_1 + x_2 - x_3 - 2x_4 = 2, \\ 2x_1 + 6x_2 - 3x_3 - 3x_4 = a+1, \\ -x_1 - 11x_2 + 5x_3 + 4x_4 = -4. \end{cases}$$

对于有解的情形, 求出它的通解.

解 因为

$$\begin{pmatrix} 1 & -5 & 2 & 1 & \vdots & -1 \\ 3 & 1 & -1 & -2 & \vdots & 2 \\ 2 & 6 & -3 & -3 & \vdots & a+1 \\ -1 & -11 & 5 & 4 & \vdots & -4 \end{pmatrix} \xrightarrow[\substack{[1(-2)+4] \\ [2(1)+4] \\ [1(-3)+2]}]{\substack{[1(1)+3] \\ [2(-1)+3]}} \begin{pmatrix} 1 & -5 & 2 & 1 & \vdots & -1 \\ 0 & 16 & -7 & -5 & \vdots & 5 \\ 0 & 0 & 0 & 0 & \vdots & a-2 \\ 0 & 0 & 0 & 0 & \vdots & 0 \end{pmatrix},$$

根据定理 3.2.2, 当且仅当 $a-2=0$, 即 $a=2$ 时, 所给方程组有解. 此时由定理 3.2.3 可见, 方程组有无穷多解. 下面对 $a=2$ 的情形, 继续作初等变换:

$$\left(\begin{array}{cccc:c}1 & -5 & 2 & 1 & -1\\ 0 & 16 & -7 & -5 & 5\\ 0 & 0 & 0 & 0 & 0\\ 0 & 0 & 0 & 0 & 0\end{array}\right)\xrightarrow[\left[2\left(\frac{1}{16}\right)\right]]{\left[2\left(\frac{5}{16}\right)+1\right]}\left(\begin{array}{cccc:c}1 & 0 & -\dfrac{3}{16} & -\dfrac{9}{16} & \dfrac{9}{16}\\ 0 & 1 & -\dfrac{7}{16} & -\dfrac{5}{16} & \dfrac{5}{16}\\ 0 & 0 & 0 & 0 & 0\\ 0 & 0 & 0 & 0 & 0\end{array}\right),$$

因此方程组的通解为 $\left(\dfrac{9}{16}+\dfrac{3}{16}k_1+\dfrac{9}{16}k_2,\ \dfrac{5}{16}+\dfrac{7}{16}k_1+\dfrac{5}{16}k_2,\ k_1,\ k_2\right)$, $k_1, k_2\in \boldsymbol{F}$.

最后我们指出, 在前面的讨论中, 还遗留一系列问题. 例如, 一个线性方程组是否有解, 本来是这个方程组自身固有的现象. 我们可以采取化阶梯形方程组的办法来判断它是否有解, 但是这样做很费时间, 也不便于进行理论上的探讨, 那么能不能用方程组的某种本质属性去刻画这一现象呢?

又如, 对于有无穷多解的线性方程组, 它的解与解之间有哪些内在联系? 当采用不同的初等变换求解时, 所得自由未知量的个数是不是一样?

还有, 在不同初等变换下, 由一个线性方程组化出来的两个阶梯形方程组, 它们的形状一般是不同的, 那么除了它们同解以外, 有没有其他共同之处? 比如, 未知量系数不全为零的方程个数 r 相同吗?

总之, 迄今为止线性方程组的各种本质属性还没有被揭示出来. 历史上, 正是对诸如此类问题的深入探讨, 才导致线性代数学的产生. 这里最本质的属性是最后提到的那个非负整数 r, 它是由原方程组所决定的唯一一个数. 换句话说, 它是线性方程组在初等变换下的一个**不变量**. 在下一节, 我们将利用矩阵这一工具来探讨这个不变量.

习题 3.2

1. 证明命题 3.2.1.
2. 写出两个线性方程组, 使得它们都含 2 个方程 3 个未知量, 并且其中的一个无解, 另一个有解. 这样的方程组有唯一解吗?
3. 写出三个线性方程组, 使得它们都含 3 个方程 2 个未知量, 并且其中的一个无解, 一个有唯一解, 一个有无穷多解.
4. 判断下列线性方程组是否有解:

$$\begin{cases}2x_1+3x_2+x_3-4x_4-9x_5=17,\\ x_1+x_2+x_3+x_4-3x_5=6,\\ x_1+x_2+x_3+2x_4-5x_5=8,\\ 2x_1+2x_2+2x_3+3x_4-8x_5=14.\end{cases}$$

5. 讨论下列线性方程组解的情况. 对有解的情形, 求出它的通解.

(1) $\begin{cases} x_1+x_2+x_3+x_4+x_5=1, \\ 3x_1+2x_2+x_3+x_4-3x_5=a, \\ x_2+2x_3+2x_4+6x_5=3, \\ 5x_1+4x_2+3x_3+3x_4-x_5=b; \end{cases}$ (2) $\begin{cases} ax_1+x_2+x_3=1, \\ x_1+bx_2+x_3=1, \\ x_1+2bx_2+x_3=1, \end{cases}$

这里 a 与 b 是数域 $\boldsymbol{F}$ 中两个常数.

3.3 矩阵的秩

为了能够继续深入探讨线性方程组, 在这一节我们转向讨论与矩阵的秩有关的问题. 从前两节我们看到, 每一个线性方程组都可以用一个矩形的表来表示, 即可以用它的增广矩阵来表示. 这样的表给解方程组带来了方便. 在生产实际和科学研究中, 人们都在大量使用这样的表, 而且还给它取了一个专门的名称, 叫做矩阵, 其确切定义如下.

定义 3.3.1 由数域 $\boldsymbol{F}$ 中 $m\times n$ 个数组成的形如下方的表称为数域 $\boldsymbol{F}$ 上一个 $\boldsymbol{m}$ **行** $\boldsymbol{n}$ **列矩阵**, 简称为 $\boldsymbol{m\times n}$ **矩阵** 或**矩阵**. 表中的每一个数称为这个矩阵的一个**元素**, 位于第 i 行第 j 列交点上的元素 a_{ij} 称为**第** $\boldsymbol{i}$ **行第** $\boldsymbol{j}$ **列元素**.

$$\begin{pmatrix} a_{11} & a_{12} & \cdots & a_{1n} \\ a_{21} & a_{22} & \cdots & a_{2n} \\ \vdots & \vdots & & \vdots \\ a_{m1} & a_{m2} & \cdots & a_{mn} \end{pmatrix}$$

我们常用大写的拉丁字母 $\boldsymbol{A},\boldsymbol{B},\boldsymbol{C}$ 等来表示矩阵, 有时也用 $(a_{ij}),(b_{ij}),(c_{ij})$ 等来表示. 为了强调行数和列数, 也用 $\boldsymbol{A}_{m\times n}$ 或 $(a_{ij})_{m\times n}$ 来表示一个 $m\times n$ 矩阵. 元素全为零的矩阵称为**零矩阵**, 记作 $\boldsymbol{O}$, 有时也记作 $\boldsymbol{0}$, 其余的矩阵统称为**非零矩阵**. 行数和列数相同的矩阵称为**方阵**, n 行 n 列方阵也称为 $\boldsymbol{n}$ **阶方阵**. 1 阶方阵 (a_{11}) 左右两边的括号习惯上不写出来, 即把它等同于数 a_{11}.

符号 $\boldsymbol{M}_{mn}(\boldsymbol{F})$ 表示由数域 $\boldsymbol{F}$ 上全体 $m\times n$ 矩阵组成的集合. 特别地, 符号 $\boldsymbol{M}_n(\boldsymbol{F})$ 表示由数域 $\boldsymbol{F}$ 上全体 n 阶方阵组成的集合.

行列式与矩阵的记号有相似之处, 一个是 $|\cdot|$, 另一个是 $(\cdot)$. 一定要注意它们之间的差别. 当 $\boldsymbol{A}$ 是 n 阶方阵时, 可以由它导出一个 n 阶行列式, 记作 $|\boldsymbol{A}|$, 叫做**方阵** $\boldsymbol{A}$ **的行列式**. 例如, 当 $\boldsymbol{A}=\begin{pmatrix}1&2\\2&3\end{pmatrix}$ 时, $\boldsymbol{A}$ 的行列式为 $\begin{vmatrix}1&2\\2&3\end{vmatrix}$ (圆括号不写出来). 注意, 当 $\boldsymbol{A}$ 不是方阵时, 符号 $|\boldsymbol{A}|$ 没有意义. 例如, 设 $\boldsymbol{A}=(1,2,3)$ (对于行数为 1 的矩阵, 两个元素之间要用逗号隔开), 则 $|\boldsymbol{A}|$ 代表 $|1,2,3|$, 然而我们不曾定义过这样的符号.

矩阵的内容非常丰富, 我们将在下一章专门对它进行讨论, 而且在接下去的各章中, 还将陆续对它进行讨论. 在这一节我们将首先介绍矩阵的行初等变换、列初等变换和初等变换等概念, 然后通过讨论行初等变换, 引入矩阵的行秩的概念, 进而引入列秩和秩的概念, 并讨论它们的基本性质, 最后简单介绍矩阵的相抵关系.

在前两节, 对线性方程组作初等变换时, 我们常用的方法是, 对增广矩阵的行作相应的变换. 这些变换有三种类型: 用数域 $\boldsymbol{F}$ 中一个非零的数去乘某一行; 把某一行的 k 倍加到

另一行 ($k \in \boldsymbol{F}$); 交换某两行的位置. 这三种变换分别称为矩阵的**行倍法变换**、**行消法变换**和**行换法变换**, 统称为**行初等变换**. 类似地, 可以定义矩阵的**列倍法变换**、**列消法变换**和**列换法变换**, 进而定义**列初等变换**. 矩阵的行初等变换和列初等变换统称为矩阵的**初等变换**. 类似地, 有矩阵的**倍法变换**、**消法变换** 和**换法变换**这三个概念.

根据定义, 对线性方程组作一次初等变换, 相当于对它的增广矩阵作一次行初等变换. 注意, 矩阵的初等变换指的是过程, 变换前后的两个矩阵一般是不同的. 易见对数域 $\boldsymbol{F}$ 上每一个矩阵作一次初等变换, 所得的矩阵仍然是数域 $\boldsymbol{F}$ 上一个矩阵, 并且变换前后的两个矩阵, 其行数相同, 列数也相同.

为了便于书写, 我们仍然用符号 $[i(k)]$, $[i(k)+j]$ 和 $[i,j]$ 来表示对矩阵作上述三种行初等变换, 并用符号 $\{i(k)\}$, $\{i(k)+j\}$ 和 $\{i,j\}$ 来表示相应的列初等变换. 容易验证, 下列结论成立:

(1) 如果 $\boldsymbol{A} \xrightarrow{[i(k)]} \boldsymbol{B}$, 那么 $\boldsymbol{B} \xrightarrow{\left[i\left(\frac{1}{k}\right)\right]} \boldsymbol{A}$, 这里 $k \neq 0$;

(2) 如果 $\boldsymbol{A} \xrightarrow{[i(k)+j]} \boldsymbol{B}$, 那么 $\boldsymbol{B} \xrightarrow{[i(-k)+j]} \boldsymbol{A}$;

(3) 如果 $\boldsymbol{A} \xrightarrow{[i,j]} \boldsymbol{B}$, 那么 $\boldsymbol{B} \xrightarrow{[i,j]} \boldsymbol{A}$.

由此可见, 每一种类型的行初等变换都是可逆的, 它的逆变换是同一种类型的行初等变换. 对于列初等变换, 也有类似的情况. 因此下列结论成立: *矩阵的初等变换是可逆的, 它的逆变换是同一种类型的初等变换.*

未知量系数不全为零的阶梯形方程组, 其系数矩阵的大致形状为

$$\begin{pmatrix} 0 \cdots 0 & c_{1j_1} & * \cdots * & * & * \cdots * & * & * \cdots * \\ 0 & \cdots\cdots\cdots\cdots & 0 & c_{2j_2} & * \cdots * & * & * \cdots * \\ \cdots & \cdots & \cdots & \cdots & \cdots & \cdots & \cdots \\ 0 & \cdots\cdots\cdots\cdots & \cdots\cdots & \cdots & 0 & c_{rj_r} & * \cdots * \\ 0 & \cdots\cdots\cdots\cdots & \cdots\cdots & \cdots & \cdots & \cdots & 0 \\ \cdots & \cdots & \cdots & \cdots & \cdots & \cdots & \cdots \\ 0 & \cdots\cdots\cdots\cdots & \cdots\cdots & \cdots & \cdots & \cdots & 0 \end{pmatrix}_{m\times n}, \tag{3.3.1}$$

这里 $c_{1j_1}, c_{2j_2}, \cdots, c_{rj_r}$ 都不等于零. 这样的矩阵称为**阶梯形矩阵**. 类似地, 未知量系数不全为零的简化阶梯形方程组, 其系数矩阵的大致形状为

$$\begin{pmatrix} 0 \cdots 0 & 1 & * \cdots * & 0 & * \cdots * & 0 & * \cdots * \\ 0 & \cdots\cdots\cdots & 0 & 1 & * \cdots * & 0 & * \cdots * \\ \cdots & \cdots & \cdots & \cdots & \cdots & \cdots & \cdots \\ 0 & \cdots\cdots\cdots & \cdots & \cdots & 0 & 1 & * \cdots * \\ 0 & \cdots\cdots\cdots & \cdots & \cdots & \cdots & \cdots & 0 \\ \cdots & \cdots & \cdots & \cdots & \cdots & \cdots & \cdots \\ 0 & \cdots\cdots\cdots & \cdots & \cdots & \cdots & \cdots & 0 \end{pmatrix}_{m\times n} (\text{第 } r \text{ 行}). \tag{3.3.2}$$

这样的矩阵称为**简化阶梯形矩阵**.

考察阶梯形矩阵 (3.3.1), 当 $j_1 = 1$ 时, c_{1j_1} 是左上角元素, 因而它的左边各列都不出现; 当 $j_r = n$ 时, c_{rj_r} 位于最后一列, 因而它的右边各列都不出现; 当 $r = m$ 时, c_{rj_r} 位于最后一行, 因而它的下方各行都不出现. 我们允许出现 $r = 0$ 这种极端情形. 此时矩阵 (3.3.1) 的元素全为零, 因此补充规定, 零矩阵是阶梯形矩阵. 对于简化阶梯形矩阵 (3.3.2), 也有类似的情况. 特别地, 补充规定, 零矩阵是简化阶梯形矩阵.

定理 3.3.1 数域 $\boldsymbol{F}$ 上每一个 $m \times n$ 矩阵 $\boldsymbol{A}$ 都可以经过连续作有限次行初等变换化成阶梯形矩阵, 进而化成简化阶梯形矩阵.

证明 当 $m = 1$ 或 $\boldsymbol{A} = \boldsymbol{O}$ 时, 结论自然成立. 不妨设 $m > 1$ 且 $\boldsymbol{A} \neq \boldsymbol{O}$, 那么 $\boldsymbol{A}$ 至少有一个非零列 (即元素不全为零的列). 假定第一次出现的非零列是第 j_1 列. 考察这一列第一个位置上的元素 a_{1j_1}. 如果 a_{1j_1} 等于零, 那么可以对 $\boldsymbol{A}$ 作一次行换法变换, 把它变成非零元素. 这表明, 最多只需作一次行换法变换, 可使第 j_1 列第 1 个元素不等于零. 把这个非零元素记作 c_{1j_1}, 然后利用行消法变换, 可以把 c_{1j_1} 下方的元素都变成零, 从而得到形如

$$\boldsymbol{A}_1 = \begin{pmatrix} 0 & \cdots & 0 & c_{1j_1} & * & \cdots & * \\ 0 & \cdots & \cdots & 0 & * & \cdots & * \\ \vdots & & & \vdots & \vdots & \boldsymbol{B}_1 & \vdots \\ 0 & \cdots & \cdots & 0 & * & \cdots & * \end{pmatrix}_{m\times n}$$

的矩阵 (记作 $\boldsymbol{A}_1$). 这表明, 可以经过连续作有限次行初等变换, 把 $\boldsymbol{A}$ 化成 $\boldsymbol{A}_1$. 下面考虑 $\boldsymbol{A}_1$ 的第 1 行下方和第 j_1 列右边的那一块 (记作 $\boldsymbol{B}_1$). 把 $\boldsymbol{B}_1$ 看作一个 $m-1$ 行 $n-j_1$ 列小矩阵, 如果 $\boldsymbol{B}_1 = \boldsymbol{O}$, 那么 $\boldsymbol{A}_1$ 已经是阶梯形矩阵. 否则, 仿照前面的做法, 可以经过连续作有限次行初等变换, 把 $\boldsymbol{B}_1$ 化成

$$\begin{pmatrix} 0 & \cdots & 0 & c_{2j_2} & * & \cdots & * \\ 0 & \cdots & \cdots & 0 & * & \cdots & * \\ \vdots & & & \vdots & \vdots & & \vdots \\ 0 & \cdots & \cdots & 0 & * & \cdots & * \end{pmatrix}_{(m-1)\times(n-j_1)}.$$

于是对 $\boldsymbol{A}_1$ 的后 $m-1$ 行连续作相应的行初等变换, 就可以把 $\boldsymbol{A}_1$ 化成

$$\begin{pmatrix} 0 & \cdots & 0 & c_{1j_1} & * & \cdots & * & * & * & \cdots & * \\ 0 & \cdots & \cdots & \cdots & \cdots & \cdots & 0 & c_{2j_2} & * & \cdots & * \\ 0 & \cdots & \cdots & \cdots & \cdots & \cdots & \cdots & 0 & * & \cdots & * \\ \vdots & & & & & & & \vdots & \vdots & & \vdots \\ 0 & \cdots & \cdots & \cdots & \cdots & \cdots & \cdots & 0 & * & \cdots & * \end{pmatrix}_{m\times n}.$$

注意到 m 是一个正整数, 按照上述方法继续做下去, 可以在有限个步骤内, 把 $\boldsymbol{A}$ 化成一个阶梯形矩阵.

其次, 利用行倍法变换, 可以把这个阶梯形矩阵中每一个非零行的第一个非零元素都变成 1. 然后利用行消法变换, 可以把这些 1 上方的元素都变成零. 这就得到一个简化阶梯形矩阵. □

与线性方程组的情形一样, 在不同的行初等变换下, 由一个矩阵化出来的两个阶梯形矩阵一般是不同的. 然而人们在实践中发现, 这两个阶梯形矩阵的非零行的行数必相同. 为了证实这一点, 让我们首先给出一个定义.

定义 3.3.2 设 $\boldsymbol{A}\in \boldsymbol{M}_{mn}(\boldsymbol{F})$. 令 $k\in\mathbb{N}^+$, 使得 $k\leqslant \min\{m,n\}$. 在 $\boldsymbol{A}$ 中随意选取 k 行 k 列, 位于这些行和列交点上 k^2 个元素, 按照原来的相对位置构成的 k 阶行列式称为 $\boldsymbol{A}$ 的一个 k **阶子式**, 简称为一个**子式**.

根据定义, $\boldsymbol{A}$ 的子式的最大阶数等于 $\min\{m,n\}$. 特别地, 当 $\boldsymbol{A}$ 是 n 阶方阵时, 它的子式的最大阶数等于 n. 此时 $\boldsymbol{A}$ 的 n 阶子式只有一个, 即 $|\boldsymbol{A}|$.

设 D 是由阶梯形矩阵 (3.3.1) 的前 r 行和第 $j_1, j_2, \cdots, j_r$ 列交点上 r^2 个元素构成的 r 阶子式, 则它是一个上三角行列式, 其主对角线上 r 个元素依次为 $c_{1j_1}, c_{2j_2}, \cdots, c_{rj_r}$. 已知这 r 个元素全不为零, 那么 $D\neq 0$. 其次, 由于该矩阵只有 r 个非零行, 如果它有大于 r 阶的子式, 这样的子式必有一行元素全为零, 因而其值等于零. 这就得到以下结论: 每一个非零阶梯形矩阵, 其非零子式的最大阶数恰好等于非零行的行数.

引理 3.3.2 设 $\boldsymbol{A}$ 是数域 $\boldsymbol{F}$ 上一个非零的 $m\times n$ 矩阵. 令 $\boldsymbol{B}$ 是对 $\boldsymbol{A}$ 作一次行初等变换所得的矩阵, 则 $\boldsymbol{A}$ 与 $\boldsymbol{B}$ 的非零子式的最大阶数相同.

证明 不妨设 $\boldsymbol{A}=(a_{ij})$. 令 r 与 $\tilde{r}$ 分别是 $\boldsymbol{A}$ 与 $\boldsymbol{B}$ 的非零子式的最大阶数.

首先证明 $\tilde{r}\leqslant r$. 当 $r=\min\{m,n\}$ 时, 因为 $\boldsymbol{B}$ 也是一个 $m\times n$ 矩阵, 所以它没有大于 r 阶的子式, 因此 $\tilde{r}\leqslant r$. 不妨设 $r<\min\{m,n\}$, 那么 $\boldsymbol{A}$ 与 $\boldsymbol{B}$ 都有大于 r 阶的子式, 并且 $\boldsymbol{A}$ 的每一个大于 r 阶的子式都等于零. 设 D 是 $\boldsymbol{B}$ 的一个大于 r 阶的子式, 其阶数为 t. 令 D 的 t 个列取自 $\boldsymbol{B}$ 的第 $j_1, j_2, \cdots, j_t$ 列, 其中 $j_1<j_2<\cdots<j_t$. 下面分三种情形来证明 $D=0$.

情形 1: 行倍法变换. 不妨设所作的变换是用非零的数 k 去乘 $\boldsymbol{A}$ 的第 i 行, 即

$$\boldsymbol{A}=\begin{pmatrix}\cdots\cdots\cdots\cdots\cdots\\ a_{i1}\ \ a_{i2}\ \ \cdots\ \ a_{in}\\ \cdots\cdots\cdots\cdots\cdots\end{pmatrix}\xrightarrow{[i(k)]}\begin{pmatrix}\cdots\cdots\cdots\cdots\cdots\\ ka_{i1}\ \ ka_{i2}\ \ \cdots\ \ ka_{in}\\ \cdots\cdots\cdots\cdots\cdots\end{pmatrix}=\boldsymbol{B}.$$

若 D 不含 $\boldsymbol{B}$ 的第 i 行元素, 则它也是 $\boldsymbol{A}$ 的一个大于 r 阶的子式, 所以 $D=0$. 若 D 含 $\boldsymbol{B}$ 的第 i 行元素, 则 D 中有一行元素依次为 $ka_{ij_1}, ka_{ij_2}, \cdots, ka_{ij_t}$. 把去掉公因数 k 所得的行列式记为 Δ,那么 $D=k\Delta$, 并且 Δ 是 $\boldsymbol{A}$ 的一个大于 r 阶的子式. 于是由 $\Delta=0$, 得 $D=0$.

情形 2: 行消法变换. 不妨设所作的变换是把 $\boldsymbol{A}$ 的第 s 行的 k 倍加到第 i 行. 为了便于叙述, 我们假定 $i<s$, 那么变换后的矩阵为

$$B=\begin{pmatrix} \cdots\cdots & \cdots\cdots & \cdots\cdots & \cdots\cdots \\ a_{i1}+ka_{s1} & a_{i2}+ka_{s2} & \cdots & a_{in}+ka_{sn} \\ \cdots\cdots & \cdots\cdots & \cdots\cdots & \cdots\cdots \\ a_{s1} & a_{s2} & \cdots & a_{sn} \\ \cdots\cdots & \cdots\cdots & \cdots\cdots & \cdots\cdots \end{pmatrix} \begin{matrix} \\ (\text{第 } i \text{ 行}) \\ \\ (\text{第 } s \text{ 行}) \\ \\ \end{matrix}$$

若 D 不含 $\boldsymbol{B}$ 的第 i 行元素, 则它也是 $\boldsymbol{A}$ 的一个大于 r 阶的子式, 所以 $D=0$. 若 D 含 $\boldsymbol{B}$ 的第 i 行元素, 则 D 中有一行元素依次为

$$a_{ij_1}+ka_{sj_1},\ a_{ij_2}+ka_{sj_2},\ \cdots,\ a_{ij_t}+ka_{sj_t}.$$

根据行列式的性质, D 可以表示成 $D=\Delta_1+k\,\Delta_2$, 其中

$$\Delta_1=\begin{vmatrix} \cdots\cdots & \cdots\cdots & \cdots & \cdots\cdots \\ a_{ij_1} & a_{ij_2} & \cdots & a_{ij_t} \\ \cdots\cdots & \cdots\cdots & \cdots & \cdots\cdots \end{vmatrix} \text{ 且 } \Delta_2=\begin{vmatrix} \cdots\cdots & \cdots\cdots & \cdots & \cdots\cdots \\ a_{sj_1} & a_{sj_2} & \cdots & a_{sj_t} \\ \cdots\cdots & \cdots\cdots & \cdots & \cdots\cdots \end{vmatrix}.$$

显然 Δ_1 是 $\boldsymbol{A}$ 的一个大于 r 阶的子式, 因而其值等于零. 下证 $\Delta_2=0$. 事实上, 当 D 含 $\boldsymbol{B}$ 的第 s 行元素时, Δ_2 有两行相同, 因而其值等于零. 当 D 不含 $\boldsymbol{B}$ 的第 s 行元素时, 只要把 Δ_2 中由 $a_{sj_1}, a_{sj_2}, \cdots, a_{sj_t}$ 组成的行逐次与它的下一行交换位置若干次, 就可以把 Δ_2 化成 $\boldsymbol{A}$ 的某个 t 阶子式 Δ. 此时 Δ_2 与 Δ 最多相差一个符号, 即 $\Delta_2=\pm\Delta$. 再由 $t>r$, 有 $\Delta=0$, 所以 $\Delta_2=0$. 这表明, 不论 D 是否含 $\boldsymbol{B}$ 的第 s 行元素, 总有 $\Delta_2=0$. 因此 $D=\Delta_1+k\,\Delta_2=0$.

情形 3: 行换法变换. 与线性方程组的换法变换一样, 矩阵的行换法变换也是不独立的, 即它可以经过连续作若干次行消法变换和行倍法变换来实现 (参见习题 3.1 第 5 题). 于是反复应用情形 1 和情形 2, 可得 $D=0$.

综上所述, 矩阵 $\boldsymbol{B}$ 的每一个大于 r 阶的子式都等于零, 因此 $\boldsymbol{B}$ 的非零子式的最大阶数 $\widetilde{r}$ 不超过 r, 即 $\widetilde{r}\leqslant r$.

其次证明 $r\leqslant\widetilde{r}$. 已知矩阵的行初等变换是可逆的, 它的逆变换也是行初等变换, 那么可以对 $\boldsymbol{B}$ 作一次行初等变换, 使得变换后的矩阵等于 $\boldsymbol{A}$. 根据前面的讨论, 有 $r\leqslant\widetilde{r}$.

这就证明了 $r=\widetilde{r}$. 换句话说, $\boldsymbol{A}$ 与 $\boldsymbol{B}$ 的非零子式的最大阶数相同. □

定理 3.3.3 设 $\boldsymbol{B}_1$ 与 $\boldsymbol{B}_2$ 都是对矩阵 $\boldsymbol{A}$ 连续作有限次行初等变换所得的阶梯形矩阵, 则 $\boldsymbol{B}_1$ 与 $\boldsymbol{B}_2$ 的非零行的行数相同.

证明 根据已知条件, 当 $\boldsymbol{A}$ 是零矩阵时, $\boldsymbol{B}_1$ 与 $\boldsymbol{B}_2$ 也是零矩阵, 因而它们的非零行的行数都等于零. 当 $\boldsymbol{A}$ 不是零矩阵时, $\boldsymbol{B}_1$ 与 $\boldsymbol{B}_2$ 都是非零阶梯形矩阵. 反复应用引理 3.3.2, 可以推出, $\boldsymbol{A}$ 与 $\boldsymbol{B}_1$ 的非零子式的最大阶数相同, $\boldsymbol{A}$ 与 $\boldsymbol{B}_2$ 的非零子式的最大阶数也相同. 已知每一个非零阶梯形矩阵, 其非零子式的最大阶数都等于非零行的行数, 那么 $\boldsymbol{B}_1$ 与 $\boldsymbol{B}_2$ 的非零行的行数相同. □

设 $\boldsymbol{A}\in\boldsymbol{M}_{mn}(\boldsymbol{F})$. 根据定理 3.3.3, 在行初等变换下, 从矩阵 $\boldsymbol{A}$ 化出来的每一个阶梯形矩阵, 不管其形状如何, 非零行的行数是一个固定的数, 称为 $\boldsymbol{A}$ 的**行秩.** 设 $\boldsymbol{A}$ 的行秩为 r, 则

$0 \leqslant r \leqslant \min\{m, n\}$. 当 $r = 0$ 时, $\boldsymbol{A}$ 是零矩阵. 当 $m \leqslant n$ 时, 可能出现 $r = m$ 的情形. 对于这种情形, 矩阵 $\boldsymbol{A}$ 称为**行满秩的.**

根据定理 3.3.1 和定理 3.3.3, 数域 $\boldsymbol{F}$ 上每一个矩阵有唯一的行秩. 反复应用引理 3.3.2 可推出,*每一个非零矩阵的行秩恰好等于它的非零子式的最大阶数.*

在阶梯形矩阵 (3.3.1) 中,“阶梯” 下方的元素全为零. 还有另一种类型的阶梯形矩阵, 它的 “阶梯” 上方的元素全为零. 事实上, 在定理 3.3.1 的证明中, 只要把行改成列、列改成行, 并把下方改成右边, 所得的矩阵就是这种类型的阶梯形矩阵. 这就是说, 也可以对一个矩阵连续作有限次列初等变换, 把它化成另一种类型的阶梯形矩阵. 类似地, 在引理 3.3.2 和定理 3.3.3 的证明中, 只要作适当的改变, 就可以得到关于列初等变换的相应结论.

于是在列初等变换下, 从一个 $m \times n$ 矩阵 $\boldsymbol{A}$ 化出来的每一个阶梯形矩阵, 不管其形状如何, 非零列的列数是一个固定的数, 称为 $\boldsymbol{A}$ 的**列秩.** 设 $\boldsymbol{A}$ 的列秩为 r, 则 $0 \leqslant r \leqslant \min\{m, n\}$. 当 $r = 0$ 时, $\boldsymbol{A}$ 是零矩阵. 当 $n \leqslant m$ 时, 可能出现 $r = n$ 的情形. 对于这种情形, 矩阵 $\boldsymbol{A}$ 称为**列满秩的.**

由上面的讨论可见, 与行秩的情形类似, 数域 $\boldsymbol{F}$ 上每一个矩阵有唯一的列秩, 并且*每一个非零矩阵的列秩恰好等于它的非零子式的最大阶数.* 已知非零矩阵的行秩也等于它的非零子式的最大阶数, 又已知零矩阵的行秩与列秩都等于零, 那么每一个矩阵的行秩与列秩必相等. 这表明, 矩阵的行秩或列秩实际上是矩阵在初等变换下的一个不变量, 因而它是矩阵自身固有的一个本质属性.

定义 3.3.3 设 $\boldsymbol{A}$ 是数域 $\boldsymbol{F}$ 上一个 $m \times n$ 矩阵, 则称 $\boldsymbol{A}$ 的行秩或列秩为 $\boldsymbol{A}$ 的**秩,** 记作 $\operatorname{rank}(\boldsymbol{A})$.

根据定义, 对任意的 $\boldsymbol{A} \in \boldsymbol{M}_{mn}(\boldsymbol{F})$, 有 $0 \leqslant \operatorname{rank}(\boldsymbol{A}) \leqslant \min\{m, n\}$. 显然秩为零的 $m \times n$ 矩阵只有一个, 即零矩阵 $\boldsymbol{O}_{m\times n}$. 如果一个矩阵既是行满秩的, 又是列满秩的, 那么称它为**满秩的.** 易见满秩矩阵必为方阵. 根据前面的讨论, 每一个矩阵有唯一的秩, 并且下一个定理成立.

定理 3.3.4 *每一个非零矩阵的秩都等于它的非零子式的最大阶数.*

根据定理 3.3.4 和引理 3.3.2 以及矩阵的列秩定义之前的说明, 立即得到以下推论.

推论 3.3.5 *(1) 矩阵的初等变换不改变矩阵的秩, 即对一个矩阵作一次初等变换, 所得的矩阵与原矩阵有相同的秩.*

(2) 一个方阵是满秩的当且仅当它的行列式不等于零.

例 3.3.1 对矩阵 $\boldsymbol{A}$ 连续作初等变换如下 (其中 a 是数域 $\boldsymbol{F}$ 中一个常数):

$$\boldsymbol{A} = \begin{pmatrix} 2 & 2 & a & 5 \\ 1 & a & -1 & 3 \\ 1 & 2 & 1 & 2 \end{pmatrix} \xrightarrow[\substack{\{1(-2)+2\} \\ \{1(-1)+3\} \\ \{1(-2)+4\}}]{\substack{[3(-2)+1] \\ [3(-1)+2]}} \begin{pmatrix} 0 & -2 & a-2 & 1 \\ 0 & a-2 & -2 & 1 \\ 1 & 0 & 0 & 0 \end{pmatrix} \xrightarrow[\substack{\{4(2)+2\} \\ \{4(2-a)+3\}}]{[1(-1)+2]} \begin{pmatrix} 0 & 0 & 0 & 1 \\ 0 & a & -a & 0 \\ 1 & 0 & 0 & 0 \end{pmatrix}.$$

由此可见, 当 $a=0$ 时, $\mathrm{rank}(\boldsymbol{A})=2$; 当 $a\neq 0$ 时, $\mathrm{rank}(\boldsymbol{A})=3$.

例 3.3.2 设 $\boldsymbol{A}$ 是下列矩阵, 其中 $m\leqslant n$, $a\neq 0$ 且 $a^k\neq 1\ (1\leqslant k\leqslant m)$:

$$\boldsymbol{A}=\begin{pmatrix}1 & a & a^2 & \cdots & a^n\\ 1 & a^2 & a^4 & \cdots & a^{2n}\\ \vdots & \vdots & \vdots & & \vdots\\ 1 & a^m & a^{2m} & \cdots & a^{mn}\end{pmatrix},\quad V_m=\begin{vmatrix}1 & a & a^2 & \cdots & a^{m-1}\\ 1 & a^2 & a^4 & \cdots & a^{2(m-1)}\\ \vdots & \vdots & \vdots & & \vdots\\ 1 & a^m & a^{2m} & \cdots & a^{m(m-1)}\end{vmatrix},$$

则 $\boldsymbol{A}$ 的前 m 列构成右上方的 m 阶范德蒙德行列式 V_m, 所以 $V_m=\prod\limits_{1\leqslant i<j\leqslant m}(a^j-a^i)$, 即 $V_m=\prod\limits_{1\leqslant i<j\leqslant m}a^i(a^{j-i}-1)$. 其次, 由已知条件, 有 $a^i(a^{j-i}-1)\neq 0$, 所以 $V_m\neq 0$,因此 $\boldsymbol{A}$ 是行满秩的, 即 $\mathrm{rank}(\boldsymbol{A})=m$.

设 $\boldsymbol{A}=(a_{ij})$ 是数域 $\boldsymbol{F}$ 上一个 $m\times n$ 矩阵, 则称 (a_{ji}) 为 $\boldsymbol{A}$ 的**转置矩阵**, 简称为 $\boldsymbol{A}$ 的**转置**, 记作 $\boldsymbol{A}'$. 把 $\boldsymbol{A}$ 和 $\boldsymbol{A}'$ 具体写出来就是

$$\boldsymbol{A}=\begin{pmatrix}a_{11} & a_{12} & \cdots & a_{1n}\\ a_{21} & a_{22} & \cdots & a_{2n}\\ \vdots & \vdots & & \vdots\\ a_{m1} & a_{m2} & \cdots & a_{mn}\end{pmatrix}\ \text{且}\ \boldsymbol{A}'=\begin{pmatrix}a_{11} & a_{21} & \cdots & a_{m1}\\ a_{12} & a_{22} & \cdots & a_{m2}\\ \vdots & \vdots & & \vdots\\ a_{1n} & a_{2n} & \cdots & a_{mn}\end{pmatrix}.$$

注意, $\boldsymbol{A}'$ 的第二个下标代表行标, 第一个下标代表列标, 所以 $\boldsymbol{A}'$ 是数域 $\boldsymbol{F}$ 上一个 $n\times m$ 矩阵. 不难看出, 阶梯形矩阵 (3.3.1) 的转置是 "阶梯" 上方元素全为零的矩阵, 因而它是另一种类型的阶梯形矩阵.

例 3.3.3 数域 $\boldsymbol{F}$ 上每一个矩阵 $\boldsymbol{A}$ 与它的转置 $\boldsymbol{A}'$ 有相同的秩. 事实上, 当 $\boldsymbol{A}$ 是零矩阵时, $\boldsymbol{A}'$ 也是零矩阵. 此时 $\boldsymbol{A}$ 与 $\boldsymbol{A}'$ 的秩都等于零. 不妨设 $\boldsymbol{A}$ 不是零矩阵. 根据转置矩阵的定义, 若 D 是 $\boldsymbol{A}$ 的一个子式, 则 D' 是 $\boldsymbol{A}'$ 的一个子式, 反之亦然. 已知 $D=D'$,那么 $\boldsymbol{A}$ 与 $\boldsymbol{A}'$ 的非零子式的最大阶数是一样的. 根据定理 3.3.4, 有 $\mathrm{rank}(\boldsymbol{A})=\mathrm{rank}(\boldsymbol{A}')$.

最后让我们来讨论矩阵的相抵关系.

定义 3.3.4 设 $\boldsymbol{A},\boldsymbol{B}\in \boldsymbol{M}_{mn}(\boldsymbol{F})$. 如果可以经过连续作有限次初等变换, 把 $\boldsymbol{A}$ 化成 $\boldsymbol{B}$,那么称 $\boldsymbol{A}$ **相抵于** $\boldsymbol{B}$,或称 $\boldsymbol{A}$ 与 $\boldsymbol{B}$ 是**相抵的**, 记作 $\boldsymbol{A}\approx\boldsymbol{B}$.

根据定义, 数域 $\boldsymbol{F}$ 上任意两个 $m\times n$ 矩阵或者是相抵的, 或者不是相抵的, 因而相抵是一种二元关系. 这种关系具有如下性质: $\forall \boldsymbol{A},\boldsymbol{B},\boldsymbol{C}\in \boldsymbol{M}_{mn}(\boldsymbol{F})$,

(1) 反身性: $\boldsymbol{A}\approx\boldsymbol{A}$;

(2) 对称性: 若 $\boldsymbol{A}\approx\boldsymbol{B}$, 则 $\boldsymbol{B}\approx\boldsymbol{A}$;

(3) 传递性: 若 $\boldsymbol{A}\approx\boldsymbol{B}$ 且 $\boldsymbol{B}\approx\boldsymbol{C}$, 则 $\boldsymbol{A}\approx\boldsymbol{C}$.

事实上, 取 $k=1$, 有 $\boldsymbol{A}\xrightarrow{[i(k)]}\boldsymbol{A}$, 所以 $\boldsymbol{A}\approx\boldsymbol{A}$, 反身性成立. 其次, 设 $\boldsymbol{A}\approx\boldsymbol{B}$. 根据定义, 可以经

过连续作有限次初等变换, 把 $\boldsymbol{A}$ 化成 $\boldsymbol{B}$. 这个过程可以描述如下: $\boldsymbol{A} \to \boldsymbol{A}_1 \to \cdots \to \boldsymbol{A}_s \to \boldsymbol{B}$. 已知矩阵的初等变换是可逆的, 那么上述变换的逆过程 $\boldsymbol{A} \leftarrow \boldsymbol{A}_1 \leftarrow \cdots \leftarrow \boldsymbol{A}_s \leftarrow \boldsymbol{B}$ 成立. 又已知初等变换的逆变换也是初等变换, 那么 $\boldsymbol{B} \approx \boldsymbol{A}$, 对称性成立. 类似地, 可证传递性也成立.

我们知道, 在行初等变换下, 由一个矩阵化出来的阶梯形矩阵, 尤其是简化阶梯形矩阵, 对于解线性方程组有重要作用. 那么在初等变换下, 由一个矩阵化出来的简化阶梯形矩阵是什么样子呢? 它将扮演什么角色? 下面就来考虑这些问题. 先看一个例子. 设 $\boldsymbol{A}$ 是右边的矩阵. 对 $\boldsymbol{A}$ 连续作行的和列的初等变换如下:

$$\begin{pmatrix} 2 & -1 & 3 & 1 \\ 4 & -2 & 5 & 4 \\ 2 & -1 & 2 & 3 \end{pmatrix}$$

$$\boldsymbol{A} \xrightarrow{\text{行变}} \begin{pmatrix} 2 & -1 & 3 & 1 \\ 0 & 0 & -1 & 2 \\ 0 & 0 & -1 & 2 \end{pmatrix} \xrightarrow{\text{列变}} \begin{pmatrix} 0 & -1 & 0 & 0 \\ 0 & 0 & -1 & 0 \\ 0 & 0 & -1 & 0 \end{pmatrix} \xrightarrow{\text{行变}} \begin{pmatrix} 0 & 1 & 0 & 0 \\ 0 & 0 & 1 & 0 \\ 0 & 0 & 0 & 0 \end{pmatrix} \xrightarrow{\text{列变}} \begin{pmatrix} 1 & 0 & 0 & 0 \\ 0 & 1 & 0 & 0 \\ 0 & 0 & 0 & 0 \end{pmatrix}.$$

最后一个矩阵就是 $\boldsymbol{A}$ 在初等变换下的简化阶梯形矩阵. 显然数域 $\boldsymbol{F}$ 上所有秩为 2 的 3×4 矩阵中, 这个矩阵的形状最简单.

设 $\boldsymbol{A}$ 是数域 $\boldsymbol{F}$ 上的一个 $m \times n$ 矩阵, 并设 $\operatorname{rank}(\boldsymbol{A}) = r$. 如果 $r > 0$, 那么连续作适当的行初等变换, 可以把 $\boldsymbol{A}$ 化成形如 (3.3.2) 的简化阶梯形矩阵, 接着连续作适当的列初等变换, 就可以化成形如右边的矩阵, 记作 $\boldsymbol{J}_r$, 叫做 $\boldsymbol{A}$ 的**相抵标准形**. 如果 $r = 0$, 那么 $\boldsymbol{A} = \boldsymbol{O}_{m\times n}$. 此时, 我们规定 $\boldsymbol{J}_0 \overset{\text{def}}{=} \boldsymbol{O}_{m\times n}$, 即零矩阵的相抵标准形是它自身. 这就得到下列定理.

$$\begin{pmatrix} 1 & & & & \mathbf{0} \\ & 1 & & & \\ & & \ddots & & \\ & & & 1 & \\ \mathbf{0} & & & & \mathbf{0} \end{pmatrix}_{m\times n} (\text{第 } r \text{ 行})$$

定理 3.3.6 每一个秩为 r 的 $m \times n$ 矩阵 $\boldsymbol{A}$ 都相抵于它的相抵标准形 $\boldsymbol{J}_r$.

容易看出, 每一个矩阵的相抵标准形是唯一的, 并且数域 $\boldsymbol{F}$ 上所有秩为 r 的 $m \times n$ 矩阵中, $\boldsymbol{J}_r$ 具有最简单的形状.

定理 3.3.7 数域 $\boldsymbol{F}$ 上两个 $m \times n$ 矩阵是相抵的当且仅当它们有相同的秩.

证明 设 $\boldsymbol{A}, \boldsymbol{B} \in \boldsymbol{M}_{mn}(\boldsymbol{F})$. 若 $\boldsymbol{A} \approx \boldsymbol{B}$, 则可以经过连续作有限次初等变换, 把 $\boldsymbol{A}$ 化成 $\boldsymbol{B}$. 已知初等变换不改变矩阵的秩, 那么 $\boldsymbol{A}$ 与 $\boldsymbol{B}$ 有相同的秩.

反之, 不妨设 $\boldsymbol{A}$ 与 $\boldsymbol{B}$ 的秩都等于 r. 根据定理 3.3.6, 有 $\boldsymbol{A} \approx \boldsymbol{J}_r$ 且 $\boldsymbol{B} \approx \boldsymbol{J}_r$. 因为相抵关系具有对称性, 所以由 $\boldsymbol{B} \approx \boldsymbol{J}_r$, 有 $\boldsymbol{J}_r \approx \boldsymbol{B}$. 又因为相抵关系具有传递性, 所以由 $\boldsymbol{A} \approx \boldsymbol{J}_r$ 且 $\boldsymbol{J}_r \approx \boldsymbol{B}$, 得 $\boldsymbol{A} \approx \boldsymbol{B}$, 即 $\boldsymbol{A}$ 与 $\boldsymbol{B}$ 是相抵的. □

例 3.3.4 判断矩阵 $\boldsymbol{A}$ 与 $\boldsymbol{B}$ 是否相抵, 这里

(1) $\boldsymbol{A}=\begin{pmatrix}1&2\\4&5\end{pmatrix}$, $\boldsymbol{B}=\begin{pmatrix}1&2&2\\4&5&3\end{pmatrix}$; (2) $\boldsymbol{A}=\begin{pmatrix}1&2&3&3\\4&5&6&2\\7&8&9&1\end{pmatrix}$, $\boldsymbol{B}=\begin{pmatrix}1&3&2&1\\4&5&3&2\\7&7&4&3\end{pmatrix}$.

解 (1) 因为 $\boldsymbol{A}$ 与 $\boldsymbol{B}$ 的列数不相同, 它们既不是相抵的, 也不是不相抵的.

(2) 显然 $\boldsymbol{A}$ 与 $\boldsymbol{B}$ 都是 3 行 4 列矩阵. 容易计算, 它们的秩都等于 2. 根据定理 3.3.7, 它们是相抵的.

由于相抵标准形 $\boldsymbol{J}_r$ 的秩等于 r, 如果我们令 $\mathbb{J}_r$ 是由数域 $\boldsymbol{F}$ 上全体秩为 r 的 $m\times n$ 矩阵组成的集合, 根据定理 3.3.7, 有

$$\mathbb{J}_r=\{\boldsymbol{A}\in\boldsymbol{M}_{mn}(\boldsymbol{F})\mid\boldsymbol{A}\approx\boldsymbol{J}_r\},\quad 其中\ 0\leqslant r\leqslant\min\{m,n\}.$$

显然 $\boldsymbol{J}_r\in\mathbb{J}_r$, 所以 $\mathbb{J}_r\neq\varnothing$. 设 $t=\min\{m,n\}$, 则 $\mathbb{J}_0,\mathbb{J}_1,\cdots,\mathbb{J}_t$ 是 $\boldsymbol{M}_{mn}(\boldsymbol{F})$ 的 $t+1$ 个非空子集. 容易验证, 这些子集满足下列两个条件:

(1) 任意两个不同的子集不相交, 即当 $r_1\neq r_2$ 时, 有 $\mathbb{J}_{r_1}\cap\mathbb{J}_{r_2}=\varnothing$;

(2) 所有子集的并等于全集, 即 $\mathbb{J}_0\cup\mathbb{J}_1\cup\cdots\cup\mathbb{J}_t=\boldsymbol{M}_{mn}(\boldsymbol{F})$.

一般地, 把一个非空集合 S 分成若干个非空子集 (子集的个数可能是有限的, 也可能是无限的), 如果其中的任意两个不同子集不相交, 并且所有子集的并等于全集 S, 那么称这些子集构成集合 S 的一个**分类**.

于是 $\mathbb{J}_0,\mathbb{J}_1,\cdots,\mathbb{J}_t$ 构成矩阵集合 $\boldsymbol{M}_{mn}(\boldsymbol{F})$ 的一个分类, 其中每一个子集称为一个**相抵类**. 这就得到如下结论: *$\boldsymbol{M}_{mn}(\boldsymbol{F})$ 可以按矩阵的相抵关系进行分类, 分成 $t+1$ 个相抵类 $\mathbb{J}_0,\mathbb{J}_1,\cdots,\mathbb{J}_t$, 这里 $t=\min\{m,n\}$. 特别地, $\boldsymbol{M}_n(\boldsymbol{F})$ 可以分成 $n+1$ 个相抵类 $\mathbb{J}_0,\mathbb{J}_1,\cdots,\mathbb{J}_n$.*

容易看出, 在矩阵集合 $\boldsymbol{M}_{mn}(\boldsymbol{F})$ 中, 当 $r=0$ 时, 相抵类 $\mathbb{J}_0$ 只含一个元素, 即 $\boldsymbol{O}_{m\times n}$. 当 $r>0$ 时, $\mathbb{J}_r$ 含无穷多个元素. 在这众多元素中, 相抵标准形 $\boldsymbol{J}_r$ 具有最简单的形状. 正如我们已经看到的, 在矩阵的相抵关系中, $\boldsymbol{J}_r$ 扮演着一个特殊角色, 可以作为相抵类 $\mathbb{J}_r$ 中矩阵的代表. $\boldsymbol{J}_r$ 所扮演的这个角色将给许多问题的讨论带来方便, 它的具体作用将出现在后面的章节中.

习题 3.3

1. 设 $\boldsymbol{A}=\begin{pmatrix}2x+3y&2x-z-1\\2y+z-1&x-y-z\end{pmatrix}$ 是零矩阵. 求 x,y,z 的值.

2. 求下列矩阵的秩:

(1) $\boldsymbol{A}=\begin{pmatrix}3&1&1&4\\0&4&10&1\\1&7&17&3\\2&2&4&3\end{pmatrix}$; (2) $\boldsymbol{A}=\begin{pmatrix}1&a&-1&2\\2&-1&a&5\\1&10&-6&1\end{pmatrix}$; (3) $\boldsymbol{A}=\begin{pmatrix}1&a&a&a\\a&1&a&a\\a&a&1&a\\a&a&a&1\end{pmatrix}$.

3. 求下列矩阵的相抵标准形:

(1) $\boldsymbol{A}=\begin{pmatrix}1&3&-1\\-2&-11&3\\4&17&-5\end{pmatrix}$; (2) $\boldsymbol{A}=\begin{pmatrix}1&3&-1&2\\-2&-11&3&5\\4&17&-5&3\end{pmatrix}$; (3) $\boldsymbol{A}=\begin{pmatrix}1&-2\\-2&4\\3&6\end{pmatrix}$.

4. 判断矩阵 $\boldsymbol{A}$ 与 $\boldsymbol{B}$ 是否相抵, 这里

$$\boldsymbol{A}=\begin{pmatrix}14&12&6&8&2\\6&104&21&9&17\\7&6&3&4&1\\35&30&15&20&5\end{pmatrix}\quad \text{且}\ \boldsymbol{B}=\begin{pmatrix}2&3&5&7&9\\13&19&23&29&17\\14&21&35&49&63\\39&57&71&90&51\end{pmatrix}.$$

5. 设 $\boldsymbol{A}$ 与 $\overline{\boldsymbol{A}}$ 分别是数域 $\boldsymbol{F}$ 上一个 n 元线性方程组的系数矩阵和增广矩阵. 证明:

$$\operatorname{rank}(\boldsymbol{A})\leqslant\operatorname{rank}(\overline{\boldsymbol{A}})\leqslant\operatorname{rank}(\boldsymbol{A})+1.$$

6. 设 $\boldsymbol{A}$ 是数域 $\boldsymbol{F}$ 上一个非零矩阵. 证明: $\boldsymbol{A}$ 的秩等于 r 当且仅当 $\boldsymbol{A}$ 有一个 r 阶子式不为零, 并且它的所有 $r+1$ 阶子式 (如果存在的话) 全为零.

7. 设 $\boldsymbol{A}$ 是数域 $\boldsymbol{F}$ 上一个秩为 r 的非零矩阵. 如下命题对不对? 为什么?

(1) $\boldsymbol{A}$ 没有等于零的 r 阶子式; (2) $\boldsymbol{A}$ 没有不等于零的 $r+1$ 阶子式;

(3) $\boldsymbol{A}$ 没有等于零的 $r-1$ 阶子式; (4) $\boldsymbol{A}$ 至少有一个不等于零的 $r-1$ 阶子式.

*8. 矩阵的换法变换不是独立的, 即它可以经过连续作若干次消法变换和倍法变换来实现.

*9. 设 $\boldsymbol{A}$ 是实数域上一个 n 阶非零矩阵. 证明: 如果行列式 $|\boldsymbol{A}|$ 的每一个元素 a_{ij} 都等于它的代数余子式 $\boldsymbol{A}_{ij}$, 那么 $\boldsymbol{A}$ 是满秩的.

*10. 分别写出在行初等变换下和在列初等变换下, 矩阵集合 $\boldsymbol{M}_{23}(\boldsymbol{F})$ 中各种不同形状的简化阶梯形矩阵.

*11. 设 $\boldsymbol{A},\boldsymbol{B}\in\boldsymbol{M}_{mn}(\boldsymbol{F})$. 如果可以经过连续作有限次行初等变换, 把 $\boldsymbol{A}$ 化成 $\boldsymbol{B}$, 那么称 $\boldsymbol{A}$ 与 $\boldsymbol{B}$ 是**行相抵的**. 证明: 如果 $\boldsymbol{A}$ 与 $\boldsymbol{B}$ 是行相抵的, 那么它们的秩相等, 反之不然.

3.4 线性方程组解的理论

在这一节我们将利用矩阵的秩, 探讨线性方程组的一些理论上的问题. 首先我们将用矩阵的语言来叙述 3.2 节的有关定理, 并回答那一节遗留的一些问题, 然后介绍齐次线性方程组解的情况, 最后讨论线性方程组的公式解.

给定数域 $\boldsymbol{F}$ 上一个 n 元线性方程组, 它的系数矩阵和增广矩阵分别记为 $\boldsymbol{A}$ 和 $\overline{\boldsymbol{A}}$, 那么用初等变换把方程组化成一个阶梯形方程组, 相当于用矩阵的行初等变换把 $\overline{\boldsymbol{A}}$ 化成一个阶梯形矩阵 $\overline{\boldsymbol{B}}$. 如果 $\boldsymbol{A}\neq\boldsymbol{O}$, 那么 $\overline{\boldsymbol{B}}$ 的大致形状如下:

$$\overline{\boldsymbol{B}}=\left(\begin{array}{cccccccccccc|c}0&\cdots&0&c_{1j_1}&*&\cdots&*&*&*\cdots&*&*&*\cdots*&d_1\\0&\cdots&\cdots&\cdots&\cdots&0&c_{2j_2}&*\cdots&*&*&*\cdots*&&d_2\\\cdots&\cdots&\cdots&\cdots&\cdots&\cdots&\cdots&\cdots&\cdots&\cdots&\cdots&&\cdots\\0&\cdots&\cdots&\cdots&\cdots&\cdots&\cdots&0&c_{rj_r}&*\cdots*&&&d_r\\0&\cdots&\cdots&\cdots&\cdots&\cdots&\cdots&\cdots&\cdots&\cdots&\cdots&0&d_{r+1}\\0&\cdots&\cdots&\cdots&\cdots&\cdots&\cdots&\cdots&\cdots&\cdots&\cdots&0&0\\\cdots&\cdots&\cdots&\cdots&\cdots&\cdots&\cdots&\cdots&\cdots&\cdots&\cdots&\cdots&\cdots\\0&\cdots&\cdots&\cdots&\cdots&\cdots&\cdots&\cdots&\cdots&\cdots&\cdots&0&0\end{array}\right)_{m\times(n+1)},$$

其中 $c_{1j_1}, c_{2j_2}, \cdots, c_{rj_r}$ 全不为零. 令 $\boldsymbol{B}$ 是划掉 $\overline{\boldsymbol{B}}$ 的最后一列所得的矩阵, 则 $\boldsymbol{B}$ 也是一个阶梯形矩阵, 并且用同样的行初等变换, 可以把 $\boldsymbol{A}$ 化成 $\boldsymbol{B}$. 已知矩阵的初等变换不改变矩阵的秩, 那么 $\text{rank}(\boldsymbol{A}) = \text{rank}(\boldsymbol{B})$ 且 $\text{rank}(\overline{\boldsymbol{A}}) = \text{rank}(\overline{\boldsymbol{B}})$. 如果 $\boldsymbol{A} = \boldsymbol{O}$,那么 $\boldsymbol{B} = \boldsymbol{O}$,从而等式 $\text{rank}(\boldsymbol{A}) = \text{rank}(\boldsymbol{B})$ 仍然成立. 又已知当方程组无解时, 有 $d_{r+1} \neq 0$,所以 $\text{rank}(\boldsymbol{B}) \neq \text{rank}(\overline{\boldsymbol{B}})$, 从而 $\text{rank}(\boldsymbol{A}) \neq \text{rank}(\overline{\boldsymbol{A}})$; 当方程组有解时, 有 $d_{r+1} = 0$ 或 $r = m$ (即 $\overline{\boldsymbol{B}}$ 的第 r 行下方各行都不出现), 所以 $\text{rank}(\boldsymbol{B}) = \text{rank}(\overline{\boldsymbol{B}})$,从而 $\text{rank}(\boldsymbol{A}) = \text{rank}(\overline{\boldsymbol{A}})$. 这表明, 可以用矩阵的秩来刻画线性方程组是否有解, 即定理 3.2.2 可以改写如下.

定理 3.4.1 (线性方程组有解的判别定理) 数域 $\boldsymbol{F}$ 上一个线性方程组有解当且仅当它的系数矩阵与增广矩阵有相同的秩.

类似地, 对于有解的情形, 可以利用系数矩阵的秩, 判断这个方程组是否有唯一解, 即定理 3.2.3 可以用矩阵的语言叙述如下.

定理 3.4.2 给定数域 $\boldsymbol{F}$ 上一个有解的线性方程组, 它的系数矩阵是列满秩的当且仅当方程组有唯一解, 或者等价地, 它的系数矩阵不是列满秩的当且仅当方程组有无穷多解.

定理 3.4.1 回答了 3.2 节中遗留的问题之一, 即能不能用某种本质属性去刻画线性方程组是否有解?

遗留的一个问题是, 在不同的初等变换下, 由一个线性方程组化出来的两个阶梯形方程组中, 未知量系数不全为零的方程个数相同吗? 这个问题等价于, 在不同的行初等变换下, 由这个方程组的系数矩阵化出来的两个阶梯形矩阵中, 非零行的行数相同吗? 显然它们都等于系数矩阵的秩, 因而是相同的.

遗留的又一个问题是, 对于有无穷多解的 n 元线性方程组, 当采用不同的初等变换求解时, 所得自由未知量的个数是不是一样? 我们知道, 自由未知量的个数是 $n-r$, 其中 r 是阶梯形方程组的系数不全为零的方程个数, 也就是原方程组的系数矩阵的秩. 由于系数矩阵的秩是唯一的, 而未知量的个数是事先给定的, 不能再变了, 因此不管采用什么样的初等变换, 所得自由未知量的个数都是一样的. 注意到条件未知量的个数与自由未知量的个数之和等于 n. 我们还看到, 条件未知量的个数也是一样的, 它恰好等于系数矩阵的秩.

此外, 用线性方程组的语言, 定理 3.3.1 可以叙述如下: 数域 $\boldsymbol{F}$ 上每一个线性方程组都可以经过连续作有限次初等变换化成阶梯形方程组, 进而化成简化阶梯形方程组. 这就保证了, 对于有解的线性方程组, 总可以求出它的解. 由此可见, 利用矩阵的秩, 我们已经在理论上圆满地解决了线性方程组解的存在性、唯一性和可解性问题.

例 3.4.1 当 a 为何值时, 数域 $\boldsymbol{F}$ 上的线性方程组

$$x_1 + 10x_2 - 6x_3 = 1,\ \ 2x_1 - x_2 + ax_3 = 5,\ \ x_1 + ax_2 - x_3 = 2$$

有唯一解、有无穷多解、无解?

解 对方程组的增广矩阵 $\overline{\boldsymbol{A}}$ 连续作行初等变换如下:

$$\overline{\boldsymbol{A}}=\begin{pmatrix}1 & 10 & -6 & \vdots & 1\\ 2 & -1 & a & \vdots & 5\\ 1 & a & -1 & \vdots & 2\end{pmatrix}\xrightarrow[{[1(-1)+3]}]{[1(-2)+2]}\begin{pmatrix}1 & 10 & -6 & \vdots & 1\\ 0 & -21 & a+12 & \vdots & 3\\ 0 & a-10 & 5 & \vdots & 1\end{pmatrix}$$

$$\xrightarrow{\left[2\left(\frac{a-10}{21}\right)+3\right]}\begin{pmatrix}1 & 10 & -6 & \vdots & 1\\ 0 & -21 & a+12 & \vdots & 3\\ 0 & 0 & \dfrac{(a-3)(a+5)}{21} & \vdots & \dfrac{a-3}{7}\end{pmatrix}.$$

在最后一个矩阵中, 划掉最后一列所得的矩阵就是系数矩阵 $\boldsymbol{A}$ 在同样的行初等变换下所得的矩阵. 于是当 $a\neq 3$ 且 $a\neq -5$ 时, $\boldsymbol{A}$ 与 $\overline{\boldsymbol{A}}$ 有相同的秩, 并且 $\boldsymbol{A}$ 是列满秩的, 所以方程组有唯一解. 当 $a=3$ 时, $\boldsymbol{A}$ 与 $\overline{\boldsymbol{A}}$ 也有相同的秩, 但 $\boldsymbol{A}$ 不是列满秩的, 所以方程组有无穷多解. 当 $a=-5$ 时, $\boldsymbol{A}$ 与 $\overline{\boldsymbol{A}}$ 的秩不相同, 所以方程组无解.

常数项全为零的线性方程组称为**齐次的.** n 元齐次线性方程组可以简记为

$$a_{i1}x_1+a_{i2}x_2+\cdots+a_{in}x_n=0,\ \ i=1,\,2,\,\cdots,\,m.$$

分量全为零的 n 元数组 $(0,\,0,\,\cdots,\,0)$ 显然是这样的方程组的一个解, 称为**零解,** 其余的解 (如果存在的话) 统称为**非零解.** 由于每一个齐次线性方程组必有零解, 这个方程组有非零解等价于它有无穷多解. 换句话说, 这个方程组只有零解等价于它有唯一解. 注意到齐次线性方程组的增广矩阵最后一列元素全为零, 因此它的系数矩阵与增广矩阵必有相同的秩 (从而由定理 3.4.1, 又可以推出方程组必有解). 于是讨论齐次线性方程组解的情况时, 只需考虑系数矩阵就够了. 根据定理 3.4.2, 下一个推论成立.

推论 3.4.3 一个齐次线性方程组只有零解当且仅当它的系数矩阵是列满秩的, 或者等价地, 这个方程组有非零解当且仅当它的系数矩阵不是列满秩的.

由上述推论, 立即得到以下推论.

推论 3.4.4 (1) 方程个数小于未知量个数的齐次线性方程组必有非零解.

(2) 方程个数等于未知量个数的齐次线性方程组有非零解当且仅当它的系数行列式等于零.

例 3.4.2 当且仅当 a 为何值时, 数域 $\boldsymbol{F}$ 上的齐次线性方程组

$$x_1+ax_2+x_3=0,\ \ x_1-x_2+x_3=0,\ \ ax_1+x_2+2x_3=0$$

有非零解? 对于有非零解的情形, 求出其通解.

解 对方程组的系数矩阵 $\boldsymbol{A}$ 连续作行初等变换如下:

$$\boldsymbol{A}=\begin{pmatrix}1&a&1\\1&-1&1\\a&1&2\end{pmatrix}\xrightarrow[{[1(-1)+2]}]{\substack{[1(-1)+3]\\ [2(1-a)+3]}}\begin{pmatrix}1&a&1\\0&-1-a&0\\0&0&2-a\end{pmatrix}.$$

由此可见, 当且仅当 $a=-1$ 或 $a=2$ 时, $\boldsymbol{A}$ 不是列满秩的, 因而方程组有非零解. 容易看出, 当 $a=-1$ 时, 方程组的一个通解为 $(k, k, 0)$, $k\in\boldsymbol{F}$; 当 $a=2$ 时, 方程组的一个通解为 $(k, 0, -k)$, $k\in\boldsymbol{F}$.

例 3.4.3 求几何平面上一条二次曲线的方程, 使得该曲线通过下列 5 个点:

$$P_1(1, 0),\ P_2(-1, 0),\ P_3(0, 1),\ P_4(0, -1),\ P_5(1, 1).$$

解 设所求曲线的方程为

$$ax^2+bxy+cy^2+dx+ey+f=0.$$

分别把已知点的坐标代入上述方程, 得右边的齐次线性方程组. 对方程组的系数矩阵连续作行初等变换如下:

$$\begin{cases}a\qquad\quad +d\qquad +f=0,\\ a\qquad\quad -d\qquad +f=0,\\ \qquad\quad c\qquad +e+f=0,\\ \qquad\quad c\qquad -e+f=0,\\ a+b+c+d+e+f=0\end{cases}$$

$$\begin{pmatrix}1&0&0&1&0&1\\1&0&0&-1&0&1\\0&0&1&0&1&1\\0&0&1&0&-1&1\\1&1&1&1&1&1\end{pmatrix}\xrightarrow[\substack{[1(-1)+2]\\ [3(-1)+4]}]{\substack{[1(-1)+5]\\ [3(-1)+5]}}\begin{pmatrix}1&0&0&1&0&1\\0&0&0&-2&0&0\\0&0&1&0&1&1\\0&0&0&0&-2&0\\0&1&0&0&0&-1\end{pmatrix}.$$

由此可见, $(1, -1, 1, 0, 0, -1)$ 是方程组的一个特解, 因此所求曲线的方程为

$$x^2-xy+y^2-1=0.$$

下面讨论线性方程组的公式解. 已知一元二次方程的求根公式 (即公式解) 是用方程的系数 (包括常数项) 来表示解的一个表达式. 类似地, 线性方程组的一个**公式解**是用方程组的某些系数 (包括常数项) 来表示解的一组表达式. 例如, 根据克莱姆法则, 对于某些线性方程组, 可得它们的公式解.

已知用消元法解线性方程组时, 每作一次初等变换都将使某个方程的系数发生变化, 那么从所得的解的表达式中, 不容易提炼出方程组的公式解, 因此需要寻找其他方法, 以便获得公式解. 为此, 让我们先来看一个例子.

例 3.4.4 考察右边的方程组, 把第 1 个方程的 -2 倍和第 2 个方程的 -1 倍都加到第 3 个方程, 可得恒等式 $0=0$. 于是舍去第 3 个方程所得的方程组

$$\begin{cases}x_1+2x_2-x_3=2,\\2x_1-3x_2+x_3=3,\\4x_1+x_2-x_3=7\end{cases}$$

$$\begin{cases}x_1+2x_2-x_3=2,\\2x_1-3x_2+x_3=3,\end{cases}\quad 即\begin{cases}x_1+2x_2=2+x_3,\\2x_1-3x_2=3-x_3\end{cases}$$

与原方程组同解. 令

$$D=\begin{vmatrix}1&2\\2&-3\end{vmatrix},\ \varDelta_1=\begin{vmatrix}2+x_3&2\\3-x_3&-3\end{vmatrix},\ \varDelta_2=\begin{vmatrix}1&2+x_3\\2&3-x_3\end{vmatrix}.$$

因为 $D\neq 0$, 根据克莱姆法则, $x_1=\dfrac{\varDelta_1}{D}$, $x_2=\dfrac{\varDelta_2}{D}$ 是原方程组的一个一般解, 其中 x_3 是自由未知量. 显然这个一般解是原方程组的一个公式解.

取定线性方程组中某个方程, 如果可以经过连续作消法变换, 把这个方程化成恒等式 $0=0$, 而其余方程保持不变, 那么这个方程称为**不独立的.** 显然舍去不独立的方程所得的方程组与原方程组同解, 那么怎样判断哪些方程不独立呢? 设 $\overline{\boldsymbol{A}}$ 是上例中方程组的增广矩阵, 则它的转置 $(\overline{\boldsymbol{A}})'$ 是右方的矩阵. 容易看出, 以 $(\overline{\boldsymbol{A}})'$ 作为增广矩阵的线性方程组有解, 其解为 (2, 1). 于是把原方程组第 1 个方程的 -2 倍以及第 2 个方程的 -1 倍都加到第 3 个方程, 可得恒等式 $0=0$, 因而可以断定第 3 个方程不独立. 这种判断方法具有一般性.

$$\left(\begin{array}{rr|r}1&2&4\\2&-3&1\\-1&1&-1\\2&3&7\end{array}\right)$$

定理 3.4.5 给定数域 $\boldsymbol{F}$ 上一个有解的线性方程组, 如果它的系数矩阵 $\boldsymbol{A}$ 的秩等于 r $(r>0)$, 并且 $\boldsymbol{A}$ 的左上角的 r 阶子式不等于零, 那么由前 r 个方程组成的方程组与原方程组同解.

证明 假定原方程组为

$$a_{i1}x_1+a_{i2}x_2+\cdots+a_{in}x_n=b_i,\ \ i=1,2,\cdots,m, \tag{3.4.1}$$

那么由它的前 r 个方程组成的方程组为

$$a_{i1}x_1+a_{i2}x_2+\cdots+a_{in}x_n=b_i,\ \ i=1,2,\cdots,r. \tag{3.4.2}$$

下面证明这两个方程组同解. 已知方程组 (3.4.1) 有解, 并且它的系数矩阵 $\boldsymbol{A}$ 的秩等于 r. 根据定理 3.4.1, 增广矩阵 $\overline{\boldsymbol{A}}$ 的秩也等于 r. 如果 $r=m$, 那么上述两个方程组完全一样, 它们当然同解. 不妨设 $r<m$. 在方程组 (3.4.1) 中, 任取后 $m-r$ 个方程之一, 比如说第 s 个方程 $(r<s\leqslant m)$. 把这个方程添加到方程组 (3.4.2) 的后面去, 所得方程组的增广矩阵为

$$\overline{\boldsymbol{B}}=\left(\begin{array}{ccccc|c}a_{11}&a_{12}&\cdots&a_{1r}&\cdots&a_{1n}&b_1\\a_{21}&a_{22}&\cdots&a_{2r}&\cdots&a_{2n}&b_2\\\vdots&\vdots&&\vdots&&\vdots&\vdots\\a_{r1}&a_{r2}&\cdots&a_{rr}&\cdots&a_{rn}&b_r\\a_{s1}&a_{s2}&\cdots&a_{sr}&\cdots&a_{sn}&b_s\end{array}\right)_{(r+1)\times(n+1)}.$$

令 D 是 $\boldsymbol{A}$ 的左上角的 r 阶子式, 则它也是 $\overline{\boldsymbol{B}}$ 的左上角的 r 阶子式. 根据已知条件, 有 $D\neq 0$, 所以 $\operatorname{rank}(\overline{\boldsymbol{B}})\geqslant r$. 其次, 容易看出, $\operatorname{rank}(\overline{\boldsymbol{B}})\leqslant\operatorname{rank}(\overline{\boldsymbol{A}})$. 已知 $\operatorname{rank}(\overline{\boldsymbol{A}})=r$, 那么 $\operatorname{rank}(\overline{\boldsymbol{B}})\leqslant r$, 从而 $\operatorname{rank}(\overline{\boldsymbol{B}})=r$. 根据例 3.3.3, 我们得到 $\operatorname{rank}[(\overline{\boldsymbol{B}})']=r$, 这里 $(\overline{\boldsymbol{B}})'$ 是 $\overline{\boldsymbol{B}}$

的转置 (见左下方的矩阵). 注意到 D' 是 $(\overline{\boldsymbol{B}})'$ 的左上角的 r 阶子式, 因此 $D'=D\neq 0$. 于是由 $(\overline{\boldsymbol{B}})'$ 的前 r 列组成的矩阵, 其秩也等于 r, 因而以 $(\overline{\boldsymbol{B}})'$ 作为增广矩阵的线性方程组, 其系数矩阵和增广矩阵有相同的秩. 根据定理 3.4.1, 这个方程组必有解. 由于这是含 r 个未知量的线性方程组, 可设 $(k_1,k_2,\cdots,k_r)$ 是它的解, 那么右下方的 $n+1$ 个等式都成立:

$$(\overline{\boldsymbol{B}})'=\begin{pmatrix} a_{11} & a_{21} & \cdots & a_{r1} & \vdots & a_{s1}\\ a_{12} & a_{22} & \cdots & a_{r2} & \vdots & a_{s2}\\ \vdots & \vdots & & \vdots & \vdots & \vdots\\ a_{1r} & a_{2r} & \cdots & a_{rr} & \vdots & a_{sr}\\ \vdots & \vdots & & \vdots & \vdots & \vdots\\ a_{1n} & a_{2n} & \cdots & a_{rn} & \vdots & a_{sn}\\ b_1 & b_2 & \cdots & b_r & \vdots & b_s \end{pmatrix}_{(n+1)\times(r+1)} \quad \begin{cases} a_{11}k_1+a_{21}k_2+\cdots+a_{r1}k_r=a_{s1},\\ a_{12}k_1+a_{22}k_2+\cdots+a_{r2}k_r=a_{s2},\\ \qquad\vdots\\ a_{1r}k_1+a_{2r}k_2+\cdots+a_{rr}k_r=a_{sr},\\ \qquad\vdots\\ a_{1n}k_1+a_{2n}k_2+\cdots+a_{rn}k_r=a_{sn},\\ b_1k_1+b_2k_2+\cdots+b_rk_r=b_s. \end{cases}$$

由这 $n+1$ 个等式可见, 依次把方程组 (3.4.1) 中第 1, 2, $\cdots$, r 个方程的 $-k_1$, $-k_2$, $\cdots$, $-k_r$ 倍都加到第 s 个方程, 所得的方程是恒等式 $0=0$, 所以第 s 个方程不独立. 由于 $r<s\leqslant m$, 因此方程组 (3.4.1) 的后 $m-r$ 个方程都不独立. 这就证明了, 方程组 (3.4.2) 与方程组 (3.4.1) 同解. □

利用定理 3.4.5, 不难给出线性方程组的公式解. 事实上, 仍然假定所给的是方程组 (3.4.1), 并且它满足定理 3.4.5 中各个条件, 那么方程组 (3.4.1) 与方程组 (3.4.2) 同解. 当 $r<n$ 时, 方程组 (3.4.2) 可以改写成

$$\begin{cases} a_{11}x_1+a_{12}x_2+\cdots+a_{1r}x_r=b_1-a_{1,\,r+1}x_{r+1}-\cdots-a_{1n}x_n,\\ a_{21}x_1+a_{22}x_2+\cdots+a_{2r}x_r=b_2-a_{2,\,r+1}x_{r+1}-\cdots-a_{2n}x_n,\\ \qquad\qquad\vdots\\ a_{r1}x_1+a_{r2}x_r+\cdots+a_{rr}x_r=b_r-a_{r,\,r+1}x_{r+1}-\cdots-a_{rn}x_n. \end{cases}$$

令 D 是由等号左边的系数组成的行列式, 则它是系数矩阵 $\boldsymbol{A}$ 的左上角的 r 阶子式, 所以 $D\neq 0$. 现在选取 $x_{r+1},\cdots,x_n$ 作为自由未知量, 根据克莱姆法则, 可得方程组 (3.4.1) 的一个一般解

$$x_1=\frac{\Delta_1}{D},\ x_2=\frac{\Delta_2}{D},\ \cdots,\ x_r=\frac{\Delta_r}{D}, \tag{3.4.3}$$

这里每一个 Δ_j 是一个 r 阶行列式 $(j=1,\,2,\,\cdots,\,r)$, 其形状如下:

$$\Delta_j=\begin{vmatrix} a_{11} & \cdots & a_{1,\,j-1} & b_1-a_{1,\,r+1}x_{r+1}-\cdots-a_{1n}x_n & a_{1,\,j+1} & \cdots & a_{1r}\\ a_{21} & \cdots & a_{2,\,j-1} & b_2-a_{2,\,r+1}x_{r+1}-\cdots-a_{2n}x_n & a_{2,\,j+1} & \cdots & a_{2r}\\ \vdots & & \vdots & \vdots & \vdots & & \vdots\\ a_{r1} & \cdots & a_{r,\,j-1} & b_r-a_{r,\,r+1}x_{r+1}-\cdots-a_{rn}x_n & a_{r,\,j+1} & \cdots & a_{rr} \end{vmatrix}.$$

显然这个一般解是方程组 (3.4.1) 的一个公式解. 当 $r=n$ 时, 根据克莱姆法则, 公式 (3.4.3) 仍然成立. 此时 Δ_j 的第 j 列元素依次为 $b_1,b_2,\cdots,b_n$.

在前面的讨论中，为了便于叙述，我们假定系数矩阵 $\boldsymbol{A}$ 的左上角的 r 阶子式不等于零. 一般地，设 Δ 是 $\boldsymbol{A}$ 的一个非零的 r 阶子式. 如果它的 r^2 个元素分别位于 $\boldsymbol{A}$ 的第 $i_1, i_2, \cdots, i_r$ 行和第 $j_1, j_2, \cdots, j_r$ 列交点上，那么可以保留方程组的第 $i_1, i_2, \cdots, i_r$ 个方程，并选取 $x_{j_1}, x_{j_2}, \cdots, x_{j_r}$ 作为条件未知量，从而得到方程组的一个公式解

$$x_{j_1} = \frac{\Delta_1}{\Delta},\ x_{j_2} = \frac{\Delta_2}{\Delta},\ \cdots,\ x_{j_r} = \frac{\Delta_r}{\Delta},$$

这里 Δ 与 Δ_t 都是 r 阶行列式 $(t=1, 2, \cdots, r)$，其形状如下：

$$\Delta = \begin{vmatrix} a_{i_1j_1} & a_{i_1j_2} & \cdots & a_{i_1j_r} \\ a_{i_2j_1} & a_{i_2j_2} & \cdots & a_{i_2j_r} \\ \vdots & \vdots & \ddots & \vdots \\ a_{i_rj_1} & a_{i_rj_2} & \cdots & a_{i_rj_r} \end{vmatrix} \text{ 且 } \Delta_t = \begin{vmatrix} a_{i_1j_1} & \cdots & a_{i_1j_{t-1}} & d_1 & a_{i_1j_{t+1}} & \cdots & a_{i_1j_r} \\ a_{i_2j_1} & \cdots & a_{i_2j_{t-1}} & d_2 & a_{i_2j_{t+1}} & \cdots & a_{i_2j_r} \\ \vdots & & \vdots & \vdots & \vdots & & \vdots \\ a_{i_rj_1} & \cdots & a_{i_rj_{t-1}} & d_r & a_{i_rj_{t+1}} & \cdots & a_{i_rj_r} \end{vmatrix},$$

其中 Δ_t 的第 t 列第 k 个元素 $d_k\ (k=1, 2, \cdots, r)$ 为

$$\begin{aligned} d_k = b_{i_k} &- a_{i_k1}x_1 - \cdots - a_{i_k,j_1-1}x_{j_1-1} - a_{i_k,j_1+1}x_{j_1+1} - \cdots - a_{i_k,j_2-1}x_{j_2-1} \\ &- a_{i_k,j_2+1}x_{j_2+1} - \cdots - a_{i_k,j_r-1}x_{j_r-1} - a_{i_k,j_r+1}x_{j_r+1} - \cdots - a_{i_kn}x_n. \end{aligned}$$

例 3.4.5 给定实数域上一个线性方程组

$$a_{i1}x_1 + a_{i2}x_2 + a_{i3}x_3 = b_i,\quad i = 1, 2, \cdots, m,$$

设方程组的系数矩阵 $\boldsymbol{A}$ 和增广矩阵 $\overline{\boldsymbol{A}}$ 的秩都等于 2，并设 $\Delta = \begin{vmatrix} a_{11} & a_{13} \\ a_{21} & a_{23} \end{vmatrix} \neq 0$. 求方程组的一般解.

解 这个方程组含 m 个方程 3 个未知量，它的系数矩阵 $\boldsymbol{A}$ 和增广矩阵 $\overline{\boldsymbol{A}}$ 的秩都等于 2，因而方程组有解. 易见 Δ 是 $\boldsymbol{A}$ 的一个 2 阶子式，其元素位于 $\boldsymbol{A}$ 的第 1, 2 行和第 1, 3 列交点上. 已知 $\Delta \neq 0$，那么可以保留前两个方程，舍去其余方程，并选取 x_1 和 x_3 作为条件未知量，然后移项，得下列方程组：

$$a_{11}x_1 + a_{13}x_3 = b_1 - a_{12}x_2,\quad a_{21}x_1 + a_{23}x_3 = b_2 - a_{22}x_2.$$

根据前面的讨论，这个方程组与原方程组同解. 令

$$\Delta_1 = \begin{vmatrix} b_1 - a_{12}x_2 & a_{13} \\ b_2 - a_{22}x_2 & a_{23} \end{vmatrix} \text{ 且 } \Delta_2 = \begin{vmatrix} a_{11} & b_1 - a_{12}x_2 \\ a_{21} & b_2 - a_{22}x_2 \end{vmatrix},$$

则所求的一般解为 $x_1 = \dfrac{\Delta_1}{\Delta},\ x_3 = \dfrac{\Delta_2}{\Delta}$，即

$$\begin{cases} x_1 = \dfrac{(a_{23}b_1 - a_{13}b_2) + (a_{13}a_{22} - a_{12}a_{23})x_2}{a_{11}a_{23} - a_{13}a_{21}}, \\ x_3 = \dfrac{(a_{11}b_2 - a_{21}b_1) + (a_{12}a_{21} - a_{11}a_{22})x_2}{a_{11}a_{23} - a_{13}a_{21}}, \end{cases}$$

其中 x_2 是自由未知量.

例 3.4.5 有明显的几何意义. 它表明, 在几何空间中, 由 m 个平面的方程组成的方程组, 当它的系数矩阵 $\boldsymbol{A}$ 与增广矩阵 $\overline{\boldsymbol{A}}$ 的秩都等于 2 时, 这 m 个平面相交于一条直线. 类似地, 还可以得到下列结论: 当 $\boldsymbol{A}$ 与 $\overline{\boldsymbol{A}}$ 的秩都等于 3 时, 这 m 个平面相交于唯一一点; 当 $\boldsymbol{A}$ 与 $\overline{\boldsymbol{A}}$ 的秩都等于 1 时, 这 m 个平面重叠在一起了; 当 $\boldsymbol{A}$ 与 $\overline{\boldsymbol{A}}$ 的秩不相同时, 这 m 个平面没有公共交点.

不难想象, 用公式法解线性方程组比较麻烦. 但是正如上一段那样, 讨论数学问题时, 经常不必求出方程组的解, 只需讨论它的解的情况. 对于这种情形, 有时需要用到公式解. 在下一节我们将看到, 公式解在理论上有重要应用.

迄今为止我们只是讨论了, 求线性方程组精确解的理论和方法. 在实际计算中通常不必求出方程组的精确解, 只需求出具有一定精确度的近似解. 有关线性方程组的近似解问题, 将在计算数学课程里作介绍.

习题 3.4

1. 判断数域 $\boldsymbol{F}$ 上下列线性方程组是否有解. 对于有解的情形, 求出其解.

(1) $\begin{cases} x_1+x_2+3x_3-2x_4+3x_5=1, \\ 2x_1+2x_2+4x_3-x_4+3x_5=2, \\ 3x_1+3x_2+5x_3-2x_4+3x_5=1, \\ 2x_1+2x_2+8x_3-3x_4+9x_5=2; \end{cases}$ (2) $\begin{cases} 2x_1-x_2+x_3+2x_4+3x_5=2, \\ 6x_1-3x_2+2x_3+4x_4+5x_5=3, \\ 6x_1-3x_2+4x_3+8x_4+13x_5=9, \\ 4x_1-2x_2+x_3+x_4+2x_5=1. \end{cases}$

2. 当且仅当 a 为何值时, 下列线性方程组有解?

(1) $\begin{cases} (a+1)x_1+x_2+x_3=1, \\ x_1+(a+1)x_2+x_3=a, \\ x_1+x_2+(a+1)x_3=a^2; \end{cases}$ (2) $\begin{cases} ax_1+x_2+2x_3-3x_4=2, \\ a^2x_1-3x_2+2x_3+x_4=-1, \\ a^3x_1-x_2+2x_3-x_4=-1. \end{cases}$

3. 讨论下列线性方程组解的情况 (这里 a, b, c, d 是数域 $\boldsymbol{F}$ 中 4 个常数):

$$\begin{cases} x_1+x_2+x_3=1, \\ ax_1+bx_2+cx_3=d, \\ a^2x_1+b^2x_2+c^2x_3=d^2, \\ a^3x_1+b^3x_2+c^3x_3=d^3. \end{cases}$$

4. 设 a_1, a_2, a_3, a_4, a_5 是数域 $\boldsymbol{F}$ 中 5 个常数. 证明: 线性方程组

$$x_1-x_2=a_1,\ x_2-x_3=a_2,\ x_3-x_4=a_3,\ x_4-x_5=a_4,\ -x_1+x_5=a_5$$

有解当且仅当 $\sum\limits_{i=1}^{5} a_i=0$. 对于有解的情形, 求出它的一般解.

5. 在数域 $\boldsymbol{F}$ 上, 求下列齐次线性方程组的通解:

(1) $\begin{cases} x_1+2x_2+4x_3-3x_4=0, \\ 3x_1+5x_2+6x_3-4x_4=0, \\ 4x_1+5x_2-2x_3+3x_4=0, \\ 3x_1+8x_2+24x_3-19x_4=0; \end{cases}$ (2) $\begin{cases} 2x_1-4x_2+5x_3+3x_4=0, \\ 3x_1-6x_2+4x_3+2x_4=0, \\ 4x_1-8x_2+17x_3+11x_4=0. \end{cases}$

6. 当 a 为何值时, 数域 $\boldsymbol{F}$ 上下列齐次线性方程组有非零解?

$$x_1+2x_2-(a-8)x_3=0,\ 2x_1+(a+3)x_2+14x_3=0,\ (a-2)x_1-2x_2-3x_3=0.$$

对于有非零解的情形, 求出它的通解.

7. 求几何平面上一条二次曲线的方程, 使得该曲线通过下列 5 个点:

$$P_1(2,\ 0),\ P_2(0,\ 2),\ P_3(0,\ -2),\ P_4(2,\ 2),\ P_5(-2,\ -2).$$

8. 用公式法解数域 $\boldsymbol{F}$ 上下列线性方程组, 并求出它的一个特解:

$$x_1+3x_2+5x_3-4x_4=1,\ x_1+3x_2+2x_3-x_4=2,\ 2x_1+6x_2+7x_3-5x_4=3.$$

*9. 证明: 以 $\boldsymbol{A}$ 作为系数矩阵的齐次线性方程组有非零解, 这里

$$\boldsymbol{A}=\begin{pmatrix} a_1^2+b_1^2 & a_1a_2+b_1b_2 & a_1a_3+b_1b_3 \\ a_2a_1+b_2b_1 & a_2^2+b_2^2 & a_2a_3+b_2b_3 \\ a_3a_1+b_3b_1 & a_3a_2+b_3b_2 & a_3^2+b_3^2 \end{pmatrix}.$$

*10. 设 ℓ_1: $ax+by+c=0$, ℓ_2: $bx+cy+a=0$ 和 ℓ_3: $cx+ay+b=0$ 是几何平面上三条两两不重合的直线. 证明: 这三条直线相交于唯一一点的充要条件是 $a+b+c=0$.

3.5 线性方程组解的结构

给定一个有无穷多解的线性方程组, 它的任意两个解之间有什么关系? 能不能通过若干个有代表性的解, 把方程组的所有解都联系在一起? 这就是本章开头提出的最后一个问题, 通常称为线性方程组解的结构.

在这一节我们将简要介绍向量代数的有关概念和性质, 然后讨论齐次线性方程组解的结构, 最后讨论一般线性方程组解的结构.

在解析几何里, 我们已经学过矢量代数的基本知识. 我们知道, 矢量也叫做向量, 它可以用实数域上形如 $\{x,\ y,\ z\}$ 的 3 元有序数组来表示. 在本书中, 将用符号 $(a_1,\ a_2,\ \cdots,\ a_n)$ 来表示数域 $\boldsymbol{F}$ 上一个 n 元有序数组, 称为数域 $\boldsymbol{F}$ 上一个 **n元行向量**, 其中第 i 个位置上的数 a_i 称为**第 i 个分量**. 有时也用右方的符号来表示这个有序数组, 称为数域 $\boldsymbol{F}$ 上一个 **n 元列向量**. n 元行向量和 n 元列向量统称为 **n 元向量**, 简称为**向量**. 为了节省书写篇幅, 我们常用 $(a_1,\ a_2,\ \cdots,\ a_n)'$ 来表示右边的列向量. 除了书写方式不同以外, n 元行向量和 n 元列向量没有本质差别, 因此在后面的讨论中, 我们经常对这两种向量不加区别, 并用符号 $\boldsymbol{F}^n$ 来表示由数域 $\boldsymbol{F}$ 上全体 n 元行向量或全体 n 元列向量组成的集合, 即

$$\begin{pmatrix} a_1 \\ a_2 \\ \vdots \\ a_n \end{pmatrix}$$

$$\boldsymbol{F}^n=\{(a_1,\ a_2,\ \cdots,\ a_n)\mid a_i\in\boldsymbol{F},\ i=1,\ 2,\ \cdots,\ n\}$$

或
$$\boldsymbol{F}^n=\{(a_1,\,a_2,\,\cdots,\,a_n)' \mid a_i\in\boldsymbol{F},\ i=1,\ 2,\,\cdots,\,n\}.$$

这里 $\boldsymbol{F}^n$ 实际上是笛卡儿积. 注意, $\boldsymbol{F}^n$ 中的向量或者全为行向量, 或者全为列向量. n 元向量常用小写的希腊字母 $\boldsymbol{\alpha},\boldsymbol{\beta},\boldsymbol{\gamma}$ 等来表示. 特别地, 用 $\boldsymbol{\theta}$ 来表示分量全为零的向量, 称为**零向量**, 其余向量统称为**非零向量**. 由于 n 元零向量可以看作零矩阵 $\mathbf{0}_{1\times n}$ 或 $\mathbf{0}_{n\times 1}$, 有时也用符号 $\mathbf{0}$ 来代替 $\boldsymbol{\theta}$. 数域 $\boldsymbol{F}$ 上 n 元线性方程组的解实际上是 $\boldsymbol{F}^n$ 中的向量, 因而也称为**解向量**.

设 $\boldsymbol{\alpha}$ 与 $\boldsymbol{\beta}$ 是数域 $\boldsymbol{F}$ 上两个 n 元向量. 如果 $\boldsymbol{\alpha}$ 与 $\boldsymbol{\beta}$ 的对应分量全相等, 那么称它们是**相等的**, 记作 $\boldsymbol{\alpha}=\boldsymbol{\beta}$.

仿照矢量的运算, 可以定义 $\boldsymbol{F}^n$ 上的**加法运算** 和**数与向量的乘法运算**. 对任意的 $\boldsymbol{\alpha}=(a_1,\,a_2,\,\cdots,\,a_n)$, $\boldsymbol{\beta}=(b_1,\,b_2,\,\cdots,\,b_n)\in\boldsymbol{F}^n$ 和任意的 $k\in\boldsymbol{F}$, 规定
$$\boldsymbol{\alpha}+\boldsymbol{\beta}\overset{\text{def}}{=}(a_1+b_1,\,a_2+b_2,\,\cdots,\,a_n+b_n)\ \text{且}\ k\boldsymbol{\alpha}\overset{\text{def}}{=}(ka_1,\,ka_2,\,\cdots,\,ka_n).$$

当 $\boldsymbol{\alpha}$ 与 $\boldsymbol{\beta}$ 是列向量时, 这两种运算的定义应改写成
$$\boldsymbol{\alpha}+\boldsymbol{\beta}\overset{\text{def}}{=}(a_1+b_1,\,a_2+b_2,\,\cdots,\,a_n+b_n)'\ \text{且}\ k\boldsymbol{\alpha}\overset{\text{def}}{=}(ka_1,\,ka_2,\,\cdots,\,ka_n)'.$$

这里加法运算的结果称为**和**; 数与向量的乘法运算简称为**数乘运算**, 数乘运算的结果称为**数乘积**. 显然这两种运算的结果都是 $\boldsymbol{F}^n$ 中的向量.

我们有时也把 $k\boldsymbol{\alpha}$ 写成 $\boldsymbol{\alpha}k$, 即规定 $k\boldsymbol{\alpha}\overset{\text{def}}{=}\boldsymbol{\alpha}k$. 根据定义, $\boldsymbol{\alpha}+\boldsymbol{\beta}$ 的第 i 个分量为 a_i+b_i, 它可以看作二元一次函数 $f(a_i,b_i)=a_i+b_i$; $k\boldsymbol{\alpha}$ 的第 i 个分量为 ka_i, 它可以看作一元一次函数 $g(a_i)=ka_i$ (k 看作常数). 由于一次函数又称为线性函数, 我们把向量的加法和数乘运算统称为**线性运算**.

设 $\boldsymbol{\alpha}=(a_1,\,a_2,\,\cdots,\,a_n)\in\boldsymbol{F}^n$, 则称 $(-a_1,\,-a_2,\,\cdots,\,-a_n)$ 为 $\boldsymbol{\alpha}$ 的**负向量**, 记作 $-\boldsymbol{\alpha}$. 显然 $-\boldsymbol{\alpha}\in\boldsymbol{F}^n$. 于是可以定义 n 元行向量集 $\boldsymbol{F}^n$ 上的**减法运算**如下:
$$\boldsymbol{\alpha}-\boldsymbol{\beta}\overset{\text{def}}{=}\boldsymbol{\alpha}+(-\boldsymbol{\beta}),\quad\forall\,\boldsymbol{\alpha},\boldsymbol{\beta}\in\boldsymbol{F}^n.$$

这里运算结果称为 $\boldsymbol{\alpha}$ 与 $\boldsymbol{\beta}$ 的**差**, 它仍然是数域 $\boldsymbol{F}$ 上一个 n 元行向量. 容易看出, 减法运算规则是 $\boldsymbol{\alpha}$ 与 $\boldsymbol{\beta}$ 的对应分量相减. 类似地, 可以定义数域 $\boldsymbol{F}$ 上 n 元列向量的负向量和减法运算.

我们规定, 一个**向量组**是从 $\boldsymbol{F}^n$ 中取出的有限个向量 (可重复取) 组成的一个有序向量列. 为了便于书写, 我们用 $\boldsymbol{\alpha}_1,\boldsymbol{\alpha}_2,\cdots,\boldsymbol{\alpha}_s$, 而不是 $\{\boldsymbol{\alpha}_1,\,\boldsymbol{\alpha}_2,\,\cdots,\,\boldsymbol{\alpha}_s\}$, 来表示一个向量组. 这就需要读者从上下文去判断, 它是代表 s 个向量, 还是代表一个向量组. 为了避免产生混淆, 对于只含一个或两个向量的向量组, 我们仍然用符号 $\{\boldsymbol{\alpha}_1\}$ 或 $\{\boldsymbol{\alpha}_1,\,\boldsymbol{\alpha}_2\}$ 来表示.

在解析几何里, 为了刻画矢量的共线或共面, 引进了线性组合和线性相关等概念. 这些概念可以自然地推广到 $\boldsymbol{F}^n$ 中的向量组. 设 $\boldsymbol{\alpha}_1,\boldsymbol{\alpha}_2,\cdots,\boldsymbol{\alpha}_s$ 是 $\boldsymbol{F}^n$ 中的一个向量组, 并设 $k_1,k_2,\cdots,k_s$ 是数域 $\boldsymbol{F}$ 中 s 个数. 反复应用数乘和加法运算的定义, 不难看出, $k_1\boldsymbol{\alpha}_1+k_2\boldsymbol{\alpha}_2+\cdots+k_s\boldsymbol{\alpha}_s$ 是 $\boldsymbol{F}^n$ 中的一个向量, 称为向量组 $\boldsymbol{\alpha}_1,\,\boldsymbol{\alpha}_2,\,\cdots,\,\boldsymbol{\alpha}_s$ 的一个**线性组合**, 其中

$k_1, k_2, \cdots, k_s$ 称为**组合系数.** 如果 $\boldsymbol{\beta}$ 是这个向量组的一个线性组合, 即存在 $k_1, k_2, \cdots, k_s \in \boldsymbol{F}$, 使得

$$\boldsymbol{\beta} = k_1\boldsymbol{\alpha}_1 + k_2\boldsymbol{\alpha}_2 + \cdots + k_s\boldsymbol{\alpha}_s,$$

那么也称 $\boldsymbol{\beta}$ 可由向量组 $\boldsymbol{\alpha}_1, \boldsymbol{\alpha}_2, \cdots, \boldsymbol{\alpha}_s$ **线性表示.**

显然零向量 $\boldsymbol{\theta}$ 是 $\boldsymbol{F}^n$ 中任意向量组的一个线性组合. 根据定义, 向量 $\boldsymbol{\beta}$ 可由向量组 $\boldsymbol{\alpha}_1, \boldsymbol{\alpha}_2, \cdots, \boldsymbol{\alpha}_s$ 线性表示当且仅当下列向量方程有解:

$$\boldsymbol{\alpha}_1 x_1 + \boldsymbol{\alpha}_2 x_2 + \cdots + \boldsymbol{\alpha}_s x_s = \boldsymbol{\beta}.$$

例 3.5.1 在 $\boldsymbol{F}^4$ 中, 向量 $\boldsymbol{\beta} = (1, 3, 6, 8)$ 可由向量组

$$\boldsymbol{\alpha}_1 = (1, 1, 1, 0), \ \boldsymbol{\alpha}_2 = (0, 1, 1, 1), \ \boldsymbol{\alpha}_3 = (0, 0, 1, 2)$$

线性表示. 事实上, 把向量方程 $\boldsymbol{\alpha}_1 x_1 + \boldsymbol{\alpha}_2 x_2 + \boldsymbol{\alpha}_3 x_3 = \boldsymbol{\beta}$ 具体写出来就是

$$(1, 1, 1, 0)x_1 + (0, 1, 1, 1)x_2 + (0, 0, 1, 2)x_3 = (1, 3, 6, 8).$$

根据数乘运算、加法运算和向量相等的定义, 上式等价于下列线性方程组:

$$x_1 = 1, \ x_1 + x_2 = 3, \ x_1 + x_2 + x_3 = 6, \ x_2 + 2x_3 = 8.$$

易见, 这个方程组有解 (1, 2, 3),所以 $\boldsymbol{\beta}$ 可由向量组 $\boldsymbol{\alpha}_1, \boldsymbol{\alpha}_2, \boldsymbol{\alpha}_3$ 线性表示.

向量组 (1, 0, 0), (0, 1, 0), (0, 0, 1) 称为 3 元标准行向量组. 类似地, 可以定义 $\boldsymbol{n}$ **元标准行向量组**和 $\boldsymbol{n}$ **元标准列向量组,** 两者统称为 $\boldsymbol{n}$ **元标准向量组,** 统一用符号 $\boldsymbol{\varepsilon}_1, \boldsymbol{\varepsilon}_2, \cdots, \boldsymbol{\varepsilon}_n$ 来表示. 设 $\boldsymbol{\alpha} = (a_1, a_2, \cdots, a_n)'$ 是数域 $\boldsymbol{F}$ 上一个 n 元列向量, 则 $\boldsymbol{\alpha} = a_1\boldsymbol{\varepsilon}_1 + a_2\boldsymbol{\varepsilon}_2 + \cdots + a_n\boldsymbol{\varepsilon}_n$. 这是因为

$$\begin{pmatrix} a_1 \\ a_2 \\ \vdots \\ a_n \end{pmatrix} = a_1 \begin{pmatrix} 1 \\ 0 \\ \vdots \\ 0 \end{pmatrix} + a_2 \begin{pmatrix} 0 \\ 1 \\ \vdots \\ 0 \end{pmatrix} + \cdots + a_n \begin{pmatrix} 0 \\ 0 \\ \vdots \\ 1 \end{pmatrix}.$$

由此可见, 每一个 n 元列向量都是 n 元标准列向量组的一个线性组合, 并且组合系数恰好是这个向量的 n 个分量. 对于 n 元行向量, 也有类似的情况.

设 $\overline{\boldsymbol{A}}$ 是下列线性方程组的增广矩阵:

$$a_{i1}x_1 + a_{i2}x_2 + \cdots + a_{in}x_n = b_i, \ \ i = 1, 2, \cdots, m.$$

令 $\boldsymbol{\beta}_j$ 是由 $\overline{\boldsymbol{A}}$ 的第 j 列组成的 m 元列向量 $(j = 1, 2, \cdots, n)$, 并令 $\boldsymbol{\beta}$ 是由 $\overline{\boldsymbol{A}}$ 的最后一列组成的 m 元列向量, 则这个方程组可以改写成下列向量方程:

$$\boldsymbol{\beta}_1 x_1 + \boldsymbol{\beta}_2 x_2 + \cdots + \boldsymbol{\beta}_n x_n = \boldsymbol{\beta}.$$

事实上, 根据向量的相等定义, 上述方程组可以表示成

$$\begin{pmatrix} a_{11}x_1+a_{12}x_2+\cdots+a_{1n}x_n \\ a_{21}x_1+a_{22}x_2+\cdots+a_{2n}x_n \\ \vdots \\ a_{m1}x_1+a_{m2}x_2+\cdots+a_{mn}x_n \end{pmatrix} = \begin{pmatrix} b_1 \\ b_2 \\ \vdots \\ b_m \end{pmatrix}.$$

反复应用加法和数乘运算的定义, 上式可以改写成

$$\begin{pmatrix} a_{11} \\ a_{21} \\ \vdots \\ a_{m1} \end{pmatrix} x_1 + \begin{pmatrix} a_{12} \\ a_{22} \\ \vdots \\ a_{m2} \end{pmatrix} x_2 + \cdots + \begin{pmatrix} a_{1n} \\ a_{2n} \\ \vdots \\ a_{mn} \end{pmatrix} x_n = \begin{pmatrix} b_1 \\ b_2 \\ \vdots \\ b_m \end{pmatrix}.$$

这个等式就是上面的向量方程.

设 $\boldsymbol{\alpha}_1, \boldsymbol{\alpha}_2, \cdots, \boldsymbol{\alpha}_s \in \boldsymbol{F}^n$. 如果存在 $\boldsymbol{F}$ 中 s 个不全为零的数 $k_1, k_2, \cdots, k_s$, 使得

$$k_1\boldsymbol{\alpha}_1 + k_2\boldsymbol{\alpha}_2 + \cdots + k_s\boldsymbol{\alpha}_s = \boldsymbol{\theta},$$

那么向量组 $\boldsymbol{\alpha}_1, \boldsymbol{\alpha}_2, \cdots, \boldsymbol{\alpha}_s$ 称为**线性相关的**. 否则, 称为**线性无关的**.

含零向量的向量组 $\boldsymbol{\alpha}_1, \cdots, \boldsymbol{\alpha}_{i-1}, \boldsymbol{\theta}, \boldsymbol{\alpha}_{i+1}, \cdots, \boldsymbol{\alpha}_s$ 必线性相关. 这是因为

$$0\boldsymbol{\alpha}_1 + \cdots + 0\boldsymbol{\alpha}_{i-1} + 1\,\boldsymbol{\theta} + 0\boldsymbol{\alpha}_{i+1} + \cdots + 0\boldsymbol{\alpha}_s = \boldsymbol{\theta},$$

其中组合系数不全为零. 容易验证, 只含一个向量的向量组 $\{\boldsymbol{\alpha}_1\}$ 线性相关当且仅当 $\boldsymbol{\alpha}_1 = \boldsymbol{\theta}$. 由定义易见, 向量组 $\boldsymbol{\alpha}_1, \boldsymbol{\alpha}_2, \cdots, \boldsymbol{\alpha}_s$ 线性无关当且仅当向量方程

$$\boldsymbol{\alpha}_1 x_1 + \boldsymbol{\alpha}_2 x_2 + \cdots + \boldsymbol{\alpha}_s x_s = \boldsymbol{\theta}$$

只有零解, 或者等价地, 这个向量组线性相关当且仅当上述向量方程有非零解.

在 n 元行向量集 $\boldsymbol{F}^n$ 中, 向量方程 $\boldsymbol{\varepsilon}_1 x_1 + \boldsymbol{\varepsilon}_2 x_2 + \cdots + \boldsymbol{\varepsilon}_n x_n = \boldsymbol{\theta}$ 可以改写成 $(x_1, x_2, \cdots, x_n) = \boldsymbol{\theta}$. 显然这个向量方程只有零解, 所以 n 元标准行向量组是线性无关的. 类似地, n 元标准列向量组也是线性无关的.

关于向量代数, 暂时介绍到这里. 在第 5 章我们将对它作系统讨论.

下面考虑线性方程组解的结构. 首先考虑齐次线性方程组解的结构. 给定数域 $\boldsymbol{F}$ 上一个 n 元齐次线性方程组

$$a_{i1}x_1 + a_{i2}x_2 + \cdots + a_{in}x_n = 0, \quad i = 1, 2, \cdots, m,$$

如果 $\boldsymbol{\eta} = (c_1, c_2, \cdots, c_n)$ 与 $\widetilde{\boldsymbol{\eta}} = (\widetilde{c}_1, \widetilde{c}_2, \cdots, \widetilde{c}_n)$ 是它的两个解, 那么

$$a_{i1}c_1 + a_{i2}c_2 + \cdots + a_{in}c_n = 0 \text{ 且 } a_{i1}\widetilde{c}_1 + a_{i2}\widetilde{c}_2 + \cdots + a_{in}\widetilde{c}_n = 0.$$

把这两个等式左右两边分别相加, 得

$$a_{i1}(c_1 + \widetilde{c}_1) + a_{i2}(c_2 + \widetilde{c}_2) + \cdots + a_{in}(c_n + \widetilde{c}_n) = 0, \quad i = 1, 2, \cdots, m,$$

所以 $(c_1 + \widetilde{c}_1, c_2 + \widetilde{c}_2, \cdots, c_n + \widetilde{c}_n)$ 是方程组的一个解. 其次, 对任意的 $k \in \boldsymbol{F}$, 有

$$k(a_{i1}c_1 + a_{i2}c_2 + \cdots + a_{in}c_n) = k0,$$

即

$$a_{i1}(kc_1) + a_{i2}(kc_2) + \cdots + a_{in}(kc_n) = 0, \quad i = 1, 2, \cdots, m,$$

所以 $(kc_1, kc_2, \cdots, kc_n)$ 也是方程组的一个解. 注意到

$$\boldsymbol{\eta}+\widetilde{\boldsymbol{\eta}}=(c_1+\widetilde{c}_1, c_2+\widetilde{c}_2, \cdots, c_n+\widetilde{c}_n) \text{ 且 } k\boldsymbol{\eta}=(kc_1, kc_2, \cdots, kc_n),$$

我们得到下列命题.

命题 3.5.1 给定数域 $\boldsymbol{F}$ 上一个齐次线性方程组, 如果 $\boldsymbol{\eta}$ 与 $\widetilde{\boldsymbol{\eta}}$ 是它的两个解, 那么 $\boldsymbol{\eta}+\widetilde{\boldsymbol{\eta}}$ 与 $k\boldsymbol{\eta}$ 也是它的两个解, 这里 k 是数域 $\boldsymbol{F}$ 中一个数.

反复应用命题 3.5.1, 可得下一个命题.

命题 3.5.2 给定数域 $\boldsymbol{F}$ 上一个齐次线性方程组, 如果 $\boldsymbol{\eta}_1, \boldsymbol{\eta}_2, \cdots, \boldsymbol{\eta}_s$ 是方程组的 s 个解, 那么它们的任意一个线性组合是方程组的一个解.

上述命题表明, 当 $\boldsymbol{\eta}_1, \boldsymbol{\eta}_2, \cdots, \boldsymbol{\eta}_s$ 不全为零向量时, 它们可以组合出方程组的无穷多个解. 这就导致我们考虑, 当这个方程组有非零解 (即有无穷多解) 时, 能不能选取其中的有限个解, 使得方程组的每一个解都可由这有限个解线性表示? 这种用有限个解来表示无限个解的问题, 显然是很有意义的. 特别地, 如果能够以有限个线性无关的解作为基础来表示方程组的所有解, 那就更有意义了. 我们给这样的向量组取一个名称.

定义 3.5.1 给定数域 $\boldsymbol{F}$ 上一个齐次线性方程组, 如果存在方程组的有限个线性无关的解 $\boldsymbol{\eta}_1, \boldsymbol{\eta}_2, \cdots, \boldsymbol{\eta}_s$, 使得方程组的每一个解都可由 $\boldsymbol{\eta}_1, \boldsymbol{\eta}_2, \cdots, \boldsymbol{\eta}_s$ 线性表示, 那么向量组 $\boldsymbol{\eta}_1, \boldsymbol{\eta}_2, \cdots, \boldsymbol{\eta}_s$ 称为这个方程组的一个**基础解系.**

值得注意的是, 如果一个齐次线性方程组只有零解, 那么它没有基础解系. 这是因为由它的解组成的向量组必线性相关. 如果这个方程组有非零解, 那么它必有基础解系. 这就是下面的定理.

定理 3.5.3 数域 $\boldsymbol{F}$ 上每一个有非零解的齐次线性方程组必有基础解系.

证明 不妨设方程组是 n 元的, 并设 $\boldsymbol{A}=(a_{ij})$ 是它的系数矩阵, 那么 $\boldsymbol{A}$ 的列数等于 n. 令 $\boldsymbol{A}$ 的秩等于 r. 因为方程组有非零解, 根据推论 3.4.3, 有 $r<n$.

当 $r=0$ 时, $\boldsymbol{A}$ 是零矩阵. 此时 $\boldsymbol{F}^n$ 中所有向量都是方程组的解, 因而可以选取 n 元标准向量组 $\boldsymbol{\varepsilon}_1, \boldsymbol{\varepsilon}_2, \cdots, \boldsymbol{\varepsilon}_n$ 作为方程组的一个基础解系.

当 $r>0$ 时, $\boldsymbol{A}$ 的非零子式的最大阶数等于 r. 不妨设 $\boldsymbol{A}$ 的左上角的 r 阶子式 D 不等于零. 根据定理 3.4.5 后面的说明,

$$x_1=\frac{\Delta_1}{D}, \quad x_2=\frac{\Delta_2}{D}, \quad \cdots, \quad x_r=\frac{\Delta_r}{D}$$

是方程组的一个一般解 (公式解), 这里每一个 Δ_j $(j=1, 2, \cdots, r)$ 是一个 r 阶行列式, 其形状如下:

$$\Delta_j = \begin{vmatrix} a_{11} & \cdots & a_{1,\,j-1} & b_1 - a_{1,\,r+1}x_{r+1} - \cdots - a_{1n}x_n & a_{1,\,j+1} & \cdots & a_{1r} \\ a_{21} & \cdots & a_{2,\,j-1} & b_2 - a_{2,\,r+1}x_{r+1} - \cdots - a_{2n}x_n & a_{2,\,j+1} & \cdots & a_{2r} \\ \vdots & & \vdots & \vdots & \vdots & & \vdots \\ a_{r1} & \cdots & a_{r,\,j-1} & b_r - a_{r,\,r+1}x_{r+1} - \cdots - a_{rn}x_n & a_{r,\,j+1} & \cdots & a_{rr} \end{vmatrix}.$$

已知方程组是齐次的, 那么 $b_1 = b_2 = \cdots = b_r = 0$, 所以 Δ_j 的展开式是关于自由未知量 $x_{r+1}, x_{r+2}, \cdots, x_n$ 的一个一次齐次多项式. 于是一般解可以表示成

$$\begin{cases} x_1 = c_{11}x_{r+1} + c_{12}x_{r+2} + \cdots + c_{1,\,n-r}x_n, \\ x_2 = c_{21}x_{r+1} + c_{22}x_{r+2} + \cdots + c_{2,\,n-r}x_n, \\ \vdots \\ x_r = c_{r1}x_{r+1} + c_{r2}x_{r+2} + \cdots + c_{r,\,n-r}x_n. \end{cases} \tag{3.5.1}$$

从而方程组的通解 (用列向量表示) 为

$$\begin{pmatrix} c_{11}k_1 + c_{12}k_2 + \cdots + c_{1,\,n-r}k_{n-r} \\ c_{21}k_1 + c_{22}k_2 + \cdots + c_{2,\,n-r}k_{n-r} \\ \vdots \\ c_{r1}k_1 + c_{r2}k_2 + \cdots + c_{r,\,n-r}k_{n-r} \\ k_1 \\ k_2 \\ \vdots \\ k_{n-r} \end{pmatrix},$$

即

$$k_1\begin{pmatrix} c_{11} \\ c_{21} \\ \vdots \\ c_{r1} \\ 1 \\ 0 \\ \vdots \\ 0 \end{pmatrix} + k_2\begin{pmatrix} c_{12} \\ c_{22} \\ \vdots \\ c_{r2} \\ 0 \\ 1 \\ \vdots \\ 0 \end{pmatrix} + \cdots + k_{n-r}\begin{pmatrix} c_{1,\,n-r} \\ c_{2,\,n-r} \\ \vdots \\ c_{r,\,n-r} \\ 0 \\ 0 \\ \vdots \\ 1 \end{pmatrix},$$

或者简记为 $k_1\boldsymbol{\eta}_1 + k_2\boldsymbol{\eta}_2 + \cdots + k_{n-r}\boldsymbol{\eta}_{n-r}$, 其中 $k_1, k_2, \cdots, k_{n-r} \in \boldsymbol{F}$. 现在, 取通解的第 i 个组合系数 k_i 等于 1, 其余组合系数都等于零, 得方程组的一个特解 $\boldsymbol{\eta}_i$ $(i = 1, 2, \cdots, n-r)$, 所以 $\boldsymbol{\eta}_1, \boldsymbol{\eta}_2, \cdots, \boldsymbol{\eta}_{n-r}$ 是方程组的 $n-r$ 个解, 并且方程组的每一个解都可由它们线性表示. 其次, 从这 $n-r$ 个解的后 $n-r$ 个分量, 容易看出, 向量方程 $\boldsymbol{\eta}_1y_1 + \boldsymbol{\eta}_2y_2 + \cdots + \boldsymbol{\eta}_{n-r}y_{n-r} = \boldsymbol{\theta}$ 只有零解, 所以向量组 $\boldsymbol{\eta}_1, \boldsymbol{\eta}_2, \cdots, \boldsymbol{\eta}_{n-r}$ 线性无关, 因此它是方程组的一个基础解系. □

给定一个有非零解的齐次线性方程组, 设 $\boldsymbol{\eta}_1, \boldsymbol{\eta}_2, \cdots, \boldsymbol{\eta}_s$ 是它的一个基础解系. 不难验证, $k\boldsymbol{\eta}_1, \boldsymbol{\eta}_2, \cdots, \boldsymbol{\eta}_s$ 也是它的一个基础解系, 这里 k 是数域 $\boldsymbol{F}$ 中任意非零常数. 这表明, 只要基础解系存在, 就有无穷多个.

在定理 3.5.3 的证明中, 还给出了求基础解系的一种方法, 从而也解决了基础解系的可

解性问题. 此外, 由定理的证明可见, 求基础解系时, 只需在一般解的表达式 (3.5.1) 中, 取第 i 个自由未知量 x_{r+i} 等于 1, 其余自由未知量都等于零, 就得到特解 $\boldsymbol{\eta}_i$ $(i=1,2,\cdots,n-r)$. 在实际计算中, 通常采用消元法来求基础解系. 为了保证特解 $\boldsymbol{\eta}_i$ 的分量不出现分数或第 1 个分量不出现负数, 自由未知量的取值可以像下面的例子那样作一些变通.

例 3.5.2 在数域 $\boldsymbol{F}$ 上, 求下列齐次线性方程组的一个基础解系:

$$\begin{cases} x_1-\ x_2+5x_3-\ x_4=0,\\ x_1+\ x_2-2x_3+3x_4=0,\\ 3x_1-\ x_2+8x_3+\ x_4=0,\\ x_1+3x_2-9x_3+7x_4=0. \end{cases}$$

解 对方程组的系数矩阵连续作行初等变换如下:

$$\begin{pmatrix} 1 & -1 & 5 & -1\\ 1 & 1 & -2 & 3\\ 3 & -1 & 8 & 1\\ 1 & 3 & -9 & 7 \end{pmatrix} \xrightarrow[\substack{[1(-2)+3]\\ [2(-1)+3]\\ [1(-1)+2]}]{\substack{[1(1)+4]\\ [2(-2)+4]}} \begin{pmatrix} 1 & -1 & 5 & -1\\ 0 & 2 & -7 & 4\\ 0 & 0 & 0 & 0\\ 0 & 0 & 0 & 0 \end{pmatrix} \xrightarrow[{[2(\frac{1}{2})]}]{[2(\frac{1}{2})+1]} \begin{pmatrix} 1 & 0 & \dfrac{3}{2} & 1\\ 0 & 1 & -\dfrac{7}{2} & 2\\ 0 & 0 & 0 & 0\\ 0 & 0 & 0 & 0 \end{pmatrix}.$$

由此可见, 方程组的一个一般解为 $\begin{cases} x_1=-\dfrac{3}{2}x_3-\ x_4,\\ x_2=\ \ \dfrac{7}{2}x_3-2x_4, \end{cases}$ 其中 x_3 和 x_4 是自由未知量. 取 $x_3=-2,\ x_4=0$, 得一个特解 $\boldsymbol{\eta}_1=(3,-7,-2,0)$. 再取 $x_3=0,\ x_4=-1$, 得另一个特解 $\boldsymbol{\eta}_2=(1,2,0,-1)$. 因此 $\{\boldsymbol{\eta}_1,\boldsymbol{\eta}_2\}$ 是方程组的一个基础解系.

由于基础解系不唯一, 导致我们考虑下列问题: 两个基础解系所含向量的个数是不是一样? 回答是肯定的. 这就是下面的定理.

定理 3.5.4 设数域 $\boldsymbol{F}$ 上一个 n 元齐次线性方程组有非零解, 则它的每一个基础解系所含向量的个数都等于 $n-r$, 这里 r 是方程组的系数矩阵的秩.

证明 根据已知条件和定理 3.5.3 的证明, 所给方程组有一个基础解系, 它所含向量的个数为 $n-r$. 于是只需证明, 对于方程组的任意两个基础解系 $\boldsymbol{\eta}_1,\boldsymbol{\eta}_2,\cdots,\boldsymbol{\eta}_s$ 与 $\boldsymbol{\zeta}_1,\boldsymbol{\zeta}_2,\cdots,\boldsymbol{\zeta}_t$, 它们所含向量的个数 s 与 t 必相等.

事实上, 若不然, 则 $s\neq t$. 不妨设 $s<t$. 根据基础解系的定义, 每一个 $\boldsymbol{\zeta}_i$ 都可由向量组 $\boldsymbol{\eta}_1,\boldsymbol{\eta}_2,\cdots,\boldsymbol{\eta}_s$ 线性表示 $(i=1,2,\cdots,t)$. 于是可设

$$\begin{cases} \boldsymbol{\zeta}_1=b_{11}\boldsymbol{\eta}_1+b_{12}\boldsymbol{\eta}_2+\cdots+b_{1s}\boldsymbol{\eta}_s,\\ \boldsymbol{\zeta}_2=b_{21}\boldsymbol{\eta}_1+b_{22}\boldsymbol{\eta}_2+\cdots+b_{2s}\boldsymbol{\eta}_s,\\ \qquad\vdots\\ \boldsymbol{\zeta}_t=b_{t1}\boldsymbol{\eta}_1+b_{t2}\boldsymbol{\eta}_2+\cdots+b_{ts}\boldsymbol{\eta}_s. \end{cases}$$

用 x_i 去乘第 i 个等式 $(i=1,2,\cdots,t)$, 然后把所得的 t 个等式两边分别相加, 得

$$x_1\boldsymbol{\zeta}_1+x_2\boldsymbol{\zeta}_2+\cdots+x_t\boldsymbol{\zeta}_t=k_1\boldsymbol{\eta}_1+k_2\boldsymbol{\eta}_2+\cdots+k_s\boldsymbol{\eta}_s, \tag{3.5.2}$$

其中

$$k_i=b_{1i}x_1+b_{2i}x_2+\cdots+b_{ti}x_t,\quad i=1,2,\cdots,s. \tag{3.5.3}$$

其次, 考虑下列含 s 个方程 t 个未知量的齐次线性方程组:

$$b_{1i}x_1+b_{2i}x_2+\cdots+b_{ti}x_t=0,\ i=1,2,\cdots,s.$$

由于 $s<t$, 这个方程组必有非零解. 设 $(c_1,c_2,\cdots,c_t)$ 是它的一个非零解, 则

$$b_{1i}c_1+b_{2i}c_2+\cdots+b_{ti}c_t=0,\ i=1,2,\cdots,s.$$

现在, 依次用 $c_1,c_2,\cdots,c_t$ 代替 (3.5.3) 式中的 $x_1,x_2,\cdots,x_t$, 我们看到, 每一个 k_i 都等于零 $(i=1,2,\cdots,s)$, 从而由 (3.5.2) 式, 有 $c_1\boldsymbol{\zeta}_1+c_2\boldsymbol{\zeta}_2+\cdots+c_t\boldsymbol{\zeta}_t=\boldsymbol{\theta}$. 注意到 $c_1,c_2,\cdots,c_t$ 是不全为零的数, 因此向量组 $\boldsymbol{\zeta}_1,\boldsymbol{\zeta}_2,\cdots,\boldsymbol{\zeta}_t$ 线性相关. 这是不可能的, 因为基础解系必线性无关. 这就证明了 $s=t$. □

设数域 $\boldsymbol{F}$ 上一个 n 元齐次线性方程组有非零解. 令 r 是方程组的系数矩阵的秩. 根据定理 3.5.4, 可设 $\boldsymbol{\eta}_1,\boldsymbol{\eta}_2,\cdots,\boldsymbol{\eta}_{n-r}$ 是方程组的一个基础解系, 那么

$$k_1\boldsymbol{\eta}_1+k_2\boldsymbol{\eta}_2+\cdots+k_{n-r}\boldsymbol{\eta}_{n-r},\quad k_1,k_2,\cdots,k_{n-r}\in\boldsymbol{F}$$

是方程组的一个通解. 由此可见, 利用基础解系, 可以把方程组的所有解都联系在一起. 这样, 齐次线性方程组解的结构就基本上清楚了.

下面考虑一般线性方程组解的结构. 先看一个例子.

例 3.5.3 已知几何空间中每一点等同于以这一点作为终点的矢径, 那么实系数一次方程 $ax+by+cz=d$ 的解集是空间中一个平面, 记作 π. 相应的齐次方程 $ax+by+cz=0$ 的解集是空间中通过原点 O 的一个平面, 记作 π_0.

假定平面 π 与 z 轴相交于点 γ_0, 那么 γ_0 是原方程的一个特解. 又已知这两个平面是平行的 (如图 3.1 所示), 那么把平面 π_0 沿着矢径 γ_0 的方向平移 (即把 π_0 上每一点沿着 γ_0 的方向平移), 当平移的距离等于 γ_0 的长度时, 就得到平面 π. 如果 $\boldsymbol{\gamma}$ 是平面 π_0 上点 $\boldsymbol{\eta}$ 经过平移所得的结果, 根据平行四边形法则, 有 $\boldsymbol{\gamma}=\gamma_0+\boldsymbol{\eta}$. 于是原方程的解集为 $\pi=\{\gamma_0+\boldsymbol{\eta}\mid\boldsymbol{\eta}\in\pi_0\}$.

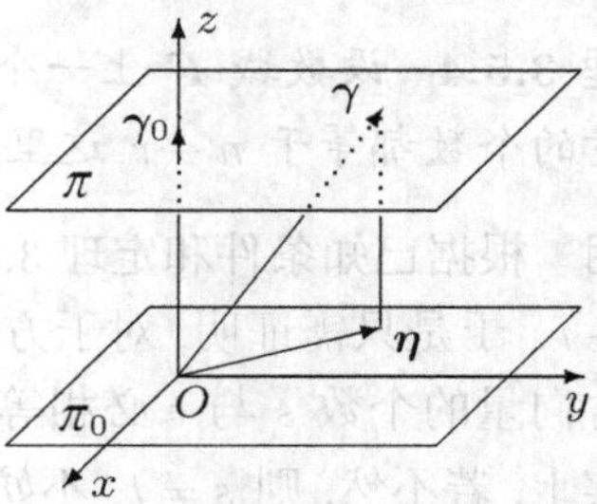

图 3.1

上例中齐次方程称为原方程的导出方程. 一般地, 把线性方程组中每一个方程的常数项都换成数 0, 所得的齐次线性方程组称为原方程组的**导出方程组**, 简称为**导出组**. 从上例的结论, 不难联想到, 如果 γ_0 是原方程组的一个特解, $\boldsymbol{W}$ 是它的导出组的解集, 那么原方程组的解集为 $\{\gamma_0+\boldsymbol{\eta}\mid\boldsymbol{\eta}\in\boldsymbol{W}\}$. 在证实这个猜想之前, 让我们给出一个引理.

引理 3.5.5 设数域 $\boldsymbol{F}$ 上一个线性方程组有解, 则它的两个解之差是导出组的一个解, 它的一个解与导出组的一个解之和是原方程组的一个解.

证明 不妨设所给的方程组为

$$a_{i1}x_1 + a_{i2}x_2 + \cdots + a_{in}x_n = b_i,\ \ i = 1, 2, \cdots, m.$$

令 $\boldsymbol{\gamma} = (c_1, c_2, \cdots, c_n)$ 与 $\widetilde{\boldsymbol{\gamma}} = (\widetilde{c}_1, \widetilde{c}_2, \cdots, \widetilde{c}_n)$ 是方程组的两个解, 则

$$a_{i1}c_1 + a_{i2}c_2 + \cdots + a_{in}c_n = b_i \ \text{且}\ a_{i1}\widetilde{c}_1 + a_{i2}\widetilde{c}_2 + \cdots + a_{in}\widetilde{c}_n = b_i.$$

把这两个等式左右两边分别相减, 得

$$a_{i1}(c_1 - \widetilde{c}_1) + a_{i2}(c_2 - \widetilde{c}_2) + \cdots + a_{in}(c_n - \widetilde{c}_n) = 0,\ \ i = 1, 2, \cdots, m,$$

所以 $(c_1 - \widetilde{c}_1,\ c_2 - \widetilde{c}_2,\ \cdots,\ c_n - \widetilde{c}_n)$ 是导出组的一个解, 即 $\boldsymbol{\gamma} - \widetilde{\boldsymbol{\gamma}}$ 是导出组的一个解. 前一个结论成立. 类似地, 可证后一个结论也成立. □

定理 3.5.6 设数域 $\boldsymbol{F}$ 上一个线性方程组有解. 令 $\boldsymbol{M}$ 是方程组的解集, 则

$$\boldsymbol{M} = \{\boldsymbol{\gamma}_0 + \boldsymbol{\eta} \mid \boldsymbol{\eta} \in \boldsymbol{W}\},$$

这里 $\boldsymbol{\gamma}_0$ 是方程组的一个特解, $\boldsymbol{W}$ 是导出组的解集.

证明 已知 $\boldsymbol{\gamma}_0$ 是方程组的一个特解, $\boldsymbol{M}$ 是方程组的解集, 并且 $\boldsymbol{W}$ 是它的导出组的解集. 对任意的 $\boldsymbol{\gamma} \in \boldsymbol{M}$, 令 $\boldsymbol{\eta} = \boldsymbol{\gamma} - \boldsymbol{\gamma}_0$,则 $\boldsymbol{\gamma} = \boldsymbol{\gamma}_0 + \boldsymbol{\eta}$,并且由引理 3.5.5 的前一个结论, 有 $\boldsymbol{\eta} \in \boldsymbol{W}$, 所以 $\boldsymbol{\gamma} \in \{\boldsymbol{\gamma}_0 + \boldsymbol{\eta} \mid \boldsymbol{\eta} \in \boldsymbol{W}\}$. 另一方面, 对任意的 $\boldsymbol{\eta} \in \boldsymbol{W}$,令 $\boldsymbol{\gamma} = \boldsymbol{\gamma}_0 + \boldsymbol{\eta}$,则由引理 3.5.5 的后一个结论, 有 $\boldsymbol{\gamma} \in \boldsymbol{M}$. 这就证明了, $\boldsymbol{M}$ 与 $\{\boldsymbol{\gamma}_0 + \boldsymbol{\eta} \mid \boldsymbol{\eta} \in \boldsymbol{W}\}$ 这两个集合互相包含, 故 $\boldsymbol{M} = \{\boldsymbol{\gamma}_0 + \boldsymbol{\eta} \mid \boldsymbol{\eta} \in \boldsymbol{W}\}$. □

由于齐次线性方程组解的结构已经基本上清楚了, 上述定理实际上已经刻画了一般线性方程组解的结构, 可以看作线性方程组解的结构定理. 线性方程组的解集 $\boldsymbol{M}$ 也称为一个**线性流形**.

推论 3.5.7 设数域 $\boldsymbol{F}$ 上一个 n 元线性方程组有无穷多解, 则其通解为

$$\boldsymbol{\gamma}_0 + k_1\boldsymbol{\eta}_1 + k_2\boldsymbol{\eta}_2 + \cdots + k_{n-r}\boldsymbol{\eta}_{n-r},\ \ k_1, k_2, \cdots, k_{n-r} \in \boldsymbol{F},$$

这里 $\boldsymbol{\gamma}_0$ 是方程组的一个特解, r 是方程组的系数矩阵的秩, $\boldsymbol{\eta}_1, \boldsymbol{\eta}_2, \cdots, \boldsymbol{\eta}_{n-r}$ 是导出组的一个基础解系.

例 3.5.4 在数域 $\boldsymbol{F}$ 上, 解下列线性方程组:

$$\begin{cases} x_1 - 3x_2 + 5x_3 - 2x_4 = 4, \\ 2x_1 - x_2 + 3x_3 - x_4 = 7, \\ x_1 + 7x_2 - 9x_3 + 4x_4 = 2. \end{cases}$$

解 对方程组的增广矩阵连续作行初等变换如下:

$$\begin{pmatrix}1 & -3 & 5 & -2 & \vdots & 4\\ 2 & -1 & 3 & -1 & \vdots & 7\\ 1 & 7 & -9 & 4 & \vdots & 2\end{pmatrix}\xrightarrow[{[1(-2)+2]}]{\substack{[1(3)+3]\\ [2(-2)+3]}}\begin{pmatrix}1 & -3 & 5 & -2 & \vdots & 4\\ 0 & 5 & -7 & 3 & \vdots & -1\\ 0 & 0 & 0 & 0 & \vdots & 0\end{pmatrix}\xrightarrow[{[2(\frac{1}{5})]}]{[2(\frac{3}{5})+1]}\begin{pmatrix}1 & 0 & \dfrac{4}{5} & -\dfrac{1}{5} & \vdots & \dfrac{17}{5}\\ 0 & 1 & -\dfrac{7}{5} & \dfrac{3}{5} & \vdots & -\dfrac{1}{5}\\ 0 & 0 & 0 & 0 & \vdots & 0\end{pmatrix}.$$

由此可见, $\gamma_0 = \left(\dfrac{17}{5}, -\dfrac{1}{5}, 0, 0\right)$ 是方程组的一个特解, 并且 $\eta_1 = (4, -7, -5, 0)$, $\eta_2 = (1, -3, 0, 5)$ 是它的导出组的一个基础解系. 根据推论 3.5.7, 方程组的一个通解为

$$\gamma_0 + k_1\eta_1 + k_2\eta_2,\quad k_1, k_2 \in F.$$

习题 3.5

1. 设 α, β, γ 是向量集 F^n 中三个向量. 证明: $(\alpha+\beta)+\gamma = \alpha+(\beta+\gamma)$.
2. 把向量 β 表示成向量组 $\alpha_1, \alpha_2, \alpha_3, \alpha_4$ 的一个线性组合, 这里

   (1) $\beta = (1, 2, 1, 1)$, $\alpha_1 = (1, 1, 1, 1)$, $\alpha_2 = (1, 1, -1, -1)$, $\alpha_3 = (1, -1, 1, -1)$, $\alpha_4 = (1, -1, -1, 1)$;

   (2) $\beta = (0, 0, 0, 1)$, $\alpha_1 = (1, 1, 0, 1)$, $\alpha_2 = (2, 1, 3, 1)$, $\alpha_3 = (1, 1, 0, 0)$, $\alpha_4 = (0, 1, -1, -1)$.
3. 设 γ 与 $\tilde{\gamma}$ 都是数域 F 上一个线性方程组的解, 并设 k 是数域 F 中一个常数. 求一个线性方程组, 使得它与原方程组有相同的系数矩阵, 并且满足下列条件之一:

   (1) $\gamma+\tilde{\gamma}$ 是所求方程组的一个解; (2) $k\gamma$ 是所求方程组的一个解.
4. 设 η 与 $\tilde{\eta}$ 都是数域 F 上一个线性方程组的解, k 是数域 F 中一个不等于 1 的数. 证明: 方程组是齐次的当且仅当下列条件之一成立:

   (1) $\eta+\tilde{\eta}$ 是方程组的一个解; (2) $k\eta$ 是方程组的一个解.
5. 设 $A = (a_{ij}) \in M_n(F)$. 令 $\alpha_i = (a_{i1}, a_{i2}, \cdots, a_{in})$, 即 α_i 是由 A 的第 i 行元素组成的向量 $(i = 1, 2, \cdots, n)$. 证明: $|A| \neq 0$ 当且仅当向量组 $\alpha_1, \alpha_2, \cdots, \alpha_n$ 线性无关.
6. 设 $a_1, a_2, \cdots, a_s$ 是数域 F 中 s 个互不相同的数. 令

   $$\alpha_i = (1, a_i, a_i^2, \cdots, a_i^{n-1}),\quad i = 1, 2, \cdots, s.$$

   证明: 向量组 $\alpha_1, \alpha_2, \cdots, \alpha_s$ 线性无关当且仅当 $s \leqslant n$.
7. 在数域 F 上, 求下列齐次线性方程组的一个基础解系, 并写出它的一个通解:

   $$(1)\ \begin{cases} x_1+x_2+x_3+x_4+x_5=0,\\ 3x_1+2x_2+x_3+x_4-3x_5=0,\\ x_2+2x_3+2x_4+6x_5=0,\\ 5x_1+4x_2+3x_3+3x_4-x_5=0;\end{cases}\qquad (2)\ \begin{cases} x_1+x_2-3x_4-x_5=0,\\ x_1-x_2+2x_3-x_4=0,\\ 4x_1-2x_2+6x_3+3x_4-4x_5=0,\\ 2x_1+4x_2-2x_3+4x_4-7x_5=0.\end{cases}$$
8. 在数域 F 上, 求下列线性方程 (组) 的一个通解:

   (1) $x_1-4x_2+2x_3-3x_4+6x_5=4$;

   $$(2)\ \begin{cases} x_1-5x_2+2x_3-3x_4=11,\\ -3x_1+x_2-4x_3+2x_4=-5,\\ -x_1-9x_2-4x_4=17,\\ 5x_1+3x_2+6x_3-x_4=-1;\end{cases}\qquad (3)\ \begin{cases} 2x_1-3x_2+x_3-5x_4=1,\\ -5x_1-10x_2-2x_3+x_4=-21,\\ x_1+4x_2+3x_3+2x_4=1,\\ 2x_1-4x_2+9x_3-3x_4=-16.\end{cases}$$

9. 设 $\gamma_1, \gamma_2, \cdots, \gamma_s$ 是数域 $\boldsymbol{F}$ 上一个线性方程组的 s 个解. 证明: 对 $\boldsymbol{F}$ 中任意 s 个数 $k_1, k_2, \cdots, k_s$, 如果 $k_1 + k_2 + \cdots + k_s = 1$, 那么 $k_1\gamma_1 + k_2\gamma_2 + \cdots + k_s\gamma_s$ 也是方程组的一个解.

*10. 设 $\boldsymbol{A}$ 是数域 $\boldsymbol{F}$ 上下列齐次线性方程组的系数矩阵:

$$\begin{cases} a_{11}x_1 + a_{12}x_2 + \cdots + a_{1n}x_n = 0, \\ a_{21}x_1 + a_{22}x_2 + \cdots + a_{2n}x_n = 0, \\ \qquad\vdots \\ a_{n-1,1}x_1 + a_{n-1,2}x_2 + \cdots + a_{n-1,n}x_n = 0. \end{cases}$$

令 $\boldsymbol{\eta}_0 = \big(M_1, -M_2, \cdots, (-1)^{n+1}M_n\big)$, 这里 $M_1, M_2, \cdots, M_n$ 依次为划掉 $\boldsymbol{A}$ 的第 $1, 2, \cdots, n$ 列所得的 n 个 $n-1$ 阶子式. 证明: 如果 $\boldsymbol{A}$ 是行满秩的, 那么 $\{\boldsymbol{\eta}_0\}$ 是方程组的一个基础解系.

*11. 设数域 $\boldsymbol{F}$ 上一个 n 元非齐次线性方程组有无穷多解. 令

$$\gamma_1 = \gamma_0 + \boldsymbol{\eta}_1, \quad \gamma_2 = \gamma_0 + \boldsymbol{\eta}_2, \quad \cdots, \quad \gamma_{n-r} = \gamma_0 + \boldsymbol{\eta}_{n-r},$$

这里 γ_0 是方程组的一个特解, $\boldsymbol{\eta}_1, \boldsymbol{\eta}_2, \cdots, \boldsymbol{\eta}_{n-r}$ 是导出组的一个基础解系. 证明:

(1) $\gamma_0, \gamma_1, \gamma_2, \cdots, \gamma_{n-r}$ 是方程组的 $n-r+1$ 个线性无关的解;

(2) 方程组的每一个解 γ 都可以表示成 $\gamma = k_0\gamma_0 + k_1\gamma_1 + k_2\gamma_2 + \cdots + k_{n-r}\gamma_{n-r}$, 其中

$$k_0 + k_1 + k_2 + \cdots + k_{n-r} = 1.$$

第 4 章 矩 阵

从上一章我们看到，在线性方程组的理论中，矩阵及其初等变换扮演着非常重要的角色. 除了线性方程组以外，在实际生产和科学研究中，经常出现与矩阵有密切联系的各种问题，因而矩阵是一个具有广泛应用的数学工具. 矩阵的内容非常丰富，矩阵的理论是线性代数学的重要组成部分. 同时矩阵论本身也已成为代数学的一个重要分支.

历史上，人们很早就开始使用矩阵这一工具了. 事实上，不难想象，一旦有了数的概念，人们自然会列出由一些数组成的表格，这就是矩阵.

在科学研究中，人们也在大量使用矩阵. 以数学研究为例，除了用增广矩阵来讨论线性方程组以外，还可以用矩阵来讨论许多问题.

例如，由于 n 元向量是 1 行 n 列矩阵或 n 行 1 列矩阵，在上一节我们实际上是利用这两类特殊矩阵来讨论线性方程组解的结构.

又如，在平面解析几何里，当直角坐标系绕原点按逆时针方向旋转一个角度 ϕ 时，平面上每一点的旧坐标 (x, y) 与新坐标 $(\widetilde{x}, \widetilde{y})$ 适合下列坐标变换公式:

$$\begin{cases} x = \widetilde{x}\cos\phi - \widetilde{y}\sin\phi, \\ y = \widetilde{x}\sin\phi + \widetilde{y}\cos\phi. \end{cases}$$

显然该公式可由 $\begin{pmatrix} \cos\phi & -\sin\phi \\ \sin\phi & \cos\phi \end{pmatrix}$ 唯一决定，因而可以用矩阵来讨论坐标变换.

这些事实表明，矩阵不仅早已被人们认识，而且有相当广泛的应用. 然而历史上有一种奇怪现象，就是矩阵概念的提出，以及矩阵理论的形成，都在行列式之后. 直到 19 世纪中叶，人们才开始使用矩阵 (matrix) 这一术语，并开始把它作为一个独立的数学研究对象[①]，而此时行列式的理论已经臻于成熟了. 出现这种反常现象的主要原因在于，直到那时人们才意识到可以从各种实际问题中抽象出矩阵的运算.

本章将介绍矩阵的各种运算，讨论与这些运算有关的各种性质，主要讨论乘法运算性质. 主要内容有各种运算的算律、一些特殊类型矩阵的运算规律、初等矩阵与矩阵的初等变换之间的联系、可逆矩阵的基本性质、分块矩阵的应用. 矩阵的一个重要作用是，可以用来表示一些特殊映射. 在本章最后一节我们将回顾映射的概念及其有关性质，并讨论可以用矩阵来表示的一些映射.

[①]matrix 一词是英国数学家西尔维斯特 (J. J. Sylvester) 于 1850 年首先提出的. 英国数学家凯莱 (A. Cayley) 被认为是矩阵论的创立者，他率先把矩阵作为一个独立的数学研究对象，并在这方面发表了一系列文章，其中的第一篇也是最有影响的一篇于 1858 年发表.

4.1 矩阵的运算

在这一节我们将介绍矩阵的加法、数乘、减法、乘法和转置运算, 以及方阵的乘方运算, 并给出这些运算的算律. 首先给出矩阵的相等概念.

定义 4.1.1 设 $\boldsymbol{A}=(a_{ij})$ 与 $\boldsymbol{B}=(b_{ij})$ 是数域 $\boldsymbol{F}$ 上两个 $m\times n$ 矩阵. 如果 $\boldsymbol{A}$ 与 $\boldsymbol{B}$ 的对应元素全相等, 即 $a_{ij}=b_{ij},\quad i=1,2,\cdots,m,\quad j=1,2,\cdots,n$, 那么称 $\boldsymbol{A}$ 与 $\boldsymbol{B}$ 是**相等的**, 记作 $\boldsymbol{A}=\boldsymbol{B}$.

为了便于叙述, 我们把表示矩阵的行数和列数的符号 $m\times n$ 称为**矩阵的型**. 于是两个相等的矩阵必同型, 反之不然. 矩阵的**加法**和**数乘运算**是 n 元向量相应运算的自然推广, 因而也统称为**线性运算**, 其定义如下.

定义 4.1.2 设 $\boldsymbol{A}=(a_{ij})$ 与 $\boldsymbol{B}=(b_{ij})$ 是数域 $\boldsymbol{F}$ 上两个 $m\times n$ 矩阵, 并设 k 是数域 $\boldsymbol{F}$ 中一个数, 则称 $(a_{ij}+b_{ij})$ 为 $\boldsymbol{A}$ 与 $\boldsymbol{B}$ 的**和**, 记作 $\boldsymbol{A}+\boldsymbol{B}$; 并称 (ka_{ij}) 为 k 与 $\boldsymbol{A}$ 的**数乘积**, 记作 $k\boldsymbol{A}$.

把 $\boldsymbol{A}+\boldsymbol{B}$ 与 $k\boldsymbol{A}$ 具体写出来就是

$$\begin{pmatrix} a_{11}+b_{11} & a_{12}+b_{12} & \cdots & a_{1n}+b_{1n} \\ a_{21}+b_{21} & a_{22}+b_{22} & \cdots & a_{2n}+b_{2n} \\ \vdots & \vdots & & \vdots \\ a_{m1}+b_{m1} & a_{m2}+b_{m2} & \cdots & a_{mn}+b_{mn} \end{pmatrix} \text{ 且 } \begin{pmatrix} ka_{11} & ka_{12} & \cdots & ka_{1n} \\ ka_{21} & ka_{22} & \cdots & ka_{2n} \\ \vdots & \vdots & & \vdots \\ ka_{m1} & ka_{m2} & \cdots & ka_{mn} \end{pmatrix}.$$

根据定义, 当 $\boldsymbol{A}$ 与 $\boldsymbol{B}$ 同型时, 它们是可加的. 否则, 它们不可加. 加法运算规则是把 $\boldsymbol{A}$ 与 $\boldsymbol{B}$ 的对应元素相加, 运算结果是数域 $\boldsymbol{F}$ 上的矩阵, 并且与原来的矩阵同型. 数乘运算规则是用数 k 去乘矩阵 $\boldsymbol{A}$ 的每一个元素, 运算结果也是数域 $\boldsymbol{F}$ 上的矩阵, 并且与原来的矩阵同型. 由下面的例子可见, 矩阵的加法和数乘运算是从实际问题中抽象出来的.

某工厂有两个车间, 各自生产 A, B, C 三种零件. 如果前两个季度的产量如表 4.1(a) 所示, 那么这两个季度的总产量如表 4.1(b) 所示.

表 4.1

(a)

	第一季度			第二季度		
品　　种	A	B	C	A	B	C
第一车间	100	96	108	120	80	95
第二车间	90	130	70	115	105	60

(b)

	两季度总产量		
品　　种	A	B	C
第一车间	220	176	203
第二车间	205	235	130

如果计划每个月的产量如表 4.2(a) 所示, 那么预计一年的总产量如表 4.2(b) 所示.

表 4.2

(a)

品　　种	A	B	C
第一车间	70	60	70
第二车间	60	80	40

(b)

品　　种	A	B	C
第一车间	840	720	840
第二车间	720	960	480

设 $\boldsymbol{A}=(a_{ij})\in \boldsymbol{M}_{mn}(\boldsymbol{F})$,则称 $(-a_{ij})$ 为 $\boldsymbol{A}$ 的**负矩阵**, 记作 $-\boldsymbol{A}$. 利用负矩阵, 可以定义矩阵的**减法运算.** 设 $\boldsymbol{A}, \boldsymbol{B}\in \boldsymbol{M}_{mn}(\boldsymbol{F})$,则称 $\boldsymbol{A}+(-\boldsymbol{B})$ 为 $\boldsymbol{A}$ 与 $\boldsymbol{B}$ 的**差,** 记作 $\boldsymbol{A}-\boldsymbol{B}$. 根据定义, 当 $\boldsymbol{A}$ 与 $\boldsymbol{B}$ 同型时, 减法运算可以施行, 运算规则是 $\boldsymbol{A}$ 与 $\boldsymbol{B}$ 的对应元素相减, 运算结果仍然是数域 $\boldsymbol{F}$ 上的矩阵, 并且与原来的矩阵同型. 由于减法是通过加法来实现的, 这个运算不独立.

矩阵的加法和数乘运算满足下列算律: $\forall \boldsymbol{A}, \boldsymbol{B}, \boldsymbol{C}\in \boldsymbol{M}_{mn}(\boldsymbol{F})$, $\forall k, l\in \boldsymbol{F}$,

(1) $\boldsymbol{A}+\boldsymbol{B}=\boldsymbol{B}+\boldsymbol{A}$;

(2) $(\boldsymbol{A}+\boldsymbol{B})+\boldsymbol{C}=\boldsymbol{A}+(\boldsymbol{B}+\boldsymbol{C})$;

(3) $\boldsymbol{A}+\boldsymbol{O}=\boldsymbol{A}$;

(4) $\boldsymbol{A}+(-\boldsymbol{A})=\boldsymbol{O}$;

(5) $k(\boldsymbol{A}+\boldsymbol{B})=k\boldsymbol{A}+k\boldsymbol{B}$;

(6) $(k+l)\boldsymbol{A}=k\boldsymbol{A}+l\boldsymbol{A}$;

(7) $(kl)\boldsymbol{A}=k(l\boldsymbol{A})$;

(8) $1\boldsymbol{A}=\boldsymbol{A}$.

这些算律都可以按定义直接验证. 这里只给出加法结合律的验证.

设 $\boldsymbol{A}=(a_{ij}),\ \ \boldsymbol{B}=(b_{ij}),\ \ \boldsymbol{C}=(c_{ij})$, 则 $(\boldsymbol{A}+\boldsymbol{B})+\boldsymbol{C}$ 与 $\boldsymbol{A}+(\boldsymbol{B}+\boldsymbol{C})$ 的第 i 行第 j 列元素分别为 $(a_{ij}+b_{ij})+c_{ij}$ 与 $a_{ij}+(b_{ij}+c_{ij})$. 根据数的加法结合律, 有

$$(a_{ij}+b_{ij})+c_{ij}=a_{ij}+(b_{ij}+c_{ij}),\ \ i=1,\,2,\,\cdots,\,m;\ \ j=1,\,2,\,\cdots,\,n.$$

根据矩阵的相等定义, 得 $(\boldsymbol{A}+\boldsymbol{B})+\boldsymbol{C}=\boldsymbol{A}+(\boldsymbol{B}+\boldsymbol{C})$.

下面考虑矩阵的乘法运算. 先看一个例子. 设

$$\begin{cases}z_1=a_{11}y_1+a_{12}y_2,\\ z_2=a_{21}y_1+a_{22}y_2\end{cases}\quad\text{与}\quad\begin{cases}y_1=b_{11}x_1+b_{12}x_2+b_{13}x_3,\\ y_2=b_{21}x_1+b_{22}x_2+b_{23}x_3\end{cases}$$

是两个函数组. 把后者的表达式代入前者, 并整理, 得

$$\begin{cases}z_1=(a_{11}b_{11}+a_{12}b_{21})x_1+(a_{11}b_{12}+a_{12}b_{22})x_2+(a_{11}b_{13}+a_{12}b_{23})x_3,\\ z_2=(a_{21}b_{11}+a_{22}b_{21})x_1+(a_{21}b_{12}+a_{22}b_{22})x_2+(a_{21}b_{13}+a_{22}b_{23})x_3.\end{cases}$$

另一方面, 这两个函数组可以改写成下面的**向量函数:**

$$\begin{pmatrix}z_1\\ z_2\end{pmatrix}=\begin{pmatrix}a_{11}\\ a_{21}\end{pmatrix}y_1+\begin{pmatrix}a_{12}\\ a_{22}\end{pmatrix}y_2\quad\text{与}\quad\begin{pmatrix}y_1\\ y_2\end{pmatrix}=\begin{pmatrix}b_{11}\\ b_{21}\end{pmatrix}x_1+\begin{pmatrix}b_{12}\\ b_{22}\end{pmatrix}x_2+\begin{pmatrix}b_{13}\\ b_{23}\end{pmatrix}x_3.$$

令 $\boldsymbol{Z}=(z_1,\,z_2)',\ \ \boldsymbol{Y}=(y_1,\,y_2)'$ 且 $\boldsymbol{X}=(x_1,\,x_2,\,x_3)'$ (列向量), 则这两个向量函数可以简记为 $\boldsymbol{Z}=f(\boldsymbol{Y})$ 与 $\boldsymbol{Y}=g(\boldsymbol{X})$. 上述代入过程相当于函数的复合, 即用 $g(\boldsymbol{X})$ 代替 $\boldsymbol{Z}=f(\boldsymbol{Y})$ 中的 $\boldsymbol{Y}$. 于是 $\boldsymbol{Z}=f[g(\boldsymbol{X})]$,或者简记作 $\boldsymbol{Z}=fg(\boldsymbol{X})$. 从上面的分析不难看出, 向量函数 $f(\boldsymbol{Y})$, $g(\boldsymbol{X})$ 与 $fg(\boldsymbol{X})$ 分别由矩阵 $\boldsymbol{A}, \boldsymbol{B}, \boldsymbol{C}$ 唯一决定, 这里 $\boldsymbol{A}=\begin{pmatrix}a_{11}&a_{12}\\ a_{21}&a_{22}\end{pmatrix}$, $\boldsymbol{B}=\begin{pmatrix}b_{11}&b_{12}&b_{13}\\ b_{21}&b_{22}&b_{23}\end{pmatrix}$ 且

$$C=\begin{pmatrix}a_{11}b_{11}+a_{12}b_{21} & a_{11}b_{12}+a_{12}b_{22} & a_{11}b_{13}+a_{12}b_{23}\\ a_{21}b_{11}+a_{22}b_{21} & a_{21}b_{12}+a_{22}b_{22} & a_{21}b_{13}+a_{22}b_{23}\end{pmatrix}.$$

因此可以把 $\boldsymbol{C}$ 定义为矩阵 $\boldsymbol{A}$ 与 $\boldsymbol{B}$ 的乘积, 即规定 $\boldsymbol{C}\overset{\text{def}}{=}\boldsymbol{AB}$.

考察矩阵 $\boldsymbol{C}$, 它的第 i 行第 j 列元素是 $\boldsymbol{A}$ 的第 i 行每一个元素与 $\boldsymbol{B}$ 的第 j 列对应元素的乘积之和. 如果我们令 $\boldsymbol{C}=(c_{ij})$, 那么

$$c_{ij}=a_{i1}b_{1j}+a_{i2}b_{2j},\quad i=1,2,\ j=1,2,3.$$

显然这种运算规则就是**行乘列法则** (见定理 2.4.7). 因此我们将要定义的矩阵乘法, 其运算规则是行乘列法则. 一个有趣的事实是, 上述矩阵 $\boldsymbol{A}$ 与 $\boldsymbol{B}$ 的型不相同, 然而它们居然可以相乘. 这是什么原因呢? 让我们来考虑这个问题.

设 $\boldsymbol{A}$ 与 $\boldsymbol{B}$ 都是数域 $\boldsymbol{F}$ 上的矩阵, 它们的型分别为 $m\times n$ 与 $p\times s$. 不妨设

$$\boldsymbol{A}=\begin{pmatrix}a_{11} & a_{12} & \cdots & a_{1n}\\ a_{21} & a_{22} & \cdots & a_{2n}\\ \vdots & \vdots & & \vdots\\ a_{m1} & a_{m2} & \cdots & a_{mn}\end{pmatrix}\quad 且\quad \boldsymbol{B}=\begin{pmatrix}b_{11} & b_{12} & \cdots & b_{1s}\\ b_{21} & b_{22} & \cdots & b_{2s}\\ \vdots & \vdots & & \vdots\\ b_{p1} & b_{p2} & \cdots & b_{ps}\end{pmatrix}.$$

不难看出, 为了保证行乘列法则能够实施, $\boldsymbol{A}$ 的列数 n 与 $\boldsymbol{B}$ 的行数 p 必须相同. 至于 $\boldsymbol{A}$ 的行数 m 与 $\boldsymbol{B}$ 的列数 s 就没有什么限制了, 因此 $\boldsymbol{A}$ 与 $\boldsymbol{B}$ 可以不同型. 易见当 $n=p$ 时,"乘积" $\boldsymbol{AB}$ 的型为 $m\times s$. 现在给出**乘法运算**的定义.

定义 4.1.3 设 $\boldsymbol{A}=(a_{ij})_{m\times n}$, $\boldsymbol{B}=(b_{ij})_{n\times s}$, $\boldsymbol{C}=(c_{ij})_{m\times s}$ 是数域 $\boldsymbol{F}$ 上三个矩阵. 如果 $\boldsymbol{C}$ 的每一个元素 c_{ij} 都可以表示成

$$c_{ij}=a_{i1}b_{1j}+a_{i2}b_{2j}+\cdots+a_{in}b_{nj},$$

那么称 $\boldsymbol{C}$ 为 $\boldsymbol{A}$ 与 $\boldsymbol{B}$ 的**积** (或**乘积**), 记作 $\boldsymbol{C}=\boldsymbol{AB}$.

根据定义, 当 $\boldsymbol{A}$ 的列数不等于 $\boldsymbol{B}$ 的行数时, $\boldsymbol{A}$ 与 $\boldsymbol{B}$ 不可乘. 否则, 它们可乘, 其乘积 $\boldsymbol{AB}$ 的行数等于 $\boldsymbol{A}$ 的行数, 列数等于 $\boldsymbol{B}$ 的列数. 乘法运算规则是行乘列法则. 矩阵的乘法与数的乘法有较大差异. 做矩阵乘法时, 最好事先判断乘积的型是什么, 以防出现大范围差错.

例 4.1.1 设 $\boldsymbol{A}=(1,2,3)$ 且 $\boldsymbol{B}=\begin{pmatrix}3\\2\\1\end{pmatrix}$, 则 $\boldsymbol{A}$ 与 $\boldsymbol{B}$ 可乘, 其乘积 $\boldsymbol{AB}$ 的型为 1×1, 即 $\boldsymbol{AB}$ 是一个数. 根据行乘列法则, 有

$$\boldsymbol{AB}=1\times 3+2\times 2+3\times 1=10.$$

其次, $\boldsymbol{B}$ 与 $\boldsymbol{A}$ 也可乘, 其乘积 $\boldsymbol{BA}$ 的型为 3×3. 根据行乘列法则, 有

$$\boldsymbol{BA}=\begin{pmatrix}3\\2\\1\end{pmatrix}(1,2,3)=\begin{pmatrix}3\times 1 & 3\times 2 & 3\times 3\\ 2\times 1 & 2\times 2 & 2\times 3\\ 1\times 1 & 1\times 2 & 1\times 3\end{pmatrix}=\begin{pmatrix}3 & 6 & 9\\ 2 & 4 & 6\\ 1 & 2 & 3\end{pmatrix}.$$

例 4.1.2 根据本章开头的分析, 在几何平面上, 把直角坐标系绕原点按逆时针方向旋转一个角度 ϕ, 接着旋转一个角度 θ, 或者一次旋转一个角度 $\phi+\theta$, 相应的三个坐标变换公式分

别由下列三个矩阵唯一决定:

$$\begin{pmatrix}\cos\phi & -\sin\phi\\ \sin\phi & \cos\phi\end{pmatrix},\ \begin{pmatrix}\cos\theta & -\sin\theta\\ \sin\theta & \cos\theta\end{pmatrix},\ \begin{pmatrix}\cos(\phi+\theta) & -\sin(\phi+\theta)\\ \sin(\phi+\theta) & \cos(\phi+\theta)\end{pmatrix}.$$

因为前两次旋转与最后一次旋转的效果是一样的, 所以下列等式应该成立:

$$\begin{pmatrix}\cos\theta & -\sin\theta\\ \sin\theta & \cos\theta\end{pmatrix}\begin{pmatrix}\cos\phi & -\sin\phi\\ \sin\phi & \cos\phi\end{pmatrix}=\begin{pmatrix}\cos(\phi+\theta) & -\sin(\phi+\theta)\\ \sin(\phi+\theta) & \cos(\phi+\theta)\end{pmatrix}.$$

容易验证, 该等式确实成立. 这就再一次印证了矩阵乘法运算的定义是合理的.

根据矩阵的相等定义, 线性方程组

$$a_{i1}x_1+a_{i2}x_2+\cdots+a_{in}x_n=b_i,\quad i=1,2,\cdots,m$$

可以改写成

$$\begin{pmatrix}a_{11}x_1+a_{12}x_2+\cdots+a_{1n}x_n\\ a_{21}x_1+a_{22}x_2+\cdots+a_{2n}x_n\\ \vdots\\ a_{m1}x_1+a_{m2}x_2+\cdots+a_{mn}x_n\end{pmatrix}=\begin{pmatrix}b_1\\ b_2\\ \vdots\\ b_m\end{pmatrix}.$$

根据矩阵的乘法定义, 上式等价于

$$\begin{pmatrix}a_{11} & a_{12} & \cdots & a_{1n}\\ a_{21} & a_{22} & \cdots & a_{2n}\\ \vdots & \vdots & & \vdots\\ a_{m1} & a_{m2} & \cdots & a_{mn}\end{pmatrix}\begin{pmatrix}x_1\\ x_2\\ \vdots\\ x_n\end{pmatrix}=\begin{pmatrix}b_1\\ b_2\\ \vdots\\ b_m\end{pmatrix}.$$

这表明, 每一个线性方程组都可以表示成形如 $\boldsymbol{AX}=\boldsymbol{\beta}$ 的**矩阵方程**. 特别地, 齐次线性方程组可以表示成 $\boldsymbol{AX}=\boldsymbol{0}$, 这里 $\boldsymbol{A}$ 是方程组的系数矩阵.

我们知道, 线性方程组还可以用连加号和向量方程来表示. 在这些表示法中, 矩阵方程的书写特别简捷. 但要注意, 这些表示法各有各的优点, 读者务必根据实际情况灵活使用各种表示法.

矩阵的乘法运算与函数的复合运算比较接近, 两者的运算性质也比较接近. 考察例 4.1.1 中两个矩阵 $\boldsymbol{A}$ 与 $\boldsymbol{B}$, 我们看到 $\boldsymbol{AB}\neq\boldsymbol{BA}$. 这就得到下列命题.

命题 4.1.1 矩阵的乘法不满足交换律.

这就是说, 两个矩阵的乘积, 其因子的位置一般不可交换. 为了强调因子所处的位置, 乘积 $\boldsymbol{AB}$ 也称为用 $\boldsymbol{A}$ 去**左乘** $\boldsymbol{B}$ (或用 $\boldsymbol{B}$ 去**右乘** $\boldsymbol{A}$) 所得的结果, 并称 $\boldsymbol{A}$ 为**左矩阵**, $\boldsymbol{B}$ 为**右矩阵**. 同时, 与乘法有关的术语也要分成左的和右的. 例如, **左消去律** 意味着, 对数域 $\boldsymbol{F}$ 上任意矩阵 $\boldsymbol{A},\boldsymbol{B},\boldsymbol{C}$, 只要 $\boldsymbol{A}\neq\boldsymbol{0}$, 并且 $\boldsymbol{AB}=\boldsymbol{AC}$, 就有 $\boldsymbol{B}=\boldsymbol{C}$. 类似地, 可以定义**右消去律**. 照样地, 可以定义乘法对加法的**左分配律** 和**右分配律**.

注意,"矩阵的乘法不满足交换律" 是一般性结论, 并不是说, 对任意两个矩阵 $\boldsymbol{A}$ 与 $\boldsymbol{B}$, 等式 $\boldsymbol{AB}=\boldsymbol{BA}$ 都不成立. 如果 $\boldsymbol{A}$ 与 $\boldsymbol{B}$ 适合等式 $\boldsymbol{AB}=\boldsymbol{BA}$, 那么称它们是**可交换的**. 例如, 下列等式显然成立:

$$\begin{pmatrix}\cos(\phi+\theta) & -\sin(\phi+\theta)\\ \sin(\phi+\theta) & \cos(\phi+\theta)\end{pmatrix}=\begin{pmatrix}\cos(\theta+\phi) & -\sin(\theta+\phi)\\ \sin(\theta+\phi) & \cos(\theta+\phi)\end{pmatrix}.$$

于是由例 4.1.2, 我们得到

$$\begin{pmatrix}\cos\theta & -\sin\theta\\ \sin\theta & \cos\theta\end{pmatrix}\begin{pmatrix}\cos\phi & -\sin\phi\\ \sin\phi & \cos\phi\end{pmatrix}=\begin{pmatrix}\cos\phi & -\sin\phi\\ \sin\phi & \cos\phi\end{pmatrix}\begin{pmatrix}\cos\theta & -\sin\theta\\ \sin\theta & \cos\theta\end{pmatrix}.$$

这表明, 上式中两个矩阵是可交换的.

设 $\boldsymbol{A}\in\boldsymbol{M}_{mn}(\boldsymbol{F})$ 且 $\boldsymbol{B}\in\boldsymbol{M}_{ns}(\boldsymbol{F})$, 则 $\boldsymbol{A}$ 与 $\boldsymbol{B}$ 可乘. 当 $\boldsymbol{B}$ 与 $\boldsymbol{A}$ 也可乘时, $\boldsymbol{B}$ 的列数 s 必须等于 $\boldsymbol{A}$ 的行数 m. 此时 $\boldsymbol{AB}$ 是一个 m 阶方阵, $\boldsymbol{BA}$ 是一个 n 阶方阵. 由此可见, 如果 $\boldsymbol{AB}=\boldsymbol{BA}$, 那么必有 $m=n=s$. 这表明, 两个可交换的矩阵必定是同阶方阵. 但是由下面的反例可见, 两个同阶方阵未必可交换.

例 4.1.3 设 $\boldsymbol{A}=\begin{pmatrix}1 & 1\\ -1 & -1\end{pmatrix}$ 且 $\boldsymbol{B}=\begin{pmatrix}1 & 0\\ -1 & 0\end{pmatrix}$, 则 $\boldsymbol{AB}\neq\boldsymbol{BA}$, 因为

$$\begin{pmatrix}1 & 1\\ -1 & -1\end{pmatrix}\begin{pmatrix}1 & 0\\ -1 & 0\end{pmatrix}=\begin{pmatrix}0 & 0\\ 0 & 0\end{pmatrix}\ \text{且}\ \begin{pmatrix}1 & 0\\ -1 & 0\end{pmatrix}\begin{pmatrix}1 & 1\\ -1 & -1\end{pmatrix}=\begin{pmatrix}1 & 1\\ -1 & -1\end{pmatrix}.$$

从上例我们还看到一个有趣现象: $\boldsymbol{A}$ 与 $\boldsymbol{B}$ 都不是零矩阵, 但 $\boldsymbol{AB}$ 是零矩阵, 而 $\boldsymbol{BA}$ 不是零矩阵. 这一点与数的乘法很不一样.

如果两个非零矩阵 $\boldsymbol{A}$ 与 $\boldsymbol{B}$ 的乘积 $\boldsymbol{AB}$ 是零矩阵, 那么称 $\boldsymbol{A}$ 是 $\boldsymbol{B}$ 的一个**左零因子**, 并称 $\boldsymbol{B}$ 是 $\boldsymbol{A}$ 的一个**右零因子**. 左零因子和右零因子统称为**零因子**. 根据例 4.1.3, 如下命题成立.

命题 4.1.2 *存在两个非零矩阵 $\boldsymbol{A}$ 与 $\boldsymbol{B}$, 使得 $\boldsymbol{A}$ 是 $\boldsymbol{B}$ 的一个左零因子 (或 $\boldsymbol{B}$ 是 $\boldsymbol{A}$ 的一个右零因子).*

注意, 我们没有把零矩阵定义为零因子. 值得一提的是, 零因子不是唯一的, 零因子也不局限于方阵. 例如, 容易看出, (1, 1) 与 $\begin{pmatrix}2 & 2\\ 3 & 3\end{pmatrix}$ 是 $\begin{pmatrix}1 & -2\\ -1 & 2\end{pmatrix}$ 的两个不同的左零因子, 其中前者不是方阵.

由命题 4.1.2, 可得矩阵乘法的另一个有趣现象, 它与数的乘法也很不一样.

命题 4.1.3 *矩阵的乘法既不满足左消去律, 也不满足右消去律.*

证明 根据命题 4.1.2, 存在数域 $\boldsymbol{F}$ 上两个非零矩阵 $\boldsymbol{A}$ 与 $\boldsymbol{B}$, 使得 $\boldsymbol{A}$ 是 $\boldsymbol{B}$ 的一个左零因子. 不妨设 $\boldsymbol{A}$ 的型为 $m\times n$, $\boldsymbol{B}$ 的型为 $n\times s$, 那么 $\boldsymbol{AB}=\boldsymbol{O}_{m\times s}$. 显然 $\boldsymbol{AO}_{n\times s}=\boldsymbol{O}_{m\times s}$, 所以 $\boldsymbol{AB}=\boldsymbol{AO}_{n\times s}$. 现在, 如果矩阵的乘法满足左消去律, 那么由 $\boldsymbol{A}\neq\boldsymbol{O}_{m\times n}$, 有 $\boldsymbol{B}=\boldsymbol{O}_{n\times s}$. 这与 $\boldsymbol{B}$ 是非零矩阵矛盾, 因此矩阵的乘法不满足左消去律. 类似地, 可证矩阵的乘法也不满足右消去律. □

矩阵的乘法也有一些类似于数的乘法的算律. 让我们先来看一个例子. 设

$$\boldsymbol{A}=\begin{pmatrix}1 & 0\\ 2 & 1\end{pmatrix},\ \boldsymbol{B}=\begin{pmatrix}1 & 1\\ -1 & 0\end{pmatrix},\ \boldsymbol{C}=\begin{pmatrix}3 & 1 & 4\\ 1 & 2 & -1\end{pmatrix},$$

则

$$(\boldsymbol{AB})\boldsymbol{C}=\begin{pmatrix}1&1\\1&2\end{pmatrix}\begin{pmatrix}3&1&4\\1&2&-1\end{pmatrix}=\begin{pmatrix}4&3&3\\5&5&2\end{pmatrix},$$

$$\boldsymbol{A}(\boldsymbol{BC})=\begin{pmatrix}1&0\\2&1\end{pmatrix}\begin{pmatrix}4&3&3\\-3&-1&-4\end{pmatrix}=\begin{pmatrix}4&3&3\\5&5&2\end{pmatrix},$$

所以 $(\boldsymbol{AB})\boldsymbol{C}=\boldsymbol{A}(\boldsymbol{BC})$. 一般地, 矩阵的乘法结合律成立, 即下列定理成立.

定理 4.1.4 设 $\boldsymbol{A}\in \boldsymbol{M}_{mn}(\boldsymbol{F})$, $\boldsymbol{B}\in \boldsymbol{M}_{np}(\boldsymbol{F})$, $\boldsymbol{C}\in \boldsymbol{M}_{ps}(\boldsymbol{F})$, 则 $(\boldsymbol{AB})\boldsymbol{C}=\boldsymbol{A}(\boldsymbol{BC})$.

证明 设 $\boldsymbol{A}=(a_{ij})$, $\boldsymbol{B}=(b_{ij})$ 且 $\boldsymbol{C}=(c_{ij})$. 已知这三个矩阵的型依次为 $m\times n$, $n\times p$, $p\times s$, 那么 $(\boldsymbol{AB})\boldsymbol{C}$ 与 $\boldsymbol{A}(\boldsymbol{BC})$ 的型都是 $m\times s$. 其次, 由于 $\boldsymbol{AB}$ 的型为 $m\times p$, 可设它的第 i 行元素依次为 $u_{i1}, u_{i2}, \cdots, u_{ip}$, 其中

$$u_{ik}=a_{i1}b_{1k}+a_{i2}b_{2k}+\cdots+a_{in}b_{nk},\quad 即\ u_{ik}=\sum_{l=1}^{n}a_{il}b_{lk},\quad k=1,2,\cdots,p.$$

于是 $(\boldsymbol{AB})\boldsymbol{C}$ 的第 i 行第 j 列元素为

$$u_{i1}c_{1j}+u_{i2}c_{2j}+\cdots+u_{ip}c_{pj}=\sum_{k=1}^{p}u_{ik}c_{kj}=\sum_{k=1}^{p}\Big(\sum_{l=1}^{n}a_{il}b_{lk}\Big)c_{kj}=\sum_{k=1}^{p}\sum_{l=1}^{n}a_{il}b_{lk}c_{kj}.$$

又由于 $\boldsymbol{BC}$ 的型为 $n\times s$, 可设它的第 j 列元素依次为 $v_{1j}, v_{2j}, \cdots, v_{nj}$, 其中

$$v_{lj}=b_{l1}c_{1j}+b_{l2}c_{2j}+\cdots+b_{lp}c_{pj},\quad 即\ v_{lj}=\sum_{k=1}^{p}b_{lk}c_{kj},\quad l=1,2,\cdots,n.$$

于是 $\boldsymbol{A}(\boldsymbol{BC})$ 的第 i 行第 j 列元素为

$$a_{i1}v_{1j}+a_{i2}v_{2j}+\cdots+a_{in}v_{nj}=\sum_{l=1}^{n}a_{il}v_{lj}=\sum_{l=1}^{n}a_{il}\Big(\sum_{k=1}^{p}b_{lk}c_{kj}\Big)=\sum_{l=1}^{n}\sum_{k=1}^{p}a_{il}b_{lk}c_{kj}.$$

因为

$$\sum_{k=1}^{p}\sum_{l=1}^{n}a_{il}b_{lk}c_{kj}=\sum_{l=1}^{n}\sum_{k=1}^{p}a_{il}b_{lk}c_{kj},$$

所以 $(\boldsymbol{AB})\boldsymbol{C}$ 与 $\boldsymbol{A}(\boldsymbol{BC})$ 的对应元素全相等, 因此 $(\boldsymbol{AB})\boldsymbol{C}=\boldsymbol{A}(\boldsymbol{BC})$. □

类似地, 可证矩阵的乘法对加法的左、右分配律都成立, 即下列定理成立.

定理 4.1.5 (1) 设 $\boldsymbol{A}\in \boldsymbol{M}_{mn}(\boldsymbol{F})$ 且 $\boldsymbol{B},\boldsymbol{C}\in \boldsymbol{M}_{ns}(\boldsymbol{F})$, 则 $\boldsymbol{A}(\boldsymbol{B}+\boldsymbol{C})=\boldsymbol{AB}+\boldsymbol{AC}$;
(2) 设 $\boldsymbol{A},\boldsymbol{B}\in \boldsymbol{M}_{mn}(\boldsymbol{F})$ 且 $\boldsymbol{C}\in \boldsymbol{M}_{ns}(\boldsymbol{F})$, 则 $(\boldsymbol{A}+\boldsymbol{B})\boldsymbol{C}=\boldsymbol{AC}+\boldsymbol{BC}$.

这个定理沟通了矩阵的乘法运算与加法运算之间的联系. 下一个命题沟通了矩阵的乘法运算与数乘运算之间的联系, 其证明可以按定义直接验证, 从略.

命题 4.1.6 设 $\boldsymbol{A}\in \boldsymbol{M}_{mn}(\boldsymbol{F})$ 且 $\boldsymbol{B}\in \boldsymbol{M}_{ns}(\boldsymbol{F})$, 则对任意的 $k\in \boldsymbol{F}$, 有

$$k(\boldsymbol{AB})=(k\boldsymbol{A})\boldsymbol{B}=\boldsymbol{A}(k\boldsymbol{B}).$$

我们知道, 在矩阵的加法中, 零矩阵 $\boldsymbol{O}_{m\times n}$ 类似于数 0 在数的加法中所扮演的角色, 这里 m 和 n 是两个正整数. 在矩阵的乘法中, 也有一类矩阵, 它类似于数 1 在数的乘法中所扮演

的角色. 这就是形如右边的 n 阶方阵, 称为 **n 阶单位矩阵,** 简称为 **单位矩阵,** 记作 $\boldsymbol{E}$ 或 $\boldsymbol{E}_n$, 这里 n 是一个正整数. 事实上, 对任意的 $\boldsymbol{A}\in \boldsymbol{M}_{mn}(\boldsymbol{F})$, 容易验证, $\boldsymbol{E}_m\boldsymbol{A}=\boldsymbol{A}$ (为了保证等号左边的两个矩阵可乘, 单位矩阵的阶数必须等于 m).

$$\begin{pmatrix}1 & 0 & \cdots & 0\\ 0 & 1 & \cdots & 0\\ \vdots & \vdots & \ddots & \vdots\\ 0 & 0 & \cdots & 1\end{pmatrix}_{n\times n}$$

类似地, 有 $\boldsymbol{A}\boldsymbol{E}_n=\boldsymbol{A}$. 特别地, 当 $\boldsymbol{A}$ 是 n 阶方阵时, 有 $\boldsymbol{E}_n\boldsymbol{A}=\boldsymbol{A}\boldsymbol{E}_n=\boldsymbol{A}$. 给定一个方阵, 从它的左上角到右下角的那条对角线称为**主对角线,** 另一条对角线称为**次对角线.** 注意到 n 阶单位矩阵主对角线上元素全为 1, 其余元素全为零, 因此它可以简记为 (δ_{ij}) 或 $(\delta_{ij})_n$.

设 k 是数域 $\boldsymbol{F}$ 中一个数, 则称 $k\boldsymbol{E}$ 为一个**纯量矩阵.** 显然 $k\boldsymbol{E}$ 是一个方阵, 并且 $k\boldsymbol{E}=(k\delta_{ij})$. 根据命题 4.1.6, 对任意的 $\boldsymbol{A}\in \boldsymbol{M}_{mn}(\boldsymbol{F})$, 有 $(k\boldsymbol{E}_m)\boldsymbol{A}=k\boldsymbol{A}$ 且 $\boldsymbol{A}(k\boldsymbol{E}_n)=k\boldsymbol{A}$. 这表明, 用 $k\boldsymbol{E}_m$ 去左乘 $\boldsymbol{A}$, 或用 $k\boldsymbol{E}_n$ 去右乘 $\boldsymbol{A}$, 相当于用数 k (纯量) 去乘 $\boldsymbol{A}$. 特别地, 当 $\boldsymbol{A}$ 是 n 阶方阵时, 有 $(k\boldsymbol{E}_n)\boldsymbol{A}=\boldsymbol{A}(k\boldsymbol{E}_n)$. 这表明, n 阶纯量矩阵与每一个 n 阶方阵都可交换.

下面考虑方阵的**乘方运算.** 设 $\boldsymbol{A}$ 是数域 $\boldsymbol{F}$ 上一个 n 阶方阵, 则 $\boldsymbol{A}$ 与它自身可乘, 并且 $\boldsymbol{AA}$ 也是一个 n 阶方阵. 于是 $\boldsymbol{AA}$ 与 $\boldsymbol{A}$ 可乘, 并且 $\boldsymbol{AAA}$ 仍然是一个 n 阶方阵. 一般地, s 个 $\boldsymbol{A}$ 的连乘积仍然是一个 n 阶方阵, 记作 $\boldsymbol{A}^s$, 叫做 $\boldsymbol{A}$ 的 **s 次幂.** 我们规定: $\boldsymbol{A}^0=\boldsymbol{E}$, 即方阵 $\boldsymbol{A}$ 的零次幂为单位矩阵. 按照规定, n 阶零矩阵 $\boldsymbol{O}_n$ 的零次幂为 n 阶单位矩阵 $\boldsymbol{E}_n$, 即 $\boldsymbol{O}_n^0=\boldsymbol{E}_n$. 容易验证, 方阵的乘方满足下列算律: 对任意非负整数 s 和 t, 有 $\boldsymbol{A}^s\boldsymbol{A}^t=\boldsymbol{A}^{s+t}$ 且 $(\boldsymbol{A}^s)^t=\boldsymbol{A}^{st}$.

由于矩阵的乘法不满足交换律, 当 $s>1$ 时, 等式 $(\boldsymbol{AB})^s=\boldsymbol{A}^s\boldsymbol{B}^s$ 一般不成立, 这里 $\boldsymbol{A}$ 与 $\boldsymbol{B}$ 是两个同阶方阵. 例如, 令 $\boldsymbol{A}=\begin{pmatrix}0 & 1\\ 0 & 0\end{pmatrix}$ 且 $\boldsymbol{B}=\begin{pmatrix}0 & 0\\ 1 & 0\end{pmatrix}$. 容易验证, $(\boldsymbol{AB})^2\neq \boldsymbol{A}^2\boldsymbol{B}^2$.

不难看出, 当 $\boldsymbol{A}$ 与 $\boldsymbol{B}$ 是两个可交换的同阶方阵时, 等式 $(\boldsymbol{AB})^s=\boldsymbol{A}^s\boldsymbol{B}^s$ 必定成立. 实际上, 此时包括二项式公式在内的各种公式都成立.

利用方阵的乘方运算, 可以给出矩阵多项式的概念. 设 $\boldsymbol{A}\in \boldsymbol{M}_n(\boldsymbol{F})$. 令

$$f(x)=a_mx^m+a_{m-1}x^{m-1}+\cdots+a_1x+a_0\in \boldsymbol{F}[x].$$

用 $\boldsymbol{A}$ 代替上式中的文字 x, 就得到关于方阵 $\boldsymbol{A}$ 的一个表达式

$$f(\boldsymbol{A})=a_m\boldsymbol{A}^m+a_{m-1}\boldsymbol{A}^{m-1}+\cdots+a_1\boldsymbol{A}+a_0\boldsymbol{E},$$

称为一个**矩阵多项式.** 此时表达式中连结符号应理解为矩阵的加法、数乘和乘方运算. 这样, $f(\boldsymbol{A})$ 仍然是数域 $\boldsymbol{F}$ 上一个 n 阶方阵. 注意, 表达式最后一项不是 a_0, 而是 $a_0\boldsymbol{E}$. (想一想, 为什么?) 已知多项式的乘法满足交换律, 即对任意的 $f(x)$, $g(x)\in \boldsymbol{F}[x]$, 有 $f(x)g(x)=g(x)f(x)$, 那么 $f(\boldsymbol{A})g(\boldsymbol{A})=g(\boldsymbol{A})f(\boldsymbol{A})$. 这表明, 关于同一个方阵的任意两个矩阵多项式都是可交换的.

在矩阵论中, 矩阵多项式扮演着一个重要角色, 有许多重要应用. 在后面的章节中, 我们将看到它的一些应用.

让我们转向考虑矩阵的另一种重要运算. 回顾一下, 给定数域 $\boldsymbol{F}$ 上一个 $m\times n$ 矩阵 $\boldsymbol{A}=(a_{ij})$, 它的转置矩阵为 $\boldsymbol{A}'=(a_{ji})$. 显然 $\boldsymbol{A}'$ 是由 $\boldsymbol{A}$ 所决定的数域 $\boldsymbol{F}$ 上唯一一个 $n\times m$ 矩阵, 因而转置是矩阵的一种运算, 称为**转置运算.**

不难验证, 矩阵的转置运算满足下列算律: $\forall\, \boldsymbol{A}, \boldsymbol{B}\in \boldsymbol{M}_{mn}(\boldsymbol{F})$, $\forall\, k\in \boldsymbol{F}$,

$$(1)\ (\boldsymbol{A}')' = \boldsymbol{A};\quad (2)\ (\boldsymbol{A}+\boldsymbol{B})' = \boldsymbol{A}'+\boldsymbol{B}';\quad (3)\ (k\boldsymbol{A})' = k\boldsymbol{A}'.$$

第二个算律可以推广到多个矩阵的和, 即

$$(\boldsymbol{A}_1+\boldsymbol{A}_2+\cdots+\boldsymbol{A}_s)' = \boldsymbol{A}_1'+\boldsymbol{A}_2'+\cdots+\boldsymbol{A}_s',$$

这里 $\boldsymbol{A}_1, \boldsymbol{A}_2, \cdots, \boldsymbol{A}_s$ 是 s 个同型矩阵.

显然第二个算律沟通了矩阵的加法运算与转置运算之间的联系, 第三个算律沟通了数乘运算与转置运算之间的联系, 那么矩阵的乘法运算与转置运算之间有什么联系呢? 让我们来看一个例子.

设 $\boldsymbol{A} = \begin{pmatrix} 1 & -1 \\ -2 & 1 \end{pmatrix}$ 且 $\boldsymbol{B} = \begin{pmatrix} 1 & 0 & -2 \\ 3 & -1 & 1 \end{pmatrix}$, 则 $(\boldsymbol{AB})' = \begin{pmatrix} -2 & 1 & -3 \\ 1 & -1 & 5 \end{pmatrix}'$ 且

$$\boldsymbol{B}'\boldsymbol{A}' = \begin{pmatrix} 1 & 3 \\ 0 & -1 \\ -2 & 1 \end{pmatrix}\begin{pmatrix} 1 & -2 \\ -1 & 1 \end{pmatrix} = \begin{pmatrix} -2 & 1 \\ 1 & -1 \\ -3 & 5 \end{pmatrix}.$$

由此可见, $(\boldsymbol{AB})' = \boldsymbol{B}'\boldsymbol{A}'$. 这个事实称为穿脱原理, 它沟通了矩阵的乘法运算与转置运算之间的联系. 一般地, 我们有以下命题.

命题 4.1.7 (穿脱原理) 设 $\boldsymbol{A} \in M_{mn}(\boldsymbol{F})$ 且 $\boldsymbol{B} \in M_{ns}(\boldsymbol{F})$, 则 $(\boldsymbol{AB})' = \boldsymbol{B}'\boldsymbol{A}'$.

证明 根据已知条件, $\boldsymbol{A}$ 与 $\boldsymbol{B}$ 可乘, 其乘积 $\boldsymbol{AB}$ 的型为 $m\times s$, 所以 $(\boldsymbol{AB})'$ 的型为 $s\times m$. 又 $\boldsymbol{B}'$ 与 $\boldsymbol{A}'$ 也可乘, 其乘积 $\boldsymbol{B}'\boldsymbol{A}'$ 的型为 $s\times m$.

其次, 设 $\boldsymbol{A} = (a_{ij})$ 且 $\boldsymbol{B} = (b_{ij})$. 令 $(\boldsymbol{AB})'$ 的第 i 行第 j 列元素为 c_{ij}. 根据转置矩阵的定义, c_{ij} 是 $\boldsymbol{AB}$ 的第 j 行第 i 列元素. 于是由行乘列法则, 有

$$c_{ij} = a_{j1}b_{1i} + a_{j2}b_{2i} + \cdots + a_{jn}b_{ni}.$$

再令 $\boldsymbol{B}'\boldsymbol{A}'$ 的第 i 行第 j 列元素为 $\widetilde{c}_{ij}$. 因为 $\boldsymbol{B}'$ 的第 i 行是 $\boldsymbol{B}$ 的第 i 列的转置, 这一行元素依次为 $b_{1i}, b_{2i}, \cdots, b_{ni}$. 又因为 $\boldsymbol{A}'$ 的第 j 列是 $\boldsymbol{A}$ 的第 j 行的转置, 这一列元素依次为 $a_{j1}, a_{j2}, \cdots, a_{jn}$. 于是由行乘列法则, 有

$$\widetilde{c}_{ij} = b_{1i}a_{j1} + b_{2i}a_{j2} + \cdots + b_{ni}a_{jn}.$$

因此 $c_{ij} = \widetilde{c}_{ij}$, 其中 $i = 1, 2, \cdots, s,\ j = 1, 2, \cdots, m$. 故 $(\boldsymbol{AB})' = \boldsymbol{B}'\boldsymbol{A}'$. □

穿脱原理可以推广到多个矩阵的乘积. 设 $\boldsymbol{A}_1, \boldsymbol{A}_2, \cdots, \boldsymbol{A}_s$ 是数域 $\boldsymbol{F}$ 上 s 个矩阵. 如果乘积 $\boldsymbol{A}_1\boldsymbol{A}_2\cdots\boldsymbol{A}_s$ 有意义, 那么 $(\boldsymbol{A}_1\boldsymbol{A}_2\cdots\boldsymbol{A}_s)' = \boldsymbol{A}_s'\cdots\boldsymbol{A}_2'\boldsymbol{A}_1'$. 特别地, 当 $\boldsymbol{A}$ 是方阵时, 有 $(\boldsymbol{A}^s)' = (\boldsymbol{A}')^s$.

下面给出一个有趣的例子, 它涉及矩阵的转置、乘法、乘方和数乘运算.

例 4.1.4 设 $\boldsymbol{A} = (1, 2, -1)$, 则

$$\boldsymbol{AA}' = (1, 2, -1)\begin{pmatrix} 1 \\ 2 \\ -1 \end{pmatrix} = 6 \text{ 且 } \boldsymbol{A}'\boldsymbol{A} = \begin{pmatrix} 1 \\ 2 \\ -1 \end{pmatrix}(1, 2, -1) = \begin{pmatrix} 1 & 2 & -1 \\ 2 & 4 & -2 \\ -1 & -2 & 1 \end{pmatrix}.$$

根据矩阵的乘法结合律, 有 $(\boldsymbol{A}'\boldsymbol{A})^2 = \boldsymbol{A}'(\boldsymbol{AA}')\boldsymbol{A} = 6\boldsymbol{A}'\boldsymbol{A}$. 反复应用这种方法, 可得 $(\boldsymbol{A}'\boldsymbol{A})^{100} = 6^{99}\boldsymbol{A}'\boldsymbol{A}$, 即

$$(A'A)^{100} = 6^{99}\begin{pmatrix} 1 & 2 & -1 \\ 2 & 4 & -2 \\ -1 & -2 & 1 \end{pmatrix}.$$

最后让我们给出一个重要结论.

命题 4.1.8 设 A 是一个**实矩阵** (即元素全为实数的矩阵), 则齐次线性方程组 $AX = 0$ 与 $A'AX = 0$ 同解.

证明 不妨设 A 的型为 $m \times n$, 那么 $AX = 0$ 与 $A'AX = 0$ 是实数域上两个 n 元齐次线性方程组. 对任意的 $\eta \in \mathbb{R}^n$, 如果 η 是方程组 $AX = 0$ 的一个解, 那么 $A\eta = 0$, 所以 $A'(A\eta) = A'0$, 即 $A'A\eta = 0$, 因此 η 是方程组 $A'AX = 0$ 的一个解. 其次, 如果 η 是方程组 $A'AX = 0$ 的一个解, 那么 $A'A\eta = 0$. 已知 A 是一个 $m \times n$ 实矩阵, 那么 $A\eta$ 是实数域上一个 m 元列向量. 令它的分量依次为 $c_1, c_2, \cdots, c_m$, 则每一个分量都是实数, 并且

$$(A\eta)'(A\eta) = c_1^2 + c_2^2 + \cdots + c_m^2.$$

又

$$(A\eta)'(A\eta) = (\eta' A')(A\eta) = \eta'(A'A\eta) = \eta' 0 = 0,$$

所以 $c_1^2 + c_2^2 + \cdots + c_m^2 = 0$, 从而 $c_1, c_2, \cdots, c_m$ 只能全为零, 因此 $A\eta = 0$, 故 η 是方程组 $AX = 0$ 的一个解. 这就证明了所给的两个方程组同解. □

习题 4.1

1. 设 A 与 B 是两个 3 阶方阵, 其中 A 的主对角线上元素全为 x, 其余元素全为 y, B 的所有元素全为 1. 把 A 表示成形如 $kE + lB$ 的矩阵, 这里 E 是 3 阶单位矩阵.

2. 计算:

(1) $\begin{pmatrix} 1 & 1 & 1 \\ 1 & -2 & 3 \end{pmatrix}\begin{pmatrix} 1 & 1 \\ 1 & 2 \\ 1 & 1 \end{pmatrix}$; (2) $\begin{pmatrix} 1 & 1 \\ 1 & 2 \\ 1 & 1 \end{pmatrix}\begin{pmatrix} 1 & 1 & 1 \\ 1 & -2 & 3 \end{pmatrix}$; (3) $\begin{pmatrix} 1 & 1 & 1 \\ 1 & 2 & 1 \end{pmatrix}\begin{pmatrix} 1 \\ -1 \\ 1 \end{pmatrix}$;

(4) $(1, -1, 1)\begin{pmatrix} 1 & 1 \\ 1 & 2 \\ 1 & 1 \end{pmatrix}$; (5) $(1, -1, 1)\begin{pmatrix} 1 \\ 2 \\ 3 \end{pmatrix}$; (6) $\begin{pmatrix} 1 \\ -1 \\ 1 \end{pmatrix}(1, 2, 3)$;

(7) $(x, y, 1)\begin{pmatrix} a_{11} & a_{12} & b_1 \\ a_{12} & a_{22} & b_2 \\ b_1 & b_2 & c_0 \end{pmatrix}\begin{pmatrix} x \\ y \\ 1 \end{pmatrix}$; (8) $\left[\begin{pmatrix} 3 \\ -1 \\ 2 \end{pmatrix}(2, 1, -3)\right]^{100}$.

3. 设 $k \in F$ 且 $A, B \in M_{mn}(F)$. 验证: $k(A + B) = kA + kB$.

4. 设 $k \in F$ 且 $A, B \in M_n(F)$. 证明: $|kA| = k^n|A|$. 举例说明, 等式 $|A + B| = |A| + |B|$ 一般不成立.

5. 证明: (1) $-A = (-1)A$; (2) 移项法则成立, 即 $A + B = C$ 当且仅当 $A = C - B$, 这里 A, B, C 是数域 F 上任意 $m \times n$ 矩阵.

6. 在数域 F 上, 求出与 A 可交换的所有 2 阶方阵, 这里 $A = \begin{pmatrix} 1 & 2 \\ 0 & 1 \end{pmatrix}$.

7. 利用命题 4.1.3 去证明命题 4.1.2.

8. 设 $\boldsymbol{A}$ 是数域 $\boldsymbol{F}$ 上一个 $m\times n$ 非零矩阵, 并设 $m<n$. 证明: 存在一个非零矩阵 $\boldsymbol{B}$, 使得 $\boldsymbol{AB}=\boldsymbol{O}$. 证明: 当 $\boldsymbol{A}=\begin{pmatrix}1&0&0\\0&1&0\end{pmatrix}$ 时, 不存在非零矩阵 $\boldsymbol{B}$, 使得 $\boldsymbol{BA}=\boldsymbol{O}$.

9. 设 $\boldsymbol{A}=\begin{pmatrix}1&3\\0&2\end{pmatrix}$ 且 $\boldsymbol{B}=\begin{pmatrix}1&2\\0&1\end{pmatrix}$. 验证下列两个等式都不成立:

(1) $\boldsymbol{A}^2-\boldsymbol{B}^2=(\boldsymbol{A}+\boldsymbol{B})(\boldsymbol{A}-\boldsymbol{B})$; (2) $(\boldsymbol{A}+\boldsymbol{B})^2=\boldsymbol{A}^2+2\boldsymbol{AB}+\boldsymbol{B}^2$.

10. 设 $\boldsymbol{A},\boldsymbol{B}\in\boldsymbol{M}_n(\boldsymbol{F})$. 证明: 如果 $\boldsymbol{A}$ 与 $\boldsymbol{B}$ 是可交换的, 那么下列公式成立:

(1) $\boldsymbol{A}^2-\boldsymbol{B}^2=(\boldsymbol{A}+\boldsymbol{B})(\boldsymbol{A}-\boldsymbol{B})$; (2) $(\boldsymbol{A}+\boldsymbol{B})^2=\boldsymbol{A}^2+2\boldsymbol{AB}+\boldsymbol{B}^2$.

11. 设 $f(x)=x^2-5x+6$. 求 $f(\boldsymbol{A})$, 这里 $\boldsymbol{A}=\begin{pmatrix}2&-1\\-3&2\end{pmatrix}$.

12. 设 $\boldsymbol{A},\boldsymbol{B}\in\boldsymbol{M}_{mn}(\boldsymbol{F})$ 且 $k\in\boldsymbol{F}$. 证明: $(\boldsymbol{A}\pm\boldsymbol{B})'=\boldsymbol{A}'\pm\boldsymbol{B}'$ 且 $(k\boldsymbol{A})'=k\boldsymbol{A}'$.

*13. 设 $\boldsymbol{A}$ 是一个实矩阵. 证明: $\text{rank}(\boldsymbol{A}'\boldsymbol{A})=\text{rank}(\boldsymbol{A}\boldsymbol{A}')=\text{rank}(\boldsymbol{A})$.

*14. 设 $\boldsymbol{AX}=\boldsymbol{\beta}$ 是实数域上一个有解的线性方程组. 证明: 线性方程组 $\boldsymbol{A}'\boldsymbol{AX}=\boldsymbol{A}'\boldsymbol{\beta}$ 也有解, 并且这两个方程组同解.

*15. 复数域上的矩阵称为**复矩阵**. 设 $\boldsymbol{H}$ 是由全体形如 $\begin{pmatrix}a&b\\-\bar{b}&\bar{a}\end{pmatrix}$ 的复矩阵组成的集合, 其中 $\bar{\cdot}$ 表示 $\cdot$ 的共轭复数. 令 $\boldsymbol{A},\boldsymbol{B}\in\boldsymbol{H}$. 证明:

(1) $\boldsymbol{A}\pm\boldsymbol{B}$, $k\boldsymbol{A}$, $\boldsymbol{AB}$, $\boldsymbol{A}'\in\boldsymbol{H}$, 其中 k 是一个实数, $\boldsymbol{A}'$ 是 $\boldsymbol{A}$ 的转置矩阵;

(2) 当 $\boldsymbol{A}$ 与 $\boldsymbol{B}$ 都是实矩阵时, 它们是可交换的, 否则, 它们未必可交换;

(3) $\boldsymbol{A}$ 与 $\boldsymbol{H}$ 中每一个矩阵 $\boldsymbol{X}$ 都可交换当且仅当存在一个实数 a, 使得 $\boldsymbol{A}=a\boldsymbol{E}$, 这里 $\boldsymbol{E}$ 是 2 阶单位矩阵.

4.2 几种特殊类型的矩阵

本节介绍一些特殊类型的矩阵, 主要讨论这些矩阵关于乘法运算的有关性质. 由于特殊矩阵的种类比较多, 在正文中只介绍六种, 它们是基本矩阵、上三角矩阵、下三角矩阵、对角矩阵、对称矩阵和反对称矩阵. 还有五种将安排到习题中介绍, 它们是幂等矩阵、对合矩阵、幂零矩阵、幂幺矩阵和循环矩阵. 在接下去的两节中, 还将介绍另外两类特殊矩阵.

给定数域 $\boldsymbol{F}$ 上一个 $m\times n$ 矩阵, 如果除了一个元素为 1 以外, 它的其余元素全为零, 那么这个矩阵称为一个**基本矩阵**. 显然在矩阵集合 $\boldsymbol{M}_{mn}(\boldsymbol{F})$ 中, 基本矩阵一共有 $m\times n$ 个. 我们用 $\boldsymbol{E}_{ij}$ 来表示第 i 行第 j 列元素为 1 的基本矩阵. 例如, 2×3 基本矩阵一共有 6 个, 它们是

$$\boldsymbol{E}_{11}=\begin{pmatrix}1&0&0\\0&0&0\end{pmatrix},\quad \boldsymbol{E}_{12}=\begin{pmatrix}0&1&0\\0&0&0\end{pmatrix},\quad \boldsymbol{E}_{13}=\begin{pmatrix}0&0&1\\0&0&0\end{pmatrix},$$

$$\boldsymbol{E}_{21}=\begin{pmatrix}0&0&0\\1&0&0\end{pmatrix},\quad \boldsymbol{E}_{22}=\begin{pmatrix}0&0&0\\0&1&0\end{pmatrix},\quad \boldsymbol{E}_{23}=\begin{pmatrix}0&0&0\\0&0&1\end{pmatrix}.$$

设 $\boldsymbol{A}=\begin{pmatrix}a_{11}&a_{12}&a_{13}\\a_{21}&a_{22}&a_{23}\end{pmatrix}\in\boldsymbol{M}_{23}(\boldsymbol{F})$. 容易看出, $\boldsymbol{A}$ 可以分解成

$$A = a_{11}E_{11} + a_{12}E_{12} + a_{13}E_{13} + a_{21}E_{21} + a_{22}E_{22} + a_{23}E_{23}.$$

上式可以用连加号表示成 $A = \sum\limits_{i=1}^{2}\sum\limits_{j=1}^{3} a_{ij}E_{ij}$. 一般地, 我们有

命题 4.2.1 设 $A = (a_{ij}) \in M_{mn}(F)$, 则 A 可以分解成 $A = \sum\limits_{i=1}^{m}\sum\limits_{j=1}^{n} a_{ij}E_{ij}$, 这里每一个 E_{ij} 是一个 $m \times n$ 基本矩阵.

由此可见, 在矩阵的加法分解中, 基本矩阵确实扮演着基本角色. 根据上述命题, 当 $\text{rank}(A) = r > 0$ 时, A 的相抵标准形 J_r 可以表示为

$$J_r = E_{11} + E_{22} + \cdots + E_{rr}.$$

当 A 是 n 阶方阵时, 由于它的元素 a_{ij} 位于主对角线上方当且仅当 $i < j$, 因此

$$A = \sum_{i=1}^{n} a_{ii}E_{ii} + \sum_{1 \leqslant i < j \leqslant n} (a_{ij}E_{ij} + a_{ji}E_{ji}). \tag{4.2.1}$$

设 $A = (a_{ij})$ 是一个 $m \times n$ 矩阵. 令 E_{ij} 是一个 $s \times m$ 基本矩阵, 则 E_{ij} 与 A 可乘, 其乘积 $E_{ij}A$ 的型为 $s \times n$. 由于 E_{ij} 的第 i 行以外的元素全为零, 根据行乘列法则, 乘积 $E_{ij}A$ 的第 i 行以外的元素也全为零. 又由于 E_{ij} 的第 i 行元素依次为

$$0,\ \cdots,\ 0,\ 1,\ 0,\ \cdots,\ 0$$

(数 1 位于第 j 个位置), 乘积 $E_{ij}A$ 的第 i 行元素依次为 $a_{j1}, a_{j2}, \cdots, a_{jn}$, 因此 $E_{ij}A$ 是右上方的矩阵. 类似地, 用 $n \times s$ 基本矩阵 E_{ij} 去右乘矩阵 A, 其乘积 AE_{ij} 是右边的矩阵. 这就得到用基本矩阵去左乘或右乘一个矩阵的运算规则, 即下一个命题成立.

$$\begin{pmatrix} 0 & 0 & \cdots & 0 \\ \vdots & \vdots & & \vdots \\ 0 & 0 & \cdots & 0 \\ a_{j1} & a_{j2} & \cdots & a_{jn} \\ 0 & 0 & \cdots & 0 \\ \vdots & \vdots & & \vdots \\ 0 & 0 & \cdots & 0 \end{pmatrix}_{s\times n} \text{(第 } i \text{ 行)}$$

$$\begin{array}{c} \text{(第 } j \text{ 列)} \\ \begin{pmatrix} 0 & \cdots & 0 & a_{1i} & 0 & \cdots & 0 \\ 0 & \cdots & 0 & a_{2i} & 0 & \cdots & 0 \\ \vdots & & \vdots & \vdots & \vdots & & \vdots \\ 0 & \cdots & 0 & a_{mi} & 0 & \cdots & 0 \end{pmatrix}_{m\times s} \end{array}$$

命题 4.2.2 设 $A \in M_{mn}(F)$ 且 $s \in \mathbb{N}^+$, 则用 $s \times m$ 基本矩阵 E_{ij} 去左乘 A, 其乘积 $E_{ij}A$ 的第 i 行是 A 的第 j 行, 其余各行元素全为零; 用 $n \times s$ 基本矩阵 E_{ij} 去右乘 A, 其乘积 AE_{ij} 的第 j 列是 A 的第 i 列, 其余各列元素全为零.

下面让我们转向讨论三角矩阵和对角矩阵. 给定数域 F 上一个 n 阶方阵, 如果它的主对角线下方元素全为零, 那么称它为一个**上三角矩阵**. 类似地, 可以定义**下三角矩阵**. 上三角和下三角矩阵统称为**三角矩阵**. 既是上三角又是下三角的矩阵称为**对角矩阵**. 我们规定, 1 阶方阵既是上三角矩阵, 又是下三角矩阵, 因而它也是对角矩阵. 显然纯量矩阵是特殊的对角矩阵. 易见上三角矩阵的转置是下三角矩阵, 反之亦然. 由于三角矩阵的行列式是三角行列式, 其值等于主对角线上元素的乘积.

设 $A = (a_{ij})$ 是数域 F 上一个 n 阶方阵. 与三角行列式的情形一样, 下列结论成立: A 是

上三角 (或下三角) 矩阵的充要条件为每当 $i > j$ (或 $i < j$) 时, 有 $a_{ij} = 0$; $\boldsymbol{A}$ 是对角矩阵的充要条件为每当 $i \neq j$ 时, 有 $a_{ij} = 0$. 于是由 (4.2.1) 式, 当 $\boldsymbol{A}$ 是上三角或下三角矩阵时, 它可以表示成

$$\boldsymbol{A} = \sum_{1 \leqslant i \leqslant j \leqslant n} a_{ij}\boldsymbol{E}_{ij} \quad \text{或}\ \boldsymbol{A} = \sum_{1 \leqslant j \leqslant i \leqslant n} a_{ij}\boldsymbol{E}_{ij}.$$

有时候, 我们也用符号 $\operatorname{diag}\{d_1, d_2, \cdots, d_n\}$ 来表示主对角线上元素依次为 $d_1, d_2, \cdots, d_n$ 的 n 阶对角矩阵. 容易看出,

$$\operatorname{diag}\{d_1, d_2, \cdots, d_n\} = d_1\boldsymbol{E}_{11} + d_2\boldsymbol{E}_{22} + \cdots + d_n\boldsymbol{E}_{nn}.$$

设 $\boldsymbol{A} = \operatorname{diag}\{a_1, a_2, \cdots, a_n\}$ 且 $\boldsymbol{B} = \operatorname{diag}\{b_1, b_2, \cdots, b_n\}$, 则下列等式成立:

$$\boldsymbol{A} \pm \boldsymbol{B} = \operatorname{diag}\{a_1 \pm b_1, a_2 \pm b_2, \cdots, a_n \pm b_n\}.$$

由此可见, 由数域 $\boldsymbol{F}$ 上全体 n 阶对角矩阵组成的集合对于矩阵的加法和减法运算都封闭. 类似地, 这个集合对于矩阵的数乘、乘法和转置运算也封闭.

容易看出, 两个 3 阶上三角矩阵的乘积可以描述如下:

$$\begin{pmatrix} a_{11} & a_{12} & a_{13} \\ 0 & a_{22} & a_{23} \\ 0 & 0 & a_{33} \end{pmatrix}\begin{pmatrix} b_{11} & b_{12} & b_{13} \\ 0 & b_{22} & b_{23} \\ 0 & 0 & b_{33} \end{pmatrix} = \begin{pmatrix} a_{11}b_{11} & * & * \\ 0 & a_{22}b_{22} & * \\ 0 & 0 & a_{33}b_{33} \end{pmatrix}.$$

一般地, 我们有以下命题.

命题 4.2.3 数域 $\boldsymbol{F}$ 上两个 n 阶上三角矩阵 $\boldsymbol{A}$ 与 $\boldsymbol{B}$ 的乘积 $\boldsymbol{AB}$ 是一个上三角矩阵, 并且 $\boldsymbol{AB}$ 的主对角线上每一个元素等于 $\boldsymbol{A}$ 与 $\boldsymbol{B}$ 的主对角线上对应元素的乘积.

证明 不妨设 $\boldsymbol{A} = (a_{ij})$ 且 $\boldsymbol{B} = (b_{ij})$. 令 $\boldsymbol{AB} = (c_{ij})$, 则

$$c_{ij} = a_{i1}b_{1j} + a_{i2}b_{2j} + \cdots + a_{in}b_{nj}, \tag{4.2.2}$$

其中 $i, j = 1, 2, \cdots, n$. 已知 $\boldsymbol{A}$ 与 $\boldsymbol{B}$ 都是上三角矩阵, 那么当 $i > j$ 时, 有

$$a_{i1} = a_{i2} = \cdots = a_{i,\,i-1} = 0 \ \text{且}\ b_{ij} = b_{i+1,\,j} = \cdots = b_{nj} = 0. \tag{4.2.3}$$

现在, 把 (4.2.2) 式改写成

$$c_{ij} = (a_{i1}b_{1j} + a_{i2}b_{2j} + \cdots + a_{i,\,i-1}b_{i-1,\,j}) + (a_{ii}b_{ij} + \cdots + a_{in}b_{nj}).$$

根据 (4.2.3) 式中两组等式, 每当 $i > j$ 时, 有 $c_{ij} = 0$, 所以 $\boldsymbol{AB}$ 是上三角矩阵. 再由 (4.2.2) 式, $\boldsymbol{AB}$ 的主对角线上元素 c_{ii} 可以改写成

$$c_{ii} = (a_{i1}b_{1i} + \cdots + a_{i,\,i-1}b_{i-1,\,i}) + a_{ii}b_{ii} + (a_{i,\,i+1}b_{i+1,i} + \cdots + a_{in}b_{ni}).$$

于是由 (4.2.3) 中两组等式, 得 $c_{ii} = a_{ii}b_{ii}$ $(i = 1, 2, \cdots, n)$, 因此 $\boldsymbol{AB}$ 的主对角线上每一个元素是 $\boldsymbol{A}$ 与 $\boldsymbol{B}$ 的主对角线上对应元素的乘积. □

在上述命题中, 把上三角矩阵换成下三角矩阵, 命题仍然成立.

易见两个上三角矩阵的和或差是一个上三角矩阵, 一个数与一个上三角矩阵的数乘积也是一个上三角矩阵. 对于下三角矩阵, 也有相应的结论. 于是从上述命题我们看到, 由数域 $\boldsymbol{F}$

上全体 n 阶上三角 (或下三角) 矩阵组成的集合对于矩阵的加法、减法、数乘和乘法运算都是封闭的.

下面让我们来看看, 对角矩阵与一般矩阵相乘有什么运算规律. 设 $\boldsymbol{A}=(a_{ij})$ 是数域 $\boldsymbol{F}$ 上一个 $m\times n$ 矩阵, 则

$$\begin{pmatrix} d_1 & 0 & \cdots & 0 \\ 0 & d_2 & \cdots & 0 \\ \vdots & \vdots & \ddots & \vdots \\ 0 & 0 & \cdots & d_m \end{pmatrix}\begin{pmatrix} a_{11} & a_{12} & \cdots & a_{1n} \\ a_{21} & a_{22} & \cdots & a_{2n} \\ \vdots & \vdots & & \vdots \\ a_{m1} & a_{m2} & \cdots & a_{mn} \end{pmatrix}=\begin{pmatrix} d_1a_{11} & d_1a_{12} & \cdots & d_1a_{1n} \\ d_2a_{21} & d_2a_{22} & \cdots & d_2a_{2n} \\ \vdots & \vdots & & \vdots \\ d_ma_{m1} & d_ma_{m2} & \cdots & d_ma_{mn} \end{pmatrix}.$$

这就是说, 用 m 阶对角矩阵 $\operatorname{diag}\{d_1,d_2,\cdots,d_m\}$ 去左乘矩阵 $\boldsymbol{A}$, 相当于用它的主对角线上元素 $d_1,d_2,\cdots,d_m$ 依次去乘 $\boldsymbol{A}$ 的第 $1,2,\cdots,m$ 行. 类似地, 用 n 阶对角矩阵 $\operatorname{diag}\{d_1,d_2,\cdots,d_n\}$ 去右乘矩阵 $\boldsymbol{A}$, 相当于用它的主对角线上元素 $d_1,d_2,\cdots,d_n$ 依次去乘 $\boldsymbol{A}$ 的第 $1,2,\cdots,n$ 列.

设 $\boldsymbol{\alpha}_i$ 是由 $\boldsymbol{A}_{m\times n}$ 的第 i 行元素组成的一个 n 元行向量 $(i=1,2,\cdots,m)$, 则 $\boldsymbol{\alpha}_1,\boldsymbol{\alpha}_2,\cdots,\boldsymbol{\alpha}_m$ 是 n 元行向量集 $\boldsymbol{F}^n$ 中一个向量组, 称为 $\boldsymbol{A}$ 的**行向量组.** 再设 $\boldsymbol{\beta}_j$ 是由 $\boldsymbol{A}_{m\times n}$ 的第 j 列元素组成的一个 m 元列向量 $(j=1,2,\cdots,n)$, 则 $\boldsymbol{\beta}_1,\boldsymbol{\beta}_2,\cdots,\boldsymbol{\beta}_n$ 是 m 元列向量集 $\boldsymbol{F}^m$ 中一个向量组, 称为 $\boldsymbol{A}$ 的**列向量组.** 这样, 矩阵 $\boldsymbol{A}$ 可以表示成右边的形式 (这里我们规定, 把其中的向量具体写出来时, 向量两边的括号应去掉). 于是用

$$\begin{pmatrix} \boldsymbol{\alpha}_1 \\ \boldsymbol{\alpha}_2 \\ \vdots \\ \boldsymbol{\alpha}_m \end{pmatrix} \text{ 或 } (\boldsymbol{\beta}_1,\boldsymbol{\beta}_2,\cdots,\boldsymbol{\beta}_n)$$

m 阶对角矩阵 $\operatorname{diag}\{d_1,d_2,\cdots,d_m\}$ 去左乘 $\boldsymbol{A}$, 其乘积可以写成形如右边的矩阵. 用 n 阶对角矩阵 $\operatorname{diag}\{d_1,d_2,\cdots,d_n\}$ 去右乘 $\boldsymbol{A}$, 其乘积可以写成形如 $(d_1\boldsymbol{\beta}_1,d_2\boldsymbol{\beta}_2,\cdots,d_n\boldsymbol{\beta}_n)$ 的矩阵.

$$\begin{pmatrix} d_1\boldsymbol{\alpha}_1 \\ d_2\boldsymbol{\alpha}_2 \\ \vdots \\ d_m\boldsymbol{\alpha}_m \end{pmatrix}$$

设 $\boldsymbol{A}=(a_{ij})\in\boldsymbol{M}_{mn}(F)$ 且 $\boldsymbol{C}=(c_{ij})\in\boldsymbol{M}_{ns}(F)$. 令 $\boldsymbol{\alpha}_i$ 是 $\boldsymbol{A}$ 的第 i 个行向量, $\boldsymbol{\gamma}_j$ 是 $\boldsymbol{C}$ 的第 j 个列向量, 则 $\boldsymbol{\alpha}_i$ 与 $\boldsymbol{\gamma}_j$ 的分量分别为 $a_{i1},a_{i2},\cdots,a_{in}$ 与 $c_{1j},c_{2j},\cdots,c_{nj}$, 所以

$$\boldsymbol{\alpha}_i\boldsymbol{\gamma}_j=a_{i1}c_{1j}+a_{i2}c_{2j}+\cdots+a_{in}c_{nj}.$$

由此可见, 乘积 $\boldsymbol{AC}$ 可以表示成右边的形式.

$$\begin{pmatrix} \boldsymbol{\alpha}_1\boldsymbol{\gamma}_1 & \boldsymbol{\alpha}_1\boldsymbol{\gamma}_2 & \cdots & \boldsymbol{\alpha}_1\boldsymbol{\gamma}_s \\ \boldsymbol{\alpha}_2\boldsymbol{\gamma}_1 & \boldsymbol{\alpha}_2\boldsymbol{\gamma}_2 & \cdots & \boldsymbol{\alpha}_2\boldsymbol{\gamma}_s \\ \vdots & \vdots & & \vdots \\ \boldsymbol{\alpha}_m\boldsymbol{\gamma}_1 & \boldsymbol{\alpha}_m\boldsymbol{\gamma}_2 & \cdots & \boldsymbol{\alpha}_m\boldsymbol{\gamma}_s \end{pmatrix}$$

这些事实表明, 利用矩阵的行 (列) 向量组, 将给许多问题的讨论带来方便.

下面考虑对角矩阵的特殊情形 —— 纯量矩阵. 设 $\boldsymbol{A}=(a_{ij})\in\boldsymbol{M}_3(\boldsymbol{F})$. 如果 $\boldsymbol{A}$ 与每一个 3 阶基本矩阵 $\boldsymbol{E}_{ij}$ 都可交换, 那么它是一个纯量矩阵. 事实上, 因为 $\boldsymbol{E}_{11}\boldsymbol{A}=\boldsymbol{A}\boldsymbol{E}_{11}$ 且 $\boldsymbol{E}_{22}\boldsymbol{A}=\boldsymbol{A}\boldsymbol{E}_{22}$, 根据命题 4.2.2, 下列等式成立:

$$\begin{pmatrix} a_{11} & a_{12} & a_{13} \\ 0 & 0 & 0 \\ 0 & 0 & 0 \end{pmatrix}=\begin{pmatrix} a_{11} & 0 & 0 \\ a_{21} & 0 & 0 \\ a_{31} & 0 & 0 \end{pmatrix} \text{ 且 } \begin{pmatrix} 0 & 0 & 0 \\ a_{21} & a_{22} & a_{23} \\ 0 & 0 & 0 \end{pmatrix}=\begin{pmatrix} 0 & a_{12} & 0 \\ 0 & a_{22} & 0 \\ 0 & a_{32} & 0 \end{pmatrix}.$$

根据矩阵的相等定义, 有 $a_{12}=a_{13}=a_{21}=a_{31}=a_{23}=a_{32}=0$, 所以 $\boldsymbol{A}$ 是对角矩阵 $\operatorname{diag}\{a_{11},a_{22},a_{33}\}$. 类似地, 由 $\boldsymbol{E}_{12}\boldsymbol{A}=\boldsymbol{A}\boldsymbol{E}_{12}$ 和 $\boldsymbol{E}_{13}\boldsymbol{A}=\boldsymbol{A}\boldsymbol{E}_{13}$, 可以推出 $a_{11}=a_{22}=a_{33}$, 因此

$\boldsymbol{A}$ 是纯量矩阵. 仿照上面的做法, 并注意到纯量矩阵与每一个同阶方阵都可交换, 可证下列命题成立.

命题 4.2.4 设 $\boldsymbol{A}$ 是数域 $\boldsymbol{F}$ 上一个 n 阶方阵, 则 $\boldsymbol{A}$ 与数域 $\boldsymbol{F}$ 上每一个 n 阶方阵都可交换当且仅当它是纯量矩阵.

最后让我们来讨论对称矩阵和反对称矩阵. 设 $\boldsymbol{A}=(a_{ij})$ 是数域 $\boldsymbol{F}$ 上一个 n 阶方阵. 如果 $\boldsymbol{A}'=\boldsymbol{A}$, 那么称 $\boldsymbol{A}$ 为一个**对称矩阵**; 如果 $\boldsymbol{A}'=-\boldsymbol{A}$, 那么称 $\boldsymbol{A}$ 为一个**反对称矩阵**. 与行列式的情形一样, $\boldsymbol{A}$ 是对称的当且仅当 $a_{ij}=a_{ji}$; 它是反对称的当且仅当 $a_{ij}=-a_{ji}$, 这里 $i,j=1,2,\cdots,n$. 于是如果 $\boldsymbol{A}$ 是对称的, 那么关于它的主对角线对称位置上每一对元素必相等. 如果 $\boldsymbol{A}$ 是反对称的, 那么关于它的主对角线对称位置上每一对元素是互为相反数. 特别地, 它的主对角线上元素全为零. 根据 (4.2.1) 式, 若 $\boldsymbol{A}$ 是对称的或反对称的, 则

$$\boldsymbol{A}=\sum_{i=1}^{n}a_{ii}\boldsymbol{E}_{ii}+\sum_{1\leqslant i<j\leqslant n}a_{ij}(\boldsymbol{E}_{ij}+\boldsymbol{E}_{ji})\ \text{ 或 }\ \boldsymbol{A}=\sum_{1\leqslant i<j\leqslant n}a_{ij}(\boldsymbol{E}_{ij}-\boldsymbol{E}_{ji}).$$

根据命题 2.3.2, 每一个奇数阶反对称矩阵的行列式都等于零.

我们用符号 $\boldsymbol{S}_n(\boldsymbol{F})$ 来表示由数域 $\boldsymbol{F}$ 上全体 n 阶对称矩阵组成的集合, 并用符号 $\boldsymbol{T}_n(\boldsymbol{F})$ 来表示由数域 $\boldsymbol{F}$ 上全体 n 阶反对称矩阵组成的集合, 即

$$\boldsymbol{S}_n(\boldsymbol{F})\overset{\text{def}}{=}\{\boldsymbol{A}\in\boldsymbol{M}_n(\boldsymbol{F})\mid\boldsymbol{A}'=\boldsymbol{A}\}\ \text{ 且 }\ \boldsymbol{T}_n(\boldsymbol{F})\overset{\text{def}}{=}\{\boldsymbol{A}\in\boldsymbol{M}_n(\boldsymbol{F})\mid\boldsymbol{A}'=-\boldsymbol{A}\}.$$

不难看出, $\boldsymbol{S}_n(\boldsymbol{F})\cap\boldsymbol{T}_n(\boldsymbol{F})=\{\boldsymbol{O}_n\}$. 换句话说, 既是对称的又是反对称的矩阵只能是零矩阵. 设 $\boldsymbol{A},\boldsymbol{B}\in\boldsymbol{S}_n(\boldsymbol{F})$ 且 $k\in\boldsymbol{F}$, 则

$$(\boldsymbol{A}\pm\boldsymbol{B})'=\boldsymbol{A}'\pm\boldsymbol{B}'=\boldsymbol{A}\pm\boldsymbol{B},\quad(k\boldsymbol{A})'=k\boldsymbol{A}'=k\boldsymbol{A},\quad(\boldsymbol{A}')'=\boldsymbol{A}=\boldsymbol{A}',$$

所以 $\boldsymbol{A}\pm\boldsymbol{B},k\boldsymbol{A},\boldsymbol{A}'\in\boldsymbol{S}_n(\boldsymbol{F})$. 这就是说, $\boldsymbol{S}_n(\boldsymbol{F})$ 对于矩阵的加法、减法、数乘和转置运算都是封闭的. 类似地, $\boldsymbol{T}_n(\boldsymbol{F})$ 对于这四个运算也是封闭的. 可是 $\boldsymbol{S}_n(\boldsymbol{F})$ 与 $\boldsymbol{T}_n(\boldsymbol{F})$ 对于矩阵的乘法运算都不封闭.

例如, 设 $\boldsymbol{A}=\begin{pmatrix}1&2\\2&3\end{pmatrix}$ 且 $\boldsymbol{B}=\begin{pmatrix}1&0\\0&2\end{pmatrix}$, 则 $\boldsymbol{AB}=\begin{pmatrix}1&4\\2&6\end{pmatrix}$. 显然 $\boldsymbol{A}$ 与 $\boldsymbol{B}$ 都是对称的, 但 $\boldsymbol{AB}$ 不是对称的.

又如, 设 $\boldsymbol{A}=\begin{pmatrix}0&1\\-1&0\end{pmatrix}$ 且 $\boldsymbol{B}=\begin{pmatrix}0&-1\\1&0\end{pmatrix}$, 则 $\boldsymbol{AB}=\begin{pmatrix}1&0\\0&1\end{pmatrix}$. 显然 $\boldsymbol{A}$ 与 $\boldsymbol{B}$ 都是反对称的, 但 $\boldsymbol{AB}$ 不是反对称的, 而是对称的.

命题 4.2.5 设 $\boldsymbol{A}$ 与 $\boldsymbol{B}$ 是数域 $\boldsymbol{F}$ 上两个 n 阶对称矩阵 (或反对称矩阵), 则 $\boldsymbol{AB}$ 是对称的当且仅当 $\boldsymbol{A}$ 与 $\boldsymbol{B}$ 是可交换的.

证明 已知 $\boldsymbol{A}$ 与 $\boldsymbol{B}$ 都是对称的 (或反对称的), 那么 $\boldsymbol{A}'=\boldsymbol{A}$ 且 $\boldsymbol{B}'=\boldsymbol{B}$ (或 $\boldsymbol{A}'=-\boldsymbol{A}$ 且 $\boldsymbol{B}'=-\boldsymbol{B}$). 由于 $(\boldsymbol{AB})'=\boldsymbol{B}'\boldsymbol{A}'$, 不论哪种情形, 都有 $(\boldsymbol{AB})'=\boldsymbol{BA}$.

现在, 如果 $(\boldsymbol{AB})'=\boldsymbol{AB}$, 那么 $\boldsymbol{BA}=\boldsymbol{AB}$. 反之, 如果 $\boldsymbol{BA}=\boldsymbol{AB}$, 那么 $(\boldsymbol{AB})'=\boldsymbol{AB}$. 这就证明了, $\boldsymbol{AB}$ 是对称的当且仅当 $\boldsymbol{A}$ 与 $\boldsymbol{B}$ 是可交换的. □

给定数域 $\boldsymbol{F}$ 上一个 n 阶方阵 $\boldsymbol{A}$, 我们有

$$(\boldsymbol{A}+\boldsymbol{A}')'=\boldsymbol{A}'+(\boldsymbol{A}')'=\boldsymbol{A}'+\boldsymbol{A}=\boldsymbol{A}+\boldsymbol{A}',$$

所以 $\boldsymbol{A}+\boldsymbol{A}'$ 是对称的. 类似地, 可证 $\boldsymbol{A}-\boldsymbol{A}'$ 是反对称的. 易见下列等式成立:

$$\boldsymbol{A}=\frac{1}{2}(\boldsymbol{A}+\boldsymbol{A}')+\frac{1}{2}(\boldsymbol{A}-\boldsymbol{A}').$$

已知 $\boldsymbol{S}_n(\boldsymbol{F})$ 与 $\boldsymbol{T}_n(\boldsymbol{F})$ 对于数乘运算都封闭, 那么由上式可见, $\boldsymbol{A}$ 可以分解成一个对称矩阵与一个反对称矩阵之和. 不仅如此, 而且这样的分解式是唯一的. 事实上, 设 $\boldsymbol{A}=\boldsymbol{B}_1+\boldsymbol{C}_1$ 且 $\boldsymbol{A}=\boldsymbol{B}_2+\boldsymbol{C}_2$, 其中 $\boldsymbol{B}_1, \boldsymbol{B}_2\in\boldsymbol{S}_n(\boldsymbol{F})$ 且 $\boldsymbol{C}_1, \boldsymbol{C}_2\in\boldsymbol{T}_n(\boldsymbol{F})$, 则 $\boldsymbol{B}_1+\boldsymbol{C}_1=\boldsymbol{B}_2+\boldsymbol{C}_2$, 所以 $\boldsymbol{B}_1-\boldsymbol{B}_2=\boldsymbol{C}_2-\boldsymbol{C}_1$. 已知 $\boldsymbol{S}_n(\boldsymbol{F})$ 与 $\boldsymbol{T}_n(\boldsymbol{F})$ 对于减法运算都封闭, 那么由最后一个等式可见, $\boldsymbol{B}_1-\boldsymbol{B}_2$ 既是对称的又是反对称的, 因此 $\boldsymbol{B}_1-\boldsymbol{B}_2=\boldsymbol{O}$, 即 $\boldsymbol{B}_1=\boldsymbol{B}_2$. 类似地, 有 $\boldsymbol{C}_1=\boldsymbol{C}_2$. 这就证明了下一个命题.

命题 4.2.6 *数域 $\boldsymbol{F}$ 上每一个 n 阶方阵都可以分解成一个对称矩阵与一个反对称矩阵之和, 并且这样的分解式是唯一的.*

对称矩阵与反对称矩阵的内容非常丰富, 这里只是对它们作简要介绍. 在后面的章节中, 还将对它们作进一步讨论.

习题 4.2

1. 设 $\boldsymbol{E}_{ij}$ 与 $\boldsymbol{E}_{kl}$ 是两个 n 阶基本矩阵. 证明 $\boldsymbol{E}_{ij}\boldsymbol{E}_{kl}=\delta_{jk}\boldsymbol{E}_{il}$, 这里 δ 是克罗内克符号.

2. 设 m 是一个正整数. 求方阵 $\boldsymbol{A}$ 的 m 次幂 $\boldsymbol{A}^m$, 这里

   (1) $\boldsymbol{A}=\begin{pmatrix}1&a\\0&1\end{pmatrix}$; (2) $\boldsymbol{A}=\begin{pmatrix}a&0&0\\1&a&0\\0&1&a\end{pmatrix}$; (3) $\boldsymbol{A}=\begin{pmatrix}2&3\\5&7\end{pmatrix}\begin{pmatrix}2&0\\0&3\end{pmatrix}\begin{pmatrix}-7&3\\5&-2\end{pmatrix}$.

3. 设 $\boldsymbol{A}=\operatorname{diag}\{a_1, a_2, \cdots, a_n\}$, 其中 $a_1, a_2, \cdots, a_n$ 是数域 $\boldsymbol{F}$ 中 n 个互不相同的数. 令 $\boldsymbol{X}\in\boldsymbol{M}_n(\boldsymbol{F})$. 证明: 若 $\boldsymbol{A}$ 与 $\boldsymbol{X}$ 是可交换的, 则 $\boldsymbol{X}$ 是对角矩阵, 反之亦然.

4. 设 $\boldsymbol{A}\in\boldsymbol{M}_{mn}(\boldsymbol{F})$ 且 $\boldsymbol{C}\in\boldsymbol{M}_{ns}(\boldsymbol{F})$. 验证: $\boldsymbol{\alpha}_i\boldsymbol{C}$ 是 $\boldsymbol{AC}$ 的第 i 行, $\boldsymbol{A}\boldsymbol{\gamma}_j$ 是 $\boldsymbol{AC}$ 的第 j 列, 这里 $\boldsymbol{\alpha}_i$ 是 $\boldsymbol{A}$ 的第 i 个行向量, $\boldsymbol{\gamma}_j$ 是 $\boldsymbol{C}$ 的第 j 个列向量.

5. 设 $\boldsymbol{E}_{ij}$ 与 $\boldsymbol{E}_{ji}$ 都是 n 阶基本矩阵. 证明: $\boldsymbol{E}_{ij}+\boldsymbol{E}_{ji}$ 是对称的, $\boldsymbol{E}_{ij}-\boldsymbol{E}_{ji}$ 是反对称的.

6. 设 $\boldsymbol{A}$ 是数域 $\boldsymbol{F}$ 上一个 n 阶三角矩阵. 证明: 如果 $\boldsymbol{A}$ 是对称的, 那么它是对角矩阵; 如果 $\boldsymbol{A}$ 是反对称的, 那么它是零矩阵.

7. 设 $\boldsymbol{A}, \boldsymbol{B}\in\boldsymbol{M}_n(\boldsymbol{F})$, 并设 $\boldsymbol{A}$ 是对称的, $\boldsymbol{B}$ 是反对称的. 证明:

   (1) $\boldsymbol{A}^2$ 与 $\boldsymbol{B}^2$ 都是对称的; (2) $\boldsymbol{AB}+\boldsymbol{BA}$ 是反对称的, $\boldsymbol{AB}-\boldsymbol{BA}$ 是对称的;

   (3) $\boldsymbol{AB}$ 是对称的当且仅当 $\boldsymbol{AB}=-\boldsymbol{BA}$, $\boldsymbol{AB}$ 是反对称的当且仅当 $\boldsymbol{AB}=\boldsymbol{BA}$.

8. 设 $\boldsymbol{A}\in\boldsymbol{M}_n(\boldsymbol{F})$. 如果 $\boldsymbol{A}^2=\boldsymbol{A}$, 那么称 $\boldsymbol{A}$ 为一个**幂等矩阵.** 证明:

   (1) n 阶基本矩阵 $\boldsymbol{E}_{ii}$ 是幂等的 $(i=1, 2, \cdots, n)$;

(2) 2 阶方阵 $\begin{pmatrix}1 & 1\\0 & 0\end{pmatrix}$ 与 $\begin{pmatrix}\frac{1}{2} & \frac{1}{2}\\ \frac{1}{2} & \frac{1}{2}\end{pmatrix}$ 也是幂等的;

(3) 若一个 2 阶对角矩阵 $\boldsymbol{A}$ 是幂等的, 则它等于下列四个矩阵之一:

$$\begin{pmatrix}0 & 0\\0 & 0\end{pmatrix}, \begin{pmatrix}1 & 0\\0 & 0\end{pmatrix}, \begin{pmatrix}0 & 0\\0 & 1\end{pmatrix}, \begin{pmatrix}1 & 0\\0 & 1\end{pmatrix};$$

(4) 若一个 n 阶对角矩阵 $\boldsymbol{A}$ 是幂等的, 则它的主对角线上元素为 0 或 1;

(5) 若一个 n 阶反对称矩阵 $\boldsymbol{A}$ 是幂等的, 则它是零矩阵;

(6) 若 $\boldsymbol{A}$ 是幂等的, 令 $\boldsymbol{V}=\{f(\boldsymbol{A}) \mid f(x)\in \boldsymbol{F}[x]\}$,则 $\boldsymbol{V}=\{k\boldsymbol{A}+l\boldsymbol{E} \mid k, l\in \boldsymbol{F}\}$.

9. 设 $\boldsymbol{A}\in \boldsymbol{M}_n(\boldsymbol{F})$. 如果 $\boldsymbol{A}^2=\boldsymbol{E}$,那么称 $\boldsymbol{A}$ 为一个**对合矩阵.** 证明:

(1) 2 阶方阵 $\begin{pmatrix}0 & -1\\-1 & 0\end{pmatrix}$ 与 $\frac{1}{2}\begin{pmatrix}1 & \sqrt{3}\\ \sqrt{3} & -1\end{pmatrix}$ 都是对合的;

(2) 若一个 2 阶对角矩阵 $\boldsymbol{A}$ 是对合的, 则它等于下列四个矩阵之一:

$$\begin{pmatrix}1 & 0\\0 & 1\end{pmatrix}, \begin{pmatrix}1 & 0\\0 & -1\end{pmatrix}, \begin{pmatrix}-1 & 0\\0 & 1\end{pmatrix}, \begin{pmatrix}-1 & 0\\0 & -1\end{pmatrix};$$

(3) 若一个 n 阶对角矩阵 $\boldsymbol{A}$ 是对合的, 则它的主对角线上元素为 ± 1;

(4) 若 $\boldsymbol{A}$ 是对合的, 令 $\boldsymbol{V}=\{f(\boldsymbol{A}) \mid f(x)\in \boldsymbol{F}[x]\}$,则 $\boldsymbol{V}=\{k\boldsymbol{A}+l\boldsymbol{E} \mid k, l\in \boldsymbol{F}\}$.

10. 设 $\boldsymbol{A}, \boldsymbol{B}\in \boldsymbol{M}_n(\boldsymbol{F})$. 证明: 若 $\boldsymbol{A}$ 与 $\boldsymbol{B}$ 都是对合的, 则 $\boldsymbol{AB}$ 是对合的当且仅当 $\boldsymbol{A}$ 与 $\boldsymbol{B}$ 是可交换的. 证明: 若 $\boldsymbol{A}=\frac{1}{2}(\boldsymbol{B}+\boldsymbol{E})$,则 $\boldsymbol{A}$ 是幂等的当且仅当 $\boldsymbol{B}$ 是对合的.

11. 设 $\boldsymbol{\alpha}$ 是数域 $\boldsymbol{F}$ 上一个 n 元行向量, 使得 $\boldsymbol{\alpha}\boldsymbol{\alpha}'=1$, 这里 $\boldsymbol{\alpha}'$ 是 $\boldsymbol{\alpha}$ 的转置. 令 $\boldsymbol{A}=\boldsymbol{\alpha}'\boldsymbol{\alpha}$ 且 $\boldsymbol{B}=2\boldsymbol{A}-\boldsymbol{E}$. 证明: $\boldsymbol{A}$ 既是对称的, 又是幂等的; $\boldsymbol{B}$ 既是对称的, 又是对合的.

12. 设 $\boldsymbol{A}$ 是数域 $\boldsymbol{F}$ 上一个 n 阶方阵. 如果存在一个正整数 s, 使得 $\boldsymbol{A}^s=\boldsymbol{O}$,那么称 $\boldsymbol{A}$ 为一个**幂零矩阵.** 如果 m 是使等式 $\boldsymbol{A}^s=\boldsymbol{O}$ 成立的最小正整数, 那么称 m 为 $\boldsymbol{A}$ 的**幂零指数.** 验证: $\begin{pmatrix}1 & 1\\-1 & -1\end{pmatrix}$ 与 $\begin{pmatrix}0 & 1 & 0\\0 & 0 & 1\\0 & 0 & 0\end{pmatrix}$ 都是幂零的, 它们的幂零指数分别为 2 和 3.

13. 设 $\boldsymbol{A}$ 是数域 $\boldsymbol{F}$ 上一个 3 阶三角矩阵. 证明: (1) $\boldsymbol{A}$ 是幂零的当且仅当它的主对角线上元素全为零; (2) 如果 $\boldsymbol{A}$ 是幂零的, 那么它的幂零指数不超过 3.

14. 设 $\boldsymbol{A}$ 是数域 $\boldsymbol{F}$ 上一个 n 阶方阵. 如果存在一个正整数 s, 使得 $\boldsymbol{A}^s=\boldsymbol{E}$, 那么称 $\boldsymbol{A}$ 为一个**幂幺矩阵.** 如果 m 是使等式 $\boldsymbol{A}^s=\boldsymbol{E}$ 成立的最小正整数, 那么称 m 为 $\boldsymbol{A}$ 的**周期.** 验证 $A=\begin{pmatrix}1 & 1\\-1 & 0\end{pmatrix}$ 是幂幺的, 并写出它的周期.

15. 设 $\boldsymbol{A}=\operatorname{diag}\{d_1, d_2\}$ 是复数域上一个 2 阶对角矩阵. 证明:

(1) $\boldsymbol{A}$ 是幂幺的当且仅当 d_1 与 d_2 都是单位根;

(2) 若 d_1 与 d_2 的最小正周期分别为 m_1 与 m_2, 则 $\boldsymbol{A}$ 的周期 m 是 m_1 与 m_2 的最小公倍数, 这里 d_i 的最小正周期 m_i 指的是, 使等式 $d_i^s = 1$ 成立的最小正整数.

16. 下列矩阵 $\boldsymbol{A}$ 称为一个 3 阶循环矩阵, $\boldsymbol{U}$ 称为 3 阶基本循环矩阵:

$$\boldsymbol{A} = \begin{pmatrix} a_0 & a_1 & a_2 \\ a_2 & a_0 & a_1 \\ a_1 & a_2 & a_0 \end{pmatrix}, \quad \boldsymbol{U} = \begin{pmatrix} 0 & 1 & 0 \\ 0 & 0 & 1 \\ 1 & 0 & 0 \end{pmatrix}.$$

类似地, 可以定义 n 阶 **循环矩阵** 和 n 阶 **基本循环矩阵.** 证明: (1) 3 阶基本循环矩阵 $\boldsymbol{U}$ 是幂幺的, 其周期等于 3; (2) 上述 3 阶循环矩阵 $\boldsymbol{A}$ 可以表示成关于 $\boldsymbol{U}$ 的矩阵多项式 $\boldsymbol{A} = a_0\boldsymbol{E} + a_1\boldsymbol{U} + a_2\boldsymbol{U}^2$.

17. 具体写出 n 阶循环矩阵 $\boldsymbol{A}$ 和 n 阶基本循环矩阵 $\boldsymbol{U}$, 这里假定矩阵 $\boldsymbol{A}$ 的第 1 行元素依次为 $a_0, a_1, a_2, \cdots, a_{n-1}$. 证明: $\boldsymbol{U}$ 是幂幺的, 其周期等于 n. 证明: $\boldsymbol{A}$ 可以表示成关于 $\boldsymbol{U}$ 的矩阵多项式

$$\boldsymbol{A} = a_0\boldsymbol{E} + a_1\boldsymbol{U} + a_2\boldsymbol{U}^2 + \cdots + a_{n-1}\boldsymbol{U}^{n-1}.$$

4.3 初 等 矩 阵

初等矩阵在矩阵论中扮演着一个特殊角色, 它与矩阵的初等变换有密切联系. 在这一节我们将比较系统地讨论初等矩阵的基本性质, 并给出它的两个应用, 一个是证明行列式的乘法定理, 另一个是讨论矩阵乘积的秩.

定义 4.3.1 对单位矩阵 $\boldsymbol{E}$ 作一次初等变换所得的矩阵称为一个 **初等矩阵.**

根据定义, 由 n 阶单位矩阵化出来的每一个初等矩阵都是 n 阶方阵. 已知矩阵的初等变换一共有六种类型, 那么初等矩阵有哪些类型呢? 让我们先来看看 3 阶初等矩阵的情形. 例如, 我们有

$$\begin{pmatrix} 1 & 0 & 0 \\ 0 & 1 & 0 \\ 0 & 0 & 1 \end{pmatrix} \xrightarrow[\text{或}\,\{2(k)\}]{[2(k)]} \begin{pmatrix} 1 & 0 & 0 \\ 0 & k & 0 \\ 0 & 0 & 1 \end{pmatrix}, \quad k \neq 0;$$

$$\begin{pmatrix} 1 & 0 & 0 \\ 0 & 1 & 0 \\ 0 & 0 & 1 \end{pmatrix} \xrightarrow[\text{或}\,\{2(k)+1\}]{[1(k)+2]} \begin{pmatrix} 1 & 0 & 0 \\ k & 1 & 0 \\ 0 & 0 & 1 \end{pmatrix}; \qquad \begin{pmatrix} 1 & 0 & 0 \\ 0 & 1 & 0 \\ 0 & 0 & 1 \end{pmatrix} \xrightarrow[\text{或}\,\{2,3\}]{[2,3]} \begin{pmatrix} 1 & 0 & 0 \\ 0 & 0 & 1 \\ 0 & 1 & 0 \end{pmatrix}.$$

由此可见, 对 3 阶单位矩阵作一次行初等变换或相应的列初等变换, 所得矩阵是相同的, 因此 3 阶初等矩阵只有三种类型. 对于 n 阶初等矩阵, 情况也是如此.

为了便于叙述, 我们引入下列术语: 对单位矩阵 $\boldsymbol{E}$ 作一次倍法 (消法、换法) 变换所得的初等矩阵称为一个 **倍法 (消法、换法) 矩阵.** 我们用符号 $\boldsymbol{E}_i(k)$ 来表示用非零的数 k 去乘 $\boldsymbol{E}$ 的第 i 行 (或第 i 列) 所得的倍法矩阵, 并用符号 $\boldsymbol{E}_{ij}(k)$ 来表示把 $\boldsymbol{E}$ 的第 i 行的 k 倍加到第 j 行 (或第 j 列的 k 倍加到第 i 列) 所得的消法矩阵, 再用 $\boldsymbol{P}_{ij}$ 来表示交换 $\boldsymbol{E}$ 的第 i 行与第 j 行 (或交换第 i 列与第 j 列) 所得的换法矩阵. 这三种初等矩阵的形状可以描述如下 (假定 $i < j$):

$$\boldsymbol{E}_i(k) = \begin{pmatrix} 1 & & & & & \\ & \ddots & & & & \\ & & 1 & & & \\ & & & k & & \\ & & & & 1 & \\ & & & & & \ddots & \\ & & & & & & 1 \end{pmatrix} \quad (\text{第 } i \text{ 行}, \ k \neq 0);$$

$$E_{ij}(k)=\begin{pmatrix}1&&&&\\&\ddots&&&\\&&1&&\\&&\vdots&\ddots&\\&&k&\cdots&1&\\&&&&&\ddots\\&&&&&&1\end{pmatrix};\quad P_{ij}=\begin{pmatrix}1&&&&&\\&\ddots&&&&\\&&0&\cdots&1&\\&&\vdots&\ddots&\vdots&\\&&1&\cdots&0&\\&&&&&\ddots\\&&&&&&1\end{pmatrix}\begin{matrix}(\text{第 } i \text{ 行})\\ \\(\text{第 } j \text{ 行})\end{matrix}$$

这些矩阵分别是对角矩阵、三角矩阵和对称矩阵, 它们可以简记为

$$E_i(k)=\mathrm{diag}\{1,\cdots,1,k,1,\cdots,1\},\ k \text{ 位于第 } i \text{ 个位置}, k\neq 0;$$

$$E_{ij}(k)=E+kE_{ji},\quad i\neq j;$$

$$P_{ij}=E-E_{ii}-E_{jj}+E_{ij}+E_{ji},\quad i\neq j.$$

显然每一个初等矩阵的行列式都不等于零. 易见 n 阶换法矩阵一共有 C_n^2 个 $(n\geqslant 2)$, 另外两类初等矩阵都有无穷多个. 当 $k=1$ 时, 有 $E_i(k)=E$; 当 $k=0$ 时, 有 $E_{ij}(k)=E$, 因此单位矩阵是特殊的初等矩阵.

现在, 让我们来看看矩阵的初等变换与初等矩阵之间有什么联系.

设 A 是数域 F 上一个 $m\times n$ 矩阵. 根据对角矩阵与一般矩阵的乘法运算规则, 用一个非零的数 k 去乘 A 的第 i 行, 相当于用 m 阶倍法矩阵 $E_i(k)$ 去左乘 A; 用一个非零的数 k 去乘 A 的第 i 列, 相当于用 n 阶倍法矩阵 $E_i(k)$ 去右乘 A. 这些事实用符号语言来表达就是

$$A\xrightarrow{[i(k)]}B\iff B=E_i(k)A\ \text{ 且 }\ A\xrightarrow{\{i(k)\}}B\iff B=AE_i(k).$$

其次, 由于 $E_{ij}(k)=E+kE_{ji}$, 因此 $E_{ij}(k)A=A+kE_{ji}A$. 已知 $E_{ji}A$ 的第 j 行是 A 的第 i 行, 其余各行元素全为零. 于是把 A 的第 i 行的 k 倍加到第 j 行, 相当于用 m 阶消法矩阵 $E_{ij}(k)$ 去左乘 A. 类似地, 把 A 的第 j 列的 k 倍加到第 i 列, 相当于用 n 阶消法矩阵 $E_{ij}(k)$ 去右乘 A. 用符号来表示就是

$$A\xrightarrow{[i(k)+j]}B\iff B=E_{ij}(k)A\ \text{ 且 }\ A\xrightarrow{\{j(k)+i\}}B\iff B=AE_{ij}(k).$$

再次, 因为 $P_{ij}=E-E_{ii}-E_{jj}+E_{ij}+E_{ji}$, 所以

$$P_{ij}A=A-E_{ii}A-E_{jj}A+E_{ij}A+E_{ji}A.$$

容易看出, 上式等号右边表示交换 A 的第 i 行与第 j 行所得的矩阵. 于是交换 A 的这两行, 相当于用 m 阶换法矩阵 P_{ij} 去左乘 A. 类似地, 交换 A 的第 i 列与第 j 列, 相当于用 n 阶换法矩阵 P_{ij} 去右乘 A. 用符号来表示就是

$$A\xrightarrow{[i,j]}B\iff B=P_{ij}A\ \text{ 且 }\ A\xrightarrow{\{i,j\}}B\iff B=AP_{ij}.$$

我们把矩阵的初等变换与初等矩阵之间的这些联系概述成下面的定理.

定理 4.3.1 设 $A\in M_{mn}(F)$, 则对 A 作一次某种类型的行初等变换, 相当于用一个同一种类型的 m 阶初等矩阵去左乘 A; 对 A 作一次某种类型的列初等变换, 相当于用一个同一种类型的 n 阶初等矩阵去右乘 A.

上述定理表明, 可以用初等矩阵来刻画矩阵的初等变换. 这个定理通常简述为, 对矩阵 A

作一次初等变换相当于用一个初等矩阵去左乘或右乘 $\boldsymbol{A}$. 现在, 接着作一次初等变换, 又相当于接着左乘或右乘一个初等矩阵. 按照此法继续做下去, 并注意到矩阵的相抵定义, 就得到下一个定理.

定理 4.3.2 数域 F 上两个 $m\times n$ 矩阵 $\boldsymbol{A}$ 与 $\boldsymbol{B}$ 是相抵的当且仅当存在有限个 m 阶初等矩阵, 比如说 $\boldsymbol{P}_1, \boldsymbol{P}_2, \cdots, \boldsymbol{P}_s$, 并且存在有限个 n 阶初等矩阵, 比如说 $\boldsymbol{Q}_1, \boldsymbol{Q}_2, \cdots, \boldsymbol{Q}_t$, 使得

$$\boldsymbol{B} = \boldsymbol{P}_s\cdots\boldsymbol{P}_2\boldsymbol{P}_1\boldsymbol{A}\boldsymbol{Q}_1\boldsymbol{Q}_2\cdots\boldsymbol{Q}_t.$$

已知矩阵的初等变换不改变矩阵的秩. 根据上述定理, 下列推论成立.

推论 4.3.3 在数域 F 上, 设 $\boldsymbol{A}$ 是一个 $m\times n$ 矩阵, 并设 $\boldsymbol{P}_1, \boldsymbol{P}_2\cdots, \boldsymbol{P}_s$ 是 s 个 m 阶初等矩阵, $\boldsymbol{Q}_1, \boldsymbol{Q}_2\cdots, \boldsymbol{Q}_t$ 是 t 个 n 阶初等矩阵. 令 $\boldsymbol{P} = \boldsymbol{P}_s\cdots\boldsymbol{P}_2\boldsymbol{P}_1$ 且 $\boldsymbol{Q} = \boldsymbol{Q}_1\boldsymbol{Q}_2\cdots\boldsymbol{Q}_t$, 则 $\boldsymbol{A}$, $\boldsymbol{PA}$, $\boldsymbol{AQ}$ 与 $\boldsymbol{PAQ}$ 这四个矩阵有相同的秩.

已知两个同型矩阵相抵当且仅当它们的秩相等. 根据定理 4.3.2, 立即得到下一个推论.

推论 4.3.4 设 $\boldsymbol{A}$ 与 $\boldsymbol{B}$ 是数域 F 上两个 $m\times n$ 矩阵, 则它们有相同的秩当且仅当存在 m 阶初等矩阵 $\boldsymbol{P}_1, \boldsymbol{P}_2, \cdots, \boldsymbol{P}_s$ 和 n 阶初等矩阵 $\boldsymbol{Q}_1, \boldsymbol{Q}_2, \cdots, \boldsymbol{Q}_t$, 使得 $\boldsymbol{B} = \boldsymbol{P}_s\cdots\boldsymbol{P}_2\boldsymbol{P}_1\boldsymbol{A}\boldsymbol{Q}_1\boldsymbol{Q}_2\cdots\boldsymbol{Q}_t$.

注意到每一个矩阵与它的相抵标准形有相同的秩. 根据推论 4.3.4, 又得到一个推论如下.

推论 4.3.5 设 $\boldsymbol{A}$ 是数域 F 上一个 $m\times n$ 矩阵, 则 $\operatorname{rank}(\boldsymbol{A}) = r$ 当且仅当 $\boldsymbol{A}$ 可以表示成 $\boldsymbol{A} = \boldsymbol{P}\boldsymbol{J}_r\boldsymbol{Q}$, 这里 $\boldsymbol{P}$ 是某些 m 阶初等矩阵的乘积, $\boldsymbol{Q}$ 是某些 n 阶初等矩阵的乘积, $\boldsymbol{J}_r$ 是 $\boldsymbol{A}$ 的相抵标准形.

我们知道, 可以仿照例 2.4.5 去证明行列式的乘法定理. 但是由于例 2.4.5 中用到了拉普拉斯定理, 而我们没有给出拉普拉斯定理的证明, 因此那样的证明不严谨. 下面给出乘法定理的一个严格证明. 首先给出两个引理.

引理 4.3.6 在数域 F 上, 设 $\boldsymbol{A}$ 是一个 n 阶方阵, 则存在一个 n 阶对角矩阵 $\boldsymbol{D}$, 并且存在一些 n 阶消法矩阵 $\boldsymbol{T}_1, \boldsymbol{T}_2, \cdots, \boldsymbol{T}_s$ 和 $\boldsymbol{T}_{s+1}, \boldsymbol{T}_{s+2}, \cdots, \boldsymbol{T}_{s+t}$, 使得

$$\boldsymbol{A} = \boldsymbol{T}_s\cdots\boldsymbol{T}_2\boldsymbol{T}_1\boldsymbol{D}\boldsymbol{T}_{s+1}\boldsymbol{T}_{s+2}\cdots\boldsymbol{T}_{s+t}.$$

证明 不妨设 $\boldsymbol{A} = (a_{ij})$. 考察 $\boldsymbol{A}$ 的左上角元素 a_{11} 所在的行和列, 如果 a_{11} 下方或右边有一个元素不为零, 比如说 $a_{i1}\neq 0$,那么可以把 $\boldsymbol{A}$ 的第 i 行的某个倍数加到第 1 行 (即作一次消法变换), 使得变换后的矩阵左上角元素不为零. 把这个非零元素记作 d_1, 然后连续作一些消法变换, 可以把 d_1 下方和右边的元素都变成零. 令 $\boldsymbol{A}_1$ 是对 $\boldsymbol{A}$ 连续作上述变换所得的矩阵, 则它是形如右边的矩阵. 如果

$$\boldsymbol{A}_1 = \begin{pmatrix} d_1 & 0 & \cdots & 0 \\ 0 & * & \cdots & * \\ \vdots & \vdots & & \vdots \\ 0 & * & \cdots & * \end{pmatrix}$$

a_{11} 下方和右边的元素全为零, 那么 $\boldsymbol{A}$ 已经具有 $\boldsymbol{A}_1$ 的形状了. 其次, 仿照上面的做法, 可以

经过连续作有限次消法变换把 $\boldsymbol{A}_1$ 化成形如右边的矩阵 $\boldsymbol{A}_2$. 重复这种方法, 最后可得一个对角矩阵 $\boldsymbol{D}=\operatorname{diag}\{d_1, d_2, \cdots, d_n\}$. 上述变换过程可以描述如下:

$$\boldsymbol{A}_2=\begin{pmatrix} d_1 & 0 & 0 & \cdots & 0\\ 0 & d_2 & 0 & \cdots & 0\\ 0 & 0 & * & \cdots & *\\ \vdots & \vdots & \vdots & & \vdots\\ 0 & 0 & * & \cdots & * \end{pmatrix}$$

$$\boldsymbol{A}\rightarrow\cdots\rightarrow\boldsymbol{A}_1\rightarrow\cdots\rightarrow\boldsymbol{A}_2\rightarrow\cdots\rightarrow\boldsymbol{D},$$

其中所作的都是消法变换. 已知矩阵的初等变换是可逆的, 并且消法变换的逆变换也是消法变换, 那么这个过程的逆过程成立, 即下列过程成立:

$$\boldsymbol{A}\leftarrow\cdots\leftarrow\boldsymbol{A}_1\leftarrow\cdots\leftarrow\boldsymbol{A}_2\leftarrow\cdots\leftarrow\boldsymbol{D},$$

其中所作的都是消法变换. 这表明, 可以经过连续作有限次消法变换, 把 $\boldsymbol{D}$ 化成 $\boldsymbol{A}$. 假定一共作了 s 次行变换 t 次列变换. 根据定理 4.3.2, 存在 $s+t$ 个 n 阶消法矩阵 $\boldsymbol{T}_1, \boldsymbol{T}_2, \cdots, \boldsymbol{T}_s$ 和 $\boldsymbol{T}_{s+1}, \boldsymbol{T}_{s+2}, \cdots, \boldsymbol{T}_{s+t}$, 使得

$$\boldsymbol{A}=\boldsymbol{T}_s\cdots\boldsymbol{T}_2\boldsymbol{T}_1\boldsymbol{D}\boldsymbol{T}_{s+1}\boldsymbol{T}_{s+2}\cdots\boldsymbol{T}_{s+t}.$$ □

引理 4.3.7 设 $\boldsymbol{A}, \boldsymbol{T}, \boldsymbol{D}$ 是数域 $\boldsymbol{F}$ 上三个 n 阶方阵, 其中 $\boldsymbol{T}$ 是消法矩阵, $\boldsymbol{D}$ 是对角矩阵, 则 $|\boldsymbol{A}|=|\boldsymbol{TA}|=|\boldsymbol{AT}|$ 且 $|\boldsymbol{DA}|=|\boldsymbol{D}||\boldsymbol{A}|$.

证明 已知用消法矩阵 $\boldsymbol{T}$ 去左乘方阵 $\boldsymbol{A}$, 相当于对 $\boldsymbol{A}$ 作一次行消法变换, 那么这样的变换不改变行列式 $|\boldsymbol{A}|$ 的值, 所以 $|\boldsymbol{A}|=|\boldsymbol{TA}|$. 类似地, 有 $|\boldsymbol{A}|=|\boldsymbol{AT}|$. 其次, 不妨设 $\boldsymbol{D}=\operatorname{diag}\{d_1, d_2, \cdots, d_n\}$, 并设 $\boldsymbol{A}=(a_{ij})$, 那么 $\boldsymbol{DA}$ 是右边的矩阵, 所以它的行列式为 $|\boldsymbol{DA}|=d_1d_2\cdots d_n|\boldsymbol{A}|$. 又 $|\boldsymbol{D}|=d_1d_2\cdots d_n$, 因此 $|\boldsymbol{DA}|=|\boldsymbol{D}||\boldsymbol{A}|$. □

$$\begin{pmatrix} d_1a_{11} & d_1a_{12} & \cdots & d_1a_{1n}\\ d_2a_{21} & d_2a_{22} & \cdots & d_2a_{2n}\\ \vdots & \vdots & \ddots & \vdots\\ d_na_{n1} & d_na_{n2} & \cdots & d_na_{nn} \end{pmatrix}$$

已知行列式乘法定理中的运算规则和矩阵的乘法运算规则都是行乘列法则, 那么可以用方阵的语言来叙述这个定理.

定理 4.3.8 设 $\boldsymbol{A}, \boldsymbol{B}\in \boldsymbol{M}_n(\boldsymbol{F})$, 则 $|\boldsymbol{AB}|=|\boldsymbol{A}||\boldsymbol{B}|$.

证明 根据引理 4.3.6, 存在一个 n 阶对角矩阵 $\boldsymbol{D}$, 并且存在一些 n 阶消法矩阵 $\boldsymbol{T}_1, \boldsymbol{T}_2, \cdots, \boldsymbol{T}_s$ 和 $\boldsymbol{T}_{s+1}, \boldsymbol{T}_{s+2}, \cdots, \boldsymbol{T}_{s+t}$, 使得

$$\boldsymbol{A}=\boldsymbol{T}_s\cdots\boldsymbol{T}_2\boldsymbol{T}_1\boldsymbol{D}\boldsymbol{T}_{s+1}\boldsymbol{T}_{s+2}\cdots\boldsymbol{T}_{s+t},$$

所以

$$\boldsymbol{AB}=\boldsymbol{T}_s\cdots\boldsymbol{T}_2\boldsymbol{T}_1\boldsymbol{D}\boldsymbol{T}_{s+1}\boldsymbol{T}_{s+2}\cdots\boldsymbol{T}_{s+t}\boldsymbol{B}.$$

对上述两个等式, 反复应用引理 4.3.7, 得 $|\boldsymbol{A}|=|\boldsymbol{D}\boldsymbol{T}_{s+1}\boldsymbol{T}_{s+2}\cdots\boldsymbol{T}_{s+t}|=|\boldsymbol{D}|$ 且

$$|\boldsymbol{AB}|=|\boldsymbol{D}\boldsymbol{T}_{s+1}\boldsymbol{T}_{s+2}\cdots\boldsymbol{T}_{s+t}\boldsymbol{B}|=|\boldsymbol{D}|\,|\boldsymbol{T}_{s+1}\boldsymbol{T}_{s+2}\cdots\boldsymbol{T}_{s+t}\boldsymbol{B}|=|\boldsymbol{D}|\,|\boldsymbol{B}|,$$

即 $|\boldsymbol{A}|=|\boldsymbol{D}|$ 且 $|\boldsymbol{AB}|=|\boldsymbol{D}||\boldsymbol{B}|$, 因此 $|\boldsymbol{AB}|=|\boldsymbol{A}||\boldsymbol{B}|$. □

上述定理可以推广到一般情形, 即 $|\boldsymbol{A}_1\boldsymbol{A}_2\cdots\boldsymbol{A}_s|=|\boldsymbol{A}_1||\boldsymbol{A}_2|\cdots|\boldsymbol{A}_s|$, 这里 $\boldsymbol{A}_1, \boldsymbol{A}_2, \cdots, \boldsymbol{A}_s$ 是数域 $\boldsymbol{F}$ 上 s 个同阶方阵.

例 4.3.1 设 $x_1, x_2, \cdots, x_n$ 是数域 $\boldsymbol{F}$ 中 n 个全不为零的数. 令 $\boldsymbol{A}=(a_{ij})$, 其中 $a_{ij}=x_1^{i+j-2}+x_2^{i+j-2}+\cdots+x_n^{i+j-2}$, $i, j=1, 2, \cdots, n$. 当 $n=3$ 时, 有

$$\boldsymbol{A}=\begin{pmatrix}3 & x_1+x_2+x_3 & x_1^2+x_2^2+x_3^2\\ x_1+x_2+x_3 & x_1^2+x_2^2+x_3^2 & x_1^3+x_2^3+x_3^3\\ x_1^2+x_2^2+x_3^2 & x_1^3+x_2^3+x_3^3 & x_1^4+x_2^4+x_3^4\end{pmatrix}=\begin{pmatrix}1 & 1 & 1\\ x_1 & x_2 & x_3\\ x_1^2 & x_2^2 & x_3^2\end{pmatrix}\begin{pmatrix}1 & x_1 & x_1^2\\ 1 & x_2 & x_2^2\\ 1 & x_3 & x_3^2\end{pmatrix}.$$

一般地, 由于 a_{ij} 可以表示成

$$a_{ij}=x_1^{i-1}x_1^{j-1}+x_2^{i-1}x_2^{j-1}+\cdots+x_n^{i-1}x_n^{j-1}, \quad i, j=1, 2, \cdots, n,$$

因此

$$\boldsymbol{A}=\begin{pmatrix}1 & 1 & 1 & \cdots & 1\\ x_1 & x_2 & x_3 & \cdots & x_n\\ x_1^2 & x_2^2 & x_3^2 & \cdots & x_n^2\\ \vdots & \vdots & \vdots & \ddots & \vdots\\ x_1^{n-1} & x_2^{n-1} & x_3^{n-1} & \cdots & x_n^{n-1}\end{pmatrix}\begin{pmatrix}1 & x_1 & x_1^2 & \cdots & x_1^{n-1}\\ 1 & x_2 & x_2^2 & \cdots & x_2^{n-1}\\ 1 & x_3 & x_3^2 & \cdots & x_3^{n-1}\\ \vdots & \vdots & \vdots & \ddots & \vdots\\ 1 & x_n & x_n^2 & \cdots & x_n^{n-1}\end{pmatrix}.$$

显然最后两个方阵的行列式都是范德蒙德行列式. 根据行列式的乘法定理, 有

$$|\boldsymbol{A}|=\prod_{1\leqslant i<j\leqslant n}(x_j-x_i)^2, \quad \text{即 } |\boldsymbol{A}|=\prod_{1\leqslant i<j\leqslant n}(x_i-x_j)^2.$$

最后让我们来讨论矩阵乘积的秩. 先看一个例子.

设 $\boldsymbol{A}=\begin{pmatrix}2 & 0\\ 0 & 3\end{pmatrix}$ 且 $\boldsymbol{B}=\begin{pmatrix}1 & 2 & 3\\ 0 & 0 & 0\end{pmatrix}$, 则 $\boldsymbol{AB}=\begin{pmatrix}2 & 4 & 6\\ 0 & 0 & 0\end{pmatrix}$. 显然 $\boldsymbol{A}$ 的秩等于 2, $\boldsymbol{B}$ 与 $\boldsymbol{AB}$ 的秩都等于 1. 于是 $\operatorname{rank}(\boldsymbol{AB})<\operatorname{rank}(\boldsymbol{A})$ 且 $\operatorname{rank}(\boldsymbol{AB})=\operatorname{rank}(\boldsymbol{B})$. 这两式可以统一写成 $\operatorname{rank}(\boldsymbol{AB})\leqslant\min\{\operatorname{rank}(\boldsymbol{A}), \operatorname{rank}(\boldsymbol{B})\}$. 一般地, 我们有以下定理.

定理 4.3.9 设 $\boldsymbol{A}$ 是数域 $\boldsymbol{F}$ 上一个 $m\times n$ 矩阵, 并设 $\boldsymbol{B}$ 是数域 $\boldsymbol{F}$ 上一个 $n\times s$ 矩阵, 则

$$\operatorname{rank}(\boldsymbol{AB})\leqslant\min\{\operatorname{rank}(\boldsymbol{A}), \operatorname{rank}(\boldsymbol{B})\}.$$

证明 当 $\boldsymbol{A}=\boldsymbol{O}$ 时, 结论显然成立. 不妨设 $\boldsymbol{A}\neq\boldsymbol{O}$, 并设 $\boldsymbol{A}$ 的秩等于 r, 那么 $r>0$. 根据推论 4.3.5, 矩阵 $\boldsymbol{A}$ 可以表示成 $\boldsymbol{A}=\boldsymbol{PJ}_r\boldsymbol{Q}$, 其中 $\boldsymbol{P}$ 是某些 m 阶初等矩阵的乘积, $\boldsymbol{Q}$ 是某些 n 阶初等矩阵的乘积, $\boldsymbol{J}_r$ 是 $\boldsymbol{A}$ 的相抵标准形. 于是 $\boldsymbol{AB}=\boldsymbol{PJ}_r\boldsymbol{QB}$. 令 $\boldsymbol{C}=\boldsymbol{QB}$, 则 $\boldsymbol{AB}=\boldsymbol{PJ}_r\boldsymbol{C}$. 根据推论 4.3.3, $\boldsymbol{AB}$ 与 $\boldsymbol{J}_r\boldsymbol{C}$ 有相同的秩. 其次, 已知 $r>0$, 那么 $\boldsymbol{J}_r=\boldsymbol{E}_{11}+\boldsymbol{E}_{22}+\cdots+\boldsymbol{E}_{rr}$, 所以

$$\boldsymbol{J}_r\boldsymbol{C}=\boldsymbol{E}_{11}\boldsymbol{C}+\boldsymbol{E}_{22}\boldsymbol{C}+\cdots+\boldsymbol{E}_{rr}\boldsymbol{C},$$

这里 $\boldsymbol{E}_{11}, \boldsymbol{E}_{22}, \cdots, \boldsymbol{E}_{rr}$ 都是 $m\times n$ 基本矩阵. 由此可见, $\boldsymbol{J}_r\boldsymbol{C}$ 的前 r 行是 $\boldsymbol{C}$ 的前 r 行, 它的后 $m-r$ 行元素全为零. 这就推出 $\operatorname{rank}(\boldsymbol{J}_r\boldsymbol{C})\leqslant r$. 注意到 $\boldsymbol{AB}$ 与 $\boldsymbol{J}_r\boldsymbol{C}$ 有相同的秩, 并且 $\boldsymbol{A}$ 的秩等于 r, 因此 $\operatorname{rank}(\boldsymbol{AB})\leqslant\operatorname{rank}(\boldsymbol{A})$. 另一方面, 分别用 $\boldsymbol{B}'$ 和 $\boldsymbol{A}'$ 代替最后一式中的 $\boldsymbol{A}$ 和 $\boldsymbol{B}$, 得

$$\operatorname{rank}(\boldsymbol{B}'\boldsymbol{A}')\leqslant\operatorname{rank}(\boldsymbol{B}'), \quad \text{即 } \operatorname{rank}\left[(\boldsymbol{AB})'\right]\leqslant\operatorname{rank}(\boldsymbol{B}').$$

已知每一个矩阵与它的转置矩阵有相同的秩, 那么 $\operatorname{rank}(\boldsymbol{AB})\leqslant\operatorname{rank}(\boldsymbol{B})$. 这就证明了

$$\operatorname{rank}(\boldsymbol{AB})\leqslant\min\{\operatorname{rank}(\boldsymbol{A}), \operatorname{rank}(\boldsymbol{B})\}.$$

□

上述定理可以推广到一般情形. 设 $\boldsymbol{A}_1, \boldsymbol{A}_2, \cdots, \boldsymbol{A}_s$ 是数域 $\boldsymbol{F}$ 上 s 个矩阵. 如果乘积 $\boldsymbol{A}_1\boldsymbol{A}_2\cdots\boldsymbol{A}_s$ 有意义, 那么

$$\operatorname{rank}(\boldsymbol{A}_1\boldsymbol{A}_2\cdots\boldsymbol{A}_s) \leqslant \min\{\operatorname{rank}(\boldsymbol{A}_1),\ \operatorname{rank}(\boldsymbol{A}_2),\ \cdots,\ \operatorname{rank}(\boldsymbol{A}_s)\}.$$

例 4.3.2 设 $\boldsymbol{A}=(a_{ij})\in \boldsymbol{M}_n(\boldsymbol{F})$, 其中 $a_{ij}=b_i+c_j,\ i,j=1,2,\cdots,n$, 则

$$\boldsymbol{A}=\begin{pmatrix} b_1 & 1\\ b_2 & 1\\ \vdots & \vdots\\ b_n & 1\end{pmatrix}\begin{pmatrix} 1 & 1 & \cdots & 1\\ c_1 & c_2 & \cdots & c_n\end{pmatrix}.$$

根据定理 4.3.9, 有 $\operatorname{rank}(\boldsymbol{A})\leqslant 2$. 如果 $n>2$, 那么 $\boldsymbol{A}$ 不是满秩的, 所以 $|A|=0$.

习题 4.3

1. 设 $\boldsymbol{E}_i(k), \boldsymbol{E}_{ij}(k)$ 和 $\boldsymbol{P}_{ij}$ 分别是 n 阶倍法、消法和换法矩阵. 证明:

   (1) $\left|\boldsymbol{E}_i(k)\right|=k,\ \left|\boldsymbol{E}_{ij}(k)\right|=1,\ \left|\boldsymbol{P}_{ij}\right|=-1$;

   (2) $\boldsymbol{E}_i(k)\,\boldsymbol{E}_i\left(\dfrac{1}{k}\right)=\boldsymbol{E},\ \boldsymbol{E}_{ij}(k)\,\boldsymbol{E}_{ij}(-k)=\boldsymbol{E},\ \boldsymbol{P}_{ij}^2=\boldsymbol{E}$.

2. 证明: 每一个 n 阶换法矩阵 $\boldsymbol{P}_{ij}$ 都可以表示成一些消法矩阵和倍法矩阵的乘积.

3. 设 $\boldsymbol{A}=\begin{pmatrix} a & b\\ c & d\end{pmatrix}$. 证明: 如果 $|\boldsymbol{A}|=1$, 那么 $\boldsymbol{A}$ 可以分解成一些消法矩阵的乘积.

4. 设 $\boldsymbol{A}\in \boldsymbol{M}_n(\boldsymbol{F})$. 若 $\boldsymbol{A}$ 与每一个 n 阶倍法矩阵 $\boldsymbol{E}_i(k)$ 都可交换, 则它是对角矩阵. 更进一步地, 若 $\boldsymbol{A}$ 还与每一个 n 阶换法矩阵 $\boldsymbol{P}_{ij}$ 都可交换, 则它是纯量矩阵.

5. 设 $\boldsymbol{A}\in \boldsymbol{M}_{mn}(\boldsymbol{F})$. 若 $\operatorname{rank}(\boldsymbol{A})=r>0$, 则 $\boldsymbol{A}$ 可以分解成 r 个秩为 1 的矩阵之和.

6. 设 $\boldsymbol{A}$ 是数域 $\boldsymbol{F}$ 上一个 $m\times n$ 矩阵. 证明: $\operatorname{rank}(\boldsymbol{A})\leqslant 1$ 当且仅当 $\boldsymbol{A}$ 可以分解成一个 $m\times 1$ 矩阵 $\boldsymbol{B}$ 与一个 $1\times n$ 矩阵 $\boldsymbol{C}$ 的乘积.

7. 设 $\boldsymbol{A}\in \boldsymbol{M}_n(\boldsymbol{F})$, 使得 $\boldsymbol{A}\boldsymbol{A}'=\boldsymbol{E}$. 证明: $|\boldsymbol{A}|=\pm 1$. 证明: 若 $|\boldsymbol{A}|=-1$, 则 $|\boldsymbol{E}+\boldsymbol{A}|=0$; 若 $|\boldsymbol{A}|=1$, 则当 n 是奇数时, 有 $|\boldsymbol{E}-\boldsymbol{A}|=0$.

8. 设 $\boldsymbol{A}\in \boldsymbol{M}_{mn}(\boldsymbol{F})$ 且 $\boldsymbol{B}\in \boldsymbol{M}_{nm}(\boldsymbol{F})$. 证明: 如果 $m>n$, 那么矩阵 $\boldsymbol{AB}$ 的每一个大于 n 阶的子式都等于零. 特别地, 有 $|\boldsymbol{AB}|=0$.

9. 计算 n 阶行列式 $|\boldsymbol{A}|$, 这里 $\boldsymbol{A}=(a_{ij}),\ a_{ij}=\sin(\phi_i+\phi_j),\ i,j=1,2,\cdots,n$.

10. 设 $f(x), g(x)\in \boldsymbol{F}[x]$ 且 $\boldsymbol{A}\in \boldsymbol{M}_n(\boldsymbol{F})$. 令 $d(x)$ 是 $f(x)$ 与 $g(x)$ 的一个最大公因式. 证明: 如果 $g(\boldsymbol{A})=\boldsymbol{O}$, 那么 $\operatorname{rank}[f(\boldsymbol{A})]=\operatorname{rank}[d(\boldsymbol{A})]$.

*11. 设 $\boldsymbol{U}$ 是 n 阶基本循环矩阵. 令 $f(x)=a_0+a_1x+\cdots+a_mx^m$ 是复数域上一个 m 次多项式 $(m\geqslant 1)$. 证明: $\left|f(\boldsymbol{U})\right|=f(\omega_0)f(\omega_1)\cdots f(\omega_{n-1})$, 这里 $\omega_0,\omega_1,\cdots,\omega_{n-1}$ 是全部 n 次单位根.

4.4 可逆矩阵

可逆矩阵是一类非常重要的矩阵, 它与初等矩阵有密切联系. 在这一节我们将首先给出可逆矩阵的定义及其基本性质, 然后讨论可逆矩阵的等价条件及其应用, 最后介绍求逆矩阵的两种方法, 并介绍求 $\boldsymbol{A}^{-1}\boldsymbol{B}$ 或 $\boldsymbol{B}\boldsymbol{A}^{-1}$ 的一种方法.

对于含数 1 的数环 $\boldsymbol{R}$,其上的一次方程 $ax=b$ 未必有解. 例如, 整数环上方程 $2x=1$ 没有整数解. 容易看出, 只要 $a^{-1}\in\boldsymbol{R}$,就足以保证方程 $ax=b$ 有解, 其解为 $x=a^{-1}b$. 对于上述数环 $\boldsymbol{R}$,如果其中的数 a 满足条件 $a^{-1}\in\boldsymbol{R}$, 那么称 a 为一个**可逆元.**

已知数域 $\boldsymbol{F}$ 上线性方程组 $\boldsymbol{AX}=\boldsymbol{\beta}$ 未必有解. 由上面的讨论不难联想到, 如果 $\boldsymbol{A}$ 是一个"可逆元", 那么方程组有解, 其解可以形式地表示成 $\boldsymbol{X}=\boldsymbol{A}^{-1}\boldsymbol{\beta}$. 这就导致我们考虑, 在数域 $\boldsymbol{F}$ 上的矩阵中, 可逆元是什么?

考察上述数环 $\boldsymbol{R}$ 中可逆元 a, 令 $b=a^{-1}$,则 $b\in\boldsymbol{R}$ 且 $ab=1$. 于是我们自然会认为, 在数域 $\boldsymbol{F}$ 上的矩阵中,"可逆元" $\boldsymbol{A}$ 必须满足下列条件: 存在数域 $\boldsymbol{F}$ 上一个矩阵 $\boldsymbol{B}$,使得 $\boldsymbol{AB}=\boldsymbol{E}$. 然而这样说还不够, 应该附加一个条件, 即 $\boldsymbol{BA}=\boldsymbol{E}$. 这是因为矩阵的乘法不满足交换律. 由此可见, 满足这两个条件的矩阵 $\boldsymbol{A}$ 与 $\boldsymbol{B}$ 是可交换的, 因而它们是同阶方阵.

例 4.4.1　设 $\boldsymbol{A}\in\boldsymbol{M}_n(\boldsymbol{F})$. 如果 $|\boldsymbol{A}|=0$,根据行列式的乘法定理, 对数域 $\boldsymbol{F}$ 上任意 n 阶方阵 $\boldsymbol{B}$,有 $|\boldsymbol{AB}|=|\boldsymbol{A}|\,|\boldsymbol{B}|=0$. 注意到 $|\boldsymbol{E}|\neq 0$,因此 $\boldsymbol{AB}\neq\boldsymbol{E}$.

这表明, 对于一般方阵 $\boldsymbol{A}$, 未必存在同阶方阵 $\boldsymbol{B}$, 使得 $\boldsymbol{AB}=\boldsymbol{E}$ 且 $\boldsymbol{BA}=\boldsymbol{E}$. 但是这并不排除存在特殊方阵 $\boldsymbol{A}$ 与 $\boldsymbol{B}$,使得这两个等式同时成立.

例 4.4.2　设 $\boldsymbol{A}=\begin{pmatrix}1&1\\1&2\end{pmatrix}$ 且 $\boldsymbol{B}=\begin{pmatrix}2&-1\\-1&1\end{pmatrix}$,则 $\boldsymbol{AB}=\boldsymbol{E}$ 且 $\boldsymbol{BA}=\boldsymbol{E}$.

现在让我们正式给出可逆矩阵的定义.

定义 4.4.1　设 $\boldsymbol{A}\in\boldsymbol{M}_n(\boldsymbol{F})$. 若存在 $\boldsymbol{B}\in\boldsymbol{M}_n(\boldsymbol{F})$,使得 $\boldsymbol{AB}=\boldsymbol{E}$ 且 $\boldsymbol{BA}=\boldsymbol{E}$, 则称矩阵 $\boldsymbol{A}$ 为**可逆的,** 并称 $\boldsymbol{B}$ 为它的一个**逆矩阵.** 否则, 称 $\boldsymbol{A}$ 为**不可逆的.**

定义中可逆矩阵指的是 $\boldsymbol{A}$,它的逆矩阵指的是 $\boldsymbol{B}$,所以可逆矩阵与逆矩阵是两个不同概念. 例 4.4.1 中矩阵 $\boldsymbol{A}$ 是不可逆的, 因而它没有逆矩阵. 例 4.4.2 中矩阵 $\boldsymbol{A}$ 是可逆的, 因而它有逆矩阵. 这表明, 上述定义是合理的. 按照定义, 可逆矩阵必为方阵; 数域 $\boldsymbol{F}$ 上每一个方阵不是可逆的, 就是不可逆的. 可逆矩阵又称为**非奇异矩阵,** 不可逆矩阵又称为**奇异矩阵.**

下面讨论可逆矩阵的基本性质. 首先考虑一个问题: 给定一个可逆矩阵 $\boldsymbol{A}$,它的逆矩阵有几个? 设 $\boldsymbol{B}$ 与 $\boldsymbol{C}$ 都是它的逆矩阵. 根据定义, 我们有 $\boldsymbol{AB}=\boldsymbol{E}$, 并且 $\boldsymbol{CA}=\boldsymbol{E}$. 因为 $(\boldsymbol{CA})\boldsymbol{B}=\boldsymbol{C}(\boldsymbol{AB})$,所以 $\boldsymbol{EB}=\boldsymbol{CE}$,即 $\boldsymbol{B}=\boldsymbol{C}$. 这就得到以下命题.

命题 4.4.1　数域 $\boldsymbol{F}$ 上每一个可逆矩阵有唯一的逆矩阵.

当 $\boldsymbol{A}$ 可逆时, 用 $\boldsymbol{A}^{-1}$ 来表示它的逆矩阵. 于是 $\boldsymbol{AA}^{-1}=\boldsymbol{E}$ 且 $\boldsymbol{A}^{-1}\boldsymbol{A}=\boldsymbol{E}$.

例 4.4.3 设 $\boldsymbol{E}_i(k)$ 是数域 $\boldsymbol{F}$ 上一个 n 阶倍法矩阵, 则

$$\boldsymbol{E}_i(k)\,\boldsymbol{E}_i(k^{-1})=\boldsymbol{E} \quad 且 \quad \boldsymbol{E}_i(k^{-1})\,\boldsymbol{E}_i(k)=\boldsymbol{E},$$

根据定义, 矩阵 $\boldsymbol{E}_i(k)$ 是可逆的, 并且 $\boldsymbol{E}_i(k^{-1})$ 是它的一个逆矩阵. 根据逆矩阵的唯一性, 我们有 $[\boldsymbol{E}_i(k)]^{-1}=\boldsymbol{E}_i(k^{-1})$. 类似地, 可以验证, 消法矩阵 $\boldsymbol{E}_{ij}(k)$ 与换法矩阵 $\boldsymbol{P}_{ij}$ 也是可逆的, 其逆矩阵为 $[\boldsymbol{E}_{ij}(k)]^{-1}=\boldsymbol{E}_{ij}(-k)$ 且 $\boldsymbol{P}_{ij}^{-1}=\boldsymbol{P}_{ij}$.

上例表明, 每一个初等矩阵都是可逆的, 其逆矩阵是同一种类型的初等矩阵. 特别地, 单位矩阵是可逆的, 其逆矩阵是它自身.

定理 4.4.2 设 $\boldsymbol{A},\boldsymbol{B}\in \boldsymbol{M}_n(\boldsymbol{F})$ 且 $k\in \boldsymbol{F}$. 如果 $\boldsymbol{A}$ 与 $\boldsymbol{B}$ 都是可逆的, 那么

(1) $\boldsymbol{A}$ 的逆矩阵 $\boldsymbol{A}^{-1}$ 是可逆的, 并且 $(\boldsymbol{A}^{-1})^{-1}=\boldsymbol{A}$;

(2) $\boldsymbol{A}$ 的转置矩阵 $\boldsymbol{A}'$ 是可逆的, 并且 $(\boldsymbol{A}')^{-1}=(\boldsymbol{A}^{-1})'$;

(3) 当 $k\neq 0$ 时, k 与 $\boldsymbol{A}$ 的数乘积 $k\boldsymbol{A}$ 是可逆的, 并且 $(k\boldsymbol{A})^{-1}=k^{-1}\boldsymbol{A}^{-1}$;

(4) $\boldsymbol{A}$ 与 $\boldsymbol{B}$ 的乘积也是可逆的, 并且适合**穿脱原理**, 即 $(\boldsymbol{A}\boldsymbol{B})^{-1}=\boldsymbol{B}^{-1}\boldsymbol{A}^{-1}$.

证明 已知 $\boldsymbol{A}$ 是可逆的, 那么 $\boldsymbol{A}^{-1}\boldsymbol{A}=\boldsymbol{E}$ 且 $\boldsymbol{A}\boldsymbol{A}^{-1}=\boldsymbol{E}$, 所以 $\boldsymbol{A}^{-1}$ 是可逆的, 并且 $\boldsymbol{A}$ 是它的一个逆矩阵. 根据逆矩阵的唯一性, 有 $(\boldsymbol{A}^{-1})^{-1}=\boldsymbol{A}$. 这就证明了 (1) 成立. 其次, 根据命题 4.1.7, 有 $\boldsymbol{A}'(\boldsymbol{A}^{-1})'=(\boldsymbol{A}^{-1}\boldsymbol{A})'=\boldsymbol{E}'=\boldsymbol{E}$. 类似地, 有 $(\boldsymbol{A}^{-1})'\boldsymbol{A}'=\boldsymbol{E}$, 所以 $\boldsymbol{A}'$ 是可逆的, 并且 $(\boldsymbol{A}')^{-1}=(\boldsymbol{A}^{-1})'$. 这就证明了 (2) 成立. 照样地, 可证 (3) 和 (4) 也成立. □

定理 4.4.2(1) 表明, 每一个可逆矩阵与它的逆矩阵是一对互逆的矩阵. 定理 4.4.2(4) 可以推广到一般情形, 即下列推论成立.

推论 4.4.3 设 $\boldsymbol{A}_1,\boldsymbol{A}_2,\cdots,\boldsymbol{A}_s$ 是数域 $\boldsymbol{F}$ 上 s 个同阶可逆矩阵, 则它们的乘积 $\boldsymbol{A}_1\boldsymbol{A}_2\cdots\boldsymbol{A}_s$ 也是可逆的, 并且 $(\boldsymbol{A}_1\boldsymbol{A}_2\cdots\boldsymbol{A}_s)^{-1}=\boldsymbol{A}_s^{-1}\cdots\boldsymbol{A}_2^{-1}\boldsymbol{A}_1^{-1}$. 特别地, 如果 $\boldsymbol{A}$ 是可逆的, 那么 $\boldsymbol{A}^s$ 也是可逆的, 并且 $(\boldsymbol{A}^s)^{-1}=(\boldsymbol{A}^{-1})^s$.

于是当 $\boldsymbol{A}$ 可逆时, 可以规定负整数指数幂: $\boldsymbol{A}^s\overset{\text{def}}{=}(\boldsymbol{A}^{-1})^{-s}$, 这里 s 是任意负整数. 这样, 当 $\boldsymbol{A}$ 可逆时, 对任意整数 s, 方幂 $\boldsymbol{A}^s$ 都有意义.

设 $\boldsymbol{A}\in \boldsymbol{M}_n(\boldsymbol{F})$. 如果 $|\boldsymbol{A}|\neq 0$, 那么称矩阵 $\boldsymbol{A}$ 为**非退化的**. 否则, 称它为**退化的**. 显然非退化矩阵等价于满秩矩阵, 并且 n 阶非退化矩阵的相抵标准形就是 n 阶单位矩阵 $\boldsymbol{E}_n$.

根据例 4.4.1, 数域 $\boldsymbol{F}$ 上每一个 n 阶退化矩阵 $\boldsymbol{A}$ 都不可逆. 换句话说, 若 $\boldsymbol{A}$ 是可逆的, 则它是非退化的. 反之, 若 $\boldsymbol{A}$ 是非退化的, 则它的相抵标准形为 $\boldsymbol{E}_n$. 根据推论 4.3.5, 存在 n 阶初等矩阵 $\boldsymbol{P}_1,\boldsymbol{P}_2,\cdots,\boldsymbol{P}_s$ 和 $\boldsymbol{Q}_1,\boldsymbol{Q}_2,\cdots,\boldsymbol{Q}_t$, 使得

$$\boldsymbol{A}=\boldsymbol{P}_s\cdots\boldsymbol{P}_2\boldsymbol{P}_1\boldsymbol{E}_n\boldsymbol{Q}_1\boldsymbol{Q}_2\cdots\boldsymbol{Q}_t. \tag{4.4.1}$$

已知初等矩阵是可逆的. 根据推论 4.4.3, 矩阵 $\boldsymbol{A}$ 也是可逆的. 这就得到以下定理.

定理 4.4.4 数域 $\boldsymbol{F}$ 上一个 n 阶方阵 $\boldsymbol{A}$ 是可逆的当且仅当它是非退化的, 或者等价地, 当且仅当它是满秩的.

可逆矩阵还有许多等价条件, 下面给出其中的几个.

定理 4.4.5 设 $\boldsymbol{A}$ 是数域 $\boldsymbol{F}$ 上一个 n 阶方阵, 则下列条件相互等价:

(1) $\boldsymbol{A}$ 是可逆的;

(2) 存在数域 $\boldsymbol{F}$ 上一个 n 阶方阵 $\boldsymbol{B}$, 使得 $\boldsymbol{AB}=\boldsymbol{E}$;

(3) $\boldsymbol{A}$ 相抵于 n 阶单位矩阵 $\boldsymbol{E}$;

(4) 线性方程组 $\boldsymbol{AX}=\boldsymbol{\beta}$ 有唯一解, 这里 $\boldsymbol{\beta}$ 是 $\boldsymbol{F}^n$ 中任意列向量;

(5) 齐次线性方程组 $\boldsymbol{AX}=\boldsymbol{0}$ 只有零解;

(6) $\boldsymbol{A}$ 的列向量组线性无关.

证明 (1) $\Rightarrow$ (2) 这可由可逆矩阵的定义直接推出.

(2) $\Rightarrow$ (3) 已知 $\boldsymbol{AB}=\boldsymbol{E}$, 那么 $|\boldsymbol{AB}|=|\boldsymbol{E}|$, 即 $|\boldsymbol{AB}|=1$. 根据行列式的乘法定理, 有 $|\boldsymbol{A}||\boldsymbol{B}|=1$, 从而有 $|\boldsymbol{A}|\neq 0$, 所以 $\boldsymbol{A}$ 是非退化的, 因此它的相抵标准形为 n 阶单位矩阵 $\boldsymbol{E}$. 根据定理 3.3.6, $\boldsymbol{A}$ 相抵于 $\boldsymbol{E}$.

(3) $\Rightarrow$ (4) 已知 $\boldsymbol{A}$ 相抵于 n 阶单位矩阵 $\boldsymbol{E}$. 根据定理 3.3.7, 它是满秩的, 所以 $|\boldsymbol{A}|\neq 0$. 根据克莱姆法则, 线性方程组 $\boldsymbol{AX}=\boldsymbol{\beta}$ 有唯一解.

(4) $\Rightarrow$ (5) 这是显然的, 因为 (5) 是 (4) 的特殊情形.

(5) $\Rightarrow$ (6) 设 $\boldsymbol{\beta}_1, \boldsymbol{\beta}_2, \cdots, \boldsymbol{\beta}_n$ 是 $\boldsymbol{A}$ 的列向量组, 则向量方程

$$\boldsymbol{\beta}_1 x_1+\boldsymbol{\beta}_2 x_2+\cdots+\boldsymbol{\beta}_n x_n=\boldsymbol{0}$$

就是齐次线性方程组 $\boldsymbol{AX}=\boldsymbol{0}$. 已知这个方程组只有零解, 那么上述向量方程只有零解, 所以向量组 $\boldsymbol{\beta}_1, \boldsymbol{\beta}_2, \cdots, \boldsymbol{\beta}_n$ 线性无关.

(6) $\Rightarrow$ (1) 已知 $\boldsymbol{A}$ 的列向量组线性无关, 那么上述向量方程只有零解, 即齐次线性方程组 $\boldsymbol{AX}=\boldsymbol{0}$ 只有零解. 根据推论 3.4.4(2), 有 $|\boldsymbol{A}|\neq 0$, 所以 $\boldsymbol{A}$ 是非退化的. 根据定理 4.4.4, 它是可逆的. □

根据上述定理, 如果 $\boldsymbol{A}$ 与 $\boldsymbol{B}$ 是两个方阵, 使得 $\boldsymbol{AB}=\boldsymbol{E}$, 那么 $\boldsymbol{B}=\boldsymbol{A}^{-1}$.

考察定理 4.4.4 的证明, 我们看到, 下列关系成立:

$$\boldsymbol{A}\text{ 是可逆的} \Rightarrow \boldsymbol{A}\text{ 是非退化的} \Rightarrow (4.4.1)\text{ 式成立} \Rightarrow \boldsymbol{A}\text{ 是可逆的}.$$

于是 $\boldsymbol{A}$ 是可逆的等价于 (4.4.1) 式成立. 这就得到可逆矩阵的又一个等价条件.

定理 4.4.6 数域 $\boldsymbol{F}$ 上一个 n 阶方阵 $\boldsymbol{A}$ 是可逆的当且仅当它可以分解成有限个 n 阶初等矩阵的乘积.

定理 4.4.6 沟通了可逆矩阵与初等矩阵之间的联系, 从而沟通了可逆矩阵与矩阵的初等变换之间的联系. 应用这个定理, 可以把定理 4.3.2 改写如下.

定理 4.4.7 数域 $\boldsymbol{F}$ 上两个 $m\times n$ 矩阵 $\boldsymbol{A}$ 与 $\boldsymbol{B}$ 是相抵的当且仅当存在一个 m 阶可逆矩阵 $\boldsymbol{P}$ 和一个 n 阶可逆矩阵 $\boldsymbol{Q}$, 使得 $\boldsymbol{B}=\boldsymbol{PAQ}$.

应用定理 4.4.6, 还可以把紧接在定理 4.3.2 后面的三个推论改写如下.

推论 4.4.8 设 A 与 B 是数域 F 上两个 $m\times n$ 矩阵, 则

(1) A, PA, AQ 与 PAQ 这四个矩阵有相同的秩, 这里 P 是一个 m 阶可逆矩阵, Q 是一个 n 阶可逆矩阵;

(2) A 与 B 有相同的秩当且仅当存在一个 m 阶可逆矩阵 P 和一个 n 阶可逆矩阵 Q, 使得 $B=PAQ$;

(3) A 的秩等于 r 当且仅当存在一个 m 阶可逆矩阵 P 和一个 n 阶可逆矩阵 Q, 使得 $A=PJ_rQ$, 这里 J_r 是 A 的相抵标准形.

现在, 让我们来考虑两个问题. 给定一个具体的 n 阶方阵 A, 怎样判断它是否可逆? 当 A 可逆时, 怎样求它的逆矩阵? 根据前面的讨论, 欲判断 A 的可逆性, 可以利用上述每一个等价条件. 特别地, 由于我们比较熟悉 A 的行列式和它的秩, 因此常用定理 4.4.4 来判断 A 的可逆性. 然而上述等价条件并没有直接告诉我们, 怎样求可逆矩阵的逆矩阵. 下面介绍求逆矩阵的一种方法.

设 A 是数域 F 上一个 n 阶可逆矩阵, 则它的逆矩阵 A^{-1} 也是可逆的. 根据定理 4.4.6, 存在有限个初等矩阵 $P_1, P_2, \cdots, P_s$, 使得 $A^{-1}=P_s\cdots P_2P_1$. 因为 $A^{-1}A=E$ 且 $A^{-1}E=A^{-1}$, 所以下列两个等式成立:

$$P_s\cdots P_2P_1A=E \quad 且 \quad P_s\cdots P_2P_1E=A^{-1}.$$

前一个等式表明, 可以经过连续作有限次行初等变换, 把 A 化成单位矩阵 E; 后一个等式表明, 同样的行初等变换可以把 E 化成 A^{-1}. 在实际计算中, 通常是把 A 与 E 并排在一起组成一个 $n\times 2n$ 矩阵 (A, E), 然后连续作行初等变换, 把其中的左半部分化成 E, 此时右半部分就化成 A^{-1}. 这个过程可以描述如下:

$$(A, E)\xrightarrow{\text{连续作行初等变换}}(E, A^{-1}).$$

这种求逆矩阵的方法称为**初等变换法**. 在计算过程中, 如果左半部分出现某一行元素全为零, 或者某两行对应元素成比例, 就可以断定 A 是不可逆的. 因此这种方法也可以用来判断 A 是否可逆.

例 4.4.4 判断下列矩阵是否可逆. 对于可逆的情形, 求出其逆矩阵.

(1) $A=\begin{pmatrix}1&2&3\\4&5&6\\7&8&9\end{pmatrix}$; (2) $A=\begin{pmatrix}5&2&3\\3&1&2\\4&2&1\end{pmatrix}$.

解 (1) 因为

$$(A, E)=\left(\begin{array}{ccc:ccc}1&2&3&1&0&0\\4&5&6&0&1&0\\7&8&9&0&0&1\end{array}\right)\xrightarrow[{[1(-1)+2]}]{[2(-1)+3]}\left(\begin{array}{ccc:ccc}1&2&3&1&0&0\\3&3&3&-1&1&0\\3&3&3&0&-1&1\end{array}\right),$$

又因为最后一个矩阵的左半部分有两行相同, 所以 $\boldsymbol{A}$ 是不可逆的.

(2) 因为

$$(\boldsymbol{A},\ \boldsymbol{E})=\left(\begin{array}{ccc:ccc}5&2&3&1&0&0\\3&1&2&0&1&0\\4&2&1&0&0&1\end{array}\right)\xrightarrow[{[2(-2)+3]}]{[3(-1)+1]}\left(\begin{array}{ccc:ccc}1&0&2&1&0&-1\\3&1&2&0&1&0\\-2&0&-3&0&-2&1\end{array}\right)$$

$$\xrightarrow[{[1(2)+3]}]{[1(-3)+2]}\left(\begin{array}{ccc:ccc}1&0&2&1&0&-1\\0&1&-4&-3&1&3\\0&0&1&2&-2&-1\end{array}\right)\xrightarrow[{[3(4)+2]}]{[3(-2)+1]}\left(\begin{array}{ccc:ccc}1&0&0&-3&4&1\\0&1&0&5&-7&-1\\0&0&1&2&-2&-1\end{array}\right),$$

所以 $\boldsymbol{A}$ 是可逆的, 其逆矩阵为 $\boldsymbol{A}^{-1}=\begin{pmatrix}-3&4&1\\5&-7&-1\\2&-2&-1\end{pmatrix}$.

上例中如果只需判断 $\boldsymbol{A}$ 是否可逆, 可以对 $\boldsymbol{A}$ 而不是对 $(\boldsymbol{A},\ \boldsymbol{E})$ 作相应的行初等变换. 求逆矩阵的计算量一般比较大, 难免出现差错, 最好检验一下计算结果, 即算一算原矩阵与所求逆矩阵的乘积是否等于单位矩阵.

上面介绍的是用行初等变换来求逆矩阵. 在实际计算中, 也可以用列初等变换. 事实上, 设 $\boldsymbol{A}^{-1}=\boldsymbol{P}_1\boldsymbol{P}_2\cdots\boldsymbol{P}_s$, 其中 $\boldsymbol{P}_1,\ \boldsymbol{P}_2,\ \cdots,\ \boldsymbol{P}_s$ 是某些初等矩阵, 则

$$\boldsymbol{A}\boldsymbol{P}_1\boldsymbol{P}_2\cdots\boldsymbol{P}_s=\boldsymbol{E}\quad 且\quad \boldsymbol{E}\boldsymbol{P}_1\boldsymbol{P}_2\cdots\boldsymbol{P}_s=\boldsymbol{A}^{-1}.$$

于是只要对 $\boldsymbol{A}$ 和 $\boldsymbol{E}$ 连续作同样的列初等变换, 当 $\boldsymbol{A}$ 化成 $\boldsymbol{E}$ 时, $\boldsymbol{E}$ 就化成 $\boldsymbol{A}^{-1}$. 按照这种方法, 计算过程可以描述如下:

$$\begin{pmatrix}\boldsymbol{A}\\\boldsymbol{E}\end{pmatrix}\xrightarrow{\text{连续作列初等变换}}\begin{pmatrix}\boldsymbol{E}\\\boldsymbol{A}^{-1}\end{pmatrix}.$$

设 $\boldsymbol{A}$ 是一个 n 阶可逆矩阵, $\boldsymbol{B}$ 是一个 $n\times m$ 矩阵. 仿照上面的做法, 还可以解形如 $\boldsymbol{AX}=\boldsymbol{B}$ 的矩阵方程. 事实上, 用 $\boldsymbol{A}^{-1}$ 去左乘方程两边, 得方程的解 $\boldsymbol{X}=\boldsymbol{A}^{-1}\boldsymbol{B}$. 令 $\boldsymbol{A}^{-1}=\boldsymbol{P}_s\cdots\boldsymbol{P}_2\boldsymbol{P}_1$, 其中 $\boldsymbol{P}_1,\ \boldsymbol{P}_2,\ \cdots,\ \boldsymbol{P}_s$ 是某些初等矩阵, 则 $\boldsymbol{P}_s\cdots\boldsymbol{P}_2\boldsymbol{P}_1\boldsymbol{A}=\boldsymbol{E}$ 且 $\boldsymbol{P}_s\cdots\boldsymbol{P}_2\boldsymbol{P}_1\boldsymbol{B}=\boldsymbol{A}^{-1}\boldsymbol{B}$. 这表明, 对 $\boldsymbol{A}$ 和 $\boldsymbol{B}$ 连续作同样的行初等变换, 当 $\boldsymbol{A}$ 化成 $\boldsymbol{E}$ 时, $\boldsymbol{B}$ 就化成 $\boldsymbol{A}^{-1}\boldsymbol{B}$. 于是求解过程可以描述如下:

$$(\boldsymbol{A},\ \boldsymbol{B})\xrightarrow{\text{连续作行初等变换}}(\boldsymbol{E},\ \boldsymbol{A}^{-1}\boldsymbol{B}).$$

当 $\boldsymbol{B}$ 的列数为 1 时, $\boldsymbol{AX}=\boldsymbol{B}$ 是一个线性方程组, 所以这种求 $\boldsymbol{A}^{-1}\boldsymbol{B}$ 的方法是消元法的推广.

对于形如 $\boldsymbol{XA}=\boldsymbol{B}$ 的矩阵方程, 当 $\boldsymbol{A}$ 可逆时, 我们只能用 $\boldsymbol{A}^{-1}$ 去右乘方程两边, 从而得到方程的解 $\boldsymbol{X}=\boldsymbol{BA}^{-1}$. 此时, 设 $\boldsymbol{A}^{-1}=\boldsymbol{P}_1\boldsymbol{P}_2\cdots\boldsymbol{P}_s$, 其中 $\boldsymbol{P}_1,\ \boldsymbol{P}_2,\ \cdots,\ \boldsymbol{P}_s$ 是某些初等矩阵, 则 $\boldsymbol{A}\boldsymbol{P}_1\boldsymbol{P}_2\cdots\boldsymbol{P}_s=\boldsymbol{E}$ 且 $\boldsymbol{B}\boldsymbol{P}_1\boldsymbol{P}_2\cdots\boldsymbol{P}_s=\boldsymbol{BA}^{-1}$. 这表明, 对 $\boldsymbol{A}$ 和 $\boldsymbol{B}$ 连续作同样的列初等变换, 当 $\boldsymbol{A}$ 化成 $\boldsymbol{E}$ 时, $\boldsymbol{B}$ 就化成 $\boldsymbol{BA}^{-1}$, 因此可以按下面描述的过程去计算 $\boldsymbol{BA}^{-1}$:

$$\begin{pmatrix}\boldsymbol{A}\\\boldsymbol{B}\end{pmatrix}\xrightarrow{\text{连续作列初等变换}}\begin{pmatrix}\boldsymbol{E}\\\boldsymbol{BA}^{-1}\end{pmatrix}.$$

例 4.4.5 解矩阵方程 $\boldsymbol{XA}=\boldsymbol{B}$, 其中

$$A = \begin{pmatrix} 1 & 0 & 1 \\ 5 & 2 & 3 \\ 3 & -2 & -1 \end{pmatrix} \text{ 且 } B = \begin{pmatrix} 1 & 2 & 3 \\ 3 & 2 & 1 \end{pmatrix}.$$

解 因为

$$\begin{pmatrix} A \\ B \end{pmatrix} = \begin{pmatrix} 1 & 0 & 1 \\ 5 & 2 & 3 \\ 3 & -2 & -1 \\ \hdashline 1 & 2 & 3 \\ 3 & 2 & 1 \end{pmatrix} \xrightarrow[\{2(\frac{1}{2})\}]{\substack{\{1(-1)+3\} \\ \{2(1)+3\}}} \begin{pmatrix} 1 & 0 & 0 \\ 5 & 1 & 0 \\ 3 & -1 & -6 \\ \hdashline 1 & 1 & 4 \\ 3 & 1 & 0 \end{pmatrix} \xrightarrow[\substack{\{3(-\frac{1}{6})+2\} \\ \{3(-\frac{1}{6})\}}]{\substack{\{2(-5)+1\} \\ \{3(\frac{4}{3})+1\}}} \begin{pmatrix} 1 & 0 & 0 \\ 0 & 1 & 0 \\ 0 & 0 & 1 \\ \hdashline \frac{4}{3} & \frac{1}{3} & -\frac{2}{3} \\ -2 & 1 & 0 \end{pmatrix},$$

所以矩阵方程 $XA = B$ 的解为 $X = \begin{pmatrix} \frac{4}{3} & \frac{1}{3} & -\frac{2}{3} \\ -2 & 1 & 0 \end{pmatrix}$.

我们知道, 除消元法外, 还可以用公式法来解线性方程组. 对于求逆矩阵, 也有类似的情况. 回顾一下, 如果 $A = (a_{ij})$ 是数域 F 上一个 n 阶方阵 $(n \geqslant 2)$, 并且 A_{ij} 是行列式 $|A|$ 的元素 a_{ij} 的代数余子式, 那么由定理 2.4.5, 有

$$a_{i1}A_{j1} + a_{i2}A_{j2} + \cdots + a_{in}A_{jn} = \delta_{ij}|A|, \quad i, j = 1, 2, \cdots, n.$$

于是
$$\begin{pmatrix} a_{11} & a_{12} & \cdots & a_{1n} \\ a_{21} & a_{22} & \cdots & a_{2n} \\ \vdots & \vdots & & \vdots \\ a_{n1} & a_{n2} & \cdots & a_{nn} \end{pmatrix} \begin{pmatrix} A_{11} & A_{21} & \cdots & A_{n1} \\ A_{12} & A_{22} & \cdots & A_{n2} \\ \vdots & \vdots & & \vdots \\ A_{1n} & A_{2n} & \cdots & A_{nn} \end{pmatrix} = \begin{pmatrix} |A| & & & \\ & |A| & & \\ & & \ddots & \\ & & & |A| \end{pmatrix},$$

或者简记为 $AA^* = |A|\,E$, 这里 A^* 是上式中间一个矩阵, 称为 A 的**伴随矩阵**. 类似地, 可以验证, $A^*A = |A|\,E$. 这就得到以下命题.

命题 4.4.9 设 $A \in M_n(F)$, 其中 $n \geqslant 2$. 令 A^* 是 A 的伴随矩阵, 则下列公式成立:

$$AA^* = |A|\,E \quad 且 \quad A^*A = |A|\,E.$$

考察伴随矩阵 A^*, 它的元素的第 2 个下标代表行标, 第 1 个下标代表列标, 因而它的第 i 行第 j 列元素是 A_{ji}. 这样, A^* 可以简写成 (A_{ji}). 由于这个原因, 有人也称 A^* 为 A 的**转置伴随矩阵**.

现在, 当 A 可逆时, 根据定理 4.4.4, 有 $|A| \neq 0$. 于是用 $|A|^{-1}A^{-1}$ 去左乘公式 $AA^* = |A|\,E$ 两边, 得 $|A|^{-1}A^* = A^{-1}$. 我们已经证明了下一个定理.

定理 4.4.10 设 A 是数域 F 上一个 n 阶方阵 $(n \geqslant 2)$. 如果 A 是可逆的, 那么它的逆矩阵为 $A^{-1} = |A|^{-1}A^*$, 这里 A^* 是 A 的伴随矩阵.

利用公式 $A^{-1} = |A|^{-1}A^*$, 可以给出求逆矩阵的另一种方法, 称为**公式法**.

例 4.4.6 假设 $A = \begin{pmatrix} a & b \\ c & d \end{pmatrix}$, 那么 $A^* = \begin{pmatrix} d & -b \\ -c & a \end{pmatrix}$. 如果 A 是可逆的, 根据定理 4.4.4, 有 $|A| \neq 0$, 即 $ad - bc \neq 0$, 所以 $A^{-1} = \dfrac{1}{ad-bc}\begin{pmatrix} d & -b \\ -c & a \end{pmatrix}$.

利用上例中的公式, 可以很方便地写出 2 阶可逆矩阵的逆矩阵.

例 4.4.7 设 ω 是一个 3 次单位根 (即 $\omega^3=1$), 并设 $\omega\neq 1$. 令 $\boldsymbol{A}$ 是右边的矩阵, 则 $|\boldsymbol{A}|=3\omega^2-3\omega\neq 0$, 所以 $|\boldsymbol{A}|^{-1}=\dfrac{\omega^2}{3(\omega-1)}$. 其次, 根据定理 4.4.4, $\boldsymbol{A}$ 是可逆的. 经计算, 得

$$\begin{pmatrix}1&1&1\\1&\omega&\omega^2\\1&\omega^2&\omega\end{pmatrix}$$

$$A_{11}=A_{12}=A_{13}=\omega^2-\omega,\quad A_{22}=\omega-1,\quad A_{23}=1-\omega^2,\quad A_{33}=\omega-1.$$

注意到 $\boldsymbol{A}$ 是对称的, 根据公式 $\boldsymbol{A}^{-1}=|\boldsymbol{A}|^{-1}\boldsymbol{A}^*$, 有

$$\boldsymbol{A}^{-1}=\frac{\omega^2}{3(\omega-1)}\begin{pmatrix}\omega^2-\omega&\omega^2-\omega&\omega^2-\omega\\\omega^2-\omega&\omega-1&1-\omega^2\\\omega^2-\omega&1-\omega^2&\omega-1\end{pmatrix},\ \text{即}\ \boldsymbol{A}^{-1}=\frac{1}{3}\begin{pmatrix}1&1&1\\1&\omega^2&\omega\\1&\omega&\omega^2\end{pmatrix}.$$

值得一提的是, 对于阶数大于 3 的可逆矩阵, 用公式法求它的逆矩阵, 计算量一般比较大, 因此通常采用初等变换法. 与克莱姆法则类似, 定理 4.4.10 的意义主要在于理论方面.

在结束这一节之前, 我们给出两点说明. 已知矩阵的乘法不满足交换律, 并且有零因子. 由于这些原因, 我们不去考虑矩阵的除法运算. 这就是说, 当 $\boldsymbol{A}$ 不是 1 阶方阵时, $\dfrac{\boldsymbol{B}}{\boldsymbol{A}}$ 或 $\boldsymbol{B}\div\boldsymbol{A}$ 之类的符号都没有定义. 其次, 对于数环 $\boldsymbol{R}$ 上的方阵, 上面的有些结论不成立. 例如, 在整数环上, 定理 4.4.4 的充分性不成立 (请读者自己举一个反例).

习题 4.4

1. 设 $\boldsymbol{A}$ 是数域 $\boldsymbol{F}$ 上一个可逆矩阵. 证明: $|\boldsymbol{A}^{-1}|=|\boldsymbol{A}|^{-1}$.
2. 设 $\boldsymbol{A}$ 与 $\boldsymbol{B}$ 是数域 $\boldsymbol{F}$ 上两个同阶可逆矩阵. 证明下列条件等价:
   (1) $\boldsymbol{AB}=\boldsymbol{BA}$; (2) $\boldsymbol{AB}^{-1}=\boldsymbol{B}^{-1}\boldsymbol{A}$; (3) $\boldsymbol{A}^{-1}\boldsymbol{B}=\boldsymbol{BA}^{-1}$; (4) $\boldsymbol{A}^{-1}\boldsymbol{B}^{-1}=\boldsymbol{B}^{-1}\boldsymbol{A}^{-1}$.
3. 设 $\boldsymbol{A},\boldsymbol{B}\in\boldsymbol{M}_n(\boldsymbol{F})$. 证明: $\boldsymbol{AB}$ 是不可逆的当且仅当 $\boldsymbol{A}$ 与 $\boldsymbol{B}$ 至少有一个是不可逆的.
4. 设 $\boldsymbol{A}\in\boldsymbol{M}_n(\boldsymbol{F})$. 证明下列条件等价: (1) $\boldsymbol{A}$ 是可逆的; (2) 线性方程组 $\boldsymbol{A}'\boldsymbol{X}=\boldsymbol{\beta}$ 有唯一解; (3) 齐次线性方程组 $\boldsymbol{A}'\boldsymbol{X}=\boldsymbol{0}$ 只有零解; (4) $\boldsymbol{A}$ 的行向量组线性无关.
5. 设 $\boldsymbol{A}\in\boldsymbol{M}_n(\boldsymbol{F})$, 则 $\boldsymbol{A}$ 是可逆的当且仅当对数域 $\boldsymbol{F}$ 上任意矩阵 $\boldsymbol{B}$ 与 $\boldsymbol{C}$, 只要 $\boldsymbol{AB}=\boldsymbol{AC}$, 就有 $\boldsymbol{B}=\boldsymbol{C}$, 或者当且仅当只要 $\boldsymbol{A}$ 与 $\boldsymbol{B}$ 可乘, 就有 $\operatorname{rank}(\boldsymbol{AB})=\operatorname{rank}(\boldsymbol{B})$.
6. 求矩阵 $\boldsymbol{A}$ 的逆矩阵, 这里

   (1) $\boldsymbol{A}=\begin{pmatrix}1&2\\3&4\end{pmatrix}$; (2) $\boldsymbol{A}=\begin{pmatrix}a&-b\\b&a\end{pmatrix}$, 其中 a 与 b 是不全为零的实数;

   (3) $\boldsymbol{A}=\begin{pmatrix}1&2&0\\1&1&2\\2&3&4\end{pmatrix}$; (4) $\boldsymbol{A}=\begin{pmatrix}1&2&4\\2&1&3\\3&-2&-5\end{pmatrix}$;

   (5) $\boldsymbol{A}=\begin{pmatrix}0&0&0&1\\0&0&1&2\\0&1&2&3\\1&2&3&4\end{pmatrix}$; (6) $\boldsymbol{A}=\begin{pmatrix}1&1&1&1\\1&-1&1&-1\\1&1&-1&-1\\1&-1&-1&1\end{pmatrix}$.

7. 解矩阵方程 $AX = B$ 与 $XA = C$, 这里

$$A = \begin{pmatrix} 1 & -2 & 0 \\ 2 & 3 & -1 \\ 3 & 1 & 4 \end{pmatrix},\ B = \begin{pmatrix} 1 & -2 \\ 3 & 1 \\ 0 & -1 \end{pmatrix}\ \text{且}\ C = \begin{pmatrix} 1 & 0 & 2 \\ 2 & -1 & 3 \end{pmatrix}.$$

8. 设 $A \in M_n(F)$ 且 $f(x) \in F[x]$, 其中 $f(x)$ 的常数项不为零. 证明: 如果 $f(A) = O$, 那么 A 是可逆的, 并且 A^{-1} 可以表示成关于 A 的一个矩阵多项式.

9. 设 A 是数域 F 上一个幂零矩阵. 证明: $E - A$ 是可逆的, 并且 $(E - A)^{-1}$ 可以表示成关于 A 的一个矩阵多项式.

10. 设 A 与 B 是数域 F 上两个 n 阶方阵, 使得 $A + B = AB$. 证明:

(1) $\text{rank}(A) = \text{rank}(B)$; (2) $A - E$ 是可逆的, 并且 $(A - E)^{-1} = B - E$.

11. 证明: (1) 可逆的幂等矩阵只能是单位矩阵;(2) 幂幺矩阵必可逆; (3) 可逆的对称矩阵 (反对称矩阵), 其逆矩阵也是对称矩阵 (反对称矩阵).

*12. 设 A 是数域 F 上一个 n 阶可逆矩阵. 证明: 如果 A 是下三角矩阵, 那么 A^{-1} 也是下三角矩阵, 并且 A^{-1} 的主对角线上第 i 个元素为 a_{ii}^{-1}, 这里 a_{ii} 是 A 的主对角线上第 i 个元素 $(i = 1, 2, \cdots, n)$.

*13. 设 $A \in M_n(F)$, 其中 $n > 1$. 令 A^* 是 A 的伴随矩阵. 证明: (1) $(A^*)' = (A')^*$;

(2) 如果 A 是可逆的, 那么 A^* 也是可逆的, 并且 $(A^*)^{-1} = (A^{-1})^*$;

(3) $\text{rank}(A^*) = \begin{cases} n, & \text{当 } \text{rank}(A) = n \text{ 时}, \\ 1, & \text{当 } \text{rank}(A) = n - 1 \text{ 时}, \\ 0, & \text{当 } \text{rank}(A) < n - 1 \text{ 时}; \end{cases}$

(4) $|A^*| = |A|^{n-1}$.

*14. (1) 举例说明, 在整数环上, 非退化矩阵未必是可逆的.

(2) 证明: 在整数环上, 一个方阵 A 是可逆的当且仅当 $|A| = \pm 1$.

4.5 分块矩阵

本节将介绍分块矩阵的概念及其基本运算, 并介绍几种特殊类型的分块矩阵. 同时还将给出较多例子, 以便读者了解矩阵分块的技巧.

把矩阵分成一些小块的想法是自然的, 我们在前面曾经这样做了. 例如, 设 $A \in M_{mn}(F)$. 令 $\beta_1, \beta_2, \cdots, \beta_n$ 是 A 的列向量组, 则

$$A = (\beta_1, \beta_2, \cdots, \beta_n). \tag{4.5.1}$$

这就是把 A 按列进行分块. 在后面的章节中, 我们将经常采用一些技巧, 把一个矩阵分成若干个小块, 以便分析和解决问题.

给定一个矩阵 A, 如果在它的某些行之间从左到右画若干条横线, 我们就说对 A 作了一种**行分法**. 类似地, 可以在 A 的某些列之间从上到下画一些竖线, 得到一种**列分法**. 有时还可能对 A 同时作一种行分法和一种列分法. 我们把对 A 只作一种行分法, 或者只作一种列

分法, 或者同时作一种行分法和一种列分法, 统称为对 $\boldsymbol{A}$ 作一种**分法**, 并把其中的每一个小矩阵称为一个**子块**. 按某种分法分成若干个子块的矩阵称为**分块矩阵**.

例如, 当 $\boldsymbol{A}$ 的型为 3×4 时, 按下面的分法, 可以得到一个分块矩阵, 它是由右下方的四个小矩阵组成的.

$$\boldsymbol{A}=\left(\begin{array}{cc|cc} a_{11} & a_{12} & a_{13} & a_{14} \\ \hline a_{21} & a_{22} & a_{23} & a_{24} \\ a_{31} & a_{32} & a_{33} & a_{34} \end{array}\right) \qquad \begin{array}{ll} \boldsymbol{A}_{11}=(a_{11},\ a_{12}) & \boldsymbol{A}_{12}=(a_{13},\ a_{14}) \\ \boldsymbol{A}_{21}=\begin{pmatrix} a_{21} & a_{22} \\ a_{31} & a_{32} \end{pmatrix} & \boldsymbol{A}_{22}=\begin{pmatrix} a_{23} & a_{24} \\ a_{33} & a_{34} \end{pmatrix} \end{array}$$

于是可以把这个分块矩阵简写成 $\begin{pmatrix} \boldsymbol{A}_{11} & \boldsymbol{A}_{12} \\ \boldsymbol{A}_{21} & \boldsymbol{A}_{22} \end{pmatrix}$.

由子块组成的行 (列) 称为**块行** (**块列**). 例如, 上述分块矩阵有两个块行两个块列. 注意, 可以对同一个矩阵作不同分法, 从而得到不同的分块矩阵. 例如, 可以对上述矩阵作如下两种分法, 从而得到另外两个分块矩阵:

$$\left(\begin{array}{cccc} a_{11} & a_{12} & a_{13} & a_{14} \\ a_{21} & a_{22} & a_{23} & a_{24} \\ \hline a_{31} & a_{32} & a_{33} & a_{34} \end{array}\right) \quad 且 \quad \left(\begin{array}{cc|c|c} a_{11} & a_{12} & a_{13} & a_{14} \\ a_{21} & a_{22} & a_{23} & a_{24} \\ \hline a_{31} & a_{32} & a_{33} & a_{34} \end{array}\right).$$

特别地, 矩阵 $\boldsymbol{A}$ 自身可以看作一个块行一个块列的分块矩阵.

对一个矩阵按某种分法所得的分块矩阵可以简记为下方的形式, 其中右边的 m_i 表示第 i 个块行中每一个子块的行数 $(i=1,2,\cdots,p)$, 上方的 n_j 表示第 j 个块列中每一个子块的列数 $(j=1,2,\cdots,q)$. 在一般情况下, $m_1, m_2, \cdots, m_p$ 和 $n_1, n_2, \cdots, n_q$ 都不写出来.

$$\begin{array}{c} \begin{array}{cccc} n_1 & n_2 & \cdots & n_q \end{array} \\ \begin{pmatrix} \boldsymbol{A}_{11} & \boldsymbol{A}_{12} & \cdots & \boldsymbol{A}_{1q} \\ \boldsymbol{A}_{21} & \boldsymbol{A}_{22} & \cdots & \boldsymbol{A}_{2q} \\ \vdots & \vdots & & \vdots \\ \boldsymbol{A}_{p1} & \boldsymbol{A}_{p2} & \cdots & \boldsymbol{A}_{pq} \end{pmatrix} \end{array} \begin{array}{c} \\ m_1 \\ m_2 \\ \vdots \\ m_p \end{array}$$

至于采取什么样的分法对矩阵进行分块, 那是一个难点, 需要一定的技巧. 一般地说, 一方面要考虑所给矩阵的特点, 另一方面要考虑与所讨论问题的联系. 例如, 我们曾经在 4.2 节中介绍过, 用一个 n 阶对角矩阵去右乘一个 $m\times n$ 矩阵 $\boldsymbol{A}$, 可以考虑像 (4.5.1) 式那样, 对 $\boldsymbol{A}$ 按列分块, 从而得到

$$\boldsymbol{A}\,\mathrm{diag}\,\{d_1,\ d_2,\ \cdots,\ d_n\}=(d_1\boldsymbol{\beta}_1,\ d_2\boldsymbol{\beta}_2,\ \cdots,\ d_n\boldsymbol{\beta}_n).$$

如果用一个 m 阶对角矩阵去左乘 $\boldsymbol{A}$,就要考虑对 $\boldsymbol{A}$ 按行分块了. 因此在后面的学习中, 要注意观察和思考, 以便掌握矩阵分块的规律.

下面考虑分块矩阵的加法、减法、数乘、乘法和转置运算. 在未给矩阵分块之前, 我们已经定义了矩阵的上述五种运算. 现在要考虑的这些运算, 当然必须与原来的运算相适应, 因此它们本质上还是原来的运算.

首先考虑分块矩阵的**加法运算**. 仿照矩阵的加法运算规则, 我们规定, 分块矩阵的加法运算规则是对应子块相加. 于是两个分块矩阵相加, 首先必须要求这两个矩阵本身是同型的. 为了保证它们的对应子块 (小矩阵) 能够相加, 还必须要求对应子块也是同型的, 因此这两个矩阵必须具有相同分法. 现在, 设 $\boldsymbol{A}, \boldsymbol{B}\in \boldsymbol{M}_{mn}(\boldsymbol{F})$, 并设对 $\boldsymbol{A}$ 与 $\boldsymbol{B}$ 作同一种分法所得的两

个分块矩阵为

$$\boldsymbol{A}=\begin{pmatrix}\boldsymbol{A}_{11} & \boldsymbol{A}_{12} & \cdots & \boldsymbol{A}_{1q}\\ \boldsymbol{A}_{21} & \boldsymbol{A}_{22} & \cdots & \boldsymbol{A}_{2q}\\ \vdots & \vdots & & \vdots\\ \boldsymbol{A}_{p1} & \boldsymbol{A}_{p2} & \cdots & \boldsymbol{A}_{pq}\end{pmatrix} \text{ 且 } \boldsymbol{B}=\begin{pmatrix}\boldsymbol{B}_{11} & \boldsymbol{B}_{12} & \cdots & \boldsymbol{B}_{1q}\\ \boldsymbol{B}_{21} & \boldsymbol{B}_{22} & \cdots & \boldsymbol{B}_{2q}\\ \vdots & \vdots & & \vdots\\ \boldsymbol{B}_{p1} & \boldsymbol{B}_{p2} & \cdots & \boldsymbol{B}_{pq}\end{pmatrix},$$

则分块矩阵 $\boldsymbol{A}$ 与 $\boldsymbol{B}$ 可加, 其和 $\boldsymbol{A}+\boldsymbol{B}$ 是下面第一个分块矩阵. 类似地, 可以规定分块矩阵的**减法运算**. 其次, 仿照数乘运算规则, 我们规定, 数 k 与分块矩阵 $\boldsymbol{A}$ 的**数乘运算**, 其运算规则是, 用 k 去乘 $\boldsymbol{A}$ 的每一个子块. 于是 k 与 $\boldsymbol{A}$ 的**数乘积** $k\boldsymbol{A}$ 是下面第二个分块矩阵.

$$\begin{pmatrix}\boldsymbol{A}_{11}+\boldsymbol{B}_{11} & \boldsymbol{A}_{12}+\boldsymbol{B}_{12} & \cdots & \boldsymbol{A}_{1q}+\boldsymbol{B}_{1q}\\ \boldsymbol{A}_{21}+\boldsymbol{B}_{21} & \boldsymbol{A}_{22}+\boldsymbol{B}_{22} & \cdots & \boldsymbol{A}_{2q}+\boldsymbol{B}_{2q}\\ \vdots & \vdots & & \vdots\\ \boldsymbol{A}_{p1}+\boldsymbol{B}_{p1} & \boldsymbol{A}_{p2}+\boldsymbol{B}_{p2} & \cdots & \boldsymbol{A}_{pq}+\boldsymbol{B}_{pq}\end{pmatrix}\quad \begin{pmatrix}k\boldsymbol{A}_{11} & k\boldsymbol{A}_{12} & \cdots & k\boldsymbol{A}_{1q}\\ k\boldsymbol{A}_{21} & k\boldsymbol{A}_{22} & \cdots & k\boldsymbol{A}_{2q}\\ \vdots & \vdots & & \vdots\\ k\boldsymbol{A}_{p1} & k\boldsymbol{A}_{p2} & \cdots & k\boldsymbol{A}_{pq}\end{pmatrix}$$

不难验证, 分块矩阵的上述三种运算与它们在未分块之前的相应运算是一致的, 即运算结果是相同的.

例 4.5.1 计算 $2\boldsymbol{A}-\boldsymbol{B}$, 这里 $\boldsymbol{A}$ 与 $\boldsymbol{B}$ 分别是下列分块矩阵:

$$\boldsymbol{A}=\left(\begin{array}{cc:c}1 & 0 & 2\\ 0 & 1 & -1\\ \hdashline 2 & 3 & 0\end{array}\right) \text{ 且 } \boldsymbol{B}=\left(\begin{array}{cc:c}0 & 0 & 3\\ 0 & 0 & -2\\ \hdashline 0 & 3 & 0\end{array}\right).$$

解 显然这两个分块矩阵具有相同分法, 因而分块矩阵的减法可以施行. 令

$$\boldsymbol{A}_{12}=\begin{pmatrix}2\\-1\end{pmatrix},\quad \boldsymbol{A}_{21}=(2,3),\quad \boldsymbol{B}_{12}=\begin{pmatrix}3\\-2\end{pmatrix},\quad \boldsymbol{B}_{21}=(0,3),$$

则 $\boldsymbol{A}=\begin{pmatrix}\boldsymbol{E} & \boldsymbol{A}_{12}\\ \boldsymbol{A}_{21} & 0\end{pmatrix}$, 且 $\boldsymbol{B}=\begin{pmatrix}\boldsymbol{0} & \boldsymbol{B}_{12}\\ \boldsymbol{B}_{21} & 0\end{pmatrix}$. 又 $2\boldsymbol{A}_{12}-\boldsymbol{B}_{12}=\begin{pmatrix}1\\0\end{pmatrix}$ 且 $2\boldsymbol{A}_{21}-\boldsymbol{B}_{21}=(4,3)$, 所以

$$2\boldsymbol{A}-\boldsymbol{B}=\begin{pmatrix}2\boldsymbol{E} & 2\boldsymbol{A}_{12}-\boldsymbol{B}_{12}\\ 2\boldsymbol{A}_{21}-\boldsymbol{B}_{21} & 0\end{pmatrix}=\left(\begin{array}{cc:c}2 & 0 & 1\\ 0 & 2 & 0\\ \hdashline 4 & 3 & 0\end{array}\right).$$

下面考虑分块矩阵的**乘法运算**. 仿照矩阵的乘法运算规则, 我们规定, 分块矩阵的乘法运算规则是块行乘块列法则. 于是用一个分块矩阵 $\boldsymbol{A}$ 去左乘另一个分块矩阵 $\boldsymbol{B}$, 首先必须要求左矩阵 $\boldsymbol{A}$ 的列数等于右矩阵 $\boldsymbol{B}$ 的行数. 为了保证块行乘块列法则能够实施, 必须要求 $\boldsymbol{A}$ 的块列数等于 $\boldsymbol{B}$ 的块行数. 不仅如此, 还必须要求 $\boldsymbol{A}$ 的每一个块列中子块的列数等于 $\boldsymbol{B}$ 的对应块行中子块的行数. 这就是说, 必须要求 $\boldsymbol{A}$ 的列分法与 $\boldsymbol{B}$ 的行分法是相同的. 现在, 设

$$\boldsymbol{A}=\begin{array}{c}\begin{matrix}n_1 & n_2 & \cdots & n_q\end{matrix}\\ \begin{pmatrix}\boldsymbol{A}_{11} & \boldsymbol{A}_{12} & \cdots & \boldsymbol{A}_{1q}\\ \boldsymbol{A}_{21} & \boldsymbol{A}_{22} & \cdots & \boldsymbol{A}_{2q}\\ \vdots & \vdots & & \vdots\\ \boldsymbol{A}_{p1} & \boldsymbol{A}_{p2} & \cdots & \boldsymbol{A}_{pq}\end{pmatrix}\end{array}\begin{matrix}m_1\\m_2\\ \vdots\\ m_p\end{matrix}\qquad \boldsymbol{B}=\begin{array}{c}\begin{matrix}s_1 & s_2 & \cdots & s_r\end{matrix}\\ \begin{pmatrix}\boldsymbol{B}_{11} & \boldsymbol{B}_{12} & \cdots & \boldsymbol{B}_{1r}\\ \boldsymbol{B}_{21} & \boldsymbol{B}_{22} & \cdots & \boldsymbol{B}_{2r}\\ \vdots & \vdots & & \vdots\\ \boldsymbol{B}_{q1} & \boldsymbol{B}_{q2} & \cdots & \boldsymbol{B}_{qr}\end{pmatrix}\end{array}\begin{matrix}n_1\\n_2\\ \vdots\\ n_q\end{matrix}$$

由于 $\boldsymbol{A}$ 的列分法与 $\boldsymbol{B}$ 的行分法相同, 分块矩阵 $\boldsymbol{A}$ 与 $\boldsymbol{B}$ 可乘, 其**乘积** $\boldsymbol{AB}$ 为右边的分块矩阵, 其中

$$\begin{array}{c} \begin{matrix} s_1 & s_2 & \cdots & s_r \end{matrix} \\ \begin{pmatrix} \boldsymbol{C}_{11} & \boldsymbol{C}_{12} & \cdots & \boldsymbol{C}_{1r} \\ \boldsymbol{C}_{21} & \boldsymbol{C}_{22} & \cdots & \boldsymbol{C}_{2r} \\ \vdots & \vdots & & \vdots \\ \boldsymbol{C}_{p1} & \boldsymbol{C}_{p2} & \cdots & \boldsymbol{C}_{pr} \end{pmatrix} \begin{matrix} m_1 \\ m_2 \\ \vdots \\ m_p \end{matrix} \end{array}$$

$$\boldsymbol{C}_{ij} = \boldsymbol{A}_{i1}\boldsymbol{B}_{1j} + \boldsymbol{A}_{i2}\boldsymbol{B}_{2j} + \cdots + \boldsymbol{A}_{iq}\boldsymbol{B}_{qj}$$

$(i = 1, 2, \cdots, p;\quad j = 1, 2, \cdots, r)$. 注意, 上式中乘积 $\boldsymbol{A}_{ik}\boldsymbol{B}_{kj}$ 的因子次序不能颠倒 $(k = 1, 2, \cdots, q)$.

可以验证, 上述分块矩阵的乘积与它们在未分块之前的乘积是一致的.

例 4.5.2 设 $\boldsymbol{A} = \begin{pmatrix} 3 & \boldsymbol{0} \\ \boldsymbol{0} & \boldsymbol{A}_2 \end{pmatrix}$ 且 $\boldsymbol{B} = \begin{pmatrix} 0 & \boldsymbol{B}_1 \\ \boldsymbol{B}_2 & \boldsymbol{E} \end{pmatrix}$, 其中 $\boldsymbol{A}_2 = \begin{pmatrix} 2 & 3 \\ 1 & 2 \end{pmatrix}$, $\boldsymbol{B}_1 = (2, 3)$, $\boldsymbol{B}_2 = \begin{pmatrix} 3 \\ 1 \end{pmatrix}$.

显然 $\boldsymbol{A}$ 的列分法与 $\boldsymbol{B}$ 的行分法是相同的, 因而分块矩阵的乘法可以施行, 并且

$$\boldsymbol{AB} = \begin{pmatrix} 0 & 3\boldsymbol{B}_1 \\ \boldsymbol{A}_2\boldsymbol{B}_2 & \boldsymbol{A}_2 \end{pmatrix}.$$

又 $3\boldsymbol{B}_1 = (6, 9)$ 且 $\boldsymbol{A}_2\boldsymbol{B}_2 = \begin{pmatrix} 9 \\ 5 \end{pmatrix}$, 因此 $\boldsymbol{AB} = \left(\begin{array}{c:cc} 0 & 6 & 9 \\ \hdashline 9 & 2 & 3 \\ 5 & 1 & 2 \end{array}\right)$.

设 $\boldsymbol{A} \in \boldsymbol{M}_{mn}(\boldsymbol{F})$ 且 $\boldsymbol{B} \in \boldsymbol{M}_{ns}(\boldsymbol{F})$. 令 $\boldsymbol{\eta}_1, \boldsymbol{\eta}_2, \cdots, \boldsymbol{\eta}_s$ 是矩阵 $\boldsymbol{B}$ 的列向量组, 则 $\boldsymbol{AB} = \boldsymbol{A}(\boldsymbol{\eta}_1, \boldsymbol{\eta}_2, \cdots, \boldsymbol{\eta}_s)$. 显然, 作为分块矩阵, $\boldsymbol{A}$ 的列分法与 $\boldsymbol{B}$ 的行分法相同, 因而分块矩阵的乘法可以施行. 于是 $\boldsymbol{AB} = (\boldsymbol{A\eta}_1, \boldsymbol{A\eta}_2, \cdots, \boldsymbol{A\eta}_s)$. 现在, 容易看出, 如果 $\boldsymbol{AB} = \boldsymbol{0}$, 那么 $\boldsymbol{A\eta}_i = \boldsymbol{0}$, $i = 1, 2, \cdots, s$, 所以 $\boldsymbol{B}$ 的每一个列向量都是齐次线性方程组 $\boldsymbol{AX} = \boldsymbol{0}$ 的一个解.

再令 $\boldsymbol{\beta}_1, \boldsymbol{\beta}_2, \cdots, \boldsymbol{\beta}_n$ 是 $\boldsymbol{A}$ 的列向量组, $\varepsilon_1, \varepsilon_2, \cdots, \varepsilon_n$ 是 n 元标准列向量组, 则由 $\boldsymbol{AE}_n = \boldsymbol{A}$, 有 $\boldsymbol{A}(\varepsilon_1, \varepsilon_2, \cdots, \varepsilon_n) = (\boldsymbol{\beta}_1, \boldsymbol{\beta}_2, \cdots, \boldsymbol{\beta}_n)$, 所以

$$(\boldsymbol{A}\varepsilon_1, \boldsymbol{A}\varepsilon_2, \cdots, \boldsymbol{A}\varepsilon_n) = (\boldsymbol{\beta}_1, \boldsymbol{\beta}_2, \cdots, \boldsymbol{\beta}_n),$$

因此

$$\boldsymbol{A}\varepsilon_j = \boldsymbol{\beta}_j,\ j = 1, 2, \cdots, n. \tag{4.5.2}$$

这就是说, 用第 j 个 n 元标准列向量去右乘矩阵 $\boldsymbol{A}$, 其乘积等于 $\boldsymbol{A}$ 的第 j 列. 类似地, 可证用第 i 个 m 元标准行向量去左乘矩阵 $\boldsymbol{A}$, 其乘积等于 $\boldsymbol{A}$ 的第 i 行.

设 $k_1, k_2, \cdots, k_n$ 是一个 n 元排列. 令 $\boldsymbol{P} = (\varepsilon_{k_1}, \varepsilon_{k_2}, \cdots, \varepsilon_{k_n})$, 则称 $\boldsymbol{P}$ 为一个 n 阶**置换矩阵**. 因为 $\boldsymbol{AP} = (\boldsymbol{A}\varepsilon_{k_1}, \boldsymbol{A}\varepsilon_{k_2}, \cdots, \boldsymbol{A}\varepsilon_{k_n})$, 根据 (4.5.2) 式, $\boldsymbol{AP}$ 的列向量组为 $\boldsymbol{\beta}_{k_1}, \boldsymbol{\beta}_{k_2}, \cdots, \boldsymbol{\beta}_{k_n}$. 由此可见, 用一个 n 阶置换矩阵去右乘 $\boldsymbol{A}$, 相当于对 $\boldsymbol{A}$ 的列向量组作一次重新排列. 类似地, 用一个 m 阶置换矩阵去左乘 $\boldsymbol{A}$, 相当于对 $\boldsymbol{A}$ 的行向量组作一次重新排列.

设 $\boldsymbol{U}$ 是 n 阶基本循环矩阵 (见习题 4.2 第 17 题), 则它可以表示成

$$\boldsymbol{U} = (\varepsilon_n, \varepsilon_1, \varepsilon_2, \cdots, \varepsilon_{n-1}),$$

所以 $\boldsymbol{U}$ 是置换矩阵. 于是由上一段的讨论, 有

$$\boldsymbol{U}^2 = (\varepsilon_{n-1}, \varepsilon_n, \varepsilon_1, \cdots, \varepsilon_{n-2}).$$

类似地, 有 $\boldsymbol{U}^3 = (\varepsilon_{n-2}, \varepsilon_{n-1}, \varepsilon_n, \varepsilon_1, \cdots, \varepsilon_{n-3})$. 重复这种方法, 可得

$$U^n = (\varepsilon_1,\ \varepsilon_2,\ \cdots,\ \varepsilon_n),\ \text{即}\ \ U^n = E.$$

这表明, U 是幂幺矩阵.

设 $C = \begin{pmatrix} 0 & E_{n-1} \\ 0 & 0 \end{pmatrix} \in M_n(F)$, 则 $C = (0,\ \varepsilon_1,\ \varepsilon_2,\ \cdots,\ \varepsilon_{n-1})$. 于是

$$C^2 = (0,\ C\varepsilon_1,\ C\varepsilon_2,\ \cdots,\ C\varepsilon_{n-1}).$$

根据 (4.5.2) 式, 有 $C^2 = (0,\ 0,\ \varepsilon_1,\ \cdots,\ \varepsilon_{n-2})$. 反复应用这种方法, 可得

$$C^3 = (0,\ 0,\ 0,\ \varepsilon_1,\ \cdots,\ \varepsilon_{n-3}),\ \ \cdots,\ \ C^n = (0,\ 0,\ \cdots,\ 0) = O.$$

这表明, C 是幂零矩阵.

例 4.5.3 在数域 F 上, 解矩阵方程 $AX = B$, 这里

$$A = \begin{pmatrix} 1 & 2 \\ 2 & 4 \end{pmatrix}\ \text{且}\ B = \begin{pmatrix} 1 & -3 & 0 \\ 2 & -6 & 0 \end{pmatrix}.$$

分析. 易见矩阵 A 是不可逆的, 因而上一节介绍的求 $A^{-1}B$ 的方法失效, 必须寻找其他方法来解矩阵方程 $AX = B$. 不难看出, 未知矩阵 X 的型是 2×3. 于是可设 X 与 B 的列向量组分别为 X_1, X_2, X_3 与 $\beta_1, \beta_2, \beta_3$, 那么矩阵方程变成 $A(X_1, X_2, X_3) = (\beta_1, \beta_2, \beta_3)$, 即 $(AX_1, AX_2, AX_3) = (\beta_1, \beta_2, \beta_3)$. 由此可见, 如果 $\gamma_1, \gamma_2, \gamma_3$ 分别是下列三个线性方程组的一个解:

$$AX_1 = \beta_1,\ \ AX_2 = \beta_2,\ \ AX_3 = \beta_3,$$

那么 $(\gamma_1, \gamma_2, \gamma_3)$ 是矩阵方程 $AX = B$ 的一个解, 反之亦然. 这表明, 可以把解这个矩阵方程转化为解上述三个线性方程组. 由于这三个方程组的系数矩阵都是 A, 可以仿照求 $A^{-1}B$ 的方法, 对分块矩阵 $(A, \beta_1, \beta_2, \beta_3)$ 作行初等变换.

解 设 $B = (\beta_1, \beta_2, \beta_3)$. 因为

$$(A, \beta_1, \beta_2, \beta_3) = \left(\begin{array}{cc:c:c:c} 1 & 2 & 1 & -3 & 0 \\ 2 & 4 & 2 & -6 & 0 \end{array}\right) \xrightarrow{[1(-2)+2]} \left(\begin{array}{cc:c:c:c} 1 & 2 & 1 & -3 & 0 \\ 0 & 0 & 0 & 0 & 0 \end{array}\right),$$

所以线性方程组 $AX_1 = \beta_1,\ \ AX_2 = \beta_2,\ \ AX_3 = \beta_3$ 都有无穷多解, 其通解分别为

$$\begin{pmatrix} 1 - 2k_1 \\ k_1 \end{pmatrix},\ \begin{pmatrix} -3 - 2k_2 \\ k_2 \end{pmatrix},\ \begin{pmatrix} -2k_3 \\ k_3 \end{pmatrix},\ \text{其中}\ k_1, k_2, k_3 \in F,$$

因此矩阵方程 $AX = B$ 的解为 $\begin{pmatrix} 1 - 2k_1 & -3 - 2k_2 & -2k_3 \\ k_1 & k_2 & k_3 \end{pmatrix}$, 其中 $k_1, k_2, k_3 \in F$.

下面考虑分块矩阵的 **转置运算**. 先看一个例子.

设 A 与 A' 分别是下列分块矩阵:

$$A = \left(\begin{array}{cc:cc} a_{11} & a_{12} & a_{13} & a_{14} \\ \hdashline a_{21} & a_{22} & a_{23} & a_{24} \end{array}\right), \qquad A' = \left(\begin{array}{c:c} a_{11} & a_{21} \\ a_{12} & a_{22} \\ \hdashline a_{13} & a_{23} \\ a_{14} & a_{24} \end{array}\right).$$

令 $\boldsymbol{A}_{11}=(a_{11},a_{12})$, $\boldsymbol{A}_{12}=(a_{13},a_{14})$, $\boldsymbol{A}_{21}=(a_{21},a_{22})$, $\boldsymbol{A}_{22}=(a_{23},a_{24})$, 则分块矩阵 $\boldsymbol{A}$ 与 $\boldsymbol{A}'$ 可以简写成 $\boldsymbol{A}=\begin{pmatrix}\boldsymbol{A}_{11}&\boldsymbol{A}_{12}\\\boldsymbol{A}_{21}&\boldsymbol{A}_{22}\end{pmatrix}$ 与 $\boldsymbol{A}'=\begin{pmatrix}\boldsymbol{A}'_{11}&\boldsymbol{A}'_{21}\\\boldsymbol{A}'_{12}&\boldsymbol{A}'_{22}\end{pmatrix}$. 这表明, $\boldsymbol{A}$ 的第 1 个块行中两个子块 $\boldsymbol{A}_{11}$ 与 $\boldsymbol{A}_{12}$, 其转置 $\boldsymbol{A}'_{11}$ 与 $\boldsymbol{A}'_{12}$ 恰好是 $\boldsymbol{A}'$ 的第 1 个块列中的子块. 对于 $\boldsymbol{A}$ 的第 2 个块行和 $\boldsymbol{A}'$ 的第 2 个块列, 情况也是如此.

一般地, 我们规定, 分块矩阵的转置运算规则如下: 把原矩阵的每一个块行中所有子块都转置后作为结果的对应块列. 现在, 设 $\boldsymbol{A}$ 是左下方的分块矩阵, 则它的**转置矩阵**为右下方的分块矩阵.

$$\boldsymbol{A}=\begin{pmatrix}\boldsymbol{A}_{11}&\boldsymbol{A}_{12}&\cdots&\boldsymbol{A}_{1q}\\\boldsymbol{A}_{21}&\boldsymbol{A}_{22}&\cdots&\boldsymbol{A}_{2q}\\\vdots&\vdots&&\vdots\\\boldsymbol{A}_{p1}&\boldsymbol{A}_{p2}&\cdots&\boldsymbol{A}_{pq}\end{pmatrix}\begin{matrix}m_1\\m_2\\\vdots\\m_p\end{matrix}\ (\text{列块阶数 } n_1\ n_2\ \cdots\ n_q)\qquad \boldsymbol{A}'=\begin{pmatrix}\boldsymbol{A}'_{11}&\boldsymbol{A}'_{21}&\cdots&\boldsymbol{A}'_{p1}\\\boldsymbol{A}'_{12}&\boldsymbol{A}'_{22}&\cdots&\boldsymbol{A}'_{p2}\\\vdots&\vdots&&\vdots\\\boldsymbol{A}'_{1q}&\boldsymbol{A}'_{2q}&\cdots&\boldsymbol{A}'_{pq}\end{pmatrix}\begin{matrix}n_1\\n_2\\\vdots\\n_q\end{matrix}\ (\text{列块阶数 } m_1\ m_2\ \cdots\ m_p)$$

不难验证, 每一个分块矩阵的转置与它在未分块之前的转置是一致的.

例 4.5.4 设 $\boldsymbol{P}=(\varepsilon_{k_1},\varepsilon_{k_2},\cdots,\varepsilon_{k_n})$ 是一个 n 阶置换矩阵, 则

$$\boldsymbol{P}'\boldsymbol{P}=\begin{pmatrix}\varepsilon'_{k_1}\\\varepsilon'_{k_2}\\\vdots\\\varepsilon'_{k_n}\end{pmatrix}(\varepsilon_{k_1},\varepsilon_{k_2},\cdots,\varepsilon_{k_n})=\begin{pmatrix}\varepsilon'_{k_1}\varepsilon_{k_1}&\varepsilon'_{k_1}\varepsilon_{k_2}&\cdots&\varepsilon'_{k_1}\varepsilon_{k_n}\\\varepsilon'_{k_2}\varepsilon_{k_1}&\varepsilon'_{k_2}\varepsilon_{k_2}&\cdots&\varepsilon'_{k_2}\varepsilon_{k_n}\\\vdots&\vdots&\ddots&\vdots\\\varepsilon'_{k_n}\varepsilon_{k_1}&\varepsilon'_{k_n}\varepsilon_{k_2}&\cdots&\varepsilon'_{k_n}\varepsilon_{k_n}\end{pmatrix}.$$

由于 $k_1k_2\cdots k_n$ 是一个 n 元排列, 当 $i\neq j$ 时, 有 $k_i\neq k_j$. 于是

$$\varepsilon'_{k_i}\varepsilon_{k_j}=\delta_{k_ik_j}=\delta_{ij},\quad i,\ j=1,\ 2,\ \cdots,\ n,$$

因此 $\boldsymbol{P}'\boldsymbol{P}=\boldsymbol{E}$. 这表明, 每一个置换矩阵 $\boldsymbol{P}$ 都是可逆的, 并且 $\boldsymbol{P}^{-1}=\boldsymbol{P}'$.

下面介绍一些特殊分块矩阵. 形如右边的分块矩阵称为一个**准上三角矩阵**. 类似地, 可以定义**准下三角矩阵**. 准上三角和准下三角矩阵统称为**准三角矩阵**. 既是准上三角又是准下三角的分块矩阵称为**准对角矩阵**. 考察右边的准上三角矩阵, 其行数和列数都是 $n_1+n_2+\cdots+n_s$, 因而它是一个方阵. 再看看主对角线上的子块, 它们都是小方阵, 其阶数依次为 $n_1,n_2,\cdots,n_s$ (这些阶数一般不相同). 对于准下三角矩阵和准对角矩阵, 情况也是如此.

$$\boldsymbol{A}=\begin{pmatrix}\boldsymbol{A}_{11}&\boldsymbol{A}_{12}&\cdots&\boldsymbol{A}_{1s}\\&\boldsymbol{A}_{22}&\cdots&\boldsymbol{A}_{2s}\\&&\ddots&\vdots\\\boldsymbol{0}&&&\boldsymbol{A}_{ss}\end{pmatrix}\begin{matrix}n_1\\n_2\\\vdots\\n_s\end{matrix}\ (\text{列块阶数 } n_1\ n_2\ \cdots\ n_s)$$

由拉普拉斯定理易见, 上述准上三角矩阵 $\boldsymbol{A}$ 的行列式为

$$|\boldsymbol{A}|=|\boldsymbol{A}_{11}|\,|\boldsymbol{A}_{22}|\cdots|\boldsymbol{A}_{ss}|.$$

对于准下三角矩阵和准对角矩阵, 也有类似的结论. 已知数域 $\boldsymbol{F}$ 上一个方阵是可逆的当且仅当它的行列式不等于零, 那么下面断语成立: *一个准三角矩阵 (或准对角矩阵) 是可逆的当且*

仅当它的主对角线上每一个子块都是可逆的.

设 $\boldsymbol{A}$ 是一个准对角矩阵, 其主对角线上子块依次为 $\boldsymbol{A}_1, \boldsymbol{A}_2, \cdots, \boldsymbol{A}_s$, 则它可以简记为 $\boldsymbol{A}=\operatorname{diag}\{\boldsymbol{A}_1, \boldsymbol{A}_2, \cdots, \boldsymbol{A}_s\}$. 令 $\boldsymbol{B}=\operatorname{diag}\{\boldsymbol{B}_1, \boldsymbol{B}_2, \cdots, \boldsymbol{B}_s\}$ 也是一个准对角矩阵. 如果 $\boldsymbol{A}$ 与 $\boldsymbol{B}$ 有相同的阶数, 并且具有相同的分法, 那么分块矩阵的乘法可以施行. 易见乘积 $\boldsymbol{AB}$ 也是一个准对角矩阵, 并且

$$\boldsymbol{AB}=\operatorname{diag}\{\boldsymbol{A}_1\boldsymbol{B}_1, \boldsymbol{A}_2\boldsymbol{B}_2, \cdots, \boldsymbol{A}_s\boldsymbol{B}_s\}.$$

利用这个事实, 容易验证, 当 $\boldsymbol{A}$ 可逆时, 有 $\boldsymbol{A}^{-1}=\operatorname{diag}\{\boldsymbol{A}_1^{-1}, \boldsymbol{A}_2^{-1}, \cdots, \boldsymbol{A}_s^{-1}\}$. 这个事实连同推论 4.4.8(3) 一起, 不难推出

$$\operatorname{rank}(\boldsymbol{A})=\operatorname{rank}(\boldsymbol{A}_1)+\operatorname{rank}(\boldsymbol{A}_2)+\cdots+\operatorname{rank}(\boldsymbol{A}_s). \tag{4.5.3}$$

例 4.5.5 设 $\boldsymbol{A}=\operatorname{diag}\{\boldsymbol{A}_1, \boldsymbol{A}_2\}$, 其中 $\boldsymbol{A}_1=\begin{pmatrix}1&2\\2&3\end{pmatrix}$ 且 $\boldsymbol{A}_2=\begin{pmatrix}3&4\\1&2\end{pmatrix}$. 显然 $\boldsymbol{A}_1$ 与 $\boldsymbol{A}_2$ 都是可逆的, 所以 $\boldsymbol{A}$ 也是可逆的, 并且 $\boldsymbol{A}^{-1}=\operatorname{diag}\{\boldsymbol{A}_1^{-1}, \boldsymbol{A}_2^{-1}\}$, 其中

$$\boldsymbol{A}_1^{-1}=\begin{pmatrix}-3&2\\2&-1\end{pmatrix} \text{ 且 } \boldsymbol{A}_2^{-1}=\begin{pmatrix}1&-2\\-\frac{1}{2}&\frac{3}{2}\end{pmatrix}.$$

下列五种类型的分块矩阵统称为 **2 × 2 分块初等矩阵:**

$$\begin{pmatrix}\boldsymbol{P}&\boldsymbol{0}\\\boldsymbol{0}&\boldsymbol{E}_n\end{pmatrix}, \begin{pmatrix}\boldsymbol{E}_n&\boldsymbol{0}\\\boldsymbol{0}&\boldsymbol{P}\end{pmatrix}, \begin{pmatrix}\boldsymbol{E}_m&\boldsymbol{K}\\\boldsymbol{0}&\boldsymbol{E}_n\end{pmatrix}, \begin{pmatrix}\boldsymbol{E}_n&\boldsymbol{0}\\\boldsymbol{K}&\boldsymbol{E}_m\end{pmatrix}, \begin{pmatrix}\boldsymbol{0}&\boldsymbol{E}_n\\\boldsymbol{E}_m&\boldsymbol{0}\end{pmatrix},$$

其中 $\boldsymbol{P}$ 是一个可逆矩阵. 显然前两种是准对角矩阵, 第三和第四种是准三角矩阵, 最后一种是置换矩阵. 容易验证, 它们都是可逆的, 其逆矩阵依次为

$$\begin{pmatrix}\boldsymbol{P}^{-1}&\boldsymbol{0}\\\boldsymbol{0}&\boldsymbol{E}_n\end{pmatrix}, \begin{pmatrix}\boldsymbol{E}_n&\boldsymbol{0}\\\boldsymbol{0}&\boldsymbol{P}^{-1}\end{pmatrix}, \begin{pmatrix}\boldsymbol{E}_m&-\boldsymbol{K}\\\boldsymbol{0}&\boldsymbol{E}_n\end{pmatrix}, \begin{pmatrix}\boldsymbol{E}_n&\boldsymbol{0}\\-\boldsymbol{K}&\boldsymbol{E}_m\end{pmatrix}, \begin{pmatrix}\boldsymbol{0}&\boldsymbol{E}_m\\\boldsymbol{E}_n&\boldsymbol{0}\end{pmatrix}.$$

类似地, 可以定义一般的分块初等矩阵. 易见每一个分块初等矩阵都是可逆的.

分块初等矩阵与初等矩阵不仅在形状上相似, 而且所起的作用也相似. 例如, 设 $\boldsymbol{P}$ 是一个 m 阶可逆矩阵, $\boldsymbol{A}$ 是一个 $m\times s$ 矩阵, $\boldsymbol{D}$ 是一个 $n\times t$ 矩阵, 则

$$\begin{pmatrix}\boldsymbol{P}&\boldsymbol{0}\\\boldsymbol{0}&\boldsymbol{E}_n\end{pmatrix}\begin{pmatrix}\boldsymbol{A}&\boldsymbol{B}\\\boldsymbol{C}&\boldsymbol{D}\end{pmatrix}=\begin{pmatrix}\boldsymbol{PA}&\boldsymbol{PB}\\\boldsymbol{C}&\boldsymbol{D}\end{pmatrix} \text{ 且 } \begin{pmatrix}\boldsymbol{E}_m&\boldsymbol{K}\\\boldsymbol{0}&\boldsymbol{E}_n\end{pmatrix}\begin{pmatrix}\boldsymbol{A}&\boldsymbol{B}\\\boldsymbol{C}&\boldsymbol{D}\end{pmatrix}=\begin{pmatrix}\boldsymbol{A}+\boldsymbol{KC}&\boldsymbol{B}+\boldsymbol{KD}\\\boldsymbol{C}&\boldsymbol{D}\end{pmatrix}.$$

由此不难想象, 用分块初等矩阵去左乘一个分块矩阵, 相当于对这个分块矩阵作一次“块行初等变换”.

例 4.5.6 设 $\boldsymbol{A}\in M_m(\boldsymbol{F})$ 且 $\boldsymbol{D}\in M_n(\boldsymbol{F})$. 若 $\boldsymbol{A}$ 是可逆的, 则 $|\boldsymbol{A}|\neq 0$ 且

$$\begin{pmatrix}\boldsymbol{E}_m&\boldsymbol{0}\\-\boldsymbol{CA}^{-1}&\boldsymbol{E}_n\end{pmatrix}\begin{pmatrix}\boldsymbol{A}&\boldsymbol{B}\\\boldsymbol{C}&\boldsymbol{D}\end{pmatrix}=\begin{pmatrix}\boldsymbol{A}&\boldsymbol{B}\\\boldsymbol{0}&\boldsymbol{D}-\boldsymbol{CA}^{-1}\boldsymbol{B}\end{pmatrix}.$$

根据拉普拉斯定理, 上式第一个分块矩阵的行列式等于 1, 最后一个分块矩阵的行列式等于

$|A||D-CA^{-1}B|$. 于是由行列式的乘法定理, 有 $\begin{vmatrix} A & B \\ C & D \end{vmatrix} = |A||D-CA^{-1}B|$. 已知 $|A| \neq 0$, 则 $\begin{vmatrix} A & B \\ C & D \end{vmatrix} \neq 0$ 当且仅当 $|D-CA^{-1}B| \neq 0$, 因此 $\begin{pmatrix} A & B \\ C & D \end{pmatrix}$ 可逆当且仅当 $D-CA^{-1}B$ 是可逆的.

例 4.5.7 设 A 是一个 m 阶可逆矩阵, B 是一个 n 阶可逆矩阵, 则准三角矩阵 $\begin{pmatrix} A & 0 \\ C & B \end{pmatrix}$ 是可逆的, 这里 C 是任意 $n \times m$ 矩阵. 其次, 因为

$$\begin{pmatrix} A^{-1} & 0 \\ 0 & B^{-1} \end{pmatrix} \left[\begin{pmatrix} E_m & 0 \\ -CA^{-1} & E_n \end{pmatrix} \begin{pmatrix} A & 0 \\ C & B \end{pmatrix} \right] = \begin{pmatrix} A^{-1} & 0 \\ 0 & B^{-1} \end{pmatrix} \begin{pmatrix} A & 0 \\ 0 & B \end{pmatrix} = \begin{pmatrix} E_m & 0 \\ 0 & E_n \end{pmatrix},$$

所以 $\begin{pmatrix} A & 0 \\ C & B \end{pmatrix}$ 的逆矩阵为 $\begin{pmatrix} A^{-1} & 0 \\ 0 & B^{-1} \end{pmatrix} \begin{pmatrix} E_m & 0 \\ -CA^{-1} & E_n \end{pmatrix}$, 即 $\begin{pmatrix} A^{-1} & 0 \\ -B^{-1}CA^{-1} & B^{-1} \end{pmatrix}$.

例 4.5.8 设 A 是数域 F 上一个 n 阶方阵, 则

$$\begin{pmatrix} E-A & 0 \\ 0 & E+A \end{pmatrix} \xrightarrow[\{1(E)+2\}]{[1(E)+2]} \begin{pmatrix} E-A & E-A \\ E-A & 2E \end{pmatrix} \xrightarrow[\left\{2\left(\frac{1}{2}(A-E)\right)+1\right\}]{\left[2\left(\frac{1}{2}(A-E)\right)+1\right]} \begin{pmatrix} \frac{1}{2}(E-A^2) & 0 \\ 0 & 2E \end{pmatrix},$$

所以 $\begin{pmatrix} E-A & 0 \\ 0 & E+A \end{pmatrix}$ 与 $\begin{pmatrix} \frac{1}{2}(E-A^2) & 0 \\ 0 & 2E \end{pmatrix}$ 有相同的秩. 显然 $\mathrm{rank}(2E) = n$. 根据 (4.5.3) 式, 当且仅当 $E-A^2=O$, 即 A 是对合矩阵时, 有

$$\mathrm{rank}(E-A) + \mathrm{rank}(E+A) = n.$$

习题 4.5

1. 设 $A \in M_m(F)$ 且 $B \in M_n(F)$. 证明: $\begin{vmatrix} 0 & A \\ B & 0 \end{vmatrix} = (-1)^{mn}|A||B|$.

2. 设 $A \in M_{mn}(F)$. 如果对数域 F 上任意 n 元列向量 β, 恒有 $A\beta = 0$, 那么 $A = O$.

3. 设 $A \in M_{mn}(F)$, 并设 $\mathrm{rank}(A) = r > 0$. 证明: 存在一个 $m \times r$ 列满秩矩阵 B, 并且存在一个 $r \times n$ 行满秩矩阵 C, 使得 $A = BC$.

4. 设 $A = \begin{pmatrix} 1 & 1 \\ 1 & -1 \end{pmatrix}$. 求 $\begin{pmatrix} A & A \\ A & -A \end{pmatrix}$ 的逆矩阵.

5. 在数域 F 上, 解矩阵方程 $AX = B$, 这里 $A = \begin{pmatrix} 1 & -1 & 2 \\ 2 & 1 & 3 \\ 3 & 3 & 4 \end{pmatrix}$ 且 $B = \begin{pmatrix} 2 & 1 & -1 \\ 1 & 2 & 2 \\ 0 & 3 & 5 \end{pmatrix}$.

6. 设 $A_1 = \begin{pmatrix} 2 & 1 \\ 1 & 1 \end{pmatrix}$ 且 $A_2 = \begin{pmatrix} 2 & 5 \\ 1 & 3 \end{pmatrix}$. 求准对角矩阵 $A = \mathrm{diag}\{A_1, A_2\}$ 的逆矩阵.

7. 设 $A = \mathrm{diag}\{A_1, A_2, \cdots, A_s\}$ 与 $B = \mathrm{diag}\{B_1, B_2, \cdots, B_s\}$ 是两个具有相同分法的准对角矩阵, 则 A 与 B 是可交换的当且仅当 A_i 与 B_i 是可交换的 $(i = 1, 2, \cdots, s)$.

8. (1) 设 $\boldsymbol{A}$ 是数域 $\boldsymbol{F}$ 上一个 m 阶可逆矩阵, $\boldsymbol{B}$ 是数域 $\boldsymbol{F}$ 上一个 n 阶可逆矩阵. 证明: 分块矩阵 $\begin{pmatrix} \boldsymbol{0} & \boldsymbol{A} \\ \boldsymbol{B} & \boldsymbol{0} \end{pmatrix}$ 是可逆的, 其逆矩阵为 $\begin{pmatrix} \boldsymbol{0} & \boldsymbol{B}^{-1} \\ \boldsymbol{A}^{-1} & \boldsymbol{0} \end{pmatrix}$.

(2) 设 $\boldsymbol{A} = \operatorname{diag}\{a_1, a_2, \cdots, a_{n-1}\}$ 且 $\boldsymbol{B} = \begin{pmatrix} \boldsymbol{0} & \boldsymbol{A} \\ a_n & \boldsymbol{0} \end{pmatrix}$, 其中 $a_1, a_2, \cdots, a_n$ 是数域 $\boldsymbol{F}$ 中 n 个非零常数. 求 $\boldsymbol{B}$ 的逆矩阵 $\boldsymbol{B}^{-1}$.

9. 设 $\boldsymbol{A}$ 是一个可逆矩阵, 则分块矩阵 $\begin{pmatrix} \boldsymbol{A} & \boldsymbol{0} \\ \boldsymbol{0} & \boldsymbol{A}^{-1} \end{pmatrix}$ 可以分解成一些形如 $\begin{pmatrix} \boldsymbol{E} & \boldsymbol{K} \\ \boldsymbol{0} & \boldsymbol{E} \end{pmatrix}$ 和 $\begin{pmatrix} \boldsymbol{E} & \boldsymbol{0} \\ \boldsymbol{K} & \boldsymbol{E} \end{pmatrix}$ 的 2×2 分块初等矩阵的乘积.

10. 设 $\boldsymbol{A}, \boldsymbol{B} \in \boldsymbol{M}_n(\boldsymbol{F})$. 验证: $\begin{pmatrix} \boldsymbol{E} & \boldsymbol{A} \\ \boldsymbol{0} & \boldsymbol{E} \end{pmatrix}\begin{pmatrix} \boldsymbol{0} & \boldsymbol{0} \\ \boldsymbol{B} & \boldsymbol{BA} \end{pmatrix} = \begin{pmatrix} \boldsymbol{AB} & \boldsymbol{0} \\ \boldsymbol{B} & \boldsymbol{0} \end{pmatrix}\begin{pmatrix} \boldsymbol{E} & \boldsymbol{A} \\ \boldsymbol{0} & \boldsymbol{E} \end{pmatrix}$.

11. 设 $\boldsymbol{A} \in \boldsymbol{M}_{mn}(\boldsymbol{F})$ 且 $\boldsymbol{B} \in \boldsymbol{M}_{nm}(\boldsymbol{F})$, 并设 $a \in \boldsymbol{F}$ 且 $a \neq 0$. 证明:

(1) $|\boldsymbol{E}_m + \boldsymbol{AB}| = |\boldsymbol{E}_n + \boldsymbol{BA}|$; (2) $|a\boldsymbol{E}_m - \boldsymbol{AB}| = a^{m-n}|a\boldsymbol{E}_n - \boldsymbol{BA}|$.

12. 设 $\boldsymbol{A} \in \boldsymbol{M}_n(\boldsymbol{F})$. 证明: 当且仅当 $\boldsymbol{A}$ 是幂等矩阵时, 有 $\operatorname{rank}(\boldsymbol{A}) + \operatorname{rank}(\boldsymbol{E} - \boldsymbol{A}) = n$.

*13. 设 $\boldsymbol{A}$ 是数域 $\boldsymbol{F}$ 上一个 n 阶方阵, $f(x)$ 与 $g(x)$ 是数域 $\boldsymbol{F}$ 上两个互素的多项式. 证明: 如果 $f(\boldsymbol{A})g(\boldsymbol{A}) = \boldsymbol{O}$, 那么 $\operatorname{rank}[f(\boldsymbol{A})] + \operatorname{rank}[g(\boldsymbol{A})] = n$.

*14. 设 $\boldsymbol{A} \in \boldsymbol{M}_n(\boldsymbol{F})$. 令 $\boldsymbol{A}^*$ 是 $\boldsymbol{A}$ 的伴随矩阵, 并令 $\boldsymbol{X}$ 是元素全为 x 的 n 阶方阵. 证明:

(1) $|\boldsymbol{A} + \boldsymbol{\alpha}\boldsymbol{\beta}'| = |\boldsymbol{A}| + \boldsymbol{\beta}'\boldsymbol{A}^*\boldsymbol{\alpha}$, 这里 $\boldsymbol{\alpha}$ 与 $\boldsymbol{\beta}$ 是数域 $\boldsymbol{F}$ 上两个 n 元列向量;

(2) $|\boldsymbol{A} + \boldsymbol{X}| = |\boldsymbol{A}| + x\sum\limits_{i=1}^{n}\sum\limits_{j=1}^{n} A_{ij}$, 这里 A_{ij} 是 $\boldsymbol{A}$ 的元素 a_{ij} 的代数余子式.

4.6 映 射

读中学时我们已经学过映射的概念, 它是数学中最基本的概念之一. 在前面的章节中, 也出现过一些特殊映射, 如多项式函数和向量函数等. 尤其是这一章前几节, 我们应该会感觉到, 矩阵与映射之间有许多相似之处. 事实上, 矩阵的一个重要作用是, 可以用来表示某些特殊映射. 在这一节我们将通过一些例子来说明矩阵与映射之间的联系, 以便为后面的学习作一些准备. 我们将首先回顾映射、单射、满射和双射等概念及其有关性质, 然后介绍可逆映射及其逆映射, 最后简单介绍 n 元运算和代数运算.

值得指出的是, 这一节的内容不是以前学过内容的简单重复. 我们的着眼点不是侧重于考察具体映射的特性, 而是侧重于考察一般映射的共性.

定义 4.6.1[①] 设 U 与 V 是两个非空集合, σ 是从 U 到 V 的一个对应法则. 如果在 σ 的作用下, U 中每一个元素 u 对应着 V 中唯一一个元素 v, 那么对应法则 σ 称为从 U 到 V 的一个**映射**, 记作 $\sigma: U \to V,\ \ u \mapsto v$.

[①] 以往我们常用符号 A, B, C 等来表示集合, 然而它们已经被用来表示矩阵. 为了避免产生混淆, 在这一节我们改用符号 U, V, W 等来表示集合. 同时为了与后面章节的符号一致, 用希腊字母 σ, τ, ρ (而不是拉丁字母 f, g, h) 等来表示映射.

定义中 U 称为 σ 的**定义域**, V 称为 σ 的**上域**; v 称为 u 在 σ 下的**像**, 记作 $\sigma(u)$; u 称为 v 在 σ 下的一个**原像**; V 的子集 $\{\sigma(u) \mid u \in U\}$ 称为 σ 的**像集**, 简称为 **σ 的像**, 记作 $\mathrm{Im}(\sigma)$ 或 $\sigma(U)$.

关于对应法则, 应注意的是, 定义域中每一个元素必须有像, 而且像是唯一的, 同时像必须是上域中的元素. 根据定义, 要确定一个具体映射, 定义域、上域和对应法则三者缺一不可. 一般地, 从 U 到 V 的映射不止一个. 我们常用符号 $\sigma : U \to V$ 来泛指从 U 到 V 的一个映射.

定义域 U 与上域 V 可以是不同集合, 也可以是相同集合. 当 U 与 V 相同时, 映射 $\sigma : U \to U$ 也称为 U 上一个**变换**. 在 U 上所有变换中, 有一个特殊变换, 它使 U 中每一个元素 u 都与其自身对应, 即 $u \mapsto u$, 称为 U 上的**恒等变换** 或**恒等映射**, 记作 ι_U 或 ι, 读作 *iota*. 把它具体写出来就是 $\iota : U \to U,\ u \mapsto u$.

当 U 与 V 都是数集时, 映射 $\sigma : U \to V$ 也称为一个**函数**. 因而映射这个概念实际上是函数概念的一般化.

我们习惯用下列符号来表示函数: $y = f(x),\quad \forall x \in D$. 根据映射的定义, 符号 $f(x)$ 代表元素 x 在 f 下的像, 不代表对应法则, 而且从这样的表示法中, 看不出上域是什么, 因而这种表示法不规范. 但是在研究具体函数时, 这样的表示法很适用. 我们在这里强调一下, 如果没有特别声明, 今后将对符号 σ 与 $\sigma(u)$ 进行严格区分, 不再用 $\sigma(u)$ 来表示映射. 这是因为讨论一般映射的共性时, 用符号 σ 来表示映射具有许多优越性.

例 4.6.1 设 $\sigma : \boldsymbol{F}^n \to \boldsymbol{F},\ (x_1, x_2, \cdots, x_n) \mapsto x_1 + x_2 + \cdots + x_n$. 显然在 σ 的作用下, 向量集 $\boldsymbol{F}^n$ 中每一个向量对应着数域 $\boldsymbol{F}$ 中唯一一个数, 因此 σ 是从 $\boldsymbol{F}^n$ 到 $\boldsymbol{F}$ 的一个映射.

按照以往的习惯写法, 上例中映射 σ 可以写成

$$\sigma(x_1, x_2, \cdots, x_n) = x_1 + x_2 + \cdots + x_n,\ \ x_i \in \boldsymbol{F},\ \ i = 1, 2, \cdots, n,$$

因而它是数域 $\boldsymbol{F}$ 上一个 n 元一次函数.

例 4.6.2 设 U 是由全体 n 元排列组成的集合 $(n \geqslant 2)$. 已知在对换 (i, j) 的作用下, 每一个 n 元排列对应着唯一一个 n 元排列, 那么

$$(i, j) : U \to U,\ \ \cdots i \cdots j \cdots \mapsto \cdots j \cdots i \cdots$$

是 U 上一个变换.

例 4.6.3 设 $\boldsymbol{A}$ 是数域 $\boldsymbol{F}$ 上一个 $m \times n$ 矩阵. 令 $\sigma : \boldsymbol{F}^n \to \boldsymbol{F}^m,\ \boldsymbol{X} \mapsto \boldsymbol{AX}$, 则 σ 是从 $\boldsymbol{F}^n$ 到 $\boldsymbol{F}^m$ 的一个映射.

按照习惯写法, 上例中映射 σ 就是 $\boldsymbol{Y} = \boldsymbol{AX},\ \forall \boldsymbol{X} \in \boldsymbol{F}^n$. 设 $\boldsymbol{\beta}_1, \boldsymbol{\beta}_2, \cdots, \boldsymbol{\beta}_n$ 是矩阵 $\boldsymbol{A}$ 的列向量组, 则每一个 $\boldsymbol{\beta}_i$ 是数域 $\boldsymbol{F}$ 上一个 m 元列向量. 令 n 元列向量 $\boldsymbol{X}$ 的分量依次为 $x_1, x_2, \cdots, x_n$, 则映射 σ 可以表示成

$$\sigma : \boldsymbol{F}^n \to \boldsymbol{F}^m,\ \ \boldsymbol{X} \mapsto \boldsymbol{\beta}_1 x_1 + \boldsymbol{\beta}_2 x_2 + \cdots + \boldsymbol{\beta}_n x_n.$$

这就是 4.1 节中介绍过的向量函数. 作为这个映射的一个特例, 我们有

$$\sigma:\mathbb{R}^2\to\mathbb{R}^2,\quad \begin{pmatrix}\widetilde{x}\\ \widetilde{y}\end{pmatrix}\mapsto\begin{pmatrix}\cos\phi & -\sin\phi\\ \sin\phi & \cos\phi\end{pmatrix}\begin{pmatrix}\widetilde{x}\\ \widetilde{y}\end{pmatrix}.$$

这就是本章开头提到的坐标变换公式.

在映射的定义中, 没有要求定义域中任意两个不同元素的像是不同的, 也没有要求由全体像组成的集合 (即像集) 必须等于上域. 然而我们知道, 存在一些映射, 它们至少满足这两个条件之一.

定义 4.6.2 设 $\sigma: U\to V$ 是一个映射. 如果对任意的 $u_1, u_2\in U$, 只要 $u_1\neq u_2$, 就有 $\sigma(u_1)\neq\sigma(u_2)$, 那么称 σ 为一个**单射**. 如果 $\mathrm{Im}(\sigma)=V$, 那么称 σ 为一个**满射**. 如果 σ 既是单射又是满射, 那么称它为一个**双射**.

不难验证, 例 4.6.1 中 n 元一次函数 σ 是满射, 但是当 $n>1$ 时, 它不是单射; 例 4.6.2 中对换 (i,j) 是双射. 显然定义中条件

$$u_1\neq u_2\ \Rightarrow\ \sigma(u_1)\neq\sigma(u_2),\quad \forall\, u_1,\, u_2\in U$$

等价于 σ 的像 $\mathrm{Im}(\sigma)$ 中每一个元素都有唯一的原像, 即

$$\sigma(u_1)=\sigma(u_2)\ \Rightarrow\ u_1=u_2,\quad \forall\, u_1,\, u_2\in U.$$

注意到 $\mathrm{Im}(\sigma)\subseteq V$, 条件 $V=\mathrm{Im}(\sigma)$ 等价于 σ 的上域 V 中每一个元素至少有一个原像, 即 $\forall v\in V,\ \exists u\in U$, 有 $\sigma(u)=v$. 这就得到

命题 4.6.1 设 $\sigma: U\to V$ 是一个映射, 则

(1) σ 是单射当且仅当对任意的 $u_1, u_2\in U$, 只要 $\sigma(u_1)=\sigma(u_2)$, 就有 $u_1=u_2$;

(2) σ 是满射当且仅当对任意的 $v\in V$, 存在 $u\in U$, 使得 $\sigma(u)=v$.

例 4.6.4 设 σ 是例 4.6.3 中的映射, 即 $\sigma: \boldsymbol{F}^n\to\boldsymbol{F}^m,\ \boldsymbol{X}\mapsto\boldsymbol{AX}$, 则 σ 是单射当且仅当 $\boldsymbol{A}$ 是列满秩的; σ 是满射当且仅当 $\boldsymbol{A}$ 是行满秩的.

事实上, 设 σ 是单射. 对任意的 $\boldsymbol{X}\in\boldsymbol{F}^n$, 如果 $\boldsymbol{AX}=\boldsymbol{0}$, 因为 $\boldsymbol{A0}=\boldsymbol{0}$, 所以 $\boldsymbol{AX}=\boldsymbol{A0}$, 从而有 $\sigma(\boldsymbol{X})=\sigma(\boldsymbol{0})$. 根据命题 4.6.1, 得 $\boldsymbol{X}=\boldsymbol{0}$. 这表明, 齐次线性方程组 $\boldsymbol{AX}=\boldsymbol{0}$ 只有零解. 根据推论 3.4.3, $\boldsymbol{A}$ 是列满秩的.

反过来, 设 $\boldsymbol{A}$ 是列满秩的, 则方程组 $\boldsymbol{AX}=\boldsymbol{0}$ 只有零解. 对任意的 $\boldsymbol{X}_1, \boldsymbol{X}_2\in\boldsymbol{F}^n$. 如果 $\sigma(\boldsymbol{X}_1)=\sigma(\boldsymbol{X}_2)$, 那么 $\boldsymbol{AX}_1=\boldsymbol{AX}_2$, 所以 $\boldsymbol{A}(\boldsymbol{X}_1-\boldsymbol{X}_2)=\boldsymbol{0}$, 从而 $\boldsymbol{X}_1-\boldsymbol{X}_2$ 是上述方程组的解. 因此 $\boldsymbol{X}_1-\boldsymbol{X}_2=\boldsymbol{0}$, 即 $\boldsymbol{X}_1=\boldsymbol{X}_2$. 根据命题 4.6.1, σ 是单射.

其次, 设 σ 是满射, 则 $\boldsymbol{F}^m$ 中每一个标准列向量 ε_i 至少有一个原像. 于是存在 $\boldsymbol{\beta}_i\in\boldsymbol{F}^n$, 使得 $\sigma(\boldsymbol{\beta}_i)=\varepsilon_i$, 所以 $\boldsymbol{A\beta}_i=\varepsilon_i\ (i=1, 2, \cdots, m)$, 从而

$$(\boldsymbol{A\beta}_1, \boldsymbol{A\beta}_2, \cdots, \boldsymbol{A\beta}_m)=(\varepsilon_1, \varepsilon_2, \cdots, \varepsilon_m),$$

即

$$\boldsymbol{A}(\boldsymbol{\beta}_1, \boldsymbol{\beta}_2, \cdots, \boldsymbol{\beta}_m)=(\varepsilon_1, \varepsilon_2, \cdots, \varepsilon_m).$$

上式表明, 等号左边两个矩阵的乘积等于 m 阶单位矩阵 $\boldsymbol{E}_m$, 因而乘积的秩等于 m. 根据定理 4.3.9, 有 $m\leqslant\mathrm{rank}(\boldsymbol{A})$. 注意到 $\boldsymbol{A}$ 的秩不超过它的行数 m, 因此 $\mathrm{rank}(\boldsymbol{A})=m$, 即 $\boldsymbol{A}$ 是行满秩的.

反之, 设 $\boldsymbol{A}$ 是行满秩的, 即 $\operatorname{rank}(\boldsymbol{A})=m$,则对任意的 $\boldsymbol{\beta}\in\boldsymbol{F}^m$, 分块矩阵 $(\boldsymbol{A},\boldsymbol{\beta})$ 的秩不小于 m. 注意到 $(\boldsymbol{A},\boldsymbol{\beta})$ 的秩不超过它的行数 m, 因此 $(\boldsymbol{A},\boldsymbol{\beta})$ 的秩也等于 m. 这表明, 线性方程组 $\boldsymbol{AX}=\boldsymbol{\beta}$ 的系数矩阵和增广矩阵有相同的秩, 因而这个方程组有解. 于是存在 $\gamma\in\boldsymbol{F}^n$, 使得 $\boldsymbol{A}\gamma=\boldsymbol{\beta}$,所以 $\sigma(\gamma)=\boldsymbol{\beta}$. 根据命题 4.6.1, σ 是满射.

注 4.6.1 在上例中, 如果 σ 是双射, 那么 $\boldsymbol{A}$ 是可逆矩阵, 反之亦然.

定义 4.6.3 设 $\sigma:U\to V$ 与 $\tau:\overline{U}\to\overline{V}$ 是两个映射. 如果 σ 与 τ 有相同的定义域和相同的上域, 即 $U=\overline{U}$ 且 $V=\overline{V}$, 并且它们有相同的对应法则, 即对任意的 $u\in U$, 有 $\sigma(u)=\tau(u)$, 那么称 σ 与 τ 是**相等的**, 记作 $\sigma=\tau$.

根据定义, 映射的相等必须具备三个要素, 即定义域相同、上域相同、对应法则相同[①]. 例如, 令 $\sigma:\mathbb{Z}\to\mathbb{Z},\ \ z\mapsto z^2$ 且 $\tau:\mathbb{Z}\to\mathbb{Q},\ \ z\to z^2$, 则 σ 与 τ 是两个映射. 注意到这两个映射的上域不相同, 因此 $\sigma\neq\tau$.

例 4.6.5 设 $\boldsymbol{A}$ 与 $\boldsymbol{B}$ 是数域 $\boldsymbol{F}$ 上两个 $m\times n$ 矩阵. 令

$$\sigma:\boldsymbol{F}^n\to\boldsymbol{F}^m,\ \ \boldsymbol{X}\mapsto\boldsymbol{AX}\ \ \text{且}\ \tau:\boldsymbol{F}^n\to\boldsymbol{F}^m,\ \ \boldsymbol{X}\mapsto\boldsymbol{BX},$$

则 $\sigma=\tau$ 当且仅当 $\boldsymbol{A}=\boldsymbol{B}$. 事实上, 设 $\sigma=\tau$,则对每一个 n 元标准列向量 ε_i, 有 $\sigma(\varepsilon_i)=\tau(\varepsilon_i)$, 即 $\boldsymbol{A}\varepsilon_i=\boldsymbol{B}\varepsilon_i$,所以 $\boldsymbol{A}$ 与 $\boldsymbol{B}$ 的第 i 列相同 $(i=1,2,\cdots,n)$,因此 $\boldsymbol{A}=\boldsymbol{B}$. 反之, 设 $\boldsymbol{A}=\boldsymbol{B}$,则 $\boldsymbol{AX}=\boldsymbol{BX}$,即 $\sigma(\boldsymbol{X})=\tau(\boldsymbol{X}),\ \ \forall\boldsymbol{X}\in\boldsymbol{F}^n$. 再加上 σ 与 τ 的定义域都是 $\boldsymbol{F}^n$,上域都是 $\boldsymbol{F}^m$,因此 $\sigma=\tau$.

上例表明, 所给映射 σ 可以用矩阵 $\boldsymbol{A}$ 来刻画, 因而可以用 $\boldsymbol{A}$ 来表示 σ.

命题 4.6.2 设 $\sigma:U\to V$ 与 $\tau:V\to W$ 是两个映射. 令

$$\rho:U\to W,\ \ u\mapsto\tau[\sigma(u)].$$

则 ρ 是从 U 到 W 的一个映射, 称为 σ 与 τ 的**合成**, 或 σ 与 τ 的**乘积**, 记作 $\tau\circ\sigma$, 简记作 $\tau\sigma$.

证明 已知 σ 是从 U 到 V 的一个映射, 那么对任意的 $u\in U$, $\sigma(u)$ 是 V 中唯一一个元素. 又已知 τ 是从 V 到 W 的一个映射, 那么由 $\sigma(u)\in V$ 可见, $\tau[\sigma(u)]$ 是 W 中唯一一个元素. 这样, 对应法则 ρ 替 U 中每一个元素 u, 在 W 中规定了唯一一个像 $\tau[\sigma(u)]$, 因此 ρ 是从 U 到 W 的一个映射. □

注意, 根据定义, 合成映射 $\tau\sigma$ 中 σ 的上域与 τ 的定义域必须相同. 此外, σ 与 τ 的合成 (乘积) 是 $\tau\sigma$, 这里两个因子的次序不能颠倒. 按照以往的习惯写法, $\tau\sigma$ 可以写成 $(\tau\sigma)(u)=\tau[\sigma(u)],\ \forall u\in U$. 由此可见, 合成映射实际上是复合函数概念的一般化.

例 4.6.6 设 $\boldsymbol{A}\in\boldsymbol{M}_{mn}(\boldsymbol{F})$ 且 $\boldsymbol{B}\in\boldsymbol{M}_{ns}(\boldsymbol{F})$. 令

[①] 以往我们判断两个映射相等, 只须验证两个要素, 即定义域相同、对应法则相同. 从表面上看, 上述定义似乎跟以往的定义不协调. 但实际上, 它们是一致的. 例如, 在数学分析里, 由于所讨论的都是实变量实值函数, 每一个函数的上域都默认为实数集 $\mathbb{R}$.

$$\sigma: \boldsymbol{F}^s \to \boldsymbol{F}^n,\ \boldsymbol{X} \mapsto \boldsymbol{BX} \text{ 且 } \tau: \boldsymbol{F}^n \to \boldsymbol{F}^m,\ \boldsymbol{X} \mapsto \boldsymbol{AX}.$$

因为 σ 的上域与 τ 的定义域都是 $\boldsymbol{F}^n$,所以 σ 与 τ 可乘 (可以合成). 其次, 对任意的 $\boldsymbol{X} \in \boldsymbol{F}^s$,有 $\tau[\sigma(\boldsymbol{X})] = \boldsymbol{A}(\boldsymbol{BX})$,即 $(\tau\sigma)(\boldsymbol{X}) = \boldsymbol{A}(\boldsymbol{BX})$. 已知矩阵的乘法满足结合律, 那么 $(\tau\sigma)(\boldsymbol{X}) = (\boldsymbol{AB})\boldsymbol{X}$, 因此 $\tau\sigma: \boldsymbol{F}^s \to \boldsymbol{F}^m,\ \ \boldsymbol{X} \mapsto (\boldsymbol{AB})\boldsymbol{X}$.

考察这个例子, 我们看到, 所给映射 σ 与 τ,其乘积 $\tau\sigma$ 可以用矩阵 $\boldsymbol{AB}$ 来刻画. 于是当 $\boldsymbol{A}$ 与 $\boldsymbol{B}$ 不可交换时, σ 与 τ 也不可交换. 这就得到一个重要事实: 映射的乘法不满足交换律. 关于结合律, 与矩阵的乘法类似, 我们有

命题 4.6.3 设 $\sigma: U \to V,\ \tau: V \to W$ 与 $\rho: W \to T$ 是三个映射, 则 $(\rho\tau)\sigma = \rho(\tau\sigma)$.

证明 根据已知条件, 不难看出, $(\rho\tau)\sigma$ 与 $\rho(\tau\sigma)$ 都是从 U 到 T 的映射. 其次, 根据映射的合成定义, 对任意的 $u \in U$,有

$$[(\rho\tau)\sigma](u) = (\rho\tau)[\sigma(u)] = \rho\{\tau[\sigma(u)]\} = \rho[(\tau\sigma)(u)] = [\rho(\tau\sigma)](u),$$

从而由映射的相等定义, 得 $(\rho\tau)\sigma = \rho(\tau\sigma)$. □

下面介绍可逆映射及其逆映射. 先来看看恒等映射在映射的乘法中所起的作用. 设 $\sigma: U \to V$ 是一个映射. 已知 $\iota_U: U \to U,\ \ u \mapsto u$, 那么 $\sigma\iota_U$ 与 σ 都是从 U 到 V 的映射. 其次, 对任意的 $u \in U$,有 $\sigma[\iota_U(u)] = \sigma(u)$,即 $(\sigma\iota_U)(u) = \sigma(u)$,所以 $\sigma\iota_U = \sigma$. 类似地, 可以验证 $\iota_V\sigma = \sigma$. 特别地, 当 σ 是 U 上的变换时, 有 $\sigma\iota_U = \sigma$ 且 $\iota_U\sigma = \sigma$. 这表明, 恒等映射在映射的乘法中所扮演的角色, 类似于单位矩阵在矩阵的乘法中所扮演的角色, 因此恒等映射又称为**单位映射**.

定义 4.6.4 设 $\sigma: U \to V$ 是一个映射. 如果存在一个映射 $\tau: V \to U$,使得 $\tau\sigma = \iota_U$ 且 $\sigma\tau = \iota_V$,那么称 σ 是**可逆的**, 并称 τ 是 σ 的一个**逆映射**.

仿照逆矩阵唯一性的证明 (定理 4.4.1),可证当 σ 可逆时, 其逆映射是唯一的, 记作 σ^{-1}. 下列命题与定理 4.4.2 中的 (1) 和 (4) 类似, 其证明留给读者.

命题 4.6.4 设 $\sigma: U \to V$ 与 $\tau: V \to W$ 都是可逆映射, 则 σ^{-1} 是可逆的, 并且 $(\sigma^{-1})^{-1} = \sigma$; $\tau\sigma$ 也是可逆的, 并且适合**穿脱原理**, 即 $(\tau\sigma)^{-1} = \sigma^{-1}\tau^{-1}$.

下一个定理表明, 可逆映射与双射是两个等价的概念.

定理 4.6.5 设 $\sigma: U \to V$ 是一个映射, 则 σ 是可逆的当且仅当它是双射.

证明 设 σ 是可逆的. 对任意的 $u_1, u_2 \in U$,如果 $\sigma(u_1) = \sigma(u_2)$,那么

$$\sigma^{-1}[\sigma(u_1)] = \sigma^{-1}[\sigma(u_2)],\ \text{即}\ \ \sigma^{-1}\sigma(u_1) = \sigma^{-1}\sigma(u_2),$$

亦即 $\iota_U(u_1) = \iota_U(u_2)$,所以 $u_1 = u_2$. 根据命题 4.6.1, σ 是单射. 其次, 对任意的 $v \in V$,令 $u = \sigma^{-1}(v)$,则 $u \in U$,并且 $\sigma(u) = \sigma[\sigma^{-1}(v)]$, 即 $\sigma(u) = \sigma\sigma^{-1}(v)$,亦即 $\sigma(u) = \iota_V(v)$,所以 $\sigma(u) = v$, 因此 σ 是满射. 这就证明了 σ 是双射.

反之, 设 σ 是双射, 则它的上域 V 中每一个元素 v 都有原像, 并且原像是唯一的. 于是可以构造从 V 到 U 的一个映射 τ,使得 v 就对应着它的原像, 即

$$\tau : V \to U,\ \ v \mapsto u,\ \ 其中\ \sigma(u) = v.$$

现在, 对任意的 $u \in U$, 因为 $\sigma(u)$ 在 σ 下的原像是 u, 所以 $\tau[\sigma(u)] = u$, 即 $\tau\sigma(u) = \iota_U(u)$, 因此 $\tau\sigma = \iota_U$. 其次, 对任意的 $v \in V$, 因为 $\tau(v)$ 是 v 在 σ 下的原像, 所以 $\sigma[\tau(v)] = v$, 即 $\sigma\tau(v) = \iota_V(v)$, 因此 $\sigma\tau = \iota_V$. 故 σ 是可逆的. □

上述定理经常被用来判断一个映射是否可逆. 例如, 设 $\boldsymbol{A}$ 是数域 $\boldsymbol{F}$ 上一个 n 阶可逆矩阵. 令 $\sigma : \boldsymbol{F}^n \to \boldsymbol{F}^n,\ \ \boldsymbol{X} \mapsto \boldsymbol{AX}$. 根据注 4.6.1, σ 是双射. 根据定理 4.6.5, 它是可逆的.

最后简单介绍一下 n 元运算和代数运算. 我们曾经遇到过许多带运算的集合. 从抽象的观点来看, 其中的运算本质上是映射. 例如, 整数的加法运算实际上是映射

$$\sigma : \mathbb{Z} \times \mathbb{Z} \to \mathbb{Z},\ (z_1,\ z_2) \mapsto z_1 + z_2.$$

设 $U_1, U_2, \cdots, U_n$ 与 U 是 $n+1$ 个非空集合, 并设 $\sigma : \prod\limits_{i=1}^{n} U_i \to U$ 是一个映射, 则称 σ 是从 $\prod\limits_{i=1}^{n} U_i$ 到 U 的一个 **n 元运算**. 特别地, 如果这 $n+1$ 个集合全相等, 那么称 σ 是 U 上一个 **n 元运算**.

一个二元运算 $\sigma : U_1 \times U_2 \to U$ 也称为从 $U_1 \times U_2$ 到 U 的一个**代数运算**[①]. 特别地, 如果 $U_1 = U_2 = U$, 那么称 σ 是 U 上一个**代数运算**.

例如, 映射 $\sigma : \boldsymbol{M}_{mn}(\boldsymbol{F}) \to \boldsymbol{M}_{nm}(\boldsymbol{F}),\ \ \boldsymbol{A} \mapsto \boldsymbol{A}'$ 是一个一元运算.

又如, 映射 $\sigma : \boldsymbol{F} \times \boldsymbol{M}_{mn}(\boldsymbol{F}) \to \boldsymbol{M}_{mn}(\boldsymbol{F}),\ \ (k,\ \boldsymbol{A}) \mapsto k\boldsymbol{A}$ 是一个代数运算.

再如, 映射 $\sigma : \boldsymbol{F}^n \to \boldsymbol{F},\ \ (x_1, x_2, \cdots, x_n) \mapsto x_1x_2\cdots x_n$ 是一个 n 元运算.

设 $\sigma : \prod\limits_{i=1}^{n} U_i \to U$ 是一个 n 元运算. 根据定义, 在 σ 的作用下, $\prod\limits_{i=1}^{n} U_i$ 中每一个元素 $(u_1, u_2, \cdots, u_n)$ 的运算结果, 即 $\sigma(u_1, u_2, \cdots, u_n)$, 应满足下列条件:

(1) $\sigma(u_1, u_2, \cdots, u_n)$ 必须是 U 中的元素 (这就保证了运算的封闭性);

(2) $\sigma(u_1, u_2, \cdots, u_n)$ 不能有多个值 (这就保证了运算结果的唯一性).

从 $U_1 \times U_2$ 到 U 的代数运算通常用符号 $\circ$ 来表示, 即

$$\circ : U_1 \times U_2 \to U,\ \ (u_1,\ u_2) \mapsto u_1 \circ u_2.$$

最常用的运算是非空集合上的代数运算. 例如, 整数的加法、减法和乘法都是这样的运算. 按照上面的记号, 当 $\circ$ 代表整数的加法运算时, 有

$$+ : \mathbb{Z} \times \mathbb{Z} \to \mathbb{Z},\ \ (z_1,\ z_2) \mapsto z_1 + z_2.$$

习题 4.6

1. 设 $U = \{u_1, u_2, \cdots, u_n\}$ 是含 n 个元素的集合. 证明: U 上一个变换 σ 是单射当且仅当它是满射. 问: U 上的变换一共有几个? 可逆变换呢?

[①] 我们知道, 与数的四则运算有关的性质通常称为数的代数性质. 由于这些运算都是特殊的二元运算, 因此一般的二元运算也称为代数运算.

2. 举例说明: (1) 存在一个变换 $\sigma: \mathbb{N}^+ \to \mathbb{N}^+$, 使得它是单射, 但不是满射;

   (2) 存在一个变换 $\tau: \mathbb{N}^+ \to \mathbb{N}^+$, 使得它是满射, 但不是单射;

   (3) 存在一个映射 $\rho: \mathbb{Z} \to \mathbb{N}^+$, 使得它既是单射, 又是满射.

3. 设 $\sigma: U \to V$ 与 $\tau: V \to W$ 是两个映射.

   (1) 证明: 如果 $\tau\sigma$ 是单射, 那么 σ 也是单射. 举例说明, τ 未必是单射.

   (2) 证明: 如果 $\tau\sigma$ 是满射, 那么 τ 也是满射. 举例说明, σ 未必是满射.

4. 证明命题 4.6.4.

5. 设 $\sigma: U \to V$ 是一个可逆映射, 其中 $U \cap V = \varnothing$. 令 u 是 U 中一个元素. 问: 符号 $\sigma^{-1}[\sigma(u)]$ 有意义吗? 如果有, 它等于什么? 符号 $\sigma[\sigma^{-1}(u)]$ 呢?

6. (1) 设 $\boldsymbol{A}$ 是数域 $\boldsymbol{F}$ 上一个 n 阶可逆矩阵. 验证: τ 是 σ 的逆映射, 这里

$$\sigma: \boldsymbol{F}^n \to \boldsymbol{F}^n,\ \boldsymbol{X} \mapsto \boldsymbol{AX} \text{ 且 } \tau: \boldsymbol{F}^n \to \boldsymbol{F}^n,\ \boldsymbol{X} \mapsto \boldsymbol{A}^{-1}\boldsymbol{X}.$$

   (2) 把下列函数组表示成形如 (1) 中的映射 σ, 然后求出该函数组的反函数组:

$$y_1 = ax_1 + bx_2,\ y_2 = cx_1 + dx_2,\ \text{其中 } ad - bc \neq 0.$$

7. 判断下列对应法则 $\circ$ 是不是代数运算:

   (1) $\circ: \mathbb{Z} \times \mathbb{Z} \to \mathbb{Z},\ (u, v) \mapsto \begin{cases} u, & \text{当 } u+v \text{ 是奇数时}; \\ v, & \text{当 } u+v \text{ 是偶数时}; \end{cases}$

   (2) $\circ: \mathbb{Z} \times \mathbb{N}^+ \to \mathbb{Z},\ (u, v) \mapsto u \div v$;

   (3) $\circ: \mathbb{Z} \times \mathbb{Z} \to \mathbb{Z},\ (u, v) \mapsto u^{|v|}$;

   (4) $\circ: \mathbb{Z} \times \mathbb{Z} \to \mathbb{N},\ (u, v) \mapsto r$, 这里 r 是用 3 去除 $u+v$ 所得的余数.

*8. 利用映射的乘法结合律去证明矩阵的乘法结合律.

第 5 章　线性空间

我们知道，线性代数学起源于解线性方程组，行列式和矩阵是研究线性代数的两个重要工具，那么线性代数的主要研究对象是什么呢？是线性空间和线性映射．因此从研究对象来看，我们可以说，线性代数学是研究线性空间和线性映射的学说．在这一章和下一章，我们将分别讨论线性空间和线性映射．

线性空间的概念是几何空间概念的一般化，来源于与线性运算有关的各种问题，是数学中最基本的概念之一．对于非线性问题，通过局部化，可以转化为线性问题，因而也可以用线性空间的理论来研究这些问题．

本章将介绍线性空间的定义和基本性质、向量组的线性相关性、有限维线性空间的基和维数、子空间，以及线性空间的同构等内容．

5.1　定义和基本性质

我们知道，代数学的任务是研究代数系统的运算规律，这里一个代数系统指的是由一个集合连同其上定义的一个或多个运算及其算律组成的数学研究对象．我们曾经讨论过一些带有两个线性运算的集合，下面列举几个这样的系统．

在平面解析几何里，由平面上全体点 (即始点在原点的全体向量) 组成的集合 $\mathbb{V}_2$ 带有一个加法运算 $+$，即存在一个映射 $+:\mathbb{V}_2\times\mathbb{V}_2\to\mathbb{V}_2$，还带有一个数乘运算 $\circ$，即存在另一个映射 $\circ:\mathbb{R}\times\mathbb{V}_2\to\mathbb{V}_2$．于是有一个代数系统 $(\mathbb{V}_2, \mathbb{R}; +, \circ)$．

在空间解析几何里，由空间中全体点组成的集合 $\mathbb{V}_3$ 也带有一个加法运算 $+$ 和一个数乘运算 $\circ$．于是有另一个代数系统 $(\mathbb{V}_3, \mathbb{R}; +, \circ)$．

由数域 $\boldsymbol{F}$ 上全体 n 元行 (列) 向量组成的集合 $\boldsymbol{F}^n$，对于向量的加法运算 $+$ 以及数与向量的数乘运算 $\circ$，构成一个代数系统 $(\boldsymbol{F}^n, \boldsymbol{F}; +, \circ)$．

由数域 $\boldsymbol{F}$ 上全体 $m\times n$ 矩阵组成的集合 $\boldsymbol{M}_{mn}(\boldsymbol{F})$，对于矩阵的加法运算 $+$ 以及数与矩阵的数乘运算 $\circ$，构成一个代数系统 $(\boldsymbol{M}_{mn}(\boldsymbol{F}), \boldsymbol{F}; +, \circ)$．

上述每一个系统都是由一个集合、一个数域，以及两个线性运算组成的．这些集合的元素各不相同，但是每一个集合都带有加法和数乘运算．毫无疑问，这些系统应该具有许多共同运算性质．考察前一个系统 $(\mathbb{V}_2, \mathbb{R}; +, \circ)$，易见下列八条算律成立：对任意的 $\boldsymbol{a}, \boldsymbol{b}, \boldsymbol{c}\in\mathbb{V}_2$ 和任意的 $k, l\in\mathbb{R}$，

(1) 加法交换律：　$\boldsymbol{a}+\boldsymbol{b}=\boldsymbol{b}+\boldsymbol{a}$；

(2) 加法结合律：　$(\boldsymbol{a}+\boldsymbol{b})+\boldsymbol{c}=\boldsymbol{a}+(\boldsymbol{b}+\boldsymbol{c})$；

(3) 存在零向量 $\boldsymbol{0}$，即存在 $\boldsymbol{0}\in\mathbb{V}_2$，使得对任意的 $\boldsymbol{a}\in\mathbb{V}_2$，有 $\boldsymbol{a}+\boldsymbol{0}=\boldsymbol{a}$；

(4) 每一个向量 $\boldsymbol{a}$ 有一个负向量，即存在 $\boldsymbol{b}\in\mathbb{V}_2$，使得 $\boldsymbol{a}+\boldsymbol{b}=\boldsymbol{0}$；

(5) $k(\boldsymbol{a}+\boldsymbol{b})=k\boldsymbol{a}+k\boldsymbol{b}$；

(6) $(k+l)\boldsymbol{a}=k\boldsymbol{a}+l\boldsymbol{a}$;

(7) $(kl)\boldsymbol{a}=k(l\boldsymbol{a})$;

(8) $1\boldsymbol{a}=\boldsymbol{a}$.

对于后三个系统, 也有类似于上述的八条算律. 这些系统还具有许多共同运算性质, 它们可以从这八条算律推导出来. 仍然以系统 $(\mathbb{V}_2, \mathbb{R}; +, \circ)$ 为例, 根据加法交换律和结合律, 对任意的 $\boldsymbol{a}, \boldsymbol{b}, \boldsymbol{c}, \boldsymbol{d} \in \mathbb{V}_2$, 下列表达式全相等:

$$(\boldsymbol{a}+\boldsymbol{b})+(\boldsymbol{c}+\boldsymbol{d}),\quad (\boldsymbol{c}+\boldsymbol{d})+(\boldsymbol{a}+\boldsymbol{b}),\ ((\boldsymbol{a}+\boldsymbol{b})+\boldsymbol{c})+\boldsymbol{d},\quad \boldsymbol{c}+((\boldsymbol{d}+\boldsymbol{a})+\boldsymbol{b}).$$

利用这八条算律, 还可以推导出诸如 "零向量是唯一的" 和 "每一个向量的负向量是唯一的" 等运算性质.

除上面的系统外, 还可以列举出许多这样的系统, 它们也满足上述八条算律, 因此我们有必要对这些系统作统一研究, 那么怎样才能达到这一目的呢? 这就是抽象. 首先抽去各个系统中集合的具体对象, 即用 "元素" 代替诸如 "向量" 和 "矩阵" 之类的具体对象. 其次用一般数域 $\boldsymbol{F}$ 代替具体数域 $\mathbb{Q}$, $\mathbb{R}$ 或 $\mathbb{C}$ 等. 最后寻找出关于加法和数乘运算的最本质的若干条共同运算性质 (算律), 使得它们足以刻画这两个运算的所有运算性质, 并且用公理的形式把它们确定下来. 经过反复探索, 人们发现只要给出上述八条算律就够了.

这样, 就可以抽象出满足上述八条算律的代数系统 $(\boldsymbol{V}, \boldsymbol{F}; +, \circ)$, 其中 $\boldsymbol{V}$ 是一个非空集合, 它的元素用小写的希腊字母 $\boldsymbol{\alpha}, \boldsymbol{\beta}, \boldsymbol{\gamma}$ 等来表示; $\boldsymbol{F}$ 是一个数域, 它的元素用小写的拉丁字母 k, l 等来表示; $+$ 是 $\boldsymbol{V}$ 上一个代数运算, 即从 $\boldsymbol{V}\times\boldsymbol{V}$ 到 $\boldsymbol{V}$ 的一个映射, 亦即对任意的 $\boldsymbol{\alpha}, \boldsymbol{\beta}\in\boldsymbol{V}$, 存在唯一的 $\boldsymbol{\gamma}\in\boldsymbol{V}$, 使得 $\boldsymbol{\gamma}=\boldsymbol{\alpha}+\boldsymbol{\beta}$, 这里 $+$ 称为**加法运算**, $\boldsymbol{\gamma}$ 称为 $\boldsymbol{\alpha}$ 与 $\boldsymbol{\beta}$ 的**和**; $\circ$ 是从 $\boldsymbol{F}\times\boldsymbol{V}$ 到 $\boldsymbol{V}$ 的一个代数运算, 即从 $\boldsymbol{F}\times\boldsymbol{V}$ 到 $\boldsymbol{V}$ 的一个映射, 亦即对任意的 $k\in\boldsymbol{F}$ 和任意的 $\boldsymbol{\alpha}\in\boldsymbol{V}$, 存在唯一的 $\boldsymbol{\beta}\in\boldsymbol{V}$, 使得 $\boldsymbol{\beta}=k\circ\boldsymbol{\alpha}$, 这里 $\circ$ 称为**数乘运算**, $\boldsymbol{\beta}$ 称为 k 与 $\boldsymbol{\alpha}$ 的**数乘积**. 在不会产生混淆的前提下, 符号 $k\circ\boldsymbol{\alpha}$ 可以简记作 $k\boldsymbol{\alpha}$. 符号 $k\boldsymbol{\alpha}$ 有时也记作 $\boldsymbol{\alpha}k$, 即规定 $k\boldsymbol{\alpha}\overset{\text{def}}{=\!=}\boldsymbol{\alpha}k$.

下面给出线性空间的确切定义.

定义 5.1.1 设 $\boldsymbol{V}$ 是一个非空集合, $\boldsymbol{F}$ 是一个数域. 如果存在 $\boldsymbol{V}$ 上一个加法运算 $+$, 并且存在从 $\boldsymbol{F}\times\boldsymbol{V}$ 到 $\boldsymbol{V}$ 的一个数乘运算 $\circ$, 使得下列八条算律成立: 对任意的 $\boldsymbol{\alpha}, \boldsymbol{\beta}, \boldsymbol{\gamma}\in\boldsymbol{V}$ 以及任意的 $k, l\in\boldsymbol{F}$,

(1) 加法交换律: $\boldsymbol{\alpha}+\boldsymbol{\beta}=\boldsymbol{\beta}+\boldsymbol{\alpha}$;

(2) 加法结合律: $(\boldsymbol{\alpha}+\boldsymbol{\beta})+\boldsymbol{\gamma}=\boldsymbol{\alpha}+(\boldsymbol{\beta}+\boldsymbol{\gamma})$;

(3) 存在一个**零元素** $\boldsymbol{\theta}$, 即存在 $\boldsymbol{\theta}\in\boldsymbol{V}$, 使得对任意的 $\boldsymbol{\alpha}\in\boldsymbol{V}$, 有 $\boldsymbol{\alpha}+\boldsymbol{\theta}=\boldsymbol{\alpha}$;

(4) $\boldsymbol{V}$ 中每一个元素 $\boldsymbol{\alpha}$ 有一个**负元素**, 即存在 $\boldsymbol{\beta}\in\boldsymbol{V}$, 使得 $\boldsymbol{\alpha}+\boldsymbol{\beta}=\boldsymbol{\theta}$;

(5) $k(\boldsymbol{\alpha}+\boldsymbol{\beta})=k\boldsymbol{\alpha}+k\boldsymbol{\beta}$;

(6) $(k+l)\boldsymbol{\alpha}=k\boldsymbol{\alpha}+l\boldsymbol{\alpha}$;

(7) $(kl)\boldsymbol{\alpha}=k(l\boldsymbol{\alpha})$;

(8) $1\boldsymbol{\alpha}=\boldsymbol{\alpha}$.

那么称系统 $(\boldsymbol{V}, \boldsymbol{F}; +, \circ)$ 为一个 **线性空间**, 简称 $\boldsymbol{V}$ 是数域 $\boldsymbol{F}$ 上一个 **线性空间.**

注意, 算律 (6) 中等号左边的加号代表数的加法运算, 右边的加号代表向量的加法运算. 对于算律 (7), 也有类似的情况. 根据定义, 每一个线性空间是由一个非空集合、一个数域、两个代数运算, 以及八条公理组成的一个数学研究对象. 粗略地说, 它是满足幺、幺、二、八共十二个条件的代数系统.

系统 $(\boldsymbol{V}, \boldsymbol{F}; +, \circ)$ 中两个运算简称为 $\boldsymbol{V}$ 的加法和数乘运算, 两者统称为 $\boldsymbol{V}$ 的**线性运算.** 为了便于书写, 我们把系统 $(\boldsymbol{V}, \boldsymbol{F}; +, \circ)$ 简记为 $\boldsymbol{V}(\boldsymbol{F})$, 其中 $\boldsymbol{F}$ 称为 **系数域,** $\boldsymbol{F}$ 中的数称为**纯量.** 习惯上, 人们总是用几何的语言, 把集合 $\boldsymbol{V}$ 中的元素称为 **向量,** 它的负元素称为 **负向量.** 特别地, 零元素称为 **零向量.** 同时用 vector 的第一个字母 $\boldsymbol{V}$ 来表示向量的集合. 于是线性空间又称为 **向量空间.**

容易验证, 本节开头列举的每一个代数系统都构成一个线性空间, 其中 $\mathbb{V}_2$ 称为**几何平面;** $\mathbb{V}_3$ 称为**几何空间;** $\boldsymbol{F}^n$ 称为 $\boldsymbol{n}$ **元行 (列) 向量空间,** 两者统称为 $\boldsymbol{n}$ **元向量空间;** $\boldsymbol{M}_{mn}(\boldsymbol{F})$ 称为 $\boldsymbol{m \times n}$ **矩阵空间,** 简称为 **矩阵空间.** 下面再列举几个这样的代数系统. 在后面的讨论中, 它们将被经常用到.

$(\boldsymbol{F}[x], \boldsymbol{F}; +, \circ)$ 与 $(\boldsymbol{F}_n[x], \boldsymbol{F}; +, \circ)$ 是两个线性空间, 这里前者称为 **一元多项式空间,** 简称为 **多项式空间;** 后者中 $\boldsymbol{F}_n[x]$ 是由数域 $\boldsymbol{F}$ 上全体次数小于 n 的多项式组成的集合, 即

$$\boldsymbol{F}_n[x] = \{a_0 + a_1x + \cdots + a_{n-1}x^{n-1} \mid a_0, a_1, \cdots, a_{n-1} \in \boldsymbol{F}\};$$

两者中符号 $+$ 都是多项式的加法运算, 符号 $\circ$ 都是数与多项式的数乘运算.

$(C[a, b], \mathbb{R}, +, \circ)$ 与 $(D[a, b], \mathbb{R}, +, \circ)$ 也是两个线性空间, 分别称为闭区间 $[a, b]$ 上 **连续函数空间和可微函数空间,** 这里 $C[a, b]$ 与 $D[a, b]$ 分别是由闭区间 $[a, b]$ 上全体连续 (实) 函数与全体可微 (实) 函数组成的集合, 并且 $+$ 是函数的加法运算, $\circ$ 是实数与函数的数乘运算.

设 $\boldsymbol{W}$ 是数域 $\boldsymbol{F}$ 上齐次线性方程组 $\boldsymbol{AX} = \boldsymbol{0}$ 的解集, 则 $(\boldsymbol{W}, \boldsymbol{F}; +, \circ)$ 是一个线性空间, 称为这个方程组的 **解空间,** 这里 $+$ 是解向量的加法运算, $\circ$ 是数与解向量的数乘运算.

例 5.1.1 设 $\boldsymbol{F}$ 是一个数域. 规定 $+$ 与 $\circ$ 分别是 $\boldsymbol{F}$ 中数的加法与乘法运算. 显然这两个运算都是封闭的. 容易验证, 系统 $(\boldsymbol{F}, \boldsymbol{F}; +, \circ)$ 满足线性空间定义中的八条算律, 所以它构成一个线性空间.

上例表明, 每一个数域都可以看作它自身上的线性空间. 作为这个事实的特殊情形, $(\mathbb{C}, \mathbb{C}; +, \circ)$ 是一个线性空间. 容易验证, $(\mathbb{C}, \mathbb{R}; +, \circ)$ 也是一个线性空间, 这里 $+$ 是复数的加法运算, $\circ$ 是实数与复数的乘法运算. 这表明, 复数域也可以看作实数域上的线性空间. 类似地, 复数域还可以看作有理数域上的线性空间. 显然 $\mathbb{C}(\mathbb{C})$, $\mathbb{C}(\mathbb{R})$, $\mathbb{C}(\mathbb{Q})$ 这三个线性空间两两不相同. 这就是说, 存在某些集合, 它们对于不同系数域构成不同线性空间. 此外, 由上例可见, 线性空间有无穷多个.

例 5.1.2 设 $\mathbb{V}_0$ 是只含一个元素 a 的集合 (注意, a 仅仅是一个符号, 它可以代表 0 或 1 之类的数, 也可以代表其他文字), 并设 $\boldsymbol{F}$ 是一个数域. 规定

$$a + a \stackrel{\text{def}}{=} a \text{ 且 } k \circ a \stackrel{\text{def}}{=} a, \forall k \in \boldsymbol{F},$$

那么运算 $+$ 与 $\circ$ 都是封闭的. 容易验证, 系统 $(\mathbb{V}_0, \boldsymbol{F}; +, \circ)$ 满足线性空间定义中的八条算律. 因此 $\mathbb{V}_0$ 是数域 $\boldsymbol{F}$ 上一个线性空间.

上例中的 $\mathbb{V}_0$ 称为 **零空间**, 其余的线性空间统称为 **非零线性空间**.

例 5.1.3　设 $\mathbb{R}^+$ 是由全体正实数组成的集合. 规定

$$\boldsymbol{\alpha} \oplus \boldsymbol{\beta} \stackrel{\text{def}}{=} \boldsymbol{\alpha\beta}, \ \forall \boldsymbol{\alpha}, \boldsymbol{\beta} \in \mathbb{R}^+,$$
$$k \circ \boldsymbol{\alpha} \stackrel{\text{def}}{=} \boldsymbol{\alpha}^k, \quad \forall k \in \mathbb{R}, \forall \boldsymbol{\alpha} \in \mathbb{R}^+,$$

那么 $(\mathbb{R}^+, \mathbb{R}; \oplus, \circ)$ 是一个线性空间, 这里 $\boldsymbol{\alpha\beta}$ 是通常的数的乘积, $\boldsymbol{\alpha}^k$ 是通常的数的方幂. 事实上, 对任意正实数 $\boldsymbol{\alpha}$ 与 $\boldsymbol{\beta}$, 以及任意实数 k, 因为 $\boldsymbol{\alpha\beta}$ 是正实数, 所以加法运算 $\oplus$ 是封闭的; 又因为 $\boldsymbol{\alpha}^k$ 是正实数, 所以数乘运算 $\circ$ 也是封闭的. 其次, 对任意的 $\boldsymbol{\alpha}, \boldsymbol{\beta}, \boldsymbol{\gamma} \in \mathbb{R}^+$ 和任意的 $k, l \in \mathbb{R}$,

(1) $\boldsymbol{\alpha} \oplus \boldsymbol{\beta} = \boldsymbol{\alpha\beta} = \boldsymbol{\beta\alpha} = \boldsymbol{\beta} \oplus \boldsymbol{\alpha}$;

(2) $(\boldsymbol{\alpha} \oplus \boldsymbol{\beta}) \oplus \boldsymbol{\gamma} = (\boldsymbol{\alpha\beta})\boldsymbol{\gamma} = \boldsymbol{\alpha}(\boldsymbol{\beta\gamma}) = \boldsymbol{\alpha} \oplus (\boldsymbol{\beta} \oplus \boldsymbol{\gamma})$;

(3) 取 $\boldsymbol{\theta} = 1 \in \mathbb{R}^+$, 对任意的 $\boldsymbol{\alpha} \in \mathbb{R}^+$, 有 $\boldsymbol{\alpha} \oplus \boldsymbol{\theta} = \boldsymbol{\alpha} \cdot 1 = \boldsymbol{\alpha}$, 因此可以选取数 1 作为一个零向量;

(4) 对任意的 $\boldsymbol{\alpha} \in \mathbb{R}^+$, 取 $\boldsymbol{\beta} = \boldsymbol{\alpha}^{-1} \in \mathbb{R}^+$, 有 $\boldsymbol{\alpha} \oplus \boldsymbol{\beta} = \boldsymbol{\alpha}\boldsymbol{\alpha}^{-1} = 1 = \boldsymbol{\theta}$, 因此可以选取 $\boldsymbol{\alpha}^{-1}$ 作为 $\boldsymbol{\alpha}$ 的一个负向量;

(5) $k \circ (\boldsymbol{\alpha} \oplus \boldsymbol{\beta}) = (\boldsymbol{\alpha\beta})^k = \boldsymbol{\alpha}^k \boldsymbol{\beta}^k = (k \circ \boldsymbol{\alpha}) \oplus (k \circ \boldsymbol{\beta})$;

(6) $(k + l) \circ \boldsymbol{\alpha} = \boldsymbol{\alpha}^{k+l} = \boldsymbol{\alpha}^k \boldsymbol{\alpha}^l = (k \circ \boldsymbol{\alpha}) \oplus (l \circ \boldsymbol{\alpha})$;

(7) $(kl) \circ \boldsymbol{\alpha} = \boldsymbol{\alpha}^{kl} = \boldsymbol{\alpha}^{lk} = (\boldsymbol{\alpha}^l)^k = k \circ (l \circ \boldsymbol{\alpha})$;

(8) $1 \circ \boldsymbol{\alpha} = \boldsymbol{\alpha}^1 = \boldsymbol{\alpha}$.

根据定义, $\mathbb{R}^+$ 构成实数域 $\mathbb{R}$ 上一个线性空间.

读者可能会问: 怎么知道上例中零向量是 1. 这可以通过解方程得到. 事实上, 设 $\boldsymbol{\alpha} \oplus \boldsymbol{x} = \boldsymbol{\alpha}$, 则 $\boldsymbol{\alpha} \cdot \boldsymbol{x} = \boldsymbol{\alpha}$. 由此解得 $\boldsymbol{x} = 1$. 类似地, $\boldsymbol{\alpha}$ 的负向量也可以用这种方法得到.

最后两个线性空间与前面的线性空间很不一样. 尤其是最后一个, 读者一定会感到很惊奇, 会提出下列问题: 数 1 不是数 0, 怎么可以称 1 为零向量呢? 数 $\boldsymbol{\alpha}^{-1}$ 不是 $\boldsymbol{\alpha}$ 的相反数, 怎么可以称 $\boldsymbol{\alpha}^{-1}$ 为 $\boldsymbol{\alpha}$ 的负向量呢?

这就是线性空间定义的抽象性. 它是一个公理化定义, 是我们遇到的第一个抽象概念. 它的元素 (向量) 是抽象的, 一般不是数. 定义中所谓的加法和数乘运算只是满足八条算律 (公理) 的两个映射, 不能理解为通常的数的加法和乘法运算. 在一般情况下, 线性空间中的向量不能具体写出来, 加法和数乘运算也不能用具体表达式来表示.

现在让我们来讨论线性空间的一些基本性质. 由于线性空间的抽象性, 在下面的讨论中, 一定要特别小心, 要紧扣定义去推导各种运算性质. 为了书写简捷, 我们统一假定 $\boldsymbol{V}$ 是数域

$\boldsymbol{F}$ 上一个线性空间, $\boldsymbol{\theta}$ 是 $\boldsymbol{V}$ 中的零向量.

性质 5.1.1 $\boldsymbol{V}$ 中的零向量是唯一的.

证明 设 $\boldsymbol{\theta}_1$ 与 $\boldsymbol{\theta}_2$ 都是 $\boldsymbol{V}$ 中的零向量, 则 $\boldsymbol{\theta}_1+\boldsymbol{\theta}_2=\boldsymbol{\theta}_1$ 且 $\boldsymbol{\theta}_2+\boldsymbol{\theta}_1=\boldsymbol{\theta}_2$. 其次由加法交换律, 有 $\boldsymbol{\theta}_1+\boldsymbol{\theta}_2=\boldsymbol{\theta}_2+\boldsymbol{\theta}_1$, 所以 $\boldsymbol{\theta}_1=\boldsymbol{\theta}_2$, 因此零向量是唯一的. □

性质 5.1.2 对任意的 $\boldsymbol{\alpha}\in\boldsymbol{V}$, 有 $\boldsymbol{\theta}+\boldsymbol{\alpha}=\boldsymbol{\alpha}$.

证明 根据加法交换律, 对任意的 $\boldsymbol{\alpha}\in\boldsymbol{V}$, 有 $\boldsymbol{\theta}+\boldsymbol{\alpha}=\boldsymbol{\alpha}+\boldsymbol{\theta}$. 因为 $\boldsymbol{\theta}$ 是 $\boldsymbol{V}$ 中的零向量, 根据算律 (3), 有 $\boldsymbol{\alpha}+\boldsymbol{\theta}=\boldsymbol{\alpha}$. 因此 $\boldsymbol{\theta}+\boldsymbol{\alpha}=\boldsymbol{\alpha}$. □

性质 5.1.3 在 $\boldsymbol{V}$ 中, 每一个向量 $\boldsymbol{\alpha}$ 的负向量是唯一的.

证明 设 $\boldsymbol{\beta}_1$ 与 $\boldsymbol{\beta}_2$ 都是 $\boldsymbol{\alpha}$ 的负向量, 则 $\boldsymbol{\alpha}+\boldsymbol{\beta}_1=\boldsymbol{\theta}$ 且 $\boldsymbol{\alpha}+\boldsymbol{\beta}_2=\boldsymbol{\theta}$. 根据加法交换律, 有 $\boldsymbol{\beta}_2+\boldsymbol{\alpha}=\boldsymbol{\theta}$. 其次, 根据加法结合律, 有

$$(\boldsymbol{\beta}_2+\boldsymbol{\alpha})+\boldsymbol{\beta}_1=\boldsymbol{\beta}_2+(\boldsymbol{\alpha}+\boldsymbol{\beta}_1),$$

所以 $\boldsymbol{\theta}+\boldsymbol{\beta}_1=\boldsymbol{\beta}_2+\boldsymbol{\theta}$. 从而由性质 5.1.2 和算律 (3), 得 $\boldsymbol{\beta}_1=\boldsymbol{\beta}_2$. 因此 $\boldsymbol{\alpha}$ 的负向量是唯一的. □

由于负向量是唯一的, 可以用符号 $-\boldsymbol{\alpha}$ 来表示 $\boldsymbol{\alpha}$ 的负向量. 于是

$$(-\boldsymbol{\alpha})+\boldsymbol{\alpha}=\boldsymbol{\alpha}+(-\boldsymbol{\alpha})=\boldsymbol{\theta},\quad \forall\boldsymbol{\alpha}\in\boldsymbol{V}.$$

利用负向量, 可以定义加法的逆运算 —— **减法:**

$$\boldsymbol{\alpha}-\boldsymbol{\beta}\overset{\text{def}}{=}\boldsymbol{\alpha}+(-\boldsymbol{\beta}),\quad \forall\boldsymbol{\alpha},\boldsymbol{\beta}\in\boldsymbol{V},$$

这里运算结果称为向量 $\boldsymbol{\alpha}$ 与 $\boldsymbol{\beta}$ 的**差**. 容易验证, **移项法则**成立, 即

$$\boldsymbol{\alpha}+\boldsymbol{\beta}=\boldsymbol{\gamma}\ \text{当且仅当}\ \boldsymbol{\alpha}=\boldsymbol{\gamma}-\boldsymbol{\beta},\ \forall\boldsymbol{\alpha},\boldsymbol{\beta},\boldsymbol{\gamma}\in\boldsymbol{V}.$$

性质 5.1.4 对任意的 $\boldsymbol{\alpha}\in\boldsymbol{V}$, 有 $0\boldsymbol{\alpha}=\boldsymbol{\theta}$.

证明 根据算律 (6), 有 $0\boldsymbol{\alpha}+0\boldsymbol{\alpha}=(0+0)\boldsymbol{\alpha}$. 令 $\boldsymbol{\beta}=0\boldsymbol{\alpha}$, 则 $\boldsymbol{\beta}+\boldsymbol{\beta}=\boldsymbol{\beta}$. 等式两边同时加上 $-\boldsymbol{\beta}$, 得 $(\boldsymbol{\beta}+\boldsymbol{\beta})+(-\boldsymbol{\beta})=\boldsymbol{\beta}+(-\boldsymbol{\beta})$. 根据加法结合律, 有

$$\boldsymbol{\beta}+[\boldsymbol{\beta}+(-\boldsymbol{\beta})]=\boldsymbol{\beta}+(-\boldsymbol{\beta}).$$

已知 $\boldsymbol{\beta}+(-\boldsymbol{\beta})=\boldsymbol{\theta}$, 那么 $\boldsymbol{\beta}+\boldsymbol{\theta}=\boldsymbol{\theta}$, 因此 $\boldsymbol{\beta}=\boldsymbol{\theta}$, 故 $0\boldsymbol{\alpha}=\boldsymbol{\theta}$. □

性质 5.1.5 对任意的 $k\in\boldsymbol{F}$, 有 $k\boldsymbol{\theta}=\boldsymbol{\theta}$.

证明 根据算律 (7), 对任意的 $k\in\boldsymbol{F}$, 有 $k(0\boldsymbol{\theta})=(k0)\boldsymbol{\theta}$, 即 $k(0\boldsymbol{\theta})=0\boldsymbol{\theta}$. 从而由性质 5.1.4, 得 $k\boldsymbol{\theta}=\boldsymbol{\theta}$. □

性质 5.1.6 对任意的 $k\in\boldsymbol{F}$ 和 $\boldsymbol{\alpha}\in\boldsymbol{V}$, 若 $k\boldsymbol{\alpha}=\boldsymbol{\theta}$, 则 $k=0$ 或 $\boldsymbol{\alpha}=\boldsymbol{\theta}$.

证明 不妨设 $k\neq0$. 因为 $k\boldsymbol{\alpha}=\boldsymbol{\theta}$, 所以 $k^{-1}(k\boldsymbol{\alpha})=k^{-1}\boldsymbol{\theta}$. 根据算律 (7) 和性质 5.1.5, 有 $(k^{-1}k)\boldsymbol{\alpha}=\boldsymbol{\theta}$, 即 $1\boldsymbol{\alpha}=\boldsymbol{\theta}$. 于是由算律 (8), 得 $\boldsymbol{\alpha}=\boldsymbol{\theta}$. □

性质 5.1.6 等价于: 若 $k \neq 0$ 且 $\boldsymbol{\alpha} \neq \boldsymbol{\theta}$, 则 $k\boldsymbol{\alpha} \neq \boldsymbol{\theta}$. 把最后三个性质综合起来, 就得到下列结论: $k\boldsymbol{\alpha} = \boldsymbol{\theta}$ 当且仅当 $k = 0$ 或 $\boldsymbol{\alpha} = \boldsymbol{\theta}$, $\forall k \in \boldsymbol{F}$, $\forall \boldsymbol{\alpha} \in \boldsymbol{V}$.

性质 5.1.7 对任意的 $\boldsymbol{\alpha} \in \boldsymbol{V}$, 有 $(-1)\boldsymbol{\alpha} = -\boldsymbol{\alpha}$.

证明 根据算律 (6), 有 $1\boldsymbol{\alpha} + (-1)\boldsymbol{\alpha} = [1 + (-1)]\boldsymbol{\alpha}$, 即 $1\boldsymbol{\alpha} + (-1)\boldsymbol{\alpha} = 0\boldsymbol{\alpha}$. 于是由算律 (8) 和性质 5.1.4, 得 $\boldsymbol{\alpha} + (-1)\boldsymbol{\alpha} = \boldsymbol{\theta}$. 这表明, $(-1)\boldsymbol{\alpha}$ 是 $\boldsymbol{\alpha}$ 的一个负向量. 注意到 $\boldsymbol{\alpha}$ 的负向量是唯一的, 因此 $(-1)\boldsymbol{\alpha} = -\boldsymbol{\alpha}$. □

这些性质都是从线性空间的定义出发, 经过严格证明得到的, 因此对于每一个具体的线性空间, 它们都成立.

下面简单介绍一下多个向量的和式. 根据加法结合律, 线性空间 $\boldsymbol{V}(\boldsymbol{F})$ 中三个向量 $\boldsymbol{\alpha}, \boldsymbol{\beta}, \boldsymbol{\gamma}$ 的和与结合的先后顺序无关. 于是可以用符号 $\boldsymbol{\alpha}+\boldsymbol{\beta}+\boldsymbol{\gamma}$ 来表示 $(\boldsymbol{\alpha}+\boldsymbol{\beta})+\boldsymbol{\gamma}$ 或 $\boldsymbol{\alpha}+(\boldsymbol{\beta}+\boldsymbol{\gamma})$. 一般地, 可以证明, 当 $s \geqslant 3$ 时, 对 $\boldsymbol{V}$ 中任意 s 个向量 $\boldsymbol{\alpha}_1, \boldsymbol{\alpha}_2, \cdots, \boldsymbol{\alpha}_s$, 不论按哪一种方式进行结合, 其和都是相等的, 因此可以用符号 $\boldsymbol{\alpha}_1 + \boldsymbol{\alpha}_2 + \cdots + \boldsymbol{\alpha}_s$ 来表示这 s 个向量按任意一种方式进行结合所得的表达式. 其次, 由算律 (6), 有 $(1+1)\boldsymbol{\alpha} = 1\boldsymbol{\alpha} + 1\boldsymbol{\alpha}$. 再由算律 (8), 得 $2\boldsymbol{\alpha} = \boldsymbol{\alpha} + \boldsymbol{\alpha}$. 这表明, $2\boldsymbol{\alpha}$ 可以看作 2 与 $\boldsymbol{\alpha}$ 的数乘积, 也可以看作两个 $\boldsymbol{\alpha}$ 的和. 一般地, 当 $s \geqslant 2$ 时, $s\boldsymbol{\alpha}$ 可以看作 s 与 $\boldsymbol{\alpha}$ 的数乘积, 也可以看作 s 个 $\boldsymbol{\alpha}$ 的和.

最后让我们对线性空间这个抽象概念再作一些说明. 它是从许多客观现象中抽象出来的, 是描述自然现象中某些量之间的关系的数学概念. 它以非常抽象的形式出现, 从而在表面上掩盖了它起源于现实世界的实质. 由于它在数学形式上与几何空间有许多相似之处, 因此我们把它叫做空间. 实际上, 这里的空间已经失去了几何直观性. 早在十八世纪, n 维空间概念的雏形就被提出来了. 例如, 拉格朗日曾经在力学中引入 4 维空间的概念, 他把前 3 个坐标作为质点所处的位置, 而把时间作为第 4 个坐标. 这样, 4 维空间中的点, 除了描述质点的位置以外, 还描述了质点占据这个位置的时刻. 又如, 为了考察一个力学系统, 比如 n 个质点的系统, 必须用多个变量来描述它的状态. 这就需要引入高维空间的概念.

然而, 与负数和虚数的情形一样, 由于哲学观点等原因, 线性空间这个人类思维的创造物, 被引进后很长一段时间内, 一直受到一些人的抵制. 在格拉斯曼 (Grassmann) 等数学家的努力下, 大约于 1850 年之后, 人们才普遍接受了这个抽象概念.

总之, 线性空间既不是神秘莫测的东西, 也不是数学游戏. 它是描述某些自然现象的一个数学工具, 它反映了客观世界中某些量之间的关系, 具有深刻的实际背景和哲学意义.

习题 5.1

1. 设 $\boldsymbol{V}$ 是由直角坐标平面上位于第一象限的所有点 (即始点在原点、终点在第一象限的所有向量) 组成的集合, $\boldsymbol{W}$ 是由位于第一和第三象限的所有点组成的集合. 问: $\boldsymbol{V}$ 对于向量的加法运算以及数与向量的数乘运算是否构成实数域上一个线性空间? $\boldsymbol{W}$ 呢?

2. 设 $\boldsymbol{V}$ 是由数域 $\boldsymbol{F}$ 上全体 n 阶可逆矩阵组成的集合. 问: $\boldsymbol{V}$ 对于矩阵的加法运算以及数与矩阵的数

乘运算是否构成数域 $\boldsymbol{F}$ 上一个线性空间?

3. 设 $\boldsymbol{V}$ 是由实数域上全体收敛于零的无穷数列组成的集合, 即

$$\boldsymbol{V}=\{\{a_n\}\mid a_n\in\mathbb{R},\ \lim_{n\to\infty}a_n=0\}.$$

问: $\boldsymbol{V}$ 对于数列的加法运算以及数与数列的数乘运算是否构成实数域上的线性空间?

4. 验证: 例 5.1.2 中代数系统 $(\mathbb{V}_0,\ \boldsymbol{F};\ +,\ \circ)$ 满足线性空间定义中的八条算律.

5. 设 $\boldsymbol{S}_n(\boldsymbol{F})$ 和 $\boldsymbol{T}_n(\boldsymbol{F})$ 分别是由数域 $\boldsymbol{F}$ 上全体 n 阶对称矩阵和全体 n 阶反对称矩阵组成的集合. 证明: 它们对于矩阵的加法运算以及数与矩阵的数乘运算构成数域 $\boldsymbol{F}$ 上两个线性空间.

6. 数域 $\boldsymbol{F}$ 上形如 $a_1x_1+a_2x_2+\cdots+a_nx_n$ 的多项式称为一个 **n 元一次型.** 令 $\boldsymbol{V}$ 是由数域 $\boldsymbol{F}$ 上全体 n 元一次型组成的集合. 证明: $\boldsymbol{V}$ 对于多项式的加法运算以及数与多项式的数乘运算构成数域 $\boldsymbol{F}$ 上一个线性空间.

7. 证明: 如果 $\boldsymbol{V}(\boldsymbol{F})$ 是一个非零线性空间, 那么 $\boldsymbol{V}$ 含有无穷多个向量.

8. 证明: 在线性空间 $\boldsymbol{V}(\boldsymbol{F})$ 中, 移项法则成立.

9. 证明: 在线性空间 $\boldsymbol{V}(\boldsymbol{F})$ 中, 下列算律成立: 对任意的 $\boldsymbol{\alpha},\boldsymbol{\beta}\in\boldsymbol{V}$ 和任意的 $k,l\in\boldsymbol{F}$,

   (1) $k(\boldsymbol{\alpha}-\boldsymbol{\beta})=k\boldsymbol{\alpha}-k\boldsymbol{\beta}$;　　(2) $(k-l)\boldsymbol{\alpha}=k\boldsymbol{\alpha}-l\boldsymbol{\alpha}$;

   (3) 若 $k\boldsymbol{\alpha}=\boldsymbol{\beta}$ 且 $k\neq 0$, 则 $\boldsymbol{\alpha}=k^{-1}\boldsymbol{\beta}$;　　(4) 若 $k\boldsymbol{\alpha}=l\boldsymbol{\alpha}$ 且 $\boldsymbol{\alpha}\neq\boldsymbol{\theta}$, 则 $k=l$.

*10. 证明: 线性空间公理系统中算律 (3) 和算律 (4) 可以用如下条件代替:

   (a) 对任意的 $\boldsymbol{\alpha},\boldsymbol{\beta}\in\boldsymbol{V}$, 向量方程 $\boldsymbol{\alpha}+x=\boldsymbol{\beta}$ 在 $\boldsymbol{V}$ 中有解;

   即证明: 用条件 (a) 替换算律 (3) 和算律 (4), 所得公理系统与原公理系统是等价的.

*11. 验证: 系统 $(\boldsymbol{F}^2,\ \boldsymbol{F};\ +,\ \circ)$ 满足线性空间定义中前七条算律, 但不满足第八条算律, 这里运算 $+$ 和 $\circ$ 的定义如下: 对任意的 $(a,\ b),\ (c,\ d)\in\boldsymbol{F}^2$ 和任意的 $k\in\boldsymbol{F}$,

$$(a,\ b)+(c,\ d)\overset{\text{def}}{=}(a+c,\ b+d)\ \text{且}\ k\circ(a,\ b)\overset{\text{def}}{=}(0,\ kb).$$

   [注. 这表明, 线性空间定义中算律 (8) 不能由其余算律推出. 换句话说, 算律 (8) 是独立的.]

5.2 线性相关性

为了讨论线性方程组的解与解之间的关系, 我们曾经把向量组的线性相关和线性无关等概念, 从几何空间推广到 n 元向量空间. 在这一节我们将把这些概念进一步推广到一般线性空间 $\boldsymbol{V}(\boldsymbol{F})$, 以便能够深入探讨 $\boldsymbol{V}$ 中向量与向量之间的关系. 本节主要介绍一般线性空间中向量组的线性组合、线性相关、线性无关等概念及其基本性质, 并讨论组合系数的求法和线性相关性的判断等问题. 为了利用矩阵来讨论各种问题, 本节还将介绍一种形式记号.

与 $\boldsymbol{F}^n$ 的情形一样, 一般线性空间 $\boldsymbol{V}(\boldsymbol{F})$ 中一个 **向量组**指的是, 从 $\boldsymbol{V}$ 中取出的有限个向量 (可重复取) 组成的一个有序向量列 $\{\boldsymbol{\alpha}_1,\boldsymbol{\alpha}_2,\cdots,\boldsymbol{\alpha}_s\}$. 我们仍然把这个向量列写成

$\boldsymbol{\alpha}_1, \boldsymbol{\alpha}_2, \cdots, \boldsymbol{\alpha}_s$. 但是为了避免产生混淆, 对于只含一个或两个向量的向量组, 还是用符号 $\{\boldsymbol{\alpha}_1\}$ 或 $\{\boldsymbol{\alpha}_1, \boldsymbol{\alpha}_2\}$ 来表示.

定义 5.2.1 设 $\boldsymbol{\alpha}_1, \boldsymbol{\alpha}_2, \cdots, \boldsymbol{\alpha}_s$ 是线性空间 $\boldsymbol{V}(\boldsymbol{F})$ 中 s 个向量, $k_1, k_2, \cdots, k_s$ 是数域 $\boldsymbol{F}$ 中 s 个数, 则 $k_1\boldsymbol{\alpha}_1 + k_2\boldsymbol{\alpha}_2 + \cdots + k_s\boldsymbol{\alpha}_s$ 是 $\boldsymbol{V}$ 中一个向量, 称为向量组 $\boldsymbol{\alpha}_1, \boldsymbol{\alpha}_2, \cdots, \boldsymbol{\alpha}_s$ 的一个 **线性组合**, 其中 $k_1, k_2, \cdots, k_s$ 称为 **组合系数.**

如果 $\boldsymbol{\beta}$ 是向量组 $\boldsymbol{\alpha}_1, \boldsymbol{\alpha}_2, \cdots, \boldsymbol{\alpha}_s$ 的一个线性组合, 即存在数域 $\boldsymbol{F}$ 中 s 个数 $k_1, k_2, \cdots, k_s$, 使得 $\boldsymbol{\beta} = k_1\boldsymbol{\alpha}_1 + k_2\boldsymbol{\alpha}_2 + \cdots + k_s\boldsymbol{\alpha}_s$, 那么也称向量 $\boldsymbol{\beta}$ 可由向量组 $\boldsymbol{\alpha}_1, \boldsymbol{\alpha}_2, \cdots, \boldsymbol{\alpha}_s$ **线性表示.**

与 n 元向量空间 $\boldsymbol{F}^n$ 的情形一样, 在线性空间 $\boldsymbol{V}(\boldsymbol{F})$ 中, 下列结论成立: 零向量 $\boldsymbol{\theta}$ 是任意向量组的一个线性组合; 向量 $\boldsymbol{\beta}$ 可由向量组 $\boldsymbol{\alpha}_1, \boldsymbol{\alpha}_2, \cdots, \boldsymbol{\alpha}_s$ 线性表示当且仅当向量方程 $\boldsymbol{\alpha}_1 x_1 + \boldsymbol{\alpha}_2 x_2 + \cdots + \boldsymbol{\alpha}_s x_s = \boldsymbol{\beta}$ 有解.

注意, 当向量 $\boldsymbol{\beta}$ 可由某个向量组线性表示时, 表示法可能不唯一 (即组合系数可能不唯一). 例如, 在 $\boldsymbol{F}^2$ 中, 如果

$$\boldsymbol{\beta} = (1, 0),\ \ \boldsymbol{\alpha}_1 = (1, 1),\ \ \boldsymbol{\alpha}_2 = (0, -1),\ \ \boldsymbol{\alpha}_3 = (1, 2),$$

那么有表示法 $\boldsymbol{\beta} = \boldsymbol{\alpha}_1 + \boldsymbol{\alpha}_2 + 0\boldsymbol{\alpha}_3$, 还有表示法 $\boldsymbol{\beta} = 2\boldsymbol{\alpha}_1 + 0\boldsymbol{\alpha}_2 - \boldsymbol{\alpha}_3$.

例 5.2.1 在矩阵空间 $\boldsymbol{M}_2(\boldsymbol{F})$ 中, 向量 $\boldsymbol{A} = \begin{pmatrix} 1 & 1 \\ 1 & 3 \end{pmatrix}$ 可由向量组

$$\boldsymbol{A}_1 = \begin{pmatrix} 1 & 1 \\ 2 & 0 \end{pmatrix},\ \boldsymbol{A}_2 = \begin{pmatrix} 1 & 2 \\ 0 & 3 \end{pmatrix},\ \boldsymbol{A}_3 = \begin{pmatrix} 1 & 0 \\ 2 & 3 \end{pmatrix}$$

线性表示. 事实上, 设 $\boldsymbol{A}_1 x_1 + \boldsymbol{A}_2 x_2 + \boldsymbol{A}_3 x_3 = \boldsymbol{A}$, 即

$$\begin{pmatrix} 1 & 1 \\ 2 & 0 \end{pmatrix} x_1 + \begin{pmatrix} 1 & 2 \\ 0 & 3 \end{pmatrix} x_2 + \begin{pmatrix} 1 & 0 \\ 2 & 3 \end{pmatrix} x_3 = \begin{pmatrix} 1 & 1 \\ 1 & 3 \end{pmatrix},$$

亦即

$$\begin{pmatrix} x_1 + x_2 + x_3 & x_1 + 2x_2 \\ 2x_1 + 2x_3 & 3x_2 + 3x_3 \end{pmatrix} = \begin{pmatrix} 1 & 1 \\ 1 & 3 \end{pmatrix}.$$

根据矩阵的相等定义, 上式等价于下列线性方程组:

$$x_1 + x_2 + x_3 = 1,\ \ x_1 + 2x_2 = 1,\ \ 2x_1 + 2x_3 = 1,\ \ 3x_2 + 3x_3 = 3.$$

经计算, 这个方程组的系数矩阵与增广矩阵的秩都等于 3, 所以方程组有解, 从而上述向量方程有解, 因此向量 $\boldsymbol{A}$ 可由向量组 $\boldsymbol{A}_1, \boldsymbol{A}_2, \boldsymbol{A}_3$ 线性表示.

例 5.2.2 在连续函数空间 $C[0, 2\pi]$ 中, 向量 $\cos 4x$ 是向量组

$$\sin^4 x,\ \ \sin^2 x \cos^2 x,\ \ \cos^4 x$$

的一个线性组合, 因为 $\cos 4x = \sin^4 x - 6\sin^2 x \cos^2 x + \cos^4 x$.

例 5.2.3 已知矩阵空间 $\boldsymbol{M}_{mn}(\boldsymbol{F})$ 中每一个向量 $\boldsymbol{A} = (a_{ij})$ 都可以表示成

$$\boldsymbol{A} = \sum_{i=1}^{m}\sum_{j=1}^{n} a_{ij}\boldsymbol{E}_{ij},$$

那么向量 $\boldsymbol{A}$ 是向量组 $\boldsymbol{E}_{11}, \boldsymbol{E}_{12}, \cdots, \boldsymbol{E}_{1n}, \boldsymbol{E}_{21}, \cdots, \boldsymbol{E}_{2n}, \cdots, \boldsymbol{E}_{m1}, \cdots, \boldsymbol{E}_{mn}$ 的一个线性组合, 这里每一个 $\boldsymbol{E}_{ij}$ 是一个 $m \times n$ 基本矩阵.

例 5.2.4 在 3 元行向量空间 $\boldsymbol{F}^3$ 中, 令

$$\boldsymbol{\beta} = (1, 2, 3), \quad \boldsymbol{\alpha}_1 = (1, 0, 1), \quad \boldsymbol{\alpha}_2 = (1, 1, 1),$$

则向量方程 $\boldsymbol{\alpha}_1 x_1 + \boldsymbol{\alpha}_2 x_2 = \boldsymbol{\beta}$ 可以写成 $(1, 0, 1)\, x_1 + (1, 1, 1)\, x_2 = (1, 2, 3)$, 它等价于线性方程组 $x_1 + x_2 = 1$, $x_2 = 2$, $x_1 + x_2 = 3$. 显然这个方程组无解, 因此向量 $\boldsymbol{\beta}$ 不可由向量组 $\{\boldsymbol{\alpha}_1, \boldsymbol{\alpha}_2\}$ 线性表示.

定义 5.2.2 设 $\boldsymbol{\alpha}_1, \boldsymbol{\alpha}_2, \cdots, \boldsymbol{\alpha}_s$ 是线性空间 $\boldsymbol{V}(\boldsymbol{F})$ 中 s 个向量. 如果存在数域 $\boldsymbol{F}$ 中 s 个不全为零的数 $k_1, k_2, \cdots, k_s$, 使得 $k_1\boldsymbol{\alpha}_1 + k_2\boldsymbol{\alpha}_2 + \cdots + k_s\boldsymbol{\alpha}_s = \boldsymbol{\theta}$, 那么向量组 $\boldsymbol{\alpha}_1, \boldsymbol{\alpha}_2, \cdots, \boldsymbol{\alpha}_s$ 称为 **线性相关的**. 否则, 称为 **线性无关的**.

根据定义, 线性空间 $\boldsymbol{V}(\boldsymbol{F})$ 中每一个向量组不是线性相关, 就是线性无关. 我们把线性相关与线性无关统称为 **线性相关性**.

与 n 元向量空间 $\boldsymbol{F}^n$ 的情形一样, 在一般线性空间 $\boldsymbol{V}(\boldsymbol{F})$ 中, 如下结论成立: 含零向量 $\boldsymbol{\theta}$ 的任意向量组必线性相关; 向量组 $\boldsymbol{\alpha}_1, \boldsymbol{\alpha}_2, \cdots, \boldsymbol{\alpha}_s$ 线性相关当且仅当向量方程

$$\boldsymbol{\alpha}_1 x_1 + \boldsymbol{\alpha}_2 x_2 + \cdots + \boldsymbol{\alpha}_s x_s = \boldsymbol{\theta}$$

有非零解; 只含一个向量的向量组 $\{\boldsymbol{\alpha}_1\}$ 线性相关当且仅当 $\boldsymbol{\alpha}_1 = \boldsymbol{\theta}$.

已知 $\boldsymbol{F}^n$ 中标准向量组 $\varepsilon_1, \varepsilon_2, \cdots, \varepsilon_n$ 线性无关. 容易看出, $\boldsymbol{F}[x]$ 中向量组 $1, x, x^2, \cdots, x^{n-1}$ 线性无关 (这里 n 是任意正整数). 不难验证, $\boldsymbol{M}_{mn}(\boldsymbol{F})$ 中由 $m \times n$ 个基本矩阵组成的下列向量组也线性无关: $\boldsymbol{E}_{11}, \boldsymbol{E}_{12}, \cdots, \boldsymbol{E}_{1n}, \boldsymbol{E}_{21}, \cdots, \boldsymbol{E}_{2n}, \cdots, \boldsymbol{E}_{m1}, \cdots, \boldsymbol{E}_{mn}$.

下面讨论向量组的线性组合与线性相关性的基本性质.

命题 5.2.1 在线性空间 $\boldsymbol{V}(\boldsymbol{F})$ 中, 设向量组 $\boldsymbol{\alpha}_1, \boldsymbol{\alpha}_2, \cdots, \boldsymbol{\alpha}_s$ 线性无关. 如果向量组 $\boldsymbol{\alpha}_1, \boldsymbol{\alpha}_2, \cdots, \boldsymbol{\alpha}_s, \boldsymbol{\beta}$ 线性相关, 那么 $\boldsymbol{\beta}$ 可由 $\boldsymbol{\alpha}_1, \boldsymbol{\alpha}_2, \cdots, \boldsymbol{\alpha}_s$ 线性表示.

证明 已知向量组 $\boldsymbol{\alpha}_1, \boldsymbol{\alpha}_2, \cdots, \boldsymbol{\alpha}_s, \boldsymbol{\beta}$ 线性相关, 那么存在数域 $\boldsymbol{F}$ 中 $s+1$ 个不全为零的数 $k_1, k_2, \cdots, k_s, l$, 使得

$$k_1\boldsymbol{\alpha}_1 + k_2\boldsymbol{\alpha}_2 + \cdots + k_s\boldsymbol{\alpha}_s + l\boldsymbol{\beta} = \boldsymbol{\theta}. \tag{5.2.1}$$

如果 $l = 0$, 那么上式变成 $k_1\boldsymbol{\alpha}_1 + k_2\boldsymbol{\alpha}_2 + \cdots + k_s\boldsymbol{\alpha}_s = \boldsymbol{\theta}$, 其中 $k_1, k_2, \cdots, k_s$ 不全为零. 这表明, 向量组 $\boldsymbol{\alpha}_1, \boldsymbol{\alpha}_2, \cdots, \boldsymbol{\alpha}_s$ 线性相关, 与已知条件矛盾, 所以 $l \neq 0$. 现在, 由 (5.2.1) 式, 有 $\boldsymbol{\beta} = -\dfrac{k_1}{l}\boldsymbol{\alpha}_1 - \dfrac{k_2}{l}\boldsymbol{\alpha}_2 - \cdots - \dfrac{k_s}{l}\boldsymbol{\alpha}_s$, 因此向量 $\boldsymbol{\beta}$ 可由向量组 $\boldsymbol{\alpha}_1, \boldsymbol{\alpha}_2, \cdots, \boldsymbol{\alpha}_s$ 线性表示. □

定理 5.2.2 在线性空间 $\boldsymbol{V}(\boldsymbol{F})$ 中, 向量组 $\boldsymbol{\alpha}_1, \boldsymbol{\alpha}_2, \cdots, \boldsymbol{\alpha}_s$ $(s > 1)$ 线性相关当且仅当其中有一个向量可由其余向量线性表示.

证明 设 $\boldsymbol{\alpha}_1, \boldsymbol{\alpha}_2, \cdots, \boldsymbol{\alpha}_s$ 线性相关, 则存在数域 $\boldsymbol{F}$ 中 s 个不全为零的数 $k_1, k_2, \cdots, k_s$, 使

得 $k_1\boldsymbol{\alpha}_1+k_2\boldsymbol{\alpha}_2+\cdots+k_s\boldsymbol{\alpha}_s=\boldsymbol{\theta}$. 不妨设 $k_i\neq 0$, 那么由 $s>1$, 有

$$\boldsymbol{\alpha}_i=-\frac{k_1}{k_i}\boldsymbol{\alpha}_1-\cdots-\frac{k_{i-1}}{k_i}\boldsymbol{\alpha}_{i-1}-\frac{k_{i+1}}{k_i}\boldsymbol{\alpha}_{i+1}-\cdots-\frac{k_s}{k_i}\boldsymbol{\alpha}_s,$$

所以向量 $\boldsymbol{\alpha}_i$ 可由向量组 $\boldsymbol{\alpha}_1,\cdots,\boldsymbol{\alpha}_{i-1},\boldsymbol{\alpha}_{i+1},\cdots,\boldsymbol{\alpha}_s$ 线性表示.

反之, 不妨设向量 $\boldsymbol{\alpha}_i$ 可由向量组 $\boldsymbol{\alpha}_1,\cdots,\boldsymbol{\alpha}_{i-1},\boldsymbol{\alpha}_{i+1},\cdots,\boldsymbol{\alpha}_s$ 线性表示, 那么存在 $k_1,\cdots,k_{i-1},k_{i+1},\cdots,k_s\in\boldsymbol{F}$, 使得

$$\boldsymbol{\alpha}_i=k_1\boldsymbol{\alpha}_1+\cdots+k_{i-1}\boldsymbol{\alpha}_{i-1}+k_{i+1}\boldsymbol{\alpha}_{i+1}+\cdots+k_s\boldsymbol{\alpha}_s,$$

即

$$k_1\boldsymbol{\alpha}_1+\cdots+k_{i-1}\boldsymbol{\alpha}_{i-1}+(-1)\boldsymbol{\alpha}_i+k_{i+1}\boldsymbol{\alpha}_{i+1}+\cdots+k_s\boldsymbol{\alpha}_s=\boldsymbol{\theta}.$$

上式中组合系数不全为零, 因而向量组 $\boldsymbol{\alpha}_1,\boldsymbol{\alpha}_2,\cdots,\boldsymbol{\alpha}_s$ 线性相关. □

注 5.2.1　定理 5.2.2 等价于如下结论: 当 $s>1$ 时, 向量组 $\boldsymbol{\alpha}_1,\boldsymbol{\alpha}_2,\cdots,\boldsymbol{\alpha}_s$ 线性无关当且仅当其中的每一个向量都不是其余向量的线性组合.

命题 5.2.3　*在 $\boldsymbol{V}(\boldsymbol{F})$ 中, 向量组 $\boldsymbol{\alpha}_1,\boldsymbol{\alpha}_2,\cdots,\boldsymbol{\alpha}_s$ $(s>1)$ 线性无关当且仅当 $\boldsymbol{\alpha}_1\neq\boldsymbol{\theta}$, 并且每一个 $\boldsymbol{\alpha}_i$ 都不可由 $\boldsymbol{\alpha}_1,\boldsymbol{\alpha}_2,\cdots,\boldsymbol{\alpha}_{i-1}$ 线性表示 $(1<i\leqslant s)$.*

证明　*必要性.* 已知向量组 $\boldsymbol{\alpha}_1,\boldsymbol{\alpha}_2,\cdots,\boldsymbol{\alpha}_s$ 线性无关, 那么向量方程

$$\boldsymbol{\alpha}_1x_1+\boldsymbol{\alpha}_2x_2+\cdots+\boldsymbol{\alpha}_sx_s=\boldsymbol{\theta}$$

只有零解. 易见由它的前 i 项组成的下列向量方程不可能有非零解:

$$\boldsymbol{\alpha}_1x_1+\boldsymbol{\alpha}_2x_2+\cdots+\boldsymbol{\alpha}_ix_i=\boldsymbol{\theta},\ i=1,2,\cdots,s.$$

因此向量组 $\boldsymbol{\alpha}_1,\boldsymbol{\alpha}_2,\cdots,\boldsymbol{\alpha}_i$ 线性无关. 于是当 $i=1$ 时, 有 $\boldsymbol{\alpha}_1\neq\boldsymbol{\theta}$. 当 $i>1$ 时, 根据注 5.2.1, 向量 $\boldsymbol{\alpha}_i$ 不可由向量组 $\boldsymbol{\alpha}_1,\boldsymbol{\alpha}_2,\cdots,\boldsymbol{\alpha}_{i-1}$ 线性表示.

充分性. 若不然, 则向量组 $\boldsymbol{\alpha}_1,\boldsymbol{\alpha}_2,\cdots,\boldsymbol{\alpha}_s$ 线性相关, 所以向量方程

$$\boldsymbol{\alpha}_1x_1+\boldsymbol{\alpha}_2x_2+\cdots+\boldsymbol{\alpha}_sx_s=\boldsymbol{\theta}$$

有非零解. 设 $(k_1,k_2,\cdots,k_{i_0},0,\cdots,0)$ 是它的一个非零解, 其中 $k_{i_0}\neq 0$, 则

$$k_1\boldsymbol{\alpha}_1+k_2\boldsymbol{\alpha}_2+\cdots+k_{i_0}\boldsymbol{\alpha}_{i_0}=\boldsymbol{\theta}.\tag{5.2.2}$$

现在, 如果 $i_0=1$, 那么 $k_1\neq 0$, 并且上式变成 $k_1\boldsymbol{\alpha}_1=\boldsymbol{\theta}$, 所以 $\boldsymbol{\alpha}_1=\boldsymbol{\theta}$. 这与充分性假定的前一部分矛盾. 如果 $i_0>1$, 那么由 (5.2.2) 式, 有

$$\boldsymbol{\alpha}_{i_0}=-\frac{k_1}{k_{i_0}}\boldsymbol{\alpha}_1-\frac{k_2}{k_{i_0}}\boldsymbol{\alpha}_2-\cdots-\frac{k_{i_0-1}}{k_{i_0}}\boldsymbol{\alpha}_{i_0-1},$$

所以 $\boldsymbol{\alpha}_{i_0}$ 可由 $\boldsymbol{\alpha}_1,\boldsymbol{\alpha}_2,\cdots,\boldsymbol{\alpha}_{i_0-1}$ 线性表示. 这与充分性假定的后一部分矛盾. 因此向量组 $\boldsymbol{\alpha}_1,\boldsymbol{\alpha}_2,\cdots,\boldsymbol{\alpha}_s$ 线性无关. □

例 5.2.5　设 $\boldsymbol{\alpha}_1,\boldsymbol{\alpha}_2,\boldsymbol{\alpha}_3$ 是一般线性空间 $\boldsymbol{V}(\boldsymbol{F})$ 中 3 个向量. 令

$$\boldsymbol{\beta}_1=\boldsymbol{\alpha}_1+\boldsymbol{\alpha}_2+\boldsymbol{\alpha}_3,\ \boldsymbol{\beta}_2=2\boldsymbol{\alpha}_1-\boldsymbol{\alpha}_2+2\boldsymbol{\alpha}_3,\ \boldsymbol{\beta}_3=\boldsymbol{\alpha}_1+\boldsymbol{\alpha}_3.$$

因为

$$(\boldsymbol{\alpha}_1+\boldsymbol{\alpha}_2+\boldsymbol{\alpha}_3)+(2\boldsymbol{\alpha}_1-\boldsymbol{\alpha}_2+2\boldsymbol{\alpha}_3)=3(\boldsymbol{\alpha}_1+\boldsymbol{\alpha}_3),$$

所以 $\boldsymbol{\beta}_3=\dfrac{1}{3}\boldsymbol{\beta}_1+\dfrac{1}{3}\boldsymbol{\beta}_2$. 根据定理 5.2.2, 向量组 $\boldsymbol{\beta}_1, \boldsymbol{\beta}_2, \boldsymbol{\beta}_3$ 线性相关.

仿照行乘列法则, 上例中向量组 $\boldsymbol{\beta}_1, \boldsymbol{\beta}_2, \boldsymbol{\beta}_3$ 可以形式地表示成

$$\boldsymbol{\beta}_1=(\boldsymbol{\alpha}_1, \boldsymbol{\alpha}_2, \boldsymbol{\alpha}_3)\begin{pmatrix}1\\1\\1\end{pmatrix},\quad \boldsymbol{\beta}_2=(\boldsymbol{\alpha}_1, \boldsymbol{\alpha}_2, \boldsymbol{\alpha}_3)\begin{pmatrix}2\\-1\\2\end{pmatrix},\quad \boldsymbol{\beta}_3=(\boldsymbol{\alpha}_1, \boldsymbol{\alpha}_2, \boldsymbol{\alpha}_3)\begin{pmatrix}1\\0\\1\end{pmatrix},$$

进而可以表示成

$$(\boldsymbol{\beta}_1, \boldsymbol{\beta}_2, \boldsymbol{\beta}_3)=(\boldsymbol{\alpha}_1, \boldsymbol{\alpha}_2, \boldsymbol{\alpha}_3)\begin{pmatrix}1&2&1\\1&-1&0\\1&2&1\end{pmatrix}.$$

类似地, 向量方程 $\boldsymbol{\alpha}_1x_1+\boldsymbol{\alpha}_2x_2+\cdots+\boldsymbol{\alpha}_sx_s=\boldsymbol{\theta}$ 可以形式地表示成

$$(\boldsymbol{\alpha}_1, \boldsymbol{\alpha}_2, \cdots, \boldsymbol{\alpha}_s)\boldsymbol{X}=\boldsymbol{\theta},\ \text{其中}\ \boldsymbol{X}=(x_1, x_2, \cdots, x_s)'.$$

为了把上述形式记号推广到一般情形, 我们规定: 对线性空间 $\boldsymbol{V}(\boldsymbol{F})$ 中任意两组向量 $\xi_1, \xi_2, \cdots, \xi_s$ 与 $\boldsymbol{\eta}_1, \boldsymbol{\eta}_2, \cdots, \boldsymbol{\eta}_t$, 等式 $(\xi_1, \xi_2, \cdots, \xi_s)=(\boldsymbol{\eta}_1, \boldsymbol{\eta}_2, \cdots, \boldsymbol{\eta}_t)$ 成立当且仅当 $s=t$, 并且 $\xi_i=\boldsymbol{\eta}_i,\ \ i=1, 2, \cdots, s$.

现在, 仿照行乘列法则, 下列 t 个组合式

$$\begin{cases}\boldsymbol{\beta}_1=a_{11}\boldsymbol{\alpha}_1+a_{21}\boldsymbol{\alpha}_2+\cdots+a_{s1}\boldsymbol{\alpha}_s,\\ \boldsymbol{\beta}_2=a_{12}\boldsymbol{\alpha}_1+a_{22}\boldsymbol{\alpha}_2+\cdots+a_{s2}\boldsymbol{\alpha}_s,\\ \qquad\vdots\\ \boldsymbol{\beta}_t=a_{1t}\boldsymbol{\alpha}_1+a_{2t}\boldsymbol{\alpha}_2+\cdots+a_{st}\boldsymbol{\alpha}_s\end{cases}$$

可以形式地表示成

$$(\boldsymbol{\beta}_1, \boldsymbol{\beta}_2, \cdots, \boldsymbol{\beta}_t)=(\boldsymbol{\alpha}_1, \boldsymbol{\alpha}_2, \cdots, \boldsymbol{\alpha}_s)\begin{pmatrix}a_{11}&a_{12}&\cdots&a_{1t}\\a_{21}&a_{22}&\cdots&a_{2t}\\\vdots&\vdots&&\vdots\\a_{s1}&a_{s2}&\cdots&a_{st}\end{pmatrix},$$

这里第 i 个组合式中组合系数是上式右边的矩阵的第 i 列 $(i=1, 2, \cdots, t)$.

设 $(\boldsymbol{\beta}_1, \cdots, \boldsymbol{\beta}_t)=(\boldsymbol{\alpha}_1, \cdots, \boldsymbol{\alpha}_s)\boldsymbol{A}_1$ 且 $(\gamma_1, \cdots, \gamma_r)=(\boldsymbol{\alpha}_1, \cdots, \boldsymbol{\alpha}_s)\boldsymbol{A}_2$, 则 $\boldsymbol{A}_1$ 与 $\boldsymbol{A}_2$ 的型分别是 $s\times t$ 与 $s\times r$. 令 $\boldsymbol{0}$ 的型是 $r\times t$. 容易看出, 下列等式成立:

$$(\boldsymbol{\beta}_1, \boldsymbol{\beta}_2, \cdots, \boldsymbol{\beta}_t)=(\boldsymbol{\alpha}_1, \boldsymbol{\alpha}_2, \cdots, \boldsymbol{\alpha}_s, \gamma_1, \cdots, \gamma_r)\begin{pmatrix}\boldsymbol{A}_1\\\boldsymbol{0}\end{pmatrix},$$

$$(\boldsymbol{\beta}_1, \boldsymbol{\beta}_2, \cdots, \boldsymbol{\beta}_t, \gamma_1, \cdots, \gamma_r)=(\boldsymbol{\alpha}_1, \boldsymbol{\alpha}_2, \cdots, \boldsymbol{\alpha}_s)(\boldsymbol{A}_1, \boldsymbol{A}_2).$$

再设 $\boldsymbol{A}\in\boldsymbol{M}_{st}(\boldsymbol{F})$ 且 $\boldsymbol{B}\in\boldsymbol{M}_{tu}(\boldsymbol{F})$. 与矩阵乘法结合律的证明类似, 可证

$$[(\boldsymbol{\alpha}_1, \boldsymbol{\alpha}_2, \cdots, \boldsymbol{\alpha}_s)\boldsymbol{A}]\boldsymbol{B}=(\boldsymbol{\alpha}_1, \boldsymbol{\alpha}_2, \cdots, \boldsymbol{\alpha}_s)(\boldsymbol{A}\boldsymbol{B}). \tag{5.2.3}$$

其次, 规定 $(\boldsymbol{\alpha}_1, \cdots, \boldsymbol{\alpha}_s)+(\boldsymbol{\beta}_1, \cdots, \boldsymbol{\beta}_s)\overset{\text{def}}{=}(\boldsymbol{\alpha}_1+\boldsymbol{\beta}_1, \cdots, \boldsymbol{\alpha}_s+\boldsymbol{\beta}_s)$ 且

$$k(\boldsymbol{\alpha}_1, \boldsymbol{\alpha}_2, \cdots, \boldsymbol{\alpha}_s)\overset{\text{def}}{=}(k\boldsymbol{\alpha}_1, k\boldsymbol{\alpha}_2, \cdots, k\boldsymbol{\alpha}_s),\quad k\in\boldsymbol{F}.$$

容易验证, 对任意的 $\boldsymbol{A}, \boldsymbol{B}\in \boldsymbol{M}_{st}(\boldsymbol{F})$, 下列等式成立:

$$(\boldsymbol{\alpha}_1, \cdots, \boldsymbol{\alpha}_s)\boldsymbol{A}+(\boldsymbol{\alpha}_1, \cdots, \boldsymbol{\alpha}_s)\boldsymbol{B}=(\boldsymbol{\alpha}_1, \cdots, \boldsymbol{\alpha}_s)(\boldsymbol{A}+\boldsymbol{B}), \tag{5.2.4}$$

$$k[(\boldsymbol{\alpha}_1, \boldsymbol{\alpha}_2, \cdots, \boldsymbol{\alpha}_s)\boldsymbol{A}]=(\boldsymbol{\alpha}_1, \boldsymbol{\alpha}_2, \cdots, \boldsymbol{\alpha}_s)(k\boldsymbol{A}). \tag{5.2.5}$$

命题 5.2.4　设 $\boldsymbol{A}$ 是数域 $\boldsymbol{F}$ 上一个 $m\times n$ 矩阵, 则 $\boldsymbol{A}$ 的列向量组线性无关当且仅当它是列满秩的, $\boldsymbol{A}$ 的行向量组线性无关当且仅当它是行满秩的.

证明　设 $\boldsymbol{\beta}_1, \boldsymbol{\beta}_2, \cdots, \boldsymbol{\beta}_n$ 是 $\boldsymbol{A}$ 的列向量组, 则齐次线性方程组 $\boldsymbol{AX}=\boldsymbol{0}$ 就是向量方程 $(\boldsymbol{\beta}_1, \boldsymbol{\beta}_2, \cdots, \boldsymbol{\beta}_t)\boldsymbol{X}=\boldsymbol{0}$. 已知向量组 $\boldsymbol{\beta}_1, \boldsymbol{\beta}_2, \cdots, \boldsymbol{\beta}_n$ 线性无关等价于上述向量方程只有零解. 又已知方程组 $\boldsymbol{AX}=\boldsymbol{0}$ 只有零解等价于系数矩阵 $\boldsymbol{A}$ 是列满秩的, 那么前一个结论成立. 其次, 显然 $\boldsymbol{A}$ 的行向量组线性无关等价于 $\boldsymbol{A}'$ 的列向量组线性无关, 并且 $\boldsymbol{A}'$ 是列满秩的等价于 $\boldsymbol{A}$ 是行满秩的. 于是由前一个结论可见, 后一个结论也成立. □

例 5.2.6　判断下列向量组的线性相关性:

$$\boldsymbol{\alpha}_1=(1, 2, 1, 1, 0),\ \ \boldsymbol{\alpha}_2=(1, 3, 2, 3, 1),\ \ \boldsymbol{\alpha}_3=(2, 5, 3, 1, 1).$$

解　设 $\boldsymbol{A}$ 是以 $\boldsymbol{\alpha}_1, \boldsymbol{\alpha}_2, \boldsymbol{\alpha}_3$ 作为行向量组的矩阵. 经计算, $\boldsymbol{A}$ 的秩等于 3, 即 $\boldsymbol{A}$ 是行满秩的. 根据命题 5.2.4, 向量组 $\boldsymbol{\alpha}_1, \boldsymbol{\alpha}_2, \boldsymbol{\alpha}_3$ 线性无关.

定理 5.2.5　设 $\xi_1, \xi_2, \cdots, \xi_s$ 是线性空间 $\boldsymbol{V}(\boldsymbol{F})$ 中一个线性无关向量组, 并设 $\boldsymbol{A}$ 是数域 $\boldsymbol{F}$ 上一个 $s\times t$ 矩阵. 令 $(\boldsymbol{\eta}_1, \boldsymbol{\eta}_2, \cdots, \boldsymbol{\eta}_t)=(\xi_1, \xi_2, \cdots, \xi_s)\boldsymbol{A}$, 并令 $\boldsymbol{\beta}_1, \boldsymbol{\beta}_2, \cdots, \boldsymbol{\beta}_t$ 是 $\boldsymbol{A}$ 的列向量组, 则

(1) 向量方程 $(\boldsymbol{\eta}_1, \boldsymbol{\eta}_2, \cdots, \boldsymbol{\eta}_t)\boldsymbol{X}=\boldsymbol{\theta}$ 与齐次线性方程组 $\boldsymbol{AX}=\boldsymbol{0}$ 同解;

(2) 向量组 $\boldsymbol{\eta}_1, \boldsymbol{\eta}_2, \cdots, \boldsymbol{\eta}_t$ 线性无关当且仅当矩阵 $\boldsymbol{A}$ 是列满秩的, 或者等价地, 当且仅当 $\boldsymbol{\beta}_1, \boldsymbol{\beta}_2, \cdots, \boldsymbol{\beta}_t$ 线性无关;

(3) 向量方程 $(\boldsymbol{\eta}_1, \boldsymbol{\eta}_2, \cdots, \boldsymbol{\eta}_{t-1})\boldsymbol{Y}=\boldsymbol{\eta}_t$ 与 $(\boldsymbol{\beta}_1, \boldsymbol{\beta}_2, \cdots, \boldsymbol{\beta}_{t-1})\boldsymbol{Y}=\boldsymbol{\beta}_t$ 同解.

证明　(1) 已知 $(\boldsymbol{\eta}_1, \boldsymbol{\eta}_2, \cdots, \boldsymbol{\eta}_t)=(\xi_1, \xi_2, \cdots, \xi_s)\boldsymbol{A}$, 那么

$$(\boldsymbol{\eta}_1, \boldsymbol{\eta}_2, \cdots, \boldsymbol{\eta}_t)\boldsymbol{X}=\left[(\xi_1, \xi_2, \cdots, \xi_s)\boldsymbol{A}\right]\boldsymbol{X},$$

这里 $\boldsymbol{X}=(x_1, x_2, \cdots, x_t)'$. 根据 (5.2.3) 式, 有

$$(\boldsymbol{\eta}_1, \boldsymbol{\eta}_2, \cdots, \boldsymbol{\eta}_t)\boldsymbol{X}=(\xi_1, \xi_2, \cdots, \xi_s)(\boldsymbol{AX}). \tag{5.2.6}$$

现在, 若 $\boldsymbol{\gamma}$ 是向量方程 $(\boldsymbol{\eta}_1, \boldsymbol{\eta}_2, \cdots, \boldsymbol{\eta}_t)\boldsymbol{X}=\boldsymbol{\theta}$ 的解, 则由 (5.2.6) 式, 有

$$(\xi_1, \xi_2, \cdots, \xi_s)(\boldsymbol{A\gamma})=\boldsymbol{\theta}.$$

已知向量组 $\xi_1, \xi_2, \cdots, \xi_s$ 线性无关, 那么上式中组合系数只能全为零, 所以 $\boldsymbol{A\gamma}=\boldsymbol{0}$, 因此 $\boldsymbol{\gamma}$ 也是方程组 $\boldsymbol{AX}=\boldsymbol{0}$ 的解. 另一方面, 设 $\boldsymbol{\gamma}$ 是方程组 $\boldsymbol{AX}=\boldsymbol{0}$ 的解, 则由 (5.2.6) 式易见, 它也是向量方程 $(\boldsymbol{\eta}_1, \boldsymbol{\eta}_2, \cdots, \boldsymbol{\eta}_t)\boldsymbol{X}=\boldsymbol{\theta}$ 的解. 因此向量方程 $(\boldsymbol{\eta}_1, \boldsymbol{\eta}_2, \cdots, \boldsymbol{\eta}_t)\boldsymbol{X}=\boldsymbol{\theta}$ 与齐次线性方程组 $\boldsymbol{AX}=\boldsymbol{0}$ 同解.

(2) 根据命题 5.2.4, 只须证前一个结论. 设 $\boldsymbol{\eta}_1, \boldsymbol{\eta}_2, \cdots, \boldsymbol{\eta}_t$ 线性无关, 则向量方程 $(\boldsymbol{\eta}_1, \boldsymbol{\eta}_2, \cdots, \boldsymbol{\eta}_t)\boldsymbol{X} = \boldsymbol{\theta}$ 只有零解. 根据 (1), 齐次线性方程组 $\boldsymbol{AX} = \boldsymbol{0}$ 只有零解, 所以 $\boldsymbol{A}$ 是列满秩的. 必要性成立. 类似地, 可证充分性.

(3) 设 $\boldsymbol{Y} = (y_1, y_2, \cdots, y_{t-1})'$, 则向量方程 $(\boldsymbol{\eta}_1, \boldsymbol{\eta}_2, \cdots, \boldsymbol{\eta}_{t-1})Y = \boldsymbol{\eta}_t$ 就是

$$\boldsymbol{\eta}_1 y_1 + \boldsymbol{\eta}_2 y_2 + \cdots + \boldsymbol{\eta}_{t-1} y_{t-1} - \boldsymbol{\eta}_t = \boldsymbol{\theta}.$$

令 $\boldsymbol{X} = (y_1, y_2, \cdots, y_{t-1}, -1)'$, 则上述向量方程等价于 $(\boldsymbol{\eta}_1, \boldsymbol{\eta}_2, \cdots, \boldsymbol{\eta}_t)\boldsymbol{X} = \boldsymbol{\theta}$. 类似地, 向量方程 $(\boldsymbol{\beta}_1, \boldsymbol{\beta}_2, \cdots, \boldsymbol{\beta}_{t-1})\boldsymbol{Y} = \boldsymbol{\beta}_t$ 等价于 $\boldsymbol{AX} = \boldsymbol{0}$. 现在, 由 (1) 可见, 所给的两个向量方程同解. □

注意, 上述定理中条件 "向量组 $\xi_1, \xi_2, \cdots, \xi_s$ 线性无关" 是必不可少的, 否则定理不成立.

例 5.2.7 在多项式空间 $\boldsymbol{F}[x]$ 中, 判断下列向量组的线性相关性:

$$f_1(x) = 1,\ \ f_2(x) = 1 + x + x^2,\ \ f_3(x) = 1 + 2x + x^3.$$

解 1 设 $k_1 f_1(x) + k_2 f_2(x) + k_3 f_3(x) = 0$, 则

$$k_1 + k_2(1 + x + x^2) + k_3(1 + 2x + x^3) = 0,$$

即

$$(k_1 + k_2 + k_3) + (k_2 + 2k_3)x + k_2 x^2 + k_3 x^3 = 0,$$

所以

$$k_1 + k_2 + k_3 = 0,\ \ k_2 + 2k_3 = 0,\ \ k_2 = 0,\ \ k_3 = 0,$$

因此 $k_1 = k_2 = k_3 = 0$, 故向量组 $f_1(x), f_2(x), f_3(x)$ 线性无关.

解 2 容易看出, 向量组 $f_1(x), f_2(x), f_3(x)$ 可以表示成

$$\big(f_1(x), f_2(x), f_3(x)\big) = (1, x, x^2, x^3)\begin{pmatrix} 1 & 1 & 1 \\ 0 & 1 & 2 \\ 0 & 1 & 0 \\ 0 & 0 & 1 \end{pmatrix}.$$

已知向量组 $1, x, x^2, x^3$ 线性无关. 显然上式右边的矩阵是列满秩的. 根据定理 5.2.5, 向量组 $f_1(x), f_2(x), f_3(x)$ 线性无关.

解 3 已知 $f_1(x) = 1$, 那么 $f_1(x) \neq 0$. 又已知 $f_2(x)$ 是一个二次多项式, 那么对任意的 $k \in \boldsymbol{F}$, 有 $f_2(x) \neq k f_1(x)$, 即向量 $f_2(x)$ 不可由向量组 $\{f_1(x)\}$ 线性表示. 类似地, 向量 $f_3(x)$ 不可由向量组 $\{f_1(x), f_2(x)\}$ 线性表示. 根据命题 5.2.3, 向量组 $f_1(x), f_2(x), f_3(x)$ 线性无关.

我们知道, 函数的相等与恒等是两个等价的概念. 于是可以用函数的恒等来判断由一些函数组成的向量组的线性相关性.

解 4 设 $k_1 f_1(x) + k_2 f_2(x) + k_3 f_3(x) = 0$. 分别令 $x = 0, x = 1, x = -1$, 则

$$\begin{cases} k_1 f_1(0) + k_2 f_2(0) + k_3 f_3(0) = 0, \\ k_1 f_1(1) + k_2 f_2(1) + k_3 f_3(1) = 0, \\ k_1 f_1(-1) + k_2 f_2(-1) + k_3 f_3(-1) = 0. \end{cases}$$

经计算, 得 $k_1+k_2+k_3=0$, $k_1+3k_2+4k_3=0$, $k_1+k_2-2k_3=0$. 由此解得 $k_1=k_2=k_3=0$. 因此向量组 $f_1(x), f_2(x), f_3(x)$ 线性无关.

由一个向量组的部分向量组成的向量组称为原向量组的一个 **部分组**. 特别地, 原向量组可以看作它自身的一个部分组. 添加有限个向量到原向量组所得的向量组称为原向量组的一个 **扩充组**. 不难看出, 相对于部分组来说, 原向量组是它的一个扩充组; 相对于扩充组来说, 原向量组是它的一个部分组.

命题 5.2.6 在线性空间 $\boldsymbol{V}(\boldsymbol{F})$ 中, 若一个向量组线性无关, 则它的每一个部分组都线性无关; 若一个向量组线性相关, 则它的每一个扩充组都线性相关.

证明 命题的后半部分是前半部分的逆否命题, 只须证前半部分. 设向量组 $\boldsymbol{\alpha}_1, \boldsymbol{\alpha}_2, \cdots, \boldsymbol{\alpha}_s$ 线性无关, 则下列向量方程只有零解:

$$\boldsymbol{\alpha}_1 x_1+\boldsymbol{\alpha}_2 x_2+\cdots+\boldsymbol{\alpha}_s x_s=\boldsymbol{\theta}.$$

令 $\boldsymbol{\alpha}_{i_1}, \boldsymbol{\alpha}_{i_2}, \cdots, \boldsymbol{\alpha}_{i_r}$ 是原向量组的一个部分组, 则由上式可见, 向量方程

$$\boldsymbol{\alpha}_{i_1} x_{i_1}+\boldsymbol{\alpha}_{i_2} x_{i_2}+\cdots+\boldsymbol{\alpha}_{i_r} x_{i_r}=\boldsymbol{\theta}$$

不可能有非零解, 因此 $\boldsymbol{\alpha}_{i_1}, \boldsymbol{\alpha}_{i_2}, \cdots, \boldsymbol{\alpha}_{i_r}$ 线性无关, 故命题的前半部分成立. □

设 $\boldsymbol{\alpha}_1, \boldsymbol{\alpha}_2, \cdots, \boldsymbol{\alpha}_s$ 是 n 元向量空间 $\boldsymbol{F}^n$ 中一个向量组. 如果在每一个 $\boldsymbol{\alpha}_i$ 的某些分量之间都添加若干个分量, 当添加的位置相同, 并且每一个位置上添加的分量个数也相同时, 所得的向量组 $\boldsymbol{\beta}_1, \boldsymbol{\beta}_2, \cdots, \boldsymbol{\beta}_s$ 称为 $\boldsymbol{\alpha}_1, \boldsymbol{\alpha}_2, \cdots, \boldsymbol{\alpha}_s$ 的一个 **延伸组**. 此时, 向量组 $\boldsymbol{\alpha}_1, \boldsymbol{\alpha}_2, \cdots, \boldsymbol{\alpha}_s$ 也称为 $\boldsymbol{\beta}_1, \boldsymbol{\beta}_2, \cdots, \boldsymbol{\beta}_s$ 的一个 **缩短组**. 例如, 设 $\boldsymbol{\alpha}_1=(a_{11}, a_{12})$, $\boldsymbol{\alpha}_2=(a_{21}, a_{22})$. 令

$$\boldsymbol{\beta}_1=(a_{11}, b_{11}, b_{12}, a_{12}),\ \boldsymbol{\beta}_2=(a_{21}, b_{21}, b_{22}, a_{22}),$$

则 $\{\boldsymbol{\beta}_1, \boldsymbol{\beta}_2\}$ 是 $\{\boldsymbol{\alpha}_1, \boldsymbol{\alpha}_2\}$ 的一个延伸组. 再令

$$\gamma_1=(b_{11}, a_{11}, b_{12}, a_{12}),\ \gamma_2=(a_{21}, b_{21}, b_{22}, a_{22}),$$

则 $\{\gamma_1, \gamma_2\}$ 不是 $\{\boldsymbol{\alpha}_1, \boldsymbol{\alpha}_2\}$ 的延伸组. 这是因为 a_{11} 的前面添加了一个分量 b_{11}, 但 a_{21} 的前面没有添加任何分量.

注意, 每一个向量组与它的部分组 (或扩充组) 是同一个线性空间中两个向量组, 但它们所含向量的个数一般不相同. 在一般线性空间 $\boldsymbol{V}(\boldsymbol{F})$ 中, 没有延伸组和缩短组的概念. 在 n 元向量空间 $\boldsymbol{F}^n$ 中, 每一个向量组与它的延伸组 (或缩短组) 所含向量的个数是相同的, 但延伸组和缩短组都不是 $\boldsymbol{F}^n$ 中的向量组.

命题 5.2.7 在 $\boldsymbol{F}^n$ 中, 如果一个向量组线性无关, 那么它的每一个延伸组都线性无关; 如果一个向量组线性相关, 那么它的每一个缩短组都线性相关.

证明 命题的后半部分是前半部分的逆否命题, 只须证前半部分. 不妨假定 $\boldsymbol{\alpha}_1, \boldsymbol{\alpha}_2, \cdots, \boldsymbol{\alpha}_s$ 是 n 元列向量空间 $\boldsymbol{F}^n$ 中一个线性无关向量组. 令 $\boldsymbol{\beta}_1, \boldsymbol{\beta}_2, \cdots, \boldsymbol{\beta}_s$ 是它的一个延伸组, 并令

$\boldsymbol{A}=(\boldsymbol{\alpha}_1,\boldsymbol{\alpha}_2,\cdots,\boldsymbol{\alpha}_s)$ 且 $\boldsymbol{B}=(\boldsymbol{\beta}_1,\boldsymbol{\beta}_2,\cdots,\boldsymbol{\beta}_s)$. 根据延伸组的定义, $\boldsymbol{B}$ 是在矩阵 $\boldsymbol{A}$ 的某些行之间添加一些行所得的矩阵, 所以 $\boldsymbol{A}$ 的秩不超过 $\boldsymbol{B}$ 的秩, 即 $\operatorname{rank}(\boldsymbol{A})\leqslant\operatorname{rank}(\boldsymbol{B})$. 其次, 因为向量组 $\boldsymbol{\alpha}_1,\boldsymbol{\alpha}_2,\cdots,\boldsymbol{\alpha}_s$ 线性无关, 根据命题 5.2.4, $\boldsymbol{A}$ 是列满秩的, 即 $\operatorname{rank}(\boldsymbol{A})=s$. 于是上述不等式可以改写成 $s\leqslant\operatorname{rank}(\boldsymbol{B})$. 注意到 $\boldsymbol{B}$ 的秩不可能超过它的列数 s, 又有 $\operatorname{rank}(\boldsymbol{B})\leqslant s$, 因此 $\operatorname{rank}(\boldsymbol{B})=s$, 即 $\boldsymbol{B}$ 是列满秩的. 再由命题 5.2.4, $\boldsymbol{\beta}_1,\boldsymbol{\beta}_2,\cdots,\boldsymbol{\beta}_s$ 线性无关. 这就证明了命题的前半部分. □

习题 5.2

1. 把向量 $\boldsymbol{\beta}$ 表示成向量组 $\boldsymbol{\alpha}_1,\boldsymbol{\alpha}_2,\boldsymbol{\alpha}_3,\boldsymbol{\alpha}_4$ 的一个线性组合, 这里

   (1) $\boldsymbol{\beta}=1+2x+x^2+x^3$, $\boldsymbol{\alpha}_1=1+x+x^2+x^3$, $\boldsymbol{\alpha}_2=1+x-x^2-x^3$, $\boldsymbol{\alpha}_3=1-x+x^2-x^3$, $\boldsymbol{\alpha}_4=1-x-x^2+x^3$;

   (2) $\boldsymbol{\beta}=\begin{pmatrix}0&0\\0&1\end{pmatrix}$, $\boldsymbol{\alpha}_1=\begin{pmatrix}1&1\\0&1\end{pmatrix}$, $\boldsymbol{\alpha}_2=\begin{pmatrix}2&1\\3&1\end{pmatrix}$, $\boldsymbol{\alpha}_3=\begin{pmatrix}1&1\\0&0\end{pmatrix}$, $\boldsymbol{\alpha}_4=\begin{pmatrix}0&1\\-1&-1\end{pmatrix}$.

2. 设 $\boldsymbol{\alpha}_1,\boldsymbol{\alpha}_2,\cdots,\boldsymbol{\alpha}_s$ 是线性空间 $\boldsymbol{V}(\boldsymbol{F})$ 中一组向量. 下列说法是否正确? 如果正确, 给出证明; 否则, 举一个反例.

   (1) 因为当 $k_1,k_2,\cdots,k_s$ 全为零时, 有 $k_1\boldsymbol{\alpha}_1+k_2\boldsymbol{\alpha}_2+\cdots+k_s\boldsymbol{\alpha}_s=\boldsymbol{\theta}$, 所以向量组 $\boldsymbol{\alpha}_1,\boldsymbol{\alpha}_2,\cdots,\boldsymbol{\alpha}_s$ 线性无关.

   (2) 因为存在不全为零的数 $k_1,k_2,\cdots,k_s\in\boldsymbol{F}$, 使得 $k_1\boldsymbol{\alpha}_1+k_2\boldsymbol{\alpha}_2+\cdots+k_s\boldsymbol{\alpha}_s\neq\boldsymbol{\theta}$, 所以向量组 $\boldsymbol{\alpha}_1,\boldsymbol{\alpha}_2,\cdots,\boldsymbol{\alpha}_s$ 线性无关.

   (3) 因为向量组 $\boldsymbol{\alpha}_1,\boldsymbol{\alpha}_2,\cdots,\boldsymbol{\alpha}_s$ $(s>1)$ 线性相关, 所以其中的每一个向量都可由其余向量线性表示.

   (4) 因为 $\boldsymbol{\beta}$ 不可由 $\boldsymbol{\alpha}_1,\boldsymbol{\alpha}_2,\cdots,\boldsymbol{\alpha}_s$ 线性表示, 所以向量组 $\boldsymbol{\alpha}_1,\boldsymbol{\alpha}_2,\cdots,\boldsymbol{\alpha}_s,\boldsymbol{\beta}$ 线性无关.

3. 下面的叙述是否正确? 为什么? 设 $\boldsymbol{\alpha}_1,\boldsymbol{\alpha}_2,\cdots,\boldsymbol{\alpha}_s$ 与 $\boldsymbol{\beta}_1,\boldsymbol{\beta}_2,\cdots,\boldsymbol{\beta}_s$ 是两个线性相关向量组, 则存在不全为零的数 $k_1,k_2,\cdots,k_s\in\boldsymbol{F}$, 使得

$$k_1\boldsymbol{\alpha}_1+k_2\boldsymbol{\alpha}_2+\cdots+k_s\boldsymbol{\alpha}_s=\boldsymbol{\theta}\quad 且\quad k_1\boldsymbol{\beta}_1+k_2\boldsymbol{\beta}_2+\cdots+k_s\boldsymbol{\beta}_s=\boldsymbol{\theta},$$

   所以

$$k_1(\boldsymbol{\alpha}_1+\boldsymbol{\beta}_1)+k_2(\boldsymbol{\alpha}_2+\boldsymbol{\beta}_2)+\cdots+k_s(\boldsymbol{\alpha}_s+\boldsymbol{\beta}_s)=\boldsymbol{\theta},$$

   因此向量组 $\boldsymbol{\alpha}_1+\boldsymbol{\beta}_1,\boldsymbol{\alpha}_2+\boldsymbol{\beta}_2,\cdots,\boldsymbol{\alpha}_s+\boldsymbol{\beta}_s$ 线性相关.

4. 判断下列向量组的线性相关性: (1) $\boldsymbol{\alpha}_1=(1,1,1)$, $\boldsymbol{\alpha}_2=(2,2,2,2)$;

   (2) 在 $\boldsymbol{F}^3$ 中, $\boldsymbol{\alpha}_1=(1,1,1)$, $\boldsymbol{\alpha}_2=(1,2,3)$, $\boldsymbol{\alpha}_3=(2,3,4)$;

   (3) 在 $C[0,2\pi]$ 中, $\boldsymbol{\alpha}_1=1$, $\boldsymbol{\alpha}_2=\cos^2 x$, $\boldsymbol{\alpha}_3=\cos 2x$.

5. 证明下列每一个向量组都线性无关:

   (1) 在 $\boldsymbol{F}[x]$ 中, $1,x,x^2,\cdots,x^{n-1}$ 与 $1,2x,3x^2,\cdots,nx^{n-1}$, 其中 $n\in\mathbb{N}^+$;

   (2) 在 $\boldsymbol{M}_{mn}(\boldsymbol{F})$ 中, $\boldsymbol{E}_{11},\boldsymbol{E}_{12},\cdots,\boldsymbol{E}_{1n},\boldsymbol{E}_{21},\cdots,\boldsymbol{E}_{2n},\cdots,\boldsymbol{E}_{m1},\cdots,\boldsymbol{E}_{mn}$;

   (3) 在 $\boldsymbol{M}_2(\boldsymbol{F})$ 中, $\boldsymbol{A}_1=\begin{pmatrix}1&0\\0&0\end{pmatrix}$, $\boldsymbol{A}_2=\begin{pmatrix}1&1\\0&0\end{pmatrix}$, $\boldsymbol{A}_3=\begin{pmatrix}1&1\\1&0\end{pmatrix}$, $\boldsymbol{A}_4=\begin{pmatrix}1&1\\1&1\end{pmatrix}$.

6. 证明: 在连续函数空间 $C[0,2\pi]$ 中, (1) 向量组 $1, \sin^2 x, \cos^2 x$ 线性相关;

　(2) 向量组 $1, \cos x, \sin x$ 线性无关; (3) 向量组 $1, \mathrm{e}^x, \mathrm{e}^{2x}, \mathrm{e}^{3x}$ 线性无关.

7. 证明: 在 $\boldsymbol{F}^n$ 中, 任意 $n+1$ 个向量必线性相关. 证明: 如果向量组 $\boldsymbol{\alpha}_1, \boldsymbol{\alpha}_2, \cdots, \boldsymbol{\alpha}_n$ 线性无关, 那么 $\boldsymbol{F}^n$ 中每一个向量 $\boldsymbol{\beta}$ 都可由这个向量组线性表示.

8. 在线性空间 $\boldsymbol{V}(\boldsymbol{F})$ 中, 设向量组 $\boldsymbol{\alpha}_1, \boldsymbol{\alpha}_2, \boldsymbol{\alpha}_3$ 线性无关. 判断下列向量组的线性相关性:

　(1) $\boldsymbol{\beta}_1 = 2\boldsymbol{\alpha}_1 + 3\boldsymbol{\alpha}_2,\ \boldsymbol{\beta}_2 = \boldsymbol{\alpha}_2 + 4\boldsymbol{\alpha}_3,\ \boldsymbol{\beta}_3 = \boldsymbol{\alpha}_1 + 5\boldsymbol{\alpha}_3$;

　(2) $\boldsymbol{\beta}_1 = \boldsymbol{\alpha}_1 + \boldsymbol{\alpha}_2,\ \boldsymbol{\beta}_2 = \boldsymbol{\alpha}_2 + \boldsymbol{\alpha}_3,\ \boldsymbol{\beta}_3 = \boldsymbol{\alpha}_3 + \boldsymbol{\alpha}_4,\ \boldsymbol{\beta}_4 = \boldsymbol{\alpha}_4 + \boldsymbol{\alpha}_1$.

*9. 在 $\boldsymbol{F}[x]$ 中, 设 $f_1(x), f_2(x), f_3(x)$ 互素, 并设其中的任意两个都不互素, 则向量组 $f_1(x), f_2(x), f_3(x)$ 线性无关. [提示: 用反证法.]

*10. 在线性空间 $\boldsymbol{V}(\boldsymbol{F})$ 中, 设向量 $\boldsymbol{\beta}$ 可由向量组 $\boldsymbol{\alpha}_1, \boldsymbol{\alpha}_2, \cdots, \boldsymbol{\alpha}_s$ 线性表示. 证明: 如果表示法是唯一的, 那么向量组 $\boldsymbol{\alpha}_1, \boldsymbol{\alpha}_2, \cdots, \boldsymbol{\alpha}_s$ 线性无关, 反之亦然.

*11. 设 $\xi_1, \xi_2, \cdots, \xi_s$ 是线性空间 $\boldsymbol{V}(\boldsymbol{F})$ 中一组向量, 并设 $\boldsymbol{A}$ 是数域 $\boldsymbol{F}$ 上一个 $s \times t$ 矩阵. 令

$$(\boldsymbol{\eta}_1, \boldsymbol{\eta}_2, \cdots, \boldsymbol{\eta}_t) = (\xi_1, \xi_2, \cdots, \xi_s)\boldsymbol{A}.$$

证明: 如果向量组 $\boldsymbol{\eta}_1, \boldsymbol{\eta}_2, \cdots, \boldsymbol{\eta}_t$ 线性无关, 那么矩阵 $\boldsymbol{A}$ 是列满秩的, 反之不然.

5.3 向量组的秩

本节继续讨论线性空间中向量与向量之间的关系. 我们将首先给出极大无关组的概念, 然后给出向量组的下列三个概念: 线性表示、等价和秩, 并讨论包括极大无关组的存在性、唯一性和可解性在内的各种问题.

设 $\boldsymbol{\alpha}_1, \boldsymbol{\alpha}_2, \cdots, \boldsymbol{\alpha}_s\ (s > 2)$ 是几何空间中一组向量. 如果它们共面, 但不共线, 那么存在其中的两个不共线向量, 比如说 $\boldsymbol{\alpha}_1$ 与 $\boldsymbol{\alpha}_2$, 使得每一个 $\boldsymbol{\alpha}_i$ 都在由 $\boldsymbol{\alpha}_1$ 与 $\boldsymbol{\alpha}_2$ 张成的平面上 $(i = 1, 2, \cdots, s)$. 这种现象也可以叙述如下: $\{\boldsymbol{\alpha}_1, \boldsymbol{\alpha}_2\}$ 是原向量组的一个线性无关部分组, 并且原向量组中每一个向量都可由 $\{\boldsymbol{\alpha}_1, \boldsymbol{\alpha}_2\}$ 线性表示. 这样的部分组称为一个极大无关组, 它可以推广到一般情形.

定义 5.3.1　在线性空间 $\boldsymbol{V}(\boldsymbol{F})$ 中, 设 $\boldsymbol{\alpha}_{i_1}, \boldsymbol{\alpha}_{i_2}, \cdots, \boldsymbol{\alpha}_{i_r}$ 是向量组 $\boldsymbol{\alpha}_1, \boldsymbol{\alpha}_2, \cdots, \boldsymbol{\alpha}_s$ 的一个线性无关部分组. 如果 $\boldsymbol{\alpha}_1, \boldsymbol{\alpha}_2, \cdots, \boldsymbol{\alpha}_s$ 中每一个向量都可由 $\boldsymbol{\alpha}_{i_1}, \boldsymbol{\alpha}_{i_2}, \cdots, \boldsymbol{\alpha}_{i_r}$ 线性表示, 那么称 $\boldsymbol{\alpha}_{i_1}, \boldsymbol{\alpha}_{i_2}, \cdots, \boldsymbol{\alpha}_{i_r}$ 为 $\boldsymbol{\alpha}_1, \boldsymbol{\alpha}_2, \cdots, \boldsymbol{\alpha}_s$ 的一个 **极大线性无关部分组**, 简称为一个 **极大无关组**.

根据定义, 每一个线性无关向量组, 其极大无关组就是它自身. 不含非零向量的向量组不存在极大无关组. 这是因为它的每一个部分组都是线性相关的. 但是对于含非零向量的向量组, 有下面的定理.

定理 5.3.1　*在线性空间 $\boldsymbol{V}(\boldsymbol{F})$ 中, 含非零向量的向量组必有极大无关组.*

证明　设 $\boldsymbol{\alpha}_{i_1}$ 是向量组中一个非零向量, 则部分组 $\{\boldsymbol{\alpha}_{i_1}\}$ 线性无关. 如果原向量组中每一个向量都可由 $\{\boldsymbol{\alpha}_{i_1}\}$ 线性表示, 那么根据定义, $\{\boldsymbol{\alpha}_{i_1}\}$ 是原向量组的一个极大无关组. 否

则, 原向量组中至少有一个向量, 比如说 $\boldsymbol{\alpha}_{i_2}$,它不可由 $\{\boldsymbol{\alpha}_{i_1}\}$ 线性表示. 根据命题 5.2.3, 部分组 $\{\boldsymbol{\alpha}_{i_1}, \boldsymbol{\alpha}_{i_2}\}$ 线性无关. 如果原向量组中每一个向量都可由 $\{\boldsymbol{\alpha}_{i_1}, \boldsymbol{\alpha}_{i_2}\}$ 线性表示, 那么 $\{\boldsymbol{\alpha}_{i_1}, \boldsymbol{\alpha}_{i_2}\}$ 是原向量组的一个极大无关组. 否则, 可以按上面的方法继续讨论下去. 由于原向量组是由有限个向量组成的, 总可以在有限个步骤内, 比如说在第 r 步, 找到一个线性无关部分组 $\boldsymbol{\alpha}_{i_1}, \boldsymbol{\alpha}_{i_2}, \cdots, \boldsymbol{\alpha}_{i_r}$, 使得原向量组中每一个向量都可由这个部分组线性表示, 因此 $\boldsymbol{\alpha}_{i_1}, \boldsymbol{\alpha}_{i_2}, \cdots, \boldsymbol{\alpha}_{i_r}$ 是原向量组的一个极大无关组. □

在上述定理的证明中, 还给出了求极大无关组的一种方法.

例 5.3.1 在 $\boldsymbol{F}^3$ 中, 设 $\boldsymbol{\alpha}_1 = (1, 2, 3)$, $\boldsymbol{\alpha}_2 = (3, 1, 2)$, $\boldsymbol{\alpha}_3 = (4, 3, 5)$. 显然 $\boldsymbol{\alpha}_1 \neq \boldsymbol{\theta}$,并且 $\boldsymbol{\alpha}_2$ 不可由 $\{\boldsymbol{\alpha}_1\}$ 线性表示. 易见 $\boldsymbol{\alpha}_3 = \boldsymbol{\alpha}_1 + \boldsymbol{\alpha}_2$,所以 $\{\boldsymbol{\alpha}_1, \boldsymbol{\alpha}_2\}$ 是向量组 $\boldsymbol{\alpha}_1, \boldsymbol{\alpha}_2, \boldsymbol{\alpha}_3$ 的一个极大无关组.

向量组的极大无关组一般不唯一. 比如, $\{\boldsymbol{\alpha}_1, \boldsymbol{\alpha}_3\}$ 与 $\{\boldsymbol{\alpha}_2, \boldsymbol{\alpha}_3\}$ 是上例中向量组 $\boldsymbol{\alpha}_1, \boldsymbol{\alpha}_2, \boldsymbol{\alpha}_3$ 的另外两个极大无关组.

上例中我们采取逐次添加一个向量的方法去寻找极大无关组. 当向量组所含向量的个数较多时, 用这种方法, 计算量较大. 如果需要找出全部极大无关组, 计算量就更大了. 那么有没有较简便的计算方法? 此外, 两个极大无关组之间有什么关系? 原向量组有哪些本质属性? 在回答这些问题之前, 我们需要作一些准备, 即需要讨论一下两个向量组的向量与向量之间的关系.

定义 5.3.2 在线性空间 $\boldsymbol{V}(\boldsymbol{F})$ 中, 如果向量 $\boldsymbol{\alpha}_i\ (i=1, 2, \cdots, s)$ 可由向量组 $\boldsymbol{\beta}_1, \boldsymbol{\beta}_2, \cdots, \boldsymbol{\beta}_t$ 线性表示, 那么称向量组 $\boldsymbol{\alpha}_1, \boldsymbol{\alpha}_2, \cdots, \boldsymbol{\alpha}_s$ 可由 $\boldsymbol{\beta}_1, \boldsymbol{\beta}_2, \cdots, \boldsymbol{\beta}_t$ **线性表示.**

注意, 定义中两个向量组所含向量的个数一般不相同. 显然每一个部分组都可由原向量组线性表示. 根据上一节引进的形式记号, 下列命题成立.

命题 5.3.2 在 $\boldsymbol{V}(\boldsymbol{F})$ 中, 向量组 $\boldsymbol{\alpha}_1, \boldsymbol{\alpha}_2, \cdots, \boldsymbol{\alpha}_s$ 可由 $\boldsymbol{\beta}_1, \boldsymbol{\beta}_2, \cdots, \boldsymbol{\beta}_t$ 线性表示当且仅当存在 $\boldsymbol{A} \in \boldsymbol{M}_{ts}(\boldsymbol{F})$, 使得 $(\boldsymbol{\alpha}_1, \boldsymbol{\alpha}_2, \cdots, \boldsymbol{\alpha}_s) = (\boldsymbol{\beta}_1, \boldsymbol{\beta}_2, \cdots, \boldsymbol{\beta}_t)\boldsymbol{A}$.

根据定义, 向量组的线性表示是向量组之间一种二元关系. 容易看出, 这种关系具有反身性. 这种关系还具有传递性: 如果向量组 $\boldsymbol{\alpha}_1, \boldsymbol{\alpha}_2, \cdots, \boldsymbol{\alpha}_s$ 可由 $\boldsymbol{\beta}_1, \boldsymbol{\beta}_2, \cdots, \boldsymbol{\beta}_t$ 线性表示, 并且向量组 $\boldsymbol{\beta}_1, \boldsymbol{\beta}_2, \cdots, \boldsymbol{\beta}_t$ 可由 $\gamma_1, \gamma_2, \cdots, \gamma_u$ 线性表示, 那么向量组 $\boldsymbol{\alpha}_1, \boldsymbol{\alpha}_2, \cdots, \boldsymbol{\alpha}_s$ 可由 $\gamma_1, \gamma_2, \cdots, \gamma_u$ 线性表示. 事实上, 根据命题 5.3.2 的必要性, 存在 $\boldsymbol{A} \in \boldsymbol{M}_{ts}(\boldsymbol{F})$ 与 $\boldsymbol{B} \in \boldsymbol{M}_{ut}(\boldsymbol{F})$, 使得

$$(\boldsymbol{\alpha}_1, \boldsymbol{\alpha}_2, \cdots, \boldsymbol{\alpha}_s) = (\boldsymbol{\beta}_1, \boldsymbol{\beta}_2, \cdots, \boldsymbol{\beta}_t)\boldsymbol{A},$$

且

$$(\boldsymbol{\beta}_1, \boldsymbol{\beta}_2, \cdots, \boldsymbol{\beta}_t) = (\gamma_1, \gamma_2, \cdots, \gamma_u)\boldsymbol{B},$$

所以

$$(\boldsymbol{\alpha}_1, \boldsymbol{\alpha}_2, \cdots, \boldsymbol{\alpha}_s) = (\gamma_1, \gamma_2, \cdots, \gamma_u)\boldsymbol{B}\boldsymbol{A}.$$

从而由命题 5.3.2 的充分性, 向量组 $\boldsymbol{\alpha}_1, \boldsymbol{\alpha}_2, \cdots, \boldsymbol{\alpha}_s$ 可由 $\gamma_1, \gamma_2, \cdots, \gamma_u$ 线性表示.

下面介绍向量组之间的另一种二元关系.

定义 5.3.3 在 $\boldsymbol{V}(\boldsymbol{F})$ 中, 如果向量组 $\boldsymbol{\alpha}_1, \boldsymbol{\alpha}_2, \cdots, \boldsymbol{\alpha}_s$ 与 $\boldsymbol{\beta}_1, \boldsymbol{\beta}_2, \cdots, \boldsymbol{\beta}_t$ 可以互相线性表示, 那么称向量组 $\boldsymbol{\alpha}_1, \boldsymbol{\alpha}_2, \cdots, \boldsymbol{\alpha}_s$ **等价于** $\boldsymbol{\beta}_1, \boldsymbol{\beta}_2, \cdots, \boldsymbol{\beta}_t$, 或称这两个向量组是 **等价的,** 记作

$$\{\boldsymbol{\alpha}_1, \boldsymbol{\alpha}_2, \cdots, \boldsymbol{\alpha}_s\} \approx \{\boldsymbol{\beta}_1, \boldsymbol{\beta}_2, \cdots, \boldsymbol{\beta}_t\}.$$

显然向量组的等价关系具有 *反身性* 和 *对称性*. 由于向量组的线性表示具有传递性, 这种关系也具有 *传递性*. 下面给出向量组的线性表示的一个重要性质.

定理 5.3.3 (替换定理) *在线性空间 $\boldsymbol{V}(\boldsymbol{F})$ 中, 设向量组 $\boldsymbol{\alpha}_1, \boldsymbol{\alpha}_2, \cdots, \boldsymbol{\alpha}_s$ 可由 $\boldsymbol{\beta}_1, \boldsymbol{\beta}_2, \cdots, \boldsymbol{\beta}_t$ 线性表示. 如果 $\boldsymbol{\alpha}_1, \boldsymbol{\alpha}_2, \cdots, \boldsymbol{\alpha}_s$ 线性无关, 那么*

(1) *这两个向量组所含向量的个数 s 与 t, 前者不超过后者, 即 $s \leqslant t$;*

(2) *当有必要时, 适当改变向量组 $\boldsymbol{\beta}_1, \boldsymbol{\beta}_2, \cdots, \boldsymbol{\beta}_t$ 的下标编号, 可使*

$$\{\boldsymbol{\alpha}_1, \boldsymbol{\alpha}_2, \cdots, \boldsymbol{\alpha}_s, \boldsymbol{\beta}_{s+1}, \cdots, \boldsymbol{\beta}_t\} \approx \{\boldsymbol{\beta}_1, \boldsymbol{\beta}_2, \cdots, \boldsymbol{\beta}_t\}.$$

证明 (1) 已知向量组 $\boldsymbol{\alpha}_1, \boldsymbol{\alpha}_2, \cdots, \boldsymbol{\alpha}_s$ 可由 $\boldsymbol{\beta}_1, \boldsymbol{\beta}_2, \cdots, \boldsymbol{\beta}_t$ 线性表示. 根据命题 5.3.2, 存在数域 $\boldsymbol{F}$ 上一个 $t \times s$ 矩阵 $\boldsymbol{A}$, 使得

$$(\boldsymbol{\alpha}_1, \boldsymbol{\alpha}_2, \cdots, \boldsymbol{\alpha}_s) = (\boldsymbol{\beta}_1, \boldsymbol{\beta}_2, \cdots, \boldsymbol{\beta}_t)\boldsymbol{A}, \tag{5.3.1}$$

所以

$$(\boldsymbol{\alpha}_1, \boldsymbol{\alpha}_2, \cdots, \boldsymbol{\alpha}_s)\boldsymbol{X} = (\boldsymbol{\beta}_1, \boldsymbol{\beta}_2, \cdots, \boldsymbol{\beta}_t)\boldsymbol{A}\boldsymbol{X}, \tag{5.3.2}$$

其中 $\boldsymbol{X} = (x_1, x_2, \cdots, x_s)'$. 已知向量组 $\boldsymbol{\alpha}_1, \boldsymbol{\alpha}_2, \cdots, \boldsymbol{\alpha}_s$ 线性无关, 那么向量方程

$$(\boldsymbol{\alpha}_1, \boldsymbol{\alpha}_2, \cdots, \boldsymbol{\alpha}_s)\boldsymbol{X} = \boldsymbol{\theta}$$

只有零解, 从而由 (5.3.2) 式可见, 齐次线性方程组 $\boldsymbol{A}\boldsymbol{X} = \boldsymbol{0}$ 不可能有非零解, 所以系数矩阵 $\boldsymbol{A}$ 是列满秩的, 因此它的列数 s 不可能超过行数 t, 即 $s \leqslant t$.

(2) 根据 (1) 的证明, 矩阵 $\boldsymbol{A}$ 是列满秩的, 因而它至少有一个 s 阶非零子式. 于是当 $s = t$ 时, $\boldsymbol{A}$ 是可逆的. 用 $\boldsymbol{A}^{-1}$ 去右乘 (5.3.1) 式两边, 得

$$(\boldsymbol{\beta}_1, \boldsymbol{\beta}_2, \cdots, \boldsymbol{\beta}_t) = (\boldsymbol{\alpha}_1, \boldsymbol{\alpha}_2, \cdots, \boldsymbol{\alpha}_s)\boldsymbol{A}^{-1}.$$

根据命题 5.3.2, 有 $\{\boldsymbol{\alpha}_1, \boldsymbol{\alpha}_2, \cdots, \boldsymbol{\alpha}_s\} \approx \{\boldsymbol{\beta}_1, \boldsymbol{\beta}_2, \cdots, \boldsymbol{\beta}_t\}$.

当 $s < t$ 时, 不妨设由 $\boldsymbol{A}$ 的前 s 行组成的 s 阶子式不等于零 (否则, 适当交换 $\boldsymbol{A}$ 的某些行, 可使由前 s 行组成的子式不等于零. 此时, $\boldsymbol{\beta}_1, \boldsymbol{\beta}_2, \cdots, \boldsymbol{\beta}_t$ 的位置也要作相应的调整, 即适当改变它们的下标编号, 才能保证 (5.3.1) 式仍然成立). 令 $\boldsymbol{P}$ 是由 $\boldsymbol{A}$ 的前 s 行组成的 s 阶小方阵, 则 $|\boldsymbol{P}| \neq 0$, 所以 $\boldsymbol{P}$ 是可逆的. 再令 $\boldsymbol{Q}$ 是由 $\boldsymbol{A}$ 的后 $t - s$ 行组成的小矩阵, 则 (5.3.1) 式可以改写成

$$(\boldsymbol{\alpha}_1, \boldsymbol{\alpha}_2, \cdots, \boldsymbol{\alpha}_s) = (\boldsymbol{\beta}_1, \boldsymbol{\beta}_2, \cdots, \boldsymbol{\beta}_t)\begin{pmatrix} \boldsymbol{P} \\ \boldsymbol{Q} \end{pmatrix}.$$

其次, 容易看出, 下列等式成立:

$$(\boldsymbol{\beta}_{s+1}, \cdots, \boldsymbol{\beta}_t) = (\boldsymbol{\beta}_1, \boldsymbol{\beta}_2, \cdots, \boldsymbol{\beta}_t)\begin{pmatrix} \boldsymbol{0} \\ \boldsymbol{E}_{t-s} \end{pmatrix},$$

其中 $\boldsymbol{E}_{t-s}$ 是 $t - s$ 阶单位矩阵. 令 $\boldsymbol{B} = \begin{pmatrix} \boldsymbol{P} & \boldsymbol{0} \\ \boldsymbol{Q} & \boldsymbol{E}_{t-s} \end{pmatrix}$, 则上两式可以统一写成

$$(\boldsymbol{\alpha}_1, \boldsymbol{\alpha}_2, \cdots, \boldsymbol{\alpha}_s, \boldsymbol{\beta}_{s+1}, \cdots, \boldsymbol{\beta}_t) = (\boldsymbol{\beta}_1, \boldsymbol{\beta}_2, \cdots, \boldsymbol{\beta}_t)\boldsymbol{B}.$$

注意到 $\boldsymbol{P}$ 与 $\boldsymbol{E}_{t-s}$ 都可逆, 因此准三角矩阵 $\boldsymbol{B}$ 也可逆. 于是由上式, 有

$$(\boldsymbol{\beta}_1, \boldsymbol{\beta}_2, \cdots, \boldsymbol{\beta}_t) = (\boldsymbol{\alpha}_1, \boldsymbol{\alpha}_2, \cdots, \boldsymbol{\alpha}_s, \boldsymbol{\beta}_{s+1}, \cdots, \boldsymbol{\beta}_t)\boldsymbol{B}^{-1}.$$

从而由命题 5.3.2, 得 $\{\boldsymbol{\alpha}_1, \boldsymbol{\alpha}_2, \cdots, \boldsymbol{\alpha}_s, \boldsymbol{\beta}_{s+1}, \cdots, \boldsymbol{\beta}_t\} \approx \{\boldsymbol{\beta}_1, \boldsymbol{\beta}_2, \cdots, \boldsymbol{\beta}_t\}$. □

注 5.3.1 替换定理的前半部分等价于如下结论: 设向量组 $\boldsymbol{\alpha}_1, \boldsymbol{\alpha}_2, \cdots, \boldsymbol{\alpha}_s$ 可由 $\boldsymbol{\beta}_1, \boldsymbol{\beta}_2, \cdots, \boldsymbol{\beta}_t$ 线性表示. 如果 $s > t$, 那么 $\boldsymbol{\alpha}_1, \boldsymbol{\alpha}_2, \cdots, \boldsymbol{\alpha}_s$ 线性相关.

容易看出, 对于含非零向量的向量组, 它的每一个极大无关组都与原向量组等价. 于是由等价关系的对称性和传递性, 它的任意两个极大无关组也是等价的. 这就回答了前面提到的问题之一: 两个极大无关组之间有什么关系? 答案是它们可以互相线性表示. 其次, 由替换定理的前半部分, 我们看到, 尽管极大无关组可能不唯一, 但是极大无关组所含向量的个数是一个不变量, 是原向量组自身固有的一个本质属性. 为此我们给这个不变量取一个名称.

定义 5.3.4 在 $\boldsymbol{V}(\boldsymbol{F})$ 中, 当向量组 $\boldsymbol{\alpha}_1, \boldsymbol{\alpha}_2, \cdots, \boldsymbol{\alpha}_s$ 含非零向量时, 它的极大无关组所含向量的个数称为这个向量组的**秩**, 记作 $\mathrm{rank}\{\boldsymbol{\alpha}_1, \boldsymbol{\alpha}_2, \cdots, \boldsymbol{\alpha}_s\}$. 当这个向量组不含非零向量时, 规定它的秩等于零.

这样, 每一个向量组有唯一的秩, 并且其秩不超过它所含向量的个数. 特别地, 如果向量组 $\boldsymbol{\alpha}_1, \boldsymbol{\alpha}_2, \cdots, \boldsymbol{\alpha}_s$ 线性无关, 那么它的秩等于 s, 反之亦然. 这个事实等价于: $\boldsymbol{\alpha}_1, \boldsymbol{\alpha}_2, \cdots, \boldsymbol{\alpha}_s$ 线性相关当且仅当其秩小于 s.

与矩阵的秩类似, 向量组的秩是一个很深刻的概念. 例如, 正如我们刚刚看到的, 可以用向量组的秩来刻画它的线性相关性. 又如, 在几何空间中, 可以用向量组的秩等于 2 来刻画下列现象: 该向量组中的向量共面但不共线.

下面给出向量组的线性表示的一个常用性质.

命题 5.3.4 在 $\boldsymbol{V}(\boldsymbol{F})$ 中, 如果向量组 $\boldsymbol{\alpha}_1, \boldsymbol{\alpha}_2, \cdots, \boldsymbol{\alpha}_s$ 可由 $\boldsymbol{\beta}_1, \boldsymbol{\beta}_2, \cdots, \boldsymbol{\beta}_t$ 线性表示, 那么

$$\mathrm{rank}\{\boldsymbol{\alpha}_1, \boldsymbol{\alpha}_2, \cdots, \boldsymbol{\alpha}_s\} \leqslant \mathrm{rank}\{\boldsymbol{\beta}_1, \boldsymbol{\beta}_2, \cdots, \boldsymbol{\beta}_t\}.$$

证明 设向量组 $\boldsymbol{\alpha}_1, \boldsymbol{\alpha}_2, \cdots, \boldsymbol{\alpha}_s$ 与 $\boldsymbol{\beta}_1, \boldsymbol{\beta}_2, \cdots, \boldsymbol{\beta}_t$ 的秩分别为 r_1 与 r_2. 如果前者不含非零向量, 那么 $r_1 = 0$. 此时结论成立. 否则, 由于前者可由后者线性表示, 后者也含非零向量. 于是可设 $\boldsymbol{\alpha}_{i_1}, \boldsymbol{\alpha}_{i_2}, \cdots, \boldsymbol{\alpha}_{i_{r_1}}$ 与 $\boldsymbol{\beta}_{j_1}, \boldsymbol{\beta}_{j_2}, \cdots, \boldsymbol{\beta}_{j_{r_2}}$ 分别是两者的一个极大无关组. 已知极大无关组与原向量组等价, 并且前者可由后者线性表示. 根据对称性和传递性, $\boldsymbol{\alpha}_{i_1}, \boldsymbol{\alpha}_{i_2}, \cdots, \boldsymbol{\alpha}_{i_{r_1}}$ 可由 $\boldsymbol{\beta}_{j_1}, \boldsymbol{\beta}_{j_2}, \cdots, \boldsymbol{\beta}_{j_{r_2}}$ 线性表示. 根据替换定理, 有 $r_1 \leqslant r_2$, 即

$$\mathrm{rank}\{\boldsymbol{\alpha}_1, \boldsymbol{\alpha}_2, \cdots, \boldsymbol{\alpha}_s\} \leqslant \mathrm{rank}\{\boldsymbol{\beta}_1, \boldsymbol{\beta}_2, \cdots, \boldsymbol{\beta}_t\}.$$ □

推论 5.3.5 在线性空间 $\boldsymbol{V}(\boldsymbol{F})$ 中, 两个等价的向量组有相同的秩. 特别地, 两个等价的线性无关向量组所含向量的个数是相同的.

上述推论表明, 向量组的秩是向量组在等价关系下的一个不变量. 注意, 两个具有相同秩的向量组未必是等价的.

下面介绍求极大无关组的另一种方法. 这种方法还可以用来求向量组的秩.

命题 5.3.6　设 $\boldsymbol{A}$ 是数域 $\boldsymbol{F}$ 上一个 $m\times n$ 矩阵, 则 $\boldsymbol{A}$ 的行向量组与列向量组的秩相同, 都等于 $\boldsymbol{A}$ 的秩.

证明　当 $\boldsymbol{A}=\boldsymbol{O}$ 时, 结论显然成立. 不妨设 $\boldsymbol{A}\neq\boldsymbol{O}$,并设 A 的秩等于 r, 那么 $\boldsymbol{A}$ 至少有一个 r 阶子式不等于零, 所以由这个子式的元素所在的 r 个列组成的 $m\times r$ 矩阵是列满秩的. 根据命题 5.2.4, 由这 r 个列组成的向量组线性无关, 因而其秩等于 r. 假定 $\boldsymbol{A}$ 的列向量组的秩等于 $\widetilde{r}$. 根据命题 5.3.4,有 $r\leqslant\widetilde{r}$. 其次, 以 $\boldsymbol{A}$ 的列向量组的一个极大无关组作为列的 $m\times\widetilde{r}$ 矩阵是列满秩的, 所以它有一个 $\widetilde{r}$ 阶子式不等于零. 已知 $\boldsymbol{A}$ 的秩等于 r,那么 $r\geqslant\widetilde{r}$. 再加上 $r\leqslant\widetilde{r}$,因此 $r=\widetilde{r}$, 即 $\boldsymbol{A}$ 与它的列向量组有相同的秩. 类似地, 可证 $\boldsymbol{A}$ 与它的行向量组有相同的秩. 故 $\boldsymbol{A}$ 的行向量组与列向量组的秩相同, 都等于 $\boldsymbol{A}$ 的秩. □

定理 5.3.7　设 $\boldsymbol{\xi}_1,\boldsymbol{\xi}_2,\cdots,\boldsymbol{\xi}_s$ 是线性空间 $\boldsymbol{V}(\boldsymbol{F})$ 中一个线性无关向量组, 并设 $\boldsymbol{A}$ 是数域 $\boldsymbol{F}$ 上一个 $s\times t$ 矩阵. 令

$$(\boldsymbol{\eta}_1,\boldsymbol{\eta}_2,\cdots,\boldsymbol{\eta}_t)=(\boldsymbol{\xi}_1,\boldsymbol{\xi}_2,\cdots,\boldsymbol{\xi}_s)\boldsymbol{A}, \tag{5.3.3}$$

则　(1) $\boldsymbol{\eta}_{i_1},\boldsymbol{\eta}_{i_2},\cdots,\boldsymbol{\eta}_{i_r}$ 是向量组 $\boldsymbol{\eta}_1,\boldsymbol{\eta}_2,\cdots,\boldsymbol{\eta}_t$ 的一个极大无关组当且仅当 $\boldsymbol{\beta}_{i_1},\boldsymbol{\beta}_{i_2},\cdots,\boldsymbol{\beta}_{i_r}$ 是 $\boldsymbol{A}$ 的列向量组 $\boldsymbol{\beta}_1,\boldsymbol{\beta}_2,\cdots,\boldsymbol{\beta}_t$ 的一个极大无关组;

(2) $\mathrm{rank}\{\boldsymbol{\eta}_1,\boldsymbol{\eta}_2,\cdots,\boldsymbol{\eta}_t\}=\mathrm{rank}(\boldsymbol{A})$.

证明　(1) 已知 $\boldsymbol{\beta}_1,\boldsymbol{\beta}_2,\cdots,\boldsymbol{\beta}_t$ 是矩阵 $\boldsymbol{A}$ 的列向量组, 那么由 (5.3.3) 式, 有

$$\boldsymbol{\eta}_k=(\boldsymbol{\xi}_1,\boldsymbol{\xi}_2,\cdots,\boldsymbol{\xi}_s)\boldsymbol{\beta}_k,\ \ k=1,2,\cdots,t.$$

设 $\boldsymbol{\eta}_{i_1},\boldsymbol{\eta}_{i_2},\cdots,\boldsymbol{\eta}_{i_r}$ 是向量组 $\boldsymbol{\eta}_1,\boldsymbol{\eta}_2,\cdots,\boldsymbol{\eta}_t$ 的一个极大无关组, 则它是线性无关的, 并且向量方程 $\boldsymbol{\eta}_{i_1}x_1+\boldsymbol{\eta}_{i_2}x_2+\cdots+\boldsymbol{\eta}_{i_r}x_r=\boldsymbol{\eta}_k$ 有解 $(k=1,2,\cdots,t)$. 令

$$\boldsymbol{B}=(\boldsymbol{\beta}_{i_1},\boldsymbol{\beta}_{i_2},\cdots,\boldsymbol{\beta}_{i_r})\ \text{且}\ \boldsymbol{C}=(\boldsymbol{\beta}_{i_1},\boldsymbol{\beta}_{i_2},\cdots,\boldsymbol{\beta}_{i_r},\boldsymbol{\beta}_k),$$

则

$$(\boldsymbol{\eta}_{i_1},\boldsymbol{\eta}_{i_2},\cdots,\boldsymbol{\eta}_{i_r})=(\boldsymbol{\xi}_1,\boldsymbol{\xi}_2,\cdots,\boldsymbol{\xi}_s)\boldsymbol{B}, \tag{5.3.4}$$

且

$$(\boldsymbol{\eta}_{i_1},\boldsymbol{\eta}_{i_2},\cdots,\boldsymbol{\eta}_{i_r},\boldsymbol{\eta}_k)=(\boldsymbol{\xi}_1,\boldsymbol{\xi}_2,\cdots,\boldsymbol{\xi}_s)\boldsymbol{C}. \tag{5.3.5}$$

已知 $\boldsymbol{\xi}_1,\boldsymbol{\xi}_2,\cdots,\boldsymbol{\xi}_s$ 线性无关, 那么由 (5.3.4) 式以及定理 5.2.5(2), $\boldsymbol{B}$ 的列向量组 $\boldsymbol{\beta}_{i_1},\boldsymbol{\beta}_{i_2},\cdots,\boldsymbol{\beta}_{i_r}$ 也线性无关. 再由 (5.3.5) 式以及定理 5.2.5(3), $\boldsymbol{\beta}_k$ 可由向量组 $\boldsymbol{\beta}_{i_1},\boldsymbol{\beta}_{i_2},\cdots,\boldsymbol{\beta}_{i_r}$ 线性表示 $(k=1,2,\cdots,t)$. 这就证明了, $\boldsymbol{\beta}_{i_1},\boldsymbol{\beta}_{i_2},\cdots,\boldsymbol{\beta}_{i_r}$ 是向量组 $\boldsymbol{\beta}_1,\boldsymbol{\beta}_2,\cdots,\boldsymbol{\beta}_t$ 的一个极大无关组. 必要性成立. 类似地, 可证充分性.

(2) 这是 (1) 和命题 5.3.6 的一个直接推论. □

推论 5.3.8　设 $\boldsymbol{A}\in\boldsymbol{M}_{mn}(\boldsymbol{F})$. 令 $\boldsymbol{B}$ 是对 $\boldsymbol{A}$ 连续作有限次行初等变换所得的矩阵, 则 $\boldsymbol{\beta}_{i_1},\boldsymbol{\beta}_{i_2},\cdots,\boldsymbol{\beta}_{i_r}$ 是 $\boldsymbol{A}$ 的列向量组 $\boldsymbol{\beta}_1,\boldsymbol{\beta}_2,\cdots,\boldsymbol{\beta}_n$ 的一个极大无关组当且仅当 $\boldsymbol{\eta}_{i_1},\boldsymbol{\eta}_{i_2},\cdots,\boldsymbol{\eta}_{i_r}$ 是 $\boldsymbol{B}$ 的列向量组 $\boldsymbol{\eta}_1,\boldsymbol{\eta}_2,\cdots,\boldsymbol{\eta}_n$ 的一个极大无关组.

证明 根据已知条件, 存在数域 $\boldsymbol{F}$ 上一个 m 阶可逆矩阵 $\boldsymbol{P}$, 使得$\boldsymbol{B}=\boldsymbol{PA}$. 设 $\boldsymbol{\xi}_1, \boldsymbol{\xi}_2, \cdots, \boldsymbol{\xi}_m$ 是 $\boldsymbol{P}$ 的列向量组, 则它是线性无关的. 注意到 $\boldsymbol{\eta}_1, \boldsymbol{\eta}_2, \cdots, \boldsymbol{\eta}_n$ 是 $\boldsymbol{B}$ 的列向量组, 因此等式 $\boldsymbol{B}=\boldsymbol{PA}$ 就是 $(\boldsymbol{\eta}_1, \boldsymbol{\eta}_2, \cdots, \boldsymbol{\eta}_n)=(\boldsymbol{\xi}_1, \boldsymbol{\xi}_2, \cdots, \boldsymbol{\xi}_m)\boldsymbol{A}$. 现在, 由定理 5.3.7(1) 可见, 结论成立. □

例 5.3.2 在 $\boldsymbol{F}^4$ 中, 求下列向量组的秩:

$$\boldsymbol{\alpha}_1=(1,3,4,2),\quad \boldsymbol{\alpha}_2=(2,-1,1,-3),\quad \boldsymbol{\alpha}_3=(4,-2,2,-6),\quad \boldsymbol{\alpha}_4=(3,2,5,-1).$$

解 1 显然 $\{\boldsymbol{\alpha}_1, \boldsymbol{\alpha}_2\}$ 线性无关. 易见 $\boldsymbol{\alpha}_3=2\boldsymbol{\alpha}_2$, $\boldsymbol{\alpha}_4=\boldsymbol{\alpha}_1+\boldsymbol{\alpha}_2$, 所以 $\{\boldsymbol{\alpha}_1, \boldsymbol{\alpha}_2\}$ 是向量组 $\boldsymbol{\alpha}_1, \boldsymbol{\alpha}_2, \boldsymbol{\alpha}_3, \boldsymbol{\alpha}_4$ 的一个极大无关组, 因此 $\operatorname{rank}\{\boldsymbol{\alpha}_1, \boldsymbol{\alpha}_2, \boldsymbol{\alpha}_3, \boldsymbol{\alpha}_4\}=2$.

解 2 设 $\boldsymbol{B}$ 是以 $\boldsymbol{\alpha}_1, \boldsymbol{\alpha}_2, \boldsymbol{\alpha}_3, \boldsymbol{\alpha}_4$ 作为行向量组的矩阵. 经计算, 矩阵 $\boldsymbol{B}$ 的秩等于 2. 根据命题 5.3.6, 有 $\operatorname{rank}\{\boldsymbol{\alpha}_1, \boldsymbol{\alpha}_2, \boldsymbol{\alpha}_3, \boldsymbol{\alpha}_4\}=2$.

解 3 设 $\boldsymbol{A}$ 是以 $\boldsymbol{\alpha}_1', \boldsymbol{\alpha}_2', \boldsymbol{\alpha}_3', \boldsymbol{\alpha}_4'$ 作为列向量组的矩阵, 则 $\boldsymbol{A}$ 是上一个解法中矩阵 $\boldsymbol{B}$ 的转置, 所以 $\operatorname{rank}(\boldsymbol{A})=2$. 令 $\boldsymbol{\varepsilon}_1, \boldsymbol{\varepsilon}_2, \boldsymbol{\varepsilon}_3, \boldsymbol{\varepsilon}_4$ 是 4 元标准行向量组, 则

$$(\boldsymbol{\alpha}_1, \boldsymbol{\alpha}_2, \boldsymbol{\alpha}_3, \boldsymbol{\alpha}_4)=(\boldsymbol{\varepsilon}_1, \boldsymbol{\varepsilon}_2, \boldsymbol{\varepsilon}_3, \boldsymbol{\varepsilon}_4)\,\boldsymbol{A}. \tag{5.3.6}$$

因为 $\boldsymbol{\varepsilon}_1, \boldsymbol{\varepsilon}_2, \boldsymbol{\varepsilon}_3, \boldsymbol{\varepsilon}_4$ 线性无关, 根据定理 5.3.7(2), 有 $\operatorname{rank}\{\boldsymbol{\alpha}_1, \boldsymbol{\alpha}_2, \boldsymbol{\alpha}_3, \boldsymbol{\alpha}_4\}=2$.

例 5.3.3 求上例中向量组 $\boldsymbol{\alpha}_1, \boldsymbol{\alpha}_2, \boldsymbol{\alpha}_3, \boldsymbol{\alpha}_4$ 的极大无关组.

解 设 $\boldsymbol{A}$ 是 (5.3.6) 式中的矩阵. 对 $\boldsymbol{A}$ 连续作行初等变换如下:

$$\boldsymbol{A}=\begin{pmatrix}1&2&4&3\\3&-1&-2&2\\4&1&2&5\\2&-3&-6&-1\end{pmatrix}\xrightarrow[{[1(-2)+4]}]{\substack{[1(-3)+2]\\[1(-4)+3]}}\begin{pmatrix}1&2&4&3\\0&-7&-14&-7\\0&-7&-14&-7\\0&-7&-14&-7\end{pmatrix}\xrightarrow[\substack{[2(\frac{2}{7})+1]\\[2(-\frac{1}{7})]}]{\substack{[2(-1)+3]\\[2(-1)+4]}}\begin{pmatrix}1&0&0&1\\0&1&2&1\\0&0&0&0\\0&0&0&0\end{pmatrix}.$$

令 $\boldsymbol{\beta}_1, \boldsymbol{\beta}_2, \boldsymbol{\beta}_3, \boldsymbol{\beta}_4$ 是最后一个矩阵的列向量组. 容易看出,

$$\{\boldsymbol{\beta}_1, \boldsymbol{\beta}_2\},\ \{\boldsymbol{\beta}_1, \boldsymbol{\beta}_3\},\ \{\boldsymbol{\beta}_1, \boldsymbol{\beta}_4\},\ \{\boldsymbol{\beta}_2, \boldsymbol{\beta}_4\} \text{ 和 } \{\boldsymbol{\beta}_3, \boldsymbol{\beta}_4\}$$

都是向量组 $\boldsymbol{\beta}_1, \boldsymbol{\beta}_2, \boldsymbol{\beta}_3, \boldsymbol{\beta}_4$ 的极大无关组. 根据推论 5.3.8,

$$\{\boldsymbol{\alpha}_1', \boldsymbol{\alpha}_2'\},\ \{\boldsymbol{\alpha}_1', \boldsymbol{\alpha}_3'\},\ \{\boldsymbol{\alpha}_1', \boldsymbol{\alpha}_4'\},\ \{\boldsymbol{\alpha}_2', \boldsymbol{\alpha}_4'\} \text{ 和 } \{\boldsymbol{\alpha}_3', \boldsymbol{\alpha}_4'\}$$

都是矩阵 $\boldsymbol{A}$ 的列向量组 $\boldsymbol{\alpha}_1', \boldsymbol{\alpha}_2', \boldsymbol{\alpha}_3', \boldsymbol{\alpha}_4'$ 的极大无关组. 根据定理 5.3.7(1),

$$\{\boldsymbol{\alpha}_1, \boldsymbol{\alpha}_2\},\ \{\boldsymbol{\alpha}_1, \boldsymbol{\alpha}_3\},\ \{\boldsymbol{\alpha}_1, \boldsymbol{\alpha}_4\},\ \{\boldsymbol{\alpha}_2, \boldsymbol{\alpha}_4\} \text{ 和 } \{\boldsymbol{\alpha}_3, \boldsymbol{\alpha}_4\}$$

都是向量组 $\boldsymbol{\alpha}_1, \boldsymbol{\alpha}_2, \boldsymbol{\alpha}_3, \boldsymbol{\alpha}_4$ 的极大无关组.

上例中如果不考虑向量的排列次序, 最后 5 个部分组就是原向量组的全部极大无关组. 为了明确起见, 我们规定, 极大无关组中的向量必须按照原来的相对位置排列.

例 5.3.4 在 $\boldsymbol{M}_2(\boldsymbol{F})$ 中, 求下列向量组的全部极大无关组:

$$\boldsymbol{A}_1=\begin{pmatrix}1&-1\\2&4\end{pmatrix},\ \boldsymbol{A}_2=\begin{pmatrix}0&3\\1&2\end{pmatrix},\ \boldsymbol{A}_3=\begin{pmatrix}3&0\\7&14\end{pmatrix},\ \boldsymbol{A}_4=\begin{pmatrix}1&-1\\2&0\end{pmatrix},\ \boldsymbol{A}_5=\begin{pmatrix}2&1\\5&6\end{pmatrix}.$$

解　已知在 $M_2(F)$ 中, 由基本矩阵组成的向量组 $E_{11}, E_{12}, E_{21}, E_{22}$ 是线性无关的. 令

$$(A_1, A_2, A_3, A_4, A_5) = (E_{11}, E_{12}, E_{21}, E_{22})\,B,$$

$$B = \begin{pmatrix} 1 & 0 & 3 & 1 & 2 \\ -1 & 3 & 0 & -1 & 1 \\ 2 & 1 & 7 & 2 & 5 \\ 4 & 2 & 14 & 0 & 6 \end{pmatrix}$$

则 B 是右边的矩阵. 对 B 连续作行初等变换如下:

$$B \xrightarrow[{[1(-2)+3]}]{\substack{[3(-2)+4] \\ [1(1)+2]}} \begin{pmatrix} 1 & 0 & 3 & 1 & 2 \\ 0 & 3 & 3 & 0 & 3 \\ 0 & 1 & 1 & 0 & 1 \\ 0 & 0 & 0 & -4 & -4 \end{pmatrix} \xrightarrow[{\substack{[4(\frac{1}{4})+1] \\ [4(-\frac{1}{4})]}}]{\substack{[2(-\frac{1}{3})+3] \\ [2(\frac{1}{3})]}} \begin{pmatrix} 1 & 0 & 3 & 0 & 1 \\ 0 & 1 & 1 & 0 & 1 \\ 0 & 0 & 0 & 0 & 0 \\ 0 & 0 & 0 & 1 & 1 \end{pmatrix}.$$

令 $\beta_1, \beta_2, \beta_3, \beta_4, \beta_5$ 是最后一个矩阵的列向量组, 则它的全部极大无关组为

$$\beta_1, \beta_2, \beta_4;\quad \beta_1, \beta_2, \beta_5;\quad \beta_1, \beta_3, \beta_4;\quad \beta_1, \beta_3, \beta_5;\quad \beta_1, \beta_4, \beta_5;$$
$$\beta_2, \beta_3, \beta_4;\quad \beta_2, \beta_3, \beta_5;\quad \beta_2, \beta_4, \beta_5;\quad \beta_3, \beta_4, \beta_5,$$

所以原向量组 A_1, A_2, A_3, A_4, A_5 的全部极大无关组为

$$A_1, A_2, A_4;\quad A_1, A_2, A_5;\quad A_1, A_3, A_4;\quad A_1, A_3, A_5;\quad A_1, A_4, A_5;$$
$$A_2, A_3, A_4;\quad A_2, A_3, A_5;\quad A_2, A_4, A_5;\quad A_3, A_4, A_5.$$

习题 5.3

1. 在 F^3 中, 求下列向量组的一个极大无关组, 并写出向量组的秩:

   (1) $\alpha_1 = (3, 0, 0),\ \alpha_2 = (-1, 2, 0),\ \alpha_3 = (5, 4, 0)$;

   (2) $\alpha_1 = (3, -2, 0),\ \alpha_2 = (27, -18, 0),\ \alpha_3 = (-1, 5, 8)$.

2. 在线性空间 $V(F)$ 中, 设向量组 $\alpha_1, \alpha_2, \cdots, \alpha_s$ 的秩为 r $(r > 0)$. 证明:

   (1) 这个向量组中任意 r 个线性无关的向量都构成一个极大无关组;

   (2) 如果这个向量组可由它的含 r 个向量的部分组线性表示, 那么这个 r 个向量构成一个极大无关组.

3. 证明在 $V(F)$ 中, 如果向量组 $\alpha_1, \alpha_2, \cdots, \alpha_s$ 与 $\alpha_1, \alpha_2, \cdots, \alpha_s, \beta_1, \beta_2, \cdots, \beta_t$ 有相同的秩, 那么这两个向量组等价.

4. 证明: (1) F^n 中每一个线性无关向量组所含向量的个数都不超过 n; (2) 如果 F^n 中每一个向量都可由向量组 $\alpha_1, \alpha_2, \cdots, \alpha_n$ 线性表示, 那么 $\alpha_1, \alpha_2, \cdots, \alpha_n$ 线性无关.

5. 设 $A \in M_n(F)$. 证明: 如果对任意的 $\beta \in F^n$, 线性方程组 $AX = \beta$ 有解, 那么 $|A| \neq 0$.

6. 设 $\eta_1, \eta_2, \cdots, \eta_s$ 是齐次线性方程组 $AX = 0$ 的一个基础解系. 证明:

   (1) $\zeta_1, \zeta_2, \cdots, \zeta_s$ 也是方程组的一个基础解系当且仅当它与 $\eta_1, \eta_2, \cdots, \eta_s$ 等价;

   (2) 方程组的任意 s 个线性无关的解向量都构成一个基础解系.

7. 设 $\gamma_1, \gamma_2, \gamma_3$ 是数域 F 上 n 元线性方程组 $AX = \beta$ 的 3 个线性无关的解 $(n \geqslant 2)$, 并设 $\operatorname{rank}(A) = n - 2$. 求导出组 $AX = 0$ 的一个通解.

8. 设 $\boldsymbol{\beta}_1, \boldsymbol{\beta}_2, \boldsymbol{\beta}_3, \boldsymbol{\beta}_4, \boldsymbol{\beta} \in \boldsymbol{F}^n$, 其中 $\boldsymbol{\beta}_1 = 2\boldsymbol{\beta}_2 + 3\boldsymbol{\beta}_3$ 且 $\boldsymbol{\beta} = \boldsymbol{\beta}_1 - \boldsymbol{\beta}_3 + 4\boldsymbol{\beta}_4$. 令线性方程组 $\boldsymbol{\beta}_1 x_1 + \boldsymbol{\beta}_2 x_2 + \boldsymbol{\beta}_3 x_3 + \boldsymbol{\beta}_4 x_4 = \boldsymbol{\beta}$ 的系数矩阵的秩等于 3. 求方程组的一个通解.

9. 证明: 在 $\boldsymbol{V}(\boldsymbol{F})$ 中, 每一个线性无关部分组都可以扩充成原向量组的一个极大无关组.

10. 验证: 向量组 $\{\boldsymbol{\alpha}_1, \boldsymbol{\alpha}_2\}$ 线性无关, 并把它扩充成向量组 $\boldsymbol{\alpha}_1, \boldsymbol{\alpha}_2, \boldsymbol{\alpha}_3, \boldsymbol{\alpha}_4, \boldsymbol{\alpha}_5$ 的一个极大无关组, 这里 $\boldsymbol{\alpha}_1 = (1, 2, -1, 4)$, $\boldsymbol{\alpha}_2 = (0, 1, 3, 2)$, 并且

$$\boldsymbol{\alpha}_3 = (2, 5, 1, 10),\quad \boldsymbol{\alpha}_4 = (1, 2, -1, 5),\quad \boldsymbol{\alpha}_5 = (2, 5, 1, 2).$$

11. 求下列向量组的秩, 并求出全部极大无关组:

(1) $f_1(x) = 1 + 2x^2 + 3x^3 - 4x^4$, $f_2(x) = 6 + 4x + x^2 - x^3 + 2x^4$, $f_3(x) = 7 + x - x^3 + 3x^4$, $f_4(x) = 1 + 4x - 9x^2 - 16x^3 + 22x^4$;

(2) $\boldsymbol{A}_1 = \begin{pmatrix} 1 & 1 \\ -1 & 0 \end{pmatrix}$, $\boldsymbol{A}_2 = \begin{pmatrix} 1 & -1 \\ 2 & 1 \end{pmatrix}$, $\boldsymbol{A}_3 = \begin{pmatrix} 1 & -3 \\ 5 & 2 \end{pmatrix}$, $\boldsymbol{A}_4 = \begin{pmatrix} 1 & 2 \\ 3 & 2 \end{pmatrix}$, $\boldsymbol{A}_5 = \begin{pmatrix} 2 & -4 \\ 7 & 3 \end{pmatrix}$.

*12. 设 $\boldsymbol{\alpha}_1, \boldsymbol{\alpha}_2, \cdots, \boldsymbol{\alpha}_s$ 与 $\boldsymbol{\beta}_1, \boldsymbol{\beta}_2, \cdots, \boldsymbol{\beta}_t$ 是 $\boldsymbol{V}(\boldsymbol{F})$ 中两组向量, 它们的秩分别为 r_1 和 r_2. 令向量组 $\boldsymbol{\alpha}_1, \boldsymbol{\alpha}_2, \cdots, \boldsymbol{\alpha}_s, \boldsymbol{\beta}_1, \cdots, \boldsymbol{\beta}_t$ 的秩为 r. 证明: $\max\{r_1, r_2\} \leqslant r \leqslant r_1 + r_2$.

*13. 在线性空间 $\boldsymbol{V}(\boldsymbol{F})$ 中, 设 $\boldsymbol{\alpha}_{i_1}, \boldsymbol{\alpha}_{i_2}, \cdots, \boldsymbol{\alpha}_{i_m}$ 是向量组 $\boldsymbol{\alpha}_1, \boldsymbol{\alpha}_2, \cdots, \boldsymbol{\alpha}_s$ 的一个部分组. 令 $\operatorname{rank}\{\boldsymbol{\alpha}_1, \boldsymbol{\alpha}_2, \cdots, \boldsymbol{\alpha}_s\} = r$ 且 $\operatorname{rank}\{\boldsymbol{\alpha}_{i_1}, \boldsymbol{\alpha}_{i_2}, \cdots, \boldsymbol{\alpha}_{i_m}\} = r_1$, 则 $r_1 \geqslant r + m - s$.

*14. 设 $\boldsymbol{A}, \boldsymbol{B} \in \boldsymbol{M}_{mn}(\boldsymbol{F})$. 证明: $\operatorname{rank}(\boldsymbol{A} + \boldsymbol{B}) \leqslant \operatorname{rank}(\boldsymbol{A}) + \operatorname{rank}(\boldsymbol{B})$.

*15. 设 $\boldsymbol{A} \in \boldsymbol{M}_{mn}(\boldsymbol{F})$ 且 $\boldsymbol{B} \in \boldsymbol{M}_{ns}(\boldsymbol{F})$. 证明: $\operatorname{rank}(\boldsymbol{AB}) \geqslant \operatorname{rank}(\boldsymbol{A}) + \operatorname{rank}(\boldsymbol{B}) - n$.

5.4 基、维数和坐标

在前两节我们讨论了向量组内部的向量与向量之间的关系, 并讨论了极大无关组和向量组的秩. 我们知道, 每一个向量组都是由有限个向量组成的, 但是每一个非零线性空间 $\boldsymbol{V}$ 都含有无穷多个向量, 那么 $\boldsymbol{V}$ 中的向量与向量之间有什么关系呢? 在这些向量中, 有没有类似于极大无关组那样的部分组? 有没有类似于向量组的秩那样的不变量? 毫无疑问, 这些问题都是至关重要的. 此外, 由于 $\boldsymbol{V}$ 中的向量及其加法和数乘运算都是抽象的, 怎样把抽象的向量与数联系起来? 怎样把抽象的加法和数乘运算转化为我们熟悉的数的运算? 这些问题也是重要的. 在这一节我们将讨论这些问题. 主要讨论有限维线性空间的基和维数, 以及向量的坐标和坐标变换公式等问题.

回顾一下, 在几何空间 $\mathbb{V}_3$ 中, 任取 3 个不共面的向量 $\boldsymbol{e}_1, \boldsymbol{e}_2, \boldsymbol{e}_3$, 它们连同原点 $\boldsymbol{O}$ 一起构成一个坐标标架 $\{\boldsymbol{O}; \boldsymbol{e}_1, \boldsymbol{e}_2, \boldsymbol{e}_3\}$. 我们知道, 一旦建立了标架, 各种问题就便于展开讨论了, 因此标架起到了奠基作用. 我们熟知, 组成标架的向量组具有两个本质属性, 即它是线性无关的, 并且 $\mathbb{V}_3$ 中每一个向量都可由它线性表示. 一般地, 具有这两个属性的向量组就是我们要讨论的基.

定义 5.4.1 在 $\boldsymbol{V}(\boldsymbol{F})$ 中, 设向量组 $\boldsymbol{\alpha}_1, \boldsymbol{\alpha}_2, \cdots, \boldsymbol{\alpha}_n$ 线性无关. 若 $\boldsymbol{V}$ 中每一个向量都可由 $\boldsymbol{\alpha}_1, \boldsymbol{\alpha}_2, \cdots, \boldsymbol{\alpha}_n$ 线性表示, 则称 $\boldsymbol{\alpha}_1, \boldsymbol{\alpha}_2, \cdots, \boldsymbol{\alpha}_n$ 为 $\boldsymbol{V}$ 的一个**基**.

根据定义, 零空间 $\mathbb{V}_0$ 没有基. 已知当 $\boldsymbol{A}$ 不是列满秩矩阵时, 齐次线性方程组 $\boldsymbol{AX}=\boldsymbol{0}$ 必有基础解系. 对照基和基础解系的定义, 我们看到, 每一个基础解系都是方程组 $\boldsymbol{AX}=\boldsymbol{0}$ 的解空间的一个基.

如果线性空间 $\boldsymbol{V}(\boldsymbol{F})$ 存在基, 比如说, $\boldsymbol{\alpha}_1, \boldsymbol{\alpha}_2, \cdots, \boldsymbol{\alpha}_n$ 是它的一个基, 容易验证, 对数域 $\boldsymbol{F}$ 中任意非零常数 k, 向量组 $k\boldsymbol{\alpha}_1, \boldsymbol{\alpha}_2, \cdots, \boldsymbol{\alpha}_n$ 也是它的一个基, 因此 $\boldsymbol{V}$ 的基有无穷多个. 下面对几个特殊线性空间各给出一个常用基.

在 n 元向量空间 $\boldsymbol{F}^n$ 中, 标准向量组 $\boldsymbol{\varepsilon}_1, \boldsymbol{\varepsilon}_2, \cdots, \boldsymbol{\varepsilon}_n$ 是 $\boldsymbol{F}^n$ 的一个基, 称为**标准基.** 在矩阵空间 $\boldsymbol{M}_{mn}(\boldsymbol{F})$ 中, 基本矩阵组

$$\boldsymbol{E}_{11}, \boldsymbol{E}_{12}, \cdots, \boldsymbol{E}_{1n}, \boldsymbol{E}_{21}, \cdots, \boldsymbol{E}_{2n}, \cdots, \boldsymbol{E}_{m1}, \cdots, \boldsymbol{E}_{mn}$$

是 $\boldsymbol{M}_{mn}(\boldsymbol{F})$ 的一个基. 已知线性空间 $\boldsymbol{F}_n[x]$ 中每一个向量都可以表示成

$$a_0 + a_1x + a_2x^2 + \cdots + a_{n-1}x^{n-1}.$$

又已知向量组 $1, x, x^2, \cdots, x^{n-1}$ 线性无关, 那么它是 $\boldsymbol{F}_n[x]$ 的一个基.

值得指出的是, 尽管每一个非零线性空间都存在线性无关向量组, 但是有一类非零线性空间, 其中的任意有限个线性无关的向量都不可能构成基. 例如, 在多项式空间 $\boldsymbol{F}[x]$ 中, 设 $f_1(x), f_2(x), \cdots, f_s(x)$ 是 s 个线性无关的向量, 其中 s 是任意正整数. 如果它们构成 $\boldsymbol{F}[x]$ 的一个基, 那么含 $s+1$ 个向量的向量组 $1, x, x^2, \cdots, x^s$ 可由这 s 个向量线性表示. 根据注 5.3.1, 向量组 $1, x, x^2, \cdots, x^s$ 线性相关. 这是不可能的, 因此 $f_1(x), f_2(x), \cdots, f_s(x)$ 不是 $\boldsymbol{F}[x]$ 的基. 类似地, 可以验证, 连续函数空间 $C[a,b]$ 或可微函数空间 $D[a,b]$ 中任意有限个线性无关的向量都不可能构成基.

为什么会产生这种奇异现象呢? 考察基的定义, 它与极大无关组的定义很相似, 然而两者有本质区别. 这是因为向量组只含有限个向量, 而非零线性空间含无穷多个向量. 我们知道, 含非零向量的向量组必有极大无关组, 那么非零线性空间有没有基呢? 回答是肯定的. 不过上述定义需要作适当修改①.

设 $\boldsymbol{V}$ 是数域 $\boldsymbol{F}$ 上一个非零线性空间. 如果存在 $\boldsymbol{V}$ 中有限个向量, 使得它们构成 $\boldsymbol{V}$ 的一个基, 那么称 $\boldsymbol{V}$ 是**有限维的.** 否则, 称 $\boldsymbol{V}$ 是**无限维的.** 特别地, 规定零空间 $\mathbb{V}_0$ 是有限维的. 于是 $\mathbb{V}_2, \mathbb{V}_3, \boldsymbol{F}^n, \boldsymbol{F}_n[x]$ 与 $\boldsymbol{M}_{mn}(\boldsymbol{F})$ 都是有限维的, 而 $\boldsymbol{F}[x], C[a,b]$ 与 $D[a,b]$ 都是无限维的.

与极大无关组的情形一样, 对于非零有限维线性空间, 我们有

定理 5.4.1 设 $\boldsymbol{V}$ 是数域 $\boldsymbol{F}$ 上一个非零有限维线性空间, 则它的任意两个基所含向量的个数是相同的.

证明 已知 $\boldsymbol{V}$ 是一个非零有限维线性空间, 那么存在 $\boldsymbol{V}$ 的由有限个向量组成的基. 根据基的定义, $\boldsymbol{V}$ 的任意两个基是两个等价的线性无关向量组. 根据推论 5.3.5, 它们所含向量的个数是相同的. □

①这方面的讨论超出了本课程的范围. 读者可以查阅同类书籍. 例如, 查阅参考文献 [13](下册), 第 176–177 页.

定理 5.4.1 表明, 尽管非零有限维线性空间的基不唯一, 但是基所含向量的个数是一个不变量. 换句话说, 它是这个空间自身固有的一个本质属性. 我们给这个不变量取一个名称.

定义 5.4.2 给定数域 $\boldsymbol{F}$ 上一个非零有限维线性空间 $\boldsymbol{V}$, 它的基所含向量的个数称为这个空间的**维数**, 记作 $\dim \boldsymbol{V}$. 特别地, 规定 $\dim \mathbb{V}_0 \stackrel{\text{def}}{=} 0$.

于是每一个有限维线性空间有唯一的维数, 它是一个非负整数. 特别地, 有 $\dim \mathbb{V}_2 = 2$, $\dim \mathbb{V}_3 = 3$, $\dim \boldsymbol{F}^n = \dim \boldsymbol{F}_n[x] = n$ 且 $\dim \boldsymbol{M}_{mn}(\boldsymbol{F}) = mn$. 注意, 我们没有定义无限维线性空间的维数. 在本章最后一节, 我们将看到, 维数是有限维线性空间的最本质属性.

为了便于书写, 我们用符号 $\boldsymbol{V}_n(\boldsymbol{F})$ 来代表 "$\boldsymbol{V}$ 是数域 $\boldsymbol{F}$ 上一个 n 维线性空间", 这里 n 是非负整数. 在后面的讨论中, 如果没有特别声明, 我们总是认为, 符号 $\boldsymbol{V}_n(\boldsymbol{F})$ 中 n 是正整数. 这样, 线性空间 $\boldsymbol{V}_n(\boldsymbol{F})$ 存在基, 并且它的每一个基所含向量的个数都是 n.

在本书中, 凡涉及与维数有关的理论问题时, 我们只讨论有限维的. 有限维线性空间与无限维线性空间有本质差异, 因而前者具有的性质, 对于后者来说, 未必成立. 为了说明这些差异, 我们有时也会涉及一些无限维线性空间. 对这类空间作深入探讨, 需要用到更多的数学工具, 因而超出了本课程的研究任务. 下面讨论有限维线性空间的基本性质.

命题 5.4.2 在 $\boldsymbol{V}_n(\boldsymbol{F})$ 中, 任意 $n+1$ 个向量必线性相关.

证明 设 $\boldsymbol{\alpha}_1, \boldsymbol{\alpha}_2, \cdots, \boldsymbol{\alpha}_n$ 是 $\boldsymbol{V}$ 的一个基, 则 $\boldsymbol{V}$ 中任意 $n+1$ 个向量都可由这个基线性表示. 因为 $n+1>n$, 根据注 5.3.1, 这 $n+1$ 个向量必线性相关. □

命题 5.4.3 在 $\boldsymbol{V}_n(\boldsymbol{F})$ 中, 任意 n 个线性无关的向量都构成 $\boldsymbol{V}$ 的一个基.

证明 设 $\boldsymbol{\alpha}_1, \boldsymbol{\alpha}_2, \cdots, \boldsymbol{\alpha}_n$ 是 $\boldsymbol{V}$ 中 n 个线性无关的向量, $\boldsymbol{\beta}$ 是 $\boldsymbol{V}$ 中任意一个向量. 根据命题 5.4.2, 向量组 $\boldsymbol{\alpha}_1, \boldsymbol{\alpha}_2, \cdots, \boldsymbol{\alpha}_n, \boldsymbol{\beta}$ 线性相关. 根据命题 5.2.1, $\boldsymbol{\beta}$ 可由 $\boldsymbol{\alpha}_1, \boldsymbol{\alpha}_2, \cdots, \boldsymbol{\alpha}_n$ 线性表示. 因此 $\boldsymbol{\alpha}_1, \boldsymbol{\alpha}_2, \cdots, \boldsymbol{\alpha}_n$ 是 $\boldsymbol{V}$ 的一个基. □

由定理 5.2.5 和命题 5.4.3, 立即得到

推论 5.4.4 设 $\boldsymbol{\alpha}_1, \boldsymbol{\alpha}_2, \cdots, \boldsymbol{\alpha}_n$ 是 $\boldsymbol{V}_n(\boldsymbol{F})$ 的一个基. 令 $\boldsymbol{A} \in \boldsymbol{M}_n(\boldsymbol{F})$, 并令

$$(\boldsymbol{\beta}_1, \boldsymbol{\beta}_2, \cdots, \boldsymbol{\beta}_n) = (\boldsymbol{\alpha}_1, \boldsymbol{\alpha}_2, \cdots, \boldsymbol{\alpha}_n)\boldsymbol{A},$$

则 $\boldsymbol{\beta}_1, \boldsymbol{\beta}_2, \cdots, \boldsymbol{\beta}_n$ 是 $\boldsymbol{V}$ 的一个基当且仅当 $\boldsymbol{A}$ 是一个可逆矩阵.

例 5.4.1 已知 $\dim \boldsymbol{M}_2(\boldsymbol{F}) = 4$. 容易验证,

$$\begin{pmatrix} 1 & 0 \\ 0 & 0 \end{pmatrix}, \begin{pmatrix} 1 & 1 \\ 0 & 0 \end{pmatrix}, \begin{pmatrix} 1 & 1 \\ 1 & 0 \end{pmatrix}, \begin{pmatrix} 1 & 1 \\ 1 & 1 \end{pmatrix}$$

是 $\boldsymbol{M}_2(\boldsymbol{F})$ 中 4 个线性无关的向量. 根据命题 5.4.3, 它们构成 $\boldsymbol{M}_2(\boldsymbol{F})$ 的一个基.

例 5.4.2 已知 $1, x, x^2$ 是 $\boldsymbol{F}_3[x]$ 的一个基. 令

$$f_1(x) = 1 + 2x + 3x^2, \quad f_2(x) = 2 + x - 4x^2, \quad f_3(x) = 2 - 3x + 5x^2,$$

则

$$(f_1(x),\, f_2(x),\, f_3(x)) = (1,\, x,\, x^2)\begin{pmatrix}1 & 2 & 2\\ 2 & 1 & -3\\ 3 & -4 & 5\end{pmatrix}.$$

经计算, 上式右边的矩阵是可逆的. 根据推论 5.4.4, $f_1(x)$, $f_2(x)$, $f_3(x)$ 也是 $\boldsymbol{F}_3[x]$ 的一个基.

下面考虑非零有限维线性空间中向量的坐标.

命题 5.4.5　在 $\boldsymbol{V}_n(\boldsymbol{F})$ 中, 设 $\boldsymbol{\alpha}_1, \boldsymbol{\alpha}_2, \cdots, \boldsymbol{\alpha}_n$ 是一个基, 则每一个向量 $\boldsymbol{\xi}$ 关于这个基的表示法是唯一的, 即存在数域 $\boldsymbol{F}$ 中唯一一组数 $x_1, x_2, \cdots, x_n$, 使得

$$\boldsymbol{\xi} = x_1\boldsymbol{\alpha}_1 + x_2\boldsymbol{\alpha}_2 + \cdots + x_n\boldsymbol{\alpha}_n.$$

证明　根据已知条件和基的定义, 存在 $x_1, x_2, \cdots, x_n \in \boldsymbol{F}$, 使得

$$\boldsymbol{\xi} = x_1\boldsymbol{\alpha}_1 + x_2\boldsymbol{\alpha}_2 + \cdots + x_n\boldsymbol{\alpha}_n.$$

如果还有表示法 $\boldsymbol{\xi} = y_1\boldsymbol{\alpha}_1 + y_2\boldsymbol{\alpha}_2 + \cdots + y_n\boldsymbol{\alpha}_n$, 那么把这两个等式两边分别相减, 得

$$\boldsymbol{\theta} = (x_1 - y_1)\boldsymbol{\alpha}_1 + (x_1 - y_2)\boldsymbol{\alpha}_2 + \cdots + (x_n - y_n)\boldsymbol{\alpha}_n.$$

因为 $\boldsymbol{\alpha}_1, \boldsymbol{\alpha}_2, \cdots, \boldsymbol{\alpha}_n$ 线性无关, 所以 $x_i - y_i = 0$, 即 $x_i = y_i$, $i = 1, 2, \cdots, n$, 因此 $\boldsymbol{\xi}$ 关于所给基的表示法是唯一的. □

上述命题中组合系数 $x_1, x_2, \cdots, x_n$ 是数域 $\boldsymbol{F}$ 中唯一一个有序数组, 称为向量 $\boldsymbol{\xi}$ 关于基 $\boldsymbol{\alpha}_1, \boldsymbol{\alpha}_2, \cdots, \boldsymbol{\alpha}_n$ 的**坐标**, 也称为 $\boldsymbol{\xi}$ 在基 $\boldsymbol{\alpha}_1, \boldsymbol{\alpha}_2, \cdots, \boldsymbol{\alpha}_n$ 下的**坐标**, 记作 $(x_1, x_2, \cdots, x_n)$. 于是在 $\boldsymbol{V}$ 的一个基下, 每一个向量有唯一的坐标.

已知一般线性空间中的向量是抽象的, 不能具体写出来. 对于有限维线性空间 $\boldsymbol{V}_n(\boldsymbol{F})$, 情况也是如此. 然而在 $\boldsymbol{V}$ 的一个基下, 可以把每一个向量与数域 $\boldsymbol{F}$ 中唯一一组数联系起来, 从而可以利用具体的数来讨论抽象的向量.

基、维数和坐标都来源于几何空间的相应概念. 但要注意, 它们已经失去了几何直观性. 还要注意, 坐标是相对于基而言的, 同一个向量在不同基下的坐标一般是不同的. 例如, 在 $\boldsymbol{F}_3[x]$ 中, 向量 $1 + 2x + 3x^2$ 关于基 $1, x, x^2$ 的坐标是 $(1, 2, 3)$, 而它关于另一个基 $x^2, x, 1$ 的坐标是 $(3, 2, 1)$.

例 5.4.3　在 $\boldsymbol{F}_n[x]$ 中, 已知 $1, x, x^2, \cdots, x^{n-1}$ 是一个基, 并且每一个向量 $f(x)$ 都可以表示成 $a_0 + a_1x + a_2x^2 + \cdots + a_{n-1}x^{n-1}$, 那么 $f(x)$ 在这个基下的坐标就是由各项系数组成的有序数组 $(a_0, a_1, a_2, \cdots, a_{n-1})$.

其次, 设 a 是数域 $\boldsymbol{F}$ 中一个数. 已知 $f(x)$ 在点 a 处展开的泰勒公式为

$$f(x) = f(a) + \frac{f'(a)}{1!}(x-a) + \frac{f''(a)}{2!}(x-a)^2 + \cdots + \frac{f^{(n-1)}(a)}{(n-1)!}(x-a)^{n-1}.$$

由于向量组 $1, x-a, (x-a)^2, \cdots, (x-a)^{n-1}$ 中多项式的次数互不相同, 容易验证, 这个向量组线性无关. 根据命题 5.4.3, 它也是 $\boldsymbol{F}_n[x]$ 的一个基. 因此 $f(x)$ 在这个基下的坐标为

$$\left(f(a), \frac{f'(a)}{1!}, \frac{f''(a)}{2!}, \cdots, \frac{f^{(n-1)}(a)}{(n-1)!}\right).$$

我们常用 $(x_1, x_2, \cdots, x_n)$ 和 $(y_1, y_2, \cdots, y_n)$ 分别表示向量 $\boldsymbol{\xi}$ 和 $\boldsymbol{\eta}$ 关于基 $\boldsymbol{\alpha}_1, \boldsymbol{\alpha}_2, \cdots, \boldsymbol{\alpha}_n$ 的坐标. 这样的坐标实际上是 n 元行向量空间 $\boldsymbol{F}^n$ 中的向量. 注意到表示法

$$\boldsymbol{\xi} = x_1\boldsymbol{\alpha}_1 + x_2\boldsymbol{\alpha}_2 + \cdots + x_n\boldsymbol{\alpha}_n$$

可以改写成 $\boldsymbol{\xi} = (\boldsymbol{\alpha}_1, \boldsymbol{\alpha}_2, \cdots, \boldsymbol{\alpha}_n)\boldsymbol{X}$, 其中 $\boldsymbol{X} = (x_1, x_2, \cdots, x_n)'$, 因此坐标也可以写成列向量的形式. 根据定义, 求向量 $\boldsymbol{\xi}$ 关于上述基的坐标, 就是寻找上述表示法中的组合系数, 也就是解向量方程 $\boldsymbol{\alpha}_1x_1 + \boldsymbol{\alpha}_2x_2 + \cdots + \boldsymbol{\alpha}_nx_n = \boldsymbol{\xi}$. 根据命题 5.4.5, 这个向量方程有唯一解.

设 $\boldsymbol{\xi} = (\boldsymbol{\alpha}_1, \boldsymbol{\alpha}_2, \cdots, \boldsymbol{\alpha}_n)\boldsymbol{X}$ 且 $\boldsymbol{\eta} = (\boldsymbol{\alpha}_1, \boldsymbol{\alpha}_2, \cdots, \boldsymbol{\alpha}_n)\boldsymbol{Y}$. 根据 (5.2.4) 和 (5.2.5) 两式, 有

$$\boldsymbol{\xi} + \boldsymbol{\eta} = (\boldsymbol{\alpha}_1, \boldsymbol{\alpha}_2, \cdots, \boldsymbol{\alpha}_n)(\boldsymbol{X} + \boldsymbol{Y}) \quad \text{且} \quad k\boldsymbol{\xi} = (\boldsymbol{\alpha}_1, \boldsymbol{\alpha}_2, \cdots, \boldsymbol{\alpha}_n)(k\boldsymbol{X}).$$

这就得到下列定理.

定理 5.4.6 在 $\boldsymbol{V}_n(\boldsymbol{F})$ 中, 若向量 $\boldsymbol{\xi}$ 与 η 在基 $\boldsymbol{\alpha}_1, \boldsymbol{\alpha}_2, \cdots, \boldsymbol{\alpha}_n$ 下的坐标分别为 $\boldsymbol{X}$ 与 $\boldsymbol{Y}$, 则 $\boldsymbol{\xi} + \eta$ 与 $k\boldsymbol{\xi}$ 在同一个基下的坐标分别为 $\boldsymbol{X} + \boldsymbol{Y}$ 与 $k\boldsymbol{X}$, $\forall k \in \boldsymbol{F}$.

令 $\boldsymbol{X} = (x_1, \cdots, x_n)'$ 且 $\boldsymbol{Y} = (y_1, \cdots, y_n)'$, 则

$$\boldsymbol{X} + \boldsymbol{Y} = (x_1 + y_1, \cdots, x_n + y_n)' \quad \text{且} \quad k\boldsymbol{X} = (kx_1, \cdots, kx_n)'.$$

于是由上述定理, 我们看到, 可以利用坐标, 把有限维线性空间中抽象的加法和数乘运算转化为我们熟悉的数的运算. 这将给许多问题的讨论带来方便.

下面讨论一个向量在两个基下的坐标之间的关系. 先看一个例子.

例 5.4.4 在几何平面 $\mathbb{V}_2$ 上, 取定一个坐标标架 $\{\boldsymbol{O}; \boldsymbol{e}_1, \boldsymbol{e}_2\}$, 其中 $\boldsymbol{e}_1$ 与 $\boldsymbol{e}_2$ 是两个互相垂直的单位向量. 把这个标架绕原点 $\boldsymbol{O}$ 按逆时针方向旋转一个角度 ϕ, 就得到一个新的标架 $\{\boldsymbol{O}; \widetilde{\boldsymbol{e}}_1, \widetilde{\boldsymbol{e}}_2\}$ (见图 5.1). 于是我们有

$$\begin{cases} \widetilde{\boldsymbol{e}}_1 = \boldsymbol{e}_1\cos\phi + \boldsymbol{e}_2\sin\phi, \\ \widetilde{\boldsymbol{e}}_2 = -\boldsymbol{e}_1\sin\phi + \boldsymbol{e}_2\cos\phi, \end{cases}$$

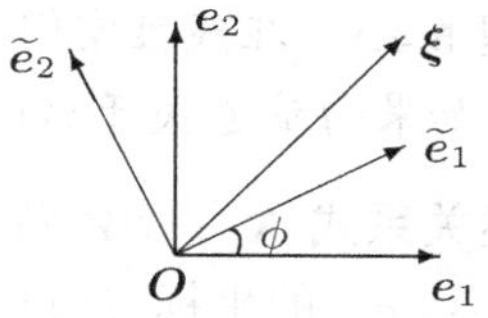

图 5.1

即

$$(\widetilde{\boldsymbol{e}}_1, \widetilde{\boldsymbol{e}}_2) = (\boldsymbol{e}_1, \boldsymbol{e}_2)\begin{pmatrix} \cos\phi & -\sin\phi \\ \sin\phi & \cos\phi \end{pmatrix}.$$

现在, 假设向量 $\boldsymbol{\xi}$ 关于旧标架的坐标为 (x_1, x_2), 关于新标架的坐标为 $(\widetilde{x}_1, \widetilde{x}_2)$, 那么

$$\boldsymbol{\xi} = x_1\boldsymbol{e}_1 + x_2\boldsymbol{e}_2 \quad \text{且} \quad \boldsymbol{\xi} = \widetilde{x}_1\widetilde{\boldsymbol{e}}_1 + \widetilde{x}_2\widetilde{\boldsymbol{e}}_2,$$

即

$$\boldsymbol{\xi} = (\boldsymbol{e}_1, \boldsymbol{e}_2)\begin{pmatrix} x_1 \\ x_2 \end{pmatrix} \quad \text{且} \quad \boldsymbol{\xi} = (\widetilde{\boldsymbol{e}}_1, \widetilde{\boldsymbol{e}}_2)\begin{pmatrix} \widetilde{x}_1 \\ \widetilde{x}_2 \end{pmatrix},$$

所以

$$\boldsymbol{\xi} = (\widetilde{\boldsymbol{e}}_1, \widetilde{\boldsymbol{e}}_2)\begin{pmatrix} \widetilde{x}_1 \\ \widetilde{x}_2 \end{pmatrix} = \left[(\boldsymbol{e}_1, \boldsymbol{e}_2)\begin{pmatrix} \cos\phi & -\sin\phi \\ \sin\phi & \cos\phi \end{pmatrix} \right] \begin{pmatrix} \widetilde{x}_1 \\ \widetilde{x}_2 \end{pmatrix},$$

因此

$$\boldsymbol{\xi} = (\boldsymbol{e}_1, \boldsymbol{e}_2)\left[\begin{pmatrix} \cos\phi & -\sin\phi \\ \sin\phi & \cos\phi \end{pmatrix} \begin{pmatrix} \widetilde{x}_1 \\ \widetilde{x}_2 \end{pmatrix} \right].$$

由于 $\boldsymbol{\xi}$ 关于同一个标架 $\{\boldsymbol{O};\,\boldsymbol{e}_1,\,\boldsymbol{e}_2\}$ 的坐标是唯一的, 我们得到

$$\begin{pmatrix} x_1 \\ x_2 \end{pmatrix} = \begin{pmatrix} \cos\phi & -\sin\phi \\ \sin\phi & \cos\phi \end{pmatrix} \begin{pmatrix} \widetilde{x}_1 \\ \widetilde{x}_2 \end{pmatrix}.$$

这就是向量 $\boldsymbol{\xi}$ 关于上述两个标架的坐标之间的关系式, 称为坐标变换公式.

设 $\boldsymbol{\alpha}_1, \boldsymbol{\alpha}_2, \cdots, \boldsymbol{\alpha}_n$ 与 $\boldsymbol{\beta}_1, \boldsymbol{\beta}_2, \cdots, \boldsymbol{\beta}_n$ 是线性空间 $\boldsymbol{V}_n(\boldsymbol{F})$ 的两个基, 则向量组 $\boldsymbol{\beta}_1, \boldsymbol{\beta}_2, \cdots, \boldsymbol{\beta}_n$ 可由 $\boldsymbol{\alpha}_1, \boldsymbol{\alpha}_2, \cdots, \boldsymbol{\alpha}_n$ 线性表示. 于是存在 $\boldsymbol{T} \in \boldsymbol{M}_n(\boldsymbol{F})$, 使得

$$(\boldsymbol{\beta}_1, \boldsymbol{\beta}_2, \cdots, \boldsymbol{\beta}_n) = (\boldsymbol{\alpha}_1, \boldsymbol{\alpha}_2, \cdots, \boldsymbol{\alpha}_n)\boldsymbol{T}. \tag{5.4.1}$$

由于 $\boldsymbol{T}$ 的第 j 列恰好是向量 $\boldsymbol{\beta}_j$ 在基 $\boldsymbol{\alpha}_1, \boldsymbol{\alpha}_2, \cdots, \boldsymbol{\alpha}_n$ 下的坐标, 根据坐标的唯一性, 矩阵 $\boldsymbol{T}$ 是唯一的, 称为从基 $\boldsymbol{\alpha}_1, \boldsymbol{\alpha}_2, \cdots, \boldsymbol{\alpha}_n$ 到基 $\boldsymbol{\beta}_1, \boldsymbol{\beta}_2, \cdots, \boldsymbol{\beta}_n$ 的**过渡矩阵**. 根据推论 5.4.4, $\boldsymbol{T}$ 是可逆的. 用 $\boldsymbol{T}^{-1}$ 去右乘 (5.4.1) 式两边, 得

$$(\boldsymbol{\alpha}_1, \boldsymbol{\alpha}_2, \cdots, \boldsymbol{\alpha}_n) = (\boldsymbol{\beta}_1, \boldsymbol{\beta}_2, \cdots, \boldsymbol{\beta}_n)\boldsymbol{T}^{-1},$$

所以 $\boldsymbol{T}^{-1}$ 是从基 $\boldsymbol{\beta}_1, \boldsymbol{\beta}_2, \cdots, \boldsymbol{\beta}_n$ 到基 $\boldsymbol{\alpha}_1, \boldsymbol{\alpha}_2, \cdots, \boldsymbol{\alpha}_n$ 的过渡矩阵. 这就得到

命题 5.4.7 在线性空间 $\boldsymbol{V}_n(\boldsymbol{F})$ 中, 从一个基到另一个基的过渡矩阵是唯一的. 如果 $\boldsymbol{T}$ 是从基 $\boldsymbol{\alpha}_1, \boldsymbol{\alpha}_2, \cdots, \boldsymbol{\alpha}_n$ 到基 $\boldsymbol{\beta}_1, \boldsymbol{\beta}_2, \cdots, \boldsymbol{\beta}_n$ 的过渡矩阵, 那么它是可逆的, 并且它的逆矩阵 $\boldsymbol{T}^{-1}$ 是从基 $\boldsymbol{\beta}_1, \boldsymbol{\beta}_2, \cdots, \boldsymbol{\beta}_n$ 到基 $\boldsymbol{\alpha}_1, \boldsymbol{\alpha}_2, \cdots, \boldsymbol{\alpha}_n$ 的过渡矩阵.

设向量 $\boldsymbol{\xi}$ 在两个基 $\boldsymbol{\alpha}_1, \boldsymbol{\alpha}_2, \cdots, \boldsymbol{\alpha}_n$ 与 $\boldsymbol{\beta}_1, \boldsymbol{\beta}_2, \cdots, \boldsymbol{\beta}_n$ 下的坐标分别为 $\boldsymbol{X}$ 与 $\boldsymbol{Y}$ (用列向量表示). 因为 $\boldsymbol{\xi} = (\boldsymbol{\beta}_1, \boldsymbol{\beta}_2, \cdots, \boldsymbol{\beta}_n)\boldsymbol{Y}$, 根据 (5.4.1) 式, 有

$$\boldsymbol{\xi} = (\boldsymbol{\alpha}_1, \boldsymbol{\alpha}_2, \cdots, \boldsymbol{\alpha}_n)(\boldsymbol{T}\boldsymbol{Y}).$$

这表明, $\boldsymbol{T}\boldsymbol{Y}$ 也是 $\boldsymbol{\xi}$ 关于基 $\boldsymbol{\alpha}_1, \boldsymbol{\alpha}_2, \cdots, \boldsymbol{\alpha}_n$ 的坐标, 所以 $\boldsymbol{X} = \boldsymbol{T}\boldsymbol{Y}$. 这就得到

定理 5.4.8 在线性空间 $\boldsymbol{V}_n(\boldsymbol{F})$ 中, 设 $\boldsymbol{T}$ 是从基 $\boldsymbol{\alpha}_1, \boldsymbol{\alpha}_2, \cdots, \boldsymbol{\alpha}_n$ 到基 $\boldsymbol{\beta}_1, \boldsymbol{\beta}_2, \cdots, \boldsymbol{\beta}_n$ 的过渡矩阵. 如果向量 $\boldsymbol{\xi}$ 关于这两个基的坐标分别为 $\boldsymbol{X}$ 与 $\boldsymbol{Y}$, 那么 $\boldsymbol{X} = \boldsymbol{T}\boldsymbol{Y}$.

上述关系式 $\boldsymbol{X} = \boldsymbol{T}\boldsymbol{Y}$ 称为**坐标变换公式**, 其中过渡矩阵 $\boldsymbol{T}$ 的第 j 列是向量 $\boldsymbol{\beta}_j$ 关于基 $\boldsymbol{\alpha}_1, \boldsymbol{\alpha}_2, \cdots, \boldsymbol{\alpha}_n$ 的坐标. 注意, 公式中旧坐标 $\boldsymbol{X}$ 在单独一边, 新坐标 $\boldsymbol{Y}$ 位于 $\boldsymbol{T}$ 的右边.

例 5.4.5 在线性空间 $\boldsymbol{F}^3$ 中, 求从基 $\boldsymbol{\alpha}_1, \boldsymbol{\alpha}_2, \boldsymbol{\alpha}_3$ 到基 $\boldsymbol{\beta}_1, \boldsymbol{\beta}_2, \boldsymbol{\beta}_3$ 的过渡矩阵, 并求向量 $\boldsymbol{\xi} = \boldsymbol{\beta}_1 - 2\boldsymbol{\beta}_2 + \boldsymbol{\beta}_3$ 关于基 $\boldsymbol{\alpha}_1, \boldsymbol{\alpha}_2, \boldsymbol{\alpha}_3$ 的坐标, 这里

$$\begin{aligned} &\boldsymbol{\alpha}_1 = (1, -2, -3), \quad \boldsymbol{\alpha}_2 = (-1, 1, 1), \quad \boldsymbol{\alpha}_3 = (3, -1, 2); \\ &\boldsymbol{\beta}_1 = (1, 1, 1), \qquad\quad \boldsymbol{\beta}_2 = (1, 2, 3), \qquad \boldsymbol{\beta}_3 = (2, 0, 1). \end{aligned}$$

解 设 $\boldsymbol{\varepsilon}_1, \boldsymbol{\varepsilon}_2, \boldsymbol{\varepsilon}_3$ 是 $\boldsymbol{F}^3$ 的标准基. 令 $\boldsymbol{T}_1$ 是从基 $\boldsymbol{\varepsilon}_1, \boldsymbol{\varepsilon}_2, \boldsymbol{\varepsilon}_3$ 到基 $\boldsymbol{\alpha}_1, \boldsymbol{\alpha}_2, \boldsymbol{\alpha}_3$ 的过渡矩阵. 根据命题 5.4.7, $\boldsymbol{T}_1^{-1}$ 是从基 $\boldsymbol{\alpha}_1, \boldsymbol{\alpha}_2, \boldsymbol{\alpha}_3$ 到基 $\boldsymbol{\varepsilon}_1, \boldsymbol{\varepsilon}_2, \boldsymbol{\varepsilon}_3$ 的过渡矩阵. 再令 $\boldsymbol{T}_2$ 是从基 $\boldsymbol{\varepsilon}_1, \boldsymbol{\varepsilon}_2, \boldsymbol{\varepsilon}_3$ 到基 $\boldsymbol{\beta}_1, \boldsymbol{\beta}_2, \boldsymbol{\beta}_3$ 的过渡矩阵, 则

$$(\boldsymbol{\beta}_1, \boldsymbol{\beta}_2, \boldsymbol{\beta}_3) = (\boldsymbol{\varepsilon}_1, \boldsymbol{\varepsilon}_2, \boldsymbol{\varepsilon}_3)\boldsymbol{T}_2 \quad \text{且} \quad (\boldsymbol{\varepsilon}_1, \boldsymbol{\varepsilon}_2, \boldsymbol{\varepsilon}_3) = (\boldsymbol{\alpha}_1, \boldsymbol{\alpha}_2, \boldsymbol{\alpha}_3)\boldsymbol{T}_1^{-1},$$

所以
$$(\boldsymbol{\beta}_1, \boldsymbol{\beta}_2, \boldsymbol{\beta}_3) = (\boldsymbol{\alpha}_1, \boldsymbol{\alpha}_2, \boldsymbol{\alpha}_3)\boldsymbol{T}_1^{-1}\boldsymbol{T}_2,$$
因此 $\boldsymbol{T}_1^{-1}\boldsymbol{T}_2$ 是从基 $\boldsymbol{\alpha}_1, \boldsymbol{\alpha}_2, \boldsymbol{\alpha}_3$ 到基 $\boldsymbol{\beta}_1, \boldsymbol{\beta}_2, \boldsymbol{\beta}_3$ 的过渡矩阵. 其次, 根据题设, 有
$$\boldsymbol{T}_1 = \begin{pmatrix} 1 & -1 & 3 \\ -2 & 1 & -1 \\ -3 & 1 & 2 \end{pmatrix} \text{ 且 } \boldsymbol{T}_2 = \begin{pmatrix} 1 & 1 & 2 \\ 1 & 2 & 0 \\ 1 & 3 & 1 \end{pmatrix}.$$
于是对分块矩阵 $(\boldsymbol{T}_1, \boldsymbol{T}_2)$ 连续作行初等变换, 可以求出 $\boldsymbol{T}_1^{-1}\boldsymbol{T}_2$. 经计算, 得
$$\boldsymbol{T}_1^{-1}\boldsymbol{T}_2 = \begin{pmatrix} -6 & -7 & -4 \\ -13 & -14 & -9 \\ -2 & -2 & -1 \end{pmatrix}.$$
再次, 由 $\boldsymbol{\xi} = \boldsymbol{\beta}_1 - 2\boldsymbol{\beta}_2 + \boldsymbol{\beta}_3$ 知, $\boldsymbol{\xi}$ 关于基 $\boldsymbol{\beta}_1, \boldsymbol{\beta}_2, \boldsymbol{\beta}_3$ 的坐标为 $(1, -2, 1)$. 因为
$$\begin{pmatrix} -6 & -7 & -4 \\ -13 & -14 & -9 \\ -2 & -2 & -1 \end{pmatrix}\begin{pmatrix} 1 \\ -2 \\ 1 \end{pmatrix} = \begin{pmatrix} 4 \\ 6 \\ 1 \end{pmatrix},$$
根据坐标变换公式, $\boldsymbol{\xi}$ 关于基 $\boldsymbol{\alpha}_1, \boldsymbol{\alpha}_2, \boldsymbol{\alpha}_3$ 的坐标为 $(4, 6, 1)$.

在上例中, 若直接假定 $(\boldsymbol{\beta}_1, \boldsymbol{\beta}_2, \boldsymbol{\beta}_3) = (\boldsymbol{\alpha}_1, \boldsymbol{\alpha}_2, \boldsymbol{\alpha}_3)\boldsymbol{T}$, 其中 $\boldsymbol{T} = (t_{ij})$, 则
$$\boldsymbol{\beta}_i = \boldsymbol{\alpha}_1 t_{1j} + \boldsymbol{\alpha}_2 t_{2j} + \boldsymbol{\alpha}_3 t_{3j}, \quad j = 1, 2, 3.$$
这就得到三个向量方程, 其中的每一个都是一个线性方程组. 于是欲求过渡矩阵 $\boldsymbol{T}$, 可以转向求这三个线性方程组的解. 但是这种解法, 计算量较大.

例 5.4.6 在 $\boldsymbol{M}_2(\boldsymbol{F})$ 中, 求一个非零向量 $\boldsymbol{A}$, 使得它在基 $\boldsymbol{E}_{11}, \boldsymbol{E}_{12}, \boldsymbol{E}_{21}, \boldsymbol{E}_{22}$ 下的坐标和在基 $\boldsymbol{A}_1, \boldsymbol{A}_2, \boldsymbol{A}_3, \boldsymbol{A}_4$ 下的坐标是相同的, 这里 $\boldsymbol{E}_{ij}$ 是基本矩阵, 并且
$$\boldsymbol{A}_1 = \begin{pmatrix} 2 & 1 \\ -1 & 1 \end{pmatrix}, \ \boldsymbol{A}_2 = \begin{pmatrix} 0 & 3 \\ 1 & 0 \end{pmatrix}, \ \boldsymbol{A}_3 = \begin{pmatrix} 5 & 3 \\ 2 & 1 \end{pmatrix}, \ \boldsymbol{A}_4 = \begin{pmatrix} 6 & 6 \\ 1 & 3 \end{pmatrix}.$$

解 设 $\boldsymbol{T}$ 是从基 $\boldsymbol{E}_{11}, \boldsymbol{E}_{12}, \boldsymbol{E}_{21}, \boldsymbol{E}_{22}$ 到基 $\boldsymbol{A}_1, \boldsymbol{A}_2, \boldsymbol{A}_3, \boldsymbol{A}_4$ 的过渡矩阵. 根据坐标变换公式, 所求向量关于这两个基的坐标是齐次线性方程组 $\boldsymbol{TX} = \boldsymbol{X}$, 即
$$\begin{pmatrix} 2 & 0 & 5 & 6 \\ 1 & 3 & 3 & 6 \\ -1 & 1 & 2 & 1 \\ 1 & 0 & 1 & 3 \end{pmatrix}\begin{pmatrix} x_1 \\ x_2 \\ x_3 \\ x_4 \end{pmatrix} = \begin{pmatrix} x_1 \\ x_2 \\ x_3 \\ x_4 \end{pmatrix}$$
的一个非零解. 解这个方程组, 得一个非零解 $(1, 1, 1, -1)'$, 因此所求的一个非零向量为 $\boldsymbol{A} = \boldsymbol{E}_{11} + \boldsymbol{E}_{12} + \boldsymbol{E}_{21} - \boldsymbol{E}_{22}$, 即 $\boldsymbol{A} = \begin{pmatrix} 1 & 1 \\ 1 & -1 \end{pmatrix}$.

习题 5.4

1. 判断下列向量组是否构成 $\boldsymbol{F}_3[x]$ 的基:

(1) $f_1(x) = 1, \ f_2(x) = 1 - x, \ f_3(x) = (1 - x)^2$;

(2) $f_1(x) = 1 + x^2, \ f_2(x) = 4x - x^2, \ f_3(x) = 2 - 4x + 3x^2$.

2. 证明: 如果把复数域 $\mathbb{C}$ 看作实数域上的线性空间, 那么它是 2 维的; 如果把 $\mathbb{C}$ 看作它自身上的线性空间, 那么它是 1 维的.

3. (1) 证明: 在 $\boldsymbol{V}_n(\boldsymbol{F})$ 中, 每一个线性无关向量组都可以扩充成 $\boldsymbol{V}$ 的一个基;
(2) 在 $\boldsymbol{F}^4$ 中, 把 $\boldsymbol{\alpha}_1 = (0, 1, 2, 3)$, $\boldsymbol{\alpha}_2 = (1, 2, 4, 3)$ 扩充成 $\boldsymbol{F}^4$ 的一个基.

4. 设 $\boldsymbol{A}$ 是数域 $\boldsymbol{F}$ 上一个 $m \times n$ 矩阵. 证明: 如果 $\boldsymbol{A}$ 的秩等于 r, 那么齐次线性方程组 $\boldsymbol{AX} = \boldsymbol{0}$ 的解空间的维数等于 $n - r$.

5. 设 $\boldsymbol{\alpha}_1, \boldsymbol{\alpha}_2, \cdots, \boldsymbol{\alpha}_n$ 是线性空间 $\boldsymbol{V}(\boldsymbol{F})$ 中一组向量. 证明: 如果 $\boldsymbol{V}$ 中每一个向量都可由这组向量线性表示, 并且表示法唯一, 那么 $\dim \boldsymbol{V} = n$.

6. 证明: (1) $\boldsymbol{M}_n(\boldsymbol{F})$ 中任意 $n^2 + 1$ 个向量必线性相关; (2) 对任意的 $\boldsymbol{A} \in \boldsymbol{M}_n(\boldsymbol{F})$, 存在数域 $\boldsymbol{F}$ 上一个次数不超过 n^2 的非零多项式 $f(x)$, 使得 $f(\boldsymbol{A}) = \boldsymbol{O}$.

7. (1) 在 $\boldsymbol{F}^3$ 中, 求向量 $\boldsymbol{\xi} = (1, 2, -2)$ 关于下列基的坐标:

$$\boldsymbol{\alpha}_1 = (1, 1, 1),\ \boldsymbol{\alpha}_2 = (1, 1, -1),\ \boldsymbol{\alpha}_3 = (1, -1, 1);$$

(2) 在 $\boldsymbol{M}_2(\boldsymbol{F})$ 中, 求向量 $\boldsymbol{A} = \begin{pmatrix} 1 & 2 \\ 1 & 1 \end{pmatrix}$ 关于下列基的坐标:

$$\boldsymbol{A}_1 = \begin{pmatrix} 1 & 1 \\ 1 & 1 \end{pmatrix},\ \boldsymbol{A}_2 = \begin{pmatrix} 1 & 1 \\ -1 & -1 \end{pmatrix},\ \boldsymbol{A}_3 = \begin{pmatrix} 1 & -1 \\ 1 & -1 \end{pmatrix},\ \boldsymbol{A}_4 = \begin{pmatrix} 1 & -1 \\ -1 & 1 \end{pmatrix};$$

(3) 在 $\boldsymbol{F}^4$ 中, 求向量 $\boldsymbol{\xi} = (x_1, x_2, x_3, x_4)$ 在基 $\boldsymbol{\alpha}_1, \boldsymbol{\alpha}_2, \boldsymbol{\alpha}_4, \boldsymbol{\alpha}_4$ 下的坐标, 这里

$$\boldsymbol{\alpha}_1 = (1, 1, 1, 1),\ \boldsymbol{\alpha}_2 = (0, 1, 1, 1),\ \boldsymbol{\alpha}_3 = (0, 0, 1, 1),\ \boldsymbol{\alpha}_4 = (0, 0, 0, 1).$$

8. 验证 $f_1(x) = x^3$, $f_2(x) = x^3 + x$, $f_3(x) = x^2 + 1$, $f_4(x) = x + 1$ 是 $\boldsymbol{F}_4[x]$ 的一个基, 并求出下列 4 个多项式关于这个基的坐标:

$$g_1(x) = x^2 + 2x + 3,\ g_2(x) = x^3 + 1,\ g_3(x) = 4,\ g_4(x) = x^2 - x.$$

9. 在线性空间 $\boldsymbol{V}_n(\boldsymbol{F})$ 中, 求从基 $\boldsymbol{\alpha}_1, \boldsymbol{\alpha}_2, \cdots, \boldsymbol{\alpha}_n$ 到基 $k_1\boldsymbol{\alpha}_1, k_2\boldsymbol{\alpha}_2, \cdots, k_n\boldsymbol{\alpha}_n$ 的过渡矩阵, 并求从基 $\boldsymbol{\alpha}_1, \boldsymbol{\alpha}_2, \cdots, \boldsymbol{\alpha}_n$ 到基 $\boldsymbol{\alpha}_{i_1}, \boldsymbol{\alpha}_{i_2}, \cdots, \boldsymbol{\alpha}_{i_n}$ 的过渡矩阵, 这里 $k_1, k_2, \cdots, k_n$ 是数域 $\boldsymbol{F}$ 中 n 个全不为零的数, $i_1 i_2 \cdots i_n$ 是数码 $1, 2, \cdots, n$ 的一个排列.

10. 在 $\boldsymbol{F}^3$ 中, 求从基 $\boldsymbol{\alpha}_1, \boldsymbol{\alpha}_2, \boldsymbol{\alpha}_3$ 到基 $\boldsymbol{\beta}_1, \boldsymbol{\beta}_2, \boldsymbol{\beta}_3$ 的过渡矩阵, 这里

$$\boldsymbol{\alpha}_1 = (1, 0, -1),\quad \boldsymbol{\alpha}_2 = (2, 1, 1),\quad \boldsymbol{\alpha}_3 = (1, 1, 1),$$
$$\boldsymbol{\beta}_1 = (0, 1, 1),\quad \boldsymbol{\beta}_2 = (-1, 1, 0),\quad \boldsymbol{\beta}_3 = (1, 2, 1).$$

11. 在 $\boldsymbol{F}_3[x]$ 中, 求从基 $f_1(x), f_2(x), f_3(x)$ 到基 $1, x, x^2$ 的过渡矩阵, 并求一个非零多项式 $f(x)$, 使得它关于上述两个基的坐标是相同的, 这里

$$f_1(x) = 1 - x + x^2,\ f_2(x) = 1 + x + 2x^2,\ f_3(x) = 3 + 2x + 5x^2.$$

*12. 设 $\boldsymbol{A} \in \boldsymbol{M}_n(\boldsymbol{F})$. 证明: 如果 $\boldsymbol{A}$ 是幂等的, 那么 $\operatorname{rank}(\boldsymbol{A}) + \operatorname{rank}(\boldsymbol{E} - \boldsymbol{A}) = n$; 如果 $\boldsymbol{A}$ 是对合的, 那么 $\operatorname{rank}(\boldsymbol{E} + \boldsymbol{A}) + \operatorname{rank}(\boldsymbol{E} - \boldsymbol{A}) = n$.

5.5 子 空 间

在上一节, 利用有限维线性空间的基, 我们讨论了有限维线性空间中向量与向量之间的关系, 以及维数和坐标等问题. 毫无疑问, 这是讨论线性空间内部结构的一种十分有效的途径. 然而由于基的定义的局限性, 我们只能讨论有限维线性空间. 此外, 在实际问题中, 经常只涉及 (包括无限维线性空间在内的) 一般线性空间的某一部分, 而不是整个空间, 因此我们有必要从局部的角度出发来探讨线性空间, 以便更深入、更全面地揭示整个空间的结构.

在这一节我们将首先介绍子空间的定义、判定及其基本性质, 然后给出有限生成子空间的概念及其有关性质, 最后讨论矩阵的秩的几何意义. 在下一节还将对子空间作进一步讨论.

先来看一个例子. 在几何空间 $\mathbb{V}_3$ 中, 设 $\boldsymbol{W}$ 是通过原点的一个平面. 根据平行四边形法则, 平面 $\boldsymbol{W}$ 上任意两个向量 $\boldsymbol{\alpha}$ 与 $\boldsymbol{\beta}$ 的和 $\boldsymbol{\alpha}+\boldsymbol{\beta}$ 仍然在 $\boldsymbol{W}$ 上. 显然每一个实数 k 与向量 $\boldsymbol{\alpha}$ 的数乘积 $k\boldsymbol{\alpha}$ 也在 $\boldsymbol{W}$ 上. 这就是说, $\boldsymbol{W}$ 对于 $\mathbb{V}_3$ 的加法和数乘运算都是封闭的. 其次, 容易验证, 系统 $(\boldsymbol{W}, \mathbb{R}; +, \circ)$ 满足线性空间定义中的八条算律, 因此这样的子系统构成一个线性空间.

定义 5.5.1 设 $(\boldsymbol{V}, \boldsymbol{F}; +, \circ)$ 是一个线性空间. 令 $\boldsymbol{W}$ 是 $\boldsymbol{V}$ 的一个非空子集. 如果对于 $\boldsymbol{V}$ 的加法和数乘运算, 系统 $(\boldsymbol{W}, \boldsymbol{F}; +, \circ)$ 也构成一个线性空间, 那么这个子系统称为 $\boldsymbol{V}$ 的一个**线性子空间**, 简称 $\boldsymbol{W}$ 是 $\boldsymbol{V}$ 的一个**子空间**. 此时 $\boldsymbol{V}$ 也称为**全空间**.

显然全空间 $\boldsymbol{V}$ 是它自身的一个子空间. 不难验证, 由零向量 $\boldsymbol{\theta}$ 组成的集合 $\{\boldsymbol{\theta}\}$ 构成 $\boldsymbol{V}$ 的一个子空间, 称为**零子空间**. 我们把 $\boldsymbol{V}$ 和 $\{\boldsymbol{\theta}\}$ 统称为 $\boldsymbol{V}$ 的**平凡子空间**, 其余子空间 (如果存在的话) 称为**非平凡子空间**或**真子空间**.

根据前面的分析, 在几何空间 $\mathbb{V}_3$ 中, 通过原点的每一个平面都构成 $\mathbb{V}_3$ 的一个真子空间. 类似地, 通过原点的每一条直线也构成 $\mathbb{V}_3$ 的一个真子空间. 但是不通过原点的平面或直线不构成 $\mathbb{V}_3$ 的子空间.

根据定义, 子空间 $\boldsymbol{W}$ 与全空间 $\boldsymbol{V}$ 应看作两个代数系统, 而不是两个集合. 这两个系统中系数域是一样的, 但是它们的运算一般不相同. 例如, 设 $\boldsymbol{\alpha}, \boldsymbol{\beta} \in \boldsymbol{V}$. 如果 $\boldsymbol{\alpha} \notin \boldsymbol{W}$, 那么对于 $\boldsymbol{W}$ 的加法运算来说, $\boldsymbol{\alpha}+\boldsymbol{\beta}$ 没有意义. 其次, 由于每一个子空间是一个线性空间, 前几节引入的概念, 如线性相关性、极大无关组、基和维数等, 都可以移植到子空间上去. 此外, 由于定义中没有涉及空间的维数, 允许全空间是无限维的. 对于这种情形, 子空间可能是有限维的 (比如零子空间), 也可能是无限维的 (比如全空间).

根据定义, 要证明 $\boldsymbol{V}$ 的非空子集 $\boldsymbol{W}$ 构成它的子空间, 除了要验证 $\boldsymbol{W}$ 对于 $\boldsymbol{V}$ 的两个运算的封闭性以外, 还要验证对于 $\boldsymbol{W}$ 来说, 线性空间定义中八条算律也成立, 其验证过程相当烦琐. 下面给出子空间的两个判定定理. 利用这两个判定定理, 八条算律的验证过程可以省略.

定理 5.5.1 设 $\boldsymbol{W}$ 是线性空间 $\boldsymbol{V}(\boldsymbol{F})$ 的一个非空子集, 则 $\boldsymbol{W}$ 是 $\boldsymbol{V}$ 的一个子空间当且仅

当它对于 $\boldsymbol{V}$ 的加法和数乘运算都封闭, 即对任意的 $\boldsymbol{\alpha}, \boldsymbol{\beta} \in \boldsymbol{W}$ 和任意的 $k \in \boldsymbol{F}$,有 $\boldsymbol{\alpha}+\boldsymbol{\beta} \in \boldsymbol{W}$ 且 $k\boldsymbol{\alpha} \in \boldsymbol{W}$.

证明 必要性是显然的, 只须证充分性. 根据充分性假定, 只须验证, 系统 $(\boldsymbol{W}, \boldsymbol{F}; +, \circ)$ 满足线性空间定义中八条算律. 事实上, 由于 $\boldsymbol{W}$ 是 $\boldsymbol{V}$ 的一个非空子集, 可以在 $\boldsymbol{W}$ 中取到一个向量 $\boldsymbol{\alpha}_0$. 又由于 $\boldsymbol{W}$ 对于 $\boldsymbol{V}$ 的数乘运算是封闭的, 有 $0\boldsymbol{\alpha}_0 \in \boldsymbol{W}$, 即 $\boldsymbol{\theta} \in \boldsymbol{W}$. 现在, 因为 $(\boldsymbol{V}, \boldsymbol{F}; +, \circ)$ 是一个线性空间, 又因为 $\boldsymbol{W} \subseteq \boldsymbol{V}$, 所以对任意的 $\boldsymbol{\alpha} \in \boldsymbol{W}$, 有 $\boldsymbol{\alpha}+\boldsymbol{\theta}=\boldsymbol{\alpha}$, 因此系统 $(\boldsymbol{W}, \boldsymbol{F}; +, \circ)$ 满足线性空间定义中算律 (3). 其次, 因为 $-\boldsymbol{\alpha}=(-1)\boldsymbol{\alpha}$, 根据 $\boldsymbol{W}$ 对于数乘运算的封闭性, 有 $-\boldsymbol{\alpha} \in \boldsymbol{W}$. 再加上 $\boldsymbol{\alpha}+(-\boldsymbol{\alpha})=\boldsymbol{\theta}$, 因此系统 $(\boldsymbol{W}, \boldsymbol{F}; +, \circ)$ 满足线性空间定义中算律 (4). 最后, 注意到剩下的六条算律对 $\boldsymbol{V}$ 中任意向量以及 $\boldsymbol{F}$ 中任意数都成立, 我们看到, 系统 $(\boldsymbol{W}, \boldsymbol{F}; +, \circ)$ 也满足这六条算律. □

定理 5.5.2 设 $\boldsymbol{W}$ 是线性空间 $\boldsymbol{V}(\boldsymbol{F})$ 的一个非空子集, 则 $\boldsymbol{W}$ 是 $\boldsymbol{V}$ 的一个子空间当且仅当对任意的 $k, l \in \boldsymbol{F}$ 以及任意的 $\boldsymbol{\alpha}, \boldsymbol{\beta} \in \boldsymbol{W}$, 有 $k\boldsymbol{\alpha}+l\boldsymbol{\beta} \in \boldsymbol{W}$.

证明 设 $\boldsymbol{W}$ 是 $\boldsymbol{V}$ 的一个子空间, 则 $\boldsymbol{W}$ 自身是数域 $\boldsymbol{F}$ 上一个线性空间. 于是对任意的 $k, l \in \boldsymbol{F}$ 和任意的 $\boldsymbol{\alpha}, \boldsymbol{\beta} \in \boldsymbol{W}$, 由数乘运算的封闭性, 有 $k\boldsymbol{\alpha} \in \boldsymbol{W}$ 且 $l\boldsymbol{\beta} \in \boldsymbol{W}$. 从而由加法运算的封闭性, 得 $k\boldsymbol{\alpha}+l\boldsymbol{\beta} \in \boldsymbol{W}$. 反之, 由充分性假定, 对任意的 $\boldsymbol{\alpha}, \boldsymbol{\beta} \in \boldsymbol{W}$ 和任意的 $k \in \boldsymbol{F}$, 有 $1\boldsymbol{\alpha}+1\boldsymbol{\beta} \in \boldsymbol{W}$ 且 $k\boldsymbol{\alpha}+0\boldsymbol{\beta} \in \boldsymbol{W}$, 所以 $\boldsymbol{\alpha}+\boldsymbol{\beta} \in \boldsymbol{W}$ 且 $k\boldsymbol{\alpha} \in \boldsymbol{W}$. 根据定理 5.5.1, $\boldsymbol{W}$ 是 $\boldsymbol{V}$ 的一个子空间. □

例 5.5.1 在矩阵空间 $\boldsymbol{M}_n(\boldsymbol{F})$ 中, 设 $\boldsymbol{W}$ 是由全体对角矩阵组成的集合. 显然 $\boldsymbol{W}$ 是 $\boldsymbol{M}_n(\boldsymbol{F})$ 的一个非空子集. 已知两个对角矩阵的和是一个对角矩阵, 一个数与一个对角矩阵的数乘积也是一个对角矩阵, 那么 $\boldsymbol{W}$ 对于矩阵的加法和数乘运算都封闭. 根据定理 5.5.1, 它是 $\boldsymbol{M}_n(\boldsymbol{F})$ 的一个子空间. 由于 n 阶基本矩阵 $\boldsymbol{E}_{11}, \boldsymbol{E}_{22}, \cdots, \boldsymbol{E}_{nn}$ 是 $\boldsymbol{W}$ 中 n 个线性无关的向量, 并且每一个 n 阶对角矩阵都可以表示成形如 $d_1\boldsymbol{E}_{11}+d_2\boldsymbol{E}_{22}+\cdots+d_n\boldsymbol{E}_{nn}$ 的组合, 因此 $\boldsymbol{W}$ 的维数等于 n.

类似地, 由数域 $\boldsymbol{F}$ 上全体 n 阶上 (下) 三角矩阵组成的集合对于矩阵的加法和数乘运算构成 $\boldsymbol{M}_n(\boldsymbol{F})$ 的一个子空间, 其维数等于 $\dfrac{1}{2}n(n+1)$.

例 5.5.2 设 $\boldsymbol{W}=\{xf(x) \mid f(x) \in \boldsymbol{F}[x]\}$. 显然 $\boldsymbol{W}$ 是 $\boldsymbol{F}[x]$ 的一个非空子集. 对任意的 $k, l \in \boldsymbol{F}$ 以及任意的 $f(x), g(x) \in \boldsymbol{F}[x]$, 有

$$k[xf(x)]+l[xg(x)]=x[kf(x)+lg(x)] \in \boldsymbol{W}.$$

根据定理 5.5.2, $\boldsymbol{W}$ 是 $\boldsymbol{F}[x]$ 的一个子空间. 其次, 易见 $x, x^2, \cdots, x^s$ 是 $\boldsymbol{W}$ 中 s 个线性无关的向量, 这里 s 是任意正整数. 这表明, 在 $\boldsymbol{W}$ 中, 不存在由有限个向量组成的基, 因此子空间 $\boldsymbol{W}$ 是无限维的.

下面考虑子空间的基本性质.

命题 5.5.3 设 $\boldsymbol{W}$ 是 $\boldsymbol{V}_n(\boldsymbol{F})$ 的一个子空间, 则 $\dim \boldsymbol{W} \leqslant \dim \boldsymbol{V}$.

证明 当 $\boldsymbol{W}$ 是零子空间时, 结论显然成立. 不妨设它是非零的. 在 $\boldsymbol{W}$ 中任取 $n+1$ 个向量, 它们也是 $\boldsymbol{V}$ 中 $n+1$ 个向量. 已知 $\boldsymbol{V}$ 的维数等于 n. 根据命题 5.4.2, 这 $n+1$ 个向量必线性相关, 所以 $\boldsymbol{W}$ 的基所含向量的个数不超过 n, 因此它的维数不超过 n, 即 $\dim \boldsymbol{W} \leqslant \dim \boldsymbol{V}$. □

命题 5.5.4 设 $\boldsymbol{W}_1$ 与 $\boldsymbol{W}_2$ 是一般线性空间 $\boldsymbol{V}(\boldsymbol{F})$ 的两个有限维子空间, 使得 $\dim \boldsymbol{W}_1 = \dim \boldsymbol{W}_2$. 如果 $\boldsymbol{W}_1 \subseteq \boldsymbol{W}_2$, 那么 $\boldsymbol{W}_1 = \boldsymbol{W}_2$.

证明 不妨设 $\dim \boldsymbol{W}_1 = \dim \boldsymbol{W}_2 = r$. 如果 $r = 0$, 那么 $\boldsymbol{W}_1$ 与 $\boldsymbol{W}_2$ 都是零子空间, 所以 $\boldsymbol{W}_1 = \boldsymbol{W}_2$. 如果 $r > 0$, 那么可设 $\boldsymbol{\alpha}_1, \boldsymbol{\alpha}_2, \cdots, \boldsymbol{\alpha}_r$ 是 $\boldsymbol{W}_1$ 的一个基. 已知 $\boldsymbol{W}_1 \subseteq \boldsymbol{W}_2$, 那么 $\boldsymbol{\alpha}_1, \boldsymbol{\alpha}_2, \cdots, \boldsymbol{\alpha}_r$ 是 $\boldsymbol{W}_2$ 中 r 个线性无关的向量. 因为 $\boldsymbol{W}_2$ 的维数等于 r, 根据命题 5.4.3, $\boldsymbol{\alpha}_1, \boldsymbol{\alpha}_2, \cdots, \boldsymbol{\alpha}_r$ 也是 $\boldsymbol{W}_2$ 的一个基. 于是对任意的 $\boldsymbol{\alpha} \in \boldsymbol{W}_2$, 存在 $k_1, k_2, \cdots, k_r \in \boldsymbol{F}$, 使得 $\boldsymbol{\alpha} = k_1\boldsymbol{\alpha}_1 + k_2\boldsymbol{\alpha}_2 + \cdots + k_r\boldsymbol{\alpha}_r$. 又已知 $\boldsymbol{\alpha}_1, \boldsymbol{\alpha}_2, \cdots, \boldsymbol{\alpha}_r$ 是 $\boldsymbol{W}_1$ 的基, 并且 $\boldsymbol{W}_1$ 对于 $\boldsymbol{V}$ 的加法和数乘运算都封闭, 那么 $\boldsymbol{\alpha} \in \boldsymbol{W}_1$, 所以 $\boldsymbol{W}_2 \subseteq \boldsymbol{W}_1$. 再加上 $\boldsymbol{W}_1 \subseteq \boldsymbol{W}_2$, 因此 $\boldsymbol{W}_1 = \boldsymbol{W}_2$. □

注意, 上述命题中条件 $\boldsymbol{W}_1 \subseteq \boldsymbol{W}_2$ 不能省略. 例如, 几何平面 $\mathbb{V}_2$ 上通过原点的两条直线是两个子空间, 它们的维数都是 1, 但它们一般不相同.

推论 5.5.5 设 $\boldsymbol{W}$ 是 $\boldsymbol{V}_n(\boldsymbol{F})$ 的一个子空间. 若 $\dim \boldsymbol{W} = \dim \boldsymbol{V}$, 则 $\boldsymbol{W} = \boldsymbol{V}$.

上述推论不能推广到无限维线性空间. 例如, 例 5.5.2 中子空间 $\boldsymbol{W}$ 与全空间 $\boldsymbol{F}[x]$ 都是无限维的, 但 $\boldsymbol{W} \neq \boldsymbol{F}[x]$. 利用替换定理, 容易证明下列命题.

命题 5.5.6 设 $\boldsymbol{W}$ 是 $\boldsymbol{V}_n(\boldsymbol{F})$ 的一个非零子空间, 则它的每一个基都可以扩充成 $\boldsymbol{V}$ 的一个基.

下面让我们转向讨论有限生成子空间.

定义 5.5.2 设 $\boldsymbol{W}$ 是线性空间 $\boldsymbol{V}(\boldsymbol{F})$ 的一个子空间, 并设 $\boldsymbol{\alpha}_1, \boldsymbol{\alpha}_2, \cdots, \boldsymbol{\alpha}_s$ 是 $\boldsymbol{W}$ 中一个向量组. 如果 $\boldsymbol{W}$ 中每一个向量都可由这个向量组线性表示, 那么子空间 $\boldsymbol{W}$ 称为**由向量组 $\boldsymbol{\alpha}_1, \boldsymbol{\alpha}_2, \cdots, \boldsymbol{\alpha}_s$ 生成的**, 简称 $\boldsymbol{W}$ 是一个**生成子空间**, 记作 $\boldsymbol{W} = \mathscr{L}(\boldsymbol{\alpha}_1, \boldsymbol{\alpha}_2, \cdots, \boldsymbol{\alpha}_s)$, 其中 $\boldsymbol{\alpha}_1, \boldsymbol{\alpha}_2, \cdots, \boldsymbol{\alpha}_s$ 称为 $\boldsymbol{W}$ 的一个**生成组**.

由于生成组是由有限个向量组成的, 上述子空间 $\boldsymbol{W}$ 又称为**有限生成的**. 注意, 生成组不唯一, 并且两个生成组所含向量的个数一般不相同. 例如, 几何空间 $\mathbb{V}_3$ 中通过原点的一个平面是 $\mathbb{V}_3$ 的一个子空间. 显然平面上任意两个或三个不共线的向量都构成这个子空间的一个生成组.

设 $\boldsymbol{\alpha}_1, \boldsymbol{\alpha}_2, \cdots, \boldsymbol{\alpha}_s$ 与 $\boldsymbol{\beta}_1, \boldsymbol{\beta}_2, \cdots, \boldsymbol{\beta}_t$ 是 $\boldsymbol{V}(\boldsymbol{F})$ 中两组向量. 如果它们都是子空间 $\boldsymbol{W}$ 的生成组, 根据定义, 它们可以互相线性表示, 因而是等价的. 另一方面, 设这两个向量组是等价的. 如果由 $\boldsymbol{\alpha}_1, \boldsymbol{\alpha}_2, \cdots, \boldsymbol{\alpha}_s$ 生成的子空间是 $\boldsymbol{W}$, 利用线性表示的传递性, 容易验证, 由

$\boldsymbol{\beta}_1, \boldsymbol{\beta}_2, \cdots, \boldsymbol{\beta}_t$ 生成的子空间也是 $\boldsymbol{W}$.

定理 5.5.7 在线性空间 $\boldsymbol{V}(\boldsymbol{F})$ 中, 设 $\boldsymbol{W}=\mathscr{L}(\boldsymbol{\alpha}_1, \boldsymbol{\alpha}_2, \cdots, \boldsymbol{\alpha}_s)$, 则

(1) 集合 $\boldsymbol{W}$ 是由生成组 $\boldsymbol{\alpha}_1, \boldsymbol{\alpha}_2, \cdots, \boldsymbol{\alpha}_s$ 的所有可能的线性组合组成的, 即

$$\boldsymbol{W}=\{k_1\boldsymbol{\alpha}_1+k_2\boldsymbol{\alpha}_2+\cdots+k_s\boldsymbol{\alpha}_s \mid k_i\in\boldsymbol{F},\ i=1, 2, \cdots, s\};\tag{5.5.1}$$

(2) 当 $\boldsymbol{W}\neq\{\boldsymbol{\theta}\}$ 时, 生成组 $\boldsymbol{\alpha}_1, \boldsymbol{\alpha}_2, \cdots, \boldsymbol{\alpha}_s$ 的极大无关组是 $\boldsymbol{W}$ 的基, 因而

$$\dim\boldsymbol{W}=\operatorname{rank}\{\boldsymbol{\alpha}_1, \boldsymbol{\alpha}_2, \cdots, \boldsymbol{\alpha}_s\}.$$

证明 (1) 已知 $\boldsymbol{W}$ 是由向量组 $\boldsymbol{\alpha}_1, \boldsymbol{\alpha}_2, \cdots, \boldsymbol{\alpha}_s$ 生成的子空间. 根据定义, $\boldsymbol{\alpha}_1, \boldsymbol{\alpha}_2, \cdots, \boldsymbol{\alpha}_s$ 是 $\boldsymbol{W}$ 中一组向量, 并且 $\boldsymbol{W}$ 中每一个向量都是这组向量的一个线性组合. 另一方面, 因为 $\boldsymbol{W}$ 对于 $\boldsymbol{V}$ 的加法和数乘运算都封闭, 这组向量的每一个线性组合都是 $\boldsymbol{W}$ 中一个向量. 这就证明了, (5.5.1) 式中等号两边的集合互相包含, 因此它们是相等的.

(2) 当 $\boldsymbol{W}\neq\{\boldsymbol{\theta}\}$ 时, 根据 (1), 生成组 $\boldsymbol{\alpha}_1, \boldsymbol{\alpha}_2, \cdots, \boldsymbol{\alpha}_s$ 中至少有一个非零向量. 于是可设 $\boldsymbol{\alpha}_{i_1}, \boldsymbol{\alpha}_{i_2}, \cdots, \boldsymbol{\alpha}_{i_r}$ 是 $\boldsymbol{\alpha}_1, \boldsymbol{\alpha}_2, \cdots, \boldsymbol{\alpha}_s$ 的一个极大无关组. 已知极大无关组与原向量组是等价的. 根据前面的分析, $\boldsymbol{\alpha}_{i_1}, \boldsymbol{\alpha}_{i_2}, \cdots, \boldsymbol{\alpha}_{i_r}$ 也是 $\boldsymbol{W}$ 的一个生成组. 根据生成组的定义, $\boldsymbol{\alpha}_{i_1}, \boldsymbol{\alpha}_{i_2}, \cdots, \boldsymbol{\alpha}_{i_r}$ 是 $\boldsymbol{W}$ 的一个基, 因而 $\dim\boldsymbol{W}=\operatorname{rank}\{\boldsymbol{\alpha}_1, \boldsymbol{\alpha}_2, \cdots, \boldsymbol{\alpha}_s\}$. □

设 $\boldsymbol{W}$ 是 $\boldsymbol{V}$ 的一个非零有限维子空间, 则它的每一个基是一个生成组, 所以 $\boldsymbol{W}$ 是有限生成的. 反之, 设 $\boldsymbol{W}$ 是有限生成的, 并设 $\boldsymbol{\alpha}_1, \boldsymbol{\alpha}_2, \cdots, \boldsymbol{\alpha}_s$ 是它的一个生成组. 根据注 5.3.1, $\boldsymbol{W}$ 中任意 $s+1$ 个向量必线性相关, 所以 $\boldsymbol{W}$ 不可能是无限维的. 由此可见, 有限维子空间与有限生成子空间是两个等价的概念. 于是定理 5.5.7(1) 给出了有限维子空间的一种表示; 定理 5.5.7(2) 表明, 一旦知道了生成组, 就可以从生成组中去寻找子空间的基.

例 5.5.3 在向量空间 $\boldsymbol{F}^4$ 中, 设 $\boldsymbol{W}=\mathscr{L}(\boldsymbol{\alpha}_1, \boldsymbol{\alpha}_2, \boldsymbol{\alpha}_3, \boldsymbol{\alpha}_4)$, 其中

$$\boldsymbol{\alpha}_1=(1, 1, 2, 1),\ \boldsymbol{\alpha}_2=(1, 2, 1, 1),\ \boldsymbol{\alpha}_3=(1, 0, 3, 1),\ \boldsymbol{\alpha}_4=(1, 3, 0, 1).$$

显然 $\{\boldsymbol{\alpha}_1, \boldsymbol{\alpha}_2\}$ 线性无关. 易见 $\boldsymbol{\alpha}_3=2\boldsymbol{\alpha}_1-\boldsymbol{\alpha}_2$ 且 $\boldsymbol{\alpha}_4=-\boldsymbol{\alpha}_1+2\boldsymbol{\alpha}_2$, 所以 $\{\boldsymbol{\alpha}_1, \boldsymbol{\alpha}_2\}$ 是生成组 $\boldsymbol{\alpha}_1, \boldsymbol{\alpha}_2, \boldsymbol{\alpha}_3, \boldsymbol{\alpha}_4$ 的一个极大无关组. 根据定理 5.5.7, 它是 $\boldsymbol{W}$ 的一个基, 因而 $\boldsymbol{W}$ 的维数等于 2.

在结束这一节之前, 让我们来看看矩阵的秩的几何意义. 设 $\boldsymbol{A}\in\boldsymbol{M}_{mn}(\boldsymbol{F})$. 令 $\boldsymbol{\alpha}_1, \boldsymbol{\alpha}_2, \cdots, \boldsymbol{\alpha}_m$ 是 $\boldsymbol{A}$ 的行向量组, 则它是 n 元行向量空间 $\boldsymbol{F}^n$ 中一组向量, 所以 $\mathscr{L}(\boldsymbol{\alpha}_1, \boldsymbol{\alpha}_2, \cdots, \boldsymbol{\alpha}_m)$ 是 $\boldsymbol{F}^n$ 的一个子空间, 称为 $\boldsymbol{A}$ 的**行空间**. 类似地, 由 $\boldsymbol{A}$ 的列向量组 $\boldsymbol{\beta}_1, \boldsymbol{\beta}_2, \cdots, \boldsymbol{\beta}_n$ 生成的子空间 $\mathscr{L}(\boldsymbol{\beta}_1, \boldsymbol{\beta}_2, \cdots, \boldsymbol{\beta}_n)$ 是 m 元列向量空间 $\boldsymbol{F}^m$ 的一个子空间, 称为 $\boldsymbol{A}$ 的**列空间**.

当 $m\neq n$ 时, $\boldsymbol{A}$ 的行向量与列向量所含分量的个数不相同, 因而它的行空间与列空间也不相同. 当 $m=n$ 时, 即使对 n 元向量的两种书写方式 (横着写与竖着写) 不加区别, $\boldsymbol{A}$ 的行空间与列空间也未必相同. 例如, 设 $\boldsymbol{A}=\begin{pmatrix}1&1\\0&0\end{pmatrix}$, 则 $\boldsymbol{A}$ 的行向量组与列向量组分别为 $\{(1, 1), (0, 0)\}$ 与 $\{(1, 0)', (1, 0)'\}$, 所以 $\boldsymbol{A}$ 的行空间与列空间分别为 $\{(k, k)\mid k\in\boldsymbol{F}\}$ 与 $\{(k, 0)'\mid k\in\boldsymbol{F}\}$. 显然,

即使对行向量与列向量不加区别, 上述两个生成子空间也是不同的. 那么它们有什么相同之处呢? 容易看出, $\boldsymbol{A}$ 的行空间有一个基 $\{(1, 1)\}$, 列空间有一个基 $\{(1, 0)'\}$, 所以它们的维数都是 1, 都等于 $\boldsymbol{A}$ 的秩. 于是从几何的角度来看, 矩阵 $\boldsymbol{A}$ 的秩是它的行空间或列空间的维数. 这就是矩阵的秩的几何意义. 一般地, 我们有

定理 5.5.8 数域 $\boldsymbol{F}$ 上每一个 $m \times n$ 矩阵 $\boldsymbol{A}$, 其行空间与列空间的维数相同, 都等于 $\boldsymbol{A}$ 的秩.

证明 根据定理 5.5.7, $\boldsymbol{A}$ 的行空间 (列空间) 的维数等于它的行向量组 (列向量组) 的秩. 根据命题 5.3.6, $\boldsymbol{A}$ 的行向量组与列向量组的秩相同, 都等于 $\boldsymbol{A}$ 的秩. 因此 $\boldsymbol{A}$ 的行空间与列空间的维数相同, 都等于 $\boldsymbol{A}$ 的秩. □

习题 5.5

1. 判断下列集合 $\boldsymbol{W}$ 是否构成向量空间 $\boldsymbol{F}^4$ 的子空间:

   (1) $\boldsymbol{W} = \{(a_1, 0, 0, a_4) \mid a_1, a_4 \in \boldsymbol{F}\}$;

   (2) $\boldsymbol{W} = \{(a_1, a_2, a_3, a_4) \in \boldsymbol{F}^4 \mid a_1 + a_2 + a_3 + a_4 = 0\}$;

   (3) $\boldsymbol{W} = \{(a_1, a_2, a_3, a_4) \in \boldsymbol{F}^4 \mid a_1 + a_2 + a_3 + a_4 = 1\}$;

   (4) $\boldsymbol{W} = \{(a_1, a_2, a_3, a_4) \in \boldsymbol{F}^4 \mid a_i \geqslant 0,\ i = 1, 2, 3, 4\}$.

2. 数域 $\boldsymbol{F}$ 上下列 n 元一次方程的解集 $\boldsymbol{W}$ 是否构成 $\boldsymbol{F}^n$ 的子空间?

   (1) $a_1x_1 + a_2x_2 + \cdots + a_nx_n = 0$; (2) $a_1x_1 + a_2x_2 + \cdots + a_nx_n = 1$.

3. 设 $\boldsymbol{A} \in \boldsymbol{M}_n(\boldsymbol{F})$. 令 $\boldsymbol{W} = \{f(\boldsymbol{A}) \mid f(x) \in \boldsymbol{F}[x]\}$. 证明: $\boldsymbol{W}$ 是矩阵空间 $\boldsymbol{M}_n(\boldsymbol{F})$ 的一个子空间. 证明: 当 $\boldsymbol{A}$ 是 3 阶基本循环矩阵时, $\boldsymbol{W}$ 的维数等于 3.

4. 设 $\boldsymbol{A} \in \boldsymbol{M}_n(\boldsymbol{F})$. 令 $\boldsymbol{W} = \{\boldsymbol{X} \in \boldsymbol{M}_n(\boldsymbol{F}) \mid \boldsymbol{AX} = \boldsymbol{XA}\}$. 证明: $\boldsymbol{W}$ 是矩阵空间 $\boldsymbol{M}_n(\boldsymbol{F})$ 的一个子空间. 证明: 当 $\boldsymbol{A} = \mathrm{diag}\{1, 2, 3\}$ 时, $\boldsymbol{W}$ 的维数等于 3.

5. 证明: $S_n(\boldsymbol{F})$ 与 $\boldsymbol{T}_n(\boldsymbol{F})$ 是 $\boldsymbol{M}_n(\boldsymbol{F})$ 的两个子空间, 并求它们的维数, 这里 $S_n(\boldsymbol{F})$ 和 $\boldsymbol{T}_n(\boldsymbol{F})$ 分别是由数域 $\boldsymbol{F}$ 上全体 n 阶对称矩阵和全体 n 阶反对称矩阵组成的线性空间.

6. 在 $\boldsymbol{V}(\boldsymbol{F})$ 中, 设 $k_1\boldsymbol{\alpha} + k_2\boldsymbol{\beta} + k_3\boldsymbol{\gamma} = \boldsymbol{\theta}$. 证明: 若 $k_1k_2 \neq 0$, 则 $\mathscr{L}(\boldsymbol{\alpha}, \boldsymbol{\gamma}) = \mathscr{L}(\boldsymbol{\beta}, \boldsymbol{\gamma})$.

7. 假设 $\boldsymbol{\alpha}_1, \boldsymbol{\alpha}_2, \cdots, \boldsymbol{\alpha}_s$ 是线性空间 $\boldsymbol{V}(\boldsymbol{F})$ 中一组线性无关的向量. 令 $\boldsymbol{A} \in \boldsymbol{M}_{st}(\boldsymbol{F})$, 并令 $(\boldsymbol{\beta}_1, \boldsymbol{\beta}_2, \cdots, \boldsymbol{\beta}_t) = (\boldsymbol{\alpha}_1, \boldsymbol{\alpha}_2, \cdots, \boldsymbol{\alpha}_s)\boldsymbol{A}$, 则 $\dim \mathscr{L}(\boldsymbol{\beta}_1, \boldsymbol{\beta}_2, \cdots, \boldsymbol{\beta}_t) = \mathrm{rank}(\boldsymbol{A})$.

8. 设 $\boldsymbol{A} \in \boldsymbol{M}_{mn}(\boldsymbol{F})$. 令 $\boldsymbol{W}_1$ 是齐次线性方程组 $\boldsymbol{AX} = \boldsymbol{0}$ 的解空间, $\boldsymbol{W}_2$ 是矩阵 $\boldsymbol{A}$ 的列空间. 证明:

$$\dim \boldsymbol{W}_1 + \dim \boldsymbol{W}_2 = n.$$

9. 在 $\boldsymbol{F}^4$ 中, 求生成子空间 $\boldsymbol{W} = \mathscr{L}(\boldsymbol{\alpha}_1, \boldsymbol{\alpha}_2, \boldsymbol{\alpha}_3, \boldsymbol{\alpha}_4)$ 的一个基, 并求它的维数, 这里

$$\boldsymbol{\alpha}_1 = (1, 1, 1, 1),\ \boldsymbol{\alpha}_2 = (2, 1, 3, 1),\ \boldsymbol{\alpha}_3 = (1, 2, 0, 1),\ a_4 = (-1, 1, -3, 0).$$

10. 设 $\boldsymbol{V}$ 是数域 $\boldsymbol{F}$ 上一个非零线性空间, 则 $\boldsymbol{V}$ 只有平凡子空间当且仅当 $\dim \boldsymbol{V} = 1$.

11. 设 $\boldsymbol{A}\in \boldsymbol{M}_{mn}(\boldsymbol{F})$. 令 $\boldsymbol{W}$ 是矩阵 $\boldsymbol{A}$ 的列空间. 证明: $\boldsymbol{W}=\{\boldsymbol{AX}\mid \boldsymbol{X}\in \boldsymbol{F}^n\}$.

12. 设 $\boldsymbol{A}\in \boldsymbol{M}_{mn}(\boldsymbol{F})$, $\boldsymbol{P}\in \boldsymbol{M}_m(\boldsymbol{F})$ 且 $\boldsymbol{Q}\in \boldsymbol{M}_n(\boldsymbol{F})$. 证明: 如果 $\boldsymbol{Q}$ 是可逆的, 那么矩阵 $\boldsymbol{A}$ 与 $\boldsymbol{AQ}$ 有相同的列空间; 如果 $\boldsymbol{P}$ 是可逆的, 那么矩阵 $\boldsymbol{A}$ 与 $\boldsymbol{PA}$ 有相同的行空间.

13. 在数域 $\boldsymbol{F}$ 上, 分别求矩阵 $\boldsymbol{A}$ 的行空间与列空间的一个基, 并求它们的维数, 这里

$$\boldsymbol{A}=\begin{pmatrix} 2 & 1 & 3 & -1\\ -1 & 1 & -3 & 1\\ 4 & 5 & 3 & -1\end{pmatrix}.$$

*14. 设 $\boldsymbol{W}_1$ 与 $\boldsymbol{W}_2$ 是线性空间 $\boldsymbol{V}(\boldsymbol{F})$ 的两个子空间. 证明:

(1) $\boldsymbol{W}_1\cup\boldsymbol{W}_2$ 是 $\boldsymbol{V}$ 的一个子空间当且仅当 $\boldsymbol{W}_1\subseteq\boldsymbol{W}_2$ 或 $\boldsymbol{W}_2\subseteq\boldsymbol{W}_1$;

(2) 如果 $\boldsymbol{W}_1$ 与 $\boldsymbol{W}_2$ 都是真子空间, 那么存在 $\boldsymbol{\alpha}\in\boldsymbol{V}$, 使得 $\boldsymbol{\alpha}\notin\boldsymbol{W}_1$ 且 $\boldsymbol{\alpha}\notin\boldsymbol{W}_2$.

*15. 设 $\boldsymbol{W}_1$ 与 $\boldsymbol{W}_2$ 是线性空间 $\boldsymbol{V}(\boldsymbol{F})$ 的两个子空间. 令 $\boldsymbol{\alpha}$ 与 $\boldsymbol{\beta}$ 是 $\boldsymbol{V}$ 中两个向量, 使得 $\boldsymbol{\alpha}\in\boldsymbol{W}_2$, 但 $\boldsymbol{\alpha}\notin\boldsymbol{W}_1$. 证明: 如果 $\boldsymbol{\beta}\notin\boldsymbol{W}_2$, 那么对任意的 $k\in\boldsymbol{F}$, 有 $\boldsymbol{\beta}+k\boldsymbol{\alpha}\notin\boldsymbol{W}_2$, 并且至多有一个 $k\in\boldsymbol{F}$, 使得 $\boldsymbol{\beta}+k\boldsymbol{\alpha}\in\boldsymbol{W}_1$.

5.6 子空间的交与和

本节是上一节的继续. 我们将首先给出子空间的交与和的概念及其简单性质, 然后介绍维数公式, 最后讨论一类特殊的和 —— 直和. 子空间的交与和是线性空间分解理论的组成部分, 对探讨线性空间的内部结构有重要作用.

设 $\boldsymbol{W}_1$ 与 $\boldsymbol{W}_2$ 是线性空间 $\boldsymbol{V}(\boldsymbol{F})$ 的两个子空间. 已知零向量 $\boldsymbol{\theta}$ 既在 $\boldsymbol{W}_1$ 中又在 $\boldsymbol{W}_2$ 中, 那么 $\boldsymbol{W}_1\cap\boldsymbol{W}_2$ 是 $\boldsymbol{V}$ 的一个非空子集. 其次, 对任意的 $k,l\in\boldsymbol{F}$ 和任意的 $\boldsymbol{\alpha},\boldsymbol{\beta}\in\boldsymbol{W}_1\cap\boldsymbol{W}_2$, 因为 $\boldsymbol{W}_1$ 是 $\boldsymbol{V}$ 的子空间, 由 $\boldsymbol{\alpha},\boldsymbol{\beta}\in\boldsymbol{W}_1$, 有 $k\boldsymbol{\alpha}+l\boldsymbol{\beta}\in\boldsymbol{W}_1$. 类似地, 有 $k\boldsymbol{\alpha}+l\boldsymbol{\beta}\in\boldsymbol{W}_2$. 因此 $k\boldsymbol{\alpha}+l\boldsymbol{\beta}\in\boldsymbol{W}_1\cap\boldsymbol{W}_2$. 这就得到

定理 5.6.1 设 $\boldsymbol{W}_1$ 与 $\boldsymbol{W}_2$ 是线性空间 $\boldsymbol{V}(\boldsymbol{F})$ 的两个子空间, 则 $\boldsymbol{W}_1\cap\boldsymbol{W}_2$ 也是 $\boldsymbol{V}$ 的一个子空间, 称为 $\boldsymbol{W}_1$ 与 $\boldsymbol{W}_2$ 的**交空间**, 简称为**交**.

设 $\boldsymbol{W}_1,\boldsymbol{W}_2,\cdots,\boldsymbol{W}_s$ 是 $\boldsymbol{V}$ 的 s 个子空间. 与前面的讨论类似, 可证这 s 个子空间 (作为集合) 的交 $\boldsymbol{W}_1\cap\boldsymbol{W}_2\cap\cdots\cap\boldsymbol{W}_s$ 也构成 $\boldsymbol{V}$ 的一个子空间, 称为这 s 个子空间的**交空间**, 简称为**交**. 例如, 设 $\boldsymbol{W}_i$ 是数域 $\boldsymbol{F}$ 上 n 元齐次线性方程组

$$a_{i1}x_1+a_{i2}x_2+\cdots+a_{in}x_n=0,\ i=1,2,\cdots,m$$

的第 i 个方程的解空间, 则方程组的解空间 $\boldsymbol{W}$ 是 $\boldsymbol{W}_1,\boldsymbol{W}_2,\cdots,\boldsymbol{W}_m$ 的交空间, 即

$$\boldsymbol{W}=\boldsymbol{W}_1\cap\boldsymbol{W}_2\cap\cdots\cap\boldsymbol{W}_m.$$

与子空间的交不一样, 两个子空间 (作为集合) 的并未必构成子空间. 例如, 设 $\boldsymbol{W}_1$ 与 $\boldsymbol{W}_2$ 是几何空间 $\mathbb{V}_3$ 的两个不同的 1 维子空间, 则它们是通过原点的两条不重合的直线. 在直线 $\boldsymbol{W}_1$ 和 $\boldsymbol{W}_2$ 上分别取一个非零向量 $\boldsymbol{\alpha}_1$ 和 $\boldsymbol{\alpha}_2$. 根据平行四边形法则, $\boldsymbol{\alpha}_1+\boldsymbol{\alpha}_2$ 既不在直线 $\boldsymbol{W}_1$

上, 也不在直线 $\boldsymbol{W}_2$ 上, 所以 $\boldsymbol{\alpha}_1+\boldsymbol{\alpha}_2 \notin \boldsymbol{W}_1 \cup \boldsymbol{W}_2$, 因此 $\boldsymbol{W}_1 \cup \boldsymbol{W}_2$ 对于 $\mathbb{V}_3$ 的加法运算不封闭, 故它不构成 $\mathbb{V}_3$ 的子空间. 易见 $\boldsymbol{W}_1 \cup \boldsymbol{W}_2$ 对于数乘运算是封闭的.

为了利用 $\boldsymbol{W}_1$ 与 $\boldsymbol{W}_2$ 来构造一个包含 $\boldsymbol{W}_1 \cup \boldsymbol{W}_2$ 的子空间, 我们考虑仅由加法运算来构造一个集合 $\boldsymbol{W}$ 如下:

$$\boldsymbol{W} \stackrel{\text{def}}{=} \{\boldsymbol{\alpha}_1+\boldsymbol{\alpha}_2 \mid \boldsymbol{\alpha}_1 \in \boldsymbol{W}_1,\ \boldsymbol{\alpha}_2 \in \boldsymbol{W}_2\}.$$

这个集合包含 $\boldsymbol{W}_1 \cup \boldsymbol{W}_2$. 事实上, 对任意的 $\boldsymbol{\alpha}_1 \in \boldsymbol{W}_1$, 取 $\boldsymbol{\alpha}_2=\boldsymbol{\theta} \in \boldsymbol{W}_2$, 有 $\boldsymbol{\alpha}_1=\boldsymbol{\alpha}_1+\boldsymbol{\alpha}_2 \in \boldsymbol{W}$, 所以 $\boldsymbol{W} \supseteq \boldsymbol{W}_1$. 类似地, 有 $\boldsymbol{W} \supseteq \boldsymbol{W}_2$. 因此 $\boldsymbol{W} \supseteq \boldsymbol{W}_1 \cup \boldsymbol{W}_2$.

集合 $\boldsymbol{W}$ 的几何解释是什么呢? 设 π 是由直线 $\boldsymbol{W}_1$ 与 $\boldsymbol{W}_2$ 张成的平面. 根据平行四边形法则, 直线 $\boldsymbol{W}_1$ 上的向量 $\boldsymbol{\alpha}_1$ 与直线 $\boldsymbol{W}_2$ 上的向量 $\boldsymbol{\alpha}_2$ 之和 $\boldsymbol{\alpha}_1+\boldsymbol{\alpha}_2$ 仍然在平面 π 上. 另一方面, 任取平面 π 上一个向量 $\boldsymbol{\alpha}$, 作通过 $\boldsymbol{\alpha}$ 的终点的两条直线, 使得其中的一条平行于直线 $\boldsymbol{W}_2$ 且与 $\boldsymbol{W}_1$ 相交于点 $\boldsymbol{P}_1$, 另一条平行于直线 $\boldsymbol{W}_1$ 且与 $\boldsymbol{W}_2$ 相交于点 $\boldsymbol{P}_2$ (见图 5.2). 令 $\boldsymbol{\alpha}_1=\overrightarrow{\boldsymbol{OP}_1}$ 且 $\boldsymbol{\alpha}_2=\overrightarrow{\boldsymbol{OP}_2}$, 则 $\boldsymbol{\alpha}=\boldsymbol{\alpha}_1+\boldsymbol{\alpha}_2$, 所以 $\boldsymbol{\alpha} \in \boldsymbol{W}$. 由此可见, $\boldsymbol{W}$ 恰好是由平面 π 上始点在原点的所有向量组成的集合.

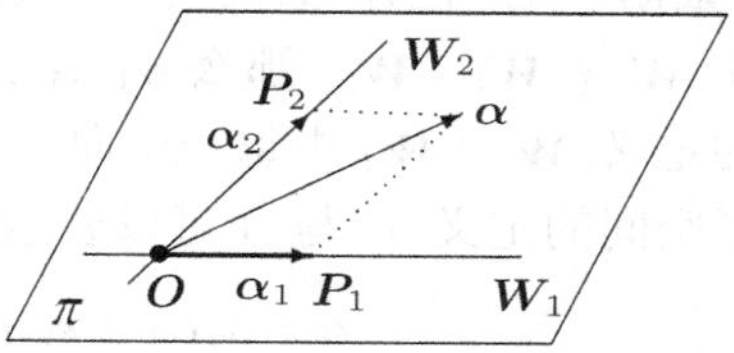

图 5.2

这样一来, 我们构造的集合 $\boldsymbol{W}$ 就是 $\mathbb{V}_3$ 的一个包含 $\boldsymbol{W}_1 \cup \boldsymbol{W}_2$ 的子空间. 下一个定理表明, 这种构造方法具有一般性.

定理 5.6.2 设 $\boldsymbol{W}_1$ 与 $\boldsymbol{W}_2$ 是线性空间 $\boldsymbol{V}(\boldsymbol{F})$ 的两个子空间. 令

$$\boldsymbol{W}=\{\boldsymbol{\alpha}_1+\boldsymbol{\alpha}_2 \mid \boldsymbol{\alpha}_1 \in \boldsymbol{W}_1,\ \boldsymbol{\alpha}_2 \in \boldsymbol{W}_2\},$$

则 $\boldsymbol{W}$ 是 $\boldsymbol{V}$ 的一个包含 $\boldsymbol{W}_1 \cup \boldsymbol{W}_2$ 的子空间, 称为 $\boldsymbol{W}_1$ 与 $\boldsymbol{W}_2$ 的**和空间**, 简称为**和**, 记作 $\boldsymbol{W}_1+\boldsymbol{W}_2$.

证明 与前面的讨论完全一样, 可证 $\boldsymbol{W}$ 是 $\boldsymbol{V}$ 的一个包含 $\boldsymbol{W}_1 \cup \boldsymbol{W}_2$ 的子集, 因而它是非空的. 对任意的 $\boldsymbol{\alpha}, \boldsymbol{\beta} \in \boldsymbol{W}$, 根据 $\boldsymbol{W}$ 的构造, 存在 $\boldsymbol{\alpha}_1, \boldsymbol{\beta}_1 \in \boldsymbol{W}_1$, 并且存在 $\boldsymbol{\alpha}_2, \boldsymbol{\beta}_2 \in \boldsymbol{W}_2$, 使得 $\boldsymbol{\alpha}=\boldsymbol{\alpha}_1+\boldsymbol{\alpha}_2$ 且 $\boldsymbol{\beta}=\boldsymbol{\beta}_1+\boldsymbol{\beta}_2$. 于是 $\boldsymbol{\alpha}+\boldsymbol{\beta}=(\boldsymbol{\alpha}_1+\boldsymbol{\alpha}_2)+(\boldsymbol{\beta}_1+\boldsymbol{\beta}_2)$,

即

$$\boldsymbol{\alpha}+\boldsymbol{\beta}=(\boldsymbol{\alpha}_1+\boldsymbol{\beta}_1)+(\boldsymbol{\alpha}_2+\boldsymbol{\beta}_2).$$

已知 $\boldsymbol{W}_1$ 与 $\boldsymbol{W}_2$ 是 $\boldsymbol{V}$ 的两个子空间, 那么 $\boldsymbol{\alpha}_1+\boldsymbol{\beta}_1 \in \boldsymbol{W}_1$ 且 $\boldsymbol{\alpha}_2+\boldsymbol{\beta}_2 \in \boldsymbol{W}_2$, 所以 $\boldsymbol{\alpha}+\boldsymbol{\beta} \in \boldsymbol{W}$. 这就证明了, $\boldsymbol{W}$ 对于 $\boldsymbol{V}$ 的加法运算是封闭的. 类似地, 可证 $\boldsymbol{W}$ 对于 $\boldsymbol{V}$ 的数乘运算也是封闭的. 因此它是 $\boldsymbol{V}$ 的一个子空间. □

设 $\boldsymbol{W}_1, \boldsymbol{W}_2, \cdots, \boldsymbol{W}_s$ 是 $\boldsymbol{V}$ 的 s 个子空间. 令

$$\boldsymbol{W}=\{\boldsymbol{\alpha}_1+\boldsymbol{\alpha}_2+\cdots+\boldsymbol{\alpha}_s \mid \boldsymbol{\alpha}_i \in \boldsymbol{W}_i,\ i=1,2,\cdots,s\}.$$

仿照前面的讨论, 可证 $\boldsymbol{W}$ 也是 $\boldsymbol{V}$ 的一个子空间, 称为这 s 个子空间的**和空间**, 简称为**和**, 记作 $\boldsymbol{W}_1+\boldsymbol{W}_2+\cdots+\boldsymbol{W}_s$. 例如, 设 $\boldsymbol{W}_1, \boldsymbol{W}_2, \boldsymbol{W}_3$ 是几何空间 $\mathbb{V}_3$ 中通过原点的三条不共面的

直线, 则它们是 $\mathbb{V}_3$ 的三个子空间, 并且它们可以张成全空间 $\mathbb{V}_3$ (即 $\boldsymbol{W}_1+\boldsymbol{W}_2+\boldsymbol{W}_3=\mathbb{V}_3$). 换句话说, $\mathbb{V}_3$ 可以分解成这三个子空间的和 (即 $\mathbb{V}_3=\boldsymbol{W}_1+\boldsymbol{W}_2+\boldsymbol{W}_3$).

命题 5.6.3 设 $\boldsymbol{W}_1$ 与 $\boldsymbol{W}_2$ 是一般线性空间 $\boldsymbol{V}(\boldsymbol{F})$ 的两个有限维子空间, 并设 $\boldsymbol{\alpha}_1, \boldsymbol{\alpha}_2, \cdots, \boldsymbol{\alpha}_s$ 与 $\boldsymbol{\beta}_1, \cdots, \boldsymbol{\beta}_t$ 分别是 $\boldsymbol{W}_1$ 与 $\boldsymbol{W}_2$ 的一个生成组, 则

(1) $\boldsymbol{\alpha}_1, \boldsymbol{\alpha}_2, \cdots, \boldsymbol{\alpha}_s, \boldsymbol{\beta}_1, \cdots, \boldsymbol{\beta}_t$ 是 $\boldsymbol{W}_1+\boldsymbol{W}_2$ 的一个生成组;

(2) 对任意的 $k_1, k_2, \cdots, k_s, l_1, \cdots, l_t \in \boldsymbol{F}$, 如果

$$k_1\boldsymbol{\alpha}_1+k_2\boldsymbol{\alpha}_2+\cdots+k_s\boldsymbol{\alpha}_s+l_1\boldsymbol{\beta}_1+\cdots+l_t\boldsymbol{\beta}_t=\boldsymbol{\theta}, \tag{5.6.1}$$

那么 $k_1\boldsymbol{\alpha}_1+k_2\boldsymbol{\alpha}_2+\cdots+k_s\boldsymbol{\alpha}_s \in \boldsymbol{W}_1\cap\boldsymbol{W}_2$.

证明 (1) 已知 $\boldsymbol{\alpha}_1, \boldsymbol{\alpha}_2, \cdots, \boldsymbol{\alpha}_s$ 与 $\boldsymbol{\beta}_1, \cdots, \boldsymbol{\beta}_t$ 分别是 $\boldsymbol{W}_1$ 与 $\boldsymbol{W}_2$ 的一个生成组. 又已知 $\boldsymbol{W}_1\cup\boldsymbol{W}_2\subseteq\boldsymbol{W}_1+\boldsymbol{W}_2$, 那么 $\boldsymbol{\alpha}_1, \boldsymbol{\alpha}_2, \cdots, \boldsymbol{\alpha}_s, \boldsymbol{\beta}_1, \cdots, \boldsymbol{\beta}_t$ 是 $\boldsymbol{W}_1+\boldsymbol{W}_2$ 中一组向量. 其次, 由和空间的定义, $\boldsymbol{W}_1+\boldsymbol{W}_2$ 中每一个向量 $\boldsymbol{\gamma}$ 都可以表示成 $\boldsymbol{\gamma}=\boldsymbol{\alpha}+\boldsymbol{\beta}$, 其中 $\boldsymbol{\alpha}\in\boldsymbol{W}_1$ 且 $\boldsymbol{\beta}\in\boldsymbol{W}_2$. 由生成子空间的定义, $\boldsymbol{\alpha}$ 与 $\boldsymbol{\beta}$ 可以表示成

$$\boldsymbol{\alpha}=k_1\boldsymbol{\alpha}_1+k_2\boldsymbol{\alpha}_2+\cdots+k_s\boldsymbol{\alpha}_s \quad 与 \quad \boldsymbol{\beta}=l_1\boldsymbol{\beta}_1+\cdots+l_t\boldsymbol{\beta}_t,$$

所以

$$\boldsymbol{\gamma}=k_1\boldsymbol{\alpha}_1+k_2\boldsymbol{\alpha}_2+\cdots+k_s\boldsymbol{\alpha}_s+l_1\boldsymbol{\beta}_1+\cdots+l_t\boldsymbol{\beta}_t,$$

因此 $\boldsymbol{\alpha}_1, \boldsymbol{\alpha}_2, \cdots, \boldsymbol{\alpha}_s, \boldsymbol{\beta}_1, \cdots, \boldsymbol{\beta}_t$ 是 $\boldsymbol{W}_1+\boldsymbol{W}_2$ 的一个生成组.

(2) 根据 (5.6.1) 式, 有

$$k_1\boldsymbol{\alpha}_1+k_2\boldsymbol{\alpha}_2+\cdots+k_s\boldsymbol{\alpha}_s=-l_1\boldsymbol{\beta}_1-\cdots-l_t\boldsymbol{\beta}_t.$$

因为 $\boldsymbol{\alpha}_1, \boldsymbol{\alpha}_2, \cdots, \boldsymbol{\alpha}_s$ 与 $\boldsymbol{\beta}_1, \cdots, \boldsymbol{\beta}_t$ 分别是 $\boldsymbol{W}_1$ 与 $\boldsymbol{W}_2$ 的一个生成组, 上式表明, 左边的向量既在 $\boldsymbol{W}_1$ 中又在 $\boldsymbol{W}_2$ 中, 即 $k_1\boldsymbol{\alpha}_1+k_2\boldsymbol{\alpha}_2+\cdots+k_s\boldsymbol{\alpha}_s\in\boldsymbol{W}_1\cap\boldsymbol{W}_2$. □

上述命题表明, 有限维子空间 $\boldsymbol{W}_1$ 与 $\boldsymbol{W}_2$ 的和空间是有限维的. 容易看出, 它们的交空间是 $\boldsymbol{W}_1$ (或 $\boldsymbol{W}_2$) 的一个子空间, 因而交空间也是有限维的.

反复应用这个命题, 可以把一个生成子空间分解成一些子空间的和. 例如, 设 $\boldsymbol{W}=\mathscr{L}(\boldsymbol{\alpha}_1, \boldsymbol{\alpha}_2, \boldsymbol{\alpha}_3, \boldsymbol{\alpha}_4)$, 则 $\boldsymbol{W}$ 可以表示成 $\boldsymbol{W}=\mathscr{L}(\boldsymbol{\alpha}_1, \boldsymbol{\alpha}_2, \boldsymbol{\alpha}_3)+\mathscr{L}(\boldsymbol{\alpha}_4)$, 也可以表示成 $\boldsymbol{W}=\mathscr{L}(\boldsymbol{\alpha}_1)+\mathscr{L}(\boldsymbol{\alpha}_2)+\mathscr{L}(\boldsymbol{\alpha}_3)+\mathscr{L}(\boldsymbol{\alpha}_4)$.

例 5.6.1 设 $\boldsymbol{W}_1$ 与 $\boldsymbol{W}_2$ 是几何空间 $\mathbb{V}_3$ 的两个 2 维子空间, 则它们是通过原点的两个平面. 如果这两个平面重合, 那么

$$\boldsymbol{W}_1\cap\boldsymbol{W}_2=\boldsymbol{W}_1+\boldsymbol{W}_2=\boldsymbol{W}_1=\boldsymbol{W}_2.$$

如果这两个平面不重合, 那么它们的交 $\boldsymbol{W}_1\cap\boldsymbol{W}_2$ 是通过原点的一条直线. 我们断言, 它们的和 $\boldsymbol{W}_1+\boldsymbol{W}_2$ 是全空间 $\mathbb{V}_3$. 事实上, 在平面 $\boldsymbol{W}_1$ 上取两个不共线的向量 $\boldsymbol{\alpha}_1$ 与 $\boldsymbol{\alpha}_2$, 并在平面 $\boldsymbol{W}_2$ 上取一个向量 $\boldsymbol{\alpha}_3$, 使得 $\boldsymbol{\alpha}_1, \boldsymbol{\alpha}_2, \boldsymbol{\alpha}_3$ 不共面, 那么 $\boldsymbol{\alpha}_1, \boldsymbol{\alpha}_2, \boldsymbol{\alpha}_3$ 是和空间 $\boldsymbol{W}_1+\boldsymbol{W}_2$ 中三个线性无关的向量. 由此可见, $\boldsymbol{W}_1+\boldsymbol{W}_2$ 与 $\mathbb{V}_3$ 的维数都是 3. 根据推论 5.5.5, 有 $\boldsymbol{W}_1+\boldsymbol{W}_2=\mathbb{V}_3$. 这就证实了上述断语.

设 $\boldsymbol{W}_1, \boldsymbol{W}_2, \cdots, \boldsymbol{W}_s$ 是 $\boldsymbol{V}(\boldsymbol{F})$ 的 s 个子空间. 令 $\boldsymbol{\alpha} \in \boldsymbol{W}_1 + \boldsymbol{W}_2 + \cdots + \boldsymbol{W}_s$,则存在 $\boldsymbol{\alpha}_i \in \boldsymbol{W}_i$ $(i = 1, 2, \cdots, s)$, 使得 $\boldsymbol{\alpha} = \boldsymbol{\alpha}_1 + \boldsymbol{\alpha}_2 + \cdots + \boldsymbol{\alpha}_s$. 我们称 $\boldsymbol{\alpha}_i$ 为 $\boldsymbol{\alpha}$ 在 $\boldsymbol{W}_i$ 中的一个**分量**, 或称 $\boldsymbol{\alpha}_i$ 为 $\boldsymbol{\alpha}$ 的**第 i 个分量**. 注意, 分量一般不唯一. 例如, 在例 5.6.1 中, 不论平面 $\boldsymbol{W}_1$ 与 $\boldsymbol{W}_2$ 是否重合, 它们的交空间 $\boldsymbol{W}_1 \cap \boldsymbol{W}_2$ 都含有无穷多个向量. 在交空间中任取两个不同的向量 $\boldsymbol{\alpha}_1$ 与 $\boldsymbol{\beta}_1$, 我们有 $\boldsymbol{\alpha}_1, \boldsymbol{\beta}_1 \in \boldsymbol{W}_1$ 且 $-\boldsymbol{\alpha}_1, -\boldsymbol{\beta}_1 \in \boldsymbol{W}_2$. 因为 $\boldsymbol{\theta} = \boldsymbol{\alpha}_1 + (-\boldsymbol{\alpha}_1)$ 且 $\boldsymbol{\theta} = \boldsymbol{\beta}_1 + (-\boldsymbol{\beta}_1)$, 所以 $\boldsymbol{\alpha}_1$ 与 $\boldsymbol{\beta}_1$ 是零向量 $\boldsymbol{\theta}$ 在 $\boldsymbol{W}_1$ 中两个不同的分量.

考察例 5.6.1,不难发现, 不论平面 $\boldsymbol{W}_1$ 与 $\boldsymbol{W}_2$ 是否重合, 下列公式成立:

$$\dim(\boldsymbol{W}_1 + \boldsymbol{W}_2) + \dim(\boldsymbol{W}_1 \cap \boldsymbol{W}_2) = \dim \boldsymbol{W}_1 + \dim \boldsymbol{W}_2.$$

这个公式称为**维数公式**, 它可以推广到任意两个有限维子空间的情形.

定理 5.6.4 设 $\boldsymbol{W}_1$ 与 $\boldsymbol{W}_2$ 是线性空间 $\boldsymbol{V}(\boldsymbol{F})$ 的两个有限维子空间, 则

$$\dim(\boldsymbol{W}_1 + \boldsymbol{W}_2) = \dim \boldsymbol{W}_1 + \dim \boldsymbol{W}_2 - \dim(\boldsymbol{W}_1 \cap \boldsymbol{W}_2).$$

证明 如果 $\boldsymbol{W}_1$ 与 $\boldsymbol{W}_2$ 有一个包含另一个, 结论显然成立. 不妨设每一个都不包含另一个. 令 $\dim(\boldsymbol{W}_1 \cap \boldsymbol{W}_2) = r$.

当 $r > 0$ 时, 取 $\boldsymbol{W}_1 \cap \boldsymbol{W}_2$ 的一个基 $\boldsymbol{\alpha}_1, \boldsymbol{\alpha}_2, \cdots, \boldsymbol{\alpha}_r$, 把它扩充成 $\boldsymbol{W}_1$ 的一个基 $\boldsymbol{\alpha}_1, \boldsymbol{\alpha}_2, \cdots, \boldsymbol{\alpha}_r, \boldsymbol{\beta}_1, \cdots, \boldsymbol{\beta}_s$ 和 $\boldsymbol{W}_2$ 的一个基 $\boldsymbol{\alpha}_1, \boldsymbol{\alpha}_2, \cdots, \boldsymbol{\alpha}_r, \boldsymbol{\gamma}_1, \cdots, \boldsymbol{\gamma}_t$. 合并最后两个基所得的向量组等价于向量组 $\boldsymbol{\alpha}_1, \boldsymbol{\alpha}_2, \cdots, \boldsymbol{\alpha}_r, \boldsymbol{\beta}_1, \cdots, \boldsymbol{\beta}_s, \boldsymbol{\gamma}_1, \cdots, \boldsymbol{\gamma}_t$. 从而由命题 5.6.3(1) 容易看出, 最后一个向量组也是 $\boldsymbol{W}_1 + \boldsymbol{W}_2$ 的一个生成组. 我们断言, 这个生成组线性无关, 因而它是 $\boldsymbol{W}_1 + \boldsymbol{W}_2$ 的一个基. 事实上, 设

$$a_1\boldsymbol{\alpha}_1 + a_2\boldsymbol{\alpha}_2 + \cdots + a_r\boldsymbol{\alpha}_r + b_1\boldsymbol{\beta}_1 + \cdots + b_s\boldsymbol{\beta}_s + c_1\boldsymbol{\gamma}_1 + \cdots + c_t\boldsymbol{\gamma}_t = \boldsymbol{\theta}. \tag{5.6.2}$$

仿照命题 5.6.3(2) 的证明, 可得 $c_1\boldsymbol{\gamma}_1 + \cdots + c_t\boldsymbol{\gamma}_t \in \boldsymbol{W}_1 \cap \boldsymbol{W}_2$, 所以 $c_1\boldsymbol{\gamma}_1 + \cdots + c_t\boldsymbol{\gamma}_t$ 可由 $\boldsymbol{W}_1 \cap \boldsymbol{W}_2$ 的基 $\boldsymbol{\alpha}_1, \boldsymbol{\alpha}_2, \cdots, \boldsymbol{\alpha}_r$ 线性表示. 于是存在 $k_1, k_2, \cdots, k_r \in \boldsymbol{F}$, 使得

$$c_1\boldsymbol{\gamma}_1 + \cdots + c_t\boldsymbol{\gamma}_t = -k_1\boldsymbol{\alpha}_1 - k_2\boldsymbol{\alpha}_2 - \cdots - k_r\boldsymbol{\alpha}_r,$$

即

$$k_1\boldsymbol{\alpha}_1 + k_2\boldsymbol{\alpha}_2 + \cdots + k_r\boldsymbol{\alpha}_r + c_1\boldsymbol{\gamma}_1 + \cdots + c_t\boldsymbol{\gamma}_t = \boldsymbol{\theta}.$$

因为 $\boldsymbol{\alpha}_1, \boldsymbol{\alpha}_2, \cdots, \boldsymbol{\alpha}_r, \boldsymbol{\gamma}_1, \cdots, \boldsymbol{\gamma}_t$ 线性无关, 所以上式中组合系数 $c_1, \cdots, c_t$ 只能全为零. 又因为 $\boldsymbol{\alpha}_1, \boldsymbol{\alpha}_2, \cdots, \boldsymbol{\alpha}_r, \boldsymbol{\beta}_1, \cdots, \boldsymbol{\beta}_s$ 线性无关, 所以 (5.6.2) 式中组合系数 $a_1, a_2, \cdots, a_r, b_1, \cdots, b_s$ 也只能全为零. 这就证实了上述断语. 现在, 注意到 $\boldsymbol{W}_1 + \boldsymbol{W}_2$, $\boldsymbol{W}_1$, $\boldsymbol{W}_2$ 和 $\boldsymbol{W}_1 \cap \boldsymbol{W}_2$ 这四个子空间的基所含向量的个数依次为 $r + s + t$, $r + s$, $r + t$ 和 r, 我们看到, 维数公式成立.

当 $r = 0$ 时, $\boldsymbol{W}_1 \cap \boldsymbol{W}_2$ 是零子空间, 因而它没有基. 此时直接在 $\boldsymbol{W}_1$ 和 $\boldsymbol{W}_2$ 中各取一个基, 然后按上面的方法, 可证维数公式也成立. □

例 5.6.2 在 $\boldsymbol{F}^4$ 中, 设 $\boldsymbol{W}_1 = \mathscr{L}(\boldsymbol{\alpha}_1, \boldsymbol{\alpha}_2, \boldsymbol{\alpha}_3)$ 且 $\boldsymbol{W}_2 = \mathscr{L}(\boldsymbol{\beta}_1, \boldsymbol{\beta}_2)$. 分别求和空间 $\boldsymbol{W}_1 + \boldsymbol{W}_2$ 与交空间 $\boldsymbol{W}_1 \cap \boldsymbol{W}_2$ 的一个基, 并求它们的维数, 这里

$$\boldsymbol{\alpha}_1 = (1, 1, 2, 0), \quad \boldsymbol{\alpha}_2 = (-1, 1, 1, 1), \quad \boldsymbol{\alpha}_3 = (0, 2, 3, 1);$$
$$\boldsymbol{\beta}_1 = (2, 0, -1, 1), \quad \boldsymbol{\beta}_2 = (1, 3, -1, 7).$$

解 根据命题 5.6.3, 有 $\boldsymbol{W}_1+\boldsymbol{W}_2=\mathscr{L}(\boldsymbol{\alpha}_1,\boldsymbol{\alpha}_2,\boldsymbol{\alpha}_3,\boldsymbol{\beta}_1,\boldsymbol{\beta}_2)$. 设 $\varepsilon_1,\varepsilon_2,\varepsilon_3,\varepsilon_4$ 是 4 元标准行向量组, 则它是线性无关的. 令

$$(\boldsymbol{\alpha}_1,\boldsymbol{\alpha}_2,\boldsymbol{\alpha}_3,\boldsymbol{\beta}_1,\boldsymbol{\beta}_2)=(\varepsilon_1,\varepsilon_2,\varepsilon_3,\varepsilon_4)\boldsymbol{A}.$$

根据已知条件, 有 $\boldsymbol{A}=\begin{pmatrix}1&-1&0&2&1\\1&1&2&0&3\\2&1&3&-1&-1\\0&1&1&1&7\end{pmatrix}$. 对 $\boldsymbol{A}$ 连续作行初等变换如下:

$$\boldsymbol{A}\xrightarrow[\substack{[1(-\frac{1}{2})+3]\\ [2(-\frac{3}{2})+3]\\ [1(-1)+2]}]{\substack{[2(-2)+4]\\ [3(1)+4]}}\begin{pmatrix}1&-1&0&2&1\\0&2&2&-2&2\\0&0&0&-2&-6\\0&0&0&0&0\end{pmatrix}\xrightarrow[\substack{[2(\frac{1}{2})]\\ [3(-\frac{1}{2})]}]{\substack{[3(1)+1]\\ [3(-1)+2]}}\begin{pmatrix}1&-1&0&0&-5\\0&1&1&0&4\\0&0&0&1&3\\0&0&0&0&0\end{pmatrix}.$$

把最后一个矩阵记作 $\boldsymbol{B}$,其列向量组记作 $\boldsymbol{\xi}_1,\boldsymbol{\xi}_2,\boldsymbol{\xi}_3,\boldsymbol{\eta}_1,\boldsymbol{\eta}_2$. 容易看出, $\boldsymbol{\xi}_1,\boldsymbol{\xi}_2,\boldsymbol{\eta}_1$ 是 $\boldsymbol{B}$ 的列向量组的一个极大无关组, 所以 $\boldsymbol{\alpha}_1,\boldsymbol{\alpha}_2,\boldsymbol{\beta}_1$ 是向量组 $\boldsymbol{\alpha}_1,\boldsymbol{\alpha}_2,\boldsymbol{\alpha}_3,\boldsymbol{\beta}_1,\boldsymbol{\beta}_2$ 的一个极大无关组. 根据定理 5.5.7, 它是和空间 $\boldsymbol{W}_1+\boldsymbol{W}_2$ 的一个基, 因而和空间的维数等于 3. 其次, 观察 $\boldsymbol{B}$ 的前三列和后两列, 有

$$\operatorname{rank}\{\boldsymbol{\xi}_1,\boldsymbol{\xi}_2,\boldsymbol{\xi}_3\}=\operatorname{rank}\{\boldsymbol{\eta}_1,\boldsymbol{\eta}_2\}=2.$$

由此可见, $\boldsymbol{W}_1$ 与 $\boldsymbol{W}_2$ 的维数都等于 2. 根据维数公式, $\boldsymbol{W}_1\cap\boldsymbol{W}_2$ 的维数等于 1. 再观察 $\boldsymbol{B}$ 的第 1, 3, 4, 5 列, 有 $5\boldsymbol{\xi}_1-4\boldsymbol{\xi}_3-3\boldsymbol{\eta}_1+\boldsymbol{\eta}_2=\mathbf{0}$, 从而有

$$5\boldsymbol{\alpha}_1+0\boldsymbol{\alpha}_2-4\boldsymbol{\alpha}_3-3\boldsymbol{\beta}_1+\boldsymbol{\beta}_2=\boldsymbol{\theta}.$$

令 $\boldsymbol{\alpha}=5\boldsymbol{\alpha}_1-4\boldsymbol{\alpha}_3$, 则 $\boldsymbol{\alpha}=(5,-3,-2,-4)$. 根据命题 5.6.3, 有 $\boldsymbol{\alpha}\in\boldsymbol{W}_1\cap\boldsymbol{W}_2$. 注意到 $\dim(\boldsymbol{W}_1\cap\boldsymbol{W}_2)=1$, 并且 $\boldsymbol{\alpha}\neq\boldsymbol{\theta}$, 因此 $\{\boldsymbol{\alpha}\}$ 是 $\boldsymbol{W}_1\cap\boldsymbol{W}_2$ 的一个基. 综上所述, $\boldsymbol{W}_1+\boldsymbol{W}_2$ 的一个基为 $\boldsymbol{\alpha}_1,\boldsymbol{\alpha}_2,\boldsymbol{\beta}_1$, 即 $(1,2,1,0),(-1,1,1,1),(2,-1,0,1)$, $\boldsymbol{W}_1\cap\boldsymbol{W}_2$ 的一个基为 $\{(5,-3,-2,-4)\}$. 它们的维数分别为 3 和 1.

设 $\boldsymbol{W}_1$ 与 $\boldsymbol{W}_2$ 是几何空间 $\mathbb{V}_3$ 中通过原点的两个平面. 如果平面 $\boldsymbol{W}_1$ 与 $\boldsymbol{W}_2$ 不重合, 根据例 5.6.1, $\mathbb{V}_3$ 可以分解成 $\boldsymbol{W}_1$ 与 $\boldsymbol{W}_2$ 的和, 即 $\mathbb{V}_3=\boldsymbol{W}_1+\boldsymbol{W}_2$. 令 $\boldsymbol{U}$ 是通过原点的一条直线. 如果直线 $\boldsymbol{U}$ 不在平面 $\boldsymbol{W}_2$ 上, 不难验证, $\mathbb{V}_3=\boldsymbol{U}+\boldsymbol{W}_2$. 考察两个分解式中子空间的交, 前者不是零子空间, 后者是零子空间. 不难想象, 后一个分解式应该具有更好的性质. 情况确实如此. 事实上, 在各种分解式中, 两个子空间的交为零子空间的分解式特别重要.

定义 5.6.1 如果线性空间 $\boldsymbol{V}(\boldsymbol{F})$ 的两个子空间 $\boldsymbol{W}_1$ 与 $\boldsymbol{W}_2$, 其交为零子空间, 即 $\boldsymbol{W}_1\cap\boldsymbol{W}_2=\{\boldsymbol{\theta}\}$, 那么其和 $\boldsymbol{W}_1+\boldsymbol{W}_2$ 称为 **直和,** 记作 $\boldsymbol{W}_1\oplus\boldsymbol{W}_2$. 此时和式中每一项称为一个 **直和项.**

于是上述的后一个分解式 $\mathbb{V}_3=\boldsymbol{U}+\boldsymbol{W}_2$ 可以写成 $\mathbb{V}_3=\boldsymbol{U}\oplus\boldsymbol{W}_2$.

例 5.6.3 在数域 $\boldsymbol{F}$ 上, 设 $\boldsymbol{W}_1$ 是 n 元齐次线性方程 $x_1+x_2+\cdots+x_n=0$ 的解空间, $\boldsymbol{W}_2$ 是 n 元齐次线性方程组 $x_1=x_2=\cdots=x_n$ 的解空间, 则

$$\boldsymbol{F}^n=\boldsymbol{W}_1\oplus\boldsymbol{W}_2.$$

事实上, 对任意的 $\boldsymbol{\alpha}=(a_1, a_2, \cdots, a_n)\in \boldsymbol{F}^n$, 令 $a=\dfrac{a_1+a_2+\cdots+a_n}{n}$, 并令

$$\boldsymbol{\eta}_1=(a_1-a, a_2-a, \cdots, a_n-a) \text{ 且 } \boldsymbol{\eta}_2=(a, a, \cdots, a),$$

那么 $\boldsymbol{\alpha}=\boldsymbol{\eta}_1+\boldsymbol{\eta}_2$, 并且 $\boldsymbol{\eta}_1$ 是方程 $x_1+x_2+\cdots+x_n=0$ 的一个解, $\boldsymbol{\eta}_2$ 是方程组 $x_1=x_2=\cdots=x_n$ 的一个解, 所以 $\boldsymbol{\eta}_1\in \boldsymbol{W}_1$ 且 $\boldsymbol{\eta}_2\in \boldsymbol{W}_2$, 从而 $\boldsymbol{\alpha}\in \boldsymbol{W}_1+\boldsymbol{W}_2$, 因此 $\boldsymbol{F}^n\subseteq \boldsymbol{W}_1+\boldsymbol{W}_2$, 故 $\boldsymbol{F}^n=\boldsymbol{W}_1+\boldsymbol{W}_2$. 另一方面, 设 $\boldsymbol{\eta}\in \boldsymbol{W}_1\cap \boldsymbol{W}_2$, 即 $\boldsymbol{\eta}$ 既是方程 $x_1+x_2+\cdots+x_n=0$ 的一个解, 又是方程组 $x_1=x_2=\cdots=x_n$ 的一个解. 由后者可见, 解向量 $\boldsymbol{\eta}$ 的 n 个分量全相等. 于是可设 $\boldsymbol{\eta}=(a, a, \cdots, a)$. 再由前者可见, 这 n 个分量之和等于零, 即 $na=0$, 所以 $a=0$, 从而 $\boldsymbol{\eta}=\boldsymbol{\theta}$, 因此 $\boldsymbol{W}_1\cap \boldsymbol{W}_2\subseteq \{\boldsymbol{\theta}\}$, 故 $\boldsymbol{W}_1\cap \boldsymbol{W}_2=\{\boldsymbol{\theta}\}$. 这就得到 $\boldsymbol{F}^n=\boldsymbol{W}_1\oplus \boldsymbol{W}_2$.

下面给出有限维子空间的和是直和的两个等价条件.

定理 5.6.5 设 $\boldsymbol{W}_1$ 与 $\boldsymbol{W}_2$ 是线性空间 $\boldsymbol{V}(\boldsymbol{F})$ 的两个子空间. 如果 $\boldsymbol{W}_1$ 与 $\boldsymbol{W}_2$ 都是有限维的, 那么下列条件相互等价:

(1) $\boldsymbol{W}_1$ 与 $\boldsymbol{W}_2$ 的和是直和;

(2) $\dim(\boldsymbol{W}_1+\boldsymbol{W}_2)=\dim \boldsymbol{W}_1+\dim \boldsymbol{W}_2$;

(3) 把 $\boldsymbol{W}_1$ 的一个基 $\boldsymbol{\alpha}_1, \boldsymbol{\alpha}_2, \cdots, \boldsymbol{\alpha}_{r_1}$ 与 $\boldsymbol{W}_2$ 的一个基 $\boldsymbol{\beta}_1, \boldsymbol{\beta}_2, \cdots, \boldsymbol{\beta}_{r_2}$ 合并起来, 所得的向量组 $\boldsymbol{\alpha}_1, \boldsymbol{\alpha}_2, \cdots, \boldsymbol{\alpha}_{r_1}, \boldsymbol{\beta}_1, \cdots, \boldsymbol{\beta}_{r_2}$ 是 $\boldsymbol{W}_1+\boldsymbol{W}_2$ 的一个基 (当 $\boldsymbol{W}_1$ 或 $\boldsymbol{W}_2$ 是零子空间时, 只需取非零子空间的基).

证明 (1) ⇒ (2) 根据条件 (1), 有 $\boldsymbol{W}_1\cap \boldsymbol{W}_2=\{\boldsymbol{\theta}\}$, 所以 $\dim(\boldsymbol{W}_1\cap \boldsymbol{W}_2)=0$. 从而由维数公式, 得 $\dim(\boldsymbol{W}_1+\boldsymbol{W}_2)=\dim \boldsymbol{W}_1+\dim \boldsymbol{W}_2$.

(2) ⇒ (3) 当 $\boldsymbol{W}_1$ 或 $\boldsymbol{W}_2$ 是零子空间时, 结论显然成立. 不妨设它们都是非零的. 已知 $\boldsymbol{\alpha}_1, \boldsymbol{\alpha}_2, \cdots, \boldsymbol{\alpha}_{r_1}$ 是 $\boldsymbol{W}_1$ 的一个基, $\boldsymbol{\beta}_1, \boldsymbol{\beta}_2, \cdots, \boldsymbol{\beta}_{r_2}$ 是 $\boldsymbol{W}_2$ 的一个基, 那么 $\boldsymbol{W}_1$ 与 $\boldsymbol{W}_2$ 的维数分别为 r_1 与 r_2. 根据条件 (2), $\boldsymbol{W}_1+\boldsymbol{W}_2$ 的维数为 r_1+r_2. 其次, 根据命题 5.6.3, $\boldsymbol{\alpha}_1, \boldsymbol{\alpha}_2, \cdots, \boldsymbol{\alpha}_{r_1}, \boldsymbol{\beta}_1, \cdots, \boldsymbol{\beta}_{r_2}$ 是 $\boldsymbol{W}_1+\boldsymbol{W}_2$ 的一个生成组. 根据定理 5.5.7, 这个生成组的秩等于 r_1+r_2. 注意到这个生成组所含向量的个数也等于 r_1+r_2, 因此它是线性无关的, 故它是 $\boldsymbol{W}_1+\boldsymbol{W}_2$ 的一个基.

(3) ⇒ (1) 当 $\boldsymbol{W}_1$ 与 $\boldsymbol{W}_2$ 都不是零子空间时, 由条件 (3) 可见, $\boldsymbol{W}_1$, $\boldsymbol{W}_2$ 和 $\boldsymbol{W}_1+\boldsymbol{W}_2$ 的维数分别为 r_1, r_2 和 r_1+r_2. 根据维数公式, $\boldsymbol{W}_1\cap \boldsymbol{W}_2$ 的维数等于零, 所以 $\boldsymbol{W}_1\cap \boldsymbol{W}_2=\{\boldsymbol{\theta}\}$. 当 $\boldsymbol{W}_1$ 或 $\boldsymbol{W}_2$ 是零子空间时, 显然有 $\boldsymbol{W}_1\cap \boldsymbol{W}_2=\{\boldsymbol{\theta}\}$. 因此 $\boldsymbol{W}_1$ 与 $\boldsymbol{W}_2$ 的和是直和. □

下面给出另外两个等价条件, 这两个等价条件对子空间的维数没有限制.

定理 5.6.6 设 $\boldsymbol{W}_1$ 与 $\boldsymbol{W}_2$ 都是线性空间 $\boldsymbol{V}(\boldsymbol{F})$ 的子空间, 则下列条件等价:

(1) $\boldsymbol{W}_1$ 与 $\boldsymbol{W}_2$ 的和是直和;

(2) $\boldsymbol{W}_1+\boldsymbol{W}_2$ 中每一个向量的表示法都是唯一的 (即存在唯一一对分量);

(3) $\boldsymbol{W}_1+\boldsymbol{W}_2$ 中零向量的表示法是唯一的.

证明 (1) ⇒ (2) 设 $\boldsymbol{\alpha}\in \boldsymbol{W}_1+\boldsymbol{W}_2$, 并设 $\boldsymbol{\alpha}$ 有表示法

$$\boldsymbol{\alpha}=\boldsymbol{\alpha}_1+\boldsymbol{\alpha}_2 \text{ 且 } \boldsymbol{\alpha}=\boldsymbol{\beta}_1+\boldsymbol{\beta}_2, \text{ 其中 } \boldsymbol{\alpha}_1, \boldsymbol{\beta}_1\in \boldsymbol{W}_1,\ \boldsymbol{\alpha}_2, \boldsymbol{\beta}_2\in \boldsymbol{W}_2,$$

则 $\boldsymbol{\alpha}_1+\boldsymbol{\alpha}_2=\boldsymbol{\beta}_1+\boldsymbol{\beta}_2$, 即 $\boldsymbol{\alpha}_1-\boldsymbol{\beta}_1=\boldsymbol{\beta}_2-\boldsymbol{\alpha}_2$, 所以 $\boldsymbol{\beta}_1-\boldsymbol{\alpha}_1$ 既在 $\boldsymbol{W}_1$ 中又在 $\boldsymbol{W}_2$ 中, 即 $\boldsymbol{\beta}_1-\boldsymbol{\alpha}_1\in \boldsymbol{W}_1\cap \boldsymbol{W}_2$. 另一方面, 根据条件 (1), 有 $\boldsymbol{W}_1\cap \boldsymbol{W}_2=\{\boldsymbol{\theta}\}$, 从而有 $\boldsymbol{\beta}_1-\boldsymbol{\alpha}_1=\boldsymbol{\theta}$. 类似地, 有 $\boldsymbol{\beta}_2-\boldsymbol{\alpha}_2=\boldsymbol{\theta}$. 因此 $\boldsymbol{\alpha}_1=\boldsymbol{\beta}_1$ 且 $\boldsymbol{\alpha}_2=\boldsymbol{\beta}_2$. 这就证明了, $\boldsymbol{\alpha}$ 的表示法是唯一的.

(2) ⇒ (3) 这是条件 (2) 的特殊情形.

(3) ⇒ (1) 设 $\boldsymbol{\alpha}\in \boldsymbol{W}_1\cap \boldsymbol{W}_2$, 则零向量可以表示成

$$\boldsymbol{\theta}=\boldsymbol{\alpha}+(-\boldsymbol{\alpha}) \text{ 且 } \boldsymbol{\theta}=\boldsymbol{\theta}+\boldsymbol{\theta}, \text{ 其中 } \boldsymbol{\alpha}, \boldsymbol{\theta}\in \boldsymbol{W}_1,\ -\boldsymbol{\alpha}, \boldsymbol{\theta}\in \boldsymbol{W}_2.$$

根据条件 (3), 有 $\boldsymbol{\alpha}=\boldsymbol{\theta}$, 所以 $\boldsymbol{W}_1\cap\boldsymbol{W}_2\subseteq\{\boldsymbol{\theta}\}$. 相反的包含关系自然成立. 因此 $\boldsymbol{W}_1\cap\boldsymbol{W}_2=\{\boldsymbol{\theta}\}$, 故 $\boldsymbol{W}_1$ 与 $\boldsymbol{W}_2$ 的和是直和. □

在直和的定义中, 没有要求子空间 $\boldsymbol{W}_1$ 与 $\boldsymbol{W}_2$ 的和空间必须等于全空间 $\boldsymbol{V}$. 如果 $\boldsymbol{V}=\boldsymbol{W}_1\oplus \boldsymbol{W}_2$, 那么称 $\boldsymbol{W}_2$ 为 $\boldsymbol{W}_1$ 的一个**补子空间**或**余子空间**. 易见, 对于这种情形, $\boldsymbol{W}_1$ 也是 $\boldsymbol{W}_2$ 的一个补子空间, 因而它们是一对互补的子空间. 特别地, $\boldsymbol{V}$ 的两个平凡子空间 $\{\boldsymbol{\theta}\}$ 与 $\boldsymbol{V}$ 是互补的.

如果一个子空间有补子空间, 那么它的补子空间一般不唯一. 例如, 在几何空间 $\mathbb{V}_3$ 中, 设 $\boldsymbol{W}_1$ 是通过原点的一条直线, $\boldsymbol{W}_2$ 与 $\boldsymbol{W}_3$ 是通过原点的两个不重合的平面. 若直线 $\boldsymbol{W}_1$ 既不在平面 $\boldsymbol{W}_2$ 上, 也不在平面 $\boldsymbol{W}_3$ 上, 则 $\mathbb{V}_3=\boldsymbol{W}_1\oplus\boldsymbol{W}_2$ 且 $\mathbb{V}_3=\boldsymbol{W}_1\oplus\boldsymbol{W}_3$, 所以 $\boldsymbol{W}_2$ 与 $\boldsymbol{W}_3$ 是 $\boldsymbol{W}_1$ 的两个不同的补子空间.

补子空间一定存在吗? 对于有限维线性空间, 回答是肯定的.

命题 5.6.7 *在 $V_n(\boldsymbol{F})$ 中, 每一个子空间 $\boldsymbol{W}$ 都有补子空间.*

证明 当 $\boldsymbol{W}$ 是 $\boldsymbol{V}$ 的平凡子空间时, 结论显然成立. 不妨设它是真子空间, 并设 $\boldsymbol{\alpha}_1, \boldsymbol{\alpha}_2, \cdots, \boldsymbol{\alpha}_r$ 是它的一个基, 那么 $\boldsymbol{W}=\mathscr{L}(\boldsymbol{\alpha}_1, \boldsymbol{\alpha}_2, \cdots, \boldsymbol{\alpha}_r)$. 把这个基扩充成 $\boldsymbol{V}$ 的一个基 $\boldsymbol{\alpha}_1, \boldsymbol{\alpha}_2, \cdots, \boldsymbol{\alpha}_r, \boldsymbol{\alpha}_{r+1}, \cdots, \boldsymbol{\alpha}_n$. 令 $\boldsymbol{U}=\mathscr{L}(\boldsymbol{\alpha}_{r+1}, \cdots, \boldsymbol{\alpha}_n)$, 则 $\boldsymbol{\alpha}_{r+1}, \cdots, \boldsymbol{\alpha}_n$ 是 $\boldsymbol{U}$ 的一个基. 根据命题 5.6.3, 有

$$\boldsymbol{V}=\mathscr{L}(\boldsymbol{\alpha}_1, \boldsymbol{\alpha}_2, \cdots, \boldsymbol{\alpha}_r)+\mathscr{L}(\boldsymbol{\alpha}_{r+1}, \cdots, \boldsymbol{\alpha}_n),$$

即 $\boldsymbol{V}=\boldsymbol{W}+\boldsymbol{U}$. 另一方面, 容易看出, $\dim \boldsymbol{V}=\dim \boldsymbol{W}+\dim \boldsymbol{U}$. 根据定理 5.6.5, 有 $\boldsymbol{V}=\boldsymbol{W}\oplus\boldsymbol{U}$, 因此 $\boldsymbol{U}$ 是 $\boldsymbol{W}$ 的一个补子空间. □

最后简单介绍一下多个子空间的直和.

定义 5.6.2 设 $\boldsymbol{W}_1, \boldsymbol{W}_2, \cdots, \boldsymbol{W}_s$ 是 $\boldsymbol{V}(\boldsymbol{F})$ 的 s 个子空间 $(s>1)$. 令

$$\boldsymbol{W}_i^*=\boldsymbol{W}_1+\boldsymbol{W}_2+\cdots+\boldsymbol{W}_{i-1}+\boldsymbol{W}_{i+1}+\cdots+\boldsymbol{W}_s.$$

如果 $\boldsymbol{W}_i\cap\boldsymbol{W}_i^*=\{\boldsymbol{\theta}\}$, 其中 $i=1, 2, \cdots, s$, 那么这 s 个子空间的和称为**直和**, 记作

$$\boldsymbol{W}_1\oplus\boldsymbol{W}_2\oplus\cdots\oplus\boldsymbol{W}_s.$$

例如, 设 $\boldsymbol{W}_1, \boldsymbol{W}_2, \boldsymbol{W}_3$ 是几何空间 $\mathbb{V}_3$ 中通过原点的三条直线. 如果它们不共面, 那么

$\mathbb{V}_3 = \boldsymbol{W}_1 + \boldsymbol{W}_2 + \boldsymbol{W}_3$. 因为 $\boldsymbol{W}_2 + \boldsymbol{W}_3$ 是由直线 $\boldsymbol{W}_2$ 与 $\boldsymbol{W}_3$ 张成的平面, 所以直线 $\boldsymbol{W}_1$ 不在平面 $\boldsymbol{W}_2 + \boldsymbol{W}_3$ 上, 因此 $\boldsymbol{W}_1 \cap (\boldsymbol{W}_2 + \boldsymbol{W}_3) = \{\boldsymbol{\theta}\}$, 即 $\boldsymbol{W}_1 \cap \boldsymbol{W}_1^* = \{\boldsymbol{\theta}\}$. 类似地, 可推出 $\boldsymbol{W}_2 \cap \boldsymbol{W}_2^* = \{\boldsymbol{\theta}\}$ 且 $\boldsymbol{W}_3 \cap \boldsymbol{W}_3^* = \{\boldsymbol{\theta}\}$. 根据定义, 有 $\mathbb{V}_3 = \boldsymbol{W}_1 \oplus \boldsymbol{W}_2 \oplus \boldsymbol{W}_3$.

上述定义中条件 $\boldsymbol{W}_i \cap \boldsymbol{W}_i^* = \{\boldsymbol{\theta}\}$ $(i = 1, 2, \cdots, s)$ 蕴含着下列条件:

$$\boldsymbol{W}_i \cap \boldsymbol{W}_j = \{\boldsymbol{\theta}\}, \quad i \neq j, \quad i, j = 1, 2, \cdots, s. \tag{5.6.3}$$

事实上, 当 $i \neq j$ 时, $\boldsymbol{W}_i^*$ 的表达式中有一项为 $\boldsymbol{W}_j$. 由此不难看出, $\boldsymbol{W}_j \subseteq \boldsymbol{W}_i^*$,所以 $\boldsymbol{W}_i \cap \boldsymbol{W}_j \subseteq \boldsymbol{W}_i \cap \boldsymbol{W}_i^*$, 从而由 $\boldsymbol{W}_i \cap \boldsymbol{W}_i^* = \{\boldsymbol{\theta}\}$,得 $\boldsymbol{W}_i \cap \boldsymbol{W}_j = \{\boldsymbol{\theta}\}$.

但是, 当条件 (5.6.3) 成立时, 定义中的条件未必成立. 例如, 设 $\boldsymbol{W}_1, \boldsymbol{W}_2, \boldsymbol{W}_3$ 是几何平面 $\mathbb{V}_2$ 上通过原点的三条直线. 如果它们两两不重合, 当 $i \neq j$ 时, 必有 $\boldsymbol{W}_i \cap \boldsymbol{W}_j = \{\boldsymbol{\theta}\}$. 然而

$$\boldsymbol{W}_1 \cap (\boldsymbol{W}_2 + \boldsymbol{W}_3) = \boldsymbol{W}_1 \neq \{\boldsymbol{\theta}\}.$$

下面两个定理是定理 5.6.5 和定理 5.6.6 的推广 (证明从略). 在后面的讨论中, 将要用到这两个定理.

定理 5.6.8 设 $\boldsymbol{W}_1, \boldsymbol{W}_2, \cdots, \boldsymbol{W}_s$ 是 $\boldsymbol{V}(\boldsymbol{F})$ 的 s 个子空间 $(s > 1)$. 如果 $\boldsymbol{W}_1, \boldsymbol{W}_2, \cdots, \boldsymbol{W}_s$ 都是有限维的, 那么下列条件相互等价:

(1) $\boldsymbol{W}_1, \boldsymbol{W}_2, \cdots, \boldsymbol{W}_s$ 的和是直和;

(2) $\dim(\boldsymbol{W}_1 + \boldsymbol{W}_2 + \cdots + \boldsymbol{W}_s) = \dim \boldsymbol{W}_1 + \dim \boldsymbol{W}_2 + \cdots + \dim \boldsymbol{W}_s$;

(3) 在 $\boldsymbol{W}_1, \boldsymbol{W}_2, \cdots, \boldsymbol{W}_s$ 中各取一个基, 然后把它们合并起来, 所得的向量组构成和空间 $\boldsymbol{W}_1 + \boldsymbol{W}_2 + \cdots + \boldsymbol{W}_s$ 的一个基 (当其中有一些子空间是零子空间时, 只须取非零子空间的基).

定理 5.6.9 设 $\boldsymbol{W}_1, \boldsymbol{W}_2, \cdots, \boldsymbol{W}_s$ 是线性空间 $\boldsymbol{V}(\boldsymbol{F})$ 的 s 个子空间 $(s > 1)$,则下列条件是等价的:

(1) $\boldsymbol{W}_1, \boldsymbol{W}_2, \cdots, \boldsymbol{W}_s$ 的和是直和;

(2) $\boldsymbol{W}_1 + \boldsymbol{W}_2 + \cdots + \boldsymbol{W}_s$ 中每一个向量的表示法都是唯一的;

(3) $\boldsymbol{W}_1 + \boldsymbol{W}_2 + \cdots + \boldsymbol{W}_s$ 中零向量的表示法是唯一的.

例 5.6.4 设 $\boldsymbol{W}$ 是 $\boldsymbol{V}(\boldsymbol{F})$ 的一个有限维子空间. 令 $\dim \boldsymbol{W} = r$. 如果 $r > 1$,那么 $\boldsymbol{W}$ 可以分解成 r 个 1 维子空间的直和. 事实上, 假定 $\boldsymbol{\alpha}_1, \boldsymbol{\alpha}_2, \cdots, \boldsymbol{\alpha}_r$ 是 $\boldsymbol{W}$ 的一个基, 那么 $\boldsymbol{W} = \mathscr{L}(\boldsymbol{\alpha}_1, \boldsymbol{\alpha}_2, \cdots, \boldsymbol{\alpha}_r)$. 反复应用命题 5.6.3(1), 有

$$\boldsymbol{W} = \mathscr{L}(\boldsymbol{\alpha}_1) + \mathscr{L}(\boldsymbol{\alpha}_2) + \cdots + \mathscr{L}(\boldsymbol{\alpha}_r).$$

显然每一个生成子空间 $\mathscr{L}(\boldsymbol{\alpha}_i)$ 都是 1 维的 $(i = 1, 2, \cdots, r)$, 所以

$$\dim \boldsymbol{W} = \dim \mathscr{L}(\boldsymbol{\alpha}_1) + \dim \mathscr{L}(\boldsymbol{\alpha}_2) + \cdots + \dim \mathscr{L}(\boldsymbol{\alpha}_r).$$

根据定理 5.6.8, 有 $\boldsymbol{W} = \mathscr{L}(\boldsymbol{\alpha}_1) \oplus \mathscr{L}(\boldsymbol{\alpha}_2) \oplus \cdots \oplus \mathscr{L}(\boldsymbol{\alpha}_r)$.

习题 5.6

1. 设 $\boldsymbol{W}$ 是线性空间 $\boldsymbol{V}(\boldsymbol{F})$ 的一个子空间. 证明: $\boldsymbol{W}+\boldsymbol{W}=\boldsymbol{W}$.

2. 设 $\boldsymbol{W}_1$ 与 $\boldsymbol{W}_2$ 是线性空间 $\boldsymbol{V}(\boldsymbol{F})$ 的两个子空间. 证明下列条件等价:

   (1) $\boldsymbol{W}_1\subseteq\boldsymbol{W}_2$; (2) $\boldsymbol{W}_1\cap\boldsymbol{W}_2=\boldsymbol{W}_1$; (3) $\boldsymbol{W}_1+\boldsymbol{W}_2=\boldsymbol{W}_2$.

3. 设 $\boldsymbol{W}$, $\boldsymbol{W}_1, \boldsymbol{W}_2$ 都是线性空间 $\boldsymbol{V}(\boldsymbol{F})$ 的子空间, 并设 $\boldsymbol{W}_1\subseteq\boldsymbol{W}_2$, $\boldsymbol{W}\cap\boldsymbol{W}_1=\boldsymbol{W}\cap\boldsymbol{W}_2$ 且 $\boldsymbol{W}+\boldsymbol{W}_1=\boldsymbol{W}+\boldsymbol{W}_2$. 证明: $\boldsymbol{W}_1=\boldsymbol{W}_2$.

4. 设 $\boldsymbol{W}_1$ 与 $\boldsymbol{W}_2$ 是线性空间 $\boldsymbol{V}(\boldsymbol{F})$ 两个子空间. 令 $\boldsymbol{W}=\boldsymbol{W}_1+\boldsymbol{W}_2$. 证明: $\boldsymbol{W}$ 是包含 $\boldsymbol{W}_1\cup\boldsymbol{W}_2$ 的最小子空间, 即对 $\boldsymbol{V}$ 的任意子空间 $\boldsymbol{U}$, 只要 $\boldsymbol{U}\supseteq\boldsymbol{W}_1\cup\boldsymbol{W}_2$, 就有 $\boldsymbol{U}\supseteq\boldsymbol{W}$.

5. 设 $\boldsymbol{W}_1, \boldsymbol{W}_2, \boldsymbol{W}_3$ 是几何空间 $\mathbb{V}_3$ 中通过原点的三条直线. 问:

   (1) 和空间 $\boldsymbol{W}_1+\boldsymbol{W}_2+\boldsymbol{W}_3$ 可能是什么子空间?

   (2) 等式 $(\boldsymbol{W}_1+\boldsymbol{W}_2)\cap\boldsymbol{W}_3=(\boldsymbol{W}_1\cap\boldsymbol{W}_3)+(\boldsymbol{W}_2\cap\boldsymbol{W}_3)$ 一定成立吗?

6. 设 $\boldsymbol{W}_1$ 与 $\boldsymbol{W}_2$ 是有限维线性空间 $\boldsymbol{V}_n(\boldsymbol{F})$ 的两个子空间, 并设 $\dim\boldsymbol{W}_1+\dim\boldsymbol{W}_2>n$, 则 $\boldsymbol{W}_1\cap\boldsymbol{W}_2$ 是 $\boldsymbol{V}$ 的一个非零子空间.

7. 在 $\boldsymbol{F}^4$ 中, 设 $\boldsymbol{W}_1=\mathscr{L}(\boldsymbol{\alpha}_1, \boldsymbol{\alpha}_2)$ 且 $\boldsymbol{W}_2=\mathscr{L}(\boldsymbol{\beta}_1, \boldsymbol{\beta}_2)$. 分别求和空间 $\boldsymbol{W}_1+\boldsymbol{W}_2$ 与交空间 $\boldsymbol{W}_1\cap\boldsymbol{W}_2$ 的一个基, 并求它们的维数, 这里 $\boldsymbol{\alpha}_1=(1, -1, 0, 1)$, $\boldsymbol{\alpha}_2=(-2, 3, 1, -3)$, 并且 $\boldsymbol{\beta}_1=(1, 2, 0, -2)$, $\boldsymbol{\beta}_2=(1, 3, 1, -3)$.

8. 在 $\boldsymbol{F}_4[x]$ 中, 设 $\boldsymbol{W}_1=\mathscr{L}\big(f_1(x), f_2(x), f_3(x)\big)$ 且 $\boldsymbol{W}_2=\mathscr{L}\big(g_1(x), g_2(x)\big)$. 分别求和空间 $\boldsymbol{W}_1+\boldsymbol{W}_2$ 与交空间 $\boldsymbol{W}_1\cap\boldsymbol{W}_2$ 的一个基, 并求它们的维数, 这里

$$f_1(x)=1+2x-x^2-2x^3,\ f_2(x)=3+x+x^2+x^3,\ f_3(x)=-1+x^2-x^3;$$

$$g_1(x)=2+5x-6x^2-5x^3,\ g_2(x)=-1+2x-7x^2+3x^3.$$

9. 证明: 矩阵空间 $\boldsymbol{M}_n(\boldsymbol{F})$ 可以分解成子空间 $S_n(\boldsymbol{F})$ 与 $\boldsymbol{T}_n(\boldsymbol{F})$ 的直和.

10. (1) 设 $\boldsymbol{A}$ 是数域 $\boldsymbol{F}$ 上一个 n 阶幂等矩阵. 证明: $\boldsymbol{F}^n=\boldsymbol{W}_1\oplus\boldsymbol{W}_2$, 这里

$$\boldsymbol{W}_1=\{\boldsymbol{\alpha}\in\boldsymbol{F}^n \mid \boldsymbol{A}\boldsymbol{\alpha}=\boldsymbol{0}\} \quad 且 \quad \boldsymbol{W}_2=\{\boldsymbol{\alpha}\in\boldsymbol{F}^n \mid \boldsymbol{A}\boldsymbol{\alpha}=\boldsymbol{\alpha}\}.$$

   (2) 设 $\boldsymbol{A}$ 是数域 $\boldsymbol{F}$ 上一个 n 阶对合矩阵. 证明: $\boldsymbol{F}^n=\boldsymbol{W}_1\oplus\boldsymbol{W}_2$, 这里

$$\boldsymbol{W}_1=\{\boldsymbol{\alpha}\in\boldsymbol{F}^n \mid \boldsymbol{A}\boldsymbol{\alpha}=\boldsymbol{\alpha}\} \quad 且 \quad \boldsymbol{W}_2=\{\boldsymbol{\alpha}\in\boldsymbol{F}^n \mid \boldsymbol{A}\boldsymbol{\alpha}=-\boldsymbol{\alpha}\}.$$

*11. 设 $\boldsymbol{W}$ 与 $\boldsymbol{W}_1$ 是线性空间 $\boldsymbol{V}(\boldsymbol{F})$ 的两个子空间, 使得 $\boldsymbol{W}_1\subseteq\boldsymbol{W}$. 证明: 如果 $\boldsymbol{W}_2$ 是 $\boldsymbol{W}_1$ 的一个补子空间, 那么 $\boldsymbol{W}=\boldsymbol{W}_1\oplus(\boldsymbol{W}_2\cap\boldsymbol{W})$.

*12. 证明: 当 $n>1$ 时, 存在 n 元向量空间 $\boldsymbol{F}^n$ 的 n 个 $n-1$ 维子空间 $\boldsymbol{W}_1, \boldsymbol{W}_2, \cdots, \boldsymbol{W}_n$, 使得

$$\boldsymbol{W}_1\cap\boldsymbol{W}_2\cap\cdots\cap\boldsymbol{W}_n=\{\boldsymbol{\theta}\}.$$

*13. 设 $g(x), h(x)\in\boldsymbol{F}[x]$ 且 $\boldsymbol{A}\in\boldsymbol{M}_n(\boldsymbol{F})$. 令 $f(x)=g(x)h(x)$, 并令 $\boldsymbol{W}$, $\boldsymbol{W}_1$ 与 $\boldsymbol{W}_2$ 分别是齐次线性方程组 $f(\boldsymbol{A})\boldsymbol{X}=\boldsymbol{0}$, $g(\boldsymbol{A})\boldsymbol{X}=\boldsymbol{0}$ 与 $h(\boldsymbol{A})\boldsymbol{X}=\boldsymbol{0}$ 的解空间. 证明: 如果 $g(x)$ 与 $h(x)$ 是互素的, 那么 $\boldsymbol{W}=\boldsymbol{W}_1\oplus\boldsymbol{W}_2$.

5.7 线性空间的同构

从本章第 2 节至第 6 节, 我们都是讨论一个线性空间内部的各种问题. 但是讨论多个线性空间之间的问题, 对于探讨线性空间的结构, 无疑是有好处的. 讨论这样的问题时, 映射是一个常用工具. 本节将首先介绍一类特殊映射 —— 线性空间的同构映射, 并给出它的基本性质, 然后介绍线性空间的同构, 并给出有限维线性空间的两个同构定理.

我们熟知, 在几何平面 $\mathbb{V}_2$ 上, 取定一个坐标标架 $\{\boldsymbol{O}; \boldsymbol{e}_1, \boldsymbol{e}_2\}$, 平面上每一点关于所取标架有唯一的坐标. 我们对平面上的点及其坐标太熟悉了, 以致经常把它们等同起来看待. 例如, 符号 $\boldsymbol{P}(x, y)$ 通常表示坐标为 (x, y) 的点 $\boldsymbol{P}$. 然而我们经常把坐标 (x, y) 说成点 (x, y), 并对坐标 (x, y) 进行讨论. 最后又把所得的结论说成点 $\boldsymbol{P}$ 具有的结论. 可是当我们用这种方式去解决问题时, 却是十分有效的. 这到底是怎么回事呢? 这实际上体现了同构的思想.

下面仍然以平面 $\mathbb{V}_2$ 上的点及其坐标为例来说明这种思想. 已知 $\mathbb{V}_2$ 中向量 (即点或矢径) 与它的坐标之间可以建立一一对应, 即存在一个双射

$$\sigma : \mathbb{V}_2 \to \mathbb{R}^2, \ \boldsymbol{\xi} \mapsto \boldsymbol{X},$$

这里 $\boldsymbol{X}$ 是向量 $\boldsymbol{\xi}$ 关于标架 $\{\boldsymbol{O}; \boldsymbol{e}_1, \boldsymbol{e}_2\}$ 的坐标. 映射 σ 与这两个空间的运算有密切联系. 事实上, 设 $\boldsymbol{X}$ 与 $\boldsymbol{Y}$ 分别是 $\boldsymbol{\xi}$ 与 $\boldsymbol{\eta}$ 的坐标, 则 $\sigma(\boldsymbol{\xi}) = \boldsymbol{X}$ 且 $\sigma(\boldsymbol{\eta}) = \boldsymbol{Y}$. 根据定理 5.4.6, 映射 σ 具有下面两个性质:

(1) $\sigma(\boldsymbol{\xi}+\boldsymbol{\eta}) = \boldsymbol{X}+\boldsymbol{Y}$, 即 $\sigma(\boldsymbol{\xi}+\boldsymbol{\eta}) = \sigma(\boldsymbol{\xi})+\sigma(\boldsymbol{\eta})$;

(2) $\sigma(k\boldsymbol{\xi}) = k\boldsymbol{X}$, 即 $\sigma(k\boldsymbol{\xi}) = k\sigma(\boldsymbol{\xi}), \ \forall\, k \in \mathbb{R}$.

利用这两个性质, 不难证明, $\{\boldsymbol{\xi}, \boldsymbol{\eta}\}$ 线性相关当且仅当 $\{\boldsymbol{X}, \boldsymbol{Y}\}$ 线性相关. 于是可以把讨论向量 $\boldsymbol{\xi}$ 与 $\boldsymbol{\eta}$ 的线性相关性, 转向讨论它们的坐标 $\boldsymbol{X}$ 与 $\boldsymbol{Y}$ 的线性相关性, 反之亦然.

一般地, 如果 $\mathbb{V}_2$ 中某个对象 (比如向量组或子空间等) 关于 $\mathbb{V}_2$ 的加法和数乘运算具有某种性质, 那么由相应的坐标组成的对象关于 $\mathbb{R}^2$ 的加法和数乘运算也具有这种性质, 反之亦然. 这就是说, $(\mathbb{V}_2, \mathbb{R}; +, \circ)$ 与 $(\mathbb{R}^2, \mathbb{R}; +, \circ)$ 这两个代数系统有完全相同的运算规律. 换句话说, 它们有完全相同的结构. 这样, 就可以把讨论 $\mathbb{V}_2$ 中各种问题转向讨论 $\mathbb{R}^2$ 中相应问题, 进而从后者所具有的结论来断定前者也具有相应的结论. 这就是同构的思想.

定义 5.7.1 设 σ 是从线性空间 $\boldsymbol{V}(\boldsymbol{F})$ 到 $\boldsymbol{W}(\boldsymbol{F})$ 的一个双射. 如果

(1) 对任意的 $\boldsymbol{\xi}, \boldsymbol{\eta} \in \boldsymbol{V}$, 有 $\sigma(\boldsymbol{\xi}+\boldsymbol{\eta}) = \sigma(\boldsymbol{\xi})+\sigma(\boldsymbol{\eta})$;

(2) 对任意的 $k \in \boldsymbol{F}$ 和任意的 $\boldsymbol{\xi} \in \boldsymbol{V}$, 有 $\sigma(k\boldsymbol{\xi}) = k\sigma(\boldsymbol{\xi})$,

那么称 σ 是从 $\boldsymbol{V}$ 到 $\boldsymbol{W}$ 的一个**同构映射**, 记作 $\sigma : \boldsymbol{V} \xrightarrow{\cong} \boldsymbol{W}$.

定义中条件 (1) 称为 σ **保持加法运算** 或 σ 具有 **可加性**; 条件 (2) 称为 σ **保持数乘运算** 或 σ 具有 (一次) **齐次性**. 可加性和齐次性统称为 **线性性**.

注意, 定义中两个线性空间 $\boldsymbol{V}$ 与 $\boldsymbol{W}$ 的系数域必须相同, 它们的维数可能是有限的, 也可能是无限的. 条件 (1) 中前一个加号是 $\boldsymbol{V}$ 的加法运算, 后一个加号是 $\boldsymbol{W}$ 的加法运算. 对于条

件 (2), 也有类似的情况.

前面的例子具有一般性, 即下列命题成立.

命题 5.7.1 设 $\boldsymbol{\alpha}_1, \boldsymbol{\alpha}_2, \cdots, \boldsymbol{\alpha}_n$ 是有限维线性空间 $\boldsymbol{V}_n(\boldsymbol{F})$ 的一个基. 令

$$\sigma : \boldsymbol{V} \to \boldsymbol{F}^n, \ \boldsymbol{\xi} \mapsto (x_1, x_2, \cdots, x_n),$$

其中 $(x_1, x_2, \cdots, x_n)$ 是向量 $\boldsymbol{\xi}$ 关于上述基的坐标, 则 σ 是一个同构映射.

证明 已知 $\boldsymbol{V}$ 中每一个向量 $\boldsymbol{\xi}$ 关于基 $\boldsymbol{\alpha}_1, \boldsymbol{\alpha}_2, \cdots, \boldsymbol{\alpha}_n$ 的坐标是唯一的, 那么 σ 是从 $\boldsymbol{V}$ 到 $\boldsymbol{F}^n$ 的一个映射. 因为 $\boldsymbol{V}$ 中两个不同向量关于同一个基的坐标是不同的, 所以 σ 是单射. 又因为对任意的 $(x_1, x_2, \cdots, x_n) \in \boldsymbol{F}^n$, 存在 $\boldsymbol{V}$ 中以 $(x_1, x_2, \cdots, x_n)$ 作为坐标的向量 $\boldsymbol{\xi} = x_1\boldsymbol{\alpha}_1 + x_2\boldsymbol{\alpha}_2 + \cdots + x_n\boldsymbol{\alpha}_n$, 所以 σ 是满射. 综上所述, σ 是双射.

其次, 设 $\boldsymbol{X}$ 与 $\boldsymbol{Y}$ 分别是向量 $\boldsymbol{\xi}$ 与 $\boldsymbol{\eta}$ 关于基 $\boldsymbol{\alpha}_1, \boldsymbol{\alpha}_2, \cdots, \boldsymbol{\alpha}_n$ 的坐标. 根据定理 5.4.6, $\boldsymbol{X}+\boldsymbol{Y}$ 是 $\boldsymbol{\xi}+\boldsymbol{\eta}$ 关于同一个基的坐标. 于是由 σ 的定义, 得

$$\sigma(\boldsymbol{\xi}+\boldsymbol{\eta}) = \boldsymbol{X}+\boldsymbol{Y} = \sigma(\boldsymbol{\xi}) + \sigma(\boldsymbol{\eta}),$$

即 σ 具有可加性. 类似地, 可证 σ 具有齐次性. 因此它是一个同构映射. □

注意到 $\boldsymbol{V}_n(\boldsymbol{F})$ 的基不是唯一的, 上述命题表明, 同构映射一般不唯一. 值得一提的是, 两个线性空间之间一般不能建立同构映射. 例如, 非零线性空间与零空间之间就不能建立同构映射. 下面给出同构映射的基本性质.

性质 5.7.1 设 σ 是从线性空间 $\boldsymbol{V}(\boldsymbol{F})$ 到 $\boldsymbol{W}(\boldsymbol{F})$ 的一个同构映射, 则

(1) σ 把零向量变成零向量, 即 $\sigma(\boldsymbol{\theta}) = \boldsymbol{0}$, 这里 $\boldsymbol{\theta}$ 是 $\boldsymbol{V}$ 中的零向量, $\boldsymbol{0}$ 是 $\boldsymbol{W}$ 中的零向量;

(2) σ 把负向量变成负向量, 即对任意的 $\boldsymbol{\alpha} \in \boldsymbol{V}$, 有 $\sigma(-\boldsymbol{\alpha}) = -\sigma(\boldsymbol{\alpha})$;

(3) σ 保持向量组的线性组合, 即对数域 $\boldsymbol{F}$ 中任意数 $k_1, k_2, \cdots, k_s$ 和空间 $\boldsymbol{V}$ 中任意向量 $\boldsymbol{\alpha}_1, \boldsymbol{\alpha}_2, \cdots, \boldsymbol{\alpha}_s$, 有

$$\sigma(k_1\boldsymbol{\alpha}_1 + k_2\boldsymbol{\alpha}_2 + \cdots + k_s\boldsymbol{\alpha}_s) = k_1\sigma(\boldsymbol{\alpha}_1) + k_2\sigma(\boldsymbol{\alpha}_2) + \cdots + k_s\sigma(\boldsymbol{\alpha}_s);$$

(4) σ 保持向量组的线性相关性, 即 $\boldsymbol{V}$ 中向量组 $\boldsymbol{\alpha}_1, \boldsymbol{\alpha}_2, \cdots, \boldsymbol{\alpha}_s$ 线性相关当且仅当 $\boldsymbol{W}$ 中向量组 $\sigma(\boldsymbol{\alpha}_1), \sigma(\boldsymbol{\alpha}_2), \cdots, \sigma(\boldsymbol{\alpha}_s)$ 线性相关;

(5) σ 把基变成基, 即当 $\boldsymbol{V}$ 有基时, 它的每一个基 $\boldsymbol{\alpha}_1, \boldsymbol{\alpha}_2, \cdots, \boldsymbol{\alpha}_n$ 在 σ 下的像 $\sigma(\boldsymbol{\alpha}_1)$, $\sigma(\boldsymbol{\alpha}_2), \cdots, \sigma(\boldsymbol{\alpha}_n)$ 构成 $\boldsymbol{W}$ 的一个基.

证明 (1) 根据齐次性, 有 $\sigma(\boldsymbol{\theta}) = \sigma(0\boldsymbol{\theta}) = 0\sigma(\boldsymbol{\theta}) = \boldsymbol{0}$.

(2) 根据齐次性, 有 $\sigma(-\boldsymbol{\alpha}) = \sigma[(-1)\boldsymbol{\alpha}] = (-1)\sigma(\boldsymbol{\alpha}) = -\sigma(\boldsymbol{\alpha})$.

(3) 反复应用可加性, 有

$$\sigma(k_1\boldsymbol{\alpha}_1 + k_2\boldsymbol{\alpha}_2 + \cdots + k_s\boldsymbol{\alpha}_s) = \sigma(k_1\boldsymbol{\alpha}_1) + \sigma(k_2\boldsymbol{\alpha}_2) + \cdots + \sigma(k_s\boldsymbol{\alpha}_s).$$

从而由齐次性, 得

$$\sigma(k_1\boldsymbol{\alpha}_1+k_2\boldsymbol{\alpha}_2+\cdots+k_s\boldsymbol{\alpha}_s)=k_1\sigma(\boldsymbol{\alpha}_1)+k_2\sigma(\boldsymbol{\alpha}_2)+\cdots+k_s\sigma(\boldsymbol{\alpha}_s).$$

(4) 考虑向量方程 $\boldsymbol{\alpha}_1x_1+\boldsymbol{\alpha}_2x_2+\cdots+\boldsymbol{\alpha}_sx_s=\boldsymbol{\theta}$. 方程两边同时作用 σ, 得

$$\sigma(\boldsymbol{\alpha}_1x_1+\boldsymbol{\alpha}_2x_2+\cdots+\boldsymbol{\alpha}_sx_s)=\sigma(\boldsymbol{\theta}). \tag{5.7.1}$$

反过来, 由于同构映射必定是单射, 如果 (5.7.1) 式成立, 那么原向量方程也成立. 另一方面, 根据 (3) 和 (1), (5.7.1) 式可以改写成

$$\sigma(\boldsymbol{\alpha}_1)x_1+\sigma(\boldsymbol{\alpha}_2)x_2+\cdots+\sigma(\boldsymbol{\alpha}_s)x_s=\mathbf{0}.$$

这表明, 原向量方程有非零解当且仅当最后一个向量方程有非零解. 换句话说, $\boldsymbol{\alpha}_1,\boldsymbol{\alpha}_2,\cdots,\boldsymbol{\alpha}_s$ 线性相关当且仅当 $\sigma(\boldsymbol{\alpha}_1),\sigma(\boldsymbol{\alpha}_2),\cdots,\sigma(\boldsymbol{\alpha}_s)$ 线性相关.

(5) 设 $\boldsymbol{\alpha}_1,\boldsymbol{\alpha}_2,\cdots,\boldsymbol{\alpha}_n$ 是 $\boldsymbol{V}$ 的一个基. 根据 (4), $\sigma(\boldsymbol{\alpha}_1),\sigma(\boldsymbol{\alpha}_2),\cdots,\sigma(\boldsymbol{\alpha}_n)$ 是 $\boldsymbol{W}$ 中一个线性无关向量组. 其次, 对任意的 $\boldsymbol{\beta}\in\boldsymbol{W}$, 因为 σ 是满射, 存在 $\boldsymbol{\alpha}\in\boldsymbol{V}$, 使得 $\sigma(\boldsymbol{\alpha})=\boldsymbol{\beta}$. 又因为 $\boldsymbol{\alpha}_1,\boldsymbol{\alpha}_2,\cdots,\boldsymbol{\alpha}_n$ 是 $\boldsymbol{V}$ 的基, 存在 $k_1,k_2,\cdots,k_n\in\boldsymbol{F}$, 使得 $\boldsymbol{\alpha}=k_1\boldsymbol{\alpha}_1+k_2\boldsymbol{\alpha}_2+\cdots+k_n\boldsymbol{\alpha}_n$. 于是由 (3) 以及 $\boldsymbol{\beta}=\sigma(\boldsymbol{\alpha})$, 有

$$\boldsymbol{\beta}=k_1\sigma(\boldsymbol{\alpha}_1)+k_2\sigma(\boldsymbol{\alpha}_2)+\cdots+k_n\sigma(\boldsymbol{\alpha}_n).$$

因此 $\sigma(\boldsymbol{\alpha}_1),\sigma(\boldsymbol{\alpha}_2),\cdots,\sigma(\boldsymbol{\alpha}_n)$ 是 $\boldsymbol{W}$ 的一个基. □

下面给出同构映射的一些进一步的性质.

性质 5.7.2 设 $\boldsymbol{V}$, $\boldsymbol{W}$ 与 $\boldsymbol{U}$ 是数域 $\boldsymbol{F}$ 上三个线性空间.

(1) 恒等映射 $\iota:\boldsymbol{V}\to\boldsymbol{V}$ 是同构的.

(2) 如果存在一个同构映射 $\sigma:\boldsymbol{V}\to\boldsymbol{W}$, 那么 $\sigma^{-1}:\boldsymbol{W}\to\boldsymbol{V}$ 也是同构的.

(3) 如果存在两个同构映射 $\sigma:\boldsymbol{V}\to\boldsymbol{W}$ 与 $\tau:\boldsymbol{W}\to\boldsymbol{U}$, 那么 $\tau\sigma:\boldsymbol{V}\to\boldsymbol{U}$ 也是同构的.

证明 (1) 这是显然的.

(2) 已知同构映射是双射, 并且双射是可逆映射, 那么同构映射 $\sigma:\boldsymbol{V}\to\boldsymbol{W}$ 的逆映射 $\sigma^{-1}:\boldsymbol{W}\to\boldsymbol{V}$ 存在, 并且 σ^{-1} 是双射. 其次, 对任意的 $\boldsymbol{\alpha},\boldsymbol{\beta}\in\boldsymbol{W}$, 令 $\boldsymbol{\xi}=\sigma^{-1}(\boldsymbol{\alpha})$ 且 $\boldsymbol{\eta}=\sigma^{-1}(\boldsymbol{\beta})$, 则 $\sigma(\boldsymbol{\xi})=\boldsymbol{\alpha}$ 且 $\sigma(\boldsymbol{\eta})=\boldsymbol{\beta}$. 已知 σ 具有可加性, 那么 $\sigma(\boldsymbol{\xi})+\sigma(\boldsymbol{\eta})=\sigma(\boldsymbol{\xi}+\boldsymbol{\eta})$. 把前面四式代入最后一式, 得

$$\boldsymbol{\alpha}+\boldsymbol{\beta}=\sigma[\sigma^{-1}(\boldsymbol{\alpha})+\sigma^{-1}(\boldsymbol{\beta})].$$

上式两边同时作用 σ^{-1}, 得 $\sigma^{-1}(\boldsymbol{\alpha}+\boldsymbol{\beta})=\sigma^{-1}(\boldsymbol{\alpha})+\sigma^{-1}(\boldsymbol{\beta})$, 所以 σ^{-1} 具有可加性. 类似地, 可证 σ^{-1} 具有齐次性. 因此它是同构的.

(3) 已知两个可逆映射的乘积也是可逆的, 那么同构映射 $\sigma:\boldsymbol{V}\to\boldsymbol{W}$ 与 $\tau:\boldsymbol{W}\to\boldsymbol{U}$ 的乘积 $\tau\sigma:\boldsymbol{V}\to\boldsymbol{U}$ 是可逆的, 因而 $\tau\sigma$ 是双射. 其次, 已知 σ 与 τ 都具有可加性, 那么对任意的 $\boldsymbol{\xi},\boldsymbol{\eta}\in\boldsymbol{V}$, 有 $\sigma(\boldsymbol{\xi}+\boldsymbol{\eta})=\sigma(\boldsymbol{\xi})+\sigma(\boldsymbol{\eta})$, 进而有 $\tau\sigma(\boldsymbol{\xi}+\boldsymbol{\eta})=\tau\sigma(\boldsymbol{\xi})+\tau\sigma(\boldsymbol{\eta})$, 所以 $\tau\sigma$ 具有可加性. 类似地, 可证 $\tau\sigma$ 具有齐次性. 因此它是同构的. □

现在, 让我们转向讨论线性空间的同构.

定义 5.7.2 设 $\boldsymbol{V}$ 与 $\boldsymbol{W}$ 是数域 $\boldsymbol{F}$ 上两个线性空间. 如果存在从 $\boldsymbol{V}$ 到 $\boldsymbol{W}$ 的一个同构映射, 那么称 $\boldsymbol{V}$ **同构于** $\boldsymbol{W}$,或称 $\boldsymbol{V}$ 与 $\boldsymbol{W}$ 是**同构的**, 记作 $\boldsymbol{V} \cong \boldsymbol{W}$.

根据前面的讨论, 有 $\mathbb{V}_2 \cong \mathbb{R}^2$ 且 $\boldsymbol{V}_n(\boldsymbol{F}) \cong \boldsymbol{F}^n$. 显然同构是数域 $\boldsymbol{F}$ 上线性空间之间一种二元关系. 根据性质 5.7.2, 这种关系具有如下性质: 对数域 $\boldsymbol{F}$ 上任意线性空间 $\boldsymbol{V}$, $\boldsymbol{W}$ 和 $\boldsymbol{U}$, 有

(1) 反身性: $\boldsymbol{V} \cong \boldsymbol{V}$;

(2) 对称性: 如果 $\boldsymbol{V} \cong \boldsymbol{W}$, 那么 $\boldsymbol{W} \cong \boldsymbol{V}$;

(3) 传递性: 如果 $\boldsymbol{V} \cong \boldsymbol{W}$, 并且 $\boldsymbol{W} \cong \boldsymbol{U}$, 那么 $\boldsymbol{V} \cong \boldsymbol{U}$.

下面给出有限维线性空间的两个同构定理.

定理 5.7.2 数域 $\boldsymbol{F}$ 上每一个 n 维线性空间 $\boldsymbol{V}$ 都同构于 n 元向量空间 $\boldsymbol{F}^n$, 这里 $n > 0$.

证明 根据命题 5.7.1, 存在从 $\boldsymbol{V}$ 到 $\boldsymbol{F}^n$ 的同构映射, 因此 $\boldsymbol{V}$ 同构于 $\boldsymbol{F}^n$. □

定理 5.7.3 数域 $\boldsymbol{F}$ 上两个有限维线性空间 $\boldsymbol{V}$ 与 $\boldsymbol{W}$ 是同构的当且仅当它们的维数是相等的.

证明 假定 $\dim \boldsymbol{V} = n$. 当 $n = 0$ 时, $\boldsymbol{V}$ 是零空间. 容易看出, 此时定理成立. 不妨假定 $n > 0$. 现在, 假设 $\boldsymbol{V}$ 与 $\boldsymbol{W}$ 是同构的, 那么存在从 $\boldsymbol{V}$ 到 $\boldsymbol{W}$ 的一个同构映射 σ. 令 $\boldsymbol{\alpha}_1, \boldsymbol{\alpha}_2, \cdots, \boldsymbol{\alpha}_n$ 是 $\boldsymbol{V}$ 的一个基. 已知同构映射把基变成基, 那么 $\sigma(\boldsymbol{\alpha}_1), \sigma(\boldsymbol{\alpha}_2), \cdots, \sigma(\boldsymbol{\alpha}_n)$ 是 $\boldsymbol{W}$ 的一个基, 因此 $\boldsymbol{V}$ 与 $\boldsymbol{W}$ 的维数都等于 n.

反之, 根据充分性假定, $\boldsymbol{W}$ 的维数也等于 n. 根据定理 5.7.2, 有 $\boldsymbol{V} \cong \boldsymbol{F}^n$ 且 $\boldsymbol{W} \cong \boldsymbol{F}^n$. 因为 $\boldsymbol{W} \cong \boldsymbol{F}^n$, 由同构关系的对称性, 得 $\boldsymbol{F}^n \cong \boldsymbol{W}$. 又因为 $\boldsymbol{V} \cong \boldsymbol{F}^n$ 且 $\boldsymbol{F}^n \cong \boldsymbol{W}$, 由同构关系的传递性, 得 $\boldsymbol{V} \cong \boldsymbol{W}$. □

例 5.7.1 已知复数域 $\mathbb{C}$ 作为实数域 $\mathbb{R}$ 上的线性空间, 其维数等于 2. 显然 $\mathbb{R}^2$ 作为 $\mathbb{R}$ 上的线性空间, 其维数也等于 2. 因此这两个线性空间是同构的.

设 $\boldsymbol{W}$ 是有限维线性空间 $\boldsymbol{V}$ 的一个子空间. 如果 $\boldsymbol{W} \cong \boldsymbol{V}$, 根据定理 5.7.3, 有 $\dim \boldsymbol{W} = \dim \boldsymbol{V}$, 从而由推论 5.5.5, 得 $\boldsymbol{W} = \boldsymbol{V}$. 这表明, 有限维线性空间不可能与它的某个真子空间同构. 但是这个事实不能推广到无限维线性空间.

例 5.7.2 设 $\boldsymbol{W} = \{xf(x) \mid f(x) \in \boldsymbol{F}[x]\}$. 根据例 5.5.2, $\boldsymbol{W}$ 是多项式空间 $\boldsymbol{F}[x]$ 的一个真子空间. 作一个映射 σ 如下:

$$\sigma : \boldsymbol{F}[x] \to \boldsymbol{W}, \ f(x) \to xf(x).$$

显然 $\boldsymbol{W}$ 中每一个向量 $xf(x)$ 在 σ 下有一个原像 $f(x)$, 所以 σ 是满射. 对任意的 $f(x), g(x) \in \boldsymbol{F}[x]$, 如果 $\sigma[f(x)] = \sigma[g(x)]$, 那么 $xf(x) = xg(x)$. 于是由消去律, 得 $f(x) = g(x)$, 所以 σ 是单射. 综上所述, σ 是双射.

其次, 对任意的 $f(x), g(x) \in \boldsymbol{F}[x]$, 有 $x[f(x)+g(x)] = xf(x)+xg(x)$, 即

$$\sigma[f(x)+g(x)] = \sigma[f(x)] + \sigma[g(x)],$$

所以 σ 具有可加性. 类似地, 可证 σ 具有齐次性. 因此 σ 是同构映射, 故 $\boldsymbol{F}[x]$ 同构于它的真子空间 $\boldsymbol{W}$.

我们知道, 一般线性空间中的元素以及它的两个运算都是抽象的, 因而只能讨论它的各种运算性质. 注意到两个同构的线性空间, 除了其中元素的表达方式以及运算符号的选取可能不同以外, 它们的运算规律完全相同, 因此从抽象的观点来看, 同构的线性空间可以不加区别. 于是定理 5.7.2 表明, 在同构的观点下, 数域 $\boldsymbol{F}$ 上 n 维线性空间只有一个, 它就是我们非常熟悉的 n 元向量空间 $\boldsymbol{F}^n$. 此外, 定理 5.7.3 表明, 对于数域 $\boldsymbol{F}$ 上一个有限维线性空间 $\boldsymbol{V}$ 来说, 维数是它的最本质属性. 事实上, 一旦知道了它的维数, 比如说 n, 也就知道了它与数域 $\boldsymbol{F}$ 上每一个 n 维线性空间都没有本质区别. 特别地, 当 $n>0$ 时, 它与 $\boldsymbol{F}^n$ 没有本质区别, 因此 $\boldsymbol{V}$ 的结构基本上清楚了.

最后让我们简单回顾一下本章内容. 首先通过考察一些具体的代数系统, 我们从各个系统的运算的共性中抽象出八条最本质的算律, 并以这些算律作为公理, 给出线性空间的定义. 接着着眼于这类抽象系统的加法和数乘运算, 探讨这两个运算的基本性质, 以及包括线性相关性、极大无关组、向量组的秩、基、维数和坐标等在内的各种性质, 然后转向讨论这类系统的子系统 —— 子空间. 最后在同构思想的指导下, 探讨线性空间的结构, 从而发现当 $n>0$ 时, 以 $\boldsymbol{F}$ 作为系数域的 n 维线性空间本质上只有一个, 即 n 元向量空间 $\boldsymbol{F}^n$, 其结构竟然如此简单! 总之, 本章内容体现了代数研究的基本思想和方法.

习题 5.7

1. 证明: 从线性空间 $\boldsymbol{V}(\boldsymbol{F})$ 到 $\boldsymbol{W}(\boldsymbol{F})$ 的一个双射 σ 是同构的当且仅对任意的 $k, l \in \boldsymbol{F}$ 和任意的 $\boldsymbol{\xi}, \boldsymbol{\eta} \in \boldsymbol{V}$, 有 $\sigma(k\boldsymbol{\xi}+l\boldsymbol{\eta}) = k\sigma(\boldsymbol{\xi}) + l\sigma(\boldsymbol{\eta})$.

2. 设 $\boldsymbol{\alpha}_1, \boldsymbol{\alpha}_2, \cdots, \boldsymbol{\alpha}_n$ 是 $\boldsymbol{V}_n(\boldsymbol{F})$ 的一个基, $\boldsymbol{\beta}_1, \boldsymbol{\beta}_2, \cdots, \boldsymbol{\beta}_n$ 是 $\boldsymbol{W}_n(\boldsymbol{F})$ 中 n 个向量. 令

$$\sigma: \boldsymbol{V} \to \boldsymbol{W}, \ \boldsymbol{\xi} \mapsto x_1\boldsymbol{\beta}_1 + x_2\boldsymbol{\beta}_2 + \cdots + x_n\boldsymbol{\beta}_n,$$

其中 $\boldsymbol{\xi} = x_1\boldsymbol{\alpha}_1 + x_2\boldsymbol{\alpha}_2 + \cdots + x_n\boldsymbol{\alpha}_n$. 证明: σ 是一个同构映射当且仅当 $\boldsymbol{\beta}_1, \boldsymbol{\beta}_2, \cdots, \boldsymbol{\beta}_n$ 是 $\boldsymbol{W}$ 的一个基.

3. 设 $\boldsymbol{\alpha}_1, \boldsymbol{\alpha}_2, \cdots, \boldsymbol{\alpha}_n$ 是 $\boldsymbol{V}_n(\boldsymbol{F})$ 的一个基, 并设 $(\boldsymbol{\beta}_1, \boldsymbol{\beta}_2, \cdots, \boldsymbol{\beta}_n) = (\boldsymbol{\alpha}_1, \boldsymbol{\alpha}_2, \cdots, \boldsymbol{\alpha}_n)\boldsymbol{A}$, 其中 $\boldsymbol{A}$ 是数域 $\boldsymbol{F}$ 上一个 n 阶方阵. 令

$$\sigma: \boldsymbol{V} \to \boldsymbol{V}, \ \boldsymbol{\xi} \mapsto x_1\boldsymbol{\beta}_1 + x_2\boldsymbol{\beta}_2 + \cdots + x_n\boldsymbol{\beta}_n,$$

其中 $\boldsymbol{\xi} = x_1\boldsymbol{\alpha}_1 + x_2\boldsymbol{\alpha}_2 + \cdots + x_n\boldsymbol{\alpha}_n$. 证明: σ 是同构的当且仅当 $\boldsymbol{A}$ 是可逆的.

4. 已知下列线性空间 $\boldsymbol{V}$ 与 $\boldsymbol{W}$ 是同构的. 写出从 $\boldsymbol{V}$ 到 $\boldsymbol{W}$ 的一个同构映射.

   (1) $\boldsymbol{V}$ 与 $\boldsymbol{W}$ 分别是数域 $\boldsymbol{F}$ 上 n 元行向量空间与 n 元列向量空间;

   (2) $\boldsymbol{V} = \mathbb{V}_3$ 且 $\boldsymbol{W} = \mathbb{R}^3$; (3) $\boldsymbol{V} = \boldsymbol{F}_n[x]$ 且 $\boldsymbol{W} = \boldsymbol{F}^n$; (4) $\boldsymbol{V} = \boldsymbol{M}_2(\boldsymbol{F})$ 且 $\boldsymbol{W} = \boldsymbol{F}^4$.

5. 证明: 几何空间 $\mathbb{V}_3$ 与几何平面 $\mathbb{V}_2$ 之间不能建立同构映射.

6. 设 $S_n(\boldsymbol{F})$ 和 $\boldsymbol{W}$ 分别是由数域 $\boldsymbol{F}$ 上全体 n 阶对称矩阵和全体 n 阶上三角矩阵组成的线性空间. 证明: $S_n(\boldsymbol{F})$ 同构于 $\boldsymbol{W}$.

7. 证明: 实数域 $\mathbb{R}$ 作为它自身上的线性空间与例 5.1.3 中的线性空间 $\mathbb{R}^+$ 是同构的.

8. 设 $\boldsymbol{W}$ 是由全体形如 $\begin{pmatrix} a & b \\ -b & a \end{pmatrix}$ 的实矩阵组成的集合. 证明: $\boldsymbol{W}$ 是矩阵空间 $\boldsymbol{M}_2(\mathbb{R})$ 的一个 2 维子空间. 写出从 $\mathbb{C}$ 到 $\boldsymbol{W}$ 的一个同构映射 (把 $\mathbb{C}$ 看作实数域上的线性空间).

*9. 设 $\boldsymbol{H}$ 是由全体形如 $\begin{pmatrix} a & b \\ -\bar{b} & \bar{a} \end{pmatrix}$ 的复矩阵组成的集合, 并设 $\boldsymbol{W}_1$ 和 $\boldsymbol{W}_2$ 分别是由全体形如 $\begin{pmatrix} a & 0 \\ 0 & \bar{a} \end{pmatrix}$ 和 $\begin{pmatrix} 0 & b \\ -\bar{b} & 0 \end{pmatrix}$ 的复矩阵组成的集合, 这里 $\bar{\cdot}$ 是 $\cdot$ 的共轭复数. 证明:

(1) $(\boldsymbol{H}, \mathbb{R}; +, \circ)$ 是一个线性空间, 并且 $\boldsymbol{H}$ 与 $\mathbb{R}^4$ 同构, 这里 $+$ 是矩阵的加法运算, $\circ$ 是实数与矩阵的数乘运算;

(2) $\boldsymbol{W}_1$ 与 $\boldsymbol{W}_2$ 是 $\boldsymbol{H}$ 的两个子空间, 并且 $\boldsymbol{H} = \boldsymbol{W}_1 \oplus \boldsymbol{W}_2$.

*10. 设 $\boldsymbol{A}$ 是从有限维线性空间 $\boldsymbol{V}_n(\boldsymbol{F})$ 到自身的所有同构映射组成的集合, $\boldsymbol{B}$ 是由 $\boldsymbol{V}$ 的所有基组成的集合. 证明: 存在从 $\boldsymbol{A}$ 到 $\boldsymbol{B}$ 的一个双射.

第 6 章　线性映射

从上一节我们看到，利用同构映射，可以更好地揭示线性空间的结构. 在这一章我们将用整章篇幅来讨论比同构映射更一般的一类映射 —— 线性映射，它是线性代数学的两个主要研究对象之一. 线性映射是一类最简单的映射，它类似于一元函数中形如 $y = kx$ 的函数.

本章主要介绍线性映射的运算及其矩阵表示、线性变换的不变子空间、线性变换的特征值和特征向量、可对角化线性变换等. 我们将看到，从一个有限维线性空间到另一个线性空间的线性映射与矩阵有很自然的联系，因此讨论线性映射时要经常用到矩阵这个工具.

6.1　定义和基本性质

本节将首先介绍线性映射的定义和一些常见例子，讨论线性映射的基本性质，然后讨论线性映射的存在性、线性映射的像与核等问题.

已知线性空间是带有两个运算的集合. 讨论从一个线性空间到另一个线性空间的映射时，考虑这些映射与空间所带的运算之间的联系是必然的. 例如，同构映射就是保持加法和数乘运算的双射. 除同构映射外，还有许多映射也保持加法和数乘运算. 这类映射就是线性映射，其确切定义如下.

定义 6.1.1　设 σ 是从线性空间 $\boldsymbol{V}(\boldsymbol{F})$ 到 $\boldsymbol{W}(\boldsymbol{F})$ 的一个映射. 如果

(1) 对任意的 $\boldsymbol{\xi}, \boldsymbol{\eta} \in \boldsymbol{V}$, 有 $\sigma(\boldsymbol{\xi}+\boldsymbol{\eta}) = \sigma(\boldsymbol{\xi}) + \sigma(\boldsymbol{\eta})$;

(2) 对任意的 $k \in \boldsymbol{F}$ 和任意的 $\boldsymbol{\xi} \in \boldsymbol{V}$, 有 $\sigma(k\boldsymbol{\xi}) = k\sigma(\boldsymbol{\xi})$,

那么称 σ 是从 $\boldsymbol{V}$ 到 $\boldsymbol{W}$ 的一个**线性映射**. 特别地，从 $\boldsymbol{V}$ 到自身的一个线性映射称为 $\boldsymbol{V}$ 上一个**线性变换**.

显然同构映射就是可逆线性映射. 与同构映射一样，定义中条件 (1) 称为 σ **保持加法运算** 或 σ 具有**可加性**; 条件 (2) 称为 σ **保持数乘运算** 或 σ 具有**齐次性**. 可加性和齐次性统称为**线性性**.　设 $\sigma: \boldsymbol{V} \to \boldsymbol{W}$,　$\boldsymbol{\xi} \mapsto \boldsymbol{0}$, 其中 $\boldsymbol{0}$ 是 $\boldsymbol{W}$ 中的零向量. 容易验证，σ 是一个线性映射，称为从 $\boldsymbol{V}$ 到 $\boldsymbol{W}$ 的**零映射**，记作 ϑ. 特别地，从 $\boldsymbol{V}$ 到自身的零映射 ϑ 称为 $\boldsymbol{V}$ 上的**零变换**.

下一个命题给出了线性性的一个等价条件，其证明留给读者.

命题 6.1.1　设 $\sigma: \boldsymbol{V}(\boldsymbol{F}) \to \boldsymbol{W}(\boldsymbol{F})$ 是一个映射，则 σ 是线性的当且仅当对任意的 $k, l \in \boldsymbol{F}$ 和任意的 $\boldsymbol{\xi}, \boldsymbol{\eta} \in \boldsymbol{V}$, 有 $\sigma(k\boldsymbol{\xi} + l\boldsymbol{\eta}) = k\sigma(\boldsymbol{\xi}) + l\sigma(\boldsymbol{\eta})$.

下面给出线性映射的一些例子.

例 6.1.1　设 $\boldsymbol{W}$ 是几何空间 $\mathbb{V}_3$ 中通过原点的一个平面. 令 $\boldsymbol{\pi}(\boldsymbol{\xi})$ 表示向量 $\boldsymbol{\xi}$ 在平面 $\boldsymbol{W}$ 上的正射影，则 $\boldsymbol{\pi}(\boldsymbol{\xi})$ 是唯一的. 已知两个向量 $\boldsymbol{\xi}$ 与 $\boldsymbol{\eta}$ 的和的正射影等于这两个向量的正射

影的和, 那么 $\boldsymbol{\pi}(\boldsymbol{\xi}+\boldsymbol{\eta})=\boldsymbol{\pi}(\boldsymbol{\xi})+\boldsymbol{\pi}(\boldsymbol{\eta})$. 又已知数乘积 $k\boldsymbol{\xi}$ 的正射影等于 k 与 $\boldsymbol{\xi}$ 的正射影的数乘积, 那么 $\boldsymbol{\pi}(k\boldsymbol{\xi})=k\boldsymbol{\pi}(\boldsymbol{\xi})$. 于是

$$\boldsymbol{\pi}:\mathbb{V}_3\to\mathbb{V}_3,\ \boldsymbol{\xi}\mapsto\pi(\boldsymbol{\xi})$$

是 $\mathbb{V}_3$ 上一个线性变换, 称为 $\mathbb{V}_3$ 在平面 $\boldsymbol{W}$ 上的**正射影**.

例 6.1.2 设 k 是数域 $\boldsymbol{F}$ 中的一个常数, 则 $\kappa:\boldsymbol{V}(\boldsymbol{F})\to\boldsymbol{V}(\boldsymbol{F}),\quad \boldsymbol{\xi}\mapsto k\boldsymbol{\xi}$ 是 $\boldsymbol{V}$ 上的一个变换, 称为由数 k 诱导的**数乘变换**或**位似变换**. 对任意的 $a,b\in\boldsymbol{F}$ 和任意的 $\boldsymbol{\xi},\boldsymbol{\eta}\in\boldsymbol{V}$, 有 $k(a\boldsymbol{\xi}+b\boldsymbol{\eta})=a(k\boldsymbol{\xi})+b(k\boldsymbol{\eta})$, 即 $\kappa(a\boldsymbol{\xi}+b\boldsymbol{\eta})=a[\kappa(\boldsymbol{\xi})]+b[\kappa(\boldsymbol{\eta})]$. 根据命题 6.1.1, κ 是线性的.

显然由数 0 和数 1 诱导的数乘变换分别是 $\boldsymbol{V}$ 上的零变换 ϑ 和恒等变换 ι.

例 6.1.3 容易验证, 数域 $\boldsymbol{F}$ 上一个 n 元一次型 (即 n 元一次齐次函数)

$$\sigma(x_1,x_2,\cdots,x_n)=a_1x_1+a_2x_2+\cdots+a_nx_n$$

决定从 $\boldsymbol{F}^n$ 到 $\boldsymbol{F}$ 的一个线性映射, 这里 $a_1,a_2,\cdots,a_n$ 是数域 $\boldsymbol{F}$ 中 n 个常数.

反之, 从 $\boldsymbol{F}^n$ 到 $\boldsymbol{F}$ 的一个线性映射 σ 决定数域 $\boldsymbol{F}$ 上一个 n 元一次型. 事实上, 对任意的 $(x_1,x_2,\cdots,x_n)\in\boldsymbol{F}^n$, 有

$$(x_1,x_2,\cdots,x_n)=x_1\boldsymbol{\varepsilon}_1+x_2\boldsymbol{\varepsilon}_2+\cdots+x_n\boldsymbol{\varepsilon}_n,$$

这里 $\boldsymbol{\varepsilon}_1,\boldsymbol{\varepsilon}_2,\cdots,\boldsymbol{\varepsilon}_n$ 是 $\boldsymbol{F}^n$ 的标准基. 因为 σ 是线性的, 所以

$$\sigma(x_1,x_2,\cdots,x_n)=x_1\sigma(\boldsymbol{\varepsilon}_1)+x_2\sigma(\boldsymbol{\varepsilon}_2)+\cdots+x_n\sigma(\boldsymbol{\varepsilon}_n).$$

又因为 $\sigma(\boldsymbol{\varepsilon}_i)\in\boldsymbol{F}$, 令 $a_i=\sigma(\boldsymbol{\varepsilon}_i)$, 则 $a_i\in\boldsymbol{F}\ (i=1,2,\cdots,n)$, 并且上式变成

$$\sigma(x_1,x_2,\cdots,x_n)=a_1x_1+a_2x_2+\cdots+a_nx_n.$$

由上例不难看出, 在同构的观点下, 从有限维线性空间 $\boldsymbol{V}_n(\boldsymbol{F})$ 到它的系数域 $\boldsymbol{F}$ 的线性映射实际上是 n 元一次齐次函数. 由此可见, 线性映射定义中条件 (2) 取名为齐次性的由来.

例 6.1.4 设 σ 是从列向量空间 $\boldsymbol{F}^n$ 到 $\boldsymbol{F}^m$ 的一个映射, 则 σ 是线性的当且仅当存在 $\boldsymbol{A}\in\boldsymbol{M}_{mn}(\boldsymbol{F})$, 使得 $\sigma(\boldsymbol{X})=\boldsymbol{A}\boldsymbol{X},\ \forall\boldsymbol{X}\in\boldsymbol{F}^n$.

事实上, 设充分性假定成立. 对任意的 $k,l\in\boldsymbol{F}$ 和任意的 $\boldsymbol{X},\boldsymbol{Y}\in\boldsymbol{F}^n$, 因为

$$\boldsymbol{A}(k\boldsymbol{X}+l\boldsymbol{Y})=k(\boldsymbol{A}\boldsymbol{X})+l(\boldsymbol{A}\boldsymbol{Y}),$$

所以 $\sigma(k\boldsymbol{X}+l\boldsymbol{Y})=k\sigma(\boldsymbol{X})+l\sigma(\boldsymbol{Y})$. 根据命题 6.1.1, σ 是线性的.

反之, 设 σ 是线性的. 对任意的 $\boldsymbol{X}\in\boldsymbol{F}^n$, 因为 $\sigma(\boldsymbol{X})\in\boldsymbol{F}^m$, 可设

$$\sigma(\boldsymbol{X})=\begin{pmatrix}\sigma_1(\boldsymbol{X})\\\sigma_2(\boldsymbol{X})\\\vdots\\\sigma_m(\boldsymbol{X})\end{pmatrix}.\tag{6.1.1}$$

又因为 $\sigma(\boldsymbol{X})$ 是唯一的, 每一个分量 $\sigma_i(\boldsymbol{X})$ 是由 $\boldsymbol{X}$ 所决定的数域 $\boldsymbol{F}$ 中唯一一个数, 因而它是

一个 n 元函数. 我们断言, $\sigma_i(\boldsymbol{X})$ 是线性的 $(i=1,2,\cdots,m)$. 事实上, 对任意的 $k,l\in\boldsymbol{F}$ 和任意的 $\boldsymbol{X},\boldsymbol{Y}\in\boldsymbol{F}^n$, 有

$$\sigma(k\boldsymbol{X}+l\boldsymbol{Y})=\begin{pmatrix}\sigma_1(k\boldsymbol{X}+l\boldsymbol{Y})\\ \sigma_2(k\boldsymbol{X}+l\boldsymbol{Y})\\ \vdots\\ \sigma_m(k\boldsymbol{X}+l\boldsymbol{Y})\end{pmatrix} \text{ 且 } k\sigma(\boldsymbol{X})+l\sigma(\boldsymbol{Y})=\begin{pmatrix}k\sigma_1(\boldsymbol{X})+l\sigma_1(\boldsymbol{Y})\\ k\sigma_2(\boldsymbol{X})+l\sigma_2(\boldsymbol{Y})\\ \vdots\\ k\sigma_m(\boldsymbol{X})+l\sigma_m(\boldsymbol{Y})\end{pmatrix}.$$

根据命题 6.1.1, 上两式等号左边是相等的, 因而右边的对应分量必相等, 即

$$\sigma_i(k\boldsymbol{X}+l\boldsymbol{Y})=k\sigma_i(\boldsymbol{X})+l\sigma_i(\boldsymbol{Y}),\ \ i=1,2,\cdots,m.$$

这就证实了上述断语. 现在, 由例 6.1.3, 每一个 $\sigma_i(\boldsymbol{X})$ 可以表示成一次型

$$\sigma_i(\boldsymbol{X})=a_{i1}x_1+a_{i2}x_2+\cdots+a_{in}x_n,\ \ i=1,2,\cdots,m,$$

其中 $a_{i1},a_{i2},\cdots,a_{in}$ 是数域 $\boldsymbol{F}$ 中 n 个常数, $x_1,x_2,\cdots,x_n$ 是 $\boldsymbol{X}$ 的 n 个分量. 这 m 个一次型可以统一写成下面的向量函数:

$$\begin{pmatrix}\sigma_1(\boldsymbol{X})\\ \sigma_2(\boldsymbol{X})\\ \vdots\\ \sigma_m(\boldsymbol{X})\end{pmatrix}=\begin{pmatrix}a_{11}&a_{12}&\cdots&a_{1n}\\ a_{21}&a_{22}&\cdots&a_{2n}\\ \vdots&\vdots&&\vdots\\ a_{m1}&a_{m2}&\cdots&a_{mn}\end{pmatrix}\begin{pmatrix}x_1\\ x_2\\ \vdots\\ x_n\end{pmatrix}.$$

对照 (6.1.1) 式, 上式可以写成 $\sigma(\boldsymbol{X})=\boldsymbol{A}\boldsymbol{X}$, 其中 $\boldsymbol{A}$ 是上式中间的 $m\times n$ 矩阵.

在上例中, 令 $\boldsymbol{Y}=\sigma(\boldsymbol{X})$, 则 $\boldsymbol{Y}=\boldsymbol{A}\boldsymbol{X}$. 显然这样的向量函数类似于一元函数 $y=kx$. 于是在同构的观点下, 从 $\boldsymbol{V}_n(\boldsymbol{F})$ 到 $\boldsymbol{V}_m(\boldsymbol{F})$ 的线性映射实质上是形如 $\boldsymbol{Y}=\boldsymbol{A}\boldsymbol{X}$ 的向量函数.

例 6.1.5 设 $C[a,b]$ 和 $D[a,b]$ 分别是闭区间 $[a,b]$ 上连续函数空间和可微函数空间. 令 $F[a,b]$ 是由闭区间 $[a,b]$ 上全体函数组成的集合 (它关于函数的加法和数乘运算也构成实数域上一个线性空间). 令

$$\mathscr{D}: D[a,b]\to F[a,b],\ \ f(x)\mapsto f'(x),$$

则 $\mathscr{D}$ 是一个映射, 称为**微分变换**或**微分算子**. 容易验证, $\mathscr{D}$ 是线性的. 再令

$$\mathscr{I}: C[a,b]\to C[a,b],\ \ f(x)\mapsto \int_a^x f(t)\,\mathrm{d}t,$$

则 $\mathscr{I}$ 是一个映射, 称为**积分变换**或**积分算子**, 这里 $\int_a^x f(t)\,\mathrm{d}t$ 是积分上限函数. 对任意的 $k,l\in\mathbb{R}$ 和任意的 $f(x),g(x)\in C[a,b]$, 因为

$$\int_a^x[kf(t)+lg(t)]\,\mathrm{d}t=k\int_a^x f(t)\,\mathrm{d}t+l\int_a^x g(t)\,\mathrm{d}t,$$

所以 $\mathscr{I}[kf(x)+lg(x)]=k\mathscr{I}[f(x)]+l\mathscr{I}[g(x)]$. 根据命题 6.1.1, $\mathscr{I}$ 也是线性的.

由上一个例子可见, 数学分析的主要研究对象就是这两个线性映射.

下面给出线性映射的基本性质. 由于线性映射是具有线性性的映射, 而同构映射是具有线性性的双射, 因此性质 5.7.1 的证明中不涉及单射或满射的那些性质, 对于线性映射来说,

仍然成立. 于是我们有

性质 6.1.1　设 $\sigma: \boldsymbol{V}(\boldsymbol{F}) \to \boldsymbol{W}(\boldsymbol{F})$ 是一个线性映射, 则

(1) σ 把零向量变成零向量;

(2) σ 把负向量变成负向量;

(3) σ 保持向量组的线性组合;

(4) σ 把线性相关向量组变成线性相关向量组.

性质 6.1.1(3) 用符号语言来叙述就是

$$\sigma(k_1\boldsymbol{\alpha}_1 + k_2\boldsymbol{\alpha}_2 + \cdots + k_s\boldsymbol{\alpha}_s) = k_1\sigma(\boldsymbol{\alpha}_1) + k_2\sigma(\boldsymbol{\alpha}_2) + \cdots + k_s\sigma(\boldsymbol{\alpha}_s),$$

这里 $k_1, k_2, \cdots, k_s$ 是数域 $\boldsymbol{F}$ 中任意数, $\boldsymbol{\alpha}_1, \boldsymbol{\alpha}_2, \cdots, \boldsymbol{\alpha}_s$ 是空间 $\boldsymbol{V}$ 中任意向量. 如果我们令 $\boldsymbol{K} = (k_1, k_2, \cdots, k_s)'$ (列向量),那么上式可以用形式记号表示成

$$\sigma\big[(\boldsymbol{\alpha}_1, \boldsymbol{\alpha}_2, \cdots, \boldsymbol{\alpha}_s)\boldsymbol{K}\big] = (\sigma(\boldsymbol{\alpha}_1), \sigma(\boldsymbol{\alpha}_2), \cdots, \sigma(\boldsymbol{\alpha}_s))\boldsymbol{K}. \tag{6.1.2}$$

注 6.1.1　设 $\dim \boldsymbol{V} = n > 0$, 并设 $\boldsymbol{\alpha}_1, \boldsymbol{\alpha}_2, \cdots, \boldsymbol{\alpha}_n$ 是 $\boldsymbol{V}$ 的一个基, 则对任意的 $\boldsymbol{\xi} \in \boldsymbol{V}$, 存在 $k_1, k_2, \cdots, k_n \in \boldsymbol{F}$, 使得 $\boldsymbol{\xi} = k_1\boldsymbol{\alpha}_1 + k_2\boldsymbol{\alpha}_2 + \cdots + k_n\boldsymbol{\alpha}_n$. 现在, 如果 $\sigma: \boldsymbol{V} \to \boldsymbol{W}$ 是一个线性映射, 根据性质 6.1.1(3), 有

$$\sigma(\boldsymbol{\xi}) = k_1\sigma(\boldsymbol{\alpha}_1) + k_2\sigma(\boldsymbol{\alpha}_2) + \cdots + k_n\sigma(\boldsymbol{\alpha}_n).$$

由此可见, $\mathrm{Im}(\sigma) = \mathscr{L}(\sigma(\boldsymbol{\alpha}_1), \sigma(\boldsymbol{\alpha}_2), \cdots, \sigma(\boldsymbol{\alpha}_n))$. 由此还可见, σ 完全由基向量的像 $\sigma(\boldsymbol{\alpha}_1), \sigma(\boldsymbol{\alpha}_2), \cdots, \sigma(\boldsymbol{\alpha}_n)$ 所决定. 换句话说, 如果 $\tau: \boldsymbol{V} \to \boldsymbol{W}$ 也是一个线性映射, 使得 $\sigma(\boldsymbol{\alpha}_i) = \tau(\boldsymbol{\alpha}_i)$, $i = 1, 2, \cdots, n$, 那么 $\sigma = \tau$.

设 $\boldsymbol{\alpha}$ 是 $\boldsymbol{V}$ 中一个非零向量, 则向量组 $\{\boldsymbol{\alpha}\}$ 线性无关. 令 ϑ 是 $\boldsymbol{V}$ 上的零变换, 则向量组 $\{\vartheta(\boldsymbol{\alpha})\}$ 线性相关. 这表明, 性质 6.1.1(4) 的逆命题不成立. 但是由于性质 6.1.1(4) 的逆否命题成立, 我们有

性质 6.1.2　设 $\sigma: \boldsymbol{V}(\boldsymbol{F}) \to \boldsymbol{W}(\boldsymbol{F})$ 是一个线性映射. 如果上域 $\boldsymbol{W}$ 中向量组 $\sigma(\boldsymbol{\alpha}_1), \sigma(\boldsymbol{\alpha}_2), \cdots, \sigma(\boldsymbol{\alpha}_n)$ 线性无关, 那么定义域 $\boldsymbol{V}$ 中向量组 $\boldsymbol{\alpha}_1, \boldsymbol{\alpha}_2, \cdots, \boldsymbol{\alpha}_n$ 也线性无关. 特别地, 当 $\dim \boldsymbol{V} = n$ 时, $\boldsymbol{\alpha}_1, \boldsymbol{\alpha}_2, \cdots, \boldsymbol{\alpha}_n$ 是 $\boldsymbol{V}$ 的一个基.

性质 6.1.3　设 $\sigma: \boldsymbol{V}(\boldsymbol{F}) \to \boldsymbol{W}(\boldsymbol{F})$ 是一个线性映射. 令 $\boldsymbol{\xi}_1, \boldsymbol{\xi}_2, \cdots, \boldsymbol{\xi}_s \in \boldsymbol{V}$ 且 $\boldsymbol{A} \in \boldsymbol{M}_{st}(\boldsymbol{F})$, 并令 $(\boldsymbol{\eta}_1, \boldsymbol{\eta}_2, \cdots, \boldsymbol{\eta}_t) = (\boldsymbol{\xi}_1, \boldsymbol{\xi}_2, \cdots, \boldsymbol{\xi}_s)\boldsymbol{A}$, 则

$$(\sigma(\boldsymbol{\eta}_1), \sigma(\boldsymbol{\eta}_2), \cdots, \sigma(\boldsymbol{\eta}_t)) = (\sigma(\boldsymbol{\xi}_1), \sigma(\boldsymbol{\xi}_2), \cdots, \sigma(\boldsymbol{\xi}_s))\boldsymbol{A}.$$

证明　设 $\boldsymbol{\beta}_1, \boldsymbol{\beta}_2, \cdots, \boldsymbol{\beta}_t$ 是 $\boldsymbol{A}$ 的列向量组. 根据已知条件, 有

$$\boldsymbol{\eta}_i = (\boldsymbol{\xi}_1, \boldsymbol{\xi}_2, \cdots, \boldsymbol{\xi}_s)\boldsymbol{\beta}_i, \quad i = 1, 2, \cdots, t.$$

根据 (6.1.2) 式, 有 $\sigma(\boldsymbol{\eta}_i) = (\sigma(\boldsymbol{\xi}_1), \sigma(\boldsymbol{\xi}_2), \cdots, \sigma(\boldsymbol{\xi}_s))\boldsymbol{\beta}_i$, $i = 1, 2, \cdots, t$, 所以

$$(\sigma(\boldsymbol{\eta}_1), \sigma(\boldsymbol{\eta}_2), \cdots, \sigma(\boldsymbol{\eta}_t)) = (\sigma(\boldsymbol{\xi}_1), \sigma(\boldsymbol{\xi}_2), \cdots, \sigma(\boldsymbol{\xi}_s))\boldsymbol{A}. \qquad \square$$

除零映射外, 是否存在从 $\boldsymbol{V}(\boldsymbol{F})$ 到 $\boldsymbol{W}(\boldsymbol{F})$ 的线性映射? 让我们来考虑这个问题. 设 σ 是例 6.1.4 中的映射, 即 $\sigma: \boldsymbol{F}^n \to \boldsymbol{F}^m$, $\boldsymbol{X} \mapsto \boldsymbol{AX}$. 令 $x_1, x_2, \cdots, x_n$ 是 $\boldsymbol{X}$ 的 n 个分量, $\boldsymbol{\beta}_1, \boldsymbol{\beta}_2, \cdots, \boldsymbol{\beta}_n$ 是 $\boldsymbol{A}$ 的列向量组, 则这个映射可以改写成

$$\sigma: \boldsymbol{F}^n \to \boldsymbol{F}^m,\ \ \boldsymbol{X} \mapsto x_1\boldsymbol{\beta}_1 + x_2\boldsymbol{\beta}_2 + \cdots + x_n\boldsymbol{\beta}_n.$$

显然 $(x_1, x_2, \cdots, x_n)$ 是 $\boldsymbol{X}$ 关于 $\boldsymbol{F}^n$ 的标准基 $\varepsilon_1, \varepsilon_2, \cdots, \varepsilon_n$ 的坐标. 由此不难猜测, 如果 $\boldsymbol{V}$ 是有限维的, 那么可以利用 $\boldsymbol{V}$ 的基来构造从 $\boldsymbol{V}$ 到 $\boldsymbol{W}$ 的线性映射.

定理 6.1.2 设 $\boldsymbol{\alpha}_1, \boldsymbol{\alpha}_2, \cdots, \boldsymbol{\alpha}_n$ 是有限维线性空间 $\boldsymbol{V}_n(\boldsymbol{F})$ 的一个基, 并设 $\boldsymbol{\beta}_1, \boldsymbol{\beta}_2, \cdots, \boldsymbol{\beta}_n$ 是一般线性空间 $\boldsymbol{W}(\boldsymbol{F})$ 中的 n 个向量. 令

$$\sigma: \boldsymbol{V} \to \boldsymbol{W},\ \ \boldsymbol{\xi} \mapsto x_1\boldsymbol{\beta}_1 + x_2\boldsymbol{\beta}_2 + \cdots + x_n\boldsymbol{\beta}_n,$$

其中 $(x_1, x_2, \cdots, x_n)$ 是向量 $\boldsymbol{\xi}$ 在基 $\boldsymbol{\alpha}_1, \boldsymbol{\alpha}_2, \cdots, \boldsymbol{\alpha}_n$ 下的坐标, 则 σ 是从 $\boldsymbol{V}$ 到 $\boldsymbol{W}$ 的一个线性映射, 并且 $\sigma(\boldsymbol{\alpha}_i) = \boldsymbol{\beta}_i,\ \ i = 1, 2, \cdots, n$.

证明 已知 $\boldsymbol{V}$ 中每一个向量 $\boldsymbol{\xi}$ 在基 $\boldsymbol{\alpha}_1, \boldsymbol{\alpha}_2, \cdots, \boldsymbol{\alpha}_n$ 下的坐标是唯一的, 那么 σ 是从 $\boldsymbol{V}$ 到 $\boldsymbol{W}$ 的一个映射. 其次, 设 $(x_1, x_2, \cdots, x_n)$ 是 $\boldsymbol{\xi}$ 在所给基下的坐标, 则 $(kx_1, kx_2, \cdots, kx_n)$ 是 $k\boldsymbol{\xi}$ 在同一个基下的坐标, 这里 k 是 $\boldsymbol{F}$ 中任意数. 于是由 σ 的假定, 有

$$\sigma(\boldsymbol{\xi}) = x_1\boldsymbol{\beta}_1 + x_2\boldsymbol{\beta}_2 + \cdots + x_n\boldsymbol{\beta}_n,$$

并且

$$\sigma(k\boldsymbol{\xi}) = kx_1\boldsymbol{\beta}_1 + kx_2\boldsymbol{\beta}_2 + \cdots + kx_n\boldsymbol{\beta}_n,$$

所以 $\sigma(k\boldsymbol{\xi}) = k\sigma(\boldsymbol{\xi})$, 即 σ 具有齐次性. 类似地, 可证 σ 具有可加性. 因此它是线性的. 最后, 由于 $\boldsymbol{\alpha}_i$ 的坐标的第 i 个分量为 1, 其余分量全为零, 根据 σ 的定义, 有

$$\sigma(\boldsymbol{\alpha}_i) = \boldsymbol{\beta}_i,\ \ i = 1, 2, \cdots, n. \qquad \square$$

根据注 6.1.1, 上述定理中线性映射 σ 完全由 $\boldsymbol{W}$ 中向量组 $\boldsymbol{\beta}_1, \boldsymbol{\beta}_2, \cdots, \boldsymbol{\beta}_n$ 所决定. 当 $\boldsymbol{W}$ 不是零空间时, 这样的向量组有无穷多个, 因而可以构造出无穷多个线性映射[①].

例 6.1.6 设 $\varPhi$ 是几何平面 $\mathbb{V}_2$ 上绕原点 $\boldsymbol{O}$ 旋转一个角度 ϕ 的旋转变换. 令 $\{\boldsymbol{e}_1, \boldsymbol{e}_2\}$ 是 $\mathbb{V}_2$ 的一个基, 并令 $\varPhi(\boldsymbol{e}_1) = \widetilde{\boldsymbol{e}}_1$ 且 $\varPhi(\boldsymbol{e}_2) = \widetilde{\boldsymbol{e}}_2$, 则 $\{\widetilde{\boldsymbol{e}}_1, \widetilde{\boldsymbol{e}}_2\}$ 也是 $\mathbb{V}_2$ 的一个基. 对任意的 $\boldsymbol{\xi} \in \mathbb{V}_2$, 如果 $\boldsymbol{\xi}$ 在基 $\{\boldsymbol{e}_1, \boldsymbol{e}_2\}$ 下的坐标是 (x_1, x_2), 那么 $\varPhi(\boldsymbol{\xi})$ 在基 $\{\widetilde{\boldsymbol{e}}_1, \widetilde{\boldsymbol{e}}_2\}$ 下的坐标也是 (x_1, x_2). 于是

$$\varPhi: \mathbb{V}_2 \to \mathbb{V}_2,\ \ \boldsymbol{\xi} \mapsto x_1\widetilde{\boldsymbol{e}}_1 + x_2\widetilde{\boldsymbol{e}}_2.$$

根据定理 6.1.2, $\varPhi$ 是 $\mathbb{V}_2$ 上一个线性变换.

类似地, 可以验证, 如果 ℓ 是几何空间 $\mathbb{V}_3$ 中通过原点的一条直线, $\varPhi$ 是绕直线 ℓ 旋转一个角度 ϕ 的旋转变换, 那么 $\varPhi$ 是 $\mathbb{V}_3$ 上一个线性变换.

[①] 由于我们没有无限维线性空间的基的概念, 因此定理 6.1.2 不便推广到 $\boldsymbol{V}$ 是无限维的情形. 不过不难猜测, 对于这种情形, 当 $\boldsymbol{W}$ 不是零空间时, 从 $\boldsymbol{V}$ 到 $\boldsymbol{W}$ 的线性映射也有无穷多个.

下面讨论线性映射的像与核. 设 $\sigma: \boldsymbol{V}(\boldsymbol{F}) \to \boldsymbol{W}(\boldsymbol{F})$ 是一个线性映射. 已知符号 $\mathrm{Im}(\sigma)$ 表示映射 σ 的像, 它是 $\boldsymbol{W}$ 的子集 $\{\sigma(\boldsymbol{\xi}) \mid \boldsymbol{\xi} \in \boldsymbol{V}\}$. 又已知 $\sigma(\boldsymbol{\theta}) = \mathbf{0}$, 那么 $\{\boldsymbol{\xi} \in \boldsymbol{V} \mid \sigma(\boldsymbol{\xi}) = \mathbf{0}\}$ 是 $\boldsymbol{V}$ 的一个非空子集, 称为 **σ 的核**, 记作 $\mathrm{Ker}(\sigma)$.

在例 6.1.1 中, 几何空间 $\mathbb{V}_3$ 在平面 $\boldsymbol{W}$ 上的正射影 π, 其像 $\mathrm{Im}(\pi)$ 就是平面 $\boldsymbol{W}$, 其核 $\mathrm{Ker}(\pi)$ 就是通过原点且与平面 $\boldsymbol{W}$ 垂直的直线.

在例 6.1.4 中, 已知 $\sigma(\boldsymbol{X}) = \boldsymbol{A}\boldsymbol{X},\ \forall \boldsymbol{X} \in \boldsymbol{F}^n$, 那么 $\mathrm{Im}(\sigma) = \{\boldsymbol{A}\boldsymbol{X} \mid \boldsymbol{X} \in \boldsymbol{F}^n\}$, 所以 $\mathrm{Im}(\sigma)$ 是矩阵 $\boldsymbol{A}$ 的列空间 (习题 5.5 第 11 题). 其次, 注意到 $\sigma(\boldsymbol{X}) = \mathbf{0}$ 就是 $\boldsymbol{A}\boldsymbol{X} = \mathbf{0}$, 因此 $\mathrm{Ker}(\sigma)$ 是齐次线性方程组 $\boldsymbol{A}\boldsymbol{X} = \mathbf{0}$ 的解空间.

命题 6.1.3 设 $\sigma: \boldsymbol{V}(\boldsymbol{F}) \to \boldsymbol{W}(\boldsymbol{F})$ 是一个线性映射, 则

(1) $\mathrm{Im}(\sigma)$ 是 $\boldsymbol{W}$ 的一个子空间, $\mathrm{Ker}(\sigma)$ 是 $\boldsymbol{V}$ 的一个子空间;

(2) σ 是单射当且仅当 $\mathrm{Ker}(\sigma) = \{\boldsymbol{\theta}\}$, σ 是满射当且仅当 $\mathrm{Im}(\sigma) = \boldsymbol{W}$.

证明 (1) 显然 $\mathrm{Im}(\sigma)$ 是 $\boldsymbol{W}$ 的一个非空子集. 对任意的 $\sigma(\boldsymbol{\alpha}), \sigma(\boldsymbol{\beta}) \in \mathrm{Im}(\sigma)$ 和任意的 $k, l \in \boldsymbol{F}$, 因为 $\boldsymbol{\alpha}, \boldsymbol{\beta} \in \boldsymbol{V}$, 所以 $k\boldsymbol{\alpha} + l\boldsymbol{\beta} \in \boldsymbol{V}$, 从而由 σ 是线性的, 有

$$k\sigma(\boldsymbol{\alpha}) + l\sigma(\boldsymbol{\beta}) = \sigma(k\boldsymbol{\alpha} + l\boldsymbol{\beta}) \in \mathrm{Im}(\sigma),$$

因此 $\mathrm{Im}(\sigma)$ 是 $\boldsymbol{W}$ 的一个子空间. 其次, 已知 $\mathrm{Ker}(\sigma)$ 是 $\boldsymbol{V}$ 的一个非空子集. 对任意的 $\boldsymbol{\alpha}, \boldsymbol{\beta} \in \mathrm{Ker}(\sigma)$ 和任意的 $k, l \in \boldsymbol{F}$, 因为 $\sigma(\boldsymbol{\alpha}) = \mathbf{0}$ 且 $\sigma(\boldsymbol{\beta}) = \mathbf{0}$, 所以

$$\sigma(k\boldsymbol{\alpha} + l\boldsymbol{\beta}) = k\sigma(\boldsymbol{\alpha}) + l\sigma(\boldsymbol{\beta}) = \mathbf{0}.$$

根据核的定义, 有 $k\boldsymbol{\alpha} + l\boldsymbol{\beta} \in \mathrm{Ker}(\sigma)$, 因此 $\mathrm{Ker}(\sigma)$ 是 $\boldsymbol{V}$ 的一个子空间.

(2) 对任意的 $\boldsymbol{\xi} \in \mathrm{Ker}(\sigma)$, 有 $\sigma(\boldsymbol{\xi}) = \mathbf{0}$. 已知 $\sigma(\boldsymbol{\theta}) = \mathbf{0}$, 那么 $\sigma(\boldsymbol{\xi}) = \sigma(\boldsymbol{\theta})$. 现在, 如果 σ 是单射, 那么 $\boldsymbol{\xi} = \boldsymbol{\theta}$, 所以 $\mathrm{Ker}(\sigma) = \{\boldsymbol{\theta}\}$. 反之, 对任意的 $\boldsymbol{\xi}, \boldsymbol{\eta} \in \boldsymbol{V}$, 如果 $\sigma(\boldsymbol{\xi}) = \sigma(\boldsymbol{\eta})$, 那么由 σ 是线性的, 有 $\sigma(\boldsymbol{\xi} - \boldsymbol{\eta}) = \mathbf{0}$, 所以 $\boldsymbol{\xi} - \boldsymbol{\eta} \in \mathrm{Ker}(\sigma)$. 另一方面, 根据充分性假定, 有 $\mathrm{Ker}(\sigma) = \{\boldsymbol{\theta}\}$, 从而有 $\boldsymbol{\xi} - \boldsymbol{\eta} = \boldsymbol{\theta}$, 即 $\boldsymbol{\xi} = \boldsymbol{\eta}$, 因此 σ 是单射. 这就证明了 (2) 的前半部分. (2) 的后半部分是满射的定义. □

在上述命题中, 当 $\boldsymbol{V}$ 是有限维时, 如果 $\boldsymbol{\alpha}_1, \boldsymbol{\alpha}_2, \cdots, \boldsymbol{\alpha}_n$ 是 $\boldsymbol{V}$ 的一个基, 那么由注 6.1.1, $\sigma(\boldsymbol{\alpha}_1), \sigma(\boldsymbol{\alpha}_2), \cdots, \sigma(\boldsymbol{\alpha}_n)$ 是 $\mathrm{Im}(\sigma)$ 的一个生成组. 从而由定理 5.5.7, 有 $\dim \mathrm{Im}(\sigma) = \mathrm{rank}\{\sigma(\boldsymbol{\alpha}_1), \sigma(\boldsymbol{\alpha}_2), \cdots, \sigma(\boldsymbol{\alpha}_n)\}$. 我们把 $\mathrm{Im}(\sigma)$ 的维数称为 **σ 的秩**, 并把 $\mathrm{Ker}(\sigma)$ 的维数称为 **σ 的零度**. 有时 σ 的秩也记作 $\mathrm{rank}(\sigma)$. 当 $\boldsymbol{V}$ 是无限维的时, $\mathrm{Im}(\sigma)$ 可能是无限维的, 也可能是有限维的. 对于后者, 我们有下列重要事实.

定理 6.1.4 设 $\sigma: \boldsymbol{V}(\boldsymbol{F}) \to \boldsymbol{W}(\boldsymbol{F})$ 是一个线性映射, 并设 $\mathrm{Im}(\sigma)$ 有一个基 $\sigma(\boldsymbol{\alpha}_1), \sigma(\boldsymbol{\alpha}_2), \cdots, \sigma(\boldsymbol{\alpha}_r)$. 令 $\boldsymbol{U} = \mathscr{L}(\boldsymbol{\alpha}_1, \boldsymbol{\alpha}_2, \cdots, \boldsymbol{\alpha}_r)$, 则 $\boldsymbol{V} = \boldsymbol{U} \oplus \mathrm{Ker}(\sigma)$.

证明 对任意的 $\boldsymbol{\xi} \in \boldsymbol{V}$, 有 $\sigma(\boldsymbol{\xi}) \in \mathrm{Im}(\sigma)$. 已知 $\sigma(\boldsymbol{\alpha}_1), \sigma(\boldsymbol{\alpha}_2), \cdots, \sigma(\boldsymbol{\alpha}_r)$ 是 $\mathrm{Im}(\sigma)$ 的一个基, 那么存在 $x_1, x_2, \cdots, x_r \in \boldsymbol{F}$, 使得

$$\sigma(\boldsymbol{\xi}) = x_1\sigma(\boldsymbol{\alpha}_1) + x_2\sigma(\boldsymbol{\alpha}_2) + \cdots + x_r\sigma(\boldsymbol{\alpha}_r).$$

因为 σ 是线性的, 上式可以改写成 $\sigma(\boldsymbol{\xi}) = \sigma(x_1\boldsymbol{\alpha}_1 + x_2\boldsymbol{\alpha}_2 + \cdots + x_r\boldsymbol{\alpha}_r)$. 又因为 $\boldsymbol{\alpha}_1, \boldsymbol{\alpha}_2, \cdots, \boldsymbol{\alpha}_r$ 是 $\boldsymbol{U}$ 的一个生成组, 如果我们令

$$\boldsymbol{\eta} = x_1\boldsymbol{\alpha}_1 + x_2\boldsymbol{\alpha}_2 + \cdots + x_r\boldsymbol{\alpha}_r,$$

那么 $\boldsymbol{\eta} \in \boldsymbol{U}$,并且 $\sigma(\boldsymbol{\xi}) = \sigma(\boldsymbol{\eta})$. 再由 σ 是线性的, 有 $\sigma(\boldsymbol{\xi}-\boldsymbol{\eta}) = \mathbf{0}$. 令 $\boldsymbol{\gamma} = \boldsymbol{\xi}-\boldsymbol{\eta}$, 则 $\boldsymbol{\gamma} \in \mathrm{Ker}(\sigma)$, 并且 $\boldsymbol{\xi} = \boldsymbol{\eta} + \boldsymbol{\gamma}$, 所以 $\boldsymbol{\xi} \in \boldsymbol{U} + \mathrm{Ker}(\sigma)$, 因此 $\boldsymbol{V} = \boldsymbol{U} + \mathrm{Ker}(\sigma)$. 其次, 对任意的 $\boldsymbol{\alpha} \in \boldsymbol{U} \cap \mathrm{Ker}(\sigma)$, 由 $\boldsymbol{\alpha} \in \mathrm{Ker}(\sigma)$, 有 $\sigma(\boldsymbol{\alpha}) = \mathbf{0}$; 再由 $\boldsymbol{\alpha} \in \boldsymbol{U}$, 存在 $k_1, k_2, \cdots, k_r \in \boldsymbol{F}$, 使得 $\boldsymbol{\alpha} = k_1\boldsymbol{\alpha}_1 + k_2\boldsymbol{\alpha}_2 + \cdots + k_r\boldsymbol{\alpha}_r$. 于是

$$\mathbf{0} = \sigma(\boldsymbol{\alpha}) = k_1\sigma(\boldsymbol{\alpha}_1) + k_2\sigma(\boldsymbol{\alpha}_2) + \cdots + k_r\sigma(\boldsymbol{\alpha}_r).$$

因为 $\sigma(\boldsymbol{\alpha}_1), \sigma(\boldsymbol{\alpha}_2), \cdots, \sigma(\boldsymbol{\alpha}_r)$ 线性无关, 所以 $k_1, k_2, \cdots, k_r$ 只能全为零, 从而 $\boldsymbol{\alpha} = \boldsymbol{\theta}$, 因此 $\boldsymbol{U} \cap \mathrm{Ker}(\sigma) = \{\boldsymbol{\theta}\}$. 这就证明了, $\boldsymbol{V} = \boldsymbol{U} \oplus \mathrm{Ker}(\sigma)$. □

根据性质 6.1.2, 上述定理中子空间 $\boldsymbol{U}$ 的生成组 $\boldsymbol{\alpha}_1, \boldsymbol{\alpha}_2, \cdots, \boldsymbol{\alpha}_r$ 是线性无关的, 因而 $\mathrm{Im}(\sigma)$ 与 $\boldsymbol{U}$ 的维数都是 r. 于是由上述定理和定理 5.6.5, 我们得到

推论 6.1.5 设 $\sigma : \boldsymbol{V}(\boldsymbol{F}) \to \boldsymbol{W}(\boldsymbol{F})$ 是一个线性映射. 如果 $\boldsymbol{V}$ 是有限维的, 那么 σ 的秩与零度之和等于 $\boldsymbol{V}$ 的维数, 即

$$\dim \mathrm{Im}(\sigma) + \dim \mathrm{Ker}(\sigma) = \dim \boldsymbol{V}. \tag{6.1.3}$$

当 σ 是 $\boldsymbol{V}$ 上一个线性变换时, σ 的像 $\mathrm{Im}(\sigma)$ 与核 $\mathrm{Ker}(\sigma)$ 都是 $\boldsymbol{V}$ 的子空间, 因而它们的和空间 $\mathrm{Im}(\sigma) + \mathrm{Ker}(\sigma)$ 也是 $\boldsymbol{V}$ 的子空间. 如果 $\boldsymbol{V}$ 是有限维的, 那么 (6.1.3) 式成立. 但要注意, 等式 $\mathrm{Im}(\sigma) + \mathrm{Ker}(\sigma) = \boldsymbol{V}$ 一般不成立. 例如, 设 $\sigma : \boldsymbol{F}^2 \to \boldsymbol{F}^2, (x, y) \mapsto (x-y, x-y)$, 则 σ 是一个线性变换. 容易验证, $\mathrm{Im}(\sigma) = \mathrm{Ker}(\sigma) = \{(k, k) \mid k \in \boldsymbol{F}\}$, 所以 $\mathrm{Im}(\sigma) + \mathrm{Ker}(\sigma) \neq \boldsymbol{F}^2$.

推论 6.1.6 设 $\boldsymbol{V}$ 与 $\boldsymbol{W}$ 是数域 $\boldsymbol{F}$ 上两个有限维线性空间. 令 $\sigma : \boldsymbol{V} \to \boldsymbol{W}$ 是一个线性映射. 如果 $\dim \boldsymbol{V} = \dim \boldsymbol{W}$, 那么下列条件相互等价:

(1) σ 是单射; (2) σ 是满射; (3) σ 是双射; (4) σ 是可逆映射;

(5) σ 是同构映射; (6) $\mathrm{Ker}(\sigma) = \{\boldsymbol{\theta}\}$; (7) $\mathrm{Im}(\sigma) = \boldsymbol{W}$.

推论 6.1.6 的结论不能推广到无限维线性空间. 例如, 设

$$\tau : \boldsymbol{F}[x] \to \boldsymbol{F}[x], \quad f(x) \mapsto xf(x).$$

容易验证, 变换 τ 既是线性的又是单射. 但是由于零次多项式不在 $\mathrm{Im}(\tau)$ 中, 因此 τ 不是满射. 最后让我们给出推论 6.1.5 的一个应用.

例 6.1.7 设 $\boldsymbol{V}$ 是实数域上一个 3 维线性空间, 并设 $\boldsymbol{\alpha}_1, \boldsymbol{\alpha}_2, \boldsymbol{\alpha}_3$ 是它的一个基. 令 σ 是从 $\boldsymbol{V}$ 到连续函数空间 $C[0, \pi]$ 的一个线性映射, 使得

$$\sigma(\boldsymbol{\alpha}_1)=\cos^2 x,\ \ \sigma(\boldsymbol{\alpha}_2)=\sin^2 x,\ \ \sigma(\boldsymbol{\alpha}_3)=\cos 2x.$$

分别求 σ 的像与核的一个基.

解 根据已知条件, $\sigma(\boldsymbol{\alpha}_1), \sigma(\boldsymbol{\alpha}_2), \sigma(\boldsymbol{\alpha}_3)$ 是 $\mathrm{Im}(\sigma)$ 的一个生成组. 设

$$k_1\sigma(\boldsymbol{\alpha}_1)+k_2\sigma(\boldsymbol{\alpha}_2)=0,\ \text{即}\ k_1\cos^2 x+k_2\sin^2 x=0.$$

分别用 0 和 $\dfrac{\pi}{2}$ 代替最后一式中的 x, 得 $k_1=0$ 且 $k_2=0$, 所以 $\{\cos^2 x,\ \sin^2 x\}$ 线性无关. 又 $\cos 2x=\cos^2 x-\sin^2 x$, 因此 $\{\cos^2 x,\ \sin^2 x\}$ 是 $\mathrm{Im}(\sigma)$ 的一个基.

其次, 由前面的讨论, 有 $\dim\mathrm{Im}(\sigma)=2$. 由推论 6.1.5, 有

$$\dim\mathrm{Im}(\sigma)+\dim\mathrm{Ker}(\sigma)=3.$$

这就得到 $\dim\mathrm{Ker}(\sigma)=1$. 再由前面的讨论, 有 $\cos^2 x-\sin^2 x-\cos 2x=0$, 从而有

$$\sigma(\boldsymbol{\alpha}_1)-\sigma(\boldsymbol{\alpha}_2)-\sigma(\boldsymbol{\alpha}_3)=0.$$

于是由 σ 是线性的, 得 $\sigma(\boldsymbol{\alpha}_1-\boldsymbol{\alpha}_2-\boldsymbol{\alpha}_3)=0$, 所以 $\boldsymbol{\alpha}_1-\boldsymbol{\alpha}_2-\boldsymbol{\alpha}_3\in\mathrm{Ker}(\sigma)$. 注意到 $\boldsymbol{\alpha}_1, \boldsymbol{\alpha}_2, \boldsymbol{\alpha}_3$ 线性无关, 因此 $\boldsymbol{\alpha}_1-\boldsymbol{\alpha}_2-\boldsymbol{\alpha}_3\neq\boldsymbol{\theta}$, 故 $\{\boldsymbol{\alpha}_1-\boldsymbol{\alpha}_2-\boldsymbol{\alpha}_3\}$ 是 $\mathrm{Ker}(\sigma)$ 的一个基.

习题 6.1

1. 设 a, b, c 是数域 $\boldsymbol{F}$ 中三个常数. 问映射 $\sigma:\boldsymbol{F}^2\to\boldsymbol{F}^3$ 是不是线性的? 这里

   (1) $\sigma:(x,\ y)\mapsto(ax+by,\ cx+ay,\ bx+cy)$; (2) $\sigma:(x,\ y)\mapsto(x,\ y,\ a)$;

   (3) $\sigma:(x,\ y)\mapsto(x,\ y,\ 0)+(a,\ b,\ c)$; (4) $\sigma:(x,\ y)\mapsto(x,\ y,\ xy)$.

2. 设 $\sigma:\mathbb{C}\to\mathbb{C},\ \boldsymbol{\xi}\mapsto\overline{\boldsymbol{\xi}}$, 这里 $\overline{\boldsymbol{\xi}}$ 是 $\boldsymbol{\xi}$ 的共轭复数. 如果把 $\mathbb{C}$ 看作它自身上的线性空间, σ 是 $\mathbb{C}$ 上的线性变换吗? 把 $\mathbb{C}$ 看作实数域上的线性空间呢?

3. 设 a 是数域 $\boldsymbol{F}$ 中一个常数. 判断变换 σ 是不是多项式空间 $\boldsymbol{F}[x]$ 上的线性变换, 这里

   (1) $\sigma:f(x)\mapsto f(x+a)$; (2) $\sigma:f(x)\mapsto f(a)$; (3) $\sigma:f(x)\mapsto f(x)+a$.

4. 设 $\boldsymbol{A}\in\boldsymbol{M}_n(\boldsymbol{F})$. 令 $\sigma:\boldsymbol{M}_n(\boldsymbol{F})\to\boldsymbol{M}_n(\boldsymbol{F}),\ \boldsymbol{X}\mapsto\boldsymbol{AX}-\boldsymbol{XA}$. 证明: σ 是一个线性变换, 并且

$$\sigma(\boldsymbol{XY})=\sigma(\boldsymbol{X})\boldsymbol{Y}+\boldsymbol{X}\sigma(\boldsymbol{Y}),\ \ \forall\boldsymbol{X},\boldsymbol{Y}\in\boldsymbol{M}_n(\boldsymbol{F}).$$

5. 设 $\boldsymbol{V}$ 是数域 $\boldsymbol{F}$ 上一个 1 维线性空间. 证明: $\boldsymbol{V}$ 上一个变换 σ 是线性的当且仅当存在 $\boldsymbol{F}$ 中一个常数 a, 使得 $\sigma(\boldsymbol{\xi})=a\boldsymbol{\xi},\ \ \forall\boldsymbol{\xi}\in\boldsymbol{V}$.

6. 设 $\boldsymbol{\alpha}_1, \boldsymbol{\alpha}_2, \boldsymbol{\alpha}_3$ 是 $\boldsymbol{F}^3$ 的一个基, 并设 $\sigma:\boldsymbol{F}^3\to\boldsymbol{F}^2$ 是一个线性映射, 使得 $\sigma(\boldsymbol{\alpha}_i)=\boldsymbol{\beta}_i,\ i=1,2,3$. 求矩阵 $\boldsymbol{A}$, 使得 $\sigma(\boldsymbol{X})=\boldsymbol{AX},\ \ \forall\boldsymbol{X}\in\boldsymbol{F}^3$. 这里

$$\boldsymbol{\alpha}_1=\begin{pmatrix}1\\1\\1\end{pmatrix},\ \boldsymbol{\alpha}_2=\begin{pmatrix}0\\1\\1\end{pmatrix},\ \boldsymbol{\alpha}_3=\begin{pmatrix}1\\0\\1\end{pmatrix}\ \text{且}\ \ \boldsymbol{\beta}_1=\begin{pmatrix}1\\2\end{pmatrix},\ \boldsymbol{\beta}_2=\begin{pmatrix}2\\1\end{pmatrix},\ \boldsymbol{\beta}_3=\begin{pmatrix}3\\0\end{pmatrix}.$$

7. 设 σ 是 $\boldsymbol{V}(\boldsymbol{F})$ 上一个线性变换. 证明: 如果 $\boldsymbol{V}$ 是有限维的, 那么 $\mathrm{Im}(\sigma)+\mathrm{Ker}(\sigma)=\boldsymbol{V}$ 当且仅当 $\mathrm{Im}(\sigma)\cap\mathrm{Ker}(\sigma)=\{\boldsymbol{\theta}\}$.

8. 设 $\sigma: \boldsymbol{V}(\boldsymbol{F}) \to \boldsymbol{W}(\boldsymbol{F})$ 是一个线性映射, 并设 $\boldsymbol{\alpha}_1, \boldsymbol{\alpha}_2, \cdots, \boldsymbol{\alpha}_n$ 是 $\boldsymbol{V}$ 的一个基. 证明: σ 是单射当且仅当向量组 $\sigma(\boldsymbol{\alpha}_1), \sigma(\boldsymbol{\alpha}_2), \cdots, \sigma(\boldsymbol{\alpha}_n)$ 线性无关.

9. 求 $\boldsymbol{F}^3$ 上线性变换 σ 的像 $\mathrm{Im}(\sigma)$ 与核 $\mathrm{Ker}(\sigma)$, 这里

 (1) $\sigma: (x_1, x_2, x_3) \mapsto (0, x_2, x_3)$; (2) $\sigma: (x_1, x_2, x_3) \mapsto (0, x_1, x_2)$.

10. 设 $\sigma: \boldsymbol{F}^4 \to \boldsymbol{F}^3$, $\boldsymbol{X} \mapsto \boldsymbol{AX}$. 分别求线性映射 σ 的像与核的一个基, 这里

$$\boldsymbol{A} = \begin{pmatrix} 1 & 1 & 3 & 1 \\ -1 & 1 & -1 & 3 \\ 5 & -2 & 8 & -9 \end{pmatrix}.$$

11. 设 $\boldsymbol{\alpha}_1, \boldsymbol{\alpha}_2, \boldsymbol{\alpha}_3, \boldsymbol{\alpha}_4$ 是线性空间 $\boldsymbol{V}_4(\boldsymbol{F})$ 的一个基. 令 σ 是从 $\boldsymbol{V}$ 到 $\boldsymbol{F}[x]$ 的一个线性映射, 使得 $\sigma(\boldsymbol{\alpha}_i) = \boldsymbol{\beta}_i$, $i = 1, 2, 3, 4$. 分别求 $\mathrm{Im}(\sigma)$ 与 $\mathrm{Ker}(\sigma)$ 的一个基. 这里

$$\boldsymbol{\beta}_1 = 1 + x^2,\ \boldsymbol{\beta}_2 = 1 + x + 2x^2,\ \boldsymbol{\beta}_3 = 1 + 2x + 3x^2,\ \boldsymbol{\beta}_4 = 3 - 2x + x^2.$$

12. 设 $\sigma: \boldsymbol{M}_n(\boldsymbol{F}) \to \boldsymbol{M}_n(\boldsymbol{F})$, $\boldsymbol{X} \mapsto \boldsymbol{X} + \boldsymbol{X}'$, 其中 $\boldsymbol{X}'$ 是 $\boldsymbol{X}$ 的转置矩阵. 证明 σ 是一个线性变换, 并求 σ 的秩与零度.

*13. 设 σ 是从线性空间 $\boldsymbol{V}(\boldsymbol{F})$ 到 $\boldsymbol{W}(\boldsymbol{F})$ 的一个线性映射, 并设 $\boldsymbol{V}_1$ 是 $\boldsymbol{V}$ 的一个子空间. 令 $\sigma(\boldsymbol{V}_1) = \{\sigma(\boldsymbol{\xi}) \mid \boldsymbol{\xi} \in \boldsymbol{V}_1\}$. 证明: $\sigma(\boldsymbol{V}_1)$ 是 $\boldsymbol{W}$ 的一个子空间. 证明: 如果 $\boldsymbol{V}_1$ 是有限维的, 那么

$$\dim \sigma(\boldsymbol{V}_1) + \dim\big(\mathrm{Ker}(\sigma) \cap \boldsymbol{V}_1\big) = \dim \boldsymbol{V}_1.$$

*14. 设 $\sigma: \boldsymbol{V}(\boldsymbol{F}) \to \boldsymbol{W}(\boldsymbol{F})$ 是一个线性映射. 如果 $\boldsymbol{\beta}_1, \boldsymbol{\beta}_2, \cdots, \boldsymbol{\beta}_r$ 是 $\mathrm{Im}(\sigma)$ 的一个基, 那么存在 $\boldsymbol{V}$ 的子空间 $\boldsymbol{V}_1, \boldsymbol{V}_2, \cdots, \boldsymbol{V}_r$, 使得 $\boldsymbol{V} = \boldsymbol{V}_1 \oplus \boldsymbol{V}_2 \oplus \cdots \oplus \boldsymbol{V}_r$, 并且 $\sigma(\boldsymbol{V}_i) = \mathscr{L}(\boldsymbol{\beta}_i)$, 这里

$$\sigma(\boldsymbol{V}_i) = \{\sigma(\boldsymbol{\xi}) \mid \boldsymbol{\xi} \in \boldsymbol{V}_i\},\ i = 1, 2, \cdots, r.$$

6.2 线性映射的运算

在这一节我们将讨论线性映射的三种运算 —— 加法、数乘和乘法, 其中后者是映射乘法的特殊情形. 我们将首先讨论线性映射的加法和数乘运算, 然后讨论乘法运算, 最后通过几个例子, 介绍这些运算的应用.

我们用符号 $\mathrm{Hom}_{\boldsymbol{F}}(\boldsymbol{V}, \boldsymbol{W})$ 来表示从线性空间 $\boldsymbol{V}(\boldsymbol{F})$ 到 $\boldsymbol{W}(\boldsymbol{F})$ 的全体线性映射组成的集合①. 已知零映射 ϑ 是线性的, 那么 $\mathrm{Hom}_{\boldsymbol{F}}(\boldsymbol{V}, \boldsymbol{W})$ 是一个非空集合.

注意到 $\boldsymbol{V}$ 与 $\boldsymbol{W}$ 各自带有加法和数乘运算, 可以利用这些运算来定义集合 $\mathrm{Hom}_{\boldsymbol{F}}(\boldsymbol{V}, \boldsymbol{W})$ 上的加法和数乘运算. 事实上, 对任意的 $\sigma, \tau \in \mathrm{Hom}_{\boldsymbol{F}}(\boldsymbol{V}, \boldsymbol{W})$, 令

$$\rho: \boldsymbol{V} \to \boldsymbol{W},\ \boldsymbol{\xi} \mapsto \sigma(\boldsymbol{\xi}) + \tau(\boldsymbol{\xi}),$$

则 ρ 是从 $\boldsymbol{V}$ 到 $\boldsymbol{W}$ 的一个映射. 对任意的 $a \in \boldsymbol{F}$ 和任意的 $\boldsymbol{\xi} \in \boldsymbol{V}$, 有

$$\sigma(a\boldsymbol{\xi}) + \tau(a\boldsymbol{\xi}) = a[\sigma(\boldsymbol{\xi}) + \tau(\boldsymbol{\xi})],\ \text{即}\ \rho(a\boldsymbol{\xi}) = a\rho(\boldsymbol{\xi}),$$

---

①这里 Hom 是 homomorphism (译为同态) 的前三个字母. 线性映射实际上是一类同态映射. 由于它具有线性性, 因此人们习惯上称它为线性映射.

所以 ρ 具有齐次性. 类似地, 可证 ρ 具有可加性, 因此 $\rho \in \mathrm{Hom}_{\boldsymbol{F}}(\boldsymbol{V}, \boldsymbol{W})$. 我们称 ρ 为 σ 与 τ 的**和**, 记作 $\sigma \oplus \tau$. 这样, $\boldsymbol{V}$ 中每一个向量 $\boldsymbol{\xi}$ 在映射 $\sigma \oplus \tau$ 下的像可以表示成 $(\sigma \oplus \tau)(\boldsymbol{\xi}) = \sigma(\boldsymbol{\xi}) + \tau(\boldsymbol{\xi})$. 显然 $\oplus$ 决定一个映射如下:

$$\oplus : \mathrm{Hom}_{\boldsymbol{F}}(\boldsymbol{V}, \boldsymbol{W}) \times \mathrm{Hom}_{\boldsymbol{F}}(\boldsymbol{V}, \boldsymbol{W}) \to \mathrm{Hom}_{\boldsymbol{F}}(\boldsymbol{V}, \boldsymbol{W}),\ (\sigma, \tau) \mapsto \sigma \oplus \tau,$$

因而 $\oplus$ 是 $\mathrm{Hom}_{\boldsymbol{F}}(\boldsymbol{V}, \boldsymbol{W})$ 上一个代数运算, 称为 $\mathrm{Hom}_{\boldsymbol{F}}(\boldsymbol{V}, \boldsymbol{W})$ 的**加法运算**. 其次, 取定数域 $\boldsymbol{F}$ 中一个常数 k, 令

$$\varphi : \boldsymbol{V} \to \boldsymbol{W},\ \boldsymbol{\xi} \mapsto k\sigma(\boldsymbol{\xi}),$$

则 φ 也是从 $\boldsymbol{V}$ 到 $\boldsymbol{W}$ 的一个映射. 对任意的 $\boldsymbol{\xi}, \boldsymbol{\eta} \in \boldsymbol{V}$, 有

$$k\sigma(\boldsymbol{\xi} + \boldsymbol{\eta}) = k\sigma(\boldsymbol{\xi}) + k\sigma(\boldsymbol{\eta}),\ \text{即}\ \varphi(\boldsymbol{\xi} + \boldsymbol{\eta}) = \varphi(\boldsymbol{\xi}) + \varphi(\boldsymbol{\eta}),$$

所以 φ 具有可加性. 类似地, 可证 φ 具有齐次性, 因此 $\varphi \in \mathrm{Hom}_{\boldsymbol{F}}(\boldsymbol{V}, \boldsymbol{W})$. 我们称 φ 为 k 与 σ 的**数乘积**, 记作 $k \odot \sigma$. 这样, $\boldsymbol{V}$ 中每一个向量 $\boldsymbol{\xi}$ 在映射 $k \odot \sigma$ 下的像可以表示成 $(k \odot \sigma)(\boldsymbol{\xi}) = k\sigma(\boldsymbol{\xi})$. 显然 $\odot$ 决定一个映射如下:

$$\odot : \boldsymbol{F} \times \mathrm{Hom}_{\boldsymbol{F}}(\boldsymbol{V}, \boldsymbol{W}) \to \mathrm{Hom}_{\boldsymbol{F}}(\boldsymbol{V}, \boldsymbol{W}),\ (k, \sigma) \mapsto k \odot \sigma,$$

因此 $\odot$ 是一个代数运算, 称为从 $\boldsymbol{F} \times \mathrm{Hom}_{\boldsymbol{F}}(\boldsymbol{V}, \boldsymbol{W})$ 到 $\mathrm{Hom}_{\boldsymbol{F}}(\boldsymbol{V}, \boldsymbol{W})$ 的**数乘运算**, 简称为 $\mathrm{Hom}_{\boldsymbol{F}}(\boldsymbol{V}, \boldsymbol{W})$ 的**数乘运算**. 综上所述, $\mathrm{Hom}_{\boldsymbol{F}}(\boldsymbol{V}, \boldsymbol{W})$ 对于上面规定的加法和数乘运算都是封闭的. 这就得到一个代数系统 $(\mathrm{Hom}_{\boldsymbol{F}}(\boldsymbol{V}, \boldsymbol{W}), \boldsymbol{F}; \oplus, \odot)$.

习惯上, 上述系统中运算符号 $\oplus$ 也写成 $+$, $\odot$ 也写成 $\circ$, 而且在各种表达式中, 符号 $\circ$ 通常不写出来. 注意, 我们现在面对的是三个系统, 它们各自带有加法和数乘运算, 并且都用符号 $+$ 和 $\circ$ 来表示. 同时, 数域 $\boldsymbol{F}$ 还带有加法和乘法运算. 因此一定要明确这些符号代表哪个系统中的运算.

例如, 设 $\sigma, \tau \in \mathrm{Hom}_{\boldsymbol{F}}(\boldsymbol{V}, \boldsymbol{W})$ 且 $\boldsymbol{\xi}, \boldsymbol{\eta} \in \boldsymbol{V}$. 令 $\boldsymbol{\zeta} = \boldsymbol{\xi} + \boldsymbol{\eta}$, 则下列等式成立:

$$(\sigma + \tau)(\boldsymbol{\xi} + \boldsymbol{\eta}) = \sigma(\boldsymbol{\zeta}) + \tau(\boldsymbol{\zeta}).$$

这里第一个加号代表 $\mathrm{Hom}_{\boldsymbol{F}}(\boldsymbol{V}, \boldsymbol{W})$ 的加法运算, 第二个和第三个加号分别代表 $\boldsymbol{V}$ 和 $\boldsymbol{W}$ 的加法运算.

上面定义的两个运算实际上是函数的加法和数乘运算这两个概念的一般化. 下面考虑系统 $(\mathrm{Hom}_{\boldsymbol{F}}(\boldsymbol{V}, \boldsymbol{W}), \boldsymbol{F}; +, \circ)$ 的运算规律.

设 $\sigma \in \mathrm{Hom}_{\boldsymbol{F}}(\boldsymbol{V}, \boldsymbol{W})$. 令 $-\sigma : \boldsymbol{V} \to \boldsymbol{W},\ \boldsymbol{\xi} \mapsto -\sigma(\boldsymbol{\xi})$. 容易验证, $-\sigma$ 也是一个线性映射, 称为 σ 的**负映射**. 于是所考虑的系统满足下列八条算律: 对任意的 $\sigma, \tau, \rho \in \mathrm{Hom}_{\boldsymbol{F}}(\boldsymbol{V}, \boldsymbol{W})$ 和任意的 $k, l \in \boldsymbol{F}$,

(1) $\sigma + \tau = \tau + \sigma$;

(2) $(\sigma + \tau) + \rho = \sigma + (\tau + \rho)$;

(3) $\sigma + \vartheta = \sigma$;

(4) $\sigma + (-\sigma) = \vartheta$;

(5) $k(\sigma + \tau) = k\sigma + k\tau$;

(6) $(k + l)\sigma = k\sigma + l\sigma$;

(7) $(kl)\sigma = k(l\sigma)$;

(8) $1\sigma = \sigma$.

这些算律的验证是常规的. 这里只给出算律 (1) 和 (7) 的验证. 对任意的 $\boldsymbol{\xi} \in \boldsymbol{V}$, 有 $\sigma(\boldsymbol{\xi}), \tau(\boldsymbol{\xi}) \in \boldsymbol{W}$. 因为 $\sigma(\boldsymbol{\xi}) + \tau(\boldsymbol{\xi}) = \tau(\boldsymbol{\xi}) + \sigma(\boldsymbol{\xi})$, 根据 $\mathrm{Hom}_{\boldsymbol{F}}(\boldsymbol{V}, \boldsymbol{W})$ 的加法定义, 有 $(\sigma + \tau)(\boldsymbol{\xi}) = (\tau+\sigma)(\boldsymbol{\xi})$. 根据映射的相等定义, 得 $\sigma+\tau = \tau+\sigma$, 算律 (1) 成立. 其次, 因为 $(kl)\sigma(\boldsymbol{\xi}) = k[l\sigma(\boldsymbol{\xi})]$, 所以 $[(kl)\sigma](\boldsymbol{\xi}) = [k(l\sigma)](\boldsymbol{\xi})$, 因此 $(kl)\sigma = k(l\sigma)$, 算律 (7) 成立. 综上所述, 我们得到下列定理.

定理 6.2.1 系统 $(\mathrm{Hom}_{\boldsymbol{F}}(\boldsymbol{V}, \boldsymbol{W}), \boldsymbol{F}; +, \circ)$ 构成一个线性空间, 这里 $\boldsymbol{V}$ 与 $\boldsymbol{W}$ 是数域 $\boldsymbol{F}$ 上两个线性空间, $+$ 和 $\circ$ 分别是 $\mathrm{Hom}_{\boldsymbol{F}}(\boldsymbol{V}, \boldsymbol{W})$ 的加法和数乘运算.

这个定理表明, 通过引入加法和数乘运算, 可以利用线性空间的各种运算性质来讨论集合 $\mathrm{Hom}_{\boldsymbol{F}}(\boldsymbol{V}, \boldsymbol{W})$ 的各种问题.

利用负映射, 可以在 $\mathrm{Hom}_{\boldsymbol{F}}(\boldsymbol{V}, \boldsymbol{W})$ 上定义两个向量 σ 与 τ 的**差**如下:

$$\sigma - \tau \stackrel{\text{def}}{=} \sigma + (-\tau).$$

这样, 又有加法运算的逆运算 —— **减法**. 于是包括移项法则在内的与减法运算有关的各种性质都成立.

下面考虑线性映射的乘法运算. 与性质 5.7.2(3) 的证明类似, 可得

性质 6.2.1 如果 $\sigma : \boldsymbol{V}(\boldsymbol{F}) \to \boldsymbol{W}(\boldsymbol{F})$ 与 $\tau : \boldsymbol{W}(\boldsymbol{F}) \to \boldsymbol{U}(\boldsymbol{F})$ 都是线性映射, 那么 $\tau\sigma : \boldsymbol{V} \to \boldsymbol{U}$ 也是线性映射.

于是可以规定一个代数运算如下:

$$\bullet : \mathrm{Hom}_{\boldsymbol{F}}(\boldsymbol{V}, \boldsymbol{W}) \times \mathrm{Hom}_{\boldsymbol{F}}(\boldsymbol{W}, \boldsymbol{U}) \to \mathrm{Hom}_{\boldsymbol{F}}(\boldsymbol{V}, \boldsymbol{U}), \quad (\sigma, \tau) \mapsto \tau\sigma.$$

显然 $\bullet$ 就是线性映射的乘法运算. 已知线性空间的同构映射等价于可逆线性映射. 根据性质 5.7.2(2), 下列性质成立.

性质 6.2.2 设 $\sigma : \boldsymbol{V}(\boldsymbol{F}) \to \boldsymbol{W}(\boldsymbol{F})$ 是一个线性映射. 如果 σ 是可逆的, 那么它的逆映射 $\sigma^{-1} : \boldsymbol{W} \to \boldsymbol{V}$ 是线性的.

由于线性映射是特殊映射, 因此映射中普遍成立的性质对于线性映射自然成立. 例如, 已知映射的乘法满足结合律, 那么线性映射的乘法也满足结合律.

例 6.2.1 设 $\boldsymbol{A} \in \boldsymbol{M}_{mn}(\boldsymbol{F})$ 且 $\boldsymbol{B} \in \boldsymbol{M}_{ns}(\boldsymbol{F})$. 令

$$\sigma : \boldsymbol{F}^s \to \boldsymbol{F}^n, \ \boldsymbol{X} \mapsto \boldsymbol{B}\boldsymbol{X} \ \text{且}\ \tau : \boldsymbol{F}^n \to \boldsymbol{F}^m, \ \boldsymbol{X} \mapsto \boldsymbol{A}\boldsymbol{X},$$

则 σ 与 τ 是两个线性映射. 根据例 4.6.6, 有 $\tau\sigma : \boldsymbol{F}^s \to \boldsymbol{F}^m, \ \boldsymbol{X} \mapsto (\boldsymbol{A}\boldsymbol{B})\boldsymbol{X}$.

已知矩阵的乘法不满足交换律. 根据上例, 线性映射的乘法也不满足交换律. 如果两个线性映射 σ 与 τ 适合等式 $\sigma\tau = \tau\sigma$, 那么称它们是**可交换的**. 显然当 σ 与 τ 可交换时, 它们的定义域与上域必须相同, 即它们是同一个线性空间上的线性变换.

由于线性映射中存在零映射, 因此可以定义零因子. 如果两个非零线性映射 σ 与 τ 的乘积是零映射, 即 $\tau\sigma = \vartheta$, 那么称 τ 为 σ 的一个**左零因子**, 并称 σ 为 τ 的一个**右零因子**. 左零

因子和右零因子统称为**零因子.** 已知存在两个非零矩阵 $\boldsymbol{A}$ 与 $\boldsymbol{B}$, 使得 $\boldsymbol{AB}=\boldsymbol{O}$. 根据例 6.2.1, 存在两个非零线性映射 σ 与 τ, 使得 $\tau\sigma=\vartheta$. 这表明, 线性映射中确实存在零因子. 已知在矩阵中, 左 (右) 零因子一般不唯一. 根据例 6.2.1, 在线性映射中, 也有同样的性质. 此外, 由例 6.2.1 可见, 线性映射的乘法不满足左、右消去律. 总之, 4.6 节中介绍过的与映射乘法有关的各种结论, 对于线性映射来说, 仍然成立.

设 $\sigma,\tau\in \mathrm{Hom}_{\boldsymbol{F}}(\boldsymbol{V},\boldsymbol{W})$. 当 $\boldsymbol{V}\neq\boldsymbol{W}$ 时, 由于 σ 的上域 $\boldsymbol{W}$ 与 τ 的定义域 $\boldsymbol{V}$ 不相同, 因此 σ 与 τ 不可乘, 即乘积 $\tau\sigma$ 没有意义. 但是当 $\boldsymbol{V}=\boldsymbol{W}$ 时, 乘积 $\sigma\tau$ 与 $\tau\sigma$ 都有意义. 根据性质 6.2.1, 有 $\sigma\tau,\tau\sigma\in \mathrm{Hom}_{\boldsymbol{F}}(\boldsymbol{V},\boldsymbol{V})$. 由此可见, $\boldsymbol{V}$ 上线性变换的乘法是 $\mathrm{Hom}_{\boldsymbol{F}}(\boldsymbol{V},\boldsymbol{V})$ 上一个代数运算. 这就得到带有加法、数乘和乘法运算的一个代数系统 $(\mathrm{Hom}_{\boldsymbol{F}}(\boldsymbol{V},\boldsymbol{V}),\boldsymbol{F};+,\circ,\bullet)$, 这里 $\bullet$ 代表乘法运算. 在这个系统中, 乘法运算还具有如下性质:

$$\iota\sigma=\sigma\iota=\sigma,\ \forall\,\sigma\in \mathrm{Hom}_{\boldsymbol{F}}(\boldsymbol{V},\boldsymbol{V}),$$

这里 ι 是 $\boldsymbol{V}$ 上的恒等变换. 此外, 加法和乘法运算, 以及数乘和乘法运算还满足下面的算律: 对任意的 $\sigma,\tau,\rho\in \mathrm{Hom}_{\boldsymbol{F}}(\boldsymbol{V},\boldsymbol{V})$ 和任意的 $k\in\boldsymbol{F}$,

(9) $\sigma(\tau+\rho)=\sigma\tau+\sigma\rho$;　　(10) $(\sigma+\tau)\rho=\sigma\rho+\tau\rho$;　　(11) $(k\sigma)\tau=\sigma(k\tau)=k(\sigma\tau)$.

这里只给出算律 (9) 的验证. 对任意的 $\boldsymbol{\xi}\in\boldsymbol{V}$, 因为 σ 是线性的, 所以

$$\sigma[\tau(\boldsymbol{\xi})+\rho(\boldsymbol{\xi})]=\sigma[\tau(\boldsymbol{\xi})]+\sigma[\rho(\boldsymbol{\xi})].$$

根据 $\mathrm{Hom}_{\boldsymbol{F}}(\boldsymbol{V},\boldsymbol{V})$ 的加法与乘法定义, 有

$$\sigma[(\tau+\rho)(\boldsymbol{\xi})]=(\sigma\tau)(\boldsymbol{\xi})+(\sigma\rho)(\boldsymbol{\xi}).$$

根据同样的理由, 得 $[\sigma(\tau+\rho)](\boldsymbol{\xi})=(\sigma\tau+\sigma\rho)(\boldsymbol{\xi})$, 因此 $\sigma(\tau+\rho)=\sigma\tau+\sigma\rho$.

满足上述十一条算律的代数系统 $(\boldsymbol{A},\boldsymbol{F};+,\circ,\bullet)$ 称为数域 $\boldsymbol{F}$ 上一个**代数**[①]. 于是系统 $(\mathrm{Hom}_{\boldsymbol{F}}(\boldsymbol{V},\boldsymbol{V}),\boldsymbol{F};+,\circ,\bullet)$ 是一个代数, 系统 $(\boldsymbol{M}_n(\boldsymbol{F}),\boldsymbol{F};+,\circ,\bullet)$ 也是一个代数 (最后一个符号 $\bullet$ 代表方阵的乘法运算). 后者就是人们通常说的**矩阵代数**.

下面讨论 $\mathrm{Hom}_{\boldsymbol{F}}(\boldsymbol{V},\boldsymbol{V})$ 的进一步性质. 与 n 阶方阵的情形一样, 由于线性变换的乘法满足结合律, 可以定义线性变换 σ 的正整数指数幂:

$$\sigma^s\overset{\text{def}}{=}\sigma\sigma\cdots\sigma\ \ (s\ 个\ \sigma).$$

还可以定义 σ 的零次幂: $\sigma^0\overset{\text{def}}{=}\iota$. 容易验证, 下列算律成立:

$$\sigma^s\sigma^t=\sigma^{s+t}\ \ 且\ (\sigma^s)^t=\sigma^{st},\ \forall\,s,t\in\mathbb{N}.$$

当 σ 可逆时, 可以定义负整数指数幂: $\sigma^s\overset{\text{def}}{=}(\sigma^{-1})^{-s}$, 这里 s 是任意负整数.

设 $f(x)=a_mx^m+a_{m-1}x^{m-1}+\cdots+a_1x+a_0\in\boldsymbol{F}[x]$. 用线性变换 σ 代替 x, 就得到关于 σ 的一个**线性变换多项式**

$$f(\sigma)=a_m\sigma^m+a_{m-1}\sigma^{m-1}+\cdots+a_1\sigma+a_0\iota.$$

---

①讨论作为代数系统的代数, 已经超出了本课程的范围.

(注意, 常数项不是 a_0, 而是 $a_0\iota$.) 由于 $\mathrm{Hom}_{\boldsymbol{F}}(\boldsymbol{V},\boldsymbol{V})$ 对于线性变换的加法、数乘和乘法运算都封闭, 因此 $\boldsymbol{V}$ 上每一个线性变换多项式仍然是 $\boldsymbol{V}$ 上一个线性变换. 容易验证, 关于同一个线性变换 σ 的任意两个多项式 $f(\sigma)$ 与 $g(\sigma)$ 都是可交换的, 即 $f(\sigma)g(\sigma)=g(\sigma)f(\sigma)$.

最后介绍线性映射的运算在一些实际问题中的应用.

例 6.2.2 设 $\boldsymbol{W}_1$ 与 $\boldsymbol{W}_2$ 是几何平面 $\mathbb{V}_2$ 上通过原点 $\boldsymbol{O}$ 的两条互相垂直的直线, 则它们是 $\mathbb{V}_2$ 的两个子空间, 并且 $\mathbb{V}_2=\boldsymbol{W}_1\oplus\boldsymbol{W}_2$. 令 π_1 与 π_2 分别是 $\mathbb{V}_2$ 在 $\boldsymbol{W}_1$ 与 $\boldsymbol{W}_2$ 上的正射影, 则它们是 $\mathbb{V}_2$ 上两个线性变换 (参见例 6.1.1). 显然 $\mathbb{V}_2$ 中每一个向量 $\boldsymbol{\xi}$ 都可以分解成 $\boldsymbol{W}_1$ 中的向量 $\pi_1(\boldsymbol{\xi})$ 与 $\boldsymbol{W}_2$ 中的向量 $\pi_2(\boldsymbol{\xi})$ 之和 (如图 6.1 所示), 即

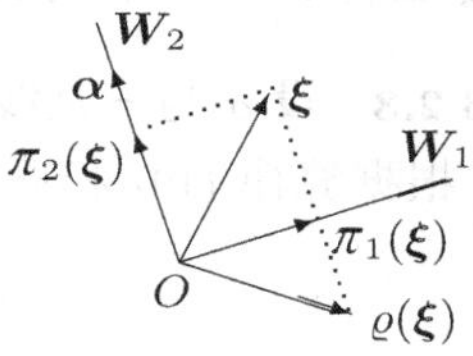

图 6.1

$$\boldsymbol{\xi}=\pi_1(\boldsymbol{\xi})+\pi_2(\boldsymbol{\xi}),\quad \pi_1(\boldsymbol{\xi})\in\boldsymbol{W}_1,\ \pi_2(\boldsymbol{\xi})\in\boldsymbol{W}_2.$$

又 $\boldsymbol{W}_1$ 中的向量 $\boldsymbol{\xi}_1$ 在 $\boldsymbol{W}_1$ 上的正射影就是它自身, 并且 $\boldsymbol{\xi}_1$ 在 $\boldsymbol{W}_2$ 上的正射影是零向量 $\boldsymbol{\theta}$, 于是对 $\mathbb{V}_2$ 中任意向量 $\boldsymbol{\xi}$, 有

$$\pi_1^2(\boldsymbol{\xi})=\pi_1[\pi_1(\boldsymbol{\xi})]=\pi_1(\boldsymbol{\xi})\ \text{且}\ \pi_2\pi_1(\boldsymbol{\xi})=\pi_2[\pi_1(\boldsymbol{\xi})]=\boldsymbol{\theta}.$$

类似地, 有 $\pi_2^2(\boldsymbol{\xi})=\pi_2(\boldsymbol{\xi})$ 且 $\pi_1\pi_2(\boldsymbol{\xi})=\boldsymbol{\theta}$. 综上所述, 我们得到

$$\pi_1+\pi_2=\iota,\ \pi_1^2=\pi_1,\ \pi_2^2=\pi_2,\ \pi_1\pi_2=\pi_2\pi_1=\vartheta. \tag{6.2.1}$$

其次, 令 ϱ 是 $\mathbb{V}_2$ 中的向量关于直线 $\boldsymbol{W}_1$ 的**反射** (即**轴对称**), 这里 ϱ 读作 *rho*, 则 $\varrho(\boldsymbol{\xi})$ 可以分解成 $\boldsymbol{W}_1$ 中的向量 $\pi_1(\boldsymbol{\xi})$ 与 $\boldsymbol{W}_2$ 中的向量 $\pi_2(\boldsymbol{\xi})$ 之差, 即

$$\varrho(\boldsymbol{\xi})=\pi_1(\boldsymbol{\xi})-\pi_2(\boldsymbol{\xi}). \tag{6.2.2}$$

已知
$$\boldsymbol{\xi}=\pi_1(\boldsymbol{\xi})+\pi_2(\boldsymbol{\xi}),$$

那么 $\varrho(\boldsymbol{\xi})=\boldsymbol{\xi}-2\pi_2(\boldsymbol{\xi})$ 或 $\varrho(\boldsymbol{\xi})=2\pi_1(\boldsymbol{\xi})-\boldsymbol{\xi}$, 所以 $\varrho=\iota-2\pi_2$ 或 $\varrho=2\pi_1-\iota$. 这表明, ϱ 是关于线性变换 π_2 或 π_1 的一个多项式, 因而它也是 $\mathbb{V}_2$ 上一个线性变换. 另一方面, 由 (6.2.2) 式, 有 $\varrho=\pi_1-\pi_2$. 由算律 (10) 和算律 (9), 有

$$(\pi_1-\pi_2)(\pi_1-\pi_2)=\pi_1^2-\pi_1\pi_2-\pi_2\pi_1+\pi_2^2.$$

从而由等式组 (6.2.1), 得 $(\pi_1-\pi_2)(\pi_1-\pi_2)=\pi_1+\pi_2=\iota$. 这就得到 $\varrho^2=\iota$.

下面让我们来看看, π_1,π_2 和 ϱ 这三个线性变换的对应法则是什么. 设 $\boldsymbol{\alpha}$ 是 $\boldsymbol{W}_2$ 中一个非零向量, 则 $\{\boldsymbol{\alpha}\}$ 是 $\boldsymbol{W}_2$ 的一个基. 于是对任意的 $\boldsymbol{\xi}\in\mathbb{V}_2$, 存在 $k\in\mathbb{R}$, 使得 $\pi_2(\boldsymbol{\xi})=k\boldsymbol{\alpha}$. 已知 $\boldsymbol{\xi}=\pi_1(\boldsymbol{\xi})+\pi_2(\boldsymbol{\xi})$, 那么 $\pi_1(\boldsymbol{\xi})=\boldsymbol{\xi}-k\boldsymbol{\alpha}$. 因为 $\pi_1(\boldsymbol{\xi})$ 垂直于 $\boldsymbol{\alpha}$, 所以它们的数性积等于零, 即 $\pi_1(\boldsymbol{\xi})\cdot\boldsymbol{\alpha}=0$, 亦即 $(\boldsymbol{\xi}-k\boldsymbol{\alpha})\cdot\boldsymbol{\alpha}=0$, 因此 $\boldsymbol{\xi}\cdot\boldsymbol{\alpha}-k(\boldsymbol{\alpha}\cdot\boldsymbol{\alpha})=0$, 故 $k(\boldsymbol{\alpha}\cdot\boldsymbol{\alpha})=\boldsymbol{\xi}\cdot\boldsymbol{\alpha}$. 注意到 $\boldsymbol{\alpha}\cdot\boldsymbol{\alpha}>0$, 我们得到 $k=\dfrac{\boldsymbol{\xi}\cdot\boldsymbol{\alpha}}{\boldsymbol{\alpha}\cdot\boldsymbol{\alpha}}$. 现在, 由于 $\pi_1(\boldsymbol{\xi})=\boldsymbol{\xi}-k\boldsymbol{\alpha}$, $\pi_2(\boldsymbol{\xi})=k\boldsymbol{\alpha}$ 且 $\varrho(\boldsymbol{\xi})=\boldsymbol{\xi}-2\pi_2(\boldsymbol{\xi})$, 我们看到, π_1,π_2 和 ϱ 这三个变换的对应法则分别为

$$\pi_1:\boldsymbol{\xi}\mapsto\boldsymbol{\xi}-\frac{\boldsymbol{\xi}\cdot\boldsymbol{\alpha}}{\boldsymbol{\alpha}\cdot\boldsymbol{\alpha}}\boldsymbol{\alpha},\quad \pi_2:\boldsymbol{\xi}\mapsto\frac{\boldsymbol{\xi}\cdot\boldsymbol{\alpha}}{\boldsymbol{\alpha}\cdot\boldsymbol{\alpha}}\boldsymbol{\alpha},\quad \varrho:\boldsymbol{\xi}\mapsto\boldsymbol{\xi}-2\frac{\boldsymbol{\xi}\cdot\boldsymbol{\alpha}}{\boldsymbol{\alpha}\cdot\boldsymbol{\alpha}}\boldsymbol{\alpha}.$$

类似地, 如果 $\boldsymbol{\alpha}$ 是 $\boldsymbol{W}_1$ 中一个非零向量, 那么这三个变换的对应法则分别为

$$\pi_1:\boldsymbol{\xi}\mapsto\frac{\boldsymbol{\xi}\cdot\boldsymbol{\alpha}}{\boldsymbol{\alpha}\cdot\boldsymbol{\alpha}}\boldsymbol{\alpha},\quad \pi_2:\boldsymbol{\xi}\mapsto\boldsymbol{\xi}-\frac{\boldsymbol{\xi}\cdot\boldsymbol{\alpha}}{\boldsymbol{\alpha}\cdot\boldsymbol{\alpha}}\boldsymbol{\alpha},\quad \varrho:\boldsymbol{\xi}\mapsto 2\frac{\boldsymbol{\xi}\cdot\boldsymbol{\alpha}}{\boldsymbol{\alpha}\cdot\boldsymbol{\alpha}}\boldsymbol{\alpha}-\boldsymbol{\xi}.$$

设 σ 是线性空间 $\boldsymbol{V}(\boldsymbol{F})$ 上一个线性变换. 如果 $\sigma^2=\sigma$, 那么称 σ 为一个**幂等变换**. 如果 $\sigma^2=\iota$, 那么称 σ 为一个**对合变换**. 于是上例中正射影 π_1 与 π_2 是幂等的, 反射 ϱ 是对合的.

例 6.2.3 设 σ 与 τ 是线性空间 $\boldsymbol{V}(\boldsymbol{F})$ 上两个幂等变换. 如果 $\sigma+\tau$ 是幂等的, 那么 $\sigma\tau=\vartheta$. 事实上, 根据算律 (10) 和算律 (9), 有

$$(\sigma+\tau)(\sigma+\tau)=\sigma^2+\sigma\tau+\tau\sigma+\tau^2.$$

已知 σ, τ 与 $\sigma+\tau$ 都是幂等的, 那么 $\sigma+\tau=\sigma+\sigma\tau+\tau\sigma+\tau$,所以 $\vartheta=\sigma\tau+\tau\sigma$, 从而 $\sigma\tau=-\tau\sigma$. 用 σ 去左乘等式两边, 得 $\sigma(\sigma\tau)=\sigma(-\tau\sigma)$, 即 $\sigma^2\tau=-[(\sigma\tau)\sigma]$. 用 $-\tau\sigma$ 代替 $\sigma\tau$, 得 $\sigma^2\tau=-[(-\tau\sigma)\sigma]$, 即 $\sigma^2\tau=\tau\sigma^2$. 再由 σ 是幂等的, 有 $\sigma\tau=\tau\sigma$. 再加上 $\sigma\tau=-\tau\sigma$, 因此 $\sigma\tau=\vartheta$.

例 6.2.4 设 $\mathscr{D}:\boldsymbol{F}_n[x]\to\boldsymbol{F}_n[x]$, $f(x)\mapsto f'(x)$, 则 $\mathscr{D}$ 是 $\boldsymbol{F}_n[x]$ 上一个线性变换. 因为 $\mathscr{D}[f(x)]=f'(x)$, 所以 $\mathscr{D}^2[f(x)]=\mathscr{D}[f'(x)]=f''(x)$. 一般地, 有

$$\mathscr{D}^k[f(x)]=f^{(k)}(x),\ \ k=1,2,3,\cdots.$$

又因为 $\boldsymbol{F}_n[x]$ 中每一个多项式的次数都小于 n, 当 $k\geqslant n$ 时, 必有 $\mathscr{D}^k[f(x)]=0$, 因此 $\mathscr{D}^k=\vartheta$, $\forall\,k\geqslant n$. 其次, 设 h 是数域 $\boldsymbol{F}$ 中一个常数. 令

$$\sigma:\boldsymbol{F}_n[x]\to\boldsymbol{F}_n[x],\ \ f(x)\mapsto f(x+h),$$

则 σ 是 $\boldsymbol{F}_n[x]$ 上一个线性变换 (参见习题 6.1 第 3 题). 已知 $f(x+h)$ 在点 x 处展开的泰勒公式为

$$f(x+h)=f(x)+\frac{f'(x)}{1!}h+\frac{f''(x)}{2!}h^2+\cdots+\frac{f^{(n-1)}(x)}{(n-1)!}h^{n-1},$$

即
$$f(x+h)=f(x)+\frac{h}{1!}f'(x)+\frac{h^2}{2!}f''(x)+\cdots+\frac{h^{n-1}}{(n-1)!}f^{(n-1)}(x),$$

那么
$$\sigma[f(x)]=f(x)+\frac{h}{1!}\mathscr{D}[f(x)]+\frac{h^2}{2!}\mathscr{D}^2[f(x)]+\cdots+\frac{h^{n-1}}{(n-1)!}\mathscr{D}^{n-1}[f(x)],$$

所以
$$\sigma[f(x)]=\Big(\iota+\frac{h}{1!}\mathscr{D}+\frac{h^2}{2!}\mathscr{D}^2+\cdots+\frac{h^{n-1}}{(n-1)!}\mathscr{D}^{n-1}\Big)[f(x)],$$

因此
$$\sigma=\iota+\frac{h}{1!}\mathscr{D}+\frac{h^2}{2!}\mathscr{D}^2+\cdots+\frac{h^{n-1}}{(n-1)!}\mathscr{D}^{n-1}.$$

这表明, σ 可以表示成关于线性变换 $\mathscr{D}$ 的一个多项式.

习题 6.2

1. 设 $\sigma, \tau \in \mathrm{Hom}_{\boldsymbol{F}}(\boldsymbol{V}, \boldsymbol{W})$ 且 $k, l \in \boldsymbol{F}$. 证明:

   (1) $\sigma + (-\sigma) = \vartheta$; (2) $(kl)\sigma = k(l\sigma)$; (3) $(k\sigma)\tau = k(\sigma\tau)$.

2. 写出 $\sigma+\tau$, $\sigma\tau$, $\tau\sigma$, σ^2 和 τ^2 这五个线性变换的对应法则, 这里

   (1) $\sigma: \boldsymbol{F}^2 \to \boldsymbol{F}^2$, $(x, y) \mapsto (y, x)$ 且 $\tau: \boldsymbol{F}^2 \to \boldsymbol{F}^2$, $(x, y) \mapsto (y, 0)$;

   (2) $\sigma: \boldsymbol{M}_n(\boldsymbol{F}) \to \boldsymbol{M}_n(\boldsymbol{F})$, $\boldsymbol{X} \mapsto \boldsymbol{X}'$ 且 $\tau: \boldsymbol{M}_n(\boldsymbol{F}) \to \boldsymbol{M}_n(\boldsymbol{F})$, $\boldsymbol{X} \mapsto \boldsymbol{X} - \boldsymbol{X}'$.

3. 求下列线性变换 σ 的 n 次幂 σ^n:

   (1) $\sigma: \boldsymbol{F}^n \to \boldsymbol{F}^n$, $(x_1, x_2, x_3, \cdots, x_n) \mapsto (0, x_2, x_3, \cdots, x_n)$;

   (2) $\sigma: \boldsymbol{F}^n \to \boldsymbol{F}^n$, $(x_1, x_2, x_3, \cdots, x_n) \mapsto (0, x_1, x_2, \cdots, x_{n-1})$.

4. 在几何空间 $\mathbb{V}_3$ 中, 取定一个直角坐标系 $\boldsymbol{Oxyz}$. 令 σ 是绕 x 轴沿着 y 轴正向到 z 轴正向的方向旋转 90° 的旋转变换, τ 是绕 y 轴沿着 z 轴正向到 x 轴正向的方向旋转 90° 的旋转变换. 证明 $\sigma^4 = \tau^4 = \iota$ 且 $\sigma\tau \neq \tau\sigma$, 但 $\sigma^2\tau^2 = \tau^2\sigma^2$. 问等式 $(\sigma\tau)^2 = \sigma^2\tau^2$ 是否成立?

5. 举例说明, 存在线性映射 $\sigma: \boldsymbol{F}^2 \to \boldsymbol{F}^3$ 和 $\tau: \boldsymbol{F}^3 \to \boldsymbol{F}^2$, 使得 τ 是 σ 的一个左零因子.

6. 设 $\sigma: \boldsymbol{F}[x] \to \boldsymbol{F}[x]$, $f(x) \mapsto f'(x)$ 且 $\tau: \boldsymbol{F}[x] \to \boldsymbol{F}[x]$, $f(x) \mapsto xf(x)$. 证明:

   (1) $\sigma\tau - \tau\sigma = \iota$; (2) $\sigma^m\tau - \tau\sigma^m = m\sigma^{m-1}$, $\forall m \in \mathbb{N}^+$.

7. 设 σ 是线性空间 $\boldsymbol{V}(\boldsymbol{F})$ 上一个线性变换. 令 $\boldsymbol{W} = \{f(\sigma) \mid f(x) \in \boldsymbol{F}[x]\}$. 证明: $\boldsymbol{W}$ 是 $\mathrm{Hom}_{\boldsymbol{F}}(\boldsymbol{V}, \boldsymbol{V})$ 的一个子空间.

8. 设 $\boldsymbol{\alpha} \in \boldsymbol{V}$ 且 $\sigma \in \mathrm{Hom}_{\boldsymbol{F}}(\boldsymbol{V}, \boldsymbol{V})$. 证明: 如果存在一个正整数 k, 使得 $\sigma^{k-1}(\boldsymbol{\alpha}) \neq \boldsymbol{\theta}$, 但 $\sigma^k(\boldsymbol{\alpha}) = \boldsymbol{\theta}$, 那么向量组 $\boldsymbol{\alpha}, \sigma(\boldsymbol{\alpha}), \sigma^2(\boldsymbol{\alpha}), \cdots, \sigma^{k-1}(\boldsymbol{\alpha})$ 线性无关.

*9. 设 σ 是线性空间 $\boldsymbol{V}(\boldsymbol{F})$ 上一个线性变换. 证明: 如果 σ 是幂等的, 那么 $\boldsymbol{V} = \mathrm{Im}(\sigma) \oplus \mathrm{Ker}(\sigma)$; 如果 σ 是对合的, 那么 $\boldsymbol{V} = \mathrm{Im}(\iota - \sigma) \oplus \mathrm{Ker}(\iota - \sigma)$.

*10. 设 σ 是线性空间 $\boldsymbol{V}(\boldsymbol{F})$ 上一个线性变换. 证明:

   (1) $\mathrm{Ker}(\sigma^i) \subseteq \mathrm{Ker}(\sigma^{i+1})$ 且 $\mathrm{Im}(\sigma^i) \supseteq \mathrm{Im}(\sigma^{i+1})$, $i = 1, 2, 3, \cdots$;

   (2) $\mathrm{Im}(\sigma) \subseteq \mathrm{Ker}(\sigma)$ 当且仅当 $\sigma^2 = \vartheta$.

*11. 设 σ 与 τ 是线性空间 $\boldsymbol{V}(\boldsymbol{F})$ 上两个幂等变换. 证明:

   (1) 如果 σ 与 τ 是可交换的, 那么 $\sigma + \tau - \sigma\tau$ 是幂等的;

   (2) σ 与 τ 有相同的像当且仅当 $\sigma\tau = \tau$ 且 $\tau\sigma = \sigma$;

   (3) σ 与 τ 有相同的核当且仅当 $\sigma\tau = \sigma$ 且 $\tau\sigma = \tau$.

*12. 设 $\boldsymbol{V} = \boldsymbol{W}_1 \oplus \boldsymbol{W}_2 \oplus \cdots \oplus \boldsymbol{W}_s$. 令 $\pi_i: \boldsymbol{V} \to \boldsymbol{V}$, $\boldsymbol{\xi} \mapsto \boldsymbol{\xi}_i$, 其中 $\boldsymbol{\xi}_i$ 是向量 $\boldsymbol{\xi}$ 在子空间 $\boldsymbol{W}_i$ 中的分量, 并令 $\boldsymbol{W}_i^* = \boldsymbol{W}_1 + \cdots + \boldsymbol{W}_{i-1} + \boldsymbol{W}_{i+1} + \cdots + \boldsymbol{W}_s$, $i = 1, 2, \cdots, s$. 证明:

   (1) π_i 是 $\boldsymbol{V}$ 上一个线性变换, $i = 1, 2, \cdots, s$, 并且 $\pi_1 + \pi_2 + \cdots + \pi_s = \iota$;

   (2) $\pi_i^2 = \pi_i$ 且 $\pi_i\pi_j = \vartheta$, $i \neq j$, $i, j = 1, 2, \cdots, s$;

   (3) $\mathrm{Im}(\pi_i) = \boldsymbol{W}_i$ 且 $\mathrm{Ker}(\pi_i) = \boldsymbol{W}_i^*$, $i = 1, 2, \cdots, s$.

6.3 线性映射的矩阵表示

设 $\sigma: \boldsymbol{F}^n \to \boldsymbol{F}^m$ 是一个线性映射. 根据例 6.1.4, 映射 σ 可以用一个矩阵来表示, 即存在 $\boldsymbol{A} \in \boldsymbol{M}_{mn}(\boldsymbol{F})$, 使得 $\sigma(\boldsymbol{X}) = \boldsymbol{AX},\ \ \forall \boldsymbol{X} \in \boldsymbol{F}^n$. 不难想象, 在同构的观点下, 从有限维线性空间 $\boldsymbol{V}_n(\boldsymbol{F})$ 到 $\boldsymbol{W}_m(\boldsymbol{F})$ 的线性映射也可以用矩阵来表示. 相对于矩阵来说, 这样的映射是抽象的. 要是能够用矩阵来表示这样的映射, 那将给讨论各种问题带来方便.

这一节涉及的线性空间都是有限维的. 我们将首先介绍线性变换的矩阵以及线性映射的矩阵, 然后介绍线性映射的矩阵表示, 接着讨论线性映射及其矩阵的性质, 并讨论 $\mathrm{Hom}_{\boldsymbol{F}}(\boldsymbol{V}, \boldsymbol{W})$ 与 $\boldsymbol{M}_{mn}(\boldsymbol{F})$ 这两个线性空间之间的关系, 最后介绍同一个线性变换在两个基下的矩阵之间的关系, 即矩阵的相似关系.

设 σ 是有限维线性空间 $\boldsymbol{V}_n(\boldsymbol{F})$ 上一个线性变换. 令 $\boldsymbol{\alpha}_1, \boldsymbol{\alpha}_2, \cdots, \boldsymbol{\alpha}_n$ 是 $\boldsymbol{V}$ 的一个基. 由于 $\sigma(\boldsymbol{\alpha}_1), \sigma(\boldsymbol{\alpha}_2), \cdots, \sigma(\boldsymbol{\alpha}_n)$ 是 $\boldsymbol{V}$ 中一组向量, 它可由上述基线性表示. 于是存在数域 $\boldsymbol{F}$ 上一个 n 阶方阵 $\boldsymbol{A}$, 使得

$$(\sigma(\boldsymbol{\alpha}_1), \sigma(\boldsymbol{\alpha}_2), \cdots, \sigma(\boldsymbol{\alpha}_n)) = (\boldsymbol{\alpha}_1, \boldsymbol{\alpha}_2, \cdots, \boldsymbol{\alpha}_n)\boldsymbol{A}.$$

注意到 $\boldsymbol{A}$ 的第 i 列是 $\sigma(\boldsymbol{\alpha}_i)$ 在所给基下的坐标. 根据坐标的唯一性, $\boldsymbol{A}$ 是由 σ 以及所给基唯一决定的, 称为 σ **在基 $\boldsymbol{\alpha}_1, \boldsymbol{\alpha}_2, \cdots, \boldsymbol{\alpha}_n$ 下的矩阵**.

例如, 因为 $\kappa(\boldsymbol{\alpha}_i) = k\boldsymbol{\alpha}_i,\ \ i = 1, 2, \cdots, n$, 所以

$$(\kappa(\boldsymbol{\alpha}_1), \kappa(\boldsymbol{\alpha}_2), \cdots, \kappa(\boldsymbol{\alpha}_n)) = (\boldsymbol{\alpha}_1, \boldsymbol{\alpha}_2, \cdots, \boldsymbol{\alpha}_n)(k\boldsymbol{E}).$$

由此可见, 数乘变换 κ 在 $\boldsymbol{V}$ 的任意基下的矩阵都是 n 阶纯量矩阵 $k\boldsymbol{E}$. 特别地, 零变换 ϑ 与恒等变换 ι 在 $\boldsymbol{V}$ 的任意基下的矩阵分别是 $\boldsymbol{O}$ 与 $\boldsymbol{E}$.

例 6.3.1 设 $\boldsymbol{A}$ 是数域 $\boldsymbol{F}$ 上一个 3 阶方阵, 则 $\sigma: \boldsymbol{F}^3 \to \boldsymbol{F}^3, \boldsymbol{X} \mapsto \boldsymbol{AX}$ 是一个线性变换. 已知 $\boldsymbol{A}\varepsilon_i$ 是 $\boldsymbol{A}$ 的第 i 列, 那么由 $\sigma(\varepsilon_i) = \boldsymbol{A}\varepsilon_i$ 以及 $\boldsymbol{A} = \boldsymbol{EA}$, 有

$$(\sigma(\varepsilon_1), \sigma(\varepsilon_2), \sigma(\varepsilon_3)) = (\varepsilon_1, \varepsilon_2, \varepsilon_3)\boldsymbol{A},$$

所以 σ 在标准基 $\varepsilon_1, \varepsilon_2, \varepsilon_3$ 下的矩阵就是 $\boldsymbol{A}$. 其次, 假定 $\boldsymbol{A}$ 是右边的矩阵, 那么

$$\boldsymbol{A} = \begin{pmatrix} 1 & 0 & 1 \\ 2 & -1 & 1 \\ -1 & 1 & -2 \end{pmatrix}$$

$$\sigma(\varepsilon_2) = -\varepsilon_2 + \varepsilon_3,\ \ \sigma(\varepsilon_3) = \varepsilon_2 - 2\varepsilon_3 + \varepsilon_1,\ \ \sigma(\varepsilon_1) = 2\varepsilon_2 - \varepsilon_3 + \varepsilon_1,$$

所以

$$(\sigma(\varepsilon_2), \sigma(\varepsilon_3), \sigma(\varepsilon_1)) = (\varepsilon_2, \varepsilon_3, \varepsilon_1)\begin{pmatrix} -1 & 1 & 2 \\ 1 & -2 & -1 \\ 0 & 1 & 1 \end{pmatrix},$$

因此 σ 在基 $\varepsilon_2, \varepsilon_3, \varepsilon_1$ 下的矩阵就是上式右边的矩阵.

上例表明, 一个线性变换在两个基下的矩阵一般不相等.

设 σ 是从 $\boldsymbol{V}_n(\boldsymbol{F})$ 到 $\boldsymbol{W}_m(\boldsymbol{F})$ 的一个线性映射. 令 $\boldsymbol{\alpha}_1, \boldsymbol{\alpha}_2, \cdots, \boldsymbol{\alpha}_n$ 是 $\boldsymbol{V}$ 的一个基, $\boldsymbol{\beta}_1, \boldsymbol{\beta}_2, \cdots, \boldsymbol{\beta}_m$ 是 $\boldsymbol{W}$ 的一个基, 则向量组 $\sigma(\boldsymbol{\alpha}_1), \sigma(\boldsymbol{\alpha}_2), \cdots, \sigma(\boldsymbol{\alpha}_n)$ 可由 $\boldsymbol{W}$ 的上述基线性表示. 于是存在数域 $\boldsymbol{F}$ 上一个 $m \times n$ 矩阵 $\boldsymbol{A}$, 使得

$$(\sigma(\boldsymbol{\alpha}_1), \sigma(\boldsymbol{\alpha}_2), \cdots, \sigma(\boldsymbol{\alpha}_n)) = (\boldsymbol{\beta}_1, \boldsymbol{\beta}_2, \cdots, \boldsymbol{\beta}_m)\boldsymbol{A}.$$

与前面的讨论类似, 矩阵 $\boldsymbol{A}$ 是由 σ 以及所给两个基唯一决定的, 称为 **$\boldsymbol{\sigma}$ 在 $\boldsymbol{V}$ 的基 $\boldsymbol{\alpha}_1, \boldsymbol{\alpha}_2, \cdots, \boldsymbol{\alpha}_n$ 和 $\boldsymbol{W}$ 的基 $\boldsymbol{\beta}_1, \boldsymbol{\beta}_2, \cdots, \boldsymbol{\beta}_m$ 下的矩阵.**

线性映射的矩阵是线性变换的矩阵的一般化. 需要注意的是, 考虑线性变换 $\sigma: \boldsymbol{V} \to \boldsymbol{V}$ 的矩阵时, 必须在 σ 的定义域 $\boldsymbol{V}$ 和上域 $\boldsymbol{V}$ 中选取同一个基.

例 6.3.2 设 $\mathscr{D}: \boldsymbol{F}_4[x] \to \boldsymbol{F}_3[x]$, $f(x) \mapsto f'(x)$, 则 $\mathscr{D}$ 是一个线性映射. 因为

$$\mathscr{D}(1) = 0,\ \mathscr{D}(x) = 1,\ \mathscr{D}(x^2) = 2x,\ \mathscr{D}(x^3) = 3x^2,$$

所以
$$(\mathscr{D}(1), \mathscr{D}(x), \mathscr{D}(x^2), \mathscr{D}(x^3)) = (1, x, x^2)\begin{pmatrix} 0 & 1 & 0 & 0 \\ 0 & 0 & 2 & 0 \\ 0 & 0 & 0 & 3 \end{pmatrix},$$

因此 $\mathscr{D}$ 在 $\boldsymbol{F}_4[x]$ 的基 $1, x, x^2, x^3$ 和 $\boldsymbol{F}_3[x]$ 的基 $1, x, x^2$ 下的矩阵就是上式右边的矩阵.

下一个定理回答了本节开头提到的问题.

定理 6.3.1 设 $\sigma: \boldsymbol{V}_n(\boldsymbol{F}) \to \boldsymbol{W}_m(\boldsymbol{F})$ 是一个线性映射, 并设 $\boldsymbol{A}$ 是 σ 在 $\boldsymbol{V}$ 的基 $\boldsymbol{\alpha}_1, \boldsymbol{\alpha}_2, \cdots, \boldsymbol{\alpha}_n$ 和 $\boldsymbol{W}$ 的基 $\boldsymbol{\beta}_1, \boldsymbol{\beta}_2, \cdots, \boldsymbol{\beta}_m$ 下的矩阵. 令 $\boldsymbol{X}$ 是 $\boldsymbol{V}$ 中向量 $\boldsymbol{\xi}$ 关于 $\boldsymbol{V}$ 的上述基的坐标, $\boldsymbol{Y}$ 是 $\boldsymbol{\xi}$ 在 σ 下的像 $\sigma(\boldsymbol{\xi})$ 关于 $\boldsymbol{W}$ 的上述基的坐标, 则

(1) σ 可以表示成 $\sigma: \boldsymbol{V} \to \boldsymbol{W},\ \boldsymbol{\xi} \mapsto (\boldsymbol{\beta}_1, \boldsymbol{\beta}_2, \cdots, \boldsymbol{\beta}_m)\boldsymbol{A}\boldsymbol{X}$;

(2) $\boldsymbol{\xi}$ 与 $\sigma(\boldsymbol{\xi})$ 的坐标 $\boldsymbol{X}$ 与 $\boldsymbol{Y}$ 适合公式 $\boldsymbol{Y} = \boldsymbol{A}\boldsymbol{X}$, 称为**像的坐标公式.**

证明 (1) 已知 $\boldsymbol{X}$ 是 $\boldsymbol{V}$ 中向量 $\boldsymbol{\xi}$ 关于基 $\boldsymbol{\alpha}_1, \boldsymbol{\alpha}_2, \cdots, \boldsymbol{\alpha}_n$ 的坐标, 那么 $\boldsymbol{\xi}$ 可以表示成 $\boldsymbol{\xi} = (\boldsymbol{\alpha}_1, \boldsymbol{\alpha}_2, \cdots, \boldsymbol{\alpha}_n)\boldsymbol{X}$. 因为 σ 是线性的, 根据性质 6.1.1(3), 有

$$\sigma(\boldsymbol{\xi}) = (\sigma(\boldsymbol{\alpha}_1), \sigma(\boldsymbol{\alpha}_2), \cdots, \sigma(\boldsymbol{\alpha}_n))\boldsymbol{X}.$$

又已知 $\boldsymbol{A}$ 是 σ 在所给两个基下的矩阵, 那么

$$(\sigma(\boldsymbol{\alpha}_1), \sigma(\boldsymbol{\alpha}_2), \cdots, \sigma(\boldsymbol{\alpha}_n)) = (\boldsymbol{\beta}_1, \boldsymbol{\beta}_2, \cdots, \boldsymbol{\beta}_m)\boldsymbol{A},$$

所以 $\sigma(\boldsymbol{\xi}) = (\boldsymbol{\beta}_1, \boldsymbol{\beta}_2, \cdots, \boldsymbol{\beta}_m)\boldsymbol{A}\boldsymbol{X}$, 因此 σ 可以表示成

$$\sigma: \boldsymbol{V} \to \boldsymbol{W},\ \boldsymbol{\xi} \mapsto (\boldsymbol{\beta}_1, \boldsymbol{\beta}_2, \cdots, \boldsymbol{\beta}_m)\boldsymbol{A}\boldsymbol{X}.$$

(2) 根据 (1), $\sigma(\boldsymbol{\xi})$ 关于 $\boldsymbol{W}$ 的基 $\boldsymbol{\beta}_1, \boldsymbol{\beta}_2, \cdots, \boldsymbol{\beta}_m$ 的坐标为 $\boldsymbol{A}\boldsymbol{X}$. 根据已知条件, $\sigma(\boldsymbol{\xi})$ 关于同一个基的坐标为 $\boldsymbol{Y}$. 于是由坐标的唯一性, 有 $\boldsymbol{Y} = \boldsymbol{A}\boldsymbol{X}$. □

推论 6.3.2 设 $\boldsymbol{A}$ 是线性空间 $\boldsymbol{V}_n(\boldsymbol{F})$ 上线性变换 σ 在基 $\boldsymbol{\alpha}_1, \boldsymbol{\alpha}_2, \cdots, \boldsymbol{\alpha}_n$ 下的矩阵. 令 $\boldsymbol{X}$ 与 $\boldsymbol{Y}$ 分别是向量 $\boldsymbol{\xi}$ 与它在 σ 下的像 $\sigma(\boldsymbol{\xi})$ 关于这个基的坐标, 则

(1) σ 可以表示成 $\sigma: \boldsymbol{V} \to \boldsymbol{V},\ \boldsymbol{\xi} \mapsto (\boldsymbol{\alpha}_1, \boldsymbol{\alpha}_2, \cdots, \boldsymbol{\alpha}_n)\boldsymbol{A}\boldsymbol{X}$;

(2) $\boldsymbol{\xi}$ 与 $\sigma(\boldsymbol{\xi})$ 的坐标 $\boldsymbol{X}$ 与 $\boldsymbol{Y}$ 适合像的坐标公式 $\boldsymbol{Y} = \boldsymbol{A}\boldsymbol{X}$.

关于上述推论, 需要注意的是, 像的坐标公式 $\boldsymbol{Y} = \boldsymbol{A}\boldsymbol{X}$ 中矩阵 $\boldsymbol{A}$ 未必可逆, $\boldsymbol{X}$ 与 $\boldsymbol{Y}$ 分别

是向量 $\boldsymbol{\xi}$ 与 $\sigma(\boldsymbol{\xi})$ 在同一个基下的坐标. 而坐标变换公式 $\boldsymbol{X}=\boldsymbol{T}\boldsymbol{Y}$ 中矩阵 $\boldsymbol{T}$ 是可逆的, $\boldsymbol{X}$ 与 $\boldsymbol{Y}$ 分别是同一个向量在旧基和新基下的坐标.

例 6.3.3 设 $\{\boldsymbol{O};\,\boldsymbol{e}_1,\,\boldsymbol{e}_2\}$ 是几何平面 $\mathbb{V}_2$ 上一个直角坐标标架, 其中 $\boldsymbol{e}_1$ 与 $\boldsymbol{e}_2$ 都是单位向量 (见图 6.2). 令 Φ 是把平面 $\mathbb{V}_2$ 绕原点 $\boldsymbol{O}$ 按逆时针方向旋转一个角度 ϕ 的旋转变换, 则 Φ 是一个线性变换, 并且

$$\begin{aligned}\Phi(\boldsymbol{e}_1)&=\ \ \boldsymbol{e}_1\cos\phi+\boldsymbol{e}_2\sin\phi,\\ \Phi(\boldsymbol{e}_2)&=-\boldsymbol{e}_1\sin\phi+\boldsymbol{e}_2\cos\phi,\end{aligned}$$

所以变换 Φ 在基 $\{\boldsymbol{e}_1,\,\boldsymbol{e}_2\}$ 下的矩阵为 $\begin{pmatrix}\cos\phi & -\sin\phi\\ \sin\phi & \cos\phi\end{pmatrix}$.

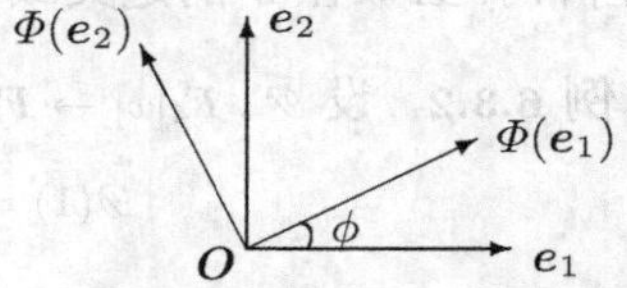

图 6.2

设 $\boldsymbol{\xi}=x_1\boldsymbol{e}_1+x_2\boldsymbol{e}_2$ 且 $\Phi(\boldsymbol{\xi})=y_1\boldsymbol{e}_1+y_2\boldsymbol{e}_2$. 根据像的坐标公式, 有

$$\begin{pmatrix}y_1\\ y_2\end{pmatrix}=\begin{pmatrix}\cos\phi & -\sin\phi\\ \sin\phi & \cos\phi\end{pmatrix}\begin{pmatrix}x_1\\ x_2\end{pmatrix},\ \text{即}\begin{cases}y_1=x_1\cos\phi-x_2\sin\phi,\\ y_2=x_1\sin\phi+x_2\cos\phi.\end{cases}$$

例 6.3.4 已知 $\boldsymbol{\alpha}_1=(1,\,0,\,1)$, $\boldsymbol{\alpha}_2=(0,\,1,\,0)$, $\boldsymbol{\alpha}_3=(0,\,0,\,1)$ 与 $\boldsymbol{\beta}_1=(1,\,0,\,2)$, $\boldsymbol{\beta}_2=(-1,\,2,\,-1)$, $\boldsymbol{\beta}_3=(1,\,0,\,0)$ 是 $\boldsymbol{F}^3$ 的两个基. 设 σ 是 $\boldsymbol{F}^3$ 上一个线性变换, 使得 $\sigma(\boldsymbol{\alpha}_i)=\boldsymbol{\beta}_i,\ \ i=1,\,2,\,3$. 分别求 σ 在这两个基下的矩阵, 并求 $\sigma(\boldsymbol{\xi})$ 关于这两个基的坐标, 这里 $\boldsymbol{\xi}=(1,\,2,\,3)$.

解 设 $\boldsymbol{T}$ 是从基 $\boldsymbol{\alpha}_1,\boldsymbol{\alpha}_2,\boldsymbol{\alpha}_3$ 到基 $\boldsymbol{\beta}_1,\boldsymbol{\beta}_2,\boldsymbol{\beta}_3$ 的过渡矩阵, 则

$$(\boldsymbol{\beta}_1,\,\boldsymbol{\beta}_2,\,\boldsymbol{\beta}_3)=(\boldsymbol{\alpha}_1,\,\boldsymbol{\alpha}_2,\,\boldsymbol{\alpha}_3)\,\boldsymbol{T}.$$

已知 σ 是线性的, 那么由性质 6.1.3, 有

$$(\sigma(\boldsymbol{\beta}_1),\,\sigma(\boldsymbol{\beta}_2),\,\sigma(\boldsymbol{\beta}_3))=(\sigma(\boldsymbol{\alpha}_1),\,\sigma(\boldsymbol{\alpha}_2),\,\sigma(\boldsymbol{\alpha}_3))\,\boldsymbol{T}.$$

又已知 $\sigma(\boldsymbol{\alpha}_i)=\boldsymbol{\beta}_i,\ \ i=1,\,2,\,3,$ 那么上面两个等式可以改写成

$$\begin{aligned}(\sigma(\boldsymbol{\alpha}_1),\,\sigma(\boldsymbol{\alpha}_2),\,\sigma(\boldsymbol{\alpha}_3))&=(\boldsymbol{\alpha}_1,\,\boldsymbol{\alpha}_2,\,\boldsymbol{\alpha}_3)\,\boldsymbol{T},\\ (\sigma(\boldsymbol{\beta}_1),\,\sigma(\boldsymbol{\beta}_2),\,\sigma(\boldsymbol{\beta}_3))&=(\boldsymbol{\beta}_1,\,\boldsymbol{\beta}_2,\,\boldsymbol{\beta}_3)\,\boldsymbol{T}.\end{aligned}$$

这表明, $\boldsymbol{T}$ 既是 σ 在基 $\boldsymbol{\alpha}_1,\,\boldsymbol{\alpha}_2,\,\boldsymbol{\alpha}_3$ 下的矩阵, 又是 σ 在基 $\boldsymbol{\beta}_1,\,\boldsymbol{\beta}_2,\,\boldsymbol{\beta}_3$ 下的矩阵. 另一方面, 根据已知条件, 有

$$\begin{aligned}\boldsymbol{\beta}_1&=(1,\,0,\,2)=(1,\,0,\,1)+(0,\,0,\,1)=\boldsymbol{\alpha}_1+\boldsymbol{\alpha}_3,\\ \boldsymbol{\beta}_2&=(-1,\,2,\,-1)=-(1,\,0,\,1)+2(0,\,1,\,0)=-\boldsymbol{\alpha}_1+2\boldsymbol{\alpha}_2,\\ \boldsymbol{\beta}_3&=(1,\,0,\,0)=(1,\,0,\,1)-(0,\,0,\,1)=\boldsymbol{\alpha}_1-\boldsymbol{\alpha}_3,\end{aligned}$$

所以

$$(\boldsymbol{\beta}_1,\,\boldsymbol{\beta}_2,\,\boldsymbol{\beta}_3)=(\boldsymbol{\alpha}_1,\,\boldsymbol{\alpha}_2,\,\boldsymbol{\alpha}_3)\begin{pmatrix}1 & -1 & 1\\ 0 & 2 & 0\\ 1 & 0 & -1\end{pmatrix},$$

因此所求的两个矩阵都是上式右边的矩阵. 其次, 已知 $\boldsymbol{\xi}=(1,\,2,\,3)$, 那么由

$$(1,\,2,\,3)=(1,\,0,\,1)+2\,(0,\,1,\,0)+2\,(0,\,0,\,1),$$

有 $\boldsymbol{\xi}=\boldsymbol{\alpha}_1+2\boldsymbol{\alpha}_2+2\boldsymbol{\alpha}_3$,因此 $\boldsymbol{\xi}$ 关于基 $\boldsymbol{\alpha}_1, \boldsymbol{\alpha}_2, \boldsymbol{\alpha}_3$ 的坐标为 (1, 2, 2). 因为

$$\begin{pmatrix}1 & -1 & 1\\ 0 & 2 & 0\\ 1 & 0 & -1\end{pmatrix}\begin{pmatrix}1\\2\\2\end{pmatrix}=\begin{pmatrix}1\\4\\-1\end{pmatrix},$$

根据像的坐标公式, $\sigma(\boldsymbol{\xi})$ 关于基 $\boldsymbol{\alpha}_1, \boldsymbol{\alpha}_2, \boldsymbol{\alpha}_3$ 的坐标为 (1, 4, −1). 又因为 σ 是线性的, 并且 $\sigma(\boldsymbol{\alpha}_i)=\boldsymbol{\beta}_i,\quad i=1, 2, 3,$ 所以 $\sigma(\boldsymbol{\xi})=\boldsymbol{\beta}_1+2\boldsymbol{\beta}_2+2\boldsymbol{\beta}_3$,因此 $\sigma(\boldsymbol{\xi})$ 关于基 $\boldsymbol{\beta}_1, \boldsymbol{\beta}_2, \boldsymbol{\beta}_3$ 的坐标为 (1, 2, 2).

下面讨论线性映射及其矩阵的进一步性质.

命题 6.3.3 设 $\sigma: \boldsymbol{V}_n(\boldsymbol{F})\to\boldsymbol{W}_m(\boldsymbol{F})$ 是一个线性映射, 并设 $\boldsymbol{A}$ 是 σ 在 $\boldsymbol{V}$ 的基 $\boldsymbol{\alpha}_1, \boldsymbol{\alpha}_2, \cdots, \boldsymbol{\alpha}_n$ 和 $\boldsymbol{W}$ 的基 $\boldsymbol{\beta}_1, \boldsymbol{\beta}_2, \cdots, \boldsymbol{\beta}_m$ 下的矩阵, 则

(1) σ 与 $\boldsymbol{A}$ 有相同的秩 (这里 $\operatorname{rank}(\sigma)=\dim\operatorname{Im}(\sigma)$);

(2) σ 是单射当且仅当 $\boldsymbol{A}$ 是列满秩的;

(3) σ 是满射当且仅当 $\boldsymbol{A}$ 是行满秩的.

证明 (1) 根据已知条件, 有 $\operatorname{Im}(\sigma)=\mathscr{L}(\sigma(\boldsymbol{\alpha}_1), \sigma(\boldsymbol{\alpha}_2), \cdots, \sigma(\boldsymbol{\alpha}_n))$ 且

$$(\sigma(\boldsymbol{\alpha}_1), \sigma(\boldsymbol{\alpha}_2), \cdots, \sigma(\boldsymbol{\alpha}_n))=(\boldsymbol{\beta}_1, \boldsymbol{\beta}_2, \cdots, \boldsymbol{\beta}_m)\boldsymbol{A}.$$

根据定理 5.5.7 和定理 5.3.7, σ 与 $\boldsymbol{A}$ 有相同的秩.

(2) 根据习题 6.1 第 8 题, σ 是单射当且仅当 $\sigma(\boldsymbol{\alpha}_1), \sigma(\boldsymbol{\alpha}_2), \cdots, \sigma(\boldsymbol{\alpha}_n)$ 线性无关, 或者等价地, 当且仅当 $\dim\operatorname{Im}(\sigma)=n$. 注意到矩阵 $\boldsymbol{A}$ 的列数等于 n, 根据 (1), σ 是单射当且仅当 $\boldsymbol{A}$ 是列满秩的.

(3) 根据满射的定义, σ 是满射当且仅当 $\dim\operatorname{Im}(\sigma)=m$. 注意到矩阵 $\boldsymbol{A}$ 的行数等于 m, 根据 (1), σ 是满射当且仅当 $\boldsymbol{A}$ 是行满秩的. □

命题 6.3.4 设 $\sigma: \boldsymbol{V}_n(\boldsymbol{F})\to\boldsymbol{W}_n(\boldsymbol{F})$ 是一个线性映射, 并设 $\boldsymbol{A}$ 是 σ 在 $\boldsymbol{V}$ 的基 $\boldsymbol{\alpha}_1, \boldsymbol{\alpha}_2, \cdots, \boldsymbol{\alpha}_n$ 和 $\boldsymbol{W}$ 的基 $\boldsymbol{\beta}_1, \boldsymbol{\beta}_2, \cdots, \boldsymbol{\beta}_n$ 下的矩阵, 则 σ 是可逆的当且仅当 $\boldsymbol{A}$ 是可逆的. 如果 σ 是可逆的, 那么 $\boldsymbol{A}^{-1}$ 是 σ^{-1} 在 $\boldsymbol{W}$ 的基 $\boldsymbol{\beta}_1, \boldsymbol{\beta}_2, \cdots, \boldsymbol{\beta}_n$ 和 $\boldsymbol{V}$ 的基 $\boldsymbol{\alpha}_1, \boldsymbol{\alpha}_2, \cdots, \boldsymbol{\alpha}_n$ 下的矩阵.

证明 根据命题 6.3.3, σ 是可逆的当且仅当 $\boldsymbol{A}$ 既是行满秩的又是列满秩的, 或者等价地, 当且仅当 $\boldsymbol{A}$ 是可逆的. 其次, 如果 σ 是可逆的, 根据前面的讨论, $\boldsymbol{A}$ 也是可逆的. 另一方面, 根据已知条件, 有

$$(\sigma(\boldsymbol{\alpha}_1), \sigma(\boldsymbol{\alpha}_2), \cdots, \sigma(\boldsymbol{\alpha}_n))=(\boldsymbol{\beta}_1, \boldsymbol{\beta}_2, \cdots, \boldsymbol{\beta}_n)\boldsymbol{A},$$

所以

$$(\boldsymbol{\beta}_1, \boldsymbol{\beta}_2, \cdots, \boldsymbol{\beta}_n)=(\sigma(\boldsymbol{\alpha}_1), \sigma(\boldsymbol{\alpha}_2), \cdots, \sigma(\boldsymbol{\alpha}_n))\boldsymbol{A}^{-1}.$$

由于 σ^{-1} 也是线性的, 并且 $\sigma^{-1}[\sigma(\boldsymbol{\alpha}_i)]=\boldsymbol{\alpha}_i\ (i=1, 2, \cdots, n)$, 根据性质 6.1.3, 有

$$(\sigma^{-1}(\boldsymbol{\beta}_1), \sigma^{-1}(\boldsymbol{\beta}_2), \cdots, \sigma^{-1}(\boldsymbol{\beta}_n))=(\boldsymbol{\alpha}_1, \boldsymbol{\alpha}_2, \cdots, \boldsymbol{\alpha}_n)\boldsymbol{A}^{-1}.$$

故 $\boldsymbol{A}^{-1}$ 是 σ^{-1} 在 $\boldsymbol{W}$ 的基 $\boldsymbol{\beta}_1, \boldsymbol{\beta}_2, \cdots, \boldsymbol{\beta}_n$ 和 $\boldsymbol{V}$ 的基 $\boldsymbol{\alpha}_1, \boldsymbol{\alpha}_2, \cdots, \boldsymbol{\alpha}_n$ 下的矩阵. □

命题 6.3.5 设 σ 与 τ 都是从线性空间 $\boldsymbol{V}_n(\boldsymbol{F})$ 到 $\boldsymbol{W}_m(\boldsymbol{F})$ 的线性映射, 并设 $\boldsymbol{\alpha}_1, \boldsymbol{\alpha}_2, \cdots, \boldsymbol{\alpha}_n$ 是 $\boldsymbol{V}$ 的一个基, $\boldsymbol{\beta}_1, \boldsymbol{\beta}_2, \cdots, \boldsymbol{\beta}_m$ 是 $\boldsymbol{W}$ 的一个基. 令 $\boldsymbol{A}$ 与 $\boldsymbol{B}$ 分别是 σ 与 τ 在这两个基下的矩阵, 则 $\boldsymbol{A}+\boldsymbol{B}$ 与 $k\boldsymbol{A}$ 分别是 $\sigma+\tau$ 与 $k\sigma$ 在这两个基下的矩阵, 这里 k 是数域 $\boldsymbol{F}$ 中任意数.

证明 根据已知条件, $\boldsymbol{A}$ 的第 i 列与 $\boldsymbol{B}$ 的第 i 列分别是 $\sigma(\boldsymbol{\alpha}_i)$ 与 $\tau(\boldsymbol{\alpha}_i)$ 关于 $\boldsymbol{W}$ 的基 $\boldsymbol{\beta}_1, \boldsymbol{\beta}_2, \cdots, \boldsymbol{\beta}_m$ 的坐标. 因为 $(\sigma+\tau)(\boldsymbol{\alpha}_i)=\sigma(\boldsymbol{\alpha}_i)+\tau(\boldsymbol{\alpha}_i)$, 所以 $\boldsymbol{A}+\boldsymbol{B}$ 的第 i 列是 $(\sigma+\tau)(\boldsymbol{\alpha}_i)$ 关于同一个基的坐标 $(i=1, 2, \cdots, n)$. 于是

$$((\sigma+\tau)(\boldsymbol{\alpha}_1), (\sigma+\tau)(\boldsymbol{\alpha}_2), \cdots, (\sigma+\tau)(\boldsymbol{\alpha}_n))=(\boldsymbol{\beta}_1, \boldsymbol{\beta}_2, \cdots, \boldsymbol{\beta}_m)(\boldsymbol{A}+\boldsymbol{B}),$$

因此 $\boldsymbol{A}+\boldsymbol{B}$ 是 $\sigma+\tau$ 在所给两个基下的矩阵. 类似地, 可证另一个结论. □

从上面的讨论我们看到, $\mathrm{Hom}_{\boldsymbol{F}}(\boldsymbol{V}, \boldsymbol{W})$ 与 $\boldsymbol{M}_{mn}(\boldsymbol{F})$ 这两个线性空间有紧密联系. 那么它们之间到底有什么联系呢? 让我们来考虑这个问题.

仍然假定 $\boldsymbol{\alpha}_1, \boldsymbol{\alpha}_2, \cdots, \boldsymbol{\alpha}_n$ 是 $\boldsymbol{V}$ 的一个基, $\boldsymbol{\beta}_1, \boldsymbol{\beta}_2, \cdots, \boldsymbol{\beta}_m$ 是 $\boldsymbol{W}$ 的一个基. 令

$$\Psi: \mathrm{Hom}_{\boldsymbol{F}}(\boldsymbol{V}, \boldsymbol{W}) \to \boldsymbol{M}_{mn}(\boldsymbol{F}),\ \sigma \mapsto \boldsymbol{A},$$

其中 $\boldsymbol{A}$ 是 σ 在上述两个基下的矩阵. 由于 $\boldsymbol{A}$ 是唯一的, 因此 Ψ 是一个映射. 对任意的 $\sigma, \tau \in \mathrm{Hom}_{\boldsymbol{F}}(\boldsymbol{V}, \boldsymbol{W})$, 令 $\Psi(\sigma)=\boldsymbol{A}$ 且 $\Psi(\tau)=\boldsymbol{B}$, 则 $\boldsymbol{A}$ 与 $\boldsymbol{B}$ 分别是 σ 与 τ 在这两个基下的矩阵. 根据命题 6.3.5, $\boldsymbol{A}+\boldsymbol{B}$ 是 $\sigma+\tau$ 在这两个基下的矩阵. 从而由 Ψ 的定义, 有 $\Psi(\sigma+\tau)=\boldsymbol{A}+\boldsymbol{B}$, 所以 $\Psi(\sigma+\tau)=\Psi(\sigma)+\Psi(\tau)$. 这表明, Ψ 具有可加性. 类似地, 可证 Ψ 具有齐次性. 因此它是线性的.

其次, 设 $\Psi(\sigma)=\Psi(\tau)$, 即 σ 与 τ 在所给两个基下的矩阵是同一个矩阵. 假定这个矩阵为 $\boldsymbol{A}$, 那么向量 $\sigma(\boldsymbol{\alpha}_i)$ 与 $\tau(\boldsymbol{\alpha}_i)$ 关于 $\boldsymbol{W}$ 的基 $\boldsymbol{\beta}_1, \boldsymbol{\beta}_2, \cdots, \boldsymbol{\beta}_m$ 的坐标都是矩阵 $\boldsymbol{A}$ 的第 i 列, 所以 $\sigma(\boldsymbol{\alpha}_i)=\tau(\boldsymbol{\alpha}_i),\ \ i=1, 2, \cdots, n$. 已知 σ 完全由基向量的像 $\sigma(\boldsymbol{\alpha}_1), \sigma(\boldsymbol{\alpha}_2), \cdots, \sigma(\boldsymbol{\alpha}_n)$ 所决定, 那么 $\sigma=\tau$, 所以 Ψ 是单射. 另一方面, 对任意的 $\boldsymbol{A} \in \boldsymbol{M}_{mn}(\boldsymbol{F})$. 令

$$(\boldsymbol{\gamma}_1, \boldsymbol{\gamma}_2, \cdots, \boldsymbol{\gamma}_n)=(\boldsymbol{\beta}_1, \boldsymbol{\beta}_2, \cdots, \boldsymbol{\beta}_m)\boldsymbol{A}, \tag{6.3.1}$$

则 $\boldsymbol{\gamma}_1, \boldsymbol{\gamma}_2, \cdots, \boldsymbol{\gamma}_n$ 是 $\boldsymbol{W}$ 中 n 个向量. 再令

$$\sigma: \boldsymbol{V} \to \boldsymbol{W},\ \boldsymbol{\xi} \mapsto x_1\boldsymbol{\gamma}_1+x_2\boldsymbol{\gamma}_2+\cdots+x_n\boldsymbol{\gamma}_n,$$

其中 $(x_1, x_2, \cdots, x_n)$ 是 $\boldsymbol{\xi}$ 关于 $\boldsymbol{V}$ 的基 $\boldsymbol{\alpha}_1, \boldsymbol{\alpha}_2, \cdots, \boldsymbol{\alpha}_n$ 的坐标. 根据定理 6.1.2, σ 是一个线性映射, 并且 $\sigma(\boldsymbol{\alpha}_i)=\boldsymbol{\gamma}_i, i=1, 2, \cdots, n$. 于是 (6.3.1) 式变成

$$(\sigma(\boldsymbol{\alpha}_1), \sigma(\boldsymbol{\alpha}_2), \cdots, \sigma(\boldsymbol{\alpha}_n))=(\boldsymbol{\beta}_1, \boldsymbol{\beta}_2, \cdots, \boldsymbol{\beta}_m)\boldsymbol{A},$$

所以 $\boldsymbol{A}$ 是 σ 在所给两个基下的矩阵, 即 $\Psi(\sigma)=\boldsymbol{A}$, 因此 Ψ 是满射.

综上所述, Ψ 是一个同构映射, 称为**线矩映射**. 这就得到下一个定理.

定理 6.3.6 设 $\boldsymbol{V}$ 与 $\boldsymbol{W}$ 都是数域 $\boldsymbol{F}$ 上非零有限维线性空间, 它们的维数分别为 n 与 m, 则 $\mathrm{Hom}_{\boldsymbol{F}}(\boldsymbol{V}, \boldsymbol{W})$ 同构于 $\boldsymbol{M}_{mn}(\boldsymbol{F})$, 因而 $\dim \mathrm{Hom}_{\boldsymbol{F}}(\boldsymbol{V}, \boldsymbol{W})=mn$. 特别地, $\mathrm{Hom}_{\boldsymbol{F}}(\boldsymbol{V}, \boldsymbol{V})$ 同构于 $\boldsymbol{M}_n(\boldsymbol{F})$, 因而 $\dim \mathrm{Hom}_{\boldsymbol{F}}(\boldsymbol{V}, \boldsymbol{V})=n^2$.

这个定理表明, 对于有限维线性空间, $\mathrm{Hom}_{\boldsymbol{F}}(\boldsymbol{V},\boldsymbol{W})$ 与 $\boldsymbol{M}_{mn}(\boldsymbol{F})$ 这两个代数系统关于各自的加法和数乘运算有完全相同的运算规律, 因而可以把讨论前者的问题转向讨论后者的相应问题.

命题 6.3.7　设 σ 与 τ 是线性空间 $\boldsymbol{V}_n(\boldsymbol{F})$ 上两个线性变换. 若 $\boldsymbol{A}$ 与 $\boldsymbol{B}$ 分别是 σ 与 τ 在基 $\boldsymbol{\alpha}_1,\boldsymbol{\alpha}_2,\cdots,\boldsymbol{\alpha}_n$ 下的矩阵, 则 $\boldsymbol{AB}$ 是 $\sigma\tau$ 在同一个基下的矩阵.

证明　已知 $\boldsymbol{B}$ 是线性变换 τ 在基 $\boldsymbol{\alpha}_1,\boldsymbol{\alpha}_2,\cdots,\boldsymbol{\alpha}_n$ 下的矩阵, 那么

$$(\tau(\boldsymbol{\alpha}_1),\tau(\boldsymbol{\alpha}_2),\cdots,\tau(\boldsymbol{\alpha}_n))=(\boldsymbol{\alpha}_1,\boldsymbol{\alpha}_2,\cdots,\boldsymbol{\alpha}_n)\boldsymbol{B}.$$

根据性质 6.1.3, 有

$$\big(\sigma\tau(\boldsymbol{\alpha}_1),\sigma\tau(\boldsymbol{\alpha}_2),\cdots,\sigma\tau(\boldsymbol{\alpha}_n)\big)=\big(\sigma(\boldsymbol{\alpha}_1),\sigma(\boldsymbol{\alpha}_2),\cdots,\sigma(\boldsymbol{\alpha}_n)\big)\boldsymbol{B}.$$

又已知 $\boldsymbol{A}$ 是线性变换 σ 在基 $\boldsymbol{\alpha}_1,\boldsymbol{\alpha}_2,\cdots,\boldsymbol{\alpha}_n$ 下的矩阵, 那么

$$\big(\sigma(\boldsymbol{\alpha}_1),\sigma(\boldsymbol{\alpha}_2),\cdots,\sigma(\boldsymbol{\alpha}_n)\big)=(\boldsymbol{\alpha}_1,\boldsymbol{\alpha}_2,\cdots,\boldsymbol{\alpha}_n)\boldsymbol{A},$$

所以

$$\big(\sigma\tau(\boldsymbol{\alpha}_1),\sigma\tau(\boldsymbol{\alpha}_2),\cdots,\sigma\tau(\boldsymbol{\alpha}_n)\big)=(\boldsymbol{\alpha}_1,\boldsymbol{\alpha}_2,\cdots,\boldsymbol{\alpha}_n)\boldsymbol{AB},$$

因此 $\boldsymbol{AB}$ 是 $\sigma\tau$ 在基 $\boldsymbol{\alpha}_1,\boldsymbol{\alpha}_2,\cdots,\boldsymbol{\alpha}_n$ 下的矩阵. □

上述命题表明, 线矩映射 $\varPsi:\mathrm{Hom}_{\boldsymbol{F}}(\boldsymbol{V},\boldsymbol{V})\to\boldsymbol{M}_n(\boldsymbol{F})$, 除了保持加法和数乘运算以外, 还保持乘法运算, 即 $\varPsi(\sigma\tau)=\varPsi(\sigma)\varPsi(\tau),\ \forall\sigma,\tau\in\mathrm{Hom}_{\boldsymbol{F}}(\boldsymbol{V},\boldsymbol{V})$.

已知一个线性变换在两个基下的矩阵一般不相等, 那么这两个矩阵之间有什么关系呢? 下一个定理回答了这个问题.

定理 6.3.8　设 σ 是线性空间 $\boldsymbol{V}_n(\boldsymbol{F})$ 上一个线性变换, 并设 $\boldsymbol{A}$ 是 σ 在基 $\boldsymbol{\alpha}_1,\boldsymbol{\alpha}_2,\cdots,\boldsymbol{\alpha}_n$ 下的矩阵. 令 $\boldsymbol{B}$ 是数域 $\boldsymbol{F}$ 上一个 n 阶方阵. 如果存在 $\boldsymbol{V}$ 的一个基 $\boldsymbol{\beta}_1,\boldsymbol{\beta}_2,\cdots,\boldsymbol{\beta}_n$, 使得 σ 在这个基下的矩阵等于 $\boldsymbol{B}$, 那么存在数域 $\boldsymbol{F}$ 上一个 n 阶可逆矩阵 $\boldsymbol{T}$, 使得 $\boldsymbol{B}=\boldsymbol{T}^{-1}\boldsymbol{AT}$, 反之亦然.

证明　已知 $\boldsymbol{A}$ 是线性变换 σ 在基 $\boldsymbol{\alpha}_1,\boldsymbol{\alpha}_2,\cdots,\boldsymbol{\alpha}_n$ 下的矩阵, 那么

$$(\sigma(\boldsymbol{\alpha}_1),\sigma(\boldsymbol{\alpha}_2),\cdots,\sigma(\boldsymbol{\alpha}_n))=(\boldsymbol{\alpha}_1,\boldsymbol{\alpha}_2,\cdots,\boldsymbol{\alpha}_n)\boldsymbol{A}.\tag{6.3.2}$$

设存在 $\boldsymbol{V}$ 的一个基 $\boldsymbol{\beta}_1,\boldsymbol{\beta}_2,\cdots,\boldsymbol{\beta}_n$, 使得 σ 在该基下的矩阵等于 $\boldsymbol{B}$. 令 $\boldsymbol{T}$ 是从基 $\boldsymbol{\alpha}_1,\boldsymbol{\alpha}_2,\cdots,\boldsymbol{\alpha}_n$ 到基 $\boldsymbol{\beta}_1,\boldsymbol{\beta}_2,\cdots,\boldsymbol{\beta}_n$ 的过渡矩阵, 则 $\boldsymbol{T}$ 是可逆的, 并且

$$(\boldsymbol{\beta}_1,\boldsymbol{\beta}_2,\cdots,\boldsymbol{\beta}_n)=(\boldsymbol{\alpha}_1,\boldsymbol{\alpha}_2,\cdots,\boldsymbol{\alpha}_n)\boldsymbol{T}.\tag{6.3.3}$$

根据性质 6.1.3, 有

$$\big(\sigma(\boldsymbol{\beta}_1),\sigma(\boldsymbol{\beta}_2),\cdots,\sigma(\boldsymbol{\beta}_n)\big)=\big(\sigma(\boldsymbol{\alpha}_1),\sigma(\boldsymbol{\alpha}_2),\cdots,\sigma(\boldsymbol{\alpha}_n)\big)\boldsymbol{T}.$$

从而由 (6.3.2) 式, 得

$$\big(\sigma(\boldsymbol{\beta}_1),\sigma(\boldsymbol{\beta}_2),\cdots,\sigma(\boldsymbol{\beta}_n)\big)=(\boldsymbol{\alpha}_1,\boldsymbol{\alpha}_2,\cdots,\boldsymbol{\alpha}_n)\boldsymbol{AT}.$$

其次, 由 (6.3.3) 式, 有 $(\boldsymbol{\alpha}_1,\boldsymbol{\alpha}_2,\cdots,\boldsymbol{\alpha}_n)=(\boldsymbol{\beta}_1,\boldsymbol{\beta}_2,\cdots,\boldsymbol{\beta}_n)\boldsymbol{T}^{-1}$, 所以

$$\big(\sigma(\boldsymbol{\beta}_1),\sigma(\boldsymbol{\beta}_2),\cdots,\sigma(\boldsymbol{\beta}_n)\big)=(\boldsymbol{\beta}_1,\boldsymbol{\beta}_2,\cdots,\boldsymbol{\beta}_n)\boldsymbol{T}^{-1}\boldsymbol{AT}.$$

这表明, $\boldsymbol{T}^{-1}\boldsymbol{AT}$ 也是 σ 在基 $\boldsymbol{\beta}_1, \boldsymbol{\beta}_2, \cdots, \boldsymbol{\beta}_n$ 下的矩阵. 注意到 σ 在同一个基下的矩阵是唯一的, 因此 $\boldsymbol{B}=\boldsymbol{T}^{-1}\boldsymbol{AT}$.

反之, 设存在一个 n 阶可逆矩阵 $\boldsymbol{T}$, 使得 $\boldsymbol{B}=\boldsymbol{T}^{-1}\boldsymbol{AT}$, 即 $\boldsymbol{TB}=\boldsymbol{AT}$. 令

$$(\boldsymbol{\beta}_1, \boldsymbol{\beta}_2, \cdots, \boldsymbol{\beta}_n)=(\boldsymbol{\alpha}_1, \boldsymbol{\alpha}_2, \cdots, \boldsymbol{\alpha}_n)\boldsymbol{T}. \tag{6.3.4}$$

根据推论 5.4.4, $\boldsymbol{\beta}_1, \boldsymbol{\beta}_2, \cdots, \boldsymbol{\beta}_n$ 是 $\boldsymbol{V}$ 的一个基. 根据性质 6.1.3, 有

$$(\sigma(\boldsymbol{\beta}_1), \sigma(\boldsymbol{\beta}_2), \cdots, \sigma(\boldsymbol{\beta}_n))=(\sigma(\boldsymbol{\alpha}_1), \sigma(\boldsymbol{\alpha}_2), \cdots, \sigma(\boldsymbol{\alpha}_n))\boldsymbol{T}.$$

用 (6.3.2) 式右边代替 $\sigma(\boldsymbol{\alpha}_1), \sigma(\boldsymbol{\alpha}_2), \cdots, \sigma(\boldsymbol{\alpha}_n)$, 并注意到 $\boldsymbol{TB}=\boldsymbol{AT}$,上式变成

$$(\sigma(\boldsymbol{\beta}_1), \sigma(\boldsymbol{\beta}_2), \cdots, \sigma(\boldsymbol{\beta}_n))=(\boldsymbol{\alpha}_1, \boldsymbol{\alpha}_2, \cdots, \boldsymbol{\alpha}_n)\boldsymbol{TB}.$$

从而由 (6.3.4) 式, 得

$$(\sigma(\boldsymbol{\beta}_1), \sigma(\boldsymbol{\beta}_2), \cdots, \sigma(\boldsymbol{\beta}_n))=(\boldsymbol{\beta}_1, \boldsymbol{\beta}_2, \cdots, \boldsymbol{\beta}_n)\boldsymbol{B},$$

因此 σ 在基 $\boldsymbol{\beta}_1, \boldsymbol{\beta}_2, \cdots, \boldsymbol{\beta}_n$ 下的矩阵等于 $\boldsymbol{B}$. □

由上述定理的证明可以看到, 等式 $\boldsymbol{B}=\boldsymbol{T}^{-1}\boldsymbol{AT}$ 中矩阵 $\boldsymbol{T}$ 是从基 $\boldsymbol{\alpha}_1, \boldsymbol{\alpha}_2, \cdots, \boldsymbol{\alpha}_n$ 到基 $\boldsymbol{\beta}_1, \boldsymbol{\beta}_2, \cdots, \boldsymbol{\beta}_n$ 的过渡矩阵.

例 6.3.5 设 $\boldsymbol{\alpha}_1, \boldsymbol{\alpha}_2, \boldsymbol{\alpha}_3$ 与 $\boldsymbol{\beta}_1, \boldsymbol{\beta}_2, \boldsymbol{\beta}_3$ 是线性空间 $\boldsymbol{V}_3(\boldsymbol{F})$ 的两个基, 其中

$$\boldsymbol{\beta}_1=\boldsymbol{\alpha}_1+2\boldsymbol{\alpha}_2,\ \ \boldsymbol{\beta}_2=-\boldsymbol{\alpha}_1+\boldsymbol{\alpha}_2+\boldsymbol{\alpha}_3,\ \ \boldsymbol{\beta}_3=2\boldsymbol{\alpha}_1-3\boldsymbol{\alpha}_2-2\boldsymbol{\alpha}_3.$$

令 $\boldsymbol{\xi}=\boldsymbol{\alpha}_1+2\boldsymbol{\alpha}_2-3\boldsymbol{\alpha}_3$, 并令 σ 是 $\boldsymbol{V}$ 上一个线性变换, 使得

$$\sigma(\boldsymbol{\alpha}_1)=\boldsymbol{\alpha}_1+\boldsymbol{\alpha}_3,\ \ \sigma(\boldsymbol{\alpha}_2)=\boldsymbol{\alpha}_1-\boldsymbol{\alpha}_2,\ \ \sigma(\boldsymbol{\alpha}_3)=\boldsymbol{\alpha}_2-\boldsymbol{\alpha}_3.$$

求 σ 在基 $\boldsymbol{\beta}_1, \boldsymbol{\beta}_2, \boldsymbol{\beta}_3$ 下的矩阵, 并求 $\sigma(\boldsymbol{\xi})$ 关于上述两个基的坐标.

解 设 $\boldsymbol{T}$ 是从基 $\boldsymbol{\alpha}_1, \boldsymbol{\alpha}_2, \boldsymbol{\alpha}_3$ 到基 $\boldsymbol{\beta}_1, \boldsymbol{\beta}_2, \boldsymbol{\beta}_3$ 的过渡矩阵, 并设 $\boldsymbol{A}$ 是 σ 在基 $\boldsymbol{\alpha}_1, \boldsymbol{\alpha}_2, \boldsymbol{\alpha}_3$ 下的矩阵. 根据已知条件, 有

$$\boldsymbol{T}=\begin{pmatrix}1&-1&2\\2&1&-3\\0&1&-2\end{pmatrix}\ \ 且\ \ \boldsymbol{A}=\begin{pmatrix}1&1&0\\0&-1&1\\1&0&-1\end{pmatrix}.$$

经计算, 得 $\boldsymbol{T}^{-1}=\begin{pmatrix}1&0&1\\4&-2&7\\2&-1&3\end{pmatrix}$ 且 $\boldsymbol{T}^{-1}\boldsymbol{AT}=\begin{pmatrix}4&-2&3\\23&-14&22\\11&-6&9\end{pmatrix}$. 根据定理 6.3.8, 最后一个矩阵就是 σ 在基 $\boldsymbol{\beta}_1, \boldsymbol{\beta}_2, \boldsymbol{\beta}_3$ 下的矩阵. 其次, 因为 $\boldsymbol{\xi}=\boldsymbol{\alpha}_1+2\boldsymbol{\alpha}_2-3\boldsymbol{\alpha}_3$, 又因为 σ 是线性的, 所以 $\sigma(\boldsymbol{\xi})=\sigma(\boldsymbol{\alpha}_1)+2\sigma(\boldsymbol{\alpha}_2)-3\sigma(\boldsymbol{\alpha}_3)$, 从而由已知条件, 得

$$\sigma(\boldsymbol{\xi})=(\boldsymbol{\alpha}_1+\boldsymbol{\alpha}_3)+2(\boldsymbol{\alpha}_1-\boldsymbol{\alpha}_2)-3(\boldsymbol{\alpha}_2-\boldsymbol{\alpha}_3),$$

即 $\sigma(\boldsymbol{\xi})=3\boldsymbol{\alpha}_1-5\boldsymbol{\alpha}_2+4\boldsymbol{\alpha}_3$, 因此 $\sigma(\boldsymbol{\xi})$ 关于基 $\boldsymbol{\alpha}_1, \boldsymbol{\alpha}_2, \boldsymbol{\alpha}_3$ 的坐标为 (3, −5, 4). 又

$$\boldsymbol{T}^{-1}\begin{pmatrix}3\\-5\\4\end{pmatrix}=\begin{pmatrix}1&0&1\\4&-2&7\\2&-1&3\end{pmatrix}\begin{pmatrix}3\\-5\\4\end{pmatrix}=\begin{pmatrix}7\\50\\23\end{pmatrix}.$$

根据坐标变换公式, $\sigma(\boldsymbol{\xi})$ 关于基 $\boldsymbol{\beta}_1, \boldsymbol{\beta}_2, \boldsymbol{\beta}_3$ 的坐标为 (7, 50, 23).

下面让我们转向讨论矩阵的相似关系. 已知定理 6.3.8 中矩阵 $\boldsymbol{A}$ 与 $\boldsymbol{B}$ 适合下列等式: $\boldsymbol{B}=\boldsymbol{T}^{-1}\boldsymbol{AT}$. 这样的两个矩阵称为相似的, 其确切定义如下.

定义 6.3.1 设 $\boldsymbol{A}$ 与 $\boldsymbol{B}$ 是数域 $\boldsymbol{F}$ 上两个 n 阶方阵. 如果存在数域 $\boldsymbol{F}$ 上一个 n 阶可逆矩阵 $\boldsymbol{T}$, 使得 $\boldsymbol{B}=\boldsymbol{T}^{-1}\boldsymbol{AT}$, 那么称 $\boldsymbol{A}$ **相似于** $\boldsymbol{B}$, 或称 $\boldsymbol{A}$ 与 $\boldsymbol{B}$ 是**相似的**, 记作 $\boldsymbol{A}\sim\boldsymbol{B}$, 并称 $\boldsymbol{T}$ 是 $\boldsymbol{A}$ 与 $\boldsymbol{B}$ 的一个**相似因子**.

与矩阵的相抵一样, 矩阵的相似也是一个重要概念. 值得一提的是, 相似因子不唯一. 事实上, 设 $\boldsymbol{T}$ 是 $\boldsymbol{A}$ 与 $\boldsymbol{B}$ 的一个相似因子. 容易验证, $2\boldsymbol{T}$ 是它们的另一个相似因子.

由定义易见, 如果 $\boldsymbol{A}$ 与 $\boldsymbol{B}$ 是相似的, 那么它们是两个相抵的方阵. 但是两个相抵的方阵一般不相似. 例如, 令 $\boldsymbol{A}=\begin{pmatrix}1&1\\0&1\end{pmatrix}$, 则 $\boldsymbol{A}$ 相抵于 2 阶单位矩阵 $\boldsymbol{E}$. 其次, 由定义不难验证, 与 $\boldsymbol{E}$ 相似的矩阵只能是其自身, 所以 $\boldsymbol{A}$ 不相似于 $\boldsymbol{E}$.

显然矩阵的相似是数域 $\boldsymbol{F}$ 上同阶方阵之间一种二元关系. 这种关系具有如下性质: 对任意的 $\boldsymbol{A}, \boldsymbol{B}, \boldsymbol{C}\in \boldsymbol{M}_n(\boldsymbol{F})$, 有

(1) 反身性: $\boldsymbol{A}\sim\boldsymbol{A}$;

(2) 对称性: 如果 $\boldsymbol{A}\sim\boldsymbol{B}$, 那么 $\boldsymbol{B}\sim\boldsymbol{A}$;

(3) 传递性: 如果 $\boldsymbol{A}\sim\boldsymbol{B}$, 并且 $\boldsymbol{B}\sim\boldsymbol{C}$, 那么 $\boldsymbol{A}\sim\boldsymbol{C}$.

这里只给出传递性的证明. 设 $\boldsymbol{A}\sim\boldsymbol{B}$ 且 $\boldsymbol{B}\sim\boldsymbol{C}$, 则存在两个可逆矩阵 $\boldsymbol{T}_1$ 与 $\boldsymbol{T}_2$, 使得

$$\boldsymbol{B}=\boldsymbol{T}_1^{-1}\boldsymbol{A}\boldsymbol{T}_1 \text{ 且 } \boldsymbol{C}=\boldsymbol{T}_2^{-1}\boldsymbol{B}\boldsymbol{T}_2.$$

令 $\boldsymbol{T}=\boldsymbol{T}_1\boldsymbol{T}_2$, 则 $\boldsymbol{T}$ 是可逆的. 容易验证, $\boldsymbol{T}^{-1}\boldsymbol{AT}=\boldsymbol{C}$, 因此 $\boldsymbol{A}\sim\boldsymbol{C}$, 传递性成立.

下面给出矩阵相似关系的两个基本性质. 由于等式 $\boldsymbol{B}=\boldsymbol{T}^{-1}\boldsymbol{AT}$ 可以改写成 $\boldsymbol{AT}=\boldsymbol{TB}$, 下列性质成立.

性质 6.3.1 数域 $\boldsymbol{F}$ 上两个 n 阶方阵 $\boldsymbol{A}$ 与 $\boldsymbol{B}$ 是相似的当且仅当存在数域 $\boldsymbol{F}$ 上一个 n 阶可逆矩阵 $\boldsymbol{T}$, 使得 $\boldsymbol{AT}=\boldsymbol{TB}$.

假设 $\boldsymbol{\alpha}_1, \boldsymbol{\alpha}_2, \cdots, \boldsymbol{\alpha}_n$ 是上述可逆矩阵 $\boldsymbol{T}$ 的列向量组, 那么它是 $\boldsymbol{F}^n$ 的一个基, 并且等式 $\boldsymbol{AT}=\boldsymbol{TB}$ 可以改写成 $\boldsymbol{A}(\boldsymbol{\alpha}_1, \boldsymbol{\alpha}_2, \cdots, \boldsymbol{\alpha}_n)=(\boldsymbol{\alpha}_1, \boldsymbol{\alpha}_2, \cdots, \boldsymbol{\alpha}_n)\boldsymbol{B}$, 即

$$(\boldsymbol{A\alpha}_1, \boldsymbol{A\alpha}_2, \cdots, \boldsymbol{A\alpha}_n)=(\boldsymbol{\alpha}_1, \boldsymbol{\alpha}_2, \cdots, \boldsymbol{\alpha}_n)\boldsymbol{B}. \tag{6.3.5}$$

这就得到下一个性质.

性质 6.3.2 数域 $\boldsymbol{F}$ 上两个 n 阶方阵 $\boldsymbol{A}$ 与 $\boldsymbol{B}$ 是相似的当且仅当存在 n 元列向量空间 $\boldsymbol{F}^n$ 的一个基 $\boldsymbol{\alpha}_1, \boldsymbol{\alpha}_2, \cdots, \boldsymbol{\alpha}_n$, 使得等式 (6.3.5) 成立.

为了讨论矩阵相似关系的进一步性质, 我们需要矩阵的迹的概念及其基本性质.

设 $\boldsymbol{A}=(a_{ij})\in \boldsymbol{M}_n(F)$, 则称 $\boldsymbol{A}$ 的主对角线上元素之和 $a_{11}+a_{22}+\cdots+a_{nn}$ 为 $\boldsymbol{A}$ **的迹**, 记作 $\mathrm{tr}(\boldsymbol{A})$. 矩阵的迹具有如下基本性质.

性质 6.3.3　设 $\boldsymbol{A}, \boldsymbol{B} \in \boldsymbol{M}_n(\boldsymbol{F})$ 且 $k \in \boldsymbol{F}$, 则

(1) $\operatorname{tr}(\boldsymbol{A} \pm \boldsymbol{B}) = \operatorname{tr}(\boldsymbol{A}) \pm \operatorname{tr}(\boldsymbol{B})$; (2) $\operatorname{tr}(k\boldsymbol{A}) = k\operatorname{tr}(\boldsymbol{A})$; (3) $\operatorname{tr}(\boldsymbol{AB}) = \operatorname{tr}(\boldsymbol{BA})$.

证明　(1) 和 (2) 显然成立, 只须证 (3). 假定 $\boldsymbol{A} = (a_{ij})$ 且 $\boldsymbol{B} = (b_{ij})$, 那么

$$\operatorname{tr}(\boldsymbol{AB}) = \sum_{i=1}^{n}\left(\sum_{j=1}^{n} a_{ij}b_{ji}\right) = \sum_{i=1}^{n}\sum_{j=1}^{n} a_{ij}b_{ji} \xlongequal[\text{号的位置}]{\text{交换求和}} \sum_{j=1}^{n}\sum_{i=1}^{n} a_{ij}b_{ji},$$

$$\operatorname{tr}(\boldsymbol{BA}) = \sum_{k=1}^{n}\left(\sum_{l=1}^{n} b_{kl}a_{lk}\right) = \sum_{k=1}^{n}\sum_{l=1}^{n} a_{lk}b_{kl} \xlongequal[\text{且 } l=i]{\text{令 } k=j} \sum_{j=1}^{n}\sum_{i=1}^{n} a_{ij}b_{ji},$$

所以 $\operatorname{tr}(\boldsymbol{AB}) = \operatorname{tr}(\boldsymbol{BA})$. □

命题 6.3.9　设 $\boldsymbol{A}, \boldsymbol{B} \in \boldsymbol{M}_n(\boldsymbol{F})$. 如果 $\boldsymbol{A} \sim \boldsymbol{B}$, 那么

(1) $|\boldsymbol{A}| = |\boldsymbol{B}|$; (2) $\operatorname{tr}(\boldsymbol{A}) = \operatorname{tr}(\boldsymbol{B})$; (3) $f(\boldsymbol{A}) \sim f(\boldsymbol{B}),\ \forall f(x) \in \boldsymbol{F}[x]$.

证明　已知 $\boldsymbol{A} \sim \boldsymbol{B}$. 根据性质 6.3.1, 存在一个可逆矩阵 $\boldsymbol{T}$, 使得 $\boldsymbol{AT} = \boldsymbol{TB}$. 根据行列式的乘法定理, 有 $|\boldsymbol{A}|\,|\boldsymbol{T}| = |\boldsymbol{T}|\,|\boldsymbol{B}|$. 注意到 $|\boldsymbol{T}| \neq 0$, 因此 $|\boldsymbol{A}| = |\boldsymbol{B}|$.

其次, 由于 $\boldsymbol{T}$ 是可逆的, 并且 $\boldsymbol{AT} = \boldsymbol{TB}$, 因此 $(\boldsymbol{AT})\boldsymbol{T}^{-1} = (\boldsymbol{TB})\boldsymbol{T}^{-1}$, 即 $\boldsymbol{A} = \boldsymbol{T}(\boldsymbol{BT}^{-1})$. 注意到 $\boldsymbol{B} = (\boldsymbol{BT}^{-1})\boldsymbol{T}$, 根据性质 6.3.3(3), 有 $\operatorname{tr}(\boldsymbol{A}) = \operatorname{tr}(\boldsymbol{B})$.

再次, 我们断言, 对任意正整数 k, 有 $\boldsymbol{A}^k\boldsymbol{T} = \boldsymbol{TB}^k$. 事实上, 当 $k = 1$ 时, 有 $\boldsymbol{AT} = \boldsymbol{TB}$. 假定 $k > 1$, 并且 $\boldsymbol{A}^{k-1}\boldsymbol{T} = \boldsymbol{TB}^{k-1}$. 用 $\boldsymbol{A}$ 去左乘等式两边, 得

$$\boldsymbol{A}(\boldsymbol{A}^{k-1}\boldsymbol{T}) = \boldsymbol{A}(\boldsymbol{TB}^{k-1}),\ \text{即}\ \boldsymbol{A}^k\boldsymbol{T} = (\boldsymbol{AT})\boldsymbol{B}^{k-1}.$$

从而由 $\boldsymbol{AT} = \boldsymbol{TB}$, 得 $\boldsymbol{A}^k\boldsymbol{T} = \boldsymbol{TB}^k$. 根据数学归纳法原理, 上述断语成立. 现在, 对任意的 $f(x) \in \boldsymbol{F}[x]$, 不妨设 $f(x) = a_0 + a_1x + \cdots + a_mx^m$, 那么

$$a_0\boldsymbol{T} + a_1\boldsymbol{AT} + \cdots + a_m\boldsymbol{A}^m\boldsymbol{T} = a_0\boldsymbol{T} + a_1\boldsymbol{TB} + \cdots + a_m\boldsymbol{TB}^m,$$

即

$$(a_0\boldsymbol{E} + a_1\boldsymbol{A} + \cdots + a_m\boldsymbol{A}^m)\boldsymbol{T} = \boldsymbol{T}(a_0\boldsymbol{E} + a_1\boldsymbol{B} + \cdots + a_m\boldsymbol{B}^m),$$

所以 $f(\boldsymbol{A})\boldsymbol{T} = \boldsymbol{T}f(\boldsymbol{B})$. 再加上 $\boldsymbol{T}$ 是可逆的. 根据性质 6.3.1, 有 $f(\boldsymbol{A}) \sim f(\boldsymbol{B})$. □

有关矩阵相似关系的进一步性质, 将分散在后面的章节进行讨论.

习题 6.3

1. (1) 求 $\boldsymbol{M}_2(\boldsymbol{F})$ 上线性变换 σ 与 τ 在基 $\boldsymbol{E}_{11}, \boldsymbol{E}_{12}, \boldsymbol{E}_{21}, \boldsymbol{E}_{22}$ 下的矩阵, 这里

$$\sigma : \boldsymbol{X} \mapsto \begin{pmatrix} a & b \\ c & d \end{pmatrix}\boldsymbol{X}\ \text{且}\ \tau : \boldsymbol{X} \mapsto \boldsymbol{X}\begin{pmatrix} a & b \\ c & d \end{pmatrix},\ \forall \boldsymbol{X} \in \boldsymbol{M}_2(\boldsymbol{F});$$

(2) 求线性映射 σ 在 $\boldsymbol{F}^3$ 的标准基 $\varepsilon_1, \varepsilon_2, \varepsilon_3$ 和 $\boldsymbol{F}^2$ 的标准基 ϵ_1, ϵ_2 下的矩阵, 这里

$$\sigma : \boldsymbol{F}^3 \to \boldsymbol{F}^2,\ (x_1, x_2, x_3) \mapsto (2x_1 - x_2, x_2 + x_3);$$

(3) 求 $\boldsymbol{F}_4[x]$ 上微分变换 $\mathscr{D}$ 在基 $1, \dfrac{x-a}{1!}, \dfrac{(x-a)^2}{2!}, \dfrac{(x-a)^3}{3!}$ 下的矩阵.

2. 在几何平面 $\mathbb{V}_2$ 上, 取定一个直角坐标系 Oxy. 令 σ 是 $\mathbb{V}_2$ 在第一和第三象限分角线上的正射影, τ 是 $\mathbb{V}_2$ 在 y 轴上的正射影. 求 σ, τ 与 $\sigma\tau$ 在基 $\{\boldsymbol{e}_1, \boldsymbol{e}_2\}$ 下的矩阵, 这里 $\boldsymbol{e}_1$ 和 $\boldsymbol{e}_2$ 分别是 x 轴和 y 轴正向上的单位向量.

3. 设 σ 是线性空间 $\boldsymbol{V}_n(\boldsymbol{F})$ 上一个线性变换. 证明: 如果 $\sigma^{n-1}\neq\vartheta$, 但 $\sigma^n=\vartheta$, 那么存在 $\boldsymbol{V}$ 的一个基, 使得 σ 在这个基下的矩阵为 $\begin{pmatrix}\boldsymbol{0} & 0\\ \boldsymbol{E}_{n-1} & \boldsymbol{0}\end{pmatrix}$.

4. 设 σ 是线性空间 $\boldsymbol{F}^2$ 上一个线性变换, 它在基 $\{\boldsymbol{\alpha}_1, \boldsymbol{\alpha}_2\}$ 下的矩阵为 $\begin{pmatrix}1 & -1\\ -1 & 0\end{pmatrix}$, 这里 $\boldsymbol{\alpha}_1=(1, 0)$ 且 $\boldsymbol{\alpha}_2=(1, 1)$. 写出变换 σ 的对应法则.

5. 已知 $\boldsymbol{\alpha}_1=(1, 0, 1)$, $\boldsymbol{\alpha}_2=(2, 1, 0)$, $\boldsymbol{\alpha}_3=(1, 1, 1)$ 与 $\boldsymbol{\beta}_1=(1, 2, -1)$, $\boldsymbol{\beta}_2=(2, 2, -1)$, $\boldsymbol{\beta}_3=(2, -1, -1)$ 是 $\boldsymbol{F}^3$ 的两个基. 设 σ 是 $\boldsymbol{F}^3$ 上一个线性变换, 使得 $\sigma(\boldsymbol{\alpha}_i)=\boldsymbol{\beta}_i$, $i=1, 2, 3$. 令 $\boldsymbol{T}$ 是从基 $\boldsymbol{\alpha}_1, \boldsymbol{\alpha}_2, \boldsymbol{\alpha}_3$ 到基 $\boldsymbol{\beta}_1, \boldsymbol{\beta}_2, \boldsymbol{\beta}_3$ 的过渡矩阵, 并令 $\boldsymbol{A}$, $\boldsymbol{B}$ 和 $\boldsymbol{C}$ 依次为 σ 在基 $\boldsymbol{\alpha}_1, \boldsymbol{\alpha}_2, \boldsymbol{\alpha}_3$, 基 $\boldsymbol{\beta}_1, \boldsymbol{\beta}_2, \boldsymbol{\beta}_3$ 和标准基 $\boldsymbol{\varepsilon}_1, \boldsymbol{\varepsilon}_2, \boldsymbol{\varepsilon}_3$ 下的矩阵. 分别求矩阵 $\boldsymbol{T}$, $\boldsymbol{A}$, $\boldsymbol{B}$ 和 $\boldsymbol{C}$.

6. 已知 $\boldsymbol{\alpha}_1, \boldsymbol{\alpha}_2, \boldsymbol{\alpha}_3$ 与 $\boldsymbol{\beta}_1, \boldsymbol{\beta}_2, \boldsymbol{\beta}_3$ 是线性空间 $\boldsymbol{V}_3(\boldsymbol{F})$ 的两个基, 其中

$$\boldsymbol{\beta}_1=2\boldsymbol{\alpha}_1+3\boldsymbol{\alpha}_2+\boldsymbol{\alpha}_3,\ \boldsymbol{\beta}_2=3\boldsymbol{\alpha}_1+4\boldsymbol{\alpha}_2+\boldsymbol{\alpha}_3,\ \boldsymbol{\beta}_3=\boldsymbol{\alpha}_1+2\boldsymbol{\alpha}_2+2\boldsymbol{\alpha}_3.$$

设 $\boldsymbol{\xi}=2\boldsymbol{\alpha}_1+\boldsymbol{\alpha}_2-\boldsymbol{\alpha}_3$. 令 σ 是 $\boldsymbol{V}$ 上一个线性变换, 使得

$$\sigma(\boldsymbol{\alpha}_1)=15\boldsymbol{\alpha}_1+20\boldsymbol{\alpha}_2+8\boldsymbol{\alpha}_3, \sigma(\boldsymbol{\alpha}_2)=-11\boldsymbol{\alpha}_1-15\boldsymbol{\alpha}_2-7\boldsymbol{\alpha}_3,\ \sigma(\boldsymbol{\alpha}_3)=5\boldsymbol{\alpha}_1+8\boldsymbol{\alpha}_2+6\boldsymbol{\alpha}_3.$$

求 σ 在基 $\boldsymbol{\beta}_1, \boldsymbol{\beta}_2, \boldsymbol{\beta}_3$ 下的矩阵, 并求 $\sigma(\boldsymbol{\xi})$ 关于上述两个基的坐标.

7. 设 $\boldsymbol{V}$ 是数域 $\boldsymbol{F}$ 上一个 n 维线性空间, 并设 σ 是 $\boldsymbol{V}$ 上一个线性变换. 证明:
   (1) $\mathrm{Hom}_{\boldsymbol{F}}(\boldsymbol{V}, \boldsymbol{V})$ 中任意 n^2+1 个向量必线性相关;
   (2) 存在数域 $\boldsymbol{F}$ 上一个次数不超过 n^2 的非零多项式 $f(x)$, 使得 $f(\sigma)=\vartheta$;
   (3) 若 σ 是可逆的, 则存在数域 $\boldsymbol{F}$ 上一个常数项不为零的多项式 $g(x)$, 使得 $g(\sigma)=\vartheta$, 反之亦然.

8. 设 $\boldsymbol{A}, \boldsymbol{B}\in\boldsymbol{M}_n(\boldsymbol{F})$ 且 $\boldsymbol{C}, \boldsymbol{D}\in\boldsymbol{M}_m(\boldsymbol{F})$, 并设 $k\in\boldsymbol{F}$. 证明:
   (1) 如果 $\boldsymbol{A}$ 是可逆的, 那么 $\boldsymbol{AB}\sim\boldsymbol{BA}$;
   (2) 如果 $\boldsymbol{A}\sim\boldsymbol{B}$, 那么 $k\boldsymbol{A}\sim k\boldsymbol{B}$, 并且 $\boldsymbol{A}'\sim\boldsymbol{B}'$;
   (3) 如果 $\boldsymbol{A}\sim\boldsymbol{B}$, 并且 $\boldsymbol{A}$ 是可逆的, 那么 $\boldsymbol{B}$ 也是可逆的, 并且 $\boldsymbol{A}^{-1}\sim\boldsymbol{B}^{-1}$;
   (4) 如果 $\boldsymbol{A}\sim\boldsymbol{B}$, 并且 $\boldsymbol{C}\sim\boldsymbol{D}$, 那么 $\mathrm{diag}\{\boldsymbol{A}, \boldsymbol{C}\}\sim\mathrm{diag}\{\boldsymbol{B}, \boldsymbol{D}\}$.

9. 设 $\boldsymbol{A}\in\boldsymbol{M}_3(\boldsymbol{F})$ 且 $\boldsymbol{\eta}_1, \boldsymbol{\eta}_2, \boldsymbol{\eta}_3\in\boldsymbol{F}^3$, 并设 $\boldsymbol{A\eta}_1=\boldsymbol{\eta}_1$, $\boldsymbol{A\eta}_2=-\boldsymbol{\eta}_2$, $\boldsymbol{A\eta}_3=\boldsymbol{\eta}_1+\boldsymbol{\eta}_3$. 证明: 如果 $\boldsymbol{\eta}_1$ 与 $\boldsymbol{\eta}_2$ 都是非零向量, 那么 $\boldsymbol{A}$ 相似于 $\boldsymbol{B}$, 这里 $\boldsymbol{B}=\begin{pmatrix}1 & 0 & 1\\ 0 & -1 & 0\\ 0 & 0 & 1\end{pmatrix}$.

10. 设 σ 是线性空间 $\boldsymbol{V}_n(\boldsymbol{F})$ 上一个线性变换. 令 $\boldsymbol{A}$ 是 σ 在 $\boldsymbol{V}$ 的一个基下的矩阵. 证明: σ 是幂等的当且仅当 $\boldsymbol{A}$ 是幂等的;σ 是对合的当且仅当 $\boldsymbol{A}$ 是对合的.

11. 证明: 与纯量矩阵相似的矩阵只能是它自身. 证明: 与幂等矩阵 (对合矩阵、幂零矩阵) 相似的矩阵仍然是幂等的 (对合的、幂零的).

12. 设 $\boldsymbol{A}$ 相似于 $\boldsymbol{B}$. 求 u 与 v 的值, 这里 $\boldsymbol{A}=\begin{pmatrix} u & v & 0 \\ 1 & 2 & 1 \\ 0 & 1 & 2 \end{pmatrix}$ 且 $\boldsymbol{B}=\begin{pmatrix} 0 & u & 1 \\ 1 & 2 & 1 \\ 0 & v & 3 \end{pmatrix}$.

*13. 设 $\boldsymbol{A}, \boldsymbol{B} \in \boldsymbol{M}_n(\boldsymbol{F})$. 证明: 如果 $\boldsymbol{AB}-\boldsymbol{BA}=\boldsymbol{A}$, 那么 $\boldsymbol{A}$ 不是可逆的.

[提示: 用反证法, 并考虑矩阵的迹.]

*14. 设 σ 与 τ 是线性空间 $\boldsymbol{V}_n(\boldsymbol{F})$ 上两个线性变换. 证明:

$$\operatorname{rank}(\sigma\tau) \geqslant \operatorname{rank}(\sigma)+\operatorname{rank}(\tau)-n.$$

*15. 设 σ 是线性空间 $\boldsymbol{V}_n(\boldsymbol{F})$ 上一个线性变换. 证明下列条件等价: (1) σ 是数乘变换; (2) σ 与 $\boldsymbol{V}$ 上每一个线性变换都可交换; (3) σ 在 $\boldsymbol{V}$ 的任意一个基下的矩阵都相同.

6.4 不变子空间

从这一节开始我们将把讨论的范围缩小到线性变换. 在解析几何里, 讨论二次曲线的基本思想是简化曲线方程的表达式, 即选取适当的坐标系, 使得曲线的方程具有比较简单的表达式. 这种思想对于线性变换仍然适用. 根据推论 6.3.2, 给定有限维线性空间上一个线性变换 σ, 简化 σ 的表达式相当于寻找空间的一个基, 使得 σ 在这个基下的矩阵具有比较简单的形状. 在这一节和接下去两节, 我们将主要讨论这个问题. 这个问题与线性空间的直和分解有密切联系, 这里的直和当然必须与所给线性变换 σ 发生联系. 换句话说, 其中的直和项是与 σ 有关的子空间. 这就是本节要讨论的不变子空间.

在这一节我们将首先给出不变子空间的概念和例子, 然后讨论不变子空间的有关性质, 最后简单介绍零化多项式和最小多项式. 本节主要在理论上探讨一个线性空间可以分解成一些不变子空间的直和的条件.

定义 6.4.1 设 σ 是线性空间 $\boldsymbol{V}(\boldsymbol{F})$ 上一个线性变换, 并设 $\boldsymbol{W}$ 是 $\boldsymbol{V}$ 的一个子空间. 如果 $\boldsymbol{W}$ 中每一个向量在 σ 下的像仍然在 $\boldsymbol{W}$ 中, 即对任意的 $\boldsymbol{\xi} \in \boldsymbol{W}$, 有 $\sigma(\boldsymbol{\xi}) \in \boldsymbol{W}$, 那么称 $\boldsymbol{W}$ 是 σ 的一个**不变子空间**, 或称 $\boldsymbol{W}$ 在 σ 之下**不变**.

定义中条件 $\sigma(\boldsymbol{\xi}) \in \boldsymbol{W}$ $(\forall \boldsymbol{\xi} \in \boldsymbol{W})$ 等价于 $\sigma(\boldsymbol{W}) \subseteq \boldsymbol{W}$, 这里 $\sigma(\boldsymbol{W})$ 表示由 $\boldsymbol{W}$ 中全体向量在 σ 下的像组成的集合, 即 $\{\sigma(\boldsymbol{\xi}) \mid \boldsymbol{\xi} \in \boldsymbol{W}\}$.

显然两个平凡子空间 $\boldsymbol{V}$ 与 $\{\boldsymbol{\theta}\}$ 都在 σ 之下不变.

例 6.4.1 设 ℓ 是几何空间 $\mathbb{V}_3$ 中通过原点的一条直线. 令 $\varPhi$ 是绕直线 ℓ 旋转一个角度 ϕ 的旋转变换. 由于旋转轴 ℓ 上的点在旋转过程中保持不动, 因此 ℓ 是 $\varPhi$ 的一个不变子空间. 再令 $\boldsymbol{W}$ 是通过原点且垂直于直线 ℓ 的平面. 由于平面 $\boldsymbol{W}$ 上的点旋转后仍然在 $\boldsymbol{W}$ 上, 因此 $\boldsymbol{W}$ 也是 $\varPhi$ 的一个不变子空间. 显然 $\mathbb{V}_3$ 可以分解成这两个不变子空间的直和.

例 6.4.2 设 σ 是线性空间 $\boldsymbol{V}(\boldsymbol{F})$ 上一个线性变换, 则对任意的 $\boldsymbol{\xi} \in \operatorname{Ker}(\sigma)$, 有 $\sigma(\boldsymbol{\xi})=\boldsymbol{\theta}$, 所以 $\sigma(\boldsymbol{\xi}) \in \operatorname{Ker}(\sigma)$, 因此 σ 的核 $\operatorname{Ker}(\sigma)$ 在 σ 之下不变. 另一方面, 由 $\operatorname{Im}(\sigma) \subseteq \boldsymbol{V}$, 有 $\{\sigma(\boldsymbol{\xi}) \mid \boldsymbol{\xi} \in \operatorname{Im}(\sigma)\} \subseteq \{\sigma(\boldsymbol{\xi}) \mid \boldsymbol{\xi} \in \boldsymbol{V}\}$, 即 $\sigma(\operatorname{Im}(\sigma)) \subseteq \operatorname{Im}(\sigma)$, 因此 σ 的像 $\operatorname{Im}(\sigma)$ 也在 σ 之下不变.

其次，设 τ 也是 $\boldsymbol{V}$ 上一个线性变换. 如果 σ 与 τ 是可交换的，那么 τ 的核 $\mathrm{Ker}(\tau)$ 与像 $\mathrm{Im}(\tau)$ 都在 σ 之下不变. 事实上，对任意的 $\boldsymbol{\xi} \in \mathrm{Ker}(\tau)$，有 $\tau(\boldsymbol{\xi}) = \boldsymbol{\theta}$，所以 $\sigma[\tau(\boldsymbol{\xi})] = \boldsymbol{\theta}$，即 $\sigma\tau(\boldsymbol{\xi}) = \boldsymbol{\theta}$. 已知 $\sigma\tau = \tau\sigma$，那么 $\tau\sigma(\boldsymbol{\xi}) = \boldsymbol{\theta}$，即 $\tau[\sigma(\boldsymbol{\xi})] = \boldsymbol{\theta}$，因此 $\sigma(\boldsymbol{\xi}) \in \mathrm{Ker}(\tau)$，故 $\mathrm{Ker}(\tau)$ 在 σ 之下不变. 另一方面，设 $\boldsymbol{\eta} \in \mathrm{Im}(\tau)$，则存在 $\boldsymbol{\xi} \in \boldsymbol{V}$，使得 $\boldsymbol{\eta} = \tau(\boldsymbol{\xi})$，所以 $\sigma(\boldsymbol{\eta}) = \sigma\tau(\boldsymbol{\xi})$. 已知 $\sigma\tau = \tau\sigma$，那么 $\sigma(\boldsymbol{\eta}) = \tau\sigma(\boldsymbol{\xi})$，即 $\sigma(\boldsymbol{\eta}) = \tau[\sigma(\boldsymbol{\xi})]$，因此 $\sigma(\boldsymbol{\eta}) \in \mathrm{Im}(\tau)$，故 $\mathrm{Im}(\tau)$ 也在 σ 之下不变.

再次，设 $f(x)$ 与 $g(x)$ 是数域 $\boldsymbol{F}$ 上两个多项式，则 $f(\sigma)$ 与 $g(\sigma)$ 都是 $\boldsymbol{V}$ 上的线性变换，并且它们是可交换的. 根据上面的讨论，$\mathrm{Ker}[f(\sigma)]$ 与 $\mathrm{Im}[f(\sigma)]$ 都在 $g(\sigma)$ 之下不变. 特别地，$\mathrm{Ker}[f(\sigma)]$ 与 $\mathrm{Im}[f(\sigma)]$ 都在 σ 之下不变.

例 6.4.3 设 σ 是线性空间 $\boldsymbol{V}(\boldsymbol{F})$ 上一个线性变换，并设 $\boldsymbol{W}_1, \boldsymbol{W}_2, \cdots, \boldsymbol{W}_s$ 是 σ 的 s 个不变子空间. 令 $\boldsymbol{W} = \boldsymbol{W}_1 + \boldsymbol{W}_2 + \cdots + \boldsymbol{W}_s$ 且 $\boldsymbol{U} = \boldsymbol{W}_1 \cap \boldsymbol{W}_2 \cap \cdots \cap \boldsymbol{W}_s$，则 $\boldsymbol{W}$ 与 $\boldsymbol{U}$ 都在 σ 之下不变. 事实上，对任意的 $\boldsymbol{\xi} \in \boldsymbol{W}$，存在 $\boldsymbol{\xi}_i \in \boldsymbol{W}_i$，$i = 1, 2, \cdots, s$，使得

$$\boldsymbol{\xi} = \boldsymbol{\xi}_1 + \boldsymbol{\xi}_2 + \cdots + \boldsymbol{\xi}_s.$$

已知 σ 是线性的，那么 $\sigma(\boldsymbol{\xi}) = \sigma(\boldsymbol{\xi}_1) + \sigma(\boldsymbol{\xi}_2) + \cdots + \sigma(\boldsymbol{\xi}_s)$. 又已知 $\boldsymbol{W}_i$ 在 σ 之下不变，那么 $\sigma(\boldsymbol{\xi}_i) \in \boldsymbol{W}_i$，$i = 1, 2, \cdots, s$，所以 $\sigma(\boldsymbol{\xi}) \in \boldsymbol{W}_1 + \boldsymbol{W}_2 + \cdots + \boldsymbol{W}_s$，因此 $\sigma(\boldsymbol{\xi}) \in \boldsymbol{W}$，故 $\boldsymbol{W}$ 在 σ 之下不变. 类似地，可以验证，$\boldsymbol{U}$ 也在 σ 之下不变.

设 $\boldsymbol{\alpha}_1, \boldsymbol{\alpha}_2, \cdots, \boldsymbol{\alpha}_s \in \boldsymbol{V}$. 令 $\boldsymbol{W} = \mathscr{L}(\boldsymbol{\alpha}_1, \boldsymbol{\alpha}_2, \cdots, \boldsymbol{\alpha}_s)$，并令 σ 是 $\boldsymbol{V}$ 上一个线性变换. 容易验证，$\sigma(\boldsymbol{W})$ 是由向量组 $\sigma(\boldsymbol{\alpha}_1), \sigma(\boldsymbol{\alpha}_2), \cdots, \sigma(\boldsymbol{\alpha}_s)$ 的一切可能的线性组合组成的集合，即

$$\sigma(\boldsymbol{W}) = \mathscr{L}\big(\sigma(\boldsymbol{\alpha}_1), \sigma(\boldsymbol{\alpha}_2), \cdots, \sigma(\boldsymbol{\alpha}_s)\big).$$

由此不难看出，$\sigma(\boldsymbol{W}) \subseteq \boldsymbol{W}$ 当且仅当 $\sigma(\boldsymbol{\alpha}_1), \sigma(\boldsymbol{\alpha}_2), \cdots, \sigma(\boldsymbol{\alpha}_s) \in \boldsymbol{W}$. 这就得到下列命题.

命题 6.4.1 设 σ 是线性空间 $\boldsymbol{V}(\boldsymbol{F})$ 上一个线性变换，并设 $\boldsymbol{W} = \mathscr{L}(\boldsymbol{\alpha}_1, \boldsymbol{\alpha}_2, \cdots, \boldsymbol{\alpha}_s)$，则 $\boldsymbol{W}$ 是 σ 的一个不变子空间当且仅当 $\sigma(\boldsymbol{\alpha}_1), \sigma(\boldsymbol{\alpha}_2), \cdots, \sigma(\boldsymbol{\alpha}_s) \in \boldsymbol{W}$，或者等价地，当且仅当存在数域 $\boldsymbol{F}$ 上一个 s 阶方阵 $\boldsymbol{A}$，使得

$$\big(\sigma(\boldsymbol{\alpha}_1), \sigma(\boldsymbol{\alpha}_2), \cdots, \sigma(\boldsymbol{\alpha}_s)\big) = (\boldsymbol{\alpha}_1, \boldsymbol{\alpha}_2, \cdots, \boldsymbol{\alpha}_s)\boldsymbol{A}. \tag{6.4.1}$$

设 $\varPhi$ 是平面 $\mathbb{V}_2$ 上绕原点旋转 90° 的旋转变换. 令 $\boldsymbol{W}$ 是 $\mathbb{V}_2$ 的一个非平凡子空间，则它是通过原点的一条直线. 易见，直线 $\boldsymbol{W}$ 上每一个非零向量 $\boldsymbol{\xi}$ 在 $\varPhi$ 下的像 $\varPhi(\boldsymbol{\xi})$ 都不在这条直线上，所以 $\boldsymbol{W}$ 不是 $\varPhi$ 的不变子空间. 这就是说，存在一些线性变换，　　它们没有非平凡不变子空间. 上述命题表明，线性空间 $\boldsymbol{V}(\boldsymbol{F})$ 上一个线性变换 σ 存在有限维非平凡不变子空间当且仅当存在 $\boldsymbol{V}$ 中一组不全为零的向量 $\boldsymbol{\alpha}_1, \boldsymbol{\alpha}_2, \cdots, \boldsymbol{\alpha}_s$，使得 $\mathscr{L}(\boldsymbol{\alpha}_1, \boldsymbol{\alpha}_2, \cdots, \boldsymbol{\alpha}_n) \neq \boldsymbol{V}$，并且 (6.4.1) 式成立.

设 $\boldsymbol{W}$ 是 $\boldsymbol{V}$ 的一个非空子集. 令 σ 是 $\boldsymbol{V}$ 上一个变换，使得 $\sigma(\boldsymbol{W}) \subseteq \boldsymbol{W}$，则可以规定 $\boldsymbol{W}$ 上一个变换如下：$\sigma|_{\boldsymbol{W}} : \boldsymbol{W} \to \boldsymbol{W}$，$\boldsymbol{\xi} \mapsto \sigma(\boldsymbol{\xi})$，称为 **$\boldsymbol{\sigma}$ 在 $\boldsymbol{W}$ 上的限制**. 容易验证，下列命题成立.

命题 6.4.2 设 σ 是线性空间 $\boldsymbol{V}(\boldsymbol{F})$ 上一个线性变换，并设 $\boldsymbol{W}$ 是 $\boldsymbol{V}$ 的一个子空间. 如果 $\boldsymbol{W}$ 在 σ 之下不变，那么 σ 在 $\boldsymbol{W}$ 上的限制 $\sigma|_{\boldsymbol{W}}$ 是 $\boldsymbol{W}$ 上一个线性变换.

下面考虑一个线性空间可以分解成一些不变子空间的直和的条件. 首先考虑有限维线性空间的情形. 此时, 我们有下面的定理.

定理 6.4.3 设 σ 是 $V_n(F)$ 上一个线性变换, 则 V 可以分解成 σ 的 s 个非平凡不变子空间的直和 $V = W_1 \oplus W_2 \oplus \cdots \oplus W_s$ 当且仅当存在 V 的一个基, 使得 σ 在这个基下的矩阵是准对角矩阵 $\operatorname{diag}\{A_1, A_2, \cdots, A_s\}$, 其中每一个 A_i 的阶数等于 W_i 的维数 $(i = 1, 2, \cdots, s)$.

证明 为了便于书写, 我们只证明 $s = 2$ 的情形. 设 W_1 与 W_2 是 σ 的两个非平凡不变子空间, 使得 $V = W_1 \oplus W_2$. 令 $\dim W_1 = r$, 则 $\dim W_2 = n - r$. 取 W_1 的一个基 $\alpha_1, \alpha_2, \cdots, \alpha_r$, 并取 W_2 的一个基 $\alpha_{r+1}, \cdots, \alpha_n$, 那么

$$\alpha_1, \alpha_2, \cdots, \alpha_r, \alpha_{r+1}, \cdots, \alpha_n$$

是 V 的一个基. 令 A_1 是 $\sigma|_{W_1}$ 在 W_1 的基 $\alpha_1, \alpha_2, \cdots, \alpha_r$ 下的矩阵, A_2 是 $\sigma|_{W_2}$ 在 W_2 的基 $\alpha_{r+1}, \cdots, \alpha_n$ 下的矩阵, 则

$$(\sigma(\alpha_1), \sigma(\alpha_2), \cdots, \sigma(\alpha_r)) = (\alpha_1, \alpha_2, \cdots, \alpha_r)A_1, \tag{6.4.2}$$

$$(\sigma(\alpha_{r+1}), \cdots, \sigma(\alpha_n)) = (\alpha_{r+1}, \cdots, \alpha_n)A_2. \tag{6.4.3}$$

这两个等式可以统一写成

$$(\sigma(\alpha_1), \sigma(\alpha_2), \cdots, \sigma(\alpha_n)) = (\alpha_1, \alpha_2, \cdots, \alpha_n)\begin{pmatrix} A_1 & \mathbf{0} \\ \mathbf{0} & A_2 \end{pmatrix}. \tag{6.4.4}$$

因此 σ 在 V 的基 $\alpha_1, \alpha_2, \cdots, \alpha_n$ 下的矩阵是上式右边的准对角矩阵, 其中 A_i 的阶数等于 W_i 的维数 $(i = 1, 2)$.

反之, 设存在 V 的一个基 $\alpha_1, \alpha_2, \cdots, \alpha_n$, 使得 (6.4.4) 式成立. 不妨设 A_1 的阶数等于 r, 那么 A_2 的阶数等于 $n - r$, 并且 (6.4.2) 和 (6.4.3) 两式都成立. 令 $W_1 = \mathscr{L}(\alpha_1, \alpha_2, \cdots, \alpha_r)$ 且 $W_2 = \mathscr{L}(\alpha_{r+1}, \cdots, \alpha_n)$, 则 W_1 与 W_2 是 V 的两个非平凡子空间. 根据命题 6.4.1, 它们都在 σ 之下不变. 根据定理 5.6.5, V 可以分解成这两个子空间的直和, 即 $V = W_1 \oplus W_2$. □

考察例 6.4.1, $\mathbb{V}_3$ 可以分解成旋转变换 $\varPhi$ 的两个不变子空间 ℓ 与 W 的直和. 在旋转轴 ℓ 上取一个非零向量 e_1, 并在平面 W 上取两个互相垂直的单位向量 e_2 和 e_3, 那么 e_1, e_2, e_3 是 $\mathbb{V}_3$ 的一个基. 显然 $\varPhi(e_1) = e_1$. 易见 $\varPhi$ 在 W 上的限制 $\varPhi|_W$ 是平面 W 上绕原点旋转一个角度 ϕ 的旋转变换. 根据例 6.3.3, 当旋转方向是逆时针方向时, $\varPhi|_W$ 在 W 的基 $\{e_2, e_3\}$ 下的矩阵为 $\begin{pmatrix} \cos\phi & -\sin\phi \\ \sin\phi & \cos\phi \end{pmatrix}$. 根据定理 6.4.3, $\varPhi$ 在 $\mathbb{V}_3$ 的基 e_1, e_2, e_3 下的矩阵是右边的准对角矩阵. 对照推论 6.3.2, 如果用这个矩阵来表示旋转变换 $\varPhi$, 其表达式无疑是比较简单的.

$$\begin{pmatrix} 1 & 0 & 0 \\ 0 & \cos\phi & -\sin\phi \\ 0 & \sin\phi & \cos\phi \end{pmatrix}$$

容易看出, 定理 6.4.3 中不变子空间 $W_1, W_2, \cdots, W_s$ 的维数越低, 相应的矩阵 $\operatorname{diag}\{A_1, A_2, \cdots, A_s\}$ 的形状就越简单. 特别地, 当这些子空间的维数都是 1 时, 相应的矩阵是对角矩阵. 如果用这样的准对角矩阵或对角矩阵来表示相应的线性变换, 那么其表达式也是比较简单的. 现在, 关键的问题是, 怎样寻找 σ 的一些不变子空间, 使得 V 可以分解成这些子空间

的直和. 这个问题与线性变换的零化多项式有密切联系.

定义 6.4.2 设 σ 是线性空间 $\boldsymbol{V}(\boldsymbol{F})$ 上一个线性变换. 令 $f(x)$ 是数域 $\boldsymbol{F}$ 上一个多项式. 如果 $f(\sigma)=\vartheta$, 那么称 $f(x)$ 为 σ 的一个**零化多项式**.

定理 6.4.4 设 σ 是线性空间 $\boldsymbol{V}(\boldsymbol{F})$ 上一个线性变换. 令 $f(x)$ 是 σ 的一个零化多项式. 如果 $f(x)$ 可以分解成两个互素多项式 $g(x)$ 与 $h(x)$ 的乘积, 那么 $\boldsymbol{V}$ 可以分解成 σ 的两个不变子空间 $\mathrm{Ker}[g(\sigma)]$ 与 $\mathrm{Ker}[h(\sigma)]$ 的直和.

证明 根据例 6.4.2, $\mathrm{Ker}[g(\sigma)]$ 与 $\mathrm{Ker}[h(\sigma)]$ 是 σ 的两个不变子空间. 已知 $f(x)$ 是 σ 的一个零化多项式, 并且 $f(x)=g(x)h(x)$, 那么 $g(\sigma)h(\sigma)=\vartheta$. 因为 $g(x)$ 与 $h(x)$ 互素, 所以存在 $u(x), v(x)\in \boldsymbol{F}[x]$, 使得 $1=v(x)h(x)+u(x)g(x)$. 于是

$$\iota=v(\sigma)h(\sigma)+u(\sigma)g(\sigma).$$

根据线性映射的加法定义, 对任意的 $\boldsymbol{\xi}\in\boldsymbol{V}$, 有

$$\boldsymbol{\xi}=[v(\sigma)h(\sigma)](\boldsymbol{\xi})+[u(\sigma)g(\sigma)](\boldsymbol{\xi}). \tag{6.4.5}$$

令 $\boldsymbol{\eta}=[v(\sigma)h(\sigma)](\boldsymbol{\xi})$ 且 $\boldsymbol{\zeta}=[u(\sigma)g(\sigma)](\boldsymbol{\xi})$, 则 $\boldsymbol{\xi}=\boldsymbol{\eta}+\boldsymbol{\zeta}$. 已知关于 σ 的任意两个多项式都是可交换的, 那么由 $g(\sigma)h(\sigma)=\vartheta$, 易见 $g(\sigma)\{[v(\sigma)h(\sigma)](\boldsymbol{\xi})\}=\boldsymbol{\theta}$, 即 $g(\sigma)(\boldsymbol{\eta})=\boldsymbol{\theta}$, 所以 $\boldsymbol{\eta}\in\mathrm{Ker}[g(\sigma)]$. 类似地, 可证 $\boldsymbol{\zeta}\in\mathrm{Ker}[h(\sigma)]$. 于是由 $\boldsymbol{\xi}=\boldsymbol{\eta}+\boldsymbol{\zeta}$, 得

$$\boldsymbol{\xi}\in\mathrm{Ker}[g(\sigma)]+\mathrm{Ker}[h(\sigma)],$$

因此

$$\boldsymbol{V}=\mathrm{Ker}[g(\sigma)]+\mathrm{Ker}[h(\sigma)].$$

其次, 设 $\boldsymbol{\alpha}\in\mathrm{Ker}[g(\sigma)]\cap\mathrm{Ker}[h(\sigma)]$, 则 $g(\sigma)(\boldsymbol{\alpha})=h(\sigma)(\boldsymbol{\alpha})=\boldsymbol{\theta}$. 根据 (6.4.5) 式, 有

$$\boldsymbol{\alpha}=v(\sigma)[h(\sigma)(\boldsymbol{\alpha})]+u(\sigma)[g(\sigma)(\boldsymbol{\alpha})]=\boldsymbol{\theta}.$$

所以 $\mathrm{Ker}[g(\sigma)]\cap\mathrm{Ker}[h(\sigma)]=\{\boldsymbol{\theta}\}$. 这就证明了, $\boldsymbol{V}$ 可以分解成 σ 的不变子空间 $\mathrm{Ker}[g(\sigma)]$ 与 $\mathrm{Ker}[h(\sigma)]$ 的直和. □

利用数学归纳法, 可以证明定理 6.4.4 的推广.

定理 6.4.5 设 σ 是线性空间 $\boldsymbol{V}(\boldsymbol{F})$ 上一个线性变换. 令 $f(x)$ 是 σ 的一个零化多项式. 如果 $f(x)$ 可以分解成 s 个两两互素多项式 $f_1(x), f_2(x), \cdots, f_s(x)$ 的乘积, 那么

$$\boldsymbol{V}=\mathrm{Ker}[f_1(\sigma)]\oplus\mathrm{Ker}[f_2(\sigma)]\oplus\cdots\oplus\mathrm{Ker}[f_s(\sigma)].$$

例 6.4.4 设 σ 是 $\boldsymbol{V}(\boldsymbol{F})$ 上一个幂等变换, 则 $\sigma^2=\sigma$, 所以 $\sigma-\sigma^2=\vartheta$, 因此 $x-x^2$ 是 σ 的一个零化多项式. 因为 $x-x^2=x(1-x)$, 并且 x 与 $1-x$ 是互素的, 根据定理 6.4.4, 有

$$\boldsymbol{V}=\mathrm{Ker}(\sigma)\oplus\mathrm{Ker}(\iota-\sigma).$$

类似地, 可以验证, 如果 τ 是 $\boldsymbol{V}$ 上一个对合变换, 那么 $\boldsymbol{V}=\mathrm{Ker}(\iota-\tau)\oplus\mathrm{Ker}(\iota+\tau)$.

下面让我们转向讨论零化多项式. 设 σ 是 $\boldsymbol{V}(\boldsymbol{F})$ 上一个线性变换. 如果 $f(x)$ 是 σ 的一个零化多项式, 根据定义, $f(x)$ 的每一个倍式也是 σ 的一个零化多项式. 已知有限维线性空间

上的线性变换必有非零零化多项式 (见习题 6.3 第 7 题), 但是无限维线性空间上的线性变换未必有非零零化多项式.

例 6.4.5 设 $\boldsymbol{F}[y]$ 是数域 $\boldsymbol{F}$ 上关于文字 y 的多项式空间. 已知

$$\tau : \boldsymbol{F}[y] \to \boldsymbol{F}[y], \quad f(y) \mapsto yf(y)$$

是一个线性变换. 由 τ 的定义易见, 对任意正整数 k, 有 $\tau^k[f(y)] = y^k f(y)$. 特别地, 当 $f(y) = 1$ 时, 有 $\tau^k(1) = y^k$. 设 $\varphi(x)$ 是 τ 的一个零化多项式, 则 $\varphi(\tau) = \vartheta$, 所以 $\varphi(\tau)[f(y)] = 0$. 特别地, 有 $\varphi(\tau)(1) = 0$. 令 $\varphi(x) = a_0 + a_1 x + \cdots + a_m x^m$, 则 $\varphi(\tau) = a_0\iota + a_1\tau + \cdots + a_m\tau^m$. 于是由 $\varphi(\tau)(1) = 0$, 有

$$(a_0\iota + a_1\tau + \cdots + a_m\tau^m)(1) = 0, \quad \text{即} \quad a_0\iota(1) + a_1\tau(1) + \cdots + a_m\tau^m(1) = 0.$$

已知 $\tau^k(1) = y^k, \forall k \in \mathbb{N}^+$, 那么 $a_0 + a_1 y + \cdots + a_m y^m = 0$, 所以 $a_0, a_1, \cdots, a_m$ 全为零, 因此 $\varphi(x) = 0$, 故 τ 的零化多项式只能是零多项式.

如果线性变换 σ 有非零零化多项式, 容易验证, 它的次数最低的首一零化多项式是唯一的, 称为 σ 的**最小多项式**. 例如, 数乘变换 κ 的最小多项式是 $x - k$. 特别地, 零变换 ϑ 与恒等变换 ι 的最小多项式分别是 x 与 $x - 1$.

当 $\dim \boldsymbol{V} = n$ 时, 由于线性空间 $\mathrm{Hom}_{\boldsymbol{F}}(\boldsymbol{V}, \boldsymbol{V})$ 与 $\boldsymbol{M}_n(\boldsymbol{F})$ 是同构的, 可以给出 n 阶方阵的零化多项式和最小多项式的概念.

定义 6.4.3 设 $\boldsymbol{A} \in \boldsymbol{M}_n(\boldsymbol{F})$ 且 $f(x) \in \boldsymbol{F}[x]$. 若 $f(\boldsymbol{A}) = \boldsymbol{O}$, 则称 $f(x)$ 为 $\boldsymbol{A}$ 的一个**零化多项式**, 并称 $\boldsymbol{A}$ 的次数最低的首一零化多项式为它的**最小多项式**.

显然, 每一个方阵有唯一的最小多项式. 对于有限维线性空间上的线性变换, 其零化多项式和最小多项式与方阵的相应概念之间有如下关系.

命题 6.4.6 设 σ 是 $\boldsymbol{V}_n(\boldsymbol{F})$ 上一个线性变换. 令 $\boldsymbol{A}$ 是 σ 在 $\boldsymbol{V}$ 的一个基下的矩阵, 则 σ 与 $\boldsymbol{A}$ 有完全相同的零化多项式, 因而它们有相同的最小多项式.

证明 已知线矩映射 $\varPsi : \mathrm{Hom}_{\boldsymbol{F}}(\boldsymbol{V}, \boldsymbol{V}) \to \boldsymbol{M}_n(\boldsymbol{F}), \quad \sigma \mapsto \boldsymbol{A}$ 是同构映射, 并且保持乘法运算. 如果 $a_0\iota + a_1\sigma + a_2\sigma^2 = \vartheta$, 那么 $\varPsi(a_0\iota + a_1\sigma + a_2\sigma^2) = \varPsi(\vartheta)$, 所以

$$a_0\varPsi(\iota) + a_1\varPsi(\sigma) + a_2[\varPsi(\sigma)]^2 = \varPsi(\vartheta), \quad \text{即} \ a_0\boldsymbol{E} + a_1\boldsymbol{A} + a_2\boldsymbol{A}^2 = \boldsymbol{O}.$$

仿照这种方法可证, 对任意的 $f(x) \in \boldsymbol{F}[x]$, 如果 $f(\sigma) = \vartheta$, 那么 $f(\boldsymbol{A}) = \boldsymbol{O}$. 这就得到如下断语: σ 的每一个零化多项式是 $\boldsymbol{A}$ 的一个零化多项式. 注意到 $\varPsi$ 的逆映射 $\varPsi^{-1}$ 也是同构映射, 上述断语的逆也成立. 因此 σ 与 $\boldsymbol{A}$ 有完全相同的零化多项式. 特别地, 其中的次数最低的首一多项式既是 σ 的又是 $\boldsymbol{A}$ 的最小多项式, 因而 σ 与 $\boldsymbol{A}$ 有相同的最小多项式. □

命题 6.4.7 (1) 设 $\boldsymbol{A} \in \boldsymbol{M}_n(\boldsymbol{F})$. 令 $m(x)$ 是 $\boldsymbol{A}$ 的一个首一零化多项式, 则 $m(x)$ 是最小的当且仅当对 $\boldsymbol{A}$ 的每一个零化多项式 $f(x)$, 有 $m(x) \mid f(x)$.

(2) 设 σ 是线性空间 $\boldsymbol{V}(\boldsymbol{F})$ 上一个线性变换, 并设 σ 有非零零化多项式. 令 $m(x)$ 是 σ 的一个首一零化多项式, 则 $m(x)$ 是最小的当且仅当对 σ 的每一个零化多项式 $f(x)$,有 $m(x) \mid f(x)$.

证明 (1) 设 $m(x)$ 是 $\boldsymbol{A}$ 的最小多项式, 则 $m(x) \neq 0$. 令 $f(x)$ 是 $\boldsymbol{A}$ 的一个零化多项式. 根据带余除法定理, 存在 $h(x), r(x) \in \boldsymbol{F}[x]$, 使得

$$f(x) = m(x)h(x) + r(x),$$

其中 $\partial[r(x)] < \partial[m(x)]$. 用 $\boldsymbol{A}$ 代替上式中的 x, 得 $f(\boldsymbol{A}) = m(\boldsymbol{A})h(\boldsymbol{A}) + r(\boldsymbol{A})$. 注意到 $f(\boldsymbol{A}) = \boldsymbol{O}$ 且 $m(\boldsymbol{A}) = \boldsymbol{O}$, 因此 $r(\boldsymbol{A}) = \boldsymbol{O}$, 即 $r(x)$ 是 $\boldsymbol{A}$ 的一个零化多项式. 因为 $r(x)$ 的次数低于 $m(x)$ 的次数, 并且 $m(x)$ 是 $\boldsymbol{A}$ 的一个次数最低的非零零化多项式, 所以 $r(x) = 0$, 因此 $f(x) = m(x)h(x)$, 故 $m(x) \mid f(x)$.

反之, 设 $m_1(x)$ 是 $\boldsymbol{A}$ 的最小多项式. 根据必要性, 有 $m_1(x) \mid m(x)$. 根据充分性假定, 有 $m(x) \mid m_1(x)$. 注意到 $m(x)$ 和 $m_1(x)$ 都是首一多项式, 因此 $m(x) = m_1(x)$, 故 $m(x)$ 是 $\boldsymbol{A}$ 的最小多项式.

(2) 在 (1) 的证明中, 用 σ 代替 $\boldsymbol{A}$, 并用 ϑ 代替 $\boldsymbol{O}$, 就得到 (2) 的证明. □

零化多项式和最小多项式的内容非常丰富. 限于篇幅, 这里只简单介绍这方面的内容. 在结束这一节之前, 让我们给出求最小多项式的一个例子.

例 6.4.6 设 $\boldsymbol{A} = \begin{pmatrix} 1 & 2 \\ 3 & 4 \end{pmatrix} \in \boldsymbol{M}_2(\mathbb{R})$. 因为

$$\begin{pmatrix} 1 & 2 \\ 3 & 4 \end{pmatrix}\begin{pmatrix} 1 & 2 \\ 3 & 4 \end{pmatrix} = \begin{pmatrix} 7 & 10 \\ 15 & 22 \end{pmatrix} = 5\begin{pmatrix} 1 & 2 \\ 3 & 4 \end{pmatrix} + 2\begin{pmatrix} 1 & 0 \\ 0 & 1 \end{pmatrix},$$

所以 $\boldsymbol{A}^2 = 5\boldsymbol{A} + 2\boldsymbol{E}$, 因此 $x^2 - 5x - 2$ 是 $\boldsymbol{A}$ 的一个首一零化多项式. 又因为

$$x^2 - 5x - 2 = \left(x - \frac{5 - \sqrt{33}}{2}\right)\left(x - \frac{5 + \sqrt{33}}{2}\right),$$

根据命题 6.4.7, $\boldsymbol{A}$ 的最小多项式只可能是下列三个多项式之一:

$$x^2 - 5x - 2,\ x - \frac{5 - \sqrt{33}}{2},\ x - \frac{5 + \sqrt{33}}{2}.$$

注意到 $\boldsymbol{A} - \dfrac{5 \pm \sqrt{33}}{2}\boldsymbol{E} \neq \boldsymbol{O}$, 因此 $\boldsymbol{A}$ 的最小多项式只能是 $x^2 - 5x - 2$.

习题 6.4

1. (1) 证明: $\boldsymbol{F}_n[x]$ 是 $\boldsymbol{F}[x]$ 上微分变换 $\mathscr{D}$ 的一个不变子空间.

   (2) 证明: 线性空间 $\boldsymbol{V}(\boldsymbol{F})$ 的每一个子空间 $\boldsymbol{W}$ 都是 $\boldsymbol{V}$ 上数乘变换 κ 的一个不变子空间.

2. 设 σ 与 τ 是线性空间 $\boldsymbol{V}(\boldsymbol{F})$ 上两个线性变换, 并设 $\boldsymbol{W}$ 是 $\boldsymbol{V}$ 的一个子空间. 证明: 如果 $\boldsymbol{W}$ 在 σ 与 τ 之下都不变, 那么它在 $\sigma + \tau$ 与 $\sigma\tau$ 之下也不变.

3. 设 σ 是线性空间 $\boldsymbol{V}_4(\boldsymbol{F})$ 上一个线性变换, 它在基 $\boldsymbol{\alpha}_1, \boldsymbol{\alpha}_2, \boldsymbol{\alpha}_3, \boldsymbol{\alpha}_4$ 下的矩阵为

$$A=\begin{pmatrix}1&0&2&1\\-1&2&1&3\\1&2&5&5\\2&-2&1&-2\end{pmatrix}.$$

(1) 求 $\mathrm{Ker}(\sigma)$ 的一个基, 并把它扩充成 $\boldsymbol{V}$ 的一个基, 然后求 σ 在这个基下的矩阵;

(2) 求 $\mathrm{Im}(\sigma)$ 的一个基, 并把它扩充成 $\boldsymbol{V}$ 的一个基, 然后求 σ 在这个基下的矩阵.

4. 设 σ 是线性空间 $\boldsymbol{V}(\boldsymbol{F})$ 上一个线性变换, 并设 $\boldsymbol{W}$ 是 σ 的一个有限维不变子空间. 证明: 如果 σ 是可逆的, 那么 $\boldsymbol{W}$ 也是 σ^{-1} 的一个不变子空间.

5. 举例说明, 定理 6.4.4 中两个直和项 $\mathrm{Ker}[g(\sigma)]$ 与 $\mathrm{Ker}[h(\sigma)]$ 可能是平凡子空间.

6. 设 $\boldsymbol{A}\in\boldsymbol{M}_n(\boldsymbol{F})$. 证明: 如果 $\boldsymbol{A}$ 与 $\boldsymbol{B}$ 相似, 那么它们有相同的最小多项式.

7. (1) 设 $\boldsymbol{A}\in\boldsymbol{M}_n(\boldsymbol{F})$. 如果 $\boldsymbol{A}$ 的最小多项式是一次的, 那么 $\boldsymbol{A}$ 是一个纯量矩阵.

   (2) 求矩阵 $\boldsymbol{A}$ 与 $\boldsymbol{B}$ 的最小多项式, 这里 $\boldsymbol{A}=\begin{pmatrix}1&1\\0&1\end{pmatrix}$ 且 $\boldsymbol{B}=\begin{pmatrix}2&1\\-1&2\end{pmatrix}$.

8. 求矩阵 $\boldsymbol{A}$ 的最小多项式, 这里

   (1) $\boldsymbol{A}=\begin{pmatrix}0&1&0\\0&0&1\\0&0&0\end{pmatrix}$; (2) $\boldsymbol{A}=\begin{pmatrix}0&0&1\\0&1&0\\1&0&0\end{pmatrix}$; (3) $\boldsymbol{A}=\begin{pmatrix}\boldsymbol{B}&-\boldsymbol{B}\\\boldsymbol{B}&-\boldsymbol{B}\end{pmatrix}$, $\boldsymbol{B}$ 是一个非零方阵.

9. 设 σ 是线性空间 $\boldsymbol{V}(\boldsymbol{F})$ 上一个线性变换. 如果存在一个正整数 s, 使得 $\sigma^s=\vartheta$, 那么称 σ 为一个**幂零变换**, 并称使等式 $\sigma^s=\vartheta$ 成立的最小正整数为 σ 的**幂零指数**. 设 σ 是幂零的, 并设 $\tau=\iota+\sigma$. 求 σ 与 τ 的最小多项式.

*10. 设 σ 与 τ 是线性空间 $\boldsymbol{V}(\boldsymbol{F})$ 上两个线性变换, 其中 σ 是幂等的. 证明:

   (1) $\mathrm{Ker}(\sigma)=\mathrm{Im}(\iota-\sigma)$ 且 $\mathrm{Im}(\sigma)=\mathrm{Ker}(\iota-\sigma)$;

   (2) $\mathrm{Ker}(\sigma)$ 与 $\mathrm{Im}(\sigma)$ 都在 τ 之下不变当且仅当 σ 与 τ 是可交换的.

*11. 设 σ 与 τ 是线性空间 $\boldsymbol{V}(\boldsymbol{F})$ 上两个线性变换, 其中 σ 是对合的. 证明:

   (1) $\mathrm{Ker}(\iota-\sigma)=\mathrm{Im}(\iota+\sigma)$ 且 $\mathrm{Im}(\iota-\sigma)=\mathrm{Ker}(\iota+\sigma)$;

   (2) $\mathrm{Ker}(\iota-\sigma)$ 与 $\mathrm{Im}(\iota-\sigma)$ 都在 τ 之下不变当且仅当 σ 与 τ 是可交换的.

*12. 设 σ 是线性空间 $\boldsymbol{V}_3(\boldsymbol{F})$ 上一个线性变换, 它在基 $\boldsymbol{\alpha}_1, \boldsymbol{\alpha}_2, \boldsymbol{\alpha}_3$ 下的矩阵为右边的矩阵 $\boldsymbol{A}$. 证明: σ 的非平凡不变子空间只有两个, 它们是 $\mathscr{L}(\boldsymbol{\alpha}_1)$ 和 $\mathscr{L}(\boldsymbol{\alpha}_1, \boldsymbol{\alpha}_2)$.

$$\boldsymbol{A}=\begin{pmatrix}\lambda&1&0\\0&\lambda&1\\0&0&\lambda\end{pmatrix}$$

6.5 特征值和特征向量

在上一节我们从理论上对线性变换的不变子空间作了探讨, 但是没有给出寻找不变子空间的具体方法. 在这一节我们将从 1 维不变子空间入手, 引进特征值和特征向量的概念, 进而引进一类特殊不变子空间 —— 特征子空间的概念, 并讨论它们的基本性质; 然后介绍有限维线性空间上线性变换的特征值和特征向量的求法; 最后介绍特征多项式的有关性质.

我们知道, 有限维线性空间上线性变换与方阵之间有密切联系, 因此在下面的讨论中, 还将介绍方阵的特征值和特征向量等概念, 它们与线性变换的相应概念是平行的. 特征值和特征向量是一对重要概念, 在几何、物理、化学、生物学等学科中都有它们的应用.

设 σ 是线性空间 $\boldsymbol{V}(\boldsymbol{F})$ 上一个线性变换. 如果 σ 有 1 维不变子空间, 比如说 $\boldsymbol{W}$, 因为 $\boldsymbol{W}$ 中每一个非零向量 $\boldsymbol{\xi}$ 构成 $\boldsymbol{W}$ 的一个基, 并且 $\sigma(\boldsymbol{\xi}) \in \boldsymbol{W}$, 所以存在数域 $\boldsymbol{F}$ 中一个常数 λ, 使得 $\sigma(\boldsymbol{\xi}) = \lambda\boldsymbol{\xi}$. 反过来, 如果存在数域 $\boldsymbol{F}$ 中一个常数 λ, 以及 $\boldsymbol{V}$ 中一个非零向量 $\boldsymbol{\xi}$, 使得 $\sigma(\boldsymbol{\xi}) = \lambda\boldsymbol{\xi}$. 因为生成子空间 $\mathscr{L}(\boldsymbol{\xi})$ 是 $\boldsymbol{V}$ 的一个 1 维子空间, 并且 $\sigma(\boldsymbol{\xi}) \in \mathscr{L}(\boldsymbol{\xi})$, 根据命题 6.4.1, $\mathscr{L}(\boldsymbol{\xi})$ 是 σ 的一个 1 维不变子空间. 这表明, σ 的 1 维不变子空间与表达式 $\sigma(\boldsymbol{\xi}) = \lambda\boldsymbol{\xi}$ 有密切联系. 为此, 我们给表达式中常数 λ 和非零向量 $\boldsymbol{\xi}$ 分别取一个名称.

定义 6.5.1 设 σ 是线性空间 $\boldsymbol{V}(\boldsymbol{F})$ 上一个线性变换, 并设 λ 是数域 $\boldsymbol{F}$ 中一个常数. 如果存在 $\boldsymbol{V}$ 中一个非零向量 $\boldsymbol{\xi}$, 使得 $\sigma(\boldsymbol{\xi}) = \lambda\boldsymbol{\xi}$, 那么称 λ 为 σ 的一个**特征值**, 并称 $\boldsymbol{\xi}$ 为 σ 的属于特征值 λ 的一个**特征向量**.

根据定义, σ 的每一个特征值是一个固定的数, 它可以是数零, 但 σ 的特征向量必须是非零向量. 特征值和特征向量是一对相伴的概念. 事实上, 如果 λ 是 σ 的一个特征值, 那么必有属于特征值 λ 的特征向量. 另一方面, 如果 $\boldsymbol{\xi}$ 是 σ 的一个特征向量, 那么必有 $\boldsymbol{\xi}$ 所属的特征值. 从上面的分析我们看到, 线性变换 σ 有特征值当且仅当它有 1 维不变子空间; 向量 $\boldsymbol{\xi}$ 是 σ 的特征向量当且仅当生成子空间 $\mathscr{L}(\boldsymbol{\xi})$ 是 σ 的 1 维不变子空间.

注意, σ 的属于特征值 λ 的特征向量不唯一. 事实上, 如果 $\boldsymbol{\xi}$ 是属于特征值 λ 的特征向量, 容易验证, $\mathscr{L}(\boldsymbol{\xi})$ 中所有非零向量都是属于 λ 的特征向量. 然而 σ 的特征向量 $\boldsymbol{\xi}$ 所属的特征值 λ 是唯一的. 事实上, 如果 μ 也是 $\boldsymbol{\xi}$ 所属的特征值, 那么由 $\sigma(\boldsymbol{\xi}) = \lambda\boldsymbol{\xi}$ 且 $\sigma(\boldsymbol{\xi}) = \mu\boldsymbol{\xi}$, 有 $\lambda\boldsymbol{\xi} = \mu\boldsymbol{\xi}$. 再由 $\boldsymbol{\xi} \neq \boldsymbol{\theta}$, 得 $\lambda = \mu$.

在几何空间 $\mathbb{V}_3$ 中, 如果 $\boldsymbol{\xi}$ 是线性变换 σ 的属于特征值 λ 的一个特征向量, 因为 $\sigma(\boldsymbol{\xi}) = \lambda\boldsymbol{\xi}$, 所以 $\boldsymbol{\xi}$ 与 $\sigma(\boldsymbol{\xi})$ 共线. 于是当 $\lambda > 0$ 时, 它们的方向相同; 当 $\lambda < 0$ 时, 它们的方向相反; 当 $\lambda = 0$ 时, σ 把 $\boldsymbol{\xi}$ 变成零向量. 因此 σ 对 $\boldsymbol{\xi}$ 的作用可以解释为把 $\boldsymbol{\xi}$ "放大" λ 倍, 其中 λ 就是 $\boldsymbol{\xi}$ 所属的特征值.

下面的例子表明, 特征值可能不存在, 也可能有多个.

例 6.5.1 设 $\varPhi$ 是几何平面 $\mathbb{V}_2$ 上绕原点旋转 20° 的旋转变换, 则平面上每一个非零向量 $\boldsymbol{\xi}$ 与它的像 $\varPhi(\boldsymbol{\xi})$ 不共线, 即对任意的 $\lambda \in \mathbb{R}$, 有 $\varPhi(\boldsymbol{\xi}) \neq \lambda\boldsymbol{\xi}$. 这表明, $\varPhi$ 没有特征值.

其次, 设 $\boldsymbol{W}$ 是 $\mathbb{V}_2$ 上通过原点的一条直线. 令 π 是 $\mathbb{V}_2$ 在直线 $\boldsymbol{W}$ 上的正射影. 因为直线 $\boldsymbol{W}$ 上每一个非零向量 $\boldsymbol{\xi}$ 在 π 下的像是其自身, 所以 $\pi(\boldsymbol{\xi}) = 1\boldsymbol{\xi}$, 因此 1 是 π 的一个特征值. 又因为通过原点且垂直于 $\boldsymbol{W}$ 的直线上每一个非零向量 $\boldsymbol{\eta}$ 在 π 下的像是零向量, 所以 $\pi(\boldsymbol{\eta}) = 0\boldsymbol{\eta}$, 因此 0 是 π 的另一个特征值.

例 6.5.2 设 $\tau : \boldsymbol{F}[x] \to \boldsymbol{F}[x]$, $f(x) \mapsto xf(x)$, 则 τ 是一个线性变换. 令 λ 是数域 $\boldsymbol{F}$ 中任意数, 并令 $f(x)$ 是 $\boldsymbol{F}[x]$ 中任意非零多项式, 则 $xf(x)$ 的次数大于 $\lambda f(x)$ 的次数, 所以 $xf(x) \neq \lambda f(x)$, 即

$\tau[f(x)] \neq \lambda f(x)$, 因此 τ 没有特征值.

其次, 设 $\boldsymbol{V}$ 是由定义在实数集上具有任意阶导数的函数组成的集合 (它对于函数的加法和数乘运算构成实数域上一个线性空间), 则对任意的 $\lambda \in \mathbb{R}$, 有 $\mathrm{e}^{\lambda x} \in \boldsymbol{V}$ 且 $\mathscr{D}(\mathrm{e}^{\lambda x}) = \lambda \mathrm{e}^{\lambda x}$, 因此 $\boldsymbol{V}$ 上微分变换 $\mathscr{D}$ 有无穷多个特征值.

下面介绍特征子空间. 设 σ 是线性空间 $\boldsymbol{V}(\boldsymbol{F})$ 上一个线性变换, 并设 λ 是 σ 的一个特征值. 令 $\boldsymbol{V}_\lambda = \{\boldsymbol{\xi} \in \boldsymbol{V} \mid \sigma(\boldsymbol{\xi}) = \lambda\boldsymbol{\xi}\}$, 即 $\boldsymbol{V}_\lambda$ 是由 σ 的属于特征值 λ 的全部特征向量连同零向量一起组成的集合, 则 $\boldsymbol{V}_\lambda$ 含非零向量. 注意到 $\sigma(\boldsymbol{\xi}) = \lambda\boldsymbol{\xi}$ 等价于 $(\lambda\iota - \sigma)(\boldsymbol{\xi}) = \boldsymbol{\theta}$, 因此 $\boldsymbol{V}_\lambda = \mathrm{Ker}(\lambda\iota - \sigma)$. 根据例 6.4.2, $\boldsymbol{V}_\lambda$ 是 σ 的一个非零不变子空间, 称为 σ 的属于特征值 λ 的**特征子空间**.

命题 6.5.1 设 σ 是线性空间 $\boldsymbol{V}(\boldsymbol{F})$ 上一个线性变换. 令 $\lambda_1, \lambda_2, \cdots, \lambda_s$ 是 σ 的 s 个互不相同的特征值, 则 σ 的特征子空间 $\boldsymbol{V}_{\lambda_1}, \boldsymbol{V}_{\lambda_2}, \cdots, \boldsymbol{V}_{\lambda_s}$ 之和是直和.

证明 设 $\boldsymbol{W} = \boldsymbol{V}_{\lambda_1} + \boldsymbol{V}_{\lambda_2} + \cdots + \boldsymbol{V}_{\lambda_s}$. 已知 $\boldsymbol{V}_{\lambda_i}$ 在 σ 之下不变 $(i = 1, 2, \cdots, s)$. 根据例 6.4.3, $\boldsymbol{W}$ 也在 σ 之下不变. 令 τ 是 σ 在 $\boldsymbol{W}$ 上的限制. 因为 σ 是线性的, 所以 τ 是 $\boldsymbol{W}$ 上一个线性变换. 再令

$$f(x) = (\lambda_1 - x)(\lambda_2 - x)\cdots(\lambda_s - x).$$

因为 $\boldsymbol{V}_{\lambda_i} = \{\boldsymbol{\xi} \in \boldsymbol{V} \mid (\lambda_i\iota - \sigma)(\boldsymbol{\xi}) = \boldsymbol{\theta}\}$, 并且 $\boldsymbol{W}$ 中每一个向量 $\boldsymbol{\xi}$ 都可以表示成

$$\boldsymbol{\xi} = \boldsymbol{\xi}_1 + \boldsymbol{\xi}_2 + \cdots + \boldsymbol{\xi}_s, \quad \boldsymbol{\xi}_i \in \boldsymbol{V}_{\lambda_i}, \quad i = 1, 2, \cdots, s, \tag{6.5.1}$$

所以由 $\tau(\boldsymbol{\xi}_i) = \sigma(\boldsymbol{\xi}_i)$ 以及 $(\lambda_i\iota - \sigma)(\boldsymbol{\xi}_i) = \boldsymbol{\theta}$, 有 $f(\tau)(\boldsymbol{\xi}_i) = \boldsymbol{\theta}$, $i = 1, 2, \cdots, s$. 注意到 $f(\tau)$ 是线性的, 由 (6.5.1) 式, 得 $f(\tau)(\boldsymbol{\xi}) = \boldsymbol{\theta}$,所以 $f(x)$ 是 τ 的一个零化多项式. 其次, 已知 $\lambda_1, \lambda_2, \cdots, \lambda_s$ 互不相同, 那么 $\lambda_1 - x, \lambda_2 - x, \cdots, \lambda_s - x$ 两两互素. 根据定理 6.4.5, 有 $\boldsymbol{W} = \boldsymbol{V}_{\lambda_1} \oplus \boldsymbol{V}_{\lambda_2} \oplus \cdots \oplus \boldsymbol{V}_{\lambda_s}$. □

推论 6.5.2 设 σ 是线性空间 $\boldsymbol{V}(\boldsymbol{F})$ 上一个线性变换. 令 $\boldsymbol{\xi}_1, \boldsymbol{\xi}_2, \cdots, \boldsymbol{\xi}_s$ 分别是 σ 的属于特征值 $\lambda_1, \lambda_2, \cdots, \lambda_s$ 的特征向量. 如果特征值 $\lambda_1, \lambda_2, \cdots, \lambda_s$ 互不相同, 那么向量组 $\boldsymbol{\xi}_1, \boldsymbol{\xi}_2, \cdots, \boldsymbol{\xi}_s$ 线性无关.

上述推论通常简述为“属于不同特征值的特征向量必线性无关”.

设 $\dim \boldsymbol{V}(\boldsymbol{F}) = n$, 则 $\mathrm{Hom}_{\boldsymbol{F}}(\boldsymbol{V}, \boldsymbol{V}) \cong \boldsymbol{M}_n(\boldsymbol{F})$, 因而可以给出下列概念.

定义 6.5.2 设 $\boldsymbol{A} \in \boldsymbol{M}_n(\boldsymbol{F})$ 且 $\lambda \in \boldsymbol{F}$. 如果存在 $\boldsymbol{F}^n$ 中一个非零向量 $\boldsymbol{\eta}$, 使得 $\boldsymbol{A}\boldsymbol{\eta} = \lambda\boldsymbol{\eta}$, 那么称 λ 为 $\boldsymbol{A}$ 的一个**特征值**, 称 $\boldsymbol{\eta}$ 为 $\boldsymbol{A}$ 的属于特征值 λ 的一个**特征向量**, 并称 $\boldsymbol{V}_\lambda$ 为 $\boldsymbol{A}$ 的属于特征值 λ 的**特征子空间**, 这里 $\boldsymbol{V}_\lambda = \{\boldsymbol{\eta} \in \boldsymbol{F}^n \mid \boldsymbol{A}\boldsymbol{\eta} = \lambda\boldsymbol{\eta}\}$.

显然 $\boldsymbol{A}\boldsymbol{\eta} = \lambda\boldsymbol{\eta}$ 可以改写成 $(\lambda\boldsymbol{E} - \boldsymbol{A})\boldsymbol{\eta} = \boldsymbol{0}$. 由此可见, $\boldsymbol{\eta}$ 是 $\boldsymbol{A}$ 的属于特征值 λ 的一个特征向量当且仅当它是齐次线性方程组 $(\lambda\boldsymbol{E} - \boldsymbol{A})\boldsymbol{X} = \boldsymbol{0}$ 的一个非零解, 因而特征子空间 $\boldsymbol{V}_\lambda$ 就是上述方程组的解空间. 当 λ 是 $\boldsymbol{A}$ 的特征值时, 我们称 $(\lambda\boldsymbol{E} - \boldsymbol{A})\boldsymbol{X} = \boldsymbol{0}$ 为 $\boldsymbol{A}$ 的一个**特征方程组**.

注意到方程组 $(\lambda\boldsymbol{E}-\boldsymbol{A})\boldsymbol{X}=\boldsymbol{0}$ 的系数矩阵是一个方阵, 因此方程组有非零解等价于它的系数行列式 $|\lambda\boldsymbol{E}-\boldsymbol{A}|$ 等于零. 根据上面的分析, 这个事实也可以叙述如下: λ 是 $\boldsymbol{A}$ 的一个特征值当且仅当它是多项式 $|x\boldsymbol{E}-\boldsymbol{A}|$ 在 $\boldsymbol{F}$ 中的一个根.

定义 6.5.3 设 $\boldsymbol{A}\in\boldsymbol{M}_n(\boldsymbol{F})$, 则称 $|x\boldsymbol{E}-\boldsymbol{A}|$ 为 $\boldsymbol{A}$ 的**特征多项式,** 记作 $f_{\boldsymbol{A}}(x)$.

与线性变换的情形类似, 在数域 $\boldsymbol{F}$ 上, 不是每一个方阵 $\boldsymbol{A}$ 都有特征值. 根据前面的讨论, $\boldsymbol{A}$ 有特征值的一个充要条件是它的特征多项式 $f_{\boldsymbol{A}}(x)$ 在数域 $\boldsymbol{F}$ 中有根. 由于这个原因, 特征值又称为**特征根.** 设 $\overline{\boldsymbol{F}}$ 是包含 $\boldsymbol{F}$ 的一个数域, 则 $\boldsymbol{A}$ 在 $\boldsymbol{F}$ 中的特征值也是它在 $\overline{\boldsymbol{F}}$ 中的特征值, 反之不然. 这就是说, 矩阵的特征值与所考虑的数域有关. 我们这样定义矩阵的特征值, 其原因在于有限维线性空间 $\boldsymbol{V}_n(\boldsymbol{F})$ 上的线性变换在某个基下的矩阵, 只能看作数域 $\boldsymbol{F}$ 上的矩阵.

例 6.5.3 在实数域上, 设 $\boldsymbol{A}=\begin{pmatrix}3&3&2\\1&1&-2\\-3&-1&0\end{pmatrix}$, 则 $\boldsymbol{A}$ 的特征多项式为

$$f_{\boldsymbol{A}}(x)=\begin{vmatrix}x-3&-3&-2\\-1&x-1&2\\3&1&x\end{vmatrix}\xlongequal[\{1(-1)+2\}]{[2(1)+1]}\begin{vmatrix}x-4&0&0\\-1&x&2\\3&-2&x\end{vmatrix}=(x-4)(x^2+4),$$

所以 $\boldsymbol{A}$ 只有一个特征值 4. 解特征方程组 $(4\boldsymbol{E}-\boldsymbol{A})\boldsymbol{X}=\boldsymbol{0}$, 即

$$\begin{pmatrix}1&-3&-2\\-1&3&2\\3&1&4\end{pmatrix}\begin{pmatrix}x_1\\x_2\\x_3\end{pmatrix}=\begin{pmatrix}0\\0\\0\end{pmatrix},$$

得一个基础解系 $\boldsymbol{\eta}_1=(1,\,1,\,-1)'$, 因此 $\boldsymbol{A}$ 的全部特征向量为 $k\boldsymbol{\eta}_1$, 即 $(k,\,k,\,-k)'$, 其中 $k\in\mathbb{R}$ 且 $k\neq 0$. 它的特征子空间为 $\boldsymbol{V}_{\lambda=4}=\{(k,\,k,\,-k)'\mid k\in\mathbb{R}\}$.

下面考虑有限维线性空间上线性变换的特征值和特征向量的求法.

定理 6.5.3 设 σ 是 $\boldsymbol{V}_n(\boldsymbol{F})$ 上一个线性变换. 令 $\boldsymbol{A}$ 是 σ 在基 $\boldsymbol{\alpha}_1,\boldsymbol{\alpha}_2,\cdots,\boldsymbol{\alpha}_n$ 下的矩阵, 则 λ 是 σ 的一个特征值当且仅当它是 $\boldsymbol{A}$ 的特征多项式 $f_{\boldsymbol{A}}(x)$ 在数域 $\boldsymbol{F}$ 中的一个根; $\boldsymbol{\xi}$ 是 σ 的属于特征值 λ 的一个特征向量当且仅当它在上述基下的坐标是齐次线性方程组 $(\lambda\boldsymbol{E}-\boldsymbol{A})\boldsymbol{X}=\boldsymbol{0}$ 的一个非零解.

证明 设 $\boldsymbol{\eta}$ 是 $\boldsymbol{V}$ 中向量 $\boldsymbol{\xi}$ 在基 $\boldsymbol{\alpha}_1,\boldsymbol{\alpha}_2,\cdots,\boldsymbol{\alpha}_n$ 下的坐标, 并设 λ 是 $\boldsymbol{F}$ 中一个数. 已知 $\boldsymbol{A}$ 是 σ 在这个基下的矩阵, 那么 $\sigma(\boldsymbol{\xi})$ 与 $\lambda\boldsymbol{\xi}$ 关于这个基的坐标分别为 $\boldsymbol{A\eta}$ 与 $\lambda\boldsymbol{\eta}$. 于是下列断语成立: $\sigma(\boldsymbol{\xi})=\lambda\boldsymbol{\xi}$ 当且仅当 $\boldsymbol{A\eta}=\lambda\boldsymbol{\eta}$.

又已知 λ 是 $\boldsymbol{A}$ 的一个特征值当且仅当它是 $f_{\boldsymbol{A}}(x)$ 在 $\boldsymbol{F}$ 中的一个根, 那么由上述断语可见, λ 是 σ 的一个特征值当且仅当它是 $f_{\boldsymbol{A}}(x)$ 在 $\boldsymbol{F}$ 中的一个根. 其次, 由于 $\boldsymbol{A\eta}=\lambda\boldsymbol{\eta}$ 可以改写成 $(\lambda\boldsymbol{E}-\boldsymbol{A})\boldsymbol{\eta}=\boldsymbol{0}$, 根据上述断语, $\boldsymbol{\xi}$ 是 σ 的属于特征值 λ 的一个特征向量当且仅当 $\boldsymbol{\eta}$ 是 $(\lambda\boldsymbol{E}-\boldsymbol{A})\boldsymbol{X}=\boldsymbol{0}$ 的一个非零解. □

设 $\boldsymbol{\eta}_1,\boldsymbol{\eta}_2,\cdots,\boldsymbol{\eta}_s$ 是上述定理中特征方程组 $(\lambda\boldsymbol{E}-\boldsymbol{A})\boldsymbol{X}=\boldsymbol{0}$ 的一个基础解系, 并设 $\boldsymbol{\xi}_1,\boldsymbol{\xi}_2,\cdots,\boldsymbol{\xi}_s$ 分别是以 $\boldsymbol{\eta}_1,\boldsymbol{\eta}_2,\cdots,\boldsymbol{\eta}_s$ 作为坐标的特征向量. 不难验证, $\boldsymbol{\xi}_1,\boldsymbol{\xi}_2,\cdots,\boldsymbol{\xi}_s$ 是特征子空间 $\boldsymbol{V}_\lambda$ 的一个基, 因而 $\boldsymbol{V}_\lambda=\mathscr{L}(\boldsymbol{\xi}_1,\boldsymbol{\xi}_2,\cdots,\boldsymbol{\xi}_s)$.

现在, 由上述定理可见, 求 σ 的特征值和特征向量的具体步骤如下:

第一步: 取 V 的一个基 $\boldsymbol{\alpha}_1, \boldsymbol{\alpha}_2, \cdots, \boldsymbol{\alpha}_n$, 求 σ 在这个基下的矩阵 $\boldsymbol{A}$.

第二步: 求 $\boldsymbol{A}$ 的特征多项式 $f_{\boldsymbol{A}}(x)$ 在数域 $\boldsymbol{F}$ 中的全部根.

第三步: 取定 σ 的一个特征值 λ, 求特征方程组 $(\lambda\boldsymbol{E}-\boldsymbol{A})\boldsymbol{X}=\boldsymbol{0}$ 的一个基础解系 $\boldsymbol{\eta}_1, \boldsymbol{\eta}_2, \cdots, \boldsymbol{\eta}_s$.

第四步: 令 $\boldsymbol{\xi}_1, \boldsymbol{\xi}_2, \cdots, \boldsymbol{\xi}_s$ 是以 $\boldsymbol{\eta}_1, \boldsymbol{\eta}_2, \cdots, \boldsymbol{\eta}_s$ 作为坐标的向量组, 则 σ 的属于特征值 λ 的全部特征向量为 $k_1\boldsymbol{\xi}_1+k_2\boldsymbol{\xi}_2+\cdots+k_s\boldsymbol{\xi}_s$, 其中 $k_1, k_2, \cdots, k_s$ 是数域 $\boldsymbol{F}$ 中任意不全为零的数.

如果 σ 的特征值不止一个, 重复第三步和第四步, 可以求出属于每一个特征值的全部特征向量[①].

例 6.5.4 对任意的 $f(x)=a+bx+cx^2\in \boldsymbol{F}_3[x]$, 令

$$\sigma: f(x)\mapsto (a+2b+2c)+(2a+b+2c)x+(2a+2b+c)x^2,$$

则 σ 是 $\boldsymbol{F}_3[x]$ 上一个线性变换. 设 $\boldsymbol{A}$ 是 σ 在基 $1, x, x^2$ 下的矩阵. 由上面的对应法则易见, $\boldsymbol{A}=\begin{pmatrix}1&2&2\\2&1&2\\2&2&1\end{pmatrix}$. 因为 $\boldsymbol{A}$ 的特征多项式为

$$f_{\boldsymbol{A}}(\lambda)=\begin{vmatrix}\lambda-1&-2&-2\\-2&\lambda-1&-2\\-2&-2&\lambda-1\end{vmatrix}\xrightarrow[\{1(-1)+2\}\atop\{1(-1)+3\}]{[2(1)+1]\atop[3(1)+1]}\begin{vmatrix}\lambda-5&0&0\\-2&\lambda+1&0\\-2&0&\lambda+1\end{vmatrix},$$

即 $f_{\boldsymbol{A}}(\lambda)=(\lambda-5)(\lambda+1)^2$, 所以 σ 的全部特征值为 5 和 -1 (二重).

经计算, $\boldsymbol{\eta}_1=(1, 1, 1)'$ 是特征方程组 $(5\boldsymbol{E}-\boldsymbol{A})\boldsymbol{X}=\boldsymbol{0}$, 即

$$\begin{pmatrix}4&-2&-2\\-2&4&-2\\-2&-2&4\end{pmatrix}\begin{pmatrix}x_1\\x_2\\x_3\end{pmatrix}=\begin{pmatrix}0\\0\\0\end{pmatrix}$$

的一个基础解系, 所以 σ 的属于特征值 5 的全部特征向量为 $k+kx+kx^2$, 其中 $k\in\boldsymbol{F}$ 且 $k\neq 0$. 其次, 容易看出, $\boldsymbol{\eta}_2=(1, -1, 0)'$, $\boldsymbol{\eta}_3=(1, 0, -1)'$ 是特征方程组 $(-\boldsymbol{E}-\boldsymbol{A})\boldsymbol{X}=\boldsymbol{0}$ 的一个基础解系, 所以 σ 的属于特征值 -1 的全部特征向量为 $(k_1+k_2)-k_1x-k_2x^2$, 其中 k_1, k_2 是数域 $\boldsymbol{F}$ 中不全为零的数.

例 6.5.5 求下列线性变换 σ 的全部特征值和特征子空间:

$$\sigma: \boldsymbol{M}_2(\boldsymbol{F})\to \boldsymbol{M}_2(\boldsymbol{F}),\ \ \boldsymbol{A}\mapsto \boldsymbol{A}'.$$

解 设 $\boldsymbol{P}$ 是 σ 在基 $\boldsymbol{E}_{11}, \boldsymbol{E}_{12}, \boldsymbol{E}_{21}, \boldsymbol{E}_{22}$ 下的矩阵. 容易看出, $\boldsymbol{P}$ 是右边的 4 阶方阵, 并且 $\boldsymbol{P}$ 的特征多项式为 $f_{\boldsymbol{P}}(x)=(x-1)^3(x+1)$, 所以 σ 的全部特征值为 1 (3 重) 和 -1.

$$\boldsymbol{P}=\begin{pmatrix}1&0&0&0\\0&0&1&0\\0&1&0&0\\0&0&0&1\end{pmatrix}$$

不难计算, 特征方程组 $(\boldsymbol{E}-\boldsymbol{P})\boldsymbol{X}=\boldsymbol{0}$ 与 $(-\boldsymbol{E}-\boldsymbol{P})\boldsymbol{X}=\boldsymbol{0}$ 的解空间分别为

$$\{(k_1, k_2, k_2, k_3)' \mid k_1, k_2, k_3\in\boldsymbol{F}\}\ \text{与}\ \{(0, k, -k, 0)' \mid k\in\boldsymbol{F}\}.$$

[①]这里的方法在理论上是可行的, 但是当空间的维数较大时, 计算量较大, 而且特征多项式的根未必求得出来, 因此需要用到计算数学中一些专门的方法.

因此 σ 的属于特征值 1 和 -1 的特征子空间分别为

$$\boldsymbol{V}_{\lambda=1}=\left\{\begin{pmatrix}k_1 & k_2\\ k_2 & k_3\end{pmatrix}\middle|\ k_1,\,k_2,\,k_3\in\boldsymbol{F}\right\}\ \text{和}\ \boldsymbol{V}_{\lambda=-1}=\left\{\begin{pmatrix}0 & k\\ -k & 0\end{pmatrix}\middle|\ k\in\boldsymbol{F}\right\}.$$

下面让我们转向讨论特征多项式. 设 $\boldsymbol{A},\boldsymbol{B}\in\boldsymbol{M}_n(\boldsymbol{F})$. 根据命题 6.3.9, 如果方阵 $\boldsymbol{A}$ 相似于 $\boldsymbol{B}$, 那么 $|\boldsymbol{A}|=|\boldsymbol{B}|$, $\mathrm{tr}(\boldsymbol{A})=\mathrm{tr}(\boldsymbol{B})$, 并且 $x\boldsymbol{E}-\boldsymbol{A}$ 与 $x\boldsymbol{E}-\boldsymbol{B}$ 是相似的. 于是又有 $|x\boldsymbol{E}-\boldsymbol{A}|=|x\boldsymbol{E}-\boldsymbol{B}|$, 即 $f_{\boldsymbol{A}}(x)=f_{\boldsymbol{B}}(x)$, 亦即 $\boldsymbol{A}$ 与 $\boldsymbol{B}$ 有相同的特征多项式. 已知有限维线性空间上一个线性变换在任意两个基下的矩阵必相似, 那么可以引入下列概念.

设 σ 是线性空间 $\boldsymbol{V}_n(\boldsymbol{F})$ 上一个线性变换. 令 $\boldsymbol{A}$ 是 σ 在 $\boldsymbol{V}$ 的一个基下的矩阵, 则称 $\boldsymbol{A}$ 的行列式 $|\boldsymbol{A}|$ 为 σ **的行列式**, 记作 $|\sigma|$; 称 $\boldsymbol{A}$ 的迹 $\mathrm{tr}(\boldsymbol{A})$ 为 σ **的迹**, 记作 $\mathrm{tr}(\sigma)$; 并称 $\boldsymbol{A}$ 的特征多项式 $f_{\boldsymbol{A}}(x)$ 为 σ **的特征多项式**, 记作 $f_\sigma(x)$.

现在, 设 $\boldsymbol{A}=(a_{ij})$, 则 σ 的特征多项式为

$$f_\sigma(x)=\begin{vmatrix}x-a_{11} & -a_{12} & \cdots & -a_{1n}\\ -a_{21} & x-a_{22} & \cdots & -a_{2n}\\ \vdots & \vdots & \ddots & \vdots\\ -a_{n1} & -a_{n2} & \cdots & x-a_{nn}\end{vmatrix}. \tag{6.5.2}$$

上述行列式主对角线上元素的乘积为

$$(x-a_{11})(x-a_{22})\cdots(x-a_{nn}). \tag{6.5.3}$$

显然上式的首项就是 $f_\sigma(x)$ 的首项, 因此 $f_\sigma(x)$ 是 n 次首一多项式. 其次, 由于行列式 (6.5.2) 的展开式中, 除了主对角线上元素的乘积这一项以外, 其余各项至多含 $n-2$ 个主对角线上元素, 因此 $f_\sigma(x)$ 与多项式 (6.5.3) 的 $n-1$ 次项系数都是 $-(a_{11}+a_{22}+\cdots+a_{nn})$, 即 $-\mathrm{tr}(\boldsymbol{A})$, 亦即 $-\mathrm{tr}(\sigma)$. 再次, $f_\sigma(x)$ 的常数项 $f_\sigma(0)$ 为 $|0\boldsymbol{E}-\boldsymbol{A}|$, 即 $(-1)^n|\boldsymbol{A}|$, 亦即 $(-1)^n|\sigma|$. 综上所述, 我们得到

$$f_\sigma(x)=x^n-\mathrm{tr}(\sigma)\,x^{n-1}+\cdots+(-1)^n|\sigma|.$$

更进一步地, 如果 $\lambda_1,\lambda_2,\cdots,\lambda_n$ 是 $f_\sigma(x)$ 的 n 个复根 (重根按重数计算), 根据韦达公式, 有 $\mathrm{tr}(\sigma)=\lambda_1+\lambda_2+\cdots+\lambda_n$ 且 $|\sigma|=\lambda_1\lambda_2\cdots\lambda_n$. 这就得到

命题 6.5.4 设 σ 是线性空间 $\boldsymbol{V}_n(\boldsymbol{F})$ 上一个线性变换, 并设 $\lambda_1,\lambda_2,\cdots,\lambda_n$ 是 σ 的特征多项式 $f_\sigma(x)$ 的 n 个复根, 则

(1) $f_\sigma(x)=x^n-\mathrm{tr}(\sigma)\,x^{n-1}+\cdots+(-1)^n\,|\sigma|$;

(2) $\mathrm{tr}(\sigma)=\lambda_1+\lambda_2+\cdots+\lambda_n$ 且 $|\sigma|=\lambda_1\lambda_2\cdots\lambda_n$.

最后两个公式可以用来检验计算结果. 例如, 对于例 6.5.5 中线性变换 σ, 由于 $\mathrm{tr}(\sigma)=\mathrm{tr}(\boldsymbol{P})=2$ 且 $|\sigma|=|\boldsymbol{P}|=-1$, 因此 $f_\sigma(x)$ 的 4 个根, 其和必等于 2, 其乘积必等于 -1. 注意, 必须把特征多项式的全部复根代进去检验.

为了进一步讨论特征多项式 $f_\sigma(x)$ 的系数, 让我们给出一个概念如下.

设 $\boldsymbol{A}=(a_{ij})\in \boldsymbol{M}_n(\boldsymbol{F})$，则称 $\boldsymbol{A}$ 的子式 $M_{\substack{i_1\cdots i_k\\ i_1\cdots i_k}}$，即

$$\begin{vmatrix} a_{i_1i_1} & a_{i_1i_2} & \cdots & a_{i_1i_k}\\ a_{i_2i_1} & a_{i_2i_2} & \cdots & a_{i_2i_k}\\ \vdots & \vdots & \ddots & \vdots\\ a_{i_ki_1} & a_{i_ki_2} & \cdots & a_{i_ki_k}\end{vmatrix}$$

为一个 k 阶主子式. 显然 $\boldsymbol{A}$ 的 k 阶主子式一共有 C_n^k 个.

命题 6.5.5　设 σ 是 $\boldsymbol{V}_n(\boldsymbol{F})$ 上一个线性变换, $\boldsymbol{A}$ 是 σ 在 $\boldsymbol{V}$ 的一个基下的矩阵. 令 a_k 是 $\boldsymbol{A}$ 的所有 k 阶主子式之和 $(k=1,\ 2,\ \cdots,\ n)$，则 σ 的特征多项式为

$$f_\sigma(x)=x^n-a_1x^{n-1}+\cdots+(-1)^k a_k x^{n-k}+\cdots+(-1)^n a_n.$$

证明　我们只证明 $n=3$ 的情形. 类似的方法可证一般情形. 设 $\boldsymbol{A}=(a_{ij})$. 当 $n=3$ 时, σ 的特征多项式为

$$f_\sigma(x)=\begin{vmatrix} x-a_{11} & 0-a_{12} & 0-a_{13}\\ 0-a_{21} & x-a_{22} & 0-a_{23}\\ 0-a_{31} & 0-a_{32} & x-a_{33}\end{vmatrix}.$$

逐次对上述行列式进行拆项, 可以拆分成下列 8 个行列式之和:

$$\begin{vmatrix} x&0&0\\0&x&0\\0&0&x\end{vmatrix},\ \begin{vmatrix} x&0&-a_{13}\\0&x&-a_{23}\\0&0&-a_{33}\end{vmatrix},\ \begin{vmatrix} x&-a_{12}&0\\0&-a_{22}&0\\0&-a_{32}&x\end{vmatrix},\ \begin{vmatrix} -a_{11}&0&0\\-a_{21}&x&0\\-a_{31}&0&x\end{vmatrix},\ \begin{vmatrix} x&-a_{12}&-a_{13}\\0&-a_{22}&-a_{23}\\0&-a_{32}&-a_{33}\end{vmatrix},$$

$$\begin{vmatrix} -a_{11}&0&-a_{13}\\-a_{21}&x&-a_{23}\\-a_{31}&0&-a_{33}\end{vmatrix},\ \begin{vmatrix} -a_{11}&-a_{12}&0\\-a_{21}&-a_{22}&0\\-a_{31}&-a_{32}&x\end{vmatrix},\ \begin{vmatrix} -a_{11}&-a_{12}&-a_{13}\\-a_{21}&-a_{22}&-a_{23}\\-a_{31}&-a_{32}&-a_{33}\end{vmatrix}.$$

把这 8 个行列式展开, 得 $x^3,\ -a_{33}x^2,\ -a_{22}x^2,\ -a_{11}x^2$，并且

$$\begin{vmatrix} a_{22}&a_{23}\\a_{32}&a_{33}\end{vmatrix}x,\ \begin{vmatrix} a_{11}&a_{13}\\a_{31}&a_{33}\end{vmatrix}x,\ \begin{vmatrix} a_{11}&a_{12}\\a_{21}&a_{22}\end{vmatrix}x,\ -|\boldsymbol{A}|.$$

因此 $f_\sigma(x)=x^3-a_1x^2+a_2x-a_3$，其中 a_k 是 $\boldsymbol{A}$ 的所有 k 阶主子式之和. □

下面介绍特征多项式的一个重要性质, 叫做**哈密顿-凯莱定理.**

定理 6.5.6　数域 $\boldsymbol{F}$ 上每一个 n 阶方阵 $\boldsymbol{A}$ 的特征多项式 $f_{\boldsymbol{A}}(x)$ 是它的一个零化多项式, 即 $f_{\boldsymbol{A}}(\boldsymbol{A})=\boldsymbol{O}$.

证明　当 $n=1$ 时, 令 $\boldsymbol{A}=(a)$，则 $f_{\boldsymbol{A}}(x)=|x\boldsymbol{E}-\boldsymbol{A}|=x-a$. 于是

$$f_{\boldsymbol{A}}(\boldsymbol{A})=\boldsymbol{A}-a\boldsymbol{E}=(a)-a(1)=(0),$$

结论成立. 当 $n>1$ 时, 设 $\boldsymbol{B}(x)$ 是方阵 $x\boldsymbol{E}-\boldsymbol{A}$ 的伴随矩阵. 根据命题 4.4.9, 有

$$(x\boldsymbol{E}-\boldsymbol{A})\boldsymbol{B}(x)=|x\boldsymbol{E}-\boldsymbol{A}|\boldsymbol{E}=f_{\boldsymbol{A}}(x)\boldsymbol{E}.\tag{6.5.4}$$

令 $u_{ij}(x)$ 是 $\boldsymbol{B}(x)$ 的第 i 行第 j 列元素, 则它是 $|x\boldsymbol{E}-\boldsymbol{A}|$ 的第 j 行第 i 列元素的代数余子式, 因而它是关于 x 的一个多项式, 其次数不超过 $n-1$. 于是可设

$$u_{ij}(x)=b_{ij0}x^{n-1}+b_{ij1}x^{n-2}+\cdots+b_{ij(n-2)}x+b_{ij(n-1)}.$$

再令 $\boldsymbol{B}_k=(b_{ijk})$, 即 $\boldsymbol{B}_k$ 是由 $u_{ij}(x)$ 的 $n-k-1$ 次项系数组成的 n 阶方阵

$$k=0,\,1,\,\cdots,\,n-1,$$

则 $\boldsymbol{B}(x)$ 可以表示成

$$\boldsymbol{B}(x)=\boldsymbol{B}_0x^{n-1}+\boldsymbol{B}_1x^{n-2}+\cdots+\boldsymbol{B}_{n-2}x+\boldsymbol{B}_{n-1}.$$

用 $x\boldsymbol{E}-\boldsymbol{A}$ 去左乘上式两边, 并注意到 (6.5.4) 式, 我们有

$$f_{\boldsymbol{A}}(x)\boldsymbol{E}=(x\boldsymbol{E}-\boldsymbol{A})(\boldsymbol{B}_0x^{n-1}+\boldsymbol{B}_1x^{n-2}+\cdots+\boldsymbol{B}_{n-1}).\tag{6.5.5}$$

设
$$f_{\boldsymbol{A}}(x)=x^n+a_1x^{n-1}+a_2x^{n-2}+\cdots+a_{n-1}x+a_n,\tag{6.5.6}$$

则
$$f_{\boldsymbol{A}}(x)\boldsymbol{E}=\boldsymbol{E}x^n+a_1\boldsymbol{E}x^{n-1}+a_2\boldsymbol{E}x^{n-2}+\cdots+a_{n-1}\boldsymbol{E}x+a_n\boldsymbol{E}.$$

把 (6.5.5) 式右边展开, 得

$$\boldsymbol{B}_0x^n+(\boldsymbol{B}_1-\boldsymbol{A}\boldsymbol{B}_0)x^{n-1}+(\boldsymbol{B}_2-\boldsymbol{A}\boldsymbol{B}_1)x^{n-2}+\cdots+(\boldsymbol{B}_{n-1}-\boldsymbol{A}\boldsymbol{B}_{n-2})x-\boldsymbol{A}\boldsymbol{B}_{n-1}.$$

对照最后两个表达式中对应次项的矩阵, 我们得到左下方的 $n+1$ 个等式. 依次用 $\boldsymbol{A}^n$, $\boldsymbol{A}^{n-1}$, $\cdots$, $\boldsymbol{A}$ 去左乘前 n 个等式两边, 又得到右下方的 $n+1$ 个等式.

$$\begin{aligned}\boldsymbol{E}&=\boldsymbol{B}_0, & \boldsymbol{A}^n&=\boldsymbol{A}^n\boldsymbol{B}_0,\\ a_1\boldsymbol{E}&=\boldsymbol{B}_1-\boldsymbol{A}\boldsymbol{B}_0, & a_1\boldsymbol{A}^{n-1}&=\boldsymbol{A}^{n-1}\boldsymbol{B}_1-\boldsymbol{A}^n\boldsymbol{B}_0,\\ a_2\boldsymbol{E}&=\boldsymbol{B}_2-\boldsymbol{A}\boldsymbol{B}_1, & a_2\boldsymbol{A}^{n-2}&=\boldsymbol{A}^{n-2}\boldsymbol{B}_2-\boldsymbol{A}^{n-1}\boldsymbol{B}_1,\\ &\vdots & &\vdots\\ a_{n-1}\boldsymbol{E}&=\boldsymbol{B}_{n-1}-\boldsymbol{A}\boldsymbol{B}_{n-2}, & a_{n-1}\boldsymbol{A}&=\boldsymbol{A}\boldsymbol{B}_{n-1}-\boldsymbol{A}^2\boldsymbol{B}_{n-2},\\ a_n\boldsymbol{E}&=-\boldsymbol{A}\boldsymbol{B}_{n-1} & a_n\boldsymbol{E}&=-\boldsymbol{A}\boldsymbol{B}_{n-1}\end{aligned}$$

现在, 把最后得到的 $n+1$ 个等式左右两边各自加起来, 得

$$\boldsymbol{A}^n+a_1\boldsymbol{A}^{n-1}+a_2\boldsymbol{A}^{n-2}+\cdots+a_{n-1}\boldsymbol{A}+a_n\boldsymbol{E}=\boldsymbol{O}.$$

从而由 (6.5.6) 式, 有 $f_{\boldsymbol{A}}(\boldsymbol{A})=\boldsymbol{O}$,因此 $f_{\boldsymbol{A}}(x)$ 是 $\boldsymbol{A}$ 的一个零化多项式. □

推论 6.5.7 线性空间 $V_n(F)$ 上每一个线性变换 σ 的特征多项式 $f_\sigma(x)$ 是它的一个零化多项式, 即 $f_\sigma(\sigma)=\vartheta$.

在结束这一节之前, 让我们给出哈密顿-凯莱定理的一个应用.

例 6.5.6 设 $\boldsymbol{A}=\begin{pmatrix}1&4&2\\0&-3&4\\0&4&3\end{pmatrix}$. 求 $\boldsymbol{A}^{100}$. 事实上, 容易看出, $\boldsymbol{A}$ 的迹为 1,它的三个 2 阶主子式的值之和为 -25, 它的行列式的值为 -25. 根据命题 6.5.5, $\boldsymbol{A}$ 的特征多项式为

$$f_{\boldsymbol{A}}(x)=x^3-x^2-25x+25,\quad 即\quad f_{\boldsymbol{A}}(x)=(x-1)(x-5)(x+5).$$

这就得到 $f_{\boldsymbol{A}}(1)=f_{\boldsymbol{A}}(5)=f_{\boldsymbol{A}}(-5)=0$.

其次, 用 $f_{\boldsymbol{A}}(x)$ 去除 x^{100},所得的商记为 $q(x)$,余式记为 $r(x)$,那么

$$x^{100} = f_{\boldsymbol{A}}(x)q(x) + r(x).$$

根据哈密顿-凯莱定理, 有 $f_{\boldsymbol{A}}(\boldsymbol{A}) = \boldsymbol{O}$,从而由上式, 得 $\boldsymbol{A}^{100} = r(\boldsymbol{A})$.

再次, 由于 $f_{\boldsymbol{A}}(x)$ 是一个 3 次多项式, 可设 $r(x) = ax^2 + bx + c$. 于是

$$x^{100} = f_{\boldsymbol{A}}(x)q(x) + (ax^2 + bx + c).$$

从而由 $f_{\boldsymbol{A}}(1) = f_{\boldsymbol{A}}(5) = f_{\boldsymbol{A}}(-5) = 0$,得

$$1 = a + b + c,\ \ 5^{100} = 25a + 5b + c,\ \ 5^{100} = 25a - 5b + c.$$

由此解得 $a = \dfrac{1}{24}(5^{100} - 1),\ \ b = 0,\ \ c = 1 - \dfrac{1}{24}(5^{100} - 1)$. 把它们代入 $r(x)$ 的表达式, 然后提取公因数 $\dfrac{1}{24}(5^{100} - 1)$, 我们得到 $r(x) = \dfrac{1}{24}(5^{100} - 1)(x^2 - 1) + 1$. 从而由 $\boldsymbol{A}^{100} = r(\boldsymbol{A})$,又得到 $\boldsymbol{A}^{100} = \dfrac{1}{24}(5^{100} - 1)(\boldsymbol{A}^2 - \boldsymbol{E}) + \boldsymbol{E}$. 现在, 容易求出

$$\boldsymbol{A}^{100} = \begin{pmatrix} 1 & 0 & 5^{100} - 1 \\ 0 & 5^{100} & 0 \\ 0 & 0 & 5^{100} \end{pmatrix}.$$

习题 6.5

1. 求矩阵 $\boldsymbol{A}$ 在实数域上全部特征值和特征向量, 这里

   (1) $\boldsymbol{A} = \begin{pmatrix} a & b \\ b & a \end{pmatrix}$,其中 $a, b \in \mathbb{R}$; (2) $\boldsymbol{A} = \begin{pmatrix} 3 & -2 & 0 \\ -1 & 3 & -1 \\ -5 & 7 & -1 \end{pmatrix}$.

2. 求矩阵 $\boldsymbol{A}$ 在复数域上全部特征值和特征向量, 这里

   (1) $\boldsymbol{A} = \begin{pmatrix} 0 & -a \\ a & 0 \end{pmatrix}$,其中 $a \neq 0$; (2) $\boldsymbol{A} = \begin{pmatrix} 3 & 7 & -3 \\ -2 & -5 & 2 \\ -4 & -10 & 3 \end{pmatrix}$.

3. 设 $\boldsymbol{V}$ 是复数域上一个 2 维线性空间. 令 σ 是 $\boldsymbol{V}$ 上一个线性变换, 它在基 $\{\boldsymbol{\alpha}_1, \boldsymbol{\alpha}_2\}$ 下的矩阵为 $\boldsymbol{A}$. 求 σ 的全部特征值和特征子空间. 这里 $\boldsymbol{A} = \begin{pmatrix} 1 & -2 \\ 2 & -1 \end{pmatrix}$.

4. 求线性变换 σ 的全部特征值和特征向量, 这里

   (1) $\sigma : \mathbb{C}^3 \to \mathbb{C}^3,\ (x, y, z) \mapsto (x + y + 2z, 2y + z, -x + y + 3z)$;

   (2) $\sigma : \mathbb{R}_3[x] \to \mathbb{R}_3[x],\ f(x) \mapsto (3a-2b)+(-a+3b-c)x+(-5a+7b-c)x^2$,其中 $f(x) = a+bx+cx^2$;

   (3) $\sigma : \boldsymbol{M}_2(\mathbb{R}) \to \boldsymbol{M}_2(\mathbb{R}),\ \begin{pmatrix} a & b \\ c & d \end{pmatrix} \mapsto \begin{pmatrix} 2a - b & -3a \\ 3d & 3c \end{pmatrix}$.

5. 设 σ 是线性空间 $\boldsymbol{V}(\boldsymbol{F})$ 上一个线性变换. 证明:

   (1) σ 是单射当且仅当数 0 不是 σ 的特征值;

   (2) 若 σ 是可逆的, 则 σ 的特征值 λ,其逆 λ^{-1} 是 σ^{-1} 的特征值;

   (3) 若 σ 是幂零的, 则它有且只有一个特征值 0;

   (4) 若 σ 是幂等的, 则它必有特征值, 并且它的特征值只能是 0 或 1;

   (5) 若 σ 是对合的, 则它必有特征值, 并且它的特征值只能是 1 或 -1;

   (6) σ 是数乘变换当且仅当 $\boldsymbol{V}$ 中每一个非零向量都是 σ 的特征向量.

6. 设 $\boldsymbol{A} \in \boldsymbol{M}_n(\boldsymbol{F})$ 且 $g(x) \in \boldsymbol{F}[x]$. 证明: (1) $\boldsymbol{A}$ 与 $\boldsymbol{A}'$ 有相同的特征多项式;

(2) $\boldsymbol{A}$ 是可逆的当且仅当它的特征多项式 $f_{\boldsymbol{A}}(x)$ 的 n 个复根全不为零;

(3) 如果 λ 是 $\boldsymbol{A}$ 的一个特征值, 那么 $g(\lambda)$ 是 $g(\boldsymbol{A})$ 的一个特征值.

7. 设 $\boldsymbol{A}$ 是一个 n 阶复矩阵, 并设 $\lambda_1, \lambda_2, \cdots, \lambda_n$ 是 $\boldsymbol{A}$ 的全部特征值. 证明:

(1) $\boldsymbol{A}$ 相似于一个 n 阶上三角矩阵;

(2) 如果 $\boldsymbol{A}$ 是可逆的, 那么 $\lambda_1^{-1}, \lambda_2^{-1}, \cdots, \lambda_n^{-1}$ 是 $\boldsymbol{A}^{-1}$ 的全部特征值;

(3) $f(\lambda_1), f(\lambda_2), \cdots, f(\lambda_n)$ 是 $f(\boldsymbol{A})$ 的全部特征值, 这里 $f(x)$ 是一个多项式.

8. 设 σ 是有限维线性空间 $\boldsymbol{V}_n(\boldsymbol{F})$ 上一个线性变换. 证明: σ 的最小多项式 $m(x)$ 的次数不超过 n. 证明: 如果 σ 是可逆的, 那么 σ^{-1} 可以表示成关于 σ 的一个次数不超过 $n-1$ 的线性变换多项式.

9. 设 $\boldsymbol{A} = \boldsymbol{\alpha}\boldsymbol{\beta}'$,其中 $\boldsymbol{\alpha}$ 与 $\boldsymbol{\beta}$ 是数域 $\boldsymbol{F}$ 上两个 n 元列向量 $(n>1)$. 求矩阵 $\boldsymbol{A}$ 的最小多项式 $m(x)$ 和特征多项式 $f_{\boldsymbol{A}}(x)$.

*10. 设 $= \begin{pmatrix} a & b \\ c & d \end{pmatrix}$. 求 $\boldsymbol{A}^m$,这里 m 是一个正整数.

*11. (1) 设 $\boldsymbol{A}, \boldsymbol{B} \in \boldsymbol{M}_n(\boldsymbol{F})$,则 $\boldsymbol{AB}$ 与 $\boldsymbol{BA}$ 有相同的特征多项式.

(2) 设 $\boldsymbol{A} \in \boldsymbol{M}_{mn}(\boldsymbol{F})$ 且 $\boldsymbol{B} \in \boldsymbol{M}_{nm}(\boldsymbol{F})$,则 $\boldsymbol{AB}$ 与 $\boldsymbol{BA}$ 有相同的非零特征值.

[提示: 参考习题 4.5 第 10 题和第 11 题.]

*12. 在实数域上, 设 $\boldsymbol{A} = \begin{pmatrix} b & c & a \\ c & a & b \\ a & b & c \end{pmatrix}$, $\boldsymbol{B} = \begin{pmatrix} c & a & b \\ a & b & c \\ b & c & a \end{pmatrix}$, $\boldsymbol{C} = \begin{pmatrix} a & b & c \\ b & c & a \\ c & a & b \end{pmatrix}$. 证明:

(1) $\boldsymbol{A}, \boldsymbol{B}, \boldsymbol{C}$ 这三个矩阵两两相似;

(2) 如果 $\boldsymbol{BC} = \boldsymbol{CB}$,那么矩阵 $\boldsymbol{A}$ 的特征多项式为 $f_{\boldsymbol{A}}(x) = x^2(x-3a)$.

*13. 设 $\boldsymbol{V}$ 是复数域上一个非零有限维线性空间. 令 σ 与 τ 是 $\boldsymbol{V}$ 上两个可交换的线性变换, 则 σ 与 τ 有公共特征向量. [提示: 考虑 σ 的特征子空间. 证明它在 τ 之下不变.]

*14. (1) 设 $\boldsymbol{A}$ 是一个 2 阶实矩阵, 使得 $|\boldsymbol{A}| = 1$. 证明: 如果 $\boldsymbol{A}$ 的特征多项式 $f_{\boldsymbol{A}}(x)$ 没有实根, 那么存在一个实数 ϕ,使得 $\boldsymbol{A}$ 相似于 $\begin{pmatrix} \cos\phi & -\sin\phi \\ \sin\phi & \cos\phi \end{pmatrix}$.

(2) 设 $\boldsymbol{V}$ 是实数域上一个 n 维线性空间 $(n>0)$. 令 σ 是 $\boldsymbol{V}$ 上一个线性变换. 证明: 存在 σ 的一个非零不变子空间 $\boldsymbol{W}$,使得 $\dim \boldsymbol{W} \leqslant 2$.

*15. 设 $\boldsymbol{A}$ 是一个 n 阶循环矩阵, 它的第一行元素为 $a_0, a_1, a_2, \cdots, a_{n-1}$. 令 $\boldsymbol{U}$ 是 n 阶基本循环矩阵. 求 $\boldsymbol{U}$ 的特征多项式 $f_{\boldsymbol{U}}(x)$ 的全部复根, 并求 $\boldsymbol{A}$ 的行列式 $|\boldsymbol{A}|$ 的值.

*16. 设 σ 是线性空间 $\boldsymbol{V}(\boldsymbol{F})$ 上一个线性变换. 如果存在一个正整数 s, 使得 $\sigma^s = \iota$,那么称 σ 为一个**幂幺变换**, 并称使等式 $\sigma^s = \iota$ 成立的最小正整数为 σ 的**周期**. 证明: 如果 σ 是周期为 m 的幂幺变换, 那么 $x^m - 1$ 是 σ 的一个零化多项式. 举例说明, $x^m - 1$ 未必是 σ 的最小多项式.

*17. 设 $\boldsymbol{V}$ 是复数域上一个非零线性空间. 令 σ 是 $\boldsymbol{V}$ 上一个周期为 m 的幂幺变换. 证明:

(1) σ 必有特征值, 并且 σ 的每一个特征值都是一个 m 次单位根;

(2) 如果 $\lambda_1, \lambda_2, \cdots, \lambda_s$ 是 σ 的全部互不相同的特征值, 那么 $\boldsymbol{V}$ 可以分解成相应的特征子空间 $\boldsymbol{V}_{\lambda_1}, \boldsymbol{V}_{\lambda_2}, \cdots, \boldsymbol{V}_{\lambda_s}$ 的直和.

6.6 可对角化线性变换

本节将讨论有限维线性空间上一类特殊线性变换 —— 可对角化线性变换, 并讨论 n 阶方阵中相应的对象 —— 可对角化矩阵. 我们将比较系统地介绍线性变换或矩阵可对角化的各种条件.

定义 6.6.1 设 σ 是线性空间 $\boldsymbol{V}_n(\boldsymbol{F})$ 上一个线性变换. 如果存在 $\boldsymbol{V}$ 的一个基, 使得 σ 在这个基下的矩阵是对角矩阵, 那么称 σ 是**可对角化的.**

由于对角矩阵是一类最简单的矩阵, 可对角化线性变换是一类最简单的线性变换. 又由于同一个线性变换在两个基下的矩阵必相似, 上述定义可以用矩阵的语言叙述如下.

定义 6.6.2 在数域 $\boldsymbol{F}$ 上, 设 $\boldsymbol{A}$ 是一个 n 阶方阵. 如果 $\boldsymbol{A}$ 相似于一个对角矩阵, 即存在数域 $\boldsymbol{F}$ 上一个 n 阶可逆矩阵 $\boldsymbol{T}$, 使得 $\boldsymbol{T}^{-1}\boldsymbol{A}\boldsymbol{T}$ 是对角矩阵, 那么称 $\boldsymbol{A}$ 是**可 (相似) 对角化的.**

显然对角矩阵必可对角化. 下一个例子表明, 存在不可对角化的矩阵.

例 6.6.1 在数域 $\boldsymbol{F}$ 上, 设 $\boldsymbol{A}=\begin{pmatrix}1&1\\0&1\end{pmatrix}$. 已知相似的矩阵有相同的特征多项式. 如果 $\boldsymbol{A}$ 相似于对角矩阵 $\operatorname{diag}\{\lambda_1,\lambda_2\}$, 那么两者的特征多项式相等, 即

$$(x-1)^2=(x-\lambda_1)(x-\lambda_2),$$

所以 $\lambda_1=\lambda_2=1$, 因此 $\operatorname{diag}\{\lambda_1,\lambda_2\}$ 是 2 阶单位矩阵 $\boldsymbol{E}$. 又已知与单位矩阵 $\boldsymbol{E}$ 相似的矩阵只能是 $\boldsymbol{E}$ 自身, 那么 $\boldsymbol{A}=\boldsymbol{E}$, 与 $\boldsymbol{A}\neq\boldsymbol{E}$ 矛盾, 因此 $\boldsymbol{A}$ 不可对角化.

下一个例子表明, 一个方阵是否可对角化与所考虑的数域有关.

例 6.6.2 设 $\boldsymbol{A}=\begin{pmatrix}0&1\\-1&0\end{pmatrix}$, 则 $f_{\boldsymbol{A}}(x)=x^2+1$, 所以 $f_{\boldsymbol{A}}(x)$ 的根为 $\pm\mathrm{i}$. 如果 $\boldsymbol{A}$ 在实数域上可对角化, 那么它相似于实数域上一个对角矩阵 $\operatorname{diag}\{\lambda_1,\lambda_2\}$, 因而特征多项式 $f_{\boldsymbol{A}}(x)$ 有两个实根 λ_1 和 λ_2. 这是不可能的, 因此 $\boldsymbol{A}$ 在实数域上不可对角化. 其次, 由于 i 与 $-\mathrm{i}$ 是 $\boldsymbol{A}$ 在复数域上两个不同的特征值, 存在 $\mathbb{C}^2$ 中两个非零向量 $\boldsymbol{\xi}_1$ 与 $\boldsymbol{\xi}_2$, 使得 $\boldsymbol{A}\boldsymbol{\xi}_1=\mathrm{i}\boldsymbol{\xi}_1$ 且 $\boldsymbol{A}\boldsymbol{\xi}_2=-\mathrm{i}\boldsymbol{\xi}_2$. 于是

$$(\boldsymbol{A}\boldsymbol{\xi}_1,\ \boldsymbol{A}\boldsymbol{\xi}_2)=(\boldsymbol{\xi}_1,\ \boldsymbol{\xi}_2)\begin{pmatrix}\mathrm{i}&0\\0&-\mathrm{i}\end{pmatrix}.$$

根据推论 6.5.2, 向量组 $\{\boldsymbol{\xi}_1,\boldsymbol{\xi}_2\}$ 线性无关, 因而它是 $\mathbb{C}^2$ 的一个基. 根据性质 6.3.2, $\boldsymbol{A}$ 相似于对角矩阵 $\operatorname{diag}\{\mathrm{i},-\mathrm{i}\}$, 因此 $\boldsymbol{A}$ 在复数域上可对角化.

关于线性变换与它在某个基下的矩阵, 有下面的关系.

定理 6.6.1 设 σ 是线性空间 $\boldsymbol{V}_n(\boldsymbol{F})$ 上一个线性变换. 令 $\boldsymbol{A}$ 是 σ 在 $\boldsymbol{V}$ 的一个基下的矩阵, 则 σ 是可对角化的当且仅当 $\boldsymbol{A}$ 在数域 $\boldsymbol{F}$ 上是可对角化的.

证明 已知 $\boldsymbol{A}$ 是 σ 在 $\boldsymbol{V}$ 的一个基下的矩阵. 如果 σ 可对角化, 根据定义, 存在 $\boldsymbol{V}$ 的另一个基, 使得 σ 在这个基下的矩阵是一个对角矩阵, 比如说 $\boldsymbol{D}$. 根据定理 6.3.8 的必要性, 存在数域 $\boldsymbol{F}$ 上一个可逆矩阵 $\boldsymbol{T}$, 使得 $\boldsymbol{T}^{-1}\boldsymbol{A}\boldsymbol{T}=\boldsymbol{D}$, 因此 $\boldsymbol{A}$ 在数域 $\boldsymbol{F}$ 上可对角化.

反之, 如果 $\boldsymbol{A}$ 在数域 $\boldsymbol{F}$ 上可对角化, 那么它相似于数域 $\boldsymbol{F}$ 上一个对角矩阵, 比如说 $\boldsymbol{D}$. 由于 $\boldsymbol{A}$ 是 σ 在 $\boldsymbol{V}$ 的一个基下的矩阵, 根据定理 6.3.8 的充分性, 存在 $\boldsymbol{V}$ 的另一个基, 使得 σ 在这个基下的矩阵为 $\boldsymbol{D}$, 因此 σ 可对角化. □

注意到对角矩阵是特殊的准对角矩阵. 根据定理 6.4.3, 下列定理成立.

定理 6.6.2 线性空间 $\boldsymbol{V}_n(\boldsymbol{F})$ 上一个线性变换 σ 是可对角化的当且仅当 $\boldsymbol{V}$ 可以分解成 σ 的 n 个 1 维不变子空间的直和.

已知 1 维不变子空间中非零向量必定是特征向量, 那么上述定理连同定理 5.6.8 和定理 6.6.1 一起, 立即得到下面的推论.

推论 6.6.3 (1) 线性空间 $\boldsymbol{V}_n(\boldsymbol{F})$ 上一个线性变换 σ 是可对角化的当且仅当它有 n 个线性无关特征向量, 即存在 $\boldsymbol{V}$ 的由 σ 的特征向量组成的基.

(2) 数域 $\boldsymbol{F}$ 上一个 n 阶方阵 $\boldsymbol{A}$ 是可对角化的当且仅当它有 n 个线性无关特征向量, 即存在 $\boldsymbol{F}^n$ 的由 $\boldsymbol{A}$ 的特征向量组成的基.

已知属于不同特征值的特征向量必线性无关, 那么下一个推论成立.

推论 6.6.4 (1) 设 σ 是线性空间 $\boldsymbol{V}_n(\boldsymbol{F})$ 上一个线性变换. 如果 σ 的特征多项式 $f_\sigma(x)$ 在数域 $\boldsymbol{F}$ 中有 n 个单根, 那么 σ 是可对角化的.

(2) 设 $\boldsymbol{A}$ 是数域 $\boldsymbol{F}$ 上一个 n 阶方阵. 如果 $\boldsymbol{A}$ 的特征多项式 $f_{\boldsymbol{A}}(x)$ 在数域 $\boldsymbol{F}$ 中有 n 个单根, 那么 $\boldsymbol{A}$ 是可对角化的.

例 6.6.3 设 σ 是 $\boldsymbol{V}_3(\boldsymbol{F})$ 上一个线性变换, 它在 $\boldsymbol{V}$ 的某个基下的矩阵为

$$\boldsymbol{A}=\begin{pmatrix}0&-2&2\\-1&0&-2\\-1&-2&0\end{pmatrix},$$

则 $\boldsymbol{A}$ 的迹为 0, 它的三个 2 阶主子式的值之和为 -4, 它的行列式的值为 0. 根据命题 6.5.5, σ 的特征多项式为 $f_\sigma(x)=x^3-4x$, 所以 $f_\sigma(x)$ 在数域 $\boldsymbol{F}$ 中有 3 个单根 0, 2, -2. 根据推论 6.6.4, σ 是可对角化的.

给定数域 $\boldsymbol{F}$ 上一个 n 阶可对角化矩阵 $\boldsymbol{A}$, 有时需要求出一个相似因子 $\boldsymbol{T}$, 使得 $\boldsymbol{T}^{-1}\boldsymbol{A}\boldsymbol{T}$ 是对角矩阵. 设 $\boldsymbol{D}=\boldsymbol{T}^{-1}\boldsymbol{A}\boldsymbol{T}$, 则 $\boldsymbol{A}\boldsymbol{T}=\boldsymbol{T}\boldsymbol{D}$. 再设 $\boldsymbol{\eta}_1,\boldsymbol{\eta}_2,\cdots,\boldsymbol{\eta}_n$ 是 $\boldsymbol{T}$ 的列向量组, 则

$$\boldsymbol{A}(\boldsymbol{\eta}_1,\boldsymbol{\eta}_2,\cdots,\boldsymbol{\eta}_n)=(\boldsymbol{\eta}_1,\boldsymbol{\eta}_2,\cdots,\boldsymbol{\eta}_n)\boldsymbol{D},$$

即

$$(\boldsymbol{A}\boldsymbol{\eta}_1,\boldsymbol{A}\boldsymbol{\eta}_2,\cdots,\boldsymbol{A}\boldsymbol{\eta}_n)=(\boldsymbol{\eta}_1,\boldsymbol{\eta}_2,\cdots,\boldsymbol{\eta}_n)\boldsymbol{D}.$$

令 $\boldsymbol{D}=\operatorname{diag}\{\lambda_1,\lambda_2,\cdots,\lambda_n\}$, 则 $\boldsymbol{A}\boldsymbol{\eta}_i=\lambda_i\boldsymbol{\eta}_i,\ \ i=1,2,\cdots,n$. 这表明, $\boldsymbol{T}$ 的列向量组是 $\boldsymbol{A}$ 的 n 个线性无关特征向量. 于是按上一节的方法, 可以求出 $\boldsymbol{T}$.

例 6.6.4 设 $\boldsymbol{A}=\begin{pmatrix}3&2&-1\\-2&-2&2\\3&6&-1\end{pmatrix}$, 则 $f_{\boldsymbol{A}}(x)=(x-2)^2(x+4)$,所以矩阵 $\boldsymbol{A}$ 的特征值为 2 (二重) 和 -4. 经计算, $\boldsymbol{\eta}_1=(2,-1,0)'$, $\boldsymbol{\eta}_2=(1,0,1)'$ 是特征方程组 $(2\boldsymbol{E}-\boldsymbol{A})\boldsymbol{X}=\boldsymbol{0}$ 的一个基础解系;$\boldsymbol{\eta}_3=(1,-2,3)'$ 是 $(-4\boldsymbol{E}-\boldsymbol{A})\boldsymbol{X}=\boldsymbol{0}$ 的一个基础解系. 根据命题 6.5.1, $\boldsymbol{\eta}_1,\boldsymbol{\eta}_2,\boldsymbol{\eta}_3$ 是 $\boldsymbol{A}$ 的 3 个线性无关特征向量. 令 $\boldsymbol{T}=(\boldsymbol{\eta}_1,\boldsymbol{\eta}_2,\boldsymbol{\eta}_3)$, 即

$$\boldsymbol{T}=\begin{pmatrix}2&1&1\\-1&0&-2\\0&1&3\end{pmatrix},$$

则 $\boldsymbol{T}$ 是可逆的, 并且 $\boldsymbol{T}^{-1}\boldsymbol{A}\boldsymbol{T}=\operatorname{diag}\{2,2,-4\}$.

注意, 在上例中, 当 $\boldsymbol{T}=(\boldsymbol{\eta}_3,\boldsymbol{\eta}_1,\boldsymbol{\eta}_2)$ 时, 有 $\boldsymbol{T}^{-1}\boldsymbol{A}\boldsymbol{T}=\operatorname{diag}\{-4,2,2\}$.

对于 $\boldsymbol{V}_n(\boldsymbol{F})$ 上一个可对角化线性变换 σ,有时也需要求出 $\boldsymbol{V}$ 的一个基, 使得 σ 在这个基下的矩阵是对角矩阵. 其求法与上例类似.

例如, 设 σ 是 $\boldsymbol{F}_3[x]$ 上一个线性变换. 如果 σ 在基 $1,x,x^2$ 下的矩阵是上例中矩阵 $\boldsymbol{A}$, 与上例一样, 可以求出 $\boldsymbol{A}$ 的特征值 2 和 -4, 并求出 $\boldsymbol{A}$ 的属于特征值 2 的两个线性无关特征向量 $\boldsymbol{\eta}_1=(2,-1,0)'$ 和 $\boldsymbol{\eta}_2=(1,0,1)'$, 以及属于特征值 -4 的一个特征向量 $\boldsymbol{\eta}_3=(1,-2,3)'$. 那么下列 3 个多项式是 $\boldsymbol{F}_3[x]$ 的一个基:

$$f_1(x)=2-x,\ \ f_2(x)=1+x^2,\ \ f_3(x)=1-2x+3x^2,$$

并且 σ 在这个基下的矩阵为 $\operatorname{diag}\{2,2,-4\}$.

推论 6.6.4 中条件 "特征多项式在数域 $\boldsymbol{F}$ 中有 n 个单根" 是线性变换 (或方阵) 可对角化的一个充分条件, 但不是必要条件. 例如, 2 阶单位矩阵显然是可对角化的, 但它的特征多项式没有单根. 那么能不能利用特征多项式的根, 给出线性变换 (或方阵) 可对角化的一个充要条件呢? 回答是肯定的. 为了回答这个问题, 让我们转向讨论特征值的几何重数与代数重数之间的关系, 并给出特征子空间的一些进一步性质.

定义 6.6.3 设 σ 是线性空间 $\boldsymbol{V}_n(\boldsymbol{F})$ 上一个线性变换, λ 是 σ 的一个特征值. 令 r 是 σ 的特征子空间 $\boldsymbol{V}_\lambda$ 的维数, k 是 λ 作为特征多项式 $f_\sigma(x)$ 的根的重数, 则称 r 为 λ 的**几何重数**, 并称 k 为 λ 的**代数重数**.

根据定义, σ 的每一个特征值, 其几何重数与代数重数都是正整数. 这两个正整数之间有如下关系.

命题 6.6.5 设 σ 是线性空间 $\boldsymbol{V}_n(\boldsymbol{F})$ 上一个线性变换. 如果 λ 是 σ 的一个特征值, 那么它的几何重数不超过代数重数.

证明 假定 λ 的几何重数为 r, 那么可设 $\boldsymbol{\alpha}_1,\boldsymbol{\alpha}_2,\cdots,\boldsymbol{\alpha}_r$ 是特征子空间 $\boldsymbol{V}_\lambda$ 的一个基. 于是由 $\sigma(\boldsymbol{\alpha}_i)=\lambda\boldsymbol{\alpha}_i,\ \ i=1,2,\cdots,r$, 有

$$(\sigma(\boldsymbol{\alpha}_1),\, \sigma(\boldsymbol{\alpha}_2),\, \cdots,\, \sigma(\boldsymbol{\alpha}_r)) = (\boldsymbol{\alpha}_1,\, \boldsymbol{\alpha}_2,\, \cdots,\, \boldsymbol{\alpha}_r)(\lambda \boldsymbol{E}_r), \tag{6.6.1}$$

其中 $\lambda \boldsymbol{E}_r$ 是一个 r 阶纯量矩阵. 由此可见, 当 $r = n$ 时, σ 是数乘变换 $\lambda\iota$, 其特征多项式为 $f_\sigma(x) = (x-\lambda)^n$. 此时, λ 的几何重数与代数重数都等于 n. 当 $r < n$ 时, 把 $\boldsymbol{V}_\lambda$ 的上述基扩充成 $\boldsymbol{V}$ 的一个基 $\boldsymbol{\alpha}_1, \boldsymbol{\alpha}_2, \cdots, \boldsymbol{\alpha}_r, \boldsymbol{\alpha}_{r+1}, \cdots, \boldsymbol{\alpha}_n$, 那么 (6.6.1) 式可以改写成

$$(\sigma(\boldsymbol{\alpha}_1),\, \sigma(\boldsymbol{\alpha}_2),\, \cdots,\, \sigma(\boldsymbol{\alpha}_r)) = (\boldsymbol{\alpha}_1,\, \boldsymbol{\alpha}_2,\, \cdots,\, \boldsymbol{\alpha}_r,\, \boldsymbol{\alpha}_{r+1},\, \cdots,\, \boldsymbol{\alpha}_n)\begin{pmatrix} \lambda \boldsymbol{E}_r \\ \boldsymbol{0} \end{pmatrix},$$

所以 σ 在 $\boldsymbol{V}$ 的上述基下的矩阵可以表示成形如 $\begin{pmatrix} \lambda \boldsymbol{E}_r & \boldsymbol{A}_2 \\ \boldsymbol{0} & \boldsymbol{A}_1 \end{pmatrix}$ 的准上三角矩阵, 其中 $\boldsymbol{A}_1$ 是一个 $n-r$ 阶小方阵. 于是 σ 的特征多项式为

$$f_\sigma(x) = \left|\begin{pmatrix} x\boldsymbol{E}_r & \boldsymbol{0} \\ \boldsymbol{0} & x\boldsymbol{E}_{n-r} \end{pmatrix} - \begin{pmatrix} \lambda \boldsymbol{E}_r & \boldsymbol{A}_2 \\ \boldsymbol{0} & \boldsymbol{A}_1 \end{pmatrix}\right| = \begin{vmatrix} (x-\lambda)\boldsymbol{E}_r & -\boldsymbol{A}_2 \\ \boldsymbol{0} & x\boldsymbol{E}_{n-r} - \boldsymbol{A}_1 \end{vmatrix},$$

即

$$f_\sigma(x) = (x-\lambda)^r \left| x\boldsymbol{E}_{n-r} - \boldsymbol{A}_1 \right|.$$

这表明, λ 至少是 $f_\sigma(x)$ 的 r 重根, 因此 λ 的几何重数不超过代数重数. □

定理 6.6.6 设 σ 是 $\boldsymbol{V}_n(\boldsymbol{F})$ 上一个线性变换. 令 $\lambda_1, \lambda_2, \cdots, \lambda_s$ 是 σ 的全部互不相同的特征值, 它们的几何重数依次为 $r_1, r_2, \cdots, r_s$, 则 σ 是可对角化的当且仅当 $\boldsymbol{V} = \boldsymbol{V}_{\lambda_1} + \boldsymbol{V}_{\lambda_2} + \cdots + \boldsymbol{V}_{\lambda_s}$, 或者当且仅当 $r_1 + r_2 + \cdots + r_s = n$, 这里 $\boldsymbol{V}_{\lambda_i}$ 是 σ 的属于特征值 λ_i 的特征子空间 $(i = 1, 2, \cdots, s)$.

证明 设 σ 可对角化. 根据推论 6.6.3, 存在 $\boldsymbol{V}$ 的由 σ 的特征向量组成的基 $\boldsymbol{\alpha}_1, \boldsymbol{\alpha}_2, \cdots, \boldsymbol{\alpha}_n$. 根据已知条件, $\lambda_1, \lambda_2, \cdots, \lambda_s$ 是 σ 的全部互不相同的特征值, 所以每一个 $\boldsymbol{\alpha}_i$ 所属的特征值必定是这 s 个特征值中某一个, 比如说第 k 个, 那么 $\boldsymbol{\alpha}_i \in \boldsymbol{V}_{\lambda_k}$. 令 $\boldsymbol{W} = \boldsymbol{V}_{\lambda_1} + \boldsymbol{V}_{\lambda_2} + \cdots + \boldsymbol{V}_{\lambda_s}$, 则由 $\boldsymbol{V}_{\lambda_k} \subseteq \boldsymbol{W}$, 有 $\boldsymbol{\alpha}_i \in \boldsymbol{W}$, 其中 $i = 1, 2, \cdots, n$, 所以 $\mathscr{L}(\boldsymbol{\alpha}_1, \boldsymbol{\alpha}_2, \cdots, \boldsymbol{\alpha}_n) \subseteq \boldsymbol{W}$, 即 $\boldsymbol{V} \subseteq \boldsymbol{W}$, 因此 $\boldsymbol{V} = \boldsymbol{W}$, 故 $\boldsymbol{V} = \boldsymbol{V}_{\lambda_1} + \boldsymbol{V}_{\lambda_2} + \cdots + \boldsymbol{V}_{\lambda_s}$.

反过来, 假设 $\boldsymbol{V} = \boldsymbol{V}_{\lambda_1} + \boldsymbol{V}_{\lambda_2} + \cdots + \boldsymbol{V}_{\lambda_s}$. 已知 $\boldsymbol{V}$ 是有限维的, 那么可以在特征子空间 $\boldsymbol{V}_{\lambda_1}, \boldsymbol{V}_{\lambda_2}, \cdots, \boldsymbol{V}_{\lambda_s}$ 中各取一个基. 又已知属于不同特征值的特征子空间之和是直和 (命题 6.5.1), 那么把这些基合并起来, 所得向量组是 $\boldsymbol{V}$ 的一个基. 显然这个基中每一个向量都是 σ 的特征向量. 根据推论 6.6.3, σ 可对角化.

这就证明了结论的前半部分. 注意到 $\boldsymbol{V}$ 的上述分解式中, 特征子空间之和是直和, 由前半部分以及定理 5.6.8, 立即得到结论的后半部分. □

现在让我们来回答上面提出的问题.

定理 6.6.7 $\boldsymbol{V}_n(\boldsymbol{F})$ 上一个线性变换 σ 可对角化当且仅当下列条件成立:

(1) σ 的特征多项式 $f_\sigma(x)$ 的每一个根都在数域 $\boldsymbol{F}$ 中;

(2) σ 的每一个特征值, 其几何重数与代数重数都相等.

证明 设 $\lambda_1, \lambda_2, \cdots, \lambda_s$ 是 σ 的全部互不相同的特征值, 它们的几何重数依次为 $r_1, r_2, \cdots,$

r_s. 根据命题 6.6.5, 每一个特征值 λ_i 的几何重数都不超过代数重数 $(i=1,2,\cdots,s)$, 所以 $(x-\lambda_1)^{r_1}, (x-\lambda_2)^{r_2}, \cdots, (x-\lambda_s)^{r_s}$ 是 $f_\sigma(x)$ 的 s 个两两互素的因式, 因而这 s 个因式的乘积也是 $f_\sigma(x)$ 的一个因式. 于是存在 $h(x)\in \boldsymbol{F}[x]$, 使得

$$f_\sigma(x)=(x-\lambda_1)^{r_1}(x-\lambda_2)^{r_2}\cdots(x-\lambda_s)^{r_s}h(x).$$

由于 $f_\sigma(x)$ 是 n 次首一多项式, 当且仅当 $r_1+r_2+\cdots+r_s=n$ 时, 上式中 $h(x)$ 等于 1. 换句话说, 当且仅当 $r_1+r_2+\cdots+r_s=n$ 时, 有

$$f_\sigma(x)=(x-\lambda_1)^{r_1}(x-\lambda_2)^{r_2}\cdots(x-\lambda_s)^{r_s}. \tag{6.6.2}$$

现在, 设 σ 可对角化, 则它必有特征值, 并且由定理 6.6.6, 等式 $r_1+r_2+\cdots+r_s=n$ 成立, 从而 (6.6.2) 式也成立. 已知 σ 的特征值是数域 $\boldsymbol{F}$ 中的数, 那么由 (6.6.2) 式可见, $f_\sigma(x)$ 的根都在 $\boldsymbol{F}$ 中, 并且每一个特征值的几何重数与代数重数都相等. 反之, 由充分性假定易见, (6.6.2) 式成立, 从而等式 $r_1+r_2+\cdots+r_s=n$ 也成立. 根据定理 6.6.6, σ 是可对角化的. □

例 6.6.5 设 $\sigma:\boldsymbol{F}_2[x]\to\boldsymbol{F}_2[x]$, $a+bx\mapsto(a-b)+(a+b)x$, 则 σ 是一个线性变换. 容易看出, 它在基 $\{1, x\}$ 下的矩阵为 $\begin{pmatrix}1&-1\\1&1\end{pmatrix}$, 所以它的特征多项式为 $f_\sigma(\lambda)=(\lambda-1)^2+1$, 因此 $f_\sigma(\lambda)$ 有一对共轭虚根 $1\pm\mathrm{i}$. 根据定理 6.6.7, 当 $\boldsymbol{F}=\mathbb{R}$ 时, σ 不可对角化. 根据推论 6.6.4, 当 $F=\mathbb{C}$ 时, σ 可对角化.

设 λ 是线性空间 $\boldsymbol{V}_n(\boldsymbol{F})$ 上线性变换 σ 的一个特征值. 如果 λ 是 $f_\sigma(x)$ 的单根, 那么 λ 的代数重数等于 1. 由于 λ 的几何重数是正整数, 并且不超过它的代数重数, 因此 λ 的几何重数也等于 1. 这样, 当 $f_\sigma(x)$ 在数域 $\boldsymbol{F}$ 中有 n 个单根时, 根据定理 6.6.7, σ 是可对角化的. 我们又一次证明了推论 6.6.4(1).

设 $\boldsymbol{A}\in\boldsymbol{M}_n(\boldsymbol{F})$. 仿照线性变换的情形, 可以定义方阵 $\boldsymbol{A}$ 的特征值的**几何重数** 与**代数重数.** 已知 $\boldsymbol{A}$ 的特征子空间 $\boldsymbol{V}_\lambda$ 就是齐次线性方程组 $(\lambda\boldsymbol{E}-\boldsymbol{A})\boldsymbol{X}=\boldsymbol{0}$ 的解空间, 那么特征值 λ的几何重数 (即 $\boldsymbol{V}_\lambda$ 的维数) 等于 $n-\operatorname{rank}(\lambda\boldsymbol{E}-\boldsymbol{A})$. 于是定理 6.6.7 可以用矩阵的语言叙述如下.

定理 6.6.8 设 $\boldsymbol{A}\in\boldsymbol{M}_n(\boldsymbol{F})$, 则 $\boldsymbol{A}$ 在数域 $\boldsymbol{F}$ 上可对角化当且仅当下列条件成立:

(1) $\boldsymbol{A}$ 的特征多项式 $f_{\boldsymbol{A}}(x)$ 的每一个根都在数域 $\boldsymbol{F}$ 中;

(2) $\boldsymbol{A}$ 的每一个特征值 λ, 其代数重数等于 $n-\operatorname{rank}(\lambda\boldsymbol{E}-\boldsymbol{A})$.

例如, 例 6.6.1 中矩阵 $\boldsymbol{A}$ 等于 $\begin{pmatrix}1&1\\0&1\end{pmatrix}$, 其特征值为 1, 代数重数为 2. 易见, $\operatorname{rank}(\boldsymbol{E}-\boldsymbol{A})=1$, 所以 $2\neq 2-\operatorname{rank}(\boldsymbol{E}-\boldsymbol{A})$. 根据定理 6.6.8, 矩阵 $\boldsymbol{A}$ 在任意数域上都不可对角化.

又如, 例 6.6.2 中矩阵 $\boldsymbol{A}$ 等于 $\begin{pmatrix}0&1\\-1&0\end{pmatrix}$, 其特征多项式 $f_{\boldsymbol{A}}(x)$ 有一对共轭虚根 i 与 $-$i. 因为 $f_{\boldsymbol{A}}(x)$ 没有实根, 根据定理 6.6.8, $\boldsymbol{A}$ 在实数域上不可对角化. 又因为 $f_{\boldsymbol{A}}(x)$ 在复数域中的根都

是单根, 所以它们的几何重数与代数重数都等于 1. 根据定理 6.6.8, $\boldsymbol{A}$ 在复数域上可对角化.

下面介绍求可对角化矩阵的方幂的一种方法.

例 6.6.6 设 $\boldsymbol{A}$ 是例 6.5.6 中的矩阵, 即 $\boldsymbol{A}=\begin{pmatrix}1&4&2\\0&-3&4\\0&4&3\end{pmatrix}$. 求 $\boldsymbol{A}^{100}$.

解 根据例 6.5.6, $\boldsymbol{A}$ 的特征多项式 $f_{\boldsymbol{A}}(x)$ 有 3 个单根 1, 5, −5, 因而 $\boldsymbol{A}$ 是可对角化的. 经计算, $\boldsymbol{\eta}_1=(1,0,0)'$, $\boldsymbol{\eta}_2=(2,1,2)'$ 和 $\boldsymbol{\eta}_3=(1,-2,1)'$ 分别是特征方程组

$$(\boldsymbol{E}-\boldsymbol{A})\boldsymbol{X}=\boldsymbol{0},\quad (5\boldsymbol{E}-\boldsymbol{A})\boldsymbol{X}=\boldsymbol{0}\ 和\ \ (-5\boldsymbol{E}-\boldsymbol{A})\boldsymbol{X}=\boldsymbol{0}$$

的一个非零解, 所以 $\boldsymbol{\eta}_1,\boldsymbol{\eta}_2,\boldsymbol{\eta}_3$ 是 $\boldsymbol{A}$ 的 3 个线性无关特征向量. 令 $\boldsymbol{T}=(\boldsymbol{\eta}_1,\boldsymbol{\eta}_2,\boldsymbol{\eta}_3)$, 则 $\boldsymbol{T}$ 是可逆的. 再令 $\boldsymbol{D}=\mathrm{diag}\{1,5,-5\}$, 则 $\boldsymbol{T}^{-1}\boldsymbol{A}\boldsymbol{T}=\boldsymbol{D}$, 所以 $\boldsymbol{A}=\boldsymbol{T}\boldsymbol{D}\boldsymbol{T}^{-1}$, 从而

$$\boldsymbol{A}^2=\boldsymbol{T}\boldsymbol{D}\boldsymbol{T}^{-1}\cdot\boldsymbol{T}\boldsymbol{D}\boldsymbol{T}^{-1}=\boldsymbol{T}\boldsymbol{D}^2\boldsymbol{T}^{-1}.$$

重复这种方法, 可得 $\boldsymbol{A}^{100}=\boldsymbol{T}\boldsymbol{D}^{100}\boldsymbol{T}^{-1}$. 显然 $\boldsymbol{D}^{100}=\mathrm{diag}\{1,5^{100},5^{100}\}$. 根据 $\boldsymbol{T}$ 的假定, 有 $\boldsymbol{T}=\begin{pmatrix}1&2&1\\0&1&-2\\0&2&1\end{pmatrix}$. 经计算, 得 $\boldsymbol{T}^{-1}=\begin{pmatrix}1&0&-1\\0&\frac{1}{5}&\frac{2}{5}\\0&-\frac{2}{5}&\frac{1}{5}\end{pmatrix}$. 于是

$$\boldsymbol{A}^{100}=\boldsymbol{T}(\boldsymbol{D}^{100}\boldsymbol{T}^{-1})=\begin{pmatrix}1&2&1\\0&1&-2\\0&2&1\end{pmatrix}\begin{pmatrix}1&0&-1\\0&5^{99}&2\cdot 5^{99}\\0&-2\cdot 5^{99}&5^{99}\end{pmatrix}=\begin{pmatrix}1&0&5^{100}-1\\0&5^{100}&0\\0&0&5^{100}\end{pmatrix}.$$

最后给出几点说明. 我们已经看到, 即使在复数域上, 仍然存在不可对角化的矩阵, 那么与一个复矩阵相似的所有矩阵中, 最简单的矩阵具有什么形状? 这就是所谓的**若尔当标准形.** 由于矩阵的 (相似) 对角化问题与所考虑的数域有关, 还可以提出下列问题: 在实数域上, 矩阵的 (相似) 标准形是什么? 在有理数域上呢? 关于这些问题, 这里就不继续讨论了. 读者可以参考同类书籍.

习题 6.6

1. 已知 σ 是线性空间 $\boldsymbol{V}_2(\boldsymbol{F})$ 上一个可对角化线性变换, 它在基 $\{\boldsymbol{\alpha}_1,\boldsymbol{\alpha}_2\}$ 下的矩阵为 $\boldsymbol{A}$. 求 $\boldsymbol{V}$ 的一个基, 使得 σ 在这个基下的矩阵是对角矩阵. 这里

   (1) $\boldsymbol{A}=\begin{pmatrix}2&5\\4&3\end{pmatrix}$; (2) $\boldsymbol{A}=\begin{pmatrix}1&0\\2&3\end{pmatrix}$.

2. 判断矩阵 $\boldsymbol{A}$ 在实数域上是否可对角化. 对于可对角化的情形, 求一个可逆矩阵 $\boldsymbol{T}$, 使得 $\boldsymbol{T}^{-1}\boldsymbol{A}\boldsymbol{T}$ 是对角矩阵. 这里

   (1) $\boldsymbol{A}=\begin{pmatrix}3&-2&3\\2&-2&6\\-1&2&-1\end{pmatrix}$; (2) $\boldsymbol{A}=\begin{pmatrix}-1&-3&0\\2&4&0\\1&0&1\end{pmatrix}$.

3. 设 σ 是 $\boldsymbol{V}_3(\boldsymbol{F})$ 上一个线性变换, 它在基 $\boldsymbol{\alpha}_1, \boldsymbol{\alpha}_2, \boldsymbol{\alpha}_3$ 下的矩阵为 $\boldsymbol{A}$. 判断 σ 是否可对角化. 如果可以, 求 $\boldsymbol{V}$ 的一个基, 使得 σ 在这个基下的矩阵是对角矩阵. 这里

$$(1)\ \boldsymbol{A}=\begin{pmatrix}2&2&-2\\2&5&-4\\-2&-4&5\end{pmatrix};\quad (2)\ \boldsymbol{A}=\begin{pmatrix}2&3&2\\1&8&2\\-2&-14&-3\end{pmatrix}.$$

4. 设 σ 是有限维线性空间 $\boldsymbol{V}_n(\boldsymbol{F})$ 上一个线性变换. 证明:
   (1) σ 是幂零的当且仅当它的特征多项式为 $f_\sigma(x)=x^n$;
   (2) 如果 σ 是幂零的, 那么它是可对角化的当且仅当 $\sigma=\vartheta$;
   (3) 如果 σ 是幂等的, 那么它是可对角化的;
   (4) 如果 σ 是对合的, 那么它是可对角化的.

5. 设 $\boldsymbol{A}=(a_{ij})$ 是数域 $\boldsymbol{F}$ 上一个 n 阶上三角矩阵. 证明: 如果 $\boldsymbol{A}$ 的主对角线上元素 $a_{11}, a_{22}, \cdots, a_{nn}$ 互不相同, 那么 $\boldsymbol{A}$ 可对角化. 证明: 如果 $a_{11}=a_{22}=\cdots=a_{nn}$, 并且 $\boldsymbol{A}$ 的主对角线上方至少有一个元素不等于零, 那么 $\boldsymbol{A}$ 不可对角化.

6. 设 $\boldsymbol{A}$ 与 $\boldsymbol{B}$ 都是数域 $\boldsymbol{F}$ 上 n 阶对角矩阵, 其中 $\boldsymbol{A}=\operatorname{diag}\{\lambda_1, \lambda_2, \cdots, \lambda_n\}$, 则 $\boldsymbol{A}$ 相似于 $\boldsymbol{B}$ 当且仅当存在一个 n 元排列 $i_1i_2\cdots i_n$, 使得 $\boldsymbol{B}=\operatorname{diag}\{\lambda_{i_1}, \lambda_{i_2}, \cdots, \lambda_{i_n}\}$.

7. 设 $\boldsymbol{A}=\begin{pmatrix}4&6&0\\-3&-5&0\\-3&-6&1\end{pmatrix}$. 求矩阵 $\boldsymbol{A}$ 的 10 次幂 $\boldsymbol{A}^{10}$.

8. 设 $\boldsymbol{A}=\begin{pmatrix}1&2\\-1&4\end{pmatrix}$. 求矩阵 $\boldsymbol{A}$ 的 m 次幂 $\boldsymbol{A}^m$,其中 m 是一个正整数.

*9. 每一个 2 阶复矩阵 $\boldsymbol{A}$ 或者相似于一个对角矩阵, 或者相似于一个形如 $\begin{pmatrix}\lambda&1\\0&\lambda\end{pmatrix}$ 的矩阵.

*10. 证明: 线性空间 $\boldsymbol{V}_n(\boldsymbol{F})$ 上一个线性变换 σ 是可对角化的当且仅当它的最小多项式 $m(x)$ 可以分解成数域 $\boldsymbol{F}$ 上两两互素的一次多项式的乘积.

*11. 设 $\boldsymbol{A}$ 是一个 n 阶复矩阵. 证明: 如果 $\boldsymbol{A}$ 是幂幺的, 那么它是可对角化的.

*12. 设 σ 是线性空间 $\boldsymbol{V}_n(\boldsymbol{F})$ 上一个可对角化线性变换, 并设 $\lambda_1, \lambda_2, \cdots, \lambda_s$ 是 σ 的全部互不相同的特征值. 证明: 存在 $\boldsymbol{V}$ 上 s 个线性变换 $\sigma_1, \sigma_2, \cdots, \sigma_s$, 使得 $\sigma=\lambda_1\sigma_1+\lambda_2\sigma_2+\cdots+\lambda_s\sigma_s$.

第 7 章　欧氏空间

我们知道, 线性空间是几何空间的推广. 但是迄今为止, 我们只涉及线性空间的加法和数乘运算, 没有涉及向量的长度和夹角等度量概念. 度量概念无论在解析几何里还是在实际应用上都是非常重要的. 这就自然导致我们考虑, 能不能在线性空间中引入长度和夹角等概念.

考察几何空间中向量的长度, 它与数的开平方运算有密切联系. 开平方是一种非线性运算, 一般数域对于开平方运算可能不封闭. 例如, 2 是有理数, 但 $\sqrt{2}$ 不是有理数. 这就是说, 有理数域对于开平方运算不封闭. 由于这个原因, 在这一章我们只讨论实数域上的线性空间, 即**实线性空间**. 我们将在实线性空间上引入内积运算, 从而使其中的向量具有度量性质. 带有内积运算的实线性空间就是本章要讨论的欧氏空间. 这样的线性空间具有更加丰富的几何内容, 它的理论对研究解析几何有指导意义, 在多元函数微积分、泛函分析和物理学等学科中有广泛应用.

本章将首先给出欧氏空间及其向量的长度、夹角和距离等概念, 并讨论它们的基本性质, 然后讨论与度量有关的各种对象, 如正交基和子空间的正交补等, 最后讨论三类特殊线性映射 —— 同构映射、正交变换和对称变换.

7.1　定义和基本性质

在几何空间中, 向量的长度和夹角等度量概念来源于向量的可度量性 (即可以用刻度尺和量角器等度量工具来测量). 然而对于一般的实线性空间, 其中的向量已经失去了这种几何直观性, 那么怎样引入向量的长度和夹角等概念呢?

回顾一下, 在解析几何里, 一个向量的长度, 其本质是一个非负实数. 当两个向量的夹角用弧度表示时, 其本质是闭区间 $[0, \pi]$ 上一个数. 我们知道, 两个向量 $\boldsymbol{a}$ 与 $\boldsymbol{b}$ 的长度和夹角, 适合公式 $\boldsymbol{a}\cdot\boldsymbol{b}=|\boldsymbol{a}|\,|\boldsymbol{b}|\cos\phi$, 这里 $\boldsymbol{a}\cdot\boldsymbol{b}$ 是 $\boldsymbol{a}$ 与 $\boldsymbol{b}$ 的内积 (即数性积). 显然内积 $\boldsymbol{a}\cdot\boldsymbol{b}$ 是由向量 $\boldsymbol{a}$ 与 $\boldsymbol{b}$ 所决定的唯一一个实数. 如果知道了任意两个向量的内积, 那么由 $\boldsymbol{a}\cdot\boldsymbol{a}=|\boldsymbol{a}|\,|\boldsymbol{a}|\cos 0$, 有 $\boldsymbol{a}\cdot\boldsymbol{a}=|\boldsymbol{a}|^2$,所以 $|\boldsymbol{a}|=\sqrt{\boldsymbol{a}\cdot\boldsymbol{a}}$. 这就是说, 可以利用内积求出向量 $\boldsymbol{a}$ 的长度. 另一方面, 当 $\boldsymbol{a}$ 与 $\boldsymbol{b}$ 都是非零向量时, 有 $\cos\phi=\dfrac{\boldsymbol{a}\cdot\boldsymbol{b}}{|\boldsymbol{a}|\,|\boldsymbol{b}|}$, 所以 $\phi=\arccos\dfrac{\boldsymbol{a}\cdot\boldsymbol{b}}{|\boldsymbol{a}|\,|\boldsymbol{b}|}$. 这就是说, 可以利用内积和长度求出向量 $\boldsymbol{a}$ 与 $\boldsymbol{b}$ 的夹角 ϕ.

由此可见, 如果可以不依赖向量的长度和夹角, 把内积概念推广到实线性空间, 就有可能利用内积来定义向量的长度和夹角. 人们在实践中发现, 几何空间 $\mathbb{V}_3$ 中下列四条算律是内积的最本质属性: $\forall \boldsymbol{a}, \boldsymbol{b}, \boldsymbol{c}\in\mathbb{V}_3,\ \forall k\in\mathbb{R}$,

(1) 对称性: $\boldsymbol{a}\cdot\boldsymbol{b}=\boldsymbol{b}\cdot\boldsymbol{a}$;

(2) 可加性: $(\boldsymbol{a}+\boldsymbol{b})\cdot\boldsymbol{c}=(\boldsymbol{a}\cdot\boldsymbol{c})+(\boldsymbol{b}\cdot\boldsymbol{c})$;

(3) 齐次性: $(k\,\boldsymbol{a})\cdot\boldsymbol{b}=k\,(\boldsymbol{a}\cdot\boldsymbol{b})$;

(4) 正定性: 当 $\boldsymbol{a}\neq\boldsymbol{0}$ 时, 有 $\boldsymbol{a}\cdot\boldsymbol{a}>0$.

内积的其他性质都可以由这四条算律推导出来. 此外, 由于 $\boldsymbol{a}\cdot\boldsymbol{b}$ 是唯一一个实数, 可以由内积决定一个映射 $\sigma:\mathbb{V}_3\times\mathbb{V}_3\to\mathbb{R},\ (\boldsymbol{a},\boldsymbol{b})\mapsto\boldsymbol{a}\cdot\boldsymbol{b}$.

于是我们可以仿照线性空间的定义, 通过公理化方法, 在一般的实线性空间 $\boldsymbol{V}$ 中引入内积概念. 在下面的讨论中, 我们将用符号 $\langle\boldsymbol{\alpha},\boldsymbol{\beta}\rangle$ 来表示 $\boldsymbol{V}$ 中向量 $\boldsymbol{\alpha}$ 与 $\boldsymbol{\beta}$ 的内积, 并用符号 $\langle\bullet,\bullet\rangle$ 来表示由内积 $\langle\boldsymbol{\alpha},\boldsymbol{\beta}\rangle$ 所决定的映射

$$\langle\bullet,\bullet\rangle:\boldsymbol{V}\times\boldsymbol{V}\to\mathbb{R},\ (\boldsymbol{\alpha},\boldsymbol{\beta})\mapsto\langle\boldsymbol{\alpha},\boldsymbol{\beta}\rangle.$$

定义 7.1.1 设 $\boldsymbol{V}$ 是一个实线性空间. 令 $\langle\bullet,\bullet\rangle$ 是从 $\boldsymbol{V}\times\boldsymbol{V}$ 到 $\mathbb{R}$ 的一个映射. 如果映射 $\langle\bullet,\bullet\rangle$ 适合下列四条算律: $\forall\boldsymbol{\alpha},\boldsymbol{\beta},\boldsymbol{\gamma}\in\boldsymbol{V},\ \forall k\in\mathbb{R}$,

(1) 对称性: $\langle\boldsymbol{\alpha},\boldsymbol{\beta}\rangle=\langle\boldsymbol{\beta},\boldsymbol{\alpha}\rangle$;

(2) 可加性: $\langle\boldsymbol{\alpha}+\boldsymbol{\beta},\boldsymbol{\gamma}\rangle=\langle\boldsymbol{\alpha},\boldsymbol{\gamma}\rangle+\langle\boldsymbol{\beta},\boldsymbol{\gamma}\rangle$;

(3) 齐次性: $\langle k\boldsymbol{\alpha},\boldsymbol{\beta}\rangle=k\langle\boldsymbol{\alpha},\boldsymbol{\beta}\rangle$;

(4) 正定性: 当 $\boldsymbol{\alpha}\neq\boldsymbol{\theta}$ 时, 有 $\langle\boldsymbol{\alpha},\boldsymbol{\alpha}\rangle>0$,

那么称 $\langle\bullet,\bullet\rangle$ 为 $\boldsymbol{V}$ 的一个**内积运算**, 并称实数 $\langle\boldsymbol{\alpha},\boldsymbol{\beta}\rangle$ 为向量 $\boldsymbol{\alpha}$ 与 $\boldsymbol{\beta}$ 的**内积**.

带有内积运算 $\langle\bullet,\bullet\rangle$ 的实线性空间 $\boldsymbol{V}$, 即系统 $(\boldsymbol{V},\mathbb{R};+,\circ,\langle\bullet,\bullet\rangle)$, 称为一个**欧几里得空间**, 简称为一个**欧氏空间**[①]. 习惯上, 称 $\boldsymbol{V}$ 是一个**欧氏空间**.

根据定义, 每一个欧氏空间是由一个非空集合、一个实数域、三个代数运算, 以及十二条公理组成的代数系统.

我们规定, 在欧氏空间 $\boldsymbol{V}$ 中, 向量组的线性相关性, 基、维数和坐标, 以及子空间等概念, 都沿用 $\boldsymbol{V}$ 作为线性空间时的相应概念. 由于定义中向量 $\boldsymbol{\alpha},\boldsymbol{\beta},\boldsymbol{\gamma}$ 和实数 k 都是任意的, 因此每一个子空间关于 $\boldsymbol{V}$ 的内积运算也构成一个欧氏空间.

几何空间 $\mathbb{V}_3$ 中内积运算 "$\cdot$" 适合上述四条公理, 因而 $\mathbb{V}_3$ 关于这个运算构成一个欧氏空间.

例 7.1.1 在 n 元行向量空间 $\mathbb{R}^n$ 中, 规定 $\langle\boldsymbol{\alpha},\boldsymbol{\beta}\rangle\overset{\text{def}}{=}\boldsymbol{\alpha}\boldsymbol{\beta}'$, 即

$$\langle\boldsymbol{\alpha},\boldsymbol{\beta}\rangle\overset{\text{def}}{=}a_1b_1+a_2b_2+\cdots+a_nb_n,\ \ \forall\boldsymbol{\alpha},\boldsymbol{\beta}\in\mathbb{R}^n,$$

这里 $\boldsymbol{\alpha}=(a_1,a_2,\cdots,a_n)$ 且 $\boldsymbol{\beta}=(b_1,b_2,\cdots,b_n)$. 容易验证, $\langle\bullet,\bullet\rangle$ 是 $\mathbb{R}^n$ 的一个内积运算, 因而 $\mathbb{R}^n$ 关于这个运算构成一个欧氏空间. 类似地, 在 n 元列向量空间 $\mathbb{R}^n$ 中, 规定 $\langle\boldsymbol{\alpha},\boldsymbol{\beta}\rangle\overset{\text{def}}{=}\boldsymbol{\alpha}'\boldsymbol{\beta}$, $\forall\boldsymbol{\alpha},\boldsymbol{\beta}\in\mathbb{R}^n$, 那么 $\langle\bullet,\bullet\rangle$ 是 $\mathbb{R}^n$ 的一个内积运算, 因而 $\mathbb{R}^n$ 关于所规定的运算也构成一个欧氏空间.

上例中的内积称为 $\mathbb{R}^n$ 的**标准内积**.

[①]欧几里得 (Euclid) 是公元前 300 年左右的古希腊数学家, 他的《几何原本》是一部最早的数学著作, 而且为所有后代人所学习. 这部书对数学发展的影响超过其他任何一部书.《几何原本》主要介绍平面几何与立体几何方面的知识, 因此这两种几何统称为欧几里得几何或欧氏几何. 这样, 几何空间的推广就自然地称为欧几里得空间或欧氏空间.

例 7.1.2 设 $\boldsymbol{A}=\operatorname{diag}\{k_1, k_2, \cdots, k_n\}$, 其中 $k_1, k_2, \cdots, k_n$ 是 n 个正实数. 在 n 元行向量空间 $\mathbb{R}^n$ 中, 规定 $\langle\boldsymbol{\alpha}, \boldsymbol{\beta}\rangle \stackrel{\text{def}}{=} \boldsymbol{\alpha}\boldsymbol{A}\boldsymbol{\beta}'$, 即

$$\langle\boldsymbol{\alpha}, \boldsymbol{\beta}\rangle \stackrel{\text{def}}{=} k_1a_1b_1+k_2a_2b_2+\cdots+k_na_nb_n,\ \ \forall\boldsymbol{\alpha}, \boldsymbol{\beta}\in\mathbb{R}^n,$$

这里 $\boldsymbol{\alpha}=(a_1, a_2, \cdots, a_n)$ 且 $\boldsymbol{\beta}=(b_1, b_2, \cdots, b_n)$. 不难验证, $\langle\bullet, \bullet\rangle$ 是 $\mathbb{R}^n$ 的一个内积运算, 因而 $\mathbb{R}^n$ 关于这个运算构成一个欧氏空间. 类似地, 在 n 元列向量空间 $\mathbb{R}^n$ 中, 规定 $\langle\boldsymbol{\alpha}, \boldsymbol{\beta}\rangle \stackrel{\text{def}}{=} \boldsymbol{\alpha}'\boldsymbol{A}\boldsymbol{\beta}$, $\forall\boldsymbol{\alpha}, \boldsymbol{\beta}\in\mathbb{R}^n$, 那么 $\langle\bullet, \bullet\rangle$ 也是 $\mathbb{R}^n$ 的一个内积运算, 因而 $\mathbb{R}^n$ 关于所规定的运算也构成一个欧氏空间.

由上例可见, 可以在同一个实线性空间 $\boldsymbol{V}$ 中定义不同的内积, 使得 $\boldsymbol{V}$ 构成不同的欧氏空间. 在上例中, 当 $\boldsymbol{A}$ 是单位矩阵时, 所规定的内积就是标准内积. 在下面的讨论中, 如果没有特别声明, $\mathbb{R}^n$ 的内积默认为标准内积.

例 7.1.3 在连续函数空间 $C[a, b]$ 中, 规定

$$\langle f, g\rangle \stackrel{\text{def}}{=} \int_a^b f(x)g(x)\,\mathrm{d}x,\quad \forall f, g\in C[a, b],$$

则 $\langle\bullet, \bullet\rangle$ 是一个内积运算. 事实上, 由于 $\int_a^b f(x)g(x)\,\mathrm{d}x$ 是唯一一个实数, 因此

$$\langle\bullet, \bullet\rangle : C[a, b]\times C[a, b]\to\mathbb{R},\ \ (f, g)\mapsto\int_a^b f(x)g(x)\,\mathrm{d}x$$

是一个映射. 其次, 由定积分的性质, 对称性、可加性和齐次性都成立. 再次, 当 $f(x)\not\equiv 0$ 时, 必存在开区间 (a, b) 内某一点 x_0, 使得 $f(x_0)\neq 0$, 所以 $f^2(x_0)>0$. 根据连续函数的保号性, 存在 $\delta>0$, 使得 $[x_0-\delta, x_0+\delta]\subseteq[a,b]$, 并且对任意的 $x\in[x_0-\delta,\ x_0+\delta]$, 有 $f^2(x)>0$. 于是由定积分中值定理, 有

$$\int_{x_0-\delta}^{x_0+\delta} f^2(x)\,\mathrm{d}x = f^2(\xi)\int_{x_0-\delta}^{x_0+\delta}\mathrm{d}x = 2\delta f^2(\xi)>0,$$

其中 ξ 是开区间 $(x_0-\delta,\ x_0+\delta)$ 内某一点. 从而由定积分的保号性, 得

$$\int_a^b f^2(x)\,\mathrm{d}x = \int_a^{x_0-\delta} f^2(x)\,\mathrm{d}x + \int_{x_0-\delta}^{x_0+\delta} f^2(x)\,\mathrm{d}x + \int_{x_0+\delta}^{b} f^2(x)\,\mathrm{d}x > 0,$$

因此 $\langle f, f\rangle>0$, 正定性成立. 综上所述, $\langle\bullet, \bullet\rangle$ 是 $C[a, b]$ 的一个内积运算, 因而 $C[a, b]$ 关于这个运算构成一个欧氏空间.

例 7.1.4 设 $\mathbf{H}$ 是由全体按平方和收敛的实数列组成的集合, 即

$$\mathbf{H}=\left\{\{a_n\}\,\middle|\,\sum_{n=1}^{\infty}a_n^2<+\infty\right\}.$$

在 $\mathbf{H}$ 中, 按自然方式规定加法、数乘和内积运算, 即规定

$$\{a_n\}+\{b_n\}\stackrel{\text{def}}{=}\{a_n+b_n\},\ \ k\{a_n\}\stackrel{\text{def}}{=}\{ka_n\}\ \ 且\ \langle\{a_n\}, \{b_n\}\rangle\stackrel{\text{def}}{=}\sum_{n=1}^{\infty}a_nb_n,$$

其中 $\{a_n\}$ 与 $\{b_n\}$ 是 $\mathbf{H}$ 中任意数列, k 是 $\mathbb{R}$ 中任意数, 那么 $\mathbf{H}$ 关于上述三个运算构成一个欧氏空间. 事实上, 由 $\mathbf{H}$ 的定义, 级数 $\sum\limits_{n=1}^{\infty}a_n^2$ 与 $\sum\limits_{n=1}^{\infty}b_n^2$ 都收敛. 于是由 $\sum\limits_{n=1}^{\infty}(ka_n)^2=k^2\sum\limits_{n=1}^{\infty}a_n^2$ 知,

级数 $\sum\limits_{n=1}^{\infty}(ka_n)^2$ 也收敛, 所以 $\{ka_n\}\in\mathbf{H}$, 即 $k\{a_n\}\in\mathbf{H}$, 因此数乘运算是封闭的. 再由正项级数的性质, 级数 $\sum\limits_{n=1}^{\infty}\dfrac{1}{2}(a_n^2+b_n^2)$ 收敛. 已知不等式 $|a_nb_n|\leqslant\dfrac{1}{2}(a_n^2+b_n^2)$ 恒成立. 根据比较判别法, 级数 $\sum\limits_{n=1}^{\infty}|a_nb_n|$ 收敛. 因为绝对收敛的级数必收敛, 所以 $\sum\limits_{n=1}^{\infty}a_nb_n$ 也收敛, 即 $\langle\{a_n\},\{b_n\}\rangle$ 是一个实数, 因此内积运算是封闭的. 注意到级数 $\sum\limits_{n=1}^{\infty}a_n^2$, $\sum\limits_{n=1}^{\infty}a_nb_n$ 与 $\sum\limits_{n=1}^{\infty}b_n^2$ 都绝对收敛, 根据绝对收敛级数的性质, 有

$$\sum_{n=1}^{\infty}(a_n+b_n)^2=\sum_{n=1}^{\infty}a_n^2+2\sum_{n=1}^{\infty}a_nb_n+\sum_{n=1}^{\infty}b_n^2,$$

所以 $\sum\limits_{n=1}^{\infty}(a_n+b_n)^2$ 也收敛, 从而 $\{a_n+b_n\}\in\mathbf{H}$, 即 $\{a_n\}+\{b_n\}\in\mathbf{H}$, 因此加法运算也是封闭的. 剩下需要验证, 这三个运算必须满足十二条公理. 这些验证过程没有什么困难, 这里就不赘述了.

上述空间 $\mathbf{H}$ 称为**希尔伯特空间**, 它是一个无限维欧氏空间, 是欧氏空间 $\mathbb{R}^n$ 的自然推广.

下面给出内积运算的一些简单性质. 设 $\boldsymbol{V}$ 是一个欧氏空间. 根据齐次性, 对任意的 $\boldsymbol{\alpha}\in\boldsymbol{V}$, 有 $\langle0\boldsymbol{\alpha},\boldsymbol{\alpha}\rangle=0\langle\boldsymbol{\alpha},\boldsymbol{\alpha}\rangle$, 即 $\langle\boldsymbol{\theta},\boldsymbol{\alpha}\rangle=0$, 从而由对称性, 得

$$\langle\boldsymbol{\alpha},\boldsymbol{\theta}\rangle=\langle\boldsymbol{\theta},\boldsymbol{\alpha}\rangle=0. \tag{7.1.1}$$

如果 $\langle\boldsymbol{\alpha},\boldsymbol{\alpha}\rangle\leqslant0$, 根据正定性, 有 $\boldsymbol{\alpha}=\boldsymbol{\theta}$, 从而由上式, 得 $\langle\boldsymbol{\alpha},\boldsymbol{\alpha}\rangle=0$. 这表明, $\boldsymbol{V}$ 中每一个向量与它自身的内积是一个非负实数. 特别地, 下列关系成立:

$$\langle\boldsymbol{\alpha},\boldsymbol{\alpha}\rangle=0 \text{ 当且仅当 } \boldsymbol{\alpha}=\boldsymbol{\theta}. \tag{7.1.2}$$

与线性映射的情形类似, 可加性和齐次性等价于

$$\langle k\boldsymbol{\alpha}+l\boldsymbol{\beta},\boldsymbol{\gamma}\rangle=k\langle\boldsymbol{\alpha},\boldsymbol{\gamma}\rangle+l\langle\boldsymbol{\beta},\boldsymbol{\gamma}\rangle,\ \forall k,l\in\mathbb{R},\ \forall\boldsymbol{\alpha},\boldsymbol{\beta},\boldsymbol{\gamma}\in\boldsymbol{V}.$$

由对称性、可加性和齐次性, 不难验证, 下列等式成立:

$$\langle\boldsymbol{\alpha},\boldsymbol{\beta}+\boldsymbol{\gamma}\rangle=\langle\boldsymbol{\alpha},\boldsymbol{\beta}\rangle+\langle\boldsymbol{\alpha},\boldsymbol{\gamma}\rangle \quad \text{且} \quad \langle\boldsymbol{\alpha},k\boldsymbol{\beta}\rangle=k\langle\boldsymbol{\alpha},\boldsymbol{\beta}\rangle.$$

如果 $\boldsymbol{\alpha}=k_1\boldsymbol{\alpha}_1+k_2\boldsymbol{\alpha}_2+\cdots+k_s\boldsymbol{\alpha}_s$, 并且 $\boldsymbol{\beta}=l_1\boldsymbol{\beta}_1+l_2\boldsymbol{\beta}_2+\cdots+l_t\boldsymbol{\beta}_t$, 那么

$$\langle\boldsymbol{\alpha},\boldsymbol{\beta}\rangle=\sum_{i=1}^{s}\sum_{j=1}^{t}k_il_j\langle\boldsymbol{\alpha}_i,\boldsymbol{\beta}_j\rangle. \tag{7.1.3}$$

事实上, 因为 $\boldsymbol{\alpha}=k_1\boldsymbol{\alpha}_1+k_2\boldsymbol{\alpha}_2+\cdots+k_s\boldsymbol{\alpha}_s$, 反复应用可加性和齐次性, 有

$$\langle\boldsymbol{\alpha},\boldsymbol{\beta}\rangle=k_1\langle\boldsymbol{\alpha}_1,\boldsymbol{\beta}\rangle+k_2\langle\boldsymbol{\alpha}_2,\boldsymbol{\beta}\rangle+\cdots+k_s\langle\boldsymbol{\alpha}_s,\boldsymbol{\beta}\rangle,$$

即 $\langle\boldsymbol{\alpha},\boldsymbol{\beta}\rangle=\sum\limits_{i=1}^{s}k_i\langle\boldsymbol{\alpha}_i,\boldsymbol{\beta}\rangle$. 又因为 $\boldsymbol{\beta}=l_1\boldsymbol{\beta}_1+l_2\boldsymbol{\beta}_2+\cdots+l_t\boldsymbol{\beta}_t$, 由对称性和上式, 对每一个 $\boldsymbol{\alpha}_i$, 有

$$\langle\boldsymbol{\alpha}_i,\boldsymbol{\beta}\rangle=l_1\langle\boldsymbol{\alpha}_i,\boldsymbol{\beta}_1\rangle+l_2\langle\boldsymbol{\alpha}_i,\boldsymbol{\beta}_2\rangle+\cdots+l_t\langle\boldsymbol{\alpha}_i,\boldsymbol{\beta}_t\rangle,$$

即

$$\langle\boldsymbol{\alpha}_i,\boldsymbol{\beta}\rangle=\sum_{j=1}^{t}l_j\langle\boldsymbol{\alpha}_i,\boldsymbol{\beta}_j\rangle,\quad i=1,2,\cdots,s.$$

于是
$$\langle \boldsymbol{\alpha}, \boldsymbol{\beta}\rangle = \sum_{i=1}^{s} k_i\Big(\sum_{j=1}^{t} l_j \langle \boldsymbol{\alpha}_i, \boldsymbol{\beta}_j\rangle\Big) = \sum_{i=1}^{s}\sum_{j=1}^{t} k_i l_j \langle \boldsymbol{\alpha}_i, \boldsymbol{\beta}_j\rangle.$$

定义 7.1.2 设 $\boldsymbol{\alpha}$ 是欧氏空间 $\boldsymbol{V}$ 中一个向量, 则称 $\boldsymbol{\alpha}$ 与它自身内积的算术平方根 $\sqrt{\langle \boldsymbol{\alpha}, \boldsymbol{\alpha}\rangle}$ 为向量 $\boldsymbol{\alpha}$ 的**长度** (或**范数**), 记作 $\|\boldsymbol{\alpha}\|$.

根据正定性, 每一个向量有唯一的长度, 其中零向量的长度为数 0, 其余向量的长度为正实数, 因此上面的定义是合理的.

根据标准内积的定义, 欧氏空间 $\mathbb{R}^n$ 中向量 $\boldsymbol{\alpha} = (a_1, a_2, \cdots, a_n)$ 的长度为
$$\|\boldsymbol{\alpha}\| = \sqrt{\langle \boldsymbol{\alpha}, \boldsymbol{\alpha}\rangle} = \sqrt{a_1^2 + a_2^2 + \cdots + a_n^2}.$$
特别地, 标准基 $\boldsymbol{\varepsilon}_1, \boldsymbol{\varepsilon}_2, \cdots, \boldsymbol{\varepsilon}_n$ 中每一个向量的长度都是 1.

在欧氏空间 $C[-\pi, \pi]$ 中, 因为 $\int_{-\pi}^{\pi} \sin^2 x \,\mathrm{d}x = \pi$, 所以 $\|\sin x\| = \sqrt{\pi}$.

在一般欧氏空间 $\boldsymbol{V}$ 中, 由于 $\sqrt{\langle k\boldsymbol{\alpha}, k\boldsymbol{\alpha}\rangle} = \sqrt{k^2\langle \boldsymbol{\alpha}, \boldsymbol{\alpha}\rangle}$, 因此这样定义的长度符合熟知性质: $\|k\boldsymbol{\alpha}\| = |k|\,\|\boldsymbol{\alpha}\|$, $\forall k \in \mathbb{R}$, $\forall \boldsymbol{\alpha} \in \boldsymbol{V}$. 特别地, 有 $\|\boldsymbol{\alpha}\| = \|-\boldsymbol{\alpha}\|$.

长度为 1 的向量称为**单位向量**. 例如, $\mathbb{R}^n$ 的标准基中每一个向量都是一个单位向量. 设 $\boldsymbol{\alpha}$ 是欧氏空间 $\boldsymbol{V}$ 中一个非零向量. 因为 $\left\|\dfrac{1}{\|\boldsymbol{\alpha}\|}\boldsymbol{\alpha}\right\| = \dfrac{1}{\|\boldsymbol{\alpha}\|}\|\boldsymbol{\alpha}\| = 1$, 所以 $\dfrac{1}{\|\boldsymbol{\alpha}\|}\boldsymbol{\alpha}$ 是一个单位向量, 因此这样定义的长度符合另一个熟知性质: *每一个非零向量都可以单位化*.

下面考虑向量的夹角. 根据本节开头的分析, 两个非零向量 $\boldsymbol{\alpha}$ 与 $\boldsymbol{\beta}$, 其夹角 ϕ 的余弦应规定为 $\cos\phi = \dfrac{\langle \boldsymbol{\alpha}, \boldsymbol{\beta}\rangle}{\|\boldsymbol{\alpha}\|\,\|\boldsymbol{\beta}\|}$. 已知余弦函数的绝对值不超过 1. 这就出现一个问题: 不等式 $\left|\dfrac{\langle \boldsymbol{\alpha}, \boldsymbol{\beta}\rangle}{\|\boldsymbol{\alpha}\|\,\|\boldsymbol{\beta}\|}\right| \leqslant 1$ 成立吗? 回答是肯定的. 这就是下面的定理, 其中的不等式称为**柯西-施瓦茨-布涅柯夫斯基不等式**.

定理 7.1.1 *在欧氏空间 $\boldsymbol{V}$ 中, 下列不等式成立: 对任意的 $\boldsymbol{\alpha}, \boldsymbol{\beta} \in \boldsymbol{V}$,*
$$\langle \boldsymbol{\alpha}, \boldsymbol{\beta}\rangle^2 \leqslant \langle \boldsymbol{\alpha}, \boldsymbol{\alpha}\rangle\langle \boldsymbol{\beta}, \boldsymbol{\beta}\rangle, \quad \text{即} \quad |\langle \boldsymbol{\alpha}, \boldsymbol{\beta}\rangle| \leqslant \|\boldsymbol{\alpha}\|\,\|\boldsymbol{\beta}\|. \tag{7.1.4}$$
特别地, 当且仅当 $\{\boldsymbol{\alpha}, \boldsymbol{\beta}\}$ 线性相关时, 上式取等号.

证明 假设 $\{\boldsymbol{\alpha}, \boldsymbol{\beta}\}$ 线性无关, 那么对任意实数 x, 有 $x\boldsymbol{\alpha} + \boldsymbol{\beta} \neq \boldsymbol{\theta}$. 根据内积的正定性, 有 $\langle x\boldsymbol{\alpha} + \boldsymbol{\beta}, x\boldsymbol{\alpha} + \boldsymbol{\beta}\rangle > 0$. 从而由公式 (7.1.3) 和对称性, 得
$$\langle \boldsymbol{\alpha}, \boldsymbol{\alpha}\rangle x^2 + 2\langle \boldsymbol{\alpha}, \boldsymbol{\beta}\rangle x + \langle \boldsymbol{\beta}, \boldsymbol{\beta}\rangle > 0.$$
上式中不等号左边是实数域上关于变量 x 的一个二次三项式. 由于这个二次三项式的值恒为正数, 它的判别式小于零, 即 $4\langle \boldsymbol{\alpha}, \boldsymbol{\beta}\rangle^2 - 4\langle \boldsymbol{\alpha}, \boldsymbol{\alpha}\rangle\langle \boldsymbol{\beta}, \boldsymbol{\beta}\rangle < 0$, 所以
$$\langle \boldsymbol{\alpha}, \boldsymbol{\beta}\rangle^2 < \langle \boldsymbol{\alpha}, \boldsymbol{\alpha}\rangle\langle \boldsymbol{\beta}, \boldsymbol{\beta}\rangle.$$
再设 $\{\boldsymbol{\alpha}, \boldsymbol{\beta}\}$ 线性相关, 那么存在 $k \in \mathbb{R}$, 使得 $\boldsymbol{\alpha} = k\boldsymbol{\beta}$ 或 $\boldsymbol{\beta} = k\boldsymbol{\alpha}$. 不妨设 $\boldsymbol{\beta} = k\boldsymbol{\alpha}$, 那么由 $\langle \boldsymbol{\alpha}, k\boldsymbol{\alpha}\rangle^2 = \langle \boldsymbol{\alpha}, \boldsymbol{\alpha}\rangle\langle k\boldsymbol{\alpha}, k\boldsymbol{\alpha}\rangle$, 有 $\langle \boldsymbol{\alpha}, \boldsymbol{\beta}\rangle^2 = \langle \boldsymbol{\alpha}, \boldsymbol{\alpha}\rangle\langle \boldsymbol{\beta}, \boldsymbol{\beta}\rangle$.

综上所述, 不论向量组 $\{\boldsymbol{\alpha}, \boldsymbol{\beta}\}$ 是否线性相关, 下列不等式恒成立:

$$\langle \boldsymbol{\alpha}, \boldsymbol{\beta}\rangle^2 \leqslant \langle \boldsymbol{\alpha}, \boldsymbol{\alpha}\rangle\langle \boldsymbol{\beta}, \boldsymbol{\beta}\rangle, \quad 即 \quad |\langle \boldsymbol{\alpha}, \boldsymbol{\beta}\rangle| \leqslant \|\boldsymbol{\alpha}\|\,\|\boldsymbol{\beta}\|.$$

特别地, 当且仅当 $\{\boldsymbol{\alpha}, \boldsymbol{\beta}\}$ 线性相关时, 上式取等号. □

把不等式 (7.1.4) 用到欧氏空间 $\mathbb{R}^n$ 上, 就得到著名的**柯西不等式**: 对任意的 $a_1, a_2, \cdots, a_n, b_1, b_2, \cdots, b_n \in \mathbb{R}$, 有

$$|a_1b_1 + a_2b_2 + \cdots + a_nb_n| \leqslant \sqrt{a_1^2 + a_2^2 + \cdots + a_n^2}\,\sqrt{b_1^2 + b_2^2 + \cdots + b_n^2}.$$

特别地, 上式取等号当且仅当 $(a_1, a_2, \cdots, a_n)$ 与 $(b_1, b_2, \cdots, b_n)$ 的对应分量成比例. 再把不等式 (7.1.4) 用到欧氏空间 $C[a, b]$ 上, 就得到著名的**施瓦茨不等式**:

$$\left|\int_a^b f(x)g(x)\,\mathrm{d}x\right| \leqslant \left(\int_a^b f^2(x)\,\mathrm{d}x\right)^{\frac{1}{2}} \left(\int_a^b g^2(x)\,\mathrm{d}x\right)^{\frac{1}{2}}.$$

特别地, 上式取等号当且仅当存在 $k \in \mathbb{R}$, 使得 $f(x) = kg(x)$ 或 $g(x) = kf(x)$.

根据不等式 (7.1.4), 下面的定义是合理的.

定义 7.1.3 设 $\boldsymbol{\alpha}$ 与 $\boldsymbol{\beta}$ 是欧氏空间 $\boldsymbol{V}$ 中两个非零向量, 则称闭区间 $[0, \pi]$ 上的数 $\arccos \dfrac{\langle \boldsymbol{\alpha}, \boldsymbol{\beta}\rangle}{\|\boldsymbol{\alpha}\|\,\|\boldsymbol{\beta}\|}$ 为 $\boldsymbol{\alpha}$ 与 $\boldsymbol{\beta}$ 的**夹角**, 记作 ϕ. 当 $\boldsymbol{\alpha}$ 与 $\boldsymbol{\beta}$ 有一个是零向量时, 规定它们的夹角等于 $\dfrac{\pi}{2}$.

这样, 我们就替 $\boldsymbol{V}$ 中每一对向量规定了唯一的夹角. 向量的长度和夹角是解析几何里相应概念的推广. 但要注意, 它们只是代表一些实数而已. 例如, 在 $\mathbb{R}^4$ 中, 设 $\boldsymbol{\alpha} = (1, 1, 1, 1)$ 且 $\boldsymbol{\beta} = (1, 0, 1, 0)$, 则 $\boldsymbol{\alpha}$ 的长度 $\|\boldsymbol{\alpha}\|$ 是 2, 不能说它的长度是 "2 米" 之类的. 照样地, $\|\boldsymbol{\beta}\|$ 只是实数 $\sqrt{2}$. 注意到 $\langle \boldsymbol{\alpha}, \boldsymbol{\beta}\rangle = 2$, 我们有 $\cos\phi = \dfrac{2}{2\sqrt{2}} = \dfrac{1}{\sqrt{2}}$, 所以 $\boldsymbol{\alpha}$ 与 $\boldsymbol{\beta}$ 的夹角是闭区间 $[0, \pi]$ 上的数 $\dfrac{\pi}{4}$. 这里 $\dfrac{\pi}{4}$ 不能理解为弧度, 更不能说这两个向量的夹角为 45°.

根据夹角的定义, 不难证明, 下一个命题成立.

命题 7.1.2 在欧氏空间 $\boldsymbol{V}$ 中, $\langle \boldsymbol{\alpha}, \boldsymbol{\beta}\rangle = 0$ 当且仅当 $\boldsymbol{\alpha}$ 与 $\boldsymbol{\beta}$ 的夹角等于 $\dfrac{\pi}{2}$.

定义 7.1.4 设 $\boldsymbol{\alpha}$ 与 $\boldsymbol{\beta}$ 是欧氏空间 $\boldsymbol{V}$ 中两个向量. 如果 $\langle \boldsymbol{\alpha}, \boldsymbol{\beta}\rangle = 0$, 那么称向量 $\boldsymbol{\alpha}$ 与 $\boldsymbol{\beta}$ 是**正交的**, 或称 $\boldsymbol{\alpha}$ **垂直于** $\boldsymbol{\beta}$, 记作 $\boldsymbol{\alpha} \perp \boldsymbol{\beta}$.

例如, 当 $n > 1$ 时, $\mathbb{R}^n$ 的标准基 $\boldsymbol{\varepsilon}_1, \boldsymbol{\varepsilon}_2, \cdots, \boldsymbol{\varepsilon}_n$ 中任意两个向量都正交.

根据 (7.1.1) 式, 欧氏空间 $\boldsymbol{V}$ 中零向量与任意向量都是正交的. 易见正交是向量之间一种二元关系. 正交关系具有如下性质: $\forall \boldsymbol{\alpha}, \boldsymbol{\beta}, \boldsymbol{\gamma} \in \boldsymbol{V}$, $\forall k, l \in \mathbb{R}$,

(1) 对称性: 若 $\boldsymbol{\alpha} \perp \boldsymbol{\beta}$, 则 $\boldsymbol{\beta} \perp \boldsymbol{\alpha}$;

(2) $\boldsymbol{\alpha} \perp \boldsymbol{\alpha}$ 当且仅当 $\boldsymbol{\alpha} = \boldsymbol{\theta}$;

(3) 若 $\boldsymbol{\alpha} \perp \boldsymbol{\beta}$ 且 $\boldsymbol{\alpha} \perp \boldsymbol{\gamma}$, 则 $\boldsymbol{\alpha} \perp (k\boldsymbol{\beta} + l\boldsymbol{\gamma})$.

上述性质中第 (1) 条是显然的, 第 (2) 条是关系 (7.1.2). 下证第 (3) 条. 已知 $\boldsymbol{\alpha} \perp \boldsymbol{\beta}$ 且 $\boldsymbol{\alpha} \perp \boldsymbol{\gamma}$, 那么 $\langle \boldsymbol{\alpha}, \boldsymbol{\beta}\rangle = 0$ 且 $\langle \boldsymbol{\alpha}, \boldsymbol{\gamma}\rangle = 0$. 于是对任意的 $k, l \in \mathbb{R}$, 有

$$\langle \boldsymbol{\alpha}, k\boldsymbol{\beta}+l\boldsymbol{\gamma}\rangle = k\langle \boldsymbol{\alpha}, \boldsymbol{\beta}\rangle + l\langle \boldsymbol{\alpha}, \boldsymbol{\gamma}\rangle = 0, \quad 即 \quad \boldsymbol{\alpha} \perp (k\boldsymbol{\beta}+l\boldsymbol{\gamma}).$$

第 (3) 条的几何解释是, 如果 $\boldsymbol{\alpha}$ 垂直于 $\boldsymbol{\beta}$,并且 $\boldsymbol{\alpha}$ 垂直于 $\boldsymbol{\gamma}$, 那么 $\boldsymbol{\alpha}$ 垂直于由 $\boldsymbol{\beta}$ 和 $\boldsymbol{\gamma}$ 张成的平面. 下一个命题是第 (3) 条的推广, 其证明与上面的类似, 从略.

命题 7.1.3 在欧氏空间 $\boldsymbol{V}$ 中, 向量 $\boldsymbol{\alpha}$ 与向量组 $\boldsymbol{\beta}_1, \boldsymbol{\beta}_2, \cdots, \boldsymbol{\beta}_s$ 中每一个向量都正交当且仅当 $\boldsymbol{\alpha}$ 与生成子空间 $\mathscr{L}(\boldsymbol{\beta}_1, \boldsymbol{\beta}_2, \cdots, \boldsymbol{\beta}_s)$ 中每一个向量都正交, 即任取 $k_1, k_2, \cdots, k_s \in \mathbb{R}$, 有 $\boldsymbol{\alpha} \perp (k_1\boldsymbol{\beta}_1 + k_2\boldsymbol{\beta}_2 + \cdots + k_s\boldsymbol{\beta}_s)$.

下面给出不等式 (7.1.4) 的另一个应用.

命题 7.1.4 在欧氏空间 $\boldsymbol{V}$ 中, **三角不等式**成立, 即

$$\|\boldsymbol{\alpha}+\boldsymbol{\beta}\| \leqslant \|\boldsymbol{\alpha}\| + \|\boldsymbol{\beta}\|, \ \forall\, \boldsymbol{\alpha}, \boldsymbol{\beta} \in \boldsymbol{V}.$$

证明 已知 $|\langle \boldsymbol{\alpha}, \boldsymbol{\beta}\rangle| \leqslant \|\boldsymbol{\alpha}\|\,\|\boldsymbol{\beta}\|$, 那么 $\langle \boldsymbol{\alpha}, \boldsymbol{\beta}\rangle \leqslant \|\boldsymbol{\alpha}\|\,\|\boldsymbol{\beta}\|$,所以

$$\langle \boldsymbol{\alpha}, \boldsymbol{\alpha}\rangle + 2\langle \boldsymbol{\alpha}, \boldsymbol{\beta}\rangle + \langle \boldsymbol{\beta}, \boldsymbol{\beta}\rangle \leqslant \|\boldsymbol{\alpha}\|^2 + 2\|\boldsymbol{\alpha}\|\,\|\boldsymbol{\beta}\| + \|\boldsymbol{\beta}\|^2.$$

上式中不等号左边等于 $\langle \boldsymbol{\alpha}+\boldsymbol{\beta}, \boldsymbol{\alpha}+\boldsymbol{\beta}\rangle$,即 $\|\boldsymbol{\alpha}+\boldsymbol{\beta}\|^2$; 右边等于 $(\|\boldsymbol{\alpha}\|+\|\boldsymbol{\beta}\|)^2$,因此 $\|\boldsymbol{\alpha}+\boldsymbol{\beta}\|^2 \leqslant (\|\boldsymbol{\alpha}\|+\|\boldsymbol{\beta}\|)^2$, 故 $\|\boldsymbol{\alpha}+\boldsymbol{\beta}\| \leqslant \|\boldsymbol{\alpha}\| + \|\boldsymbol{\beta}\|$. □

三角不等式的几何解释是, 三角形的两边之和大于第三边. 三角不等式可以推广到有限个向量的情形, 即对任意的 $\boldsymbol{\alpha}_1, \boldsymbol{\alpha}_2, \cdots, \boldsymbol{\alpha}_s \in \boldsymbol{V}$, 有

$$\|\boldsymbol{\alpha}_1+\boldsymbol{\alpha}_2+\cdots+\boldsymbol{\alpha}_s\| \leqslant \|\boldsymbol{\alpha}_1\| + \|\boldsymbol{\alpha}_2\| + \cdots + \|\boldsymbol{\alpha}_s\|.$$

如果向量 $\boldsymbol{\alpha}$ 与 $\boldsymbol{\beta}$ 是正交的, 那么由 $\langle \boldsymbol{\alpha}, \boldsymbol{\beta}\rangle = 0$, 有

$$\langle \boldsymbol{\alpha}, \boldsymbol{\alpha}\rangle + 2\langle \boldsymbol{\alpha}, \boldsymbol{\beta}\rangle + \langle \boldsymbol{\beta}, \boldsymbol{\beta}\rangle = \langle \boldsymbol{\alpha}, \boldsymbol{\alpha}\rangle + \langle \boldsymbol{\beta}, \boldsymbol{\beta}\rangle,$$

所以

$$\|\boldsymbol{\alpha}+\boldsymbol{\beta}\|^2 = \|\boldsymbol{\alpha}\|^2 + \|\boldsymbol{\beta}\|^2.$$

这就是说, 在欧氏空间 $\boldsymbol{V}$ 中, **勾股定理** 仍然成立. 勾股定理也可以推广到有限个向量的情形, 即对 $\boldsymbol{V}$ 中任意 s 个两两正交的向量 $\boldsymbol{\alpha}_1, \boldsymbol{\alpha}_2, \cdots, \boldsymbol{\alpha}_s$, 有

$$\|\boldsymbol{\alpha}_1+\boldsymbol{\alpha}_2+\cdots+\boldsymbol{\alpha}_s\|^2 = \|\boldsymbol{\alpha}_1\|^2 + \|\boldsymbol{\alpha}_2\|^2 + \cdots + \|\boldsymbol{\alpha}_s\|^2.$$

下面介绍另一个度量概念 —— 距离.

定义 7.1.5 设 $\boldsymbol{\alpha}$ 与 $\boldsymbol{\beta}$ 是欧氏空间 $\boldsymbol{V}$ 中两个向量, 则称 $\|\boldsymbol{\alpha}-\boldsymbol{\beta}\|$ 为向量 $\boldsymbol{\alpha}$ 与 $\boldsymbol{\beta}$ 之间的**距离**, 记作 $d(\boldsymbol{\alpha}, \boldsymbol{\beta})$.

这个度量概念有许多重要应用. 例如, 在多元函数微积分中, 点列 (即向量列) 的极限就依赖于这个概念. 距离具有如下性质: 对任意的 $\boldsymbol{\alpha}, \boldsymbol{\beta}, \boldsymbol{\gamma} \in \boldsymbol{V}$,

(1) 对称性: $d(\boldsymbol{\alpha}, \boldsymbol{\beta}) = d(\boldsymbol{\beta}, \boldsymbol{\alpha})$;

(2) 正定性: 当 $\boldsymbol{\alpha} \neq \boldsymbol{\beta}$ 时, 有 $d(\boldsymbol{\alpha}, \boldsymbol{\beta}) > 0$;

(3) 三角不等式: $d(\boldsymbol{\alpha}, \boldsymbol{\gamma}) \leqslant d(\boldsymbol{\alpha}, \boldsymbol{\beta}) + d(\boldsymbol{\beta}, \boldsymbol{\gamma})$.

上述性质中第 (1)、(2) 两条可由距离的定义直接推出. 第 (3) 条与命题 7.1.4 中的不等式是等价的, 其证明留给读者.

在上面的讨论中, 我们对欧氏空间的维数没有作任何限制. 下面简单介绍有限维欧氏空间中内积的矩阵表示.

定义 7.1.6 设 $\boldsymbol{\alpha}_1, \boldsymbol{\alpha}_2, \cdots, \boldsymbol{\alpha}_n$ 是欧氏空间 $\boldsymbol{V}_n(\mathbb{R})$ 的一个基. 令 $\boldsymbol{A}=(a_{ij})$, 其中 $a_{ij}=\langle\boldsymbol{\alpha}_i, \boldsymbol{\alpha}_j\rangle$, $i, j=1, 2, \cdots, n$, 则称 $\boldsymbol{A}$ 为基 $\boldsymbol{\alpha}_1, \boldsymbol{\alpha}_2, \cdots, \boldsymbol{\alpha}_n$ 的**度量矩阵**.

显然每一个基的度量矩阵都是唯一的. 根据内积的对称性, 度量矩阵是**实对称矩阵** (即实数域上的对称矩阵).

在例 7.1.2 中, 已知 $\boldsymbol{A}=\operatorname{diag}\{k_1, k_2, \cdots, k_n\}$. 当 $\mathbb{R}^n$ 是行向量空间时, 向量 $\boldsymbol{\alpha}$ 与 $\boldsymbol{\beta}$ 的内积为 $\langle\boldsymbol{\alpha}, \boldsymbol{\beta}\rangle=\boldsymbol{\alpha}\boldsymbol{A}\boldsymbol{\beta}'$, 即 $\langle\boldsymbol{\alpha}, \boldsymbol{\beta}\rangle=k_1a_1b_1+k_2a_2b_2+\cdots+k_na_nb_n$, 这里 $\boldsymbol{\alpha}=(a_1, a_2, \cdots, a_n)$ 且 $\boldsymbol{\beta}=(b_1, b_2, \cdots, b_n)$. 显然矩阵 $\boldsymbol{A}$ 的第 i 行第 j 列元素为 $k_i\delta_{ij}$; 由上述内积易见, $\langle\varepsilon_i, \varepsilon_j\rangle=k_i\delta_{ij}$, 其中 $i, j=1, 2, \cdots, n$, 因此标准基 $\varepsilon_1, \varepsilon_2, \cdots, \varepsilon_n$ 的度量矩阵就是 $\boldsymbol{A}$.

设 $\boldsymbol{\alpha}_1, \boldsymbol{\alpha}_2, \cdots, \boldsymbol{\alpha}_n$ 是 $\boldsymbol{V}_n(\mathbb{R})$ 的一个基. 令 $\boldsymbol{A}=(a_{ij})$ 是这个基的度量矩阵, 则 $a_{ij}=\langle\boldsymbol{\alpha}_i, \boldsymbol{\alpha}_j\rangle$, $i, j=1, 2, \cdots, n$. 再令向量 $\boldsymbol{\xi}$ 与 $\boldsymbol{\eta}$ 关于上述基的坐标分别为

$$\boldsymbol{X}=(x_1, x_2, \cdots, x_n)' \text{ 与 } \boldsymbol{Y}=(y_1, y_2, \cdots, y_n)',$$

则 $\boldsymbol{\xi}=x_1\boldsymbol{\alpha}_1+x_2\boldsymbol{\alpha}_2+\cdots+x_n\boldsymbol{\alpha}_n$ 且 $\boldsymbol{\eta}=y_1\boldsymbol{\alpha}_1+y_2\boldsymbol{\alpha}_2+\cdots+y_n\boldsymbol{\alpha}_n$.

于是由公式 (7.1.3), 有 $\langle\boldsymbol{\xi}, \boldsymbol{\eta}\rangle=\sum\limits_{i=1}^{n}\sum\limits_{j=1}^{n}\langle\boldsymbol{\alpha}_i, \boldsymbol{\alpha}_j\rangle x_iy_j$, 即 $\langle\boldsymbol{\xi}, \boldsymbol{\eta}\rangle=\sum\limits_{i=1}^{n}\sum\limits_{j=1}^{n}a_{ij}x_iy_j$. 另一方面, 因为

$$\boldsymbol{X}'\boldsymbol{A}=\Big(\sum_{i=1}^{n}a_{i1}x_i, \sum_{i=1}^{n}a_{i2}x_i, \cdots, \sum_{i=1}^{n}a_{in}x_i\Big),$$

所以

$$\boldsymbol{X}'\boldsymbol{A}\boldsymbol{Y}=\sum_{j=1}^{n}\Big(\sum_{i=1}^{n}a_{ij}x_i\Big)y_j=\sum_{j=1}^{n}\sum_{i=1}^{n}a_{ij}x_iy_j=\sum_{i=1}^{n}\sum_{j=1}^{n}a_{ij}x_iy_j.$$

这就推出 $\langle\boldsymbol{\xi}, \boldsymbol{\eta}\rangle=\boldsymbol{X}'\boldsymbol{A}\boldsymbol{Y}$. 特别地, 有 $\langle\boldsymbol{\xi}, \boldsymbol{\xi}\rangle=\boldsymbol{X}'\boldsymbol{A}\boldsymbol{X}$. 因此下一个命题成立.

命题 7.1.5 在欧氏空间 $\boldsymbol{V}_n(\mathbb{R})$ 中, 设 $\boldsymbol{A}$ 是基 $\boldsymbol{\alpha}_1, \boldsymbol{\alpha}_2, \cdots, \boldsymbol{\alpha}_n$ 的度量矩阵, 则对任意的 $\boldsymbol{\xi}, \boldsymbol{\eta}\in\boldsymbol{V}$, 有 $\langle\boldsymbol{\xi}, \boldsymbol{\eta}\rangle=\boldsymbol{X}'\boldsymbol{A}\boldsymbol{Y}$. 特别地, 有 $\langle\boldsymbol{\xi}, \boldsymbol{\xi}\rangle=\boldsymbol{X}'\boldsymbol{A}\boldsymbol{X}$. 这里 $\boldsymbol{X}$ 与 $\boldsymbol{Y}$ 分别是向量 $\boldsymbol{\xi}$ 与 $\boldsymbol{\eta}$ 关于上述基的坐标 (用列向量表示).

上述命题给出了有限维欧氏空间中内积的矩阵表示. 毫无疑问, 这种表示将给各种问题的讨论带来方便. 最后让我们来考虑两个度量矩阵之间的关系.

命题 7.1.6 在欧氏空间 $\boldsymbol{V}_n(\mathbb{R})$ 中, 设 $\boldsymbol{A}$ 与 $\boldsymbol{B}$ 分别是基 $\boldsymbol{\alpha}_1, \boldsymbol{\alpha}_2, \cdots, \boldsymbol{\alpha}_n$ 与基 $\boldsymbol{\beta}_1, \boldsymbol{\beta}_2, \cdots, \boldsymbol{\beta}_n$ 的度量矩阵. 令 $\boldsymbol{T}$ 是从基 $\boldsymbol{\alpha}_1, \boldsymbol{\alpha}_2, \cdots, \boldsymbol{\alpha}_n$ 到基 $\boldsymbol{\beta}_1, \boldsymbol{\beta}_2, \cdots, \boldsymbol{\beta}_n$ 的过渡矩阵, 则 $\boldsymbol{B}=\boldsymbol{T}'\boldsymbol{A}\boldsymbol{T}$.

证明 根据已知条件, 有 $(\boldsymbol{\beta}_1, \boldsymbol{\beta}_2, \cdots, \boldsymbol{\beta}_n)=(\boldsymbol{\alpha}_1, \boldsymbol{\alpha}_2, \cdots, \boldsymbol{\alpha}_n)\boldsymbol{T}$. 令 $\boldsymbol{X}_i$ 是 $\boldsymbol{T}$ 的第 i 个列向量, 则它是 $\boldsymbol{\beta}_i$ 关于基 $\boldsymbol{\alpha}_1, \boldsymbol{\alpha}_2, \cdots, \boldsymbol{\alpha}_n$ 的坐标 $(i=1, 2, \cdots, n)$. 已知 $\boldsymbol{A}$ 是基 $\boldsymbol{\alpha}_1, \boldsymbol{\alpha}_2, \cdots, \boldsymbol{\alpha}_n$ 的度量矩阵. 根据命题 7.1.5, 有

$$\langle \boldsymbol{\beta}_i, \boldsymbol{\beta}_j \rangle = \boldsymbol{X}_i'\boldsymbol{A}\boldsymbol{X}_j, \quad i, j = 1, 2, \cdots, n.$$

又已知 $\boldsymbol{B}$ 是基 $\boldsymbol{\beta}_1, \boldsymbol{\beta}_2, \cdots, \boldsymbol{\beta}_n$ 的度量矩阵, 那么 $\boldsymbol{B}$ 的第 i 行第 j 列元素 $\langle \boldsymbol{\beta}_i, \boldsymbol{\beta}_j \rangle$ 为 $\boldsymbol{X}_i'\boldsymbol{A}\boldsymbol{X}_j$, 所以 $\boldsymbol{B}$ 的第 i 个行向量为 $(\boldsymbol{X}_i'\boldsymbol{A}\boldsymbol{X}_1, \boldsymbol{X}_i'\boldsymbol{A}\boldsymbol{X}_2, \cdots, \boldsymbol{X}_i'\boldsymbol{A}\boldsymbol{X}_n)$, 即

$$\boldsymbol{X}_i'\boldsymbol{A}(\boldsymbol{X}_1, \boldsymbol{X}_2, \cdots, \boldsymbol{X}_n), \quad \text{亦即} \quad \boldsymbol{X}_i'\boldsymbol{A}\boldsymbol{T}, \quad i = 1, 2, \cdots, n.$$

注意到 $\boldsymbol{X}_i'$ 是 $\boldsymbol{T}'$ 的第 i 个行向量, 因此 $\boldsymbol{B} = \boldsymbol{T}'\boldsymbol{A}\boldsymbol{T}$. □

习题 7.1

1. 设 $\boldsymbol{\alpha}, \boldsymbol{\beta}, \boldsymbol{\gamma}$ 和 $\boldsymbol{\alpha}_1, \boldsymbol{\alpha}_2, \cdots, \boldsymbol{\alpha}_s$ 是欧氏空间 $\boldsymbol{V}$ 中任意向量. 证明:
   (1) $\langle \boldsymbol{\alpha}, \boldsymbol{\beta} \rangle = 0$ 当且仅当 $\boldsymbol{\alpha}$ 与 $\boldsymbol{\beta}$ 的夹角 ϕ 等于 $\dfrac{\pi}{2}$;
   (2) 两个三角不等式是等价的, 即 $\forall \boldsymbol{\alpha}, \boldsymbol{\beta}, \boldsymbol{\gamma} \in \boldsymbol{V}$, 由不等式 $\|\boldsymbol{\alpha} + \boldsymbol{\beta}\| \leqslant \|\boldsymbol{\alpha}\| + \|\boldsymbol{\beta}\|$ 成立, 可推出不等式 $\|\boldsymbol{\alpha} - \boldsymbol{\gamma}\| \leqslant \|\boldsymbol{\alpha} - \boldsymbol{\beta}\| + \|\boldsymbol{\beta} - \boldsymbol{\gamma}\|$ 也成立, 反之亦然;
   (3) 勾股定理的推广: 如果 $\boldsymbol{\alpha}_1, \boldsymbol{\alpha}_2, \cdots, \boldsymbol{\alpha}_s$ 两两正交, 那么
   $$\|\boldsymbol{\alpha}_1 + \boldsymbol{\alpha}_2 + \cdots + \boldsymbol{\alpha}_s\|^2 = \|\boldsymbol{\alpha}_1\|^2 + \|\boldsymbol{\alpha}_2\|^2 + \cdots + \|\boldsymbol{\alpha}_s\|^2.$$

2. 证明在欧氏空间 $\boldsymbol{V}$ 中, 下列两个等式同时成立: 对任意的 $\boldsymbol{\alpha}, \boldsymbol{\beta} \in \boldsymbol{V}$,
   $$\|\boldsymbol{\alpha} + \boldsymbol{\beta}\|^2 + \|\boldsymbol{\alpha} - \boldsymbol{\beta}\|^2 = 2\|\boldsymbol{\alpha}\|^2 + 2\|\boldsymbol{\beta}\|^2 \quad \text{且} \quad \langle \boldsymbol{\alpha}, \boldsymbol{\beta} \rangle = \frac{1}{4}\|\boldsymbol{\alpha} + \boldsymbol{\beta}\|^2 - \frac{1}{4}\|\boldsymbol{\alpha} - \boldsymbol{\beta}\|^2.$$
   问前一个等式的几何解释是什么?

3. 在欧氏空间 $\mathbb{R}^4$ 中, 求向量 $\boldsymbol{\alpha}$ 与 $\boldsymbol{\beta}$ 的夹角, 这里
   (1) $\boldsymbol{\alpha} = (2, 1, 3, 2)$, $\boldsymbol{\beta} = (1, 2, -2, 1)$; (2) $\boldsymbol{\alpha} = (1, 2, 2, 3)$, $\boldsymbol{\beta} = (3, 1, 5, 1)$.

4. 设 $\boldsymbol{\alpha} = (1, 1, \cdots, 1) \in \mathbb{R}^n$. 求向量 $\boldsymbol{\alpha}$ 与 $\boldsymbol{\varepsilon}_i$ 的夹角, 并求它们之间的距离, 这里 $\boldsymbol{\varepsilon}_i$ 是标准基 $\boldsymbol{\varepsilon}_1, \boldsymbol{\varepsilon}_2, \cdots, \boldsymbol{\varepsilon}_n$ 中第 i 个向量 $(i = 1, 2, \cdots, n)$.

5. 在欧氏空间 $C[-\pi, \pi]$ 中, 求向量 $\cos mx$ 与 $\sin nx$ 的长度和夹角, 并求这两个向量之间的距离, 这里 m 和 n 是两个正整数.

6. 在欧氏空间 $\mathbb{R}^4$ 中, 求两个不同的单位向量, 使得它们都与向量组 $\boldsymbol{\alpha}, \boldsymbol{\beta}, \boldsymbol{\gamma}$ 中每一个向量正交, 这里
   $$\boldsymbol{\alpha} = (1, 1, -1, 1), \quad \boldsymbol{\beta} = (1, -1, -1, 1), \quad \boldsymbol{\gamma} = (2, 1, 1, 3).$$

7. 设 $\boldsymbol{\alpha}_1, \boldsymbol{\alpha}_2, \cdots, \boldsymbol{\alpha}_n$ 是欧氏空间 $\boldsymbol{V}_n(\mathbb{R})$ 的一个基. 证明: 对任意的 $\boldsymbol{\alpha}, \boldsymbol{\beta} \in \boldsymbol{V}$,
   (1) 如果 $\boldsymbol{\alpha} \perp \boldsymbol{\alpha}_i$, $i = 1, 2, \cdots, n$, 那么 $\boldsymbol{\alpha} = \boldsymbol{\theta}$;
   (2) 如果 $\langle \boldsymbol{\alpha}, \boldsymbol{\alpha}_i \rangle = \langle \boldsymbol{\beta}, \boldsymbol{\alpha}_i \rangle$, $i = 1, 2, \cdots, n$, 那么 $\boldsymbol{\alpha} = \boldsymbol{\beta}$.

8. 利用内积的性质证明: 若三角形有一边是它的外接圆直径, 则该三角形是直角三角形.

9. 证明: 对任意实数 $a_1, a_2, \cdots, a_n$, 有 $|a_1| + |a_2| + \cdots + |a_n| \leqslant \sqrt{n(a_1^2 + a_2^2 + \cdots + a_n^2)}$.

10. 设 $\boldsymbol{\alpha}_1, \boldsymbol{\alpha}_2, \cdots, \boldsymbol{\alpha}_n$ 是欧氏空间 $\boldsymbol{V}_n(\mathbb{R})$ 的一个基. 令 $\boldsymbol{A}$ 是这个基的度量矩阵. 证明: 对 $\mathbb{R}^n$ 中任意非零向量 $\boldsymbol{X}$, 有 $\boldsymbol{X}'\boldsymbol{A}\boldsymbol{X} > 0$.

*11. 在矩阵空间 $\boldsymbol{M}_{mn}(\mathbb{R})$ 中, 规定 $\langle \boldsymbol{A}, \boldsymbol{B} \rangle \stackrel{\text{def}}{=} \operatorname{tr}(\boldsymbol{A}'\boldsymbol{B})$, $\forall \boldsymbol{A}, \boldsymbol{B} \in \boldsymbol{M}_{mn}(\mathbb{R})$. 证明: $\langle \bullet, \bullet \rangle$ 是 $\boldsymbol{M}_{mn}(\mathbb{R})$ 的一个内积运算, 因而 $\boldsymbol{M}_{mn}(\mathbb{R})$ 关于这个内积运算构成一个欧氏空间.

*12. 已知 $\boldsymbol{M}_2(\mathbb{R})$ 按上一题规定的内积运算构成一个欧氏空间.

(1) 把柯西 - 施瓦茨 - 布涅柯夫斯基不等式 $|\langle \boldsymbol{A}, \boldsymbol{B}\rangle| \leqslant \|\boldsymbol{A}\|\,\|\boldsymbol{B}\|$ 具体写出来, 这里假定

$$\boldsymbol{A}=\begin{pmatrix}a_{11} & a_{12}\\ a_{21} & a_{22}\end{pmatrix} \text{ 且 } \boldsymbol{B}=\begin{pmatrix}b_{11} & b_{12}\\ b_{21} & b_{22}\end{pmatrix};$$

(2) 写出 $\boldsymbol{M}_2(\mathbb{R})$ 的基 $\boldsymbol{E}_{11}, \boldsymbol{E}_{12}, \boldsymbol{E}_{21}, \boldsymbol{E}_{22}$ 的度量矩阵;

(3) 把向量 $\boldsymbol{A}=\begin{pmatrix}1 & 1\\ 1 & 1\end{pmatrix}$ 单位化;

(4) 求向量 $\boldsymbol{A}=\begin{pmatrix}-1 & 1\\ 1 & -1\end{pmatrix}$ 与 $\boldsymbol{B}=\begin{pmatrix}2 & 2\\ 2 & 3\end{pmatrix}$ 的夹角, 以及它们之间的距离.

*13. 下列行列式称为向量组 $\boldsymbol{\alpha}_1, \boldsymbol{\alpha}_2, \cdots, \boldsymbol{\alpha}_m$ 的**格拉姆行列式**:

$$G(\boldsymbol{\alpha}_1, \boldsymbol{\alpha}_2, \cdots, \boldsymbol{\alpha}_m)=\begin{vmatrix}\langle \boldsymbol{\alpha}_1, \boldsymbol{\alpha}_1\rangle & \langle \boldsymbol{\alpha}_1, \boldsymbol{\alpha}_2\rangle & \cdots & \langle \boldsymbol{\alpha}_1, \boldsymbol{\alpha}_m\rangle\\ \langle \boldsymbol{\alpha}_2, \boldsymbol{\alpha}_1\rangle & \langle \boldsymbol{\alpha}_2, \boldsymbol{\alpha}_2\rangle & \cdots & \langle \boldsymbol{\alpha}_2, \boldsymbol{\alpha}_m\rangle\\ \vdots & \vdots & & \vdots\\ \langle \boldsymbol{\alpha}_m, \boldsymbol{\alpha}_1\rangle & \langle \boldsymbol{\alpha}_m, \boldsymbol{\alpha}_2\rangle & \cdots & \langle \boldsymbol{\alpha}_m, \boldsymbol{\alpha}_m\rangle\end{vmatrix}.$$

证明: $\boldsymbol{\alpha}_1, \boldsymbol{\alpha}_2, \cdots, \boldsymbol{\alpha}_m$ 线性相关当且仅当格拉姆行列式 $G(\boldsymbol{\alpha}_1, \boldsymbol{\alpha}_2, \cdots, \boldsymbol{\alpha}_m)=0$.

*14. 设 $\boldsymbol{\alpha}_1, \boldsymbol{\alpha}_2, \cdots, \boldsymbol{\alpha}_n$ 是欧氏空间 $\boldsymbol{V}_n(\mathbb{R})$ 的一个基, 并设 $b_1, b_2, \cdots, b_n$ 是 n 个实数. 证明: 存在 $\boldsymbol{V}$ 中唯一一个向量 $\boldsymbol{\alpha}$, 使得 $\langle \boldsymbol{\alpha}, \boldsymbol{\alpha}_i\rangle = b_i,\ i=1, 2, \cdots, n$.

7.2 标准正交基

在几何空间中, 随意选取三个两两正交的单位向量, 可以构造一个坐标标架. 这样的标架决定一个直角坐标系. 我们知道, 在直角坐标系下, 讨论问题特别方便. 这就导致我们考虑, 在有限维欧氏空间 $\boldsymbol{V}_n(\mathbb{R})$ 中, 能不能选取 n 个两两正交的单位向量作为 $\boldsymbol{V}$ 的一个基. 这就是本节要讨论的主要问题.

在这一节我们将首先给出正交组和标准正交组的概念, 然后给出正交基和标准正交基的概念, 并讨论标准正交基的基本性质、标准正交基的存在性及其求法等问题, 最后讨论与标准正交基有密切联系的一类矩阵 —— 正交矩阵.

定义 7.2.1 在欧氏空间 $\boldsymbol{V}$ 中, 由两两正交的非零向量组成的向量组称为一个**正交向量组**, 简称为**正交组**. 特别地, 规定由一个非零向量组成的向量组是正交的. 如果一个正交组中每一个向量都是单位向量, 那么这个向量组称为一个**标准正交向量组**, 简称为**标准正交组**.

显然标准正交组是正交组, 反之不然. 易见把正交组中每一个向量单位化, 所得的向量组是标准正交组. 容易看出, 下列断语成立: 向量组 $\boldsymbol{\alpha}_1, \boldsymbol{\alpha}_2, \cdots, \boldsymbol{\alpha}_s$ 是正交的当且仅当 $\boldsymbol{\alpha}_i \neq \boldsymbol{\theta}$ 且 $\langle \boldsymbol{\alpha}_i, \boldsymbol{\alpha}_j\rangle = 0,\ i \neq j,\ i, j=1, 2, \cdots, s$. 由于单位向量一定是非零向量, 上述向量组是标准正交组当且仅当 $\langle \boldsymbol{\alpha}_i, \boldsymbol{\alpha}_j\rangle = \delta_{ij},\ i, j=1, 2, \cdots, s$.

例如, 在 $\mathbb{R}^4$ 中, 令 $\boldsymbol{\alpha}_1=(0,\,2,\,0,\,0)$, $\boldsymbol{\alpha}_2=(1,\,0,\,1,\,0)$, $\boldsymbol{\alpha}_3=(1,\,0,\,-1,\,1)$ 且

$$\boldsymbol{\beta}_1=(0,\,1,\,0,\,0),\ \boldsymbol{\beta}_2=\Big(\frac{1}{\sqrt{2}},\,0,\,\frac{1}{\sqrt{2}},\,0\Big),\ \boldsymbol{\beta}_3=\Big(\frac{1}{\sqrt{3}},\,0,\,-\frac{1}{\sqrt{3}},\,\frac{1}{\sqrt{3}}\Big),$$

则 $\boldsymbol{\alpha}_1, \boldsymbol{\alpha}_2, \boldsymbol{\alpha}_3$ 是一个正交组, $\boldsymbol{\beta}_1, \boldsymbol{\beta}_2, \boldsymbol{\beta}_3$ 是一个标准正交组.

例 7.2.1 在欧氏空间 $C[-\pi,\pi]$ 中, 考虑向量列

$$1,\ \cos x,\ \sin x,\ \cdots,\ \cos nx,\ \sin nx,\ \cdots. \tag{7.2.1}$$

显然这个向量列中每一个向量都是非零的. 设 m 与 n 是两个正整数. 因为

$$\int_{-\pi}^{\pi}\cos nx\,\mathrm{d}x=\frac{1}{n}\sin nx\Big|_{-\pi}^{\pi}=0, \tag{7.2.2}$$

所以 $\langle 1,\,\cos nx\rangle=0$. 已知奇函数在对称区间上的积分等于零, 那么

$$\int_{-\pi}^{\pi}\sin nx\,\mathrm{d}x=0\quad 且\quad \int_{-\pi}^{\pi}\cos mx\,\sin nx\,\mathrm{d}x=0,$$

所以 $\langle 1,\,\sin nx\rangle=0$ 且 $\langle\cos mx,\,\sin nx\rangle=0$. 又当 $m\neq n$ 时, 因为

$$\cos mx\,\cos nx=\frac{1}{2}\left[\cos(m-n)x+\cos(m+n)x\right],$$

利用 (7.2.2) 式, 容易求出 $\displaystyle\int_{-\pi}^{\pi}\cos mx\cos nx\,\mathrm{d}x=0$, 因此 $\langle\cos mx,\,\cos nx\rangle=0$. 类似地, 有 $\langle\sin mx,\,\sin nx\rangle=0$. 综上所述, 向量列 (7.2.1) 中任意两个不同的向量都正交, 因而其中的任意有限个向量构成一个正交组.

照样地, 可以求出 $\langle 1,\,1\rangle=2\pi$ 且 $\langle\cos nx,\,\cos nx\rangle=\langle\sin nx,\,\sin nx\rangle=\pi$, 所以 $\|1\|=\sqrt{2\pi}$ 且 $\|\cos nx\|=\|\sin nx\|=\sqrt{\pi}$. 于是向量列

$$\frac{1}{\sqrt{2\pi}},\ \frac{1}{\sqrt{\pi}}\cos x,\ \frac{1}{\sqrt{\pi}}\sin x,\ \cdots,\ \frac{1}{\sqrt{\pi}}\cos nx,\ \frac{1}{\sqrt{\pi}}\sin nx,\ \cdots$$

中任意有限个向量都构成一个标准正交组.

已知几何空间 $\mathbb{V}_3$ 中三个两两正交的非零向量不共面, 因而它们是线性无关的. 一般地, 我们有

命题 7.2.1 在欧氏空间 $\boldsymbol{V}$ 中, 每一个正交组都线性无关.

证明 设 $\boldsymbol{\alpha}_1, \boldsymbol{\alpha}_2, \cdots, \boldsymbol{\alpha}_s$ 是一个正交组. 对任意的 $k_1, k_2, \cdots, k_s\in\mathbb{R}$, 若

$$k_1\boldsymbol{\alpha}_1+k_2\boldsymbol{\alpha}_2+\cdots+k_s\boldsymbol{\alpha}_s=\boldsymbol{\theta},$$

则对每一个 $\boldsymbol{\alpha}_i$, 有 $\langle\boldsymbol{\alpha}_i,\,k_1\boldsymbol{\alpha}_1+k_2\boldsymbol{\alpha}_2+\cdots+k_s\boldsymbol{\alpha}_s\rangle=\langle\boldsymbol{\alpha}_i,\,\boldsymbol{\theta}\rangle$, 即

$$k_1\langle\boldsymbol{\alpha}_i,\,\boldsymbol{\alpha}_1\rangle+k_2\langle\boldsymbol{\alpha}_i,\,\boldsymbol{\alpha}_2\rangle+\cdots+k_s\langle\boldsymbol{\alpha}_i,\,\boldsymbol{\alpha}_s\rangle=0.$$

已知当 $i\neq j$ 时, 有 $\langle\boldsymbol{\alpha}_i,\,\boldsymbol{\alpha}_j\rangle=0$, 那么上式可以改写成 $k_i\langle\boldsymbol{\alpha}_i,\,\boldsymbol{\alpha}_i\rangle=0$. 又已知 $\boldsymbol{\alpha}_i\neq\boldsymbol{\theta}$, 那么 $\langle\boldsymbol{\alpha}_i,\,\boldsymbol{\alpha}_i\rangle>0$, 因此 $k_i=0$, $i=1, 2, \cdots, s$. 故 $\boldsymbol{\alpha}_1, \boldsymbol{\alpha}_2, \cdots, \boldsymbol{\alpha}_s$ 线性无关. □

由上述命题可见, 在有限维欧氏空间 $\boldsymbol{V}_n(\mathbb{R})$ 中, 每一个正交组所含向量的个数都不超过 $\boldsymbol{V}$ 的维数 n, 并且由 n 个向量组成的正交组构成 $\boldsymbol{V}$ 的一个基.

定义 7.2.2 在欧氏空间 $\boldsymbol{V}_n(\mathbb{R})$ 中, 由 n 个向量组成的正交组称为 $\boldsymbol{V}$ 的一个**正交基**; 由 n 个单位向量组成的正交组称为 $\boldsymbol{V}$ 的一个**标准正交基**.

显然标准正交基是正交基, 反之不然. 易见把正交基中每一个向量单位化, 所得的向量组是标准正交基. 根据定义, 在 $\boldsymbol{V}_n(\mathbb{R})$ 中, 向量组 $\boldsymbol{\alpha}_1, \boldsymbol{\alpha}_2, \cdots, \boldsymbol{\alpha}_n$ 是一个标准正交基当且仅当 $\langle\boldsymbol{\alpha}_i, \boldsymbol{\alpha}_j\rangle = \delta_{ij},\ \ i, j = 1, 2, \cdots, n$. 于是由度量矩阵的定义, 立即得到下一个命题.

命题 7.2.2 给定欧氏空间 $\boldsymbol{V}_n(\mathbb{R})$ 的一个基, 如果它是标准正交基, 那么它的度量矩阵是 n 阶单位矩阵, 反之亦然.

容易看出, 在 $\mathbb{R}^2$ 中, 向量组 $\{(\cos\phi, \sin\phi), (-\sin\phi, \cos\phi)\}$ 是一个标准正交基, 这里 ϕ 是任意实数. 在 $\mathbb{R}^n$ 中, 标准基 $\boldsymbol{\varepsilon}_1, \boldsymbol{\varepsilon}_2, \cdots, \boldsymbol{\varepsilon}_n$ 是一个标准正交基; 向量组 $-\boldsymbol{\varepsilon}_1, -\boldsymbol{\varepsilon}_2, \cdots, -\boldsymbol{\varepsilon}_n$ 是另一个标准正交基. 由此可见, 如果一般的有限维欧氏空间 $\boldsymbol{V}_n(\mathbb{R})$ 存在标准正交基, 那么它的标准正交基不唯一.

下面给出标准正交基的几个重要性质.

定理 7.2.3 设 $\boldsymbol{\alpha}_1, \boldsymbol{\alpha}_2, \cdots, \boldsymbol{\alpha}_n$ 是欧氏空间 $\boldsymbol{V}_n(\mathbb{R})$ 的一个标准正交基, 并设 $(x_1, x_2, \cdots, x_n)$ 与 $(y_1, y_2, \cdots, y_n)$ 分别是向量 $\boldsymbol{\xi}$ 与 $\boldsymbol{\eta}$ 关于这个基的坐标, 则下列公式成立:

(1) $\boldsymbol{\xi}$ 与第 i 个基向量的内积 $\langle\boldsymbol{\xi}, \boldsymbol{\alpha}_i\rangle$ 等于 $\boldsymbol{\xi}$ 的坐标的第 i 个分量 x_i, 因而

$$\boldsymbol{\xi} = \langle\boldsymbol{\xi}, \boldsymbol{\alpha}_1\rangle\,\boldsymbol{\alpha}_1 + \langle\boldsymbol{\xi}, \boldsymbol{\alpha}_2\rangle\,\boldsymbol{\alpha}_2 + \cdots + \langle\boldsymbol{\xi}, \boldsymbol{\alpha}_n\rangle\,\boldsymbol{\alpha}_n;$$

(2) $\boldsymbol{\xi}$ 与 $\boldsymbol{\eta}$ 的内积等于它们的坐标的对应分量乘积之和, 即

$$\langle\boldsymbol{\xi}, \boldsymbol{\eta}\rangle = x_1y_1 + x_2y_2 + \cdots + x_ny_n;$$

(3) $\boldsymbol{\xi}$ 的长度为 $\|\boldsymbol{\xi}\| = \sqrt{x_1^2 + x_2^2 + \cdots + x_n^2}$, 并且 $\boldsymbol{\xi}$ 与 $\boldsymbol{\eta}$ 之间的距离为

$$d(\boldsymbol{\xi}, \boldsymbol{\eta}) = \sqrt{(x_1 - y_1)^2 + (x_2 - y_2)^2 + \cdots + (x_n - y_n)^2}.$$

证明 (1) 根据已知条件, 有 $\langle\boldsymbol{\alpha}_i, \boldsymbol{\alpha}_j\rangle = \delta_{ij},\ \ i, j = 1, 2, \cdots, n$, 并且

$$\boldsymbol{\xi} = x_1\boldsymbol{\alpha}_1 + x_2\boldsymbol{\alpha}_2 + \cdots + x_n\boldsymbol{\alpha}_n. \tag{7.2.3}$$

于是

$$\langle\boldsymbol{\xi}, \boldsymbol{\alpha}_i\rangle = x_1\langle\boldsymbol{\alpha}_1, \boldsymbol{\alpha}_i\rangle + x_2\langle\boldsymbol{\alpha}_2, \boldsymbol{\alpha}_i\rangle + \cdots + x_n\langle\boldsymbol{\alpha}_n, \boldsymbol{\alpha}_i\rangle = x_i,$$

即 $\boldsymbol{\xi}$ 与 $\boldsymbol{\alpha}_i$ 的内积等于 $\boldsymbol{\xi}$ 的坐标的第 i 个分量 x_i, 因而 (7.2.3) 式可以改写成

$$\boldsymbol{\xi} = \langle\boldsymbol{\xi}, \boldsymbol{\alpha}_1\rangle\,\boldsymbol{\alpha}_1 + \langle\boldsymbol{\xi}, \boldsymbol{\alpha}_2\rangle\,\boldsymbol{\alpha}_2 + \cdots + \langle\boldsymbol{\xi}, \boldsymbol{\alpha}_n\rangle\,\boldsymbol{\alpha}_n.$$

(2) 根据已知条件, 有 $\boldsymbol{\eta} = y_1\boldsymbol{\alpha}_1 + y_2\boldsymbol{\alpha}_2 + \cdots + y_n\boldsymbol{\alpha}_n$. 因为

$$\langle\boldsymbol{\xi}, y_1\boldsymbol{\alpha}_1 + y_2\boldsymbol{\alpha}_2 + \cdots + y_n\boldsymbol{\alpha}_n\rangle = y_1\langle\boldsymbol{\xi}, \boldsymbol{\alpha}_1\rangle + y_2\langle\boldsymbol{\xi}, \boldsymbol{\alpha}_2\rangle + \cdots + y_n\langle\boldsymbol{\xi}, \boldsymbol{\alpha}_n\rangle,$$

根据 (1), 有 $\langle\boldsymbol{\xi}, \boldsymbol{\eta}\rangle = y_1x_1 + y_2x_2 + \cdots + y_nx_n$, 即 $\langle\boldsymbol{\xi}, \boldsymbol{\eta}\rangle = x_1y_1 + x_2y_2 + \cdots + x_ny_n$.

(3) 因为 $\|\boldsymbol{\xi}\| = \sqrt{\langle\boldsymbol{\xi}, \boldsymbol{\xi}\rangle}$, 根据 (2), 有 $\|\boldsymbol{\xi}\| = \sqrt{x_1^2 + x_2^2 + \cdots + x_n^2}$. 又因为

$$\boldsymbol{\xi} - \boldsymbol{\eta} = (x_1 - y_1)\boldsymbol{\alpha}_1 + (x_2 - y_2)\boldsymbol{\alpha}_2 + \cdots + (x_n - y_n)\boldsymbol{\alpha}_n,$$

所以 $$d(\boldsymbol{\xi}, \boldsymbol{\eta}) = \|\boldsymbol{\xi} - \boldsymbol{\eta}\| = \sqrt{(x_1 - y_1)^2 + (x_2 - y_2)^2 + \cdots + (x_n - y_n)^2}.$$ □

令 $\boldsymbol{X}$ 与 $\boldsymbol{Y}$ 分别是向量 $\boldsymbol{\xi}$ 与 $\boldsymbol{\eta}$ 在标准正交基 $\boldsymbol{\alpha}_1, \boldsymbol{\alpha}_2, \cdots, \boldsymbol{\alpha}_n$ 下的坐标. 根据 $\mathbb{R}^n$ 的 (标准) 内积定义, 上述定理中内积公式可以简记为 $\langle \boldsymbol{\xi}, \boldsymbol{\eta} \rangle = \langle \boldsymbol{X}, \boldsymbol{Y} \rangle$. 于是当 $\boldsymbol{X}$ 与 $\boldsymbol{Y}$ 是列向量时, 有 $\langle \boldsymbol{\xi}, \boldsymbol{\eta} \rangle = \boldsymbol{X}'\boldsymbol{Y}$; 当它们是行向量时, 有 $\langle \boldsymbol{\xi}, \boldsymbol{\eta} \rangle = \boldsymbol{X}\boldsymbol{Y}'$. 对于定理中长度公式和距离公式, 也有相应的简化记号. 显然这些公式都是解析几何里熟知公式的推广.

现在, 提出一个问题: 有限维欧氏空间中一定存在标准正交基吗?

先来看看, 在几何空间 $\mathbb{V}_3$ 中, 怎样从一个基 $\boldsymbol{\alpha}_1, \boldsymbol{\alpha}_2, \boldsymbol{\alpha}_3$ 出发, 构造出一个正交基. 首先, 令 $\boldsymbol{\beta}_1 = \boldsymbol{\alpha}_1$, 并令 $\boldsymbol{W}_1$ 是由向量 $\boldsymbol{\beta}_1$ 与 $\boldsymbol{\alpha}_2$ 张成的平面. 其次, 在平面 $\boldsymbol{W}_1$ 上作一条直线 ℓ, 使得它通过向量 $\boldsymbol{\alpha}_2$ 的终点且平行于向量 $\boldsymbol{\beta}_1$ (如图 7.1 所示), 那么通过原点 $\boldsymbol{O}$ 且垂直于向量 $\boldsymbol{\beta}_1$ 的平面与直线 ℓ 相交于唯一一点, 比如说点 $\boldsymbol{P}$. 令 $\boldsymbol{\beta}_2$ 是以 $\boldsymbol{P}$ 作为终点的矢径, 则 $\boldsymbol{\beta}_2 \perp \boldsymbol{\beta}_1$. 注意到直线 ℓ 的方程可以表示成 $\boldsymbol{\xi} = \boldsymbol{\alpha}_2 + x\boldsymbol{\beta}_1$, 因此存在 $k \in \mathbb{R}$, 使得 $\boldsymbol{\beta}_2 = \boldsymbol{\alpha}_2 + k\boldsymbol{\beta}_1$. 于是由 $\boldsymbol{\beta}_2 \perp \boldsymbol{\beta}_1$, 有 $(\boldsymbol{\alpha}_2 + k\boldsymbol{\beta}_1) \perp \boldsymbol{\beta}_1$, 所以 $\langle \boldsymbol{\alpha}_2 + k\boldsymbol{\beta}_1, \boldsymbol{\beta}_1 \rangle = 0$, 即

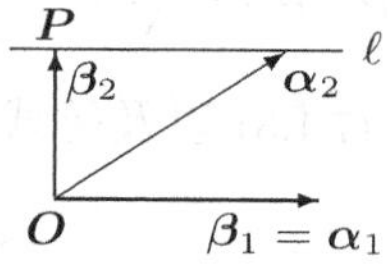

图 7.1

$$\langle \boldsymbol{\alpha}_2, \boldsymbol{\beta}_1 \rangle + k\langle \boldsymbol{\beta}_1, \boldsymbol{\beta}_1 \rangle = 0.$$

由此解得 $k = -\dfrac{\langle \boldsymbol{\alpha}_2, \boldsymbol{\beta}_1 \rangle}{\langle \boldsymbol{\beta}_1, \boldsymbol{\beta}_1 \rangle}$, 因此 $\boldsymbol{\beta}_2 = \boldsymbol{\alpha}_2 - \dfrac{\langle \boldsymbol{\alpha}_2, \boldsymbol{\beta}_1 \rangle}{\langle \boldsymbol{\beta}_1, \boldsymbol{\beta}_1 \rangle}\boldsymbol{\beta}_1$. 再次, 作一个平面 $\boldsymbol{W}_2$, 使得它通过向量 $\boldsymbol{\alpha}_3$ 的终点且平行于平面 $\boldsymbol{W}_1$, 那么通过原点 $\boldsymbol{O}$ 且垂直于平面 $\boldsymbol{W}_1$ 的直线与平面 $\boldsymbol{W}_2$ 相交于唯一一点, 比如说点 $\boldsymbol{Q}$. 令 $\boldsymbol{\beta}_3$ 是以 $\boldsymbol{Q}$ 作为终点的矢径, 则 $\boldsymbol{\beta}_3 \perp \boldsymbol{\beta}_1$ 且 $\boldsymbol{\beta}_3 \perp \boldsymbol{\beta}_2$. 显然由 $\boldsymbol{\beta}_1$ 与 $\boldsymbol{\beta}_2$ 张成的平面也是平面 $\boldsymbol{W}_1$, 那么平面 $\boldsymbol{W}_2$ 的方程可以表示成 $\boldsymbol{\xi} = \boldsymbol{\alpha}_3 + x_1\boldsymbol{\beta}_1 + x_2\boldsymbol{\beta}_2$. 于是存在 $k_1, k_2 \in \mathbb{R}$, 使得

$$\boldsymbol{\beta}_3 = \boldsymbol{\alpha}_3 + k_1\boldsymbol{\beta}_1 + k_2\boldsymbol{\beta}_2.$$

由于 $\boldsymbol{\beta}_3 \perp \boldsymbol{\beta}_1$ 且 $\boldsymbol{\beta}_3 \perp \boldsymbol{\beta}_2$, 仿照前面的讨论, 有 $k_1 = -\dfrac{\langle \boldsymbol{\alpha}_3, \boldsymbol{\beta}_1 \rangle}{\langle \boldsymbol{\beta}_1, \boldsymbol{\beta}_1 \rangle}$ 且 $k_2 = -\dfrac{\langle \boldsymbol{\alpha}_3, \boldsymbol{\beta}_2 \rangle}{\langle \boldsymbol{\beta}_2, \boldsymbol{\beta}_2 \rangle}$, 因此 $\boldsymbol{\beta}_3 = \boldsymbol{\alpha}_3 - \dfrac{\langle \boldsymbol{\alpha}_3, \boldsymbol{\beta}_1 \rangle}{\langle \boldsymbol{\beta}_1, \boldsymbol{\beta}_1 \rangle}\boldsymbol{\beta}_1 - \dfrac{\langle \boldsymbol{\alpha}_3, \boldsymbol{\beta}_2 \rangle}{\langle \boldsymbol{\beta}_2, \boldsymbol{\beta}_2 \rangle}\boldsymbol{\beta}_2$. 这就构造出 $\mathbb{V}_3$ 的一个正交基 $\boldsymbol{\beta}_1, \boldsymbol{\beta}_2, \boldsymbol{\beta}_3$.

上面的讨论具有一般性. 事实上, 我们有下列定理.

定理 7.2.4 设 $\boldsymbol{\alpha}_1, \boldsymbol{\alpha}_2, \cdots, \boldsymbol{\alpha}_s$ 是欧氏空间 $\boldsymbol{V}$ 中 s 个线性无关的向量. 令

$$\begin{cases} \boldsymbol{\beta}_1 = \boldsymbol{\alpha}_1, \\ \boldsymbol{\beta}_2 = \boldsymbol{\alpha}_2 - \dfrac{\langle \boldsymbol{\alpha}_2, \boldsymbol{\beta}_1 \rangle}{\langle \boldsymbol{\beta}_1, \boldsymbol{\beta}_1 \rangle}\boldsymbol{\beta}_1, \\ \boldsymbol{\beta}_3 = \boldsymbol{\alpha}_3 - \dfrac{\langle \boldsymbol{\alpha}_3, \boldsymbol{\beta}_1 \rangle}{\langle \boldsymbol{\beta}_1, \boldsymbol{\beta}_1 \rangle}\boldsymbol{\beta}_1 - \dfrac{\langle \boldsymbol{\alpha}_3, \boldsymbol{\beta}_2 \rangle}{\langle \boldsymbol{\beta}_2, \boldsymbol{\beta}_2 \rangle}\boldsymbol{\beta}_2, \\ \quad\vdots \\ \boldsymbol{\beta}_s = \boldsymbol{\alpha}_s - \dfrac{\langle \boldsymbol{\alpha}_s, \boldsymbol{\beta}_1 \rangle}{\langle \boldsymbol{\beta}_1, \boldsymbol{\beta}_1 \rangle}\boldsymbol{\beta}_1 - \dfrac{\langle \boldsymbol{\alpha}_s, \boldsymbol{\beta}_2 \rangle}{\langle \boldsymbol{\beta}_2, \boldsymbol{\beta}_2 \rangle}\boldsymbol{\beta}_2 - \cdots - \dfrac{\langle \boldsymbol{\alpha}_s, \boldsymbol{\beta}_{s-1} \rangle}{\langle \boldsymbol{\beta}_{s-1}, \boldsymbol{\beta}_{s-1} \rangle}\boldsymbol{\beta}_{s-1}, \end{cases} \tag{7.2.4}$$

则 $\boldsymbol{\beta}_1, \boldsymbol{\beta}_2, \cdots, \boldsymbol{\beta}_s$ 是一个正交组.

证明 对 s 作数学归纳法. 当 $s=1$ 时, 有 $\boldsymbol{\beta}_1=\boldsymbol{\alpha}_1\neq\boldsymbol{\theta}$. 根据定义, 向量组 $\{\boldsymbol{\beta}_1\}$ 是一个正交组. 假定 $s>1$, 并且对 $s-1$ 的情形, 结论成立. 下面考虑 s 的情形. 已知 $\boldsymbol{\alpha}_1,\boldsymbol{\alpha}_2,\cdots,\boldsymbol{\alpha}_s$ 线性无关, 那么部分组 $\boldsymbol{\alpha}_1,\boldsymbol{\alpha}_2,\cdots,\boldsymbol{\alpha}_{s-1}$ 也线性无关. 根据归纳假定, $\boldsymbol{\beta}_1,\boldsymbol{\beta}_2,\cdots,\boldsymbol{\beta}_{s-1}$ 是一个正交组. 于是

$$\langle\boldsymbol{\beta}_i,\boldsymbol{\beta}_j\rangle=0,\ \ i\neq j,\ i,j=1,2,\cdots,s-1. \tag{7.2.5}$$

另一方面, 用公式 (7.2.4) 最后一式右边的表达式代替左边的 $\boldsymbol{\beta}_s$, 得

$$\langle\boldsymbol{\beta}_s,\boldsymbol{\beta}_i\rangle=\left\langle\boldsymbol{\alpha}_s-\frac{\langle\boldsymbol{\alpha}_s,\boldsymbol{\beta}_1\rangle}{\langle\boldsymbol{\beta}_1,\boldsymbol{\beta}_1\rangle}\boldsymbol{\beta}_1-\frac{\langle\boldsymbol{\alpha}_s,\boldsymbol{\beta}_2\rangle}{\langle\boldsymbol{\beta}_2,\boldsymbol{\beta}_2\rangle}\boldsymbol{\beta}_2-\cdots-\frac{\langle\boldsymbol{\alpha}_s,\boldsymbol{\beta}_{s-1}\rangle}{\langle\boldsymbol{\beta}_{s-1},\boldsymbol{\beta}_{s-1}\rangle}\boldsymbol{\beta}_{s-1},\boldsymbol{\beta}_i\right\rangle.$$

从而由公式 (7.1.3) 以及等式组 (7.2.5), 当 $i<s$ 时, 有

$$\langle\boldsymbol{\beta}_s,\boldsymbol{\beta}_i\rangle=\langle\boldsymbol{\alpha}_s,\boldsymbol{\beta}_i\rangle-\frac{\langle\boldsymbol{\alpha}_s,\boldsymbol{\beta}_i\rangle}{\langle\boldsymbol{\beta}_i,\boldsymbol{\beta}_i\rangle}\langle\boldsymbol{\beta}_i,\boldsymbol{\beta}_i\rangle=0.$$

这就证明了, $\boldsymbol{\beta}_1,\boldsymbol{\beta}_2,\cdots,\boldsymbol{\beta}_s$ 是两两正交的向量组.

其次, 通过移项, 公式 (7.2.4) 可以改写成

$$\begin{cases}\boldsymbol{\alpha}_1=\boldsymbol{\beta}_1,\\ \boldsymbol{\alpha}_2=\dfrac{\langle\boldsymbol{\alpha}_2,\boldsymbol{\beta}_1\rangle}{\langle\boldsymbol{\beta}_1,\boldsymbol{\beta}_1\rangle}\boldsymbol{\beta}_1+\boldsymbol{\beta}_2,\\ \boldsymbol{\alpha}_3=\dfrac{\langle\boldsymbol{\alpha}_3,\boldsymbol{\beta}_1\rangle}{\langle\boldsymbol{\beta}_1,\boldsymbol{\beta}_1\rangle}\boldsymbol{\beta}_1+\dfrac{\langle\boldsymbol{\alpha}_3,\boldsymbol{\beta}_2\rangle}{\langle\boldsymbol{\beta}_2,\boldsymbol{\beta}_2\rangle}\boldsymbol{\beta}_2+\boldsymbol{\beta}_3,\\ \quad\vdots\\ \boldsymbol{\alpha}_s=\dfrac{\langle\boldsymbol{\alpha}_s,\boldsymbol{\beta}_1\rangle}{\langle\boldsymbol{\beta}_1,\boldsymbol{\beta}_1\rangle}\boldsymbol{\beta}_1+\dfrac{\langle\boldsymbol{\alpha}_s,\boldsymbol{\beta}_2\rangle}{\langle\boldsymbol{\beta}_2,\boldsymbol{\beta}_2\rangle}\boldsymbol{\beta}_2+\cdots+\dfrac{\langle\boldsymbol{\alpha}_s,\boldsymbol{\beta}_{s-1}\rangle}{\langle\boldsymbol{\beta}_{s-1},\boldsymbol{\beta}_{s-1}\rangle}\boldsymbol{\beta}_{s-1}+\boldsymbol{\beta}_s.\end{cases} \tag{7.2.6}$$

这表明, 向量组 $\boldsymbol{\alpha}_1,\boldsymbol{\alpha}_2,\cdots,\boldsymbol{\alpha}_s$ 可由 $\boldsymbol{\beta}_1,\boldsymbol{\beta}_2,\cdots,\boldsymbol{\beta}_s$ 线性表示. 根据替换定理, $\boldsymbol{\beta}_1,\boldsymbol{\beta}_2,\cdots,\boldsymbol{\beta}_s$ 都是非零向量. 因此 $\boldsymbol{\beta}_1,\boldsymbol{\beta}_2,\cdots,\boldsymbol{\beta}_s$ 是一个正交组. □

上述定理给出了求正交向量组的一种方法, 称为**施密特正交化方法**, 简称为**正交化方法**. 利用这种方法, 可以从一个线性无关向量组 $\boldsymbol{\alpha}_1,\boldsymbol{\alpha}_2,\cdots,\boldsymbol{\alpha}_s$ 出发, 按照公式 (7.2.4) 来构造一个正交组 $\boldsymbol{\beta}_1,\boldsymbol{\beta}_2,\cdots,\boldsymbol{\beta}_s$. 此外, 根据公式 (7.2.6) 和替换定理, 由前 i 个向量组成的部分组 $\boldsymbol{\alpha}_1,\boldsymbol{\alpha}_2,\cdots,\boldsymbol{\alpha}_i$ 与 $\boldsymbol{\beta}_1,\boldsymbol{\beta}_2,\cdots,\boldsymbol{\beta}_i$ 是等价的, 因此

$$\mathscr{L}(\boldsymbol{\alpha}_1,\boldsymbol{\alpha}_2,\cdots,\boldsymbol{\alpha}_i)=\mathscr{L}(\boldsymbol{\beta}_1,\boldsymbol{\beta}_2,\cdots,\boldsymbol{\beta}_i),\ \ i=1,2,\cdots,s.$$

其次, 把正交组 $\boldsymbol{\beta}_1,\boldsymbol{\beta}_2,\cdots,\boldsymbol{\beta}_s$ 中每一个向量单位化, 就得到一个标准正交组 $\boldsymbol{\gamma}_1,\boldsymbol{\gamma}_2,\cdots,\boldsymbol{\gamma}_s$. 此时, 由于 $\boldsymbol{\gamma}_k=\dfrac{1}{\|\boldsymbol{\beta}_k\|}\boldsymbol{\beta}_k$, 我们有 $\boldsymbol{\beta}_k=\|\boldsymbol{\beta}_k\|\boldsymbol{\gamma}_k$, 从而有

$$\frac{\langle\boldsymbol{\alpha}_i,\boldsymbol{\beta}_k\rangle}{\langle\boldsymbol{\beta}_k,\boldsymbol{\beta}_k\rangle}\boldsymbol{\beta}_k=\langle\boldsymbol{\alpha}_i,\boldsymbol{\gamma}_k\rangle\boldsymbol{\gamma}_k,\quad i,k=1,2,\cdots,s.$$

于是公式 (7.2.4) 可以改写成

$$\begin{cases} \boldsymbol{\beta}_1 = \boldsymbol{\alpha}_1, \\ \boldsymbol{\beta}_2 = \boldsymbol{\alpha}_2 - \langle \boldsymbol{\alpha}_2, \gamma_1 \rangle \gamma_1, \\ \boldsymbol{\beta}_3 = \boldsymbol{\alpha}_3 - \langle \boldsymbol{\alpha}_3, \gamma_1 \rangle \gamma_1 - \langle \boldsymbol{\alpha}_3, \gamma_2 \rangle \gamma_2, \\ \quad \vdots \\ \boldsymbol{\beta}_s = \boldsymbol{\alpha}_s - \langle \boldsymbol{\alpha}_s, \gamma_1 \rangle \gamma_1 - \langle \boldsymbol{\alpha}_s, \gamma_2 \rangle \gamma_2 - \cdots - \langle \boldsymbol{\alpha}_s, \gamma_{s-1} \rangle \gamma_{s-1}. \end{cases}$$

这表明, 求标准正交组 $\gamma_1, \gamma_2, \cdots, \gamma_s$ 的过程中, 正交化和单位化的步骤可以交叉进行. 此外, 公式 (7.2.6) 可以改写成

$$\begin{cases} \boldsymbol{\alpha}_1 = \|\boldsymbol{\beta}_1\| \gamma_1, \\ \boldsymbol{\alpha}_2 = \langle \boldsymbol{\alpha}_2, \gamma_1 \rangle \gamma_1 + \|\boldsymbol{\beta}_2\| \gamma_2, \\ \boldsymbol{\alpha}_3 = \langle \boldsymbol{\alpha}_3, \gamma_1 \rangle \gamma_1 + \langle \boldsymbol{\alpha}_3, \gamma_2 \rangle \gamma_2 + \|\boldsymbol{\beta}_3\| \gamma_3, \\ \quad \vdots \\ \boldsymbol{\alpha}_s = \langle \boldsymbol{\alpha}_s, \gamma_1 \rangle \gamma_1 + \langle \boldsymbol{\alpha}_s, \gamma_2 \rangle \gamma_2 + \cdots + \langle \boldsymbol{\alpha}_s, \gamma_{s-1} \rangle \gamma_{s-1} + \|\boldsymbol{\beta}_s\| \gamma_s. \end{cases}$$

再令 $(\boldsymbol{\alpha}_1, \boldsymbol{\alpha}_2, \cdots, \boldsymbol{\alpha}_s) = (\gamma_1, \gamma_2, \cdots, \gamma_s)\boldsymbol{T}$, 则

$$\boldsymbol{T} = \begin{pmatrix} \|\boldsymbol{\beta}_1\| & \langle \boldsymbol{\alpha}_2, \gamma_1 \rangle & \langle \boldsymbol{\alpha}_3, \gamma_1 \rangle & \cdots & \langle \boldsymbol{\alpha}_s, \gamma_1 \rangle \\ 0 & \|\boldsymbol{\beta}_2\| & \langle \boldsymbol{\alpha}_3, \gamma_2 \rangle & \cdots & \langle \boldsymbol{\alpha}_s, \gamma_2 \rangle \\ 0 & 0 & \|\boldsymbol{\beta}_3\| & \cdots & \langle \boldsymbol{\alpha}_s, \gamma_3 \rangle \\ \vdots & \vdots & \vdots & \ddots & \vdots \\ 0 & 0 & 0 & \cdots & \|\boldsymbol{\beta}_s\| \end{pmatrix}. \tag{7.2.7}$$

现在, 设 $\boldsymbol{\alpha}_1, \boldsymbol{\alpha}_2, \cdots, \boldsymbol{\alpha}_n$ 是欧氏空间 $\boldsymbol{V}_n(\mathbb{R})$ 的一个基. 利用正交化方法, 可以从这个基出发, 构造一个正交基 $\boldsymbol{\beta}_1, \boldsymbol{\beta}_2, \cdots, \boldsymbol{\beta}_n$. 再通过单位化, 可得一个标准正交基 $\gamma_1, \gamma_2, \cdots, \gamma_n$. 这就回答了前面提出的问题, 即下列定理成立.

定理 7.2.5 每一个非零有限维欧氏空间都有正交基, 因而有标准正交基.

根据前面的讨论, 从 $\boldsymbol{V}_n(\mathbb{R})$ 的基 $\boldsymbol{\alpha}_1, \boldsymbol{\alpha}_2, \cdots, \boldsymbol{\alpha}_n$ 出发, 构造出的标准正交基 $\gamma_1, \gamma_2, \cdots, \gamma_n$ 是唯一的, 并且从基 $\gamma_1, \gamma_2, \cdots, \gamma_n$ 到基 $\boldsymbol{\alpha}_1, \boldsymbol{\alpha}_2, \cdots, \boldsymbol{\alpha}_n$ 的过渡矩阵是形如 (7.2.7) 式的 n 阶上三角矩阵.

例 7.2.2 已知 $\boldsymbol{\alpha}_1, \boldsymbol{\alpha}_2, \boldsymbol{\alpha}_3, \boldsymbol{\alpha}_4$ 是欧氏空间 $\mathbb{R}^4$ 的一个基, 其中

$$\boldsymbol{\alpha}_1 = (1, 1, 0, 0), \quad \boldsymbol{\alpha}_2 = (1, 0, 1, 0), \quad \boldsymbol{\alpha}_3 = (-1, 0, 0, 1), \quad \boldsymbol{\alpha}_4 = (1, -1, -1, 1).$$

利用正交化方法, 求 $\mathbb{R}^4$ 的一个标准正交基.

解 1 令 $\boldsymbol{\beta}_1 = \boldsymbol{\alpha}_1$, 则 $\boldsymbol{\beta}_1 = (1, 1, 0, 0)$. 令 $\boldsymbol{\beta}_2 = \boldsymbol{\alpha}_2 - \dfrac{\langle \boldsymbol{\alpha}_2, \boldsymbol{\beta}_1 \rangle}{\langle \boldsymbol{\beta}_1, \boldsymbol{\beta}_1 \rangle}\boldsymbol{\beta}_1$, 则

$$\boldsymbol{\beta}_2 = (1, 0, 1, 0) - \frac{1}{2}(1, 1, 0, 0) = \frac{1}{2}(1, -1, 2, 0).$$

令 $\boldsymbol{\beta}_3 = \boldsymbol{\alpha}_3 - \dfrac{\langle \boldsymbol{\alpha}_3, \boldsymbol{\beta}_1 \rangle}{\langle \boldsymbol{\beta}_1, \boldsymbol{\beta}_1 \rangle}\boldsymbol{\beta}_1 - \dfrac{\langle \boldsymbol{\alpha}_3, \boldsymbol{\beta}_2 \rangle}{\langle \boldsymbol{\beta}_2, \boldsymbol{\beta}_2 \rangle}\boldsymbol{\beta}_2$, 则

$$\boldsymbol{\beta}_3 = (-1,\ 0,\ 0,\ 1) + \frac{1}{2}(1,\ 1,\ 0,\ 0) + \frac{1}{6}(1,\ -1,\ 2,\ 0) = \frac{1}{3}(-1,\ 1,\ 1,\ 3).$$

令 $\boldsymbol{\beta}_4 = \boldsymbol{\alpha}_4 - \dfrac{\langle \boldsymbol{\alpha}_4,\ \boldsymbol{\beta}_1\rangle}{\langle \boldsymbol{\beta}_1,\ \boldsymbol{\beta}_1\rangle}\boldsymbol{\beta}_1 - \dfrac{\langle \boldsymbol{\alpha}_4,\ \boldsymbol{\beta}_2\rangle}{\langle \boldsymbol{\beta}_2,\ \boldsymbol{\beta}_2\rangle}\boldsymbol{\beta}_2 - \dfrac{\langle \boldsymbol{\alpha}_4,\ \boldsymbol{\beta}_3\rangle}{\langle \boldsymbol{\beta}_3,\ \boldsymbol{\beta}_3\rangle}\boldsymbol{\beta}_3$, 则

$$\boldsymbol{\beta}_4 = \boldsymbol{\alpha}_4 + 0\boldsymbol{\beta}_1 + 0\boldsymbol{\beta}_2 + 0\boldsymbol{\beta}_3 = (1,\ -1,\ -1,\ 1).$$

根据定理 7.2.4, $\boldsymbol{\beta}_1, \boldsymbol{\beta}_2, \boldsymbol{\beta}_3, \boldsymbol{\beta}_4$ 是 $\mathbb{R}^4$ 的一个正交基. 把这个正交基中每一个向量单位化, 就得到所求的标准正交基

$$\frac{1}{\sqrt{2}}(1,\ 1,\ 0,\ 0),\ \ \frac{1}{\sqrt{6}}(1,\ -1,\ 2,\ 0),\ \ \frac{1}{2\sqrt{3}}(-1,\ 1,\ 1,\ 3),\ \ \frac{1}{2}(1,\ -1,\ -1,\ 1).$$

求标准正交基的计算量较大, 难免出现差错, 最好逐次检验所得结果是不是两两正交的向量. 上面的解法中正交化和单位化的步骤可以交叉进行.

解 2 把 $\boldsymbol{\alpha}_1$ 单位化, 得 $\boldsymbol{\gamma}_1 = \dfrac{1}{\sqrt{2}}(1,\ 1,\ 0,\ 0)$. 令 $\boldsymbol{\beta}_2 = \boldsymbol{\alpha}_2 - \langle \boldsymbol{\alpha}_2,\ \boldsymbol{\gamma}_1\rangle \boldsymbol{\gamma}_1$, 则

$$\boldsymbol{\beta}_2 = (1,\ 0,\ 1,\ 0) - \frac{1}{2}(1,\ 1,\ 0,\ 0) = \frac{1}{2}(1,\ -1,\ 2,\ 0).$$

把 $\boldsymbol{\beta}_2$ 单位化, 得 $\boldsymbol{\gamma}_2 = \dfrac{1}{\sqrt{6}}(1,\ -1,\ 2,\ 0)$. 令 $\boldsymbol{\beta}_3 = \boldsymbol{\alpha}_3 - \langle \boldsymbol{\alpha}_3,\ \boldsymbol{\gamma}_1\rangle \boldsymbol{\gamma}_1 - \langle \boldsymbol{\alpha}_3,\ \boldsymbol{\gamma}_2\rangle \boldsymbol{\gamma}_2$, 则

$$\boldsymbol{\beta}_3 = (-1,\ 0,\ 0,\ 1) + \frac{1}{2}(1,\ 1,\ 0,\ 0) + \frac{1}{6}(1,\ -1,\ 2,\ 0) = \frac{1}{3}(-1,\ 1,\ 1,\ 3).$$

把 $\boldsymbol{\beta}_3$ 单位化, 得 $\boldsymbol{\gamma}_3 = \dfrac{1}{2\sqrt{3}}(-1,\ 1,\ 1,\ 3)$. 令

$$\boldsymbol{\beta}_4 = \boldsymbol{\alpha}_4 - \langle \boldsymbol{\alpha}_4,\ \boldsymbol{\gamma}_1\rangle \boldsymbol{\gamma}_1 - \langle \boldsymbol{\alpha}_4,\ \boldsymbol{\gamma}_2\rangle \boldsymbol{\gamma}_2 - \langle \boldsymbol{\alpha}_4,\ \boldsymbol{\gamma}_3\rangle \boldsymbol{\gamma}_3,$$

则 $\boldsymbol{\beta}_4 = (1, -1, -1, 1)$. 把 $\boldsymbol{\beta}_4$ 单位化, 得 $\boldsymbol{\gamma}_4 = \dfrac{1}{2}(1,\ -1,\ -1,\ 1)$. 因此所求的标准正交基为

$$\frac{1}{\sqrt{2}}(1,\ 1,\ 0,\ 0),\quad \frac{1}{\sqrt{6}}(1,\ -1,\ 2,\ 0),\quad \frac{1}{2\sqrt{3}}(-1,\ 1,\ 1,\ 3),\quad \frac{1}{2}(1,\ -1,\ -1,\ 1).$$

例 7.2.3 求齐次线性方程 $x_1 - x_2 - x_3 - x_4 = 0$ 的解空间 $\boldsymbol{W}$ (作为 $\mathbb{R}^4$ 的子空间) 的一个标准正交基.

先求方程的一个基础解系, 再利用正交化方法, 可得解空间的一个标准正交基. 但是这个例子没有指定必须用正交化方法, 因而可以采用其他方法.

解 显然齐次线性方程 $x_1-x_2-x_3-x_4=0$ 的解空间 $\boldsymbol{W}$ 的维数等于 3. 易见 $\boldsymbol{\beta}_1 = (1,\ 1,\ 0,\ 0)$ 与 $\boldsymbol{\beta}_2 = (0,\ 0,\ 1,\ -1)$ 是方程的两个正交的非零解. 构造一个齐次线性方程组如下:

$$\begin{cases} x_1 - x_2 - x_3 - x_4 = 0, \\ x_1 + x_2 = 0, \\ x_3 - x_4 = 0. \end{cases}$$

解这个方程组, 得一个非零解 $\boldsymbol{\beta}_3 = (1, -1, 1, 1)$. 不难看出, $\boldsymbol{\beta}_3$ 既是原方程的一个解, 又与 $\boldsymbol{\beta}_1$ 正交, 还与 $\boldsymbol{\beta}_2$ 正交. 于是 $\boldsymbol{\beta}_1, \boldsymbol{\beta}_2, \boldsymbol{\beta}_3$ 构成 $\boldsymbol{W}$ 的一个正交基. 把其中的每一个向量单位化, 就得到 $\boldsymbol{W}$ 的一个标准正交基

$$\frac{1}{\sqrt{2}}(1,\,1,\,0,\,0),\ \ \frac{1}{\sqrt{2}}(0,\,0,\,1,\,-1),\ \ \frac{1}{2}(1,\,-1,\,1,\,1).$$

现在让我们转向讨论正交矩阵.

定义 7.2.3 设 $\boldsymbol{U}$ 是一个 n 阶实矩阵. 若 $\boldsymbol{U}'\boldsymbol{U}=\boldsymbol{E}$,则称 $\boldsymbol{U}$ 为**正交的.**

根据定义, 每一个正交矩阵是可逆的, 反之不然. 设 $\boldsymbol{U}=\begin{pmatrix}\cos\phi & \sin\phi\\ \sin\phi & -\cos\phi\end{pmatrix}$, 则 $\boldsymbol{U}$ 是一个 2 阶实矩阵, 并且 $\boldsymbol{U}'\boldsymbol{U}=\boldsymbol{E}$,所以 $\boldsymbol{U}$ 是正交的. 已知每一个 n 阶置换矩阵 $\boldsymbol{P}$ 是一个实矩阵, 并且 $\boldsymbol{P}'\boldsymbol{P}=\boldsymbol{E}$ (见例 4.5.4),那么 $\boldsymbol{P}$ 是正交的.

下一个定理表明, 正交矩阵与标准正交基有密切联系.

定理 7.2.6 设 $\boldsymbol{\alpha}_1,\boldsymbol{\alpha}_2,\cdots,\boldsymbol{\alpha}_n$ 是欧氏空间 $\boldsymbol{V}_n(\mathbb{R})$ 的一个标准正交基, 并设 $\boldsymbol{U}$ 是一个 n 阶实矩阵. 令

$$(\boldsymbol{\beta}_1,\,\boldsymbol{\beta}_2,\,\cdots,\,\boldsymbol{\beta}_n)=(\boldsymbol{\alpha}_1,\,\boldsymbol{\alpha}_2,\,\cdots,\,\boldsymbol{\alpha}_n)\boldsymbol{U}, \tag{7.2.8}$$

则 $\boldsymbol{\beta}_1,\boldsymbol{\beta}_2,\cdots,\boldsymbol{\beta}_n$ 是一个标准正交基当且仅当 $\boldsymbol{U}$ 是一个正交矩阵.

证明 已知 $\boldsymbol{\alpha}_1,\boldsymbol{\alpha}_2,\cdots,\boldsymbol{\alpha}_n$ 是一个标准正交基. 设 $\boldsymbol{\beta}_1,\boldsymbol{\beta}_2,\cdots,\boldsymbol{\beta}_n$ 也是一个标准正交基. 根据 (7.2.8) 式, $\boldsymbol{U}$ 是从前一个基到后一个基的过渡矩阵; 根据命题 7.2.2 的必要性, 这两个基的度量矩阵都是 n 阶单位矩阵. 于是由命题 7.1.6, 有 $\boldsymbol{E}=\boldsymbol{U}'\boldsymbol{E}\boldsymbol{U}$, 即 $\boldsymbol{E}=\boldsymbol{U}'\boldsymbol{U}$, 所以 $\boldsymbol{U}$ 是一个正交矩阵.

反之, 设 $\boldsymbol{U}$ 是正交的, 则它是可逆的. 根据 (7.2.8) 式, $\boldsymbol{\beta}_1,\boldsymbol{\beta}_2,\cdots,\boldsymbol{\beta}_n$ 是 $\boldsymbol{V}$ 的一个基, 因而 $\boldsymbol{U}$ 是从基 $\boldsymbol{\alpha}_1,\boldsymbol{\alpha}_2,\cdots,\boldsymbol{\alpha}_n$ 到基 $\boldsymbol{\beta}_1,\boldsymbol{\beta}_2,\cdots,\boldsymbol{\beta}_n$ 的过渡矩阵. 已知 $\boldsymbol{E}$ 是基 $\boldsymbol{\alpha}_1,\boldsymbol{\alpha}_2,\cdots,\boldsymbol{\alpha}_n$ 的度量矩阵. 设 $\boldsymbol{B}$ 是基 $\boldsymbol{\beta}_1,\boldsymbol{\beta}_2,\cdots,\boldsymbol{\beta}_n$ 的度量矩阵. 根据命题 7.1.6, 有 $\boldsymbol{B}=\boldsymbol{U}'\boldsymbol{E}\boldsymbol{U}$, 即 $\boldsymbol{B}=\boldsymbol{U}'\boldsymbol{U}$. 于是由 $\boldsymbol{U}$ 是正交的, 得 $\boldsymbol{B}=\boldsymbol{E}$. 根据命题 7.2.2 的充分性, $\boldsymbol{\beta}_1,\boldsymbol{\beta}_2,\cdots,\boldsymbol{\beta}_n$ 是一个标准正交基. □

下面给出正交矩阵的几个等价条件.

定理 7.2.7 设 $\boldsymbol{U}=(u_{ij})$ 是一个 n 阶实矩阵, 则下列条件相互等价:

(1) $\boldsymbol{U}$ 是正交的; (2) $\boldsymbol{U}'=\boldsymbol{U}^{-1}$; (3) $\boldsymbol{U}\boldsymbol{U}'=\boldsymbol{E}$; (4) $\boldsymbol{U}'$ 是正交的;

(5) $\boldsymbol{U}$ 的行向量组是欧氏空间 $\mathbb{R}^n$ (作为行向量空间) 的一个标准正交基, 即

$$u_{i1}u_{j1}+u_{i2}u_{j2}+\cdots+u_{in}u_{jn}=\delta_{ij},\ \ i,\,j=1,\,2,\,\cdots,\,n;$$

(6) $\boldsymbol{U}$ 的列向量组是欧氏空间 $\mathbb{R}^n$ (作为列向量空间) 的一个标准正交基, 即

$$u_{1i}u_{1j}+u_{2i}u_{2j}+\cdots+u_{ni}u_{nj}=\delta_{ij},\ \ i,\,j=1,\,2,\,\cdots,\,n.$$

证明 根据可逆矩阵和转置矩阵的性质, 有

$$\boldsymbol{U}'\boldsymbol{U}=\boldsymbol{E}\iff\boldsymbol{U}'=\boldsymbol{U}^{-1}\iff\boldsymbol{U}\boldsymbol{U}'=\boldsymbol{E}\iff(\boldsymbol{U}')'\boldsymbol{U}'=\boldsymbol{E}.$$

于是由正交矩阵的定义, 条件 (1), (2), (3), (4) 相互等价.

设 $\boldsymbol{\alpha}_1, \boldsymbol{\alpha}_2, \cdots, \boldsymbol{\alpha}_n$ 是 $\boldsymbol{U}$ 的行向量组. 已知 $\boldsymbol{U}=(u_{ij})$, 那么

$$\boldsymbol{\alpha}_i=(u_{i1}, u_{i2}, \cdots, u_{in}), \quad i=1, 2, \cdots, n.$$

根据欧氏空间 $\mathbb{R}^n$ 的 (标准) 内积定义, 有

$$\langle\boldsymbol{\alpha}_i, \boldsymbol{\alpha}_j\rangle=u_{i1}u_{j1}+u_{i2}u_{j2}+\cdots+u_{in}u_{jn}, \quad i, j=1, 2, \cdots, n.$$

其次, 令 $\varepsilon_1, \varepsilon_2, \cdots, \varepsilon_n$ 是 n 元行向量空间 $\mathbb{R}^n$ 的标准基, 则

$$(\boldsymbol{\alpha}_1, \boldsymbol{\alpha}_2, \cdots, \boldsymbol{\alpha}_n)=(\varepsilon_1, \varepsilon_2, \cdots, \varepsilon_n)\boldsymbol{U}'.$$

因为标准基是 $\mathbb{R}^n$ 的一个标准正交基, 根据定理 7.2.6, $\boldsymbol{U}'$ 是一个正交矩阵当且仅当 $\boldsymbol{\alpha}_1, \boldsymbol{\alpha}_2, \cdots, \boldsymbol{\alpha}_n$ 是 $\mathbb{R}^n$ 的一个标准正交基, 即 $\langle\boldsymbol{\alpha}_i, \boldsymbol{\alpha}_j\rangle=\delta_{ij}$, 亦即

$$u_{i1}u_{j1}+u_{i2}u_{j2}+\cdots+u_{in}u_{jn}=\delta_{ij}, \quad i, j=1, 2, \cdots, n.$$

这就证明了, 条件 (4) 和 (5) 是等价的.

类似地, 可证条件 (1) 和 (6) 是等价的. 因此这六个条件相互等价. □

定理 7.2.7 中条件 (5) 和 (6) 经常被用来判断一个 n 阶实矩阵是否为正交的. 例如, 容易看出, 下列矩阵的列向量组是 $\mathbb{R}^3$ 中 3 个两两正交的单位向量:

$$\begin{pmatrix} \dfrac{1}{\sqrt{3}} & \dfrac{1}{\sqrt{6}} & \dfrac{1}{\sqrt{2}} \\ \dfrac{1}{\sqrt{3}} & -\dfrac{2}{\sqrt{6}} & 0 \\ \dfrac{1}{\sqrt{3}} & \dfrac{1}{\sqrt{6}} & -\dfrac{1}{\sqrt{2}} \end{pmatrix}.$$

根据定理 7.2.7, 这个矩阵是正交的.

正交矩阵的内容非常丰富, 它的应用也很广泛. 在本章最后两节, 我们还将对它作进一步讨论.

习题 7.2

1. 设 $\boldsymbol{\alpha}_1, \boldsymbol{\alpha}_2, \cdots, \boldsymbol{\alpha}_n$ 是欧氏空间 $\boldsymbol{V}_n(\mathbb{R})$ 的一个基. 令 $\boldsymbol{\xi}$ 与 $\boldsymbol{\eta}$ 是 $\boldsymbol{V}$ 中任意向量, 它们关于这个基的坐标分别为 $(x_1, x_2, \cdots, x_n)$ 与 $(y_1, y_2, \cdots, y_n)$. 证明下列条件等价:

   (1) $\boldsymbol{\alpha}_1, \boldsymbol{\alpha}_2, \cdots, \boldsymbol{\alpha}_n$ 是一个标准正交基; (2) $\langle\boldsymbol{\xi}, \boldsymbol{\alpha}_i\rangle=x_i, \quad i=1, 2, \cdots, n$;

   (3) $\langle\boldsymbol{\xi}, \boldsymbol{\eta}\rangle=x_1y_1+x_2y_2+\cdots+x_ny_n$.

2. 已知 $\boldsymbol{\alpha}_1, \boldsymbol{\alpha}_2, \boldsymbol{\alpha}_3, \boldsymbol{\alpha}_4$ 是欧氏空间 $\mathbb{R}^4$ 的一个基, 其中

$$\boldsymbol{\alpha}_1=(0, 2, 1, 0),\ \boldsymbol{\alpha}_2=(1, -1, 0, 0),\ \boldsymbol{\alpha}_3=(1, 2, 0, -1),\ \boldsymbol{\alpha}_4=(1, 0, 0, 1).$$

   利用正交化方法, 求 $\mathbb{R}^4$ 的一个标准正交基.

3. 已知 $1, x, x^2$ 是欧氏空间 $C[-1, 1]$ 中一个线性无关向量组. 利用正交化方法, 求一个标准正交组.

4. 设 $\boldsymbol{\alpha}_1, \boldsymbol{\alpha}_2, \boldsymbol{\alpha}_3, \boldsymbol{\alpha}_4, \boldsymbol{\alpha}_5$ 是欧氏空间 $\boldsymbol{V}$ 中一个标准正交组, $\boldsymbol{\beta}_1, \boldsymbol{\beta}_2, \boldsymbol{\beta}_3$ 是生成子空间 $\mathscr{L}(\boldsymbol{\beta}_1, \boldsymbol{\beta}_2, \boldsymbol{\beta}_3)$ 的一个基. 利用正交化方法, 求 $\mathscr{L}(\boldsymbol{\beta}_1, \boldsymbol{\beta}_2, \boldsymbol{\beta}_3)$ 的一个标准正交基. 这里

$$\boldsymbol{\beta}_1=\boldsymbol{\alpha}_1+\boldsymbol{\alpha}_5, \quad \boldsymbol{\beta}_2=2\boldsymbol{\alpha}_1+\boldsymbol{\alpha}_2+\boldsymbol{\alpha}_3, \quad \boldsymbol{\beta}_3=\boldsymbol{\alpha}_1-\boldsymbol{\alpha}_2+\boldsymbol{\alpha}_4.$$

5. 求下列齐次线性方程组的解空间 $\boldsymbol{W}$ (作为 $\mathbb{R}^5$ 的子空间) 的一个标准正交基:

$$\begin{cases} x_1 - x_2 - x_3 \qquad\quad + \ x_5 = 0, \\ x_1 + x_2 - x_3 + x_4 - 3x_5 = 0. \end{cases}$$

6. 设 $\boldsymbol{\alpha}_1, \boldsymbol{\alpha}_2, \boldsymbol{\alpha}_3$ 是 3 维欧氏空间 $\boldsymbol{V}$ 的一个标准正交基. 令

$$\boldsymbol{\beta}_1 = \frac{1}{3}(2\boldsymbol{\alpha}_1 + 2\boldsymbol{\alpha}_2 - \boldsymbol{\alpha}_3),\ \boldsymbol{\beta}_2 = \frac{1}{3}(2\boldsymbol{\alpha}_1 - \boldsymbol{\alpha}_2 + 2\boldsymbol{\alpha}_3),\ \boldsymbol{\beta}_3 = \frac{1}{3}(\boldsymbol{\alpha}_1 - 2\boldsymbol{\alpha}_2 - 2\boldsymbol{\alpha}_3).$$

证明: $\boldsymbol{\beta}_1, \boldsymbol{\beta}_2, \boldsymbol{\beta}_3$ 也是 $\boldsymbol{V}$ 的一个标准正交基.

7. 设 $\boldsymbol{A}$ 是一个 n 阶实矩阵. 令 $\boldsymbol{X} = (x_1, x_2, \cdots, x_n)' \in \mathbb{C}^n$. 验证: 等式 $\overline{\boldsymbol{AX}} = \boldsymbol{A}\overline{\boldsymbol{X}}$ 成立, 这里 $\overline{\boldsymbol{X}} = (\overline{x}_1, \overline{x}_2, \cdots, \overline{x}_n)'$, 并且每一个 $\overline{x}_i$ 是 x_i 的共轭复数.

8. 设 $\boldsymbol{U}$ 是一个 n 阶正交矩阵. 证明: (1) $\boldsymbol{U}$ 的行列式等于 1 或 -1;

(2) $\boldsymbol{U}$ 的特征多项式 $f_{\boldsymbol{U}}(x)$ 的每一个复根 λ, 其模等于 1, 即 $|\lambda| = 1$;

(3) 如果 λ 是 $f_{\boldsymbol{U}}(x)$ 的一个复根, 那么 λ^{-1} 也是它的一个复根;

(4) $\boldsymbol{U}$ 的伴随矩阵 $\boldsymbol{U}^*$ 是一个正交矩阵.

9. 证明: 两个同阶正交矩阵的乘积是一个正交矩阵.

10. 设 $\boldsymbol{U}$ 是实数域上一个 n 阶三角矩阵. 证明: 如果 $\boldsymbol{U}$ 是正交矩阵, 那么它是对角矩阵, 并且它的主对角线上元素为 1 或 -1.

*11. 设 $\boldsymbol{\gamma}_1, \boldsymbol{\gamma}_2, \cdots, \boldsymbol{\gamma}_n$ 是有限维欧氏空间 $\boldsymbol{V}_n(\mathbb{R})$ 的一个标准正交基. 令

$$K = \left\{ \boldsymbol{\xi} \in \boldsymbol{V} \mid \boldsymbol{\xi} = \sum_{i=1}^{n} x_i \boldsymbol{\gamma}_i,\ 0 \leqslant x_i \leqslant 1,\ i = 1, 2, \cdots, n \right\},$$

则称集合 K 为一个 **n-方体**. 设 $\boldsymbol{\xi} = x_1\boldsymbol{\gamma}_1 + x_2\boldsymbol{\gamma}_2 + \cdots + x_n\boldsymbol{\gamma}_n$ 是 n- 方体 K 中一个向量. 如果每一个 x_i 都等于 0 或 1, 那么称 $\boldsymbol{\xi}$ 为 K 的一个**顶点**. 问: K 有几个顶点? K 的顶点之间一切可能的距离是多少?

*12. 设 $\boldsymbol{\alpha}_1, \boldsymbol{\alpha}_2, \cdots, \boldsymbol{\alpha}_m$ 是欧氏空间 $\boldsymbol{V}$ 中一个线性无关向量组. 利用正交化方法, 所得的正交组记为 $\boldsymbol{\beta}_1, \boldsymbol{\beta}_2, \cdots, \boldsymbol{\beta}_m$. 证明: 这两个向量组的格拉姆行列式相等, 即

$$G(\boldsymbol{\alpha}_1, \boldsymbol{\alpha}_2, \cdots, \boldsymbol{\alpha}_m) = G(\boldsymbol{\beta}_1, \boldsymbol{\beta}_2, \cdots, \boldsymbol{\beta}_m).$$

*13. 设 $\boldsymbol{A}$ 是一个 n 阶实矩阵. 如果 $\boldsymbol{A}$ 是可逆的, 那么它可以唯一地分解成 $\boldsymbol{A} = \boldsymbol{UT}$, 这里 $\boldsymbol{U}$ 是一个正交矩阵, $\boldsymbol{T}$ 是一个主对角线上元素全大于零的上三角矩阵.

*14. 设 $\boldsymbol{A}$ 是一个 n 阶实矩阵. 证明: 如果 $\boldsymbol{A}$ 的特征多项式 $f_{\boldsymbol{A}}(x)$ 的 n 个根全为实数, 那么存在一个正交矩阵 $\boldsymbol{U}$, 使得 $\boldsymbol{U}^{-1}\boldsymbol{AU}$ 是上三角矩阵, 反之亦然.

7.3 子 空 间

我们知道, 欧氏空间 $\boldsymbol{V}$ 的子空间就是 $\boldsymbol{V}$ 作为实线性空间时的子空间, 因此前两章讨论的子空间的一般性质, 对于欧氏空间的子空间仍然成立. 本节将讨论子空间的正交关系, 以便进一步揭示欧氏空间的结构. 我们将给出向量与子空间的正交、子空间与子空间的正交, 以

及子空间的正交补等概念, 并讨论它们的各种性质. 利用这些性质, 还将给出包括最小二乘法在内的一些应用.

在几何空间 $\mathbb{V}_3$ 中, 设 $\boldsymbol{\alpha}$ 是一个向量, $\boldsymbol{W}$ 是通过原点的一个平面. 显然向量 $\boldsymbol{\alpha}$ 不是垂直于平面 $\boldsymbol{W}$, 就是不垂直于平面 $\boldsymbol{W}$, 因此垂直是 $\mathbb{V}_3$ 中的向量与通过原点的平面之间一种二元关系, 称为正交关系. 易见 $\boldsymbol{\alpha}$ 与 $\boldsymbol{W}$ 是正交的当且仅当对任意的 $\boldsymbol{\xi} \in \boldsymbol{W}$, 有 $\boldsymbol{\alpha} \perp \boldsymbol{\xi}$. 这种关系可以推广到一般欧氏空间.

定义 7.3.1 设 $\boldsymbol{\alpha}$ 是欧氏空间 $\boldsymbol{V}$ 中一个向量, $\boldsymbol{W}$ 是 $\boldsymbol{V}$ 的一个子空间. 如果对任意的 $\boldsymbol{\xi} \in \boldsymbol{W}$, 有 $\boldsymbol{\alpha} \perp \boldsymbol{\xi}$, 那么称 $\boldsymbol{\alpha}$ 与 $\boldsymbol{W}$ 是**正交的**, 记作 $\boldsymbol{\alpha} \perp \boldsymbol{W}$.

根据命题 7.1.3, 对任意的 $\boldsymbol{\alpha}, \boldsymbol{\beta}_1, \boldsymbol{\beta}_2, \cdots, \boldsymbol{\beta}_s \in \boldsymbol{V}$, 下列关系成立:

$$\boldsymbol{\alpha} \perp \boldsymbol{\beta}_i \ (i = 1, 2, \cdots, s) \ \text{当且仅当} \ \boldsymbol{\alpha} \perp \mathscr{L}(\boldsymbol{\beta}_1, \boldsymbol{\beta}_2, \cdots, \boldsymbol{\beta}_s). \tag{7.3.1}$$

有时需要考虑两个子空间之间的正交关系. 例如, 在几何空间中, 设 $\boldsymbol{W}_1$ 是通过原点的一条直线, $\boldsymbol{W}_2$ 是通过原点的一个平面, 则直线 $\boldsymbol{W}_1$ 不是垂直于平面 $\boldsymbol{W}_2$, 就是不垂直于平面 $\boldsymbol{W}_2$. 显然直线 $\boldsymbol{W}_1$ 垂直于平面 $\boldsymbol{W}_2$ 当且仅当对任意的 $\boldsymbol{\xi} \in \boldsymbol{W}_1$ 和任意的 $\boldsymbol{\eta} \in \boldsymbol{W}_2$, 有 $\boldsymbol{\xi} \perp \boldsymbol{\eta}$. 这种关系也可以推广到一般欧氏空间.

定义 7.3.2 设 $\boldsymbol{W}_1$ 与 $\boldsymbol{W}_2$ 是欧氏空间 $\boldsymbol{V}$ 的两个子空间. 如果对任意的 $\boldsymbol{\xi} \in \boldsymbol{W}_1$ 和任意的 $\boldsymbol{\eta} \in \boldsymbol{W}_2$, 有 $\boldsymbol{\xi} \perp \boldsymbol{\eta}$, 那么称 $\boldsymbol{W}_1$ 与 $\boldsymbol{W}_2$ 是**正交的**, 记作 $\boldsymbol{W}_1 \perp \boldsymbol{W}_2$.

根据定义, $\boldsymbol{W}_1 \perp \boldsymbol{W}_2$ 当且仅当对任意的 $\boldsymbol{\xi} \in \boldsymbol{W}_1$, 有 $\boldsymbol{\xi} \perp \boldsymbol{W}_2$. 由定义易见, 子空间的正交关系具有对称性, 即 $\boldsymbol{W}_1 \perp \boldsymbol{W}_2$ 蕴含着 $\boldsymbol{W}_2 \perp \boldsymbol{W}_1$. 由对称性, 又得到下列关系: $\boldsymbol{W}_1 \perp \boldsymbol{W}_2$ 当且仅当对任意的 $\boldsymbol{\eta} \in \boldsymbol{W}_2$, 有 $\boldsymbol{\eta} \perp \boldsymbol{W}_1$. 容易验证, 对 $\boldsymbol{V}$ 中任意向量 $\boldsymbol{\alpha}_1, \boldsymbol{\alpha}_2, \cdots, \boldsymbol{\alpha}_s$ 和 $\boldsymbol{V}$ 的任意子空间 $\boldsymbol{W}$, 下列关系成立:

$$\boldsymbol{\alpha}_i \perp \boldsymbol{W} \ \ (i = 1, 2, \cdots, s) \ \ \text{当且仅当} \ \ \mathscr{L}(\boldsymbol{\alpha}_1, \boldsymbol{\alpha}_2, \cdots, \boldsymbol{\alpha}_s) \perp \boldsymbol{W}. \tag{7.3.2}$$

按照定义, 几何空间 $\mathbb{V}_3$ 中通过原点的两个平面作为子空间不可能是正交的. 容易看出, $\mathbb{V}_3$ 的两个子空间 $\boldsymbol{W}_1$ 与 $\boldsymbol{W}_2$ 是正交的当且仅当下列三个条件之一成立: (1) $\boldsymbol{W}_1$ 或 $\boldsymbol{W}_2$ 是零子空间; (2) $\boldsymbol{W}_1$ 与 $\boldsymbol{W}_2$ 是通过原点的两条互相垂直的直线; (3) $\boldsymbol{W}_1$ 与 $\boldsymbol{W}_2$ 中有一个是通过原点的平面, 另一个是通过原点的直线, 并且它们互相垂直. 显然不论 $\boldsymbol{W}_1$ 与 $\boldsymbol{W}_2$ 满足哪一个条件, 其交都是零子空间, 因而其和是直和. 一般地, 我们有

命题 7.3.1 设 $\boldsymbol{W}_1, \boldsymbol{W}_2, \cdots, \boldsymbol{W}_s$ 是欧氏空间 $\boldsymbol{V}$ 的 s 个两两正交的子空间, 则它们的和 $\boldsymbol{W}_1 + \boldsymbol{W}_2 + \cdots + \boldsymbol{W}_s$ 是直和.

证明 根据定理 5.6.9, 只须证明, 和空间中零向量的表示法是唯一的. 设

$$\boldsymbol{\theta} = \boldsymbol{\alpha}_1 + \boldsymbol{\alpha}_2 + \cdots + \boldsymbol{\alpha}_s, \ \ \boldsymbol{\alpha}_i \in \boldsymbol{W}_i, \ \ i = 1, 2, \cdots, s,$$

则对每一个 $\boldsymbol{\alpha}_i$, 有 $\langle \boldsymbol{\alpha}_i, \boldsymbol{\theta} \rangle = \langle \boldsymbol{\alpha}_i, \boldsymbol{\alpha}_1 + \boldsymbol{\alpha}_2 + \cdots + \boldsymbol{\alpha}_s \rangle$, 即

$$0 = \langle \boldsymbol{\alpha}_i, \boldsymbol{\alpha}_1 \rangle + \langle \boldsymbol{\alpha}_i, \boldsymbol{\alpha}_2 \rangle + \cdots + \langle \boldsymbol{\alpha}_i, \boldsymbol{\alpha}_s \rangle.$$

因为 $\boldsymbol{W}_1, \boldsymbol{W}_2, \cdots, \boldsymbol{W}_s$ 两两正交, 当 $i \neq j$ 时, 有 $\langle \boldsymbol{\alpha}_i, \boldsymbol{\alpha}_j \rangle = 0$. 于是由上式, 得 $0 = \langle \boldsymbol{\alpha}_i, \boldsymbol{\alpha}_i \rangle$, 因此 $\boldsymbol{\alpha}_i = \boldsymbol{\theta}$, $i = 1, 2, \cdots, s$. 故零向量的表示法是唯一的. □

根据上述命题, 当 $\boldsymbol{W}_1, \boldsymbol{W}_2, \cdots, \boldsymbol{W}_s$ 是 s 个两两正交的非零有限维子空间时, 在这 s 个子空间中各取一个标准正交基, 然后把这些基合并起来, 就得到和空间 $\boldsymbol{W}_1 + \boldsymbol{W}_2 + \cdots + \boldsymbol{W}_s$ 的一个标准正交基. 上述命题的逆不成立.

例 7.3.1 设 $\boldsymbol{W}_1$ 与 $\boldsymbol{W}_2$ 是几何平面 $\mathbb{V}_2$ 上通过原点的两条直线. 如果它们的夹角为 $30°$, 那么 $\mathbb{V}_2 = \boldsymbol{W}_1 \oplus \boldsymbol{W}_2$, 但 $\boldsymbol{W}_1$ 与 $\boldsymbol{W}_2$ 不是正交的.

在 5.6 节中, 我们给出了补子空间的概念. 在欧氏空间中, 有一类特殊的补子空间, 叫做正交补. 它是一个很有用的概念, 其定义如下.

定义 7.3.3 设 $\boldsymbol{W}_1$ 与 $\boldsymbol{W}_2$ 是欧氏空间 $\boldsymbol{V}$ 的两个子空间. 若 $\boldsymbol{V} = \boldsymbol{W}_1 + \boldsymbol{W}_2$ 且 $\boldsymbol{W}_1 \perp \boldsymbol{W}_2$, 则称 $\boldsymbol{W}_2$ 是 $\boldsymbol{W}_1$ 的一个**正交补.**

如果 $\boldsymbol{W}_2$ 是 $\boldsymbol{W}_1$ 的一个正交补, 根据命题 7.3.1, 有 $\boldsymbol{V} = \boldsymbol{W}_1 \oplus \boldsymbol{W}_2$, 所以 $\boldsymbol{W}_2$ 是 $\boldsymbol{W}_1$ 的一个补子空间, 反之不然. 事实上, 一个反例已经出现在例 7.3.1 中.

已知 $\boldsymbol{W}_1 + \boldsymbol{W}_2 = \boldsymbol{W}_2 + \boldsymbol{W}_1$, 并且当 $\boldsymbol{W}_1 \perp \boldsymbol{W}_2$ 时, 有 $\boldsymbol{W}_2 \perp \boldsymbol{W}_1$. 根据定义, 如果 $\boldsymbol{W}_2$ 是 $\boldsymbol{W}_1$ 的一个正交补, 那么 $\boldsymbol{W}_1$ 也是 $\boldsymbol{W}_2$ 的一个正交补. 这就是说, 当 $\boldsymbol{W}_2$ 是 $\boldsymbol{W}_1$ 的正交补时, $\boldsymbol{W}_1$ 与 $\boldsymbol{W}_2$ 互为正交补.

在几何空间中, 零子空间的正交补只能是全空间; 通过原点的一条直线的正交补只能是通过原点且垂直于这条直线的平面. 由此可见, 几何空间中每一个子空间存在唯一的正交补.

现在, 提出两个问题: 一般欧氏空间的子空间一定存在正交补吗? 如果存在, 有几个? 关于第二个问题, 答案是只有一个. 为了回答这个问题, 让我们首先给出一个很有用的结论.

命题 7.3.2 设 $\boldsymbol{W}$ 是欧氏空间 $\boldsymbol{V}$ 的一个子空间. 令 $\boldsymbol{U} = \{\boldsymbol{\xi} \in \boldsymbol{V} \mid \boldsymbol{\xi} \perp \boldsymbol{W}\}$, 则 $\boldsymbol{U}$ 是 $\boldsymbol{V}$ 的一个子空间, 并且 $\boldsymbol{U}$ 与 $\boldsymbol{W}$ 是正交的. 更进一步地, 对 $\boldsymbol{V}$ 的任意子空间 $\boldsymbol{W}_1$, 如果 $\boldsymbol{W}_1$ 与 $\boldsymbol{W}$ 也是正交的, 那么 $\boldsymbol{W}_1 \subseteq \boldsymbol{U}$.

证明 由 $\boldsymbol{U}$ 的定义, 有 $\boldsymbol{\theta} \in \boldsymbol{U}$, 所以 $\boldsymbol{U}$ 是 $\boldsymbol{V}$ 的一个非空子集. 设 $\boldsymbol{\xi}, \boldsymbol{\eta} \in \boldsymbol{U}$, 则 $\boldsymbol{\xi} \perp \boldsymbol{W}$ 且 $\boldsymbol{\eta} \perp \boldsymbol{W}$. 根据关系 (7.3.2), 对任意的 $k, l \in \mathbb{R}$, 有 $(k\boldsymbol{\xi} + l\boldsymbol{\eta}) \perp \boldsymbol{W}$, 从而有 $k\boldsymbol{\xi} + l\boldsymbol{\eta} \in \boldsymbol{U}$, 所以 $\boldsymbol{U}$ 是 $\boldsymbol{V}$ 的一个子空间. 再由 $\boldsymbol{U}$ 的定义, 对任意的 $\boldsymbol{\xi} \in \boldsymbol{U}$, 有 $\boldsymbol{\xi} \perp \boldsymbol{W}$, 因此 $\boldsymbol{U}$ 与 $\boldsymbol{W}$ 是正交的. 更进一步地, 如果子空间 $\boldsymbol{W}_1$ 与 $\boldsymbol{W}$ 也是正交的, 那么对任意的 $\boldsymbol{\xi} \in \boldsymbol{W}_1$, 有 $\boldsymbol{\xi} \perp \boldsymbol{W}$, 从而有 $\boldsymbol{\xi} \in \boldsymbol{U}$, 因此 $\boldsymbol{W}_1 \subseteq \boldsymbol{U}$. □

上述命题表明, 与 $\boldsymbol{W}$ 正交的所有子空间中, $\boldsymbol{U}$ 是最大的.

命题 7.3.3 设 $\boldsymbol{W}$ 是欧氏空间 $\boldsymbol{V}$ 的一个子空间. 如果 $\boldsymbol{W}$ 有正交补, 那么它的正交补是唯一的.

证明　设 $\boldsymbol{W}_1$ 是 $\boldsymbol{W}$ 的一个正交补, 则 $\boldsymbol{V}=\boldsymbol{W}+\boldsymbol{W}_1$ 且 $\boldsymbol{W}\perp\boldsymbol{W}_1$. 令

$$\boldsymbol{U}=\{\boldsymbol{\xi}\in\boldsymbol{V}\mid\boldsymbol{\xi}\perp\boldsymbol{W}\},$$

则对任意的 $\boldsymbol{\xi}\in\boldsymbol{U}$, 有 $\boldsymbol{\xi}\perp\boldsymbol{W}$, 并且存在 $\boldsymbol{\eta}\in\boldsymbol{W}$ 和 $\boldsymbol{\eta}_1\in\boldsymbol{W}_1$, 使得 $\boldsymbol{\xi}=\boldsymbol{\eta}+\boldsymbol{\eta}_1$ 且 $\boldsymbol{\eta}\perp\boldsymbol{\eta}_1$. 由于 $\boldsymbol{\xi}\perp\boldsymbol{W}$ 且 $\boldsymbol{\eta}\in\boldsymbol{W}$, 又有 $\boldsymbol{\xi}\perp\boldsymbol{\eta}$, 所以 $\langle\boldsymbol{\xi},\boldsymbol{\eta}\rangle=0$, 即 $\langle\boldsymbol{\eta}+\boldsymbol{\eta}_1,\boldsymbol{\eta}\rangle=0$, 亦即 $\langle\boldsymbol{\eta},\boldsymbol{\eta}\rangle+\langle\boldsymbol{\eta}_1,\boldsymbol{\eta}\rangle=0$. 再加上 $\boldsymbol{\eta}\perp\boldsymbol{\eta}_1$, 因此 $\langle\boldsymbol{\eta},\boldsymbol{\eta}\rangle=0$. 这就推出 $\boldsymbol{\eta}=\boldsymbol{\theta}$. 现在, 由 $\boldsymbol{\xi}=\boldsymbol{\eta}+\boldsymbol{\eta}_1$, 我们得到 $\boldsymbol{\xi}=\boldsymbol{\eta}_1\in\boldsymbol{W}_1$. 换句话说, $\boldsymbol{U}\subseteq\boldsymbol{W}_1$. 另一方面, 根据命题 7.3.2, 有 $\boldsymbol{W}_1\subseteq\boldsymbol{U}$, 故 $\boldsymbol{W}_1=\boldsymbol{U}$. 这就证明了 $\boldsymbol{W}$ 的正交补是唯一的. □

当子空间 $\boldsymbol{W}$ 存在正交补时, 我们用符号 $\boldsymbol{W}^{\perp}$ 来表示它的正交补. 根据上面的证明, 有 $\boldsymbol{W}^{\perp}=\{\boldsymbol{\xi}\in\boldsymbol{V}\mid\boldsymbol{\xi}\perp\boldsymbol{W}\}$. 换句话说, 对任意的 $\boldsymbol{\xi}\in\boldsymbol{V}$, 如果 $\boldsymbol{\xi}\in\boldsymbol{W}^{\perp}$, 那么 $\boldsymbol{\xi}\perp\boldsymbol{W}$, 反之亦然.

关于第一个问题, 遗憾的是, 回答是否定的. 事实上, 我们有下面的反例.

例 7.3.2　已知希尔伯特空间 $\mathbf{H}$ 中的向量是按平方和收敛的实数列, 并且 $\mathbf{H}$ 的内积定义为 $\langle\{a_n\},\{b_n\}\rangle=\sum\limits_{n=1}^{\infty}a_nb_n$. 令

$$\boldsymbol{W}=\{\{a_n\}\in\mathbf{H}\mid \text{当 } n \text{ 充分大时, 恒有 } a_n=0\},$$

即 $\boldsymbol{W}$ 是由 $\mathbf{H}$ 中最多只有有限项不为零的数列组成的集合. 容易验证, $\boldsymbol{W}$ 构成 $\mathbf{H}$ 的一个真子空间. 我们断言, $\boldsymbol{W}$ 的正交补 $\boldsymbol{W}^{\perp}$ 不存在. 事实上, 若不然, 则由 $\mathbf{H}=\boldsymbol{W}+\boldsymbol{W}^{\perp}$ 且 $\boldsymbol{W}\neq\mathbf{H}$ 知, $\boldsymbol{W}^{\perp}$ 是 $\mathbf{H}$ 的一个非零子空间. 于是可以在 $\boldsymbol{W}^{\perp}$ 中取到一个非零向量 $\{a_n\}$. 不妨设 $\{a_n\}$ 的第 m 项不为零, 即 $a_m\neq 0$. 令

$$b_n=\delta_{mn},\quad n=1,2,3,\cdots,$$

这里 δ 是克罗内克符号, 则数列 $\{b_n\}$ 是 $\boldsymbol{W}$ 中的向量. 注意到 $\boldsymbol{W}\perp\boldsymbol{W}^{\perp}$, 我们有 $\{b_n\}\perp\{a_n\}$, 即 $\langle\{b_n\},\{a_n\}\rangle=0$. 另一方面, 根据 $\mathbf{H}$ 的内积定义, 有

$$\langle\{b_n\},\{a_n\}\rangle=\sum_{n=1}^{\infty}b_na_n=\sum_{n=1}^{\infty}\delta_{mn}a_n=a_m.$$

这就推出 $a_m=0$, 与 $a_m\neq 0$ 矛盾, 因此上述结论成立.

下一个定理给出了子空间存在正交补的一个充分条件.

定理 7.3.4　*欧氏空间 $\boldsymbol{V}$ 的每一个有限维子空间 $\boldsymbol{W}$ 都存在正交补. 特别地, 如果 $\boldsymbol{V}$ 是有限维的, 那么它的每一个子空间都存在正交补.*

证明　当 $\boldsymbol{W}=\{\boldsymbol{\theta}\}$ 时, 不难看出, $\boldsymbol{V}$ 是 $\boldsymbol{W}$ 的正交补. 不妨设 $\boldsymbol{W}\neq\{\boldsymbol{\theta}\}$, 并设

$$\boldsymbol{U}=\{\boldsymbol{\xi}\in\boldsymbol{V}\mid\boldsymbol{\xi}\perp\boldsymbol{W}\}.$$

根据命题 7.3.2, $\boldsymbol{U}$ 是 $\boldsymbol{V}$ 的一个子空间, 并且 $\boldsymbol{W}\perp\boldsymbol{U}$. 其次, 因为 $\boldsymbol{W}$ 是有限维的, 并且 $\boldsymbol{W}\neq\{\boldsymbol{\theta}\}$, 根据定理 7.2.5, 可设 $\boldsymbol{\alpha}_1,\boldsymbol{\alpha}_2,\cdots,\boldsymbol{\alpha}_m$ 是 $\boldsymbol{W}$ 的一个标准正交基. 对任意的 $\boldsymbol{\xi}\in\boldsymbol{V}$, 令

$$\boldsymbol{\eta}=\langle\boldsymbol{\xi},\boldsymbol{\alpha}_1\rangle\boldsymbol{\alpha}_1+\langle\boldsymbol{\xi},\boldsymbol{\alpha}_2\rangle\boldsymbol{\alpha}_2+\cdots+\langle\boldsymbol{\xi},\boldsymbol{\alpha}_m\rangle\boldsymbol{\alpha}_m,$$

则 $\boldsymbol{\eta}\in\boldsymbol{W}$. 于是由定理 7.2.3, $\boldsymbol{\eta}$ 可以表示成

$$\eta = \langle \eta, \alpha_1 \rangle \alpha_1 + \langle \eta, \alpha_2 \rangle \alpha_2 + \cdots + \langle \eta, \alpha_m \rangle \alpha_m.$$

根据坐标的唯一性, 有 $\langle \xi, \alpha_i \rangle = \langle \eta, \alpha_i \rangle$,即 $\langle \xi - \eta, \alpha_i \rangle = 0$, 所以 $(\xi - \eta) \perp \alpha_i$,其中 $i = 1, 2, \cdots, m$. 现在, 令 $\zeta = \xi - \eta$, 则 $\xi = \eta + \zeta$ 且 $\zeta \perp \alpha_i$, $i = 1, 2, \cdots, m$. 从而由关系 (7.3.1),得 $\zeta \perp \mathscr{L}(\alpha_1, \alpha_2, \cdots, \alpha_m)$,即 $\zeta \perp W$, 所以 $\zeta \in U$. 注意到 $\eta \in W$ 且 $\xi = \eta + \zeta$,因此 $\xi \in W + U$. 这就证明了 $V = W + U$. 再加上 $W \perp U$,我们看到, U 是 W 的正交补.

特别地, 如果 V 是有限维的, 那么它的每一个子空间 W 都是有限维的. 根据上面的讨论, W 必存在正交补. □

注意, 定理 7.3.4 的逆不成立. 例如, 设 W_1 是由希尔伯特空间 $\mathbf{H}$ 中奇数项全为零的数列组成的集合, W_2 是由 $\mathbf{H}$ 中偶数项全为零的数列组成的集合. 容易看出, W_1 与 W_2 是 $\mathbf{H}$ 的一对互为正交补的子空间, 但它们都不是有限维的.

在几何空间中, 设 W 是通过原点 O 的一个平面, P 是平面 W 外一点, ℓ 是通过点 P 且垂直于平面 W 的直线 (如图 7.2 所示). 令 Q 是直线 ℓ 与平面 W 的交点, 并令 $\xi = \overrightarrow{OP}$ 且 $\eta = \overrightarrow{OQ}$,则 η 是 ξ 在 W 上的正射影, 从而点 P 到平面 W 的 (最短) 距离为 $\|\xi - \eta\|$. 于是我们有 $\|\xi - \eta\| \leqslant \|\xi - \eta_1\|$, $\forall \eta_1 \in W$. 这个不等式给出了正射影 η 的一种几何解释: 对于平面 W 上的点来说, η 的终点 Q 最靠近 ξ 的终点 P. 由于这个原因, ξ 在 W 上的正射影又称为 ξ 在 W 上的最佳逼近. 此外, 由于 $\mathbb{V}_3 = W \oplus W^{\perp}$, 存在 $\zeta \in W^{\perp}$,使得 $\xi = \eta + \zeta$,并且这种表示法是唯一的. 由此可见, 最佳逼近 η 就是 ξ 在 W 中的分量.

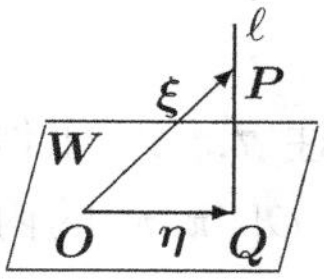

图 7.2

设 W 是欧氏空间 V 的一个具有正交补的子空间. 已知 V 可以分解成 W 与 $W^{\perp}$ 的直和, 那么 V 中每一个向量 ξ 可以唯一地表示成

$$\xi = \eta + \zeta, \ \eta \in W, \ \zeta \in W^{\perp}.$$

我们称 η 为 ξ 在 W 上的**正射影**, 或**最佳逼近**, 并称 ζ 为 ξ 关于 W 的**正交分量**. 显然 ζ 与 W 中任意向量都正交. 由上述表示法易见, 以下结论成立: 对任意的 $\xi \in V$ 和任意的 $\eta \in W$,如果 η 是 ξ 在 W 上的最佳逼近, 那么 $\xi - \eta$ 是 ξ 关于 W 的正交分量, 反之亦然. 根据定义, ξ 关于 W 的正交分量就是它在 $W^{\perp}$ 上的最佳逼近.

设 W 是 V 的一个有限维子空间. 根据定理 7.3.4, W 必有正交补, 因而 V 中每一个向量在 W 上的最佳逼近存在. 实际上, 在定理 7.3.4 的证明中, 已经给出了最佳逼近的一种表示法, 即下一个命题成立.

命题 7.3.5 设 W 是欧氏空间 V 的一个有限维子空间, $\alpha_1, \alpha_2, \cdots, \alpha_m$ 是 W 的一个标准正交基, 则 V 中每一个向量 ξ 在 W 上的最佳逼近 η 可以表示成

$$\eta = \langle \xi, \alpha_1 \rangle \alpha_1 + \langle \xi, \alpha_2 \rangle \alpha_2 + \cdots + \langle \xi, \alpha_m \rangle \alpha_m.$$

上述表示法将给许多问题的讨论带来方便. 下面给出它的一个应用.

例 7.3.3 在欧氏空间 $C[-\pi, \pi]$ 中, 设 $\boldsymbol{W}$ 是由向量组

$$1,\ \cos x,\ \sin x,\ \cdots,\ \cos nx,\ \sin nx$$

生成的子空间, 其中 n 是一个正整数. 根据例 7.2.1, 向量组

$$\frac{1}{\sqrt{2\pi}},\ \frac{1}{\sqrt{\pi}}\cos x,\ \frac{1}{\sqrt{\pi}}\sin x,\ \cdots,\ \frac{1}{\sqrt{\pi}}\cos nx,\ \frac{1}{\sqrt{\pi}}\sin nx$$

是 $\boldsymbol{W}$ 的一个标准正交基. 设 $f(x)\in C[-\pi, \pi]$. 令 $p(x)$ 是 $f(x)$ 在 $\boldsymbol{W}$ 上的最佳逼近. 根据命题 7.3.5, $p(x)$ 可以表示成

$$p(x)=\frac{1}{2\pi}\langle f(x), 1\rangle+\frac{1}{\pi}\sum_{k=1}^{n}\left(\langle f(x), \cos kx\rangle\cos kx+\langle f(x), \sin kx\rangle\sin kx\right).$$

再令 $$a_0=\frac{1}{\pi}\langle f(x), 1\rangle,\quad a_k=\frac{1}{\pi}\langle f(x), \cos kx\rangle,\quad b_k=\frac{1}{\pi}\langle f(x), \sin kx\rangle,$$

其中 $k=1, 2, \cdots, n$, 则 $p(x)$ 可以简记为

$$p(x)=\frac{a_0}{2}+a_1\cos x+b_1\sin x+\cdots+a_n\cos nx+b_n\sin nx.$$

注 7.3.1 上例中 $2n+1$ 个常数 $a_0, a_1, b_1, \cdots, a_n, b_n$ 称为 $f(x)$ 的**傅里叶系数**. 根据欧氏空间 $C[-\pi, \pi]$ 的内积定义, 有

$$a_k=\frac{1}{\pi}\int_{-\pi}^{\pi}f(x)\cos kx\,\mathrm{d}x,\quad k=0, 1, 2, \cdots, n,$$

$$b_k=\frac{1}{\pi}\int_{-\pi}^{\pi}f(x)\sin kx\,\mathrm{d}x,\quad k=1, 2, \cdots, n.$$

与几何空间的情形类似, 最佳逼近具有下列重要性质.

定理 7.3.6 设 $\boldsymbol{W}$ 是欧氏空间 $\boldsymbol{V}$ 的一个具有正交补的子空间. 令 $\boldsymbol{\eta}$ 是 $\boldsymbol{V}$ 中向量 $\boldsymbol{\xi}$ 在 $\boldsymbol{W}$ 上的最佳逼近, 则对任意的 $\boldsymbol{\eta}_1\in\boldsymbol{W}$, 有 $\|\boldsymbol{\xi}-\boldsymbol{\eta}\|\leqslant\|\boldsymbol{\xi}-\boldsymbol{\eta}_1\|$. 特别地, 当且仅当 $\boldsymbol{\eta}=\boldsymbol{\eta}_1$ 时, 有 $\|\boldsymbol{\xi}-\boldsymbol{\eta}\|=\|\boldsymbol{\xi}-\boldsymbol{\eta}_1\|$.

证明 已知 $\boldsymbol{\eta}$ 是 $\boldsymbol{V}$ 中向量 $\boldsymbol{\xi}$ 在 $\boldsymbol{W}$ 上的最佳逼近, 那么 $\boldsymbol{\eta}\in\boldsymbol{W}$. 于是对任意的 $\boldsymbol{\eta}_1\in\boldsymbol{W}$, 有 $\boldsymbol{\eta}-\boldsymbol{\eta}_1\in\boldsymbol{W}$. 又已知 $\boldsymbol{\xi}-\boldsymbol{\eta}$ 是向量 $\boldsymbol{\xi}$ 关于 $\boldsymbol{W}$ 的正交分量, 那么 $(\boldsymbol{\xi}-\boldsymbol{\eta})\perp(\boldsymbol{\eta}-\boldsymbol{\eta}_1)$. 注意到 $(\boldsymbol{\xi}-\boldsymbol{\eta})+(\boldsymbol{\eta}-\boldsymbol{\eta}_1)=\boldsymbol{\xi}-\boldsymbol{\eta}_1$, 根据勾股定理, 有

$$\|\boldsymbol{\xi}-\boldsymbol{\eta}\|^2+\|\boldsymbol{\eta}-\boldsymbol{\eta}_1\|^2=\|\boldsymbol{\xi}-\boldsymbol{\eta}_1\|^2,$$

所以 $\|\boldsymbol{\xi}-\boldsymbol{\eta}\|^2\leqslant\|\boldsymbol{\xi}-\boldsymbol{\eta}_1\|^2$. 特别地, 当且仅当 $\boldsymbol{\eta}=\boldsymbol{\eta}_1$ 时, 有 $\|\boldsymbol{\xi}-\boldsymbol{\eta}\|^2=\|\boldsymbol{\xi}-\boldsymbol{\eta}_1\|^2$. 因此 $\|\boldsymbol{\xi}-\boldsymbol{\eta}\|\leqslant\|\boldsymbol{\xi}-\boldsymbol{\eta}_1\|$, 并且当且仅当 $\boldsymbol{\eta}=\boldsymbol{\eta}_1$ 时, 有 $\|\boldsymbol{\xi}-\boldsymbol{\eta}\|=\|\boldsymbol{\xi}-\boldsymbol{\eta}_1\|$. □

设 $\boldsymbol{\eta}$ 是向量 $\boldsymbol{\xi}$ 在 $\boldsymbol{W}$ 上的最佳逼近, 则 $\boldsymbol{\xi}$ 关于 $\boldsymbol{W}$ 的正交分量为 $\boldsymbol{\xi}-\boldsymbol{\eta}$, 因而 $\boldsymbol{\xi}$ 与 $\boldsymbol{\eta}$ 之间的距离 $d(\boldsymbol{\xi}, \boldsymbol{\eta})$ 就是正交分量的长度 $\|\boldsymbol{\xi}-\boldsymbol{\eta}\|$. 根据上述定理, 有

$$d(\boldsymbol{\xi}, \boldsymbol{\eta})=\min\{\|\boldsymbol{\xi}-\boldsymbol{\eta}_1\|\mid\boldsymbol{\eta}_1\in\boldsymbol{W}\}.$$

于是可以把解析几何里点到平面 (或直线) 的距离推广到一般情形.

定义 7.3.4 设 $\boldsymbol{W}$ 是欧氏空间 $\boldsymbol{V}$ 的一个具有正交补的子空间. 令 $\boldsymbol{\xi}$ 是 $\boldsymbol{V}$ 中一个向量, 则称 $\boldsymbol{\xi}$ 关于 $\boldsymbol{W}$ 的正交分量的长度为向量 $\boldsymbol{\xi}$ 到子空间 $\boldsymbol{W}$ 的**距离**, 记作 $d(\boldsymbol{\xi}, \boldsymbol{W})$.

例 7.3.4 设 $\boldsymbol{\alpha}_1 = (1, 1, 1, -1)$ 与 $\boldsymbol{\alpha}_2 = (1, -1, -1, -1)$ 是欧氏空间 $\mathbb{R}^4$ 中两个向量. 令 $\boldsymbol{W} = \mathscr{L}(\boldsymbol{\alpha}_1, \boldsymbol{\alpha}_2)$. 求向量 $\boldsymbol{\xi} = (1, 1, 1, 1)$ 到子空间 $\boldsymbol{W}$ 的距离.

解 1 容易看出, $\boldsymbol{\alpha}_1$ 与 $\boldsymbol{\alpha}_2$ 是两个正交的非零向量. 把它们单位化, 得

$$\gamma_1 = \frac{1}{2}(1, 1, 1, -1) \text{ 且 } \gamma_2 = \frac{1}{2}(1, -1, -1, -1),$$

那么 $\{\gamma_1, \gamma_2\}$ 是 $\boldsymbol{W}$ 的一个标准正交基. 根据命题 7.3.5, $\boldsymbol{\xi}$ 在 $\boldsymbol{W}$ 上的最佳逼近为

$$\boldsymbol{\eta} = \langle \boldsymbol{\xi}, \gamma_1 \rangle \gamma_1 + \langle \boldsymbol{\xi}, \gamma_2 \rangle \gamma_2.$$

已知 $\boldsymbol{\xi} = (1, 1, 1, 1)$,那么 $\langle \boldsymbol{\xi}, \gamma_1 \rangle = 1$, 并且 $\langle \boldsymbol{\xi}, \gamma_2 \rangle = -1$,所以 $\boldsymbol{\eta} = \gamma_1 - \gamma_2$,即 $\boldsymbol{\eta} = (0, 1, 1, 0)$, 从而 $\boldsymbol{\xi}$ 关于 $\boldsymbol{W}$ 的正交分量为 $\boldsymbol{\xi} - \boldsymbol{\eta} = (1, 0, 0, 1)$, 因此 $\boldsymbol{\xi}$ 到 $\boldsymbol{W}$ 的距离为 $d(\boldsymbol{\xi}, \boldsymbol{W}) = \|\boldsymbol{\xi} - \boldsymbol{\eta}\| = \sqrt{2}$.

解 2 令 $\boldsymbol{\beta}_1 = \dfrac{1}{\sqrt{2}}(1, 0, 0, 1)$ 且 $\boldsymbol{\beta}_2 = \dfrac{1}{\sqrt{2}}(0, 1, -1, 0)$. 易见 $\boldsymbol{\beta}_1$ 和 $\boldsymbol{\beta}_2$ 是两个正交的单位向量, 并且它们都与 $\boldsymbol{\alpha}_1$ 正交, 也与 $\boldsymbol{\alpha}_2$ 正交. 显然 $\dim \boldsymbol{W}^{\perp} = 2$,那么 $\{\boldsymbol{\beta}_1, \boldsymbol{\beta}_2\}$ 是 $\boldsymbol{W}^{\perp}$ 的一个标准正交基. 令 $\boldsymbol{\zeta} = \langle \boldsymbol{\xi}, \boldsymbol{\beta}_1 \rangle \boldsymbol{\beta}_1 + \langle \boldsymbol{\xi}, \boldsymbol{\beta}_2 \rangle \boldsymbol{\beta}_2$,则 $\boldsymbol{\zeta}$ 是 $\boldsymbol{\xi}$ 关于 $\boldsymbol{W}$ 的正交分量. 已知 $\boldsymbol{\xi} = (1, 1, 1, 1)$,那么 $\langle \boldsymbol{\xi}, \boldsymbol{\beta}_1 \rangle = \sqrt{2}$ 且 $\langle \boldsymbol{\xi}, \boldsymbol{\beta}_2 \rangle = 0$, 所以 $\boldsymbol{\zeta} = (1, 0, 0, 1)$,因此 $\boldsymbol{\xi}$ 到 $\boldsymbol{W}$ 的距离为 $d(\boldsymbol{\xi}, \boldsymbol{W}) = \|\boldsymbol{\zeta}\| = \sqrt{2}$.

最后介绍一个很有用的数学工具 —— 最小二乘法. 先来看一个有趣事实.

命题 7.3.7 设 $\boldsymbol{A}$ 是一个 $m \times n$ 实矩阵, $\boldsymbol{\beta}$ 是 m 元列向量空间 $\mathbb{R}^m$ 中一个向量, 则 n 元线性方程组 $\boldsymbol{A}'\boldsymbol{A}\boldsymbol{X} = \boldsymbol{A}'\boldsymbol{\beta}$ 必有解.

证明 设 $\boldsymbol{W}$ 是 $\boldsymbol{A}$ 的列空间, 则它是 $\mathbb{R}^m$ 的一个子空间, 并且它可以表示成

$$\boldsymbol{W} = \{\boldsymbol{A}\boldsymbol{X} \mid \boldsymbol{X} \in \mathbb{R}^n\}.$$

根据定理 7.3.4, $\boldsymbol{W}$ 的正交补存在. 于是由 $\boldsymbol{\beta} \in \mathbb{R}^m$,存在 $\boldsymbol{X}_0 \in \mathbb{R}^n$,使得 $\boldsymbol{A}\boldsymbol{X}_0$ 是 $\boldsymbol{\beta}$ 在 $\boldsymbol{W}$ 上的最佳逼近, 因而 $\boldsymbol{\beta} - \boldsymbol{A}\boldsymbol{X}_0$ 是 $\boldsymbol{\beta}$ 关于 $\boldsymbol{W}$ 的正交分量. 已知 $\boldsymbol{A}$ 的列向量组 $\boldsymbol{\beta}_1, \boldsymbol{\beta}_2, \cdots, \boldsymbol{\beta}_n$ 中每一个向量 $\boldsymbol{\beta}_i$ 都在 $\boldsymbol{W}$ 中, 那么 $\boldsymbol{\beta}_i \perp (\boldsymbol{\beta} - \boldsymbol{A}\boldsymbol{X}_0)$,所以 $\langle \boldsymbol{\beta}_i, \boldsymbol{\beta} - \boldsymbol{A}\boldsymbol{X}_0 \rangle = 0$, 从而由 $\mathbb{R}^m$ 的 (标准) 内积定义, 得

$$\boldsymbol{\beta}_i'(\boldsymbol{\beta} - \boldsymbol{A}\boldsymbol{X}_0) = 0, \quad \text{即} \quad \boldsymbol{\beta}_i'\boldsymbol{A}\boldsymbol{X}_0 = \boldsymbol{\beta}_i'\boldsymbol{\beta}, \quad i = 1, 2, \cdots, n.$$

注意到向量 $\boldsymbol{A}'\boldsymbol{A}\boldsymbol{X}_0$ 与 $\boldsymbol{A}'\boldsymbol{\beta}$ 的第 i 个分量分别为 $\boldsymbol{\beta}_i'\boldsymbol{A}\boldsymbol{X}_0$ 与 $\boldsymbol{\beta}_i'\boldsymbol{\beta}$, $i = 1, 2, \cdots, n$,因此 $\boldsymbol{A}'\boldsymbol{A}\boldsymbol{X}_0 = \boldsymbol{A}'\boldsymbol{\beta}$. 这就证明了, 方程组 $\boldsymbol{A}'\boldsymbol{A}\boldsymbol{X} = \boldsymbol{A}'\boldsymbol{\beta}$ 至少有一个解 $\boldsymbol{X}_0$. □

我们知道, 实数域上一般线性方程组 $\boldsymbol{A}\boldsymbol{X} = \boldsymbol{\beta}$ 未必有解. 然而有趣的是, 用系数矩阵的转置去左乘方程组两边, 所得的方程组 $\boldsymbol{A}'\boldsymbol{A}\boldsymbol{X} = \boldsymbol{A}'\boldsymbol{\beta}$ 一定有解. 我们把后者的一个解称为前者的一个**最小二乘解**. 这种求解方法称为**最小二乘法**. 于是由命题 7.3.7, 立即得到下一个定理.

定理 7.3.8 在实数域上, 每一个线性方程组都有最小二乘解.

例 7.3.5 求线性方程组 $\begin{pmatrix}1 & -1\\1 & 1\end{pmatrix}\begin{pmatrix}x\\y\end{pmatrix}=\begin{pmatrix}0\\1\end{pmatrix}$ 的最小二乘解.

解. 用系数矩阵的转置去左乘方程组两边, 得

$$\begin{pmatrix}1 & 1\\-1 & -1\end{pmatrix}\begin{pmatrix}1 & -1\\1 & -1\end{pmatrix}\begin{pmatrix}x\\y\end{pmatrix}=\begin{pmatrix}1 & 1\\-1 & -1\end{pmatrix}\begin{pmatrix}0\\1\end{pmatrix},\ \text{即}\ \begin{pmatrix}2 & -2\\-2 & 2\end{pmatrix}\begin{pmatrix}x\\y\end{pmatrix}=\begin{pmatrix}1\\-1\end{pmatrix},$$

所以原方程组有无穷多个最小二乘解, 其解为 $x=\dfrac{1}{2}+k,\ \ y=k,\ \ k\in\mathbb{R}$.

读者自然会问, 最小二乘解这个术语是怎么取名的? 设 $\boldsymbol{A}\in\boldsymbol{M}_{mn}(\mathbb{R})$. 根据命题 7.3.7 的证明, 存在方程组 $\boldsymbol{A}'\boldsymbol{A}\boldsymbol{X}=\boldsymbol{A}'\boldsymbol{\beta}$ 的一个解 $\boldsymbol{X}_0$, 使得 $\boldsymbol{A}\boldsymbol{X}_0$ 是 $\boldsymbol{\beta}$ 在 $\boldsymbol{A}$ 的列空间 $\boldsymbol{W}$ 上的最佳逼近, 这里 $\boldsymbol{W}=\{\boldsymbol{A}\boldsymbol{X}\mid\boldsymbol{X}\in\mathbb{R}^n\}$. 根据定理 7.3.6, 有

$$\|\boldsymbol{\beta}-\boldsymbol{A}\boldsymbol{X}_0\|=\min\{\|\boldsymbol{\beta}-\boldsymbol{A}\boldsymbol{X}\|\mid\boldsymbol{X}\in\mathbb{R}^n\}.$$

令 $\boldsymbol{\beta}=(b_1,b_2,\cdots,b_m)'$ 且 $\boldsymbol{A}\boldsymbol{X}=(y_1,y_2,\cdots,y_m)'$, 则

$$\|\boldsymbol{\beta}-\boldsymbol{A}\boldsymbol{X}\|^2=(b_1-y_1)^2+(b_2-y_2)^2+\cdots+(b_m-y_m)^2.$$

再令 $\boldsymbol{X}=(x_1,x_2,\cdots,x_n)'$, 则上式中每一个 y_i 是关于自变量 $x_1,x_2,\cdots,x_n$ 的一个一次函数, 所以 $\|\boldsymbol{\beta}-\boldsymbol{A}\boldsymbol{X}\|^2$ 是一个 n 元二次函数, 并且 $\boldsymbol{X}_0$ 是它的一个最小值点. 这就是最小二乘解取名的缘由, 其中 “二乘” 的意思是平方.

在数学分析里, 对上述二次函数 $\|\boldsymbol{\beta}-\boldsymbol{A}\boldsymbol{X}\|^2$ 的每一个自变量 x_i 求偏导数 $(i=1,2,\cdots,n)$, 所得的线性方程组就是 $\boldsymbol{A}'\boldsymbol{A}\boldsymbol{X}=\boldsymbol{A}'\boldsymbol{\beta}$, 因而用偏导数来求最小二乘解的方法与这里介绍的方法两者异曲同工. 最小二乘法有广泛应用. 从生产实际和科学实验中得到的数据, 经常需要利用最小二乘法进行统计分析.

习题 7.3

1. 设 $\boldsymbol{W}$ 是欧氏空间 $\boldsymbol{V}$ 的一个子空间. 令 $\boldsymbol{U}=\{\boldsymbol{\xi}\in\boldsymbol{V}\mid\boldsymbol{\xi}\perp\boldsymbol{\alpha}\}$, 其中 $\boldsymbol{\alpha}\neq\boldsymbol{\theta}$. 证明:
   (1) $\boldsymbol{\alpha}\perp\boldsymbol{W}$ 当且仅当 $\boldsymbol{W}\subseteq\boldsymbol{U}$;
   (2) $\boldsymbol{U}$ 是生成子空间 $\mathscr{L}(\boldsymbol{\alpha})$ 的正交补, 因而当 $\dim\boldsymbol{V}=n$ 时, 有 $\dim\boldsymbol{U}=n-1$.

2. 设 $\boldsymbol{W}$ 与 $\boldsymbol{U}$ 是欧氏空间 $\boldsymbol{V}$ 的两个具有正交补的子空间. 证明:
   (1) $\boldsymbol{W}^\perp$ 的正交补 $(\boldsymbol{W}^\perp)^\perp$ 存在, 并且 $(\boldsymbol{W}^\perp)^\perp=\boldsymbol{W}$;
   (2) 如果 $\boldsymbol{W}\subseteq\boldsymbol{U}$, 那么 $\boldsymbol{U}^\perp\subseteq\boldsymbol{W}^\perp$.

3. 设 $\boldsymbol{A}$ 是一个 $m\times n$ 实矩阵, 并设 $\boldsymbol{\alpha}_1,\boldsymbol{\alpha}_2,\cdots,\boldsymbol{\alpha}_m$ 是 $\boldsymbol{A}$ 的行向量组. 令 $\boldsymbol{W}$ 是齐次线性方程组 $\boldsymbol{A}\boldsymbol{X}=\boldsymbol{0}$ 的解空间, 并令 $\boldsymbol{U}=\mathscr{L}(\boldsymbol{\alpha}_1',\boldsymbol{\alpha}_2',\cdots,\boldsymbol{\alpha}_m')$. 证明: $\boldsymbol{W}=\boldsymbol{U}^\perp$.

4. 设 $\boldsymbol{\alpha}_1,\boldsymbol{\alpha}_2,\cdots,\boldsymbol{\alpha}_m$ 是欧氏空间 $\boldsymbol{V}$ 中一个标准正交组. 证明: 对任意的 $\boldsymbol{\xi}\in\boldsymbol{V}$, 有

$$\langle\boldsymbol{\xi},\boldsymbol{\alpha}_1\rangle^2+\langle\boldsymbol{\xi},\boldsymbol{\alpha}_2\rangle^2+\cdots+\langle\boldsymbol{\xi},\boldsymbol{\alpha}_m\rangle^2\leqslant\|\boldsymbol{\xi}\|^2.$$

   特别地, 当且仅当 $\boldsymbol{\xi}\in\mathscr{L}(\boldsymbol{\alpha}_1,\boldsymbol{\alpha}_2,\cdots,\boldsymbol{\alpha}_m)$ 时, 上式取等号. 上式称为**贝塞尔不等式**.

5. 设 $\boldsymbol{\alpha}_1 = (1, 1, 2, 1)$ 与 $\boldsymbol{\alpha}_2 = (1, 0, 0, -1)$ 是 $\mathbb{R}^4$ 中两个向量. 令 $\boldsymbol{W} = \mathscr{L}(\boldsymbol{\alpha}_1, \boldsymbol{\alpha}_2)$. 求向量 $\boldsymbol{\xi} = (1, -1, 2, 3)$ 到子空间 $\boldsymbol{W}$ 的距离.

6. 求向量 $\boldsymbol{\xi} = (1,1,1,1)$ 到下列齐次线性方程组的解空间 $\boldsymbol{W}$ (作为 $\mathbb{R}^4$ 的子空间) 的距离:

$$x_1 + x_2 + x_3 - x_4 = 0, \quad x_1 - x_2 - x_3 - x_4 = 0.$$

7. 在实数域上, 设 $\boldsymbol{W}$ 是一次齐次方程 $ax + by + cz = 0$ 的解空间. 证明: 向量 $\boldsymbol{\xi}_0$ 到 $\boldsymbol{W}$ (作为 $\mathbb{R}^3$ 的子空间) 的距离为 $d(\boldsymbol{\xi}_0, \boldsymbol{W}) = \dfrac{|ax_0 + by_0 + cz_0|}{\sqrt{a^2 + b^2 + c^2}}$, 这里 $\boldsymbol{\xi}_0 = (x_0, y_0, z_0)$.

8. 求下列线性方程组的最小二乘解: $x + y + z = 1,\quad x + y - z = 1,\quad x + y = 1$.

9. 证明: 在实数域上, 方程组 $\boldsymbol{AX} = \boldsymbol{\beta}$ 有唯一的最小二乘解当且仅当 $\boldsymbol{A}$ 是列满秩的.

10. 证明: 在实数域上, 如果方程组 $\boldsymbol{AX} = \boldsymbol{\beta}$ 有解, 那么 $\boldsymbol{X}_0$ 是它的一个解当且仅当 $\boldsymbol{X}_0$ 是它的一个最小二乘解.

*11. 设 $f(x) \in C[-\pi, \pi]$. 证明: 对任意正整数 n, 下列不等式成立:

$$\frac{a_0^2}{2} + a_1^2 + b_1^2 + \cdots + a_n^2 + b_n^2 \leqslant \frac{1}{\pi}\int_{-\pi}^{\pi} [f(x)]^2\, \mathrm{d}x,$$

这里 $a_0, a_1, b_1, \cdots, a_n, b_n$ 是 $f(x)$ 的傅里叶系数.

*12. 设 $\boldsymbol{W}_1$ 与 $\boldsymbol{W}_2$ 是欧氏空间 $\boldsymbol{V}$ 的两个具有正交补的子空间. 令

$$\boldsymbol{U}_1 = \{\boldsymbol{\xi} \in \boldsymbol{V} \mid \boldsymbol{\xi} \perp (\boldsymbol{W}_1 + \boldsymbol{W}_2)\} \quad \text{且} \quad \boldsymbol{U}_2 = \{\boldsymbol{\xi} \in \boldsymbol{V} \mid \boldsymbol{\xi} \perp (\boldsymbol{W}_1 \cap \boldsymbol{W}_2)\}.$$

证明: $\boldsymbol{U}_1 = \boldsymbol{W}_1^{\perp} \cap \boldsymbol{W}_2^{\perp}$ 且 $\boldsymbol{U}_2 \supseteq \boldsymbol{W}_1^{\perp} + \boldsymbol{W}_2^{\perp}$.

*13. 设 $\boldsymbol{W}_1$ 与 $\boldsymbol{W}_2$ 是欧氏空间 $\boldsymbol{V}$ 的两个有限维子空间. 证明:

(1) $\boldsymbol{W}_1$ 与 $\boldsymbol{W}_2$ 的和空间 $\boldsymbol{W}_1 + \boldsymbol{W}_2$ 与交空间 $\boldsymbol{W}_1 \cap \boldsymbol{W}_2$ 都存在正交补;

(2) $(\boldsymbol{W}_1 + \boldsymbol{W}_2)^{\perp} = \boldsymbol{W}_1^{\perp} \cap \boldsymbol{W}_2^{\perp}$ 且 $(\boldsymbol{W}_1 \cap \boldsymbol{W}_2)^{\perp} = \boldsymbol{W}_1^{\perp} + \boldsymbol{W}_2^{\perp}$.

*14. 经实验, 得到一组数据 $(a_i, b_i),\ \ i = 1, 2, \cdots, n$, 其中 $a_1, a_2, \cdots, a_n$ 是 n 个互不相同的实数. 把这组数据看作直角坐标平面上 n 个点的坐标, 并把 b_i 看作某函数 $y = f(x)$ 在点 a_i 处的函数值. 假定这 n 个点大体上分布在一条直线附近. 利用最小二乘法, 求一条直线 $y = kx + b$, 以便用这条直线来近似地表示函数 $y = f(x)$ 的变化规律 (这样的直线称为经验公式).

*15. 已知某产品在生产过程中的废品率 y 与某种化学成分含量的百分率 x 有关. 某工厂抽样检测了一批产品, 得到一组数据如下:

$y\,(\%)$	1.00	0.90	0.90	0.81	0.60	0.56	0.35
$x\,(\%)$	3.6	3.7	3.8	3.9	4.0	4.1	4.2

利用最小二乘法, 求一个经验公式 $y \approx kx + b$ (取三位有效数字).

7.4 同构映射和正交变换

在这一节和下一节, 我们将讨论欧氏空间的三类特殊线性映射, 它们是欧氏空间的同构映射、正交变换和对称变换. 在这一节我们将讨论前两类线性映射, 这两类映射之间有密切联系. 特别地, 对于有限维欧氏空间的同构映射和正交变换, 它们都与正交矩阵有密切联系.

我们知道, 线性空间的同构是一个重要概念, 对于讨论线性空间的结构有重要作用. 由于欧氏空间是特殊线性空间, 我们自然会考虑欧氏空间的同构问题. 已知两个线性空间的同构是通过同构映射来定义的. 为了定义欧氏空间的同构, 让我们来考虑欧氏空间的同构映射.

定义 7.4.1 设 σ 是从欧氏空间 $\boldsymbol{V}$ 到 $\boldsymbol{W}$ 的一个双射. 如果

(1) $\sigma(\boldsymbol{\xi}+\boldsymbol{\eta})=\sigma(\boldsymbol{\xi})+\sigma(\boldsymbol{\eta})$ 且 $\sigma(k\boldsymbol{\xi})=k\sigma(\boldsymbol{\xi}),\ \forall\boldsymbol{\xi},\boldsymbol{\eta}\in\boldsymbol{V},\ \forall k\in\mathbb{R}$;

(2) $\langle\sigma(\boldsymbol{\xi}),\sigma(\boldsymbol{\eta})\rangle=\langle\boldsymbol{\xi},\boldsymbol{\eta}\rangle,\ \forall\boldsymbol{\xi},\boldsymbol{\eta}\in\boldsymbol{V}$,

那么称 σ 是从 $\boldsymbol{V}$ 到 $\boldsymbol{W}$ 的一个**同构映射**, 记作 $\sigma:\boldsymbol{V}\xrightarrow{\cong}\boldsymbol{W}$.

定义中条件 (1) 意味着 σ 保持加法和数乘运算, 条件 (2) 称为 σ **保持内积运算**. 因而欧氏空间的同构映射就是保持加法、数乘和内积这三个运算的双射. 换句话说, 它是保持内积运算的实线性空间的同构映射.

于是欧氏空间的同构映射 $\sigma:\boldsymbol{V}\to\boldsymbol{W}$ 具有线性空间同构映射的各种性质. 例如, σ 保持向量组的线性组合, 并且保持向量组的线性相关性. 又如, 当 $\boldsymbol{V}$ 是有限维的时, σ 把 $\boldsymbol{V}$ 的基变成 $\boldsymbol{W}$ 的基.

可是 $\boldsymbol{V}$ 与 $\boldsymbol{W}$ 作为实线性空间时的同构映射未必是欧氏空间的同构映射. 例如, 设 k 是一个非零实数, 则 $\boldsymbol{V}$ 上数乘变换 κ 是线性空间的同构映射, 但是当 $k\neq\pm1$ 且 $\boldsymbol{V}\neq\{\boldsymbol{\theta}\}$ 时, κ 不是欧氏空间的同构映射.

与线性空间的同构映射一样, 欧氏空间的同构映射一般不唯一. 例如, 当 $\boldsymbol{V}\neq\{\boldsymbol{\theta}\}$ 时, 恒等变换 ι 和它的负变换 $-\iota$ 是欧氏空间 $\boldsymbol{V}$ 上两个不同的同构映射. 下面给出同构映射的基本性质. 由于同构映射保持内积运算, 不难验证, 下一个性质中每一条都成立.

性质 7.4.1 设 σ 是从欧氏空间 $\boldsymbol{V}$ 到 $\boldsymbol{W}$ 的一个同构映射, 则

(1) σ 是**保长映射**, 即 $\|\sigma(\boldsymbol{\xi})\|=\|\boldsymbol{\xi}\|,\ \forall\boldsymbol{\xi}\in\boldsymbol{V}$;

(2) σ 是**保角映射**, 即 $\sigma(\boldsymbol{\xi})$ 与 $\sigma(\boldsymbol{\eta})$ 的夹角等于 $\boldsymbol{\xi}$ 与 $\boldsymbol{\eta}$ 的夹角, $\forall\boldsymbol{\xi},\boldsymbol{\eta}\in\boldsymbol{V}$;

(3) σ 是**保距映射**, 即 $d(\sigma(\boldsymbol{\xi}),\sigma(\boldsymbol{\eta}))=d(\boldsymbol{\xi},\boldsymbol{\eta}),\ \forall\boldsymbol{\xi},\boldsymbol{\eta}\in\boldsymbol{V}$;

(4) σ 把标准正交组变成标准正交组, 因而当 $\boldsymbol{V}$ 是有限维的时, σ 把标准正交基变成标准正交基.

性质 7.4.2 在欧氏空间中, 每一个同构映射的逆映射是同构映射, 两个同构映射的乘积也是同构映射.

证明 设 $\sigma: \boldsymbol{V} \to \boldsymbol{W}$ 是一个同构映射. 根据性质 5.7.2(2), $\sigma^{-1}: \boldsymbol{W} \to \boldsymbol{V}$ 是实线性空间的同构映射. 其次, 对任意的 $\boldsymbol{\xi}, \boldsymbol{\eta} \in \boldsymbol{W}$, 因为 σ 保持内积运算, 所以

$$\langle \sigma[\sigma^{-1}(\boldsymbol{\xi})], \sigma[\sigma^{-1}(\boldsymbol{\eta})] \rangle = \langle \sigma^{-1}(\boldsymbol{\xi}), \sigma^{-1}(\boldsymbol{\eta}) \rangle,$$

即

$$\langle \boldsymbol{\xi}, \boldsymbol{\eta} \rangle = \langle \sigma^{-1}(\boldsymbol{\xi}), \sigma^{-1}(\boldsymbol{\eta}) \rangle,$$

因此 σ^{-1} 也保持内积运算, 故它也是一个同构映射.

再设 $\tau: \boldsymbol{W} \to \boldsymbol{U}$ 也是一个同构映射. 根据性质 5.7.2(3), σ 与 τ 的乘积 $\tau\sigma$ 是实线性空间的同构映射. 其次, 因为 τ 与 σ 都保持内积运算, 所以

$$\langle \tau\sigma(\boldsymbol{\xi}), \tau\sigma(\boldsymbol{\eta}) \rangle = \langle \tau[\sigma(\boldsymbol{\xi})], \tau[\sigma(\boldsymbol{\eta})] \rangle = \langle \sigma(\boldsymbol{\xi}), \sigma(\boldsymbol{\eta}) \rangle = \langle \boldsymbol{\xi}, \boldsymbol{\eta} \rangle,$$

因此 $\tau\sigma$ 也保持内积运算, 故它也是一个同构映射. □

命题 7.4.1 设 σ 是从欧氏空间 $\boldsymbol{V}$ 到 $\boldsymbol{W}$ 的一个映射. 如果 σ 保持内积运算, 那么它既是线性映射, 又是单射.

证明 对任意的 $k \in \mathbb{R}$ 和任意的 $\boldsymbol{\xi} \in \boldsymbol{V}$, 令 $\boldsymbol{\eta} = \sigma(k\boldsymbol{\xi}) - k\sigma(\boldsymbol{\xi})$, 则

$$\langle \boldsymbol{\eta}, \boldsymbol{\eta} \rangle = \langle \sigma(k\boldsymbol{\xi}), \sigma(k\boldsymbol{\xi}) \rangle - 2k\langle \sigma(k\boldsymbol{\xi}), \sigma(\boldsymbol{\xi}) \rangle + k^2\langle \sigma(\boldsymbol{\xi}), \sigma(\boldsymbol{\xi}) \rangle.$$

现在, 如果 σ 保持内积运算, 那么上式可以改写成

$$\langle \boldsymbol{\eta}, \boldsymbol{\eta} \rangle = \langle k\boldsymbol{\xi}, k\boldsymbol{\xi} \rangle - 2k\langle k\boldsymbol{\xi}, \boldsymbol{\xi} \rangle + k^2\langle \boldsymbol{\xi}, \boldsymbol{\xi} \rangle.$$

显然等号右边的代数和等于零, 所以 $\langle \boldsymbol{\eta}, \boldsymbol{\eta} \rangle = 0$, 从而 $\boldsymbol{\eta} = \boldsymbol{\theta}$, 即 $\sigma(k\boldsymbol{\xi}) - k\sigma(\boldsymbol{\xi}) = \boldsymbol{\theta}$, 亦即 $\sigma(k\boldsymbol{\xi}) = k\sigma(\boldsymbol{\xi})$. 这就证明了, σ 保持数乘运算. 类似地, 可证 σ 保持加法运算. 因此它是线性映射. 其次, 如果 $\sigma(\boldsymbol{\xi}) = \mathbf{0}$, 那么 $\langle \sigma(\boldsymbol{\xi}), \sigma(\boldsymbol{\xi}) \rangle = 0$. 因为 σ 保持内积运算, 所以 $\langle \boldsymbol{\xi}, \boldsymbol{\xi} \rangle = 0$, 从而 $\boldsymbol{\xi} = \boldsymbol{\theta}$, 因此 $\mathrm{Ker}(\sigma) = \{\boldsymbol{\theta}\}$. 又因为 σ 是线性的, 根据命题 6.1.3, 它是单射. □

上述命题表明, 同构映射定义中条件 (1) (可加性和齐次性) 不是独立的, 而且双射可以改成满射. 其次, 根据推论 6.1.6, 如果 $\boldsymbol{V}$ 与 $\boldsymbol{W}$ 都是有限维的, 并且具有相同的维数, 那么保持内积运算的映射 $\sigma: \boldsymbol{V} \to \boldsymbol{W}$ 是双射. 这就得到

推论 7.4.2 设 σ 是从欧氏空间 $\boldsymbol{V}$ 到 $\boldsymbol{W}$ 的一个映射. 如果 σ 是满射, 或者 $\dim \boldsymbol{V} = \dim \boldsymbol{W} < \infty$, 那么 σ 是同构映射当且仅当它保持内积运算.

注意, 保持内积运算的映射未必是满射. 例如, 设

$$\sigma: \mathbb{R}^n \to \mathbb{R}^{n+1},\ (x_1, x_2, \cdots, x_n) \mapsto (x_1, x_2, \cdots, x_n, 0),$$

显然 σ 保持内积运算, 但它不是满射.

下一个命题表明, 有限维欧氏空间的同构映射与正交矩阵有密切联系.

命题 7.4.3 从 $\boldsymbol{V}_n(\mathbb{R})$ 到 $\boldsymbol{W}_n(\mathbb{R})$ 的一个线性映射 σ 是同构的当且仅当它在 $\boldsymbol{V}$ 的一个标准正交基和 $\boldsymbol{W}$ 的一个标准正交基下的矩阵是正交矩阵.

证明 已知 σ 是从 $\boldsymbol{V}$ 到 $\boldsymbol{W}$ 的一个线性映射. 令 $\boldsymbol{U}$ 是 σ 在 $\boldsymbol{V}$ 的一个标准正交基 $\boldsymbol{\alpha}_1, \boldsymbol{\alpha}_2, \cdots, \boldsymbol{\alpha}_n$ 和 $\boldsymbol{W}$ 的一个标准正交基 $\boldsymbol{\beta}_1, \boldsymbol{\beta}_2, \cdots, \boldsymbol{\beta}_n$ 下的矩阵, 则

$$(\sigma(\boldsymbol{\alpha}_1), \sigma(\boldsymbol{\alpha}_2), \cdots, \sigma(\boldsymbol{\alpha}_n)) = (\boldsymbol{\beta}_1, \boldsymbol{\beta}_2, \cdots, \boldsymbol{\beta}_n)\boldsymbol{U}. \tag{7.4.1}$$

现在, 设 σ 是同构映射. 根据性质 7.4.1(4), $\sigma(\boldsymbol{\alpha}_1), \sigma(\boldsymbol{\alpha}_2), \cdots, \sigma(\boldsymbol{\alpha}_n)$ 是 $\boldsymbol{W}$ 的一个标准正交基. 根据 (7.4.1) 式和定理 7.2.6 的必要性, $\boldsymbol{U}$ 是正交矩阵. 反之, 设 $\boldsymbol{U}$ 是正交矩阵. 根据 (7.4.1) 式和定理 7.2.6 的充分性, $\sigma(\boldsymbol{\alpha}_1), \sigma(\boldsymbol{\alpha}_2), \cdots, \sigma(\boldsymbol{\alpha}_n)$ 是 $\boldsymbol{W}$ 的一个标准正交基. 对任意的 $\boldsymbol{\xi}, \boldsymbol{\eta} \in \boldsymbol{V}$, 令 $\boldsymbol{X}$ 与 $\boldsymbol{Y}$ 分别是 $\boldsymbol{\xi}$ 与 $\boldsymbol{\eta}$ 关于 $\boldsymbol{V}$ 的基 $\boldsymbol{\alpha}_1, \boldsymbol{\alpha}_2, \cdots, \boldsymbol{\alpha}_n$ 的坐标. 已知线性映射保持向量组的线性组合, 那么 $\sigma(\boldsymbol{\xi})$ 与 $\sigma(\boldsymbol{\eta})$ 关于 $\boldsymbol{W}$ 的基 $\sigma(\boldsymbol{\alpha}_1), \sigma(\boldsymbol{\alpha}_2), \cdots, \sigma(\boldsymbol{\alpha}_n)$ 的坐标也是 $\boldsymbol{X}$ 与 $\boldsymbol{Y}$. 于是由定理 7.2.3, 有 $\langle\sigma(\boldsymbol{\xi}), \sigma(\boldsymbol{\eta})\rangle = \langle\boldsymbol{X}, \boldsymbol{Y}\rangle$ 且 $\langle\boldsymbol{\xi}, \boldsymbol{\eta}\rangle = \langle\boldsymbol{X}, \boldsymbol{Y}\rangle$, 所以 $\langle\sigma(\boldsymbol{\xi}), \sigma(\boldsymbol{\eta})\rangle = \langle\boldsymbol{\xi}, \boldsymbol{\eta}\rangle$, 因此 σ 保持内积运算. 再加上 $\boldsymbol{V}$ 与 $\boldsymbol{W}$ 的维数都等于 n. 根据推论 7.4.2, σ 是同构映射. □

定义 7.4.2 设 $\boldsymbol{V}$ 与 $\boldsymbol{W}$ 是两个欧氏空间. 如果存在从 $\boldsymbol{V}$ 到 $\boldsymbol{W}$ 的一个同构映射, 那么称 $\boldsymbol{V}$ **同构于** $\boldsymbol{W}$, 或称 $\boldsymbol{V}$ 与 $\boldsymbol{W}$ 是**同构的,** 记作 $\boldsymbol{V} \cong \boldsymbol{W}$.

显然两个欧氏空间的同构是它们作为实线性空间时的同构. 与线性空间的同构类似, 欧氏空间的同构也是欧氏空间之间一种二元关系. 不难验证, 这种关系也具有反身性、对称性和传递性. 在欧氏空间中也有下面两个同构定理.

定理 7.4.4 *每一个 n 维欧氏空间 $\boldsymbol{V}$ 都同构于欧氏空间 $\mathbb{R}^n$, 这里 $n > 0$.*

证明 设 $\boldsymbol{\alpha}_1, \boldsymbol{\alpha}_2, \cdots, \boldsymbol{\alpha}_n$ 是 $\boldsymbol{V}$ 的一个标准正交基. 令 σ 是下列映射:

$$\sigma: \boldsymbol{V} \to \mathbb{R}^n, \ \boldsymbol{\xi} \mapsto \boldsymbol{X},$$

其中 $\boldsymbol{X}$ 是向量 $\boldsymbol{\xi}$ 在 $\boldsymbol{V}$ 的上述基下的坐标. 假定 $\boldsymbol{Y}$ 是 $\boldsymbol{V}$ 中向量 $\boldsymbol{\eta}$ 在同一个基下的坐标, 那么 $\sigma(\boldsymbol{\xi}) = \boldsymbol{X}$ 且 $\sigma(\boldsymbol{\eta}) = \boldsymbol{Y}$. 根据定理 7.2.3, 有 $\langle\boldsymbol{\xi}, \boldsymbol{\eta}\rangle = \langle\boldsymbol{X}, \boldsymbol{Y}\rangle$, 所以 $\langle\boldsymbol{\xi}, \boldsymbol{\eta}\rangle = \langle\sigma(\boldsymbol{\xi}), \sigma(\boldsymbol{\eta})\rangle$. 根据推论 7.4.2, σ 是同构映射, 因此 $\boldsymbol{V}$ 同构于 $\mathbb{R}^n$. □

定理 7.4.5 *两个有限维欧氏空间是同构的当且仅当它们的维数是相等的.*

证明 设 $\boldsymbol{V}$ 与 $\boldsymbol{W}$ 是两个同构的有限维欧氏空间, 则作为两个实线性空间, 它们是同构的, 从而由定理 5.7.3, 它们的维数相等.

反之, 设 $\boldsymbol{V}$ 与 $\boldsymbol{W}$ 的维数相等. 不妨设它们的维数都等于 n. 根据定理 7.4.4, 有 $\boldsymbol{V} \cong \mathbb{R}^n$ 且 $\boldsymbol{W} \cong \mathbb{R}^n$. 因为同构关系具有对称性, 所以 $\mathbb{R}^n \cong \boldsymbol{W}$. 又因为同构关系具有传递性, 所以 $\boldsymbol{V} \cong \boldsymbol{W}$. □

定理 7.4.4 表明, 在同构的观点下, n 维欧氏空间本质上只有一个, 并且可以选取 $\mathbb{R}^n$ 作为这类欧氏空间的代表. 定理 7.4.5 表明, 有限维欧氏空间的结构完全由它的维数所决定, 因此维数是有限维欧氏空间的最本质属性.

下面讨论欧氏空间的另一类特殊线性映射 —— 正交变换.

在物理学里, 我们曾经遇到过保持物体形状不变的运动, 即**刚体运动.** 以几何平面上的图

形为例, 这种运动的数学描述就是下列三种变换的叠加: 把图形沿着某一个方向平移一段距离、绕某一点旋转一个角度、绕某一条直线翻转 180° (即轴对称, 亦称为反射, 参见例 6.2.2). 我们知道, 旋转过程中图形始终在平面上, 而翻转过程中, 除翻转轴上的点外, 图形上其余的点必须离开平面. 由此可见, 旋转与翻转是两类不同的变换. 当旋转中心在原点, 或者翻转轴通过原点时, 这样的变换既是线性的, 又是保长的. 这就是正交变换的雏形.

定义 7.4.3 设 σ 是欧氏空间 $\boldsymbol{V}$ 上一个线性变换. 如果 σ 是保长的, 即对任意的 $\boldsymbol{\xi}\in\boldsymbol{V}$, 有 $\|\sigma(\boldsymbol{\xi})\|=\|\boldsymbol{\xi}\|$, 那么称 σ 为 $\boldsymbol{V}$ 上一个**正交变换.**

显然欧氏空间 $\boldsymbol{V}$ 上恒等变换 ι 以及它的负变换 $-\iota$ 是两个正交变换. 由于从 $\boldsymbol{V}$ 到它自身的同构映射既是线性的, 又是保长的, 因此 $\boldsymbol{V}$ 上每一个同构变换是一个正交变换.

例 7.4.1 在几何平面 $\mathbb{V}_2$ 上, 设 Φ 是绕原点按逆时针方向旋转一个角度 ϕ 的旋转变换. 已知 Φ 是线性的 (例 6.1.6). 显然 Φ 是保长的, 所以 Φ 是一个正交变换. 其次, 给定通过原点的一条直线 ℓ, 令 ϱ 是关于直线 ℓ 的反射. 已知 ϱ 是线性的 (例 6.2.2). 易见 ϱ 是保长的, 因此 ϱ 也是一个正交变换.

例 7.4.2 设 $\boldsymbol{W}$ 是几何空间 $\mathbb{V}_3$ 中通过原点的一个平面, 并设 $\boldsymbol{P}$ 是空间中任意一点, $\boldsymbol{Q}$ 是点 $\boldsymbol{P}$ 关于平面 $\boldsymbol{W}$ 的对称点 (如图 7.3 所示). 令 $\boldsymbol{\xi}=\overrightarrow{\boldsymbol{OP}}$ 且 $\varrho(\boldsymbol{\xi})=\overrightarrow{\boldsymbol{OQ}}$, 则下列变换 ϱ 是保长的:

$$\varrho:\mathbb{V}_3\to\mathbb{V}_3,\ \boldsymbol{\xi}\mapsto\varrho(\boldsymbol{\xi}).$$

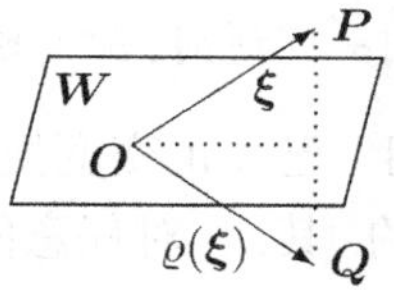

图 7.3

设 $\pi_1(\boldsymbol{\xi})$ 是 $\boldsymbol{\xi}$ 在 $\boldsymbol{W}$ 上的正射影, $\pi_2(\boldsymbol{\xi})$ 是 $\boldsymbol{\xi}$ 关于 $\boldsymbol{W}$ 的正交分量, 则 $\varrho(\boldsymbol{\xi})=\pi_1(\boldsymbol{\xi})-\pi_2(\boldsymbol{\xi})$. 已知 π_1 与 π_2 都是线性的, 那么 ϱ 也是线性的, 所以它是一个正交变换, 称为关于平面 $\boldsymbol{W}$ 的**镜面反射.**

仿照例 6.2.2, 不难验证, 上例中镜面反射 ϱ 的对应法则也是

$$\varrho:\boldsymbol{\xi}\mapsto\boldsymbol{\xi}-2\,\frac{\boldsymbol{\xi}\cdot\boldsymbol{\alpha}}{\boldsymbol{\alpha}\cdot\boldsymbol{\alpha}}\,\boldsymbol{\alpha},\ \ \forall\boldsymbol{\xi}\in\mathbb{V}_3,$$

这里 $\boldsymbol{\alpha}$ 是与平面 $\boldsymbol{W}$ 正交的一个非零向量. 由于 $\boldsymbol{\alpha}$ 是固定的, 因此 ϱ 也称为由向量 $\boldsymbol{\alpha}$ 所决定的**镜面反射.** 对于一般欧氏空间, 上述对应法则也是正交变换.

例 7.4.3 设 $\boldsymbol{\alpha}$ 是欧氏空间 $\boldsymbol{V}$ 中一个非零向量. 令

$$\sigma:\boldsymbol{V}\to\boldsymbol{V},\ \boldsymbol{\xi}\mapsto\boldsymbol{\xi}-2\,\frac{\langle\boldsymbol{\xi},\,\boldsymbol{\alpha}\rangle}{\langle\boldsymbol{\alpha},\,\boldsymbol{\alpha}\rangle}\,\boldsymbol{\alpha},$$

则 σ 是 $\boldsymbol{V}$ 上一个变换. 对任意的 $k,l\in\mathbb{R}$ 和任意的 $\boldsymbol{\xi},\boldsymbol{\eta}\in\boldsymbol{V}$, 因为

$$(k\boldsymbol{\xi}+l\boldsymbol{\eta})-2\,\frac{\langle k\boldsymbol{\xi}+l\boldsymbol{\eta},\,\boldsymbol{\alpha}\rangle}{\langle\boldsymbol{\alpha},\,\boldsymbol{\alpha}\rangle}\,\boldsymbol{\alpha}=k\Big(\boldsymbol{\xi}-2\,\frac{\langle\boldsymbol{\xi},\,\boldsymbol{\alpha}\rangle}{\langle\boldsymbol{\alpha},\,\boldsymbol{\alpha}\rangle}\,\boldsymbol{\alpha}\Big)+l\Big(\boldsymbol{\eta}-2\,\frac{\langle\boldsymbol{\eta},\,\boldsymbol{\alpha}\rangle}{\langle\boldsymbol{\alpha},\,\boldsymbol{\alpha}\rangle}\,\boldsymbol{\alpha}\Big),$$

所以 $\sigma(k\boldsymbol{\xi}+l\boldsymbol{\eta})=k\sigma(\boldsymbol{\xi})+l\sigma(\boldsymbol{\eta})$, 因此 σ 是线性的. 其次, 由 $\sigma(\boldsymbol{\xi})=\boldsymbol{\xi}-2\,\dfrac{\langle\boldsymbol{\xi},\,\boldsymbol{\alpha}\rangle}{\langle\boldsymbol{\alpha},\,\boldsymbol{\alpha}\rangle}\,\boldsymbol{\alpha}$, 有

$$\langle\sigma(\boldsymbol{\xi}),\sigma(\boldsymbol{\xi})\rangle=\langle\boldsymbol{\xi},\boldsymbol{\xi}\rangle-4\frac{\langle\boldsymbol{\xi},\boldsymbol{\alpha}\rangle}{\langle\boldsymbol{\alpha},\boldsymbol{\alpha}\rangle}\langle\boldsymbol{\xi},\boldsymbol{\alpha}\rangle+4\frac{\langle\boldsymbol{\xi},\boldsymbol{\alpha}\rangle^2}{\langle\boldsymbol{\alpha},\boldsymbol{\alpha}\rangle^2}\langle\boldsymbol{\alpha},\boldsymbol{\alpha}\rangle=\langle\boldsymbol{\xi},\boldsymbol{\xi}\rangle,$$

从而有 $\|\sigma(\boldsymbol{\xi})\|^2=\|\boldsymbol{\xi}\|^2$, 所以 $\|\sigma(\boldsymbol{\xi})\|=\|\boldsymbol{\xi}\|$, 因此 σ 是保长的. 综上所述, σ 是 $\boldsymbol{V}$ 上一个正交变换, 称为由向量 $\boldsymbol{\alpha}$ 所决定的**镜面反射**.

注 7.4.1 设 k 是一个非零实数, 则 $\dfrac{\langle\boldsymbol{\xi},k\boldsymbol{\alpha}\rangle}{\langle k\boldsymbol{\alpha},k\boldsymbol{\alpha}\rangle}k\boldsymbol{\alpha}=\dfrac{\langle\boldsymbol{\xi},\boldsymbol{\alpha}\rangle}{\langle\boldsymbol{\alpha},\boldsymbol{\alpha}\rangle}\boldsymbol{\alpha}$. 由此可见, 由 $\mathscr{L}(\boldsymbol{\alpha})$ 中每一个非零向量所决定的镜面反射都是上例中的变换 σ. 特别地, 当 $\boldsymbol{\beta}$ 是 $\mathscr{L}(\boldsymbol{\alpha})$ 中一个单位向量时, σ 可以表示成 $\sigma:\boldsymbol{V}\to\boldsymbol{V},\ \ \boldsymbol{\xi}\mapsto\boldsymbol{\xi}-2\langle\boldsymbol{\xi},\boldsymbol{\beta}\rangle\boldsymbol{\beta}$.

下一个例子表明, 正交变换未必是同构变换.

例 7.4.4 设 $\mathbf{H}$ 是希尔伯特空间. 令

$$\sigma:\mathbf{H}\to\mathbf{H},\ \{a_1,a_2,a_3,a_4,\cdots\}\mapsto\{0,a_1,a_2,a_3,\cdots\}.$$

容易验证, σ 既是线性的, 又是保长的, 所以它是 $\mathbf{H}$ 上一个正交变换. 其次, 由于 σ 不是满射, 它不可能是同构变换.

下面讨论正交变换的基本性质.

性质 7.4.3 设 σ 与 τ 是欧氏空间 $\boldsymbol{V}$ 上两个正交变换, 则 σ 与 τ 的乘积 $\tau\sigma$ 是一个正交变换. 当 σ 可逆时, σ^{-1} 也是一个正交变换.

证明 已知正交变换是线性的, 并且线性映射的乘积也是线性的, 那么 σ 与 τ 的乘积 $\tau\sigma$ 是线性的. 其次, 对任意的 $\boldsymbol{\xi}\in\boldsymbol{V}$, 由 τ 与 σ 都是保长的, 有

$$\|\tau\sigma(\boldsymbol{\xi})\|=\|\tau[\sigma(\boldsymbol{\xi})]\|=\|\sigma(\boldsymbol{\xi})\|=\|\boldsymbol{\xi}\|,$$

所以 $\tau\sigma$ 也是保长的, 因此它是一个正交变换.

又已知可逆线性映射的逆映射是线性的, 那么当 σ 可逆时, σ^{-1} 是线性的. 其次, 由 σ 是保长的, 有 $\|\sigma[\sigma^{-1}(\boldsymbol{\xi})]\|=\|\sigma^{-1}(\boldsymbol{\xi})\|$, 即 $\|\boldsymbol{\xi}\|=\|\sigma^{-1}(\boldsymbol{\xi})\|$, 所以 σ^{-1} 也是保长的, 因此它也是一个正交变换. □

命题 7.4.6 设 σ 是欧氏空间 $\boldsymbol{V}$ 上一个正交变换, 则 σ 是单射. 如果 $\boldsymbol{V}$ 是有限维的, 那么 σ 是满射. 否则, 它未必是满射.

证明 对任意的 $\boldsymbol{\xi}\in\boldsymbol{V}$, 如果 $\sigma(\boldsymbol{\xi})=\boldsymbol{\theta}$, 那么 $\|\sigma(\boldsymbol{\xi})\|=0$. 已知 σ 是正交的, 那么它是保长的, 所以 $\|\boldsymbol{\xi}\|=0$, 从而 $\boldsymbol{\xi}=\boldsymbol{\theta}$, 因此 $\mathrm{Ker}(\sigma)=\{\boldsymbol{\theta}\}$. 又已知正交变换是线性的, 那么由命题 6.1.3, σ 是单射. 其次, 已知有限维线性空间上线性变换是单射当且仅当它是满射 (推论 6.1.6). 如果 $\boldsymbol{V}$ 是有限维的, 那么 σ 是满射. 否则, 根据例 7.4.4, σ 未必是满射. □

定理 7.4.7 欧氏空间 $\boldsymbol{V}$ 上一个变换 σ 是正交的当且仅当它保持内积运算.

证明 设 σ 是正交的. 令 $\boldsymbol{\xi}$ 与 $\boldsymbol{\eta}$ 是 $\boldsymbol{V}$ 中两个向量. 因为 σ 是保长的, 所以 $\|\sigma(\boldsymbol{\xi})\|^2=\|\boldsymbol{\xi}\|^2$, 即 $\langle\sigma(\boldsymbol{\xi}),\sigma(\boldsymbol{\xi})\rangle=\langle\boldsymbol{\xi},\boldsymbol{\xi}\rangle$. 类似地, 有 $\langle\sigma(\boldsymbol{\eta}),\sigma(\boldsymbol{\eta})\rangle=\langle\boldsymbol{\eta},\boldsymbol{\eta}\rangle$ 且

$$\langle\sigma(\boldsymbol{\xi}+\boldsymbol{\eta}),\,\sigma(\boldsymbol{\xi}+\boldsymbol{\eta})\rangle=\langle\boldsymbol{\xi}+\boldsymbol{\eta},\,\boldsymbol{\xi}+\boldsymbol{\eta}\rangle. \tag{7.4.2}$$

又因为 σ 是线性的, 所以 $\sigma(\boldsymbol{\xi}+\boldsymbol{\eta})=\sigma(\boldsymbol{\xi})+\sigma(\boldsymbol{\eta})$. 于是由内积的可加性和对称性, (7.4.2) 式左边可以改写成

$$\langle\sigma(\boldsymbol{\xi}),\,\sigma(\boldsymbol{\xi})\rangle+2\langle\sigma(\boldsymbol{\xi}),\,\sigma(\boldsymbol{\eta})\rangle+\langle\sigma(\boldsymbol{\eta}),\,\sigma(\boldsymbol{\eta})\rangle,$$

从而由 $\langle\sigma(\boldsymbol{\xi}),\sigma(\boldsymbol{\xi})\rangle=\langle\boldsymbol{\xi},\,\boldsymbol{\xi}\rangle$ 和 $\langle\sigma(\boldsymbol{\eta}),\,\sigma(\boldsymbol{\eta})\rangle=\langle\boldsymbol{\eta},\,\boldsymbol{\eta}\rangle$,上式等价于

$$\langle\boldsymbol{\xi},\,\boldsymbol{\xi}\rangle+2\langle\sigma(\boldsymbol{\xi}),\,\sigma(\boldsymbol{\eta})\rangle+\langle\boldsymbol{\eta},\,\boldsymbol{\eta}\rangle.$$

再由可加性和对称性, (7.4.2) 式右边可以改写成 $\langle\boldsymbol{\xi},\,\boldsymbol{\xi}\rangle+2\langle\boldsymbol{\xi},\,\boldsymbol{\eta}\rangle+\langle\boldsymbol{\eta},\,\boldsymbol{\eta}\rangle$. 注意到最后两式是相等的, 我们看到 $\langle\sigma(\boldsymbol{\xi}),\,\sigma(\boldsymbol{\eta})\rangle=\langle\boldsymbol{\xi},\,\boldsymbol{\eta}\rangle$, 即 σ 保持内积运算.

反之, 设 σ 保持内积运算. 根据命题 7.4.1,它是一个线性变换. 其次, 对任意的 $\boldsymbol{\xi}\in\boldsymbol{V}$, 由 $\langle\sigma(\boldsymbol{\xi}),\sigma(\boldsymbol{\xi})\rangle=\langle\boldsymbol{\xi},\,\boldsymbol{\xi}\rangle$,有 $\|\sigma(\boldsymbol{\xi})\|=\|\boldsymbol{\xi}\|$, 因此 σ 是一个正交变换. □

由上述定理可见, 每一个正交变换既是保角的, 又是保距的. 这个定理连同推论 7.4.2 一起, 立即得到下一个推论.

推论 7.4.8 设 σ 是欧氏空间 $\boldsymbol{V}$ 上一个变换. 如果 σ 是满射, 或者 $\boldsymbol{V}$ 是有限维的, 那么 σ 是正交变换当且仅当它是同构变换.

下面给出有限维欧氏空间上正交变换的两个等价条件.

定理 7.4.9 设 σ 是欧氏空间 $\boldsymbol{V}_n(\mathbb{R})$ 上一个线性变换. 令 $\boldsymbol{\alpha}_1,\boldsymbol{\alpha}_2,\cdots,\boldsymbol{\alpha}_n$ 是 $\boldsymbol{V}$ 的一个标准正交基, 则 σ 是正交变换当且仅当下列条件之一成立:

(1) $\sigma(\boldsymbol{\alpha}_1),\sigma(\boldsymbol{\alpha}_2),\cdots,\sigma(\boldsymbol{\alpha}_n)$ 是 $\boldsymbol{V}$ 的一个标准正交基;

(2) σ 在基 $\boldsymbol{\alpha}_1,\boldsymbol{\alpha}_2,\cdots,\boldsymbol{\alpha}_n$ 下的矩阵是一个正交矩阵.

证明 设 $\boldsymbol{U}$ 是线性变换 σ 在标准正交基 $\boldsymbol{\alpha}_1,\boldsymbol{\alpha}_2,\cdots,\boldsymbol{\alpha}_n$ 下的矩阵, 则

$$(\sigma(\boldsymbol{\alpha}_1),\,\sigma(\boldsymbol{\alpha}_2),\,\cdots,\,\sigma(\boldsymbol{\alpha}_n))=(\boldsymbol{\alpha}_1,\,\boldsymbol{\alpha}_2,\,\cdots,\,\boldsymbol{\alpha}_n)\boldsymbol{U}.$$

根据定理 7.2.6, $\sigma(\boldsymbol{\alpha}_1),\sigma(\boldsymbol{\alpha}_2),\cdots,\sigma(\boldsymbol{\alpha}_n)$ 是 $\boldsymbol{V}$ 的一个标准正交基当且仅当 $\boldsymbol{U}$ 是一个正交矩阵, 所以条件 (1) 和条件 (2) 是等价的.

现在, 设 σ 是正交变换. 因为 $\boldsymbol{V}$ 是有限维的, 根据推论 7.4.8, σ 是同构变换. 于是由性质 7.4.1(4), $\sigma(\boldsymbol{\alpha}_1),\sigma(\boldsymbol{\alpha}_2),\cdots,\sigma(\boldsymbol{\alpha}_n)$ 是 $\boldsymbol{V}$ 的一个标准正交基. 条件 (1) 成立. 根据前面的讨论, 条件 (2) 也成立. 其次, 设条件 (2) 成立, 则由命题 7.4.3, σ 是 $\boldsymbol{V}$ 上一个同构变换, 从而由推论 7.4.8,它是正交变换. □

给定有限维欧氏空间 $\boldsymbol{V}_n(\mathbb{R})$ 上一个正交变换 σ, 由于它在 $\boldsymbol{V}$ 的标准正交基下的矩阵是正交的, 而正交矩阵的行列式为 ±1,因此 $|\sigma|=\pm1$. 当 $|\sigma|=1$ 时, 我们称 σ 为一个**第一类正交变换**. 否则, 称 σ 为一个**第二类正交变换**.

例如, 设 ϱ 是例 7.4.2 中的镜面反射. 令 $\boldsymbol{\alpha}_1$ 是垂直于平面 $\boldsymbol{W}$ 的一个非零向量, 并令 $\boldsymbol{\alpha}_2$

与 $\boldsymbol{\alpha}_3$ 是平面 $\boldsymbol{W}$ 上两个不共线的向量, 那么 $\boldsymbol{\alpha}_1, \boldsymbol{\alpha}_2, \boldsymbol{\alpha}_3$ 是 $\mathbb{V}_3$ 的一个基. 显然 ϱ 在这个基下的矩阵为 $\operatorname{diag}\{-1, 1, 1\}$, 所以 $|\varrho| = -1$, 因此 ϱ 是第二类正交变换.

最后让我们来看看几何平面 $\mathbb{V}_2$ 上正交变换有哪些类型.

设 σ 是 $\mathbb{V}_2$ 上一个正交变换. 令 $\boldsymbol{U} = \begin{pmatrix} a & b \\ c & d \end{pmatrix}$ 是 σ 在 $\mathbb{V}_2$ 的一个标准正交基下的矩阵, 则 $|\sigma| = ad - bc$. 其次, 根据定理 7.4.9, $\boldsymbol{U}$ 是一个正交矩阵, 因而 $\boldsymbol{U}$ 的两个列是 $\mathbb{R}^2$ 中两个单位向量 (即 $a^2 + c^2 = 1$ 且 $b^2 + d^2 = 1$). 于是可设

$$a = \cos\phi,\ c = \sin\phi,\ b = \cos\psi,\ d = \sin\psi\ \ (0 \leqslant \phi < 2\pi,\ \ 0 \leqslant \psi < 2\pi),$$

那么 $|\sigma| = \cos\phi\sin\psi - \cos\psi\sin\phi$, 即 $|\sigma| = \sin(\psi - \phi)$, 其中 $-2\pi < \psi - \phi < 2\pi$.

现在, 当 σ 是第一类正交变换时, 根据上面的讨论, 有 $\sin(\psi - \phi) = 1$, 从而有 $\psi - \phi = \dfrac{\pi}{2}$ 或 $\psi - \phi = -\dfrac{3\pi}{2}$, 所以 $\psi = \dfrac{\pi}{2} + \phi$ 或 $\psi = -2\pi + \left(\dfrac{\pi}{2} + \phi\right)$. 于是由 $b = \cos\psi$ 且 $d = \sin\psi$, 有 $b = -\sin\phi$ 且 $d = \cos\phi$, 因此 $\boldsymbol{U} = \begin{pmatrix} \cos\phi & -\sin\phi \\ \sin\phi & \cos\phi \end{pmatrix}$, 故 σ 是绕原点按逆时针方向旋转一个角度 ϕ 的旋转变换.

当 σ 是第二类正交变换时, 与上面的讨论类似, 可得 $\boldsymbol{U} = \begin{pmatrix} \cos\phi & \sin\phi \\ \sin\phi & -\cos\phi \end{pmatrix}$, 那么 σ 的特征多项式为 $f_\sigma(x) = x^2 - 1$, 因而 σ 有两个特征值 1 和 -1. 于是存在 $\mathbb{V}_2$ 中两个单位向量 $\boldsymbol{\beta}_1$ 和 $\boldsymbol{\beta}_2$, 使得 $\sigma(\boldsymbol{\beta}_1) = \boldsymbol{\beta}_1$ 且 $\sigma(\boldsymbol{\beta}_2) = -\boldsymbol{\beta}_2$, 所以 $\langle\sigma(\boldsymbol{\beta}_1), \sigma(\boldsymbol{\beta}_2)\rangle = -\langle\boldsymbol{\beta}_1, \boldsymbol{\beta}_2\rangle$. 注意到 σ 保持内积运算, 因此 $\langle\boldsymbol{\beta}_1, \boldsymbol{\beta}_2\rangle = -\langle\boldsymbol{\beta}_1, \boldsymbol{\beta}_2\rangle$, 故 $\langle\boldsymbol{\beta}_1, \boldsymbol{\beta}_2\rangle = 0$. 这表明, $\{\boldsymbol{\beta}_1, \boldsymbol{\beta}_2\}$ 是 $\mathbb{V}_2$ 的一个标准正交基. 根据定理 7.2.3, 对任意的 $\boldsymbol{\xi} \in \mathbb{V}_2$, 有 $\boldsymbol{\xi} = \langle\boldsymbol{\xi}, \boldsymbol{\beta}_1\rangle\boldsymbol{\beta}_1 + \langle\boldsymbol{\xi}, \boldsymbol{\beta}_2\rangle\boldsymbol{\beta}_2$. 因为 σ 是线性的, 又因为 $\sigma(\boldsymbol{\beta}_1) = \boldsymbol{\beta}_1$ 且 $\sigma(\boldsymbol{\beta}_2) = -\boldsymbol{\beta}_2$, 所以 $\sigma(\boldsymbol{\xi}) = \langle\boldsymbol{\xi}, \boldsymbol{\beta}_1\rangle\boldsymbol{\beta}_1 - \langle\boldsymbol{\xi}, \boldsymbol{\beta}_2\rangle\boldsymbol{\beta}_2$, 因此 $\sigma(\boldsymbol{\xi}) - \boldsymbol{\xi} = -2\langle\boldsymbol{\xi}, \boldsymbol{\beta}_2\rangle\boldsymbol{\beta}_2$, 即 $\sigma(\boldsymbol{\xi}) = \boldsymbol{\xi} - 2\langle\boldsymbol{\xi}, \boldsymbol{\beta}_2\rangle\boldsymbol{\beta}_2$. 根据注 7.4.1, σ 是由向量 $\boldsymbol{\beta}_2$ 所决定的镜面反射. 换句话说, 它是关于向量 $\boldsymbol{\beta}_1$ 所在直线的反射.

综上所述, 几何平面上正交变换只有两类, 一类是绕原点旋转一个角度的旋转变换, 另一类是关于通过原点的一条直线的反射, 其中前者是第一类正交变换, 后者是第二类正交变换.

习题 7.4

1. 试各举一个反例来说明, 在欧氏空间中, 保长、保角和保距的双射都未必是同构映射.
2. 设 σ 是从欧氏空间 $\boldsymbol{V}_n(\mathbb{R})$ 到 $\boldsymbol{W}_n(\mathbb{R})$ 的一个线性映射. 证明: σ 是同构映射当且仅当它把 $\boldsymbol{V}$ 的一个标准正交基变成 $\boldsymbol{W}$ 的一个标准正交基.
3. 设 σ 是从欧氏空间 $\boldsymbol{V}$ 到 $\boldsymbol{W}$ 的一个同构映射, 并设 $\boldsymbol{V}_1$ 是 $\boldsymbol{V}$ 的一个子空间. 证明: 如果 $\boldsymbol{V}_1$ 的正交补存在, 那么 $\sigma(\boldsymbol{V}_1)$ 的正交补也存在, 并且 $[\sigma(\boldsymbol{V}_1)]^\perp = \sigma(\boldsymbol{V}_1{}^\perp)$.
4. 设 $\sigma: \mathbb{R}^4 \to \mathbb{R}^4$, $(x_1, x_2, x_3, x_4) \mapsto (x_4, x_3, x_2, x_1)$. 证明: σ 是一个正交变换.
5. 设 σ 是欧氏空间 $\boldsymbol{V}$ 上一个保距变换. 证明: σ 是正交的当且仅当下列条件之一成立:

   (1) σ 是线性的; (2) σ 把零向量变成零向量.

6. 设 σ 是由欧氏空间 $\boldsymbol{V}$ 中一个非零向量 $\boldsymbol{\alpha}$ 所决定的镜面反射. 证明: σ 是对合变换.

7. 设 σ 是 n 维欧氏空间 $\boldsymbol{V}$ 上一个线性变换 $(n>1)$. 证明: σ 是镜面反射当且仅当存在 $\boldsymbol{V}$ 的一个正交基, 使得 σ 在这个基下的矩阵为 $\begin{pmatrix}-1 & \boldsymbol{0}\\ \boldsymbol{0} & \boldsymbol{E}_{n-1}\end{pmatrix}$, 因而 σ 是第二类正交变换.

8. 设 σ 是欧氏空间 $\boldsymbol{V}$ 上一个正交变换. 证明: (1) σ 未必有特征值;

 (2) 如果 σ 有特征值, 那么它的特征值只能为 1 或 -1;
 (3) 如果 $\boldsymbol{V}$ 是有限维的, 并且 σ 是第二类的, 那么 -1 是 σ 的一个特征值;
 (4) 如果 $\boldsymbol{V}$ 的维数是奇数, 并且 σ 是第一类的, 那么 1 是 σ 的一个特征值.

9. 设 $\boldsymbol{W}$ 是欧氏空间 $\boldsymbol{V}$ 的一个有限维子空间. 令 σ 是 $\boldsymbol{V}$ 上一个正交变换. 证明: 如果 $\boldsymbol{W}$ 在 σ 之下不变, 那么 $\boldsymbol{W}$ 的正交补 $\boldsymbol{W}^{\perp}$ 也在 σ 之下不变.

10. 设 $\boldsymbol{\alpha}$ 与 $\boldsymbol{\beta}$ 是欧氏空间 $\boldsymbol{V}$ 中两个长度相等的向量. 证明: 如果 $\boldsymbol{\alpha}\neq\boldsymbol{\beta}$, 那么存在 $\boldsymbol{V}$ 上一个镜面反射 σ, 使得 $\sigma(\boldsymbol{\alpha})=\boldsymbol{\beta}$.

*11. 设 σ 是 3 维欧氏空间 $\boldsymbol{V}$ 上一个第一类正交变换. 证明: σ 的特征多项式 $f_\sigma(x)$ 是形如 x^3-ax^2+ax-1 的多项式, 其中 $-1\leqslant a\leqslant 3$.

*12. 设 $\boldsymbol{\alpha}_1, \boldsymbol{\alpha}_2, \cdots, \boldsymbol{\alpha}_n$ 与 $\boldsymbol{\beta}_1, \boldsymbol{\beta}_2, \cdots, \boldsymbol{\beta}_n$ 是 n 维欧氏空间 $\boldsymbol{V}$ 的两个标准正交基. 证明:

 (1) 存在 $\boldsymbol{V}$ 上一个正交变换 σ, 使得 $\sigma(\boldsymbol{\alpha}_i)=\boldsymbol{\beta}_i,\quad i=1, 2, \cdots, n$;
 (2) 对 $\boldsymbol{V}$ 上任意正交变换 τ, 如果 $\tau(\boldsymbol{\alpha}_1)=\boldsymbol{\beta}_1$, 那么 $\mathscr{L}\big(\tau(\boldsymbol{\alpha}_2), \cdots, \tau(\boldsymbol{\alpha}_n)\big)=\mathscr{L}(\boldsymbol{\beta}_2, \cdots, \boldsymbol{\beta}_n)$.

*13. 有限维欧氏空间 $\boldsymbol{V}_n(\mathbb{R})$ 上每一个正交变换 σ 都可以表示成一些镜面反射的乘积.

7.5 对称变换

对称变换是欧氏空间的另一类重要线性变换, 是最有用的一类线性变换. 它与解析几何里有心二次曲线或二次曲面的研究有密切联系. 在这一节我们将主要讨论有限维欧氏空间上的对称变换, 这样的对称变换与实对称矩阵有密切联系. 让我们从实对称矩阵的一个有趣性质开始讨论.

命题 7.5.1 设 $\boldsymbol{A}$ 是一个 n 阶实矩阵, 则它是对称的当且仅当对欧氏空间 $\mathbb{R}^n$ 中任意向量 $\boldsymbol{X}$ 与 $\boldsymbol{Y}$, 有 $\langle\boldsymbol{AX}, \boldsymbol{Y}\rangle=\langle\boldsymbol{X}, \boldsymbol{AY}\rangle$.

证明 设 $\boldsymbol{A}$ 是对称的, 则对任意的 $\boldsymbol{X}, \boldsymbol{Y}\in\mathbb{R}^n$, 有

$$\boldsymbol{X}'\boldsymbol{A}'\boldsymbol{Y}=\boldsymbol{X}'\boldsymbol{AY},\quad \text{即}\quad (\boldsymbol{AX})'\boldsymbol{Y}=\boldsymbol{X}'(\boldsymbol{AY}).$$

根据 $\mathbb{R}^n$ 的 (标准) 内积定义, 有 $\langle\boldsymbol{AX}, \boldsymbol{Y}\rangle=\langle\boldsymbol{X}, \boldsymbol{AY}\rangle$.

反之, 设 $\boldsymbol{A}=(a_{ij})$. 已知 $\boldsymbol{A}\varepsilon_i$ 和 $\boldsymbol{A}\varepsilon_j$ 分别是 $\boldsymbol{A}$ 的第 i 列和第 j 列, 那么

$$\langle \boldsymbol{A}\varepsilon_i,\,\varepsilon_j\rangle = a_{ji} \text{ 且 } \langle \varepsilon_i,\,\boldsymbol{A}\varepsilon_j\rangle = a_{ij}.$$

其次, 由充分性假定, 有 $\langle \boldsymbol{A}\varepsilon_i,\,\varepsilon_j\rangle = \langle \varepsilon_i,\,\boldsymbol{A}\varepsilon_j\rangle$, 所以 $a_{ji}=a_{ij}$, $i,j=1,\,2,\,\cdots,n$, 因此 $\boldsymbol{A}$ 是对称的. □

对照上述命题, 我们引入下列概念.

定义 7.5.1 设 σ 是欧氏空间 $\boldsymbol{V}$ 上一个线性变换. 如果对 $\boldsymbol{V}$ 中任意向量 $\boldsymbol{\xi}$ 与 $\boldsymbol{\eta}$, 有 $\langle\sigma(\boldsymbol{\xi}),\boldsymbol{\eta}\rangle=\langle\boldsymbol{\xi},\sigma(\boldsymbol{\eta})\rangle$, 那么称 σ 为 $\boldsymbol{V}$ 上一个**对称变换**.

显然 $\boldsymbol{V}$ 上恒等变换 ι 与零变换 ϑ 是两个对称变换. 与正交变换不一样, 对称变换未必是单射. 例如, 当 $\boldsymbol{V}\neq\{\boldsymbol{\theta}\}$ 时, 零变换 ϑ 是对称的, 但它不是单射. 由此还可以看出, 对称变换也未必是满射. 对于有限维欧氏空间, 其上的对称变换与实对称矩阵之间有如下关系.

定理 7.5.2 欧氏空间 $\boldsymbol{V}_n(\mathbb{R})$ 上一个线性变换 σ 是对称的当且仅当它在 $\boldsymbol{V}$ 的一个标准正交基下的矩阵是对称的.

证明 设 $\boldsymbol{A}$ 是 σ 在 $\boldsymbol{V}$ 的一个标准正交基下的矩阵. 令 $\boldsymbol{X}$ 与 $\boldsymbol{Y}$ 分别是向量 $\boldsymbol{\xi}$ 与 $\boldsymbol{\eta}$ 关于上述基的坐标, 则 $\boldsymbol{AX}$ 与 $\boldsymbol{AY}$ 分别是 $\sigma(\boldsymbol{\xi})$ 与 $\sigma(\boldsymbol{\eta})$ 关于同一个基的坐标. 根据定理 7.2.3, 有 $\langle\sigma(\boldsymbol{\xi}),\boldsymbol{\eta}\rangle=\langle\boldsymbol{AX},\boldsymbol{Y}\rangle$ 且 $\langle\boldsymbol{\xi},\sigma(\boldsymbol{\eta})\rangle=\langle\boldsymbol{X},\boldsymbol{AY}\rangle$, 所以

$$\langle\sigma(\boldsymbol{\xi}),\boldsymbol{\eta}\rangle=\langle\boldsymbol{\xi},\sigma(\boldsymbol{\eta})\rangle \text{ 当且仅当 } \langle\boldsymbol{AX},\boldsymbol{Y}\rangle=\langle\boldsymbol{X},\boldsymbol{AY}\rangle.$$

根据命题 7.5.1, σ 是对称的当且仅当 $\boldsymbol{A}$ 是对称的. □

设 $\mathscr{C}: ax^2+2bxy+cy^2=1$ 是几何平面上一条二次曲线. 令 $\boldsymbol{A}=\begin{pmatrix}a&b\\b&c\end{pmatrix}$, 则 $\boldsymbol{A}$ 是一个实对称矩阵, 并且曲线方程可以改写成 $\boldsymbol{X}'\boldsymbol{AX}=1$, 其中 $\boldsymbol{X}=(x,\,y)'$. 由此可见, 讨论这样的曲线可以转向讨论实对称矩阵. 根据上述定理, 这样的曲线与对称变换有密切联系.

例 7.5.1 设 ϱ 是几何平面 $\mathbb{V}_2$ 上一个镜面反射, 则 ϱ 既是正交的, 又是对合的 (例 6.2.2), 因而它是线性的, 并且保持内积运算. 于是

$$\langle\varrho(\boldsymbol{\xi}),\boldsymbol{\eta}\rangle=\langle\varrho(\boldsymbol{\xi}),\varrho^2(\boldsymbol{\eta})\rangle=\langle\boldsymbol{\xi},\varrho(\boldsymbol{\eta})\rangle,\quad\forall\,\boldsymbol{\xi},\boldsymbol{\eta}\in\mathbb{V}_2,$$

所以 ϱ 是一个对称变换.

不难验证, 一般欧氏空间上镜面反射也是对称的. 由于有限维欧氏空间上每一个正交变换都可以表示成一些镜面反射的乘积 (习题 7.4 第 13 题), 因此正交变换与对称变换有密切联系.

例 7.5.2 设 $\sigma:\mathbb{R}^2\to\mathbb{R}^2$, $(x_1,\,x_2)\mapsto(x_1+2x_2,\,2x_1+3x_2)$, 则 σ 是 $\mathbb{R}^2$ 上一个线性变换. 易见 σ 在 $\mathbb{R}^2$ 的标准基 $\varepsilon_1,\varepsilon_2$ 下的矩阵为对称矩阵 $\begin{pmatrix}1&2\\2&3\end{pmatrix}$. 根据定理 7.5.2, σ 是一个对称变换.

容易计算, 上例中对称变换 σ 有两个特征值 $\lambda_1 = 2-\sqrt{5}$ 和 $\lambda_2 = 2+\sqrt{5}$, 并且 $\boldsymbol{\eta}_1 = (2, 1-\sqrt{5})$ 与 $\boldsymbol{\eta}_2 = (2, 1+\sqrt{5})$ 分别是属于特征值 λ_1 与 λ_2 的一个特征向量. 显然 $\boldsymbol{\eta}_1$ 与 $\boldsymbol{\eta}_2$ 是正交的. 由此可见, σ 是可对角化的, 并且它的两个特征向量 $\boldsymbol{\eta}_1$ 与 $\boldsymbol{\eta}_2$ 构成 $\mathbb{R}^2$ 的一个正交基. 这个事实可以推广到有限维欧氏空间 $\boldsymbol{V}_n(\mathbb{R})$, 即 $\boldsymbol{V}$ 上每一个对称变换 σ 都可对角化, 并且存在 σ 的 n 个特征向量, 使得它们构成 $\boldsymbol{V}$ 的一个正交基. 这就是本节要讨论的主要问题. 在讨论这个问题之前, 我们需要作一些准备, 即需要探讨对称变换的一些基本性质.

命题 7.5.3 设 σ 是欧氏空间 $\boldsymbol{V}$ 上一个对称变换. 令 $\boldsymbol{W}$ 是 σ 的一个不变子空间. 如果 $\boldsymbol{W}$ 的正交补 $\boldsymbol{W}^{\perp}$ 存在, 那么 $\boldsymbol{W}^{\perp}$ 也是 σ 的一个不变子空间.

证明 已知 $\boldsymbol{W}$ 在 σ 之下不变, 那么对任意的 $\boldsymbol{\xi} \in \boldsymbol{W}$, 有 $\sigma(\boldsymbol{\xi}) \in \boldsymbol{W}$. 于是对任意的 $\boldsymbol{\eta} \in \boldsymbol{W}^{\perp}$, 有 $\sigma(\boldsymbol{\xi}) \perp \boldsymbol{\eta}$, 所以 $\langle \sigma(\boldsymbol{\xi}), \boldsymbol{\eta} \rangle = 0$. 又已知 σ 是对称的, 那么 $\langle \boldsymbol{\xi}, \sigma(\boldsymbol{\eta}) \rangle = 0$, 所以 $\boldsymbol{\xi} \perp \sigma(\boldsymbol{\eta})$, 即 $\sigma(\boldsymbol{\eta}) \perp \boldsymbol{\xi}$, 因此 $\sigma(\boldsymbol{\eta}) \perp \boldsymbol{W}$, 故 $\sigma(\boldsymbol{\eta}) \in \boldsymbol{W}^{\perp}$. 这就证明了, $\boldsymbol{W}^{\perp}$ 也在 σ 之下不变. □

命题 7.5.4 设 σ 是欧氏空间 $\boldsymbol{V}$ 上一个对称变换. 令 λ 与 μ 是 σ 的两个不同的特征值, 则 σ 的特征子空间 $\boldsymbol{V}_{\lambda}$ 与 $\boldsymbol{V}_{\mu}$ 是正交的.

证明 根据已知条件, 对任意的 $\boldsymbol{\xi} \in \boldsymbol{V}_{\lambda}$ 和任意的 $\boldsymbol{\eta} \in \boldsymbol{V}_{\mu}$, 有

$$\sigma(\boldsymbol{\xi}) = \lambda\boldsymbol{\xi} \quad \text{且} \quad \sigma(\boldsymbol{\eta}) = \mu\boldsymbol{\eta}.$$

其次, 由 σ 是对称的, 有 $\langle \sigma(\boldsymbol{\xi}), \boldsymbol{\eta} \rangle = \langle \boldsymbol{\xi}, \sigma(\boldsymbol{\eta}) \rangle$, 所以

$$\langle \lambda\boldsymbol{\xi}, \boldsymbol{\eta} \rangle = \langle \boldsymbol{\xi}, \mu\boldsymbol{\eta} \rangle, \text{ 即 } \quad \lambda\langle \boldsymbol{\xi}, \boldsymbol{\eta} \rangle = \mu\langle \boldsymbol{\xi}, \boldsymbol{\eta} \rangle.$$

从而由 $\lambda \neq \mu$, 得 $\langle \boldsymbol{\xi}, \boldsymbol{\eta} \rangle = 0$, 因此 $\boldsymbol{\xi} \perp \boldsymbol{\eta}$. 这就证明了, $\boldsymbol{V}_{\lambda}$ 与 $\boldsymbol{V}_{\mu}$ 是正交的. □

在上面的证明中, 可以用实对称矩阵 $\boldsymbol{A}$ 代替对称变换 σ, 从而得到如下结论: 实对称矩阵的属于不同特征值的特征子空间必正交. 下面给出实对称矩阵的一个重要性质.

命题 7.5.5 实对称矩阵的特征多项式, 其根全为实数.

证明 设 $\boldsymbol{A}$ 是一个 n 阶实对称矩阵, 并设 λ 是 $\boldsymbol{A}$ 的特征多项式 $f_{\boldsymbol{A}}(x)$ 的一个复根, 则存在 $\mathbb{C}^n$ 中一个非零向量 $\boldsymbol{X}$, 使得 $\boldsymbol{A}\boldsymbol{X} = \lambda\boldsymbol{X}$. 令

$$\boldsymbol{X} = (x_1, x_2, \cdots, x_n)' \quad \text{且} \quad \overline{\boldsymbol{X}} = (\overline{x}_1, \overline{x}_2, \cdots, \overline{x}_n)',$$

其中 $\overline{x}_i$ 是 x_i 的共轭复数 $(i = 1, 2, \cdots, n)$, 则 $\overline{\lambda\boldsymbol{X}} = \overline{\lambda}\,\overline{\boldsymbol{X}}$, 并且由 $\boldsymbol{X} \neq \boldsymbol{0}$, 有

$$x_1\overline{x}_1 + x_2\overline{x}_2 + \cdots + x_n\overline{x}_n > 0, \text{ 即 } \quad \boldsymbol{X}'\overline{\boldsymbol{X}} > 0.$$

其次, 由于 $\boldsymbol{A}\overline{\boldsymbol{X}} = \overline{\boldsymbol{A}\boldsymbol{X}}$ (习题 7.2 第 7 题), 用 $\lambda\boldsymbol{X}$ 代替 $\boldsymbol{A}\boldsymbol{X}$, 得 $\boldsymbol{A}\overline{\boldsymbol{X}} = \overline{\lambda\boldsymbol{X}}$. 再用 $\overline{\lambda}\,\overline{\boldsymbol{X}}$ 代替 $\overline{\lambda\boldsymbol{X}}$, 并注意到 $\boldsymbol{A}$ 是对称的, 有 $\boldsymbol{A}'\overline{\boldsymbol{X}} = \overline{\lambda}\,\overline{\boldsymbol{X}}$. 现在, 用 $\boldsymbol{X}'$ 去左乘等式两边, 得 $\boldsymbol{X}'(\boldsymbol{A}'\overline{\boldsymbol{X}}) = \boldsymbol{X}'(\overline{\lambda}\,\overline{\boldsymbol{X}})$, 即 $(\boldsymbol{A}\boldsymbol{X})'\overline{\boldsymbol{X}} = \overline{\lambda}\boldsymbol{X}'\overline{\boldsymbol{X}}$, 亦即 $(\lambda\boldsymbol{X})'\overline{\boldsymbol{X}} = \overline{\lambda}\boldsymbol{X}'\overline{\boldsymbol{X}}$, 所以 $\lambda\boldsymbol{X}'\overline{\boldsymbol{X}} = \overline{\lambda}\boldsymbol{X}'\overline{\boldsymbol{X}}$, 从而由 $\boldsymbol{X}'\overline{\boldsymbol{X}} > 0$, 得 $\lambda = \overline{\lambda}$, 因此 λ 是一个实数. □

推论 7.5.6 欧氏空间 $\boldsymbol{V}_n(\mathbb{R})$ 上对称变换的特征多项式, 其根全为实数.

现在, 让我们来讨论本节的主要问题.

定理 7.5.7 设 σ 是欧氏空间 $V_n(\mathbb{R})$ 上一个对称变换, 则存在 V 的由 σ 的特征向量组成的正交基.

证明 对 V 的维数 n 作数学归纳法. 当 $n=1$ 时, σ 是数乘变换. 此时 V 中每一个非零向量都是 σ 的特征向量, 因此 V 的每一个基都是由 σ 的特征向量组成的正交基. 假定 $n>1$, 并且对 $n-1$ 的情形, 结论成立. 下面考虑 n 的情形. 因为 σ 是对称的, 根据推论 7.5.6, 它必有特征值, 因而它有特征向量. 于是可设 $\boldsymbol{\alpha}_1$ 是 σ 的一个特征向量. 现在, 令 $\boldsymbol{W}=\mathscr{L}(\boldsymbol{\alpha}_1)$, 则 $\dim\boldsymbol{W}=1$, 并且 $\boldsymbol{W}$ 在 σ 之下不变. 根据命题 7.5.3, $\boldsymbol{W}^\perp$ 也在 σ 之下不变. 再令 τ 是 σ 在 $\boldsymbol{W}^\perp$ 上的限制. 由于 σ 是 V 上一个对称变换, 容易验证, τ 是 $\boldsymbol{W}^\perp$ 上一个对称变换. 又由于 $\dim\boldsymbol{W}^\perp=n-1$, 根据归纳假定, 存在 $\boldsymbol{W}^\perp$ 的由 τ 的特征向量组成的一个正交基 $\boldsymbol{\alpha}_2,\cdots,\boldsymbol{\alpha}_n$. 注意到 $\sigma(\boldsymbol{\alpha}_i)=\tau(\boldsymbol{\alpha}_i)$, $i=2,\cdots,n$, 因此 $\boldsymbol{\alpha}_1,\boldsymbol{\alpha}_2,\cdots,\boldsymbol{\alpha}_n$ 是 V 的由 σ 的特征向量组成的一个正交基. □

上述定理表明, 有限维欧氏空间上每一个对称变换都可对角化. 把定理中的正交基单位化, 可得由 σ 的特征向量组成的标准正交基. 这就得到

推论 7.5.8 设 σ 是欧氏空间 $V_n(\mathbb{R})$ 上一个对称变换, 则存在 V 的一个标准正交基, 使得 σ 在这个基下的矩阵为对角矩阵.

用矩阵的语言, 这个推论可以叙述如下.

推论 7.5.9 每一个 n 阶实对称矩阵 $\boldsymbol{A}$ 必正交相似于一个对角矩阵, 即存在一个正交矩阵 $\boldsymbol{U}$, 使得 $\boldsymbol{U}'\boldsymbol{A}\boldsymbol{U}$ 为对角矩阵.

推论 7.5.9 中矩阵 $\boldsymbol{U}'\boldsymbol{A}\boldsymbol{U}$ 也可以写成 $\boldsymbol{U}^{-1}\boldsymbol{A}\boldsymbol{U}$, 其中正交矩阵 $\boldsymbol{U}$ 的列向量组是 $\boldsymbol{A}$ 的 n 个两两正交的单位特征向量. 仿照 6.6 节中介绍的求相似因子的方法, 可以求出正交矩阵 $\boldsymbol{U}$ (其中所求特征方程组的基础解系必须是由两两正交的单位向量组成的). 求解过程中也可以按下例中的方法作一些变通.

例 7.5.3 求一个正交矩阵 $\boldsymbol{U}$, 使得 $\boldsymbol{U}'\boldsymbol{A}\boldsymbol{U}$ 是对角矩阵, 这里

$$\boldsymbol{A}=\begin{pmatrix}1&-2&-4\\-2&4&-2\\-4&-2&1\end{pmatrix}.$$

解 经计算, 矩阵 $\boldsymbol{A}$ 的特征多项式为 $f_{\boldsymbol{A}}(x)=(x-5)^2(x+4)$, 所以 $\boldsymbol{A}$ 的特征值为 5 (二重) 和 -4. 对特征值 5, 特征方程组 $(5\boldsymbol{E}-\boldsymbol{A})\boldsymbol{X}=\boldsymbol{0}$ 就是

$$\begin{pmatrix}4&2&4\\2&1&2\\4&2&4\end{pmatrix}\begin{pmatrix}x_1\\x_2\\x_3\end{pmatrix}=\begin{pmatrix}0\\0\\0\end{pmatrix},$$

它与一次齐次方程 $2x_1+x_2+2x_3=0$ 同解. 显然 $(1,\,0,\,-1)'$ 和 $(1,\,-4,\,1)'$ 是齐次方程的两个正交的非零解, 因而它们是 $\boldsymbol{A}$ 的属于特征值 5 的两个特征向量. 因为 $\boldsymbol{A}$ 是对称的, 与上述两个特征向量都正交的非零向量就是属于特征值 -4 的特征向量. 易见 $(2,\,1,\,2)'$ 是这样的一个非零向量. 现在, 令

$$\boldsymbol{U}=\begin{pmatrix}1&1&2\\0&-4&1\\-1&1&2\end{pmatrix}\begin{pmatrix}\frac{1}{\sqrt{2}}&0&0\\0&\frac{1}{3\sqrt{2}}&0\\0&0&\frac{1}{3}\end{pmatrix},\quad 即\quad \boldsymbol{U}=\begin{pmatrix}\frac{1}{\sqrt{2}}&\frac{1}{3\sqrt{2}}&\frac{2}{3}\\0&-\frac{4}{3\sqrt{2}}&\frac{1}{3}\\-\frac{1}{\sqrt{2}}&\frac{1}{3\sqrt{2}}&\frac{2}{3}\end{pmatrix},$$

则 $\boldsymbol{U}$ 是一个正交矩阵, 并且 $\boldsymbol{U}'\boldsymbol{A}\boldsymbol{U}=\mathrm{diag}\,\{5,\,5,\,-4\}$.

例 7.5.4 设 σ 是 3 维欧氏空间 $\boldsymbol{V}$ 上一个对称变换, 它在 $\boldsymbol{V}$ 的一个标准正交基 $\boldsymbol{\alpha}_1,\,\boldsymbol{\alpha}_2,\,\boldsymbol{\alpha}_3$ 下的矩阵为上例中的矩阵 $\boldsymbol{A}$. 求 $\boldsymbol{V}$ 的另一个标准正交基, 使得 σ 在这个基下的矩阵为对角矩阵.

解 令 $(\boldsymbol{\beta}_1,\,\boldsymbol{\beta}_2,\,\boldsymbol{\beta}_3)=(\boldsymbol{\alpha}_1,\,\boldsymbol{\alpha}_2,\,\boldsymbol{\alpha}_3)\boldsymbol{U}$,其中 $\boldsymbol{U}$ 是上例中的正交矩阵, 则

$$\boldsymbol{\beta}_1=\frac{1}{\sqrt{2}}(\boldsymbol{\alpha}_1-\boldsymbol{\alpha}_3),\quad \boldsymbol{\beta}_2=\frac{1}{3\sqrt{2}}(\boldsymbol{\alpha}_1-4\boldsymbol{\alpha}_2+\boldsymbol{\alpha}_3),\quad \boldsymbol{\beta}_3=\frac{1}{3}(2\boldsymbol{\alpha}_1+\boldsymbol{\alpha}_2+2\boldsymbol{\alpha}_3).$$

已知 $\boldsymbol{\alpha}_1,\,\boldsymbol{\alpha}_2,\,\boldsymbol{\alpha}_3$ 是 $\boldsymbol{V}$ 的一个标准正交基, 那么 $\boldsymbol{\beta}_1,\,\boldsymbol{\beta}_2,\,\boldsymbol{\beta}_3$ 也是 $\boldsymbol{V}$ 的一个标准正交基, 并且 σ 在基 $\boldsymbol{\beta}_1,\,\boldsymbol{\beta}_2,\,\boldsymbol{\beta}_3$ 下的矩阵为 $\boldsymbol{U}'\boldsymbol{A}\boldsymbol{U}$,即 $\mathrm{diag}\,\{5,\,5,\,-4\}$.

在这一章我们专门讨论了带有内积运算的实线性空间, 即欧氏空间. 我们自然会问, 对于其他数域上的线性空间, 是否可以像实线性空间那样, 定义一个内积运算, 使得其中的向量也具有类似的度量性质? 对于复线性空间, 回答是肯定的, 相应的系统称为**酉空间.** 酉空间具有许多类似于欧氏空间的度量性质, 但也失去了一些性质. 至于一般数域 $\boldsymbol{F}$ 上的线性空间, 在其上定义类似于上述的内积运算 (通常称为**双线性函数**), 将会失去较多的度量性质. 关于酉空间和双线性函数, 有兴趣的读者可以参考同类书籍.

习题 7.5

1. 设 σ 与 τ 是欧氏空间 $\boldsymbol{V}$ 上两个对称变换, 并设 k 是一个实数. 证明: $\sigma+\tau$ 与 $k\sigma$ 都是对称变换. 证明: $\tau\sigma$ 是对称的当且仅当 σ 与 τ 是可交换的.

2. 设 $\boldsymbol{\alpha}$ 与 $\boldsymbol{\beta}$ 是欧氏空间 $\boldsymbol{V}$ 中两个正交的向量, 使得 $\|\boldsymbol{\alpha}\|=\|\boldsymbol{\beta}\|$ 且 $\boldsymbol{\alpha}+\boldsymbol{\beta}\neq\boldsymbol{\theta}$. 令 σ 与 τ 分别是由向量 $\boldsymbol{\alpha}$ 与 $\boldsymbol{\alpha}+\boldsymbol{\beta}$ 所决定的镜面反射. 证明: σ 与 τ 的乘积 $\tau\sigma$ 不是对称变换.

3. 设 σ 是有限维欧氏空间 $\boldsymbol{V}_n(\mathbb{R})$ 上一个线性变换. 令 $\boldsymbol{\alpha}_1,\,\boldsymbol{\alpha}_2,\,\cdots,\,\boldsymbol{\alpha}_n$ 是 $\boldsymbol{V}$ 的一个基. 证明: σ 是对称的当且仅当 $\langle\sigma(\boldsymbol{\alpha}_i),\,\boldsymbol{\alpha}_j\rangle=\langle\boldsymbol{\alpha}_i,\,\sigma(\boldsymbol{\alpha}_j)\rangle,\quad i,j=1,\,2,\,\cdots,\,n.$

4. 设 $\boldsymbol{A}$ 是一个 n 阶实矩阵. 证明: 如果 $\boldsymbol{A}$ 满足下列三个条件中的两个, 那么它一定满足第三个条件: (1) $\boldsymbol{A}$ 是正交的; (2) $\boldsymbol{A}$ 是对称的; (3) $\boldsymbol{A}$ 是对合的.

5. 设 σ 是一般欧氏空间 $\boldsymbol{V}$ 上一个变换. 证明: 如果 σ 满足下列三个条件中的两个, 那么它一定满足第三个条件: (1) σ 是正交的; (2) σ 是对称的; (3) σ 是对合的.

6. 求一个正交矩阵 $\boldsymbol{U}$, 使得 $\boldsymbol{U}'\boldsymbol{A}\boldsymbol{U}$ 是对角矩阵, 这里

(1) $\boldsymbol{A}=\begin{pmatrix}4&2&2\\2&4&2\\2&2&4\end{pmatrix}$; (2) $\boldsymbol{A}=\begin{pmatrix}1&1&1\\1&1&1\\1&1&1\end{pmatrix}$.

7. 设 σ 是 2 维欧氏空间 $\boldsymbol{V}$ 上一个对称变换, 使得 $\sigma(\boldsymbol{\alpha}_1)=\boldsymbol{\alpha}_1+\boldsymbol{\alpha}_2$ 且 $\sigma(\boldsymbol{\alpha}_2)=\boldsymbol{\alpha}_1+\boldsymbol{\alpha}_2$, 这里 $\{\boldsymbol{\alpha}_1,\boldsymbol{\alpha}_2\}$ 是 $\boldsymbol{V}$ 的一个基. 求 $\boldsymbol{V}$ 的一个标准正交基, 使得 σ 在这个基下的矩阵为对角矩阵.

8. 求一个 2 阶方阵 $\boldsymbol{A}$, 使得 $\boldsymbol{A}\boldsymbol{\eta}_1=\boldsymbol{\eta}_1$ 且 $\boldsymbol{A}\boldsymbol{\eta}_2=2\boldsymbol{\eta}_2$, 这里 $\boldsymbol{\eta}_1=\begin{pmatrix}1\\2\end{pmatrix}$ 且 $\boldsymbol{\eta}_2=\begin{pmatrix}2\\-1\end{pmatrix}$.

9. 已知 σ 是欧氏空间 $\mathbb{R}^3$ 上一个对称变换, 它的特征值为 1 和 2 (二重), 属于特征值 1 的一个特征向量为 (1, 0, 1). 求 $\mathbb{R}^3$ 的一个正交基, 使得 σ 在这个基下的矩阵为对角矩阵, 然后写出变换 σ 的对应法则.

*10. 设 σ 是 $\boldsymbol{V}_n(\mathbb{R})$ 上一个幂等变换, 并设 $\sigma\neq\iota$ 且 $\sigma\neq\vartheta$. 证明: 如果 σ 是对称的, 那么存在 $\boldsymbol{V}$ 的一个标准正交基, 使得 σ 在这个基下的矩阵为 $\begin{pmatrix}\boldsymbol{E}_r&\boldsymbol{0}\\\boldsymbol{0}&\boldsymbol{0}_{n-r}\end{pmatrix}$, 其中 $0<r<n$.

*11. 设 $\boldsymbol{A}$ 是一个 n 阶实对称矩阵. 证明: 如果 $\boldsymbol{A}$ 是幂零的, 那么 $\boldsymbol{A}=\boldsymbol{O}$. 证明: 如果 $\boldsymbol{A}$ 是对合的, 并且 $\boldsymbol{A}\neq\pm\boldsymbol{E}$, 那么存在一个正交矩阵 $\boldsymbol{U}$, 使得 $\boldsymbol{U}'\boldsymbol{A}\boldsymbol{U}=\begin{pmatrix}\boldsymbol{E}_r&\boldsymbol{0}\\\boldsymbol{0}&-\boldsymbol{E}_{n-r}\end{pmatrix}$, 其中 $0<r<n$.

*12. 证明: 两个 n 阶实对称矩阵 $\boldsymbol{A}$ 与 $\boldsymbol{B}$ 是相似的当且仅当它们有相同的特征多项式.

*13. (1) 设 $\boldsymbol{A}$ 是一个 $m\times n$ 实矩阵. 证明: $\boldsymbol{A}'\boldsymbol{A}$ 的特征多项式的根全大于或等于零.

(2) 设 $\boldsymbol{A}$ 是一个 n 阶实矩阵. 证明: 如果 $\boldsymbol{A}$ 是可逆的, 那么存在两个正交矩阵 $\boldsymbol{U}_1$ 与 $\boldsymbol{U}_2$, 使得 $\boldsymbol{U}_2\boldsymbol{A}\boldsymbol{U}_1$ 是对角矩阵.

(3) 设 $\boldsymbol{A}$ 是一个 n 阶实对称矩阵. 证明: 如果 $\boldsymbol{A}$ 的特征值全大于或等于零, 那么存在一个实对称矩阵 $\boldsymbol{C}$, 使得 $\boldsymbol{A}=\boldsymbol{C}^2$.

*14. 设 $\mathscr{C}: ax^2+2bxy+cy^2=1$ 是一个椭圆 (中心在原点 O), 并设 $\boldsymbol{X}_0$ 是椭圆上点 $\boldsymbol{P}_0$ 的坐标. 如果 $\boldsymbol{P}_0$ 是椭圆的一个顶点, 那么称 $\overrightarrow{\boldsymbol{OP}_0}$ 为椭圆的一个 **主轴.** 证明:

(1) 椭圆方程可以表示成 $\langle\boldsymbol{X},\boldsymbol{A}\boldsymbol{X}\rangle=1$, 这里 $\boldsymbol{A}=\begin{pmatrix}a&b\\b&c\end{pmatrix}$ 且 $\boldsymbol{X}=\begin{pmatrix}x\\y\end{pmatrix}$;

(2) 矩阵 $\boldsymbol{A}$ 的特征值全大于零;

(3) $\overrightarrow{\boldsymbol{OP}_0}$ 是椭圆的一个主轴当且仅当点 $\boldsymbol{P}_0$ 的坐标 $\boldsymbol{X}_0$ 是矩阵 $\boldsymbol{A}$ 的一个特征向量;

(4) 如果 $\overrightarrow{\boldsymbol{OP}_0}$ 是椭圆的一个主轴, 那么 $\|\boldsymbol{X}_0\|=\dfrac{1}{\sqrt{\lambda}}$, 这里 λ 是 $\boldsymbol{X}_0$ 所属的特征值.

*15. 如果欧氏空间 $\boldsymbol{V}$ 上一个线性变换 σ 满足条件 $\langle\sigma(\boldsymbol{\xi}), \boldsymbol{\eta}\rangle = -\langle\boldsymbol{\xi}, \sigma(\boldsymbol{\eta})\rangle$, $\forall\boldsymbol{\xi}, \boldsymbol{\eta} \in \boldsymbol{V}$, 那么称它为**反对称的.** 令 $\sigma: \boldsymbol{V} \to \boldsymbol{V}$, $\boldsymbol{\xi} \mapsto \langle\boldsymbol{\xi}, \boldsymbol{\alpha}_2\rangle\boldsymbol{\alpha}_1 - \langle\boldsymbol{\xi}, \boldsymbol{\alpha}_1\rangle\boldsymbol{\alpha}_2$, 这里 $\boldsymbol{\alpha}_1$ 与 $\boldsymbol{\alpha}_2$ 是 $\boldsymbol{V}$ 中 (随意取定的) 两个向量. 证明: σ 是 $\boldsymbol{V}$ 上一个反对称变换.

*16. 设 σ 是有限维欧氏空间 $\boldsymbol{V}_n(\mathbb{R})$ 上一个线性变换. 证明: σ 是反对称的当且仅当它在 $\boldsymbol{V}$ 的一个标准正交基下的矩阵是反对称的.

*17. 设 $\boldsymbol{A}$ 是一个 n 阶反对称实矩阵. 证明:

(1) $\boldsymbol{A}$ 的特征多项式 $f_{\boldsymbol{A}}(x)$ 的每一个复根或者是数 0, 或者是纯虚数;

(2) $\boldsymbol{E} - \boldsymbol{A}$ 与 $\boldsymbol{E} + \boldsymbol{A}$ 都是可逆的, 并且 $(\boldsymbol{E} - \boldsymbol{A})(\boldsymbol{E} + \boldsymbol{A})^{-1}$ 是正交的.

第 8 章 二 次 型

二次型的理论起源于研究行星运动. 我们知道, 在理想状态下, 地球的运动轨道是一个椭圆. 然而由于天体之间引力的相互作用, 其运动轨道是很复杂的. 早在十八世纪, 人们就利用线性微分方程组来研究行星运动, 从而导致研究一般二次型. 二次型的理论实际上是对称矩阵的理论, 其内容是矩阵的相抵等线性代数基础知识的延续, 其中实二次型的惯性定理, 以及一类特殊实二次型 —— 正定二次型, 无论在理论上还是在应用上都是重要的. 二次型的理论在数学的一些分支, 以及物理等学科中都有应用.

在这一章我们将首先讨论二次型的矩阵表示和二次型的标准形, 然后讨论复二次型和实二次型, 最后讨论正定二次型.

8.1 定义和基本性质

本节将给出二次型及其矩阵的几个概念, 并讨论它们的基本性质. 主要讨论化二次型为标准形的问题.

定义 8.1.1 数域 $\boldsymbol{F}$ 上一个 n 元二次齐次多项式 $q(x_1, x_2, \cdots, x_n)$ 称为一个 **n 元二次型**, 简称为**二次型**, 其中 $x_1, x_2, \cdots, x_n$ 称为这个二次型的**变量**. 特别地, 复数域和实数域上的二次型分别称为**复二次型** 和**实二次型**.

n 元二次型也可以看作 n 元二次齐次函数. 为了便于讨论, 补充规定, 当 $q(x_1, x_2, \cdots, x_n)$ 的系数全为零时, 它仍然是一个二次型.

2 元二次型的一般表达式为 $ax^2 + bxy + cy^2$. 令

$$a_{11} = a, \quad a_{12} = a_{21} = \frac{1}{2}b, \quad a_{22} = c,$$

并令 $x_1 = x$, $x_2 = y$, 则这个二次型可以表示成

$$a_{11}x_1^2 + a_{12}x_1x_2 + a_{21}x_2x_1 + a_{22}x_2^2.$$

这样, 就可以用连加号写成 $\sum\limits_{i=1}^{2}\sum\limits_{j=1}^{2} a_{ij}x_ix_j$ 或 $\sum\limits_{i=1}^{2} a_{ii}x_i^2 + 2\sum\limits_{1\leqslant i<j\leqslant 2} a_{ij}x_ix_j$, 也可以用矩阵写成 $(x_1, x_2)\begin{pmatrix} a_{11} & a_{12} \\ a_{21} & a_{22} \end{pmatrix}\begin{pmatrix} x_1 \\ x_2 \end{pmatrix}$ 或 $\boldsymbol{X}'\boldsymbol{A}\boldsymbol{X}$.

一般地, 数域 $\boldsymbol{F}$ 上 n 元二次型的表达式可以用连加号表示成

$$\sum_{i=1}^{n}\sum_{j=1}^{n} a_{ij}x_ix_j \quad 或 \quad \sum_{i=1}^{n} a_{ii}x_i^2 + 2\sum_{1\leqslant i<j\leqslant n} a_{ij}x_ix_j,$$

也可以用矩阵表示成 $\boldsymbol{X}'\boldsymbol{A}\boldsymbol{X}$, 这里 $\boldsymbol{X} = (x_1, x_2, \cdots, x_n)'$, 并且 $\boldsymbol{A}$ 是一个 n 阶对称矩阵. 我们称 $a_{ii}x_i^2$ 为这个二次型的一个**平方项**, 称 $a_{ij}x_ix_j$ $(i \neq j)$ 为一个**交叉项**, 并称 $\boldsymbol{F}$ 为**系数域**.

这些表示法各有各的用处, 要在实践中熟练掌握并灵活运用它们. 表示法 $\boldsymbol{X}'\boldsymbol{A}\boldsymbol{X}$ 中对称矩阵 $\boldsymbol{A}$ 是由所给二次型唯一决定的. 事实上, 我们有下列命题.

命题 8.1.1 设 $\boldsymbol{A}$ 与 $\boldsymbol{B}$ 是数域 $\boldsymbol{F}$ 上两个 n 阶对称矩阵, 则 $\boldsymbol{A}=\boldsymbol{B}$ 当且仅当对任意的 $\boldsymbol{X}\in\boldsymbol{F}^n$, 有 $\boldsymbol{X}'\boldsymbol{A}\boldsymbol{X}=\boldsymbol{X}'\boldsymbol{B}\boldsymbol{X}$.

证明 必要性显然成立, 只须证充分性. 设 $\varepsilon_1, \varepsilon_2, \cdots, \varepsilon_n$ 是 $\boldsymbol{F}^n$ 的标准基, 并设 $\boldsymbol{A}=(a_{ij})$ 且 $\boldsymbol{B}=(b_{ij})$, 那么 $\varepsilon_i'\boldsymbol{A}\varepsilon_i=a_{ii}$ 且 $\varepsilon_i'\boldsymbol{B}\varepsilon_i=b_{ii}$. 根据充分性假定, 有 $a_{ii}=b_{ii},\ \ i=1, 2, \cdots, n$. 其次, 由于 $\boldsymbol{A}$ 与 $\boldsymbol{B}$ 都是对称的, 容易计算,

$$(\varepsilon_i+\varepsilon_j)'\boldsymbol{A}(\varepsilon_i+\varepsilon_j)=a_{ii}+2a_{ij}+a_{jj},$$
$$(\varepsilon_i+\varepsilon_j)'\boldsymbol{B}(\varepsilon_i+\varepsilon_j)=b_{ii}+2b_{ij}+b_{jj}.$$

再由充分性假定, 有 $a_{ii}+2a_{ij}+a_{jj}=b_{ii}+2b_{ij}+b_{jj}$. 注意到 $a_{ii}=b_{ii}$ 且 $a_{jj}=b_{jj}$, 因此 $a_{ij}=b_{ij}$, $i,j=1, 2, \cdots, n$. 这就证明了 $\boldsymbol{A}=\boldsymbol{B}$. □

由一个二次型所决定的对称矩阵 $\boldsymbol{A}$ 称为这个**二次型的矩阵**, 矩阵 $\boldsymbol{A}$ 的秩称为这个**二次型的秩**. 根据上述命题, 每一个二次型的矩阵是唯一的, 因而它的秩也是唯一的. 上述命题表明, 可以把讨论二次型的问题转化为讨论对称矩阵的相应问题, 反之亦然.

当 $\boldsymbol{A}$ 与 $\boldsymbol{B}$ 不全为对称矩阵时, 有可能出现下列现象: $\boldsymbol{X}'\boldsymbol{A}\boldsymbol{X}=\boldsymbol{X}'\boldsymbol{B}\boldsymbol{X}$, 但 $\boldsymbol{A}\neq\boldsymbol{B}$. 例如, 设 $\boldsymbol{A}=\begin{pmatrix}0&1\\1&0\end{pmatrix}$ 且 $\boldsymbol{B}=\begin{pmatrix}0&2\\0&0\end{pmatrix}$, 则 $\boldsymbol{X}'\boldsymbol{A}\boldsymbol{X}=\boldsymbol{X}'\boldsymbol{B}\boldsymbol{X}$, 但 $\boldsymbol{A}\neq\boldsymbol{B}$. 注意到 $\boldsymbol{A}$ 是对称的, 这个二次型的矩阵是 $\boldsymbol{A}$, 不是 $\boldsymbol{B}$; 它的秩等于 $\boldsymbol{A}$ 的秩 2, 不等于 $\boldsymbol{B}$ 的秩 1. 由此可见, 二次型的矩阵必须限制为对称矩阵. 否则, 将给讨论问题带来不便. 在下面的讨论中, 除非特别声明, 我们默认, 用符号 $\boldsymbol{X}'\boldsymbol{A}\boldsymbol{X}$ 来表示二次型时, 其中的矩阵 $\boldsymbol{A}$ 是对称的.

在解析几何里, 中心在原点的有心二次曲线, 其一般方程为

$$ax^2+2bxy+cy^2=f.$$

为了便于讨论这类曲线, 可以选取一个适当的角度 ϕ, 然后作旋转变换

$$\begin{pmatrix}x\\y\end{pmatrix}=\begin{pmatrix}\cos\phi&-\sin\phi\\\sin\phi&\cos\phi\end{pmatrix}\begin{pmatrix}\widetilde{x}\\\widetilde{y}\end{pmatrix},\tag{8.1.1}$$

使得曲线方程变成形如 $a_1\widetilde{x}^2+c_1\widetilde{y}^2=f$ 的简化形式. 上述变换实质上是用一组新变量去代替旧变量. 由于每一个旧变量是新变量的一个一次齐次式 (一次型), 这样的变换称为一个线性替换, 其确切定义如下.

定义 8.1.2 设 $\boldsymbol{C}$ 是数域 $\boldsymbol{F}$ 上一个 n 阶方阵. 令

$$\boldsymbol{X}=(x_1, x_2, \cdots, x_n)'\ \text{且}\ \boldsymbol{Y}=(y_1, y_2, \cdots, y_n)',$$

则称 $\boldsymbol{X}=\boldsymbol{C}\boldsymbol{Y}$ 是从变量 $x_1, x_2, \cdots, x_n$ 到变量 $y_1, y_2, \cdots, y_n$ 的一个**线性替换**. 特别地, 当 $\boldsymbol{C}$ 是非退化的, 即 $|\boldsymbol{C}|\neq 0$ 时, 线性替换 $\boldsymbol{X}=\boldsymbol{C}\boldsymbol{Y}$ 称为**非退化的**.

假定 $\boldsymbol{C}=(c_{ij})$, 那么定义中线性替换 $\boldsymbol{X}=\boldsymbol{C}\boldsymbol{Y}$ 就是

$$\begin{cases} x_1 = c_{11}y_1 + c_{12}y_2 + \cdots + c_{1n}y_n, \\ x_2 = c_{21}y_1 + c_{22}y_2 + \cdots + c_{2n}y_n, \\ \quad \vdots \\ x_n = c_{n1}y_1 + c_{n2}y_2 + \cdots + c_{nn}y_n. \end{cases}$$

设 $\boldsymbol{X}'\boldsymbol{A}\boldsymbol{X}$ 是一个二次型. 令 $\boldsymbol{X} = \boldsymbol{C}\boldsymbol{Y}$ 是一个线性替换. 用 $\boldsymbol{C}\boldsymbol{Y}$ 代替 $\boldsymbol{X}'\boldsymbol{A}\boldsymbol{X}$ 中的 $\boldsymbol{X}$,得 $(\boldsymbol{C}\boldsymbol{Y})'\boldsymbol{A}(\boldsymbol{C}\boldsymbol{Y})$,即 $\boldsymbol{Y}'(\boldsymbol{C}'\boldsymbol{A}\boldsymbol{C})\boldsymbol{Y}$, 或者简记为 $\boldsymbol{Y}'\boldsymbol{B}\boldsymbol{Y}$,其中 $\boldsymbol{B} = \boldsymbol{C}'\boldsymbol{A}\boldsymbol{C}$. 显然 $\boldsymbol{Y}'\boldsymbol{B}\boldsymbol{Y}$ 也是一个二次型. 因为 $\boldsymbol{A}$ 是对称的, 容易看出, $\boldsymbol{B}$ 也是对称的, 因此 $\boldsymbol{B}$ 是二次型 $\boldsymbol{Y}'\boldsymbol{B}\boldsymbol{Y}$ 的矩阵.

如果 $\boldsymbol{C}$ 是非退化的, 那么 $\boldsymbol{Y} = \boldsymbol{C}^{-1}\boldsymbol{X}$ 也是一个线性替换. 仿照上面的讨论, 容易验证, 这个线性替换把二次型 $\boldsymbol{Y}'\boldsymbol{B}\boldsymbol{Y}$ 还原成原来的二次型 $\boldsymbol{X}'\boldsymbol{A}\boldsymbol{X}$. 这样的一对二次型称为等价的, 其确切定义如下.

定义 8.1.3 设 $\boldsymbol{X}'\boldsymbol{A}\boldsymbol{X}$ 与 $\boldsymbol{Y}'\boldsymbol{B}\boldsymbol{Y}$ 是数域 $\boldsymbol{F}$ 上两个 n 元二次型. 如果可以用数域 $\boldsymbol{F}$ 上一个非退化线性替换 $\boldsymbol{X} = \boldsymbol{C}\boldsymbol{Y}$,把二次型 $\boldsymbol{X}'\boldsymbol{A}\boldsymbol{X}$ 化成 $\boldsymbol{Y}'\boldsymbol{B}\boldsymbol{Y}$,即

$$\boldsymbol{X}'\boldsymbol{A}\boldsymbol{X} \xlongequal{\boldsymbol{X}=\boldsymbol{C}\boldsymbol{Y}} \boldsymbol{Y}'\boldsymbol{B}\boldsymbol{Y},$$

那么称 $\boldsymbol{X}'\boldsymbol{A}\boldsymbol{X}$ **等价于** $\boldsymbol{Y}'\boldsymbol{B}\boldsymbol{Y}$, 或称这两个二次型是**等价的**, 记作 $\boldsymbol{X}'\boldsymbol{A}\boldsymbol{X} \cong \boldsymbol{Y}'\boldsymbol{B}\boldsymbol{Y}$.

根据上面的分析, 定义中矩阵 $\boldsymbol{B}$ 等于 $\boldsymbol{C}'\boldsymbol{A}\boldsymbol{C}$,其中 $\boldsymbol{C}$ 是可逆的. 仿照上述定义, 我们引入一个概念如下.

定义 8.1.4 设 $\boldsymbol{A}$ 与 $\boldsymbol{B}$ 是数域 $\boldsymbol{F}$ 上两个 n 阶方阵. 如果存在数域 $\boldsymbol{F}$ 上一个 n 阶可逆矩阵 $\boldsymbol{C}$,使得 $\boldsymbol{B} = \boldsymbol{C}'\boldsymbol{A}\boldsymbol{C}$,那么称 $\boldsymbol{A}$ **合同于** $\boldsymbol{B}$, 或称 $\boldsymbol{A}$ 与 $\boldsymbol{B}$ 是**合同的**, 记作 $\boldsymbol{A} \simeq \boldsymbol{B}$,并称 $\boldsymbol{C}$ 是 $\boldsymbol{A}$ 与 $\boldsymbol{B}$ 的一个**合同因子**.

从上面的分析不难看出, 下一个定理成立.

定理 8.1.2 *在数域 $\boldsymbol{F}$ 上, 两个 n 元二次型 $\boldsymbol{X}'\boldsymbol{A}\boldsymbol{X}$ 与 $\boldsymbol{Y}'\boldsymbol{B}\boldsymbol{Y}$ 是等价的当且仅当它们的矩阵 $\boldsymbol{A}$ 与 $\boldsymbol{B}$ 是合同的.*

显然合同的矩阵有相同的秩. 根据上述定理, 等价的二次型也有相同的秩. 这表明, 二次型的秩是二次型在非退化线性替换下的一个不变量.

根据定义, 二次型的等价是数域 $\boldsymbol{F}$ 上 n 元二次型之间一种二元关系, 矩阵的合同是数域 $\boldsymbol{F}$ 上 n 阶方阵之间一种二元关系. 容易验证, 这两种关系都具有反身性、对称性和传递性.

不难看出, 在非退化线性替换 $x = \widetilde{x},\ y = \dfrac{1}{2}\widetilde{y}$ 下, 二次型 $x^2 + 4y^2$ 可化成 $\widetilde{x}^2 + \widetilde{y}^2$. 在另一个非退化线性替换 $x = \widetilde{x},\ y = -\dfrac{1}{2}\widetilde{y}$ 下, 二次型 $x^2 + 4y^2$ 也可化成 $\widetilde{x}^2 + \widetilde{y}^2$. 这表明, 对于两个等价的二次型, 可以用不同的非退化线性替换, 把一个化成另一个. 根据定理 8.1.2, 两个合同矩阵的合同因子不唯一.

设 $\boldsymbol{F}$ 与 $\overline{\boldsymbol{F}}$ 是两个数域, 使得 $\boldsymbol{F} \subseteq \overline{\boldsymbol{F}}$, 则数域 $\boldsymbol{F}$ 上的二次型也可以看作数域 $\overline{\boldsymbol{F}}$ 上的二次型. 例如, 实二次型 $x^2 - y^2$ 也可以看作复二次型. 在复数域上, 作非退化线性替换 $x = \widetilde{x},\ y = \mathrm{i}\widetilde{y}$, 二次型 $x^2 - y^2$ 可化成 $\widetilde{x}^2 + \widetilde{y}^2$. 但是在实数域上, 每一个非退化线性替换都不可能把 $x^2 - y^2$

化成 $\widetilde{x}^2+\widetilde{y}^2$. 事实上, 当 $x=0$ 且 $y=1$ 时, 有 $x^2-y^2=-1$, 然而不存在实数 $\widetilde{x}$ 和 $\widetilde{y}$, 使得 $\widetilde{x}^2+\widetilde{y}^2=-1$. 由此可见, 二次型的等价关系可能随着系数域的扩大而改变, 因而矩阵的合同关系也可能随着数域的扩大而改变.

在矩阵的合同定义中, 允许考虑两个非对称的同阶方阵 $\boldsymbol{A}$ 与 $\boldsymbol{B}$ 是否合同. 容易验证, 如果 $\boldsymbol{A}$ 合同于 $\boldsymbol{B}$, 那么 $\boldsymbol{A}$ 是对称的当且仅当 $\boldsymbol{B}$ 是对称的. 换句话说, 合同的矩阵有相同的对称性. 由于二次型的矩阵是对称的, 在下面的讨论中, 我们主要考虑对称矩阵的合同关系.

我们知道, 解析几何的一个重要任务是对二次曲线和二次曲面进行分类, 采用的手段是把它们化成标准形. 从 (8.1.1) 式我们看到, 对于中心在原点的有心二次曲线, 化标准形的问题实际上是寻找适当的非退化线性替换, 把曲线方程变成不含交叉项的方程. 类似地, 讨论二次型的一个重要任务是对二次型进行分类, 采用的手段也是用非退化线性替换来简化二次型的表达式. 为此, 我们给出下面的概念.

定义 8.1.5 在数域 $\boldsymbol{F}$ 上, 与二次型 $q(x_1, x_2, \cdots, x_n)$ 等价的每一个只含平方项的二次型 $d_1y_1^2+d_2y_2^2+\cdots+d_ny_n^2$ 称为 $q(x_1, x_2, \cdots, x_n)$ 的一个**标准形.**

上述定义中标准形的矩阵是 n 阶对角矩阵 $\operatorname{diag}\{d_1, d_2, \cdots, d_n\}$. 根据定理 8.1.2, 这个定义可以用矩阵的语言叙述如下.

定义 8.1.6 在数域 $\boldsymbol{F}$ 上, 与 n 阶对称矩阵 $\boldsymbol{A}$ 合同的每一个对角矩阵称为 $\boldsymbol{A}$ 的一个**合同标准形.**

根据前面的讨论, 有 $x^2+4y^2\cong\widetilde{x}^2+\widetilde{y}^2$. 根据反身性, 有 $x^2+4y^2\cong x^2+4y^2$. 由此可见, 二次型的标准形不唯一, 因而对称矩阵的合同标准形也不唯一.

已知合同的矩阵有相同的秩, 又已知对角矩阵的秩等于它的主对角线上非零元素的个数, 那么对称矩阵 $\boldsymbol{A}$ 的每一个合同标准形中主对角线上非零元素的个数都等于 $\boldsymbol{A}$ 的秩. 用二次型的语言, 这个事实可以叙述如下.

命题 8.1.3 给定数域 $\boldsymbol{F}$ 上一个二次型, 它的每一个标准形中系数不为零的平方项个数, 与所作的非退化线性替换无关, 都等于这个二次型的秩.

下面讨论二次型的标准形的存在性.

根据推论 7.5.9, 每一个 n 阶实对称矩阵 $\boldsymbol{A}$ 必正交相似于一个对角矩阵, 即存在一个正交矩阵 $\boldsymbol{U}$, 使得 $\boldsymbol{U'AU}$ 是对角矩阵, 其中 $\boldsymbol{U'AU}$ 的主对角线上 n 个元素恰好是 $\boldsymbol{A}$ 的 n 个特征值 $\lambda_1, \lambda_2, \cdots, \lambda_n$. 由于正交矩阵是可逆的, 因此每一个实对称矩阵既相似于又合同于一个对角矩阵.

如果 $\boldsymbol{U}$ 是一个正交矩阵, 那么称 $\boldsymbol{X}=\boldsymbol{UY}$ 为一个**正交线性替换.** 于是上一段所述的事实可以改写如下: 存在正交线性替换 $\boldsymbol{X}=\boldsymbol{UY}$, 使得

$$\boldsymbol{X'AX}\xlongequal{\boldsymbol{X}=\boldsymbol{UY}}\lambda_1y_1^2+\lambda_2y_2^2+\cdots+\lambda_ny_n^2,$$

这里 $\lambda_1, \lambda_2, \cdots, \lambda_n$ 是 $\boldsymbol{A}$ 的 n 个特征值. 注意到正交线性替换是非退化的, 我们看到, 每一个 n 元实二次型都存在标准形.

例 8.1.1 在几何空间中, 设二次曲面 Σ 在直角坐标系下的方程为

$$x^2+4y^2+z^2-4xy-8xz-4yz=1.$$

用正交线性替换来简化曲面 Σ 的方程, 并指出 Σ 是什么曲面.

解 考虑 3 元实二次型

$$q(x, y, z)=x^2+4y^2+z^2-4xy-8xz-4yz, \qquad \boldsymbol{A}=\begin{pmatrix}1&-2&-4\\-2&4&-2\\-4&-2&1\end{pmatrix}$$

它的矩阵是例 7.5.3 中的矩阵 $\boldsymbol{A}$ (即右边的矩阵). 根据例 7.5.3, $\boldsymbol{A}$ 的特征值为 5 (二重) 和 -4, 并且 $\boldsymbol{U}'\boldsymbol{A}\boldsymbol{U}=\operatorname{diag}\{5, 5, -4\}$, 这里 $\boldsymbol{U}$ 是一个正交矩阵, 它的三个列依次为 $\dfrac{1}{\sqrt{2}}(1, 0, -1)'$, $\dfrac{1}{3\sqrt{2}}(1, -4, 1)'$, $\dfrac{1}{3}(2, 1, 2)'$. 现在, 令 $\boldsymbol{X}=(x, y, z)'$ 且 $\widetilde{\boldsymbol{X}}=(\widetilde{x}, \widetilde{y}, \widetilde{z})'$, 则在正交线性替换 $\boldsymbol{X}=\boldsymbol{U}\widetilde{\boldsymbol{X}}$ 下, 有

$$q(x, y, z) \xlongequal{\boldsymbol{X}=\boldsymbol{U}\widetilde{\boldsymbol{X}}} 5\widetilde{x}^2+5\widetilde{y}^2-4\widetilde{z}^2.$$

于是在同一个线性替换下, 曲面 Σ 的方程可化成 $5\widetilde{x}^2+5\widetilde{y}^2-4\widetilde{z}^2=1$. 由此可见, Σ 是单叶双曲面.

下面考虑一般数域 $\boldsymbol{F}$ 上二次型的标准形的存在性. 先来看两个例子.

例 8.1.2 用非退化线性替换, 把下列二次型化成标准形:

$$q(x_1, x_2, x_3)=x_1^2+2x_2^2-x_3^2+4x_1x_2-4x_1x_3-4x_2x_3.$$

解 把二次型中含 x_1 的项集中起来, 并整理, 得

$$q(x_1,x_2,x_3)=\left[x_1^2+4x_1(x_2-x_3)\right]+2x_2^2-4x_2x_3-x_3^2.$$

由配方法, 方括号内的表达式可以写成 $(x_1+2x_2-2x_3)^2-4(x_2-x_3)^2$, 所以

$$q(x_1,x_2,x_3)=(x_1+2x_2-2x_3)^2-4(x_2-x_3)^2+2x_2^2-4x_2x_3-x_3^2.$$

再由配方法, 上式最后三项可以写成 $2(x_2-x_3)^2-3x_3^2$, 因此

$$q(x_1,x_2,x_3)=(x_1+2x_2-2x_3)^2-2(x_2-x_3)^2-3x_3^2.$$

令

$$y_1=x_1+2x_2-2x_3,\ \ y_2=x_2-x_3,\ \ y_3=x_3, \tag{8.1.2}$$

则

$$q(x_1, x_2, x_3)=y_1^2-2y_2^2-3y_3^2.$$

其次, 从等式组 (8.1.2) 解出 x_1, x_2, x_3, 得右边的线性替换. 显然, 这个线性替换是非退化的, 它把原二次型化成标准形 $y_1^2-2y_2^2-3y_3^2$.

$$\begin{cases}x_1=y_1-2y_2,\\x_2=\qquad\ \ y_2+y_3,\\x_3=\qquad\qquad\ \ y_3\end{cases}$$

注意, 为了保证所得的线性替换是非退化的, 在配方过程中, 尽可能做到, 每配方一次, 剩下的项中至少有一个变量不再出现. 比如, 上例中第一次配方后, 剩下的项不再出现 x_1, 第二

次配方后, 只剩下含变量 x_3 的项. 按照这种方式得到的线性替换, 其系数矩阵是一个上三角矩阵, 并且主对角线上元素全不为零, 因而它是非退化的.

例 8.1.3 把二次型 $q(x_1, x_2, x_3) = x_1x_2 + x_1x_3 - 3x_2x_3$ 化成标准形, 并写出所作的非退化线性替换.

解 这个二次型不含平方项, 因而不能直接进行配方. 为此, 先作一个非退化线性替换, 把它变成含平方项的二次型, 然后进行配方. 令

$$x_1 = y_1 - y_2,\ \ x_2 = y_1 + y_2,\ \ x_3 = y_3, \tag{8.1.3}$$

则

$$q(x_1, x_2, x_3) = (y_1 - y_2)(y_1 + y_2) + (y_1 - y_2)y_3 - 3(y_1 + y_2)y_3.$$

上式右边等于 $(y_1^2 - 2y_1y_3) - (y_2^2 + 4y_2y_3)$, 所以

$$q(x_1, x_2, x_3) = (y_1 - y_3)^2 - (y_2 + 2y_3)^2 + 3y_3^2.$$

再令

$$z_1 = y_1 - y_3,\ \ z_2 = y_2 + 2y_3,\ \ z_3 = y_3, \tag{8.1.4}$$

则

$$q(x_1, x_2, x_3) = z_1^2 - z_2^2 + 3z_3^2.$$

其次, 从等式组 (8.1.4) 解出 y_1, y_2, y_3, 得 $y_1 = z_1 + z_3,\ \ y_2 = z_2 - 2z_3,\ \ y_3 = z_3$. 把它们代入等式组 (8.1.3), 得右边的线性替换. 易见, 这个线性替换是非退化的, 它把原二次型化成标准形 $z_1^2 - z_2^2 + 3z_3^2$.

$$\begin{cases} x_1 = z_1 - z_2 + 3z_3, \\ x_2 = z_1 + z_2 - \ \ z_3, \\ x_3 = \qquad\qquad\ \ z_3 \end{cases}$$

注意, 上例中二次型一共有三个变量, 因此等式组 (8.1.3) 和 (8.1.4) 中最后一个等式都不能省略.

上面两个例子的解法称为**配方法**. 利用配方法和数学归纳法, 可以证明, *数域 $\boldsymbol{F}$ 上每一个 n 元二次型都存在标准形*. 用矩阵的语言, 这个事实可以叙述如下: *数域 $\boldsymbol{F}$ 上每一个 n 阶对称矩阵都存在合同标准形*.

下面我们将利用矩阵的对称初等变换, 给出上述事实的证明.

先来回顾一下, 矩阵的初等变换与初等矩阵之间的关系. 已知 n 阶消法矩阵 $\boldsymbol{E}_{ji}(k)$ 的转置等于 $\boldsymbol{E}_{ij}(k)$, 那么对任意的 $\boldsymbol{A} \in \boldsymbol{M}_n(\boldsymbol{F})$, 下列关系成立:

$$\boldsymbol{B} = [\boldsymbol{E}_{ji}(k)]'\boldsymbol{A}\boldsymbol{E}_{ji}(k) \Longleftrightarrow \boldsymbol{A} \xrightarrow[\{i(k)+j\}]{[i(k)+j]} \boldsymbol{B}.$$

类似地, 对于倍法矩阵 $\boldsymbol{E}_i(k)$ 和换法矩阵 $\boldsymbol{P}_{ij}$, 有下面的关系:

$$\boldsymbol{B} = [\boldsymbol{E}_i(k)]'\boldsymbol{A}\boldsymbol{E}_i(k) \Longleftrightarrow \boldsymbol{A} \xrightarrow[\{i(k)\}]{[i(k)]} \boldsymbol{B},$$

且

$$\boldsymbol{B} = \boldsymbol{P}_{ij}'\boldsymbol{A}\boldsymbol{P}_{ij} \Longleftrightarrow \boldsymbol{A} \xrightarrow[\{i,\,j\}]{[i,\,j]} \boldsymbol{B}.$$

由此可见, 用初等矩阵 $\boldsymbol{P}$ 的转置 $\boldsymbol{P}'$ 去左乘方阵 $\boldsymbol{A}$, 接着用 $\boldsymbol{P}$ 去右乘所得的矩阵, 相当于对 $\boldsymbol{A}$ 作一次行初等变换, 接着作一次相应的列初等变换, 即

$$\boldsymbol{B} = \boldsymbol{P}'\boldsymbol{A}\boldsymbol{P} \iff \boldsymbol{A} \xrightarrow[\text{相应的列初等变换}]{\text{某个行初等变换}} \boldsymbol{B}.$$

我们把这样的一对初等变换称为一个**对称初等变换**, 亦称为**合同变换**.

引理 8.1.4　数域 F 上两个 n 阶方阵 A 与 B 是合同的当且仅当可以经过连续作有限次对称初等变换, 把 A 化成 B.

证明　根据定义, 方阵 A 与 B 是合同的意味着, 存在数域 F 上一个可逆矩阵 C, 使得 $B = C'AC$. 已知每一个可逆矩阵都可以表示成有限个初等矩阵的乘积, 那么可设 $C = P_1P_2\cdots P_s$, 其中 $P_1, P_2, \cdots, P_s$ 是数域 F 上 s 个初等矩阵. 根据穿脱原理, 有 $C' = P_s'\cdots P_2'P_1'$, 因此等式 $B = C'AC$ 可以改写成

$$B = P_s'\cdots P_2'P_1'AP_1P_2\cdots P_s.$$

显然上式等价于可以经过连续作 s 次对称初等变换, 把 A 化成 B. □

现在让我们来证明本节主要定理.

定理 8.1.5　数域 F 上每一个 n 阶对称矩阵 A 都合同于一个对角矩阵.

证明　对矩阵 A 的阶数 n 作数学归纳法. 当 $n = 1$ 时, A 自身是一个对角矩阵, 此时结论自然成立. 假定 $n > 1$, 并且对 $n-1$ 的情形, 结论成立.

下面考虑 n 的情形. 令 $A = (a_{ij})$. 考察 A 的左上角元素 a_{11}. 当 $a_{11} \neq 0$ 时, 把 A 的第 1 行的 $-\dfrac{a_{i1}}{a_{11}}$ 倍加到第 i 行, 接着把第 1 列的 $-\dfrac{a_{i1}}{a_{11}}$ 倍加到第 i 列, 其中 $i = 2, 3, \cdots, n$. 由于 A 是对称的, 因此 a_{11} 下方和右边的元素都变成零. 这表明, 只要连续作 $n-1$ 次适当的对称初等变换, 就可以把 A 化成形如 $\mathrm{diag}\{d_1, B\}$ 的准对角矩阵, 其中 $d_1 = a_{11}$.

当 $a_{11} = 0$ 时, 考察 a_{11} 下方的元素 $a_{21}, \cdots, a_{n1}$. 如果它们全为零, 由于 A 是对称的, a_{11} 右边的元素也全为零. 此时 A 已经是形如 $\mathrm{diag}\{d_1, B\}$ 的准对角矩阵, 其中 $d_1 = 0$. 如果 $a_{21}, \cdots, a_{n1}$ 不全为零, 比如说 $a_{i1} \neq 0$, 那么 $2a_{i1} + a_{ii}$ 与 $-2a_{i1} + a_{ii}$ 至少有一个不等于零. 不妨设 $2a_{i1} + a_{ii} \neq 0$. 现在, 把 A 的第 i 行加到第 1 行, 接着把第 i 列加到第 1 列. 经过作这样一次对称初等变换, 所得的矩阵左上角元素为 $a_{i1} + (a_{1i} + a_{ii})$, 即 $2a_{i1} + a_{ii}$ (因为 $a_{i1} = a_{1i}$). 注意到 $2a_{i1} + a_{ii} \neq 0$, 仿照上一段的做法, 再连续作 $n-1$ 次适当的对称初等变换, 就可以把 A 化成形如 $\mathrm{diag}\{d_1, B\}$ 的准对角矩阵, 其中 $d_1 = 2a_{i1} + a_{ii}$.

综上所述, 不论 a_{11} 是否等于零, 总可以经过连续作有限次对称初等变换, 把 A 化成形如 $\mathrm{diag}\{d_1, B\}$ 的准对角矩阵.

于是由引理 8.1.4 的充分性, A 合同于 $\mathrm{diag}\{d_1, B\}$. 已知合同的矩阵有相同的对称性, 那么 $\mathrm{diag}\{d_1, B\}$ 是对称的, 从而其中的子块 B 是一个 $n-1$ 阶对称矩阵. 根据归纳假定, B 合同于一个对角矩阵, 比如说 $\mathrm{diag}\{d_2, \cdots, d_n\}$. 根据引理 8.1.4 的必要性, 可以经过连续作有限次对称初等变换, 把 B 化成对角矩阵 $\mathrm{diag}\{d_2, \cdots, d_n\}$. 现在, 返回到上一段, 接着对准对角矩阵 $\mathrm{diag}\{d_1, B\}$ 连续作相应的对称初等变换, 就可以把 A 化成 $\mathrm{diag}\{d_1, d_2, \cdots, d_n\}$. 根据引理 8.1.4 的充分性, A 合同于 $\mathrm{diag}\{d_1, d_2, \cdots, d_n\}$. □

用二次型的语言, 上述定理可以叙述如下.

定理 8.1.6 在数域 $\boldsymbol{F}$ 上, 每一个 n 元二次型 $\boldsymbol{X}'\boldsymbol{A}\boldsymbol{X}$ 都存在标准形, 即存在一个非退化线性替换 $\boldsymbol{X}=\boldsymbol{C}\boldsymbol{Y}$, 以及 n 个数 $d_1, d_2, \cdots, d_n \in \boldsymbol{F}$, 使得

$$\boldsymbol{X}'\boldsymbol{A}\boldsymbol{X} \xlongequal{\boldsymbol{X}=\boldsymbol{C}\boldsymbol{Y}} d_1y_1^2+d_2y_2^2+\cdots+d_ny_n^2.$$

按照定理 8.1.5 的证明方法, 可以求出 n 阶对称矩阵 $\boldsymbol{A}$ 的合同标准形, 因而可以求出 n 元二次型 $\boldsymbol{X}'\boldsymbol{A}\boldsymbol{X}$ 的标准形. 事实上, 如果

$$\boldsymbol{A} \xrightarrow{\text{连续作对称初等变换}} \operatorname{diag}\{d_1, d_2, \cdots, d_n\},$$

那么 $d_1y_1^2+d_2y_2^2+\cdots+d_ny_n^2$ 就是二次型 $\boldsymbol{X}'\boldsymbol{A}\boldsymbol{X}$ 的一个标准形. 这种化标准形的方法称为**对称初等变换法.**

例 8.1.4 用对称初等变换法, 求下列二次型的一个标准形:

$$x_1^2+2x_2^2+3x_3^2+2x_1x_2+4x_1x_3+2x_2x_3.$$

解 对二次型的矩阵 $\boldsymbol{A}$ 连续作对称初等变换如下:

$$\boldsymbol{A}=\begin{pmatrix}1&1&2\\1&2&1\\2&1&3\end{pmatrix} \xrightarrow[\substack{\{1(-1)+2\}\\\{1(-2)+3\}}]{\substack{[1(-1)+2]\\[1(-2)+3]}} \begin{pmatrix}1&0&0\\0&1&-1\\0&-1&-1\end{pmatrix} \xrightarrow[\{2(1)+3\}]{[2(1)+3]} \begin{pmatrix}1&0&0\\0&1&0\\0&0&-2\end{pmatrix},$$

那么 $y_1^2+y_2^2-2y_3^2$ 就是所求的一个标准形.

现在提出一个问题: 用对称初等变换法, 求对称矩阵 $\boldsymbol{A}$ 的合同标准形时, 怎样求相应的合同因子? 实际上, 引理 8.1.4 的证明中已经涉及这个问题. 设 $\boldsymbol{D}$ 是 $\boldsymbol{A}$ 的一个合同标准形, 并设 $\boldsymbol{C}$ 是它们的一个合同因子, 那么 $\boldsymbol{C}'\boldsymbol{A}\boldsymbol{C}=\boldsymbol{D}$. 令 $\boldsymbol{C}=\boldsymbol{P}_1\boldsymbol{P}_2\cdots\boldsymbol{P}_s$, 其中 $\boldsymbol{P}_1, \boldsymbol{P}_2, \cdots, \boldsymbol{P}_s$ 都是初等矩阵, 则

$$\boldsymbol{P}_s'\cdots\boldsymbol{P}_2'\boldsymbol{P}_1'\boldsymbol{A}\boldsymbol{P}_1\boldsymbol{P}_2\cdots\boldsymbol{P}_s=\boldsymbol{D} \quad \text{且} \quad \boldsymbol{E}\boldsymbol{P}_1\boldsymbol{P}_2\cdots\boldsymbol{P}_s=\boldsymbol{C}.$$

这表明, 如果对 $\boldsymbol{A}$ 连续作对称初等变换, 并且对单位矩阵 $\boldsymbol{E}$ 连续作相应的列初等变换, 当 $\boldsymbol{A}$ 化成 $\boldsymbol{D}$ 时, $\boldsymbol{E}$ 就化成 $\boldsymbol{C}$. 这个过程可以统一描述如下:

$$\begin{pmatrix}\boldsymbol{A}\\\boldsymbol{E}\end{pmatrix} \xrightarrow{\text{连续作对称初等变换}} \begin{pmatrix}\boldsymbol{D}\\\boldsymbol{C}\end{pmatrix}.$$

类似地, 如果对分块矩阵 $(\boldsymbol{A}, \boldsymbol{E})$ 连续作对称初等变换, 不难看出, 当 $\boldsymbol{A}$ 化成对角矩阵 $\boldsymbol{D}$ 时, $\boldsymbol{E}$ 就化成 $\boldsymbol{C}'$, 即

$$(\boldsymbol{A}, \boldsymbol{E}) \xrightarrow{\text{连续作对称初等变换}} (\boldsymbol{D}, \boldsymbol{C}').$$

于是按上面描述的两种过程之一, 可以求出合同因子 $\boldsymbol{C}$. 注意, 对于后一种情形, 所得的分块矩阵右半部分是 $\boldsymbol{C}$ 的转置 $\boldsymbol{C}'$.

例 8.1.5 设 $\boldsymbol{A}=\begin{pmatrix}0&1&1\\1&0&-3\\1&-3&0\end{pmatrix}$. 求一个可逆矩阵 $\boldsymbol{C}$, 使得 $\boldsymbol{C}'\boldsymbol{A}\boldsymbol{C}$ 是对角矩阵.

解 对分块矩阵 $(\boldsymbol{A}, \boldsymbol{E})$ 连续作对称初等变换如下:

$$(\boldsymbol{A}, \boldsymbol{E}) = \left(\begin{array}{ccc:ccc} 0 & 1 & 1 & 1 & 0 & 0 \\ 1 & 0 & -3 & 0 & 1 & 0 \\ 1 & -3 & 0 & 0 & 0 & 1 \end{array}\right) \xrightarrow[\{2(1)+1\}]{[2(1)+1]} \left(\begin{array}{ccc:ccc} 2 & 1 & -2 & 1 & 1 & 0 \\ 1 & 0 & -3 & 0 & 1 & 0 \\ -2 & -3 & 0 & 0 & 0 & 1 \end{array}\right)$$

$$\xrightarrow[\left[1\left(-\frac{1}{2}\right)+2\right]]{\substack{[1(3)+3]\\ [2(-4)+3]}} \left(\begin{array}{ccc:ccc} 2 & 1 & -2 & 1 & 1 & 0 \\ 0 & -\dfrac{1}{2} & -2 & \dfrac{1}{2} & \dfrac{1}{2} & 0 \\ 0 & 0 & 6 & 3 & -1 & 1 \end{array}\right) \xrightarrow[\left\{1\left(-\frac{1}{2}\right)+2\right\}]{\substack{\{1(3)+3\}\\ \{2(-4)+3\}}} \left(\begin{array}{ccc:ccc} 2 & 0 & 0 & 1 & 1 & 0 \\ 0 & -\dfrac{1}{2} & 0 & -\dfrac{1}{2} & \dfrac{1}{2} & 0 \\ 0 & 0 & 6 & 3 & -1 & 1 \end{array}\right).$$

令 $\boldsymbol{C}' = \begin{pmatrix} 1 & 1 & 0 \\ -\dfrac{1}{2} & \dfrac{1}{2} & 0 \\ 3 & -1 & 1 \end{pmatrix}$, 则 $\boldsymbol{C} = \begin{pmatrix} 1 & -\dfrac{1}{2} & 3 \\ 1 & \dfrac{1}{2} & -1 \\ 0 & 0 & 1 \end{pmatrix}$, 并且 $\boldsymbol{C}'\boldsymbol{A}\boldsymbol{C} = \operatorname{diag}\left\{2, -\dfrac{1}{2}, 6\right\}$.

注 8.1.1 考察上例的解题过程, 对于后面 3 个行初等变换化出来的分块矩阵, 如果把其中的左半部分主对角线上方 3 个数都换成零, 就达到了最后 3 个列初等变换所起的作用. 为了节省书写篇幅, 解题时, 最后 3 个列初等变换可以不写出来 (这样做时, 开头部分 "对称" 两个字也要省掉).

对于二次型的情形, 上面介绍的方法也可以用来求相应的非退化线性替换.

例 8.1.6 求二次型 $2x_1x_2 + 2x_1x_3 - 6x_2x_3$ 的一个标准形, 并写出所作的非退化线性替换.

解 容易看出, 这个二次型的矩阵就是上例中矩阵 $\boldsymbol{A}$. 根据上例, $\boldsymbol{A}$ 合同于对角矩阵 $\operatorname{diag}\left\{2, -\dfrac{1}{2}, 6\right\}$, 它们的一个合同因子为 $\boldsymbol{C}$, 因此这个二次型的一个标准形为 $2y_1^2 - \dfrac{1}{2}y_2^2 + 6y_3^2$, 所作的非退化线性替换为 $\boldsymbol{X} = \boldsymbol{C}\boldsymbol{Y}$, 即

$$\begin{cases} x_1 = y_1 - \dfrac{1}{2}y_2 + 3y_3, \\ x_2 = y_1 + \dfrac{1}{2}y_2 - \ \ y_3, \\ x_3 = \qquad\qquad\quad\ \ y_3. \end{cases}$$

习题 8.1

1. 设 $q_1(x_1, y_1) = x_1^2 + 2y_1^2$ 是一个 2 元实二次型. 令 $q_2(x_2, y_2)$ 是 $q_1(x_1, y_1)$ 在线性替换 $x_1 = x_2 + y_2$, $y_1 = x_2 + y_2$ 下所得的二次型, 并令 $q_3(x_3, y_3)$ 是 $q_1(x_1, y_1)$ 在线性替换 $x_1 = x_3$, $y_1 = \dfrac{1}{\sqrt{2}}y_3$ 下所得的二次型. 分别求二次型 $q_1(x_1, y_1)$, $q_2(x_2, y_2)$ 与 $q_3(x_3, y_3)$ 的秩. 在直角坐标平面上, 由下列三个方程所决定的分别是什么曲线?

$$q_1(x_1, y_1) = 1, \quad q_2(x_2, y_2) = 1, \quad q_3(x_3, y_3) = 1.$$

2. 设 $\boldsymbol{A}, \boldsymbol{B} \in \boldsymbol{M}_n(\boldsymbol{F})$. 证明: 若 $\boldsymbol{A}$ 与 $\boldsymbol{B}$ 是合同的, 则 $\boldsymbol{A}$ 是对称的当且仅当 $\boldsymbol{B}$ 是对称的.

3. 设 $\boldsymbol{A}$ 是数域 $\boldsymbol{F}$ 上一个可逆对称矩阵. 证明: $\boldsymbol{A}$ 与 $\boldsymbol{A}^{-1}$ 是合同的.

4. 用正交线性替换把下列二次型化成标准形:

(1) $2x_1^2 + 5x_2^2 + 5x_3^2 + 4x_1x_2 - 4x_1x_3 - 8x_2x_3$; (2) $2x_1x_2 - 2x_3x_4$.

5. 设二次曲面 Σ 在直角坐标系下的方程为 $2x^2+6y^2+2z^2+8xz=1$. 用正交线性替换来简化曲面 Σ 的方程, 并指出 Σ 是什么曲面.

6. 已知 3 元实二次型 $x_1^2+x_2^2+x_3^2+2ax_1x_2+2x_1x_3+2bx_2x_3$ 可以经过一个正交线性替换化成标准型 y_1+2y_2. 求 a 与 b 的值.

7. 用配方法把下列二次型化成标准形, 并写出所作的非退化线性替换:

(1) $q(x_1, x_2, x_3)=x_1^2+2x_2^2+2x_1x_2-2x_1x_3$;

(2) $q(x_1, x_2, x_3)=x_1x_2+x_1x_3-x_2x_3$.

8. 设 $\boldsymbol{A}=\operatorname{diag}\{a, b, c\}$ 且 $\boldsymbol{B}=\operatorname{diag}\{c, a, b\}$. 证明: 矩阵 $\boldsymbol{A}$ 与 $\boldsymbol{B}$ 是合同的.

9. 设 $\boldsymbol{A}$ 是数域 $\boldsymbol{F}$ 上一个 n 阶对称矩阵, 并设 $\boldsymbol{A}$ 的秩等于 r $(r>0)$. 证明:

(1) $\boldsymbol{A}$ 可以分解成 r 个秩为 1 的对称矩阵之和;

(2) 当 $r<n$ 时, 存在一个秩为 $n-r$ 的对称矩阵 $\boldsymbol{B}$, 使得 $\boldsymbol{AB}=\boldsymbol{O}$.

10. 用矩阵的初等变换, 把下列 3 元二次型化成标准形, 并写出所作的非退化线性替换:

(1) $x_1^2+x_2^2+3x_3^2+4x_1x_2+2x_1x_3+2x_2x_3$; (2) $2x_1x_2+2x_1x_3-4x_2x_3$.

*11. 设 $\boldsymbol{A}$ 是一个 n 阶实对称矩阵. 证明: 存在一个正实数 λ, 使得对 $\mathbb{R}^n$ 中任意向量 $\boldsymbol{X}$, 有 $|\boldsymbol{X}'\boldsymbol{A}\boldsymbol{X}|\leqslant \lambda\boldsymbol{X}'\boldsymbol{X}$.

*12. 证明: 在数域 $\boldsymbol{F}$ 上, 与反对称矩阵合同的矩阵一定是反对称的.

*13. 数域 $\boldsymbol{F}$ 上一个 n 阶方阵 $\boldsymbol{A}$ 是反对称的当且仅当对任意的 $\boldsymbol{X}\in\boldsymbol{F}^n$, 有 $\boldsymbol{X}'\boldsymbol{A}\boldsymbol{X}=0$.

*14. 设 $\boldsymbol{A}$ 与 $\boldsymbol{B}$ 是数域 $\boldsymbol{F}$ 上两个反对称矩阵. 证明: (1) 如果 $\boldsymbol{A}\neq\boldsymbol{O}$, 那么存在一个正整数 s, 使得 $\boldsymbol{A}$ 合同于 $\operatorname{diag}\{\boldsymbol{J}_1, \boldsymbol{J}_2, \cdots, \boldsymbol{J}_s, \boldsymbol{0}\}$, 这里 $\boldsymbol{J}_i=\begin{pmatrix}0 & 1\\ -1 & 0\end{pmatrix}$, $i=1, 2, \cdots, s$; (2) $\boldsymbol{A}$ 的秩是偶数; (3) $\boldsymbol{A}$ 与 $\boldsymbol{B}$ 是合同的当且仅当它们的秩是相等的.

8.2 复二次型和实二次型

在这一节我们将讨论两类最常见的二次型 —— 复二次型和实二次型, 其中前者特别简单, 后者特别有用. 本节主要讨论复二次型和实二次型在等价意义下的分类问题. 用矩阵的语言就是, 讨论复对称矩阵和实对称矩阵在合同意义下的分类问题. 其思想与解析几何里二次曲线或二次曲面的分类思想是一致的.

先来讨论复二次型. 给定一个 n 元复二次型, 根据定理 8.1.6, 可以用一个适当的非退化线性替换, 把二次型化成标准形 $d_1y_1^2+d_2y_2^2+\cdots+d_ny_n^2$. 根据命题 8.1.3, 当原二次型的秩为

$r(r>0)$ 时, 标准形中非零平方项的个数为 r. 不妨设它的前 r 个平方项是非零的, 那么上述标准形可以写成 $d_1y_1^2+d_2y_2^2+\cdots+d_ry_r^2$. 已知二次型的标准形不唯一, 那么能不能在标准形中找到一个典型代表, 使得它具有特别简单的形式? 注意到每一个非零复数有两个平方根, 因此可以选取 d_i 的一个平方根 $\sqrt{d_i}$ $(i=1,2,\cdots,r)$, 并作右边的线性替换. 显然这个线性替换是非退化的, 它把上述标准形变成

$$\begin{cases} y_1 = \dfrac{1}{\sqrt{d_1}}z_1, \\ y_2 = \dfrac{1}{\sqrt{d_2}}z_2, \\ \quad\vdots \\ y_r = \dfrac{1}{\sqrt{d_r}}z_r, \\ y_{r+1} = z_{r+1}, \\ \quad\vdots \\ y_n = z_n \end{cases}$$

$$z_1^2+z_2^2+\cdots+z_r^2. \tag{8.2.1}$$

由于二次型的等价关系具有传递性, 上式也是原二次型的一个标准形, 其形式无疑是最简单的. 又由于标准形 (8.2.1) 中非零平方项的个数等于原二次型的秩, 而秩是一个不变量, 因此标准形 (8.2.1) 是唯一的, 称为原二次型的**复规范形**, 简称为**规范形**. 当二次型的秩为零时, 补充规定, 它的规范形为 0. 这就得到

定理 8.2.1 每一个秩为 $r\ (r>0)$ 的 n 元复二次型都可以经过一个适当的非退化线性替换化成复规范形 $z_1^2+z_2^2+\cdots+z_r^2$, 并且复规范形是唯一的.

由于二次型的等价关系具有对称性和传递性, 由上述定理, 立即得到

推论 8.2.2 两个 n 元复二次型是等价的当且仅当它们有相同的复规范形, 或者当且仅当它们有相同的秩.

用矩阵的语言, 定理 8.2.1 和推论 8.2.2 可以叙述如下.

定理 8.2.3 秩为 $r\ (r>0)$ 的 n 阶复对称矩阵 $\boldsymbol{A}$ 必合同于 $\boldsymbol{J}_r$, 这里 $\boldsymbol{J}_r$ 是 $\boldsymbol{A}$ 的相抵标准形, 即 $\boldsymbol{J}_r=\operatorname{diag}\{\boldsymbol{E}_r, \boldsymbol{0}_{n-r}\}$, 称为 $\boldsymbol{A}$ 的**复规范形**, 简称为**规范形**.

推论 8.2.4 两个 n 阶复对称矩阵是合同的当且仅当它们有相同的复规范形, 或者当且仅当它们有相同的秩.

设 $\boldsymbol{Q}_r$ 是由秩为 r 的全体 n 元复二次型组成的集合 $(0\leqslant r\leqslant n)$. 当 $r=0$ 时, 有 $\boldsymbol{Q}_0=\{0\}$. 当 $r\neq 0$ 时, 根据推论 8.2.2, 如果一个复二次型在 $\boldsymbol{Q}_r$ 中, 那么它与 $z_1^2+z_2^2+\cdots+z_r^2$ 等价, 反之亦然. 容易看出, 下列两个条件同时成立:

(1) $\boldsymbol{Q}_{r_1}\cap\boldsymbol{Q}_{r_2}=\varnothing,\ r_1\neq r_2,\ r_1, r_2=0,1,2,\cdots,n$;

(2) $\boldsymbol{Q}_0\cup\boldsymbol{Q}_1\cup\cdots\cup\boldsymbol{Q}_n$ 等于由全体 n 元复二次型组成的集合.

因此 $\boldsymbol{Q}_0, \boldsymbol{Q}_1, \cdots, \boldsymbol{Q}_n$ 构成 n 元复二次型的一个分类, 其中同一类中的二次型彼此等价, 不同类中的二次型不等价. 这就得到下列结论: 全体 n 元复二次型按照二次型的等价关系进行分类, 一共可以分成 $n+1$ 类, 所有秩为 r 的 n 元复二次型恰好构成其中的一个类, 因而可以选取复规范形 $z_1^2+z_2^2+\cdots+z_r^2$ 作为这类二次型的代表.

上述结论可以用矩阵的语言叙述如下: 全体 n 阶复对称矩阵按照矩阵的合同关系进行分类, 一共可以分成 $n+1$ 类, 所有秩为 r 的 n 阶复对称矩阵恰好构成其中的一个类, 因而可以选取复规范形 $\boldsymbol{J}_r$ 作为这类矩阵的代表.

下面讨论实二次型. 给定一个秩为 r 的 n 元实二次型, 当 $r>0$ 时, 可以用一个适当的非退化线性替换, 把二次型化成标准形 $k_1y_1^2+k_2y_2^2+\cdots+k_ry_r^2$, 其中 $k_1, k_2, \cdots, k_r$ 是 r 个非零实数. 由于二次型的标准形不唯一, 我们也希望能够在标准形中找到一个典型代表, 使得它具有特别简单的形式. 但是上述标准形中的系数可能出现负数, 而负数的平方根不是实数, 因此不能像复二次型那样, 直接对每一个系数开平方. 注意到正数的算术平方根是正数, 因此可以分别考虑系数中的正数和负数. 不妨设前 p 个系数是正的, 后 $r-p$ 个系数是负的. 令 $d_i=|k_i|,\ i=1, 2, \cdots, r$, 则上述标准形可以表示成

$$d_1y_1^2+d_2y_2^2+\cdots+d_py_p^2-d_{p+1}y_{p+1}^2-\cdots-d_ry_r^2,$$

其中 $d_1, d_2, \cdots, d_p, d_{p+1}, \cdots, d_r$ 都是正数, 并且 $0\leqslant p\leqslant r\leqslant n$. 现在, 令

$$\begin{cases} y_1 = \dfrac{1}{\sqrt{d_1}}z_1, \\ y_2 = \dfrac{1}{\sqrt{d_2}}z_2, \\ \quad\vdots \qquad \ddots \\ y_r = \dfrac{1}{\sqrt{d_r}}z_r, \\ y_{r+1} = z_{r+1}, \\ \quad\vdots \qquad \ddots \\ y_n = z_n. \end{cases}$$

这是一个非退化线性替换, 它把上述标准形化成

$$z_1^2+z_2^2+\cdots+z_p^2-z_{p+1}^2-\cdots-z_r^2. \tag{8.2.2}$$

上式也是原二次型的一个标准形, 并且在所有标准形中, 它的形式最简单.

对照定理 8.2.1, 自然会提出一个问题: 形如 (8.2.2) 的标准形是不是唯一的? 由于二次型的秩 r 是唯一的, 这个问题等价于标准形 (8.2.2) 中非负整数 p 是不是唯一的? 下一个定理肯定地回答了这个问题, 因此也可以像复二次型那样, 称标准形 (8.2.2) 为原二次型的**实规范形**, 简称为**规范形**. 当二次型的秩为零时, 补充规定, 它的实规范形为 0.

定理 8.2.5 (惯性定理) 每一个 n 元实二次型都可以经过一个适当的非退化线性替换化成实规范形, 并且实规范形是唯一的.

证明 定理的前半部分已经在上面证明了, 只须证明后半部分. 不妨设所给二次型的秩为 r, 并且 $r>0$. 假定

$$y_1^2+y_2^2+\cdots+y_p^2-y_{p+1}^2-\cdots-y_r^2$$

与

$$z_1^2+z_2^2+\cdots+z_q^2-z_{q+1}^2-\cdots-z_r^2$$

是原二次型的两个实规范形, 那么只须证明 $p=q$. 事实上, 因为原二次型分别与这两个规范

形等价, 根据等价关系的对称性和传递性, 这两个规范形是等价的. 于是存在一个 n 阶可逆实矩阵 $\boldsymbol{C}$, 使得

$$y_1^2+\cdots+y_p^2-y_{p+1}^2-\cdots-y_r^2 \xlongequal{\boldsymbol{Y}=\boldsymbol{CZ}} z_1^2+\cdots+z_q^2-z_{q+1}^2-\cdots-z_r^2. \tag{8.2.3}$$

令 $\boldsymbol{C}=(c_{ij})$, 则线性替换 $\boldsymbol{Y}=\boldsymbol{CZ}$ 可以表示成

$$\begin{cases} y_1=c_{11}z_1+c_{12}z_2+\cdots+c_{1n}z_n, \\ y_2=c_{21}z_1+c_{22}z_2+\cdots+c_{2n}z_n, \\ \quad\vdots \\ y_n=c_{n1}z_1+c_{n2}z_2+\cdots+c_{nn}z_n. \end{cases} \tag{8.2.4}$$

现在, 若 $p\neq q$, 则 $p<q$ 或 $p>q$. 不妨设 $p<q$. 构造下列齐次线性方程组:

$$\begin{cases} c_{11}z_1+c_{12}z_2+\cdots+c_{1n}z_n=0, \\ c_{21}z_1+c_{22}z_2+\cdots+c_{2n}z_n=0, \\ \qquad\vdots \\ c_{p1}z_1+c_{p2}z_2+\cdots+c_{pn}z_n=0, \\ z_{q+1}=0, \\ \qquad\vdots \\ z_n=0. \end{cases} \tag{8.2.5}$$

该方程组所含方程的个数为 $p+(n-q)$, 小于未知量个数 n, 因而方程组有非零解. 令 $\boldsymbol{Z}_0\in\mathbb{R}^n$ 是它的一个非零解. 由方程组的后 $n-q$ 个方程可见, $\boldsymbol{Z}_0$ 的后 $n-q$ 个分量全为零. 于是可设 $\boldsymbol{Z}_0=(c_1,\cdots,c_q,0,\cdots,0)'$, 其中 $c_1,\cdots,c_q$ 是不全为零的实数. 再令 $\boldsymbol{Y}_0=\boldsymbol{CZ}_0$, 即 $\boldsymbol{Y}_0$ 是把 $\boldsymbol{Z}_0$ 的分量代入等式组 (8.2.4) 所得的向量. 对照 (8.2.4) 与 (8.2.5) 中前 p 个等式, 我们看到, $\boldsymbol{Y}_0$ 的前 p 个分量全为零. 于是可设 $\boldsymbol{Y}_0=(0,\cdots,0,b_{p+1},\cdots,b_r)'$, 其中 $b_{p+1},\cdots,b_r$ 都是实数. 现在, 把 $\boldsymbol{Y}_0$ 和 $\boldsymbol{Z}_0$ 的分量代入 (8.2.3) 式, 得

$$0^2+\cdots+0^2-b_{p+1}^2-\cdots-b_r^2 \xlongequal{\boldsymbol{Y}_0=\boldsymbol{CZ}_0} c_1^2+\cdots+c_q^2-0^2-\cdots-0^2.$$

由于 $c_1,\cdots,c_q$ 是不全为零的实数, 上式右边是正数, 而左边不可能是正数. 这就出现一个矛盾, 因此 $p=q$. □

例 8.2.1 求二次型 $4x_1^2-3x_3^2+4x_1x_2-4x_1x_3-6x_2x_3$ 的复规范形和实规范形, 并写出所作的非退化线性替换.

解 把二次型变形为

$$(2x_1)^2+4x_1(x_2-x_3)+(x_2-x_3)^2-x_2^2-4x_2x_3-4x_3^2.$$

由配方法, 原二次型可以表示成 $(2x_1+x_2-x_3)^2-(x_2+2x_3)^2$. 令

$$z_1=2x_1+x_2-x_3,\ \ z_2=\mathrm{i}(x_2+2x_3),\ \ z_3=x_3,$$

则原二次型可化成复规范形 $z_1^2+z_2^2$. 再从上述等式组, 解得

$$x_1=\frac{1}{2}(z_1+\mathrm{i}z_2+3z_3),\ \ x_2=-\mathrm{i}z_2-2z_3,\ \ x_3=z_3.$$

这就是所作的非退化线性替换. 其次, 令

$$z_1 = 2x_1 + x_2 - x_3,\ \ z_2 = x_2 + 2x_3,\ \ z_3 = x_3,$$

则原二次型可化成实规范形 $z_1^2 - z_2^2$. 再从上述等式组, 解得

$$x_1 = \frac{1}{2}(z_1 - z_2 + 3z_3),\ \ x_2 = z_2 - 2z_3,\ \ x_3 = z_3.$$

这就是所作的非退化线性替换.

惯性定理表明, n 元实二次型的规范形 $z_1^2 + z_2^2 + \cdots + z_p^2 - z_{p+1}^2 - \cdots - z_r^2$ 中正平方项个数 p, 负平方项个数 $r-p$, 以及它们的差 $p-(r-p)$, 即 $2p-r$, 都是原二次型在非退化线性替换下的不变量. 我们把 p, $r-p$ 和 $2p-r$ 这三个不变量分别称为原二次型的 **正惯性指数**、**负惯性指数** 和 **符号差.**

从惯性定理前半部分的证明过程 (即 (8.2.2) 式的推导过程), 我们看到, 尽管实二次型的标准形不唯一, 但是每一个标准形中系数为正 (负) 的平方项个数都等于原二次型的正 (负) 惯性指数.

注意到二次型的等价关系具有对称性和传递性, 由惯性定理, 立即得到

推论 8.2.6 两个 n 元实二次型是等价的当且仅当它们有相同的实规范形, 或者当且仅当它们有相同的秩和相同的正惯性指数.

给定一个 n 元实二次型, 令 r, p, q 和 s 分别是它的秩、正惯性指数、负惯性指数和符号差, 则这四个不变量适合下面两个等式:

$$p + q = r \quad 且 \quad p - q = s.$$

由此可见, 只要知道其中的两个不变量, 就可以通过这两个等式, 求出另外两个不变量. 于是由推论 8.2.6, 下列结论成立: 两个 n 元实二次型是等价的当且仅当它们的秩、正惯性指数、负惯性指数和符号差, 这四对不变量中有两对各自相等. 例如, 如果知道了它们的秩相等, 符号差也相等, 那么这两个实二次型是等价的.

用矩阵的语言, 惯性定理可以叙述如下.

定理 8.2.7 设 $\boldsymbol{A}$ 是一个 n 阶实对称矩阵. 如果 $\boldsymbol{A}$ 的秩等于 r, 那么存在唯一一个不超过 r 的非负整数 p, 使得 $\boldsymbol{A}$ 合同于 $\mathrm{diag}\{\boldsymbol{E}_p, -\boldsymbol{E}_{r-p}, \boldsymbol{0}_{n-r}\}$, 后者称为 $\boldsymbol{A}$ 的 **实规范形.**

给定一个 n 阶实对称矩阵 $\boldsymbol{A}$, 我们把 n 元实二次型 $\boldsymbol{X}'\boldsymbol{A}\boldsymbol{X}$ 的正 (负) 惯性指数称为矩阵 $\boldsymbol{A}$ 的 **正 (负) 惯性指数,** 并把 $\boldsymbol{X}'\boldsymbol{A}\boldsymbol{X}$ 的符号差称为 $\boldsymbol{A}$ 的 **符号差.** 于是 $\boldsymbol{A}$ 的秩、正 (负) 惯性指数和符号差都是 $\boldsymbol{A}$ 在对称初等变换下的不变量. 与实二次型的情形一样, 尽管 $\boldsymbol{A}$ 的合同标准形不唯一, 但是每一个合同标准形, 其主对角线上元素中正 (负) 数的个数都等于 $\boldsymbol{A}$ 的正 (负) 惯性指数.

推论 8.2.8 两个 n 阶实对称矩阵是合同的当且仅当它们有相同的实规范形, 或者当且仅当它们的秩、正惯性指数、负惯性指数和符号差, 这四对不变量中有两对各自相等.

设 $\boldsymbol{Q}_r$ 是由秩为 r 的全体 n 元实二次型组成的集合, 并设 $\boldsymbol{Q}_{rp}$ 是由秩为 r 正惯性指数为 p 的全体 n 元实二次型组成的集合, 则 $\boldsymbol{Q}_{rp}$ 是 $\boldsymbol{Q}_r$ 的一个非空子集. 当 $r=0$ 时, 有 $p=0$ 且 $\boldsymbol{Q}_{00}=\{0\}$. 当 $r>0$ 时, 根据推论 8.2.6, 如果一个实二次型在 $\boldsymbol{Q}_{rp}$ 中, 那么它与实规范形

$$z_1^2+z_2^2+\cdots+z_p^2-z_{p+1}^2-\cdots-z_r^2$$

等价, 反之亦然. 注意到 $0\leqslant p\leqslant r$, 容易看出, 下列两个条件同时成立:

(1) $\boldsymbol{Q}_{rp_1}\cap\boldsymbol{Q}_{rp_2}=\varnothing,\ p_1\neq p_2,\ p_1, p_2=0, 1, 2, \cdots, r;$

(2) $\boldsymbol{Q}_r=\boldsymbol{Q}_{r0}\cup\boldsymbol{Q}_{r1}\cup\cdots\cup\boldsymbol{Q}_{rr}.$

因此 $\boldsymbol{Q}_{r0}, \boldsymbol{Q}_{r1}, \cdots, \boldsymbol{Q}_{rr}$ 构成集合 $\boldsymbol{Q}_r$ 的一个分类. 于是 $\boldsymbol{Q}_r$ 可以分成 $r+1$ 个类. 因为 r 的取值范围是 $0, 1, 2, \cdots, n$, 又因为

$$1+2+3+\cdots+(n+1)=\frac{1}{2}(n+1)(n+2),$$

所以全体 n 元实二次型可以分成 $\frac{1}{2}(n+1)(n+2)$ 类, 其中同一类中的二次型彼此等价, 不同类中的二次型不等价. 这就得到下列结论: *全体 n 元实二次型按照二次型的等价关系进行分类, 一共可以分成 $\frac{1}{2}(n+1)(n+2)$ 类, 所有秩为 r 正惯性指数为 p 的 n 元实二次型恰好构成其中的一个类, 因而可以选取实规范形 $z_1^2+z_2^2+\cdots+z_p^2-z_{p+1}^2-\cdots-z_r^2$ 作为这类二次型的代表.*

用矩阵的语言, 上述结论就是, *全体 n 阶实对称矩阵按照矩阵的合同关系进行分类, 一共可以分成 $\frac{1}{2}(n+1)(n+2)$ 类, 所有秩为 r 正惯性指数为 p 的 n 阶实对称矩阵恰好构成其中的一个类, 因而可以选取 $\operatorname{diag}\{\boldsymbol{E}_p, -\boldsymbol{E}_{r-p}, \boldsymbol{0}_{n-r}\}$ 作为这类矩阵的代表.*

在上一节我们讨论了正交线性替换, 它是一类特殊的非退化线性替换. 我们知道, 正交线性替换实际上是正交变换, 因而它既是保长的, 又是保角的. 在解析几何里, 我们曾经讨论过**仿射变换**, 即变换 $\boldsymbol{X}=\boldsymbol{\beta}+\boldsymbol{C}\boldsymbol{Y}$, 其中 $\boldsymbol{C}$ 是一个 3 阶 (或 2 阶) 可逆实矩阵, $\boldsymbol{\beta}$ 是 $\mathbb{R}^3$ (或 $\mathbb{R}^2$) 中一个向量. 显然, 当 $\boldsymbol{\beta}=\boldsymbol{\theta}$ 时, 这样的变换就是非退化线性替换. 已知仿射变换把直线变成直线, 并且把平行的直线变成平行的直线. 但是一般地, 仿射变换既不是保长的, 也不是保角的, 因而它可能把圆变成椭圆, 也可能把椭圆变成圆. 这样, 在仿射变换下, 只能把椭圆和圆看作同一种类型的二次曲线. 这样的分类思想体现在 n 元实二次型上, 就得到上面的分类.

例 8.2.2 假设 $\mathscr{C}: ax^2+2bxy+cy^2=1$ 是几何平面 $\mathbb{V}_2$ 上一条二次曲线, 那么 a, b, c 是不全为零的实数, 所以 2 元实二次型 $ax^2+2bxy+cy^2$ 的秩不等于零, 从而它的规范形只可能为下列五种情形之一:

$$z_1^2,\quad -z_1^2,\quad z_1^2+z_2^2,\quad z_1^2-z_2^2,\quad -z_1^2-z_2^2.$$

于是存在一个非退化线性替换, 使得曲线 $\mathscr{C}$ 的方程变成下列五个方程之一:

$$z_1^2=1,\quad -z_1^2=1,\quad z_1^2+z_2^2=1,\quad z_1^2-z_2^2=1,\quad -z_1^2-z_2^2=1.$$

由此可见, 几何平面上形如 $\mathscr{C}: ax^2+2bxy+cy^2=1$ 的全体二次曲线在非退化线性替换下可以分成五种类型 (其中有两种是虚的), 它们是两条平行直线、两条虚平行直线、椭圆、双曲线和虚椭圆.

习题 8.2

1. 设 $\boldsymbol{A}=\begin{pmatrix}1&0\\0&2\end{pmatrix}$ 且 $\boldsymbol{B}=\begin{pmatrix}1&2\\2&1\end{pmatrix}$. 在复数域上, 矩阵 $\boldsymbol{A}$ 与 $\boldsymbol{B}$ 合同吗? 在实数域上呢?

2. 设 $\boldsymbol{A}=\operatorname{diag}\{1,2\}$. 在实数域上, $\boldsymbol{A}$ 与 2 阶单位矩阵 $\boldsymbol{E}$ 合同吗? 在有理数域上呢?

3. 设 $\boldsymbol{A}$ 是一个 n 阶复对称矩阵. 证明: 存在一个 n 阶复矩阵 $\boldsymbol{B}$, 使得 $\boldsymbol{A}=\boldsymbol{B}'\boldsymbol{B}$.

4. 求下列 3 元复二次型的规范形:

   (1) $x_1^2+2x_2^2+4x_3^2+2x_1x_2+4x_2x_3$; (2) $x_1^2-3x_2^2-2x_1x_2+2x_1x_3-6x_2x_3$.

5. 把上一题中的二次型看作实二次型, 求它们的实规范形.

6. 求下列实二次型的规范形, 并写出所作的非退化线性替换:

   (1) $q(x_1,x_2,x_3)=4x_1^2+x_2^2+x_3^2-4x_1x_2+4x_1x_3-2x_2x_3$;

   (2) $q(x_1,x_2,x_3)=x_1x_2+x_1x_3+x_2x_3$.

7. 设 r 与 s 分别是一个实二次型的秩与符号差, 证明: $-r\leqslant s\leqslant r$, 并且 r 与 s 有相同的奇偶性.

8. 证明: 如果两个实对称矩阵是相似的, 那么它们是合同的, 反之不然.

9. 设 $\boldsymbol{A}$ 是一个 n 阶可逆实对称矩阵, 它的正、负惯性指数分别为 p 和 q, 其中 $p\neq q$ 且 $pq\neq 0$. 证明: 当 $p<q$ 时, $\boldsymbol{A}$ 合同于 $\boldsymbol{B}_1$; 当 $p>q$ 时, $\boldsymbol{A}$ 合同于 $\boldsymbol{B}_2$, 这里

$$\boldsymbol{B}_1=\begin{pmatrix}\boldsymbol{0}&\boldsymbol{E}_p&\boldsymbol{0}\\\boldsymbol{E}_p&\boldsymbol{0}&\boldsymbol{0}\\\boldsymbol{0}&\boldsymbol{0}&-\boldsymbol{E}_{n-2p}\end{pmatrix}\quad\text{且}\quad\boldsymbol{B}_2=\begin{pmatrix}\boldsymbol{0}&\boldsymbol{E}_q&\boldsymbol{0}\\\boldsymbol{E}_q&\boldsymbol{0}&\boldsymbol{0}\\\boldsymbol{0}&\boldsymbol{0}&\boldsymbol{E}_{n-2q}\end{pmatrix}.$$

*10. 证明: 在实数域上, 矩阵 $\boldsymbol{A}$ 与 $\boldsymbol{B}$ 是合同的, 并写出它们的一个合同因子, 这里

$$\boldsymbol{A}=\begin{pmatrix}5&4&3\\4&5&3\\3&3&2\end{pmatrix}\quad\text{且}\quad\boldsymbol{B}=\begin{pmatrix}4&0&-6\\0&1&0\\-6&0&9\end{pmatrix}.$$

*11. (1) 求 3 元实二次型 $ayz+bzx+cxy$ $(a\neq 0)$ 的秩 r 和符号差 s;

   (2) 求 $2n$ 元实二次型 $x_1x_2+x_3x_4+\cdots+x_{2n-1}x_{2n}$ 的秩 r 和符号差 s.

*12. 证明: 一个 n 元实二次型可以分解成两个实系数一次齐次多项式的乘积当且仅当它的秩等于 1, 或者它的秩等于 2 且符号差等于零.

*13. 设 $\boldsymbol{X}'\boldsymbol{A}\boldsymbol{X}$ 是一个 n 元实二次型. 证明: 如果存在 $\boldsymbol{\alpha}_1,\boldsymbol{\alpha}_2\in\mathbb{R}^n$, 使得 $\boldsymbol{\alpha}_1'\boldsymbol{A}\boldsymbol{\alpha}_1>0$ 且 $\boldsymbol{\alpha}_2'\boldsymbol{A}\boldsymbol{\alpha}_2<0$, 那么存在 $\boldsymbol{\alpha}\in\mathbb{R}^n$, 使得 $\boldsymbol{\alpha}\neq\boldsymbol{\theta}$ 且 $\boldsymbol{\alpha}'\boldsymbol{A}\boldsymbol{\alpha}=0$.

*14. 设 $\boldsymbol{A}$ 是一个 n 阶实对称矩阵. 令 p 和 q 分别是 $\boldsymbol{A}$ 的正惯性指数和负惯性指数. 证明:

   (1) 如果 $|\boldsymbol{A}|<0$, 那么存在 $\boldsymbol{\alpha}\in\mathbb{R}^n$, 使得 $\boldsymbol{\alpha}'\boldsymbol{A}\boldsymbol{\alpha}<0$;

   (2) $\boldsymbol{A}$ 与 $-\boldsymbol{A}$ 是合同的当且仅当 $p=q$.

8.3 正定二次型

本节将比较系统地讨论一类特殊实二次型 —— 正定二次型, 并讨论这类二次型的矩阵 —— 正定矩阵. 同时还将简单介绍其他类型的实二次型及其矩阵. 在二次型的理论中, 正定二次型占有特殊地位.

在上一章我们已经利用正定二次型讨论过一些问题. 回顾一下, 设 $\boldsymbol{V}$ 是一个 n 维欧氏空间, 并设 $\boldsymbol{A}$ 是 $\boldsymbol{V}$ 的某个基的度量矩阵. 根据命题 7.1.5, 对任意的 $\boldsymbol{\xi}\in\boldsymbol{V}$, 有 $\langle\boldsymbol{\xi},\boldsymbol{\xi}\rangle=\boldsymbol{X}'\boldsymbol{A}\boldsymbol{X}$, 这里 $\boldsymbol{X}$ 是 $\boldsymbol{\xi}$ 关于所给基的坐标. 显然 $\boldsymbol{X}'\boldsymbol{A}\boldsymbol{X}$ 是一个 n 元实二次型. 再设 $\boldsymbol{B}$ 是 $\boldsymbol{V}$ 的另一个基的度量矩阵. 根据同样的理由, 有 $\langle\boldsymbol{\xi},\boldsymbol{\xi}\rangle=\boldsymbol{Y}'\boldsymbol{B}\boldsymbol{Y}$, 这里 $\boldsymbol{Y}$ 是 $\boldsymbol{\xi}$ 关于另一个基的坐标, 于是又有另一个 n 元实二次型 $\boldsymbol{Y}'\boldsymbol{B}\boldsymbol{Y}$. 由此可见, 形如 $\langle\boldsymbol{\xi},\boldsymbol{\xi}\rangle$ 的内积决定了一类 n 元实二次型. 已知内积运算具有正定性, 即对 $\boldsymbol{V}$ 中任意非零向量 $\boldsymbol{\xi}$, 恒有 $\langle\boldsymbol{\xi},\boldsymbol{\xi}\rangle>0$, 那么这类二次型中的每一个也具有正定性. 这样的二次型就是正定二次型.

定义 8.3.1 如果一个 n 元实二次型 $q(x_1, x_2, \cdots, x_n)=\boldsymbol{X}'\boldsymbol{A}\boldsymbol{X}$ 具有正定性, 即对任意 n 个不全为零的实数 $c_1, c_2, \cdots, c_n$, 恒有 $q(c_1, c_2, \cdots, c_n)>0$ (亦即对 $\mathbb{R}^n$ 中任意非零列向量 $\boldsymbol{\gamma}$, 恒有 $\boldsymbol{\gamma}'\boldsymbol{A}\boldsymbol{\gamma}>0$), 那么称这个二次型为**正定的.**

例如, 3 元实二次型 $q_1(x, y, z)=x^2+2y^2+3z^2$ 是正定的, 但是

$$q_2(x, y, z)=x^2+2y^2+xy+xz+yz$$

不是正定的. 这是因为存在三个不全为零的实数 0, 0, 1, 使得 $q_2(0, 0, 1)=0$. 又

$$q_3(x, y, z)=x^2-2y^2+3z^2+xy+yz+zx,$$

也不是正定的. 这是因为 $q_3(0, 1, 0)=-2<0$. 考察非正定二次型 $q_2(x, y, z)$ 与 $q_3(x, y, z)$, 它们的平方项系数都不全为正数. 由此不难猜测, 下列命题成立.

命题 8.3.1 如果 n 元实二次型 $q(x_1, x_2, \cdots, x_n)$ 有一个平方项系数不是正数, 那么这个二次型不是正定的.

证明 不妨设这个二次型的第 k 个平方项系数不是正数, 并设

$$q(x_1, x_2, \cdots, x_n)=\sum_{i=1}^{n}a_{ii}x_i^2+2\sum_{1\leqslant i<j\leqslant n}a_{ij}x_ix_j,$$

那么 $a_{kk}\leqslant 0$. 选取第 k 个变量 x_k 等于 1, 其余变量都等于零, 那么

$$q(0, \cdots, 0, 1, 0, \cdots, 0)=a_{kk}\leqslant 0,$$

因此所给二次型不是正定的. □

上述命题等价于: 如果一个实二次型是正定的, 那么它的平方项系数全为正数. 但是平方项系数全为正数的实二次型未必是正定的. 例如, 3 元实二次型

$$q(x, y, z)=x^2+y^2+z^2+2xy$$

的平方项系数全为正数, 但它不是正定的, 因为 $q(1,\ -1,\ 0)=0$. 那么怎样判断 n 元实二次型的正定性呢?

考察正定二次型 $x^2+2y^2+3z^2$ 与非正定二次型 $x^2+y^2+z^2+2xy$. 显然前者的正惯性指数等于变量个数 3. 由于后者可以表示成 $(x+y)^2+z^2$, 不难看出, 它的正惯性指数为 2, 小于变量个数 3. 由此导致我们猜测, 3 元正定二次型的正惯性指数必为 3. 情况确实如此. 事实上, 我们有下面的判定定理.

定理 8.3.2 一个 n 元实二次型是正定的当且仅当它的正惯性指数等于 n.

证明 设所给二次型为 $\boldsymbol{X}'\boldsymbol{A}\boldsymbol{X}$. 根据定理 8.1.6, 存在可逆实矩阵 $\boldsymbol{C}$, 使得

$$\boldsymbol{X}'\boldsymbol{A}\boldsymbol{X} \xlongequal{\boldsymbol{X}=\boldsymbol{C}\boldsymbol{Y}} d_1y_1^2+d_2y_2^2+\cdots+d_ny_n^2. \tag{8.3.1}$$

注意到上式两边的二次型是等价的. 根据推论 8.2.6, 它们有相同的正惯性指数. 于是只须证明, $\boldsymbol{X}'\boldsymbol{A}\boldsymbol{X}$ 是正定的当且仅当 $d_1,\ d_2,\ \cdots,\ d_n$ 全大于零.

现在, 设 $\boldsymbol{X}'\boldsymbol{A}\boldsymbol{X}$ 是正定的. 令 $\boldsymbol{\alpha}_i=\boldsymbol{C}\varepsilon_i$, 这里 ε_i 是 n 元标准列向量组中第 i 个向量. 根据 (8.3.1) 式, 有 $\boldsymbol{\alpha}_i'\boldsymbol{A}\boldsymbol{\alpha}_i \xlongequal{\boldsymbol{\alpha}_i=\boldsymbol{C}\varepsilon_i} d_i$. 其次, 因为 $\boldsymbol{C}$ 是可逆的, 所以 $\boldsymbol{\alpha}_i\neq\boldsymbol{\theta}$, 从而由 $\boldsymbol{X}'\boldsymbol{A}\boldsymbol{X}$ 是正定的, 得 $\boldsymbol{\alpha}_i'\boldsymbol{A}\boldsymbol{\alpha}_i>0$, 因此 $d_i>0\ (i=1,\ 2,\ \cdots,\ n)$.

反之, 设 $d_1,\ d_2,\ \cdots,\ d_n$ 全大于零. 令 γ 是 $\mathbb{R}^n$ 中一个非零向量. 因为 $\boldsymbol{C}$ 是可逆的, 所以线性方程组 $\boldsymbol{C}\boldsymbol{Y}=\gamma$ 有唯一解, 其解为 $\boldsymbol{C}^{-1}\gamma$. 再令 $\boldsymbol{\beta}=\boldsymbol{C}^{-1}\gamma$, 则由 $\gamma\neq\boldsymbol{\theta}$, 有 $\boldsymbol{\beta}\neq\boldsymbol{\theta}$. 假定 $\boldsymbol{\beta}=(b_1,\ b_2,\ \cdots,\ b_n)'$, 那么由 (8.3.1) 式, 有

$$\gamma'\boldsymbol{A}\gamma \xlongequal{\gamma=\boldsymbol{C}\boldsymbol{\beta}} d_1b_1^2+d_2b_2^2+\cdots+d_nb_n^2>0,$$

因此 $\boldsymbol{X}'\boldsymbol{A}\boldsymbol{X}$ 是正定的. □

推论 8.3.3 一个 n 元实二次型是正定的当且仅当存在它的一个标准形, 其平方项系数全为正数, 或者当且仅当它的规范形为 $z_1^2+z_2^2+\cdots+z_n^2$.

已知每一个 n 元实二次型都可以经过一个适当的正交线性替换化成标准形

$$\lambda_1y_1^2+\lambda_2y_2^2+\cdots+\lambda_ny_n^2,$$

其中 $\lambda_1,\ \lambda_2,\ \cdots,\ \lambda_n$ 是这个二次型的矩阵的 n 个特征值, 那么下列推论成立.

推论 8.3.4 一个实二次型是正定的当且仅当它的矩阵的特征值全为正数.

已知两个等价的 n 元实二次型有相同的正惯性指数, 那么它们的正惯性指数或者同时等于 n, 或者同时小于 n. 根据定理 8.3.2, 又得到下一个推论.

推论 8.3.5 等价的 n 元实二次型有相同的正定性.

这个推论表明, 非退化线性替换不改变实二次型的正定性. 已知全体 n 元实二次型按照二次型的等价关系进行分类, 一共可以分成 $\dfrac{1}{2}(n+1)(n+2)$ 类, 那么由推论 8.3.5 和推论 8.3.3

可见, n 元正定二次型仅仅是其中的一个类, 即以规范形 $z_1^2+z_2^2+\cdots+z_n^2$ 作为代表的那一类.

命题 8.3.6 设 $\boldsymbol{X'AX}$ 是一个 n 元实二次型, 则 $\boldsymbol{X'AX}$ 是正定的当且仅当存在一个 n 阶可逆实矩阵 $\boldsymbol{C}$, 使得 $\boldsymbol{A}=\boldsymbol{C'C}$.

证明 设 $\boldsymbol{X'AX}$ 是正定的, 则它的规范形为 $z_1^2+z_2^2+\cdots+z_n^2$. 显然这个规范形的矩阵是 n 阶单位矩阵 $\boldsymbol{E}$. 根据定理 8.1.2, 在实数域上, 有 $\boldsymbol{A}\simeq\boldsymbol{E}$, 从而有 $\boldsymbol{E}\simeq\boldsymbol{A}$. 于是存在一个 n 阶可逆实矩阵 $\boldsymbol{C}$, 使得 $\boldsymbol{A}=\boldsymbol{C'EC}$, 即 $\boldsymbol{A}=\boldsymbol{C'C}$.

反之, 根据充分性假定, 在实数域上, 有 $\boldsymbol{A}\simeq\boldsymbol{E}$, 所以二次型 $\boldsymbol{X'AX}$ 等价于 $\boldsymbol{Z'EZ}$ (即 $\boldsymbol{Z'Z}$, 亦即 $z_1^2+z_2^2+\cdots+z_n^2$). 因此 $\boldsymbol{X'AX}$ 是正定的. □

当 $\boldsymbol{C}$ 是可逆实矩阵时, 有 $|\boldsymbol{C'C}|=|\boldsymbol{C}|^2>0$. 于是由上述命题, 立即得到

推论 8.3.7 设 $\boldsymbol{X'AX}$ 是一个正定二次型, 则矩阵 $\boldsymbol{A}$ 的行列式 $|\boldsymbol{A}|$ 大于零.

推论 8.3.7 的逆不成立. 例如, 设 $\boldsymbol{A}$ 是 3 元实二次型 $q(x,y,z)=x^2-y^2-z^2$ 的矩阵, 那么 $\boldsymbol{A}=\mathrm{diag}\{1,-1,-1\}$. 显然 $|\boldsymbol{A}|>0$, 但 $q(x,y,z)$ 不是正定的.

下面给出实二次型正定性的一个常用判定定理.

首先给出一个概念. 设 $\boldsymbol{A}$ 是一个 n 阶方阵, 则称 $\boldsymbol{A}$ 的左上角的 k 阶子式为 $\boldsymbol{A}$ 的 k 阶**顺序主子式**. 显然 k 阶顺序主子式是特殊的 k 阶主子式. 由于 k 的取值范围是从 1 到 n, 因此 $\boldsymbol{A}$ 的顺序主子式一共有 n 个.

定理 8.3.8 (霍尔维茨定理) 设 $\boldsymbol{X'AX}$ 是一个 n 元实二次型, 则 $\boldsymbol{X'AX}$ 是正定的当且仅当它的矩阵 $\boldsymbol{A}$ 的 n 个顺序主子式全大于零.

证明 不妨设 $\boldsymbol{A}=(a_{ij})$. 当 $a_{11}\neq 0$ 且 $n>1$ 时, 可设 $b_{ij}=a_{ij}-\dfrac{a_{i1}a_{1j}}{a_{11}}$. 因为 $\boldsymbol{A}$ 是对称的, 所以 $a_{i1}=a_{1i}$ 且 $b_{ij}=b_{ji},\ i,j=2,3,\cdots,n$. 令

$$\boldsymbol{B}=\begin{pmatrix}a_{11}&0&\cdots&0\\0&b_{22}&\cdots&b_{2n}\\\vdots&\vdots&\ddots&\vdots\\0&b_{n2}&\cdots&b_{nn}\end{pmatrix}\quad\text{且}\quad\boldsymbol{C}=\begin{pmatrix}1&-\dfrac{a_{12}}{a_{11}}&\cdots&-\dfrac{a_{1n}}{a_{11}}\\0&1&\cdots&0\\\vdots&\vdots&\ddots&\vdots\\0&0&\cdots&1\end{pmatrix}.$$

容易验证, $\boldsymbol{B}=\boldsymbol{C'AC}$. 再令 $\boldsymbol{Y}=(y_1,y_2,\cdots,y_n)'$, 则

$$\boldsymbol{Y'BY}=a_{11}y_1^2+\sum_{i=2}^{n}\sum_{j=2}^{n}b_{ij}y_iy_j. \tag{8.3.2}$$

因为矩阵 $\boldsymbol{B}$ 的右下角的 $n-1$ 阶小方阵是对称的, 这个小方阵是 $n-1$ 元二次型 $\sum\limits_{i=2}^{n}\sum\limits_{j=2}^{n}b_{ij}y_iy_j$ 的矩阵. 另一方面, 由于 $\boldsymbol{C}$ 是可逆实矩阵, 根据推论 8.3.5, n 元实二次型 $\boldsymbol{X'AX}$ 与 $\boldsymbol{Y'BY}$ 有相同的正定性. 于是由 (8.3.2) 式可见, $\boldsymbol{X'AX}$ 是正定的当且仅当 $a_{11}>0$, 并且 $\sum\limits_{i=2}^{n}\sum\limits_{j=2}^{n}b_{ij}y_iy_j$ 是正定的.

现在, 对 n 作数学归纳法. 当 $n=1$ 时, 有 $q(x_1)=a_{11}x_1^2$. 此时结论自然成立. 假定 $n>1$, 并且对 $n-1$ 的情形, 结论成立. 下面考虑 n 的情形. 令

$$\Delta_{k-1}=\begin{vmatrix} b_{22} & \cdots & b_{2k} \\ \vdots & \ddots & \vdots \\ b_{k2} & \cdots & b_{kk} \end{vmatrix}, \quad k=2,3,\cdots,n,$$

则 $\Delta_1, \Delta_2, \cdots, \Delta_{n-1}$ 是 $\sum\limits_{i=2}^{n}\sum\limits_{j=2}^{n} b_{ij}y_iy_j$ 的矩阵的 $n-1$ 个顺序主子式. 根据前面的讨论以及归纳假定, 下列断语成立: $\boldsymbol{X}'\boldsymbol{A}\boldsymbol{X}$ 是正定的当且仅当 $a_{11}>0$, 并且 $\Delta_1, \Delta_2, \cdots, \Delta_{n-1}$ 全大于零. 其次, 设 $\boldsymbol{A}_k, \boldsymbol{B}_k, \boldsymbol{C}_k$ 分别是 $\boldsymbol{A}, \boldsymbol{B}, \boldsymbol{C}$ 的左上角的 k 阶小方阵. 仿照前面的讨论, 可得 $\boldsymbol{B}_k=\boldsymbol{C}_k'\boldsymbol{A}_k\boldsymbol{C}_k$, 并且当 $k>1$ 时, 有 $|\boldsymbol{B}_k|=a_{11}\Delta_{k-1}$. 再次, 根据行列式的乘法定理, 有 $|\boldsymbol{B}_k|=|\boldsymbol{C}_k'||\boldsymbol{A}_k||\boldsymbol{C}_k|$. 容易看出 $|\boldsymbol{C}_k|=1$, 所以 $|\boldsymbol{B}_k|=|\boldsymbol{A}_k|$, 从而当 $k>1$ 时, 有 $|\boldsymbol{A}_k|=a_{11}\Delta_{k-1}$. 由此可见, 当 $a_{11}>0$ 时, $|\boldsymbol{A}_k|>0$ 当且仅当 $\Delta_{k-1}>0$ $(k=2,3,\cdots,n)$. 因此上述断语可以改写如下: $\boldsymbol{X}'\boldsymbol{A}\boldsymbol{X}$ 是正定的当且仅当 $a_{11}>0$ (即 $\boldsymbol{A}$ 的 1 阶顺序主子式大于零), 并且 $|\boldsymbol{A}_2|, |\boldsymbol{A}_3|, \cdots, |\boldsymbol{A}_n|$ (即 $2, 3, \cdots, n$ 阶顺序主子式) 全大于零. □

例 8.3.1 判断下列 3 元实二次型的正定性:

(1) $5x_1^2+x_2^2+5x_3^2+4x_1x_2-8x_1x_3-4x_2x_3$;

(2) $x_1^2+2x_2^2-3x_3^2+4x_1x_2+2x_2x_3$.

解 (1) 设 $\boldsymbol{A}$ 是这个二次型的矩阵, 则

$$\boldsymbol{A}=\begin{pmatrix} 5 & 2 & -4 \\ 2 & 1 & -2 \\ -4 & -2 & 5 \end{pmatrix}.$$

经计算, 得 $|5|=5$, $\begin{vmatrix} 5 & 2 \\ 2 & 1 \end{vmatrix}=1$ 且 $|\boldsymbol{A}|=1$. 这表明, $\boldsymbol{A}$ 的 3 个顺序主子式全大于零. 根据霍尔维茨定理, 所给二次型是正定的.

(2) 这个二次型有一个平方项系数为 -3. 根据命题 8.3.1, 它不是正定的.

下面考虑正定二次型的矩阵.

定义 8.3.2 设 $\boldsymbol{A}$ 是一个 n 阶实对称矩阵. 如果 n 元实二次型 $\boldsymbol{X}'\boldsymbol{A}\boldsymbol{X}$ 是正定的, 那么称 $\boldsymbol{A}$ 为一个 n 阶**正定实对称矩阵**, 简称为**正定矩阵**.

于是定理 8.3.2、推论 8.3.3、推论 8.3.4、命题 8.3.6 和定理 8.3.8 可以用矩阵的语言统一叙述如下.

定理 8.3.9 设 $\boldsymbol{A}$ 是一个 n 阶实对称矩阵, 则下列条件相互等价:

(1) $\boldsymbol{A}$ 是正定的;

(2) $\boldsymbol{A}$ 的正惯性指数等于 n;

(3) $\boldsymbol{A}$ 合同于 n 阶单位矩阵 $\boldsymbol{E}$;

(4) 存在 $\boldsymbol{A}$ 的一个合同标准形, 其主对角线上 n 个元素全为正数;

(5) $\boldsymbol{A}$ 的 n 个特征值全为正数;

(6) 存在一个 n 阶可逆实矩阵 $\boldsymbol{C}$, 使得 $\boldsymbol{A}=\boldsymbol{C}'\boldsymbol{C}$;

(7) $\boldsymbol{A}$ 的 n 个顺序主子式全大于零.

此外, 推论 8.3.5 可以用矩阵的语言叙述如下: 合同的实对称矩阵有相同的正定性. 这表明, 对称初等变换不改变实对称矩阵的正定性. 已知全体 n 阶实对称矩阵按照矩阵的合同关系进行分类, 一共可以分成 $\frac{1}{2}(n+1)(n+2)$ 类. 由上面的讨论可见, n 阶正定矩阵仅仅是其中的一个类, 即以规范形 $\boldsymbol{E}$ 作为代表的那一类. 因此由全体 n 阶正定矩阵组成的集合为

$$\{\boldsymbol{A}\in \boldsymbol{M}_n(\mathbb{R}) \mid \boldsymbol{A}\simeq \boldsymbol{E}\}.$$

最后简单介绍其他类型的实二次型及其矩阵.

定义 8.3.3 设 $q(x_1, x_2, \cdots, x_n)$ 是一个 n 元实二次型. 如果对任意 n 个不全为零的实数 $c_1, c_2, \cdots, c_n$, 恒有

$$q(c_1, c_2, \cdots, c_n)<0 \quad (\geqslant 0 \text{ 或 } \leqslant 0),$$

那么称这个二次型为**负定的** (**半正定的**或 **半负定的**). 如果一个 n 元实二次型既不是半正定的, 又不是半负定的, 那么称它为**不定的**.

定义 8.3.4 设 $\boldsymbol{A}$ 是一个 n 阶实对称矩阵. 如果 n 元实二次型 $\boldsymbol{X}'\boldsymbol{A}\boldsymbol{X}$ 是负定的 (半正定的、半负定的、不定的), 那么称 $\boldsymbol{A}$ 为**负定的** (**半正定的**、**半负定的**、 **不定的**).

显然正定二次型是半正定的, 反之不然. 例如, 3 元实二次型 $2x_1^2+3x_3^2$ 是半正定的, 但它不是正定的. 类似地, 负定二次型是半负定的, 反之不然.

容易看出, 形如 $d_1x_1^2+d_2x_2^2+\cdots+d_nx_n^2$ 的 n 元实二次型是半正定的当且仅当 $d_1, d_2, \cdots, d_n$ 全为非负数; 它是半负定的当且仅当 $d_1, d_2, \cdots, d_n$ 全为非正数; 它是不定的当且仅当平方项系数 $d_1, d_2, \cdots, d_n$ 中既有正数又有负数.

由定义易见, n 元实二次型 $\boldsymbol{X}'\boldsymbol{A}\boldsymbol{X}$ 是负定的当且仅当 $-\boldsymbol{X}'\boldsymbol{A}\boldsymbol{X}$ 是正定的. 这样, 前面的结论可以转化为负定二次型的相应结论.

定理 8.3.10 设 $\boldsymbol{X}'\boldsymbol{A}\boldsymbol{X}$ 是一个 n 元实二次型, 则下列条件相互等价:

(1) $\boldsymbol{X}'\boldsymbol{A}\boldsymbol{X}$ 是负定的;

(2) $\boldsymbol{X}'\boldsymbol{A}\boldsymbol{X}$ 的负惯性指数等于 n;

(3) $\boldsymbol{X}'\boldsymbol{A}\boldsymbol{X}$ 的规范形为 $-z_1^2-z_2^2-\cdots-z_n^2$;

(4) 存在 $\boldsymbol{X}'\boldsymbol{A}\boldsymbol{X}$ 的一个标准形, 其平方项系数全为负数;

(5) 矩阵 $\boldsymbol{A}$ 的 n 个特征值全为负数;

(6) 存在一个 n 阶可逆实矩阵 $\boldsymbol{C}$, 使得 $\boldsymbol{A}=-\boldsymbol{C}^2$;

(7) $\boldsymbol{A}$ 的奇数阶顺序主子式全小于零, 偶数阶顺序主子式全大于零.

根据负定矩阵的定义, 不难看出, 一个 n 阶实对称矩阵 $\boldsymbol{A}$ 是负定的当且仅当 $-\boldsymbol{A}$ 是正定的. 因而上述定理也可以用矩阵的语言来叙述.

习题 8.3

1. 设 $\boldsymbol{A}$ 是一个 n 阶正定矩阵. 证明: $\boldsymbol{A}^2$ 与 $\boldsymbol{A}^{-1}$ 都是正定的. 证明: 当 $k>0$ 时, $k\boldsymbol{A}$ 也是正定的; 当 $n>1$ 时, $\boldsymbol{A}$ 的伴随矩阵 $\boldsymbol{A}^*$ 仍然是正定的.

2. 设 $\boldsymbol{A}$ 是一个 n 阶正定矩阵, $\boldsymbol{B}$ 是一个 n 阶半正定矩阵. 证明: $\boldsymbol{A}+\boldsymbol{B}$ 是正定矩阵.

3. 判断下列实二次型的正定性:

   (1) $10x_1^2-2x_2^2+3x_3^2+4x_1x_2+4x_1x_3$;

   (2) $5x_1^2+6x_2^2+4x_3^2-4x_1x_2-4x_2x_3$;

   (3) $10x_1^2+2x_2^2+x_3^2+8x_1x_2+24x_1x_3-28x_2x_3$.

4. 当且仅当 t 满足什么条件时, 下列实二次型是正定的?

   (1) $x_1^2+x_2^2+5x_3^2+2tx_1x_2-2x_1x_3+4x_2x_3$;

   (2) $t(x_1^2+x_2^2+x_3^2)+2x_1x_2-2x_1x_3-2x_2x_3$.

5. 判断 n 元实二次型 $2\Big(\sum\limits_{i=1}^{n}x_i^2+\sum\limits_{1\leqslant i<j\leqslant n}x_ix_j\Big)$ 的正定性.

6. 设 $\boldsymbol{A}$ 是一个 n 阶实对称矩阵. 令 $\lambda_0=\max\big\{|\lambda_1|,|\lambda_2|,\cdots,|\lambda_n|\big\}$, 这里 $\lambda_1,\lambda_2,\cdots,\lambda_n$ 是 $\boldsymbol{A}$ 的全部特征值. 证明: 当 $t>\lambda_0$ 时, $t\boldsymbol{E}+\boldsymbol{A}$ 是一个正定矩阵.

7. 设 $\boldsymbol{V}$ 是一个 n 维欧氏空间 $(n>0)$. 证明: $\boldsymbol{A}$ 是 $\boldsymbol{V}$ 的某个基的度量矩阵当且仅当它是一个 n 阶正定矩阵.

8. 设 $\boldsymbol{A}$ 是一个 $m\times n$ 实矩阵. 证明: $\boldsymbol{A}'\boldsymbol{A}$ 与 $\boldsymbol{A}\boldsymbol{A}'$ 都是半正定的.

9. 证明: n 元实二次型 $n(x_1^2+x_2^2+\cdots+x_n^2)-(x_1+x_2+\cdots+x_n)^2$ 是半正定的.

*10. 设 $\boldsymbol{A}$ 是一个 n 阶实矩阵. 证明:

   (1) $\boldsymbol{A}$ 是正定的当且仅当存在一个正定矩阵 $\boldsymbol{C}$, 使得 $\boldsymbol{A}=\boldsymbol{C}^2$;

   (2) $\boldsymbol{A}$ 是可逆的当且仅当存在一个正定矩阵 $\boldsymbol{P}$ 和一个正交矩阵 $\boldsymbol{U}$, 使得 $\boldsymbol{A}=\boldsymbol{P}\boldsymbol{U}$.

*11. 设 $\boldsymbol{A}$ 是一个 n 阶正定矩阵, $\boldsymbol{B}$ 是一个 n 阶实对称矩阵. 证明:

   (1) 存在一个 n 阶可逆实矩阵 $\boldsymbol{C}$, 使得 $\boldsymbol{C}'\boldsymbol{A}\boldsymbol{C}$ 与 $\boldsymbol{C}'\boldsymbol{B}\boldsymbol{C}$ 都是对角矩阵;

   (2) $\boldsymbol{B}$ 是正定的当且仅当 $\boldsymbol{A}\boldsymbol{B}$ 的特征值全大于零;

   (3) 如果 $\boldsymbol{A}\boldsymbol{B}=\boldsymbol{B}\boldsymbol{A}$, 那么 $\boldsymbol{B}$ 是正定的当且仅当 $\boldsymbol{A}\boldsymbol{B}$ 是正定的.

*12. 设 $\boldsymbol{A}$ 是一个 n 阶正定矩阵. 令 $\boldsymbol{X}=(x_1,x_2,\cdots,x_n)'$, 则下列二次型是负定的:

$$q(x_1,x_2,\cdots,x_n)=\begin{vmatrix}\boldsymbol{A} & \boldsymbol{X}\\ \boldsymbol{X}' & 0\end{vmatrix}.$$

*13. 设 $\boldsymbol{A}=(a_{ij})$ 是一个 n 阶正定矩阵. 证明: 不等式 $|\boldsymbol{A}|\leqslant a_{11}a_{22}\cdots a_{nn}$ 成立. 特别地, 等号成立当且仅当 $\boldsymbol{A}$ 是对角矩阵.

*14. 设 $\boldsymbol{A}=(a_{ij})$ 是一个 n 阶实矩阵. 证明下列不等式 (称为**阿达玛不等式**) 成立:

$$|\boldsymbol{A}|^2 \leqslant \prod_{i=1}^{n}\left(a_{1i}^2+a_{2i}^2+\cdots+a_{ni}^2\right).$$

*15. 设 $\boldsymbol{A}$ 是一个 n 阶实对称矩阵. 证明下列条件相互等价:

(1) $\boldsymbol{A}$ 是半正定的;

(2) $\boldsymbol{A}$ 的正惯性指数等于它的秩 r;

(3) $\boldsymbol{A}$ 合同于 $\mathrm{diag}\{\boldsymbol{E}_r, \boldsymbol{0}_{n-r}\}$, 这里 r 是 $\boldsymbol{A}$ 的秩;

(4) 存在 $\boldsymbol{A}$ 的一个合同标准形, 其主对角线上元素全为非负数;

(5) $\boldsymbol{A}$ 的 n 个特征值全为非负数;

(6) 存在一个 n 阶实对称矩阵 $\boldsymbol{C}$, 使得 $\boldsymbol{A}=\boldsymbol{C}^2$.

*16. 证明: 正定矩阵的一切主子式全大于零, 半正定矩阵的一切主子式全大于或等于零. 举例说明, 顺序主子式全大于或等于零的实对称矩阵未必是半正定的.

*17. 设 $\boldsymbol{A}$ 是一个 n 阶实对称矩阵. 证明: 如果 $\boldsymbol{A}$ 的一切主子式全大于或等于零, 那么 $\boldsymbol{A}$ 是半正定的.

部分习题答案

习题 0.1

1. (1) $\varnothing$ 和 A; (2) $\varnothing$, $\{a\}$, $\{b\}$ 和 B; (3) $\varnothing$, $\{a\}$, $\{b\}$, $\{c\}$, $\{a, b\}$, $\{a, c\}$, $\{b, c\}$ 和 C.

2. A 的含 k 个元素的子集一共有 C_n^k 个, 它的所有子集一共有 2^n 个.

习题 0.2

1. (1) $q=-14,\ \ r=3$; (2) $q=0,\ \ r=2$; (3) $q=9,\ \ r=5$.

2. ± 9. **3.** $u=-7,\ \ v=9$.

习题 0.3

6. 当且仅当 $\boldsymbol{F}_1 \subseteq \boldsymbol{F}_2$ 或 $\boldsymbol{F}_2 \subseteq \boldsymbol{F}_1$ 时, $\boldsymbol{F}_1 \cup \boldsymbol{F}_2$ 是数域.

习题 1.1

3. $k=-2,\ \ l=1,\ \ m=3$.

7. (1) $a=1,\ b=2,\ c=3$; (2) $a=k-1,\ b=k,\ c=-2k+7$, 其中 $k \in \boldsymbol{F}$, 但 $k \neq 2$.

8. (1) $\partial[f(x)]=\partial[g(x)]$; (2) $\partial[f(x)]=\partial[g(x)]=0$; (3) $\partial[f(x)+g(x)]$ 等于 2 或 3.

习题 1.2

5. (1) $q(x)=\dfrac{1}{3}x-\dfrac{7}{9},\ \ r(x)=-\dfrac{26}{9}x-\dfrac{2}{9}$; (2) $q(x)=x^2+x-1,\ \ r(x)=-5x+7$.

6. $q(x)=2x^4-6x^3+13x^2-39x+109,\ \ r=-327$.

7. (1) $q(x)=3x^2+7x+3$; (2) $a=3,\ \ b=-4$.

8. (1) $f(x)=1+5(x-1)+10(x-1)^2+10(x-1)^3+5(x-1)^4+(x-1)^5$;

(2) $f(x)=11-24(x+2)+22(x+2)^2-8(x+2)^3+(x+2)^4$.

9. 当且仅当 $p=-1-m^2,\ \ q=m$.

习题 1.3

1. (1) $x+1$; (2) $x-1$. **2.** $u(x)=-x-1,\ \ v(x)=x^3+x^2-3x-2$.

3. $t=2,\ \ u=0$ 或 $t=3,\ \ u=-2$.

习题 1.4

4. (1) 不可约; (2) $(x-1)^2(x+2)(x+3)$; (3) $\left(x^2-\sqrt{2}x+1\right)\left(x^2+\sqrt{2}x+1\right)$.

5. (1) $(x-a)\left(x+\dfrac{1-\sqrt{1-4a}}{2}\right)\left(x+\dfrac{1+\sqrt{1-4a}}{2}\right)$;

(2) $(x-a)\left(x-\dfrac{a-\sqrt{a^2+8}}{2}\right)\left(x-\dfrac{a+\sqrt{a^2+8}}{2}\right)$;

(3) $a(x-1)\left(x+\dfrac{b-\sqrt{b^2-4ac}}{2a}\right)\left(x+\dfrac{b+\sqrt{b^2-4ac}}{2a}\right)$.

习题 1.5

1. (1) 有一个 3 重因式 $x-2$; (2) 没有重因式.

2. 当且仅当 $t=3$ 或 $t=-\dfrac{15}{4}$ 时, 有重因式.

3. 有重因式的充要条件为 $4p^3+q^2=0$. **4.** $f^*(x)=x^2-1$.

习题 1.6

1. (1) $f(2)=135$, 5 是 $f(x)$ 的 2 重根; (2) 公共复根为 $-\dfrac{1}{2}\pm\dfrac{\sqrt{3}}{2}\mathrm{i}$.

3. 当 $a=4$ 时, 有一个 2 重根 2; 当 $a=\dfrac{1}{3}$ 时, 有一个 2 重根 $\dfrac{1}{3}$.

4. (1) $a=1$, $b=-2$; (2) $a=n$, $b=-n-1$. **5.** (1) x^3-2x^2-x+2; (2) x^2-1.

习题 1.7

3. (1) 在 $\mathbb{C}$ 上, $f(x)=3(x-1-\mathrm{i})(x-1+\mathrm{i})\Big(x+\dfrac{1-\sqrt{13}}{6}\Big)\Big(x+\dfrac{1+\sqrt{13}}{6}\Big)$;

在 $\mathbb{R}$ 上, $f(x)=3(x^2-2x+2)\Big(x+\dfrac{1-\sqrt{13}}{6}\Big)\Big(x+\dfrac{1+\sqrt{13}}{6}\Big)$.

(2) $a=17$, $b=-13$; 在 $\mathbb{C}$ 上, $f(x)=(x-1)(x-2+3\mathrm{i})(x-2-3\mathrm{i})$;

在 $\mathbb{R}$ 上, $f(x)=(x-1)(x^2-4x+13)$.

(3) $f(x)$ 的三个根为 $2+3\mathrm{i}$, $2-3\mathrm{i}$ 和 5.

4. (1) $\Big(x-\dfrac{1+\mathrm{i}}{\sqrt{2}}\Big)\Big(x+\dfrac{1-\mathrm{i}}{\sqrt{2}}\Big)\Big(x+\dfrac{1+\mathrm{i}}{\sqrt{2}}\Big)\Big(x-\dfrac{1-\mathrm{i}}{\sqrt{2}}\Big)$;

(2) $(x-1)(x-\omega_1)(x-\omega_2)(x-\omega_3)(x-\omega_4)$, $\omega_k=\cos\dfrac{2k\pi}{5}+\mathrm{i}\sin\dfrac{2k\pi}{5}$, $k=0, 1, 2, 3, 4$;

(3) $(x-1)^3(x-\mathrm{i})^2(x+\mathrm{i})^2$.

5. 在 $\mathbb{C}$ 上, $x^n-2=(x-\sqrt[n]{2})(x-\sqrt[n]{2}\,\omega_1)\cdots(x-\sqrt[n]{2}\,\omega_{n-1})$;

在 $\mathbb{R}$ 上, 当 $n=2m-1$ 时, $x^n-2=(x-\sqrt[n]{2})\prod\limits_{k=1}^{m-1}\Big(x^2-2\sqrt[n]{2}\,x\cos\dfrac{2k\pi}{n}+\sqrt[n]{4}\Big)$;

当 $n=2m$ 时, $x^n-2=(x-\sqrt[n]{2})\big(x+\sqrt[n]{2}\big)\prod\limits_{k=1}^{m-1}\Big(x^2-2\sqrt[n]{2}\,x\cos\dfrac{2k\pi}{n}+\sqrt[n]{4}\Big)$.

6. 一共有 9 种类型.

7. (1) x^3-px^2+qx-r; (2) rx^3+qx^2+px+1; (3) $x^3+kpx^2+k^2qx+k^3r$.

8. 三个根的平方和为 -2. **15.** $x=y=z=1$.

习题 1.8

3. (1) $(x-1)^2(x+2)(x^2-4x+2)$; (2) $\Big(x-\dfrac{1}{2}\Big)(x^4-2)$.

4. (1) 2; (2) $-\dfrac{1}{2}, -\dfrac{1}{2}$. **5.** (1) $-4, 2\pm3\sqrt{3}\,\mathrm{i}$; (2) $-1, \dfrac{3}{2}, 1\pm\mathrm{i}$.

6. (1) $(2x-1)^2(3x+2)^3$; (2) $x(3x-2)(x^2-4x+1)$; (3) $(x^2-2x+2)(16x^4-9)$.

习题 1.9

4. (1) $1+\frac{3}{x-3}-\frac{3}{x-2}$; (2) $(x+1)+\frac{1}{x-1}-\frac{1}{x}-\frac{1}{x^2}-\frac{1}{x^3}$;

(3) $1-\frac{4}{x+1}+\frac{4}{(x+1)^2}+\frac{2}{(x+1)^4}$.

5. (1) $-\frac{1}{x-1}+\frac{2x+1}{x^2+x+1}$; (2) $\frac{\sqrt{2}x+2}{4(x^2+\sqrt{2}x+1)}-\frac{\sqrt{2}x-2}{4(x^2-\sqrt{2}x+1)}$;

(3) $\frac{1}{(x^2+1)^2}-\frac{1}{x^2+1}+\frac{1}{x^2}$; (4) $-\frac{2(x+1)}{x^2+3}+\frac{2x+3}{x^2-2x+5}$.

9. $\sum\limits_{i=1}^{n}\frac{1}{(x-a_i)^2}$.

习题 2.1

1. (1) $x_1=\frac{15}{8}$, $x_2=\frac{1}{4}$, $x_3=-\frac{5}{8}$; (2) $x_1=\frac{9}{8}$, $x_2=\frac{3}{8}$, $x_3=\frac{5}{8}$.

3. (1) 10; (2) 18; (3) $\frac{1}{2}n(n-1)$; (4) $\frac{1}{2}n(n-1)$; (5) $\frac{1}{2}n(n+1)$; (6) $n(n-1)$.

4. 反序数最大的排列为 $n(n-1)\cdots 321$, 其反序数为 C_n^2.

5. 当 $i_k=1$ 时, 共有 $k-1$ 个反序; 当 $i_k=n$ 时, 共有 $n-k$ 个反序.

6. (1) C_n^2-s; (2) $\frac{n!}{2}C_n^2$.

习题 2.2

2. (1) 奇排列; (2) 奇排列; (3) 偶排列; (4) 当 $n=4k$ 或 $4k+1$ 时, 偶排列, 否则, 奇排列.

3. (1) $i=8, j=3$; (2) $i=3, j=6$.

习题 2.3

2. $a_{11}a_{23}a_{32}a_{44}$, $a_{12}a_{23}a_{34}a_{41}$, $a_{14}a_{23}a_{31}a_{42}$.

3. (1) $(-1)^{\frac{n(n-1)}{2}}n!$; (2) $(-1)^{n-1}n!$; (3) $(-1)^{\frac{(n-1)(n-2)}{2}}n!$.

4. (2) 4 次项系数为 2, 3 次项系数为 -1.

7. (1) -294×10^5; (2) 48; (3) 160; (4) 0; (5) -34; (6) -24; (7) $-2(x^3+y^3)$;
(8) x^2y^2; (9) $50x+24$; (10) 0.

习题 2.4

1. (1) 1; (2) $-\frac{13}{12}$; (3) $(x+y+z)(x-y-z)(x+y-z)(x-y+z)$; (4) -483; (5) $\frac{3}{8}$; (6) 120.

2. 0. **3.** (1) 90; (2) 8; (3) -4.

4. (1) $(af-be)(ch-dg)$; (2) $(ah-bg)(cf-de)$; (3) -27.

8. $D_1=a_1+b_1$, $D_2=-(a_1-a_2)(b_1-b_2)$, $D_n=0\ (n>2)$.

习题 2.5

1. (1) $(-m)^{n-1}(x_1+x_2+\cdots+x_n-m)$; (2) $(-2)\times(n-2)!$, 其中 $n>1$;

(3) $(-1)^{n-1}\dfrac{(n+1)!}{2}$; (4) $(-1)^{n-1}2^{n-2}(n-1)$.

5. $\prod\limits_{0\leqslant i<j\leqslant n}(i-j)$.

6. (1) $9\prod\limits_{1\leqslant i<j\leqslant 4}(a_i-a_j)(b_i-b_j)$; (2) $(a-b)^2(a-c)^2(b-c)^2(x-a)(x-b)(x-c)$.

8. (1) $(-1)^{\frac{n(n-1)}{2}}\dfrac{n+1}{2}n^{n-1}$. (2) $[ax+(n-2)ay-(n-1)bx](x-y)^{n-2}$, 其中 $n>2$.

(3) 当 $y\neq z$ 时, $\dfrac{y(x-z)^n-z(x-y)^n}{y-z}$; 当 $y=z$ 时, $[x+(n-1)y](x-y)^{n-1}$.

(4) $(a_1+a_2+\cdots+a_n)\prod\limits_{1\leqslant i<j\leqslant n}(a_j-a_i)$.

习题 2.6

1. (1) $x_1=x_2=x_3=x_4=1$; (2) $x_1=1,\ x_2=2,\ x_3=-1,\ x_4=-2$.

2. $x=a,\ y=b,\ z=c$. **3.** $\left(\dfrac{c^2+a^2-b^2}{2ca},\dfrac{a^2+b^2-c^2}{2ab},\dfrac{b^2+c^2-a^2}{2bc}\right)$.

习题 3.1

1. (1) 一个通解为 $(1+k,\ k,\ 0,\ k,\ -2-2k)$, $k\in F$; (2) 无解; (3) 有唯一解 $(-8,\ 3,\ 6,\ 0)$; (4) 一个通解为 $\left(\dfrac{3}{17}k_1-\dfrac{13}{17}k_2,\ \dfrac{19}{17}k_1-\dfrac{20}{17}k_2,\ k_1,\ k_2\right)$, $k_1,\ k_2\in \boldsymbol{F}$.

2. 当且仅当 $a\neq 1$ 时, 两个方程组同解.

3. (1) 当 $a\neq 1$ 且 $a\neq -2$ 时, 有唯一解 $\left(-\dfrac{a+1}{a+2},\dfrac{1}{a+2},\dfrac{(a+1)^2}{a+2}\right)$; 当 $a=1$ 时, 有无穷多解, 通解为 $(1-k_1-k_2,\ k_1,\ k_2)$, $k_1,\ k_2\in\boldsymbol{F}$; 当 $a=-2$ 时, 无解.

(2) 当 $a\neq 0$ 且 $a\neq 1$ 时, 有唯一解 $\left(\dfrac{a-3}{a-1},\dfrac{a+3}{a-1},-\dfrac{a-3}{a-1}\right)$; 当 $a=0$ 时, 有无穷多解, 通解为 $(k,\ -k,\ -k)$, $k\in\boldsymbol{F}$; 当 $a=1$ 时, 无解.

习题 3.2

4. 所给方程组有解.

5. (1) 当 $a\neq 0$ 或 $b\neq 2$ 时, 无解; 当 $a=0$ 且 $b=2$ 时, 有无穷多解, 通解为

$$(-2+k_1+k_2+5k_3,\ 3-2k_1-2k_2-6k_3,\ k_1,\ k_2,\ k_3),\quad k_1,\ k_2,\ k_3\in\boldsymbol{F}.$$

(2) 当 $a\neq 1$ 且 $b\neq 0$ 时, 有唯一解 $(0,\ 0,\ 1)$;

当 $a=1$ 时, 有无穷多解, 通解为 $(1-k,\ 0,\ k)$, $k\in\boldsymbol{F}$;

当 $b=0$ 时, 有无穷多解, 通解为 $(1-k,\ (1-a)(1-k),\ k)$, $k\in\boldsymbol{F}$.

习题 3.3

1. $x=3,\ y=-2,\ z=5.$

2. (1) $\operatorname{rank}(\boldsymbol{A})=2$. (2) 当 $a\neq 3$ 时, 秩为 3; 否则, 秩为 2.

(3) 当 $a\neq 1$ 且 $a\neq -\dfrac{1}{3}$ 时, 秩为 4; 当 $a=1$ 时, 秩为 1; 当 $a=-\dfrac{1}{3}$ 时, 秩为 3.

3. (1) $\begin{pmatrix}1&0&0\\0&1&0\\0&0&0\end{pmatrix}$; (2) $\begin{pmatrix}1&0&0&0\\0&1&0&0\\0&0&1&0\end{pmatrix}$; (3) $\begin{pmatrix}1&0\\0&1\\0&0\end{pmatrix}$. **4.** 不相抵.

7. (1) 不成立; (2) 成立; (3) 不成立; (4) 成立.

10. 在行初等变换下, 有 7 种形状; 在列初等变换下, 有 4 种形状.

习题 3.4

1. (1) 无解; (2) 有无穷多解, 通解为 $\left(-\dfrac{1}{2}+\dfrac{1}{2}k_1+\dfrac{1}{2}k_2,\ k_1,\ 3-4k_2,\ 0,\ k_2\right),\quad k_1, k_2\in\boldsymbol{F}$.

2. (1) 当且仅当 $a\neq 0$ 且 $a\neq -3$ 时, 方程组有解;

(2) 当且仅当 $a\neq 0,\ a\neq 1$ 且 $a\neq -\dfrac{1}{2}$ 时, 方程组有解.

3. 当且仅当 d 等于 a, b, c 中的某一个时, 方程组有解.

4. 一般解为 $x_1=x_5+a_1+a_2+a_3+a_4,\ x_2=x_5+a_2+a_3+a_4,\ x_3=x_5+a_3+a_4,\ x_4=x_5+a_4,$ 其中 x_5 是自由未知量.

5. (1) 一个通解为 $(8k_1-7k_2,\ -6k_1+5k_2,\ k_1,\ k_2),\ k_1, k_2\in\boldsymbol{F}$;

(2) 一个通解为 $\left(2k_1+\dfrac{2}{7}k_2,\ k_1,\ -\dfrac{5}{7}k_2,\ k_2\right),\ k_1, k_2\in\boldsymbol{F}$.

6. 当且仅当 $a=1$ 或 $a=3$ 时, 有非零解. 当 $a=1$ 时, 通解为 $(2k, -k, 0),\quad k\in\boldsymbol{F}$; 当 $a=3$ 时, 通解为 $(k, 2k, -k),\quad k\in\boldsymbol{F}$.

7. $x^2-xy+y^2-4=0$. **8.** 一个通解为 $\left(\dfrac{8}{3}-3k_1-k_2,\ k_1,\ -\dfrac{1}{3}+k_2,\ k_2\right),\ k_1, k_2\in\boldsymbol{F}$.

习题 3.5

2. (1) $\boldsymbol{\beta}=\dfrac{5}{4}\boldsymbol{\alpha}_1+\dfrac{1}{4}\boldsymbol{\alpha}_2-\dfrac{1}{4}\boldsymbol{\alpha}_3-\dfrac{1}{4}\boldsymbol{\alpha}_4$; (2) $\boldsymbol{\beta}=\boldsymbol{\alpha}_1-\boldsymbol{\alpha}_3$.

3. 假定原方程组为 $\boldsymbol{\beta}_1x_1+\boldsymbol{\beta}_2x_2+\cdots+\boldsymbol{\beta}_nx_n=\boldsymbol{\beta}$, 那么

(1) $\boldsymbol{\beta}_1x_1+\boldsymbol{\beta}_2x_2+\cdots+\boldsymbol{\beta}_nx_n=2\boldsymbol{\beta}$; (2) $\boldsymbol{\beta}_1x_1+\boldsymbol{\beta}_2x_2+\cdots+\boldsymbol{\beta}_nx_n=k\boldsymbol{\beta}$.

7. (1) 一个基础解系: $\boldsymbol{\eta}_1=(1, -2, 1, 0, 0),\ \boldsymbol{\eta}_2=(1, -2, 0, 1, 0),\ \boldsymbol{\eta}_3=(5, -6, 0, 0, 1)$;

(2) 一个基础解系: $\boldsymbol{\eta}_1=(1, -1, -1, 0, 0),\ \boldsymbol{\eta}_2=(12, 0, -5, 2, 6)$.

8. (1) $(4+4k_1+2k_2+3k_3+6k_4,\ k_1,\ -k_2,\ k_3,\ -k_4),\quad k_1, k_2, k_3, k_4\in\boldsymbol{F}$;

(2) $\gamma_0+k_1\boldsymbol{\eta}_1+k_2\boldsymbol{\eta}_2,\ k_1, k_2\in\boldsymbol{F}$, 其中

$$\gamma_0=(-17, 0, 14, 0),\quad \boldsymbol{\eta}_1=(9, -1, -7, 0),\quad \boldsymbol{\eta}_2=(8, 0, -7, -2);$$

(3) $\gamma_0+k\boldsymbol{\eta},\quad k\in\boldsymbol{F}$, 其中 $\gamma_0=(3, 1, -2, 0),\quad \boldsymbol{\eta}=(5, -2, -1, 3)$.

习题 4.1

1. $\boldsymbol{A}=(x-y)\boldsymbol{E}+y\boldsymbol{B}$.

2. (1) $\begin{pmatrix}3&4\\2&0\end{pmatrix}$; (2) $\begin{pmatrix}2&-1&4\\3&-3&7\\2&-1&4\end{pmatrix}$; (3) $\begin{pmatrix}1\\0\end{pmatrix}$; (4) $(1,0)$; (5) 2; (6) $\begin{pmatrix}1&2&3\\-1&-2&-3\\1&2&3\end{pmatrix}$;

(7) $a_{11}x^2+2a_{12}xy+a_{22}y^2+2b_1x+2b_2y+c_0$; (8) $\begin{pmatrix}-6&-3&9\\2&1&-3\\-4&-2&6\end{pmatrix}$.

6. $\begin{pmatrix}k&l\\0&k\end{pmatrix}$, $k,l\in\boldsymbol{F}$. **11.** $\begin{pmatrix}3&1\\3&3\end{pmatrix}$.

习题 4.2

2. (1) $\begin{pmatrix}1&ma\\0&1\end{pmatrix}$; (2) $\begin{pmatrix}a^m&0&0\\ma^{m-1}&a^m&0\\\dfrac{m(m-1)}{2}a^{m-2}&ma^{m-1}&a^m\end{pmatrix}$;

(3) $\begin{pmatrix}-14\cdot2^m+15\cdot3^m&6\cdot2^m-6\cdot3^m\\-35\cdot2^m+35\cdot3^m&15\cdot2^m-14\cdot3^m\end{pmatrix}$.

14. 周期等于 6.

习题 4.3

9. 当 $n=1$ 时, $|\boldsymbol{A}|=\sin2\phi_1$; 当 $n=2$ 时, $|\boldsymbol{A}|=-\sin^2(\phi_1-\phi_2)$; 当 $n>2$ 时, $|\boldsymbol{A}|=0$.

习题 4.4

6. (1) $\boldsymbol{A}^{-1}=-\dfrac{1}{2}\begin{pmatrix}4&-2\\-3&1\end{pmatrix}$; (2) $\boldsymbol{A}^{-1}=\dfrac{1}{a^2+b^2}\begin{pmatrix}a&b\\-b&a\end{pmatrix}$;

(3) $\boldsymbol{A}^{-1}=\begin{pmatrix}1&4&-2\\0&-2&1\\-\dfrac{1}{2}&-\dfrac{1}{2}&\dfrac{1}{2}\end{pmatrix}$; (4) $\boldsymbol{A}^{-1}=\dfrac{1}{11}\begin{pmatrix}1&2&2\\19&-17&5\\-7&8&-3\end{pmatrix}$;

(5) $\boldsymbol{A}^{-1}=\begin{pmatrix}0&1&-2&1\\1&-2&1&0\\-2&1&0&0\\1&0&0&0\end{pmatrix}$; (6) $\boldsymbol{A}^{-1}=\dfrac{1}{4}\begin{pmatrix}1&1&1&1\\1&-1&1&-1\\1&1&-1&-1\\1&-1&-1&1\end{pmatrix}$.

7. 矩阵方程 $\boldsymbol{AX}=\boldsymbol{B}$ 的解为 $\begin{pmatrix}\dfrac{37}{35}&-\dfrac{4}{7}\\\dfrac{1}{35}&\dfrac{5}{7}\\-\dfrac{4}{5}&0\end{pmatrix}$, 矩阵方程 $\boldsymbol{XA}=\boldsymbol{C}$ 的解为 $\dfrac{1}{35}\begin{pmatrix}-1&-6&16\\16&-9&24\end{pmatrix}$.

习题 4.5

4. $\begin{pmatrix}\boldsymbol{A}&\boldsymbol{A}\\\boldsymbol{A}&-\boldsymbol{A}\end{pmatrix}^{-1}=\dfrac{1}{4}\begin{pmatrix}\boldsymbol{A}&\boldsymbol{A}\\\boldsymbol{A}&-\boldsymbol{A}\end{pmatrix}$, 其中 $\boldsymbol{A}=\begin{pmatrix}1&1\\1&-1\end{pmatrix}$.

5. $X = \begin{pmatrix} -4-5k_1 & 1-5k_2 & 7-5k_3 \\ k_1 & k_2 & k_3 \\ 3+3k_1 & 3k_2 & -4+3k_3 \end{pmatrix}$, 其中 $k_1, k_2, k_3 \in \boldsymbol{F}$.

6. $\boldsymbol{A}^{-1} = \mathrm{diag}\{\boldsymbol{A}_1^{-1}, \boldsymbol{A}_2^{-1}\}$, 其中 $\boldsymbol{A}_1^{-1} = \begin{pmatrix} 1 & -1 \\ -1 & 2 \end{pmatrix}$ 且 $\boldsymbol{A}_2^{-1} = \begin{pmatrix} 3 & -5 \\ -1 & 2 \end{pmatrix}$.

8. (2) $B^{-1} = \begin{pmatrix} \boldsymbol{0} & a_n^{-1} \\ \boldsymbol{A}^{-1} & \boldsymbol{0} \end{pmatrix}$, 其中 $\boldsymbol{A}^{-1} = \mathrm{diag}\{a_1^{-1}, a_2^{-1}, \cdots, a_{n-1}^{-1}\}$.

习题 4.6

1. U 上的变换共有 n^n 个, 可逆变换共有 $n!$ 个.

6. (2) $y_1 = \dfrac{d}{ad-bc}x_1 - \dfrac{b}{ad-bc}x_2, \quad y_2 = -\dfrac{c}{ad-bc}x_1 + \dfrac{a}{ad-bc}x_2.$

7. (1) 是; (2) 不是; (3) 不是; (4) 是.

习题 5.1

1. $\boldsymbol{V}$ 与 $\boldsymbol{W}$ 都不构成实数域上的线性空间. **2.** 不构成. **3.** 构成.

习题 5.2

1. (1) $\boldsymbol{\beta} = \dfrac{5}{4}\boldsymbol{\alpha}_1 + \dfrac{1}{4}\boldsymbol{\alpha}_2 - \dfrac{1}{4}\boldsymbol{\alpha}_3 - \dfrac{1}{4}\boldsymbol{\alpha}_4$; (2) $\boldsymbol{\beta} = \boldsymbol{\alpha}_1 - \boldsymbol{\alpha}_3$. **2.** 四种说法都是错误的.

4. (1) 既不是线性相关, 也不是线性无关; (2) 线性相关; (3) 线性相关.

8. (1) 线性无关; (2) 线性相关.

习题 5.3

1. (1) 一个极大无关组为 $\{\boldsymbol{\alpha}_1, \boldsymbol{\alpha}_2\}$, 秩为 2; (2) 一个极大无关组为 $\{\boldsymbol{\alpha}_1, \boldsymbol{\alpha}_3\}$, 秩为 2.

7. 导出组的一个通解为 $(k_1+k_2)\boldsymbol{\gamma}_1 - k_1\boldsymbol{\gamma}_2 - k_2\boldsymbol{\gamma}_3$, $k_1, k_2 \in \boldsymbol{F}$.

8. 一个通解为 $(1+k, -2k, -1-3k, 4)$, $k \in \boldsymbol{F}$. **10.** 一个极大无关组为 $\boldsymbol{\alpha}_1, \boldsymbol{\alpha}_2, \boldsymbol{\alpha}_4$.

11. (1) $f_1(x), f_2(x), f_3(x)$; $f_1(x), f_3(x), f_4(x)$; $f_2(x), f_3(x), f_4(x)$.
(2) $\boldsymbol{A}_1, \boldsymbol{A}_2, \boldsymbol{A}_4$; $\boldsymbol{A}_1, \boldsymbol{A}_3, \boldsymbol{A}_4$; $\boldsymbol{A}_1, \boldsymbol{A}_4, \boldsymbol{A}_5$; $\boldsymbol{A}_2, \boldsymbol{A}_3, \boldsymbol{A}_4$; $\boldsymbol{A}_2, \boldsymbol{A}_4, \boldsymbol{A}_5$; $\boldsymbol{A}_3, \boldsymbol{A}_4, \boldsymbol{A}_5$.

习题 5.4

1. (1) 是; (2) 否.

7. (1) $\left(0, \dfrac{3}{2}, -\dfrac{1}{2}\right)$; (2) $\left(\dfrac{5}{4}, \dfrac{1}{4}, -\dfrac{1}{4}, -\dfrac{1}{4}\right)$; (3) $(x_1, x_2-x_1, x_3-x_2, x_4-x_3)$.

8. $(0, 0, 1, 2)'$, $(2, -1, 0, 1)'$, $(4, -4, 0, 4)'$, $(0, 0, 1, -1)'$.

9. (1) $\boldsymbol{T} = \mathrm{diag}\{k_1, k_2, \cdots, k_n\}$; (2) $\boldsymbol{T} = (\varepsilon_{i_1}, \varepsilon_{i_2}, \cdots, \varepsilon_{i_n})$.

10. $\begin{pmatrix} 0 & 1 & 1 \\ -1 & -3 & -2 \\ 2 & 4 & 4 \end{pmatrix}$. **11.** $\begin{pmatrix} -1 & -1 & 1 \\ -7 & -2 & 5 \\ 3 & 1 & -2 \end{pmatrix}$; $f(x) = 2 - 3x + x^2$.

习题 5.5

1. (1) 是; (2) 是; (3) 否; (4) 否. **2.** (1) 是; (2) 否.

5. $\dim \boldsymbol{S}_n(\boldsymbol{F}) = \dfrac{1}{2}n(n+1)$; $\dim \boldsymbol{T}_n(\boldsymbol{F}) = \dfrac{1}{2}n(n-1)$.

7. $\dim \mathscr{L}(\boldsymbol{\beta}_1, \boldsymbol{\beta}_2, \cdots, \boldsymbol{\beta}_t) = \operatorname{rank}(\boldsymbol{A})$. **9.** $\boldsymbol{\alpha}_1, \boldsymbol{\alpha}_2, \boldsymbol{\alpha}_3$ 是 $\boldsymbol{W}$ 的一个基, 维数为 3.

13. $\{(2, -1, 4)', (1, 1, 5)'\}$ 是列空间的一个基, $\{(2, 1, 3, -1), (-1, 1, -3, -1)\}$ 是行空间的一个基; 行空间和列空间的维数都等于 2.

习题 5.6

5. (1) 可能的子空间为全空间 $\mathbb{V}_3$, 通过原点的平面或直线; (2) 等式一般不成立.

7. $(1, -1, 0, 1)$, $(-2, 3, 1, -3)$, $(1, 2, 0, -2)$ 是 $\boldsymbol{W}_1 + \boldsymbol{W}_2$ 的一个基, $\{(0, 1, 1, -1)\}$ 是 $\boldsymbol{W}_1 \cap \boldsymbol{W}_2$ 的一个基; 它们的维数分别为 3 和 1.

8. $f_1(x)$, $f_2(x)$, $f_3(x)$, $g_2(x)$ 是 $\boldsymbol{W}_1 + \boldsymbol{W}_2$ 的一个基, $\{g_1(x)\}$ 是 $\boldsymbol{W}_1 \cap \boldsymbol{W}_2$ 的一个基; 它们的维数分别为 4 和 1.

习题 5.7

8. $\sigma : \mathbb{C} \to \boldsymbol{W}$, $a + b\mathrm{i} \mapsto a\boldsymbol{\alpha} + b\boldsymbol{\beta}$ 是一个同构映射, 这里 $\boldsymbol{\alpha} = \begin{pmatrix} 1 & 0 \\ 0 & 1 \end{pmatrix}$, $\boldsymbol{\beta} = \begin{pmatrix} 0 & 1 \\ -1 & 0 \end{pmatrix}$.

习题 6.1

1. (1) 是; (2) 当且仅当 $a = 0$ 时, 是; (3) 当且仅当 $a = b = c = 0$ 时, 是; (4) 不是.

2. 把 $\mathbb{C}$ 看作它自身上的线性空间时, 不是; 把 $\mathbb{C}$ 看作实数域上的线性空间时, 是.

3. (1) 是; (2) 是; (3) 当 $a = 0$ 时, 是, 否则, 不是. **6.** $\boldsymbol{A} = \begin{pmatrix} -1 & -2 & 4 \\ 1 & 2 & -1 \end{pmatrix}$.

9. (1) $\operatorname{Im}(\sigma) = \mathscr{L}(\boldsymbol{\varepsilon}_2, \boldsymbol{\varepsilon}_3)$, $\operatorname{Ker}(\sigma) = \mathscr{L}(\boldsymbol{\varepsilon}_1)$; (2) $\operatorname{Im}(\sigma) = \mathscr{L}(\boldsymbol{\varepsilon}_2, \boldsymbol{\varepsilon}_3)$, $\operatorname{Ker}(\sigma) = \mathscr{L}(\boldsymbol{\varepsilon}_3)$.

10. $\{(1, -1, 5)', (1, 1, -2)'\}$ 与 $\{(2, 1, -1, 0)', (1, -2, 0, 1)'\}$ 分别是像与核的一个基.

11. $\{\boldsymbol{\beta}_1, \boldsymbol{\beta}_2\}$ 是 $\operatorname{Im}(\sigma)$ 的一个基, $\{\boldsymbol{\alpha}_1 - 2\boldsymbol{\alpha}_2 + \boldsymbol{\alpha}_3, 5\boldsymbol{\alpha}_1 - 2\boldsymbol{\alpha}_2 - \boldsymbol{\alpha}_4\}$ 是 $\operatorname{Ker}(\sigma)$ 的一个基.

12. σ 的秩与零度分别为 $\dfrac{1}{2}n(n+1)$ 与 $\dfrac{1}{2}n(n-1)$.

习题 6.2

2. (1) $\sigma + \tau : (x, y) \mapsto (2y, x)$, $\sigma\tau : (x, y) \mapsto (0, y)$, $\tau\sigma : (x, y) \mapsto (x, 0)$, $\sigma^2 : (x, y) \mapsto (x, y)$, $\tau^2 : (x, y) \mapsto (0, 0)$, 这里 (x, y) 是 $\boldsymbol{F}^2$ 中任意向量;

(2) $\sigma + \tau : \boldsymbol{X} \mapsto \boldsymbol{X}$, $\sigma\tau : \boldsymbol{X} \mapsto \boldsymbol{X}' - \boldsymbol{X}$, $\tau\sigma : \boldsymbol{X} \mapsto \boldsymbol{X}' - \boldsymbol{X}$, $\sigma^2 : \boldsymbol{X} \mapsto \boldsymbol{X}$, $\tau^2 : \boldsymbol{X} \mapsto 2(\boldsymbol{X} - \boldsymbol{X}')$, 这里 $\boldsymbol{X}$ 是 $\boldsymbol{M}_n(\boldsymbol{F})$ 中任意方阵.

3. (1) $\sigma^n = \sigma$; (2) $\sigma^n = \vartheta$. **4.** 等式 $(\sigma\tau)^2 = \sigma^2\tau^2$ 不成立.

习题 6.3

1. (1) $\begin{pmatrix} a & 0 & b & 0 \\ 0 & a & 0 & b \\ c & 0 & d & 0 \\ 0 & c & 0 & d \end{pmatrix}$, $\begin{pmatrix} a & c & 0 & 0 \\ b & d & 0 & 0 \\ 0 & 0 & a & c \\ 0 & 0 & b & d \end{pmatrix}$; (2) $\begin{pmatrix} 2 & -1 & 0 \\ 0 & 1 & 1 \end{pmatrix}$; (3) $\begin{pmatrix} 0 & 1 & 0 & 0 \\ 0 & 0 & 1 & 0 \\ 0 & 0 & 0 & 1 \\ 0 & 0 & 0 & 0 \end{pmatrix}$.

2. σ, τ 与 $\sigma\tau$ 在所给基下的矩阵分别为 $\begin{pmatrix} \frac{1}{2} & \frac{1}{2} \\ \frac{1}{2} & \frac{1}{2} \end{pmatrix}$, $\begin{pmatrix} 0 & 0 \\ 0 & 1 \end{pmatrix}$, $\begin{pmatrix} 0 & \frac{1}{2} \\ 0 & \frac{1}{2} \end{pmatrix}$.

4. $\sigma: (x_1, x_2) \mapsto (-x_2, -x_1 + x_2), \ \forall (x_1, x_2) \in \boldsymbol{F}^2$.

5. $\boldsymbol{T} = \boldsymbol{A} = B = \begin{pmatrix} -2 & -\frac{3}{2} & \frac{3}{2} \\ 1 & \frac{3}{2} & \frac{3}{2} \\ 1 & \frac{1}{2} & -\frac{5}{2} \end{pmatrix}$, $\boldsymbol{C} = \begin{pmatrix} \frac{1}{2} & 1 & \frac{1}{2} \\ \frac{5}{2} & -3 & -\frac{1}{2} \\ -\frac{1}{2} & 0 & -\frac{1}{2} \end{pmatrix}$.

6. σ 在基 $\boldsymbol{\beta}_1, \boldsymbol{\beta}_2, \boldsymbol{\beta}_3$ 下的矩阵为 $\mathrm{diag}\{1, 2, 3\}$; $\sigma(\xi)$ 在基 $\boldsymbol{\alpha}_1, \boldsymbol{\alpha}_2, \boldsymbol{\alpha}_3$ 和基 $\boldsymbol{\beta}_1, \boldsymbol{\beta}_2, \boldsymbol{\beta}_3$ 下的坐标分别为 $(14, 17, 3)$ 和 $(-5, 8, 0)$. **12.** $u = 1, \ v = 2$.

习题 6.4

3. (1) $\mathrm{Ker}(\sigma)$ 的一个基为 $\{4\boldsymbol{\alpha}_1 + 3\boldsymbol{\alpha}_2 - 2\boldsymbol{\alpha}_3, \boldsymbol{\alpha}_1 + 2\boldsymbol{\alpha}_2 - \boldsymbol{\alpha}_4\}$, σ 在扩充后的每一个基下的矩阵, 其前两列元素全为零;

(2) $\mathrm{Im}(\sigma)$ 的一个基为 $\{\sigma(\boldsymbol{\alpha}_1), \sigma(\boldsymbol{\alpha}_2)\}$, σ 在扩充后的基 $\sigma(\boldsymbol{\alpha}_1), \sigma(\boldsymbol{\alpha}_2), \boldsymbol{\alpha}_3, \boldsymbol{\alpha}_4$ 下的矩阵, 其后两行元素全为零.

7. (2) $\boldsymbol{A}$ 的最小多项式为 $(x-1)^2$, B 的最小多项式为 $x^2 - 4x + 5$.

8. (1) x^3; (2) $x^2 - 1$; (3) x^2. **9.** σ 与 τ 的最小多项式分别为 x^m 与 $(x-1)^m$.

习题 6.5

1. (1) 特征值为 $a + b$ 和 $a - b$. 当 $b \neq 0$ 时, 相应的特征向量分别为 $(k, k)'$ 和 $(k, -k)'$, 其中 $k \in \mathbb{R}$ 且 $k \neq 0$. 当 $b = 0$ 时, $\mathbb{R}^2$ 中的每一个非零向量都是特征向量;

(2) 特征值为 1 和 2 (二重), 相应的特征向量分别为 $(k, k, k)'$ 和 $(2k, k, -k)'$, 其中 $k \in \mathbb{R}$ 且 $k \neq 0$.

2. (1) $\boldsymbol{A}$ 的特征值为 $a\mathrm{i}$ 和 $-a\mathrm{i}$, 相应的特征向量分别为 $(k, -k\mathrm{i})'$ 和 $(k, k\mathrm{i})'$, 其中 $k \in \mathbb{C}$ 且 $k \neq 0$;

(2) 特征值为 $1, \mathrm{i}, -\mathrm{i}$, 相应的特征向量依次为 $(2k, -k, -k)'$, $(-k+2k\mathrm{i}, k-k\mathrm{i}, 2k)'$, $(-k-2k\mathrm{i}, k+k\mathrm{i}, 2k)'$, 其中 $k \in \mathbb{C}$ 且 $k \neq 0$.

3. σ 的特征值为 $\pm\sqrt{3}\mathrm{i}$, 特征子空间为 $\boldsymbol{V}_{\lambda=\sqrt{3}\mathrm{i}} = \{2k\boldsymbol{\alpha}_1 + k(1 - \sqrt{3}\mathrm{i})\boldsymbol{\alpha}_2 \mid k \in \mathbb{C}\}$ 和 $\boldsymbol{V}_{\lambda=-\sqrt{3}\mathrm{i}} = \{2k\boldsymbol{\alpha}_1 + k(1 + \sqrt{3}\mathrm{i})\boldsymbol{\alpha}_2 \mid k \in \mathbb{C}\}$.

4. (1) 特征值为 2 (三重), 特征向量为 $(k, k, 0)$, 其中 $k \in \mathbb{C}$ 且 $k \neq 0$;

(2) 特征值为 1 和 2 (二重), 相应的特征向量分别为 $k + kx + kx^2$ 和 $2k + kx - kx^3$, 其中 $k \in \mathbb{R}$ 且 $k \neq 0$;

(3) 特征值为 3 (二重), -1, -3, 相应的特征向量依次为 $\begin{pmatrix} k & -k \\ l & l \end{pmatrix}$, 其中 k 与 l 是不全为零的实数, $\begin{pmatrix} k & 3k \\ 0 & 0 \end{pmatrix}$ 和 $\begin{pmatrix} 0 & 0 \\ k & -k \end{pmatrix}$, 其中 k 是非零实数.

9. 当 $\boldsymbol{A}=\boldsymbol{O}$ 时, $m(x)=x$; 否则, $m(x)=x^2-\operatorname{tr}(\boldsymbol{A})x$; $f_{\boldsymbol{A}}(x)=x^n-\operatorname{tr}(\boldsymbol{A})\,x^{n-1}$.

10. 设 λ 与 μ 是 $f_{\boldsymbol{A}}(x)$ 的复根. 当 $\lambda\neq\mu$ 时, 有

$$\boldsymbol{A}^m=\frac{1}{\lambda-\mu}\begin{pmatrix} a(\lambda^m-\mu^m)-\lambda\mu(\lambda^{m-1}-\mu^{m-1}) & b(\lambda^m-\mu^m) \\ c(\lambda^m-\mu^m) & d(\lambda^m-\mu^m)-\lambda\mu(\lambda^{m-1}-\mu^{m-1}) \end{pmatrix};$$

当 $\lambda=\mu$ 时, 有 $\boldsymbol{A}^m=\lambda^{m-1}\begin{pmatrix} ma-(m-1)\lambda & mb \\ mc & md-(m-1)\lambda \end{pmatrix}$.

15. $f_{\boldsymbol{U}}(x)$ 的全部复根是 n 次单位根 $\omega_0, \omega_1, \cdots, \omega_{n-1}$, $|\boldsymbol{A}|=f(\omega_0)f(\omega_1)\cdots f(\omega_{n-1})$, 其中 $f(x)=a_0+a_1x+a_2x^2+\cdots+a_{n-1}x^{n-1}$.

习题 6.6

1. (1) σ 在基 $\{\boldsymbol{\alpha}_1+\boldsymbol{\alpha}_2,\ 5\boldsymbol{\alpha}_1-4\boldsymbol{\alpha}_2\}$ 下的矩阵为 $\operatorname{diag}\{7, -2\}$;
(2) σ 在基 $\{\boldsymbol{\alpha}_1-\boldsymbol{\alpha}_2,\ \boldsymbol{\alpha}_2\}$ 下的矩阵为 $\operatorname{diag}\{1, 3\}$.

2. (1) $\boldsymbol{A}$ 可对角化, $\boldsymbol{T}=\begin{pmatrix} 2 & 3 & 1 \\ 1 & 0 & 2 \\ 0 & -1 & -1 \end{pmatrix}$, $\boldsymbol{T}^{-1}\boldsymbol{A}\boldsymbol{T}=\operatorname{diag}\{2, 2, -4\}$; (2) $\boldsymbol{A}$ 不可对角化.

3. (1) σ 可对角化, 它在基 $2\boldsymbol{\alpha}_1-\boldsymbol{\alpha}_2$, $2\boldsymbol{\alpha}_1+\boldsymbol{\alpha}_3$, $\boldsymbol{\alpha}_1+2\boldsymbol{\alpha}_2-2\boldsymbol{\alpha}_3$ 下的矩阵为 $\operatorname{diag}\{1, 1, 10\}$;
(2) σ 不可对角化.

7. $\boldsymbol{A}^{10}=\begin{pmatrix} -1022 & -2046 & 0 \\ 1023 & 2047 & 0 \\ 1023 & 2046 & 1 \end{pmatrix}$. **8.** $\boldsymbol{A}^m=\begin{pmatrix} 2^{m+1}-3^m & 2\cdot 3^m-2^{m+1} \\ 2^m-3^m & 2\cdot 3^m-2^m \end{pmatrix}$.

习题 7.1

2. 几何解释: 平行四边形对角线的平方和等于四条边的平方和.

3. (1) $\dfrac{\pi}{2}$; (2) $\dfrac{\pi}{4}$. **4.** $\boldsymbol{\alpha}$ 与 $\boldsymbol{\varepsilon}_i$ 的夹角为 $\arccos\dfrac{1}{\sqrt{n}}$, 距离为 $\sqrt{n-1}$.

5. $\cos mx$ 与 $\sin nx$ 的长度都是 $\sqrt{\pi}$, 夹角为 $\dfrac{\pi}{2}$, 距离为 $\sqrt{2\pi}$. **6.** $\pm\dfrac{1}{\sqrt{26}}(4, 0, 1, -3)$.

12. (1) $\left|\sum\limits_{i=1}^{2}\sum\limits_{j=1}^{2}a_{ij}b_{ij}\right|\leqslant\left(\sum\limits_{i=1}^{2}\sum\limits_{j=1}^{2}a_{ij}^2\right)^{\frac{1}{2}}\left(\sum\limits_{i=1}^{2}\sum\limits_{j=1}^{2}b_{ij}^2\right)^{\frac{1}{2}}$;

(2) $\boldsymbol{E}_4$; (3) $\dfrac{1}{2}\boldsymbol{A}$; (4) 夹角 $\pi-\arccos\dfrac{\sqrt{21}}{42}$; 距离 $3\sqrt{3}$.

习题 7.2

2. $\frac{1}{\sqrt{5}}(0,\ 2,\ 1,\ 0)$, $\frac{1}{\sqrt{30}}(5,\ -1,\ 2,\ 0)$, $\frac{1}{\sqrt{10}}(1,\ 1,\ -2,\ -2)$, $\frac{1}{\sqrt{15}}(1,\ 1,\ -2,\ 3)$.

3. $\frac{1}{\sqrt{2}}$, $\frac{\sqrt{6}}{2}x$, $\frac{\sqrt{10}}{4}(3x^2-1)$.

4. $\frac{1}{\sqrt{2}}(\boldsymbol{\alpha}_1+\boldsymbol{\alpha}_5)$, $\frac{1}{2}(\boldsymbol{\alpha}_1+\boldsymbol{\alpha}_2+\boldsymbol{\alpha}_3-\boldsymbol{\alpha}_5)$, $\frac{1}{\sqrt{10}}(\boldsymbol{\alpha}_1-2\boldsymbol{\alpha}_2+2\boldsymbol{\alpha}_4-\boldsymbol{\alpha}_5)$.

5. 一个标准正交基为 $\frac{1}{\sqrt{2}}(1,\ 0,\ 1,\ 0,\ 0)$, $\frac{1}{\sqrt{6}}(0,\ 1,\ 0,\ 2,\ 1)$, $\frac{1}{4}(1,\ 3,\ -1,\ -2,\ 1)$.

11. 共有 2^n 个顶点, 顶点之间一切可能的距离为 $1,\ \sqrt{2},\ \sqrt{3},\ \cdots,\ \sqrt{n}$.

习题 7.3

5. $\sqrt{6}$. **6.** $\sqrt{2}$. **8.** $(1-k,\ k,\ 0)$, $k\in\mathbb{R}$. **14.** 所求直线 $y=kx+b$ 的斜率和截距为

$$k=\frac{n\sum\limits_{i=1}^{n}a_ib_i-\left(\sum\limits_{i=1}^{n}a_i\right)\left(\sum\limits_{i=1}^{n}b_i\right)}{n\sum\limits_{i=1}^{n}a_i^2-\left(\sum\limits_{i=1}^{n}a_i\right)^2},\quad b=\frac{\left(\sum\limits_{i=1}^{n}a_i^2\right)\left(\sum\limits_{i=1}^{n}b_i\right)-\left(\sum\limits_{i=1}^{n}a_ib_i\right)\left(\sum\limits_{i=1}^{n}a_i\right)}{n\sum\limits_{i=1}^{n}a_i^2-\left(\sum\limits_{i=1}^{n}a_i\right)^2}.$$

15. $y\approx-1.05x+4.81$.

习题 7.4

1. 在几何平面 $\mathbb{V}_2$ 中, 设 $\boldsymbol{\alpha}_0\neq\boldsymbol{\theta}$. 令

$$\sigma:\xi\mapsto\begin{cases}\xi, & \text{当 }\xi\neq\pm\boldsymbol{\alpha}_0\text{ 时},\\ -\xi, & \text{当 }\xi=\pm\boldsymbol{\alpha}_0\text{ 时};\end{cases}\qquad \tau:\xi\mapsto2\xi;\qquad \rho:\xi\mapsto\xi+\boldsymbol{\alpha}_0,$$

则 $\sigma,\ \tau,\ \rho$ 分别是保长、保角和保距的双射, 但它们都不是同构映射.

习题 7.5

6. (1) 所求的一个正交矩阵为 $\boldsymbol{U}=\begin{pmatrix}\frac{1}{\sqrt{2}} & \frac{1}{\sqrt{6}} & \frac{1}{\sqrt{3}}\\ -\frac{1}{\sqrt{2}} & \frac{1}{\sqrt{6}} & \frac{1}{\sqrt{3}}\\ 0 & -\frac{2}{\sqrt{6}} & \frac{1}{\sqrt{3}}\end{pmatrix}$, $\boldsymbol{U}'\boldsymbol{A}\boldsymbol{U}=\operatorname{diag}\{2,\ 2,\ 8\}$;

(2) 所求的一个正交矩阵为 $\boldsymbol{U}=\begin{pmatrix}\frac{1}{\sqrt{3}} & \frac{1}{\sqrt{2}} & \frac{1}{\sqrt{6}}\\ \frac{1}{\sqrt{3}} & -\frac{1}{\sqrt{2}} & \frac{1}{\sqrt{6}}\\ \frac{1}{\sqrt{3}} & 0 & -\frac{2}{\sqrt{6}}\end{pmatrix}$, $\boldsymbol{U}'\boldsymbol{A}\boldsymbol{U}=\operatorname{diag}\{3,\ 0,\ 0\}$.

7. 所求的一个标准正交基为 $\left\{\dfrac{\boldsymbol{\alpha}_1+\boldsymbol{\alpha}_2}{\|\boldsymbol{\alpha}_1+\boldsymbol{\alpha}_2\|},\ \dfrac{\boldsymbol{\alpha}_1-\boldsymbol{\alpha}_2}{\|\boldsymbol{\alpha}_1-\boldsymbol{\alpha}_2\|}\right\}$. **8.** $\boldsymbol{A}=\dfrac{1}{5}\begin{pmatrix}9&-2\\-2&6\end{pmatrix}$.

9. 所求的一个正交基为 $(1,\,0,\,1),\ (0,\,1,\,0),\ (1,\,0,\,-1)$; 对应法则为

$$\sigma:(x,\,y,\,z)\mapsto\left(\frac{3x-z}{2},\ 2y,\ \frac{-x+3z}{2}\right),\quad \forall\,(x,\,y,\,z)\in\mathbb{R}^3.$$

习题 8.1

1. (1) 三个二次型的秩分别为 2, 1, 2; (2) 三个方程所决定的曲线分别是中心在原点的椭圆、两条平行直线、中心在原点的单位圆.

4. (1) 正交线性替换为 $\begin{pmatrix}x_1\\x_2\\x_3\end{pmatrix}=\begin{pmatrix}0&\dfrac{4}{3\sqrt2}&\dfrac13\\\dfrac{1}{\sqrt2}&-\dfrac{1}{3\sqrt2}&\dfrac23\\\dfrac{1}{\sqrt2}&\dfrac{1}{3\sqrt2}&-\dfrac23\end{pmatrix}\begin{pmatrix}y_1\\y_2\\y_3\end{pmatrix}$, 标准形为 $y_1^2+y_2^2+10y_3^2$;

(2) 正交线性替换为 $\begin{pmatrix}x_1\\x_2\\x_3\\x_4\end{pmatrix}=\dfrac{1}{\sqrt2}\begin{pmatrix}1&0&1&0\\1&0&-1&0\\0&1&0&1\\0&-1&0&1\end{pmatrix}\begin{pmatrix}y_1\\y_2\\y_3\\y_4\end{pmatrix}$, 标准形为 $y_1^2+y_2^2-y_3^2-y_4^2$.

5. 正交线性替换为 $\begin{pmatrix}x_1\\x_2\\x_3\end{pmatrix}=\dfrac{1}{\sqrt2}\begin{pmatrix}0&1&1\\\sqrt2&0&0\\0&-1&1\end{pmatrix}\begin{pmatrix}y_1\\y_2\\y_3\end{pmatrix}$; 简化方程为 $y_1^2-y_2^2+3y_3^2=1$; Σ 是一个单叶双曲面. **6.** $a=0$ 且 $b=0$.

7. (1) 非退化线性替换为 $x_1=y_1-y_2,\ x_2=y_3,\ x_3=-y_2+y_3$, 标准形为 $y_1^2-y_2^2+2y_3^2$;
(2) $x_1=z_1+z_2+z_3,\ x_2=z_1-z_2-z_3,\ x_3=z_3$, 标准形为 $z_1^2-z_2^2+z_3^2$.

10. (1) 非退化线性替换为 $\begin{pmatrix}x_1\\x_2\\x_3\end{pmatrix}=\begin{pmatrix}1&-2&-\dfrac13\\0&1&-\dfrac13\\0&0&1\end{pmatrix}\begin{pmatrix}y_1\\y_2\\y_3\end{pmatrix}$, 标准形为 $y_1^2-3y_2^2+\dfrac73y_3^2$;

(2) 非退化线性替换为 $\begin{pmatrix}x_1\\x_2\\x_3\end{pmatrix}=\begin{pmatrix}1&-\dfrac12&2\\1&\dfrac12&-1\\0&0&1\end{pmatrix}\begin{pmatrix}y_1\\y_2\\y_3\end{pmatrix}$, 标准形为 $2y_1^2-\dfrac12y_2^2+4y_3^2$.

习题 8.2

1. 在 $\mathbb{C}$ 上, 合同; 在 $\mathbb{R}$ 上, 不合同. **2.** 在 $\mathbb{R}$ 上, 合同; 在 $\mathbb{Q}$ 上, 不合同.

4. 两个复二次型的规范形都是 $z_1^2+z_2^2$. **5.** (1) $z_1^2+z_2^2$; (2) $z_1^2-z_2^2$.

6. (1) 一个非退化线性替换为 $x_1 = \frac{1}{2}(z_1 + z_2 - z_3)$, $x_2 = z_2$, $x_3 = z_3$; 实规范形为 z_1^2.

(2) 一个非退化线性替换为 $\begin{pmatrix} x_1 \\ x_2 \\ x_3 \end{pmatrix} = \begin{pmatrix} 1 & -1 & -1 \\ 1 & 1 & -1 \\ 0 & 0 & 1 \end{pmatrix} \begin{pmatrix} z_1 \\ z_2 \\ z_3 \end{pmatrix}$; 实规范形为 $z_1^2 - z_2^2 - z_3^2$.

10. 一个合同因子为 $\begin{pmatrix} 1 & 0 & 0 \\ -1 & 1 & 3 \\ 1 & -1 & -6 \end{pmatrix}$; **11.** (1) 若 $bc = 0$, 则 $r = 2$ 且 $s = 0$; 若 $bc > 0$, 则 $r = 3$ 且 $s = -1$; 若 $bc < 0$, 则 $r = 3$ 且 $s = 1$. (2) $r = 2n$ 且 $s = 0$.

习题 8.3

3. (1) 非正定; (2) 正定; (3) 非正定. **4.** (1) $-\frac{4}{5} < t < 0$; (2) $t > 1$. **5.** 正定.

名 词 索 引

E

F

G

H

I

J

M

N

O

P

Q

R

S

T

W

X

Y

Z

参 考 文 献

[1] 北京大学数学系几何与代数教研室代数小组. 高等代数. 3 版. 北京: 高等教育出版社, 2003.
[2] 程其襄, 等. 实变函数与泛函分析基础. 北京: 高等教育出版社, 1983.
[3] 东北三省高师函授《高等代数》协编组. 高等代数 (上、下册). 长春: 吉林人民出版社, 1981.
[4] 普罗斯库烈柯夫 H B. 线性代数习题集. 周晓钟, 译. 北京: 人民教育出版社, 1981.
[5] 胡显佑. 线性代数. 北京: 中国商业出版社, 2006.
[6] 霍元极, 等. 高等代数. 北京: 北京师范大学出版社, 1990.
[7] Kline M. 古今数学思想 (第 1~4 册). 北京大学数学系数学史翻译组, 译. 上海: 上海科学技术出版社, 1979.
[8] Kolman B. Elementary Linear Algebra. 4th ed. New York: Macmillan Publishing Company, 1986.
[9] Leon S J. 线性代数 (英文版) 6 版. 北京: 机械工业出版社, 2004.
[10] 刘绍学. 普通高中课程标准实验教科书《数学》(第 1~5 册). 2 版. 北京: 人民教育出版社, 2006.
[11] 刘玉琏, 等. 数学分析讲义 (上、下册). 4 版. 北京: 高等教育出版社, 2003.
[12] 吕林根, 许子道. 解析几何. 3 版. 北京: 高等教育出版社, 1987.
[13] 丘维声. 高等代数 (上、下册). 北京: 高等教育出版社, 1996.
[14] 丘维声. 高等代数 (上、下册). 2 版. 北京: 高等教育出版社, 2003.
[15] Lang S. 线性代数导论 (英文版) 2 版. 北京: 世界图书出版公司, 2004.
[16] 王品超. 高等代数新方法. 济南: 山东教育出版社, 1989.
[17] 王湘浩, 谢邦杰. 高等代数. 1964 年修订本. 北京: 人民教育出版社, 1983.
[18] 魏献祝, 等. 高等代数. 修订本. 上海: 华东师范大学出版社, 1997.
[19] 武汉大学数学系数学专业. 线性代数. 北京: 高等教育出版社, 1980.
[20] 吴品三. 近世代数. 北京: 人民教育出版社, 1979.
[21] 张禾瑞. 近世代数基础. 修订本. 北京: 高等教育出版社, 1978.
[22] 张禾瑞, 郝钢新. 高等代数. 4 版. 北京: 高等教育出版社, 1999.
[23] 张贤科, 许甫华. 高等代数. 2 版. 北京: 清华大学出版社, 2004.
[24] 张远达. 线性代数原理. 上海: 上海教育出版社, 1980.
[25] 庄瓦金. 高等代数教程. 北京: 高等教育出版社, 2004.